W0386789

Beispiele:

Beschreiben des weltweiten Verstädterungsprozesses
Wiedergeben der Theorie der Plattentektonik
Nennen von Erscheinungsformen regionaler Disparitäten
Auflisten von „Faktoren der Unterentwicklung" in Ländern der Dritten Welt
Einholen aktueller Daten mithilfe des Internets
Grafisches Umsetzen einer Tabelle

Erläuterungen:

nennen: Etwas mit einem passenden Begriff bezeichnen, Informationen aus vorgegebenem Material unkommentiert entnehmen
wiedergeben: Informationen aus vorgegebenem Material aufzählen oder einen Sachverhalt aus dem Wissen vortragen
beschreiben: Ausführliche Informationen aus vorgegebenem Material oder aus Kenntnissen zusammenhängend und schlüssig wiedergeben
herausarbeiten: Informationen und Sachverhalte aus vorgegebenem Material entnehmen und wiedergeben
ermitteln: Durch Nachforschen herausfinden, feststellen
charakterisieren: Einen Sachverhalt in seinen typischen Merkmalen unter einem leitenden Gesichtspunkt beschreiben
darstellen: In Worten deutlich machen, einen Sachverhalt ausführlich (u. U. mithilfe einer Skizze) wiedergeben

Beispiele:

Erklären des Funktionswandels städtischer Räume
Begründung der Zusammenhänge zwischen Erdbeben und Plattentektonik
Erläutern der Zusammenhänge zwischen dem natürlichen Potenzial und der Wirtschaftskraft eines Landes
Vergleichen der Entwicklungsprobleme eines bekannten mit denen eines nicht bekannten Landes
Auswerten einer Tabelle und Verknüpfen mit anderen Informationsträgern
Erstellen eines Wirkungsgeflechtes zur Darstellung komplexer Zusammenhänge

Erläuterungen:

erstellen: Sachverhalte inhaltlich und methodisch darstellen, z. B. in einer Mind Map
gliedern: Aussagen in eine logische Reihenfolge oder in eine systematische Ordnung bringen
ein-, zuordnen: Einzelelemente, vorhandenes Wissen oder Erkenntnisse, die dem Material entnommen wurden, in einen vorgegebenen Zusammenhang stellen
erklären: Informationen durch eigenes Wissen so darstellen, dass der Zuhörer/ Leser die Zusammenhänge versteht
erläutern: Einen (komplizierten) Sachverhalt veranschaulichend darstellen
begründen: Den Grund für etwas angeben, komplexe Gedanken argumentierend entwickeln und im Zusammenhang darstellen; entscheidend: der schlüssige Gedankengang
kennzeichnen: Einen Raum/Sachverhalt auf der Basis bestimmter Kriterien begründet charakterisieren
analysieren: Einen Sachverhalt in seinen Elementen und Bezügen klarlegen, gezielte Fragen an einen Sachverhalt stellen, diese beantworten und die Antworten begründen
vergleichen: Unterschiede und Gemeinsamkeiten gewichtend einander gegenüberstellen
anwenden: Theorien/Modelle/Regeln mit einem konkreten Fall-/Raumbeispiel/Sachverhalt in Beziehung setzen

Beispiele:

Bewertung der Folgen von Stadtsanierungsmaßnahmen
Reflektieren von Zukunftsszenarien, z. B. der Entstehung eines neuen Ozeans im Gebiet des Oberrheingrabens
Diskutieren regionalpolitischer Maßnahmen zum Abbau von Disparitäten in der EU
Stellung nehmen zu Maßnahmen der Entwicklungspolitik in einem Land der Dritten Welt
Beurteilen des Aussagewertes von verwendeten Arbeitsmaterialien
Entwickeln einer Arbeitsstrategie zur Lösung einer Aufgabenstellung, z. B. Hypothesenbildung und deren Überprüfung

Erläuterungen:

prüfen/überprüfen: Vorgegebene Aussagen bzw. Behauptungen an Fakten oder an der inneren Logik messen und dabei eventuelle Widersprüche aufzeigen
Stellung nehmen: Zu einer Behauptung, einer Aussage begründend eine eigene Meinung äußern
gestalten: Sich produkt-, rollen- bzw. adressatenorientiert mit einem Problem durch Entwerfen z. B. von Reden, Modellen oder Ähnlichem auseinandersetzen
erörtern, diskutieren: Zu einer vorgegebenen Problemstellung eigene Gedanken entwickeln und ein abgewogenes Urteil fällen
beurteilen: Aussagen, Behauptungen auf ihre Stichhaltigkeit prüfen, eine Aussage über Richtigkeit oder Wahrscheinlichkeit machen
bewerten: Zu einem Sachverhalt Stellung nehmen, um darüber angemessen entscheiden zu können
interpretieren: Einen Sachverhalt beschreiben, ursächlich erklären, Schlüsse daraus ziehen und bewerten

1. Auflage 1 5 4 3 2 1 | 2012 11 10 09 08

Alle Drucke dieser Auflage sind unverändert und können im Unterricht nebeneinander verwendet werden. Die letzte Zahl bezeichnet das Jahr des Druckes.

Herausgeber: Arno Kreus, Aachen; Norbert von der Ruhren, Aachen

Autoren: Ulrich Brameier, Hamburg; Egbert Brodengeier, Lichtenberg; Kathrin Eger, Liberec; Franz Xaver Heckl, Wolnzach; Jens Joachim, Leipzig; Wilfried Korby, Korb; Arno Kreus, Aachen; Bodo Lehnig, Großdubrau; Paul Lindner, Bretten; Norbert von der Ruhren, Aachen; Matthias Scholliers, Konstanz

Redaktion: Klaus-Peter Herr, Jana Freund, Susanne Heise
Herstellung: Birgit Jäkel

Gestaltung: know idea gmbh, Freiburg i. Br.
Umschlaggestaltung: know idea gmbh, Freiburg i. Br.
Illustrationen: Steffen Butz, Karlsruhe; Bettina Eckenfelder, Wenigenlupnitz; Rudolf Hungreder, Leinfelden-Echterdingen; Diana Jäckel, Erfurt; Heinz Kähne, Boppard; Wolfgang Schaar, Grafing; Sonja Schäfer, Freiburg i. Br.; Uli Weidner, Freiburg i. Br.
Karten: Klett-Perthes, Gotha (Henry Waldenburger); Kartografix, Suhl (Dagmar Hengelhaupt); Artifex, Wiegleben (Karin Fulla)
Reproduktion: Druckmedienzentrum Gotha GmbH, Gotha
Satz: Krause Büro, Jens Krause, Leipzig
Druck: Offizin Andersen Nexö, Leipzig

Printed in Germany
ISBN 978-3-623-29260-1

9 783623 292601

Fundamente

Geographie Oberstufe

Ernst Klett Verlag
Stuttgart • Leipzig

Einführung

Ziele und Aufgaben des Buches

Fundamente behandelt grundlegende raumstrukturelle Zusammenhänge auf der Erde sowie raumwirksame Prozesse bei der Gestaltung des Lebensraumes durch den Menschen. Den Schülerinnen und Schülern soll ein kritisches Verständnis für Räume und für die in ihnen ablaufenden Prozesse und Probleme vermittelt werden, damit sie

- die Komplexität unseres wirtschaftlichen Handelns sowie seine ökonomischen, ökologischen und gesellschaftlichen Bindungen und Auswirkungen besser verstehen,
- Gegensätze und Konflikte als solche erkennen, Lösungsmöglichkeiten anstehender Probleme formulieren und Alternativen aufzeigen lernen, um so durch sachlich fundierte Argumentation und verantwortungsbewusstes Handeln an der Gestaltung unserer Umwelt und Gesellschaft mitwirken zu können.

Fundamente zielt sowohl auf die Vermittlung von Wissen, auf die Aneignung von Arbeitstechniken und Methoden als auch auf den Erwerb von politischem Verständnis und Kritikfähigkeit.

Seit Anfang der 1990er Jahre verändert sich unsere Welt schneller als je zuvor. Diesem dynamischen Wandel trägt das Buch insofern Rechnung, als den mit diesem Wandel einhergehenden „neuen" Themen und geänderten bzw. geschärften Sichtweisen ein besonderer Stellenwert eingeräumt wird. Dazu gehören insbesondere:

- das umweltpolitische Leitbild der Nachhaltigkeit, das im Sinne der Agenda 21 jeden von uns zu einem umweltbewussten Handeln herausfordert,
- der Prozess der Globalisierung, der sich nicht mehr auf den wirtschaftlichen Bereich allein beschränkt, sondern inzwischen alle Lebensbereiche erfasst, sowie
- die wachsenden Disparitäten zwischen den verschiedenen Regionen der Erde einerseits und zwischen verschiedenen gesellschaftlichen Gruppen und Individuen andererseits, die ein friedliches und solidarisches Zusammenleben im Sinne globaler Nachbarschaft erheblich gefährden können.

Hier ist die Schule, besonders das Fach Erdkunde, gefordert, den Schülerinnen und Schülern Entscheidungshilfen zu geben bei ihrer Suche nach Möglichkeiten zur eigenen Lebensgestaltung und zur Sicherung eines friedlichen Miteinanders im Sinne globaler Nachbarschaft.

Dieses Buch ist unter Zugrundelegung der Lehrpläne der Bundesländer für Grund- und Leistungskurse der Sekundarstufe II konzipiert. Es kann eine doppelte Aufgabe erfüllen:
Zum einen dient es der Vor- und Nachbereitung des Unterrichts bzw. zur Vorbereitung auf Klausuren oder die Abiturprüfung, wo im achtstufigen Gymnasium nunmehr ein noch kompakteres festes Wissen und der Erwerb verfestigter Methodenkompetenz für das Erreichen des Ziels Abitur einen noch höheren Stellenwert gewonnen hat.
Zum anderen sind die vielfältigen Arbeitsmaterialien nur so weit vorstrukturiert worden, dass sie Ergebnisse nicht vorwegnehmen, den Schülerinnen und Schülern also auch im Unterricht eigenständiges Arbeiten und individuelles Lernen ermöglichen.
Alle Teilkapitel schließen mit Arbeitsaufträgen, die den Umgang mit den Materialien erleichtern und es den Schülerinnen und Schülern ermöglichen, die dargestellten Sachverhalte zu überprüfen bzw. zu vertiefen. Darüber hinaus sind sie eine Hilfe bei der Strukturierung der Kapitel. Die Qualität der Aufgabenstellungen berücksichtigt bei der Wahl der Operatoren insbesondere die Anforderungen in Klausuren und im Abitur. Dazu gibt die Operatorenliste im Vorderen Vorsatz des Buches eine gezielte Hilfe. Die Liste ist nach den von der Kultusministerkonferenz für Abiturklausuren in allen Bundesländern verbindlich festgelegten drei Anforderungsbereichen (Reproduktion, Reorganisation, problemlösendes Denken) gegliedert und erläutert, was in den Arbeitsaufträgen konkret gemeint ist, wenn z. B. „beschreiben", „erklären" oder „beurteilen" verlangt wird.

Aufbau des Buches

Fundamente ist ein Geographiebuch, das unter Herausstellung des Wesentlichen alle für die Schule relevanten Teildisziplinen der physischen Geographie und der Anthropogeographie behandelt. Entsprechend der Einbindung des Schulfaches Erdkunde in das gesellschaftswissenschaftliche Aufgabenfeld werden physisch-geographische Themen in der Auswahl und in dem Umfang dargestellt, wie es zum Verständnis anthropogeographischer oder sozialgeographischer Strukturen und Prozesse nötig ist.
Wie in den Lehrplänen aller Bundesländer gefordert, folgt Fundamente in der Auswahl der Themen dem allgemeingeographischen Ansatz, um insbesondere ein systematisches und mehrperspektivisches Denken zu fördern.
Dieses Prinzip wird allerdings an zwei Stellen durchbrochen, nämlich in den Kapiteln 9 und 10. Das Kapitel 9 ist den Entwicklungsländern gewidmet. Neben kurzen Fallstudien beschränkt es sich auf grundlegende, für das Verständnis dieser Länder notwendige Sachverhalte. Dies soll bei den Schülerinnen und Schülern den Blick dafür schärfen, dass die Entwicklungsprobleme keineswegs nur im „Süden" zu spüren sind, sondern – im Sinne des „Eine-Welt-Gedankens" – auch den „Norden" berühren, also uns.
Im Kapitel 10 werden die führenden Weltwirtschaftsmächte als „Träger" der weltweit ablaufenden dynamischen Globalisierungsprozesse vorgestellt, allerdings nicht im Sinne einer Länderkunde. Die Auswahl der Themen und Inhalte erfolgt vielmehr nach unterschiedlichen Schwerpunkten, wobei die unterschiedliche Position und Rolle dieser Länder im Globalisierungsprozess die Richtschnur darstellt, was bereits in den Überschriften zu den einzelnen Räumen zum Ausdruck kommt.
Die einzelnen Kapitel bauen nicht streng aufeinander auf, sodass es möglich ist, die Arbeit mit dem Buch z. B. mit dem Kapitel „Lebensraum Stadt" zu beginnen, ohne die vorangegangenen Kapitel behandelt zu haben. Dadurch ist eine größtmögliche Freiheit für den unterrichtlichen Einsatz und die didaktische Strukturierung gewährleistet.

Jedem der 11 Großkapitel ist eine „Auftaktdoppelseite“ vorangestellt, die zum einen die Inhaltsstruktur des Kapitels aufzeigt und zum anderen die didaktische Intentionen darlegt. Mit welchen Räumen die behandelten Inhalte auf welchen der folgenden Seiten verknüpft dargestellt werden, zeigt der „Raumweiser“ auf der Auftaktseite auf einen Blick.
Den Anforderungen eines modernen Geographielehrbuches entsprechend, wird eine Fülle von Raum- und Fallbeispielen angeboten. Diese Seiten fallen auch gestalterisch sofort ins Auge und unterscheiden sich deutlich von den normalen „Inhaltsseiten“.
Die Großkapitel schließen jeweils mit einer Doppelseite „Kompetenzen festigen und anwenden“. Hier soll das in dem jeweiligen Kapitel Gelernte nochmals reflektiert und – mithilfe der Glossarbegriffe – gefestigt werden. Gleichzeitig werden handlungsorientierte Arbeitsaufgaben gestellt, mit deren Hilfe die Schülerinnen und Schüler angeleitet werden, das Gelernte anzuwenden und weiterzudenken.

Wissenschaftspropädeutisches Lernen ist, besonders in der gymnasialen Oberstufe, auch methodisches Lernen. Auch hier bietet Fundamente grundlegende Hilfen an: zum einen in Form der vielfältigen Arbeitsmaterialien und der differenzierten Aufgabenstellungen, zum anderen in Form eines Methodenkompendiums (Kapitel 11). Es versteht sich von selbst, dass diese Methodenseiten nicht als gesonderte Unterrichtseinheiten bearbeitet werden, sondern dass die Methodenkapitel jeweils mit den Stoffinhalten und Raumbeispielen der vorangegangenen Kapitel zu verknüpfen sind. Möglichkeiten bietet das Buch über viele Verweise an.

In den Randspalten der „Inhaltsseiten“ sind wichtige Begriffe aufgeführt, die zum einen das „Grundvokabular“ darstellen – im Text oder auf den Abschlussdoppelseiten der Kapitel definiert – und zum anderen bei der inhaltlichen Strukturierung im Sinne einer „Begriffsführung“ helfen. Mit (G) vesehene Begriffe sind im Kapitelglossar definiert.

Im Anhang des Buches befindet sich ein nach Kapiteln geordnetes Literaturverzeichnis, das den Schülerinnen und Schülern eine Vertiefung und Erweiterung des jeweiligen Themas oder die Anfertigung von Referaten ermöglicht. Der Fußnotenapparat des Buches beinhaltet zudem zusätzliche Tipps zu weiterführender Literatur und als stabil einzuschätzende Internetadressen.
Demjenigen, der noch ins Detail gehen möchte, sei ebenfalls im Fußnotenapparat ein Blick auf die Quellenangaben der Ausstattungselemente empfohlen. Hier wurde mit Blick auf die Vorbereitung von Facharbeiten und den Übergang zum Studium auf den sorgfältigen bibliographischen Nachweis geachtet, der natürlich auch noch Anregungen zum Weiterrecherchieren bietet.
Das ausführliche Register am Schluss des Bandes soll das Arbeiten mit dem Buch erleichtern. Um die Benutzer nicht durch eine Vielzahl von Seitenangaben zu verwirren, wird in der Regel auf die Seite hingewiesen, auf der der entsprechende Begriff erklärt oder in einem wichtigen Zusammenhang behandelt wird. Zudem sind hier (mit dem ‚G‘) auch die Glossarbegriffe der Kapitelabschlussseiten aufgenommen, deren Definitionen man sich also auch aus dem Register erschließen kann.

Medienverbund

Fundamente wird ergänzt durch ein inhaltsorientiertes umfangreiches Online-Angebot, das man unter

www.klett.de/online

erreicht.
Alle diese Informationen sind direkt den Seiten des Buches zugeordnet und auch unter der im Fußnotenapparat angegebenen Nummer des Online-Links im Internet ohne Umweg aufzurufen.

Auftaktdoppelseite

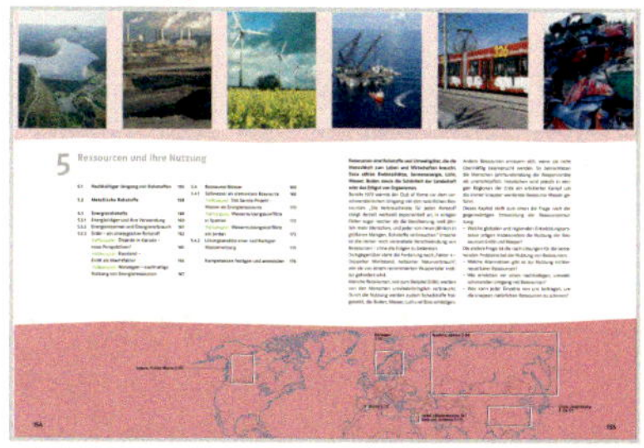

Inhaltsseite

Fallbeispielseite

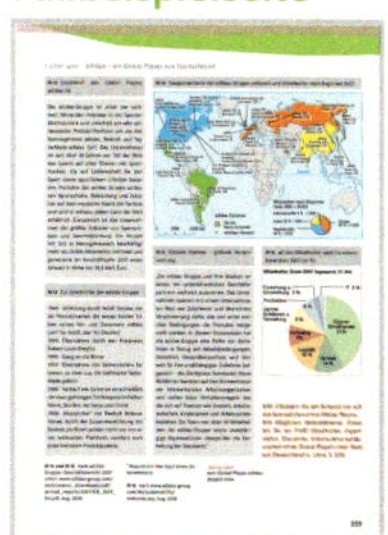

Kompetenzen festigen und anwenden

Methodendoppelseite

Inhalt

Inhalt

Inhalt

Krater des Vesuvs – Blick vom Monte Somma nach Süden über den Golf von Neapel zur Halbinsel Sorrent

1 Natürliche Voraussetzungen menschlichen Lebens auf der Erde

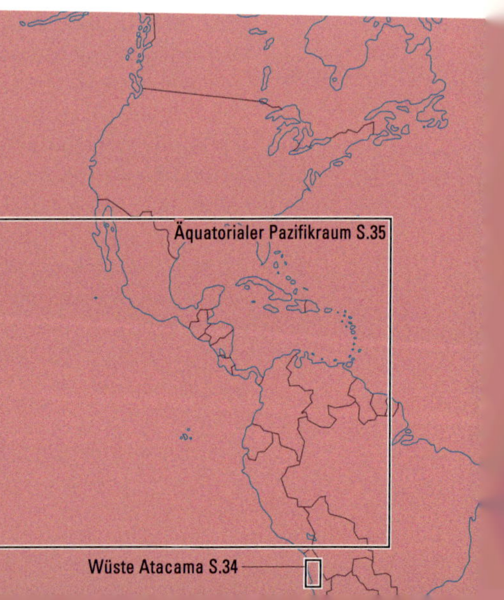

Taurusgebirge in Ostanatolien – Provinz Adiyaman, Türkei

Gewaltige Vulkanausbrüche verändern Landschaften. Stürme entstehen scheinbar aus dem Nichts und tragen riesige Mengen fruchtbaren Bodens ab. Flüsse treten plötzlich über die Ufer und verwüsten ganze Landstriche. Diese Naturphänomene nehmen wir bewusst wahr. Doch in der Natur laufen viele Prozesse auch auf mikroskopisch kleiner Ebene und über viele Millionen Jahre dauernde Zeiträume ab. Die Physische Geographie beschäftigt sich mit diesen Vorgängen, sucht Erklärungen dafür und hilft uns bei der Beschreibung, Analyse und Interpretation unserer natürlichen Umwelt und der Einflüsse menschlichen Wirkens auf diese.

In den nachfolgenden Kapiteln stehen folgende Leitfragen im Mittelpunkt der Betrachtungen:

- Wie sind die einzelnen Teilsysteme – Lithosphäre, Atmosphäre, Hydrosphäre, Pedosphäre und Biosphäre – aufgebaut?
- Welche Wechselwirkungen bestehen zwischen den einzelnen Sphären?
- Wie verändert sich das System Erde, wenn in einzelne Teilbereiche, beispielsweise durch den Menschen, eingegriffen wird?

Die Veränderung in einer Sphäre wirkt sich gleichermaßen in irgendeiner Form auch auf die anderen aus. Verfolgt man den Verbleib eines einzelnen chemischen Bestandteils in der Geosphäre, so wird deutlich, dass die Interaktion zwischen den Teilsystemen letztendlich in Stoff- und Energiekreisläufen stattfindet. Dazu zählen z. B. der Kreislauf der Gesteine oder der Wasserkreislauf. In jüngster Zeit hat der Mensch, häufig sehr ungezügelt, in zahlreiche Kreisläufe eingegriffen, ohne sich immer der oft verheerenden Folgen bewusst zu sein. Die Verbrennung fossiler Energieträger beeinflusst beispielsweise zunächst den Kohlenstoffkreislauf, führt aber gleichzeitig zur Veränderung der Strahlungsverhältnisse auf der Erde. Als Resultat verändern sich die Temperaturverhältnisse, was wiederum neben vielen anderen Auswirkungen eine Volumenveränderung des Ozeanwassers nach sich zieht.

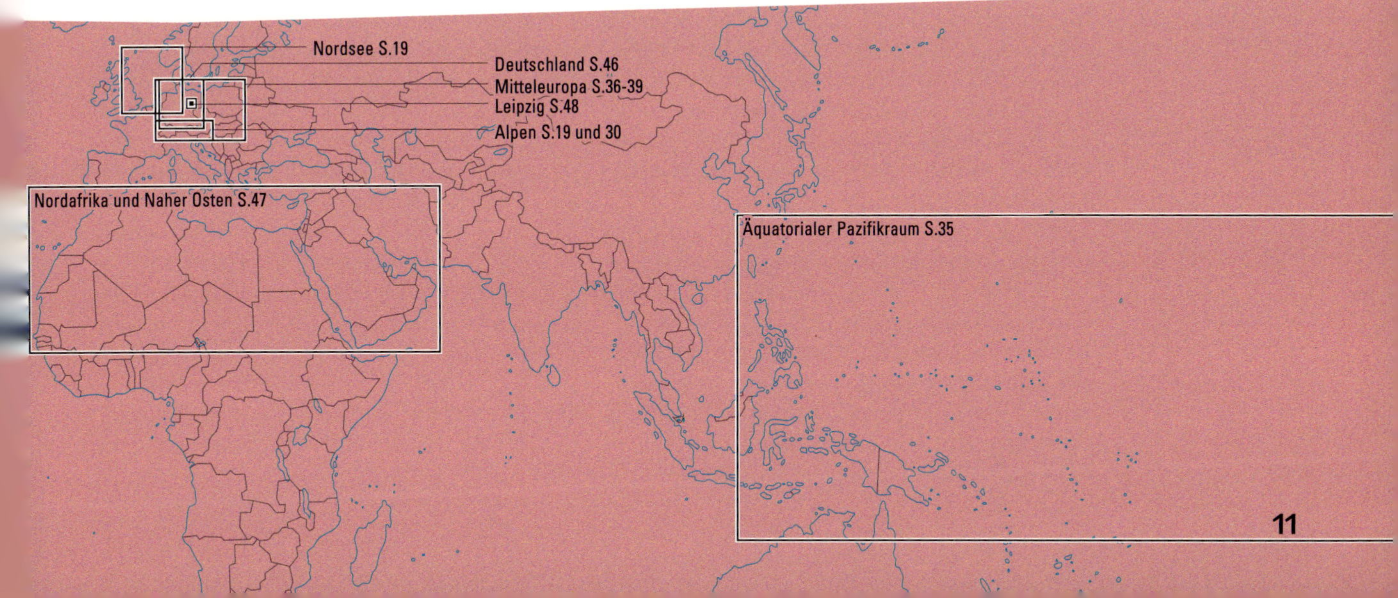

1.1 Prozesse und Strukturen der Erdkruste

M1 Aufbau und Zusammensetzung des Erdkörpers

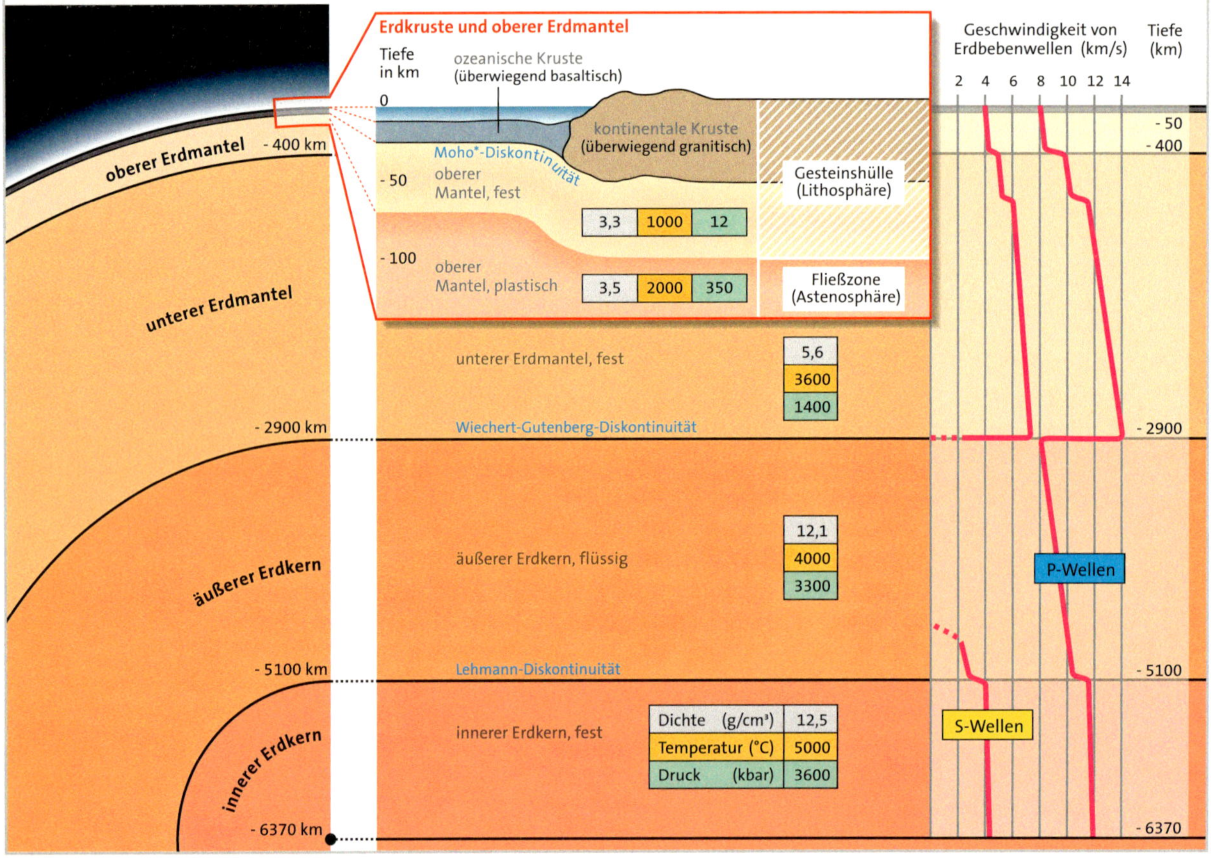

Schalenbau (G)

1.1.1 Schalenbau der Erde

Auf der Halbinsel Kola in Russland gelang 1996 mit 12 262 m die tiefste Bohrung in das Erdinnere. Ein weiteres Vordringen war wegen der zu hohen Drücke und Temperaturen nicht möglich. Verkleinert man die Erde auf die Größe eines Pfirsichs, so würde diese tiefste Bohrung noch nicht einmal dem Anritzen der Schale entsprechen. Dennoch wissen wir heute, dass unser Erdkörper schalenförmig aufgebaut ist und sich in Erdkruste, Erdmantel und Erdkern gliedert. Der innere Erdkern muss fest, der äußere flüssig sein.

Erdkruste, Erdmantel, Erdkern

Das Wissen über das Innere der Erde verdanken wir indirekten Untersuchungsmethoden, vor allem der Seismik. Dabei werden Wellen künstlich durch Explosionen, Druckluftkanonen oder Vibrationen angeregt. In Seismogrammen werden die Laufzeiten seismischer Wellen aufgezeichnet, die sich in Abhängigkeit von den jeweiligen Schichten oder dem Gesteinskörper mit unterschiedlicher Geschwindigkeit ausbreiten.

Seismik (G)

Erdbeben
Erdbebenwellen
Seismogramm
Diskontinuitätsflächen

Ein „Röntgenbild" der Erde

Jedes Erdbeben löst Erschütterungen aus, die sich in unterschiedlichen Wellen nach allen Richtungen ausbreiten. Am schnellsten sind dabei Druckwellen, die auch als Primärwellen (P-Wellen) bezeichnet werden. Sie breiten sich im festen Gestein, aber auch in Flüssigkeiten aus. Im Unterschied dazu können die Scherwellen (S-Wellen) keine Flüssigkeiten durchdringen. Beide Wellen werden an der Erdoberfläche gebrochen und erzeugen dadurch die so genannten Oberflächenwellen. Diese erreichen die größten Amplituden und verursachen die meisten Erschütterungen bei Erdbeben.

Die Auswertung von Seismogrammen ergab, dass die Wellen in bestimmten Tiefen ihre Geschwindigkeit und Richtung ändern. Diese Bereiche nennt man seismische Diskontinuitätsflächen (Unstetigkeitsflächen). Dort wandeln sich auch Druck- in Scherwellen oder Scher- in Druckwellen um. Daraus schloss man auf die modellhafte Vorstellung vom Schalenbau der Erde.

Die äußerste, relativ dünne Schale der Erde wird als Erdkruste bezeichnet. Mit dem obersten, festen Teil des Erdmantels zusammen bildet sie die Gesteinshülle der Erde, die Lithosphäre. Mit zunehmender Tiefe steigt in der Erdkruste die Temperatur an. Im Durchschnitt beträgt die Temperaturerhöhung 1 K/33 m Eindringtiefe (geothermische Tiefenstufe). Dieser Wert schwankt regional jedoch oft stark. Abweichungen, z. B. in der Nähe von Vulkanaktivitäten, werden als Wärmeanomalien bezeichnet.

Unter der Lithosphäre befindet sich das Mantelgestein in der Nähe des Schmelzpunktes. Gegenüber lang anhaltendem Druck reagiert dieser Bereich plastisch. Für die Lithosphäre stellt diese Zone eine „Gleitschicht" dar, die als Asthenosphäre (griech. asthenos = kraftlos) oder Fließzone bezeichnet wird.

Die Erdkruste lässt sich in eine kontinentale Kruste mit einer Mächtigkeit von 30 – 60 km und einem Alter von bis zu 3,96 Mrd. Jahren und eine ozeanische Kruste unterteilen. Diese ist nur 5 – 10 km mächtig und mit maximal 200 Mio. Jahren auch wesentlich jünger als die kontinentale Kruste.

Lithosphäre (G)

geothermische Tiefenstufe (G)

Asthenosphäre (G)

A 1 Beschreiben Sie den Schalenbau der Erde.

A 2 Vergleichen Sie den Aufbau der Lithosphäre im Bereich der Kontinente und Ozeane.

A 3 a) Untersuchen Sie die Erdbebenwellen in M 2 hinsichtlich ihrer Ausbreitungs- und Schwingungsrichtung.

A 3 b) Erläutern Sie die Bedeutung der Erdbebenwellen für die Erforschung des Erdinneren.

M 2 Aufzeichnung, Ausbreitung, und Typen von Erdbebenwellen

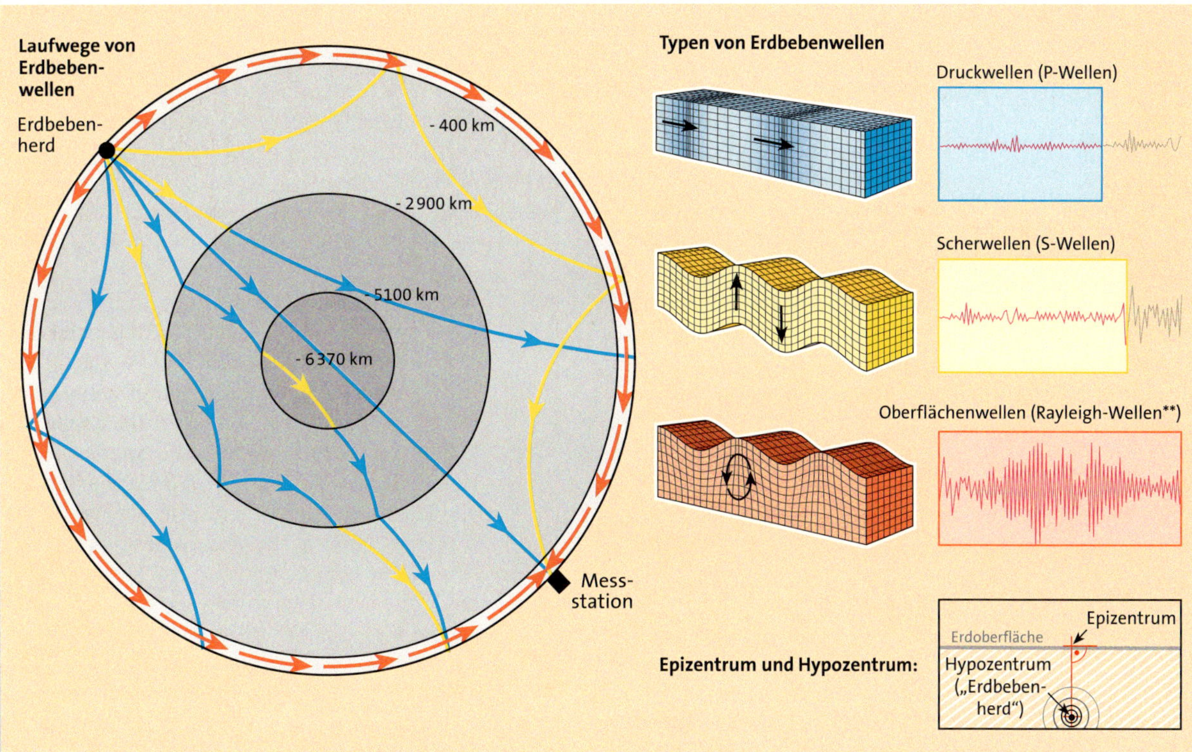

*Der kroatische Geophysiker Andrija Mohorovičić entdeckte zwischen Erdkruste und Erdmantel eine Grenzfläche, die seitdem als Moho-Diskontinuität bezeichnet wird.

**Die Oberflächenwellen werden nach dem britischen Physiker Lord Rayleigh (1842 – 1919) auch Rayleigh-Wellen genannt.

Computerprogramme zu Erdbeben im Internet (März 2008)
www.geol.binghamton.edu/faculty/jones/
http://web.ics.purdue.edu/~braile/edumod/waves/WaveDemo.htm

Online-Link
zur kontinentalen Tiefenbohrung Windischeschenbach/Oberpfalz: 29260X-1101

M3 Die Lage der Kontinente nach Alfred Wegener (1929)

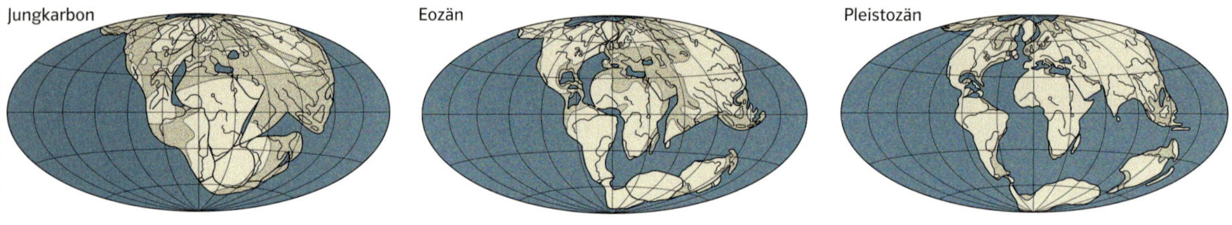

1.1.2 Von der Kontinentverschiebungstheorie zur Plattentektonik

Kontinentverschiebungstheorie
Isostasie (G)

Die Idee, dass sich die Kontinente im Laufe der Erdgeschichte verschoben haben könnten, ist nicht neu. Schon 1620 beschrieb der englische Naturforscher Francis Bacon die verblüffende Ähnlichkeit der Küstenlinien Westafrikas und des nordöstlichen Südamerikas. Jahrhunderte lang glaubten die Wissenschaftler jedoch, der Boden des Atlantischen Ozeans sei bei der biblischen Sintflut eingebrochen und hätte die beiden Kontinente voneinander getrennt. 1915 legte der deutsche Geologe Alfred Wegener seine Kontinentverschiebungstheorie dar. Er beschränkte sich dabei nicht darauf, die Kontinente allein nach ihren geometrischen Umrissen und geologischen und paläontologischen Übereinstimmungen wie Puzzlesteine zu einem Kontinent zusammenzufügen, sondern stellte dar, wie sich die aus leichterer Kruste aufgebauten Kontinente auf der schwereren Kruste der Meeresböden bewegen. Es gelang ihm allerdings nicht, Kräfte nachzuweisen, die diese gewaltigen horizontalen Bewegungen ermöglichen.

M4 Das Prinzip der Isostasie*

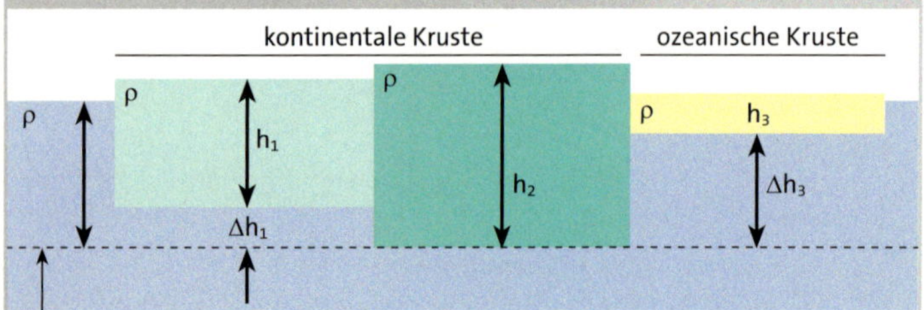

Isostatische Ausgleichsfläche (Flächen gleichen Auflagerungsdrucks)
Für diese Flächen gilt: $\rho \times h_0 = \rho \times h_1 + \rho \times \Delta h_1 = \rho \times h_2 = + \rho \times h_3 + \rho \times \Delta h_3$

Die Lehre von der Isostasie

Bereits im 19. Jh. hatte man durch Schweremessungen festgestellt, dass die Schwerkraft unter großen Gebirgen nicht in dem Maße von normalen Werten abwich, wie man das aufgrund der großen Gebirgsmassive erwartet hätte. Messungen auf dem Ozean ergaben ebenso Normalwerte, obwohl die großen Ozeanbecken Massendefizite darstellen. Zur Erklärung dieser unterirdischen Massendefizite und -überschüsse wurde 1855 die Lehre von der Isostasie entwickelt. Erhöht sich also das Gewicht der Lithosphäre, z. B. durch Vergletscherung, so erhöht sich der Druck auf die Asthenosphäre. Diese gibt nach und die Lithosphärenplatte sinkt tiefer in den oberen Erdmantel ein. Verringert sich die Last durch Abschmelzen der Gletscher, so erfolgt eine Hebung der Lithosphäre, bis das hydrostatische Gleichgewicht zwischen Auftrieb und Gewichtskraft, die Isostasie, wiederhergestellt ist.

Alfred Wegener nutzte die Erkenntnisse der ersten Isostasiemodelle zur Erklärung der Kontinentverschiebungstheorie:

„... schwimmen also die Kontinentalschollen wirklich in einer, wenn auch sehr zähen Flüssigkeit, so ist offenbar kein Grund einzusehen, warum sich ihre Beweglichkeit nur in der Vertikalen äußern solle, und nicht auch horizontale Bewegungen vorkommen sollten." [1]

A4 Erklären Sie die Hebung Skandinaviens mit der Lehre von der Isostasie.

A5 „Je leichter Gebirge durch Abtragung werden, desto höher werden sie." Beurteilen Sie diese Aussage.

M3 nach Alfred Wegener: Die Entstehung der Kontinente und Ozeane. 4. Aufl. Braunschweig: Vieweg, 1929

M4 nach www.uni-regensburg.de/Fakultaeten/phil_Fak_III/Geographie/phygeo/downloads/nille03gm04_05.pdf, Dez. 2007

***Isostasie** (griech. isos = gleich, stasis = Stand): Zustand des hydrostatischen Gleichgewichts der Erdkruste bzw. Lithosphäre

Online-Link
zur Glazialisostasie im Speziellen und Isostasie im Allgemeinen: 29260X-1102

[1] nach ebenda

M5 Änderungen von Streckenlängen, die mithilfe von GPS-Messungen ermittelt wurden

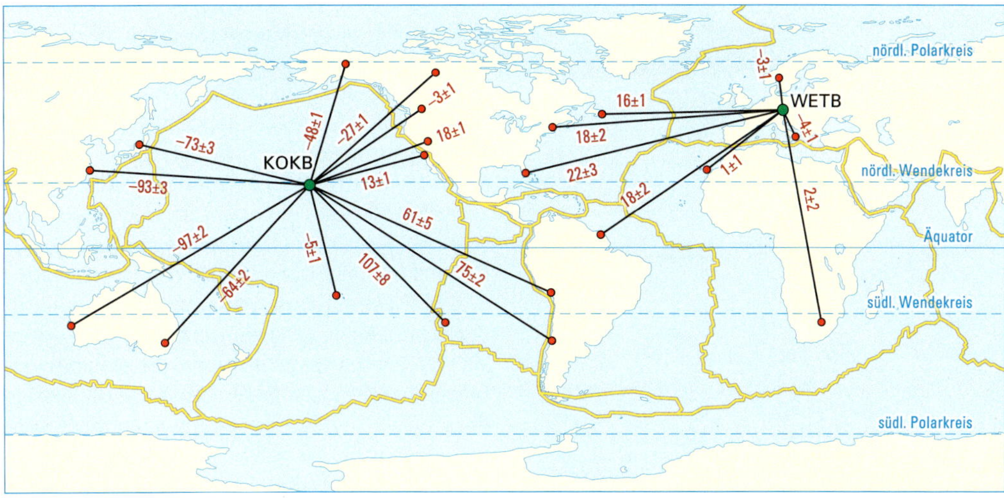

Bezugspunkte der Messungen sind Kokee Bay auf Hawaii (KOKB) und Wettzell im Bayerischen Wald (WETB). Die Messwerte (rote Zahlen, in mm/a) umfassen den Zeitraum von Januar 1993 bis Mai 1995.

Plattengrenze

1.1.3 Vorgänge an den Plattenrändern

Ende der 1960er Jahre entstand die Theorie der Plattentektonik. Sie geht davon aus, dass sich die Lithosphäre der Erde aus einem Mosaik großer und kleiner Platten zusammensetzt, die sich auf einer Zone im oberen Erdmantel, der Asthenosphäre, bewegen. Die Platten bewegen sich mit unterschiedlichen Geschwindigkeiten und in unterschiedliche Richtungen. Dabei stellt sich die Frage, wie dies bei einem geschlossenen Plattenmuster auf einer Kugeloberfläche möglich ist? Die Bewegung eines Körpers auf einer Kugeloberfläche erfolgt nach der Eulerschen Geometrie durch Rotation um eine Achse, die durch den Kugelmittelpunkt geht. Alle Platten bewegen sich daher um eine solche Rotationsachse und erlangen durch die zum Äquator zunehmende Rotationsgeschwindigkeit eine unterschiedliche Driftgeschwindigkeit. Die individuellen Bewegungen der Platten lassen sich mithilfe der drei Arten von Plattengrenzen erklären (s. S. 17). Global gesehen werden das Auseinanderdriften der Platten und die Entstehung ozeanischer Kruste an den mittelozeanischen Rücken von der Subduktion ozeanischer Kruste an den destruktiven Plattenrändern kompensiert.

M6 Relativbewegung zwischen zwei Platten

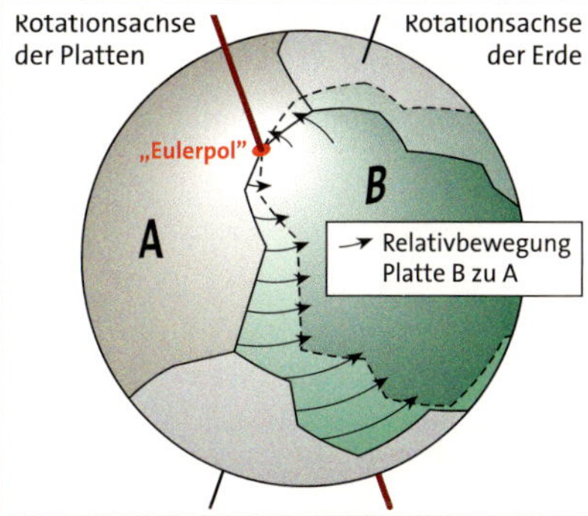

Die Bewegung zweier aneinandergrenzender Platten A und B lässt sich als Rotation um einen gemeinsamen Rotationspol (Eulerpol) darstellen. Dabei ist die Relativbewegung am „Bewegungsäquator" am größten und nimmt zu den Bewegungspolen hin ab.

M7 Relative Bewegung (Meeresbodenausdehnung)

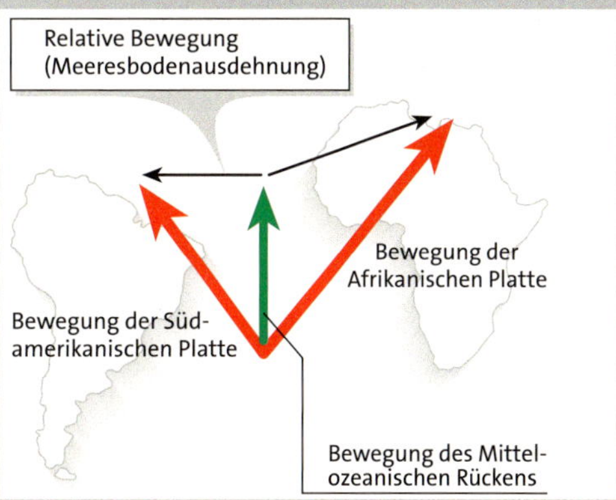

Plattentektonik (G)
Mittelozeanischer Rücken (G)
Subduktion (G)

M5 nach Wolfgang Frisch/Martin Meschede: Plattentektonik. Darmstadt: Wissenschaftliche Buchgesellschaft, 2007, S. 30

Online-Link
zur Plattenbewegung (auch für S. 16–17) sowie zum Zusammenhang zwischen Plattentektonik, Erdbeben und Vulkanismus: 29260-1103

M 8 Magnetische Streifenmuster an Mittelozeanischen Rücken

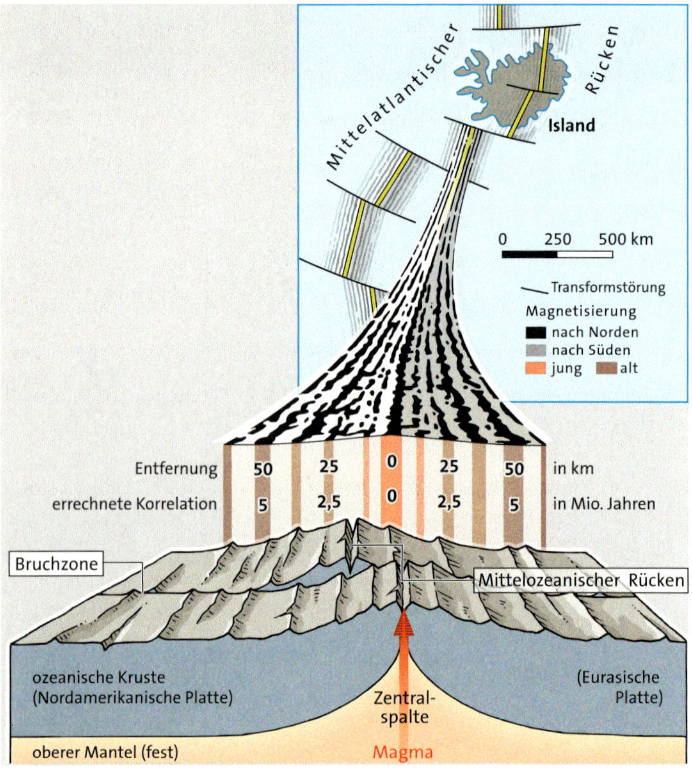

Sea-floor-spreading (G)

mittelozeanische Rücken (G)

Rift

Transformstörungen

Curie-Punkt

Konvektionsströme (G)

Die „Sea-floor-spreading"-Hypothese

Bei der großflächigen Vermessung und Erkundung der Ozeanböden in den 1960er-Jahren machten die Wissenschaftler sensationelle Entdeckungen: Auf dem Meeresboden der großen Ozeane erstrecken sich gewaltige Gebirge, 3000 bis 4000 m hoch und fast 2000 km breit. Der größte Teil liegt durchschnittlich 2000 bis 3000 m unter Wasser. Nur an wenigen Stellen ragen diese mittelozeanischen Rücken über die Wasseroberfläche hinaus, wie z. B. Island oder die Azoren im Bereich des Mittelatlantischen Rückens. Die zentralen Teile der Mittelozeanischen Rücken werden von längs gerichteten Spaltensystemen durchzogen, die sich teilweise zu breiten und tiefen Gräben, den Rifts, ausweiten. Diese sind in unregelmäßigen Abständen an Querbrüchen, den Transformstörungen, horizontal versetzt.

Mittelozeanische Rücken markieren die Grenze zwischen Platten. Hier bricht die Lithosphäre auf und zwei Platten bewegen sich voneinander weg. In Spalten steigt Magma auf, das beim Austritt und Kontakt mit dem Wasser sofort erstarrt. Dadurch entsteht neue ozeanische Kruste. Bewegen sich die Platten weiter auseinander, dringt neues Magma nach und erkaltet gleich wieder. Dieser Vorgang wird als Sea-floor-spreading (Meeresbodenausbreitung) bezeichnet.

Die mittelozeanischen Rücken zeigen ein zuerst am Reykjanes-Rücken südlich von Island entdecktes paläomagnetisches Streifenmuster. Bei der in unregelmäßigen Sprüngen stattfindenden Umpolung des Erdmagnetfeldes wird die Magnetisierung im Gestein „eingefroren", wenn es unter 500 °C, den sogenannten Curie-Punkt, abkühlt. Symmetrisch zur Mittelachse des Rückens zeichnen dadurch Magnetometer parallele, gleich breite und jeweils umgekehrt gepolte Gesteinsstreifen auf (M 8).

M 9 Vermutete Antriebskräfte der Plattenbewegung

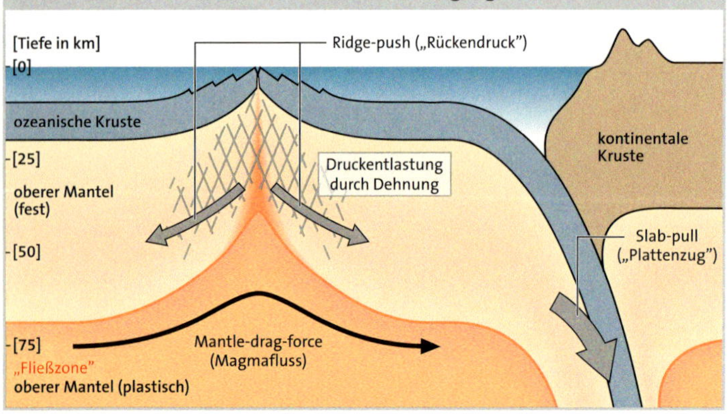

Welche Kräfte bewegen die Platten?

Erst in den 1990er-Jahren setzte sich die Auffassung durch, dass nicht das aufsteigende Magma innerhalb der Rücken die Platten aktiv auseinander drückt, sondern die Rifts sich im Ergebnis von Rückendruck und Plattenzug passiv öffnen. Wissenschaftler gehen heute von unterschiedlichen Antriebskräften aus, die auch zusammenwirken können (M 9):

- Rückendruck: Die Platten „rutschen" infolge ihres Gewichts von den Aufwölbungen der mittelozeanischen Rücken weg (Höhenunterschied bis zu 1000 m).
- Plattenzug: Die spezifisch schwerere, absinkende Platte (ozeanische Kruste) sinkt durch ihr Eigengewicht in den Subduktionszonen in die Asthenosphäre, zieht die Platte mit sich und öffnet dadurch den mittelozeanischen Rücken. Diese Kräfte sind wahrscheinlich bis zu zehnmal so groß wie die des Rückendrucks.
- Konvektionsströme: Sie entstehen in der Asthenosphäre durch Temperatur- und Dichteunterschiede zwischen Kern und Erdoberfläche. Diese schleppen die Platten mit sich oder bremsen als Reibungskräfte die Bewegung.

M 10 Schematische Darstellung der drei Arten von Plattengrenzen

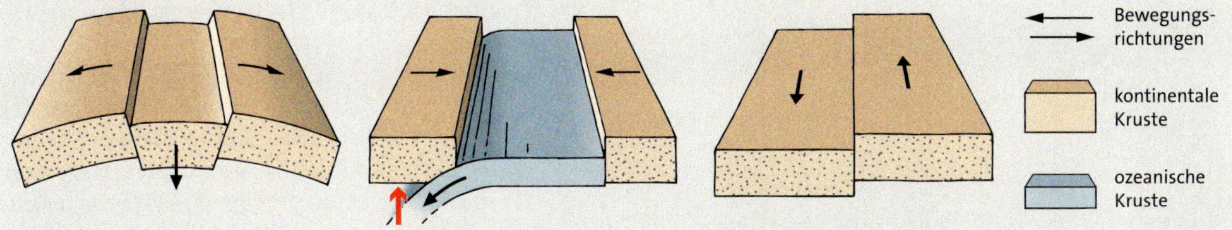

a) Divergierende Plattengrenzen

b) Subduktion konvergierender Plattengrenzen

c) Transformstörung an konservierenden Plattengrenzen

Divergierende Plattengrenzen

Wenn kontinentale Kruste gedehnt wird, kann sie entlang von Schwächezonen aufreißen. Hält dieser Vorgang lange genug an, entsteht ein Grabenbruch, auch Rift (engl. Spalte, Riss) genannt. Bekannte Beispiele dafür sind das Zentral- und Ostafrikanische Riftsystem oder der Oberrheingraben. Ob die Dehnung so groß ist, dass sich in einem Grabensystem ozeanische Lithosphäre ausbilden kann wie im Roten Meer oder trotz einer Dehnung von 400 km wie im Südwesten der USA der kontinentale Charakter erhalten bleibt, ist von vielen Faktoren abhängig.

Die mittelozeanischen Rücken bilden die ozeanischen Gegenstücke zu den kontinentalen Grabenbrüchen. Im Unterschied dazu stellen sie aber Plattengrenzen dar, an denen ozeanische Kruste neu gebildet wird. Durch das Auseinanderdriften wird diese Kruste gezerrt. Dadurch entstehen Störungen, an denen Gesteinsblöcke nach unten sinken. Im Ergebnis kommt es meist zur Bildung eines zentralen Grabens (Rift).

Konvergierende Plattengrenzen

Man unterscheidet drei Typen von konvergierenden Plattenrändern. Bei der Subduktion ozeanischer unter ozeanische Lithosphäre kommt es zur Bildung eines Inselbogensystems auf ozeanischer Kruste. Beim Zusammentreffen von ozeanischer und kontinentaler Kruste taucht die schwerere ozeanische Kruste unter die kontinentale Kruste ab. In beiden Fällen entsteht durch das Abtauchen unmittelbar am Plattenrand ein Tiefseegraben. Gelangt die ozeanische Kruste in die Asthenosphäre, wird sie durch die hohen Drücke in metamorphes Gestein umgewandelt, z. B. Eklogit. In großen Tiefen kann es zu einem Plattenabriss kommen. Durch isostatische Vorgänge kann dabei die kontinentale Kruste aufsteigen. Gleichzeitig wird durch den Druck der sich aufeinander zu bewegenden Platten der kontinentale Krustenrand gestaucht. Es entstehen Verwerfungen, an denen sich die Kruste übereinander stapelt.

Gleichzeitig lagern sich die Festlandssedimente im Tiefseegraben ab bzw. unter der kontinentalen Kruste an. Damit ist eine Krustenverdickung und weitere Hebung kontinentaler Kruste verbunden. Die abgerissene ozeanische Kruste wird in den Mantel eingegliedert. Treffen zwei kontinentale Platten aufeinander, kommt es wegen ihrer geringeren Dichte nicht zu einer dauerhaften Subduktion. Die kontinentale Kruste beider Platten schiebt sich in- und übereinander, sodass Hochgebirge, wie das Himalayagebirge, entstehen können.

Konservierende Plattengrenzen

An diesen Plattengrenzen wird weder neue Kruste gebildet noch abgebaut, die Platten gleiten aneinander vorbei. Diese Grenzen werden auch als Transformstörungen bezeichnet. Im kontinentalen Bereich sind Transformstörungen selten. Dagegen werden die Mittelozeanischen Rücken von zahlreichen Transformstörungen zerschnitten. In Kalifornien bewegen sich z. B. die Nordamerikanische Platte und die Pazifische Platte aneinander vorbei. Ihre Nahtstelle ist die über 1 300 km lange San-Andreas-Störung.

Plattengrenzen (divergierende, konvergierende, konservierende)
Grabenbruch/ Rift
Subduktion (G)
Transformstörungen

A 6 Beschreiben Sie mithilfe der Karte M 5 die Hauptbewegungsrichtungen der großen Platten.
A 7 Begründen Sie die unterschiedlichen Driftgeschwindigkeiten einer Platte (M 6 und M 7).
A 8 Vergleichen Sie unterschiedlichen Plattenbewegungen im Hinblick auf die Antriebskräfte sowie die Auswirkungen auf die Plattenränder (M 10 und Text dieser Seite).

M 11 Vermutete Ursprungsgebiete von Plumes und Hotspots

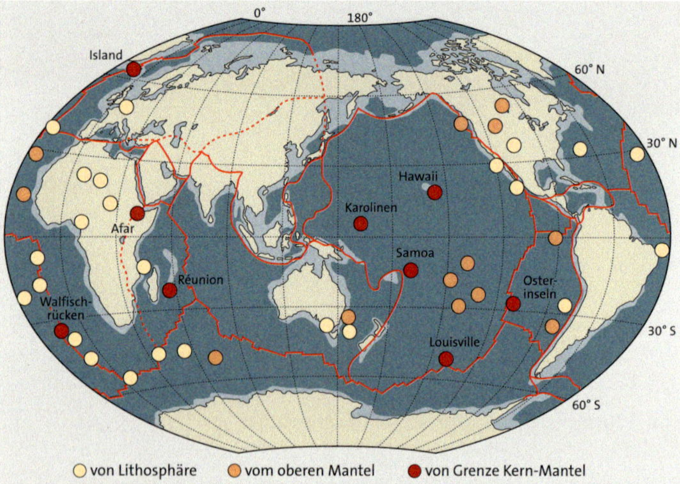

M 12 Plattentektonisches Modell (Wilsonzyklus)

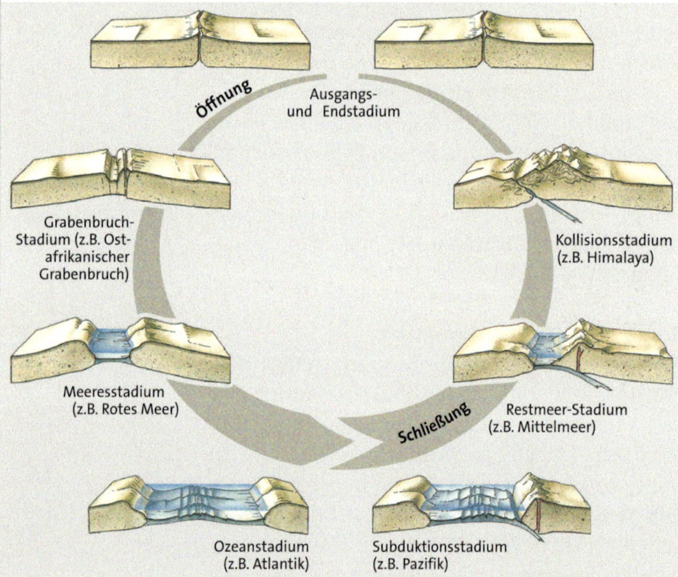

Plumes und Hotspots

Manteldiapire, auch als Plumes (engl. mantle plumes) bezeichnet, sind schlauchförmige Zonen von 100 bis 1000 km Durchmesser, in denen heißes Material aus großen Tiefen (zum Teil von der Mantel-Kruste-Grenze) nach oben steigt. Über solchen Plumes können sich Hotspots (heiße Flecken) als kleinere Vulkanzentren bilden. Nach heutigen Vorstellungen sind solche Plumes Teil von Konvektionsströmungen im Erdmantel. Ursache für diese Mantelkonvektion sind gewaltige Wärmemengen im Erdinneren. Dabei handelt es sich um Wärme, die im Erdkern durch radioaktive Zerfallsprozesse freigesetzt wird, sowie „Restwärme" aus der Entstehungszeit der Erde. Diese Wärme wird im Erdmantel durch großräumige Konvektion transportiert. Man kann sich den gesamten Erdkörper als gigantische Wärmekraftmaschine vorstellen.
Obwohl viele Zusammenhänge noch unbekannt sind, ist unbestritten, dass die Platten von der Mantelkonvektion angetrieben werden.

Plattentektonischer Zyklus

Der kanadische Geowissenschaftler John Tuzo Wilson hat 1970 das gesamte Geschehen der Plattentektonik erstmals in einem Zyklus zusammengefasst, der als Wilson- oder Plattentektonischer Zyklus bezeichnet wird. Er beschreibt die Entstehung, die Entwicklung und das Verschwinden eines Ozeans mit einem Öffnungs- und Schließungsprozess.
Der Plattentektonische Zyklus ermöglicht es, viele Erscheinungen auf der Erde zu deuten. Er ist jedoch als Idealschema aufzufassen. Es ist durchaus möglich, dass die Entwicklung nicht alle Stadien durchläuft. Zum Beispiel muss nicht jede kontinentale Grabenbildung zur Entwicklung eines Ozeans führen (s. S. 17).

A 9a Beschreiben Sie mithilfe der Grafik M 12 den Plattentektonischen Zyklus.
A 9b Benennen Sie für die einzelnen Stadien weitere Beispiele.

A 10 Erläutern Sie auf der Grundlage des Plattentektonischen Zyklus Entwicklungstendenzen des Mittelmeeres.

Vulkanismus
Hotspots (G)/Plumes
Wilsonzyklus/
Plattentektonischer Zyklus

Online-Link
zu Hotspots und Plumes:
29260X-1104

Online-Link
Plattentektonik mit oder ohne Plumes? – Modell zum Ausdrucken, vertiefende Informationen und Arbeitsmaterialien zu beiden Auffassungen unter:
29260X-1105

M 13 „Plattentektonische Alpenchronik"

Der Urkontinent Pangäa weist nur noch geringe Erhebungen auf. Gewaltige Abtragungsvorgänge haben ihn fast eingeebnet. Ein Flachmeer (Tethys) konnte weite Teile überfluten. Dort werden vorherrschend Flachwassersedimente wie Sand und Ton abgelagert. Durch Untergrundabsenkung erlangen sie eine Mächtigkeit von mehreren 1000 Metern. Das Riftstadium der Ostalpen zeigt eine erste Nord-Süd-Dehnung der Erdkruste mit der Bildung von Grabenbrüchen.

Im Driftstadium erfolgt eine verstärkte Krustendehnung. Zur Jurazeit entsteht dabei der Penninische Ozean von einigen Hundert km Breite zwischen den auseinanderdriftenden Platten, gekennzeichnet durch die Neubildung ozeanischer Kruste.

Im Subduktionsstadium kommt es zur Umkehr des Öffnungsprozesses und zur starken Krustenverkürzung zwischen Eurasien und Afrika. Die ozeanische Kruste des Penninischen Ozeans verschwindet an einer Subduktionszone unter den übereinander gestapelten Krustenstücken der Adriatischen Platte. Die auf der Basaltkruste abgelagerten Sedimente haben eine zu geringe Dichte, um in den Erdmantel subduziert zu werden, sodass sie von der Adriatischen Platte abgeschürft und zu einem Keil aufgetürmt werden.

Im Kollisonsstadium ist die ozeanische Kruste verschwunden. Der Eurasische Kontinent beginnt sich unter die Adriatische Platte zu schieben. Es entsteht eine extreme Erdkrustenverdickung mit Deckenüberschiebungen. Starke Hebungen lassen ein frühes Hochgebirge entstehen. Heute ist die Kontinentkollision im Wesentlichen vollendet. Die Gesteine im Bereich des Alpenhauptkamms sind um viele Kilometer herausgehoben worden. Der Abtragungsschutt wurde in den Becken am Alpenrand abgelagert.

M 14 Entstehungsphasen der Alpen

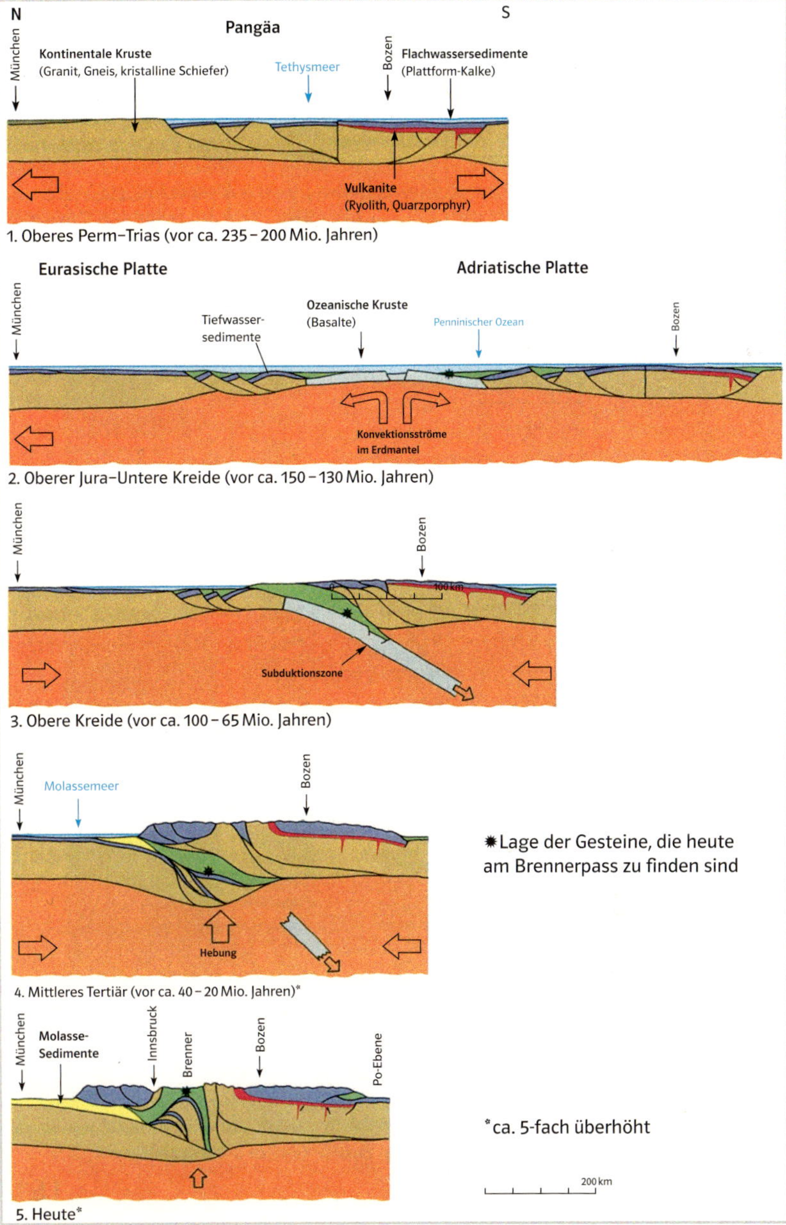

A 11 Beschreiben Sie die Entstehung der Alpen im Zusammenhang mit der Plattentektonik.

A 12 Begründen Sie das Vorhandensein von Kalkgestein am Alpennordrand.

A 13 Erläutern Sie die Aussage „In den Alpen sind zwei Gebirge in einem vereint".

M 13 nach Wolfgang Frisch/ Martin Meschede: a. a. O., S. 154 f.

Online-Link
zu Plattentektonik und Gebirgsbildung (u. a. mit Fallbeispiel Himalaya):
29260X-1106

1.1.4 Lagerstätten und ihre Verbreitung

Erzlagerstätten
Erzlagerstätten sind im Bereich junger Faltengebirge und der alten Schilde im Wesentlichen an Vulkanite und Plutonite gebunden.

magmatische Lagerstätten

magmatische Differenziation

Magmatische oder primäre Lagerstätten. Sie entstehen beim Eindringen von Gesteinsschmelzen aus dem oberen Erdmantel in die Erdkruste. Während der Kristallisationsphase erfolgt eine Aufspaltung der Schmelzen in Teilschmelzen mit unterschiedlicher chemischer Zusammensetzung. Dieser Vorgang wird als Differenziation der Schmelze bezeichnet. Ist das Magma noch flüssig (liquid), erstarren bei Temperaturen zwischen 1 300 °C und 700 °C zunächst Erzminerale mit hohem Schmelzpunkt. Diese Erzminerale scheiden sich in Form von Kristallen aus und sinken aufgrund ihrer Schwere in der Schmelze ab. Erst dann kommt es zur Erstarrung der gesteinsbildenden Minerale, wobei flözartige, „schichtige“ Erzkörper entstehen. Bei weiterer Abkühlung der Schmelzen bildet sich dann die Hauptmasse der Gesteinsminerale heraus. Nach dieser Hauptkristallisation weist die Restschmelze Eigenschaften von Gasen und Flüssigkeiten auf. Bei Temperaturen von nunmehr 600 °C bis 400 °C dringen die hochkomprimierten Gase in Hohlräume und Spalten des Nebengesteins ein und bilden Erzstöcke und Erzlinsen (Pneumatolytische Phase). Sinken die Temperaturen unter 400 °C, entstehen wässrige Lösungen, in denen es zur Ausscheidung von Erzen kommt (Hydrothermale Phase). Weil diese Lösungen eine Vielzahl von Metallen enthalten, bilden sich oft so genannte Polyerze, wie Gold-Silber- oder Kobalt-Nickel-Silber-Gemenge, aus. Die ausgeschiedenen Erze treten hauptsächlich in Form von Gangerzlagerstätten oder in feiner Verteilung im Nebengestein auf.

sedimentäre Lagerstätten

Erzseifen

Sedimentäre oder sekundäre Lagerstätten. Sie entstehen, wenn magmatische Erzlagerstätten durch Hebung und Abtragung an die Erdoberfläche gelangen und der Verwitterung ausgesetzt sind. Dabei werden widerständige Erztrümmer und -mineralkörner durch Bäche und Flüsse transportiert und bei nachlassender Transportkraft auf Flachstrecken oder an Gleithängen abgelagert. Entsprechend dem hohen spezifischen Gewicht mancher Erze werden diese im Bereich bestimmter Gefälleabschnitte bevorzugt abgelagert. Solche sedimentären Anreicherungen nennt man Seifen. Wenn erzreiche Abtragungsprodukte durch Flüsse in das Meer gelangen, kommt es zu Wechselwirkungen mit dem Meereswasser. Dabei können z.B. Eisenhydroxide ausgefällt werden, die sich um Kristallisationskerne anlagern und sich in Sedimenten anreichern. Im Tiefseebodenbereich bilden sich Manganknollen, Kobaltkrusten und Erzschlämme aus.

M 15 Primäre und sekundäre Lagerstätten

Erze sind metallhaltige Minerale oder Mineralgemenge mit hoher Konzentration an metallischen Bestandteilen.

Lagerstätten sind abbauwürdige, natürliche Anreicherungen nutzbarer Minerale oder Gesteine.

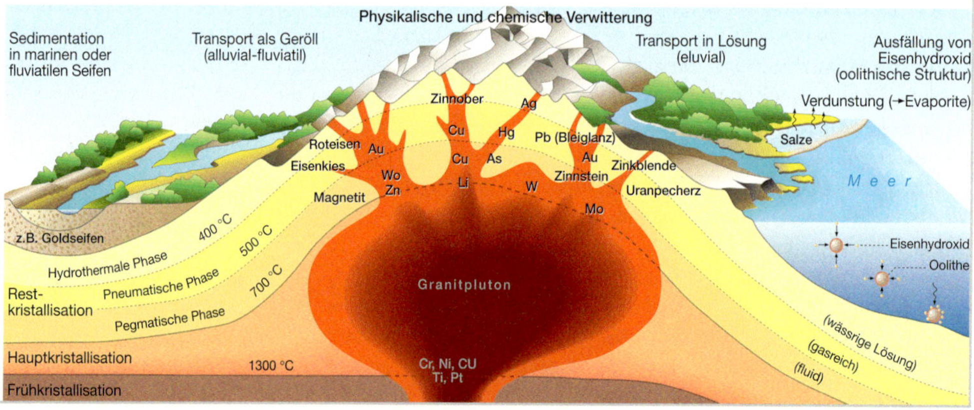

Weiterführender Link
www.bgr.bund.de

Online-Links
zu Lagerstätten und Plattentektonik:
29260X-1107

zu Erzlagerstätten:
29260X-1108

Online-Links
zu Erdöl- und Erdgaslagerstätten:
29260X-1109

zu Kohlelagerstätten:
29260X-1110

M16 Typen von Erdöl- und Erdgaslagerstätten („Fallen")

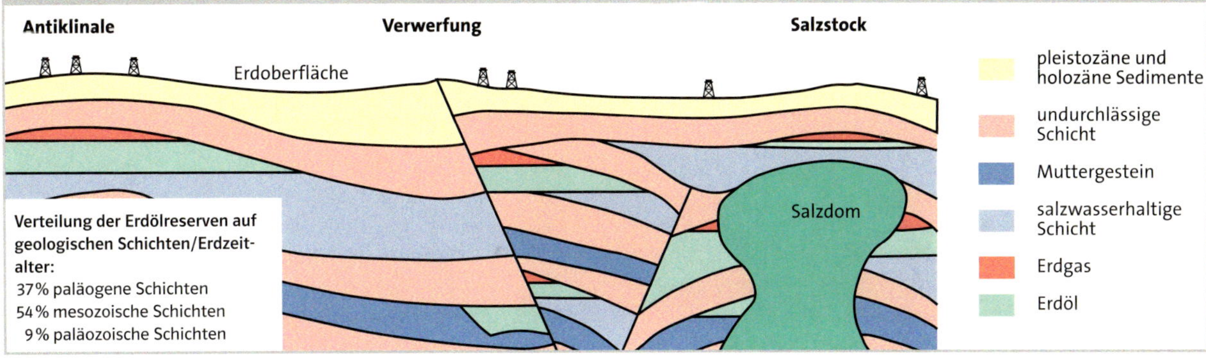

Erdöl- und Erdgaslagerstätten

Eiweißstoffe, Fette und Kohlenhydrate von pflanzlichem und tierischem Plankton und Bakterien, die im Wasser gelebt haben, bilden das Ausgangsmaterial für die Erdölentstehung. In der oberflächennahen, licht- und sauerstoffreichen (aeroben) Zone bilden sich große Mengen an Plankton. Nach dem Absterben sinkt es in die schlecht durchlüftete Unterzone ab, wo es sich zusammen mit anorganischen Sedimenten als Faulschlamm (Sapropel) anreichert.

Sapropel ist eine geologische Ablagerung, deren Rohstoff Wasserpflanzen und tierische Überreste sind, zusammen mit den aus dem Festland herangetragenen Fragmenten des Gewebes höherer Pflanzen, Blütenstaub, mit Sand und Roherde sowie auch den Lösungen verschiedener Mineralstoffe.

Infolge der Sauerstoffarmut tritt im Milieu der Unterzone keine Verwesung der abgestorbenen Organismen, sondern ein Fäulnisprozess ein. Unter Einwirkung von anaeroben Bakterien werden die organischen Substanzen zu Fettsäuren abgebaut und danach in Kohlenwasserstoffe umgewandelt. Es entsteht Bitumen. Den unter Druck zu Gestein verfestigten und mit Bitumen durchsetzten Faulschlamm bezeichnet man als Erdölmuttergestein. Durch den Überlagerungsdruck nachfolgender Sedimente entstehen aus dem Bitumen bei Temperaturen zwischen ca. 70 und 150 °C Erdöl und Erdgas, oberhalb der Temperaturgrenze nur Gas.

Lagerstättenbildung. Durch den Überlagerungsdruck jüngerer, im Hangenden abgelagerter Sedimente werden bei Entwicklung des Muttergesteins entstandene gasförmige und flüssige Kohlenwasserstoffe ausgepresst. Sie wandern aus dem Muttergestein durch Poren oder entlang von Spalten zum so genannten Speichergestein. Das sind poröse oder klüftige Gesteinsschichten, meist Sandsteine und Kalke. Sie müssen von undurchlässigen Schichten abgedeckt sein, welche das Erdöl am weiteren Aufsteigen hindern.

Den Prozess der Wanderung bezeichnet man als Erdölmigration. Werden die Kohlenwasserstoffe nicht am Aufsteigen gehindert, erreichen sie die Erdoberfläche und bilden dort sogenannte „Ölkuhlen" oder „Ewige Feuer".

Innerhalb des Speichergesteins sammelt sich das Erdöl in dafür besonders günstigen Krustenstrukturen, den Erdölfallen (M16). Das sind vor allem Antiklinalen (Schichtsättel), Verwerfungen (Tektonische Fallen) sowie Flanken und Dächer von Salzstöcken. In den Lagerstätten tritt das Öl meist mit Gas und Salzwasser gemeinsam auf, wobei die drei Fraktionen ihrer Dichte entsprechend getrennt sind. Ab ca. 150 °C wird das Erdöl durch natürliches Cracken in Erdgas überführt, die maximale Tiefengrenze von Erdöllagerstätten liegt deshalb bei etwa 3 500 m. Neben der beschriebenen Umwandlung entsteht Erdgas auch häufig durch Entgasung von Kohleschichten. Ab einem Gehalt von ca. 37 % flüchtiger Bestandteile gibt die Kohle große Mengen an Methan ab. So sind viele der europäischen Erdgasfelder durch Kohleentgasung entstanden.

Verteilung der Lagerstätten. Durch die petrographisch-tektonischen Bedingungen (mächtige Sedimentpakete mariner Schichtfolgen) sind die Erdöl- und Erdgaslagerstätten weltweit an Räume mit folgenden Voraussetzungen gebunden:

- weiträumige Becken mit flach liegenden marinen Sedimentserien im Bereich der Kontinentaltafeln,
- Sedimentfüllungen in tektonischen Gräben,
- Rand- und Zwischenbecken der jungen Faltengebirge und
- Schelfgebiete der Erde.

Erdölmigration

Plankton

Sapropel

Erdölfallen

Erdölmuttergestein

M 17 Lausitzer Braunkohlenmoor

Inkohlung (G)

Flöz

Kohlelagerstätten

Zu den wichtigsten Voraussetzungen für die Kohlebildung gehören ein feuchtwarmes Klima und ein hoher Grundwasserstand. Unter diesen Bedingungen entstehen ausgedehnte Sumpf- und Moorwälder. Gerät das dort angehäufte Pflanzenmaterial unter Wasserbedeckung und Luftabschluss, kann es nicht verwesen. Es setzt der Inkohlungsprozess ein, also die Umwandlung von pflanzlichen Materialien in Kohle. Dabei laufen zunächst biochemische Prozesse der Diagenese ab, dann geochemische Prozesse der Metamorphose, in langen Zeiträumen, unter Luftabschluss und großem Druck sowie bei hohen Temperaturen.

Biochemischer Inkohlungsprozess. Bei diesem wird durch chemische Reaktionen, ausgelöst von Bakterien und Pilzen, Torf gebildet. Die Torfschicht wird bei Absenkung der Bildungsgebiete und damit steigender Grundwasseroberfläche immer mächtiger. Flüsse und Bäche aus dem höher gelegenen Umland spülen sandig-tonige Verwitterungsprodukte in die Flachmoorbereiche hinein. Der Kohle bildenden pflanzlichen Substanz werden damit nichtbrennbare Bestandteile zugeführt. Bei weiterer Absenkung werden die Moore durch Meeres- und Flusssedimente überlagert.

M 18 Inkohlungsreihe

	Holz	Torf	Braunkohle	Steinkohle	Anthrazit	Grafit
Kohlenstoffanteil (%)	50	55 bis 64	60 bis 75	78 bis 94	94 bis 98	98 bis 99
Wassergehalt (%)	35 bis 70	75 bis 95	15 bis 65	3 bis 15	2 bis 3	0,5 bis 2
Sauerstoff/ Stickstoff (%)	44	35 bis 39	17 bis 34	4 bis 17	1 bis 3	0 bis 0,5
Heizwert (ca. kJ/kg)	13400 bis 16700	bis 16700	7500 bis 29300	25100 bis 36800	35600	nicht entzündbar

Verringert sich dann die Absenkung, bildet sich eine weitere Torfschicht aus. Diese Vorgänge können sich mehrfach wiederholen, sodass mehrere Torfschichten entstehen.

Geochemischer Inkohlungsprozess. Er setzt mit fortschreitender Untergrundabsenkung ein. Durch fortgesetzte Überlagerung mit Sand- und Tonmassen nehmen Druck- und Temperatur zu. Dadurch werden aus den Torfschichten vor allem flüchtige Bestandteile, wie Wasserstoff und gebundener Sauerstoff, aber auch Methan herausgepresst (vgl. Erdgasentstehung auf S. 21). Die Kohlenstoffanteile dagegen erhöhen sich. In Abhängigkeit von der Intensität des Inkohlungsprozesses wandelt sich Torf durch zunehmende Verfestigung und Veränderung der Struktur in zeitlicher Abfolge in Braunkohle, Steinkohle oder Anthrazit um.

Diese Vorgänge laufen in Millionen von Jahren mehrfach ab. Je nach Krustenbewegung, Pflanzenwachstum und Sedimentation wechseln deshalb unterschiedlich mächtige Flöze und Schichten tauben Gesteins ab. Für die Umbildung spielen auch gebirgsbildende Prozesse eine Rolle. Dabei erfahren die Flöze eine mehr oder weniger starke Schiefstellung, Verbiegung oder Verwerfung.

M 19 Schematische Darstellung von Kohlelagerstätten

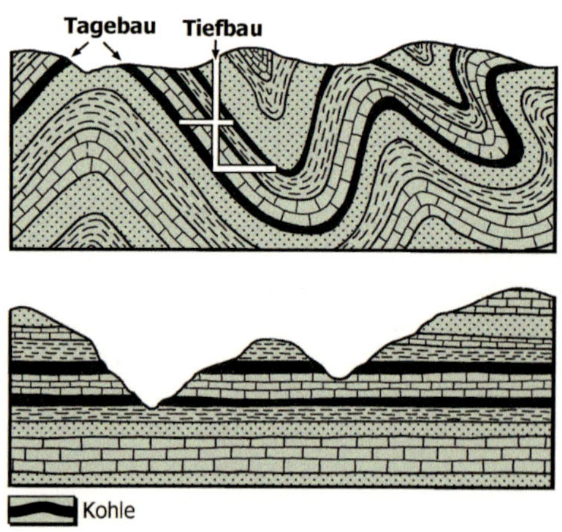

A 14 Erläutern Sie die Zusammenhänge zwischen tektonischen Vorgängen und der Bildung von Erzlagerstätten.

A 15 Beschreiben Sie die Verbreitung der Erdöllagerstätten und begründen Sie diese.

A 16 Erstellen Sie eine Tabelle zu den Gemeinsamkeiten und Unterschieden bei der Entstehung von Erdöl, Erdgas und Kohle.

1.2 Das atmosphärische Geschehen

M1 Schematische Übersicht zum Klimasystem

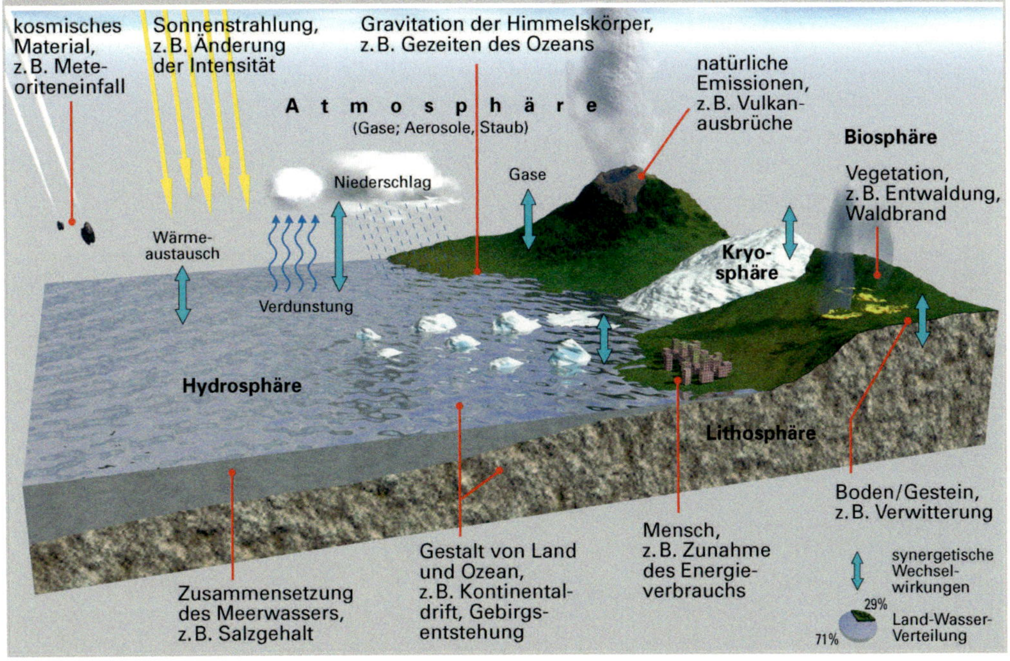

In der Atmosphäre laufen physikalische und chemische Vorgänge ab, die das Leben auf der Erde ermöglichen und beeinflussen. Ähnlich der menschlichen Haut, die den Körper vor schädlichen Einflüssen bewahrt, schützt die Atmosphäre die Erde vor der Kälte des Weltraums, vor schädlichen Strahlen und vor kleineren Meteoriten. Allerdings ist diese schützende Gashülle sehr dünn. Im Verhältnis zu einem Globus wäre die Atmosphäre nur so dick wie eine Briefmarke.

Ohne Atmosphäre gäbe es keinen blauen Himmel, keine Wolken, keinen Wind, Regen oder Schnee. Dabei steht die Atmosphäre als ein Element des Systems Erde in Wechselbeziehungen mit den anderen Sphären.

Wissenschaftler unterscheiden zwischen internen und externen Einflussfaktoren auf das Klima. Zu den internen Faktoren gehören solche, die das Klima beeinflussen und selbst davon beeinflusst werden, z.B. die Wechselwirkungen zwischen Atmosphäre, Hydrosphäre, Kryosphäre, Pedosphäre, Lithosphäre, Reliefsphäre und Biosphäre. Diese Prozesse laufen mit unterschiedlicher Intensität und Geschwindigkeit ab und überlagern sich. Dabei beeinflussen sie das Wetter und das Klima in unterschiedlichem Ausmaß.

Alle diese Prozesse werden außerdem von externen Faktoren wie Sonnenaktivität, Umlaufbahn der Erde um die Sonne, Meteoriteneinfällen, vulkanischen Prozessen beeinflusst. Diese wirken auf das Klima, werden aber nicht vom Klima beeinflusst. Auch der Mensch beeinflusst in vielfältiger Weise die atmosphärischen Prozesse – er ist heute ein wichtiger Klimafaktor.

Bei der Erforschung des atmosphärischen Geschehens spielen kurzfristige und länger andauernde Prozesse eine Rolle. Mit dem Begriff Wetter bezeichnet man den messbaren Zustand der Atmosphäre an einem bestimmten Ort zu einer bestimmten Zeit. Länger andauernde oder jahreszeitlich wiederkehrende Wetterabläufe nennt man Witterung. Im Unterschied dazu beschreibt das Klima den durch statistische Werte ermittelten Zustand der Atmosphäre für einen längeren Zeitraum. Klimadaten, die vor allem in Klimadiagrammen dargestellt werden, sind das Ergebnis langjähriger Messungen und entsprechender Mittelwertberechnungen solcher Klimaelemente wie Lufttemperatur, Luftdruck, Wind, Niederschlag und Luftfeuchtigkeit.

Atmosphäre (G)

Klimafaktoren

Wetter

Witterung

Klima

Klimaelemente

M 2 Schematischer Aufbau der Atmosphäre

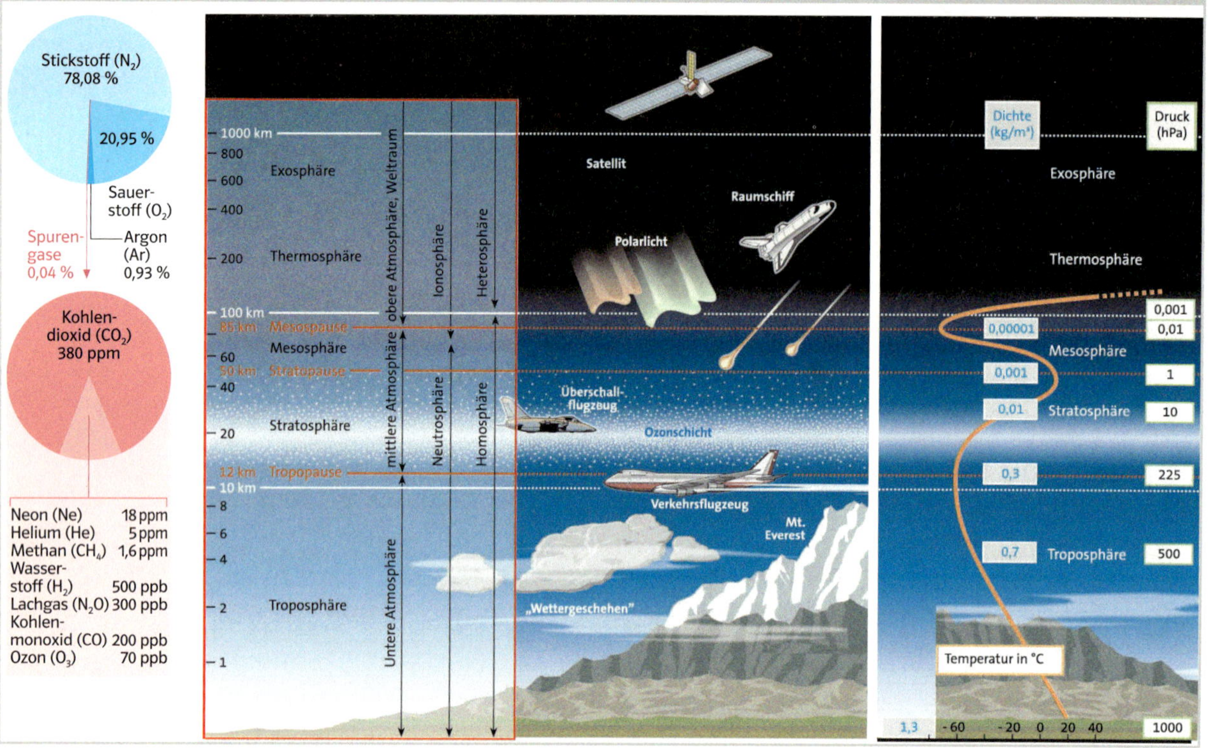

1.2.1. Aufbau der Erdatmosphäre

Die Atmosphäre kann vertikal nach unterschiedlichen Kriterien gegliedert werden. Am häufigsten ist die vertikale Gliederung der Atmosphäre nach dem Temperaturverlauf üblich. Die Troposphäre bildet dabei das unterste Stockwerk, auf das etwa 75 % der gesamten Gasmasse entfallen und in dem sich das Wetter- und Klimageschehen abspielt. Der Luftdruck, d. h. der Druck, den die Atmosphäre auf die Erdoberfläche ausübt, ist hier am größten. Die Temperatur nimmt mit der Höhe im Mittel um 0,65 K pro 100 m ab. Dies ist damit zu erklären, dass sich die untere Atmosphäre primär durch die von der Erdoberfläche emittierte langwellige Wärmestrahlung erwärmt. Weil mit zunehmender Höhe der Luftdruck abnimmt und sich dadurch das Volumen aufsteigender Luftpakete vergrößert, wird die Intensität der Molekularbewegungen geringer, was zu einem Absinken der Lufttemperatur führt. Die Wendepunkte des Temperaturverlaufs werden als Pausen bezeichnet. Die Höhenlage der Tropopause variiert zwischen Äquator und Pol. Sie liegt in den äquatorialen Breiten bei 17–18 km mit Temperaturen um –75 °C, in den gemäßigten Breiten bei etwa 12 km und –50 °C und an den Polen bei 8–10 km mit etwa –40 °C. In der Stratosphäre nimmt die Temperatur ab etwa 20 km Höhe wieder zu. Ursache dafür ist die Absorption von UV-Strahlung in der Ozonschicht und die dabei freigesetzte Wärme. In der Mesosphäre nehmen die Temperaturen wieder stark ab. Oberhalb der Mesopause, in der Thermosphäre, nimmt die Temperatur durch Absorption kurzwelliger und energiereicher UV-Strahlung wieder zu. In der Exosphäre ist die Atmosphäre so dünn, dass keine Wärmeleitung mehr erfolgt. Die angegebenen Temperaturen (M 2) errechnen sich aus der kinetischen Energie der Atome. Der Übergang zwischen Exosphäre und Weltraum ist kontinuierlich. Man kann deshalb keine scharfe Obergrenze der Erdatmosphäre ziehen.

Atmosphäre (G)

Mesosphäre
Thermosphäre
Troposphäre
Stratosphäre
Exosphäre

A 1 a) Beschreiben Sie den Aufbau der Atmosphäre.
A 1 b) Begründen Sie den unterschiedlichen Temperaturverlauf innerhalb der einzelnen Stockwerke.

M3 Globale Jahresmittel der Energiebilanz (% der einfallenden extraterrestrischen Strahlung) und Albedowerte an der Erdoberfläche

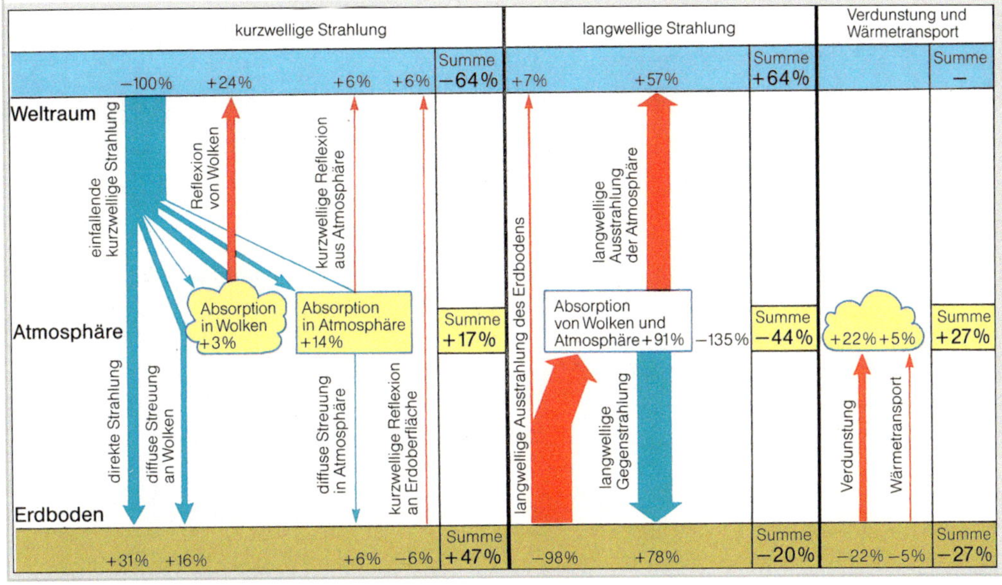

Albedowerte verschiedener natürlicher Oberflächen
(kurzwellige Albedo in %):

Neuschnee:	75–95
Wolken (hoch):	90
Wolken (tief):	60
Gletschereis:	30–45
Dünensand:	30–60
Ackerboden:	7–17
Wasserflächen bei	
Sonnenhöhe > 10°:	3–10
Sonnenhöhe < 10°:	8
Regenwald:	10–12
Laubwald:	15–20
Nadelwald:	5–12
Wiesen:	12–30
Siedlungen:	15–20

1.2.2 Strahlungs- und Wärmehaushalt

Die Erde erhält ihre Energie von der Sonne. Dabei gelangt nur ein geringer Teil der von der Sonne ausgesandten Energie in die Atmosphäre und auf die Erdoberfläche. Bei einem mittleren Sonnenabstand und senkrechter Einstrahlung beträgt die an der Obergrenze der Erdatmosphäre eingestrahlte Energie 1368 W/m² (Solarkonstante). Aufgrund der Kugelgestalt und der Rotation der Erde wird jedoch im Mittel nur ein Viertel davon (342 W/m²) wirksam.

Die von der Sonne ausgehende Strahlung setzt sich aus sichtbarem Licht (~42 %), Infrarotstrahlung (~49 %) und ultravioletter Strahlung (~7 %) zusammen. Etwa ein Drittel davon wird durch Reflexion von Wolken, Aerosolen und von der Erdoberfläche in den Weltraum zurückgestrahlt.

Die von der Erdoberfläche absorbierte kurzwellige Sonnenstrahlung wird in langwellige Wärmestrahlung umgewandelt. Das Verhältnis von reflektierter zu einfallender Strahlung wird als Albedo (a) der Oberfläche bezeichnet. Flächen mit großer Albedo besitzen ein kleines Absorptionsvermögen und umgekehrt. Aus der Differenz zwischen der auftreffenden Globalstrahlung und der von der Erdoberfläche reflektierten Strahlung ergibt sich die absorbierte Globalstrahlung – im Strahlungshaushalt die Energieeinnahme.

Von dieser Energieeinnahme des Systems Erde-Atmosphäre muss die effektive Ausstrahlung abgezogen werden. Diese ergibt sich aus der Differenz Ausstrahlung der Erdoberfläche minus Gegenstrahlung der Atmosphäre, die hauptsächlich von Wasserdampf und Kohlenstoffdioxid sowie anderen Spurengasen verursacht wird. Diese Fähigkeit der Atmosphäre, einen Teil der langwelligen Strahlung zur Erde zurückzustrahlen, wird als natürlicher Treibhauseffekt bezeichnet. Gäbe es diesen Effekt nicht, dann würde die globale Mitteltemperatur nicht 15 °C sondern −18 °C betragen. Aus der Differenz zwischen absorbierter Globalstrahlung und effektiver Ausstrahlung ergibt sich die Strahlungsbilanz der Erde.

Globalstrahlung

Solarkonstante
Albedo

Spurengase
natürlicher Treibhauseffekt (G)
Strahlungsbilanz

A2 Erläutern Sie das Schema M3 zum Strahlungshaushalt der Erde.
A3 Erklären Sie den natürlichen Treibhauseffekt.
A4 Stellen Sie Merkmale der Atmosphäre dar, die das Leben auf der Erde ermöglichen.

M1 nach Christian Schönwiese: Klimaänderungen. Berlin, Heidelberg, New York: Springer 1995, S. 19

M3 nach Heinz Fortak: Meteorologie. Berlin: Reimer 1982, S. 21, ergänzt

Online-Link
Beitrag der Spurengase zum natürlichen Treibhauseffekt: 29260X-1201

M4 Geschätzte Verteilung der Strahlungsbilanz auf der Nordhalbkugel

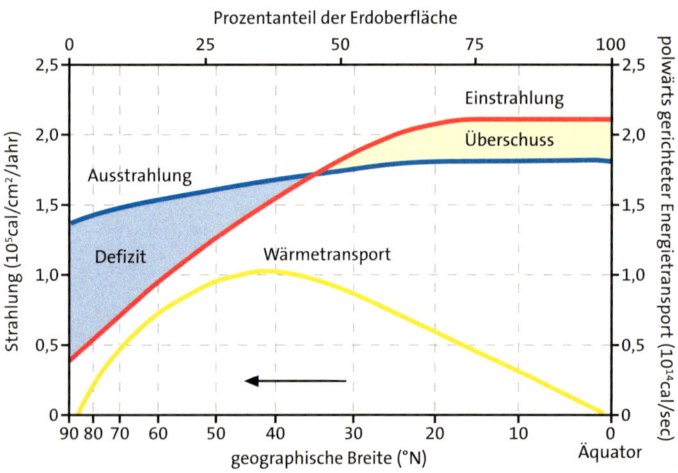

Ohne die Wärmetransporte zwischen Tropen und Außertropen wären die Jahresmitteltemperaturen in den Gemäßigten Breiten etwa 15 – 20 K niedriger.

M5 Sonneneinstrahlung und Jahreszeiten

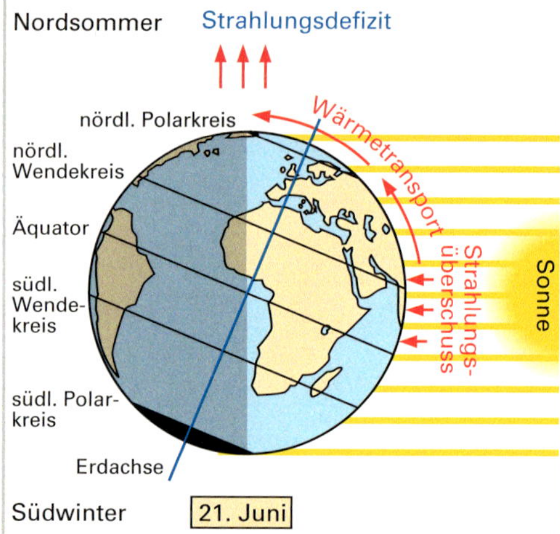

Strahlungsbilanz und Lufttemperatur

Auf gleicher geographischer Breite erzielen Meeresflächen eine höhere Energieeinnahme als die benachbarten Festländer. Trotzdem sind die Temperaturen über den Meeresflächen niedriger als über dem Festland. Ursache dafür sind die durch strahlungsbedingte Energiegewinne oder -verluste ausgelösten Wärmeströme. Man unterscheidet:

fühlbarer Wärmestrom

- einen fühlbaren Wärmestrom, der durch Wärmeleitung und Wärmeabstrahlung entsteht und durch Luftbewegungen abgeführt wird. Diese fühlbare Wärme kann mit dem Thermometer gemessen werden.

latenter Wärmestrom/Verdunstungswärmestrom

- den Verdunstungswärmestrom, der beim Verdunsten des in der Luft enthaltenen Wasserdampfes entsteht. Die dabei verbrauchte Energie bildet die latente Wärme (von lat. latens = verborgen). Bei der Kondensation erfolgt eine Umwandlung in fühlbare Wärme.

Bodenwärmestrom

- den Bodenwärmestrom, der zwischen Erdoberfläche und tieferen Schichten des Festlandes und Meeres verläuft. Dessen Größe hängt von der Wärmeleitfähigkeit des Materials und beim Meer vom Durchmischungsgrad der oberen Wasserschichten ab.

horizontaler Wärmetransport

- die horizontalen Wärmetransporte der Meeresströmungen. Dabei ist der Nettobetrag der Wärmezufuhr von Bedeutung. Er ergibt sich aus der Differenz der durch Meeresströmungen zugeführten und durch sie abgeführten Wärmemenge.

Strahlungsbilanz

Bezüglich der Ein- und Ausstrahlung befindet sich das System Erde-Atmosphäre im Gleichgewicht, allerdings ist für Teilbereiche der Erdoberfläche eine positive oder negative Strahlungsbilanz festzustellen (M4).

Die Lufttemperatur ist deshalb zunächst von der Menge der absorbierten Sonnenstrahlung und dem Anteil, der für den fühlbaren Wärmestrom zur Verfügung steht, abhängig.

Die absorbierte Sonnenstrahlung richtet sich nach Dauer und Intensität (Einstrahlungswinkel bzw. geographische Breite), der Bewölkung und Oberflächenbeschaffenheit (Albedo).

Das bedeutet, dass

- die Energiezufuhr der Sonne vom Äquator zu den Polen abnimmt,
- die durch die Schrägstellung der Erdachse bedingte jahreszeitlich unterschiedliche Sonnenhöhe einen bestimmten Jahresgang der Temperatur nach sich zieht,
- die tagsüber wechselnde Sonnenhöhe einen bestimmten Tagesgang der Temperatur bedingt.

A5 Die Strahlungsbilanz auf der Südhalbkugel der Erde ist größer als die auf der Nordhalbkugel. Begründen Sie.

A6 Erklären Sie, warum sich Gebiete mit gleicher Strahlungsbilanz unterschiedlich erwärmen können.

A7 Vergleichen Sie den Strahlungs- und Wärmehaushalt der Wüstengebiete Saudi-Arabiens und des Südchinesischen Berglandes bei 25° N.

1.2.3 Luftdruck und Wind

Durch unterschiedliche Erwärmung der Erdoberfläche entsprechend der Albedo entstehen Gebiete unterschiedlichen Luftdrucks. Diese werden durch horizontale Luftbewegungen, Winde, ausgeglichen. Dabei unterscheidet man groß- und kleinräumige (regionale) Windsysteme.

Das Land-See-Windsystem

Bei ruhiger Wetterlage stellt sich auf kleinem Raum, an Seen oder Meeresküsten, tagsüber ein Seewind ein, während nachts die Windrichtung wechselt und der Wind vom Land zum Wasser weht. Welche Erklärung gibt es dafür?

An sonnigen Tagen erwärmt sich die Luft über dem Festland schneller als über dem Wasser, weil dort ein Großteil der Nettostrahlung für den Verdunstungswärmestrom verbraucht wird. Die über dem Festland erwärmte Luft steigt nach oben und bewirkt in der Höhe eine Verschiebung der Isobarenflächen gegenüber den Wasserflächen. In der Höhe entsteht dadurch ein Druckgefälle, über dem Land ein Höhenhoch und über dem Wasser ein Höhentief. Je größer dieses Druckgefälle ist, umso stärker ist auch die Kraft, die diese Druckunterschiede ausgleichen will. Sie wird Gradientkraft genannt. Die sich einstellende Luftströmung sorgt in der Höhe für einen ständigen Abfluss von Luftteilchen über dem Festland zur Wasserfläche. Diese Luftmassenabnahme ist mit einer Verringerung des Luftdrucks über der Festlandoberfläche verbunden, dort bildet sich ein Tiefdruckgebiet aus. Über dem Meer erhöht die in der Höhe zugeflossene Luft den Luftdruck, es entsteht dort ein Hochdruckgebiet. Die inzwischen abgekühlte Luft sinkt wegen der größeren Dichte über dem Meer nach unten. Es stellt sich in Richtung des Druckgefälles ein Wind vom Wasser zum Land ein. Damit ist ein Kreislauf entstanden, der so lange „angetrieben" wird, wie die Sonnenenergie eine stärkere Erwärmung des Festlandes bewirkt. Nachts kehren sich Druck- und Windverhältnisse um. Weil die Luftdruckgegensätze durch unterschiedliche Erwärmung entstanden sind, bezeichnet man diese Luftdruckgebiete als thermische Druckgebiete.

Weitere Beispiele für regionale Windsysteme sind der Mistral oder die Bora, die im Mittelmeerraum auftreten.

Luftdruck, Wind
thermische Druckgebiete

M 6 Luftdruck- und Strömungsverhältnisse im Land-See-Windsystem

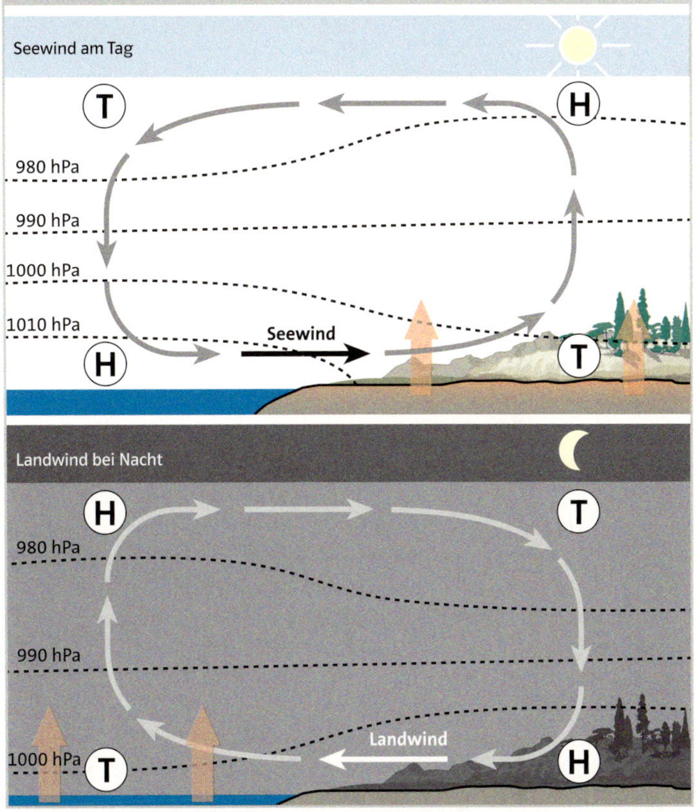

M 7 Thermische Druckgebiete

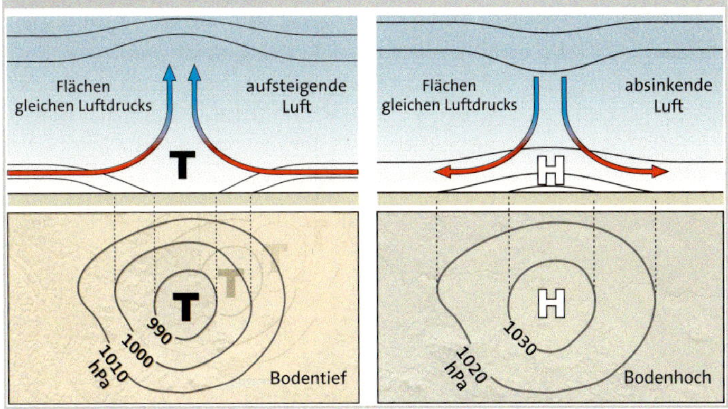

M 6 nach Hans Gebhardt/Rüdiger Glaser/Ulrich Radtke/Paul Reuber (Hrsg.): Geographie. München: Elsevier, Spektrum 2007

Online-Link
zur Strahlungsbilanz der Erde: 29260X-1202

Hochdruckgebiet (G)
Tiefdruckgebiet (G)
Mistral
Bora

M 8 Schema des Prozesses der Wolkenbildung

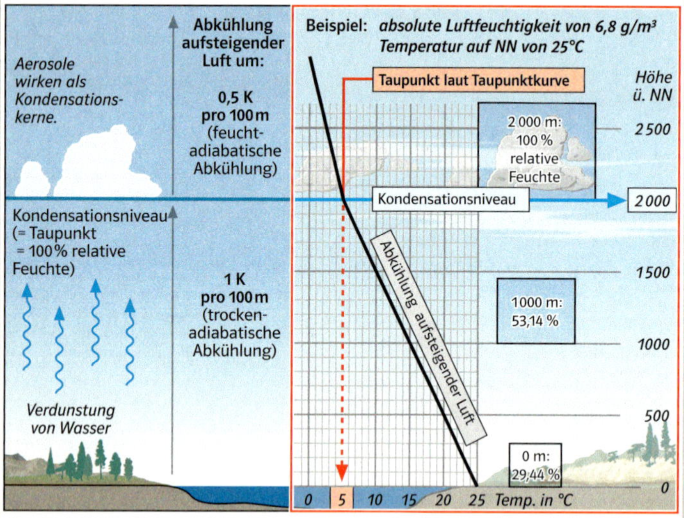

M 10 Sättigungskurve der Luft für Wasserdampf

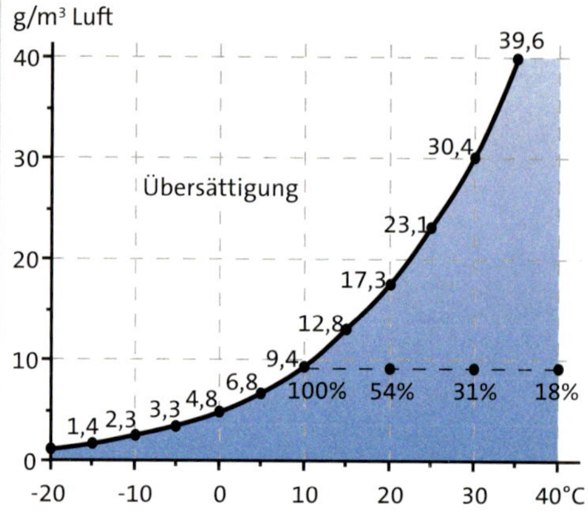

Luft, die bei 10 °C gesättigt ist, also 100 % relative Luftfeuchtigkeit aufweist, zeigt bei Erwärmung auf 20 °C nur noch 54 % relative Luftfeuchtigkeit …

1.2.4 Wolkenbildung und Niederschlag

adiabatische Prozesse
Trockenadiabate
Feuchtadiabate
absolute Feuchte
relative Feuchte
Sättigung/Taupunkt

Kondensation
Sublimation
Aerosole

Die Luftbewegungen zwischen und innerhalb von Hoch- und Tiefdruckgebieten beeinflussen die Entstehung von Wolken und Niederschlag.
Steigt Luft infolge starker Erwärmung auf, dehnt sich diese wegen der Verringerung des Luftdrucks mit zunehmender Höhe aus und kühlt dabei ab. Diese Abkühlung erfolgt zunächst trockenadiabatisch, mit etwa 1 K/100 m. Vorgänge in der Atmosphäre, bei denen sich in einem vertikal aufsteigenden Luftpaket physikalische Eigenschaften wie Temperatur, Druck, Feuchtigkeit ändern, ohne dass zwischen dem Luftpaket und der Umgebung ein Wärmeaustausch stattfindet, werden als adiabatische Prozesse bezeichnet.
Ein Volumen Luft kann in Abhängigkeit von der Temperatur unterschiedliche Mengen an Wasserdampf aufnehmen (maximale absolute Feuchte). Bei −20 °C sind es maximal 0,3 g H_2O/m³ Luft. Bei 0 °C sind es bereits 4 g und bei +30 °C fast 30 g/m³ Luft (M10). Die tatsächlich in der Luft enthaltene Wasserdampfmenge wird als absolute Feuchte bezeichnet. Wie wichtig beide Feuchtigkeitswerte sind, wird an der Wirkung von Luft mit gleichem Wasserdampfgehalt, aber unterschiedlicher Temperatur deutlich. Luft mit 6,8 g/m³ absoluter Feuchte ist bei einer Temperatur von 30 °C sehr trocken, bei 5 °C dagegen sehr feucht. Das liegt an der unterschiedlichen relativen Luftfeuchte. Weil Luft bei 30 °C etwa 30,4 g/m³ Wasserdampf aufnehmen kann, ist noch eine starke Verdunstung möglich. Bei einer Temperatur von 5 °C ist die Luft dagegen bereits gesättigt. Das Verhältnis von absoluter und maximal möglicher absoluter Feuchte in Prozent bezeichnet man als relative Luftfeuchtigkeit. Kühlt sich Luft trockenadiabatisch so weit ab, dass 100 % relative Luftfeuchtigkeit bzw. Sättigung erreicht werden, spricht man vom Taupunkt bzw. der Taupunkttemperatur. Erreicht die aufsteigende Luft den Taupunkt, setzen Kondensation oder Sublimation ein. Es bilden sich kleinste Wassertröpfchen oder Eisnadeln, die sich an Kondensationskernen, das sind feinste schwebende Teilchen (Aerosole), anlagern.

M 9 Aggregatzustände des Wassers und Energieflüsse bei ihrer Veränderung

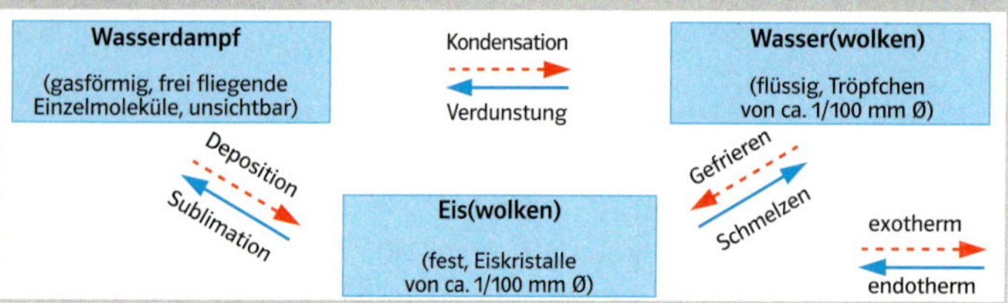

Weiterführender Link
Der Karlsruher Wolkenatlas, auf www.wolkenatlas.de, Aug. 2008

Online-Link
zu Wolkenarten im Bild: 29260X-1203

M11 Wolkengattungen

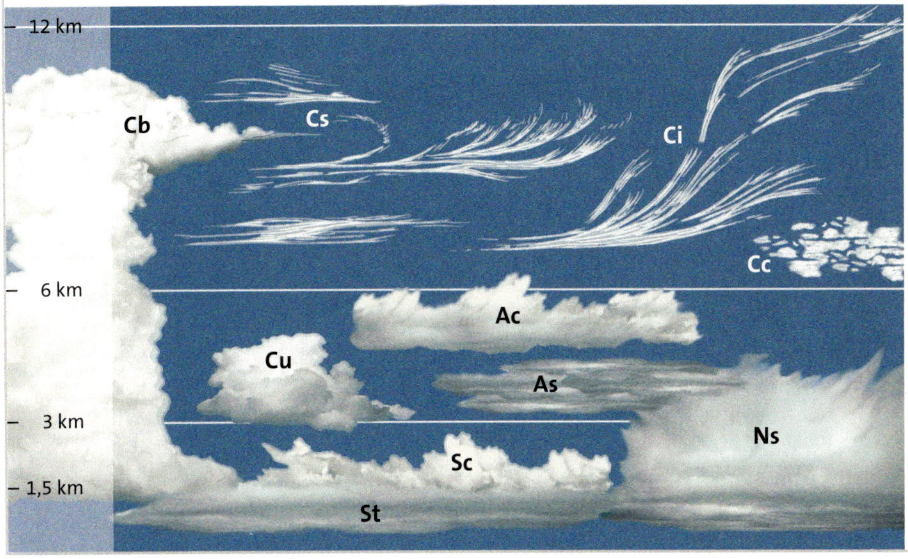

Hohe Wolken:
Cirrus (Ci) = Federwolke
Cirrocumulus (Cc) = Schäfchenwolke
Cirrostratus (Cs) = Schleierwolke

Mittelhohe Wolken:
Altocumulus (Ac) = hohe Schäfchenwolke
Altostratus (As) = mittelhohe Schichtwolke

Tiefe Wolken:
Stratocumulus (Sc) = Schicht-Haufenwolke
Stratus (St) = Schichtwolke
Cumulus (Cu) = Haufenwolke

Wolken mit großer Vertikalausdehnung:
Nimbostratus (Ns) = Regen-Schichtwolke
Cumulonimbus (Cb) = Schauer- und Gewitterwolke

Niederschlag setzt aber erst ein, wenn Millionen von Tröpfchen oder Eiskristallen zusammenwachsen und groß genug sind, um ohne zu verdunsten die Erdoberfläche zu erreichen. Grundsätzlich können Wolken und Niederschläge bei starker Erwärmung und kräftiger vertikaler Luftbewegung (Konvektion) oder durch Aufgleitvorgänge unterschiedlich temperierter Luftmassen (Advektion) entstehen.

Mit dem Erreichen des Taupunktes und der einsetzenden Kondensation wird Wärme frei und die Abkühlung verläuft feuchtadiabatisch mit rund 0,5 K/100 m. Bei dieser vertikalen Luftströmung entstehen Haufen- oder Cumuluswolken. Sie können eine große Vertikalausdehnung erreichen und heftige Niederschläge bringen.

Werden feuchte und wärmere Luftmassen vom Wind über ein Gebiet mit kälterer Luft geschoben, steigt die Luft allmählich auf und kühlt sich langsamer ab als bei der Konvektion. Das Kondensationsniveau wird erst in großer Höhe erreicht. Dort bilden sich zunächst Federwolken (Cirren). Mit weiterem Luftaufstieg durch horizontale Luftbewegungen bilden sich sehr dichte Schicht- bzw. Stratuswolken, aus denen lang anhaltende Niederschläge fallen können.

Durch nächtliche Ausstrahlung und schnelle Abkühlung der Luft können Nebel, Tau oder Reif entstehen. Umgekehrt führt das Absinken von Luft zur Erwärmung (Kompressionserwärmung durch den zunehmenden Luftdruck). Die relative Luftfeuchtigkeit nimmt ab und es kommt zur Wolkenauflösung.

M12 Wolkenbildung durch vertikale Luftbewegung

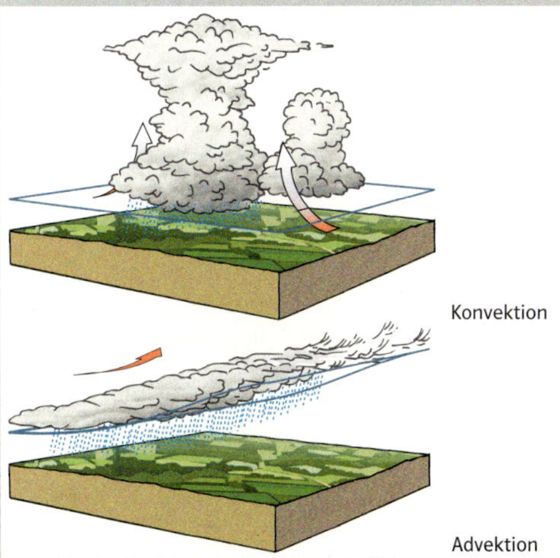

A8 Erklären Sie die Entstehung einer hohen Schäfchenwolke (Altocumulus) und einer tiefen Schichtwolke (Stratus).

A9 Begründen Sie, warum nicht aus jeder Wolke Niederschläge fallen.

A10 Erläutern Sie, warum und unter welchen Bedingungen auf Wiesen, Autoscheiben usw. Tau oder Reif entstehen.

A11 Erklären Sie, warum sich in großer Höhe der feuchtadiabatische Temperaturgradient dem trockenadiabatischen annähert.

A12 Ein Volumen Luft hat in 500 m Höhe eine Temperatur von 10 °C und eine relative Luftfeuchtigkeit von 24,47 %. Berechnen Sie die Taupunkttemperatur und die Höhe, bei der diese erreicht wird.

Niederschlag

Nebel
Tau
Reif
Kompressionserwärmung

Konvektion
Advektion
Wolken

Fallbeispiel: Der Föhn – ein regionales Windsystem

M13 Niederschlagsbildung durch Aufgleiten am Gebirge

„Schneefresser", „Traubenkocher" oder „Hexenwind" – so wurde früher der warme und trockene Fallwind genannt, der von den Alpen Richtung Norden in das Alpenvorland weht. Er sorgt tatsächlich an manchen Tage für ungewöhnlich hohe Temperaturen und wolkenloses Wetter. Dabei kann die Lufttemperatur im Herkunftsgebiet am Südrand der Alpen bis zu 10 K niedriger sein als am Alpennordrand.

Der Südföhn in den Alpen entsteht, wenn Luft aufgrund der herrschenden Druckverhältnisse von Süden über das Gebirge strömt. Dann bilden sich am Südrand der Alpen Wolken, es treten Stauniederschläge auf. Nördlich des Hauptkamms, wo die abgekühlte Luft nach unten sinkt, reißt die Bewölkung rasch auf. Dabei erwärmt sie sich und wird sehr trocken, der Himmel zeigt sich in einem tiefen Blau und die Fernsicht ist phantastisch. Die Luft ist nun auf der Leeseite im Tal wärmer und trockener als auf der Luvseite.

M14 Entstehung des Föhns in den Alpen

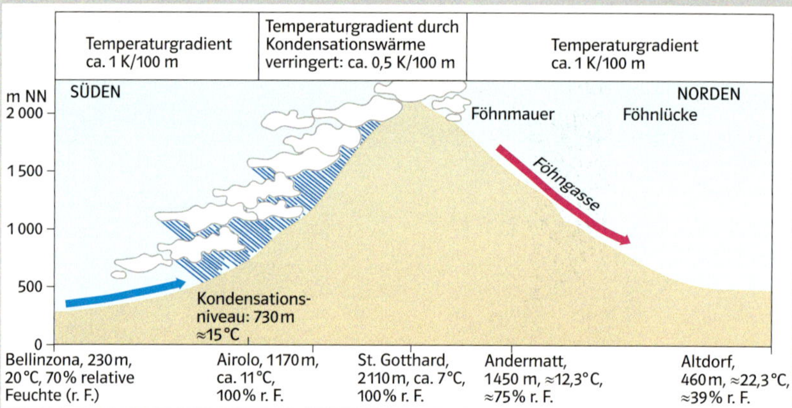

M15 Vorgänge an der Luv- und Leeseite

„Das Gebirge muss allerdings so hoch sein, dass es einerseits ein Strömungshindernis ist, andererseits es die Luft auch nicht vollständig umströmen kann, sondern überströmen muss. Dazu muss die Luft auf der angeströmten Gebirgsseite (Luvseite) aufsteigen, um dann auf der strömungsabgewandten Seite (Leeseite) wieder abzusinken. Diese ‚erzwungene Hebung' auf der Luvseite ist mit einer Abkühlung verbunden. Ob sich dabei allerdings Wolken bilden, hängt von dem Feuchtegehalt der aufsteigenden Luft und von der zu überwindenden Hindernishöhe ab …

Denn die Luft kühlt sich bei der Hebung erst einmal mit 1 K/100 m (trockenadiabatische Abkühlung) ab, bis der in ihr enthaltene Wasserdampf kondensiert, d.h. Sättigung eintritt. Muss die Luft dann noch weitersteigen, kühlt sie sich mit rund 0,5 K/100 m ab (feuchtadiabatische Abkühlung), weil dann der überflüssige Wasserdampf als Regen ausfällt. Nur bei diesem Übergang von Wasserdampf zu Wasser wird Wärme frei, nämlich jene Wärme, mit der zuvor das Wasser in Dampf verwandelt wurde (Kondensationswärme).

Die Bewölkung sieht man von der Leeseite aus, als … Föhnmauer über dem Gebirgskamm … Sinkt nun die Luft auf der Leeseite ab, so erwärmt sie sich. Solange noch Wassertröpfchen mitgenommen werden – das ist ein kleines, praktisch zu vernachlässigendes Stück –, geht die Erwärmung etwas langsam vonstatten. Aber nach kurzer Sinkstrecke sind alle Tröpfchen verdunstet. Das ist gut an der kurz hinter dem Gebirgskamm etwas sinkenden Wolkenuntergrenze zu erkennen. Für den weiteren Weg der Luft nach unten gilt aber wieder eine Erwärmung von 1 K/100 m. Damit ist die Luft leeseitig im Tal wärmer und trockener als luvseitig und zwar um den Betrag der Kondensationswärme des ausgefallenen Niederschlags."

A13 Nennen Sie Faktoren, die die Größe des Temperaturunterschiedes zwischen der Luv- und Leeseite eines Gebirgsmassives bestimmen, wenn Luft das Gebirge überströmen muss.

A14 Erklären Sie mithilfe von M14 den Föhnprozess.

A15 Ermitteln Sie die Lufttemperatur und relative Feuchte auf der Leeseite eines 3 000 m hohen Gebirges, wenn auf der Luvseite Luft mit einer Temperatur von 10 °C und relativen Luftfeuchtigkeit von 35,2 % in 500 m Höhe gegen und über das Gebirge strömt.

M14 nach John Houghton: Globale Erwärmung. Berlin, Heidelberg, New York: Springer 1997, S. 109, sowie Wilhelm Lauer: Klimatologie. Braunschweig: Westermann 1999, S. 61

M15 Deutscher Wetterdienst Offenbach auf www.dwd.de/de/SundL/Freizeit/Hobbymeteorologen/Wetterlexikon/index.htm, (PDF: Foehn), März 2007

1.2.5 Grundzüge der Planetarischen Zirkulation

Das Prinzip der Entstehung von Land- und Seewinden lässt sich auf die globalen Luftdruck- und Windverhältnisse übertragen. Zum Verständnis der Luftdruckgebilde und der weit reichenden Luftbewegungen in der Troposphäre entwickelte man das Modell der planetarischen Zirkulation.

Wegen der unterschiedlich starken Sonneneinstrahlung erwärmt sich die Luft am Äquator viel stärker als an den Polen. Am Äquator entstehen dadurch großräumige thermische Tiefdruckgebiete, die äquatoriale Tiefdruckrinne. An den Polen bilden sich durch die absinkende Kaltluft großräumige thermische Hochdruckgebiete, die polaren Kältehochs aus.

Die Obergrenze der Troposphäre, die Tropopause, liegt infolge der Ausdehnung der stark erwärmten Luft in den Tropen wesentlich höher (17–18 km) als in den polaren Gebieten (8–9 km) – (vgl. S. 24). Das Vorhandensein von tropisch-warmen und polar-kalten Luftmassen hat zur Folge, dass eine Fläche mit einem bestimmten Luftdruck in den Tropen höher liegt als in den polaren Zonen. Die daraus entstehenden Luftdruckgegensätze führen in großer Höhe zu einem Abströmen von Luftmassen aus dem Äquatorbereich (Höhenhoch) polwärts (Höhentief). Auf der Nordhalbkugel müssten demnach in der Höhe ständig Südwinde wehen. In Wirklichkeit wehen dort aber Westwinde. Der Grund dafür ist der ablenkende Effekt der Erdrotation, der nach dem französischen Mathematiker Coriolis (1792–1843) als „Coriolisablenkung" bezeichnet wird.

Mit der Rotation der Erde um ihre eigene Achse bewegt sich auch die Atmosphäre. Dabei nimmt die Rotationsgeschwindigkeit vom Äquator zu den Polen ab (M 18), weil Luftmassen, die am Äquator aufgestiegen sind und entsprechend dem Druckgefälle in großer Höhe polwärts strömen, ihre Beschleunigung beibehalten. Gelangen sie in Gebiete mit geringerer Rotationsgeschwindigkeit, bewegen sie sich schneller als die Erde sich unter ihnen dreht. Die Luftmassen eilen auf beiden Hemisphären der Erde ostwärts voraus, was häufig auch als „Geschwindigkeitsüberlagerung" bezeichnet wird. Relativ zur Erdoberfläche ergibt sich daraus auf der Nordhalbkugel eine Ablenkung nach rechts und auf der Südhalbkugel nach links.

M 16 Schema der planetarischen Luftdruck- und Windgürtel in 0–2 km Höhe sowie der meridionalen und vertikalen Luftströmungen

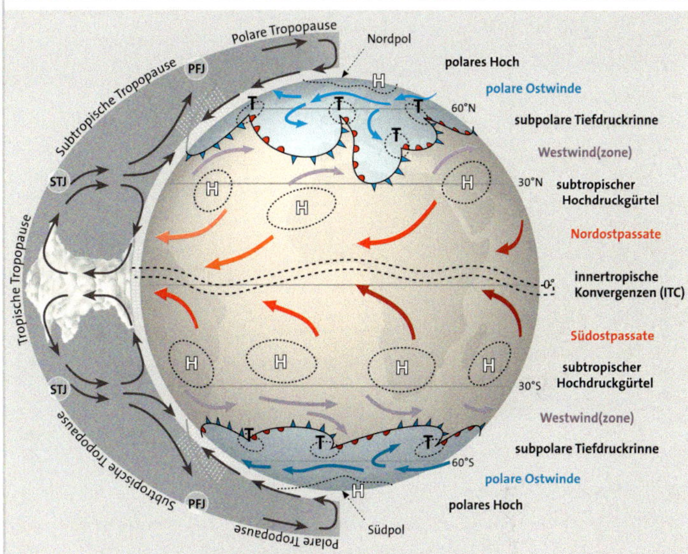

M 17 Entstehung der Frontalzone

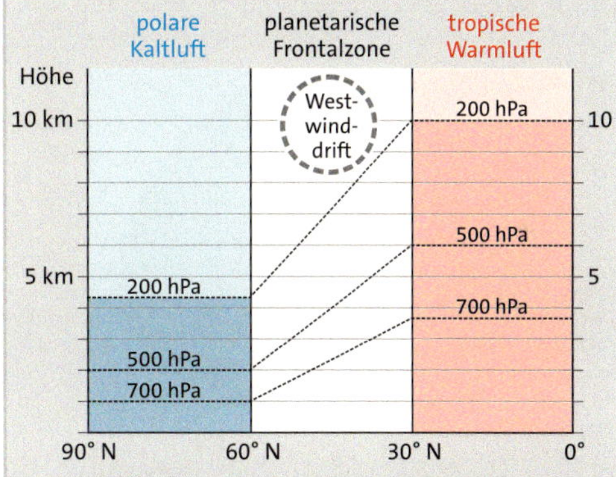

Generalisierte Druckverteilung in der Troposphäre (verändert nach Flohn 1960)

planetarische Zirkulation (G)

äquatoriale Tiefdruckrinne

polares Kältehoch

Corioliseffekt/-ablenkung

M 18 Der Corioliseffekt (Coriolisablenkung)

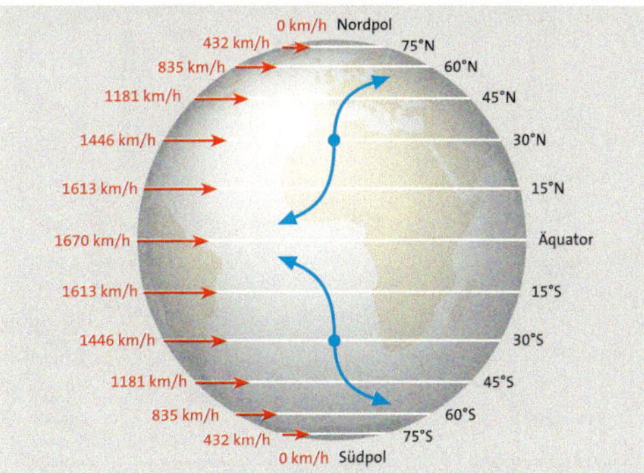

Geschwindigkeitsangaben: Rotationsgeschwindigkeit der Erde in Abhängigkeit von der geographischen Breite

M 19 Schema der Druckverhältnisse in der Troposphäre und Ausbildung des Jetstreams

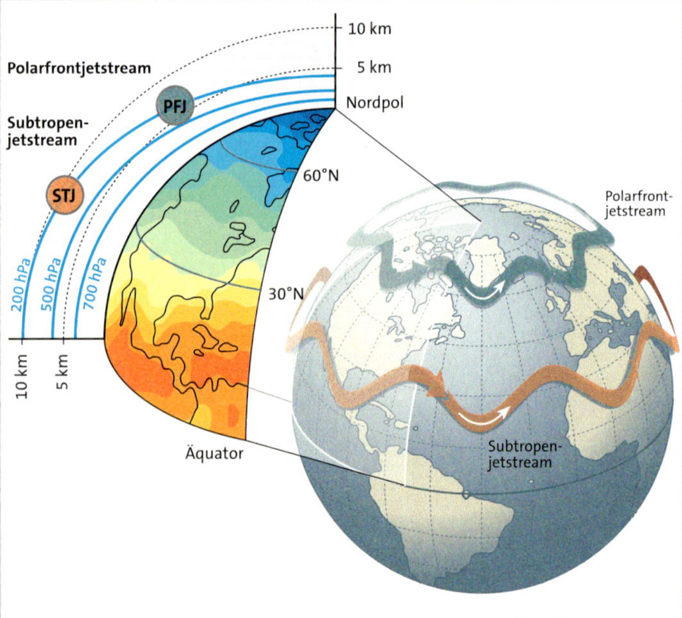

planetarische Frontalzone
Jetstream /Westwindstrahlstrom (G)

M 20 Wellenbewegung der Höhenwestwindzone

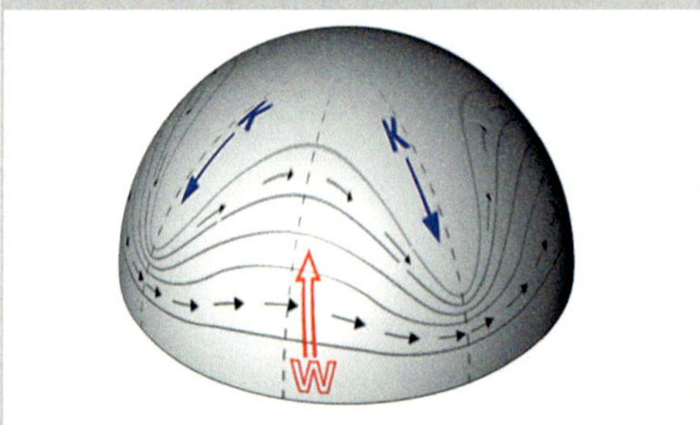

Antizyklone (G)
Zyklone (G)

M 21 Entstehung dynamischer Hoch- und Tiefdruckzellen

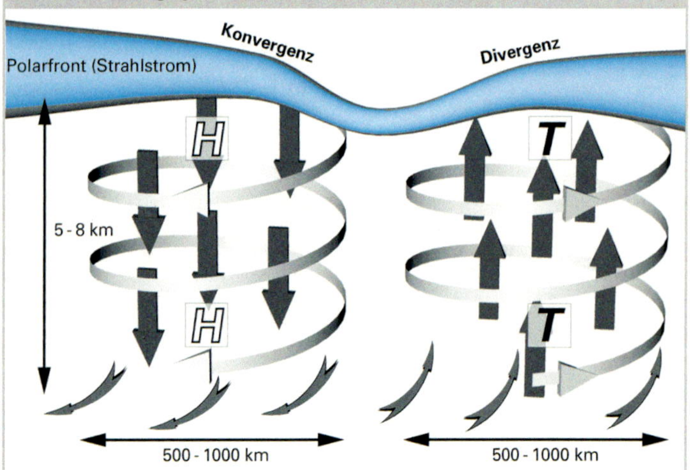

Planetarische Frontalzone und dynamische Druckgebilde

Im Bereich zwischen dem 35. und 65. Breitenkreis ist das Temperatur- und Luftdruckgefälle in der Höhe besonders groß. Man nennt diese Zone planetarische Frontalzone (vgl. M 17, S. 31). Hier bildet sich in beiden Hemisphären aufgrund der Coriolisablenkung die außertropische Westwinddrift aus.

Innerhalb der planetarischen Frontalzone entstehen durch besonders große Druck- und Temperaturunterschiede auch Strahlströme, engl. = Jetstreams. Das sind Starkwindfelder mit Geschwindigkeiten von >30 m/s. Sie können 100 – 500 km breit sein, in der Vertikale eine Ausdehnung von 1 bis 4 km erreichen und mehrere tausend Kilometer lang sein. Sie wurden erstmals während des Zweiten Weltkrieges beobachtet, als amerikanische Militärflieger von ihrem Einsatz in Europa in die USA zurückflogen. Man unterscheidet den Polarfront-Jetstream im polaren Bereich der Frontalzonen und den subtropischen Jetstream (Subtropenjet). Diese Strahlströme behindern zunächst einen Ausgleich der meridionalen Temperatur- und Druckgegensätze. Erst wenn sie nicht mehr breitenkreisparallel sondern mäanderförmig verlaufen, kann polare Kaltluft Richtung Äquator und tropische Warmluft Richtung Pol vordringen. Die Wellenbewegung der Strahlströme wird durch die unterschiedliche Verteilung von Land und Meer und den störenden Einfluss der von Nord nach Süd verlaufenden Hochgebirge verursacht. Wissenschaftler gehen heute davon aus, dass ab einem meridionalen Temperaturgradienten im 500-hPa-Niveau von 6 K/1 000 km die Höhenströmungen in Wellenbewegungen übergehen.

Im Verlauf dieser Wellen treten düsenförmige Verengungen (Konvergenzen) und Erweiterungen (Divergenzen) auf. Im Bereich der Konvergenzen strömt mehr Luft ein als aus, es kommt zu Absinkvorgängen aus dem oberen Teil der Troposphäre Richtung Erdoberfläche und damit verbunden zu einem Luftdruckanstieg am Boden. So entstehen die subtropischen Hochdruckgebiete, die auch als Antizyklonen bezeichnet werden. Im Bereich der Divergenzen verhält es sich umgekehrt, Luft strömt von der Erdoberfläche nach, es entsteht tiefer Druck am Boden. Diese dynamischen Tiefdruckgebiete (Zyklonen) bilden die subpolare Tiefdruckrinne.

Atmosphärische Zirkulation

Als Atmosphärische Zirkulation oder auch Planetarische Zirkulation wird die Gesamtheit aller großräumigen vertikalen und horizontalen Luftbewegungen auf der Erde bezeichnet. Aus der Druckverteilung auf der Erdoberfläche ergeben sich zwei primäre Zirkulationssysteme, die sich im Jahresverlauf entsprechend der Sonneneinstrahlung verlagern:

- Die tropische Passatzirkulation der niederen Breiten, die sich im Jahresmittel etwa zwischen 35° N und 30° S ausbildet. Der englische Meteorologe George Hadley ging 1735 von einem direkten Luftkreislauf zwischen Äquator und Pol aus. Heute wissen wir, dass nur im Bereich der Passatzirkulation großräumige vertikale Kreisläufe auftreten, weshalb diese auch als Hadley-Zirkulation bezeichnet wird.
- Die außertropische Westwindzirkulation der höheren Breiten. Hier sorgen die großräumigen dynamischen Hoch- und Tiefdruckgebiete für einen meridionalen Luftaustausch und entsprechende Energietransporte. Es sind vor allem die Zyklonen (Tiefdruckgebiete), die für eine Verwirbelung unterschiedlich temperierter Luftmassen sorgen. Auf der Nordhalbkugel strömt an deren Ostseite Warmluft nach Norden und an der Westseite Kaltluft nach Süden.

Darüber hinaus herrschen in den Polarzonen die polaren Ostwinde vor. Die aus den Hochdruckgebieten am Boden ausströmenden Luftmassen werden durch die Coriolisablenkung zu östlichen Winden.

Mit dem jahreszeitlich wechselnden Sonnenstand verlagern sich auch die Luftdruck- und Windgürtel der Erde.

Das Buys-Ballotsche Windgesetz

Der Niederländer Buys-Ballot formulierte 1856 ein Gesetz über die Windrichtungen in Bodennähe. Es besagt, dass der Wind in Bodennähe von der Richtung des Luftdruckgradienten auf der Nordhalbkugel nach rechts und auf der Südhalbkugel nach links abgelenkt wird. Ursache ist die Reibungskraft der Erdoberfläche, die der Coriolisablenkung entgegenwirkt. In der freien Atmosphäre kann der Corioliseffekt eine Maximalablenkung von 90° bewirken.

Wenn man auf der Nordhalbkugel mit dem Rücken zum Wind steht, befindet sich links vorn tiefer Druck, rechts hinten hoher Druck.

M 22 Schematischer Aufbau thermischer und dynamischer Drucksysteme anhand der Isobaren

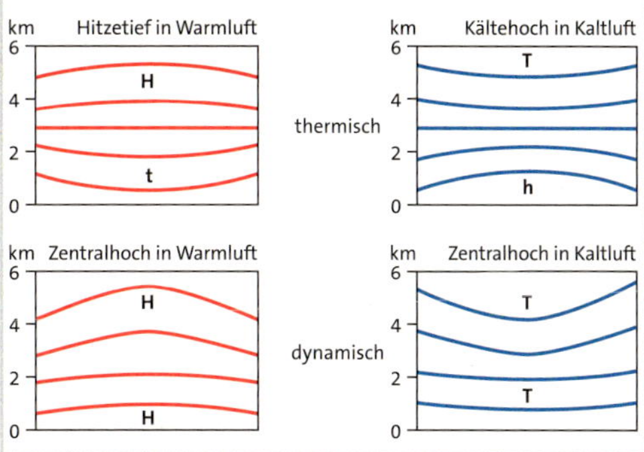

M 23 Strömungsverhältnisse im bodennahen Luftdruckfeld der Erdhemisphären

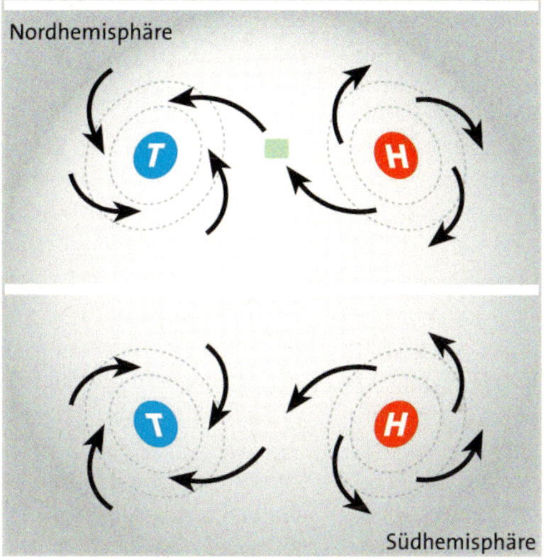

A 16 Arbeiten Sie heraus, wie beim Land-See-Windsystem nachts ein Landwind entsteht (vgl. S. 27).
A 17 Beschreiben Sie die Wirkung der Coriolisablenkung auf großräumige Luftbewegungen (vgl. auch S. 31).
A 18 Vergleichen Sie jeweils den Luftdruck und die Luftbewegungen in thermischen und dynamischen Hoch- und Tiefdruckgebieten.
A 19 Erklären Sie die Entstehung folgender Windgürtel: Westwindzonen der Außertropen, polare Ostwindzonen, Passatwindzonen (M 16, S. 31).

Atmosphärische Zirkulation/Planetarische Zirkulation (G)

tropische Passatzirkulation

außertropische Westwindzirkulation

polare Ostwinde

Fallbeispiel: Atacama – Entstehung einer Küstenwüste

M 24 Salzkruste im größten Salzsee Chiles (Salar de Atacama/Atacamawüste)

M 25 Strömungsverhältnisse am äquatorialen Westrand Südamerikas

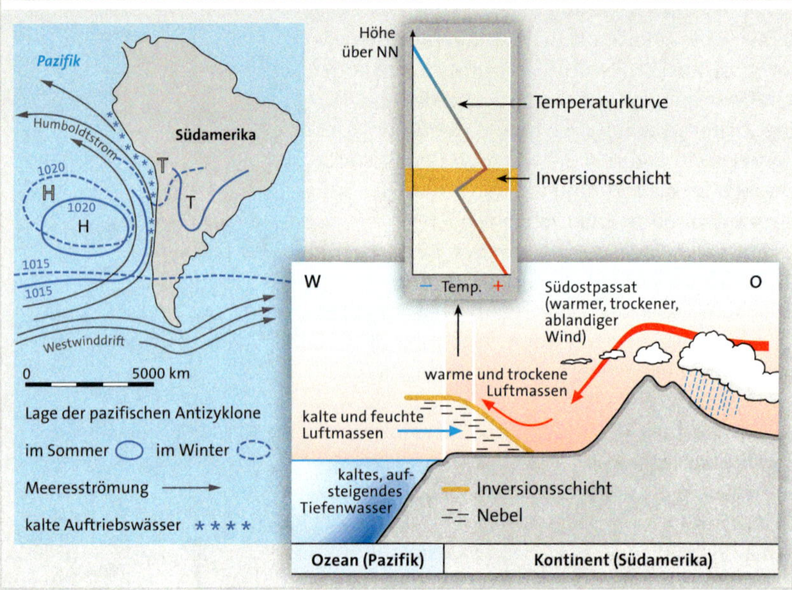

An der peruanisch-chilenischen Pazifikküste erstreckt sich über 2500 km zwischen 5° S und 28° S eines der niederschlagsärmsten Gebiete der Erde – die Atacama. An manchen Stellen fiel dort jahrhundertelang kein Regen. Zwischen den parallel zur Küste verlaufenden Gebirgsketten liegen langgestreckte Mulden und abflusslose Becken, die von Salztonebenen oder Salzkrusten ausgefüllt sind. Nackte vegetationslose Flächen wechseln sich mit ausgedehnten Sanddünenfeldern ab. Zur Küste hin beherrschen dürftige Dorn- und Zwergsträucher das Landschaftsbild.

Man gliedert die Atacama räumlich und klimatisch in eine Küstenwüste mit hoher Luftfeuchtigkeit von 80–100 % und geringen jährlichen und täglichen Temperaturunterschieden sowie in eine sich östlich des Küstengebirges erstreckende „Binnenwüste" mit geringer Luftfeuchtigkeit, geringer Jahresamplitude, aber hoher Tagesamplitude der Temperatur.

Wüste und extreme Trockenheit in unmittelbarer Nähe des Pazifischen Ozeans – ein Widerspruch?

Die Entstehung der Küstenwüste

Bei der Entstehung der Küstenwüste Atacama müssen mehrere Faktoren betrachtet werden. Der entscheidende Faktor ist der Humboldtstrom. Er führt kaltes Wasser aus den antarktischen Gewässern nach Norden und sorgt an der Küste für ungewöhnlich niedrige Temperaturen.

Gegenüber tropischen Gebieten gleicher Breitenlage ergibt sich eine negative Temperaturanomalie von bis zu 8 K. Die Winde, die aus der südostpazifischen Antizyklone wehen, verstärken den Meeresstrom und treiben das Wasser seewärts, sodass an der Küste der Auftrieb von kaltem Wasser aus tieferen Schichten erfolgt. Die Luftschichten über der Wasseroberfläche kühlen dadurch weiter ab. Damit sinkt die maximale Luftfeuchte, es setzt Kondensation ein und es bilden sich dünne Nebelbänke.

Die warmen und trockenen Passatwinde wehen ganzjährig etwa küstenparallel aus südlicher und südöstlicher Richtung. Im Bereich der Anden wehen sie ablandig, wobei sich die absinkenden Luftmassen erwärmen. Diese Vorgänge werden durch die stabile Antizyklone, deren Ostrand etwa mit der Küstenline übereinstimmt, noch verstärkt. Durch zusätzliche Divergenzeffekte im Bereich der Anden (Stauwirkung) sinkt Luft zum Erdboden ab.

Diese warmen und trockenen Passatwinde überlagern die kühlen, über dem Meer liegenden Luftmassen. So kann sich über der kalten Luft in etwa 800–900 m Höhe eine Temperaturinversion ausbilden. Diese Temperaturanomalie wirkt als Sperrzone und verhindert den Aufstieg von erwärmter Luft und damit die Wolkenbildung. An der Inversionsschicht entstehen Hochnebel und Dunst, aus denen keine oder nur geringste Niederschläge, meist als Tau, fallen.

Östlich des Küstengebirges erreicht die Atacama Höhen von über 2500 m und ragt damit weit über die Inversionsschicht hinaus, sodass die Hochnebel nicht mehr wirksam werden können. Dort dehnen sich die trockensten Gebiete aus, die echte Binnenwüsten darstellen.

Online-Link
zur Atacama:
29060X-1204

Online-Link
zu den Auswirkungen von El Niño und ENSO:
29060X-1205

Online-Link
Animation zu El Niño:
29060X-1206

Fallbeispiel: **El Niño**

Vor mehr als 100 Jahren tauften peruanische Fischer die alljährlich zur Weihnachtszeit wiederkehrende Erwärmung des Wassers vor ihrer Küste auf den Namen „Corriente del Niño". El Niño heißt „der Knabe" und steht gleichbedeutend für das Christkind. Mit dem Anstieg der Meeresoberflächentemperatur ging die Fischfangsaison zu Ende. In einigen Jahren war die Erwärmung allerdings so stark, dass die Fische nicht wie sonst üblich im Frühjahr zurückkehrten. Heute werden nur diese außergewöhnlichen, alle vier bis neun Jahre wiederkehrenden Erwärmungen als El Niño bezeichnet.

Im El-Niño-Jahr wird das kalte und nährstoffreiche Wasser des Humboldtstromes durch warmes und nährstoffarmes Wasser verdrängt. Dann kommt es zur Katastrophe, zuerst sterben Algen ab, dann tritt ein großes Fischsterben ein. An der normalerweise sehr trockenen Westküste Südamerikas führen sintflutartige Regenfälle zu Überschwemmungen mit starker Erosion in den Wüstengebieten und oft zum Ausbruch von Krankheiten wie Malaria und Cholera. In Australien und Südostasien bleiben die Regenfälle dagegen aus. Die große Trockenheit führt zu Ernteverlusten und oftmals großflächigen Bränden im sonst feuchten Regenwald. Damit gehen die Auswirkungen von El Niño weit über den pazifischen Raum vor der Westküste Südamerikas hinaus. El Niño beeinflusst die Volkswirtschaften vieler pazifischer Staaten und deren Gesundheitssysteme. Wissenschaftler sehen auch einen Zusammenhang mit den Dürreperioden im Sahel. Inwieweit El Niño auch das Klima in Europa beeinflusst, kann die Wissenschaft heute noch nicht beantworten.

El Niño ist eng verknüpft mit der Southern Oscillation. Das ist eine globale Temperatur- und Druckveränderung der Atmosphäre im äquatorialen Pazifik. Weil beide Phänomene so eng zusammenhängen, wird diese Abweichung in der Zirkulation von Atmosphäre und Ozean als El-Niño-Southern-Oscillation (ENSO) bezeichnet.

M 26 El-Niño-Situation im Pazifik

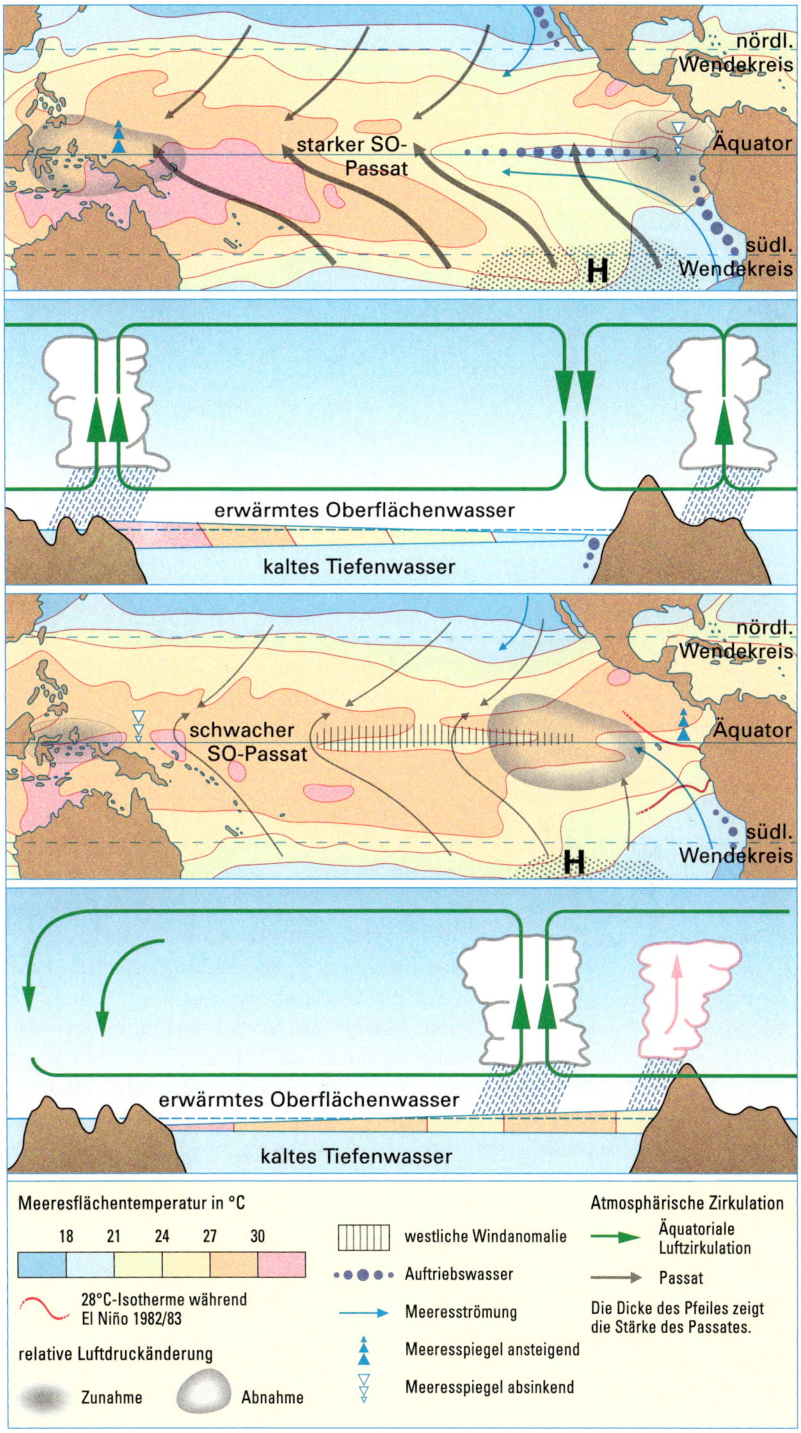

A 20 Erklären Sie mithilfe von M 25 und M 26 die Entstehung einer Küstenwüste.

A 21 Erklären Sie am Beispiel von ENSO, wie große Ozeanflächen durch Wechselwirkung mit der Atmosphäre die Zirkulation in den Tropen steuern (M 26).

1.2.6 Außertropische Zirkulation

M 27 Typische Luftmassen, die Mitteleuropa beeinflussen

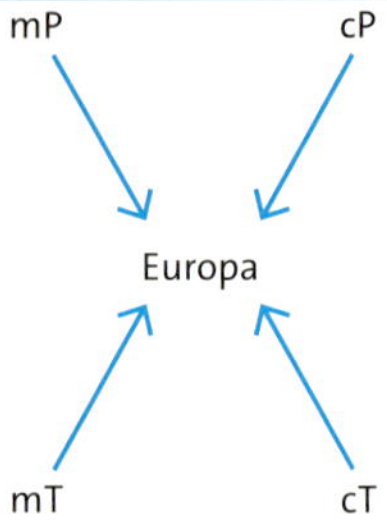

Wetterwirksame Hauptluftmassen schematisch

mP = maritime Polarluft
mT = maritime Tropikluft
cP = kontinentale Polarluft
cT = kontinentale Tropikluft

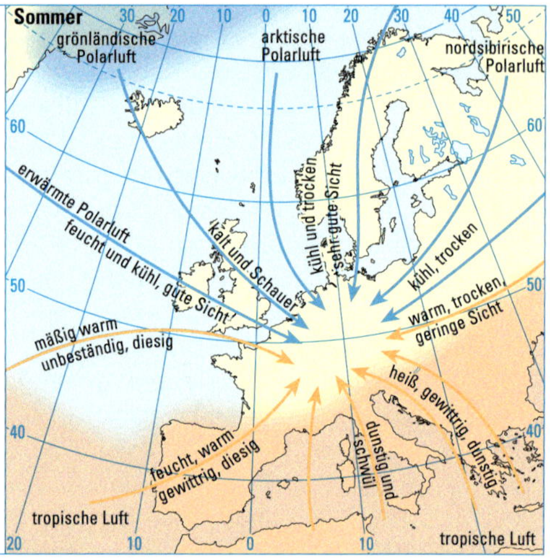

M 28 Zyklone im Reifestadium

a Cumuluswolke (Haufenwolke)
b Ambosswolken
c tief hängende Schichtwolken (Regenwolken)
d hohe Schichtwolken
e Federwolken

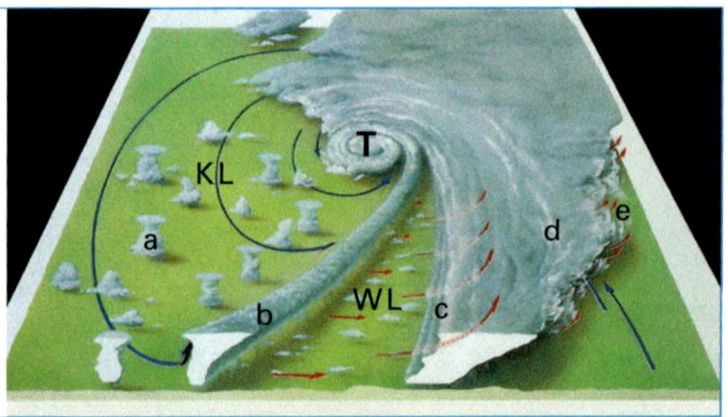

Mitteleuropa ist das ganze Jahr hindurch das „Kampffeld" verschiedener Luftmassen, die sich je nach ihrer Herkunft in Temperatur und Luftfeuchtigkeit unterscheiden. Die Temperaturen werden weniger durch die solare Strahlungsbilanz bestimmt als durch „Luftmassentransporte".

Luftmassen

Luftmassen sind große Luftmengen mit einheitlicher Temperatur oder Feuchtigkeit. Sie bilden sich über verschiedenen Gebieten der Erdoberfläche und behalten bei ihrer Verlagerung in andere Regionen die Eigenschaften ihres Herkunftsgebietes für einige Zeit bei.

Wetterlage

Im Durchschnitt ändert sich in Mitteleuropa die Wetterlage alle 4–5 Tage. Ursache dafür sind die durch dynamische Hoch- und Tiefdruckgebiete (Antizyklonen und Zyklonen) ausgelösten atmosphärischen Prozesse.

Warmfronten und Kaltfronten

Zyklonen weisen einen Durchmesser von etwa 1500 km auf und ziehen wegen der in den gemäßigten Breiten vorherrschenden Westwindströmung überwiegend von West nach Ost. Deshalb wird ihre Westseite auch als „Rückseite" und die Ostseite als „Vorderseite" bezeichnet. Auf der Nordhalbkugel der Erde entstehen Zyklonen vorrangig aus dem Polarfrontjet zwischen 40° und 55° nördlicher Breite.

Weil in diese Tiefdruckgebiete unterschiedlich temperierte Luftmassen einströmen, bilden sich Luftmassengrenzen zwischen kalter und warmer Luft aus. Diese werden in der Meteorologie als Fronten, d. h. geneigte Grenzen zwischen zwei Luftmassen, an denen sich Temperatur und Luftfeuchtigkeit sprunghaft ändern, bezeichnet. Beim Vorstoß warmer Luft gegen kalte Luftmassen entsteht eine Warmfront. Trifft Kaltluft auf Warmluft, bildet sich eine Kaltfront aus. Der zwischen diesen Fronten liegende Keil von Warmluft wird Warmsektor genannt.

An der Vorderseite der Zyklone werden Warmluftmassen aus Süden und Südwesten herangeführt. Diese haben aufgrund ihrer Temperatur eine geringere Dichte und sind damit relativ leicht. Die Warmfront bewegt sich deshalb verhältnismäßig langsam. Dabei gleitet die warme Luft auf die kältere auf. Auf der Rückseite dagegen stößt die schwere Kaltluft ziemlich schnell gegen die Warmluft vor. Weil sich die Kaltfront wesentlich schneller bewegt, erreicht sie im Verlauf der weiteren Entwicklung der Zyklone die Warmfront.

Die im Bereich des Tiefdruckgebietes am Boden vorherrschende Warmluft wird dann durch Kaltluft ersetzt und vom Boden abgehoben. Dieses Stadium heißt Okklusion (lat. occludere = verschließen), wobei sich eine Mischfront, die als Okklusionsfront bezeichnet wird, bildet. Damit verliert die Zyklone ihre Eigendynamik und „stirbt“. Inzwischen sind aber im Gebiet von Island längst neue Tiefdruckgebiete entstanden und auf dem Weg nach Nordost- und Osteuropa. Treten mehrere Zyklonen hintereinander auf, spricht man von „Zyklonenfamilien“.

M 29 Darstellung von Fronten auf einer Wetterkarte

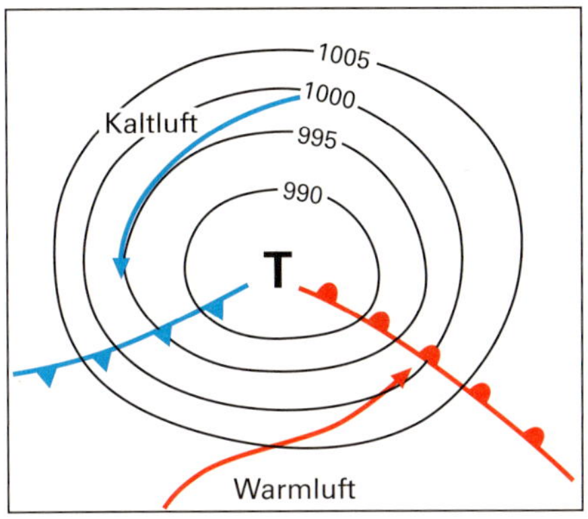

M 30 Warmfront und Kaltfront in einer Zyklone

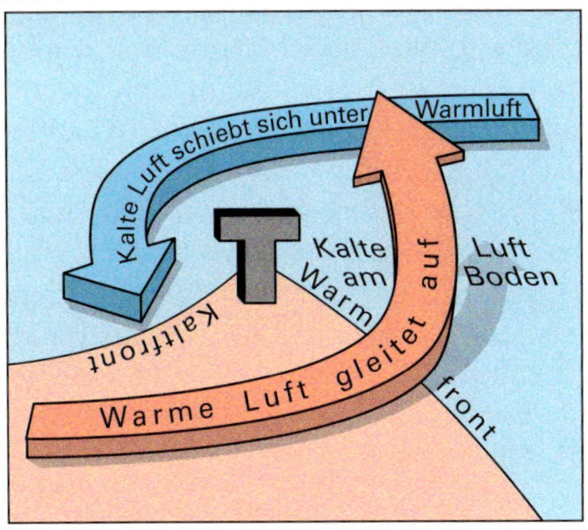

M 31 Idealschema der Entwicklung einer Zyklone über Europa

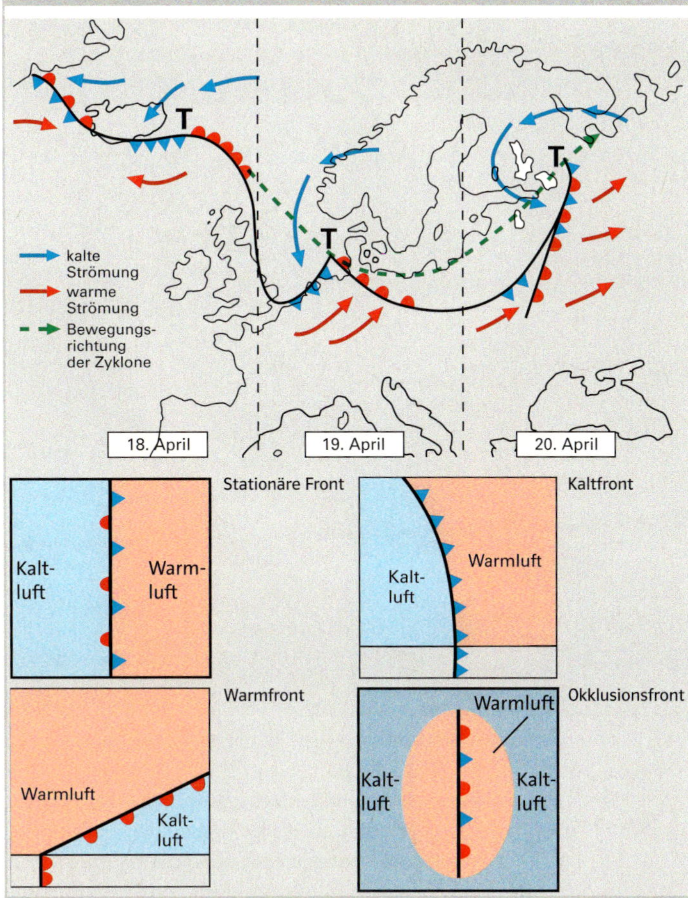

A 22 Charakterisieren Sie die für Mitteleuropa wetterwirksamen Hauptluftmassen.

A 23 Erklären Sie die Entstehung von Warm- und Kaltfronten.

A 24 Erläutern Sie den typischen Lebenslauf einer Zyklone.

Warmfront
Kaltfront
Okklusion

M 27 nach Berthold Wiedersich: Das Wetter: Entstehung, Entwicklung, Vorhersage. Stuttgart: Enke 1996, S. 38

M 28 Illustration © Carl-W. Röhrig/CO-Art, Hamburg

Online-Link
zur tropischen Zirkulation (einschließlich Hurricans):
29260X-1207

M 32 Klassisches Luftbild vom Durchzug einer Zyklone (Satellitenbild Meteosat vom 06.08.1987)

Wettererscheinungen beim Durchzug einer Zyklone
Überquert eine Zyklone Mitteleuropa, zeigt der Wetterablauf eine gesetzmäßige Abfolge, die mit den Wettervorgängen an der Warmfront und der Kaltfront erklärt werden kann. Das Schema M 33 verdeutlicht die wichtigsten Wettererscheinungen beim Durchzug einer Zyklone.
Beim Vordringen der Warmfront gleitet die leichtere Warmluft auf die schwere Kaltluft auf und kühlt sich ab. Hohe Cirren und später im mittleren Niveau gelegene Schichtwolken kündigen das Herannahen einer Warmfront an. Die nachfolgenden tief liegenden Stratus- und Nimbostratuswolken bringen erst Niesel- und später zum Teil länger anhaltenden Landregen (Wolkentypen vgl. S. 29).

Sobald die Warmfront am Boden durchgezogen ist, lösen sich die Wolken auf. Aber das „schöne" Wetter hält nicht lange an, denn die vordringende Kaltluft an der Kaltfront schiebt sich wie ein großer Keil unter die Warmluft und treibt sie in die Höhe. Mächtige Haufenwolken türmen sich auf und bei böigen Windstößen kommt es zu kräftigen Regenschauern, mitunter sogar zu heftigen Gewittern, so genannten Frontgewittern. Die Temperaturen fallen in kurzer Zeit um 5 bis 10 K ab. Die Schauer lassen im weiteren Verlauf allmählich nach und es klart auf. Häufig zeigt das „Rückseitenwetter“ weiße Cumuluswolken und einen tiefblauen Himmel. Die glasklare, kalte Luft erlaubt oft eine sehr gute Fernsicht. Nach Durchgang der Kaltfront dreht der Wind meist auf West bis Nordwest.

Weiterführender Link
Deutscher Wetterdienst:
www.dwd.de, Aug. 2008

Online-Link
29260X-1208

Online-Link
zu Tornados:
29260X-1209

Erreicht die Kaltfront die Warmfront, wird die warme Luft vom Boden abgehoben und in die Höhe gedrückt. Im Bereich dieser Okklusionsfront treten unterschiedliche Wettererscheinungen auf. Am Beginn der Okklusion ähneln die Vorgänge denen an der Warmfront, zum Ende hin aber eher denen der Kaltfront. Heftige Niederschläge können einsetzen. Die Bewölkung ist gemischt und nicht so klar definierbar wie bei ausgebildeten Fronten. Für das gesamte Wettergeschehen beim Durchzug einer Zyklone gilt: Je größer der Temperaturunterschied zwischen den in die Zyklone einströmenden Luftmassen, desto intensiver sind die Wettererscheinungen. Die klimatischen Verhältnisse in Mitteleuropa werden somit in besonderem Maße durch die Westwinde und durch die Lage an der Westseite des eurasischen Großkontinents geprägt. Dadurch stehen sie unter dem Einfluss der feuchten, im Winter erwärmenden, im Sommer kühlenden Westwinde vom Atlantik her.

M 33 Schema einer Zyklone im Reifestadium

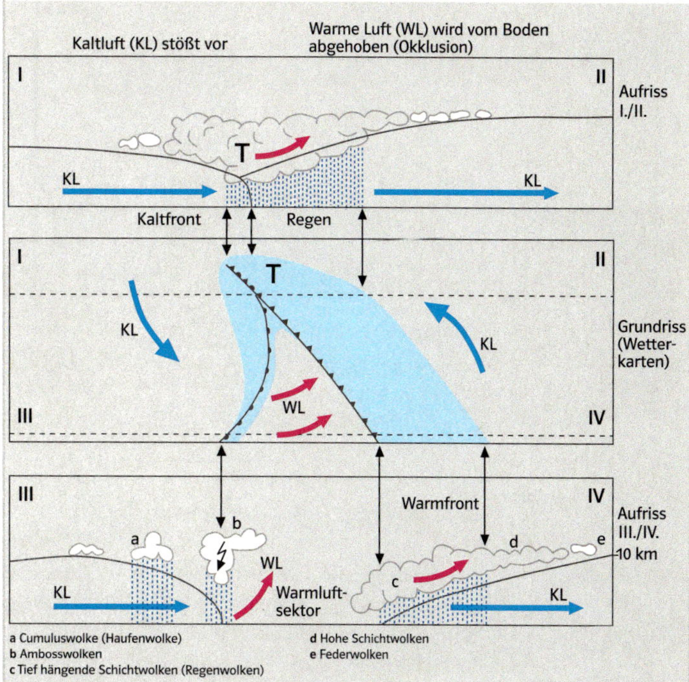

Zyklonen und Antizyklonen

Zyklonen sorgen durch die Verwirbelung unterschiedlich temperierter Luftmassen für das typische wechselhafte Wetter in den gemäßigten Breiten. Im Unterschied dazu sind Hochdruckwetterlagen meist durch ein relativ störungsfreies Wettergeschehen gekennzeichnet. Infolge der weiträumigen Absinkbewegungen im Bereich einer Antizyklone lösen sich die Wolken meist auf, sodass kaum Niederschläge fallen und so genanntes Strahlungswetter mit großen Temperaturunterschieden zwischen Tag und Nacht herrscht. Lediglich im Winter bildet sich häufig eine Inversionsschicht aus, wobei Schichtwolken und Hochnebel entstehen. Aus den Antizyklonen strömt die Luft nach allen Richtungen aus und wird auf der Nordhalbkugel nach rechts abgelenkt. Im Randbereich werden dann entsprechend der Lage der Tiefdruckgebiete Luftmassen unterschiedlicher Temperatur verlagert. So strömt im Sommer an der Nordostflanke des Azorenhochs warme subtropische Luft nach Norden.

Es sind aber vor allem die Zyklonen, die in den mittleren Breiten für großräumige Wärme- und Wasserdampftransporte sorgen. Im Gegensatz zur Antizyklone strömen unterschiedlich temperierte Luftmassen von allen Seiten ein. An der Westseite einer Zyklone wird kalte Polarluft nach Süden transportiert und an der Ostseite warme Tropikluft nach Norden. Damit kann ein meridionaler Wärmetransport aus den Wärmeüberschussgebieten niedriger Breiten in die Wärmedefizitgebiete hoher Breiten stattfinden.

Cirruswolken
Schichtwolken
Stratos- und Nimbostratuswolken

Haufenwolken/ Cumuluswolken

A 25 Vergleichen Sie in Form einer Tabelle Vorderseite, Warmsektor und Rückseite einer Zyklone anhand folgender Merkmale: Temperatur, Bewölkung, Niederschlag, Luftdruck sowie die Windrichtung beim Durchzug einer Zyklone.

A 26 Erläutern Sie die Bedeutung von Zyklonen und Antizyklonen für das Wetter in Mitteleuropa.

A 27 Erklären Sie mithilfe ihrer Kenntnisse zum Strahlungshaushalt der Erde die großen täglichen Temperaturschwankungen bei einer Hochdruckwetterlage.

Vorderseitenwetter
Rückseitenwetter

M 34 Temperaturveränderung in den letzten 12 000 Jahren

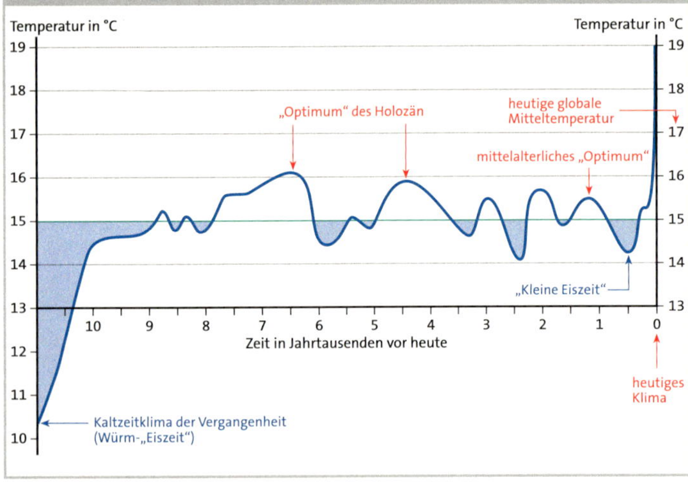

1.2.7 Klimawandel und seine Ursachen

Klimazyklen

Ein Blick in die Erdgeschichte zeigt, dass das Klima schwankt, seit die Erde existiert. Natürliche Klimaveränderungen verliefen langfristig, in Zeiträumen von über 100 000 Jahren, oder kurzfristig, in Zyklen von 10 bis 100 Jahren. Seit dem Pleistozän, das vor 1,8 Mio. Jahren begann, wechselten Kalt- und Warmzeiten miteinander ab. Dabei waren die mittleren Temperaturen in den Warmzeiten bis zu 3 K höher und in den Kaltzeiten bis zu 9 K niedriger als heute. Die vor etwa 11 000 Jahren einsetzende Erwärmung führte zum Abschmelzen des Inlandeises und erreichte vor etwa 6 000 bis 4 000 Jahren ein erstes Optimum. Etwa 2 K höhere Temperaturen als heute haben damals die Ausbildung eines Eichenmischwaldes ermöglicht. Auch die Blütezeit des Römischen Reiches fällt in eine solche Warmphase mit besonders niederschlagsreichen Wintern im Mittelmeerraum. Nur so konnte Nordafrika zur „Kornkammer" Roms werden. Während des mittelalterlichen Klimaoptimums besiedelten die Wikinger Grönland. Die Weinbaugrenze lag gegenüber heutigen Verhältnissen um 4 bis 5 Breitenkreise nördlicher. In der „Kleinen Eiszeit" gingen die Bauern in Süddeutschland vom Weinbau zur Bierherstellung über.

Zur Erklärung von lang- oder kurzfristigen Klimaänderungen müssen unterschiedliche Einflussfaktoren beachtet werden.

Rekonstruktion von Änderungen der atmosphärischen CO_2-Konzentration

Wegen des großen Einflusses von CO_2 auf das Erdklima versuchen Wissenschaftler die atmosphärische CO_2-Konzentration zu ermitteln.

M 35 Astronomische Einflüsse auf das Erdklima

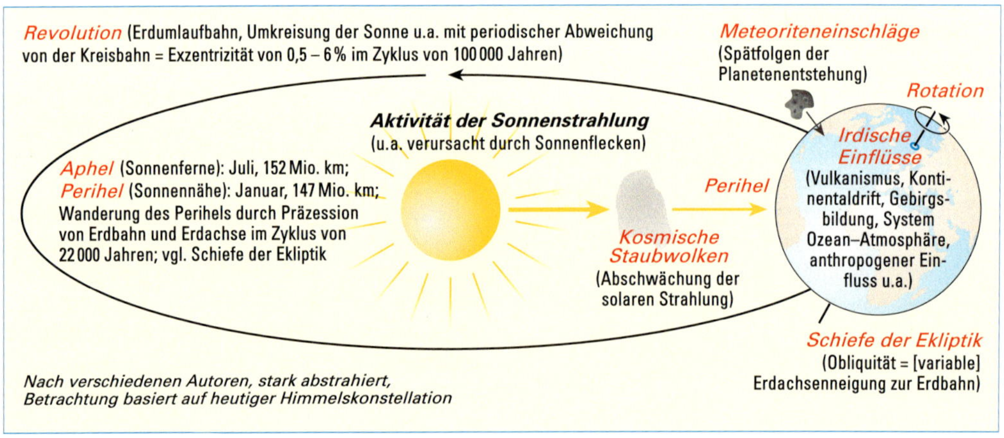

M 36 Vergleich zwischen den IPCC*-Modellrechnungen und Beobachtungen des Temperaturanstiegs seit 1860 (Abweichungen vom Mittelwert 1961–90)

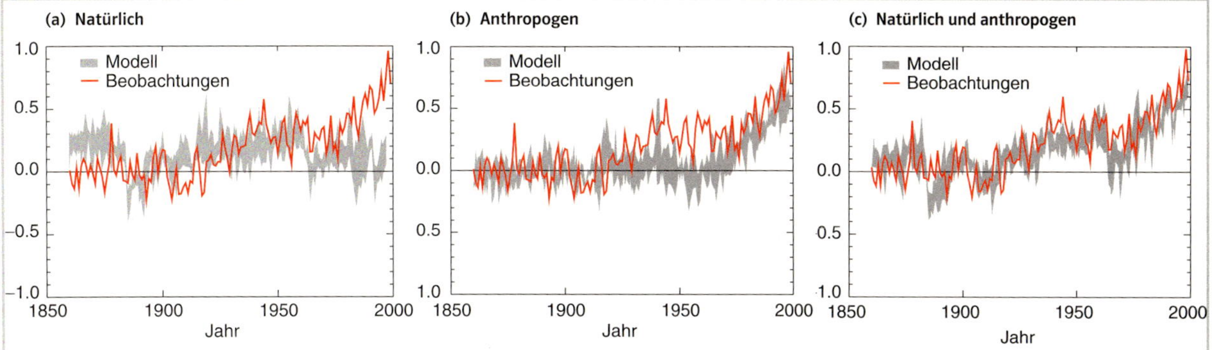

Anmerkung:
Das Band in (a) zeigt Simulationen, die nur natürliche Antriebsfaktoren berücksichtigen: Schwankungen der solaren Einstrahlung und vulkanische Aktivitäten. Das Band in (b) zeigt Simulationen, die anthropogene Antriebskräfte berücksichtigen: Treibhausgase und eine Schätzung bezüglich der Schwefelaerosole. In (c) sind sowohl natürliche als auch anthropogene Antriebsfaktoren berücksichtigt.

M 37 Treibhausgasgehalt und Temperatur

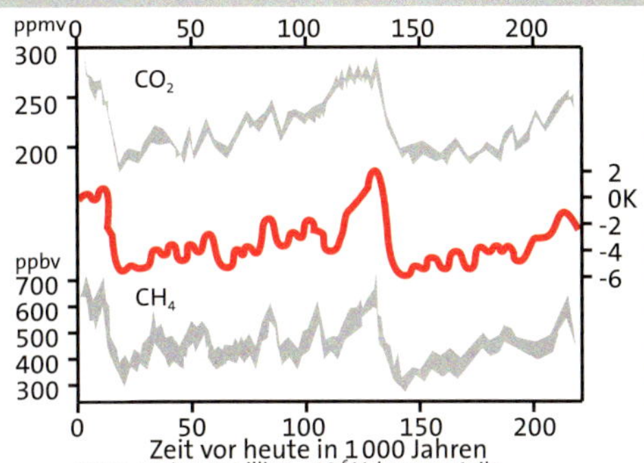

ppmv: parts per million = 10^{-6} Volumenanteile
ppbv: parts per billion = 10^{-9} Volumenanteile
ΔT: Temperaturabweichung in Grad

M 38 Charakteristika wichtiger Treibhausgase

	CO_2	CH_4	N_2O	FCKW-11
Mittlere Verweilzeit (a)	50–200	12	114	45
Relatives Treibhauspotenzial**	1	23	296	4600
Beitrag zum anthropogenen Treibhauseffekt (%)***	60	20	6	3

„Für die letzten 400 000 Jahre wurde aber ein bemerkenswerter Gleichlauf von CO_2 und Temperatur im Wechsel von Kalt- und Warmzeiten gefunden. Aus dieser Ähnlichkeit im Verlauf kann aber nicht geschlossen werden, dass CO_2 die Temperaturänderungen antreibt oder umgekehrt. Die atmosphärische CO_2-Konzentration ergibt sich aus der Wechselwirkung zwischen den Kohlenstoffreservoirs der verschiedenen Komponenten im Klimasystem. Diese Wechselwirkung hängt unter anderem von der Temperatur ab, die wiederum – neben zahlreichen anderen Prozessen im Klimasystem – auch über den Treibhauseffekt durch die CO_2-Konzentration bestimmt wird. Als sehr wahrscheinlich gilt, dass die heutige CO_2-Konzentration erheblich höher ist als jemals zuvor in den vergangenen 400 000 Jahren.“ [1]

Kohlenstoffreservoirs

A 28 Stellen Sie natürliche Ursachen für Klimaänderungen dar.
A 29 Erklären Sie den anthropogenen Treibhauseffekt.

* s. S. 42–43.
** Relatives molekulares Treibhauspotenzial gemessen an der Treibhauswirkung von CO_2 (= 1) über 100 Jahre
*** Der Rest entfällt auf andere FCKW sowie auf das troposphärische Ozon.

M 36 nach Klimaänderung 2001. Synthesebericht Zwischenstaatlicher Ausschuss für Klimaänderung (IPCC*). Bonn: Deutsche IPCC Koordinierungsstelle 2002, S. 53

[1] DEKLIM auf www.deklim.de/seiten/dek-frame.asp (FAQ, Frage 11), Dez. 2007

Weiterführende Literatur
Matthias Scholliers: Klima im Wandel. TERRAglobal, SII Arbeitsmaterial. Leipzig: Klett 2006

Online-Link
zu historischen und aktuellen Erscheinungen und Faktoren des Klimawandels:
29260X-1210

M 39 Regionale Temperaturveränderung bis zum Jahr 2100

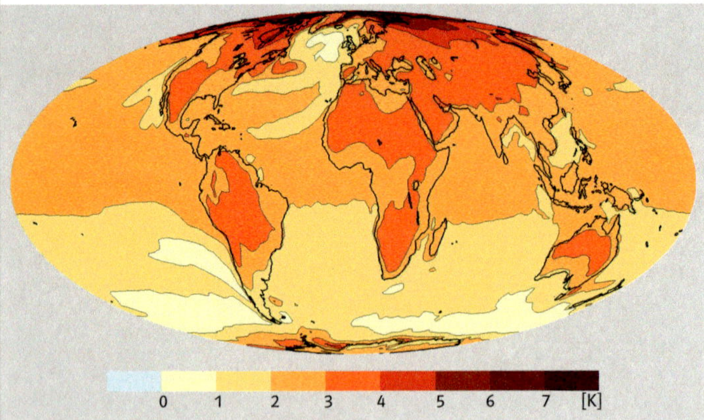

Anmerkung: Die farbigen Flächen zeigen die voraussichtliche Veränderung der jährlichen Mitteltemperatur der Periode 2071–2100 gegenüber der Periode 1961–1990 nach dem IPCC-Szenario A2 (s. M 40). Den Rechnungen liegen die Ergebnisse verschiedener gekoppelter Modelle zugrunde.

fossile Brennstoffe
Treibhausgase
Aerosole
anthropogene CO_2-Emissionen
Kyotoprotokoll
Treibhausgasreduktion

Mensch und Klimawandel

Der CO_2-Gehalt der Luft hat zwischen 1750 und 2005 um 35 % von 280 ppm* auf 379 ppm zugenommen. Die Zuwachsrate der letzten 10 Jahre ist die größte seit 50 Jahren. Der heutige Wert ist der höchste der letzten 650 000 Jahre. Der größte Teil dieser Erhöhung ist auf Nutzung fossiler Brennstoffe und auf Veränderungen der Landnutzung (z. B. Rodungen) zurückzuführen. Die globale Oberflächentemperatur ist seit 1850 um 0,74 K gestiegen. Der vierte Bericht des IPCC (2007) projiziert bis 2100 eine globale Erwärmung von 1,8 bis 4,0 K. Damit ändert sich die Temperatur mit einer Geschwindigkeit, wie sie in den letzten 10 000 Jahren nicht vorkam.

Anteil des Menschen am Klimawandel

„Nach dem gegenwärtigen Kenntnisstand müssen wir davon ausgehen, dass die Klimaänderung des letzten Jahrhunderts sowohl durch natürliche Faktoren als auch durch den Menschen verursacht worden ist. Während der letzten drei Jahrzehnte wird vermutlich der Beitrag des Menschen sogar dominant gewesen sein. Die wesentlichen Ursachen sind die Emissionen von Treibhausgasen und Aerosolen sowie die veränderte Landnutzung.“ [2]

Klimaschutz – eine Aufgabe für die „Eine Welt“

Das Klima wird sich ändern, aber wir können heute beginnen, die anthropogenen Ursachen zu vermindern, um den Wandel des Klimas nicht noch zu beschleunigen, sondern für die Zukunft abzubremsen.

Bis zu zwei Billionen US-$ könnten 2050 global die volkswirtschaftlichen Schäden durch den Klimawandel betragen. Auch deshalb gehören Maßnahmen gegen die globale Erwärmung und zur langfristigen Anpassung an ihre Folgen zu den wichtigsten Zukunftsaufgaben der Menschheit.

An diesem Ziel muss die Weltgemeinschaft gemeinsam arbeiten. Daher sind internationale und nationale Abkommen wichtig, um die anthropogenen CO_2-Emissionen zu verringern. Jedes Land muss im Rahmen seiner Möglichkeiten einen Beitrag dazu leisten.

Bereits im Jahre 1992 wurde die internationale Klimakonvention verabschiedet, in der sich fast alle Staaten der Erde zur Zusammenarbeit verpflichteten. 1997 wurde das Kyotoprotokoll unterzeichnet, das eine Reduzierung der weltweiten CO_2-Emissionen im Zeitraum 2008–2012 gegenüber dem Bezugsjahr 1990 um mindestens 5,2 % vorsieht. Nachdem 141 Länder, die 55 % der weltweiten Emissionen verursachen, das Protokoll unterzeichnet hatten, konnte es am 16. 2. 2005 in Kraft treten. Damit müssen alle Industriestaaten, die das Protokoll ratifiziert haben, bis zum Jahre 2012 die zugesagten Treibhausgasreduktionen verbindlich umsetzen.

Klimaszenarien des IPCC

Das IPCC (Intergovernmental Panel on Climate Change) wurde 1988 von der World Meteorological Organization (WMO) und dem United Nations Environment Programme (UNEP) eingesetzt und hat die Aufgabe, in regelmäßigen Abständen (etwa 5 Jahre) den Zustand des Klimasystems und seine Auswirkungen auf die menschlichen Gesellschaftssysteme festzustellen und Möglichkeiten der politischen Gegensteuerung zu benennen.

[2] DEKLIM, a. a. O. (Frage 7)

Weiterführende Literatur
Matthias Scholliers: Klima im Wandel. TERRAglobal, S II Arbeitsmaterial. Leipzig: Klett 2006

Weiterführende Links
www.wetter-klimawandel.de
www.baden-wuerttemberg.wetter-klimawandel.de
www.lubw.baden-wuerttemberg.de

***ppm** parts per million = Teile pro Mio. Teile

Online-Link
zum aktuellen IPCC-Bericht: 29260X-1211

Online-Links
zu den Folgen der Klimaerwärmung: 29260X-1212

zu Maßnahmen zur Verringerung des CO_2-Gehaltes der Atmosphäre: 29260X-1213

Seine Experten gingen der Frage nach, wie sich das Klima der Erde in Zukunft unter dem Einfluss von Treibhausgasemissionen entwickeln wird. Im Second Report on Emission Scenarios (SRES) entwickelten sie unterschiedliche Szenarien. Dabei berücksichtigten sie folgende Fragen:

- Wie verändert sich die Weltbevölkerung in den nächsten 100 Jahren?
- Welchen Lebensstandard wird sie erreichen?
- Wie hoch wird der Energieverbrauch sein?
- Welche Energieträger werden in diesem Zusammenhang eingesetzt?

Weil es für jede dieser Fragen verschiedene Antwortmöglichkeiten gibt, ergaben sich mehrere Szenarien. Man einigte sich international auf 35 SRES-Szenarien, die man in vier Familien unterteilte: A 1, A 2, B 1 und B 2.
Die Szenarienfamilien A 1 und A 2 gehen von einer primär ökonomisch orientierten Welt aus, die Szenarienfamilien B 1 und B 2 wiederum gehen von einer ökologischen und nachhaltigen künftigen Entwicklung der Menschheit aus.

Emissionshandel (vgl. S. 208 – 209)

Um das Ziel der Reduzierung der Emissionen zu erreichen, hat sich die EU für ein Verfahren entschieden, bei dem die Menge an Treibhausgasen festgelegt wird, die Industrie und Energieversorger ausstoßen dürfen. Die EU strebt außerdem eine marktwirtschaftliche Lösung an, den Handel mit Emissionsrechten.
In Deutschland teilt das Bundesumweltamt den Unternehmen CO_2-Emissionszertifikate zu, die dem einzelnen Unternehmen eine bestimmte Menge an Emissionen erlaubt. Überschreitet ein Unternehmen diese Menge, so muss es entweder Zertifikate zukaufen, von Unternehmen, die unter der erlaubten Ausstoßmenge bleiben, oder das Unternehmen muss in seine Umwelttechnik investieren, sodass sein Ausstoß vermindert wird. Ansonsten zahlt es Strafe. In der Europäischen Union sind in der Erprobungsphase etwa 12 000 Unternehmen, die 46 % des CO_2-Ausstoßes hervorbringen, zum Emissionshandel verpflichtet. In Deutschland betrifft dies etwa 1 850 Anlagen.
Der Preis für die Zertifikate richtet sich nach Angebot und Nachfrage. Die EU ist Vorreiter für dieses System, das später international angewandt werden soll.

M 40 Klimaszenarien des IPCC im Überblick

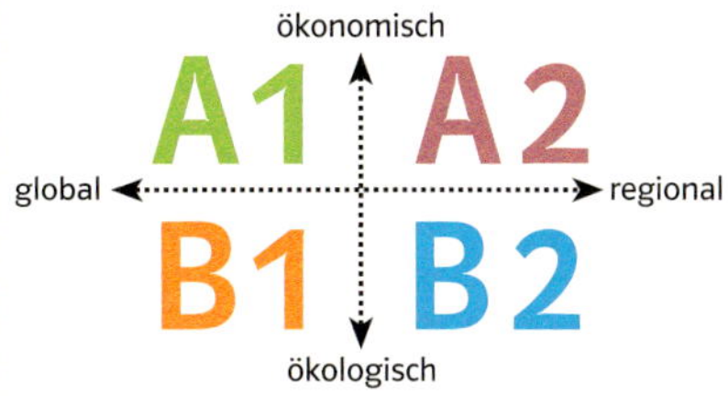

A 1 Eine Welt mit schnellem Wirtschaftswachstum und schneller Einführung neuer und effizienterer Technologien.

A 2 Eine sehr heterogene Welt mit einem Schwerpunkt auf traditionellen Werten (family values and local traditions).

B 1 Eine sich vom Materialismus abkehrende Welt und die Einführung sauberer Technologien.

B 2 Eine Welt mit dem Schwerpunkt auf lokalen Lösungen für ökonomische und ökologische Nachhaltigkeit.

Das Szenario A 1 hat drei Varianten, je nach genutzter Energie:

A 1 F fossil = hauptsächlich Öl und Kohle
A 1 N neue = erneuerbare Energiequellen
A 1 B beide = ausgewogene Nutzung beider Arten

B 2 geht von einer ökologischen und nachhaltigen künftigen Entwicklung der Menschheit aus.

M 41 Beispielszenarien aus dem 2. IPCC-Bericht (= SRES: Second Report on Emission Scenarios)

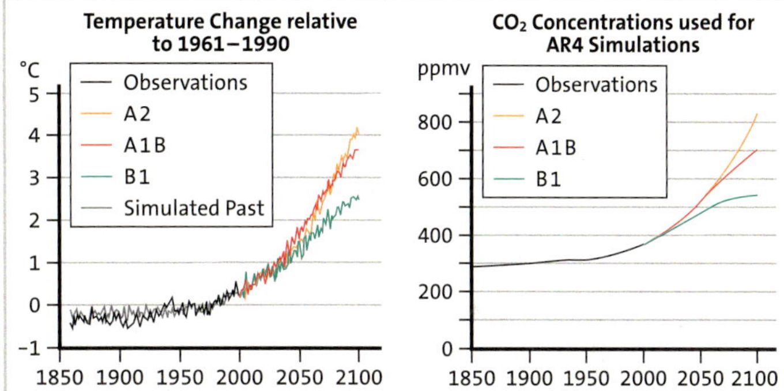

A 30 a) Arbeiten Sie Unterschiede zwischen den SRES-Szenarien heraus.
A 30 b) Beurteilen Sie die Aussagekraft solcher Klimaszenarien.
A 31 Begründen Sie, warum die zwischenstaatliche Einigung über Maßnahmen zum Klimaschutz ein langwieriger Prozess ist.
A 32 Mögliche Referatsthemen (vgl. Methodendoppelseite 480 – 481):
A 32 a) Die Festlegungen des Kyotoprotokolls und das nationale Klimaschutzprogramm Deutschlands
A 32 b) Der Klimagipfel in Bali (Dezember 2007) und seine Ergebnisse
A 32 c) Initiativen zum Klimaschutz in Ihrem Bundesland und Heimatort
A 33 Gestalten Sie eine anschauliche Präsentation zu Maßnahmen und Verhaltensweisen, mit denen Sie und Ihre Mitbürger in Ihrem persönlichen Umfeld einen Beitrag zum Klimaschutz leisten können.

1.3 Die Hydrosphäre

M1 Wasserverteilung auf der Erde (in Mio. km³)

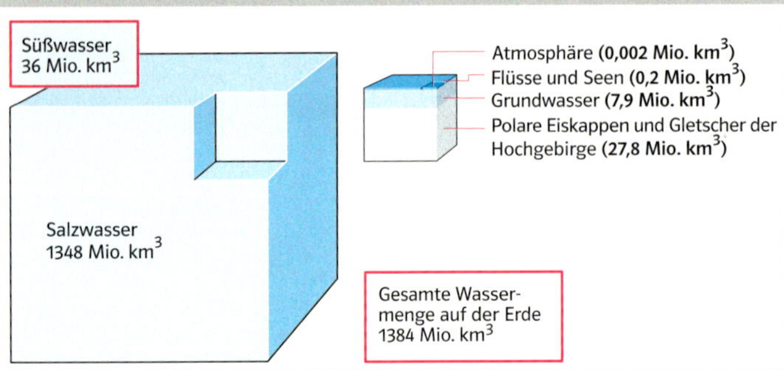

1.3.1 Der Wasserkreislauf

Hydrosphäre (G)
Wasserkreislauf

Einzugsgebiet
Abflusskurve
Abflusssystem
Pegel

Die Hydrosphäre ist eine unverzichtbare Grundlage jeglichen Lebens auf der Erde. Sie umfasst ungefähr 1,4 Mrd. km³ Wasser in unterschiedlichen Aggregatzuständen. Vorgänge der Abtragung und Ablagerung von Gesteinsmaterial oder eine Bodenbildung wären ohne Wasser nicht denkbar.

M2 Schema des globalen Wasserkreislaufs

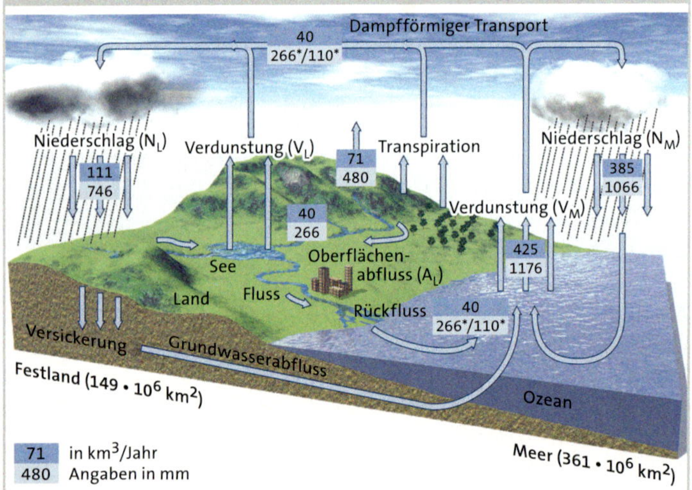

* 110 mm Niederschlag entsprechen einer Wassersäule von 110 mm auf der Fläche der gesamten Ozeane. Wird diese Menge auf das Festland transportiert, so ergibt sich auf dieser kleineren Fläche (40 % der Meeresfläche) eine Wassersäule von 266 mm.

Verweildauer des Wassers:
Atmosphäre: 8–10 Tage; Eis/Gletscher: 10 Jahre bis Jahrtausende; Pflanzen: 7 Tage; Seen: Tage bis Jahre; Grundwasser: bis zu 10 000 Jahre; Flüsse: 14 Tage, Ozean: mehr als 4 000 Jahre

Das Wasser der Meere, Seen und Flüsse und das bei Regen oder Schneeschmelze über die Hänge abfließende Wasser werden als oberirdisches Wasser bezeichnet. Im Boden und in den tiefer liegenden Schichten der Erdkruste auftretendes Wasser wird unterirdisches Wasser genannt.
Angetrieben durch die Sonnenenergie und die Schwerkraft befindet sich das Wasser in einem ständigen Kreislauf zwischen Ozeanen, Festland und Atmosphäre. Niederschlag, Abfluss und Verdunstung sind Hauptelemente dieses Wasserkreislaufs. Da die Erde ein geschlossenes System darstellt, kann der globale Wasserkreislauf einfach mit N = V, also Niederschlag gleich Verdunstung, beschrieben werden.
Für eine differenziertere Betrachtung lassen sich Teilkreisläufe ausgliedern, welche aber über Flüsse und Luftbewegung miteinander verbunden sind. So gilt für die Meere die Formel:
$V_M = N_M + A_L$

Für das Festland muss neben Niederschlag, Verdunstung und Abfluss auch die Differenz zwischen Rücklage (R) und deren Aufbrauch (B) durch Abfluss oder Verdunstung berücksichtigt werden. Als Rücklage bezeichnet man Wasser, welches zum Beispiel in der Bodenfeuchte, im Eis oder in den stehenden Gewässern gespeichert wird. Daher ergibt sich für das Festland die Gleichung:
$N_L = V_L + A_L + (R–B)$

Welchen Weg der Niederschlag in welcher Menge nimmt, ist von den jeweiligen naturräumlichen Bedingungen, wie Klima, Vegetation, Relief, Gesteins- und Bodenverhältnissen, abhängig. Höchstwerte der Verdunstung werden über den Meeren und Seen der Trockengürtel erreicht. Grundsätzlich gilt, dass die Verdunstung mit abnehmender Breite zunimmmt.

A1 Beschreiben Sie mithilfe der Grafik M2 den Wasserkreislauf der Erde und dessen Teilkreisläufe.
A2 Begründen Sie, ausgehend von den vereinfachten Gleichungen $V_M = N_M + A_L$ und $N_L = V_L + A_L$, dass für den Wasserhaushalt der Erde N = V gilt.

Weiterführende Literatur für das gesamte Kapitel
Joachim Marcinek/Erhard Rosenkranz: Das Wasser der Erde. 2. Aufl. Gotha: Perthes 1996

Online-Link
29260X-1301

M3 Der Rhein – Beispiel für ein komplexes Abflussregime*

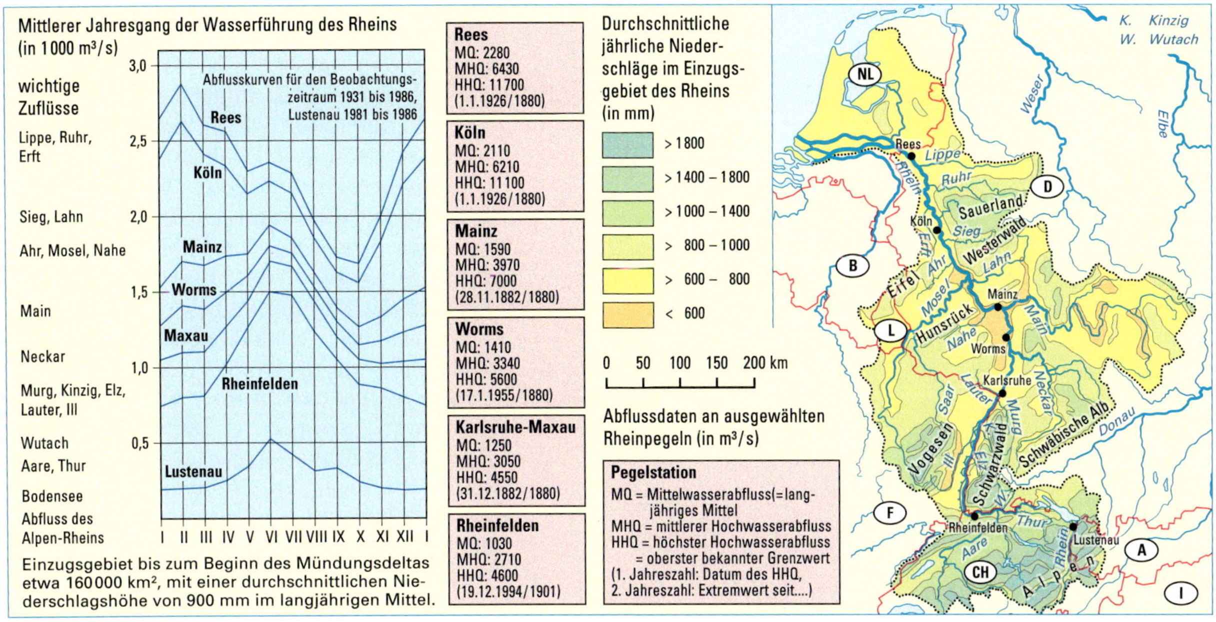

Alle Flüsse weisen ein typisches Abflussverhalten auf, das durch eine im Mittel regelmäßig wiederkehrende Abfolge von Maxima und Minima gekennzeichnet ist. Die Abflusshöhe bzw. Abflussmenge eines Flussgebietes ergibt sich aus der Gleichung für den Wasserkreislauf:

$A = N - V - (R - B)$

Daraus geht hervor, dass die Abflusshöhe wesentlich von Niederschlag, Verdunstung und der Änderung der Speicherkapazität der Landschaften des Einzugsgebietes abhängt. Aber auch anthropogene Eingriffe können den Abfluss beeinflussen. Die sich aus diesen Einflussgrößen ergebende jahreszeitliche Variabilität wird in Abflusskurven grafisch dargestellt.

Aufgrund der Größe des Einzugsgebietes des Rheins von fast 190 000 km² und damit Zuflüssen, die aus unterschiedlichen Klimaregionen kommen, hat sich für den Fluss ein komplexes Abflusssystem eingestellt. Im Gegensatz zu einfachen Systemen überlagern sich hier zwei Abflusssysteme. Dies lässt sich an der Anzahl und den sich jahreszeitlich verändernden Höhen der Abflussspitzen erkennen. Für den Rhein sind Maxima von Juni bis Juli und mit zunehmender Flusslänge vom Februar bis März zu erkennen.

Im Oberlauf hat sich ein Abflusssystem eingestellt, geprägt durch die in den oberen Lagen der Alpen spät einsetzende Schneeschmelze und die Niederschlagsmaxima im Frühsommer. Dieses System wird im weiteren Flussverlauf durch ein weiteres Abflusssystem zunehmend überlagert, was sich in der Verschiebung der Hochwasserspitzen dokumentiert. Ursache sind die Zuflüsse aus den Mittelgebirgen. In ihren Einzugsgebieten werden im Gegensatz zu den oberen Lagen der Alpen die Niederschläge zwischen Winter und Frühling weniger gespeichert. Aufgrund der Vegetationsruhe und geringer Verdunstung werden die Winterniederschläge fast vollständig in die Flüsse abgeleitet. Die einsetzende Schneeschmelze verstärkt diesen Abfluss, was zum Maximum im zeitigen Frühjahr führt.

Extreme Wettererscheinungen können das Abflusssystem kurzzeitig stark beeinflussen und Gefahren für die an den Flüssen lebende Bevölkerung mit sich bringen. Anthropogene Veränderungen können diese Wirkungen noch verstärken (vgl. S. 78–79).

A3 Erläutern Sie, was man unter dem Abflusssystem eines Flusses versteht.

A4 Vergleichen Sie das unterschiedliche Abflusssystem des Rheins an den Pegelstandorten Lustenau und Rees.

A5 Beschreiben Sie die Folgen von Wettererscheinungen für das Abflusssystem des Rheins.

A6 Erstellen Sie eine tabellarische Übersicht zu anthropogenen Einflüssen und deren Wirkung auf das Abflusssystem eines Flusses.

M3 nach Joachim Marcinek/Erhard Rosenkranz: Das Wasser der Erde. 2. Aufl. Gotha: Perthes 1996 S. 211

Einen umfassenden Überblick zu den Fließgewässern und stehenden Gewässern der Erde bietet z. B. die weiterführende Literatur (s. Nachbarseite).

* Abflusskurven werden üblicherweise für das hydrologische Jahr von Nov. bis Okt. dargestellt.

Online-Link
29260X-1302

M 4 Grundwasserergiebigkeit und Wassergewinnung in Deutschland

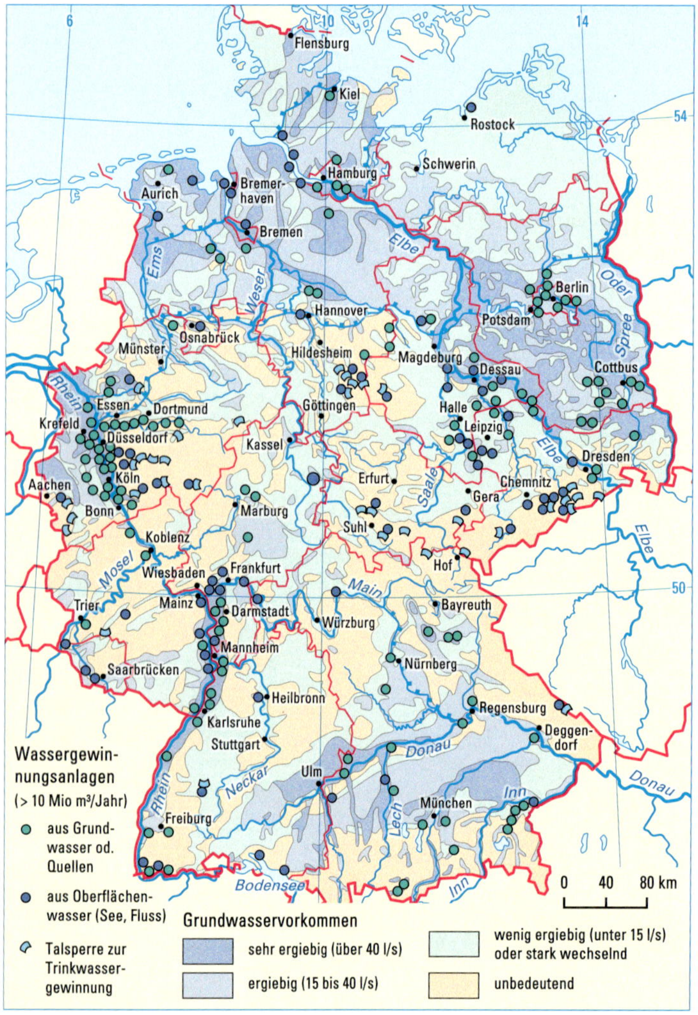

1.3.2 Das Grundwasser

Wasser ist unter der Erdoberfläche vielfältig vorhanden. So sorgt es als Kapillarwasser für die Bodenfeuchte oder ist an Mineralstrukturen der Gesteine gebunden. Von Grundwasser spricht man erst, wenn es in Hohlräumen zusammenhängend vorliegt und dort seine Bewegungsmöglichkeit ausschließlich durch die Schwerkraft bestimmt wird. Die Hohlräume können Poren in Locker- oder Festsedimenten sein, Klüfte entlang tektonischer Risse in kristallinen Gesteinen oder Karsthohlräume. Grundwasseranreicherungen entstehen nach Versickerung von Oberflächenwasser und Sättigung in grundwasserleitenden Schichten, die auch als Aquifere bezeichnet werden. Der Grundwasserspiegel beschreibt die Tiefe der oberen Grenzfläche der Sättigungszone in einem Aquifer. Auch die Höhe des Grundwasserspiegels unterliegt jahreszeitlichen und anthropogenen Einflüssen. Der Braunkohlentagebau z.B. hat das Grundwasserregime ganzer Regionen verändert.

Verweildauer und Gesteinsverhältnisse geben dem Grundwasser seine Eigenschaften, wie Härtegrad oder Mineralgehalt. Bei unterschiedlicher Höhenlage des Grundwasserspiegels oder vorhandener Neigung grundwasserleitender Schichten hat das Grundwasser Gefälle und beginnt zu fließen. Tritt Grundwasser an die Oberfläche, spricht man von einer Quelle.

Maßgebliche Faktoren für die Neubildung und Bevorratung von Grundwasser sind – wie schon erwähnt – neben Klima, Gestein, Vegetation und Relief auch Eingriffe des Menschen.

M 5 Quellen und Grundwasser schematisch

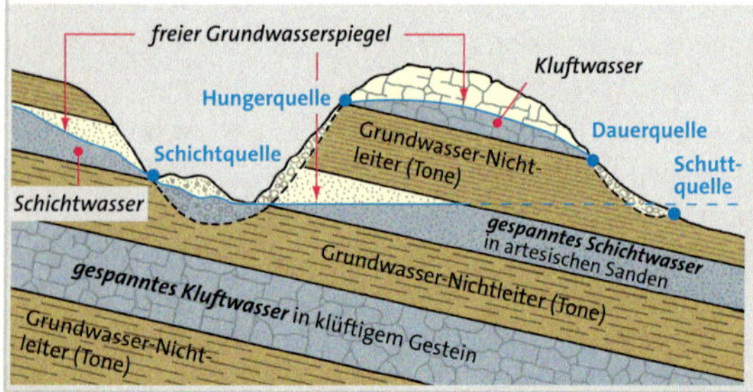

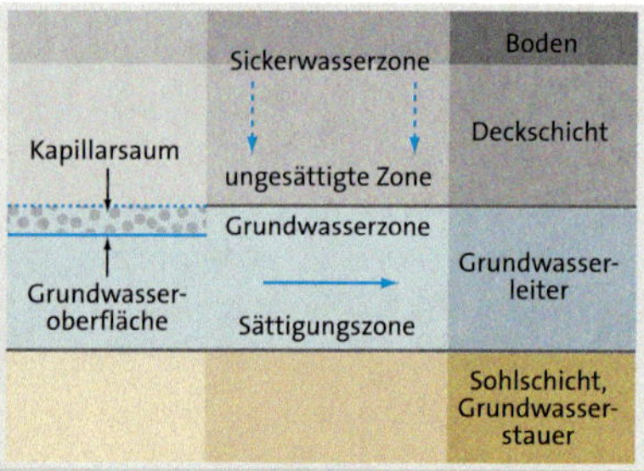

Ungespanntes oder freies Grundwasser: Die Grundwasseroberfläche liegt innerhalb eines Grundwasserleiters, Oberfläche und Druckfläche (gegen die Atmosphäre) fallen zusammen.
Gespanntes Grundwasser: Liegt über dem Grundwasserleiter ein Grundwasserstauer kann dieses nicht so hoch ansteigen, wie es seinem hydrostatischen Druck entspricht, d.h., das Wasser steht unter (artesischem) Druck.

Weiterführend zu nicht-erneuerbarem Grundwasser s. [1], im Internet abrufbar unter www.bgr.bund.de/nn_322854/DE/Themen/Wasser/Produkte/Downloads/grundwassermanagement

M 4 nach Bundesanstalt für Geowissenschaften und Rohstoffe
M 5 nach Roland Brinkmann: Brinkmanns Abriss der Geologie, Teil: 1: Allgemeine Geologie. 14. Aufl. Stuttgart: Enke 1990 Richter 1992
[1] Bundesanstalt für Geowissenschaften und Rohstoffe, Geozentrum Hannover: Strategien für ein nachhaltiges Management nicht-erneuerbaren Grundwassers. Hannover: BGR 2007, S. 2
M 6 ebenda
M 7 nach Stephen Foster/Daniel P. Loucks (Hrsg.): Non-Renewable Groundwater Resources. IHP-VI, Series on Groundwater, No. 10; IHPVI/UNESCO 2006, auf http://unesdoc.unesco.org/images/0014/001469/146997E.pdf, S. 18, März 2008

Online-Link
29260X-1303

Nicht-erneuerbares (fossiles) Grundwasser

„Der Begriff nicht-erneuerbares Grundwasser bezeichnet Grundwasservorkommen, die gegenwärtig nicht Teil des hydrologischen Kreislaufs sind. Dies bedeutet, dass keine Erneuerung über Niederschläge oder Infiltration erfolgt bzw. dass diese Erneuerung sehr gering ist und nur in sehr langen Zeiträumen zu einer nennenswerten Grundwasserneubildung führt. Da diese Zeiträume – häufig handelt es sich um mehrere hundert bis tausend Jahre – den menschlichen Planungshorizont deutlich übersteigen, werden diese Ressourcen als nicht-erneuerbar betrachtet. Der Grund für die Abkoppelung vom hydrologischen Kreislauf sind Veränderungen der klimatischen Bedingungen im Einzugsgebiet. Nicht-erneuerbares Grundwasser findet sich insbesondere in ariden und semiariden Gebieten wie dem Nahen Osten, Nordafrika, Zentralasien und im südlichen Afrika. Die Vorkommen haben sich zu einer Zeit gebildet, als in den betreffenden Regionen noch feuchteres Klima vorherrschte. Aufgrund ihres hohen Alters spricht man auch von fossilem oder Paläo-Grundwasser.

Die Abkoppelung vom aktuellen hydrologischen Kreislauf und die daraus resultierende Nicht-Erneuerbarkeit unterscheidet diese Vorkommen wesentlich von ‚normalem' Grundwasser. Nicht-erneuerbares Grundwasser steht meist auch nicht direkt in Verbindung mit (davon abhängigen) Ökosystemen. Deshalb ist es eher mit mineralischen oder Energierohstoffen wie Erzen und Erdöl als mit den so genannten ‚grünen' Ressourcen wie Wald und Boden zu vergleichen. Treffenderweise wird die Nutzung dieses Wassers im Englischen auch als „groundwater mining" bezeichnet. Diese natürlichen Rahmenbedingungen haben weitreichende Konsequenzen für die Bewirtschaftung der Vorkommen." [1]

Oberflächenwasser
Grundwasser
Kapillarwasser
Aquifer (G), Quelle
Grundwasserneubildung
fossiles Grundwasser

M6 Verteilung gering- bzw. nicht-erneuerbarer Grundwasservorkommmen in Nordafrika und Nahost

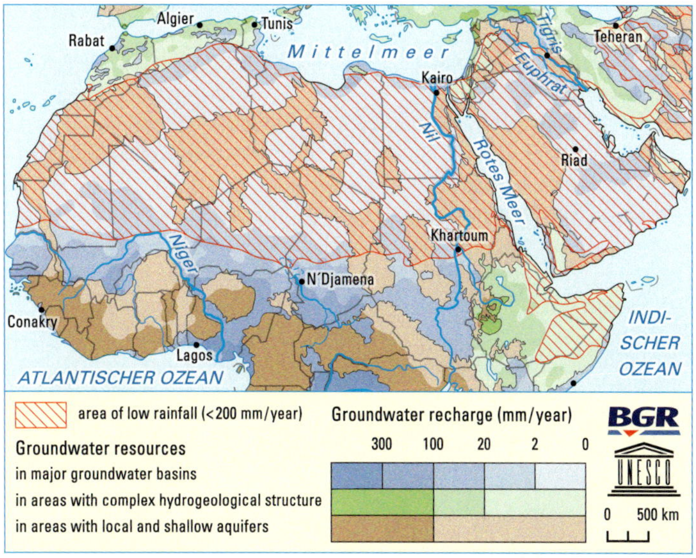

M7 Weltgrößte Aquifersysteme

Country	Aquifer System	Extension (Km²)	Exploitable Reserves (Mm³)	Current Extraction (Mm³/A)	Recent References
Egypt, Libya, Sudan, Chad	Nubian Sandstone	2,200,000	14,460,000	2,170,000	UNESCO-IHP (2006) Bakhbakhi, (this volume), OSS (2003)
Algeria, Libya, Tunisia	North Western Sahara	1,000,000	1,280,000	2,560	Pallas and Salem (1999), OSS (2003)
Algeria, Libya, Niger	Murzuk Basin	450,000	60 to 80,000	1,750	Salem (1992), OSS (2003)
Mauritania, Senegal, Gambia	Maastrichtian	200,000	480 to 580,000	265	Khouri (1990), OSS (2003)
Mali, Niger, Nigeria	Iullemeden Multilayer Continental	500,000	250,000 to 2,000,000	225	Dodo (1992), OSS (2003)
Niger, Nigeria, Chad, Sudan, Cameroon, Libya	Chad Basin	600,000	170 to 350,000	250	Terap (1992), OSS (2003)
Botswana	Central Kalahari Karroo Sandstone	80,000	86,000	2,890	Carlsson (1993)
Saudi Arabia, Bahrain, Qatar, UAE	Various	225,000 to 250,000	500,000 to 2,185,000	13,790	Abderraman (this volume)
Jordan (only)*	Qa Disi Aquifer	3,000	6,250	170	Garber and Salameh (1992)
Australia	Great Artesian Basin	1,700,000	170,000	600	Habermehl (this volume)

* Extends into Saudi Arabia, where it is included in the entry above

A7 Erklären Sie den Begriff Grundwasser.

A8 Erläutern Sie Zusammenhänge zwischen Grundwasserverfügbarkeit und geologischem Bau (Karte M4 und Atlaskarten zur Geologie Deutschlands).

A9 Arbeiten Sie Merkmale der in Grafik M5 aufgeführten Quellentypen, einschließlich artesischer Quellen, heraus.

A10 Erläutern Sie die Notwendigkeit internationaler Abkommen zur Nutzung der nichterneuerbaren Trinkwasservorräte (vgl. S. 168–175).

A11a) Libyen nutzt gegenwärtig das Nubian Sandstone Aquifer. Der Wasserverbrauch lag in Libyen 2005 bei 207 l pro Tag. Berechnen Sie, wie viele Jahre die Wasservorräte bei 6 Mio. Ew. theoretisch reichen würden.

A11b) Experten schätzen, dass die Vorräte nur die nächsten 50 Jahre reichen werden. Nennen Sie Gründe für diese Annahme.

Fallbeispiel: **Wasserversorgung in Städten – Leipzig**

M8 Schema des Wasserversorgungs- und Wasserentsorgungssystems von Leipzig (Stand 2007)

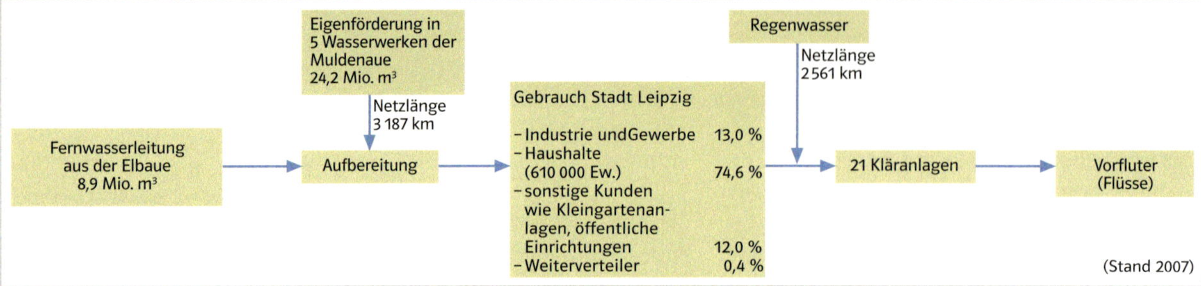

M9 Interview mit Jarno Wittig, Sprecher der Kommunalen Wasserwerke Leipzig (KWL)

Frage (F): Wen versorgen die Kommunalen Wasserwerke Leipzig mit Wasser?
Antwort (A): In Leipzig und Umgebung versorgen wir 615 000 Einwohner, öffentliche Einrichtungen sowie die ortsansässige Wirtschaft mit Wasser und entsorgen auch das anfallende Abwasser umweltgerecht.

F.: Wo wird das Wasser gewonen?
A.: Da das Stadtgebiet Leipzig nicht über quantitativ und qualitativ ausreichende Grundwasservorräte verfügt, wird schon seit dem 19. Jh. das Wasser aus den Uferfiltraten der 30 km entfernten Mulde zwischen Wurzen und Eilenburg sowie dort angrenzenden pleistozänen Kiesen und Sanden gefördert. Daneben kommen ca. 25 % aus den Uferfiltraten der Elbe bei Torgau. Trinkwasserqualität erreicht es erst nach entsprechender Aufbereitung, welche die überschüssigen Eisen-, Mangan- und Kohlensäuregehalte herausfiltert und den optimalen pH-Wert einstellt.

F.: Wieso bezieht die KWL noch Wasser aus der Elbaue?
A.: Diese Diversifizierung dient u. a. der Versorgungssicherheit der Stadt. So können Störungen und damit mögliche Versorgungsengpässe aufgefangen werden.

F.: Was tun die Wasserwerke für den Trinkwasserschutz?
A.: Um die Qualität im Fördergebiet gleichbleibend hoch zu halten, wurden Wasserschutzzonen eingerichtet, welche eine besondere Nutzung der Böden vorschreiben. In diesem Gebiet sind alle Aktivitäten, die das Grundwasser gefährden könnten, verboten. Eine landwirtschaftliche Nutzung ist nur unter Auflagen möglich. Die Einhaltung der entsprechenden Vorschriften wird durch die Wasserbehörde und die KWL überwacht. Des Weiteren betreiben die KWL auch ein eigenes Wassergut, in dem Landwirtschaft nach den Prinzipien des ökologischen Landbaus betrieben wird.

F.: Aber nicht alle Betriebe arbeiten nach den Prinzipien des ökologischen Landbaus …
A.: Andere landwirtschaftliche Betriebe im Wasserschutzgebiet erhalten mehr als 200 000 Euro pro Jahr gesetzlich zugesicherte Ausgleichszahlungen, damit sie ihre wassserschutzrechtlichen Auflagen, wie Beschränkungen in der Düngerausbringung, erfüllen können.

F.: Was geschieht mit dem Abwasser?
A.: Das Abwasser wird in Klärwerken mechanisch, chemisch und biologisch gereinigt. Das abgeleitete Wasser ist nach der Klärung meist sauberer als der aufnehmende Fluss.

M10 Die drei Trinkwasserschutzzonen

Zone I:
gilt in der direkten Umgebung der Brunnen. Hier sind nur Arbeiten zum Zwecke der Wasserversorgung erlaubt, da Verunreinigungen in diesem Bereich unmittelbar in die Versorgungsleitungen gelangen können.

Zone II:
ist so groß, dass das Grundwasser von ihrer äußeren Grenze bis zum Entnahmebrunnen mindestens 50 Tage im Untergrund bleiben kann.

Zone III:
umfasst das gesamte Einzugsgebiet, aus welchem dem Brunnen Grundwasser zufließt.

A12 Beschreiben Sie Maßnahmen der KWL, die Wasserversorgung und -qualität für Leipzig zu sichern.

A13 Erläutern Sie, inwiefern Grundsätze des ökologischen Landbaus (vgl. Kap. 4.4.3, S. 142 f.) zur Erhaltung der Grundwasserqualität beitragen.

A14 Gestalten Sie, z. B. auf der Grundlage einer Betriebserkundung bei Ihren örtlichen Wasserwerken, eine Präsentation über die Bereitstellung, Verwendung und Klärung des Trink- bzw. Abwassers (vgl. Methodendoppelseite 482 bis 483).

Die Kommunalen Wasserwerke Leipzig (KWL) im Internet
www.wasser-leipzig.de, März 2008

Online-Link
29260X-1304

1.3.3 Das Weltmeer

M 11 Salzgehalt und Meerwassereigenschaften

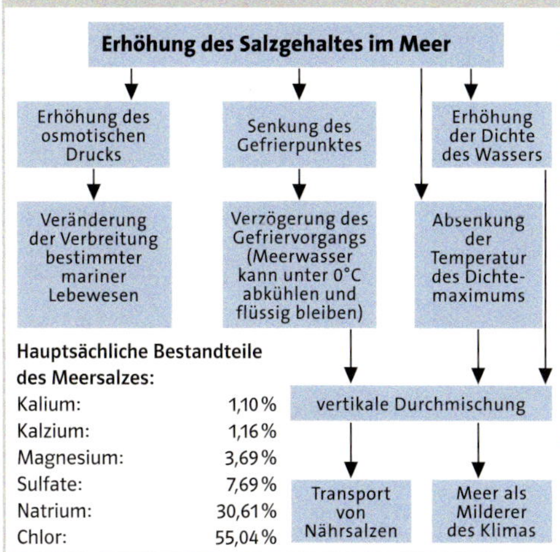

M 12 Das große marine Förderband

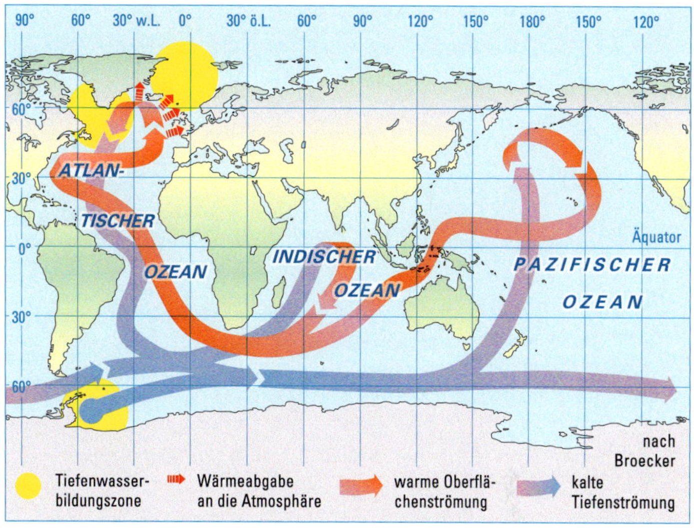

Eigenschaften des Meerwassers

Meerwasser besteht im Mittel zu 96,5 % aus reinem Wasser und etwa 3,5 % gelösten Salzen. Den salzigen Geschmack verursacht das gelöste Kochsalz (NaCl), während der bittere Geschmack von Magnesiumsalzen stammt. Mit einem pH-Wert zwischen 7,5 und 8,4 ist Meerwasser schwach alkalisch. Insgesamt sind etwa 5 x 10^{18} t Salze im Wasser des Weltmeeres enthalten. Diese Menge würde ausreichen, den Boden der Ozeane mit einer 62 m dicken Salzschicht zu bedecken. Der Salzgehalt ist in einzelnen Regionen der Welt unterschiedlich. Während für die Nordsee Werte zwischen 3,1 % und 3,3 % gemessen werden, erbringen Messungen im Roten Meer und im Persischen/Arabischen Golf Werte von über 4,1 %. Diese Unterschiede erklären sich aus dem Zusammenspiel von Verdunstung, Niederschlag und Eisbildung sowie auch durch Zuflüsse vom Land. Mit zunehmendem Salzgehalt liegt der Gefrierpunkt tiefer. So kann das Meer im Vergleich zu bereits zugefrorenen Süßwasserseen noch Wärme abgeben und damit klimawirksam werden. Abhängig von Temperatur und Salzgehalt verändert sich außerdem die Dichte des Meerwassers.

Salzgehalt des Meerwassers

Meeresströmungen

Meeresströmungen

Das Wasser der Ozeane wird durch unterschiedliche Kräfte in Bewegung versetzt. Anders als bei Wellen findet ein tatsächlicher Wassertransport statt. Oberflächen- und Tiefenströme sind durch vertikale Wasserverlagerungen miteinander verbunden und bilden somit Kreisläufe.

Relativ zu ihrer Umgebung sind die Meeresströmungen kalt oder warm. Sie beeinflussen sehr stark das Klima der angrenzenden Kontinente (s. S. 34–35). Ihre Richtung wird auch durch Windsysteme beeinflusst. Die Passate z. B. verursachen gleichmäßige Strömungen an den Westseiten der Kontinente, während es dank der Monsunwinde zu den jahreszeitlich wechselnden Strömungen im nördlichen Bereich des Indischen Ozeans kommt. Corioliskraft, Reibung, Meeresbodenrelief sowie Temperatur- und Salzgehaltunterschiede beeinflussen ebenso Richtung und Geschwindigkeit der Meeresströmungen.

Der Motor eines weltweiten Strömungssystems befindet sich im Nordatlantik. Warmes Oberflächenwasser fließt vom Äquator gen Norden. Dabei kühlt es ab und seine Dichte erhöht sich, sodass in den höheren Breiten ein Absinken gewaltiger Wassermassen stattfindet. In der Tiefe fließen sie zurück in den Indischen und den Pazifischen Ozean, wo sie rund 1 000 Jahre später wieder an die Oberfläche gelangen und der Kreislauf erneut beginnt.

A 15 Erläutern Sie die Zusammenhänge zwischen Salzgehalt, Dichte und Gefrierpunkt von Wasser.

A 16 Erklären Sie, warum sehr kalte und sehr warme Meere die höchsten Salzgehalte haben.

A 17 Stellen Sie den Golfstrom als Teil des globalen Wasserkreislaufs dar.

M 13 Fischfang und Aquakultur der bedeutendsten Produzenten 2006 (in Mio. t)

Land	Meeres- und Binnenfischerei	Aquakultur
China	17,416	34,138
Peru	7,021	0,028
USA	4,866	0,465
Indonesien	4,769	1,309
Chile	4,474	0,802
Japan	4,302	0,734
Indien	3,855	3,123
Russland	3,350	0,106
Thailand	2,776	1,382
Norwegen	2,401	0,709
Philippinen	2,322	0,623
Vietnam	1,960	1,658

M 14 Entwicklung von Weltfischerei und Aquakultur

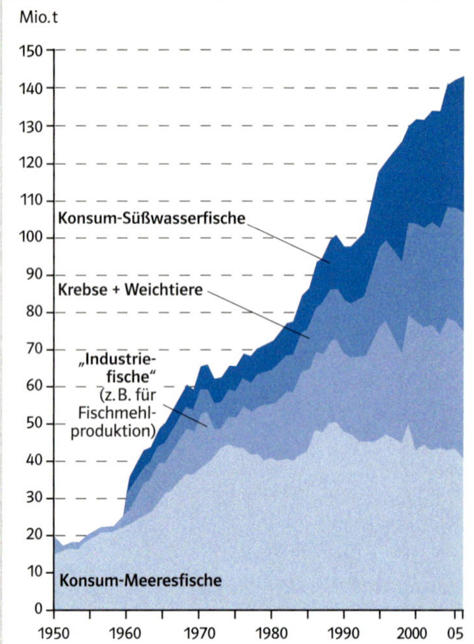

Das Meer als Nahrungsquelle

Fischfang. Nicht alle Gebiete des Weltmeeres weisen großen Fischreichtum auf. Die größten Fischbestände existieren dort, wo die Fische ihre Hauptnahrung, das Plankton, finden. Das sind Kleinstlebewesen, die im sauerstoffreichen und kalten Wasser gut gedeihen. Daher werden in den Schelfgebieten die größten Erträge der Weltfischerei erzielt, obwohl ihr Anteil an der Weltmeeresfläche nur ca. 8 % ausmacht. Ein Großteil der Fänge ist Industriefisch, der zu Fischmehl verarbeitet als Tierfutter Verwendung findet.

Ökosystem Meer

Moderne Fangmethoden gefährden nicht nur die Fischbestände, sondern schädigen auch das gesamte Ökosystem Meer. Das Zahlenverhältnis der Arten zueinander verändert sich, der Fang zu vieler junger Fische verringert das Fortpflanzungspotenzial und somit die Regenerationsfähigkeit der Bestände. International festgelegte Fangquoten sollen die Bestände sichern, Fangschonzeiten sollen ihre Regenerationsfähigkeit gewährleisten.

Aquakultur

Aquakultur. Die UN hat prognostiziert, dass bei gleichbleibendem Bevölkerungswachstum in 10–15 Jahren eine Versorgungslücke mit Nahrungsmitteln aus dem Meer entstehen würde. Um diese zu verhindern, bedarf es neben einem besseren Fischereimanagement vor allem einer Verstärkung der Aquakulturproduktion. Sie ist daher ein weltweit stark wachsender Markt; derzeit werden ca. 29 % der Gesamtfischanlandungen durch Produkte aus der Aquakultur gedeckt. Zwischen 1990 und 2003 betrug das durchschnittliche jährliche Wachstum 10 %. Diese marine Form der Massentierhaltung lässt Fischer zu „Wasser-Bauern" werden. In großen Netzgehegen im offenen Meer oder in Buchten züchten sie Fische, Algen, Muscheln und Krebse. Die Vorteile von Aquakulturen gegenüber dem traditionellen Fischfang liegen in niedrigeren Preisen und kontinuierlichen und planbaren Erzeugermengen. Während beispielsweise das Aufkommen von wildem Lachs starken Schwankungen unterliegt, ist der Ertrag aus Aquakulturen gleichmäßiger und leichter zu prognostizieren. Saisonale Engpässe bei der Bereitstellung bestimmter Fischarten können reguliert werden und dem Bedarf an Fisch auf dem Weltmarkt kann gezielter entsprochen werden.

A 18 Die Bewirtschaftung der Meere mit Aquakulturen wird als „Blaue Revolution" bezeichnet. Erläutern Sie diesen Begriff.

A 19 Begründen Sie – auch unter Verwendung der Informationen von S. 20–21 – die Verbreitung mariner Rohstoffe.

A 20 Erstellen Sie mithilfe des Internets eine Übersicht mariner Kraftwerke nach folgender Vorgabe:

Kraftwerkstyp	Wirkungsweise	Potenzial

M15 Marine Rohstoffvorkommen

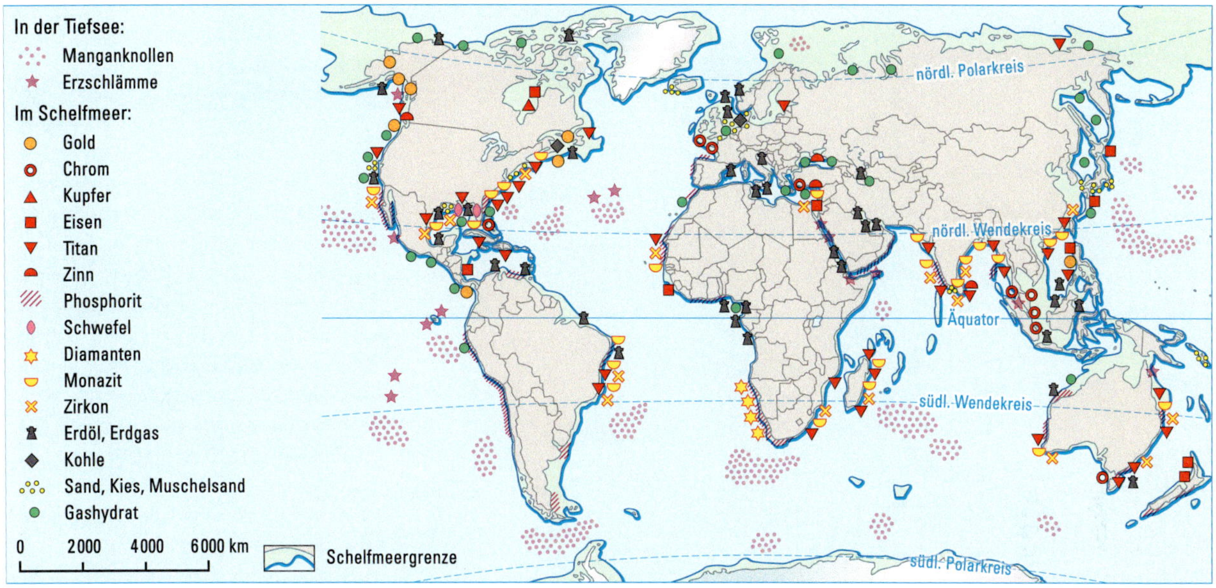

Das Meer als Rohstoff- und Energiequelle

Marine Rohstoffe entstehen meistens primär aufgrund tektonischer Aktivitäten oder sekundär als Umlagerungen und Anreicherungen (vgl. S. 20 f.). Neben dem Rohstoffreichtum ist das Energiepotenzial des Meeres riesig. Die Nutzungsmöglichkeiten lassen sich je nach Energieform in drei Gruppen einteilen:

- mechanische Energieformen (Gezeitenkraftwerke, Wellenkraftwerke, Strömungskraftwerke), die bereits heute teilweise genutzt werden;
- thermische Energie (Wärmeenergie), die zukünftig in Meereswärmekraftwerken zur Stromerzeugung genutzt werden könnte;
- chemische Energie aus Unterschieden im Salzgehalt, die möglicherweise in Zukunft in Kraftwerken eines neuen Typs (Osmosekraftwerke) nutzbar gemacht werden könnte.

Die Effizienz solcher Systeme ist gegenwärtig noch relativ niedrig, wird sich aber durch weiter steigende Energiepreise und Verbesserung der Technik erhöhen. Indirekt dienen küstennahe Meeresgebiete der Energiegewinnung als Standorte riesiger Offshore-Windparks.

M16 Modell eines Meeresströmungskraftwerkes

M14 nach Bundesforschungsanstalt für Fischerei, Hamburg, auf www.bfa-fish.de (März 2008), aktualisiert: Walther W. Künhold, J. H. v. Thünen-Institut Hamburg, Juli 2008, nach FAOFishStat Plus und FAO Fishing Yearbook 2008

M13 Walther W. Künhold, J. H. v. Thünen-Institut Hamburg, Juli 2008, nach ebenda

Weiterführend zu Meereskraftwerken im Internet www.bundestag.de/bic/analysen/2005/2005_11_101.pdf, März 2008

Online-Links
zu Meereswasser und Meeresströmungen (S. 49): 29260X-1305
zu Anschriften von Institutionen für weiterführende meereskundliche Informationen: 29260X-1306

Online-Links
zu Meerwasser als Lebensraum und Nahrungsquelle: 29260X-1307

zum Meer als Ressourcen-, Rohstoff- und Energiequelle: 29260X-1308

Fallbeispiel: **Die Nordsee – ein bedrohtes Meer***

M17 Anthropogene Einflüsse auf die Nordsee

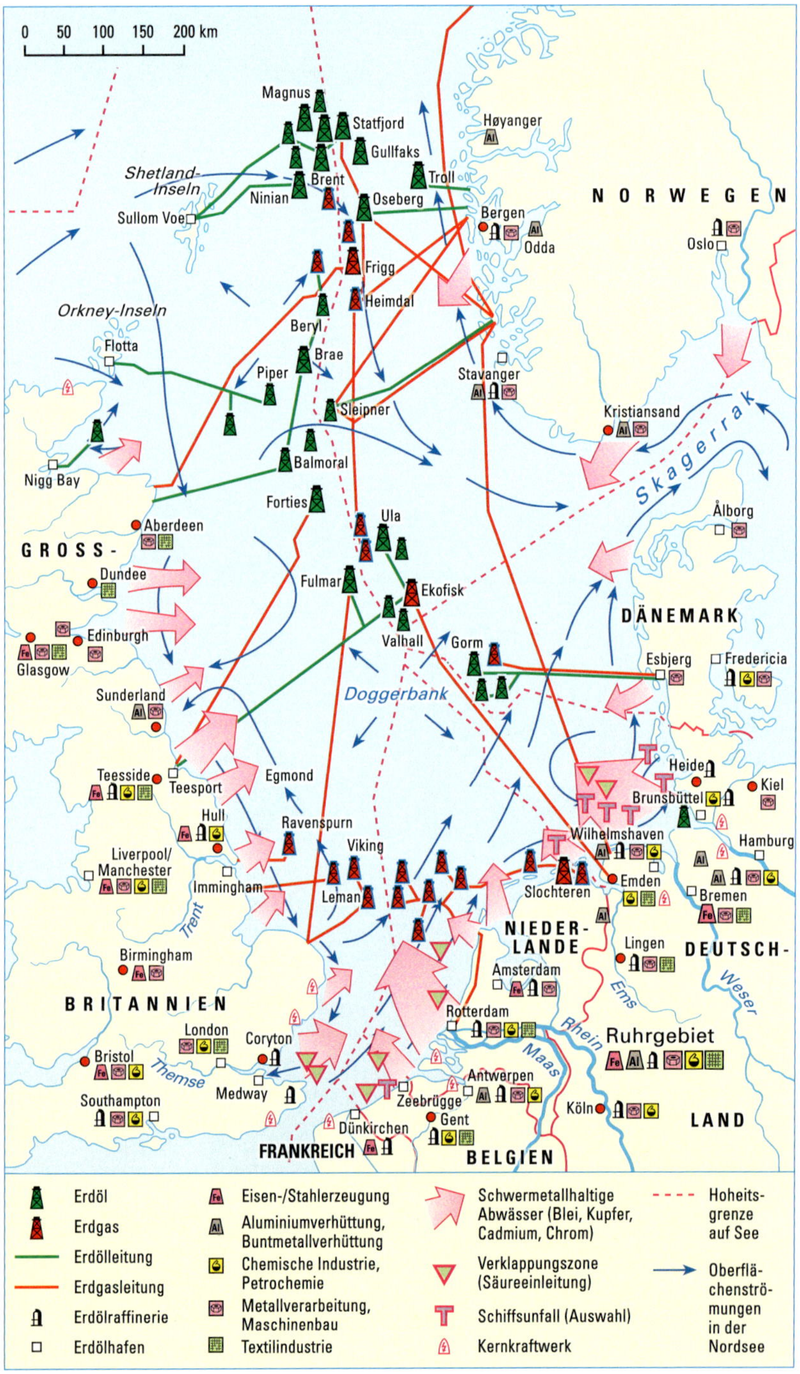

M18 Meere sind Schadstoffsenken

„... nahezu alle anthropogenen Schadstoffe finden sich letztlich auch in der Meeresumwelt wieder. Besondere Probleme erzeugen diese Stoffe dann, wenn sie entweder aufgrund hoher Einträge oder aufgrund ihrer Persistenz und Akkumulation zum Umweltrisiko werden oder gar unmittelbar toxisch wirken. Solche Risiken gehen heute insbesondere von den Schwermetallen aus, die nicht abbaubar sind und dem biogeochemischen Zyklus nicht entzogen werden ... Nährstoffeinträge stammen aus Quellen, die stark anthropogen beeinflusst sind. Dies sind Einträge aus den Flüssen des Einzugsgebietes der Nordsee, aus der Atmosphäre und auch aus direkten Einleitungen. Das Mengenverhältnis für die genannten Quellen liegt etwa bei 10:3:1. Die von ihnen verursachte Eutrophierung zählt zu den gravierendsten Bedrohungen der Küstenräume. Weitere negative ökologische Folgen ergeben sich daraus, dass die kurzlebigen Algen nach dem Absterben auf den Meeresgrund sinken und dort in sauerstoffzehrenden Prozessen zersetzt werden. Dadurch entstehender Sauerstoffmangel und hohe Schwefelwasserstoffkonzentrationen führen zu einem großflächigen Absterben von bodennahen Tieren, Pflanzen und anderen Organismen."

A 21 Stellen Sie vom Menschen ausgehende Einflüsse und deren Auswirkungen auf das Ökosystem der Nordsee dar. Beziehen Sie die Strömungsverhältnisse mit ein.

* zum Fallbeispiel Ökologische Belastungsprobleme im Mittelmeer s. S. 98 – 99

M18 zusammengestellt, gekürzt und leicht verändert nach Meeresumweltschutz für Nord- und Ostsee. Deutscher Bundestag, Drucksache 15/2626, auf http://dip.bundestag.de/btd/15/026/1502626.pdf, März 2008

Online-Link
29260X-1309

Online-Link
zum Fallbeispiel: Ökologische Bedrohung der Mittelmeerküste
29260X-1310

1.4 Böden – Entstehung, Bedeutung und Funktion

M1 Schematische Darstellung der Bodenbildung

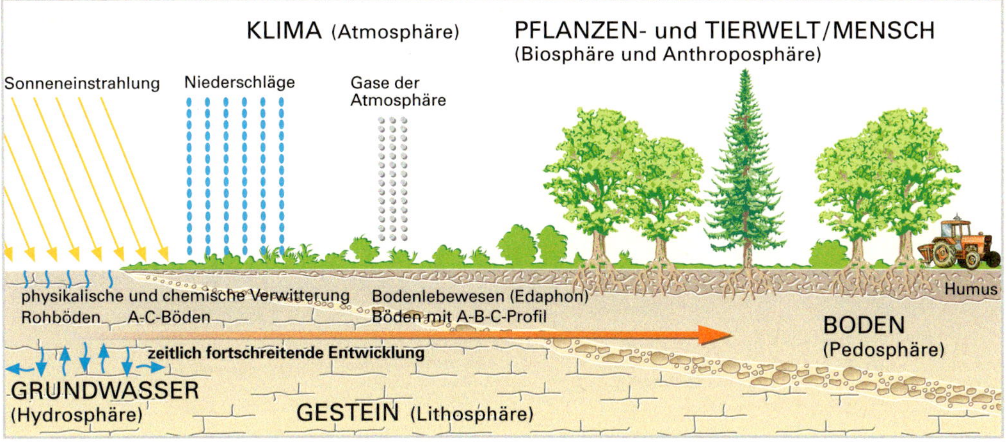

Boden. Als Boden bezeichnet man den geringmächtigen, mit Wasser, Luft und Lebewesen durchsetzten obersten Teil der Erdkruste. Er ist durch Umwandlung mineralischer und organischer Substanzen entstanden und in der Lage, höheren Pflanzen als Standort zu dienen. Mit Atmosphäre, Hydrosphäre, Biosphäre und Lithosphäre bildet er ein System, das durch den wirtschaftenden Menschen beeinflusst wird bzw. dessen Tun beeinflusst.

Boden (G)

Bereits diese knappe Definition macht deutlich, dass der Boden nicht nur eine von mehreren Komponenten im natürlichen Ökosystem ist, sondern eine entscheidende Grundlage für das Leben auf der Erde darstellt. Er steht in enger Wechselbeziehung mit dem Wasser, der Luft, den Pflanzen, Tieren und Menschen und übt zusammen mit diesen Geofaktoren eine Reihe wichtiger Funktionen in der Ökosphäre aus:

Er hat erstens eine Lebensraumfunktion, d.h., er ist Grundlage der pflanzlichen Fotosynthese und bildet so das Fundament allen festländischen Lebens auf der Erde.

Er übt zweitens eine Produktionsfunktion aus, d.h., er ermöglicht das Wachstum von Pflanzen, von denen Menschen und Tiere leben, und liefert Rohstoffe, z.B. für die Herstellung von Baumaterialien (Kies, Zement u.a.m).

Indem er die natürlichen Stoffkreisläufe von Wasser, Luft, Kohlenstoff, Stickstoff etc. regelt, hat er drittens eine Regulationsfunktion.

Weniger sichtbar, aber nicht weniger bedeutsam, sind ferner seine Filter-, Reinigungs-, Puffer-, Transformations- und Speicherfunktion: Er reinigt das Wasser, baut Schadstoffe ab, reguliert den pH-Wert, macht Nährstoffe den Pflanzen verfügbar und bevorratet Nährstoffe bzw. stellt sie bereit.

Als „Träger" natürlicher Prozesse und menschlicher Aktivitäten besitzt der Boden schließlich auch eine wissenschaftliche Archiv- bzw. Dokumentationsfunktion. So geben z.B. die im Boden gespeicherten Pollen Hinweise auf Vegetation und Klima in der erdgeschichtlichen Vergangenheit und über archäologische oder paläontologische Bodenfunde können Aufschlüsse über die Entwicklung der Menschheit gewonnen werden.

Bodengefährdung

Bodengefährdung. Wenn der Boden durch menschliche Aktivitäten gefährdet wird oder wenn sich seine Qualität infolge Übernutzung vermindert, werden langfristig auch die Grundlagen der menschlichen Existenz bedroht. Vor allem der Raubbau an den Wäldern, die Überweidung der natürlichen Grasländer, ein nicht angepasster Ackerbau sowie der Eintrag von Schadstoffen machen ihn anfällig für Schäden, erschöpfen sein natürliches Potenzial und führen zu seiner oft unumkehrbaren Zerstörung. Die Folgen sind nicht nur eine Gefährdung der Nahrungsmittelversorgung. Schadstoffe im Boden schädigen auch das Grundwasser und bedrohen somit unsere Gesundheit.

Aus dem Wissen um die vielfältigen Funktionen des Bodens, seiner „Endlichkeit" und der langen Entstehungsdauer ergibt sich zwingend die Einsicht, dass er ein schützenswertes Gut ist und dass er nachhaltig genutzt werden muss, wenn seine Verfügbarkeit auch für künftige Generationen weiterhin erhalten bleiben soll.

M 2 Verwitterung und Pflanzennährstoffe

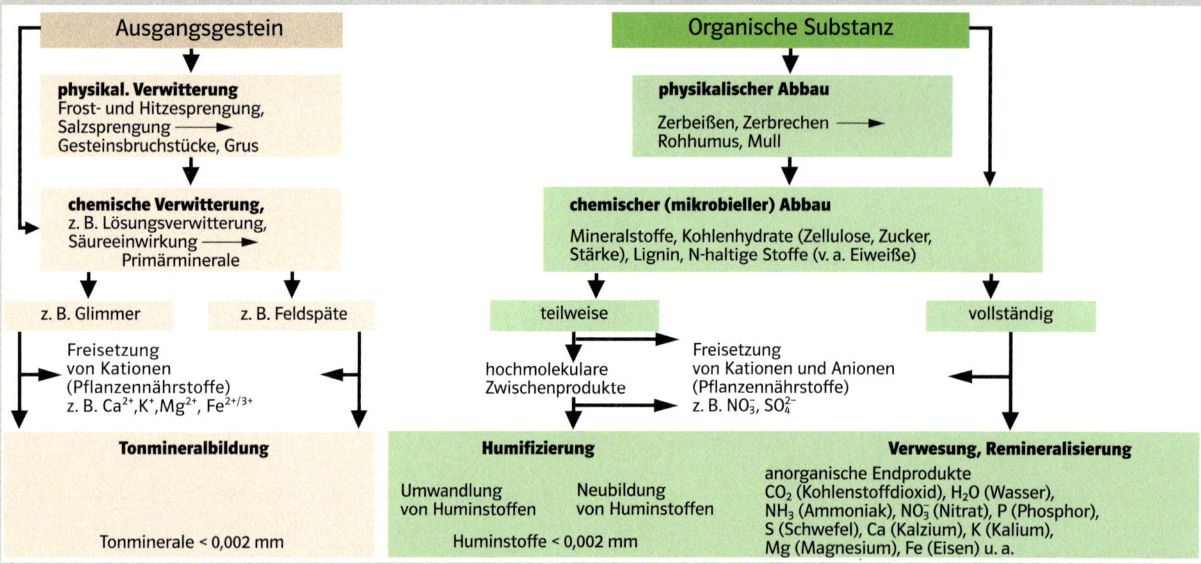

1.4.1 Bodenbildung/Bodenbestandteile

Ausgangsgestein, Klima und Vegetation sind die eigentlichen bodenbildenden Faktoren. Die Bodenbildung selbst erfolgt in zwei Schritten: Mineralisierung und Humusbildung.

Mineralisierung
Verwitterung
Bodenart (G)

Mineralisierung

Das Ausgangsgestein wird durch physikalische und chemische Verwitterung in seine Mineralien zerlegt. Bei der physikalischen Verwitterung erfolgt durch Frost-, Hitze- und Salzsprengung eine Zerkleinerung des Gesteins, wobei die Bruchstücke allerdings chemisch unverändert bleiben. Erst die chemische Verwitterung bewirkt dann die weitere Zerlegung der Minerale bzw. Mineralgemische. Durch den Einfluss von Säuren oder durch Lösungsvorgänge werden z. B. aus Granit die Primärminerale Feldspat, Quarz und Glimmer freigesetzt. In weiteren chemischen Prozessen werden unter Freisetzung von Kationen, die als Pflanzennährstoffe dienen, daraus Tonminerale (s. Folgeseite) gebildet.

Die chemische Verwitterung vollzieht sich in den einzelnen Klimaregionen unserer Erde mit unterschiedlicher Geschwindigkeit. Je höher die Temperaturen und Niederschläge, desto intensiver läuft sie ab. So ist sie in den immerfeuchten Tropen vier- bis fünfmal so stark wie in den mittleren Breiten. Entsprechend besitzen die Böden der immerfeuchten Tropen eine wesentlich größere Mächtigkeit als die unserer Breiten: ca. 8–10 m im Vergleich zu ca. 1 m.

M 3 Bodenarten (Korngrößenzusammensetzung: Anteile in Gewichtsprozent)

Bodenart	Korngrößenfraktion		
	Ton	Schluff	Sand
	< 0,002 mm	0,002 – < 0,063 mm	0,063 – < 2 mm
Schluffiger Sandboden	0–8	10–50	45–90
Sandiger Schluffboden	0–8	50–80	12–50
Sandiger Lehmboden	17–25	15–18	47–68
Toniger Lehmboden	25–35	35–50	15–50
Lehmiger Tonboden	45–65	18–55	0–37

M 3 nach Arno Semmel: Grundzüge der Bodengeographie. Stuttgart: Teubner 1977, S. 30–31

Online-Links
29260X-1401
29260X-1402
29260X-1403

Entscheidend für die Bodenfruchtbarkeit ist bei der mineralischen Substanz deren chemische Eigenschaft, eine bestimmte Menge an Pflanzennährstoffen zu speichern (Speichervermögen) und an die Pflanzen abzugeben (Austauschkapazität). Nur die kleinste Gruppe der mineralischen Substanz, die Tonminerale, besitzt diese Fähigkeit.
Die Tonminerale bestehen aus mehreren Molekülschichten. Sie sind Schichtsilikate, die sich strukturell durch ihre unterschiedliche Anzahl von Silikatschichten unterscheiden.
Bei den Dreischichttonmineralen ist die Kationenaustauschkapazität besonders groß, da hier die Ionen zwischen den Schichten angelagert werden können. Sie kommen vor allem in den Böden der mittleren Breiten vor. Die austauschschwachen Zweischichttonminerale herrschen in den Böden der immerfeuchten Tropen und in den niederschlagsreichen Teilen der Feuchtsavannen vor. Die unterschiedliche Austauschkapazität ist der entscheidende Grund dafür, dass die Fruchtbarkeit der meisten tropischen Böden wesentlich geringer ist als die der Außertropen.

M4 Zusammenhang von Korngrößen und Eigenschaften des Bodens

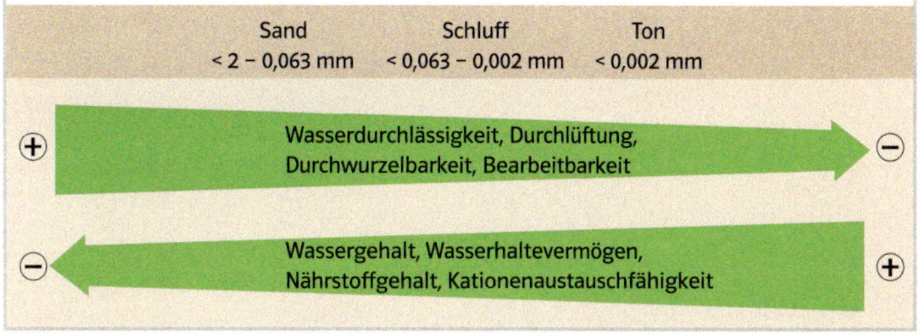

M5 Aufbau und Kationenaustausch bei Tonmineralen

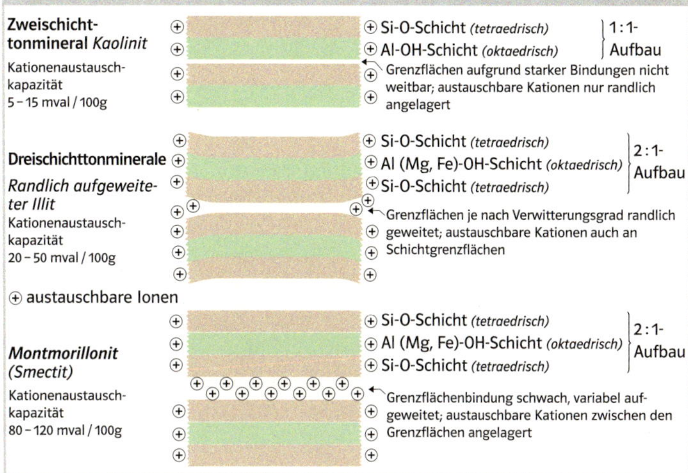

Humusbildung

Wie das Ausgangsgestein, so wird auch die organische Substanz (abgestorbene pflanzliche und tierische Bestandteile) zunächst physikalisch zerkleinert und dann chemisch umgewandelt. Der Umwandlungsprozess geschieht durch das Edaphon, das sind Kleinlebewesen wie Regenwürmer, Springschwänze, Milben oder Fliegenlarven sowie Mikroorganismen wie Bakterien, Algen und Pilze, die das mechanisch zerkleinerte Material chemisch zersetzen.
Produkte dieses Prozesses sind u. a. Mineralstoffe, verschiedene Kohlehydrate, Eiweiße und andere Stoffverbindungen. Je nach weiterem Umwandlungsgrad werden daraus Huminstoffe (Huminkolloide).
Die letzte Stufe beim Abbau der organischen Substanz ist die Mineralisierung. Bei diesem Prozess werden die organischen Substanzen in anorganische überführt, z. B. in Kohlendioxid, Ammonium, Phosphate oder Stickstoff.
Die Huminkolloide weisen wie die Tonminerale eine Korngröße von <0,002 mm auf und entscheiden zusammen mit diesen über die Fruchtbarkeit eines Bodens. Wie die Tonminerale haben sie die Fähigkeit, Pflanzennährstoffe in großen Mengen zu speichern. Ihre Austauschkapazität liegt jedoch um das Zwei- bis Dreifache über der der Tonminerale. Ebenso ist ihre Fähigkeit, Wasser und Gase anzulagern, im Vergleich zu den Tonmineralen um ein Vielfaches höher. Dementsprechend weisen Böden mit einem hohen Anteil an Huminstoffen, wie z. B. die Schwarzerdeböden in den kontinentalen Steppengebieten, eine außerordentlich hohe potenzielle Bodenfruchtbarkeit auf.

Speichervermögen
Austauschkapazität
Tonminerale
Humusbildung

Bodenluft und Bodenwasser

Für die Atmung der Bodenorganismen und der Wurzeln wird über die Bodenluft der notwendige Sauerstoff zugeführt und das ausgeschiedene Kohlendioxid in die Atmosphäre abgegeben. Je nach ihrer Zusammensetzung können Böden unterschiedliche Volumina an Bodenluft enthalten. Stark tonhaltige Böden weisen z. B. eine sehr günstige Austauschkapazität auf, sind jedoch andererseits schlecht durchlüftet.
Das Bodenwasser ist für die Pflanzen in zweifacher Hinsicht ein lebenswichtiger Faktor. Mit dem Bodenwasser nehmen die Pflanzen zum einen das für die Fotosynthese notwendige Wasser auf und zum anderen transportiert das Bodenwasser die lebensnotwendigen Mineralstoffe als Ionen in die Pflanzen.

Mineralisierung

M6 Die Bedeutung des pH-Wertes

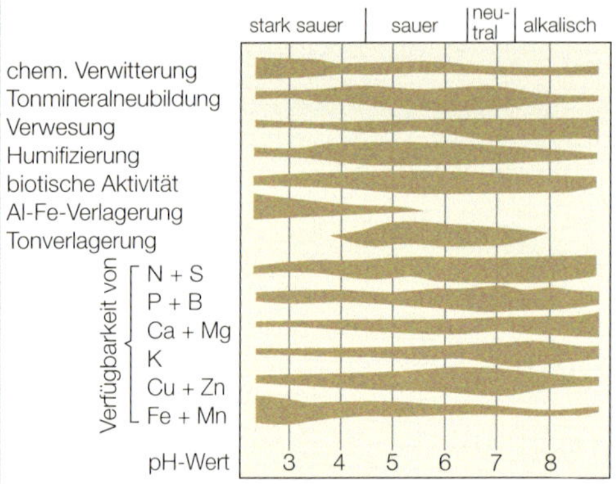

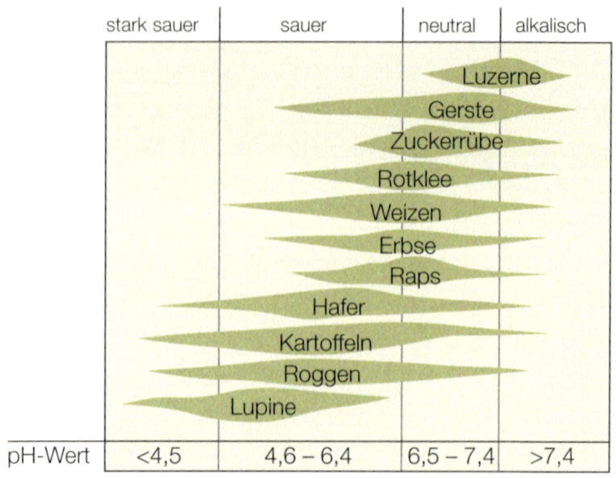

ph-Wert

pH-Wert

Die gesamten chemischen, biotischen und physikalischen Bodenbildungsprozesse, vor allem die Verfügbarkeit und Speicherfähigkeit der Pflanzennährstoffe, werden durch den pH-Wert gesteuert. Mit dem pH-Wert wird die Säurekonzentration im Boden angegeben. Der ph-Bereich, in dem Nutzpflanzen optimal gedeihen, ist unterschiedlich. So beträgt er bei Weizen 6,5–7,0 (neutraler Bereich), bei Hafer ca. 6,0 (schwach saurer Bereich).

Auch die chemische Verwitterung ist vom pH-Wert abhängig. Je niedriger er ist, desto stärker die chemische Verwitterung. Bei niedrigen pH-Werten (stark sauer) kommt es ferner zu einer erheblichen Einschränkung der biotischen Aktivitäten. Dauert dieser Zustand über längere Zeit an (z. B. durch den Eintrag saurer Niederschläge), werden die Bodenlebewesen geschädigt; erster „Flüchtling“ ist der Regenwurm.

Zwar besitzen die Böden verschiedene Puffersysteme, mit denen der Säureeintrag über eine bestimmte Zeit ausgeglichen werden kann, ständiger Säureeintrag führt jedoch zu deren Zerstörung. Im Endstadium kommt es dann zur vollständigen Auswaschung der Pflanzennährstoffe und zur Freisetzung von Metallionen, die potenziell Zellgifte sind. Des Weiteren gelangen diese Metallionen ins Grundwasser und belasten es in erheblicher Weise.

M7 Folgen des Säureeintrags in den Boden

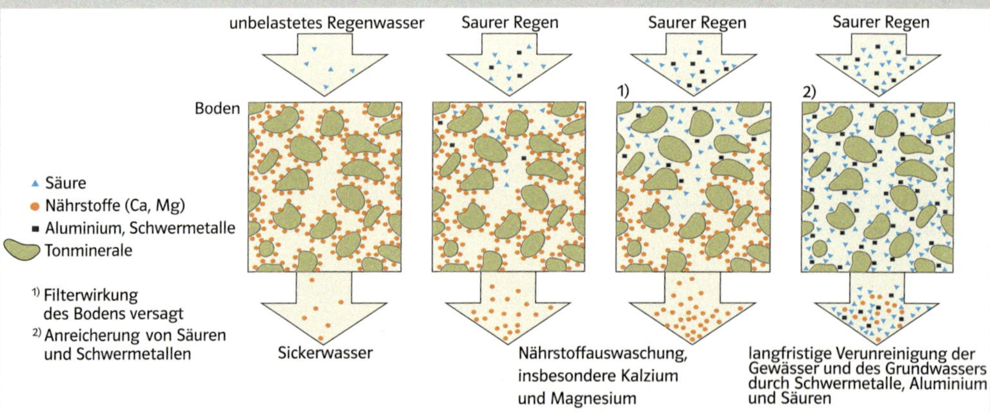

Bodenart (G)
Bodentyp (G)
Bodenprofil
Bodenhorizont

M6 nach Dietrich Schroeder: Bodenkunde in Stichworten. Kiel: Hirt 1972, S. 78, und Eduard Mückenhausen: Die Bodenkunde. Frankfurt: DLG Verlag 1993, S. 25

M7 nach Joerg Kues/Egbert Matzner/ Dieter Murach: Saurer Regen und Waldsterben. Göttingen: Verlag Die Werkstatt 1984, S. 77

Online-Links
29260X-1404
29260X-1405

1.4.2 Bodentypen

Im Unterschied zum Begriff Bodenart, mit dem die Korngrößenzusammensetzung eines Bodens angegeben wird (s. S. 54), fasst man unter der Bezeichnung Bodentyp diejenigen Böden zusammen, die sich in einem gleichen oder sehr ähnlichen Entwicklungszustand befinden. Da in einem Landschaftsraum mit gleichartigen Bodenbildungsfaktoren (Ausgangsgestein, Relief, Klima, Vegetation, Wasser, Bearbeitung durch den Menschen) die Verwitterungs-, Umwandlungs- und Verlagerungsprozesse ähnlich ablaufen, entstehen auch gleichartige Böden. Diese Gleichartigkeit drückt sich sichtbar in einer Folge von Bodenhorizonten aus. Darunter versteht man horizontal angeordnete Bodenschichten, die dieselben Merkmale und Eigenschaften hinsichtlich Farbe, Gefüge, Mineralgehalt oder Chemismus besitzen. Diese Bodenhorizonte bilden die Grundlage für die Klassifizierung der Bodentypen.
Normalerweise wird ein Bodenprofil – von oben nach unten betrachtet – in die drei Horizonte A, B und C gegliedert. Über dem A-Horizont liegt in der Regel noch eine organische Auflage, die mit dem Buchstaben O bezeichnet wird. Die Mächtigkeit der einzelnen Horizonte ist sehr unterschiedlich, sie kann beim A-Horizont von wenigen Zentimetern bis zu mehreren Metern schwanken. Unter Umständen kann sogar ein Horizont fehlen, wie z. B. der B-Horizont bei der Schwarzerde, wo der mächtige A-Horizont direkt über dem kalkhaltigen Ausgangsgestein, vielfach Löss, liegt (vgl. Bodenprofil auf S. 59).
Zur Verdeutlichung der Prozesse, die in und zwischen den einzelnen Bodenhorizonten stattfinden, werden die Großbuchstaben der Horizonte durch Kleinbuchstaben ergänzt (vgl. nebenstehende Tabelle).

Diese Systematik wird vor allem in Deutschland verwendet. Gebräuchlich ist auch eine für mitteleuropäische Verhältnisse erarbeitete Systematik, die auf den Bodenmerkmalen aufbaut. Grundlage ist eine Einteilung in terrestrische, semiterrestrische (z. B. Moorböden) und hydrische Böden. Die beiden letztgenannten werden auch als hydromorphe Böden bezeichnet.

M8 Vertikale Gliederung eines typischen dreihorizontigen Bodens

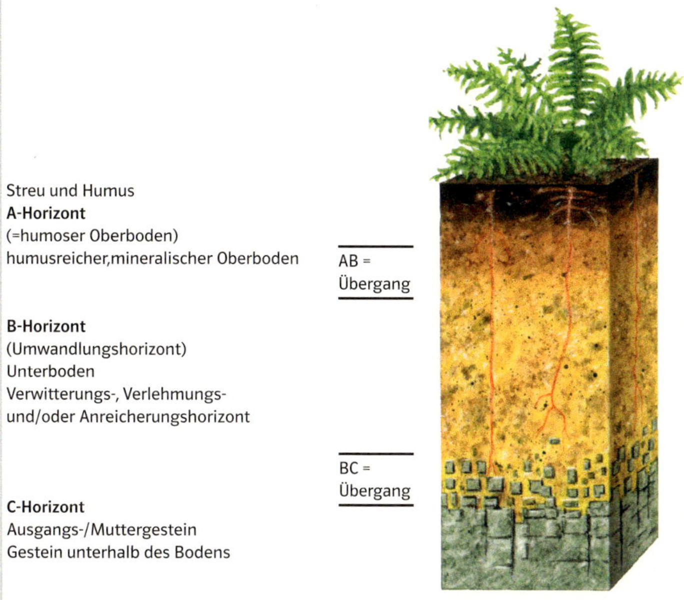

M9 Kennzeichnung der Bodenhorizonte

O	Organischer Auflagehorizont Sammelbegriff für eine Auflage aus mehr oder weniger zersetzter Pflanzensubstanz (O von organisch)
Of	Vermoderungshorizont (f von engl. fermentation layer)
Oh	Humusstoff-Horizont, Horizont mit überwiegend organischer Feinsubstanz (h von Humus)
A	Oberboden oberster Mineralhorizont, vermischt mit Humus
Ah	durch Anreicherung von Humus entstandener oberster A-Horizont
Ae	durch Auswaschung von Huminstoffen und Säuren gebleichter A-Horizont (e von eluvial = ausgeschlemmt)
Al	durch Auswaschung von Ton aufgehellter A-Horizont (l von lessiviert = ausgewaschen)
Ap	durch Pflugarbeit gewendeter und durchmischter A-Horizont (p von Pflug)
B	Unterboden Sammelbegriff für den Verwitterungs- und/oder Anreicherungshorizont
Bv	durch Verwitterung verbraunter B-Horizont (v von verwittert)
Bh	mit Huminstoffen angereicherter B-Horizont
Bs	mit Eisen- und Aluminiumoxiden angereicherter B-Horizont (s von Sesquioxyd = Al- und Fe-Oxide)
Bt	mit Ton angereicherter B-Horizont
C	Ausgangsgestein
Cv	Schwach verwitterter Übergangshorizont zum Ausgangsgestein
G	durch das Grundwasser beeinflusster Horizont (G von Grundwasser)
S	durch Staunässe beeinflusster Horizont (S von Stauwasser)

M10 Podsol

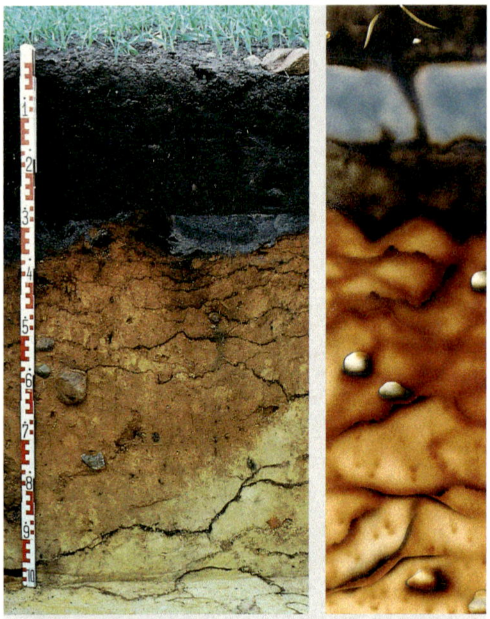

Der Podsol ist gekennzeichnet durch eine Zerstörung der für die Fruchtbarkeit entscheidenden Tonminerale und eine Auswaschung der organischen und mineralischen Stoffe aus den oberen Horizonten. Die klimatischen Voraussetzungen für die Entstehung sind ein humides Klima und Temperaturen, die die Bodenbildungsprozesse gerade noch erlauben. Eine weitere Bedingung für die Bildung ist eine anspruchslose Vegetation, die sauren Streu liefert, z.B. Nadelbäume oder Heidekraut.

Der Prozess der Podsolierung läuft wie folgt ab: Infolge der Zersetzung der sauren Streu sinkt der pH-Wert des Bodens, dieser versauert. Als Folge stockt die Zersetzung der organischen Substanz und es bildet sich eine mächtige Rohhumusauflage, in der starke Säuren entstehen. Diese Säuren zerstören die Tonminerale im Oberboden. Zusammen mit den Eisen- und Aluminiumoxiden werden deren Reste mit dem Sickerwasser (humides Klima) in den Unterboden verfrachtet. Dadurch wird der Oberboden stark ausgewaschen und gebleicht. Infolge der Anreicherung der Eisen- und Aluminiumoxide im Unterboden wird dieser stark verdichtet: Es entsteht eine feste, kaum durchlässige Schicht, der „Ortstein". Er hemmt sowohl die Wasserbewegung als auch den Wurzelwuchs, sodass sich die Niederschläge im Oberboden stauen und dieser schlecht durchlüftet ist. Aufgrund der geschilderten Eigenschaften und der Nährstoffarmut sind Podsolböden ackerbaulich nur eingeschränkt nutzbar. Notwendig sind hohe Düngergaben, um den Mangel an Humus auszugleichen.

M11 Braunerde

Die Braunerde ist ein typischer Boden des gemäßigten humiden Klimas bei einem Niederschlagsmittel von 500 und 800 mm sowie einer mittleren Jahrestemperatur von 8–10 °C. Die dementsprechende natürliche Vegetation ist der Laubwald, der die nötigen Humusstoffe liefert und den Boden gut durchwurzelt. Braunerden entstehen auf unterschiedlichen Ausgangsgesteinen; besonders günstig sind kalkfreie Silikatgesteine, wie Schiefer, Sandstein, Granit oder Grauwacke (= grauer, feinkörniger Sandstein). Entsprechend unterschiedlich ist der Nährstoffgehalt.

Für die Namensgebung ist die braune Farbe des Bv-Horizonts verantwortlich. Diese entsteht dadurch, dass aus eisenhaltigen Mineralien Eisen freigesetzt wird, das zu Eisenoxiden und Eisenhydroxiden umgewandelt wird. Die Mineralkörper des Bodens sind von Oxidhäutchen umgeben, wodurch der Bv-Horizont die typische braune Farbe erhält. Die Verbraunung ist mit einem weiteren Vorgang verbunden, der Verlehmung, d.h. Tonanreicherung. Infolge starker Bodendurchfeuchtung verwittern die Silikate, vor allem Feldspäte und Glimmer, und es werden Tonminerale neu gebildet.

Je nach Ausgangsgestein sind die Braunerden sandig, sandig-lehmig oder lehmig. Entsprechend unterschiedlich sind die physikalischen Eigenschaften. Sandige und sandig-lehmige Braunerden sind im Allgemeinen gut durchlüftet und für Wasser durchlässig. Sie werden z.T. ackerbaulich genutzt, teils forstlich.

M12 Schwarzerde

Die Schwarzerde (russisch Tschernosem = schwarze Erde) ist weit verbreitet in den kontinentalen Steppengebieten (Grassteppen). Voraussetzung für die Bildung ist ein semiarides, kontinentales Klima.

Die im feuchten Frühjahr sich üppig entwickelnde Steppenvegetation liefert die organische Substanz für eine starke Humusbildung. Die Sommerdürren und die Winterkälte unterbrechen immer wieder den bakteriellen Abbau, sodass es zu einer intensiven Anreicherung der organischen Substanz kommt. Es entsteht ein 50–80 cm mächtiger Ah-Horizont, dessen grau-schwarze Farbe dem Bodentyp den Namen gegeben hat.

Zur Entstehung der Schwarzerde ist ein kalkhaltiges, lockeres Ausgangsgestein notwendig, am günstigsten Löss. Von großer Bedeutung ist ferner die Tätigkeit von Steppentieren (z. B. Hamster, Wühlmäuse, Ziesel). Sie lockern den Boden, arbeiten die organische Substanz tief in den Boden ein und durchmischen ihn mit den mineralischen Bestandteilen.

Aufgrund der krümeligen, porösen Struktur sind die Durchwurzelbarkeit und der Lufthaushalt optimal. Der hohe Anteil an Huminstoffen verbunden mit dem Tongehalt sorgt für eine gute Wasserspeicherfähigkeit, sodass die Pflanzen auch längere Trockenperioden überstehen. Die Schwarzerden in Deutschland (z. B. südliche Niederrheinische Bucht, Soester Börde, Magdeburger Börde) haben sich vor etwa 8 000 bis 10 000 Jahren entwickelt, als hier das Klima trockener und kontinentaler war. Sie sind heute weitgehend zu Parabraunerde (vgl. S. 60) degradiert.

M13 Ferralitischer Boden

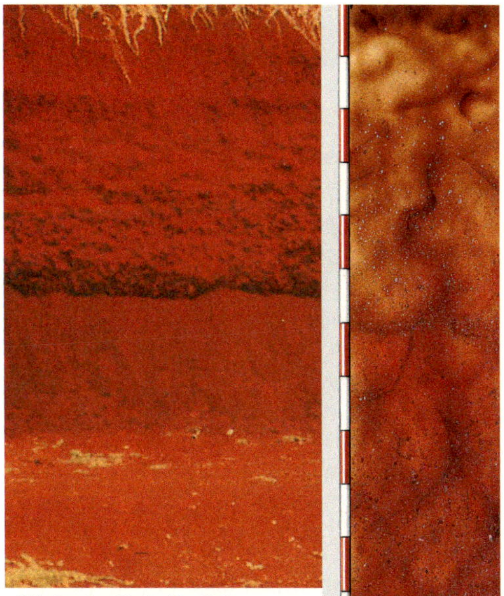

C-Horizont erst in 8–15 m Tiefe

Dieser auch als Roterde oder Latosol bezeichnete Bodentyp findet sich in Gebieten des immerfeuchten Tropischen Regenwaldes und Teilen der Feuchtsavanne.

Aufgrund ganzjährig hoher Temperaturen und Niederschläge wird die reichlich anfallende organische Substanz sehr schnell zersetzt; entsprechend geringmächtig ist der A-Horizont. Der B-Horizont ist andererseits mehrere Meter dick – Ergebnis der intensiven chemischen Verwitterung des Pflanzenmaterials aufgrund der genannten klimatischen Bedingungen.

Der C-Horizont liegt in der Regel so tief, dass die Pflanzenwurzeln ihn nicht erreichen können und er somit auch keine Bedeutung für die Nachlieferung von Primärmineralien hat.

Durch die intensive chemische Verwitterung werden sogar Silikate zersetzt und als lösliche Kieselsäuren mit dem abwärts gerichteten Bodenwasserstrom ausgeschwemmt. Dadurch kommt es zu einer Anreicherung von Aluminium- und Eisenoxiden, die die Rotfärbung der ferralitischen Böden bedingen (Fe = Eisen, lat. ferrum, Al = Aluminium).

Bei fehlender Pflanzendecke, z. B. nach Rodung zur Gewinnung von Ackerland, und daraus resultierender starker Erosion (tropische Starkregen) kommt es zu einer Laterisierung (lat. later = Ziegel), d. h. zu einer tiefgründigen Verhärtung der Aluminium- und Eisenoxide. Infolge von Rodung bleibt ferner die Nährstoffzufuhr aus verrottenden Pflanzen aus und dies erklärt, warum die ferralitischen Böden relativ unfruchtbar, da rasch erschöpft, sind.

M14 Bodenentwicklung aus Löss im gemäßigt warmen, humiden Klima

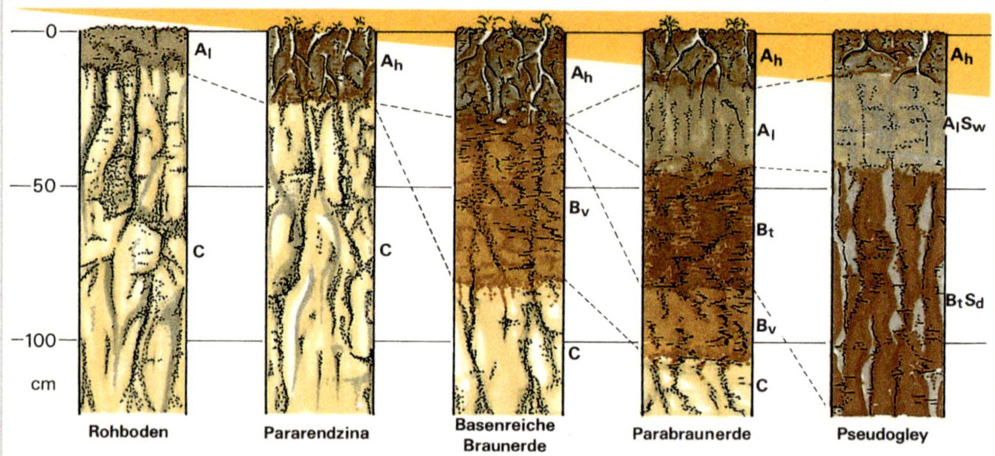

1.4.3 Bodenfruchtbarkeit

Bodenfruchtbarkeit

Der Begriff Bodenfruchtbarkeit kennzeichnet keine einmalige Ertragsleistung, sondern das Vermögen eines Bodens, anhaltend hohe Erträge zu liefern. Dies resultiert hauptsächlich aus den auf den Seiten 54 und 55 dargestellten biologischen, physikalischen und chemischen Eigenschaften, die in der Summe den Boden dazu befähigen, ein fruchtbarer Standort für die Pflanzen zu sein. Die Bodenfruchtbarkeit kann darüber hinaus entscheidend durch die Bearbeitung beeinflusst werden, z. B. durch Pflügen, Düngen, Melioration oder eine richtig gewählte Fruchtfolge, bei der z. B. Blattfrüchte und Halmfrüchte im Wechsel angebaut werden.

Bodengare

Die Acker- und Pflanzenbaulehre bezeichnet die durch natürliche Prozesse und wirtschaftliche Tätigkeit des Menschen erreichte höchste Produktivität des Bodens als Bodengare.
Ein garer Boden ist ein System kleiner und großer Poren mit stabiler Krümelstruktur. Jeder Krümel bildet einen kleinen Wasserspeicher, der sich bei Niederschlägen rasch füllt, um dann das Wasser langsam abzugeben. Zwischen den Krümeln ist genügend Luft vorhanden: Raum für Wurzeln und Kleinlebewesen. Ein Boden mit guter Krümelstruktur bindet größere Nährstoffmengen und gibt diese bei Bedarf an die Pflanzenwurzeln ab. Eine andere wichtige Eigenschaft eines garen Bodens ist seine Fähigkeit, Extreme der Witterung, z. B. längere Dürren, auszugleichen.

A 1 Charakterisieren Sie am Beispiel der Grafik M 1 (S. 53) den Prozess der Bodenbildung.
A 2 Erstellen Sie ein einfaches Wirkungsschema zur Darstellung des Zusammenwirkens der Bodenbildungsfaktoren (vgl. Kap. 11.2.3, S. 466 – 467).
A 3 Erklären Sie die Aufgaben, die den Tonmineralen im Boden zukommen.
A 4 Nennen Sie qualitative Unterschiede und Gemeinsamkeiten von Tonmineralen und Huminstoffen.
A 5 a) Stellen Sie anhand der Grafik M 6 (S. 56) den Einfluss des ph-Wertes auf die Verfügbarkeit von Pflanzennährstoffen dar.
A 5 b) Erläutern Sie, bei welchem ph-Wert die Zersetzung der organischen Substanz optimal abläuft.
A 6 Erläutern Sie die Auswirkung des Säureeintrags auf den Boden und das Grundwasser (Grafik M 7).
A 7 Analysieren Sie am Beispiel der Bodentypen Podsol und Ferralitischer Boden den Einfluss von Klima und chemischer Verwitterung auf die Bodenbildung.
A 8 „Die Fruchtbarkeit der Böden in den tropischen Regenwäldern hält nicht, was die Vegetation verspricht." Nehmen Sie Stellung zu dieser Aussage.
A 9 Beschreiben sie anhand der Grafik M 14 die Bodenentwicklung vom Rohboden zum Pseudogley.

Online-Link
zur Galerie weiterer Bodenprofile:
29260X-1406

Online-Link
zur Klima-, Chrono- und Reliefsequenz von Böden:
29260X-1407

Online-Link
zu Bodenfruchtbarkeit und Bodengare:
29260X-1408

1.5 Landschaftszonen: Klima/Vegetation/Boden im Zusammenhang

Landschaft. Anhand der naturräumlichen Faktoren Relief, Klima, Gewässer, Böden und Vegetation lassen sich auf der Erde Teilräume ausgliedern, die ein gleiches oder zumindest sehr ähnliches Erscheinungsbild aufweisen und sich dadurch von den umgebenden Räumen abheben. Diese Teilräume in ihrer jeweils charakteristischen Prägung werden in der Geographie als Landschaft bezeichnet. Sind in dieser Landschaft die Aktivitäten des Menschen deutlich sichtbar, z. B. in Form von Bauwerken, landwirtschaftlich genutzten Flächen, so spricht man von der Kulturlandschaft. Die weitgehend unberührte Landschaft wird dagegen als Naturlandschaft bezeichnet.

Landschaften können unterschiedlicher Größe sein. Neben den örtlich begrenzten Landschaften, wie z. B. Oberrheingraben oder Lüneburger Heide, unterscheidet die Geographie auch große, die Erde umspannende Landschaftsräume. In Abhängigkeit vom Strahlungshaushalt und der atmosphärischen Zirkulation, die wiederum durch die geographische Breite beeinflusst sind (vgl. S. 23 ff.), ordnen sich diese Räume zonal, d. h. gürtelförmig, etwa parallel zu den Breitenkreisen an. Für sie gibt es eine Vielzahl von Bezeichnungen, z. B. Landschaftszonen, Landschaftsgürtel, Geozonen oder Ökozonen.

Die Idee des Zonen-Konzepts reicht bis in die Antike zurück. So unterschied bereits der griechische Philosoph Parmenides (ca. 540–470 v. Chr.) eine verbrannte und zwei gemäßigte Zonen.

Eine wissenschaftliche Grundlegung erhielt das Konzept jedoch erst in der Neuzeit, vor allem durch den Geographen Alexander von Humboldt (1769–1859), der aufgrund seiner Reisen in Südamerika zu Schilderungen der bereisten Gebiete im Sinne der Landschaftsgürtel gelangt war.

Mithilfe der Landschaftszonen lässt sich ein global räumliches Ordnungsraster erstellen, das eine rasche Orientierung über naturgeographische Zusammenhänge erlaubt. Entscheidend ist dabei, dass die Landschaftszonen nicht die Summe der einzelnen Geofaktoren darstellen, sondern als ein zusammenhängendes System zu verstehen sind, bei dem die Geofaktoren zu einem geographischen Komplex integriert werden.

Landschaft

Als Gliederungsgrundlage für die tabellarische Auflistung M 3 der Landschaftszonen der Erde auf der übernächsten Doppelseite dient die Klimaklassifikation von Troll und Paffen, die bei der Erstellung ihrer „Karte der Jahreszeitenklimate der Erde" (M 2 auf der folgenden Doppelseite) vom Habitus der Vegetation ausgingen. Die Klassifikation von Troll und Paffen wurde auch deswegen gewählt, weil sie das Zusammenspiel der Geofaktoren Klima und Vegetation besonders hervorhebt und weil sie geoökologisch orientiert ist.

Landschaftszone/-gürtel

M 1 Südorientierte Zonen-Weltkarte von Sacroboscos „Opusculum", Leipzig um 1500

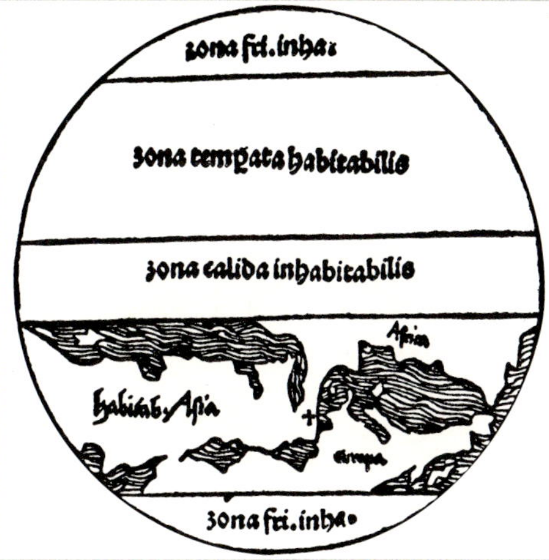

zona fri(gida) inha(bitabilis) = kalte, unbewohnbare Zone

zona temp(er)ata habitabilis = gemäßigte bewohnbare Zone

zona calida inhabitabilis = heiße unbewohnbare Zone

Das Kreuz steht für Jerusalem.

A 1 Erstellen Sie eine schematische Übersicht zu den wichtigsten Merkmalen eines Geoökosystems. Konkretisieren Sie diese Übersicht anschließend für eine spezielle Landschaftszone.

A 2 Unter den Geofaktoren spielt die Vegetation neben dem Klima bei der Charakterisierung der einzelnen Landschaftszonen eine besondere Rolle. Stellen Sie Zusammenhänge zwischen diesen beiden Geofaktoren an einem selbst gewählten Beispiel aus der Karte M 2 auf S. 62–63 dar.

M 1 so reproduziert in Leo Bagrow und Raleigh A. Skelton: Meister der Kartographie. 6. Aufl. Berlin: Gebr. Mann 1994

Online-Link
zur Höhenstufung der Vegetation:
29260X-1501

M2 Klima- und Vegetationszonen der Erde nach Troll und Paffen 1964

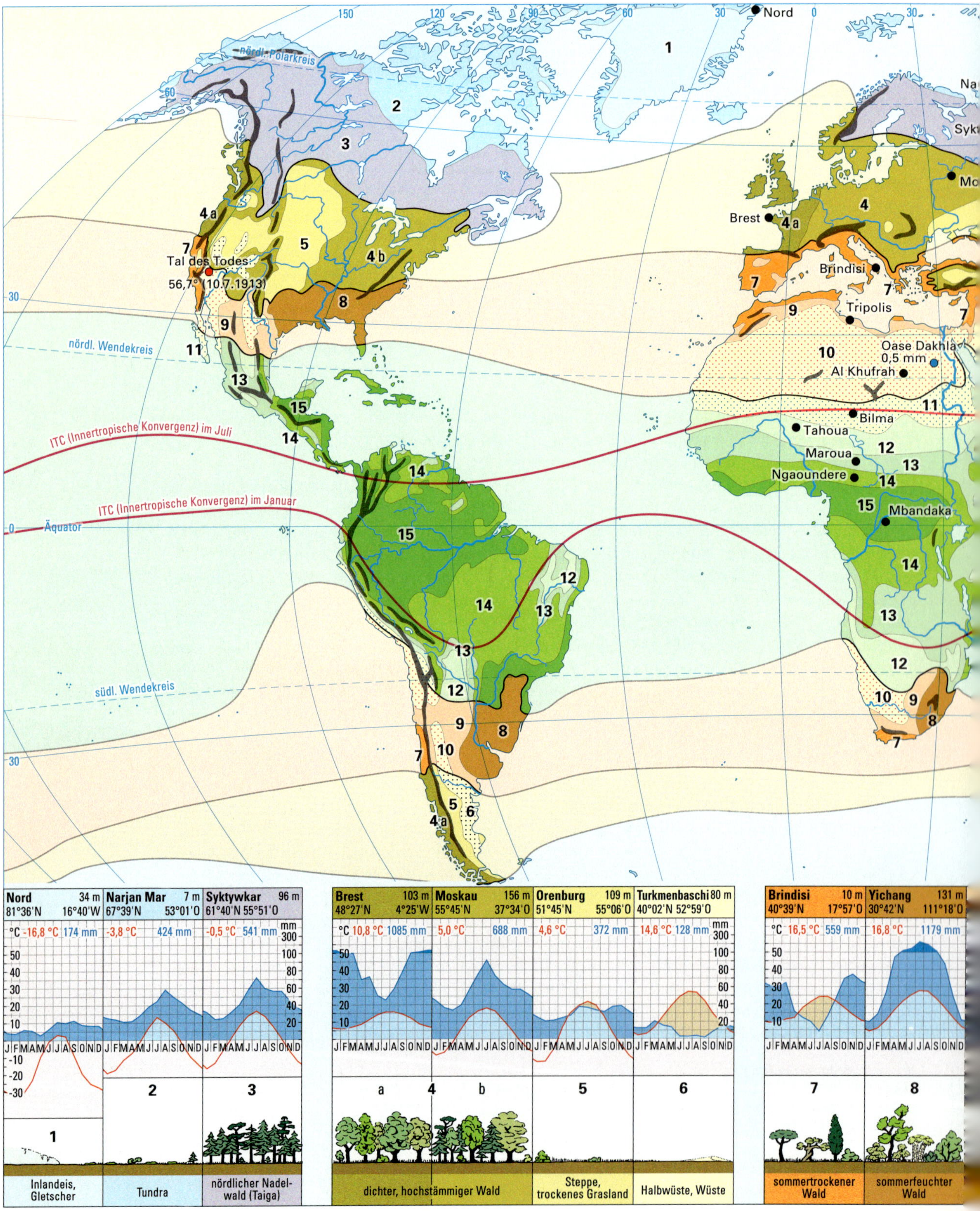

(Schulbearbeitung nach L. Buck und A. Schultze, aus Lehrwerk TERRA, Stuttgart: Klett, leicht geändert)

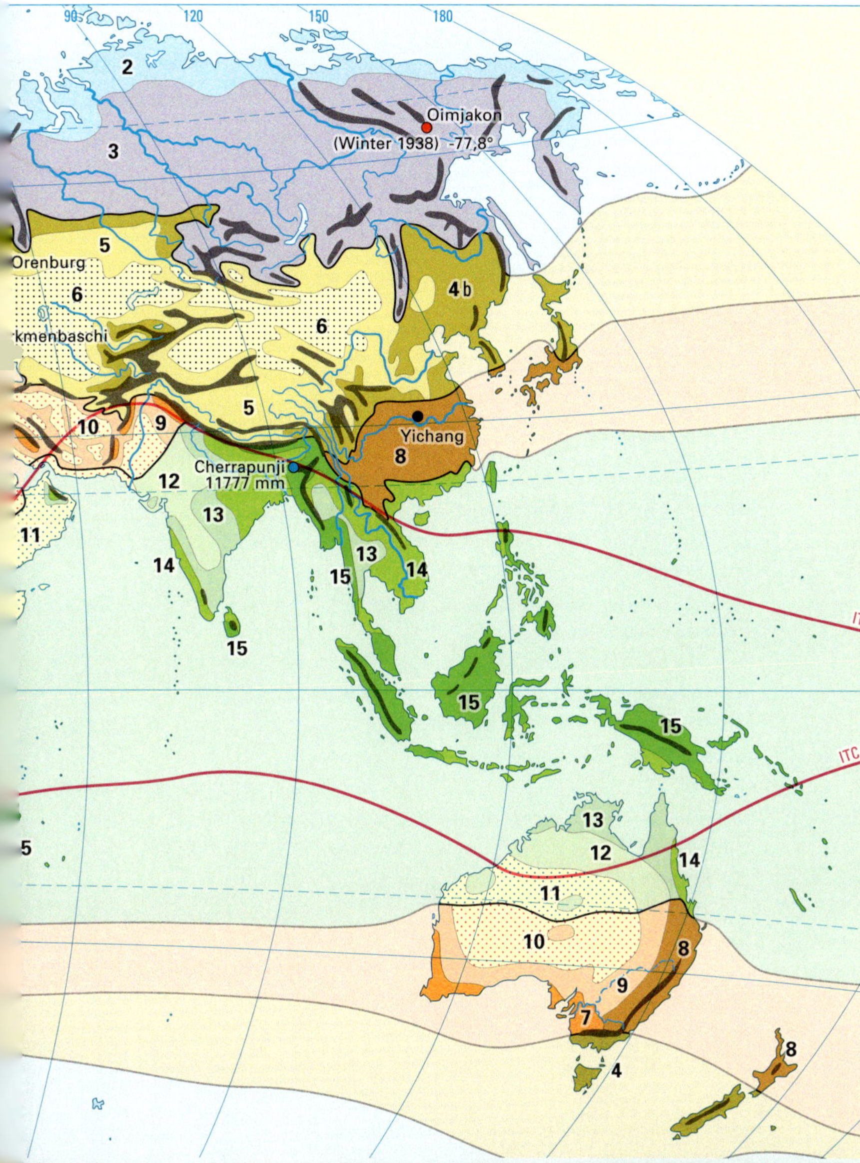

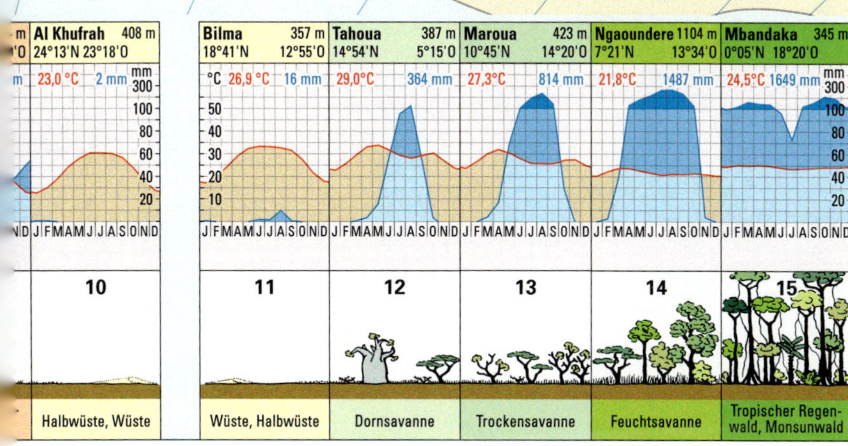

Kalte Zone (Jahresmittel der Lufttemperatur um und unter 0°C)

- 1 hochpolares Eisklima (extrem kalt)
- 2 polares Tundrenklima (kalt)
- 3 kaltgemäßigtes boreales Klima

Gemäßigte Zone (Jahresmittel der Lufttemperatur um 8°C)

- 4a ozeanisches Waldklima
- 4b kontinentales Waldklima
- 5 winterkaltes Steppenklima
- 6 winterkaltes Wüstenklima

Subtropische Zone (Jahresmittel der Lufttemperatur um 18°C)

- 7 sommertrockenes Mittelmeerklima (Westseiten der Kontinente)
- 8 sommerfeuchtes Klima (Ostseiten der Kontinente)
- 9 wintermildes Steppenklima
- 10 wintermildes Wüstenklima

Tropische Zone (Jahresmittel der Lufttemperatur um 25°C)

- 11 extrem trockenes Wüstenklima (0 – 2 Monate feucht)
- 12 trockenes Dornsavannenklima (2 – 4½ Monate feucht)
- 13 wechselfeuchtes Trockensavannenklima (4½ – 7 Monate feucht)
- 14 wechselfeuchtes Feuchtsavannenklima (7 – 9½ Monate feucht)
- 15 immerfeuchtes Regenwaldklima (9½ – 12 Monate feucht)
- klimatische Höhenstufe der Gebirge

- ● Klimastationen der Diagramme
- ● extreme Temperaturen
- ● extreme Niederschläge (Jahresmittel)

Klimadiagramme und Vegetationsprofile nach H. Walther

- mittlere Monatstemperatur
- mittlerer Monatsniederschlag
- trockene Jahreszeit
- feuchte Jahreszeit
- feuchte Jahreszeit, auf den Faktor 0,1 verkürzte Niederschläge > 100 mm

- 26,9°C Jahrestemperatur im langjährigen Mittel
- 1649 mm Jahresniederschlag im langjährigen Mittel
- 357 m Höhe der Messstation über dem Meer

Den Klimastationen (Nordhalbkugel) sind die entsprechenden Vegetationsprofile zugeordnet. Diese zeigen die natürliche Vegetation, wie sie ohne Beeinflussung des Menschen bestehen würde.

M3 Landschaftszonen: Klima – Boden – Vegetation

Klimazone	Subzone		wesentliche Klimamerkmale	Mitteltemperatur (°C)	
				wärmster Monat	kältester Mon
Kalte Zone	1	Polare Klimate	extrem polare Eisklimate; Inlandeis, Frostschuttgebiete	unter 6	
	2	Tundrenklimate	kurzer, frostfreier Sommer; Winter sehr kalt	6–10	unter –8
	3a	Extrem kontinentale Nadelwaldklimate	extrem kalter, trockener, langer Winter	10–20	unter –25
	3b	Kontinentale Nadelwaldklimate	lange, kalte, sehr schneereiche Winter; kurze, relativ warme Sommer; Vegetationsperiode: 100–150 Tage	10–20	unter –3
Gemäßigte Zone	Waldklimate				
	4a	Ozeanische Klimate	milde Winter, mäßig warme Sommer	unter 20	über 2
	4b	Kühlgemäßigte Übergangsklimate	milde bis mäßig kalte Winter, mäßig warme bis warme Sommer; Vegetationsperiode über 200 Tage	meist 15–20	2 bis –3
	4c	Kontinentale und extrem kontinentale Klimate	kalte, lange Winter; Vegetationsperiode bei hoher Kontinentalität 120–150 Tage, sonst bis 210 Tage	15– über 20	–3 bis –30
	4d	Sommerwarme Klimate der Ostseiten	generell wärmer als 4c, enge Beziehung zu südlich anschließenden Subtropen	20–26	2 bis –8
	Steppenklimate				
	5	Winterkalte Steppenklimate	Winterkälte und Trockenheit im Sommer engen die Vegetationsperiode ein: selten über 180 Tage	meist über 20	meist unter 0
	6	Winterkalte Halbwüsten- und Wüstenklimate	Niederschläge geringer als bei 5		
Subtropische Zone	7	Winterregenklimate (Westseitenklimate)	warme und feuchte Jahreszeit fallen auseinander; Mittelmeerklima	starke Schwankungen, meist über 20	2–13
	8	Sommerregenklimate (Ostseitenklimate)	warme und feuchte Jahreszeit fallen zusammen		
	9	Steppenklimate	feuchte Jahreszeit im Vergleich zu 7 kürzer		
	10	Halbwüsten- und Wüstenklimate	im Gegensatz zu 6 keine strengen Winter, aber Fröste möglich		
Tropische Zone	11	Halbwüsten- und Wüstenklimate	im Gegensatz zu 10 ganzjährig warm	im Tiefland über 18	im Tiefland üb
	12	Klimate der Dornsavannen	12 bis 14: Wechsel von Regenzeit und Trockenzeit; Jahresniederschläge zunehmend, ebenso Länge der Regenzeit		
	13	Klimate der Trockenwälder und Trockensavannen			
	14	Klimate der Feuchtwälder und Feuchtsavannen			
	15	Tropische Regenwaldklimate	relativ gleichmäßige und hohe Niederschläge		

nperatur: resschwankungen	hygrische Verhältnisse	Verwitterung, Bodenbildungsprozesse	vorherrschende potenzielle Vegetation
hr) hoch	nival	physikalische Verwitterung, minimale Bodenbildung	ohne höhere Vegetation
ch	humid	physikalische Verwitterung, geringe Bodenbildung, Dauerfrostböden	Tundren (z. B. Moose, Flechten, Zwergsträucher)
hr als 40	humid	vorherrschend physikalische Verwitterung, Podsolierung	sommergrüne Nadelwälder (Lärchen)
– 40			immergrüne Nadelwälder (z. B. Fichten, Kiefern)
ter 16	humid	ausgewogenes Verhältnis von physikalischer und chemischer Verwitterung; Entstehung von Braunerden, Parabraunerden und Übergangsbildungen; 4c: Dauerfrostböden, Gley- und Podsolböden	überwiegend sommergrüne Laubwälder, Mischwälder
– 25			sommergrüne Laubwälder, Mischwälder (z. B. Buchen, Eichen, Fichten)
– über 40	überwiegend humid		
– 35			
.h (Ausnahme: :agonien)	5–7 humide Monate	Bildung der humusreichen Schwarzerden; mit zunehmender Trockenheit: Abnahme der chemischen Verwitterung, des Humusgehalts und der Tonmineralbildung; kastanienbraune Böden, Wüstenböden	Gras- und Zwergstrauchsteppen
	semiarid, arid		Halbwüste, Wüste
Gegensatz zu den pen erhebliche wankungen	mehr als 5 humide Monate	Bodenbildungsprozesse in der trockenen Zeit weitgehend unterbrochen; rote und braune Böden	Hartlaubvegetation (z. B. Lorbeer, Stechpalmen; immergrüne Stein- und Korkeichen)
	10–12 humide Monate		immergrüne und sommergrüne Wälder
	meist unter 5 humide Monate		Gras-, Strauch-, Dorn- und Sukkulentensteppen
	meist weniger als 2 humide Monate		Halbwüste, Wüste (Anpassung der Pflanzen an die Trockenheit, z. B. Sukkulenz)
ing eist unter 10)	weniger als 2 humide Monate	Wüstenböden	Halbwüste, Wüste (Anpassung an die Trockenheit)
ne thermischen eszeiten; Tages- wankungen der nperatur größer als resschwankungen Monatsmittel	2–4,5 humide Monate	fersiallitische Böden	Dornwälder und Dornsavannen
	4,5–7 humide Monate		regengrüne Trockenwälder und Trockensavannen
	7–9,5 humide Monate	15 und Teile von 14: ferralitische Böden (Latosole) intensive, tiefgründige chemische Verwitterung	immergrüne und regengrüne Feuchtwälder und Feuchtsavannen
	9,5–12 humide Monate, meist über 1500 mm		immergrüne tropische Regenwälder

1 Kompetenzen festigen und anwenden

In diesem Kapitel haben Sie gelernt, wie einzelne Sphären der Erde aufgebaut sind und welche Prozesse innerhalb dieser Sphären und auch zwischen ihnen gesetzmäßig ablaufen. Dabei wurde auch deutlich, dass die Lithosphäre und die Atmosphäre die Grundlage für die Herausbildung der Hydro-, Pedo- und Biosphäre darstellen und in gegenseitiger Beeinflussung dort unterschiedliche Merkmale, wie z. B. Bodentypen oder Grundwasservorkommen, schaffen.

Auch wurde gezeigt, dass für das menschliche Leben viele Merkmale der Sphären unverzichtbare Voraussetzungen sind. Einzelbeispiele haben Ihnen verdeutlicht, wie der Mensch mit seiner Nutzung Merkmale beeinflusst, die in unterschiedlichen Zeiträumen Veränderungen bewirken. Weitere Beispiele für solche landschaftsökologischen Zusammenhänge lernen Sie im Kapitel „Landschaftsökologie" kennen.

Dass durch die Nutzung unsere Lebensgrundlagen kurz- oder auch langfristig beeinflusst und damit zum Teil irreparable Schäden angerichtet werden, wirft die Frage auf, wie und in welchem Maße mit den natürlichen Ressourcen nachhaltig umgegangen werden muss. Jeder Einzelne kann hier seinen Beitrag leisten, sei es durch sorgsamen Umgang mit Wasser oder die Sammlung von Wertstoffen.

Antizyklone: → Hochdruckgebiet

Aquifer: eine poröse oder mit Klüften durchsetzte Gesteinsschicht, in der Grundwasser fließen kann.

Astenosphäre: Schale des oberen Erdmantels, die sich an die → Lithosphäre anschließt. Sie gilt als Gleitzone (auch Fließzone) auf der sich die starren Platten der → Lithosphäre bewegen. Sie befindet sich in Tiefen zwischen 100 und 250 km und enthält geringe Schmelzanteile.

Atmosphäre: die aus einem Gemisch von Gasen bestehende Hülle eines Himmelskörpers; speziell die Lufthülle der Erde, untergliedert in Troposphäre, Stratosphäre, Thermosphäre, Exosphäre.

atmosphärische Zirkulation: → planetarische Zirkulation.

Boden: das an der Erdoberfläche mit Luft, Wasser und Lebewesen durchsetzte Umwandlungsprodukt aus mineralischen und organischen Substanzen, das in der Lage ist höheren Pflanzen als Standort zu dienen.

Bodenart: Bezeichnung bzw. Klassifizierung der Böden nach den Bestandteilen unterschiedlicher Korngröße, z. B. Sand-, Schluff- und Tonböden.

Bodentyp: Böden mit ähnlichem oder gleichem Entwicklungsstand und damit gleichem Bodenprofil, d. h. gleicher Ausprägung der einzelnen Bodenhorizonte, werden zu einem Bodentyp zusammengefasst; z. B. Podsol, Schwarzerde, Latosol.

Corioliskraft: Trägheitskraft (Scheinkraft), die bei der Bewegung auf rotierende Körper wirkt; sie verursacht z. B. infolge der Erdrotation die Ablenkung der Winde auf der Nordhalbkugel nach rechts und auf der Südhalbkugel nach links.

geothermische Tiefenstufe: Tiefenstrecke in Metern, bei der die Temperatur in Richtung Erdmittelpunkt um etwa 1 K ansteigt.

Hochdruckgebiet: Gebiet relativ hohen Luftdrucks. Man unterscheidet dynamisch und thermisch bedingte Hochdruckgebiete. Im ersteren Fall führen Konvergenzen im → Jetstream zu großräumigem Absinken von Luftmassen und zum Druckanstieg am Boden. Diese dynamisch bedingten Hochdruckgebiete werden auch als → Antizyklonen bezeichnet. Thermisch bedingte Hochdruckgebiete bilden sich durch Kaltluftanreicherung bei negativer Strahlungsbilanz am Erdboden. Beständige Kältehochs findet man im Winter z. B. über Sibirien, Kanada und über der Antarktis.

Hotspot: ein ortsfester Aufschmelzungspunkt im Erdmantel unterhalb der → Lithosphäre, bewirkt an der Erdoberfläche häufig Vulkanismus.

Hydrosphäre: der von Wasser erfüllte Teil der Geosphäre; er umfasst die Weltmeere, Flüsse, Seen, das Grundwasser sowie die ständig von Schnee und Eis bedeckten Bereiche; auch als „Kryosphäre" bezeichnet.

Inkohlung: Prozess der Entstehung von Kohle aus pflanzlicher Substanz durch Druck und hohe Temperaturen.

Isostasie: hydrostatisches Gleichgewicht von Krustenschollen unterschiedlicher Dichte und Dicke.

Jetstream (Strahlstrom): starke, bandartige Westwindströmung im Bereich der oberen Troposphäre bzw. unteren Stratosphäre.

Konvektionsströme: plastische Bewegungen von Gesteinen im Erdmantel, die durch Temperaturunterschiede ausgelöst werden. Sie bilden mit ihren aufsteigenden und absteigenden Ästen einzelne Konvektionszellen.

A1a) Beschreiben Sie Merkmale der Erde, welche als unverzichtbare Voraussetzungen für das menschliche Leben gelten.
A1b) Ordnen Sie diese Merkmale den Sphären der Erde zu.
A2 Erstellen Sie ein Wirkungsgefüge, das verdeutlicht, wie und in welchem Maße Merkmale der Sphären der Erde auf die Bodenbildung einwirken (vgl. Methodendoppelseite S. 466 – 467).
A3 Begründen Sie, inwiefern die Gliederung der Erde in Vegetationszonen in vielen Teilen der Welt nur noch theoretischen Charakter hat.
A4 Stellen Sie an einem konkreten Beispiel aus dem täglichen Leben dar, wie Ihr Handeln den Klimawandel beeinflussen kann.
A5 Diskutieren Sie mit Ihrer Lerngruppe Wege und Möglichkeiten, die Sie haben, um zu einer nachhaltigen Wirtschafts- und Lebensweise beizutragen.
A6a) Erläutern Sie die Bedeutung der Geofaktoren für das menschliche Leben und Wirtschaften.
A6b) Gestalten Sie dazu ein Poster mit den wesentlichsten Ergebnissen.

Lagerstätte: natürliche Konzentration von Rohstoffen in der Erdkruste, die abbauwürdig sind bzw. deren Abbau sich in naher Zukunft rentieren wird.

Lithosphäre: äußere, feste Gesteinshülle der Erde. Dazu gehören kontinentale und ozeanische Kruste und der obere Mantel bis zur → Asthenosphäre.

Mittelozeanische Rücken (MOR): mehrere Tausend Kilometer lange Gebirge, die vom Boden der Ozeane aufragen und aus parallel zu einem zentralen Graben (Rift) verlaufenden symmetrischen Bergketten bestehen; die mittelozeanischen Rücken markieren divergierende Plattengrenzen, an denen neue ozeanische Kruste entsteht.

Ozonschicht: der Teil der Stratosphäre, wo unter Einwirkung der energiereichen ultravioletten Strahlung der Sonne Sauerstoff (O_2) in Ozon (O_3) umgewandelt wird; das dort in vergleichsweise hoher Konzentration vorliegende Ozon absorbiert einen Teil der für das Leben auf der Erde in hoher Dosis gefährlichen UV-Strahlung, wobei das Ozon teilweise wieder in Sauerstoff zerlegt wird; es entsteht ein dynamisches Ozon-Sauerstoff-Gleichgewicht.

planetarische Zirkulation: weltweites System von Winden, die durch die unterschiedliche Sonneneinstrahlung und das thermische Verhalten von Land und Meer in den einzelnen Klimagürteln der Erde hervorgerufen werden.

Plattentektonik: tektonisches Konzept der Erde (Bau und Bewegungen der Erdkruste betreffend), das von der Existenz großer und kleiner Platten (der → Lithosphäre) ausgeht, die sich auf der → Asthenosphäre unabhängig voneinander bewegen.

Schalenbau der Erde: innerer Aufbau des Erdkörpers aus konzentrisch angeordneten Schalen verschiedener Beschaffenheit; vgl. Erdkern, Erdkruste, Erdmantel.

Sea-floor-spreading: Vorgang des Auseinanderdriftens von Platten an → Mittelozeanischen Rücken. Dabei kommt es zur Neubildung ozeanischer Kruste.

Seismik (Erdbebenkunde): natürliche Erschütterungen der Erdoberfläche durch Erdbeben; die Wissenschaft von der Entstehung, Ausbreitung und den Auswirkungen von Erdbeben heißt Seismologie.

Subduktion: Begriff aus der → Plattentektonik; Abtauchen oder Abführen von Plattenteilen in die Tiefe des oberen Erdmantels, verbunden mit Erdbeben und Vulkanismus.

Subduktionszone: konvergierende Plattengrenze, an der eine Platte (meist mit ozeanischer Kruste) in den oberen Erdmantel abtaucht; im Ergebnis der → Subduktion entstehen Tiefseerinnen.

Treibhauseffekt: Bezeichnung für den Einfluss der Erdatmosphäre auf den Strahlungs- und Wärmehaushalt der Erde; die von der Erdoberfläche abgegebene Wärmestrahlung kann nicht vollständig ins Weltall abgestrahlt werden, weil sie durch Wasserdampf und Kohlendioxid absorbiert und zur Erde zurückgestrahlt wird; dadurch kommt es zu einer Erhöhung der Temperaturen auf der Erde.

Tiefdruckgebiet: Gebiet relativ niedrigen Luftdrucks. Ein Tiefdruckgebiet kann thermisch oder dynamisch verursacht sein. Dynamische Tiefdruckgebiete sind mit Fronten verbunden und werden als Zyklonen bezeichnet. Sie entstehen durch komplizierte Vorgänge im Polarfrontjetstream. Thermische Tiefdruckgebiete sind das Ergebnis starker Erwärmung, wobei Luft großräumig aufsteigt und in der Höhe entsprechend des Druckgefälles abströmt.

Zyklone: → Tiefdruckgebiet; Gegensatz: → Hochdruckgebiet, Antizyklone

Anthropogene Einwirkungen auf die Biosphäre (nach GLOBIO Mapping Human Impacts On The Biosphere, auf www.globio.info/region/world/world_miller.png, Juli 2008)

2 Geoökosysteme

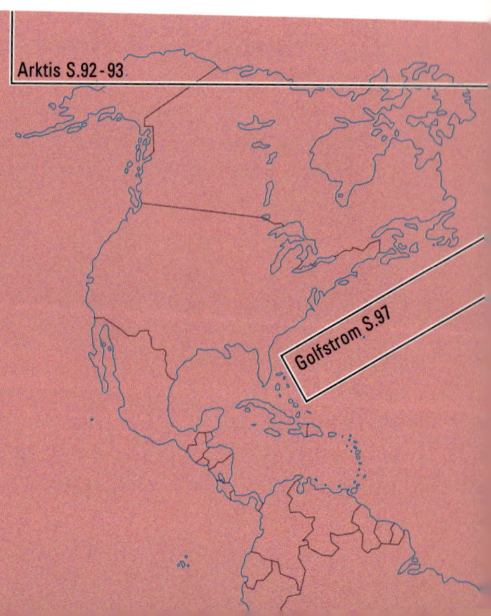

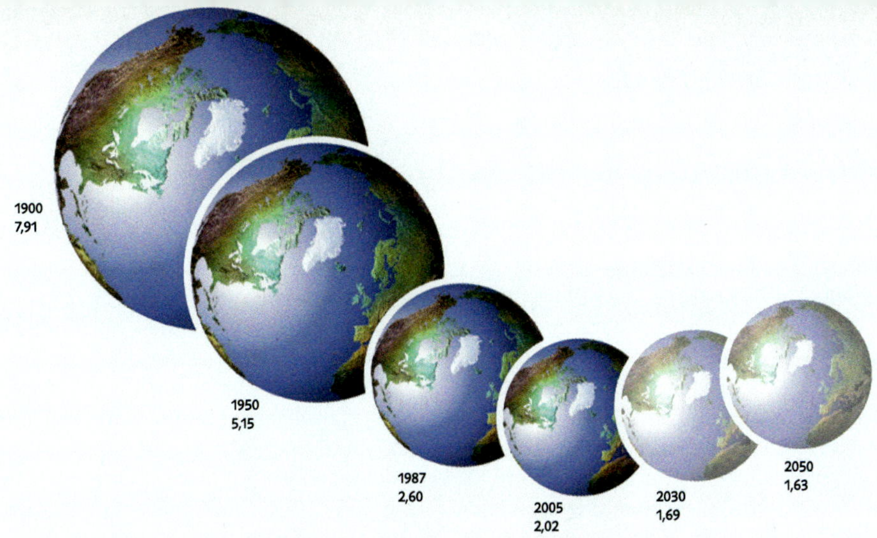

Unsere schrumpfende Erde – die jeweils pro Kopf zur Verfügung stehende Fläche (in ha)

Nur noch wenige Prozent der Erdoberfläche sind nicht vom Menschen beeinflusst. Doch selbst in so genannten unberührten Regionen sind menschliche Aktivitäten feststellbar – z. B. gelangen Abgase der Industrie über die Atmosphäre auch in entlegenste Regionen.

Traditionell beschreibt das Modell der Landschaftszonen den potenziellen natürlichen Zustand der Landoberfläche (Karte M2, S. 62 – 63).
Doch mit der Realität hat diese Übersicht wenig zu tun (Karte). Europaweit sind nur noch zwischen einem und fünf Prozent der Landfläche von natürlichen Wäldern bedeckt. Wo potenziell Buchenmischwald wächst, finden sich dicht bebaute Stadtlandschaften, Industrieflächen, Verkehrswege oder Kartoffelfelder.
Innerhalb der nächsten Jahre wird die Veränderung der Landoberfläche durch menschliche Aktivitäten weiter zunehmen. Das steht im Zusammenhang damit, dass der Ressourcenbedarf der Menschen immer weiter wächst, während weltweit pro Kopf immer weniger Ressourcen zur Verfügung stehen (Grafik). Wissenschaftler befürchten, dass die ökologische Kapazität unserer Erde bereits heute deutlich überschritten ist.

Die Frage nach der Belastbarkeit der Geosphäre und so genannter unberührter Regionen ist für die Menschheit überlebensnotwendig.
Das folgende Kapitel will dazu Antworten auf folgende Fragen geben:
- Was sind Geoökosysteme?
- Wie verändern menschliche Aktivitäten Geoökosysteme?
- Wo wird die Belastbarkeit von Geoökosystemen erreicht oder gar überschritten?
- Welche Chancen gibt es für eine nachhaltige, die Belastbarkeit nicht überschreitende Nutzung von Geoökosystemen?

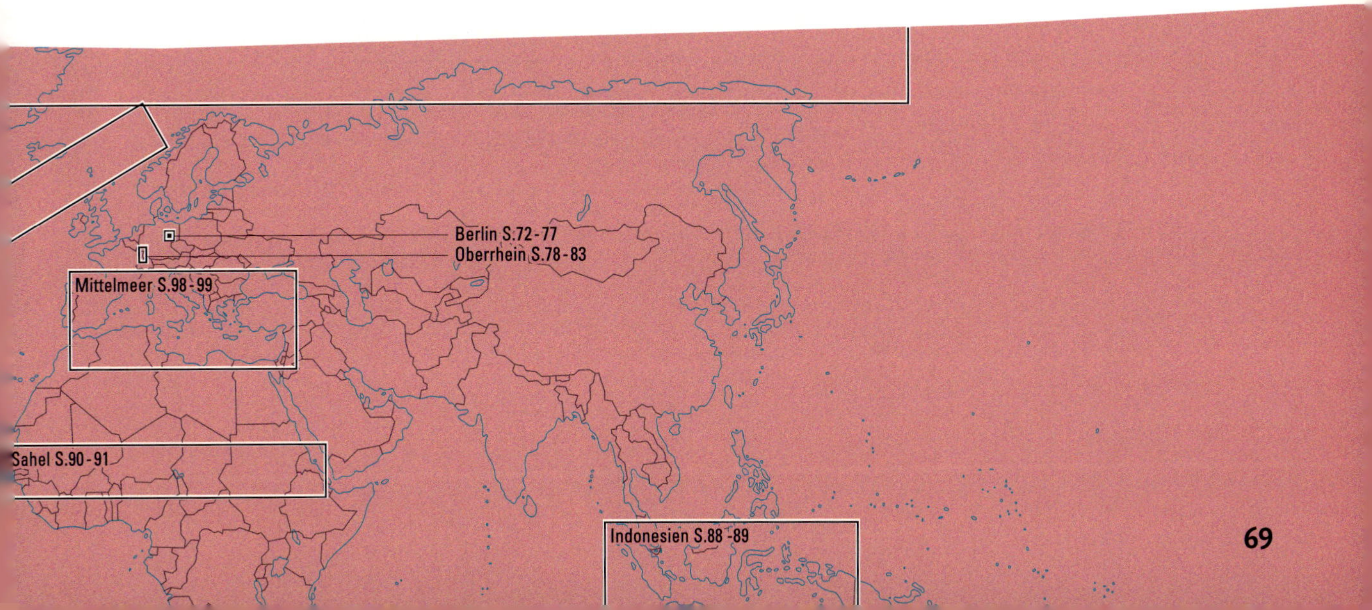

2.1 Geoökosysteme – komplexe Wirkungsgefüge

Geoökosystem (G)

Modell

Ein Ökosystem ist ein sehr ein komplexes Wirkungsgefüge. Die Komplexität ist so groß, dass nur Modelle die Strukturen und Prozesse beschreiben und begreifbar machen können. Ihr Sinn liegt im Erfassen des Regelhaften realer Objekte und Prozesse. Indem sie komplexe Sachverhalte der Wirklichkeit vereinfacht darstellen, lassen sich Einzelaspekte und Zusammenhänge besser erfassen. Darüber hinaus erleichtern sie die Prognose künftiger Entwicklungen in dem modellhaft dargestellten Teilraum der Realität und geben zugleich Aufschluss über die Möglichkeiten zur Steuerung dieser Entwicklung (vgl. Methodendoppelseite 472–473).

Biotop

Geoökologie

Landschaft

Geozone

In einem Ökosystem wirken abiotische Faktoren (z. B. Wasser, Mineralstoffe, Strahlung) als unbelebte Umwelt (Biotop) und biotische Faktoren (z. B. grüne Pflanzen als Produzenten und Tiere als Konsumenten) als Lebensgemeinschaften (Biozönose) zusammen.

Die Geoökologie untersucht die in einer Landschaft ablaufenden Prozesse. Der Begriff Landschaft wird verwendet für einen räumlichen Ausschnitt, der durch das Zusammenwirken verschiedener Geofaktoren wie Relief, Wasser, Boden oder Klima als einheitliches Erscheinungsbild wahrgenommen wird. Unter dem Gesichtspunkt der Entstehung unterscheidet man verschiedene Großformen. Beispiele hierfür sind die durch Gletscher, Seen, Schichtstufen oder Vulkanausbrüche geprägten Landschaften. Im Gegensatz zu diesen charakteristischen, räumlich begrenzteren Raumeinheiten erfasst der Begriff Geozone landschaftliche Großräume der Erde, die sich aufgrund einer gewissen Einheitlichkeit der Geofaktoren, wie z. B. des Klimas, voneinander abgrenzen lassen. Beispiele hierfür sind die immerfeuchten Tropen oder die gemäßigten Mittelbreiten.

M1 Ausgewählte Prozesse in einem anthropogen beeinflussten Ökosystem

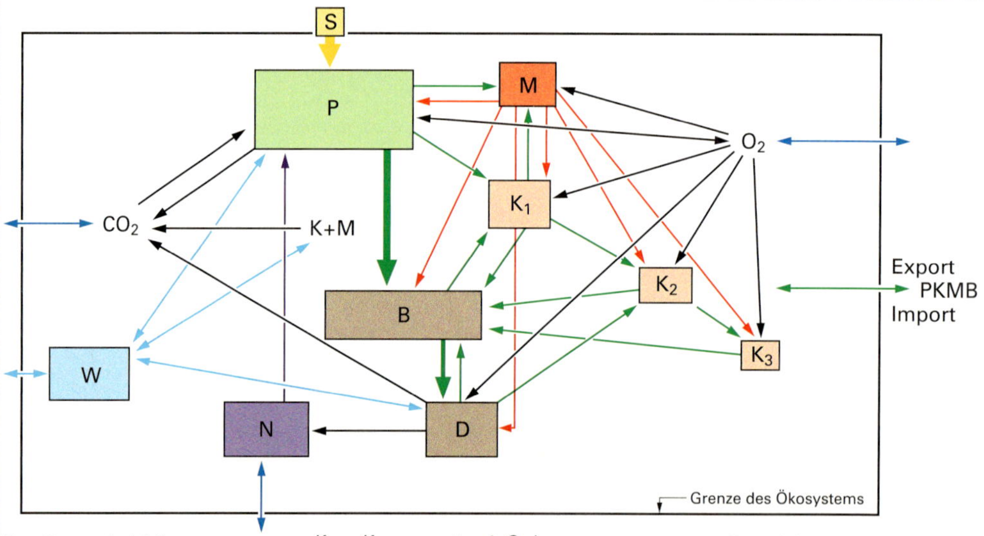

B = Bestandsabfall
D = Destruenten
W = Wasser
M = Mensch
S = Sonnenenergie
P = Produzenten (grüne Pflanzen)

K_1 = Konsumenten 1. Ordnung (pflanzenfressende Tiere)
K_2 = Konsumenten 2. Ordnung (fleischfressende Tiere)
K_3 = Konsumenten 3. Ordnung (fleischfressende Tiere)
N = Nährsalze und Spurenelemente

Energiefluss in Form organischen Materials
anorganische Teilkreisläufe
Ex- oder Import von anorganischen Komponenten
anthropogene Einflüsse

M2 Geosphäre, Geofaktoren, Geoelemente

Unterteilung der Geosphäre	Geofaktoren	Geoelemente (Beispiele)
Atmosphäre	Klima	Niederschlag, Temperatur, Luftdruck, Verdunstung
Lithosphäre	Geologischer Bau	Gesteinsart
Pedosphäre	Boden	Bodenart, Bodentyp, Wassergehalt, Bodenhorizonte
Reliefsphäre	Relief	Geländeneigung, Höhe
Hydrosphäre	Wasser	pH-Wert, Sauerstoffgehalt, Temperatur
Biosphäre	Tier- und Pflanzenwelt	Artenzahl, Populationsdichte

Jedes Geoökosystem stellt einen Ausschnitt aus der Geosphäre dar. Dieses lässt sich anhand der einzelnen Geofaktoren charakterisieren, die wiederum durch die Geoelemente bestimmt sind.

In der Realität sind die Geoökosysteme durch den Menschen stark verändert. Deshalb werden Modelle von Geoökosystemen erstellt, die den Einfluss des Menschen mit einbeziehen und jeweils die Frage ermöglichen, inwieweit er „Störfaktor" ist.

Geofaktoren (G)
Geoelemente (G)

M3 Modell des „Geoökosystems Fluss"

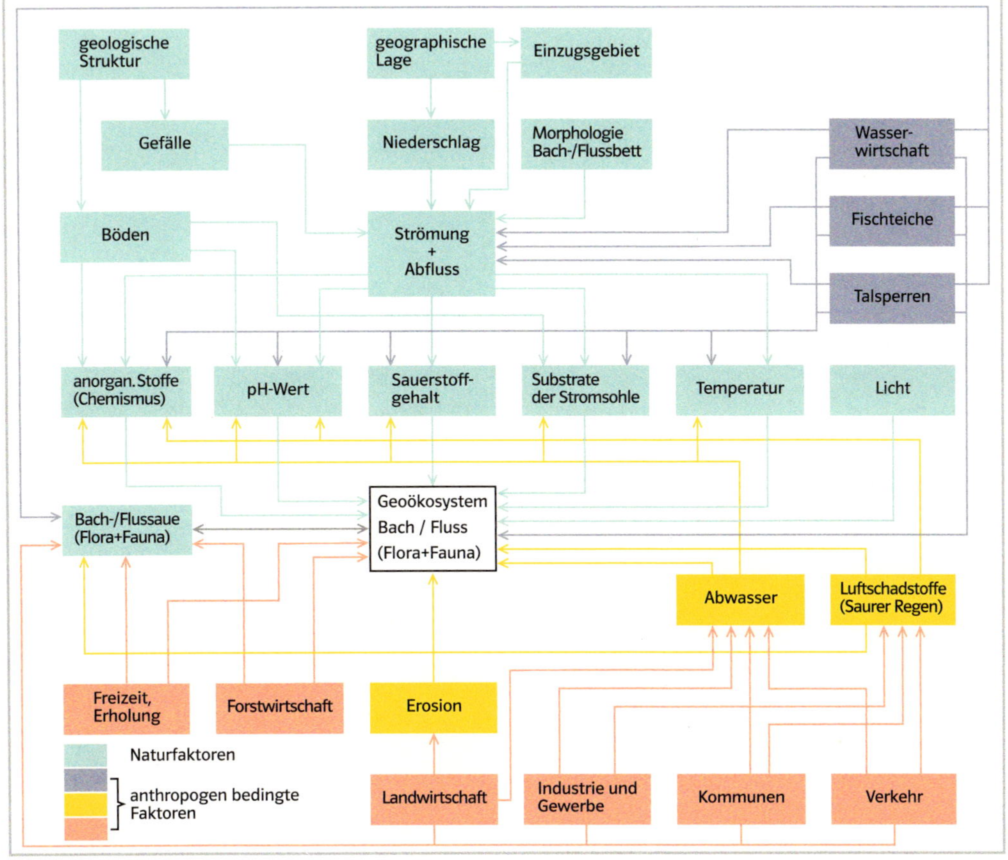

M3 nach Hartmut Leser: Landschaftsökologie. Stuttgart: Ulmer 1978, S. 59

Online-Link
29260X-2101

2.2 Ökologische Aspekte in ausgewählten Räumen der gemäßigten Breiten

urbanes Geoökosystem
Verstädterung

2.2.1 Urbane Geoökosysteme

Der weltweite Verstädterungsprozess hat zur Folge, dass immer mehr Menschen in urban-industriellen, meist hoch verdichteten Systemen leben. Damit wächst die vom einzelnen Menschen in Anspruch genommene Fläche. Waren es 1950 je Bundesbürger (Alte Länder) noch 350 m² Siedlungs- und Verkehrsfläche, so lag der Wert 2005 bei ca. 558 m². Deutschlandweit werden jede Sekunde etwa 12 m² zusätzlich für Siedlungs- und Verkehrsflächen beansprucht. Selbst bei stagnierender oder zurückgehender Bevölkerungszahl wächst der Flächenverbrauch.

Flächenverbrauch
Versiegelung (G)
Wärmeinsel, städtische (G)
Stadtplanung

Alle Geofaktoren erfahren im Geoökosystem Stadt grundlegende Veränderungen durch den Menschen. Sein Einfluss auf die Geofaktoren nimmt vom Stadtrand zum Stadtzentrum hin zu.

Folgende Faktoren des Verstädterungsprozesses tragen wesentlich zu den Veränderungen des natürlichen Ökosystems bei:
- Versiegelung von Freiflächen durch Überbauung (Wohnungen, Industrieanlagen, Verkehrsflächen u. a.);
- Emissionen von Feuerungsanlagen, Industrie und Verkehr;
- Abwärme von Kraftwerken, Heizungen und aus Industrieprozessen;
- unzureichende Stadtplanungsmaßnahmen, z. B. fehlende Ausweisung bzw. Verbauung von Frischluftschneisen.

Die urbanen Geoökosysteme zeichnen sich dadurch aus, dass sie nur durch eine ständige Zufuhr von Energie existieren können und auf einen Austausch mit natürlichen Ökosystemen im Umland angewiesen sind.

M1 Veränderungen des urbanen Geoökosystems

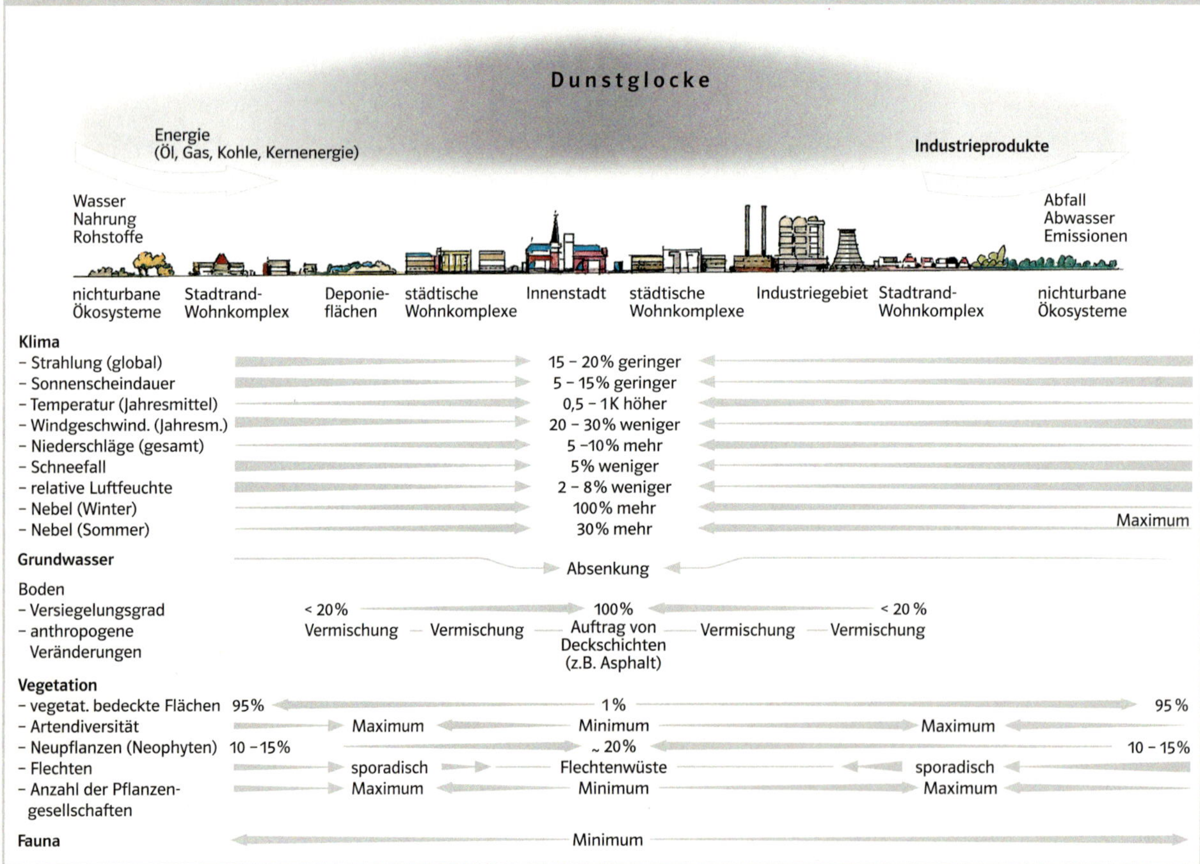

A1 Erläutern Sie an ausgewählten Beispielen die Auswirkungen menschlicher Eingriffe auf die Geofaktoren im Ökosystem Stadt.

M2 Der versiegelte Boden – Gefährdung des urbanen Wasserhaushalts

Versiegelte Flächen verhindern das Versickern des Niederschlagswassers und damit die Grundwasserneubildung. Nur noch kleine naturnahe Flächen wie Hausgärten, Grünstreifen, Friedhöfe, Sportanlagen oder Parks können in einer Stadt die vielfältigen Bodenfunktionen sichern und damit auch die Regenerierung des Grundwassers.

Berechnungen für Berlin zeigen, dass jährlich von 478 Mio. m³ Niederschlag 262 Mio. m³ verdunsten. Vom Gesamtabfluss von 217 m³/a wird ein Viertel über die Kanalisation abgeführt, 149 m³/a versickern in den Untergrund. Vergleicht man diese Menge mit dem Trinkwasserverbrauch Berlins von 230 Mio. m³/a, dann muss das Defizit durch oberirdische Zuflüsse (Spree und Havel) und Grundwasser aus dem Umland gedeckt werden.

Untersuchungen haben allerdings ergeben, dass die innerstädtischen Versickerungsleistungen nahezu den natürlichen Verhältnissen entsprechen: die fehlende Vegetation verringert die Verdunstung, dadurch steht mehr Niederschlagswasser zur Versickerung zur Verfügung. Jedoch ist für das Ausmaß der Versickerung nicht nur der Versiegelungsgrad, sondern auch der Anschluss an die Kanalisation und die Art der Versiegelung maßgeblich: Flächen mit Rasengittersteinen haben eine bis zu dreifach erhöhte Versickerung gegenüber mit Asphalt versiegelten Flächen, bei denen der größte Teil des Niederschlagswassers über die Kanalisation abgeführt wird.

A2 Erörtern Sie die Folgen der Entwicklung von Siedlungs- und Verkehrsflächen für den urbanen Wasserhaushalt.

A3 Untersuchen Sie am Beispiel der Berliner Innenstadt den Zusammenhang zwischen Versiegelung, Versickerung und Oberflächenabfluss.

M3 Versiegelung, Versickerung und Oberflächenabfluss in Berlins Mitte

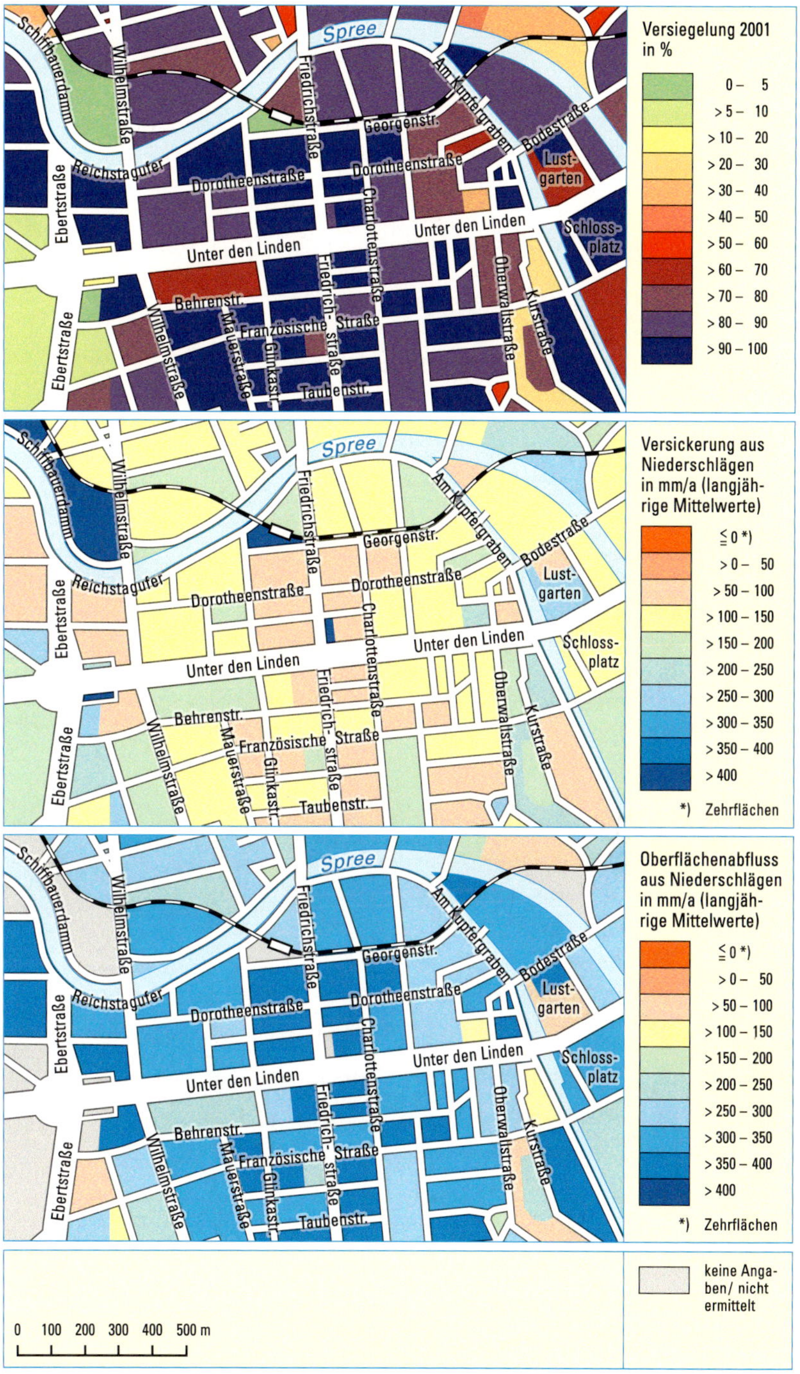

M1 nach Almut Gerhardt-Dircksen/Ulrike Lertschert: Die Stadt – ein von Menschen organisiertes Ökosystem. In: Praxis der Naturwissenschaften – Biologie 1990, H. 7. Köln: Aulis 1990, S. 3

M3 nach www.stadtentwicklung.berlin.de/umwelt/umweltatlas/ib102.htm: Karte, Juni 2006

Online-Links
29060X-2201
29260X-2202

Fallbeispiel: Berlin – Wärmeinsel Stadt

M4 Tagesgang der Lufttemperatur in 2m Höhe an einem heißen, austauscharmen Strahlungstag (08.07.1991) an verschiedenen Standorten in Berlin

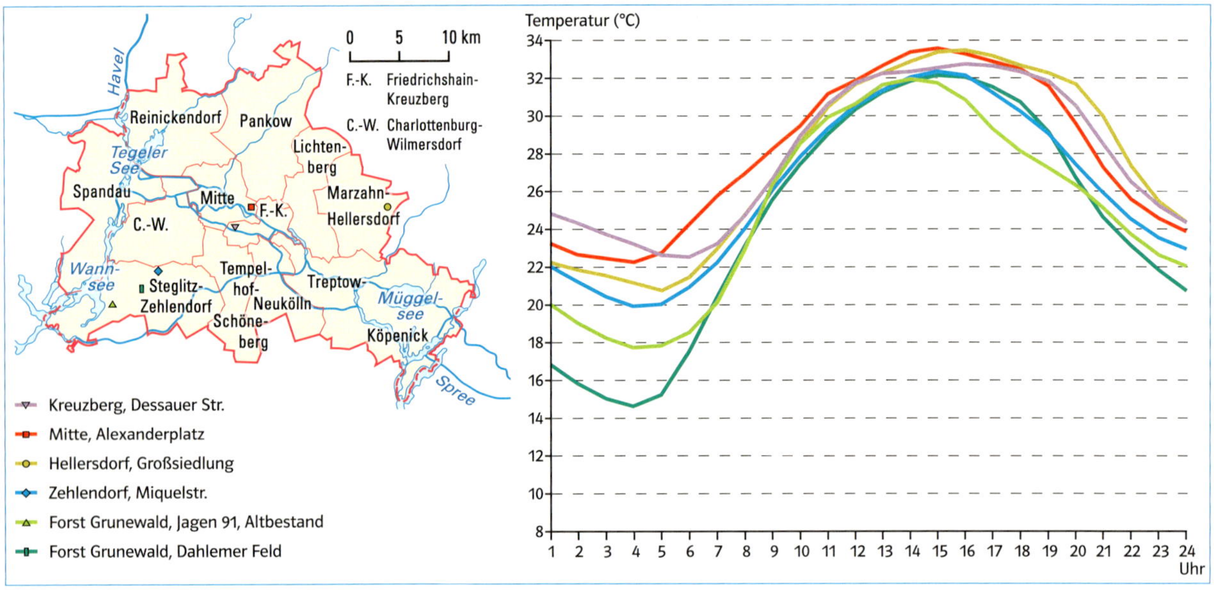

M5 Mittelwerte maximaler Temperaturdifferenzen zwischen Stadt und Umland in Europa

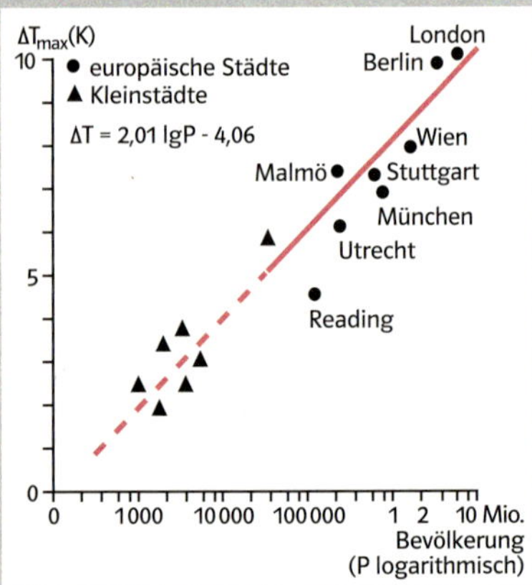

M6 Zunahme der mittleren Lufttemperatur in ausgewählten europäischen Hauptstädten

Differenz zwischen den Beobachtungszeiträumen 1970–1974 und 2000–2004 (K)			
Madrid	+2,2	Brüssel	+1,2
London	+2,0	Wien	+1,2
Luxemburg	+2,0	Rom	+1,2
Lissabon	+1,9	Amsterdam	+1,0
Athen	+1,9	Paris	+1,0
Stockholm	+1,5	Helsinki	+0,8
Warschau	+1,3	Dublin	+0,7
Berlin	+1,2	Kopenhagen	+0,2

Zum Vergleich: Im gesamten 20. Jh. stieg die Mitteltemperatur in der unteren Troposphäre global um 0,6 K, in Europa um 0,95 K.

M7 Positive Temperaturanomalie

In der frühmorgendlichen Temperaturdifferenz von 9 K zwischen dem Forst Grunewald und dem Innenstadtteil Kreuzberg wird die Überwärmung des urbanen Geoökosystems deutlich. Was sind die Ursachen für diese Überwärmung?

Die Einstrahlung im Bereich von Städten ist bis zu einem Fünftel geringer als in den umliegenden ländlichen Gebieten. Durch einen hohen Anteil an Stäuben, Schadstoffen und Kohlenstoffdioxid in der Luftschicht über der Stadt wird die Sonnenscheindauer verringert. Untersuchungen haben gezeigt, dass die Sonnenscheindauer in den Städten im Sommer um fast 25 Stunden im Monat gegenüber dem Umland verringert sein kann. Dennoch verzeichnen Städte trotz der geringeren Einstrahlung einen Nettogewinn an Wärme.

M4 nach www.stadtentwicklung.berlin.de/umwelt/umweltatlas/d404_01.htm, Juni 2006

M5 nach Innenministerium Baden-Württemberg/Amt für Umweltschutz Stuttgart (Hrsg.): Klimafibel Online auf www.staedtebauliche-klimafibel.de/kap_2/kap_23.htm, Juni 2008

M6 nach http://appl.welt.de/media/download/3f65 16571dbda773c7f9dd5c c5253153/2006-03-04_archiv_77.pdf, Jan. 2006

M8 nach Baumbach 1991, auf: www.stadtentwicklung.berlin.de/umwelt/umweltatlas/d403_01.htm, Abb 1, Juni 2006

M11 nach www.stadtentwicklung.berlin.de/umwelt/umweltatlas/e_tab/t410_01.gif, Juni 2006

Online-Link
29260X-2203

M8 Abnahme der Windgeschwindigkeit unter dem Einfluss von unterschiedlichen Bodenrauigkeiten

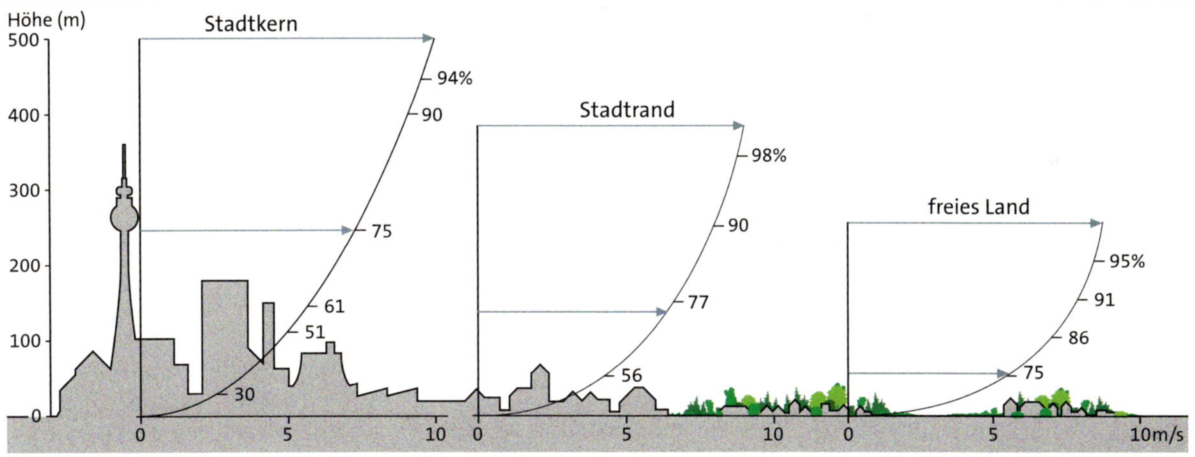

M9 Fünf Gründe für die positive Temperaturanomalie

- Über der Stadtoberfläche reichern sich Spurengase und Wasserdampf in der Luftschicht an. Es bildet sich eine „Dunstglocke“, die eine höhere Gegenstrahlung bewirkt (Treibhauseffekt).
- Auch die Baukörper mit ihren Wärme speichernden Materialien wie Beton und Stein tragen zur Temperaturerhöhung bei, da sie die eingestrahlte Energie besonders gut absorbieren und an die Umgebung abstrahlen können. In den urbanen Bereichen wird dadurch die nächtliche Abkühlung deutlich reduziert.
- Ein dritter Faktor … sind schließlich die Wärmeemissionen, die bei der Gebäudeheizung, beim Betrieb von Maschinen oder aus dem Kfz-Verkehr anfallen.
- Ein weiterer Grund sind die niedrigen Windgeschwindigkeiten in den dicht bebauten Stadtteilen: Dadurch wird der turbulente und latente Wärmestrom und der Abtransport wärmerer Luft verringert. Die innerstädtischen Gebiete bleiben dadurch deutlich wärmer: Sie weisen im Vergleich zu den unbebauten Stadtrandlagen in den frühen Morgenstunden eine deutlich geringere Temperaturdifferenz auf.
- Generell gilt: Der städtische Wärmeinseleffekt, also die von den genannten Faktoren verursachte Überwärmung der bodennahen Luft, verstärkt sich mit zunehmendem Versiegelungsgrad der Stadtlandschaft. Je geringer der Anteil vegetationsbedeckter Flächen in einer Stadt ist, desto höher sind auch die Temperaturen. Ursache dafür ist die fehlende Verdunstung durch die Vegetation. Bis zu 400 l Wasser kann nämlich ein Baum an einem Sommertag verdunsten. Weil die Verdunstung von Wasser Wärme benötigt, kühlt sich die Umgebung ab. Gleichzeitig erhöht sich im Umfeld der Baumkrone die Luftfeuchtigkeit um bis zu 10 %. Einen bedeutenden Ausgleich zur Verminderung der Temperaturdifferenzen leisten die großen zusammenhängenden Wald- und Parkflächen: So bewirkt der „Große Tiergarten“ in Berlin mit einer Fläche von 212 ha eine messbare Temperaturabnahme von mindestens 0,5 K, die bis zu 1500 m weit in bebautes Gebiet hineinreicht. Kleinere Flächen wie der Stadtpark Steglitz mit 17,6 ha erreichen die gleiche Temperaturverringerung nur bis zu 140 m Entfernung in den Stadtkörper hinein.

M10 Niederschlagsverhalten der Wärmeinsel Stadt

Die Wärmeinsel Stadt verändert zusätzlich noch das Niederschlagsverhalten in ihrem Umland. Forscher vom Goddard Space Flight Center der NASA konnten nachweisen, dass auf der windabgewandten Seite (Lee) einer Großstadt die monatlichen Regenfälle um ein Viertel höher als auf der windzugewandten Seiten (Luv) sind.

M11 Kaltluftmassenstrom in den Berliner Bezirken während einer austauscharmen sommerlichen Strahlungsnacht

Bezirk	Massenstrom (Mrd. m³ pro Nacht von 8 h)
Friedrichshain-Kreuzberg	44,98
Mitte	88,06
Neukölln	96,95
Lichtenberg	134,73
Tempelhof-Schöneberg	139,68
Marzahn-Hellersdorf	160,72
Charlottenburg-Wilmersdorf	208,89
Steglitz-Zehlendorf	238,27
Spandau	243,45
Pankow	250,08
Reinickendorf	267,95
Köpenick	314,06

A4 Stellen Sie die Einflussgrößen des urbanen Wärmehaushalts in einem Wirkungsgefüge (s. S. 466 – 467) dar.

A5 Erläutern Sie Zusammenhänge zwischen der zunehmenden Größe einer Stadt und der wachsenden Temperaturdifferenz zwischen Stadt und Umland.

A6 Erläutern Sie den Einfluss der Vegetation auf den Wärmehaushalt der Stadt.

Fallbeispiel: **Berlin – Luftqualität**

Da das Ausmaß der Schadstoffemissionen mit der Anzahl der Bewohner, der Industrieanlagen und der Verkehrsdichte zunimmt, gehören Städte zu den Orten, an denen die Luftbelastung besonders hoch ist. Obwohl zahlreiche Maßnahmen in den letzten Jahren die Schadstoffbelastung der Luft deutlich verringert haben, sind noch immer große Anstrengungen notwendig, um die Luftqualität dauerhaft zu verbessern. Problematisch sind vor allem Stickoxide, Feinstäube und Ozon.

M12 Stickoxide

Stickoxide entstehen bei Verbrennungsvorgängen als unerwünschte Nebenprodukte. Aus der Reaktion von Sauerstoff (O_2) mit dem Luftstickstoff (N_2) entstehen NO (Stickstoffmonoxid) und später in der Atmosphäre das giftigere NO_2 (Stickstoffdioxid). Die Auswirkungen der hochreaktiven Stickoxide NO_x (damit werden alle Stickoxide zusammengefasst) sind erheblich. Stickoxide reizen und schädigen die Schleimhäute der Atemwege, begünstigen die Entstehung von saurem Regen und sind an der Entstehung von Feinstaubpartikeln beteiligt.

M13 Ozon

Die Ozonbelastung in den wärmeren Monaten des Jahres tritt zusammen mit dem Sommersmog auf und entsteht an sonnigen Tagen mit einem hohen Anteil an kurzwelliger Strahlung in Ballungsräumen infolge des starken Straßenverkehrs. Die in den Abgasen enthaltenen Stickoxide und Kohlenwasserstoffe aus unterschiedlichen Quellen reagieren unter dem Einfluss der kurzwelligen Strahlung zu einem aggressiven Gasgemisch, das im wesentlichen Ozon enthält.
Während des Vormittags nimmt bei schönem Sommerwetter die Ozonbelastung stark zu. Am späten Nachmittag ist in Ballungsgebieten ein rascher Rückgang der Ozonkonzentration zu beobachten.
Das während der abendlichen Hauptverkehrszeit freigesetzte Stickoxid reagiert mit dem Ozon: $NO + O_3 \rightarrow NO_2 + O_2$. In ländlichen Gebieten und im Bereich von Wäldern fehlen die Luftschadstoffe, die diesen Abbauprozess fördern.

M14 Feinstäube

Besonders problematisch sind Feinstäube, welche einen Partikeldurchmesser von weniger als 10 µm (PM_{10}) haben. Während gröbere Teilchen gar nicht eingeatmet bzw. im oberen Teil des Atemtrakts herausgefiltert werden, kann ein Teil von PM_{10} in die Lunge gelangen. Dort wirken sich die Staubteilchen besonders schädlich aus. Zur allgemein erhöhten Anfälligkeit für Atemwegserkrankungen durch PM_{10} kommt die besondere Gefährdung durch Dieselrußpartikel. Als Trägerstoff für polyzyklische aromatische Kohlenwasserstoffe (PAK) stellen diese ein erhebliches Krebsrisiko dar.
Aufgrund ihrer geringen Größe können Feinstaubpartikel lange in der Luft bleiben und sich bei fehlendem Luftaustausch sehr schnell anreichern. Damit bringen bei austauscharmen Wetterlagen Fahrverbote zwar keine zusätzliche Belastung, tragen aber auch nicht zur Senkung der bereits vorhandenen Konzentration bei.

M16 Maßnahmen gegen Feinstaub und Stickoxide in Berlin

„Um die gesundheitlichen Risiken durch Luftschadstoffe zu senken, wurden in der Europäischen Gemeinschaft seit 1996 strenge Grenzwerte verabschiedet …
In den dicht bewohnten Gebieten in den Innenstadtbezirken von Berlin werden die Grenzwerte für Feinstaub (PM_{10}) und Stickstoffdioxid (NO_2) an vielen Hauptverkehrsstraßen überschritten. Der Straßenverkehr ist dabei die wichtigste Berliner Quelle dieser Schadstoffe mit einem Anteil an der Belastung von circa 40 % bei Feinstaub und 80 % bei Stickstoffdioxid. Um den Gesundheitsschutz für die hier lebenden Menschen zu verbessern, müssen daher die Emissionen des Verkehrs reduziert werden …
Die Umweltzone ist das Gebiet innerhalb des S-Bahn-Ringes, in dem nur Fahrzeuge fahren dürfen, die bestimmte Abgasstandards einhalten. Fahrzeuge mit besonders hohen Emissionen müssen draußen bleiben."

M15 EU-Grenzwerte für Feinstaub und Stickstoffdioxid

Komponente	Art des Schwellenwertes	Mittel über	Konzentrationsschwelle	Zulässige Anzahl von Überschreitungen	Grenzwert einzuhalten bis
Feinstaub (PM_{10})	Grenzwert zum Gesundheitsschutz	24 h	50 µg/m²	35-mal/Jahr	01.01.2005
		1 Jahr	40 µg/m²	–	01.01.2005
	Richtgrenzwert zum Gesundheitsschutz	24 h	50 µg/m²	7-mal/Jahr	01.01.2010
		1 Jahr	20 µg/m²	–	01.01.2010
Stickstoffdioxid	Grenzwert zum Gesundheitsschutz	1 h	200 µg/m²	18-mal/Jahr	01.01.2010
		1 Jahr	40 µg/m²	–	01.01.2010

M 17 Schema der Verteilung der Feinstaub-(PM_{10}) Belastung in Berlin und Umgebung (in µg/m³)

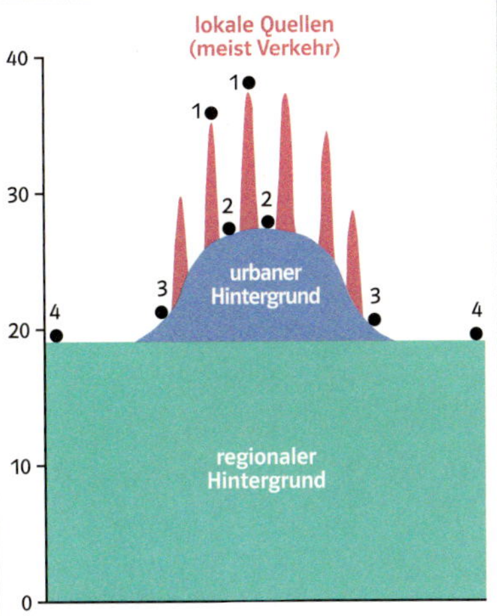

1 Verkehrsmessstellen (z. B. Frankfurter Allee)
2 Messstellen in städtischen Wohngebieten (z. B. Nansenstraße, Neukölln)
3 Messstellen am Berliner Stadtrand
4 Stationen im Umland (Hasenholz, Paulinenaue)

M 19 Langjähriger Trend der PM_{10}- und Rußkonzentration und der Stickstoffdioxid- und Stickstoffmonoxidkonzentration in Berlin (in µg/m³)

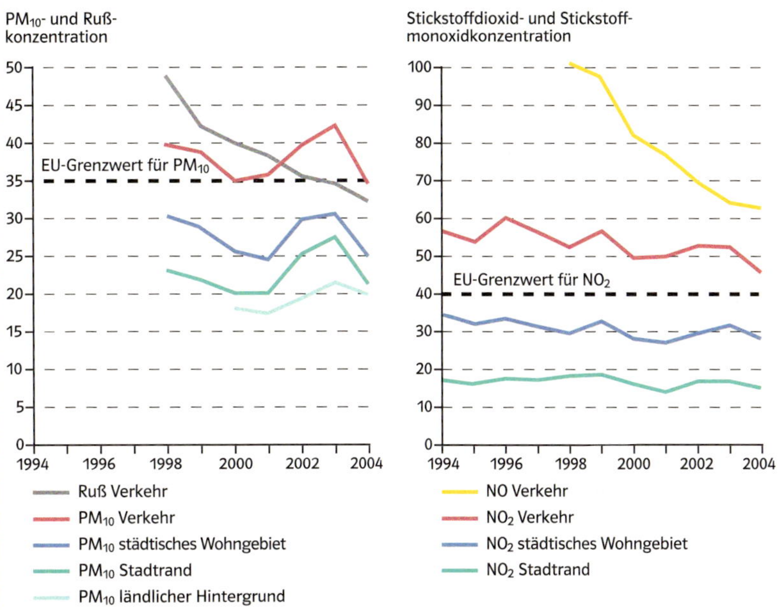

M 18 Anzahl der Tage mit PM_{10}-Tagesmittelwerten über 50 µg/m³ für 2004 in Berlin

M 20 Anteile verschiedener Verursacher an den Feinstaub- und Stickoxidemissionen in Berlin 2002

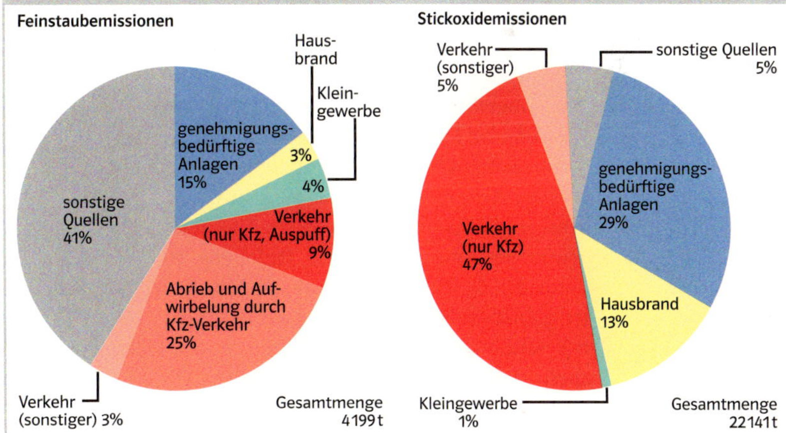

A 7 Begründen Sie die besondere Rolle des Straßenverkehrs für die städtische Luftqualität.

A 8 Erläutern Sie, welche Maßnahmen die Konzentration an Stickoxiden und Feinstäuben in Berlin verringert haben.

M 15 nach 22. Bundes-Immissionsschutzverordnung vom 11.09.2002 bzw. Luftqualitätsrichtlinie 1993/30/EG des Rates vom 22.04.1999, auf www.berlin.de/sen/umwelt/luftqualitaet/de/luftreinhalteplan/grundlagen.shtml, Juni 2006

M 16 www.berlin.de/sen/umwelt/luftqualitaet/de/luftreinhalteplan/grundlagen.shtml, Juni 2006

M 17 nach Martin Lutz/Bernd Lehming/Manfred Breitenkamp, Senatsverwaltung für Stadtentwicklung Berlin: Luftreinhalteplan und Aktionsplan für Berlin 2005–2010, auf www.stadtentwicklung.berlin.de/umwelt/luftqualitaet/de/luftreinhalteplan/download/Luftreinhalteplan-Berlin_gesamt.pdf, S. 11, Juni 2008

M 18 nach ebenda, S. 9
M 19 ebenda, S. 8
M 20 ebenda, S. 3

Online-Link
29260X-2204

M 21 Biberburg-Beobachtungsplatz im Biosphärenreservat Mittlere Elbe (Sachsen-Anhalt)

M 22 Naturräumliche Einheiten des Rheins um 1800

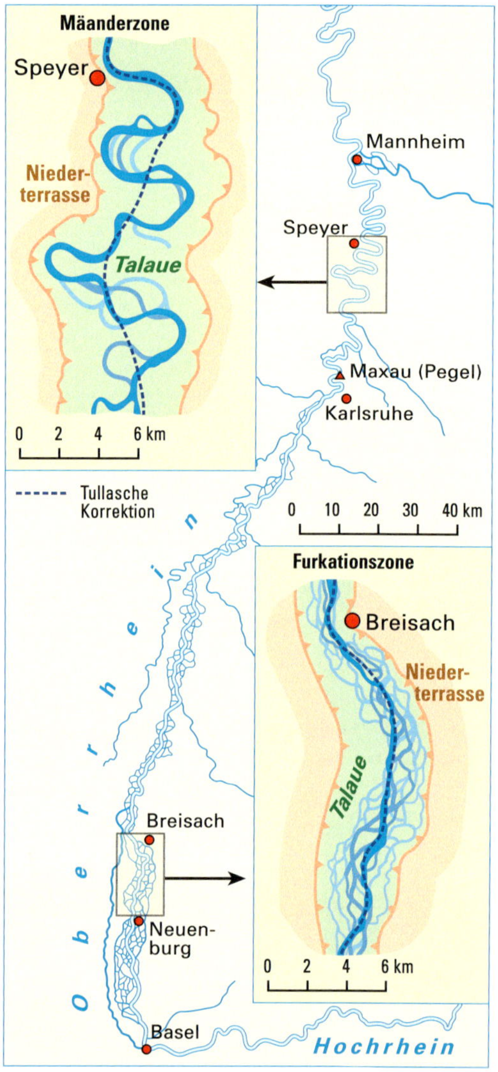

Flussaue
Hochwasser

2.2.2 Geoökosystem Flusslandschaft

Die Warnsignale der Natur werden lauter. 1993 überschritt das Weihnachtshochwasser des Rheins in Köln die magische Grenze von 10 m. Beim „Jahrhunderthochwasser" zwei Jahre später hieß es erneut „Land unter". Verheerende Jahrhundertfluten folgten 1997 an der Oder und 2002 an der Elbe. Das integrierte Rheinprogramm (IRP) schätzt die bei einem erneuten großen Hochwasser am Oberrhein auftretenden Schäden auf mehr als 6 Mio. Euro.

Mäander (G)
Furkation

Am Oberrhein beklagen Naturschützer eine ökologische Katastrophe. Die Verluste an naturnahen Lebensraumtypen haben zu einem drastischen Artenrückgang bei der einheimischen Tier- und Pflanzenwelt geführt. Das im Untergrund der Oberrheinischen Tiefebene vorhandene größte Trinkwasserreservoir Mitteleuropas ist gebietsweise sehr stark beeinträchtigt. Nur mit Mühe kann in einigen Regionen am Oberrhein die Wasserversorgung sichergestellt werden. Experten sind überzeugt, dass die Umgestaltung der Flusslandschaft des Oberrheins eine der wesentlichsten Ursachen für diese bedrohlichen Entwicklungen ist. Mit welchen Ansprüchen und ursprünglichen Zielsetzungen hat hier der Mensch in natürliche Systeme eingegriffen? Gibt es Möglichkeiten zur Renaturierung, zu einer nachhaltigen Landschaftsgestaltung?

Renaturierung

Die Flusslandschaft des Oberrheins

Das Oberrheingebiet ist eine rund 300 km lange und im Durchschnitt 40 km breite Tiefebene. Der natürliche Flusslauf des Rheins weist hier zwei Typen auf:

- die Furkationszone (lat. furca = die Gabel) mit einem durchschnittlichen Gefälle von 1 %, bei dem sich der Strom in mehrere Arme aufgabelt,
- die Mäanderzone mit einem durchschnittlichen Gefälle von 0,3 % und typisch ausgebildeten, breit oszillierenden Flussschlingen.

Die Umgestaltung der Flusslandschaft durch wasserbautechnische Eingriffe

Die Oberrheinebene wurde bereits in vorgeschichtlicher Zeit besiedelt. Es war für den Menschen aber nie ungefährlich, in diesem Raum zu leben und zu wirtschaften. Die Schneeschmelze im Frühjahr und die Niederschläge im Sommer führten zu gefürchteten Hochwässern. In einem Gewirr von Flussarmen floss der Rhein dahin.

M 23 Staustufe Rheinau – Laufwasserkraftwerk mit Schleuse flussaufwärts

M 24 Land unter in Köln – Rheinauhafen mit Schokoladenmuseum am 31.01.1995, Höchststand Pegel Köln bei 10,69 m

Zwischen Basel und Mannheim zählte man über 2000 Inseln. Bei jedem Hochwasser verschwanden einige und wurden an anderer Stelle neu gebildet. Zur Bedrohung von Siedlungen und Zerstörung von Ackerland kamen die Beeinträchtigung der Schifffahrt sowie die Übertragung von Krankheiten, insbesondere der Malaria durch Stechmücken. Seit jeher war es also das Ziel der Anwohner, sich gegen den „Fresser", wie sie den Rhein bezeichneten, wirksam zu schützen. Hierzu waren wasserbautechnische Eingriffe in einem Ausmaß nötig, wie sie nur ein größerer, kraftvoller Staat organisieren und finanzieren konnte. Das Gebiet des Oberrheins war aber seit dem Hochmittelalter in viele Kleinstterritorien zersplittert, die eifersüchtig über ihr Staatsgebiet wachten, sich jeder Veränderung widersetzten und zu keiner Zusammenarbeit bereit waren. Erst die territoriale Neuordnung nach 1806 bzw. 1815 ermöglichte es dem Wasserbauingenieur Johann Gottfried Tulla (1770–1828) seine Rheinkorrektur in Angriff zu nehmen. Tulla hatte bereits an mehreren Beispielen bewiesen, dass bei einer Begradigung von Flüssen mit dem Abschneiden von Nebenarmen und entsprechenden Dammbauten die Gefahr von Überschwemmungen entscheidend vermindert werden kann. Von 1817 bis 1880 wurde der Rhein nach seinen Plänen begradigt. Dies führte auf der Strecke von Basel bis Karlsruhe, wo zahlreiche Flussarme in einem 200 m breiten Mittelwasserbett zusammengefasst wurden, zu einer Verkürzung des Flusslaufes um 14 %. Weiter flussabwärts, im Mäanderbereich zwischen Karlsruhe und Mannheim, wurde der Lauf um 37 % (50 km) verkürzt. Der Fluss und eine bis zu 2 km breite Überflutungsaue wurden eingedeicht. Nach 1912 erfolgten zahlreiche wasserbautechnische Eingriffe, um den Rhein zur Energiegewinnung und als Schifffahrtsstraße nutzen zu können:

Hochwasserschutz

- Bau des betonierten Rheinseitenkanals von Basel bis Breisach (Grand Canal d'Alsace),
- Bau von Kanalschlingen zwischen Breisach und Straßburg,
- Bau von Staustufen mit Seitendämmen und Laufwasserkraftwerken,
- Bau von festen Schwellen zur Stützung des Grundwassers im Schlingenbereich.

Die Eingriffe führten zu tief greifenden Veränderungen am südlichen Oberrhein zwischen Basel und Breisach: Das Gefälle des begradigten Rheins vergrößerte sich bei Istein auf 1,36 % und bei Breisach auf 0,86 %. Damit verstärkte sich die Tiefenerosion des Rheins von 4 mm auf bis zu 70 mm pro Jahr. Sie führte z. B. im Bereich von Rheinweiler-Neuenburg zu einer Tieferlegung des Flussbettes bis heute um fast 7 m. Der betonierte Rheinseitenkanal nahm über 95 % des Flusswassers auf. Als Folge dieser Maßnahmen sank auch der Grundwasserspiegel. Insgesamt gingen bis 1950 durch wasserbauliche Maßnahmen 730 km² Überflutungsflächen verloren, danach nochmals 130 km² (vgl. M 36, S. 83). Als unmittelbare Folge kommt es zu einem rascheren Durchfluss von Hochwasserwellen: die Abflusskurve (vgl. M 3, S. 45, Pegel Maxau) wird steiler und das Flussbett muss im gleichen Zeitraum mehr Wasser aufnehmen.

Flussbegradigung
Eindeichung

Abflusskurve

A 9 Beschreiben Sie mithilfe des Atlas die Lage der Oberrheinischen Tiefebene und stellen Sie ihre Nutzung durch den Menschen dar.

A 10 Nennen Sie Gründe für die Rheinkorrektur und erläutern Sie die dadurch ausgelösten Veränderungen am Oberrhein.

Fallbeispiel: **Grissheim am Oberrhein – Umgestaltung der Auenlandschaft**

M 25 Rheinaue westlich von Grissheim (Südbaden) zu Beginn des 19. Jh.s

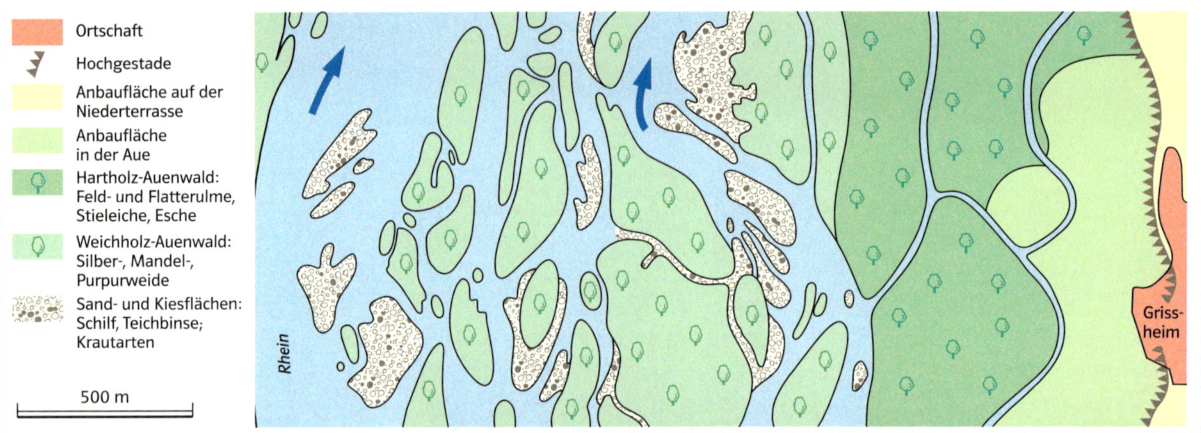

M 26 Profil durch die östliche Rheinaue (vgl. M 25)

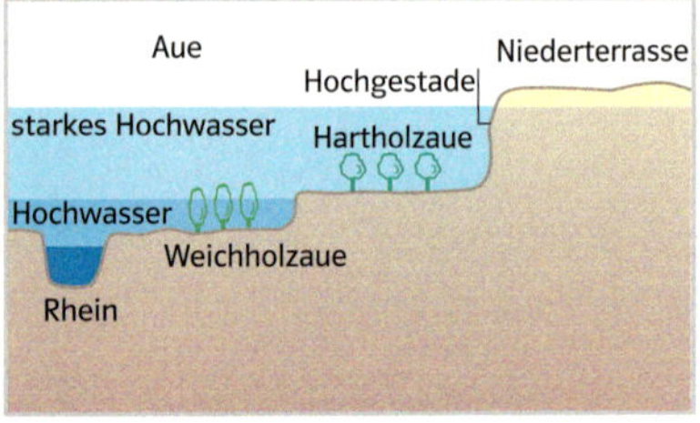

M 28 Intakte Oberrhein-Auenlandschaft mit Silber- und Purpurweiden

M 27 Die ursprüngliche Auenlandschaft

Charakteristischer Landschaftstyp der Rheinniederung ist der Auenwald. Sein Ökosystem wurde in besonderer Weise durch die folgenden Gunstfaktoren geprägt:
Der Grundwasserspiegel war an den Rheinwasserspiegel gekoppelt. Der Wasserhaushalt der Rheinaue wurde vom Rheinwasserstand gesteuert. Zweimal jährlich (vgl. M 3, S. 45) traten Überflutungen auf: im November als Folge der herbstlichen Niederschläge und im Juli als Folge der Schneeschmelze in den Alpen über 1800 m. Damit wurde eine ganzjährige Durchfeuchtung des Bodens erreicht.
Das Relief bewirkte als zweiter Geofaktor eine Differenzierung des Wasserhaushaltes. Innerhalb der Aue lag die flussnahe Weichholzaue 1–2 m niedriger als die flussfernen Bereiche, also näher zum Niveau des Grundwassers und des Überschwemmungsspiegels. Die flussferne Auenfläche hatte einen tiefer liegenden Grundwasserspiegel und wurde insgesamt weniger überflutet. Auf ihr stockte infolgedessen der an trockenere Standorte gebundene Hartholzauenwald (Eichen, Eschen, Ulmen u. a.). Im tief gelegenen Teil der Aue wuchs der an häufigere Überflutungen und an den höheren Grundwasserspiegel angepasste Weichholzauenwald mit Weiden, Pappeln und Erlen. Die üppige Vegetation des Auenwaldes ließ eigentlich Böden mit einem guten Nährstoffangebot erwarten. Es finden sich jedoch Kiese und Sande mit einem geringen Angebot an Nährstoffen. Entscheidend für die Versorgung war neben dem unmittelbaren Nährstoffumsatz im Auenwald selbst – z. B. durch Mineralisierung der organischen Abfälle – die regelmäßige Nährstoffzufuhr durch die Überflutungen. Mit jedem Hochwasser wurden genügend Nährstoffe in Form von Minerallösungen und als im Wasser treibende Pflanzen- und Tierreste geliefert.

M 29 Die Pflanzen der Aue

Unregelmäßig auftretende Wasserstandsschwankungen, der Druck der reißenden Hochwässer, die Ablagerung der vom Fluss mitgeführten Sedimente und die Konkurrenz von angespülten Samen anderer Pflanzen erfordern besonders von den Pflanzen der Weichholzaue gezielte Anpassungsstrategien. So können Weiden ohne Schäden über 100 Tage Überschwemmung und damit Luftabschluss überstehen. Die Bruchweide nutzt den Druck des Hochwassers zur Vermehrung: Die jungen Zweige brechen leicht ab und werden durch das Hochwasser als Stecklinge fortgetragen. Andere Weidenarten setzen auf ihre biegsamen Zweige, um dem Druck der Wassermassen standzuhalten. Weitere Strategien sind die massenhafte Produktion von schnell keimenden Samen, die Verbreitung von Samen durch das Wasser oder den Wind und die Ausbildung von Flachwurzeln.

M 30 Rheinaue im gleichen Raum heute

M 31 Die Umgestaltung der Auenlandschaft

Auf kleinem Raum verdeutlicht das Beispiel Grissheim die Veränderungen der Flusslandschaft durch das veränderte Abflussverhalten des Rheins.

Die Pflanzen der Weichholz- und Hartholzaue konnten mit ihren Wurzeln den abgesunkenen Grundwasserspiegel nicht mehr erreichen und starben ab. Waren bislang Grundwasser und Relief die dominierenden Geofaktoren, so sind es jetzt Niederschlag und Bodenart.

Der südliche Oberrheingraben empfängt im Jahresdurchschnitt 600 mm Niederschlag, bei beträchtlicher Variabilität. So ermittelte die nahe bei Grissheim gelegene Messstation Hartheim Jahresniederschläge zwischen 681 mm und 499 mm, in den Augustmonaten wurden Schwankungen zwischen 21 und 115 mm aufgezeichnet. Durchschnittliche Julitemperaturen von 19 °C sowie die Wirkung des Vogesenföhns sorgen dafür, dass die Verdunstung in den Sommermonaten meist über dem Niederschlag liegt.

Durch den Rhein erfolgt nunmehr keine Bewässerung der Niederung mehr, er wirkt jetzt eher als Drainage. Der Bodenfeuchtehaushalt wird nicht mehr von unten durch den jahreszeitlich bedingten Anstieg des Grundwasserspiegels gesteuert, sondern von oben durch die Niederschläge.

Entscheidend für die Versorgung der Pflanzen mit Wasser ist jetzt die Bodenart und das durch sie bedingte Wasserhaltevermögen bezüglich des zugeführten Niederschlagswassers.

Untersuchungen auf Versuchsflächen haben ergeben, dass selbst sehr hohe Niederschläge die Bodenfeuchte nur bis zu einer Tiefe von etwa 40 cm verändern. Die Pflanzen können ihren Wasserbedarf nur aus der obersten Bodenschicht decken.

Flussregulierung und Absenkung des Grundwasserspiegels haben also zu einer völligen Umwertung des Geofaktorengefüges mit seinen Wirkungen auf die natürliche Vegetation geführt.

M 32 Der aktuelle Grundwasserspiegel am Rhein zwischen Basel und Iffezheim

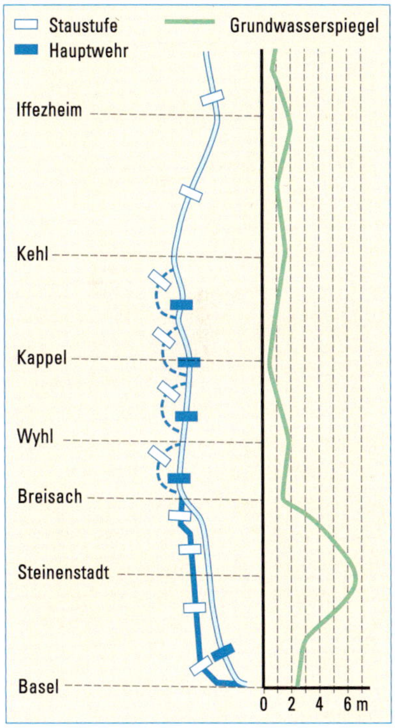

A 11 Erklären Sie, warum die Bodenart (vgl. S. 53–60) heute der entscheidende Faktor im Naturhaushalt am Oberrhein ist.

A 12 Erläutern Sie mithilfe der Karten der Grissheimer Rheinaue die Veränderungen der Vegetation durch die Rheinkorrektur.

A 13 Erstellen Sie ein Fließschema, welches die Folgen der Rheinbegradigung für den Grundwasserspiegel darstellt.

M 25 und M 30 nach Norbert Wein: Die Austrocknung der südlichen Oberrhein-Niederung. In: Geographische Rundschau, 29. Jg., H. 1. Braunschweig: Westermann 1977, S. 17

M 32 nach Rolf Koch, auf www.planet-schule.de/sf/wissenspool/bg0011/geomorphologie/wissen/der_rhein/folgen_der_rheinkorrektur, Juni 2006

Online-Link zur Umgestaltung der Flusslandschaft des Oberrheins (S. 78–79): 29260X-2205

Online-Link zur Umgestaltung der Oberrhein-Auenlandschaft: 29260X-2206

Fallbeispiel: Integriertes Rheinprogramm

Durch die am Oberrhein vorgenommenen wasserbautechnischen Eingriffe seit 1838 hat sich das Abflussverhalten des Rheins drastisch verändert. Die Hochwasserspitzen des Rheins treffen dadurch viel eher mit den Hochwasserwellen der Nebenflüsse zusammen und steigern sich zu Katastrophenfluten, während früher beide Wellen hintereinander den Fluss durchliefen.

Eine ausschließliche Verringerung der Hochwassergefahr durch Erhöhung der Dämme scheidet aus. Um den gleichen Hochwasserschutz wiederherzustellen, wie er vor dem Oberrheinausausbau vorhanden war, müssen die Hochwasserspitzen (200-jährliche Hochwasser) um 700 m³/s am Pegel Maxau (vgl. M3, S. 45) gemindert werden.

M 34 Schaffung zusätzlichen Hochwasserstauraums durch Polder und Dammrückverlegung (vgl. M 33)

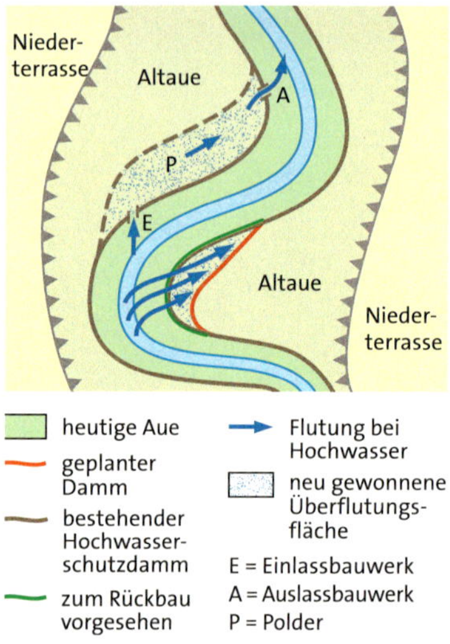

M 35 Kulturwehr Breisach (vgl. M 36)

M 33 Lösungsansätze: Möglichkeiten der Hochwasserrückhaltung am Oberrhein und ihre Wirksamkeit

„Das ‚Integrierte Rheinprogramm (IRP)' verfolgt zwei Ziele: Hochwasserschutz und Erhalt bzw. Renaturierung der Oberrheinauen.

Polder. Diese Flächen werden bei erhöhten und in Reglements genau festgelegten Rheinabflüssen über Einlassbauwerke künstlich geflutet. Der Flutungsvorgang wird so gesteuert, dass das Rheinwasser den Polder in ständiger Bewegung durchfließt und zeitlich verzögert durch das Auslassbauwerk wieder zurück in den Rhein strömt. Da der Zeitpunkt des Einsatzes und das Maß der Hochwasserrückhaltung weitgehend gesteuert werden können, sind Polder gezielt und mit hoher Wirksamkeit einsetzbar.

Dammrückverlegung. Nach einer solchen Maßnahme stehen dem Rhein wieder größere natürliche Überflutungsflächen zur Verfügung, in denen er ungehindert über seine Ufer treten kann. Mit steigendem Wasserstand fließt das Wasser zunehmend ins Gelände und läuft danach mit einer zeitlichen Verzögerung wieder in den Rhein zurück. Dabei wird die ansteigende Hochwasserwelle schon frühzeitig bei noch weitgehend unkritischen Abflüssen abgemindert. Die Überflutung ist nicht steuerbar, so dass das Rückhaltevolumen nicht gezielt eingesetzt werden kann. Diese Art der Hochwasserrückhaltung kommt den natürlichen Verhältnissen am nächsten.

Sonderbetrieb der Kraftwerke. In der ausgebauten Rheinstrecke zwischen Basel und Straßburg wird der Rheinabfluss zwischen den Kraftwerkskanälen der Schlingen bzw. des Rheinseitenkanals und dem ursprünglichen Rhein aufgeteilt. Im Falle eines Hochwassers wird beim so genannten „Sonderbetrieb der Rheinkraftwerke" der Durchfluss in den Kraftwerkskanälen gedrosselt, sodass möglichst der gesamte Rheinabfluss durch das alte Rheinbett fließt. Dadurch erhöhen sich dort die Wasserstände. Das Wasser hat die Möglichkeit, auszuufern und in die angrenzenden Überschwemmungsgebiete zu fließen. Wegen seiner Steuerbarkeit kann der Sonderbetrieb der Rheinkraftwerke gezielt und mit hoher Wirksamkeit eingesetzt werden. In seiner Wirkung ist er mit Poldern und Wehren vergleichbar.

Wehre. Mit ihnen kann der Wasserstand im Rheinbett und in den Überschwemmungsgebieten oberhalb des Wehres nach einem festgelegten Reglement gesteuert werden. Das Hochwasser wird zuerst durch das Wehr im Fluss selbst aufgestaut und kann dann durch die erhöhten Wasserstände oberhalb des Wehres in die angrenzenden Überschwemmungsgebiete fließen. Nach Absenken der Wehrverschlüsse wird der Rückhalteraum wieder entleert. Wehre sind wie Polder gezielt und mit hoher Wirksamkeit zur Hochwasserrückhaltung einsetzbar."

M 33 nach, M 34 (leicht verändert) **u. M 37** aus Umweltministerium Baden-Württemberg: Das integrierte Rheinprogramm. Stuttgart 2007, auf www.rpbwl.de/freiburg/abteilung5 /referat53.3 / faltblaetter-irp/kurz_oef.pdf, Juni 2008

M 36 Wasserbautechnische Maßnahmen am Oberrhein

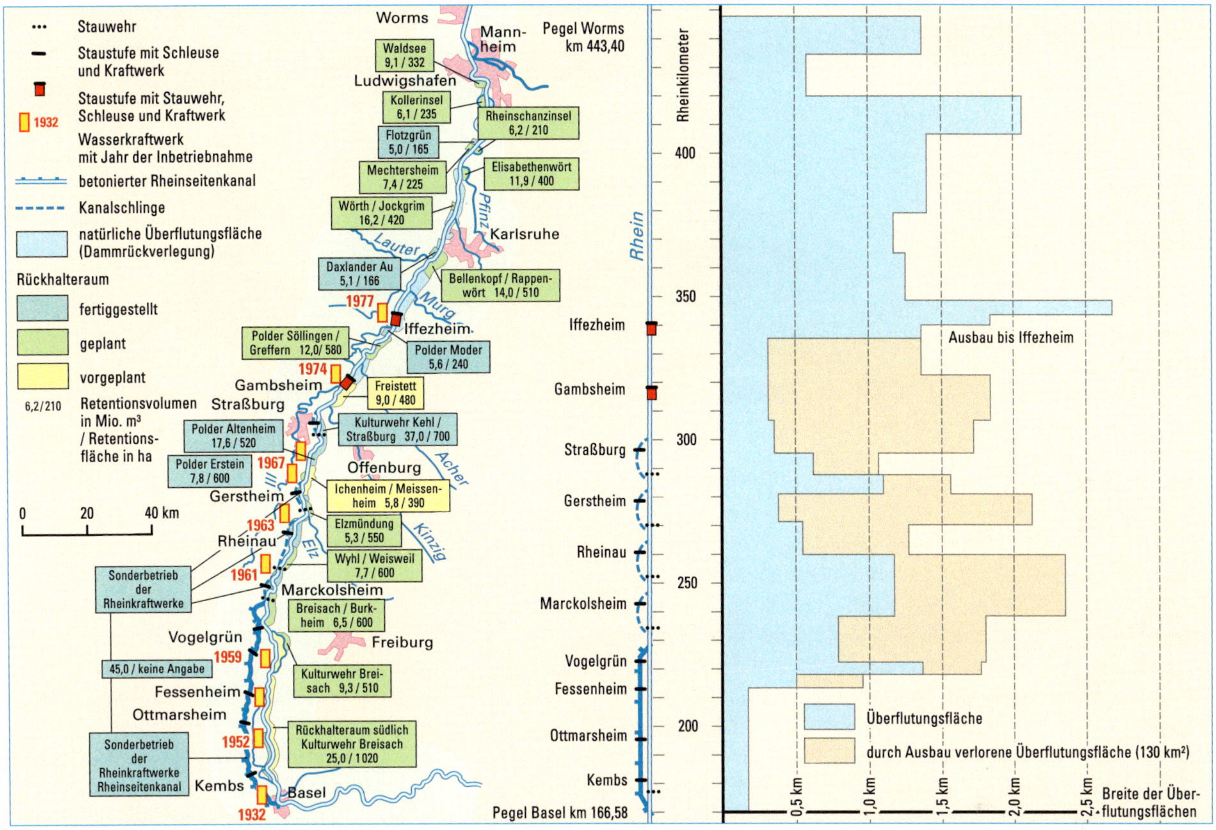

M 37 Umweltverträglicher Hochwasserschutz durch ökologische Flutungen (ÖF)

„Das IRP bindet Flächen, die jahrzehntelang nicht überflutet wurden, wieder an das natürliche Überflutungsregime des Rheins an. Die Tiere und Pflanzen, die heute in den zukünftigen Überflutungsflächen leben, sind nicht auf Überflutung vorbereitet. Sie würden einen Hochwassereinsatz nicht schadlos überstehen.

Überflutungen bei Hochwassereinsatz führen daher zu Veränderungen, die nach dem Naturschutzgesetz Eingriffe in die bestehenden Lebensräume zur Folge haben. Um Schäden in den künftigen Rückhalteräumen zu vermindern, ist es notwendig, die Voraussetzungen für eine Entwicklung intakter, auenähnlicher Ökosysteme zu schaffen. Intakte Auenlebensgemeinschaften brauchen regelmäßige Überflutungen. Die Flutungen zur Hochwasserrückhaltung sind dafür aber zu selten. Sie treten im statistischen Mittel ca. alle 10 Jahre oder seltener auf. Eine Entwicklung intakter Ökosysteme gelingt nur, wenn regelmäßige Flutungen durchgeführt werden.

Solche regelmäßigen Flutungen (ökologische Flutungen genannt) sind somit die nach dem Naturschutzgesetz rechtlich zwingend vorgeschriebene Minderungsmaßnahme. Ohne diese regelmäßigen Überflutungen der Rückhalteräume würden sich in den Zeiträumen zwischen den Hochwassereinsätzen natürlicherweise nur Tiere und Pflanzen ansiedeln, die nicht an Überflutungen angepasst sind. Damit die Räume regelmäßig mit Wasser durchströmt werden, finden ökologische Flutungen bei geringeren Rheinabflüssen statt. So werden auenähnliche Überflutungen der Lebensräume, Schwankungen der Grundwasserstände und überflutungsbedingte Bodenumlagerungen soweit wie möglich wiederhergestellt bzw. zugelassen. Nach den vorliegenden Untersuchungen und Erfahrungen, zum Beispiel aus den Poldern Altenheim, stellen ökologische Flutungen die zentrale Maßnahme zur Vermeidung bzw. Verminderung von Schäden dar, die infolge der Hochwasserrückhaltung auftreten werden."

A 14 Erörtern Sie aus unterschiedlichen Perspektiven (Bauern als Landbesitzer, Forstverwaltung, Jäger, angrenzende Gemeinden, Ökologen, Campingplatzbesitzer, Hochwassergeschädigte am Niederrhein) die Folgen des Polderbaus bzw. der Dammrückverlegung.

A 15 Beurteilen Sie die Eingriffe in die Flusslandschaft am Oberrhein aus ökologischer und ökonomischer Sicht.

2.3 Ökologische Aspekte in ausgewählten Räumen der Tropen

M1 Tropischer Regenwald

2.3.1 Geoökosystem Tropischer Regenwald

Tropischer Regenwald (G)
Urwald
FAO (Food and Agriculture Organization der UN)

Die tropischen Regenwälder bedecken nur noch 7 % der Erdoberfläche. In ihnen leben aber mehr als 30 Mio. Tier- und Pflanzenarten, das sind mehr als 70 % der auf der Erde existierenden Arten. Die genetische Vielfalt des Tropischen Regenwaldes ist von entscheidender Bedeutung für die Medizin, Ernährung und Rohstoffsicherung zukünftiger Generationen. 40 % der globalen Sauerstoffproduktion stammen von den tropischen Wäldern, die gleichzeitig riesige Kohlenstoffsenken sind: Allein im Amazonas-Regenwald sind 120 Mrd. Tonnen Kohlenstoff gespeichert.

Trotz der globalen Bedeutung der tropischen Wälder schreitet ihre Zerstörung fort: Seit 1960 wurden etwa 645 Mio. ha vernichtet, dies entspricht fast zwei Dritteln der Fläche Europas. Die Food and Agriculture Organization (FAO) der UN schätzt, dass bei weiterhin konstanten Rodungsraten im Jahr 2050 mehr als die Hälfte der Tropenwälder vernichtet sein wird. Sie gibt einen jährlichen Nettoverlust von 64 000 km² an, während neuere, auf Satellitenbilder gestützte Untersuchungen der EU den Verlust auf 49 000 km² beziffern.

M2 Zerstörung des Tropischen Regenwaldes

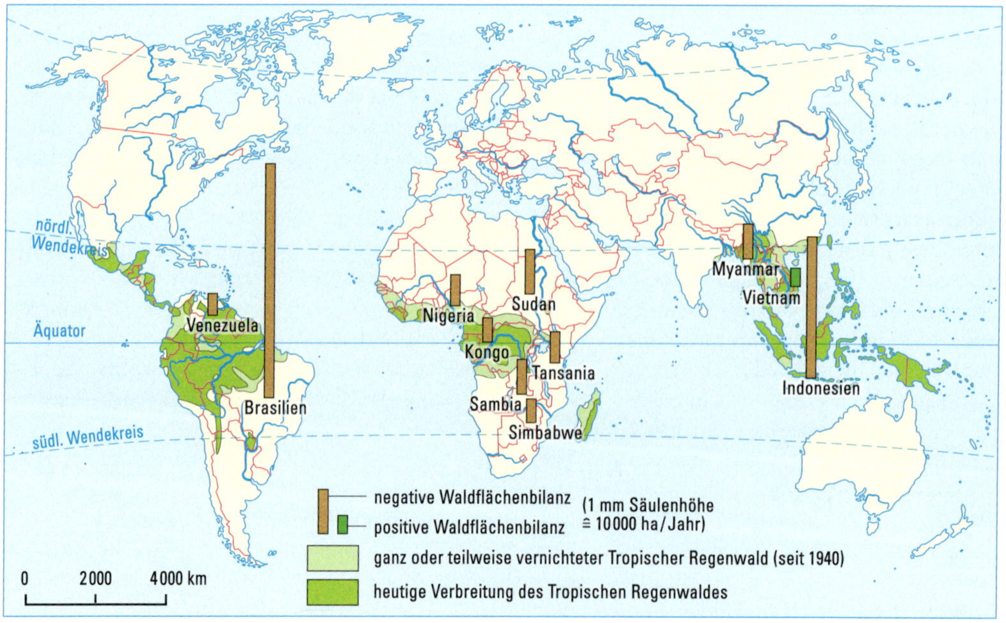

M3 Stockwerkbau des Tropischen Regenwaldes

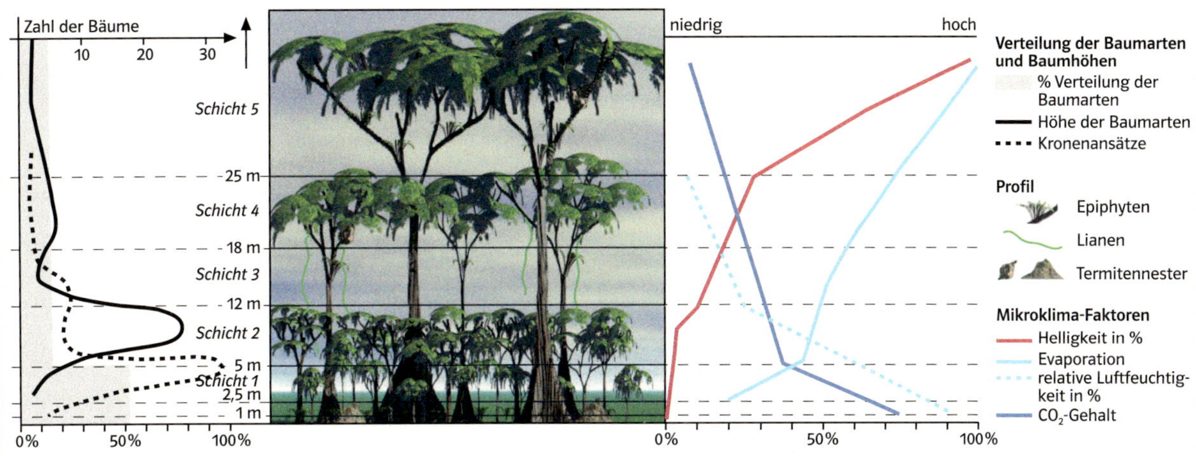

Der Tropische Regenwald: hohe Produktivität auf nährstoffarmen Böden

Der Begriff Tropischer Regenwald bezeichnet den immergrünen Wald der tropischen Zone der Erde, zwischen 10° nördlicher und südlicher Breite.

Die Böden des Tropischen Regenwaldes sind nicht so fruchtbar, wie es die dichte Vegetation erscheinen lassen mag. Die vorherrschenden Fe- und Al-oxidreichen Böden wie die Ferralsole weisen durchschnittliche Mächtigkeiten von 8–10 m auf. Die aufgrund intensiver chemischer Verwitterung entstehenden Zweischichttonminerale (Kaolinite, Gibbsite) mit ihrer geringen Kationenaustauschkapazität führen zu einer Nährstoffarmut (vgl. S. 53 und S. 57). Da der C-Horizont in einer durchschnittlichen Tiefe von 6–8 m liegt, kann er von den meisten Pflanzenwurzeln nicht erreicht werden.

Die hohe Produktivität der Tropischen-Regenwald-Ökosysteme von mehr als 30 t Biomasse/ha (ein Buchenwald der Gemäßigten Breiten produziert etwa 13 t/ha) kommt deshalb nur unter bestimmten Voraussetzungen zustande. Es sind dies:

- klimatische Vorteile: Ein hohes Wärmeangebot mit Temperatursummen über 8 000 °C und ausreichend Niederschläge sind für die Fotosynthese optimal.
- Stockwerkbau des Tropischen Regenwaldes (M3): Mit der Schichtung in einzelne Stockwerke kann das einfallende Licht optimal genutzt werden und so zur hohen Produktivität beitragen.
- Artenfülle: Sie stabilisiert das Ökosystem durch vielfältige Wechselbeziehungen.
- geschlossener Nährstoffkreislauf: Der größte Teil der Nährstoffe befindet sich im Tropischen Regenwald im oberirdischen Teil der Vegetation. Die Nährstoffe des Laubes und weiterer Pflanzenteile, welche auf den Boden gelangen, werden nach der Zersetzung durch ein sehr dichtes oberflächennahes Wurzelsystem aus feinen Haarwurzeln und der mit ihnen vergesellschafteten Mykorrhiza (Symbiose zwischen den Wurzeln höherer Pflanzen und Pilzen) aufgefangen und sofort wieder den Pflanzen zugeführt. So gelangen nur wenige Nährstoffe in den Boden. Ein Nährstoffverlust durch Ausschwemmung in den Unterboden wird weitgehend verhindert.

tropische Böden
Stockwerkbau (G)
Nährstoffkreislauf, geschlossener (G)
Mykorrhiza

A1 Stellen Sie die regionale und globale Bedeutung des Tropischen Regenwaldes dar.

A2 Erklären Sie die hohe Biomassenproduktion des Tropischen Regenwaldes.

A3 Nehmen Sie Stellung zu der Aussage, der Tropische Regenwald sei ökologisch benachteiligt.

M3 nach Dieter Heinrich/Manfred Hergt: Atlas zur Ökologie. Bertelsmann: Gütersloh 1990, S. 106

Online-Link
29060X-2301

M 4 Vereinfachte modellhafte Darstellung des Systems der Shifting cultivation

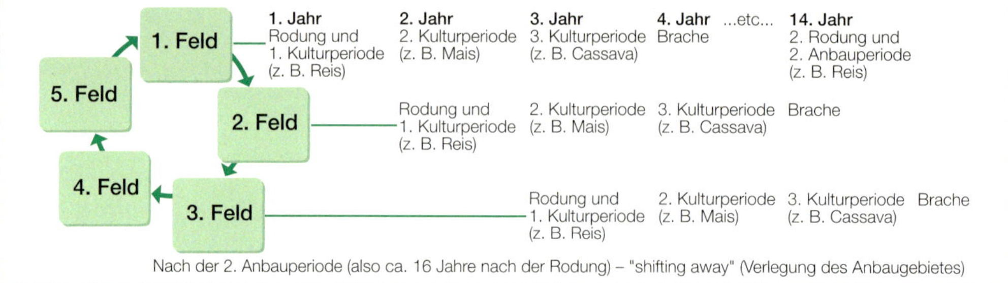

Shifting cultivation (G)
Brandrodung
Primärwald (G)
Sekundärwald (G)

Shifting cultivation – eine angepasste Nutzungsform im Tropischen Regenwald?

Shifting cultivation ist die einfachste Form der Nahrungsmittelerzeugung in tropischen Waldgebieten (vgl. S. 128–129). Am Anfang steht die Rodung eines Waldstücks mit Axt, Säge und Haumesser. Die Baumstümpfe verbleiben im Boden. Gegen Ende der Trockenzeit wird das geschlagene Holz abgebrannt (Brandrodung). Zu Beginn der Regenzeit erfolgt die Aussaat mit dem Pflanzstock. Die wichtigsten Kulturen sind Trockenreis (in den asiatischen Tropen) sowie Maniok und Mais (in Afrika und Lateinamerika). Der Brand erfüllt einige wichtige Funktionen: Er liefert Mineralien für den Boden, vernichtet Unkraut und andere Schädlinge und sorgt durch die Aschelieferung für eine deutliche Anhebung des pH-Wertes der normalerweise sehr sauren Böden. Auf diese Weise lässt sich die oftmals geringe Ertragsfähigkeit tropischer Böden vorübergehend ausgleichen.

Die Vorteile der Brandrodung kommen nur für eine Saison voll zur Geltung. In den dauerfeuchten Tropen beschränkt sich die Anbauphase traditionell auf nur ein Jahr, während zu den wechselfeuchten Tropen hin die Anbauphase auf zwei bis vier Jahre ausgedehnt werden kann.

Unter ökologischen Gesichtspunkten ist Shifting cultivation noch das am besten angepasste Landnutzungssystem auf nährstoffarmen Böden in den feuchten Tropen. Nach der Brandrodung ist in der Asche der größte Teil der Nähr-

M 5 Mengenwerte der Nährstoffe im tropischen Waldboden nach Brandrodung und Entnahme durch Kulturpflanzen

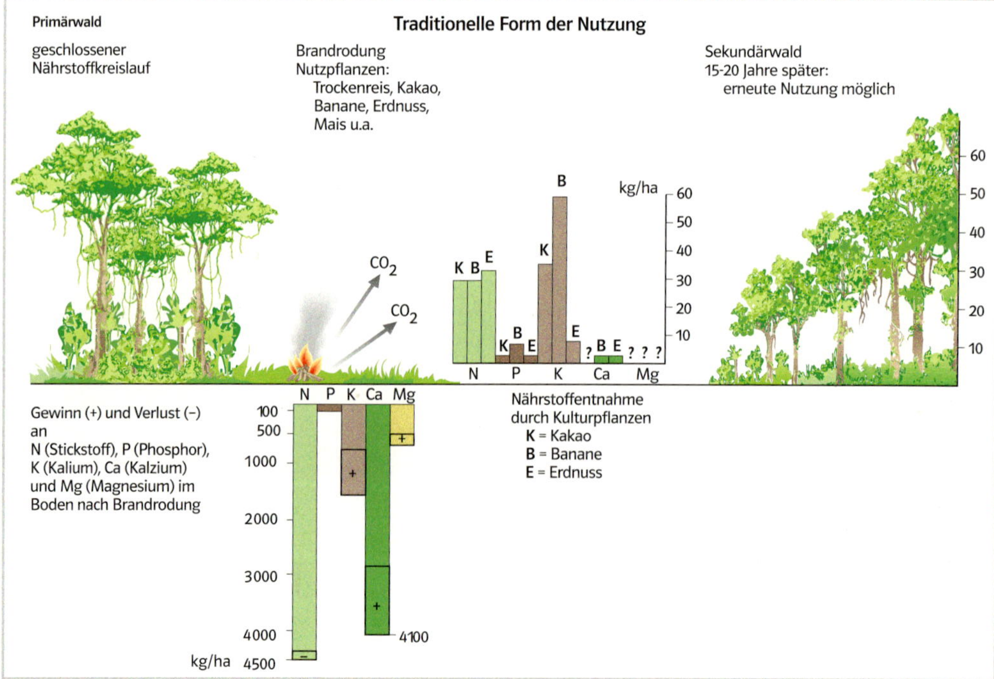

stoffe aus der Biomasse vorhanden und düngt für wenige Jahre den Boden. Der größte Teile der Nährstoffe geht durch Niederschläge verloren: Entweder wird er durch Starkregen direkt an der Oberfläche weggeschwemmt oder der nach unten gerichtete Bodenwasserstrom schwemmt die Nährstoffe in so große Tiefen, dass sie von Pflanzenwurzeln nicht mehr erreicht werden. Nach drei Jahren ist der Nährstoffgehalt im Oberboden so gering, dass sich ein Anbau nicht mehr lohnt. Werden danach aber ausreichend lange Brachezeiten eingehalten, kann sich die Vegetation regenerieren und sich ein degradierter Wald, der Sekundärwald, bilden. Die Pflanzen können aus dem Boden weitere Nährstoffe für eine erneute Bewirtschaftung mobilisieren. Voraussetzung ist allerdings, dass sich Mykorrhiza an den Wurzeln der Pflanzen bildet.

Die Shifting cultivation funktioniert bei geringer Bevölkerungsdichte. Dann ist ausreichend Fläche für die Regeneration des Sekundärwaldes vorhanden. Wächst die Bevölkerung und damit der Bedarf an Nahrungsmitteln an, verringern sich die zur Verfügung stehenden Landflächen. In der Folge müssen die Brachezeiten verkürzt werden: Die Sekundärvegetation kann sich nicht mehr ausreichend ausbilden. Bei der nächsten Brandrodung werden dementsprechend weniger Nährstoffe in der Asche zu finden sein.

Die Intensivierung des Anbaus wird gefördert durch die Marktproduktion und die damit verbundenen technischen Innovationen sowie eine bessere Infrastruktur im landwirtschaftlichen Bereich. Die damit verbundene Übernutzung führt meist jedoch zu einer so starken Degradierung des Bodens, dass die verringerte Bodenfruchtbarkeit eine weitere Bewirtschaftung des Gebietes nicht zulässt.

Wenn die traditionelle Form der Shifting cultivation bei stark wachsender Bevölkerung ökologisch und ökonomisch nicht mehr sinnvoll ist, dann stellt sich die Frage, ob in den feuchten Tropen auf Dauer überhaupt nachhaltige Landwirtschaft möglich ist.

M6 Ökologisch angepasster Anbau in den feuchten Tropen im Vergleich zu Reinkultur und Primärwald

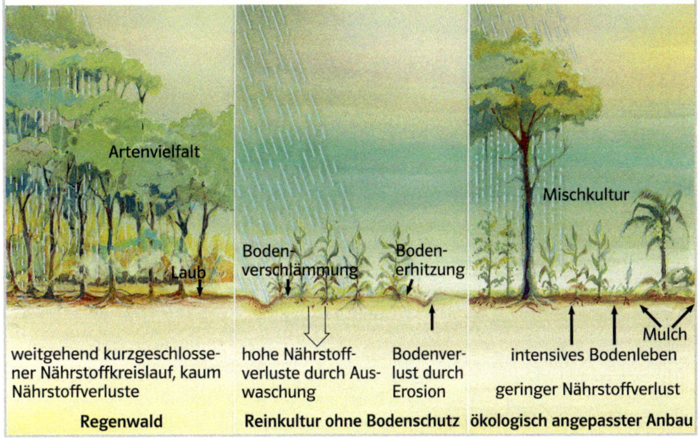

Standortgerechte Landwirtschaft in den feuchten Tropen

Das Ziel der auch als „Ecofarming" bezeichneten standortgerechten Landwirtschaft in den feuchten Tropen ist eine ertragreiche, nachhaltige landwirtschaftliche Produktion mit einem geringen Einsatz an Fremdmitteln (vgl. S. 128–129). Ökologischer Landbau oder Agroforstwirtschaft sind angepasste und standortgerechte Anbaumethoden. Sie versuchen den Aufbau der natürlichen, standortangepassten Ökosysteme nachzuahmen. Im Anbau kombiniert man Maßnahmen wie die Anpflanzung von Gehölzen in Reihen, zwischen denen Nutzpflanzen angebaut werden, mit Intensivbrache (Verkürzung der Brachzeit auf ein Minimum bei gleichzeitigem Einsatz von gründüngenden Pflanzen) und gezielten anderen Düngemethoden (vgl. S. 321, M13).

Allerdings haben diese Anbaumethoden die Erwartungen nur auf relativ kleinen Flächen erfüllt. Hemmnisse sind oft die unsichere rechtliche und finanzielle Situation der Kleinbauern, fehlende Absatzmärkte oder die geringe Ertragssicherheit.

Ecofarming (G)

Brache

Mykorrhiza

A4 Beurteilen Sie das System Shifting cultivation aus wirtschaftlicher und ökologischer Sicht.

A5 Stellen Sie die Voraussetzungen für den Erfolg von „Ecofarming" in den feuchten Tropen zusammen.

M5 nach Wolfgang Weischet: Die ökologische Benachteiligung der Tropen. Stuttgart: Teubner 1977, S. 48

M6 nach Norbert Stache/Pay Drechsel: Ökologischer Landbau in der ländlichen Entwicklung Ruandas. In: Geographische Rundschau, 49. Jg., H. 1. Braunschweig: Westermann 1997, S. 34

Online-Link
zu Shifting cultivation:
29060X-2302

Online-Link
zur standortgerechten Landwirtschaft:
29060X-2303

Fallbeispiel: **Indonesien – Folgen der Brandrodung**

M7 Globale Waldflächen und Veränderungen des Waldbestandes auf den Kontinenten 1990–2005

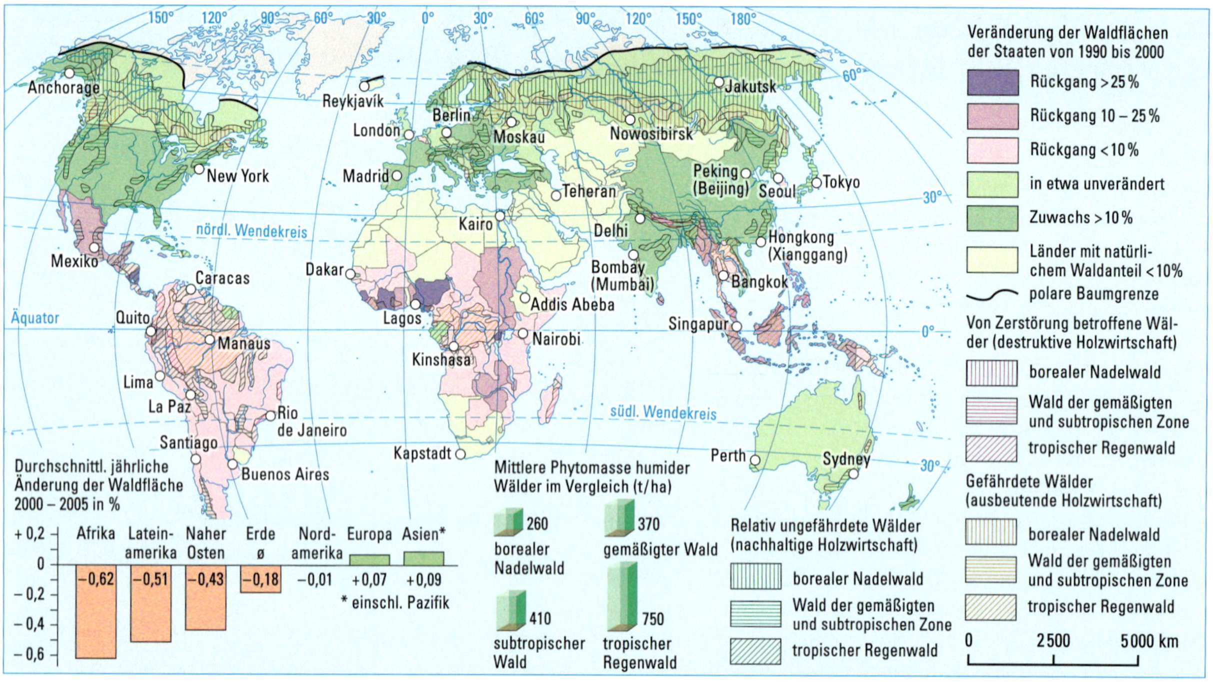

M8 Fünf Tage vor der Weltklimakonferenz – Indonesien pflanzt 79 Millionen Bäume

„Jakarta – Indonesien will vor der Klimaschutzkonferenz auf Bali [Dez. 2007] im kommenden Monat 79 Millionen Bäume pflanzen. Präsident Susilo Bambang Yudhoyono erklärte, die Regierung des Landes mit der am schnellsten voranschreitenden Entwaldung weltweit wolle damit die Entschlossenheit ‚zum Schutz der Umwelt und Rettung des Planeten' zeigen."

M9 Die Zerstörung der Regenwälder Indonesiens

„Indonesien ist das von Entwaldung und Waldbränden am meisten betroffene Land Südostasiens. Auf allen besiedelten Inseln treten dort jedes Jahr Brände auf, mit einem Schwerpunkt auf Sumatra und Kalimantan, dem indonesischen Teil Borneos. Seit 1990 verlor Indonesien 28 Millionen Hektar Wald durch Holzeinschlag, von dem drei Viertel illegal ausgeführt werden, und anschließender Brandrodung. Der Großteil der zerstörten Waldfläche, nämlich 21,7 Millionen Hektar, war Urwald. Damit wurden seit 1990 über 30 % der Urwaldfläche zerstört, pro Jahr durchschnittlich 1447800 Hektar. Lag die Entwaldungsrate in Indonesien zwischen 1990 und 2000 schon bei 1,7 % pro Jahr, stieg sie im Zeitraum von 2000 bis 2005 sogar noch auf 2,0 % jährlich. Die Waldfläche Indonesiens halbierte sich fast von 162 Millionen Hektar im Jahr 1950 auf heute ungefähr 88 Millionen Hektar. Weitverbreitete, zerstörerische Holzeinschläge, großflächige Brandrodungen durch Agrarindustrieunternehmen und der traditionelle Wanderfeldbau der lokalen Bevölkerung sind die unmittelbaren Ursachen der Waldbrände. Mit der Expansion der Flächen, die von Agrarunternehmen im industriellen Maßstab bewirtschaftet werden, kommt es zu Konflikten mit der Bevölkerung um Besitzrechte und Nutzung der natürlichen Ressourcen … 1997/98 wurden mit 60 % bis 80 % die Mehrzahl der Brände illegal zur Rodung für industrielle Ölpalmen und Holzplantagen gelegt, die übrigen Brände wurden durch Wanderfeldbau der lokalen Bevölkerung verursacht."

A6 Stellen Sie – ausgehend von den Materialien dieser Doppelseite – die Auswirkungen unseres Handelns auf tropische Regenwälder dar.

M7 nach FAO 2000, FAO (Hrsg.): State of the World's Forests 2007. Rom 2007
M8 Meldung AP vom 28.11.2007, auf www.epochtimes.de/articles/2007/11/28/203715.html, Juni 2008
M9 www.wwf.de/fileadmin/fm-wwf/pdf_neu/wwf_waldbrandstudie.pdf, Juni 2008
M11 Peter Hirschberger: Wälder in Flammen. Frankfurt am Main: WWF Deutschland, auf www.wwf.de/fileadmin/fm-wwf/pdf_neu/wwf_waldbrandstudie.pdf, Juni 2008

Online-Links
zur Regenwaldvernichtung: 29060X-2304

zum Kohlenstoffkreislauf: 29060X-2305

M10 Brandrodung auf der Insel Borneo

M12 Die Verantwortung Deutschlands

Deutschland importiert jährlich etwa eine Million Tonnen Palmöl. Nach den Niederlanden sind die Deutschen damit der zweitgrößte Verbraucher von Palmöl in der EU. Verwendung findet das billige Öl in der Lebensmittel- und Kosmetikindustrie, wie auch als Agrokraftstoff zur Energieerzeugung in Blockheizkraftwerken. Der Großteil wird jedoch in der Lebensmittelindustrie verarbeitet. Als Verbraucher kann man Produkten, die unter Verwendung von Palmöl hergestellt wurden, nur schwer aus dem Weg gehen. ... Ein weiterer wichtiger Markt für Palmöl und Palmölderivate sind Kosmetikprodukte. Palmölprodukte dienen als Emulgatoren, zur Verbesserung der Viskosität oder zur Hautpflege.

M11 Folgen

„Ungefähr 40 Prozent der gesamten Brandherde 1997/1998 in Kalimantan befanden sich innerhalb von Orang-Utan-Gebieten. Während der Waldbrände 1997/1998 verendeten vermutlich bis zu ein Drittel der Orang-Utans auf Borneo unmittelbar oder an den Folgen der Brände. Heute leben vermutlich noch nicht einmal mehr 55 000 Orang-Utans in ganz Borneo. Die Brände 1997 und 1998 breiteten sich auch auf die Schutzgebiete, in denen Sumatra-Nashörner vorkommen, aus. In ganz Asien leben nur noch weniger als 2 900 der drei asiatischen Nashornarten in der Wildnis. Die am stärksten gefährdete Art, das Sumatra-Nashorn, wurde von geschätzten 600 Tieren 1994 auf heute rund 300 dezimiert; von der Borneo-Unterart des Sumatra-Nashorns haben nur um die 30 Tiere im Nordteil der Insel überlebt. Asiatische Elefanten, die ebenfalls auf Sumatra und Borneo vorkommen, könnten dort aussterben, sollte die Zerstörung der Mischung aus Grasland und Wald, ihres bevorzugten Lebensraumes, fortdauern.

Im August 2005 wurde erneut wegen der Gesundheitsgefährdung durch Rauchschwaden kurzzeitig Alarm in Malaysia ausgelöst. Ursache waren Brandherde in Torfgebieten auf Sumatra. Die Rauchentwicklung wurde als die schlimmste seit 1997–1998 eingestuft. Der Rauch unterbrach auch den Güterverkehr in Port Klang, Malaysias größtem Hafen an der Westküste.

Der Verlust der indonesischen Wälder hat nicht nur regionale, sondern auch globale Auswirkungen. Indonesien hat, wenn man das Kohlenstoffdioxid aus Waldzerstörung mit berücksichtigt, den weltweit drittgrößten CO_2-Ausstoß, nach den USA und China. Der weltweite Klimawandel ist auf den Anstieg von Kohlenstoffdioxid in der Atmosphäre zurückzuführen. Nach Angaben der FAO sind in der ober- und unterirdischen Biomasse der indonesischen Wälder allein 6,725 Milliarden Tonnen Kohlenstoff gebunden, die bei der Zerstörung des Waldes freigesetzt werden. Bei einer Freisetzung würde dies dem weltweiten Kohlenstoffdioxidausstoß des Jahres 2000 entsprechen. 1990 betrug die Kohlenstoffmenge, die in den indonesischen Wäldern gespeichert war, noch 17,108 Milliarden Tonnen. Davon wurden in den letzten 15 Jahren bereits 60 % als Treibhausgase in die Atmosphäre freigesetzt. Hinzu kommen gigantische Kohlenstoffmengen von 25 bis 50 Milliarden Tonnen, die in den Torfböden Indonesiens gespeichert sind. Waldbrände greifen oftmals auf die Torfböden über. Torfbrände lassen sich nur sehr schwer löschen, die Emissionen daraus verursachen die grenzüberschreitenden Smogbelastungen in Südostasien. Verschiedene Studien zeigen, dass bei Torfbränden bis zu fünfzigmal soviel Emissionen freigesetzt werden wie bei Bränden der Vegetation. Bei den verheerenden Bränden 1997 hatten Torfgebiete einen Anteil von 20 % der Brandfläche, dort entstanden aber 94 % der gesamten Emissionen ... Allein die Menge an Kohlenstoff, die durch die Brände 1997/98 in die Atmosphäre freigesetzt wurde, wird auf 0,8 bis 2,5 Milliarden Tonnen geschätzt. Dieser Beitrag – aus einem im globalen Maßstab vergleichsweise kleinen Gebiet – entspricht 13 % bis 40 % der weltweiten Kohlenstoffemissionen durch den Verbrauch fossiler Brennstoffe im selben Jahr. Nur 19 % dieser freigesetzten Kohlenstoffmenge stammten von verbrannter Vegetation.“

M13 An einer Wasserstelle in der Sahelzone

2.3.2 Geoökosystem Dornsavanne – Sahelzone

Dornsavanne

Wasser ist der entscheidende Geofaktor des Geoökosystems Dornsavanne, zu dem große Teile der Sahelzone gehören. Das arabische Wort Sahel stellt einen Bezug zum Wasser her: Es bedeutet Ufer. Nach ihrem Weg durch die endlosen Weiten der nordafrikanischen Sahara war für die Karawanen die Sahelzone mit ihrer vergleichsweise üppigen Vegetation wie das Ufer nach Durchquerung eines Ozeans. Die Sahelzone gehört zur Übergangszone zwischen den Savannen im Süden und der Wüste im Norden. Von West nach Ost misst sie mehr als 7000 km und ihre Nord-Süd-Erstreckung beträgt mehr als 500 km.

Nomadismus

Feldwechselwirtschaft

Das Geoökosystem Sahelzone ist klimatisch durch einen Wechsel von arider und humider Jahreszeit, eine Verkürzung der sommerlichen Regenzeit in Richtung des nördlichen Wendekreises, eine hohe Variabilität der Niederschläge und damit durch Dürreanfälligkeit gekennzeichnet. Werden im Bereich der Sahara nur 10 mm Jahresniederschlag gemessen, so sind es um den Äquator herum über 2000 mm. Im Bereich der Sahelzone ändert sich der jährliche Niederschlag auf der kurzen Entfernung von weniger als 800 km um mehr als 1000 mm. Die Schwankungsbreiten der Niederschlagsmenge von Jahr zu Jahr erreichen im Bereich der Sahelzone Werte zwischen 30 und 50 Prozent.

Dürren gehören zur Natur des Sahel. „Drought is part and parcel of the climatic pattern. Desertification is the work of man.“ Traditionelle Nutzungssysteme sind an die natürlichen Voraussetzungen der Sahelzone angepasst: Sandige Böden oder Rohböden werden spärlich von einjährigen Gräsern oder vereinzelten Sträuchern bedeckt. Extensive Landnutzungssysteme wie der Nomadismus in den niederschlagsarmen Räumen (vgl. S. 126) oder bei höheren Niederschlägen die Feldwechselwirtschaft sind bei geringer Nutzungsintensität in der Lage, Dürrezeiten auf diesen marginalen Standorten zu überstehen.

Überbeanspruchung. Zur Beschreibung und Erklärung von komplexen Umweltproblemen, z. B. dem der Desertifikation marginaler Standorte, wurde das Syndromkonzept entwickelt („Syndrom“ = medizinisch: komplexe Krankheitsbilder). Diese Syndrome gilt es zu diagnostizieren mit dem Ziel, Fehlentwicklungen zu lindern, zu beseitigen oder durch vorsorgende Maßnahmen erst gar nicht entstehen zu lassen.

M14 Standardabweichung der Niederschläge im Juni – Oktober in der Sahelzone vom Mittel der Jahre 1900 – 2004

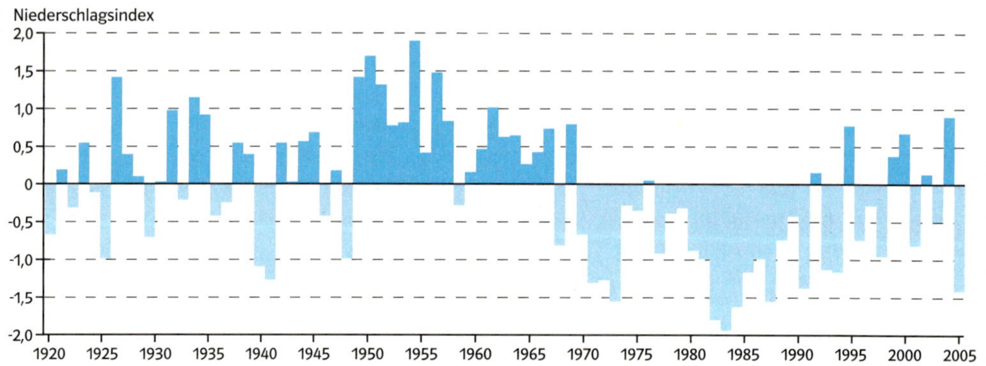

M15 Zentraler Mechanismus des Sahelsyndroms

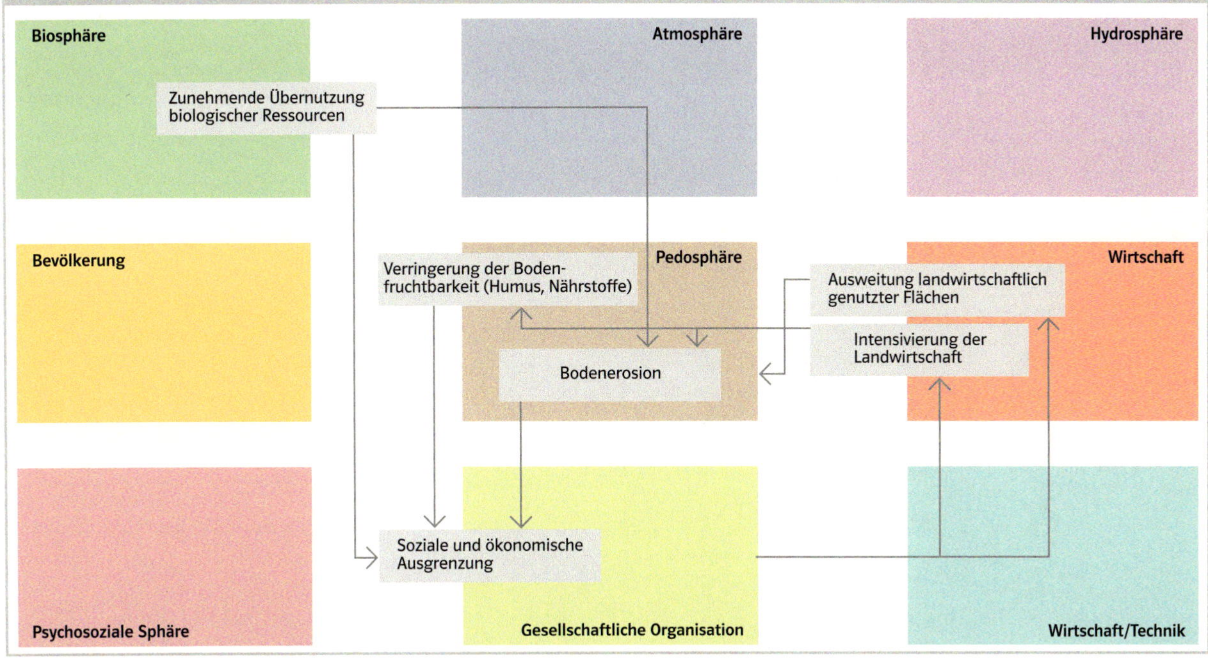

Das Sahelsyndrom. 1969–1973 und 1983/1984 suchten verheerende Dürren die Sahelzone heim: Bilder von Kamelgerippen auf ausgedörrten Böden, ausgemergelten Menschen auf der Flucht und verhungernden Kindern gingen um die Welt. Die physisch-geographischen Bedingungen, vor allem die immer wieder auftretenden Dürreperioden, wurden für die Desertifikation in der Sahelzone verantwortlich gemacht. Mit dem Begriff Desertifikation wird die dauerhafte Schädigung der Landnutzungsressourcen und -potenziale bezeichnet. Merkmale des Desertifikationsprozesses sind fortschreitende Bodendegradation infolge von Erosion, Versalzung oder Versandung, Zerstörung der Vegetation und Veränderung des Wasserhaushalts.

Erst allmählich setzte sich die Erkenntnis durch, dass mehrjährige Dürrephasen den Desertifikationsprozess nur beschleunigen, Ursache dafür aber der Mensch sei: Der „Wissenschaftliche Beirat der Bundesregierung Globale Umweltveränderungen" (WBGU, 1997) kommt zu dem Ergebnis, dass die Degradation im Sahel das Ergebnis einer landwirtschaftlichen Übernutzung marginaler Standorte durch armutsgefährdete Bevölkerungsgruppen ist. Sie tritt dort auf, wo die natürlichen Umweltbedingungen – insbesondere Klima und Boden – nur eine begrenzte landwirtschaftliche Nutzung zulassen. Demnach führen Armut und die ökonomische Ausgrenzung zu einer Intensivierung der Landwirtschaft auf marginalen Standorten. Dadurch verliert das Ökosystem seine natürliche Reproduktionsfähigkeit und degradiert.

Entscheidend ist, dass keine Ursache allein die Degradation erklären kann, sondern dass sich die einzelnen Faktoren wie in einem „Teufelskreis" gegenseitig verstärken (vgl. M2, S. 466).

Syndrom/-konzept

Desertifikation (G)
Bodendegradation (G)
Erosion

A7 Stellen Sie für die Sahelzone zusammenfassend die natürlichen Rahmenbedingungen dar.

A8 Erläutern Sie den zentralen Mechanismus des Sahelsyndroms.

A9 Ergänzen Sie den zentralen Mechanismus des Sahelsyndroms (M15) um die Faktoren Dürre und Bevölkerungswachstum.

M14 nach www.hamburger-bildungsserver.de/welcome.phtml?unten=/klima/klimafolgen/extreme/duerren/trends.html, Juni 2006

M15 nach Wissenschaftlicher Beirat der Bundesregierung, Globale Umweltveränderungen: Welt im Wandel, Herausforderung für die deutsche Wissenschaft Jahresgutachten 1996. Heidelberg: Springer, S. 140; auf: www.wbgu.de/wbgu_jg1996.pdf, Juni 2008

Online-Link
29060X-2306

2.4 Ökologische Aspekte in ausgewählten Räumen der polaren Zone

M1 Arktis im Wandel

2.4.1 Die Arktis – das Ende eines Geoökosystems?

Polartag
Polarnacht

Sehr niedrige Temperaturen, Eis und der jahreszeitliche Wechsel von Polartag und Polarnacht sind die charakteristischen Geoelemente des Geoökosystems Arktis. Dies war früher die Region nördlich des Polarkreises. Heute sind klimatische und vegetationsgeographische Kriterien wie die 10-°C-Juli-Isotherme und die Baumgrenze maßgebend für die Abgrenzung.

polare Eiswüste
Tundra (G)
borealer Nadelwald (G)

Das arktische Meereis bedeckt im Sommer und Winter unterschiedliche Flächen: Von etwa 15 Mio. km² Eisbedeckung im Winter sind im Sommer noch knapp 8 Mio. km² vorhanden. Das Eis verbindet Atmosphäre, Festland, Süßwasser und Ozeane. Es prägt die drei Vegetationszonen der Arktis: polare Eiswüste, Tundra und den nördlichen Teil des borealen Nadelwaldes.

Obwohl die Arktis durch ihre Meereis-Verbindung zu zwei Kontinenten kein hermetisch abgeschlossenes Geoökosystem ist, hat dieser riesige Lebensraum aufgrund seiner klimatischen Bedingungen einzigartige Merkmale: Die Artenzahl ist gering, aber die dort lebenden Arten kommen in hoher Populationsdichte vor. Besonders die Meereis-Unterseite ist dicht besiedelt von Algen. In dieser Grenzschicht mit ihrer hochkonzentrierten Salzlake können bei −2 °C Algen überleben, die nur wenig Licht zur Fotosynthese benötigen. Sie werden vom Krill (Kleinkrebs) gefressen, der als Teil des Zooplanktons in riesigen Schwärmen die Hauptnahrung vieler Wale, Robben, Eisfische, Tintenfische und Pinguine darstellt.

Krill

Das Leben in der Arktis wird auch durch die RGT-Regel (ReaktionsGeschwindigkeit-Temperatur) bestimmt: Wenn die Temperatur um 10 K erhöht wird, verdoppelt sich die Reaktionsgeschwindigkeit. Nach dieser Gesetzmäßigkeit verlangsamen sich sämtliche Stoffwechselprozesse bei entsprechender Temperaturverringerung, damit auch das Wachstum von Organismen, genauso aber auch der Abbau von Biomasse oder Schadstoffen. Umgekehrt reagiert die Lebewelt der Arktis auf Temperaturerhöhungen extrem empfindlich, Störungen des ökologischen Gleichgewichtes und Gefährdungen treten ein. Durch den Klimawandel ist also das einmalige Geoökosystem der Arktis stark bedroht, besonders weil sich die Mitteltemperatur dort doppelt so schnell erhöht wie auf der restlichen Erde. Im Sommer 2007 schmolz das Eis der Arktis so stark wie noch nie, mit der Folge dass:

- im September 23 % weniger Treibeis gemessen wurden als beim letzten Tiefstand,
- Grönland die doppelte Menge des in den Alpen vorhanden Gletschereises verlor,
- die Nordwestpassage, der Seeweg vom Atlantik zum Pazifik durch die kanadischen Inseln, erstmalig wochenlang eisfrei passierbar war.

Wissenschaftler rechnen damit, dass in wenigen Jahren die Nordostpassage im Sommer an etwa 100 Tagen nutzbar sein wird. Nach neueren Schätzungen ist bereits 2012 die Arktis im Sommer eisfrei. Was für Transportunternehmen und die Erdöl- und Erdgasindustrie wirtschaftlich sinnvoll erscheint, hat für das Geoökosystem fragliche Auswirkungen. Wenn das Eis schmilzt, verschwinden auch die Algen an seiner Unterseite. Im weniger salzhaltigen Wasser nehmen unproduktivere Süßwasseralgen ihren Platz ein. Da die Algen am Anfang jeglicher Nahrungsketten stehen, macht sich der Verlust an Produktivität in der gesamten arktischen Nahrungskette bemerkbar. Die arktische Lebenswelt in ihrer heutigen Form gerät hochgradig in Gefahr.

M2 Auswirkungen einer Erwärmung in den höheren Breiten

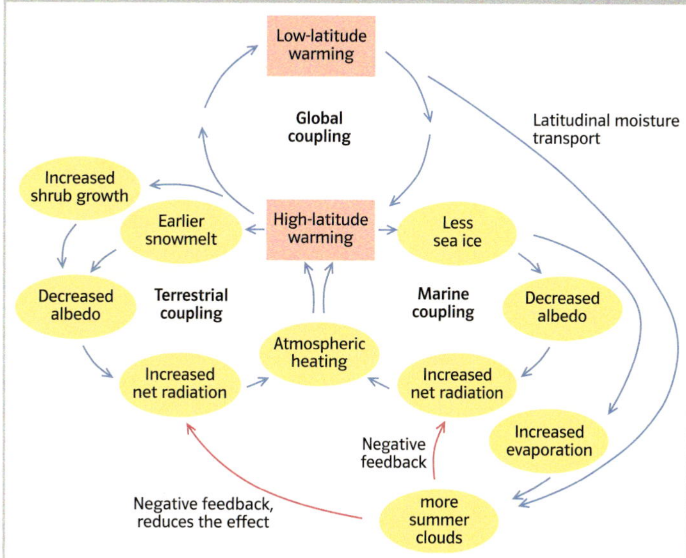

M3 Warum sich die Arktis schneller erwärmt

„Fünf Gründe …
- Die Schnee- und Eisschmelze hinterlässt dunklere Oberflächen, die einen größeren Teil der Sonnenstrahlung absorbieren und somit die örtliche Erwärmung verstärken, die ihrerseits das Schmelzen vorantreibt (sog. positive Rückkopplung).
- Der Teil der Strahlung, der durch die Treibhausgase absorbiert wird, trägt in der Arktis weitgehend direkt zur Erwärmung der Atmosphäre bei, während in niedrigeren Breiten ein Teil der Energie in die Evaporation (Verdunstung des Bodenwassers) geht.
- Die Atmosphäre über den Polen der Erde ist von geringerer Mächtigkeit als über der restlichen Erde und heizt sich somit schneller auf.
- Der Wärmeaustausch zwischen Ozean und Atmosphäre wird mit schwindender Eisbedeckung des Meeres verstärkt und bewirkt, dass der Ozean während der Wintermonate mehr Wärmeenergie an die Atmosphäre abgibt.
- Die Arktis erhält einen Teil ihrer Wärmeenergie aus den niedrigeren Breiten. Der Transport verläuft über die Atmosphäre und über den Ozean. Veränderungen in diesen Zirkulationsmustern könnten die stetige Erwärmung der Arktis zusätzlich forcieren."

A1 Erklären Sie, weshalb eine Klimaerwärmung in den hohen Breiten zu einem sich selbst verstärkenden Mechanismus der Erwärmung führen kann.

RGT-Regel

M2 http://maps.grida.no/go/graphic/climate-feedbacks-the-connectivity-of-the-positive-ice-snow-albedo-feedback-terrestrial-snow-and-vegetation-feedbacks-and-the-negative-cloud-radiation-feedback, Juni 2008

M3 Sabine Zetsche/Cornelia Faller/Ulrike Broich: Klimawandel in der Arktis. Ein Resümee des ACIA-Berichts. Bonn und Berlin: Germanwatch, S. 7, auf www.germanwatch.org/rio/acia05.pdf, Juni 2008

Online-Link
29060X-2401

M4 Ölverseuchte Landschaft nahe Neftjejugansk, Westsibirien. Auslaufendes Öl aus gebrochenen Pipelines verschmutzt Wälder, Böden, Gewässer.

Öl in der Arktis

Permafrostboden (G)

Permafrostgrenze

Im russischen Teil der Arktis lagern riesige Öl- und Erdgasvorräte: Schätzungen gehen davon aus, dass die Lagerstätten in der Barentssee und in der Karasee ein Viertel aller weltweit bekannten Lagerstätten fossiler Energieträger umfassen. Doch die Förderung von Erdöl und Erdgas ist hier extrem schwierig und technisches Neuland. Vor allem der Transport der Energieträger stellt höchste Anforderungen an die Technik. Noch ist nicht geklärt, ob das arktische Geoökosystem weitgehend resistent gegen eine potenzielle Ölverschmutzung ist. Man kann aber beschreiben, was sich bei Freisetzung von Erdöl im arktischen Geoökosystem ereignet. Die vorherrschenden tiefen Temperaturen verringern die Verdunstung und verlangsamen die biochemischen Reaktionen von Bakterien, die auslaufendes Öl zersetzen können. Damit wird Öl im Geoökosystem angereichert: Es findet sich in den Fettbestandteilen der Nahrungskette. Schwierigkeiten gibt es auch beim Abtransport übers Meer, vor allem, wenn das Packeis dünner wird. Das dünnere Eis bricht bei den vorherrschenden starken Winden leichter und bedroht als Treibeis die Schifffahrt. Werden Erdölpipelines in geringer Meerestiefe verlegt, könnte im Winter das entstehende Eis so dick werden, dass es bis zum Meeresboden durchgefriert und die Röhren dadurch aufreißen.

A2 Erörtern Sie ökonomische Folgen des Klimawandels für die Arktis.

A3 Stellen Sie in einem Wirkungsgefüge die Auswirkungen des großflächigen Tauens von Permafrostböden dar.

M5 Abgerutschtes Haus auf Permafrostboden (Alaska)

2.4.2 Permafrostboden im Rückschmelzen

Ein weiterer ökologisch sensibler Teilraum der polaren Zone sind die Gebiete mit Permafrostboden, die etwa ein Viertel der Landoberfläche auf der Nordhalbkugel bedecken. Seit Jahrtausenden ist der Unterboden gefroren, während eine wenige Zentimeter bis mehrere Meter dicke Schicht des Oberbodens im Sommer auftaut. Dann kann sich auf ebenen Flächen nach der Schneeschmelze auf dem noch gefrorenen Unterboden das Wasser stauen. Ausgedehnte Sumpf- und Moorgebiete sind die Folge. Auf gut entwässerten Flächen führt der ständige Wechsel von Gefrieren und Auftauen zu einer Materialsortierung, die an regelmäßigen Polygonmustern erkennbar ist.
Als Folge der globalen Erwärmung wandert auf der Nordhemisphäre die Permafrostgrenze nordwärts. Dort, wo der Boden auftaut, gefährden Bodenabsenkungen und Erdrutsche Verkehrs- und Transportwege, Gebäude, Industrieanlagen und Pipelines. Wissenschaftler befürchten, dass beim Auftauen der kohlenstoffreichen Permafrostböden die Freisetzung von Kohlenstoffdioxid und Methan den Klimawandel verstärkt.

M6 Temperatur des Permafrostbodens im nördlichen Alaska

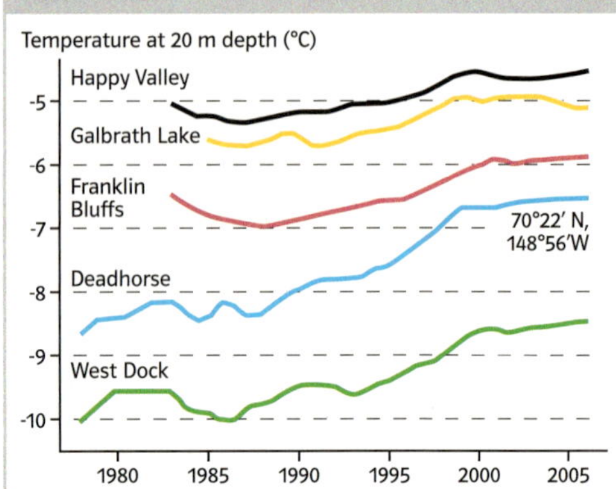

2.5 Ökologische Aspekte mariner Geoökosysteme

Das Meer ist mit seinen Küsten größter Lebensraum der Erde mit unterschiedlichen Geoökosystemen. Sie erfüllen jeweils eine Vielzahl wichtiger ökonomischer und ökologischer Funktionen. Die marinen Geoökosysteme sind zunehmenden Nutzungsansprüchen durch den Menschen ausgesetzt. Eine nachhaltige Nutzung der marinen Ressourcen setzt fundierte Kenntnisse über Strukturen und Funktionen in den Ökosystemen voraus. Von besonderer Bedeutung sind dabei die Rolle der Ozeane im Klimasystem und die ökonomische Nutzung von Küstenökosystemen.

marine Geoökosysteme

Küstenökosysteme

M1 Bedeutung der Meere und ihrer Ökosysteme im Überblick (ausgewählte Beispiele)

Funktionen und Nutzungen	Funktions- und Nutzungsbeispiele	
	Ozeane	**Küstengewässer**
Regulationsfunktionen		
• Regulation d. lokalen Energie- u. Stoffbilanz	Wärmetransport durch Meeresströmungen	Sedimentablagerung am Kontinentalschelf
• Regulation der chemischen Zusammensetzung von Wasser	Ablagerung von Karbonaten und Salzen auf dem Meeresboden	Eintrag von Süßwasser an Flussmündungen; Ablagerung von (biogenem) Schlick u. Sediment
• Regulation des Wasseraustauschs zwischen Land und Meer	Meeresverdunstung als Motor des globalen Wasserkreislaufs	Oszillation der Salz-Süßwasser-Grenze
• Speicherung bzw. Verteilung von Nährstoffen und organischer Substanz	Ablagerung großer Mengen biogener Sedimente in Tiefseebecken	Bindung von festländischen Nährstoffen (N und P) an Sedimentpartikeln
• Regulation der biotischen Nahrungsnetze	Vorhandensein spezieller Laichgebiete (Sargassosee)	Verzahnung von Laich- und Aufwuchsräumen, z. B. Ästuare
• Nähr- und Schadstofffilterung	Sedimentation von Schwermetallen und Plankton	Existenz flacher Flutsäume (Seegras-, Salzwiesen)
• Erhaltung von Lebens- und Aufwuchsräumen	regionale Vielfalt thermischer, chemischer u. a. Bedingungen	großräumige Ökosysteme (Riffe, Mangroven, Watten)
• Erhaltung der Artenvielfalt	freie Fluktuation von Arten horizontal u. vertikal	Entwicklung raumspezifischer Artendiversität
Produktions- und Nutzungsfunktionen		
• Produktion von Trink- und Brauchwasser	(Meerwasserentsalzung)	Meerwasserentsalzung in Ballungs- und Trockengebieten
• Nahrungsproduktion	Hochseefischerei (z. B. auf Hering, Thunfisch), Großalgenernte	Küstenfischerei (z. B. auf Dorsch, Muscheln), Aquakultur
• Produktion von Rohstoffen, Baumaterial usw.	Manganknollen, Öl, Erdgas, Gashydratknollen	Sand, Korallenkalk, Mangrovenhölzer usw.
• Produktion biologisch-genetischer Ressourcen	langzeitliches Überleben von Arten	Ausprägung vielfältiger Artenspezifizierungen
• Raum- und Ressourcenangebot für Menschen	Förderplattformen	Küsten- und Inselsiedlungen; Subsistenzwirtschaft; Häfen
• Energienutzung	vertikaler Wärmeaustausch in Warmwassergebieten	Gezeitenkraftwerke, Onshore- und Offshore-Windanlagen
• Transport	Seeverkehr	Küstenschifffahrt
• Tourismus und Erholung	(Kreuzfahrten)	Ferienzentren, Segeln, Surfen
Informationsfunktionen		
• ästhetische Information	???	Naturerlebnisräume
• historisch-kulturelle Information	–	Küstenarchäologie
• erzieherische Funktion	Dokumentation mariner Lebewelt	Dokumentation spezifischer Küstenökosysteme (Korallen)
• naturwissenschaftliche Information	biologische Erkenntnisse	Ökosystemforschung

A1 Erläutern Sie an jeweils einem Beispiel die Bedeutung der Ozeane für das Klima und die Versorgung mit Rohstoffen.

Online-Link
zum Permafrostboden, S. 94:
29060X-2402

M6 auf S. 94 http://maps.grida.no/go/graphic/trends-in-permafrost-temperatures-during-the-last-23-to-28-years-in-northern-alaska, Juni 2008

M1 Horst Sterr/Venugopalan Ittekot/Richard J. T. Klein: Weltmeere und Küsten im Wandel des Klimas. In Petermanns Geographische Mitteilungen, 143. Jg., Pilotheft 2000. Gotha: Klett-Perthes 1999, S. 27, leicht verändert

M 2 Der ozeanische Kohlenstoffkreislauf

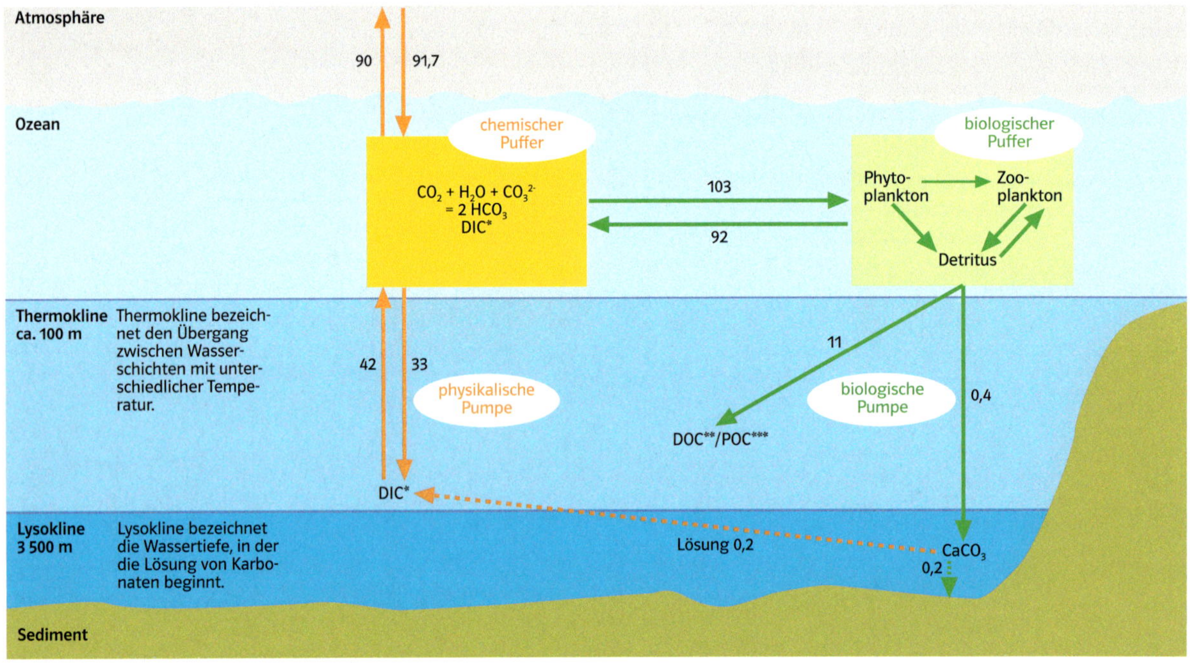

ozeanischer Kohlenstoffkreislauf

Die Bedeutung der Ozeane im globalen Klimageschehen

Für das globale Klimageschehen sind die marinen Ökosysteme in zweierlei Hinsicht entscheidend:

- Meeresströmungen bewirken mit dem Transport riesiger Wassermassen einen entscheidenden Wärmetransport über große Entfernungen (Fallbeispiel: Golfstrom s. Nachbarseite);
- mit 38 000 Gigatonnen Kohlenstoff (1 Gt = 10^9 t) speichern die Weltmeere 50-mal mehr Kohlenstoff als die Atmosphäre.

Golfstrom (G)

Im globalen Kohlenstoffkreislauf sind die Ozeane sowohl CO_2-Senken als auch CO_2-Quellen: Jährlich werden etwa 90 Gt ausgetauscht (M 2). Von den anthropogenen Kohlendioxidemissionen nehmen die Ozeane etwa 30 % auf. Dieser CO_2-Austausch findet in der obersten, etwa 100 m mächtigen Wasserschicht statt. Dort findet sich gelöster anorganischer Kohlenstoff (DIC*) als gelöstes CO_2-Gas, als Hydrogencarbonat (HCO_3^-) und als Karbonat (CO_3^{2-}). Ein Teil des gelösten Kohlenstoffs wird mit kalten Meeresströmungen in tiefere Schichten der Ozeane transportiert („physikalische Pumpe"). Der andere Teil wird im Prozess der Fotosynthese vom Phytoplankton aufgenommen. Über die Nahrungskette gelangt es auch ins Zooplankton. Die abgestorbenen Lebewesen (POC***) sinken in die Tiefen der Meere („biologische Pumpe"), wo ein Teil des fixierten CO_2 in Lösung geht (DOC**). Ein kleiner Teil gelangt bis auf den Meeresboden und wird dem Austausch mit der Atmosphäre entzogen.

„physikalische Pumpe"
„biologische Pumpe"
Phytoplankton
Zooplankton

A 2 Stellen Sie mithilfe des IPCC Berichts 2007 dar, wie sich der Kohlenstoffaustausch zwischen Atmosphäre, Landvegetation und Ozean seit den 1980er Jahren verändert hat (s. weiterführender Link).

A 3 Die Prozesse im ozeanischen Kohlenstoffkreislauf sind temperaturabhängig. Beschreiben Sie die Auswirkungen einer Temperaturerhöhung des ozeanischen Oberflächenwassers auf den biologischen Puffer und die physikalische Pumpe (M 2).

M 2 nach IPCC (2001): Climate Change 2001. Cambridge and New York 2001, Fig. 3.1, auf www.hamburger-bildungsserver.de/welcome.phtml?unten=/klima/klimawandel/treibhausgase/kohlendioxid/kreislauf.html, Juni 2008

***DIC** = dissolved inorganic carbon (gelöster anorgan. Kohlenstoff)
****DOC** = dissolved organic carbon (gelöster organ. Kohlenstoff)
*****POC** = particular organic carbon (in Partikeln gebundener Kohlenstoff)

Weiterführender Link zu A2
www.hamburger-bildungsserver.de/welcome.phtml? unten=/klima/ipcc2007, Juni 2008

Online-Link
29060X-2501

M3 Der Golfstrom – Normalsituation

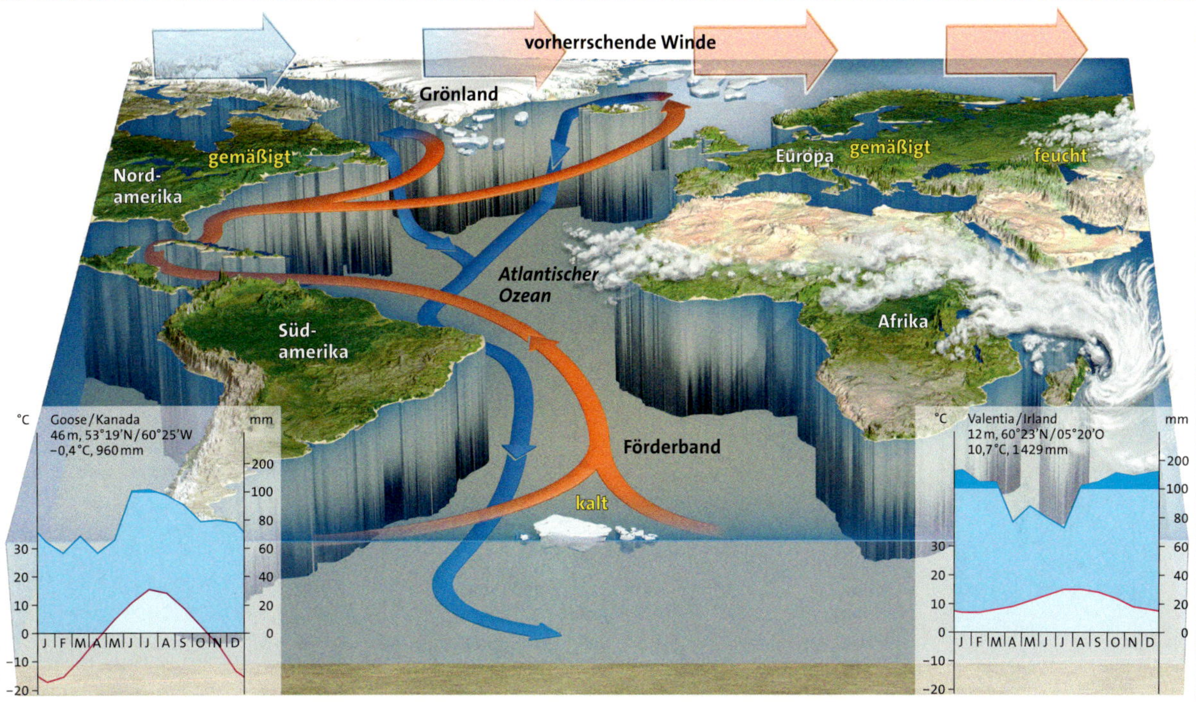

M4 Der Golfstrom

„Als Golfstrom wird traditionell die … starke horizontale Meeresströmung an der Oberfläche bezeichnet, die nahe der US-amerikanischen Ostküste von Florida bis North Carolina verläuft. Bei Kap Hatteras auf 35 Grad Nord löst sich der Strom von der Küste und dringt als gebündelter Strahlstrom mit etwa 5 km/h auf 50 km Breite in den offenen Atlantik vor … Nach etwa 1500 km verliert sich der Charakter als gebündelter Strom, man bezeichnet die Verzweigungen als Golfstromausläufer, den nach Norwegen reichenden Ast auch als Nordatlantischen Strom."

M5 Energietransport und Antrieb

„Diese als Golfstrom … bekannte Meeresströmung transportiert bei 24° N die enorme Energiemenge von 1,3 Petawatt (1 PW = 10^9 Megawatt = 10^{15} Watt) und bei 48° N noch 0,6 PW in den Nordatlantikraum, wo sie zu einem großen Teil an die Atmosphäre abgegeben wird, das regionale Klima um bis zu 10 K erwärmt und in Folge der vorherrschenden Westwinde für das außerordentlich milde Klima in Nordwesteuropa sorgt …

Die Abkühlung des Oberflächenwassers in der GIN-* und Labradorsee und der mitgebrachte hohe Salzgehalt, der durch die Bildung von Meereis noch weiter erhöht wird, verleihen den Wassermassen eine so hohe Dichte, dass sie in gewaltigen Mengen bis in Tiefen von zwei bis drei Kilometern absinken. Diese Absinkvorgänge wirken wie ein Sog und ziehen immer wieder neue warme und salzreiche Wassermassen aus der Karibik nach Norden. In der Tiefe strömen sie dann als Nordatlantisches Tiefenwasser (NADW) in einer Größenordnung nach Süden zurück, die etwa 20-mal so hoch wie der Abfluss aller Flüsse der Erde und um einiges größer als die gesamte globale Niederschlagsmenge ist."

A4 Erstellen Sie ein Wirkungsgefüge (vgl. Methodendoppelseite 466–467), welches die Folgen einer Abkühlung des Oberflächenwassers des Nordatlantiks darstellt.

M3 David Fierstein in Richard B. Alley: Das instabile Klima. Aus Spektrum der Wissenschaft, Dossier 2/2005 (Die Erde im Treibhaus). Heidelberg: Spektrum der Wissenschaft Verlagsgesellschaft, S. 46, auf www.wissenschaft-online.de/spektrum/leseproben/Klimawechsel.pdf, Juni 2008

M4 Ernst Maier-Reimer, Max-Planck-Institut für Meteorologie, Hamburg; auf www.mpimet.mpg.de/presse/faq-s/was-ist-der-golfstrom.html, Juni 2006

M5 www.hamburger-bildungsserver.de/index.phtml?site=themen.klima: Der Ozean im Klimasystem/2. Das große marine Förderband/2.1 Das Strömungssystem, Juni 2006, gering korrigiert

*GIN-See: Meer zwischen Grönland, Island und Norwegen

Online-Link
29060X-2502

Fallbeispiel: **Ökologische Belastungsprobleme im Mittelmeer**

M 6 Modell der thermohalinen Schichtung und Konvektion im Mittelmeer

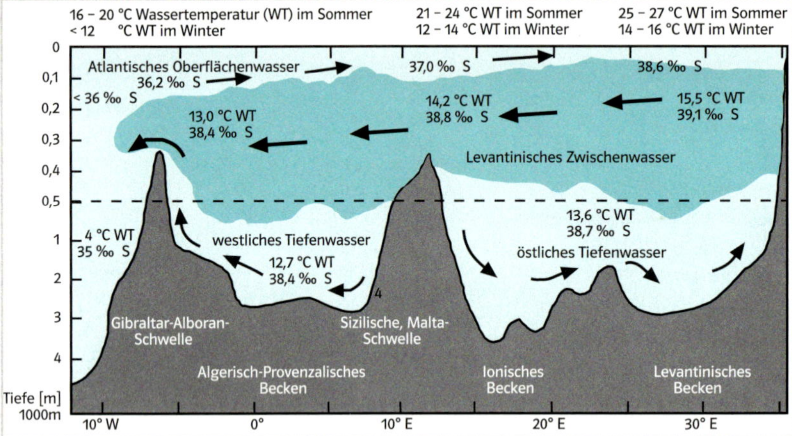

M 10 Caulerpa taxifolia, die „Killer-Alge"

M 7 Wasserbilanz des Mittelmeers

Bilanzgröße	Wassermenge (1000 m³/s)
Niederschlag	+25
Oberflächenabfluss	+16
Evaporation	−122
Verdunstungsdefizit	−81
Mariner Zufluss:	
Dardanellen	+6
Straße von Gibraltar	+75

M 9 Fischfang

Der Fischbestand des Mittelmeeres ist artenreich, aber wegen des natürlicherweise geringen Nährstoffangebotes ist die Zahl und Masse der Individuen eher gering. Insgesamt werden ca. 100 Arten kommerziell genutzt, darunter Sardinen und Sardellen im Oberflächen- und mittleren Bereich sowie Seehecht, Seezunge oder Garnelen im tiefen Bereich. Mit der Weiterentwicklung der technischen Ausrüstung wurden die Fischereiflotten ständig modernisiert, die Fangmenge pro Schiff ist seit den 1960er Jahren stark angestiegen. Durch diese intensive Bewirtschaftung stehen die Populationen einzelner Arten am Rand des Zusammenbruchs.

Die Züchtung von Speisefischen und Weichtieren in Marikulturanlagen zur Entlastung der natürlichen Bestände ergibt weitere Probleme, da u.a. der Einsatz von Medikamenten und Chemikalien sowie die Konzentration von organischem Material lokale Habitatzerstörungen zur Folge haben können.

M 8 Ökologischer Zustand des Mittelmeers

Nährstoffarm und überdüngt. Das Mittelmeer gilt als oligotroph, d.h. es handelt sich um ein nährstoffarmes Meer, an das sich die endemischen Arten angepasst haben. Vor allem über die einmündenden Flüsse findet jedoch ein starker Eintrag anthropogener Nährstoffe durch ungeklärte Abwässer aus den städtischen Zentren – insbesondere auch aus dem Hinterland – Industrieanlagen und der Landwirtschaft statt. Verstärkt wird dies in den Hauptreisemonaten durch die Touristenströme. Jährlich gelangen so bis zu 360 000 t Phosphate und 1 Mio. t Nitrate ins Mittelmeer. Dieses Überangebot verursacht Algenblüten, die zu einer Störung des Sauerstoffhaushalts sowie zur Bildung von giftigem Schwefelwasserstoff führen und somit eine Bedrohung des marinen Ökosystems darstellen.

Schadstoffeintrag. In Verbindung mit den Nährstoffen gelangen auch zahlreiche Schadstoffe, darunter Pestizide und Herbizide sowie Schwermetalle und Chlorkohlenwasserstoffe, in das Mittelmeer, die sich dann in der Nahrungskette anreichern. Von besonderer Bedeutung ist Quecksilber, das nicht nur auf anthropogene Quellen, sondern auch auf die aktiven Vulkane des Mittelmeerraums zurückzuführen ist. Neben den Nähr- und Schadstoffeinträgen sind für das Mittelmeer besonders die Belastungen durch Erdöl [M 11] problematisch. Die UNEP schätzt, dass jährlich 120 000 t Erdöl ins Mittelmeer gelangen, Greenpeace hingegen geht von etwa 635 000 t aus. Davon stammen ca. 5 % aus der Atmosphäre, 40 – 45 % aus Einträgen vom Land und gut die Hälfte aus dem Schiffsverkehr. Neben dieser schleichenden Ölverschmutzung drohen zusätzlich Umweltkatastrophen, wie zuletzt durch die Bombardierung von Öltanks an der libanesischen Küste, durch die sich zwischen 10 000 und 35 000 Liter Heizöl ins Meer ergossen haben. Von der Gesamtbelastung der Meere durch Erdöl ist allein das Mittelmeer mit etwa 20 % betroffen.

M 11 Marin-ökologische Belastungsprobleme im Mittelmeerraum durch Erdölverschmutzung

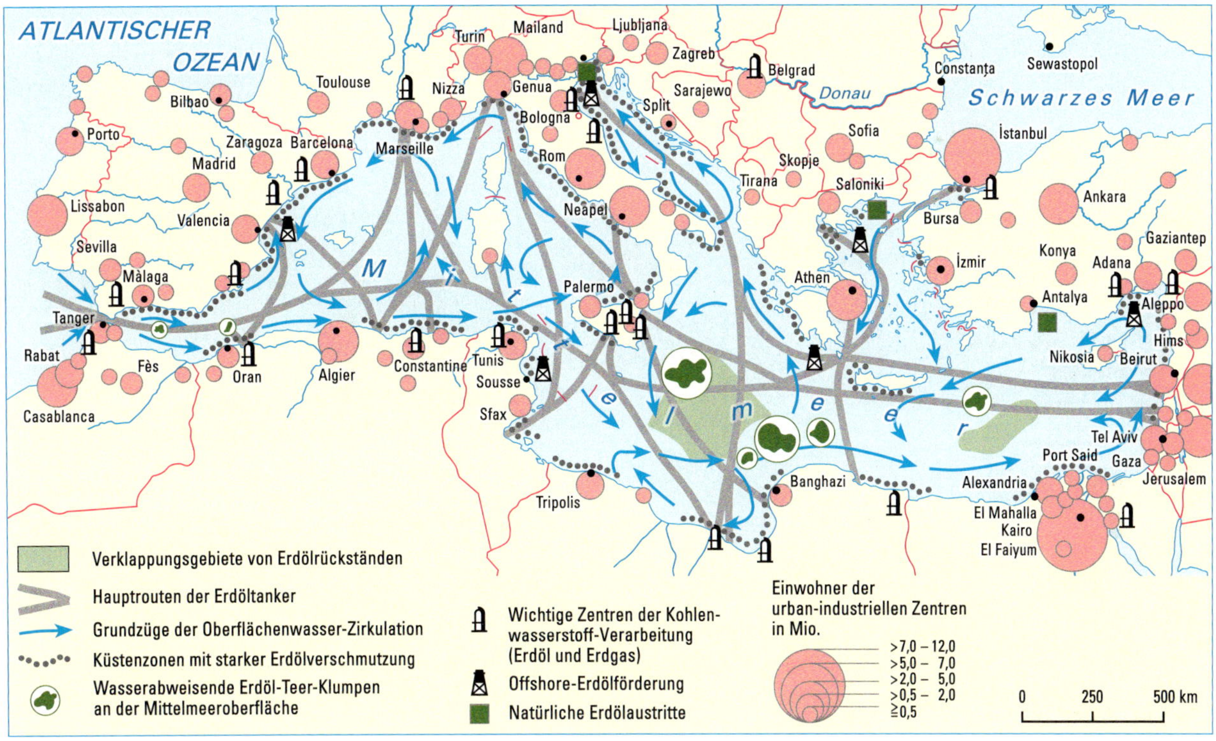

M 12 Klimawandel und Entwicklung der Lebewelt

Auch der Klimawandel wirkt sich im Mittelmeer relativ stark aus. Die Oberflächentemperaturen sind in den vergangenen 100 Jahren um 2,5 bis 4 K angestiegen, sodass das Wasser in den Sommermonaten bis zu 30 °C warm ist. Dementsprechend werden immer mehr Zuwanderer aus wärmeren Gewässern entdeckt, darunter zahlreiche tropische Arten wie Kugelfische oder Barrakudas. Insgesamt geht man von 600 neuen Arten aus, die jedoch für die heimischen Meerestiere und -pflanzen zahlreiche Probleme mit sich bringen. Als Beispiel ist hier die aus dem Ozeanographischen Institut von Monaco ausgebrochene tropische Alge Caulerpa taxifolia zu nennen, die sich explosionsartig vermehrt und die Seegraswiesen verdrängt hat. Um der Alge Einhalt zu gebieten, hat man eine Seeschnecke angesiedelt, die sich von selbiger ernährt. Ob diese Maßnahme auch Auswirkungen auf die endemischen Arten haben wird, bleibt abzuwarten.
Caulerpa taxifolia hat das Ökosystem des Mittelmeers aus dem Gleichgewicht gebracht und dem Tourismus an einigen Küstenstreifen erheblichen Schaden zugefügt. Letztendlich ist die große Algenplage aber auch auf die zunehmende Eutrophierung im Zuge industriellen Wachstums und immer intensiverer Landwirtschaft zurückzuführen.

A 5 Erläutern Sie den Wasserhaushalt des Mittelmeers.
A 6 Stellen Sie in einer Übersicht ökologische Belastungen des Mittelmeers dar.

M 6 und M 11 nach Klaus Giessner: Tiefenstruktur, Genese, Dynamik und marin-ökologische Belastungsprobleme des Mittelmeeres. In: Petermanns Geographische Mitteilungen, 144. Jg., H. 6. Gotha: Klett-Perthes 2006, S. 13 und S. 17

M 7 nach Cruzado 1985, aus ebenda, S. 12

M 8, 9 und 12 Kristian Uhlenbrock auf www.klett.de/sixcms/list.php?page=miniinfothek&miniinfothek=Geographie&article=Infoblatt+Mittelmeer, Juni 2008, verändert

Online-Link 29060X-2503

2 Kompetenzen festigen und anwenden

M1 Geoökosysteme als Raum-Zeit-Mensch-Phänomen

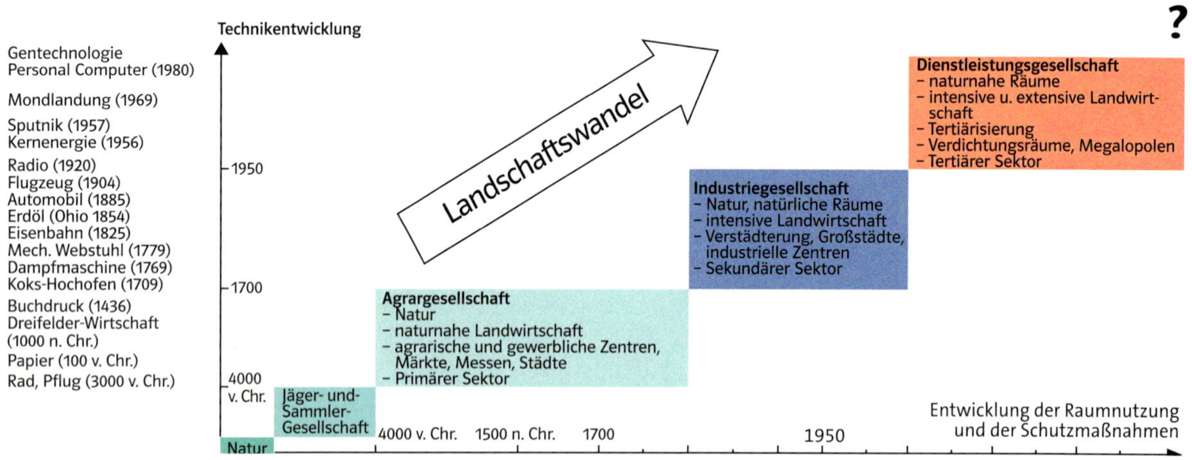

nach Hartmut Leser (Hrsg.): Umwelt: Geoökosysteme und Umweltschutz. Handbuch des Geographieunterrichts, Bd. 11. Köln: Aulis 1997, S. 255

In immer stärkerem Ausmaß greift der Mensch in die Geosphäre ein. Über lange Zeiträume hatte er innerhalb der sich selbst regulierenden Geoökosysteme eine vorwiegend passive Rolle: Seine Eingriffe hatten weitgehend lokale oder regionale Auswirkungen. Heute ist eine neue Qualität der Veränderungen zu beobachten. Der vom Menschen ausgelöste Klimawandel wird nicht nur die Funktionen von Geoökosystemen beeinträchtigen oder blockieren, er wird die globale Anordnung der Geoökosysteme ändern oder einzelne verschwinden lassen. Die Komplexität der Systeme ist nicht annähernd erfassbar, weder in den einzelnen Faktoren noch in den Wechselwirkungen. Hier müssen Modelle (vgl.

Bodendegradation: Verschlechterung der Bodenqualität durch natürliche Einflüsse und/oder menschliche Eingriffe, z. B. durch Erosion, Auswaschung von Nährstoffen oder durch zu intensive Nutzung.

borealer Nadelwald: Nadelwald Eurasiens und Nordamerikas südlich der →Tundra; er ist artenarm und besteht vor allem aus Fichten, Kiefern, Lärchen, Tannen und Birken.

Desertifikation: Entstehung wüstenähnlicher Bedingungen bzw. Ausbreitung von Wüsten infolge der Übernutzung des Ökosystems.

Ecofarming: standortgerechter bzw. ökologischer Anbau; es sucht eine Antwort auf die Benachteiligung tropischer Böden bei der monokulturellen Produktion von Nahrungsmitteln; verstärkt werden bodenständige, traditionelle Anbaumethoden angewandt, z. B. Fruchtwechsel, Verknüpfung von Baum- und Feldkulturen, große Artenvielfalt, Stockwerkbau, Düngung mit Mulch und Tierdung.

Flusskorrektur: bauliche Veränderung eines Flusslaufs, v. a. Begradigung und Kanalisierung.

Geoelement: im Modell des →Geoökosystems Grundbestandteil, der als Speicher, Regler oder Prozess auftritt.

Geofaktoren: die das Aussehen einer Landschaft bestimmenden natürlichen Gegebenheiten (z. B. Relief, Klima, Vegetation); i. w. S. auch vom Menschen geschaffene Gegebenheiten (z. B. Siedlungen, Verkehrswege); man unterscheidet: endogene Geofaktoren, d. h. Kräfte mit Ursprung im Innern der Erde (z. B. Gebirgsbildung, Vulkanismus), und exogene Geofaktoren, d. h. Kräfte, die von außen gestaltend auf die Erdoberfläche einwirken (z. B. Niederschläge, Wind).

Geoökosystem: das aus dem Zusammenwirken der →Geofaktoren sich ergebende System.

Golfstrom: Meeresströmung im Nordatlantik, die sich in einem bis zu 100 km breiten Band vom Golf von Mexiko bis an die Küsten West- bzw. Nordwesteuropas bewegt; aufgrund seiner relativ hohen Wassertemperaturen erhöht er stark die Lufttemperaturen an den Westküsten Europas.

Mäander: weit ausschwingende Flussschleife; typisch ist die Abfolge von durch Erosion gebildeten steilen Prallhängen und flachen Gleithängen, an denen der Fluss Material ablagert.

Nährstoffkreislauf (Nahrungskette): biologisch die Abfolge von Organismen, deren Ernährung direkt voneinander abhängt. Die Produzenten (v. a. Pflanzen) erzeugen Biomasse für die Konsumenten (v. a. Tiere). Nach deren Absterben werden ihre Abfall- bzw. Restprodukte von den Destruenten (v. a. Bakterien und Pilze) abgebaut, die wiederum den Pflanzen (Produzenten) als Nahrungsgrundlage zur Verfügung stehen.

ökologischer Fußabdruck: Methode zur Erkennung und Quantifizierung der Umweltauswirkungen bestimm-

S. 472–473) die vielfältigen Strukturen und Prozesse beschreiben und verständlich machen.
Die weit reichenden Folgen menschlicher Eingriffe führen zur Erkenntnis, dass nur ein nachhaltiges Handeln auf lokaler und globaler Ebene unsere Lebensgrundlagen sichern kann.

Die Komplexität der Geoökosysteme verhindert jedoch oft, dass wir die Folgen unseres Handelns für die Geosphäre vollständig erkennen. Dies darf jedoch kein Grund sein, die Nachhaltigkeit nicht zum Kriterium unseres täglichen Handelns zu machen.
Welche Bedeutung haben die gewonnenen Erkenntnisse dieses Kapitels für unser nachhaltiges Handeln? Schwerpunktmäßig muss man diese Frage auf lokaler Ebene beantworten. Die Lokalen-Agenda 21-Prozesse berücksichtigen mit der Aufforderung „Global denken, lokal handeln" nicht nur die lokalen Geoökosysteme und ihre ökonomischen und sozialen Verflechtungen, sondern auch die weltweite Verantwortung im Rahmen der fortschreitenden Globalisierung.

A1 Erklären Sie, weshalb Geoökosysteme als „Raum-Zeit-Mensch-Phänomene" (M1) bezeichnet werden.
A2 Untersuchen Sie Ihre Heimatgemeinde auf Grundlage einer Behördenbefragung, Internetrecherche, eigener Messreihen oder kartographischer Aufnahmen hinsichtlich der ökologischen Belastungen in folgenden Bereichen: Lufttemperatur, Versiegelung des Bodens und Luftqualität.
A3 Das Geoökosystem Arktis gilt als „Dominostein" im globalen Klimawandel. Wissenschaftler haben dort fünf von 16 möglichen „Kipp-Prozessen" identifiziert – kritische Stellen auf der Erde, wo bereits kleine Veränderungen ausreichen, das globale Klima kippen zu lassen. Diese fünf Kipp-Prozesse sind:
- Schmelzen des Grönlandeises,
- Unterdrückung der arktischen Tiefenwasserbildung,
- Verlust des arktischen See-Eises,
- Störung der marinen Kohlenstoffpumpe,
- Methanfreisetzung aus aufgetautem Permafrostboden.

A3a) Beschreiben Sie mithilfe des Kapitels 2.4 in arbeitsteiliger Gruppenarbeit den jeweiligen Kipp-Prozess.
A3b) Erstellen Sie ein Wirkungsgefüge (vgl. Methodendoppelseite 466–467), indem Sie die Elemente der einzelnen Prozesse miteinander vernetzen.
A4 Analysieren Sie – gegebenenfalls im Rahmen eines Projekts oder einer Facharbeit – einen lokalen Agenda-21-Prozess im Hinblick auf lokale und globale Wirkungen auf Geoökosysteme.

ter menschlicher Aktivitäten; mit dem ökologischen Fußabdruck lässt sich der Ressourcenverbrauch des Menschen bildlich in Form des Flächenverbrauchs darstellen – mit dem Ziel, Bewertungskriterien für ein Ressourcen schonendes und nachhaltiges Wirtschaften zu entwickeln.

Permafrostboden / Dauerfrostboden: ein bis in tiefere Schichten ganzjährig gefrorener Boden, dessen obere Schichten nur im Sommer auftauen, wobei die Schmelzwässer zu einer starken Durchnässung führen.

Primärwald: ein Naturwald, der sich an einem bestimmten Standort als Erstwald gebildet hat und keine wesentliche Veränderung durch menschliche Eingriffe erfahren hat; vgl. → Sekundärwald.

Sekundärwald: ein Wald, der sich nach Zerstörung der ursprünglichen Vegetation als Folgewald einstellt; vgl. → Primärwald.

Shifting cultivation (Wanderfeldbau): Sammelbezeichnung für Formen des Ackerbaus v.a. in den Tropen, bei dem die Anbauflächen und z.T. auch die Siedlungen nach Erschöpfen der Bodenfruchtbarkeit in einem gewissen zeitlichen Rhythmus verlegt werden.

Stockwerkbau: in der Biowissenschaft Schichtung der Vegetation, z.B. des tropischen immergrünen Regenwaldes in verschiedene Stockwerke.

Stoffflussanalyse: Methode zur Erfassung der Güter- und Stoffflüsse zwischen der Anthroposphäre (vom Menschen gestalteten Welt) und der natürlichen Umwelt; mithilfe technisch-naturwissenschaftlicher Kriterien werden Prozesse und Lager – sie entstehen durch die Anhäufung von Gütern und Stoffen – sowie deren Veränderungen erfasst; Ziel: den Ressourcenverbrauch des Menschen erfassen und Bewertungskriterien für nachhaltiges Wirtschaften gewinnen.

thermohaline Zirkulation: Wassermassenaustausch im Meer, der durch räumliche Unterschiede in Temperatur und Salzgehalt hervorgerufen wird; diese bewirken Unterschiede der Dichte und dadurch Druckgradienten; die globale thermohaline Zirkulation stellt eine großräumige Umwälzbewegung des Ozeans dar, die durch Absinken dichter Wassermassen in den Subpolargebieten hervorgerufen wird.

Tropischer Regenwald: Vegetationsform des immerfeuchten, heißen innertropischen Klimas beiderseits des Äquators, gekennzeichnet durch die artenreichste, üppigste Pflanzenwelt der Erde wegen der fehlenden Vegetationspause, Kennzeichen: → Stockwerkbau.

Tundra: baumfreie bzw. -arme niedrige Vegetation der Subpolargebiete.

Versiegelung: Abdeckung des Bodens, sodass kein Regenwasser und keine Luft eindringen können; Niederschläge fließen oberirdisch rasch ab, der Grundwasserspiegel sinkt.

Wärmeinsel: ein lokales Gebiet mit einer im Vergleich zur Umgebung höheren Temperatur; besonders Städte gelten als Wärmeinseln.

3 Bevölkerung – Wachstum, Struktur und Migration

Über 1,3 Mrd. Heranwachsende zwischen 10 und 19 Jahren, die größte Teenagergeneration aller Zeiten, stehen heute an der Schwelle zum Erwachsenenalter. In Deutschland und anderen entwickelten Staaten allerdings wächst der Anteil der „Alten" unaufhörlich.

Die Größe der Weltbevölkerung wird in den nächsten Jahrzehnten entscheidend von der Zahl der Kinder abhängen, die diese Generation im Laufe ihres Lebens bekommt. Selbst wenn jedes Paar sich mit zwei Nachkommen nur selbst „ersetzt", würde die Bevölkerungszahl weltweit aufgrund der hohen Zahl junger Menschen im fortpflanzungsfähigen Alter weiter stark anwachsen. Der Bedarf dieser wachsenden Weltbevölkerung an Wasser, nutzbarem Land, Nahrung und Energie wird weiter steigen.
Ob die Weltbevölkerung bis zur Mitte des Jahrhunderts auf neun, zehn oder gar zwölf Milliarden Menschen anwächst, hängt entscheidend vom heutigen entwicklungspolitischen Handeln ab.

- Wird es gelingen, die Bevölkerungszahlen weltweit durch Entwicklungsfortschritte zu beeinflussen?
- Lassen sich die in Europa bei der Senkung der Fertilitätsrate gesammelten Erfahrungen auf andere Räume übertragen?
- Müssen heute in der Familienplanung andere, rigorosere Maßnahmen ergriffen werden oder machen unkontrollierbare Epidemien jedes vorausschauende Denken zunichte?
- Wird die in Entwicklungsländern noch immer zu beobachtende hohe Anzahl an Geburten schon sehr bald weltweit durch eine neue Altersstruktur, in der der Anteil der Rentnergeneration ständig zunimmt, abgelöst?
- Können die Menschen in ihrer Heimat sicher leben oder werden sie – getrieben durch Krieg, Umweltkatastrophen oder Armut – zu Migranten?

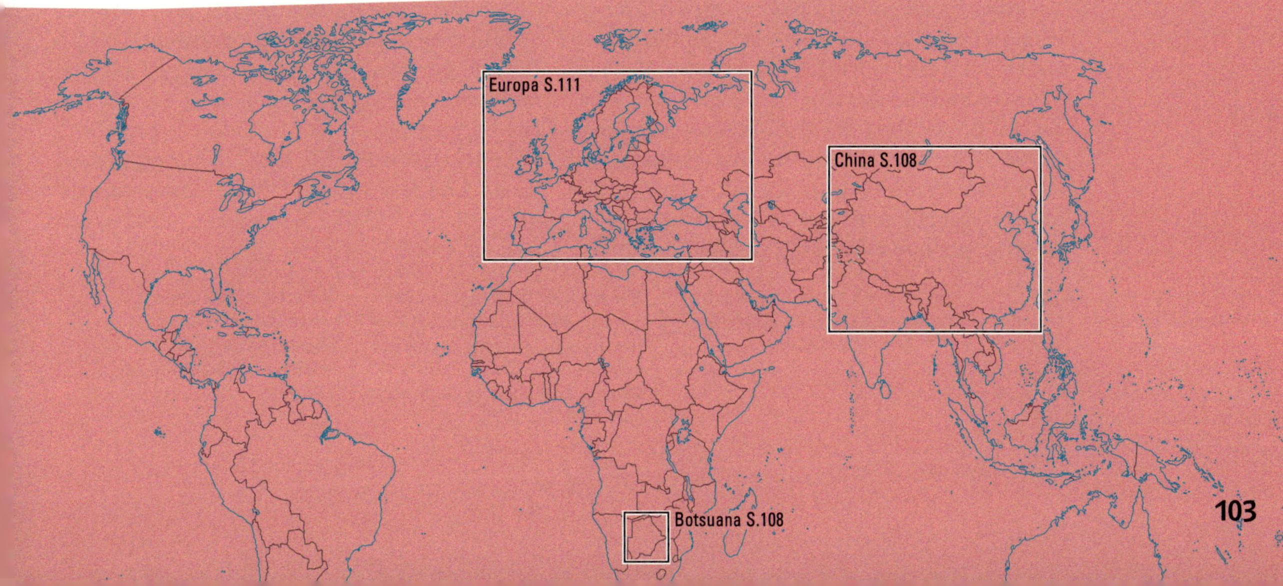

3.1 Bevölkerungsentwicklung

M1 Wie entwickelt sich die Weltbevölkerung? (Zuwachs ab 2010 mittlere Prognose)

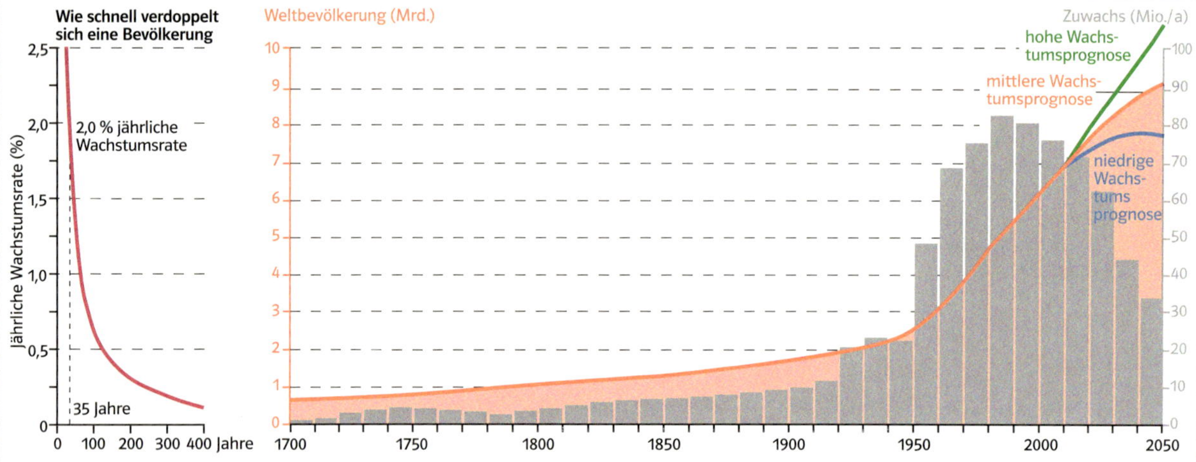

UN-Bevölkerungsprognose

3.1.1 Bevölkerungswachstum als soziale Frage

Dimensionen. Die Weltbevölkerung hat sich im 20. Jh. nahezu vervierfacht. 2007 lebten rund 6,7 Mrd. Menschen auf der Erde; 155 kommen pro Minute hinzu, sodass die Erdbevölkerung jährlich um 80 Mio. Menschen wächst.

Bevölkerungswachstum

Mitte des 17. Jh.s lag die Zahl der Erdbewohner bei rund 500 Mio. Erst danach beschleunigte sich das Bevölkerungswachstum, sodass um das Jahr 1800 herum die erste Milliarde erreicht war. Zwei Milliarden waren es um 1930. Seit dieser Zeit verlief das Bevölkerungswachstum besonders rasant. Für die Verdoppelung auf 4 Mrd. Menschen waren nur noch 45 Jahre nötig. Der medizinische Fortschritt erleichterte die Bekämpfung von Krankheiten und half – unterstützt durch die Verbesserung der hygienischen Verhältnisse und den Anstieg der Nahrungsproduktion – auch in den Entwicklungsländern die Lebenserwartung der Menschen deutlich zu erhöhen und die Säuglingssterblichkeit zu senken. Zur Jahrtausendwende lebten etwa 6 Mrd. Menschen auf der Erde. Nach mittleren Wachstumsprognosen der UN wird die Bevölkerungszahl zur Mitte unseres Jahrhunderts bei knapp über 9 Mrd. liegen; erst ab 2070 erwarten die UN-Prognosen einen Rückgang der Weltbevölkerung.

Säuglingssterblichkeit (G)
Fertilitätsrate (G)

Generatives Verhalten. Etwa 80 % der Weltbevölkerung leben heute in Entwicklungsländern. Obwohl auch hier (mit Ausnahme von Afrika, dessen Anteil an der Weltbevölkerung weiter steigt) die Zuwachsraten der Bevölkerung mittlerweile rückläufig sind, tragen diese Regionen zu über 90 % zum weltweiten Bevölkerungswachstum bei. Zu den demographischen Kennzeichen vieler Entwicklungsländer zählen viele Geburten je Frau und eine sehr junge Altersstruktur.

Gerade der letztgenannte Punkt ist besonders beachtenswert, denn die Anzahl zukünftiger Geburten wird mitentschieden durch die Anzahl der Frauen, die ins gebärfähige Alter kommen, und hier zeigt sich gegenwärtig, dass rund ein Drittel aller heute in Entwicklungsländern lebenden Menschen das reproduktionsfähige Alter noch gar nicht erreicht hat.

Um die einfache Reproduktion einer Bevölkerung zu gewährleisten, muss die Fertilitätsrate mindestens bei 2,1 liegen (vgl. M3). Obwohl sich in den zurückliegenden 50 Jahren die Kinderzahl pro Frau halbiert hat, liegt gegenwärtig der Weltdurchschnitt immer noch bei 2,6. Dabei bringen die Frauen in Industriestaaten im Schnitt 1,6 Kinder zur Welt, während Frauen in Entwicklungsländern (ohne China) durchschnittlich 3,3 Kinder bekommen, 1960 waren es noch sechs.

M1 nach UN/DESA: World Population Prospects: The 2004 Revision; World Urban Prospects: The 2003 Revision, Stand Juni 2006/(US-)Population Reference Bureau, Data Sheet 03.2003, Washington, D.C./DSW-Grafik

M2 und M3 nach DSW-Datenreport, versch. Jg./DSW-Grafiken

M4 nach World Population Monitoring 2003. New York: UN 2004, auf www.un.org/esa/population/publications/2003monitoring/WorldPopMonitoring_2003.pdf, Juni 2008

Weiterführende Links
www.berlin-institut.org, www.dsw-online.de, www.weltbevoelkerung.de, Mai 2008

Das Bevölkerungswachstum ist dort am größten, wo die größten Defizite im Bildungs- und Gesundheitswesen zu beobachten sind. Es geht dort zurück, wo Analphabetentum und Säuglingssterblichkeit sinken und Frauen bessere Berufsmöglichkeiten haben. Mit einer Verdreifachung ihrer Bevölkerungszahl müssen neben Afghanistan und Osttimor mehrere Staaten Zentralafrikas rechnen. Demgegenüber ist in 43 ökonomisch entwickelten Staaten die Geburtenziffer schon heute niedriger als es für die Reproduktion der Bevölkerung erforderlich ist. Allein Japan wird nach UN-Berechnungen bis 2050 rund 27 Mio. Ew. verlieren, Russland 32 Mio.

Da eine Veränderung des generativen Verhaltens in den Industriestaaten einen kausalen Zusammenhang zwischen demographischer und sozio-ökonomischer Entwicklung zeigt, scheinen eine Reihe von Maßnahmen sinnvoll zu sein:

- die Bekämpfung der Armut durch Investitionen in soziale Grunddienste,
- der Aufbau sozialer Sicherungssysteme, die den Zwang vermindern, möglichst viele Kinder zur eigenen Alterssicherung in die Welt zu setzen,
- die Verbesserung der Bildungschancen,
- der Ausbau von Basisgesundheitsdiensten und Beratungszentren für Familienplanung,
- verstärkte Programme zur Frauenförderung.

Allerdings stellen sich Änderungen nur ein, wenn Gesellschaften zu einem von innen kommenden kulturellen Wandel, der allenfalls von außen gestützt werden kann, bereit sind. Solange eine große Kinderschar als Geschenk des Himmels oder als Ausdruck von Männlichkeit gilt, kann auch ein ungehinderter Zugang zu Kontrazeptiva wenig bewirken.

A1 Alle zwei Jahre formulieren die UN neue Berechnungen zur zukünftigen Entwicklung der Weltbevölkerung. Der Aussagewert solcher Prognosen ist abhängig von der Qualität der zugrunde liegenden Annahmen.

A1a) Vergleichen Sie auf der Grundlage einer Internetrecherche (z. B. www.weltbevoelkerung.de, Mai 2008) eine neuere Prognose zur Entwicklung der Weltbevölkerung mit den UN-Prognosen von 2003 in M1.

A1b) Untersuchen Sie die jeweils zugrunde gelegten Erwartungen über die durchschnittliche Kinderzahl je Frau.

A2 Erläutern Sie Zusammenhänge zwischen Schulbildung und generativem Verhalten.

M2 Regionale Verteilung der Weltbevölkerung zu verschiedenen Zeitschnitten

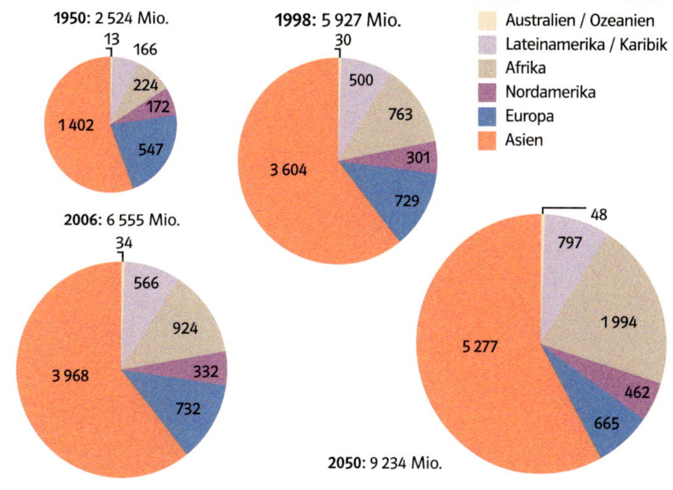

M3 Projektion der Kinderzahl pro Frau bis 2050 nach Staatengruppen (mittlere Variante)

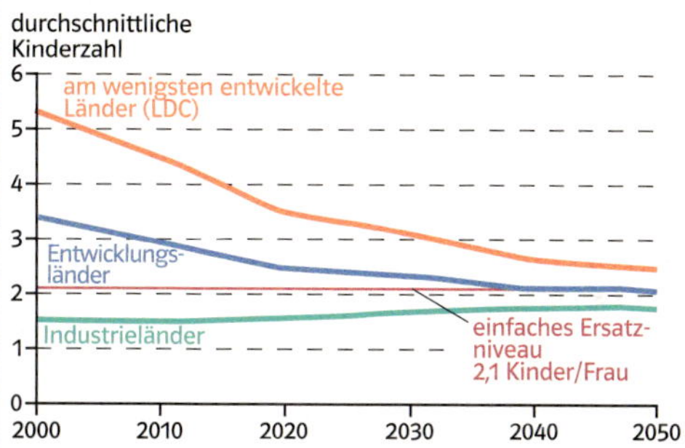

Analphabetentum
Alterssicherung
Familienplanung (G)

M4 Kinderzahl in Abhängigkeit vom Bildungsgrad für ausgewählte Länder

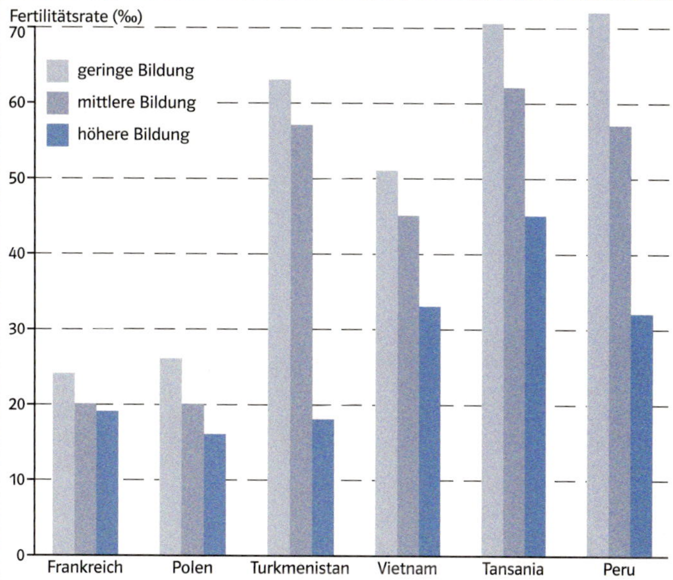

M5 Durchschnittliche Kinderzahl je Frau 2006

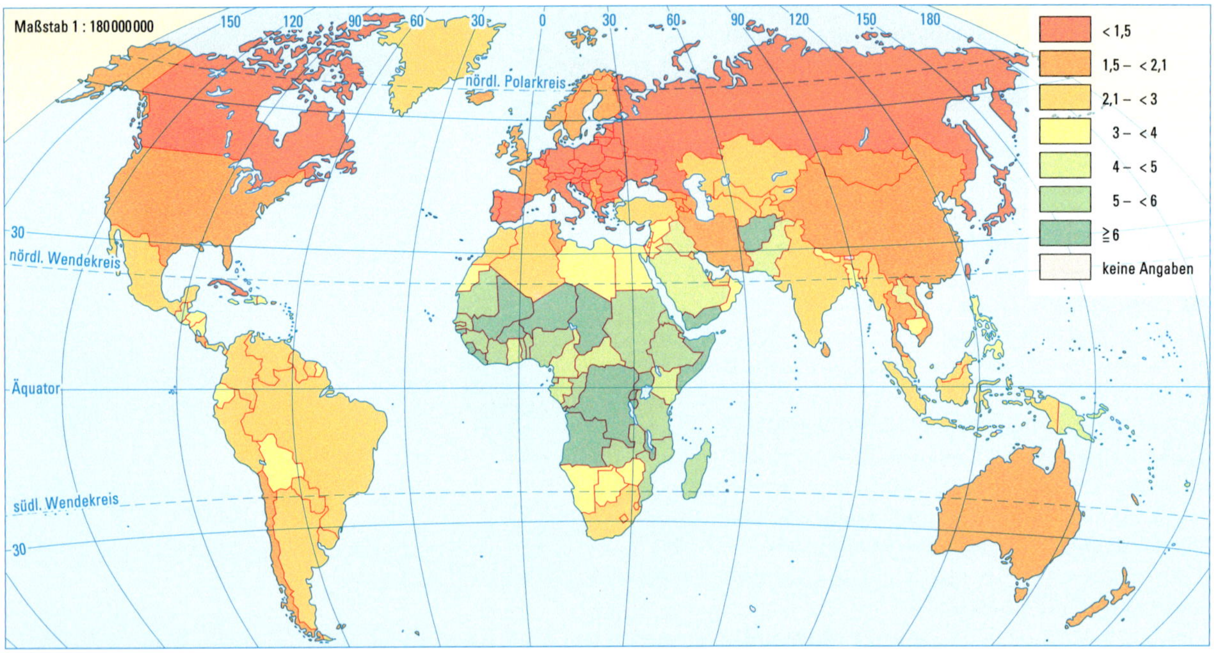

M6 Prognostizierte Bevölkerungsentwicklung 2006–2050 (mittleres Wachstumsszenario, in %)

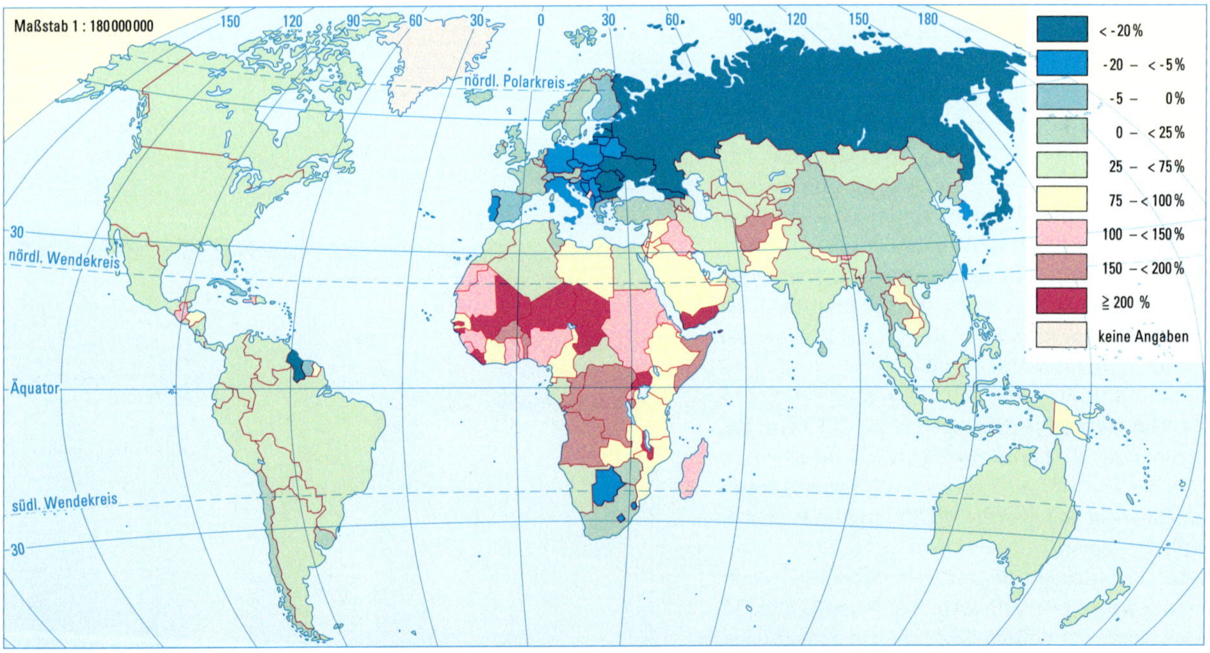

M5 u. M6 nach DSW-Datenreport 2006. Hannover: Deutsche Stiftung Weltbevölkerung 2006, auf www.munichre-foundation.org/NR/rdonlyres/9ECAA504-A195-4B1B-80F7-8A10CB1885DA/0/PosterZurLagederWeltbevoelkerung_Web.pdf, Juni 2008

M8 nach Weltbank (Hrsg.): Weltentwicklungsbericht, verschiedene Jg., sowie nationale Statistiken

M9 nach Wolfgang Kuls: Bevölkerungsgeographie. Stuttgart: Teubner 1980, S. 143, aktualisiert

Weiterführende Literatur
DSW-Datenreport, Hannover: Deutsche Stiftung Weltbevölkerung, verschiedene Jg.
www.weltbevoelkerung.de, Mai 2008

Online-Link
29260X-3101

3.1.2 Der „demographische Übergang“

Wann ist der Zeitpunkt erreicht, von dem an die Anzahl der Menschen auf der Erde nicht mehr weiter ansteigt? Aus der Vergangenheit sind mehrere Versuche bekannt, Regelhaftigkeiten der Bevölkerungsentwicklung bestimmter Räume zu erkennen und diese auf die Zukunft und andere Weltregionen zu übertragen. Einer der bekanntesten Ansätze dafür ist das von der Analyse der westeuropäischen Bevölkerungsprozesse ausgehende „Modell des demographischen Übergangs“. Es sagt aus, dass sich die Bevölkerung einer Gesellschaft über mehrere Phasen entwickelt, von hohen Sterbe- und Geburtenraten hin zu einer Situation, in der sich die Werte dauerhaft auf sehr niedrigem Niveau stabilisieren.
Überprüfungen des Modells zeigen, dass sich der in einigen Teilen Europas zu beobachtende demographische Übergang in Nordamerika sowie den anderen von europäischen Zuwanderern beeinflussten überseeischen Regionen (Australien, Teile von Südamerika) nachzeichnen lässt.
Eine Übertragung auf die Bevölkerungsentwicklung weiterer Staaten stößt allerdings an Grenzen. Die Bevölkerungssituation mehrerer Staaten lässt sich zwar zu einem bestimmten Zeitpunkt mit dem Modell vergleichen, das Modell zeigt jedoch keine allgemeingültige Gesetzmäßigkeit.
Die demographische Entwicklung vieler Entwicklungsländer weist nämlich gegenüber den Industriestaaten (M8) einige grundlegende Unterschiede auf. Auffallend ist, dass sich die Schere zwischen Geburten- und Sterberate in den heutigen Entwicklungsländern deutlich weiter öffnet, als dies in Europa je der Fall war. Dies hängt sowohl mit einer im Vergleich zu Europa höheren Ausgangsgeburtenrate als auch mit einer rascheren Senkung der Sterberate zusammen. Nicht bestätigen lässt sich für die Entwicklungsländer zudem die europäische Erfahrung, dass sich die Dauer des demographischen Übergangs bei verspätetem Beginn verkürzen lässt.
Um die Entwicklung des Bevölkerungswachstums eines Raumes zu veranschaulichen und die relative Position verschiedener Länder zu vergleichen, kann das „demographische Verlaufsdiagramm“ herangezogen werden.

M7 Idealschema des demographischen Übergangs

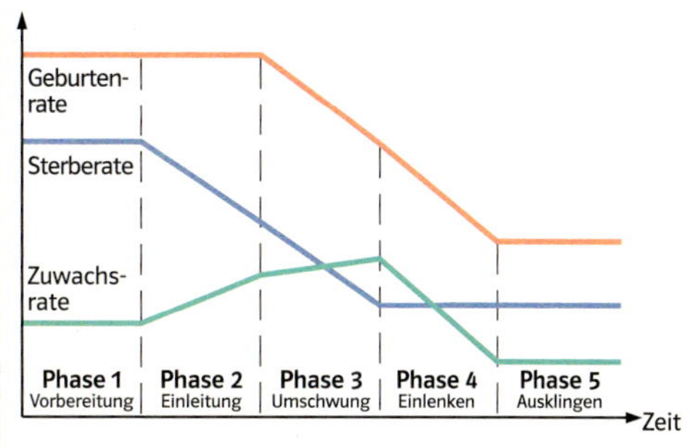

M8 Stand des demographischen Übergangs in ausgewählten Ländern 2005

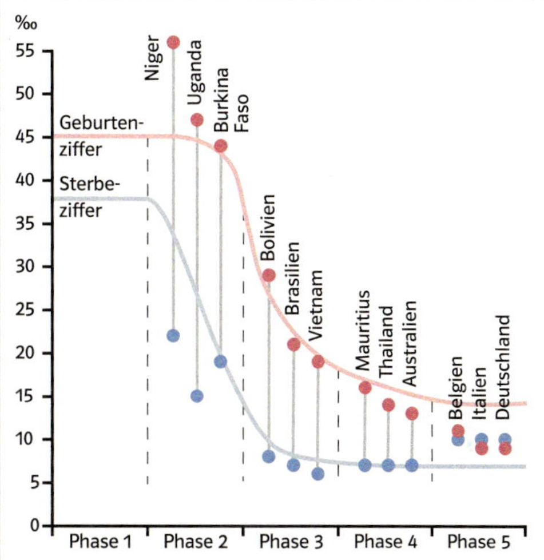

demographischer Übergang (G)

Sterberate/-ziffer (G)
Geburtenrate/-ziffer (G)

demographisches Verlaufsdiagramm

M9 Demographische Verlaufsdiagramme von Schweden und Mauritius

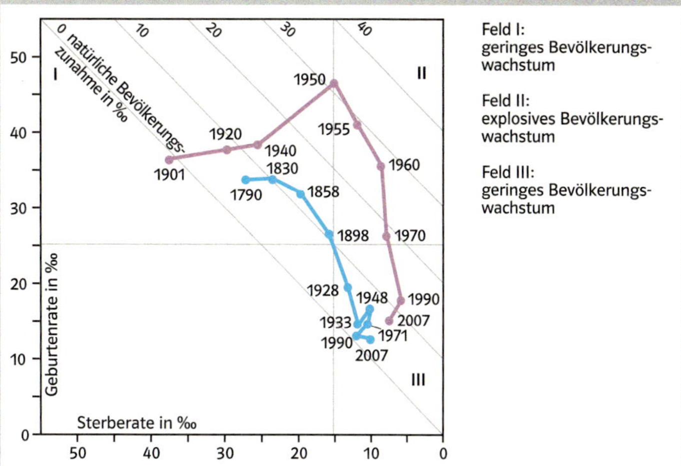

A3 Erläutern Sie die einzelnen Phasen des „Modells des demographischen Übergangs“ (M7).

A4 Vergleichen Sie die Bevölkerungsentwicklung von Mauritius und Schweden (M9). Ordnen Sie die Kurven den Staaten zu und bestimmen Sie für einzelne Zeitabschnitte die zugehörigen Phasen des „Modells des demographischen Übergangs“.

Fallbeispiel: **Botsuana – eine Epidemie steuert das Bevölkerungswachstum**

M10 Überall im südlichen Afrika: Anti-Aids-Kampagnen, hier bei Lusaka, Sambia

M11 Sterberate in Botsuana nach Altersgruppen 2010

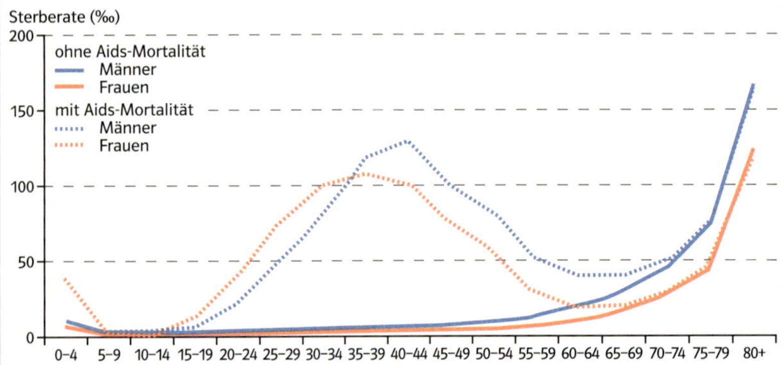

M12 Entwicklung der Altersstruktur in Botsuana unter dem Einfluss von Aids

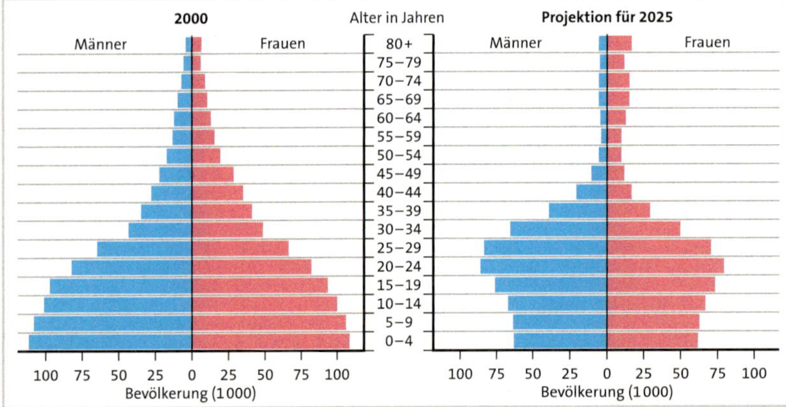

Im Durchschnitt wird ein heute geborener Afrikaner nur 53 Jahre alt. Dies entspricht der durchschnittlichen Lebenserwartung in Europa um das Jahr 1900.

Die in weiten Teilen Afrikas südlich der Sahara grassierende HIV/Aids-Epidemie (vgl. Karte M4, S. 314) stellt das größte Hindernis auf dem Weg zu einer höheren Lebenserwartung dar. Von den weltweit rund 40 Mio. HIV-Infizierten leben allein in Afrika 26 Mio. Während 2,5 Mio. von ihnen jährlich sterben, sind im gleichen Zeitraum etwa 3,25 Mio. Neuinfizierte zu beklagen.

Besonders deutlich lassen sich die Folgen der HIV/Aids-Erkrankungen am Beispiel Botsuanas zeigen. Über ein Drittel der 16–45-Jährigen ist mittlerweile erkrankt. Erwartet wird, dass die durchschnittliche Lebenserwartung des Jahres 1991 von 63 Jahren bis 2016 auf unter 30 Jahre sinken wird.

Die Aids-Erkrankungen bringen für die unmittelbar Betroffenen viel persönliches Leid; darüber hinaus werden sie die wirtschaftliche Entwicklung des Landes erheblich beeinträchtigen, weil die gerade mit viel Aufwand ausgebildeten und dann erkrankten Arbeitskräfte dem Land fehlen werden (vgl. S. 314).

Seit rund 15 Jahren steuert Botsuana mit großen Anstrengungen dagegen an. Informationskampagnen über Plakatwände und Medien helfen, die Bevölkerung über die Krankheit und Vorbeugemaßnahmen aufzuklären. Eine medizinische Grundversorgung ist auch in abgelegenen Regionen gewährleistet. HIV-Erkrankte erhalten notwendige Medikamente mittlerweile kostenfrei zur Verfügung gestellt.

A 5 Erläutern Sie Auswirkungen der Aids-Epidemie auf die Bevölkerungsstruktur Botsuanas.

A 6 „Aids ist zugleich Ursache und Folge von Armut." Erklären Sie diese Aussage anhand eines Wirkungsgeflechts (vgl. Methodendoppelseite 466 – 467).

M11 nach U.S. Census Bureau, International Data base, auf www.berlin-institut.org/fileadmin/user_upload/Studien/dt_Dynamics.pdf, Mai 2008

M12 nach Oswald Klappacher/Gerhard Karl Lieb: GW kompetent 1, 2. Aufl. Linz: Veritas 2007, S. 36

Online-Link
29260X-3102

Online-Link
zur mittelalterlichen Pestepidemie in Europa:
29260X-3103

Gegründet wurde die Volksrepublik China im Jahre 1949. Damals lebten rund 540 Mio. Menschen im Land. Trotz niedriger Lebenserwartung stieg in den 1950er Jahren die Zahl der Chinesen stark an. Mitte des Jahrzehnts wurden erste Kampagnen zur Geburtenkontrolle initiiert, aber erst seit Beginn der 1970er Jahre ist eine klare Linie erkennbar. Das Heiratsalter wurde erhöht; eine Zwei-Kind-Beschränkung sowie Planziffern für den Bevölkerungszuwachs wurden eingeführt.

Mit Beginn der chinesischen Wirtschaftsreformen (1979, vgl. S. 416ff.) galt die Überbevölkerung als Haupthindernis für den wirtschaftlichen Fortschritt. Die seit 1979 geltenden Regeln sehen die Ein-Kind-Familie und sofortige Abtreibung bei ungenehmigten Schwangerschaften vor. Von den Bestimmungen sind nur die nationalen Minderheiten sowie Bauern, deren erstes Kind eine Tochter ist, ausgenommen. Die Kontrolle der Geburtenbegrenzung wird jedoch auf lokaler Ebene durchgeführt, sodass erhebliche Unterschiede in der Handhabung der Regelungen zu beobachten sind: In manchen Gebieten drohen bei jedem Verstoß drakonische Strafen, in anderen werden häufig Ausnahmen gemacht. Insbesondere außerhalb der Städte sind Familien mit mehr als einem Kind anzutreffen.

Die Sanktionierung von ungenehmigten Geburten reichte von Entzug von Sozialleistungen über hohe Geldstrafen bis zur Degradierung und zum Arbeitsplatzverlust. Schätzungen gehen davon aus, dass seit Mitte der 1990er Jahre durch die Geburtenkontrolle rund 340 Mio. Geburten verhindert wurden.

Zu den ungewollten Nebenerscheinungen dieser Politik gehört auch, dass aufgrund der besonderen Stellung des Sohnes in der chinesischen Tradition weibliche Föten verstärkt abgetrieben werden, sodass in China mittlerweile auf 100 Mädchen etwa 120 Jungen kommen. Bereits heute sind 90 % der Alleinstehenden zwischen 30 und 40 Jahren Männer. Um wieder ein natürliches Gleichgewicht herzustellen, wurde das Feststellen des Geschlechtes per Ultraschall in der Volksrepublik unter Strafe gestellt.

Die Ein-Kind-Politik ist zunehmend in Kritik geraten. Angesichts der drohenden Überalterung der Gesellschaft wird deshalb in jüngster Zeit auch diskutiert, die Geburtenkontrolle zugunsten einer Zwei-Kind-Politik zu lockern. Während die Zahl der zu versorgenden älteren Menschen steigt, geht der Anteil der Bevölkerung im erwerbsfähigen Alter zurück, was besonders den ländlichen Raum trifft und die wirtschaftliche Schere zwischen Stadt und Land noch weiter öffnet.

Zunächst soll, so der Chef der Bevölkerungskommission Chinas, ab 2010 Frauen über 35 Jahren ein zweites Kind erlaubt und nachfolgend jedes Jahr die Altersgrenze um ein Jahr gesenkt werden.

M13 Bevölkerungsentwicklung Chinas

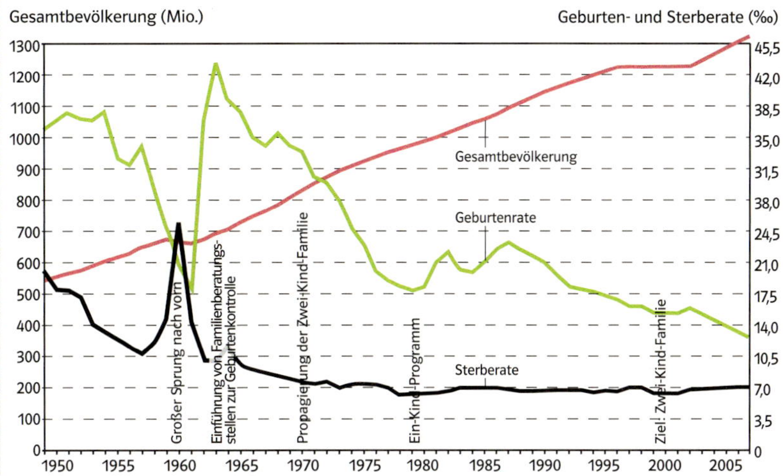

Mittlere Wachstumsprognosen: 2025 = 1,476 Mrd.
2030 = 1,5 Mrd.
2050 = 1,4 Mrd.

M14 Altersstruktur der chinesischen Bevölkerung 2000 und Prognose für 2050

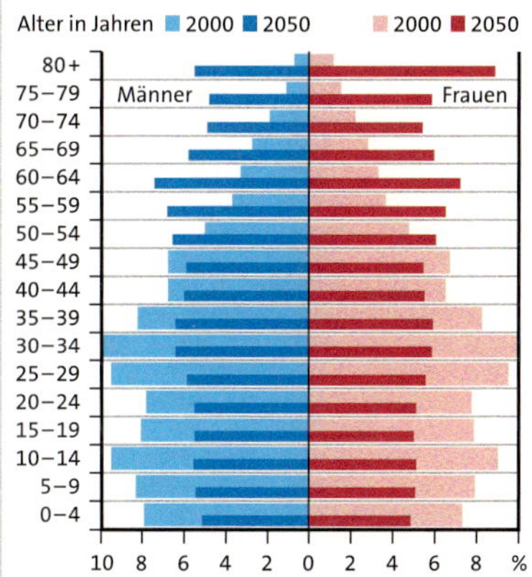

A7 Erläutern Sie anhand der Materialien dieser Fallbeispielseite die Auswirkungen der chinesischen Bevölkerungspolitik.

A8 China hat jahrzehntelang seine Bevölkerungsentwicklung durch die Ein-Kind-Politik gesteuert. Diskutieren Sie die damit verbundenen Maßnahmen.

M13 nach www.iiasa.ac.at/docs/Research/LUC/ChinaFood/data/pop/pop_10.htm, Mai 2008, ergänzt

M14 nach UN World Population Prospects, 2004 Revision Population Database

Online-Link 29260X-3104

3.2 Altersstruktur

M1 Veränderung der Altersstruktur der deutschen Bevölkerung

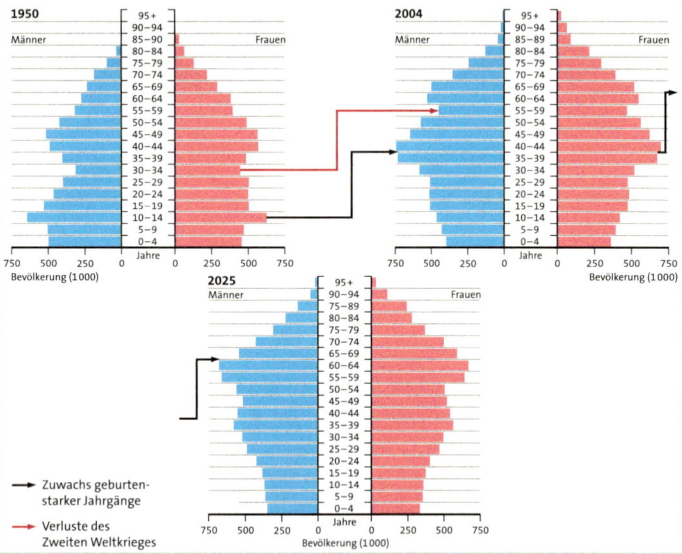

M2 Ausgewählte Typen von Alterstrukturdiagrammen („Alterspyramiden“)

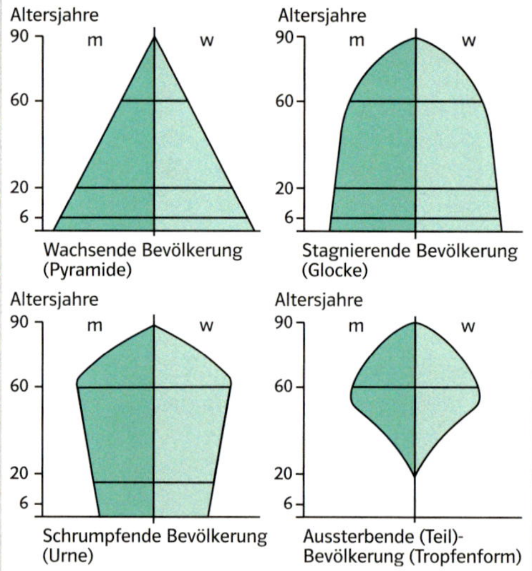

Altersstruktur (G)
demographischer Übergang (G)

Das Bevölkerungswachstum von Gesellschaften steht in engem Zusammenhang mit deren Altersstruktur. Diese wiederum bestimmt die Position einer Gesellschaft im Modell des demographischen Übergangs mit.

3.2.1 Altersaufbau

Mit Balkendiagrammen lässt sich der Altersaufbau einer Gesellschaft – differenziert nach Alter und Geschlecht – gut darstellen. Die Altersgruppen werden auf der Ordinate angegeben, die Anteile der männlichen und weiblichen Bevölkerung auf der Abszisse.

Da die Anteile der Jahrgänge vom Neugeborenen bis zu den Alten aufgrund der mit zunehmendem Alter ansteigenden Sterblichkeit immer geringer werden, spitzt sich die entstehende Figur zu. Für die frühindustriellen Gesellschaften ergab sich dabei die Gestalt eines annähernd gleichschenkligen Dreiecks, einer Pyramide. Heute findet man diese Form des Altersaufbaus nur noch in einigen zumeist schwarzafrikanischen Staaten. Trotzdem ist der Begriff Alterspyramide bis heute fälschlicherweise für alle Arten von Altersstrukturdiagrammen gebräuchlich (M2).

Bevölkerungspyramide/Alterspyramide/Altersstrukturdiagramm (G)

Veranschaulicht wird so die bevölkerungsgeschichtliche Situation einer Gesellschaft. Einschneidende Ereignisse wie Seuchen, Hungersnöte, Kriege oder Naturkatastrophen spiegeln sich durch Ein- und Ausbuchtungen ebenso wider wie gezielte bevölkerungspolitische Maßnahmen. Ausblicke auf die Zukunft werden möglich; einmal vorhandene Ein- und Auskerbungen verschieben sich im Laufe der Jahre nach oben. Sie verringern dabei zwar ihre Ausmaße, weil die Sterblichkeit das Phänomen im Laufe der Zeit einebnet, belegen allerdings gleichzeitig, wie einmal gegebene Einwirkungen über Jahrzehnte hinweg Konsequenzen nach sich ziehen.

Heute finden sich verschiedene Ausformungen (Typen) von „Alterspyramiden“ (z. B. M2), wobei sich drei Grundformen unterscheiden lassen:

- die Pyramidenform; typisch für Entwicklungsländer mit starkem Bevölkerungswachstum;
- die Glockenform; typisch für ein entwickeltes Land wie die USA, in dem der Rückgang bei der weißen Bevölkerung durch höhere Geburtenraten bei anderen Bevölkerungsgruppen und Einwanderung ausgeglichen wird;
- die Urnenform; typisch für Gesellschaften mit sinkenden Geburtenraten.

M3 nach Claus D. Kernig: Und mehret euch? Deutschland und die Weltbevölkerung im 21. Jahrhundert. Bonn: Dietz/Bundeszentrale für politische Bildung 2006, S. 107

Online-Link
29260X-3105

M 3 Verstärkter Alterungsprozess der Bevölkerung

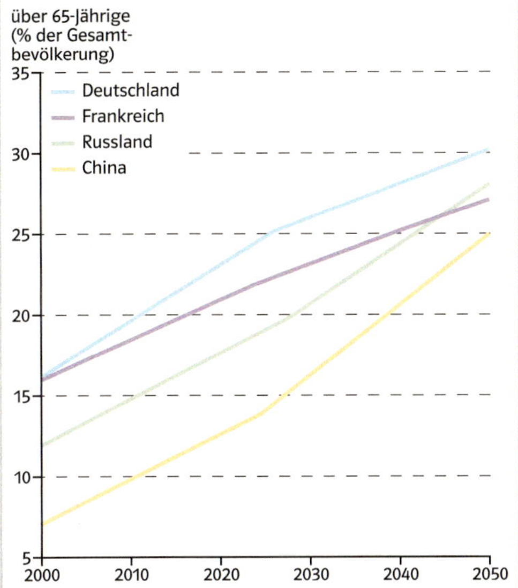

3.2.2 Das Problem der Überalterung

Der Altersaufbau in Deutschland hat schon seit Jahrzehnten keine Ähnlichkeit mehr mit einer Pyramide. Statt eines festen Sockels von Jungen, einem soliden Mittelbau von Erwerbstätigen und wenigen Alten ähnelt die deutsche „Alterspyramide" eher einem zerzausten Tannenbaum, um schon recht bald wie eine Urne auszusehen. Der Anteil der Menschen über 60 Jahre wird in den nächsten Jahrzehnten deutlich ansteigen, nämlich von rund 20 % im Jahr 2000 auf knapp 37 % im Jahr 2050. Im gleichen Zeitraum verringert sich der Bevölkerungsanteil der unter 20-Jährigen von knapp 23 auf etwa 16 %, während der Anteil der Menschen im Alter zwischen 20 und 60 Jahren von etwa 56 auf 47 % fällt. Nicht das Bevölkerungswachstum sondern der geringe Anteil jüngerer Menschen ist das demographische Problem hierzulande. Ein ähnliches Bild zeigt sich in den Nachbarstaaten. Schon heute ist jeder fünfte Einwohner der Europäischen Union älter als 60 Jahre. Für das Jahr 2020 wird erwartet, dass innerhalb der EU die Anzahl der über 65-Jährigen die der unter 20-Jährigen erreicht hat. Mit den neuen Mitgliedstaaten sind Länder in die EU gekommen, die die demographischen Probleme eher noch verstärken werden. Nirgendwo auf der Welt sind die Geburtenraten so niedrig wie in Mittel- und Osteuropa. Verdeutlichen lässt sich der Trend auch daran, dass sich die Anzahl der über 90-jährigen Menschen mittlerweile alle sieben Jahre verdoppelt.

M 4 Altersversorgung in der Schwebe

Die Lebenserwartung in Europa beträgt gegenwärtig 79 Jahre (Frauen) bzw. 71 Jahre (Männer). Mit der erfreulichen Tatsache, dass immer mehr Menschen dank eines verbesserten Lebensstandards und erfolgreicher medizinisch-pharmazeutischer Forschung ein hohes Alter erreichen, sind allerdings auch problematische soziale Folgen verbunden, die sich u. a. mit folgenden Stichworten skizzieren lassen:

Lebenserwartung (G)

- Sicherung der Altersversorgung;
- Erhöhung sozialer Kosten für Gesundheit, Pflege und Betreuung alter Menschen;
- fehlender Nachwuchs für den Arbeitsmarkt.

Der schnell wachsende Anteil älterer Menschen beschränkt sich nicht nur auf Europa, sondern ist weltweit zu beobachten. Stieg der Anteil der über 60-Jährigen an der Weltbevölkerung in den zurückliegenden 50 Jahren moderat von 8 auf heute ca. 10 %, so ist für die nächsten 50 Jahre ein Anstieg auf etwa 20 % zu erwarten. Damit wird die Zuwachsrate der älteren Bevölkerung mehr als doppelt so hoch liegen wie die der Gesamtbevölkerung, die absolute Zahl der Älteren von heute rund 600 Mio. wird sich verdreifachen.

Dabei nimmt die Zahl älterer Menschen in den Entwicklungsländern deutlich schneller zu als in den Industrieländern, ohne dass die Menschen dort auf Altersversorgungssysteme zugreifen können. Eine Zunahme der dortigen Altersarmut wird die Folge sein.

Altersarmut

A 1 Vergleichen Sie die Alterspyramiden ausgewählter Entwicklungs- und Industriestaaten (Atlas).

A 2 Interpretieren Sie – ausgehend von den Ergebnissen der vorangegangenen Aufgabe – die Karikatur (M 4).

3.3 Migration – die Welt in Bewegung

M1 Ankunft in der „Neuen Welt" (Insel Lampedusa, Italien)

Migration (G)

Auswanderung

Arbeitsmigranten (G)

Flucht und Vertreibung

Braindrain

Auslandsüberweisungen

Neben Geburten- und Sterberaten sind es Migranten, die die Bevölkerungszahl einer Gesellschaft bestimmen. Unter Migration ist die auf Dauer angelegte Veränderung des räumlichen Lebensmittelpunktes einer Person zu verstehen. Wanderungen erfolgen zumeist dann, wenn eine Gesellschaft die Erwartungen ihrer Mitglieder nicht (mehr) erfüllen kann. Folgende Bereiche lassen sich nennen, in denen die Frustration der ansässigen Bevölkerung Wanderungsentscheidungen initiieren kann:

- die physische Existenz der Menschen ist (z. B. aufgrund von Kriegen oder Umweltzerstörungen) nicht mehr gesichert;
- die materiellen Erwartungen der Menschen können nicht erfüllt werden;
- die Lebensvorstellungen der Menschen lassen sich unter den herrschenden politischen Verhältnissen nicht verwirklichen.

Auswanderung. Allein im 19. Jh. strömten Millionen Briten, Iren, Deutsche, Skandinavier sowie Süd- und Osteuropäer in die „Neue Welt". Manche gingen, um politische und religiöse Freiheit zu gewinnen. Für viele andere waren Bevölkerungswachstum und die sich verschlechternden Lebensbedingungen die Hauptgründe, die sie zum Verlassen ihrer Heimat drängten.

M2 Anteil der Migranten an der Weltbevölkerung

	1965	1975	1985	2000	2050*
Weltbevölkerung (Mrd.)	3,333	4,066	4,825	6,057	9,000
Anteil Migranten (%, geschätzt)	22,5	20,7	21,8	28,9	25,6

*Prognose

Gegenwärtig leben knapp 200 Mio. Menschen, das sind knapp 3 % der Weltbevölkerung, in Staaten, in denen sie nicht geboren sind. Knapp über die Hälfte aller Migranten leben in nur zehn Staaten; allein rund ein Drittel in den USA, Russland und Deutschland.

Allerdings sind die Staaten, in denen absolut die meisten Migranten leben, nicht gleichzeitig die Staaten, in denen der Anteil der Migranten an der Gesamtbevölkerung am höchsten ist. Festgestellt werden kann generell, dass in den ökonomisch entwickelten Staaten knapp 10 % der Bevölkerung Migranten sind. Von 2000 bis 2005 waren in 74 Staaten die Einwanderungszahlen höher als die Auswanderungszahlen. In 64 dieser Staaten trug die Zuwanderung dazu bei, das ohnehin bestehende Bevölkerungswachstum zu erhöhen, in sieben verwandelte die Zuwanderung sinkende Bevölkerungszahlen in ein Bevölkerungswachstum; in den verbleibenden drei Staaten (Tschechien, Ungarn, Russland) kam es trotz der Zuwanderung zu einem Bevölkerungsrückgang. Nachziehende Familienangehörige von legal im Aufnahmeland lebenden Migranten stellen neben Arbeitsmigranten, die zum Zweck einer befristeten oder dauerhaften Ausübung einer Tätigkeit einreisen, den größten Teil der Zuwanderer dar.
Länder mit extrem hohen Anteilen von Migranten an der Gesamtbevölkerung sind z. B. die Vereinigten Arabischen Emirate mit einem Anteil von über 70 % sowie Israel und Saudi-Arabien mit rund 40 bzw. 25 %. Die Migranten üben in diesen Ländern zwar nicht ausschließlich, aber überwiegend die minderqualifizierten Tätigkeiten aus, ihr Integrationsgrad in die aufnehmenden Gesellschaften wird absichtlich gering gehalten.

Online-Link 29260X-3106

M2 nach ICM 2003, auf www.bpb.de/themen/SYE96X,,0, Umfang_der_weltweiten_Migration.html, Mai 2008

M3 nach UNDP 2000 (UN-Entwicklungsprogramm), auf www.bpb.de/themen/YMKC10,0,0, Regionale_Entwicklungen.html, Mai 2008

M4 nach The World Bank: World Development Indicators 2005 und 2006, auf www.bpb.de/files/YHYOUU.pdf, Mai 2008

M5 nach IWF 2005, Indische Zentralbank sowie World Development Indicators 2005, auf www.hwwi.org/uploads/tx_wilpubdb/KD05_Rueck_01.pdf, Mai 2008

Erzwungene Migrationen. In der ersten Hälfte des 20. Jh.s zwang der Zweite Weltkrieg viele Millionen Menschen zum Verlassen ihrer Wohnorte. Sie mussten fliehen, wurden vertrieben oder zwangsumgesiedelt. Heute sind etwa 10 Mio. der Migranten Flüchtlinge im traditionellen Sinne, also Menschen, die ihr Heimatland aus Furcht vor Gewalt und Verfolgung verlassen haben. Weitere rund 20 Mio. Opfer von Flucht und Vertreibung leben als Binnenvertriebene innerhalb der Grenzen ihres Herkunftslandes.

Folgen der Migration. Schwierigkeiten kann die Wanderung den abgebenden Gesellschaften bereiten, denn diese verlieren oftmals nicht die Ärmsten, sondern eher die für den Aufbau ihrer Länder dringend benötigten leistungsfähigsten, relativ gut ausgebildeten, jüngeren und aktiven Menschen. Geschätzt wird, dass beispielsweise rund ein Viertel der Führungspersonen im Silicon Valley (vgl. S. 370–371) außerhalb der USA geboren sind und dass in Indien etwa 60 % der Absolventen der Technischen Universitäten das Land verlassen. Der Verlust an Humankapital durch diesen Braindrain ist beträchtlich, wenn auch bedacht werden muss, dass oft ausreichende Beschäftigungsmöglichkeiten für Hochqualifizierte fehlen. Andererseits ist der Effekt der Geldüberweisungen der ins Ausland Fortgezogenen nicht zu unterschätzen. Diese sind vielfach zu einem unverzichtbaren Wirtschaftsfaktor für ihre Herkunftsstaaten geworden. Besonders deutlich wird die ökonomische Bedeutung der Auslandsüberweisungen, wenn sie in Relation zum BIP betrachtet werden (M5). So liegen z. B. im Nahen Osten und Nordafrika sowie in Südasien die empfangenen Auslandsüberweisungen bei knapp 4 % des jeweiligen BIP.

Probleme gibt es auch in Aufnahmeländern, wo mittellose Zuwanderer häufig auf Ressentiments jener treffen, die befürchten, dass ein zeitlich unbegrenzter Aufenthalt der „Fremden" die aufnehmende Gesellschaft überfordert.

A1 Stellen Sie – ausgehend von Foto M1 – Ursachen von Migration dar.
A2 Erklären Sie die Wanderungssalden nach „Staatengruppen" (M3).
A3 Gestalten Sie für eine ausgewählte Region, die von Abwanderung besonders betroffen ist, eine Dokumentation zu Ursachen, Ausmaß und Auswirkungen der Migration (Literatur- und Internetrecherche).

M3 Wanderungssalden nach Staatengruppen unterschiedlichen Entwicklungsstandes

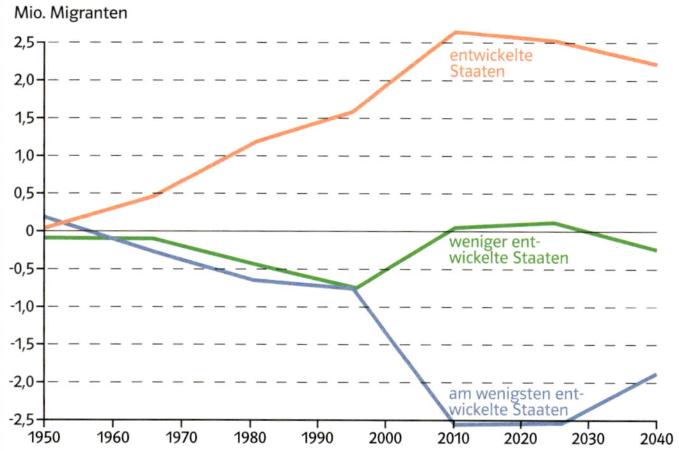

M4 Top 10 der Staaten mit den höchsten Immigrantenzahlen und deren Anteil an der Gesamtbevölkerung 2005 (%)

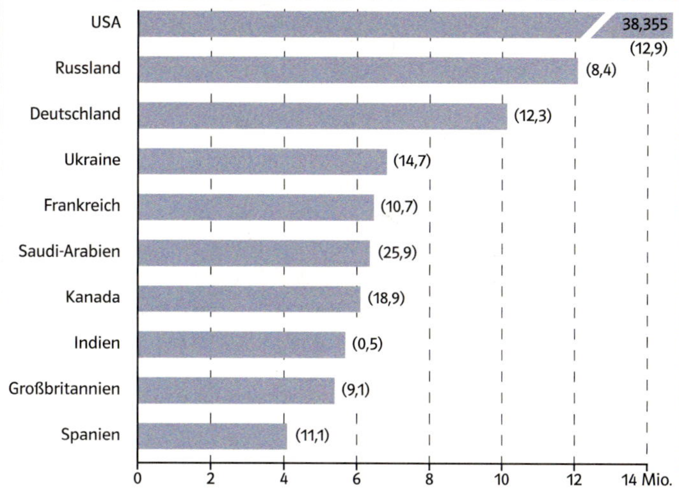

M5 Top 10 der Quellen- und Empfängerländer von Rücküberweisungen durch Emigranten 2004

Rücküberweisungen nominal (Mrd. US-$)				Anteil der Rücküberweisungen am BIP (in %)			
1. USA	43,5	6. Italien	7,4	1. Moldau	29,0	6. Libanon	21,4
2. Deutschland	14,6	7. Schweiz	7,3	2. Tonga	28,7	7. Jamaika	18,9
3. Großbritannien	12,3	8. Belgien	5,5	3. Lesotho	26,1	8. Haiti	18,4
4. Saudi-Arabien	10,8	9. Russland	5,0	4. Palästinensische Gebiete	23,7	9. Jordanien	18,0
5. Frankreich	10,6	10. Japan	4,9	5. Bosnien-Herzegowina	22,5	10. Armenien	15,7

3 Kompetenzen festigen und anwenden

Wenn die Welt ein Dorf...
mit nur 100 Einwohnern wäre...

Bevölkerung

...wären davon: 14 Afrikaner
5 Nordamerikaner
11 Europäer
9 Lateinamerikaner
und 61 Asiaten.

29 wären Kinder unter 15 Jahren. 7 wären älter als 65.
50 Menschen im Dorf sind Frauen. 50 sind Männer.

Armut

19 Bewohner würden von weniger als 1 US-Dollar am Tag leben.
12 Menschen hätten nicht genügend Wasser zur Verfügung.

Familienplanung

Im Durchschnitt bekämen die Frauen 3 Kinder.
Von den 26 Frauen zwischen 15 und 49 Jahren, die in einer Partnerschaft leben, wenden 14 eine Verhütungsmethode an.

Zukunft 2050

Die Zahl der Dorfbewohner würde jährlich um eine Person steigen. Im Jahre 2050 würden bereits 143 Menschen im Dorf leben:
31 Afrikaner
7 Nordamerikaner
10 Europäer
13 Lateinamerikaner
und 82 Asiaten.

M1 „Die Welt – ein Dorf"

Alphabetisierungsrate: Anteil der Erwachsenen über 15 Jahren, die einen kurzen, einfachen Text ihres alltäglichen Lebens schreiben, lesen und verstehen können.

Altersstruktur: altersmäßige Zusammensetzung der Bevölkerung eines bestimmten Raumes; sie wird meist in 5-Jahres-Abständen nach Männern und Frauen getrennt dargestellt; die übliche Darstellungsform ist die so genannte Alters- oder → Bevölkerungspyramide.

Arbeitsmigrant: Arbeitnehmer, der zur Aufnahme seiner beruflichen Tätigkeit saisonal oder auf Dauer das Heimatgebiet verlässt und in ein Gebiet mit einem größeren Arbeitsplatzangebot wandert, wie z. B. zahlreiche Polen ins Ruhrgebiet zur Zeit der Industriellen Revolution.

Armut, absolute: Bedürftigkeit, die die physische Existenz gefährdet, da die Grundbedürfnisse nicht mehr befriedigt werden können; sie ist nicht nur vom Einkommen, sondern auch vom Infrastrukturzugang abhängig; als Indikator gilt oft die Verfügbarkeit von 1 US-$ pro Tag für den Lebensunterhalt.

Außenwanderung: Wohnsitzwechsel über die Staatsgrenze hinweg; Gegensatz: → Binnenwanderung.

Bevölkerungsdichte: mittlere Einwohnerzahl pro Fläche für ein bestimmtes Territorium, in der Regel angegeben in Ew./km².

„Bevölkerungsexplosion": extrem beschleunigtes Bevölkerungswachstum mit jährlichen Wachstumsraten von mehr als 20 ‰. Typisch für einige Entwicklungsländer, und dort besonders für die Metropolen und großen Städte.

Bevölkerungspolitik: Summe staatlicher Maßnahmen mit dem Ziel, auf die Bevölkerungsentwicklung Einfluss zu nehmen.

Bevölkerungspyramide (Alterspyramide, Altersstrukturdiagramm): graphische Darstellung der Bevölkerung eines Raumes nach Alter und Geschlecht; der Begriff Pyramide ist insofern irreführend, als die meisten Länder heute keine Pyramidenform aufweisen, sondern, je nachdem ob sie wächst, stagniert oder schrumpft, auch eine Glocken- oder Urnenform.

Bevölkerungsverteilung: Verteilung der Gesamtbevölkerung eines bestimmten Raumes auf verschiedene Teilräume; die durchschnittliche Bevölkerungsverteilung wird durch die Bevölkerungsdichte (Ew./km²) ausgedrückt.

Binnenwanderung: Bevölkerungsbewegung innerhalb eines Staates, bei der aber die Gemeindegrenzen überschritten werden; → Außenwanderung.

Braindrain: Abwanderung von Fach- und Führungskräften, z. B. Wissenschaftlern und Ingenieuren, vor allem aus Entwicklungsländern in Industrieländer; Resultat des Braindrain ist ein für die Entwicklungsländer negativer Wissens- und Technologietransfer.

Demographie: der Begriff umfasst alle Prozesse, die mit Bevölkerung zu tun haben: Bevölkerungswachstum, → Altersstruktur einer Bevölkerung, Bevölkerungsverteilung, Wanderungsbewegungen u. a. m.

Seit der amerikanische Biologe Paul Ehrlich sein Buch „The Population Bomb" (1970) und wenig später der „Club of Rome" seine ersten Szenarien veröffentlicht haben, hat sich die Vorstellung von der „Bevölkerungsexplosion", die eine Gefahr für die Erde darstellt, allgemein verbreitet. Nie zuvor lebten so viele Menschen auf unserem Planeten wie heute – 6,7 Mrd. Nach wie vor wächst die Weltbevölkerung; bis zur Mitte des Jahrhunderts werden es mehr als neun Milliarden Menschen sein.

Im vorangegangen Kapitel konnte gezeigt werden, dass sich das Weltbevölkerungswachstum zwar verlangsamt, weil sich in den Industriestaaten die Bevölkerungszahl kaum noch verändert. Die Fruchtbarkeitsrate in den ärmsten Regionen der Welt ist allerdings nach wie vor sehr hoch. Wir sprechen häufig von „Überbevölkerung" in den Entwicklungsländern, ohne zu bedenken, dass jedes Kind im Norden zwanzigmal soviel Güter für sich verbraucht wie ein Kind im Süden.

Menschen zu helfen, sich selbst aus der Armut zu befreien, die Zahl ihrer Kinder selbst zu bestimmen und sich vor ungewollten Schwangerschaften und Aids zu schützen, ist ein Beitrag zur nachhaltigen Entwicklung armer Länder und trägt dazu bei, dass weniger Menschen sich dazu gezwungen sehen, ihre Heimat zu verlassen. Aufklärung und Verhütung sind nicht teuer. Hilfsorganisationen weisen darauf hin, dass bereits mit 13 Euro einem Paar in einem Entwicklungsland geholfen werden kann, sich ein Jahr lang vor ungewollter Schwangerschaft und Aids zu schützen.

A1 Hunger, Armut, Bevölkerungswachstum, Flucht... Nennen Sie weitere globale Probleme und zeigen Sie deren gegenseitige Vernetzung in einem Wirkungsgeflecht (Methodendoppelseite 466–467).

A2 Die Vereinten Nationen haben im Jahr 1990 Millenniumsziele zur Verbesserung der Welt verabschiedet. Untersuchen Sie mithilfe des Internets für ausgewählte Ziele, wo bereits Erfolge erkennbar sind.

demographischer Übergang: Modellvorstellung der Veränderung einer Bevölkerung von der vorindustriellen Phase mit hohen Geburten- und Sterberaten über die industrielle Phase mit sinkenden Geburtenraten und leicht abnehmenden Sterberaten zur spätindustriellen Phase mit niedrigen Geburten- und Sterberaten.

Ein-Kind-Politik: staatlich vorgeschriebene Begrenzung der Kinderzahl eines Ehepaares auf ein Kind in China, Beginn 1979; Ziel: Stopp der Bevölkerungsexplosion.

Familienplanung: Steuerung von Zeitpunkt und Zahl der Geburten in einer Familie; sie kann direkt von den Familien betrieben oder vom Staat gesteuert werden, z. B. durch indirekte Maßnahmen in Form von Verboten oder durch Unterstützungen.

Fertilitätsrate (Fruchtbarkeitsrate): demographische Kennziffer, die die Zahl der Lebendgeborenen in einem Jahr, bezogen auf 1000 Frauen im gebärfähigen Alter (15–45 Jahre) angibt; → Geburtenrate (Geburtenziffer).

Geburtenkontrolle: Maßnahmen zur Steuerung von Zahl und Zeitpunkt der Geburten.

Geburtenrate (Geburtenziffer): Zahl der Lebendgeborenen pro 1000 Einwohner innerhalb eines bestimmten Zeitraumes, meist eines Jahres; → Fertilitätsrate (Fruchtbarkeitsrate), → Sterberate (Sterbeziffer).

Kindersterblichkeitsrate: Anteil der Kinder, bezogen auf 1000 Lebendgeburten, die bis zum Ende des 5. Lebensjahres sterben; → Säuglingssterblichkeitsrate.

Lebenserwartung: statistisch ermittelte durchschnittliche Anzahl von Lebensjahren der Bevölkerung in einem Raum.

Migration (Wanderung): nach der amtlichen deutschen Statistik jeder Wechsel des Wohnsitzes, bei dem die Gemeindegrenze überschritten wird; zu unterscheiden sind → Binnenwanderung und → Außenwanderung; im weiteren Sinne Wanderbewegungen größerer Bevölkerungsgruppen, ausgelöst z. B. durch Krieg und existenzielle Not.

Mobilität: die Fähigkeit und Bereitschaft des Menschen zu Veränderungen, insbesondere des Wohnstandortes; man unterscheidet zwischen räumlicher Mobilität (Binnen-, Ein- und Auswanderungen) und sozialer Mobilität (sozialer Auf- und Abstieg).

Säuglingssterblichkeitsrate: Anteil der Säuglinge, die pro 1000 Lebendgeburten bis zum 1. Lebensjahr sterben; → Kindersterblichkeitsrate.

Sterberate (Sterbeziffer): Zahl der Sterbefälle pro 1000 Einwohner während eines bestimmten Zeitraumes, meist eines Jahres; → Geburtenrate (Geburtenziffer).

Wachstumsrate: in der Demographie jährlicher Geburtenüberschuss plus Wanderungsgewinne, bezogen auf 1000 Einwohner.

4 Landwirtschaft

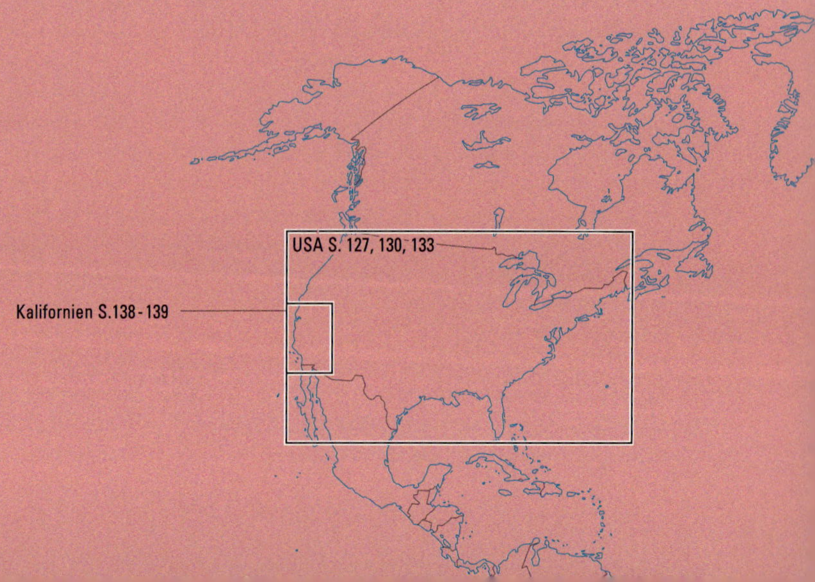

Die Landwirtschaft erscheint in unseren verstädterten Industrienationen eher als Randthema. Nahrungsmittel sind hier fast jederzeit in beliebigen Mengen verfügbar. Dennoch handelt es sich bei ihr um ein aktuelles, ja sogar existenzielles Thema.

Immer noch müssen über 800 Mio. Menschen auf der Welt hungern. Ihre mangelnde Versorgung mit Nahrungsmitteln wirft angesichts der Tendenzen zur Übergewichtigkeit in den hoch entwickelten Staaten die Frage nach der Verteilungsgerechtigkeit auf.
Eine nachhaltige Nutzung unserer Erde ist ohne die Beantwortung agrarischer Zukunftsfragen nicht möglich. Die ökologischen Probleme der Landwirtschaft bedürfen ebenso einer Lösung wie die Frage nach den Grenzen genetischer Veränderungen an Pflanzen. Und schließlich müssen wir Verbraucher uns darüber klar werden, welche Landwirtschaft wir wollen. Denn nicht zuletzt unser Kaufverhalten kann die Erzeuger beeinflussen, z.B. hinsichtlich der Entscheidung, ob die Industrialisierung der Agrarproduktion zugunsten niedriger Preise immer weiter vorangetrieben wird.

- Bietet die Erde genügend Potenzial, um die Ernährung einer wachsenden Weltbevölkerung sicherzustellen?
- Welche Möglichkeiten, welche Grenzen ergeben sich durch die natürlichen Voraussetzungen, die der Mensch vorfindet?
- Kann der Kampf gegen Hunger und Unterernährung nur mit genveränderten Nahrungsmitteln gewonnen werden?
- Sind Überfluss und Hunger die Folge naturräumlicher Bedingungen und Grenzen oder doch das Ergebnis einer ungerechten Verteilung?
- Welchen Beitrag kann die Agrarpolitik leisten, um die weltweite Nahrungsmittelversorgung sicherzustellen?
- Wie weit darf der Mensch die Industrialisierung der Landwirtschaft vorantreiben?
- Welche Alternativen sind zu einer Landwirtschaft denkbar, die eher den Namen Agrarindustrie zu verdienen scheint?

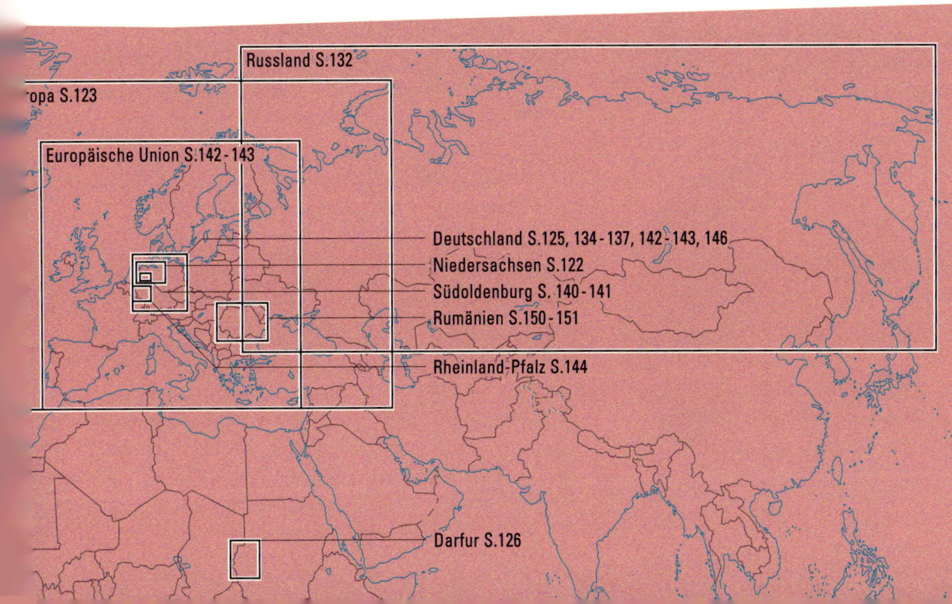

4.1 Landwirtschaftliche Produktion und agrarische Tragfähigkeit

4.1.1 Die weltweite Entwicklung der Agrarwirtschaft und die Frage der Tragfähigkeit

„Ich behaupte, dass die Fähigkeit der Bevölkerung zur Vermehrung unbegrenzt größer ist als die Kraft der Erde, Unterhaltsmittel für den Menschen hervorzubringen." [1]

agrarische Tragfähigkeit (G)

Nahrungsmittelproduktion

Disparitäten

Dieses gut zweihundert Jahre alte Zitat des Engländers Thomas Robert Maltus zeigt ein pessimistisches Bild von der Tragfähigkeit der Erde. Allerdings war er nicht der erste, der sich mit der Frage beschäftigte, wie viele Menschen die Erde ernähren könne. 1679 errechnete A. von Leenwenhoek eine Zahl von immerhin fast 13,4 Mrd. Menschen – zu einem Zeitpunkt, als die Weltbevölkerung nicht einmal eine Milliarde Menschen umfasste. Sehr viel pessimistischer war 1880 der britische Demographieforscher E. G. Ravenstein mit einer Schätzung von knapp sechs Milliarden Menschen. Der deutsche Geograph Albrecht Penck war der erste, der 1924 durch eine differenzierte Betrachtung der Klimasituation einzelner Teilregionen der Erde auf wissenschaftlicher Basis eine maximal zu ernährende Bevölkerung von nur 7,7 Mrd. Menschen ermittelte. Der amerikanische Ökonom Dennis L. Meadows kam schließlich in seinem 1972 veröffentlichten, bahnbrechenden Werk „Die Grenzen des Wachstums" auf eine Zahl von 8,2 Mrd. In dieser Zahl sah er das ökologische Optimum, d. h., dass die Versorgung einer über diesem Wert liegenden Weltbevölkerung ökologische Risiken birgt.
Voraussagen über die agrarische Tragfähigkeit der Erde sind äußerst schwierig, da sie so unterschiedliche Faktoren berücksichtigen müssen wie die Entwicklung der Agrartechnik, biogenetische Forschungsergebnisse, mittel- und langfristige Klimaveränderungen oder auch die Einkommensentwicklung in den so genannten Entwicklungsländern.

Rein rechnerisch reicht die Nahrungsmittelproduktion bei weitem für die Ernährungssicherung der heute rund 6,7 Mrd. Menschen aus. Dennoch ist bereits die jetzige Situation von größten Disparitäten gekennzeichnet (s. Kap. 4.1.2). Auf der einen Seite steht die positive Entwicklung der Nahrungsmittelproduktion, auf der anderen die immer noch vorhandene Unterernährung vieler Menschen, die sich u. a. im Millennium-Entwicklungsziel, die Zahl der chronisch Unterernährten bis 2015 zu halbieren, niederschlägt (s. Kap. 9, S. 344).
Zwar hat in den Regionen geringerer Entwicklung die Nahrungsmittelproduktion in den letzten Jahrzehnten und Jahren zugenommen, z. B. in Afrika von 2002 bis 2003 um rund 10 %, jedoch werden diese Erfolge durch zwei Einschränkungen relativiert: Zum einen liegen bei diesen Ländern geringe absolute Werte zugrunde; zum anderen werden gerade hier die Produktionssteigerungen vom raschen Bevölkerungswachstum aufgezehrt.

Die hoch entwickelten Länder wie die USA oder die Staaten der EU sind die agrarischen Großproduzenten und dominieren auch den Welthandel mit landwirtschaftlichen Produkten, doch ist die wirtschaftliche Bedeutung ihres Agrarsektors eher marginal. Umgekehrt spielt die Landwirtschaft in den weniger entwickelten Ländern trotz vorhandener Probleme, ausgelöst z. B. durch naturgeographische Benachteiligungen, vor allem im Beschäftigungsbereich immer noch eine große Rolle (vgl. Kap. 9, S. 316).

M1 Entwicklung der Weltgetreideproduktion

	Erntemengen (Mio. t)			**Anbauflächen (Mio. ha)**			**Erträge (dt/ha)**		
	1985	**1998**	**2006**	**1985**	**1998**	**2006**	**1985**	**1998**	**2006**
Weizen	510	589	605	230	224	216	22	26	28
Mais	490	604	695	133	137	145	37	44	48
Reis	465	563	635	145	152	155	32	37	41
Gerste	178	139	139	78	62	56	23	22	25
Hirsearten	109	89	57	93	78	42	12	11	14
Getreide insg.	1841	2103	2221	730	702	674	25	30	33

M2 Anteil der Beschäftigten an den Wirtschaftssektoren in Deutschland und der VR China 2006

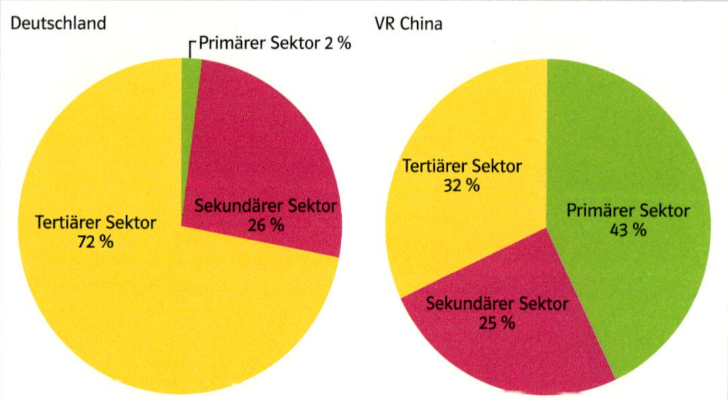

M3 Wachstum der Agrarproduktion in den Staaten der Erde

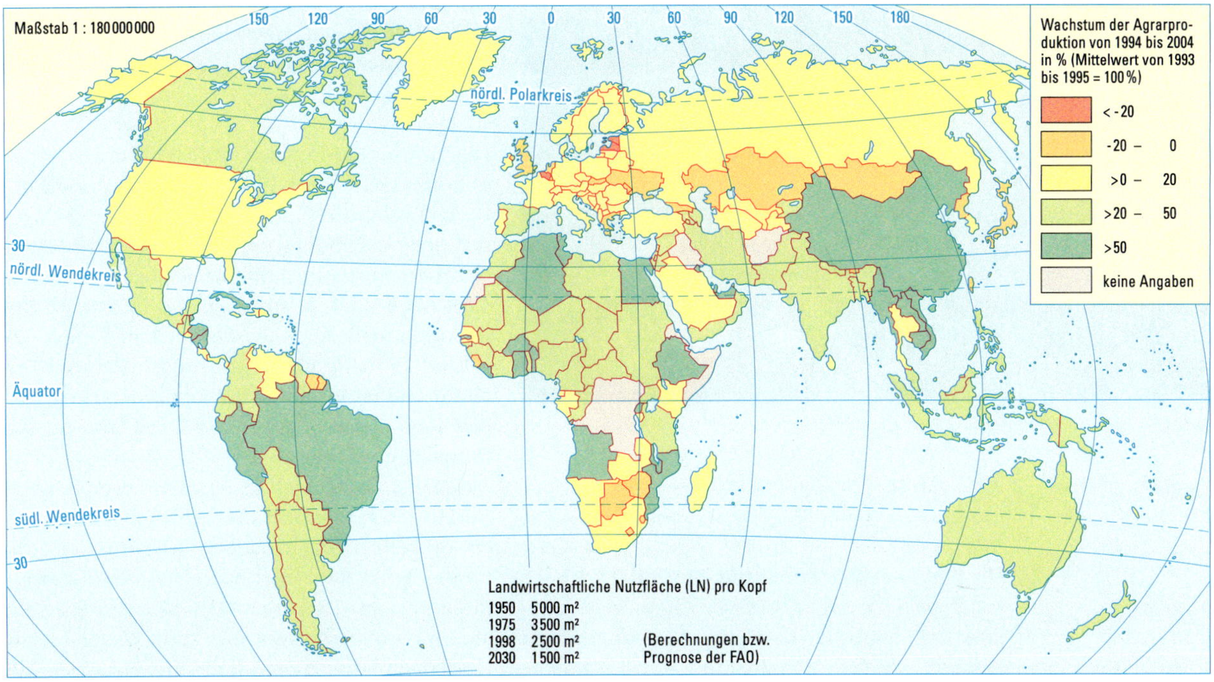

Die auf der Erde zur Verfügung stehende landwirtschaftliche Nutzfläche (LN) schrumpft zwar insgesamt (s. M3) z. B. durch Klimaveränderungen und Desertifikationserscheinungen, doch gehen Experten der FAO in einigen Teilräumen von Steigerungsmöglichkeiten aus. Hierbei werden vor allem Südamerika und Afrika außerhalb der Trockenräume genannt. Der ökologische Preis einer Ausdehnung der landwirtschaftlichen Nutzflächen wäre in beiden Regionen besonders hoch, da sie primär durch Rodungen im Tropischen Regenwald erfolgen würden (s. Kap. 2, S. 84 ff.).

Aber auch ohne Steigerung der landwirtschaftlichen Nutzfläche geht man heute rein rechnerisch davon aus, dass die Ernährung einer Weltbevölkerung von 10–12 Mrd. Menschen gesichert sein könnte. Sowohl das Bevölkerungswachstum als auch der Verlust von landwirtschaftlicher Nutzfläche können offensichtlich durch agrartechnische Innovationen mehr als kompensiert werden. Mechanisierung, Intensivierung, Produktivitätssteigerung und Züchtung ertragreicherer Pflanzen- und Tiersorten (s. S. 135–136) sind die Schlüsselbegriffe, wenn es um die agrarische Tragfähigeit der Erde geht, allerdings mit allen Problemen und Risiken, wie sie auch in den folgenden Kapiteln aufgezeigt werden.

Die Überlegungen zur agrarischen Tragfähigkeit haben jedoch zur Zeit und wohl auch mittelfristig eine theoretisch-abstrakte Dimension. Ihnen steht das reale Problem der Verteilungsungerechtigkeit gegenüber:

Das Nord-Süd-Wohlstandsgefälle spiegelt sich auch in der Verfügbarkeit von Nahrungsmitteln wider, wo der Überfluss des Nordens im Gegensatz zum Mangel des Südens steht.

landwirtschaftliche Nutzfläche (LN)

A1 Werten Sie die Karte M3 im Hinblick auf die Entwicklung der Agrarproduktion in den Teilräumen der Erde aus.

A2 Vergleichen Sie die Informationen auf dieser Doppelseite mit dem Zitat von Thomas Maltus (am Beginn des Kapitels).

agrartechnische Innovationen

[1] Thomas Robert Maltus: Essay on the Principle of Population as it effects the future improvement of society. London: J. Johnson 1798

M1 FAO Production Yearbook. Rom: FAO, verschiedene Jg.

M2 Zahlen für Deutschland nach Statistisches Bundesamt, Febr. 2008
Zahlen für China nach CIA World Factbook, Febr. 2008

M3 FAO Production Yearbook. Rom 2004, unter www.fao.org/statistics/yearbook, Mai 2008

Online-Link
29260X-4101

M4 Das Gesicht des Hungers

Entwicklungsländer
Industrieländer

4.1.2 Hunger und Überfluss – die Welternährungssituation

Alle fünf Sekunden verhungert ein Kind.

„New York. Allen Kampfansagen gegen Armut zum Trotz ist die Zahl der hungernden Menschen weltweit inzwischen auf 852 Millionen gestiegen. Alle fünf Sekunden stirbt ein Kind an Unterernährung* und Krankheiten, heißt es im ... Bericht des UN-Sonderbeauftragten Jean Ziegler. Diese Entwicklung sei eine ‚Schande für die Menschheit', denn an Lebensmitteln mangele es nicht, sagte Ziegler in New York.

Hungersnöte
Unterernährung

Nach Hochrechnungen der zuständigen UN-Organisation FAO könnte die Erde auch das Doppelte der jetzigen Weltbevölkerung ... versorgen. Dass dennoch fast jeder Sechste hungere und Kinder aus Mangel an Nahrung sterben müssen, liege an der Verteilung. Laut Ziegler lebt jeder zweite unterernährte Mensch in einer Region mit abgewirtschaftetem oder wüstenartigem Boden.

FAO (Food and Agriculture Organization)

Verantwortlich für die Lage sei auch die UNO, deren Ernährungsprogramme massiv an Geldmangel litten, ganz besonders in Afrika. Außerdem würden subventionierte Nahrungsmittel aus Europa und den USA auf den Weltmarkt, geschüttet'. Ziegler bezifferte diese Subventionen auf umgerechnet 276 Milliarden Euro im Jahr. Es sei nicht zu fassen, dass sechs Millionen Kinder im Jahr verhungern müssten und die Zahl der Unter- und Mangelernährten 2005 um weitere elf Millionen gewachsen sei, obwohl die Welt heute reicher ist als je zuvor ..." [2] (Vgl. Kap. 9, S. 313)

Weltmarkt
Subventionen

Die Welternährungssituation ist von einer zunehmenden Kluft zwischen Industrie- und Entwicklungsländern geprägt. Lagen die Anteile der beiden Ländergruppen an der weltweiten Nahrungsmittelproduktion 1980 mit 51 % bzw. 49 % noch nahe beieinander, so hatte sich die Situation nach Angaben der FAO 2005 deutlich verändert: 67 % aller Nahrungsmittel wurden in den Industriestaaten erzeugt, nur 33 % in der bevölkerungsanteilig viel größeren Gruppe der Entwicklungsländer.

Allerdings haben sich innerhalb dieser Gruppe in den letzten Jahrzehnten divergierende Entwicklungen ergeben. Länder wie die VR China und Indien weisen zwar noch Unterernährungsraten von ca. 10 % bzw. 20 % der Bevölkerung auf, wovon besonders die zurückgebliebenen ländlichen Räume betroffen sind. Hungersnöte sind aber schon seit einigen Jahrzehnten nicht mehr vorgekommen. Dies liegt bei der Volksrepublik China an einer seit 1978 betriebenen Agrarpolitik, die neben dem staatlichen Sektor auch einen privaten zulässt, der wesentlich zur Stabilisierung der Ernährungssituation beigetragen hat. In Indien sind neben Erfolgen der sogenannten „Grünen Revolution" vor allem zwei Faktoren maßgebend: Der niederschlagsreiche Sommermonsun ist seit langem nicht mehr ausgeblieben und die positive gesamtökonomische Entwicklung hat Indien in die Lage versetzt, z. B. Weizen auf dem Weltmarkt einzukaufen.

Anders sieht die Situation in Afrika aus, wo der Anteil unterernährter Bevölkerung in einer Reihe von Ländern über 25 %, bei einigen sogar über 50 % liegt. Hinzu kommt in mehreren Staaten die wiederkehrende unmittelbare Bedrohung durch Hungersnöte, z. B.:

- Mitte 2005: Aufgrund einer anhaltenden Dürre am Horn von Afrika sind 1,2 Mio. Menschen in Äthiopien vom Hungertod bedroht.

[2] dpa vom 27.10.2006: UN-Sonderbeauftragter Jean Ziegler: Eine Schande für die Menschheit
[3] Forderungen der FAO, nach Fischer Weltalmanach 2007. Frankfurt am Main: Fischer Taschenbuchverlag, S. 642

M5 nach Atlas der Globalisierung. Berlin: Le Monde diplomatique/taz Verlags- und Vertriebs GmbH 2006, S. 31

*Unterernährung/Hunger tritt nach Definition der FAO (Ernährungs- und Landwirtschaftsorganisation der UN) dann ein, wenn die tägliche Energiezufuhr für einen längeren Zeitraum unter dem Bedarfsminimum liegt, das für einen gesunden Körper und ein aktives Leben benötigt wird. Quantifiziert wird dieser Wert von der FAO mit 2 300 kcal je Tag.

Online-Link
29260X-4102

M5 Das Essen wird billiger, der Hunger nimmt zu

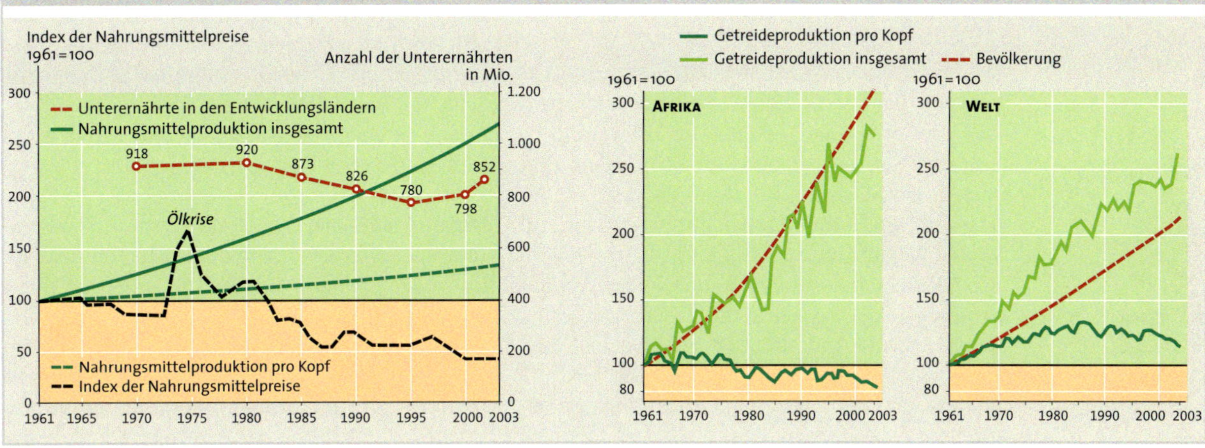

– Ende Juli bis Oktober 2005: Eine durch Dürre und Heuschrecken ausgelöste Nahrungsmittelkrise bedroht 1,2 Mio. Menschen in Niger, darunter 150 000 Kinder, durch extreme Unterernährung.
– Oktober 2005: Malawi erklärt sich zum Katastrophengebiet, da von einer Hungersnot 4,6 der 12 Mio. Einwohner des Landes betroffen sind.
– Anfang 2006: 3,5 Mio. Kenianer sind im Norden des Landes von Hunger bedroht; bis Juni wächst die Zahl der Menschen, die auf Nahrungsmittellieferungen angewiesen sind, auf ca. 15 Mio., meist Hirten und Bauern sowie deren Familien.

Frage nach den Ursachen. Seit langem streiten Politiker, aber auch Agrarexperten über die Ursachen des Welthungers. Auf der einen Seite muss man sie in den Entwicklungsländern selbst suchen, wo ein unmittelbarer Zusammenhang mit dem Armutsproblem (vgl. Kap. 9, S. 312) gegeben ist: Hunger ist der Alltag vor allem in kleinbäuerlichen Familien, bei den Landlosen und bei den marginalisierten Bewohnern der städtischen Elendsviertel.
Häufig messen die Regierungen vieler betroffener Länder der Bekämpfung von Hunger und Unterernährung eine geringe Priorität zu. Sie stehen unter finanziellem Druck und reduzieren daher oft ihre Ausgaben für die Förderung und Entwicklung des ländlichen Raums.
Andererseits bremsen auch die entwickelten Staaten die Beseitigung des Hungers. Sie machen ihre Produkte durch Subventionen konkurrenzlos preiswert, verlangen durch einen auf günstige Preise ausgerichteten Konsum immer billigere Nahrungsmittel und versperren den ärmeren Staaten den Zugang zu teurer Agrartechnologie.
Problematisch sind in vielen Entwicklungsländern auch die naturgeographischen Ungunstfaktoren, besonders die Lage in semiariden Räumen mit wiederkehrenden Dürren.

Maßnahmen.
„Die FAO fordert einen mehrgleisigen Ansatz zur Bekämpfung von Hunger und Unterernährung: Entwicklungsländer sollen vor allem durch eine bessere Agrar- und Ernährungspolitik befähigt werden, die Ernährungssicherung aus eigener Kraft zu schaffen. Den bäuerlichen Produzenten sollen Möglichkeiten und Anreize gegeben werden, ihre Produktion umweltgerecht und unter nachhaltiger Nutzung der natürlichen Ressourcen zu steigern. Notwendige politische und sozio-ökonomische Rahmenbedingungen hierfür sind gerechte Agrarverfassungen und Eigentumsverhältnisse an Grund und Boden, Zugang der Landwirte zu Wasser, Dünger, Saatgut und evtl. Krediten, bessere Ausbildung, Kenntnis und Verbreitung moderner Technologien, schließlich für die Ernte effektive Lagerungs-, Verarbeitungs-, Transport- und Vermarktungsstrukturen.“ [3]

Armut
Hunger

ländlicher Raum

A3 Erläutern Sie die Aufgaben, welche die Industrieländer im Sinne der FAO-Forderungen (Zitat [3]) übernehmen sollten, aber auch deren Grenzen.

4.2 Einflussfaktoren auf die agrarische Produktion

4.2.1 Natürliche Voraussetzungen und Grenzen

Das Ausmaß, in dem naturgeographische Faktoren die Landwirtschaft begrenzen, ist variabel. Das kommt vor allem daher, dass in den hochindustrialisierten Staaten Agrartechniken entwickelt worden sind, die diese Grenzen verändert und verschoben haben. Ein Beispiel hierfür ist die „Westwärtswanderung" des Baumwollanbaus in den USA aus den traditionellen Anbaugebieten des Südostens in die ariden Räume von Texas, Arizona und New Mexico. Hier löst man das Wasserproblem, indem man in den extrem niederschlagsarmen Regionen durch Bewässerung zum passenden Zeitpunkt den Pflanzen Wasser zuführt und damit von den Zufälligkeiten des natürlichen Niederschlags unabhängig wird (s. hierzu auch M 10 auf S. 130).

M 1 Ertragsschwankungen: Vergleich – Provinz Hannover/Land Niedersachsen

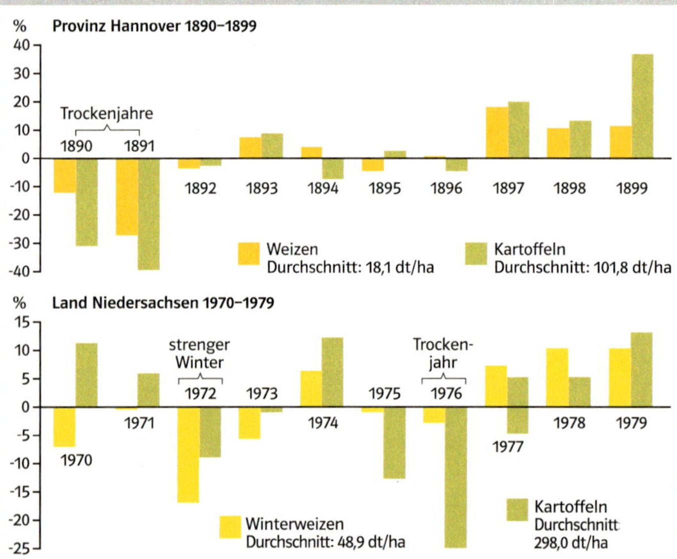

M 2 Niederschlagsschwankungen in der Sahelzone (vgl. M 14, S. 90)

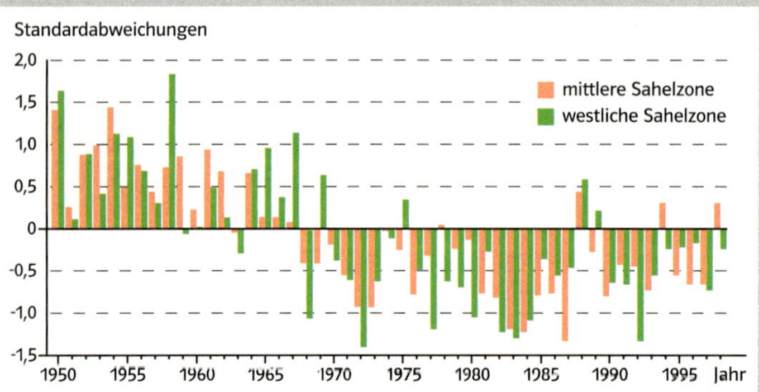

Dennoch spielen die natürlichen Voraussetzungen eine Rolle, wie das niedersächsische Beispiel (M 1) zeigt. In acht Jahrzehnten stieg zwar die Flächenproduktivität stark an und Ertragsschwankungen fielen prozentual geringer aus, es gab sie aber vor allem aufgrund klimatischer Einflüsse immer noch.

Klima

Temperatur

Vegetationsperiode (G)

Wärmegrenze

Niederschlag

Trockengrenze

Regenfeldbau (G)

Naturfaktor Klima. Das Klima bestimmt die großräumige agrarische Nutzung, d. h. Temperatur- und Niederschlagsverhältnisse sowie in Übergangsregionen auch die klimatische Variabilität. Temperatur: Nutzpflanzen benötigen für ihr Wachstum in der Regel eine Temperatur von mehr als 5 °C, einige allerdings auch eine Temperatur, die deutlich darüber liegt. Die Zahl der Tage eines Jahres, die über diesem Wert liegt, bezeichnet man als die Vegetationsperiode. In Europa umfasst sie eine Spanne zwischen ca. 100 Tagen in Nordeuropa und etwa 260 Tagen im Mittelmeerraum. Allerdings schwanken die Ansprüche von Pflanze zu Pflanze. Für das Reifen von Getreide sind 90–100 Tage mit >10 °C notwendig. Man spricht hier von der Wärmegrenze. Niederschlag: Hier lassen sich aufgrund des extrem unterschiedlichen Wasserbedarfs der Nutzpflanzen keine generellen Angaben machen. Grundsätzlich ist der Wasserbedarf während der Wachstumszeit höher als während der Reifezeit; und ein gleichmäßiger Niederschlag, der zu einer regelmäßigen Durchfeuchtung der oberen Bodenhorizonte führt, ist besser als Starkregen, bei dem es durch den größeren Oberflächenabfluss für die Pflanzen zu Wasserverlusten kommt.

Von besonderer Bedeutung ist die Trockengrenze. Sie grenzt die Gebiete des Regenfeldbaus, der weltweit häufigsten agrarischen Wirtschaftsform, durch das zur Verfügung stehende Niederschlagswasser ein. Für die gemäßigten Breiten, den landwirtschaftlichen Kernräumen der Erde, lässt sich diese Grenze bei Getreide mit der Formel $N = 15\,T$ abschätzen, d. h., der mittlere Jahresniederschlag muss 15-mal der mittleren Jahresdurchschnittstemperatur entsprechen. Der minimale Wert für den Regenfeldbau fällt ungefähr mit der 400-mm-Isohyete (Linien gleicher Niederschlagsmengen) zusammen; darunter ist man auf Bewässerungsfeldbau angewiesen. Allerdings ist dieser Wert nicht starr, da andere Faktoren wie Niederschlagsvariabilität oder Bodenbeschaffenheit ebenfalls eine Rolle spielen.

Variabilität: Besonders in klimatischen Übergangs- bzw. Grenzregionen stellt die Variabilität der Niederschläge einen wichtigen Faktor dar. Über Jahre hinweg schwankende Niederschläge bedeuten für den Feldbau ein erhebliches Anbaurisiko. Ein Beispiel hierfür ist die Sahelzone, wo die Variabilität der Niederschläge in den letzten Jahrzehnten immer wieder zu Dürren und – aufgrund nicht angepasster Wirtschaftsformen – zu Missernten und Hungersnöten geführt hat (s. Kap. 2, S. 90). Der als Lösung geeignete Bewässerungsfeldbau stellt für die Staaten oft ein Problem dar – er erfordert die Erschließung von Wasserressourcen und ist sehr kapitalaufwändig.

Naturfaktor Böden (vgl. Kap. 1, S. 53–60). Die kleinräumige agrarische Nutzung ist überwiegend vom Boden und dessen unterschiedlichen Eigenschaften abhängig. Die Bodenfruchtbarkeit hängt von einer Reihe chemischer, physikalischer und biologischer Faktoren ab. Die wichtigsten sind:

- das Sorptionsvermögen, d.h. die Fähigkeit, Pflanzennährstoffe vor der Auswaschung zu bewahren und an die Pflanzen abzugeben,
- das Puffervermögen, d.h. die Fähigkeit, überschüssige Säuren oder Basen sofort zu binden und eine gleichbleibend für das Pflanzenwachstum günstige Reaktion einzuleiten,
- der Gehalt an Nährstoffen und Spurenelementen sowie der pH-Wert,
- die Korngröße, das Porenvolumen (wichtig für die Fähigkeit, Luft und Wasser zu speichern) und die Durchwurzelbarkeit,
- der Gehalt an Bodentieren und Pflanzenteilen (Humusgehalt).

Die Qualität der Böden wird in der so genannten Bodenzahl angegeben. Dabei setzt man einen Boden ins Verhältnis zu einem optimalen Boden, dem man die Maßzahl 100 gibt (z. B. die Schwarzerde der Magdeburger Börde).

Niederschlagsvariabilität

Sahelzone

Bewässerungsfeldbau (G)

Boden

Bodenzahl (G)

Bodenfruchtbarkeit

Schwarzerde

M3 Nördliche Anbaugrenzen in Europa

M4 Klimaansprüche von Nutzpflanzen

	Zeitraum des Wachstums bzw. Heranreifens (Zahl der Tage und benötigte Temperatur)		Niederschlag (mm/Jahr)
Sommergerste	50	>5 °C	>250
Winterweizen	90	>5 °C	300–900
Sommerweizen	105	>5 °C (Winter nicht unter −22 °C)	250–500
Mais	130–150	>5 °C	250–4000
Erdnuss	120–150	>15 °C	250–700
Hirse	90–120	20–30 °C	200–700
Reis	90–200	20–30 °C	>1000
Kartoffeln	60	>5 °C	450–600
Maniok	190–270	>20 °C	500–2000
Baumwolle	120–150	25–28 °C	600–1500
Zitrusfrüchte	150–200	15–20 °C	1200–2000
Bananen	90	>25 °C	1200–2500
Kaffee	250	17–22 °C	1000–1500
Kakao	365	22–28 °C	1300–2000
Tee	240	18–20 °C	1500–2500
Zuckerrohr	>240	25–28 °C	1500–2500
Ölbaum	–	15–22 °C	200–700
Kautschuk	–	>27 °C	>2000

M1 nach Adolf Arnold: Allgemeine Agrargeographie. Gotha: Perthes 1997, S. 21

M2 nach www.ac-nancy-metz.fr/euroDNL/data/images/M3aGraphik.gif, Mai 2008

M3 nach Bernd Andreae: Agrargeographie. Berlin, New York: de Gryuter 1977, S. 50

M4 verschiedene Quellen, u. a. basierend auf Sigmund Rehm/Gustav Espig: Die Kulturpflanzen der Tropen und Subtropen. Stuttgart: Ulmer 1976

Online-Link
29260X-4201

M5 Getreideernte früher …

M6 … und heute

Betriebsform

4.2.2 Technische Entwicklungen, Betriebsformen, Markt und Politik

Nicht nur naturgeographische, sondern auch anthropogene, also vom Menschen initiierte und gestaltete Faktoren beeinflussen die Landwirtschaft. Solche Faktoren – wie z. B. technische Innovationen, Veränderungen in den Konsumgewohnheiten, politische Einflussnahmen, Betriebsformen und -größen – bestimmen die Entwicklung der Agrarproduktion und haben somit auch Einfluss auf den Raum.

Nebenerwerbsbetrieb (G)

Technische Entwicklungen – Beispiel Transport. Lange Zeit wurden die Grenzen des Agrarraums von den Transportkosten der produzierten Güter bestimmt. Der Versuch, sie gering zu halten, korrespondierte mit den geringen Möglichkeiten, verderbliche Waren über größere Distanzen zu transportieren. Das Ergebnis war ein Agrarraum, der sich in räumlicher Nähe zu den städtischen Absatzmärkten entwickelt hatte.

agrarindustrielles Unternehmen (G)

„In den Industriestaaten war es vor allem die Entwicklung des Verkehrswesens, die der Thünenschen Standorttheorie [von den streng transportkostenabhängigen Landnutzungsringen um eine Stadt*] nur noch eine begrenzte Gültigkeit verleiht. Einerseits ermöglichen schnelle Transportmittel und Kühltechnik den Transport von leicht verderblichen Gütern auch über große Entfernungen, andererseits können auch geringwertige Massengüter dank der starken Senkung der Transportkosten durch Eisenbahn, Lkw und Massengutfrachter über weite Entfernungen transportiert werden. Der Getreideanbau endet daher heute an seinen klimatischen Grenzen, aber nicht mehr an seinem [Ertrags-] Nullpunkt …
[Dennoch] sollte man nicht übersehen, dass in Entwicklungsländern mit mangelhaftem Verkehrswesen die Transportkosten auch heute noch relativ hoch sind und den wichtigsten begrenzenden Faktor für den Absatzradius eines Produkts bilden können. …“ [1]

Betriebsformen. Seit langem ist besonders in den Industrieländern eine Tendenz zu modernen Agrarbetrieben mit großen landwirtschaftlichen Flächen bzw. in der Viehzucht mit Massentierbeständen zu erkennen. In diesen ist die Bewirtschaftung einfacher und der Kapital- und Maschineneinsatz profitabler. Die Größe der Agrarbetriebe hängt dabei unmittelbar mit der Betriebsform zusammen. So sind z. B. die 32,8 % der deutschen Betriebe, die nur zwischen 2 und 10 ha groß sind, überwiegend Nebenerwerbsbetriebe, in denen die Einkünfte aus anderen wirtschaftlichen Tätigkeiten die Existenz der Familien sichern. Großbetriebe mit oft mehreren 1 000 oder 10 000 ha Ackerfläche bzw. bis zu 100 000 Stück Mastvieh (USA s. S. 127, Russland s. S. 434) oder 2 Mio. Legehennen (s. S. 140–141) stellen das Gegenstück dar. Es handelt sich um agrarindustrielle Unternehmen, die neben der Produktion auch die Weiterverarbeitung und Vermarktung der Erzeugnisse betreiben.

[1] Adolf Arnold: a. a. O., S. 48

[3] ebenda, S. 51/52

[2] information.medien.agrar (i.m.a) Bonn (Hrsg.): Agrimente 2008, Zentrale Markt- und Preisberichtsstelle (ZMP) Bonn 2008, S. 11

M7 ebenda, S. 52 bzw. 1998, Hannover 1998, S. 5

M8 Bundesfinanzministerium: Situationsbericht 2008, aus: ebenda, S. 43

*Online-Link zu den Thünenschen Ringen: 29260X-4202

Marktveränderungen.

„Die Discounter Aldi, Lidl, Plus und Co. profitieren davon, dass die Verbraucher bei ihren Einkäufen von Lebensmitteln sehr stark auf den Preis achten. Die Discounter konnten mit so genannten Dauerniedrigpreisen und Sonderaktionen einen durchschlagenden Erfolg erzielen: Von 1992 bis 2005 sind die Umsätze der Discounter um 85 Prozent gestiegen. Die Umsätze der übrigen Lebensmittelhändler (Verbrauchermärkte, Supermärkte, Fachgeschäfte) sind dagegen im gleichen Zeitraum um 11 Prozent zurückgegangen. 2005 hatten die Discounter einen Marktanteil von 40,5 Prozent [zum Vergleich: 1995 27,0 %, 2000 32,1 %]. Die Tendenz ist weiter steigend. Leidtragende dieser Entwicklung sind die Lebensmittelgeschäfte mit Verkaufsflächen von weniger als 400 Quadratmetern." [2]

Die Veränderung des Marktes hat eine regionale, aber auch eine globale Dimension:

„In globaler Hinsicht war in den Jahren 1950–1955 das Bevölkerungswachstum von rund 125 % die bei weitem wichtigste Ursache der Nachfrageexpansion bei Nahrungsmitteln. Die rasche Verstädterung der meisten Entwicklungsländer steigert nicht nur die Vermarktungsquote der Agrarproduktion, sie verlagert die Nachfrage auf marktgängige ... Güter wie z.B. Getreide. Besonders hohe Zuwachsraten weist die Nachfrage nach Nahrungsgütern in den Entwicklungsländern auf, die eine Phase raschen wirtschaftlichen Wachstums mit entsprechenden Einkommensverbesserungen für breite Schichten erlebt haben. Hier kumuliert ein starkes Bevölkerungswachstum mit einer einkommensinduzierten Nachfragesteigerung, welche die Produktionsmöglichkeiten der einheimischen Landwirtschaft überfordert und Nahrungsmittelimporte [bewirkt] ...

Die Einkommensabhängigkeit der Nachfrageentwicklung wirkt sich in zweierlei Hinsicht aus:

1. Bei steigendem Wohlstand wachsen die Ausgaben der Verbraucher [in den Industrieländern] für Nahrungsmittel langsamer als die Einkommen ...

2. Von einer bestimmten Einkommenshöhe an wandelt sich die Nachfrage nach Nahrungsmitteln in qualitativer Hinsicht. Grundnahrungsmittel pflanzlicher Herkunft ... sind weniger gefragt, dafür steigt die Nachfrage nach Feingemüse, Frischobst aus anderen Klimazonen und nach Veredlungsprodukten tierischen Ursprungs ..." [3]

Politische Einflussnahme. Subventionen (vgl. S. 148) sind ein Instrument, mit dem die Politik in einer Marktwirtschaft Einfluss nehmen kann. Ihr Ziel ist die Unterstützung wirtschaftlicher Tätigkeiten. Ohne diese Hilfe hätten die Wirtschaftenden oft keine gesicherten oder ausreichenden Einkommen. Sie bestehen aus unmittelbaren Finanzhilfen oder aus Steuervergünstigungen. Neben verschiedenen Industriebranchen (z. B. Steinkohlenbergbau) spielen in Deutschland bzw. Europa Subventionen vor allem in der Landwirtschaft eine große Rolle.

Subvention

M7 Entwicklung des Pro-Kopf-Verbrauches verschiedener Nahrungsmittel in Deutschland (in kg)

	1950**	1970**	1996	2006***
Getreideerzeugnisse	99	66	74	86
Kartoffeln	186	102	73	63
Zucker	28	34	33	37
Gemüse	49	63	86	84
Frischobst	40	93	88	121
Zitrusfrüchte	7	21	29	44
Rindfleisch	11	22	15	8
Schweinefleisch	19	40	55	39
Geflügelfleisch	1	8	14	10
Trinkmilch	111	92	97	100
Butter	6	8	7	6

** nur alte Länder
*** Schätzung Quellen: ZMP, BMELVT

M8 Entwicklung der Subventionen aus dem deutschen Bundeshaushalt

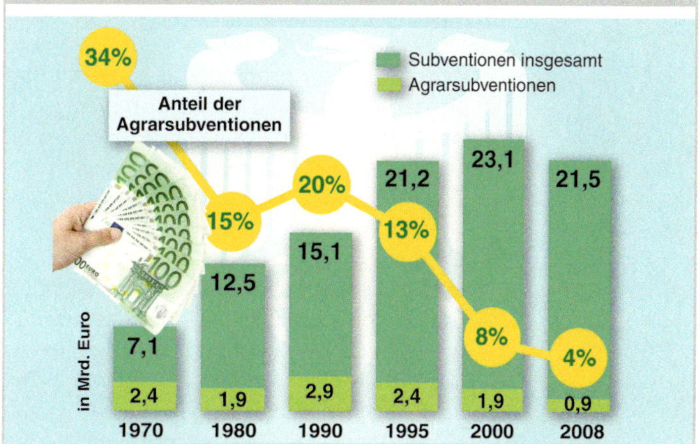

A1 Erläutern Sie die nördlichen Anbaugrenzen verschiedener Agrarprodukte in Europa (Karte M 3).

A2 Erstellen Sie für die wichtigsten anthropogenen Einflussfaktoren ein Wirkungsgefüge (vgl. Methodendoppelseite 466 – 467).

4.3 Agrarregionen der Erde im Überblick

M1 Agrarregionen der Erde

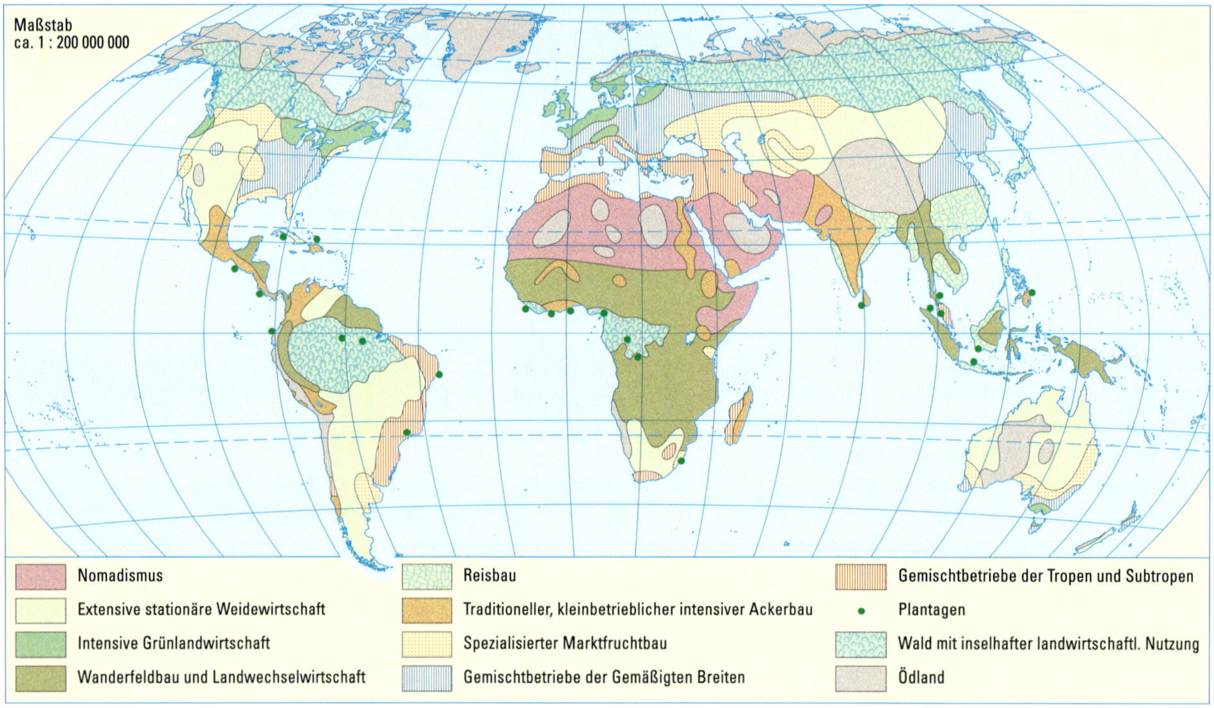

4.3.1 Viehwirtschaft – vom Nomadismus bis zum Feedlot

Viehzucht

Auf dem größeren Teil der weltweit landwirtschaftlich genutzten Flächen wird Viehzucht betrieben (Karte M1). Die Spannbreite reicht vom Nomadismus über die extensive Weidewirtschaft bis hin zum agrarindustriellen Feedlot mit Masttierproduktion.

Bei der Viehzucht geht es in erster Linie um Nahrungsgewinnung, doch es werden auch Rohprodukte gewonnen, wie Felle, Wolle oder Häute. In weniger entwickelten Gebieten liefern die Tiere darüber hinaus auch Dünger und Brennmaterial und bieten Arbeitskraft.

Nomadismus (G)

Nomadismus. Ursprünglich wanderten die Menschen und ihre Herden ganzjährig zwischen den Weidegründen und dies z. T. über Hunderte von Kilometern. Einfluss auf die Wanderungsbewegungen haben die Niederschläge und mit ihnen das Futterangebot auf den Naturweiden.

Heute ist dieser Vollnomadismus weitgehend abgelöst vom Halbnomadismus: Ein Teil der Familie bleibt stationär im klimatisch günstigeren Ursprungsraum und betreibt dort Ackerbau, der andere Teil des Stammes wandert mit den Herden. Im Sommer ziehen sie z. B. im Sahel auf die nördlichen Weidegründe, die aufgrund der Regenzeit ausreichend Vegetation besitzen (Karte M2). Mit Ende der Regenzeit und der damit zurückgehenden Vegetation wandern sie südwärts, wo sie die abgeernteten Felder als Weiden nutzen. Räumliche Schwerpunkte dieser Art der Viehwirtschaft sind die Trocken- und Dornbuschsavannen Afrikas sowie die Hochländer von Iran und Afghanistan.

M2 Halbnomadismus in Darfur (Sudan)

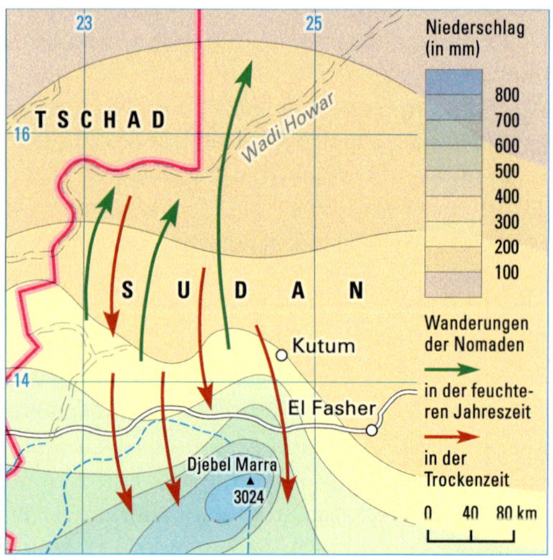

Extensive Weidewirtschaft. Sowohl die argentinischen Pampas als auch die US-amerikanischen Prärien westlich des Mississippi sind klassische Räume extensiver Viehzucht. Aufgrund eines semihumiden bis semiariden Klimas existieren ausgedehnte Grasländer mit allerdings schütterer Vegetation, sodass der Flächenbedarf je Tier auf diesen wenig ertragreichen Weiden sehr groß ist. Sie sind Schwerpunkträume der Rindermast geworden, in denen die Betriebe – Haciendas in Südamerika oder Ranches in den USA – ungewöhnlich große Ausdehnungen von bis zu 200 000 ha erreichen.

Intensive Viehwirtschaft auf Grünlandbasis. Diese Viehwirtschaft, die sowohl die Rindermast als auch die Milchviehzucht umfasst, prägt das Bild von Räumen der gemäßigten Zone mit relativ hohen Niederschlägen. Diese Feuchte, verbunden mit nur mäßigen Temperaturen, machen diese Regionen für den Ackerbau uneignet, lassen aber ertragreiche Weiden entstehen (Grünlandbasis). Ein Beispielraum hierfür ist das Norddeutsche Tiefland.

M3 Klimadiagramm von Hamburg

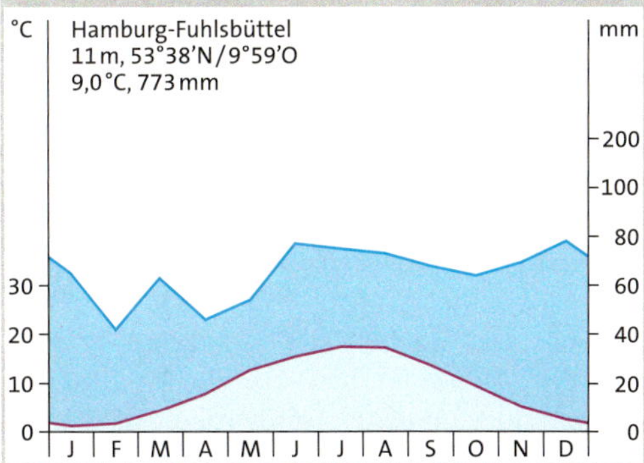

Massentierhaltung/Feedlots. Nach dem Zweiten Weltkrieg setzte in den USA eine Entwicklung weg von den traditionellen Family-Size-Farmen* hin zu immer größeren Viehmastbetrieben ein, den so genannten Feedlots. Diese gibt es mittlerweile auch in Russland, wo ehemalige Sowchosen nach amerikanischem Vorbild umstrukturiert wurden.

M4 Feedlot in den USA

„Im Zentrum des Produktionsverbundes der Rindermast in der Weld County [Colorado] steht aufgrund seiner Größe das vertikal integrierte Unternehmen Monfort of Colorado, das zur Con Agra-Gruppe gehört, mit eigener Schlachterei und angeschlossenem Zerlegebetrieb. Die benötigten Kälber werden von Ranches und auf Auktionen in der Weld County, in Colorado und in den Staaten westlich des Mississippi gekauft. Daneben werden aber auch Kälber gekauft, die in Warm-up-feedlots schon eine Vormast erfahren haben. Monfort betreibt in der Weld County zwei Feedlots mit einer Kapazität von jeweils 100 000 Tieren, außerdem ein drittes Feedlot derselben Größe in der Yuma County, Colorado. Im Jahr 2000 wurde ein viertes Feedlot in Freona (Texas) mit einer Kapazität von 82 000 Tieren erworben. In der Schlachterei in Greenley werden täglich 5 000 bis 6 000 Rinder geschlachtet ... Die zur Mast benötigten Futtermittel, die im eigenen Mischfutterwerk aufbereitet werden, stammen aus unterschiedlichen Quellen. Von Bedeutung ist hier die Nähe des Feedlots zum Bewässerungsfeldbau ...“ [1]

extensive Weidewirtschaft

intensive Viehwirtschaft

Massentierhaltung
Feedlots (G)
Family-Size-Farm

A1 „Früher züchtete man Mastrinder, heute produziert man sie.“

A1a) Erläutern Sie diese Aussage.

A1b) Nehmen Sie zu der ihr innewohnenden Problematik Stellung.

M1 nach Adolf Arnold: a. a. O., S. 120
[1] Werner Klohn/Hans-Wilhelm Windhorst: Die Landwirtschaft der USA. Vechtaer Materialien zum Geographieunterricht, H. 1, 3. Aufl. Vechta: Vechtaer Verlag 2000, S. 126

***Family-Size-Farmen** traditionelle amerikanische Familienfarmen; sie machten 1910 noch 32,4 % aller Farmen aus, heute nur noch gut 1 %. Dieses „Farmensterben“ wurde vor allem durch mangelnde Rentabilität, damit verbundene Kapitalschwierigkeiten sowie durch die Tendenz zu Großbetrieben, die finanzkräftigen Konzernen wie ConAgra, Kraft oder Philip Morris gehören, ausgelöst.

Online-Link
zu Family-Size-Farmen: 29260X-4301

4.3.2 Ackerbau – vom Wanderfeldbau bis zur stationären Großraumwirtschaft

Grundnahrungsmittel

Der Ackerbau stellt die wichtigste Nahrungsgrundlage der Weltbevölkerung dar. Beispiele hierfür sind Getreidepflanzen wie Weizen oder Reis als Grundnahrungsmittel für viele hundert Millionen Menschen. Aber auch der Anbau von Futterpflanzen spielt eine bedeutende Rolle, da ohne ihn eine intensive Massentierzucht nicht denkbar wäre. Die Spannbreite der Formen des Ackerbaus ist groß; sie werden nicht zuletzt durch die natürlichen Bedingungen bestimmt.

Wanderfeldbau.

Shifting Cultivation/ Wanderfeldbau (G)

Brandrodung (G)

Ecofarming (G)
Agroforstwirtschaft

„Shifting Cultivation ist die einfachste Form der Nahrungsmittelerzeugung in tropischen Waldgebieten. Am Anfang steht die Rodung eines Waldstücks mit Axt, Säge und Haumesser. Die Baumstümpfe verbleiben im Boden. Gegen Ende der Trockenzeit wird das abgeschlagene Holz abgebrannt (Brandrodung). Zu Beginn der Regenzeit erfolgt die Aussaat mit dem Pflanzstock. Die wichtigsten Kulturen sind Trockenreis (in den asiatischen Tropen) sowie Maniok und Mais (in Afrika und Lateinamerika). Die Brandrodung erfüllt einige wichtige Funktionen: Sie liefert Nährstoffe in Form von Aschedünger, vernichtet Unkraut und … Schädlinge und sorgt durch die Asche für eine deutliche Anhebung des pH-Wertes der normalerweise sehr sauren Böden. Auf diese Weise lässt sich die oftmals geringe Ertragsfähigkeit tropischer Böden vorübergehend ausgleichen.
Die Vorteile der Brandrodung kommen jedoch nur für eine Saison voll zur Geltung, denn durch die häufigen Starkregen werden die Asche und die dünne Humusauflage schnell fortgeschwemmt. Außerdem beginnt das Unkraut ungehemmt zu wuchern, sodass bereits im zweiten Jahr mit deutlichen Ertragseinbußen zu rechnen ist. Gleichzeitig erhöht sich der Arbeitsaufwand für die nun notwendige Unkrautkontrolle mit der Hacke. In den dauerfeuchten Tropen beschränkt sich deshalb der Anbau traditionell auf nur ein Jahr, während zu den wechselfeuchten Tropen hin die Anbauphase auf zwei bis vier Jahre ausgedehnt werden kann …
Das traditionelle Shifting Cultivation ist also eine sehr flächenaufwändige Produktionsform, die nur in dünn besiedelten Regionen mit großen bewaldeten Landreserven funktionieren kann. Die Tragfähigkeit beträgt dementsprechend kaum mehr als 30 Personen pro km^2. Es ist darüber hinaus eine sehr verschwenderische Anbauweise: Um 1 t Getreide zu erzeugen, werden bis zu 300 t Biomasse geopfert.“ [2]

M5 Ertragsabfälle in den feuchten Tropen bei zunehmender Dauer der Ackernutzung

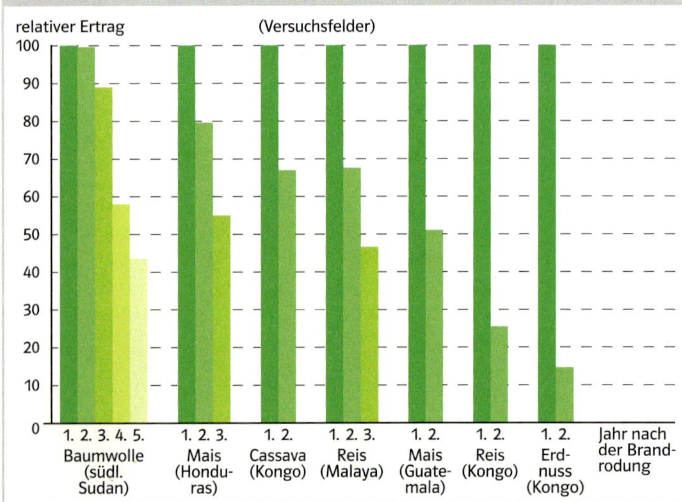

Ecofarming. Für die Menschen in den ökologisch empfindsamen feuchten Tropen suchte man seit langem nach ackerbaulichen Alternativen zum Flächen und Biomasse verbrauchenden Wanderfeldbau. Vorbild für eine solche „standortgerechte Landwirtschaft“ ist das Agroforesting, bei dem sich unter Palmpflanzungen Ackerflächen befinden, auf denen Mais, Jams, Bananen und Bohnen angebaut werden. Bei dieser Agroforstwirtschaft bieten die hohen Palmbäume optimale Lichtverhältnisse für den Anbau, das Blätterdach verhindert die Erosion durch Starkregen und das Wurzelsystem der Bäume verbessert den Wasserhaushalt. Das Ecofarming macht sich ähnliche Prinzipien zunutze. Im arbeits- und pflegeaufwändigen An-

[2] Thorsten Brauns/ Ulrich Scholz: Shifting Cultivation – Krebsschaden aller Tropenländer? In Geographische Rundschau, H. 1/1997, S. 45
M5 Daten aus: Peter H. Nye/D. J. Greenland: The soil under shifting cultivation. Harpenden: Bucks 1960
M6 nach Otmar Werle: Strategien gegen den Hunder – landwirtschaftliche Entwicklungsprojekte in Ruanda. In: Frankfurter Beiträge zur Didaktik der Geographie, Bd. 9. Frankfurt am Main: Selbstverlag des Geographischen Instituts der Johann-Wolfgang-Goethe-Universität 1986, S. 1298
M7 nach FAO: Statistic Yearbook. Rom: 1985, 1999, 2004, Daten auch unter http://faostat.fao.org, Mai 2008

Online-Link
zum Ecofarming in Ruanda und anderen Fallbeispielen: 29260X-4302

M6 Beispiel für eine Kulturartenverteilung im Landnutzungsmodell des Ecofarming

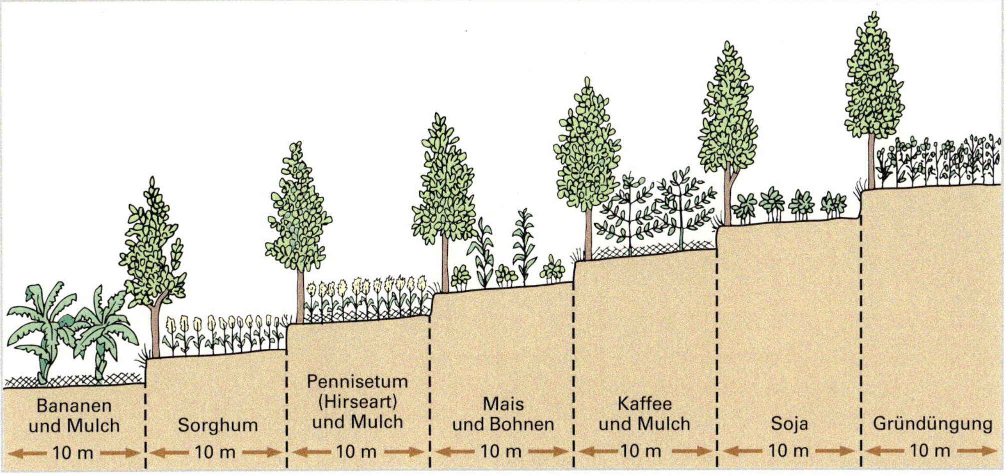

bau erfolgt eine integrierte Nutzung durch Feldbau, Tierproduktion und Holznutzung. Bäume dienen dem Bodenschutz und liefern durch das Laub Mulch und Futter. Das Mykorrhizengeflecht der Holzgewächse hilft, die Bodenfruchtbarkeit zu erhalten (s. Kap. 2, S. 85).

Mykorrhiza

Reisbauregionen. Für einen großen Teil der Menschheit ist Reis das wichtigste Grundnahrungsmittel. Dies betrifft vor allem die Länder Ost- und Südasiens, in denen rund 90 % der Weltreisernte (634 Mio. t im Jahr 2006) erzeugt werden. Dabei entscheidet das Wasserangebot darüber, ob Nassreis oder Trockenreis (Bergreis) angebaut wird. In den wasserreichen Flussauen und Schwemmkegeln tropischer oder subtropischer Flüsse (z. B. Ganges, Mekong, Jangtsekiang) sowie in Gebieten mit jungvulkanischen Böden (z. B. Java) ist die agrarische Tragfähigkeit besonders hoch; die Nassreiserträge erreichen hier, beispielsweise in China, Indien oder Indonesien, Jahreswerte von über 60 dt/ha.

Besonders die südostasiatischen Reisanbauregionen werden von kleinbäuerlichen Betrieben geprägt, deren Nutzfläche aufgrund des starken Bevölkerungswachstums sogar stetig abnimmt: Die Bevölkerungsdichte auf Java beträgt über 2 000 Einwohner/km², die Besitzgrößen liegen in der Regel bei 0,2 bis 0,5 ha. Insofern erfolgt der Reisanbau in größter Intensität; Hybridsorten und zwei Ernten im Jahr steigern die Erträge. Allerdings übersteigen die Ausgaben für teures Saatgut, Pflanzenschutz- und Düngemaßnahmen oft die Kapitalkraft der Kleinbauern, sodass sie Kredite aufnehmen müssen.

M7 Entwicklung der Reisproduktion in den führenden Erzeugerstaaten (in Mio. t)

Land	1980	1998	2006
VR China	146	199	182
Indien	74	125	136
Indonesien	30	46	54
Bangladesch	20	28	43
Thailand	17	21	29
Japan	13	13	10
Welt	336	568	634

Der Feldbau mit häufigem Fruchtwechsel und Mischkulturen dient der Selbstversorgung, während Cash Crops für den Markt nur in Ausnahmefällen angebaut werden. Die Tierzucht findet in Form der Stallhaltung statt.

Cash Crops (G)

Noch nicht beantwortet ist die Frage, ob Ecofarming, wie man es z. B. in Ruanda seit der Zeit nach dem Bürgerkrieg praktiziert, auch auf großen Flächen eine an die Natur angepasste Alternative zu anderen Wirtschaftsformen sein kann. Ein Problem, das sich dann stellt, ist z. B. der hohe Arbeits- und eventuell auch Kapitalaufwand.

A2 Beschreiben Sie die wesentlichen Vorgänge und Probleme des Shifting Cultivation.

A3 Vergleichen Sie Wanderfeldbau und Ecofarming.

A4 Erläutern Sie anhand geeigneter Atlaskarten exemplarisch die Bedingungen des Reisanbaus in Indien.

Hybridsorten (G)

Fallbeispiel: Großflächiger Anbau – das amerikanische Beltsystem und seine Auflösung

M 8 Das traditionelle Beltsystem in den USA

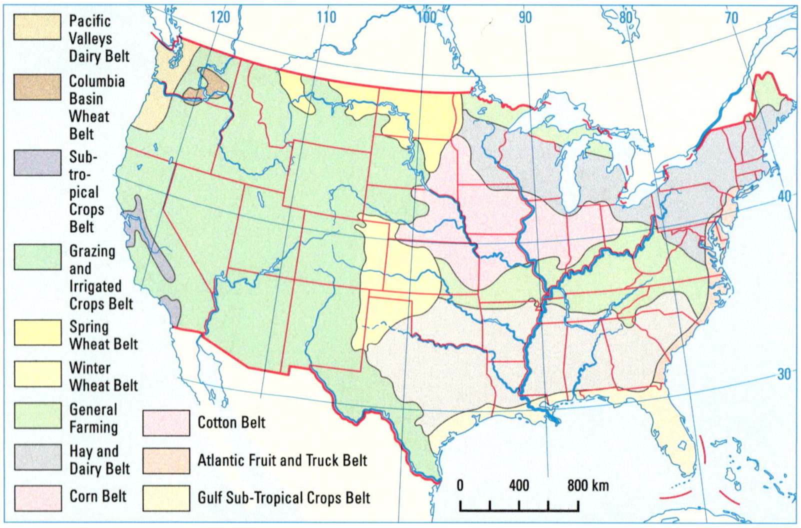

M 9 Grundlagen des Beltsystems

„Die über weite Räume einheitlichen Relief-, Klima- und Bodenverhältnisse ließen in den USA zusammenhängende Räume mit mehr oder weniger einheitlichen agraren Nutzungs- und Betriebsformen entstehen. Eine Vielzahl von Betrieben spezialisierte sich auf ein Produkt oder eine Folge weniger Produkte, für die der jeweilige Raum die optimalen Wachstumsbedingungen bot. Diese nach dem Wert der Leitprodukte klassifizierten unterschiedlichen Agrarzonen werden als Landwirtschaftsgürtel oder Agricultural Belts bezeichnet. Wie die Abbildung [M 8] zeigt, waren diese Belts im Osten des Landes – den Klimazonen entsprechend – nahezu breitenparallel angeordnet. Westlich von 98° w. L. war ihre Anordnung – der Nord-Süd-Ausdehnung der Klimazonen und Oberflächenformen folgend – stärker meridional. Neben den natürlichen Gegebenheiten spielten bei der Bildung der Agrarzonen aber auch ökonomische Zwänge eine Rolle, z. B. die Entfernung zu den Verbrauchermärkten oder die Transportkosten.

Die Ausdrücke Landwirtschaftsgürtel oder Belts dürfen jedoch nicht missverstanden werden. Große, völlig einheitliche Agrarzonen hat es in den USA nie gegeben. So spielte z. B. im Corn Belt neben dem Maisanbau die Rinder- und Schweinemast ... eine bedeutende Rolle ..."

M 10 Verlagerung der Schwerpunkte des Baumwollanbaus in den USA

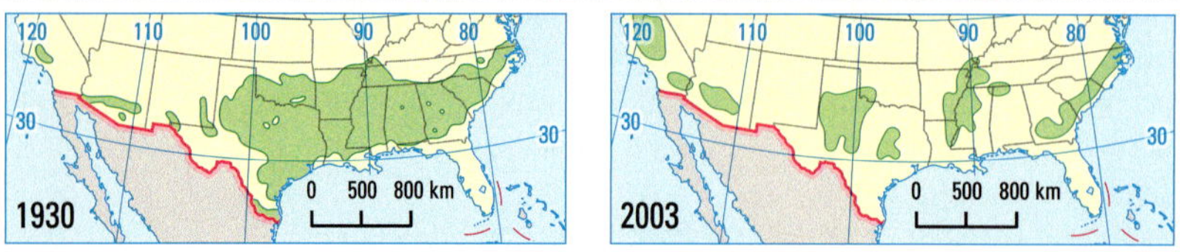

M 11 Auflösung des Cotton Belts

„Der Südosten der USA mit seinem warmgemäßigten feuchten Klima und einer Vegetationsperiode von über 200 Tagen bietet ideale Voraussetzungen für den Anbau von Baumwolle. Diese Voraussetzungen, zusammen mit der starken Nachfrage ... sowie technischen Entwicklungen (Baumwollentkörnungsmaschine), führten dazu, dass sich der Baumwollanbau während der ersten Hälfte des 19. Jahrhunderts über die gesamten Südstaaten von der Atlantikküste bis nach Texas ausbreitete. Mit einer Fläche von 17 Mio. ha erreichte er zu Beginn des 20. Jahrhunderts seine maximale Ausdehnung ...

Seit etwa 1930 kam es zu weit reichenden Veränderungen, die schließlich zur Auflösung des Cotton Belts und zur Verlagerung des Anbauschwerpunktes führten ...:

- Die Sklavenbefreiung 1862 brachte für viele Pflanzer den Ruin, da nun die Arbeitskräfte fehlten ...
- Der monokulturartige Anbau hatte die Böden ausgelaugt ...
- Schädlinge verursachten immer wieder erhebliche Ernteausfälle ...
- Durch künstliche Bewässerung [in den semiariden bis ariden Weststaaten] konnten die Hektarerträge bis auf das Dreifache gesteigert werden ...
- Die zunehmende Mechanisierung und Technisierung ... verlangte neue Betriebsweisen und größere Anbauareale ...

An die Stelle der Baumwolle ist verbreitet Gründlandwirtschaft als Basis von Rinderhaltung getreten, und besonders die Geflügelhaltung hat als weitere Einkommensquelle für die Farmer stark zugenommen. Beträchtliche Bedeutung erlangten ferner Sonderkulturen ..."

A 5 Erläutern Sie das Beltsystem (M 8 bis M 11, Atlas).

M 8 nach Ladd Haystead/Gilbert C. Fite: The Agricultural Regions of the United States. 3. Aufl. Oklahoma: University Press 1963

M 9 und M 11 Arno Kreus/Norbert von der Ruhren: FUNDAMENTE Kursthemen. USA/Kanada, Russland/Nachfolgestaaten der Sowjetunion. Gotha: Klett-Perthes 2002, S. 36 f.

M 10 nach Werner Klohn/Hans-Wilhelm Windhorst: Die Landwirtschaft der USA. Vechtaer Materialien zum Geographieunterricht, H. 1, 3. Aufl. Vechta: Vechtaer Druckerei und Verlag 2000, S. 63

4.3.3 Spezialisierter Marktfruchtbau – Sonderkulturen und Plantagenwirtschaft

In den Industrie- und in den Entwicklungsländern sind zwei spezialisierte, marktorientierte Anbausysteme weit verbreitet: Sonderkulturen und Plantagenwirtschaft.

Sonderkulturen. Seit Beginn der Industrialisierung kam es in den Industriestaaten zu starken Verstädterungstendenzen; z.T. entstanden große städtische Verdichtungsräume bzw. Agglomerationen, wie z.B. das Ruhrgebiet in Deutschland oder das Städteband zwischen Boston und Washington (BosWash) an der Nordostküste der USA. Zur Versorgung dieser städtischen Zentren mit frischen Nahrungsmitteln wurden in deren Umfeld beispielsweise Salat-, Gemüse- oder Obstkulturen angelegt. So hatte man sehr kurze Transportwege zum Markt.
Einen weiteren Bereich der Sonderkulturen bilden die primär von den natürlichen Gegebenheiten abhängigen Spezialkulturen wie der Wein- oder der Spargelanbau.

Plantagenwirtschaft. In den Tropen und Subtropen handelt es sich beim spezialisierten Marktfruchtbau um landwirtschaftliche Großbetriebe von mehreren Hundert bis vielen Tausend Hektar Fläche, auf der Cash Crops für den Weltmarkt angebaut werden. Diese Agrarprodukte sind für viele Länder von großer Bedeutung, da sie Devisen (cash) bringen. Es handelt sich beispielsweise um Kaffee, Tee, Kakao, Bananen, Zuckerrohr, Kautschuk oder Kokosnüsse. Die exportorientierten Plantagenbetriebe, bei denen die Beschäftigten überwiegend Lohnarbeiter sind, weisen in der Regel eine vertikale Konzentration auf: Der auf ein oder wenige Produkte spezialisierte Anbau, der rationell und mit hohem Kapitaleinsatz erfolgt, ist kombiniert mit der unmittelbaren Weiterverarbeitung, der Verpackung und dem Transport, z.B. auf dem Seeweg zu den europäischen oder nordamerikanischen Abnehmerländern.
Der Ursprung der Plantagenwirtschaft liegt in der Kolonialzeit. Die europäischen Kolonialmächte bauten in den klimatisch geeigneten Räumen Südasiens, Afrikas, Südamerikas oder auch im Südosten der heutigen USA Produkte wie z.B. Baumwolle an, für die das Klima der Mutterländer ungeeignet war, die aber für den

M 12 Teeplantage in Malawi

Konsum oder als Grundlage für die heimische Industrie gefragt waren. Nicht zuletzt bewirkten diese Kolonialprodukte einen starken Aufschwung der weltweiten Handelsseefahrt. In der nachkolonialen Zeit änderte sich an der Situation insgesamt wenig, im Gegenteil, der wachsende Lebensstandard in den hoch entwickelten Industriestaaten führte zu einer steigenden Nachfrage nach Plantagenprodukten, wie z.B. Kaffee, Tee oder Bananen.

Sonderkultur/ Spezialkultur (G)

Plantagenwirtschaft (G)

Cash Crops (G)

Die Plantagen gehören neben Großgrundbesitzern und Genossenschaften häufig internationalen Konzernen, welche auch die Verarbeitung der Produkte und ihre Vermarktung in den Zielländern übernehmen.
Kritisch muss bei der Plantagenwirtschaft betrachtet werden:
- die oft vorhandene Abhängigkeit von ausländischen Investoren und fremdem Kapital,
- die Abhängigkeit von der Weltmarktentwicklung eines Produktes, da es sich bei Plantagen fast immer um den Anbau von Monokulturen handelt (M 12),
- die Anfälligkeit für Schädlinge aus dem gleichen Grund,
- die sozialen Disparitäten, die zwischen den zwar gering, aber relativ sicher Verdienenden auf der Plantage und der übrigen Landbevölkerung (Kleinbauern, Landlose) entstehen können.

Monokulturen

Mischbetrieb (G)

4.3.4 Landwirtschaftliche Mischbetriebe – Subsistenzwirtschaft bis General Farming

Wanderfeldbau
Ecofarming (G)

Obwohl heute weltweit spezialisierte Landwirtschaftsbetriebe dominieren – vom Reisanbau über die Plantagenwirtschaft bis hin zur Mastviehproduktion der Feedlots –, sind ausgedehnte Gebiete des Weltagrarraums noch immer von Gemischtbetrieben gekennzeichnet. Dabei lassen sich drei wesentliche Teilräume mit agrarischer Mischwirtschaft herausgliedern:

Subsistenzwirtschaft (G)

Transformationsländer

General Farming

- die „klassische" Subsistenzwirtschaft in den tropischen und subtropischen Regionen,
- „junge" Formen dieser Art der Landwirtschaft in den Transformationsländern,
- die Gemischtbetriebe der gemäßigten Breiten, u. a. mit dem hoch entwickelten General Farming in Nordamerika.

M13 Überblick über landwirtschaftliche Betriebssysteme mit Subsistenzwirtschaft in den Tropen und Subtropen

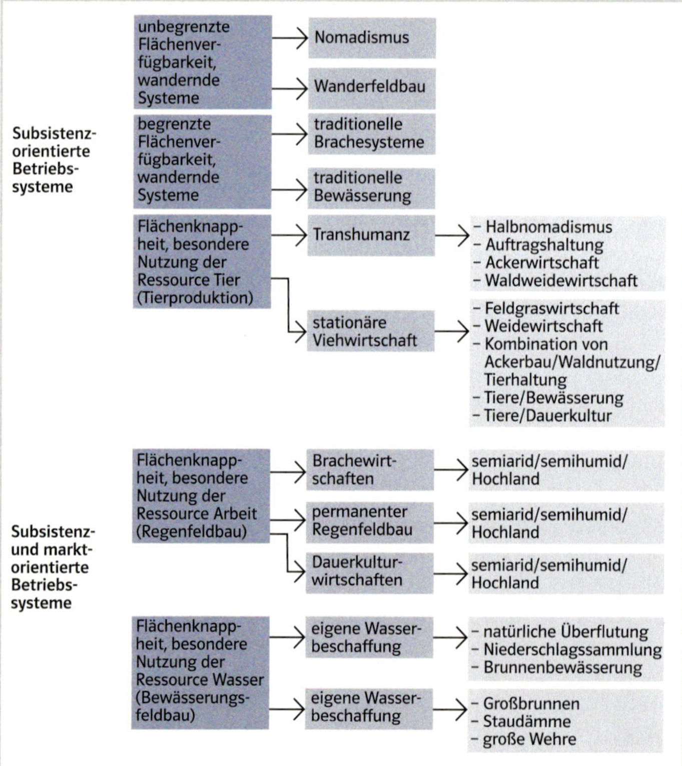

Tropische und subtropische Subsistenzwirtschaft. In den Tropen ist diese Wirtschaftsform eng verknüpft mit dem Nomadismus und mit dem Wanderfeldbau oder im günstigen Fall mit dem Ecofarming. Bei den beiden Letzteren sind auf kleinen Arealen kapitalarme Familienbetriebe mit geringem Mechanisierungsgrad tätig. Sie weisen eine vielfältige Produktionsausrichtung auf, die weitestgehend auf die Deckung des Eigenbedarfs abzielt. Überschüsse, die auf dem Markt verkauft werden, bilden die Ausnahme. Hier, wie auch beim Nomadismus, dient die Viehhaltung vorrangig der Selbstversorgung.
Mit der Eigenversorgung als primärem Ziel, aber dennoch marktorientierter, zeigt sich die Subsistenzwirtschaft in den Subtropen. Hier werden die Gemischtbetriebe durch Baum- und Strauchkulturen charakterisiert. Der Anbau von Ölbäumen, Agrumen (Zitrusfrüchten) sowie Baumwolle und Getreide prägt diesen Agrarraum.

Subsistenzwirtschaft in Transformationsländern. Hier besteht ein enger Zusammenhang zu den Vorgängen der Transformation (vgl. Kap. 10.6, S. 434–435).

„[Die] zweigeteilte Entwicklung [in Russland] – bei welcher nur wenige Megaunternehmen mit einer positiven Entwicklung glänzen, während die restlichen Betriebe ihrer schlechten wirtschaftlichen Lage nicht entkommen können – führt zu einer zunehmenden Verarmung der Bevölkerung in den ländlichen Regionen. Eine hohe Arbeitslosigkeit sowie Rückstände bei Lohnzahlungen und verzögerte Rentenzahlungen implizieren eine höhere Abhängigkeit der Dorfbevölkerung von der Subsistenzwirtschaft. Die so genannten Nebenerwerbswirtschaften sind der integrale Bestandteil in der Nahrungsmittelversorgung Russlands. 16 Millionen solcher Hauswirtschaften mit einem Durchschnitt von 0,4 ha gibt es …, wobei die Produktion überwiegend für den Eigenbedarf erfolgt. Aufgrund einer geringen Arbeitsproduktivität und -intensität besteht kaum ein Wachstumspotenzial in den Hauswirtschaften. Eine marktorientierte Produktion ist daher und auch aus Kostengründen nicht möglich." [5]

M13 nach Werner Mikus: Wirtschaftsgeographie der Entwicklungsländer. UTB Gustav Fischer 1994, S. 133

[5] Ildikó Lajtos: Die russische Landwirtschaft: Produktions- und Strukturentwicklung im Zuge der Transformation. In: Russlandanalysen 98/06, Bremen: Forschungsstelle Osteuropa 2006, S. 4

M14 nach Werner Klohn/Hans-Wilhelm Windhorst: a. a. O., S. 170, 172

M15 nach Wikipedia, Stichwort: „Bewässerungsfeldbau", Febr. 2008

Online-Link
29260X-4303

Mischwirtschaft der gemäßigten Breiten/General Farming. Von Gemischtbetrieben spricht man dann, wenn in keinem der Bereiche Marktfruchtbau, Futteranbau oder Viehwirtschaft über 50 % des Ertrages erwirtschaftet werden, sondern der Umsatz des Betriebes aus einer Ertragsmischung entsteht. Diese ergibt sich in den gemäßigten Breiten vorrangig durch eine Verbindung von Ackerbau und Viehwirtschaft. Neben diesem Verbund und einer Vielfalt von Anbauprodukten gehört als Drittes auch ein hoher Vermarktungsanteil der Produktion zu den Merkmalen der Mischwirtschaft. In der konventionellen Landwirtschaft Europas war diese Agrarform lange Zeit zugunsten der spezialisierten Betriebe auf dem Rückzug, erfährt allerdings in den Kleinbetrieben der ökologisch orientierten Landwirtschaft eine Art Renaissance.

In den USA hat das General Farming nach der Auflösung des Belt-Konzepts dagegen eher an Bedeutung gewonnen. Neben den schon immer vorhandenen Mischbetrieben im mittleren Osten des Landes ist hier vor allem der (ehemalige) Corn Belt zu nennen, der schon seit den 1960er Jahren zu einem „Corn-Soy-Hog Belt" geworden ist – mit Mais- und Sojaanbau als Futtergrundlage für die Schweinemast (Hog) zur Fleischversorgung der Verdichtungsräume des Nordostens.

4.3.5 Bewässerungswirtschaft – vom Schöpfrad bis zur Zirkulationsbewässerung

Weltweit werden rund 270 Mio. ha landwirtschaftliche Fläche künstlich bewässert. Damit können nicht nur semiaride und aride Regionen, in denen Fluss- oder Grundwasser vorhanden ist, agrarisch erschlossen werden, auch in anderen Klimazonen können Erträge stabilisiert oder gesteigert werden. In ärmeren Regionen ist hierbei das Schöpfrad immer noch ein wichtiges Hilfsmittel, um z. B. Brunnenwasser zu fördern. Es überwiegen aber moderne Wassergewinnungs- (Diesel- oder Elektropumpe) und Bewässerungsmethoden (Tröpfchenbewässerung, Zirkulationsbewässerung).

A6 Nennen Sie charakteristische Merkmale der Plantagenwirtschaft.

A7 Vergleichen Sie die Subsistenzwirtschaft in den Tropen und Subtropen mit der noch relativ jungen Form in einem Transformationsland wie Russland.

A8 Erklären Sie das weltweite Verbreitungsmuster des Bewässerungsfeldbaus.

M14 Der Corn Belt – Schwerpunkt für Futteranbau und Schweinezucht zur Jahrtausendwende

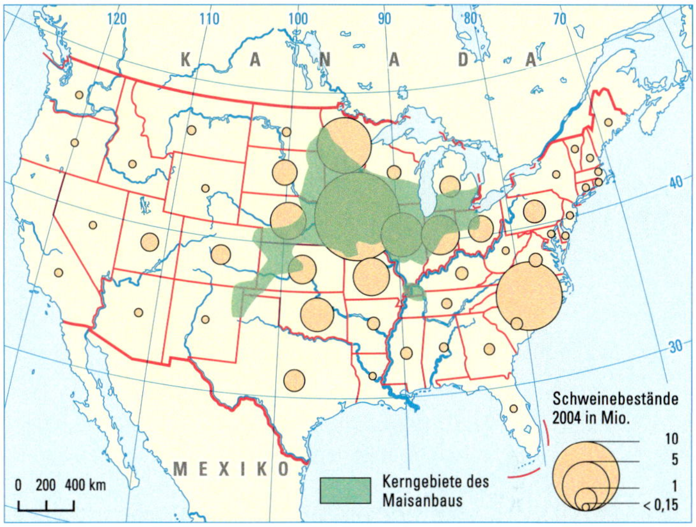

M15 Bewässerte Flächen weltweit 2007

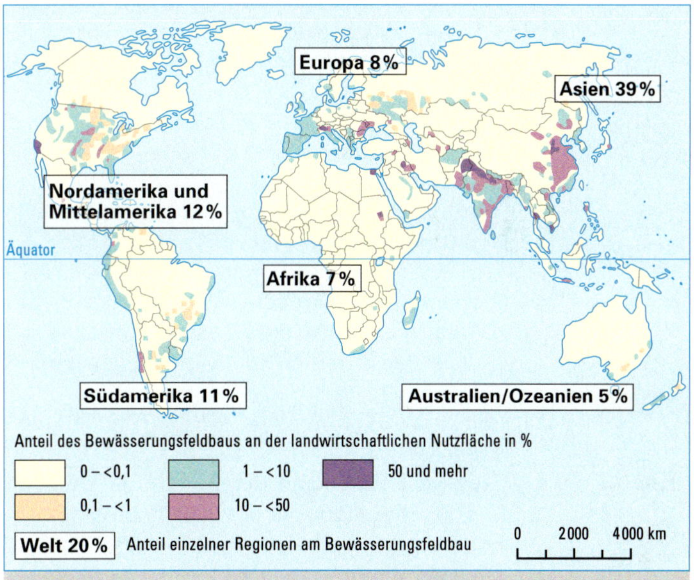

Anteile einzelner Regionen am Bewässerungsfeldbau 2007

Region	Ackerfläche (1000 ha)	davon bewässerte Ackerfläche (1000 ha)	Anteil (%)
Afrika	177 251	12 538	7
Asien	495 039	192 962	39
Europa	291 102	24 406	8
Nord- und Mittelamerika	259 589	31 395	12
Südamerika	96 142	10 326	11
Australien/Ozeanien	49 987	2 539	5
Welt	**1 369 110**	**274 166**	**20**

4.4 Ökonomische Erfolge und ökologische Probleme

M1 Mähdrescher bei der Ernte

M2 Bodenerosion auf Agrarlandschaft

Erosion

Die Produktionszahlen der modernen Landwirtschaft lesen sich als beeindruckende Erfolgsmeldung:

- Von 1950 bis 2005 stiegen in Deutschland die Hektarerträge bei Weizen auf fast das Zweieinhalbfache.
- Die Milchleistung verdoppelte sich im gleichen Zeitraum und spezialisierte Betriebe erreichen heute Werte von 9000 kg je Kuh und Jahr.
- In den Niederlanden wurden 2005 pro Hektar im Durchschnitt über 450000 kg Tomaten erzeugt.
- Ein Landwirt ernährte in Deutschland 1949 10 Menschen, im Jahr 2005 waren es 143.
- Der Selbstversorgungsgrad liegt in Deutschland bei Fleischprodukten zwischen 85 % (Geflügel) und 119 % (Rind- und Kalbfleisch), bei Getreide zwischen 105 % und 140 % je nach Sorte.

Und dies, obwohl in der EU nur rund 8 % aller Beschäftigten in der Landwirtschaft arbeiten und in Deutschland deren absolute Zahl von 4,8 Mio. im Jahr 1949 auf 850000 im Jahr 2005 zurückgegangen ist.

Arbeitsproduktivität
Überdüngung
Flächenproduktivität

Sowohl die Arbeitsproduktivität, also das Produktionsergebnis je Arbeitskraft, als auch die Flächenproduktivität, das Ergebnis je Flächeneinheit, sind so stark gestiegen, dass die Landwirtschaft Vergleiche mit der gewerblichen Wirtschaft leicht aufnehmen kann.

„Nirgendwo sonst hat die Erosion so große wirtschaftliche Auswirkungen wie in der Landwirtschaft. Insbesondere große Ackerflächen sind vor der Aussaat, also ohne Bewuchs, äußerst anfällig für den Abtrag der Bodenkörner durch Niederschläge. … Eine jüngste Studie des amerikanischen Geologen Bruce Wilkinson von der Universität in Michigan bringt es zudem ans Licht: Die Stärke der Erosion hat innerhalb der letzten 1000 Jahre durch menschliche Einflüsse extrem zugenommen. Wilkinsons Berechnungen zufolge liegt die natürliche Erosionsrate statistisch bei rund 18 Metern Bodenabtrag in einer Million Jahre, bei landwirtschaftlich genutzten Flächen hingegen ist diese durchschnittlich zehnmal so hoch. …“ [1]

„… Im Extremfall beackern heute Schlepper mit mehr als 12 Scharen und bis zu 500 PS den Boden. … Durch das Befahren des Bodens mit schweren Maschinen entsteht Bodenverdichtung. Ein schlechter Gasaustausch des Bodens, Staunässe und erhöhte Erosionsgefahr [durch größeren Oberflächenabfluss] sind die Folgen.“ [2]

„Die richtige Dosierung beim Einsatz von Dünge- und Pflanzenschutzmitteln zu finden, erfordert Fachwissen. Überdüngung belastet Oberflächengewässer und das Grundwasser … . Problematisch sind der hohe Viehbesatz und die dadurch anfallenden riesigen Güllemengen. …“ [3]

[1] nach Wenn der Humus baden geht. Landwirtschaft am Boden (Stand 04.03.2005). In: Das Magazin für Geo- und Naturwissenschaften, www.g-o.de/dossier-detail-212-9.html, Springer-Verlag Heidelberg/MMCD NEW MEDIA Düsseldorf 2008

[2] Wolfgang Heubach: Vom Boden zum Schutz. Universität Hohenheim Hohenheim, 2003, S. 16 f.

[3] ebenda, S. 17 (beide stark gekürzt)

4.4.1 Intensivierung, Spezialisierung und Produktivitätssteigerung

Wie bereits die Überschrift dieses Teilkapitels 4.4 zeigt, sind die Entwicklungen in der Landwirtschaft keineswegs frei von Spannungen. Das Spannungsfeld wird in den Texten angerissen: Einerseits haben sich beeindruckende ökonomische Erfolge ergeben, andererseits aber auch kritische Fragen nach der ökologischen Verträglichkeit dieser Erfolge. Sind die Entwicklungen in der Agrarwirtschaft mit dem Streben nach Nachhaltigkeit in Einklang zu bringen?

M3 Ertragsabhängigkeit des Winterweizens von der Stickstoffdüngung (Versuchsfelder)

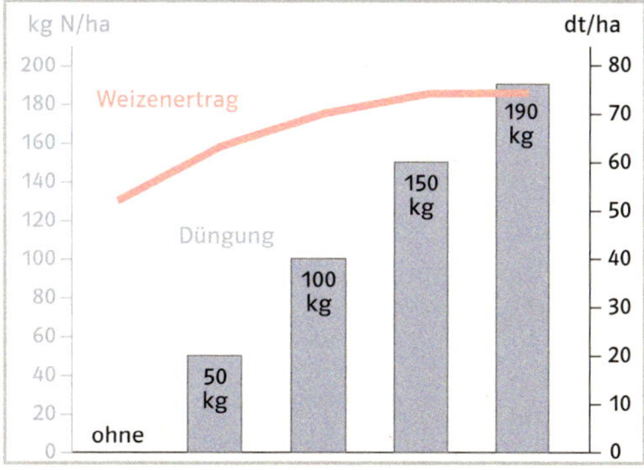

M4 Entwicklung des Produktertrags je ha (1960 = 100) in Deutschland (bis 1990 alte Bundesländer)

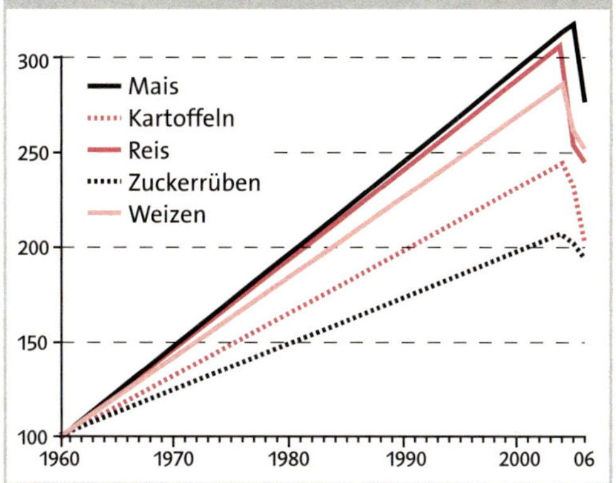

Dauerfeldbau und Spezialisierung. Der Wechsel vom Wanderfeldbau (s. S. 128–129) hin zum Dauerfeldbau brachte erhebliche Ertragssteigerungen. Dabei war es wichtig, dass die Bodenqualität zumindest gehalten werden konnte.

Dauerfeldbau (G)
Spezialisierung

Eine Maßnahme hierfür war die Fruchtwechselwirtschaft. Sie schonte durch den unterschiedlichen Nährstoffbedarf der Ackerfrüchte den Boden, war unanfälliger gegen Schädlinge und ermöglichte so eine ökonomisch günstige Produktion. Das traditionelle mitteleuropäische Fruchtfolgesystem war die Dreifelderwirtschaft mit der jährlichen Rotation von Wintergetreide (Roggen, Weizen), Sommergetreide (Hafer, Gerste) und Brache. Später entfiel in der verbesserten Dreifelderwirtschaft die Brachephase und wurde durch Kartoffeln, Rüben und Luzerne ersetzt. Heute gibt es zahlreiche regional unterschiedliche Fruchtfolgesysteme.

Fruchtwechselwirtschaft (G)

Intensivierung. In jüngerer Zeit spielen für die Ertragssteigerung Faktoren eine Rolle, die zur Intensivierung der landwirtschaftlichen Produktion geführt haben:

- Bewässerung ist nicht nur auf aride Gebiete beschränkt (s. S. 133), sondern verbessert auch in den gemäßigten Zonen den Ertrag.
- Mineraldünger (Stickstoff, Phosphat, Kali), der seit Ende des 19. Jh.s eingesetzt wird, führt ebenfalls zu Ertragssteigerungen, ermöglicht aber auch maßgeblich die Spezialisierung der Betriebe, indem er die einseitige Nährstoffentnahme ausgleicht. In den weniger entwickelten Ländern der Tropen stehen dem Einsatz von Mineraldünger allerdings dessen hohe Beschaffungskosten gegenüber. In der gemäßigten Zone stellt dagegen eher die Überdüngung des Bodens ein Problem dar.
- Neues Saatgut führte gerade bei Getreide zu besonders hohen Ertragssteigerungen. Ein Beispiel hierfür ist der Hybridmais, der durch mehrfaches Kreuzen entsteht und bis zu zwölfmal höhere Erträge bringt als die herkömmliche natürliche Maispflanze. Die Problematik liegt in den Tendenzen der jüngeren Zeit, in immer größerem Umfang mit Genveränderungen zu arbeiten, ein Thema, das in Deutschland allerdings eine größere Brisanz hat als z. B. in den USA.

Intensivierung

M3 nach Konrad Epple, Regierungspräsidium Tübingen

M4 nach information.medien.agrar (i.m.a) Bonn (Hrsg.) Agrimente verschiedene Jahrgänge bis 2005, Zentrale Markt- und Preisberichtsstelle (ZMP) Bonn

Online-Link
29360X-4401

M 5 Entwicklung der Zahl der Betriebe und der Beschäftigten in der Landwirtschaft in Deutschland (bis 1990 alte Bundesländer)

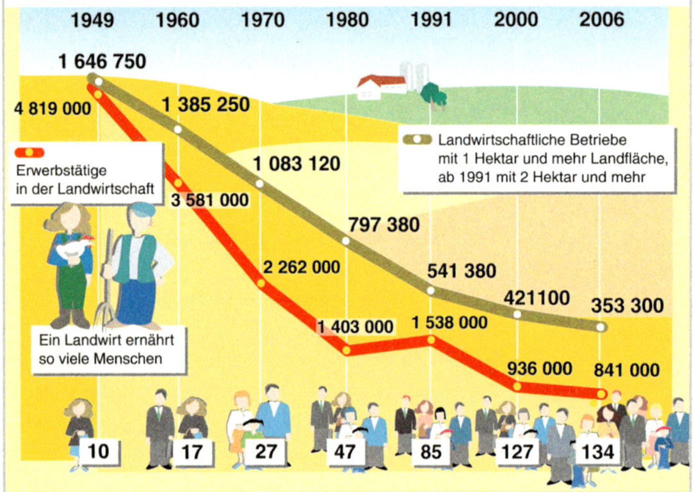

Produktivitätssteigerung

Eutrophierung

Produktivitätssteigerung. Während bei der Subsistenzwirtschaft die Arbeitsproduktivität gering ist, erhöht sie sich beim marktorientierten Anbau schon durch die Produktspezialisierung. Entscheidende Faktoren aber sind Mechanisierung, Chemisierung (Umschlag, Lagerung und Ausbringung von chemischen Düngemitteln), Düngung und Einsatz von neuem Saatgut. All das hat den Anstieg der Produktivität zum Ziel; Voraussetzung ist allerdings ein hoher Kapital- und Energieeinsatz. Das trifft sowohl auf den Ackerbau als auch auf die Viehwirtschaft zu, wenn diese als Massentierhaltung praktiziert wird.

Umweltwirkungen der ertragssteigernden Maßnahmen. Viele Maßnahmen zur Leistungssteigerung in der Landwirtschaft haben häufig ökologisch unerwünschte Folgen:

- Übermäßige Düngung mit Stallmist, Gülle oder Mineraldünger führt zur Anreicherung von Stickstoff im Grundwasser.
- Hoher Phosphateinsatz begünstigt eine Eutrophierung der Gewässer (die Gewässer „kippen“).
- Herbizide, Pestizide und Fungizide, auf die bei einer modernen Landwirtschaft kaum verzichtet werden kann, belasten Boden, Grundwasser und Nahrungsmittel.
- Neues Saatgut ist oft empfindlich und verlangt erhöhte Gaben an Dünger und Pflanzenschutzmitteln sowie eine energieintensive Bodenbearbeitung.
- Das Gewicht großer Traktoren und anderer landwirtschaftlicher Maschinen verdichtet den Boden, auch den Unterboden.
- Intensiver Anbau mit Dauerkulturen zehrt den Boden aus und verdrängt Bodenorganismen.
- Großflächiger Anbau von Monokulturen führt zum Verlust der Artenvielfalt; Drainagen zerstören Feuchtbiotope.
- Unsachgemäße Bewässerung, vor allem in ariden Gebieten, fördert die Versalzung an der Oberfläche, da der aufsteigende Bodenwasserstrom Mineralien und Salze nach oben transportiert.

A 1 Beschreiben Sie den im Schaubild M 6 dargestellten Stickstoffkreislauf.

A 2 Analysieren Sie die Maßnahmen zur Ertragssteigerung im Hinblick auf ökologische Probleme.

M 6 Stickstoffkreislauf in einer modernen Landwirtschaft

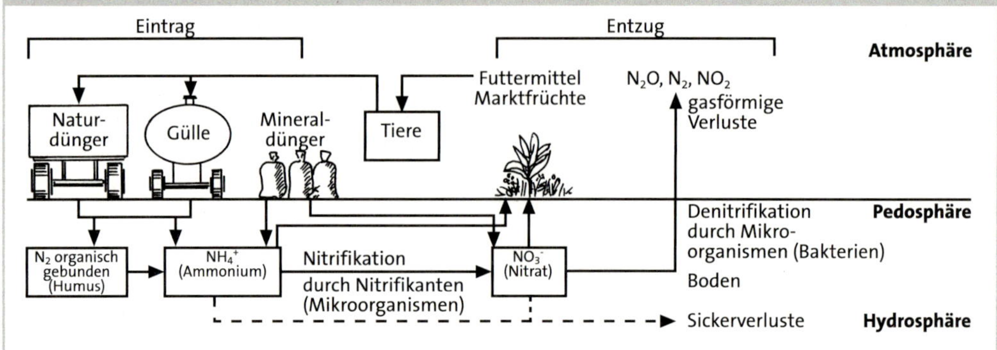

M7 Agrobusiness in Deutschland – ca. 500 000 Betriebe mit 3,4 Mio. Beschäftigten und 330 Mrd. Euro Umsatz

Bereiche	Teilbereiche	Beschäftigte (ca.)
Inputsektoren der Landwirtschaft	Landtechnik-Industrie, Landmaschinenhandel und -handwerk, Pflanzenzucht, Tierzucht (Tiergenetik), Futtermittel, landwirtschaftliche Beratung, staatliche Agrarverwaltung, Düngemittel, Pflanzenschutzmittel, Tiergesundheit	134 000
Großhandel	Großhandel mit landwirtschaftlichen Grundstoffen	52 000
Landwirtschaft	Ackerbau, Gartenbau, Weinbau, Tierhaltung ...	560 000
Produzierendes Gewerbe	Lebensmittelindustrie	520 000
	Ernährungshandwerk (Bäckereien, Metzgereien ...)	480 000
Lebensmittelhandel	Lebensmittelgroßhandel	220 000
	Lebensmitteleinzelhandel	670 000
Großverbraucher	Gaststättengewerbe, Kantinen und Catering	805 000
Dienstleistungen	Forschung, Beratung, Verbände, Logistik, Software ...	k. A.

4.4.2 Agrobusiness – Industrialisierung der Landwirtschaft und ihre Folgen

„Die Landwirtschaft in den westlichen Industriestaaten befindet sich in einem raschen strukturellen Wandel, der in verkürzter Form als ‚Industrialisierung der Agrarproduktion' gekennzeichnet wird. Dieser Wandlungsprozess ist in den USA besonders weit fortgeschritten ...
Ein erster Indikator für den Prozess der Industrialisierung ist die sektorale Konzentration. Darunter wird verstanden, dass die Agrarproduktion in einer immer geringer werdenden Zahl von Betriebseinheiten stattfindet und diese einzelnen Betriebe einen zunehmend größeren Anteil an der gesamten Agrarproduktion erhalten.
Die Kapitalisierung der Agrarproduktion ist ein weiterer Indikator des Industrialisierungsprozesses. Sie schlägt sich nieder in beständig wachsenden Ausgaben für Nutzland, Gebäude, Maschinen, hochwertige Nutztiere und Saatgut sowie chemische Produkte.
In einer traditionellen Farm, in der eine Einheit bestand zwischen dem die Entscheidungen treffenden Betriebsleiter und den Familienangehörigen sowie wenigen Lohnarbeitskräften, die die anfallenden Arbeiten erledigten, ergab sich keine Notwendigkeit, die Betriebsführung zu dezentralisieren. Diese ergab sich erst in dem Moment, als in einigen Betrieben Umfang und Komplexität der anstehenden Arbeiten zunahmen und gleichzeitig weitreichende Managemententscheidungen zu treffen waren (z. B. Produktionsziel, Kapitalinvestitionen) ...
Agrartechnologische Entwicklungen sind ebenso von steuerndem Einfluss [auf die Industrialisierung der Landwirtschaft] wie Konzentrationsprozesse in der nachgelagerten Industrie und im Lebensmittelhandel." [4]

Dieses Zitat kann nicht darüber hinwegtäuschen, dass der Begriff Agrobusiness vor allem in den Industriestaaten ambivalent bewertet wird: Einer kritischen Sichtweise, die Verbindungen zu Begriffen wie Massentierhaltung, Genveränderung oder Industrietomaten herstellt, stehen große Erfolge gegenüber. Diese zeigen sich sowohl in der weltweiten Steigerung der Nahrungsmittelproduktion als auch in der Produktivitätssteigerung einzelner Regionen bzw. Räume. Ohne den Einstieg in agrarindustrielle Produktionsmethoden wäre es nicht denkbar, dass zum Beispiel in Deutschland (2005) ein einziger Landwirt statistisch gesehen über 140 Menschen ernährt, und dass beispielsweise die EU bei Grundnahrungsmitteln sowie einer ganzen Reihe anderer Agrarprodukte durchweg eine Selbstversorgung erreicht hat.
Den Erfolgen stehen neben ökologischen Problemen auch ethisch-moralische gegenüber – wie z. B. in der Massentierhaltung die Frage danach, was der Mensch einer Kreatur antun darf.

Agrobusiness (G)

Massentierhaltung

M5 nach information.medien.agrar (i.m.a) Bonn (Hrsg.) Agrimente 2008, Zentrale Markt- und Preisberichtsstelle (ZMP), Bonn 2008, S. 8

[4] Tomaten aus Kalifornien: www.versus-wf.de/cms/de/versus_-_medien_online/5500080_-_tomaten_aus_kalifornien/zusaetzliches_material.html, Juli 2006, Fachhochschule Braunschweig/Wolfenbüttel 2006

M6 nach Klaus Isermann: Ammoniakemissionen in der Landwirtschaft als Bestandteil ihrer Stickstoffbilanz. In Ammoniak in der Umwelt. KTBL-Schriften. Münster-Hiltrup: Landwirtschaftsverlag 1990

M7 Tomaten aus Kalifornien: a.a.O., Juli 2006

Online-Link
29260X-4402

Fallbeispiel: **Agrobusiness in den USA – Industrietomaten aus Kalifornien**

M 8 Tomatenernte in Kalifornien

M 11 Entwicklung des Anteils von Kalifornien an der Anbaufläche und Gesamtproduktion von Industrietomaten in den USA

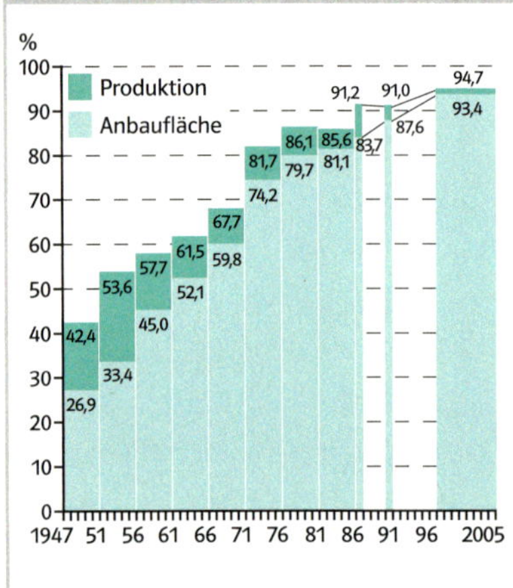

M 9 Industrietomaten als Innovationsprodukt

„Möglich war die schnelle Ausweitung [des Tomatenanbaus in Kalifornien] nur durch die parallel verlaufende Ausbreitung zweier agrartechnologischer Innovationen, dem mechanischen Tomatenvollernter und der hartschaligen Tomate, die mit diesen Maschinen geerntet werden konnte. Beide Innovationen wurden an der University of California in Davis entwickelt. Sie führten zwischen 1962 und 1972 zu einer völligen Umstrukturierung des Tomatenanbaus. Großflächige Farmen, auf denen die Vollernter ihre volle Leistung entfalten konnten, dominierten in der Folgezeit. Auf bewässerten Flächen im Kalifornischen Längstal ließen sich darüber hinaus deutlich höhere Erträge erzielen als im Mittelwesten und an der Atlantikküste."

M 10 Agrarpolitik als Auslöser einer bahnbrechenden Innovation

„Im 2. Weltkrieg verließen viele Landarbeiter die Arbeitsplätze in der Landwirtschaft, weil sich in der Industrie weitaus bessere Arbeits- und Verdienstmöglichkeiten boten. Die Bundesregierung sah sich zu einem Notprogramm veranlasst. In einem formalen Vertrag mit Mexiko wurde die Versorgung der Farmer in Kalifornien, Texas und Arizona mit billigen Arbeitskräften geregelt. Das Programm lief 1947 aus. Während dieses Zeitraums nahm Kalifornien etwa 90 % der wenig qualifizierten Wanderarbeiter auf. Danach traten erneut Probleme auf, in hinreichender Zahl Arbeiter zu beschaffen. Auf Druck der Staaten im Südwesten sah sich die Regierung deshalb gezwungen, mit Mexiko einen neuen, länger dauernden Vertrag zu schließen, das so genannte Bracero Program*. Es trat 1951 in Kraft und dauerte bis 1964. In der Tomatenernte wurden fast ausschließlich Wanderarbeiter aus diesem Programm eingesetzt (30 000 – 50 000). Als sich gegen Ende der 1950er Jahre abzeichnete, dass das Bracero Program nicht verlängert werden würde, begann man in den landwirtschaftlichen Fakultäten der Universitäten und bei den Tomatenbauern gezielt nach einem Ausweg zu suchen. Es wurde erkennbar, dass eine Verknappung des Angebots an billigen Landarbeitern einen Anstieg der Produktionskosten und eine Organisation der Wanderarbeiter in Gewerkschaften zur Folge haben würde … Da der Tomatenanbau wie kein anderer Sektor von der Bereitstellung billiger Arbeitskräfte abhing, waren die Aussichten für seine zukünftige Entwicklung eher düster. Dieses wurde von den Produzenten als besonders schmerzlich empfunden, weil die Nachfrage nach Tomatenprodukten [z. B. Ketchup] beständig zunahm und hohe Gewinne versprach.

Bereits zu Beginn der 1940er Jahre hatte ein Pflanzenzüchter an der Universität in Davis begonnen, eine Tomate zu züchten, die von einer Maschine geerntet werden konnte. J. Hanna wurde zu einer der wichtigsten Personen der folgenden Phase. Im Jahre 1947 legte er eine Tomate vor, die so hartschalig war, dass sie ohne Verletzungen maschinell geerntet werden konnte, in großen Behältern transportierbar war, ohne zu zerdrücken, und sehr gute Erträge brachte. Die Phase der ‚hard tomatoes' begann. Agrartechniker der Universität griffen diese Innovation auf und konzipierten innerhalb von zehn Jahren einen Vollernter, der sich im Grundkonzept in den Folgejahren wenig veränderte. C. Lorenzen wurde der entscheidende Wissenschaftler in diesem Bereich."

M 12 Veränderungen in der Betriebsstruktur im Tomatenanbau in Kalifornien

Jahr	Farmen	Anbaufläche gesamt (ha)	Durchschnittliche Anbaufläche je Farm (ha)
1954	2896	37595	13,0
1959	2724	63529	23,3
1964	1883	64421	34,2
1969	1582	71263	45,0
1974	1493	104942	70,3
1978	1729	106598	61,7
1982	1558	102159	65,6
1987	1329	88802	66,8
1992	1441	102857	71,4
1997	1747	124552	71,3
2002	1769	134695	76,1

M 13 Bedeutung Kaliforniens für den US-amerikanischen Tomatenanbau

„Kalifornien, das um 1950 etwas mehr als ein Viertel der Anbaufläche für Tomaten und 42% der Gesamterzeugung der USA auf sich vereinigt hatte, stellte 2005 über 93% der Anbaufläche und annähernd 95% der Produktion. Dabei sind fast alle kleinen Tomatenfarmer auf der Strecke geblieben. Neben der Entwicklung und Ausbreitung der automatischen Baumwollpflückmaschine dürfte somit der mechanische Tomatenernter die agrartechnologische Innovation sein, die die Struktur eines Produktionszweiges in der US-amerikanischen Agrarwirtschaft am grundlegendsten verändert hat."

A 3 Die Entwicklungen im US-amerikanischen Anbau von Industrietomaten zeigen in besonderer Weise Vorgänge, die man unter dem Begriff Agrobusiness zusammenfasst. Erläutern Sie diese Vorgänge und ihre sozioökonomischen Merkmale und Probleme.

M 14 Entwicklung der Erntekosten für Industrietomaten und der Anteil der Maschinenernte 1960 – 1970

Jahr	Erntekosten ($/Acre**)		Anteil der Maschinenernte (%)
	Handarbeit	Vollernter	
1960	467,1	–	0
1962	530,4	407,5	1,3
1964	573,7	458,6	3,5
1966	626,9	509,6	70,0
1968	680,9	560,6	92,0
1970	–	611,7	100,0

** Acre ist eine nordamerikanische Flächeneinheit in der Landwirtschaft. 1 Acre entspricht etwa 4046 m².

M 15 Die Auswirkungen der Mechanisierung des Tomatenanbaus auf Farmer und Arbeitskräfte

„Viele kleine Betriebe schieden für einen Einsatz aus, wenn sie nicht gemeinsam einen Vollernter nutzen wollten. Dies scheiterte jedoch durchweg an der fehlenden Transportmöglichkeit des Gerätes über längere Distanzen. Völlig unrentabel gestaltete sich der Einsatz für die Tomatenbauern im Mittelwesten der USA und an der Ostküste. Ihre kleinen Flächen machten den Erwerb des Vollernters völlig unmöglich …

Der Übergang von der Handpflücke zur mechanischen Ernte bewirkte auch Veränderungen bei den eingesetzten Landarbeitern. Vor Einsatz des Vollernters wurde die Ernte ausschließlich von Männern vorgenommen. Sie arbeiteten in Gruppen und wurden nach Pflückleistung bezahlt. Die tägliche Arbeitszeit lag bei 8 – 12 Stunden. Die Arbeit war wegen der gebückten Haltung und des Heraustragens der Behälter zum Feldrand, wo sie auf Lastwagen entleert wurden, äußerst anstrengend, sodass keine Frauen beschäftigt wurden. Der Einsatz des Vollernters veränderte die anfallenden Arbeiten grundlegend. Neben den Fahrern der Erntemaschinen und der Traktoren bestand nun ein Bedarf an Billiglohn-Arbeiterinnen, die das Sortieren der Tomaten auf den Transportbändern der Maschinen und das Heraussuchen von Steinen, Strünken und anderem Material besorgten … Es eröffnete sich eine völlig neue Beschäftigungsmöglichkeit für unqualifizierte Mexikanerinnen …

Für die vorher eingesetzten männlichen Landarbeiter ergaben sich vielfach gute Einkommensmöglichkeiten in der expandierenden Verarbeitungsindustrie, die vor allem im nördlichen San-Joaquin-Tal zahlreiche neue Fabriken errichtete. Eine andere Situation hat sich ergeben durch die Entwicklung und Ausbreitung des elektronischen Sortierers. Durch diese technische Vorrichtung konnte die Zahl der Arbeiterinnen pro Vollernter auf die Hälfte reduziert werden. Dies bedeutete eine Freisetzung von etwa 12000 – 14000 Arbeiterinnen im Zeitraum von 1975 – 1980, für die sich innerhalb der Agrarwirtschaft allerdings keine neue Beschäftigungsmöglichkeit ergab. Weil der Sortierer pro Tonne geernteter Tomaten eine Einsparung von 3 – 4 US-$ bewirkte, lohnte sich seine Anschaffung, obwohl er den Preis des Vollernters verdoppelte."

M 9 www.versus-wf.de/…, a. a. O.
M 10, 13 und 15 Werner Klohn/Hans-Wilhelm Windhorst: Die Landwirtschaft der USA. Vechtaer Materialien zum Geographieunterricht, H. 1. Vechta 2000, S. 94 – 101

*Bezeichnung für das Programm offizieller Arbeitsgenehmigungen für mexikanische Landarbeiter in den USA 1942 – 1964

M 11 nach Chern/Just 1978, California Tomato Growers Association; in: Werner Klohn/Hans-Wilhelm Windhorst: a. a. O., S. 126

M 12 nach USDA, Census of Agriculture, verschiedene Ausgaben; in: ebenda, S. 101
M 14 Brandt/French, 1981 in: Werner Klohn/Hans-Wilhelm Windhorst: a. a. O., S. 94 – 101

Fallbeispiel: **Agrobusiness in Deutschland – Legehennen im agrarischen Intensivgebiet Südoldenburg**

M16 Blick in eines der größten Eiproduktewerke Europas, „OVOBEST" in Hörsten, Südoldenburg, einer Tochter der Deutschen Frühstücksei GmbH

M18 Legehennenbestände in Niedersachsen (Landwirtschaftszählung 1999)

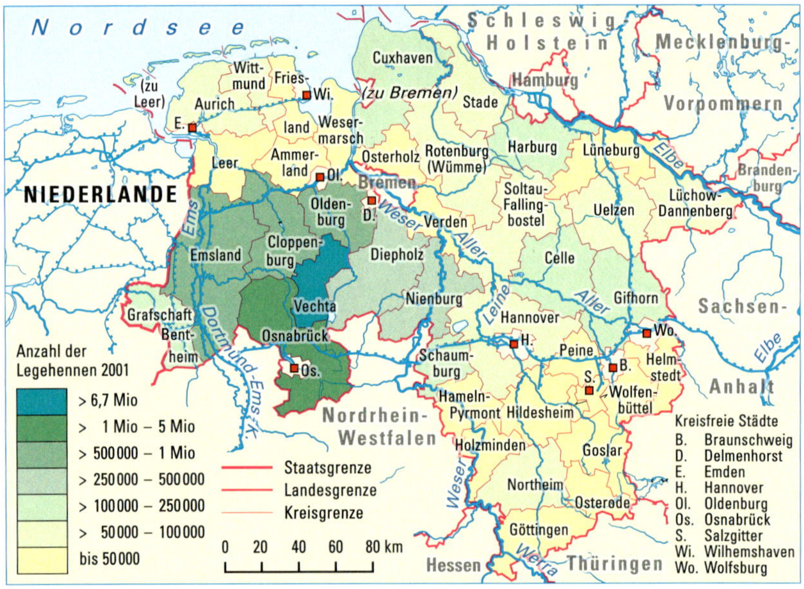

M17 Die Entwicklung der Region zum agrarischen Intensivgebiet

Bis 1894 wurde die Region von der Subsistenzwirtschaft geprägt. Die Bodenqualität war mäßig und aufgrund einer fehlenden Verkehrsanbindung war der Bezug von Futtermitteln oder Dünger kaum möglich.
Dies änderte sich, als der Raum zwischen 1885 und 1895 durch die Eisenbahn erschlossen wurde. Die Anbindung an die norddeutschen Häfen ermöglichte den Import von Fischmehl, Gerste und Mineraldünger; gleichzeitig konnte man nun Abnehmermärkte in den Industriegebieten von Rhein und Ruhr erreichen und erschließen. Diese Mittellage zwischen Küste und wachsenden Verdichtungsräumen nutzte man vor allem zur Intensivierung der Schweinemast.
Nachdem die beiden Weltkriege eine Phase der Instabilität gebrachte hatten, setzte ab 1950 (bis ca. 1980) eine massive Intensivierung der agrarischen Produktion ein. Sie betraf zum einen die Schweinemast, zum zweiten den Maisanbau als wesentliche Futterpflanze für die Tiermast und zum dritten seit den 1960er Jahren die Hähnchen- und Kälbermast sowie besonders die Legehennenhaltung.
Unterstützt wurde diese Entwicklung einerseits durch sich verändernde Konsumgewohnheiten sowie andererseits durch die vertikale Integration agrarindustrieller Unternehmen und verschiedener Innovationen, wie z. B. vollautomatische Anlagen zur Haltung von Legehennen, Hybridhennen (neue Züchtungen), automatische, z. T. computergesteuerte Fütterungsanlagen, Hybridmais, Hochleistungsfutter, tiermedizinische Präparate etc.
Probleme für den Raum ergaben sich seit den 1980er Jahren. Die beständige Intensivierung mit der Aufstockung der Tierbestände führte zu drei Kernproblemen:

- der Überschussproduktion,
- der Entsorgung großer Mengen an Tierexkrementen,
- der Überdüngung des Bodens.

Hinzu kam, dass die Massentierhaltung seit den 1990er Jahren immer kritischer hinterfragt wurde. Zur grundsätzlichen ethischen Problematik kamen Schweinepest oder Vogelgrippe, die eine breitere Öffentlichkeit für diese Thematik sensibilisierten. Seit 1990 gibt es daher Überlegungen, durch welche Maßnahmen die Situation verbessert werden kann. Diese werden z. T. staatlicherseits initiiert, wie die verschärfte niedersächsische Gülle-Verordnung vom Februar 1990, oder auch in staatlicher und privatwirtschaftlicher Kooperation, wie die Versuchsfarm der Deutschen Frühstücksei GmbH (siehe M 22) zeigt.

M17 Autorentext nach Werner Klohn/Hans-Wilhelm Windhorst: Das agrarische Intensivgebiet Südoldenburg. In: Vechtaer Materialien zum Geographieunterricht, H. 2. Vechta 2001, S. 66

M18 Hans-Wilhelm Windhorst: Geflügelhaltung – die Dominanz agrarindustrieller Unternehmen. Leibnitzinstitut für Länderkunde 2004. In: Nationalatlas Bundesrepublik Deutschland, Bd. 8, S. 80
M19 nach ebenda

M20 nach www.wikipedia.org, Febr. 2008, ergänzt
M 21 nach Werner Klohn/Hans-Wilhelm Windhorst: Die Landwirtschaft in Deutschland. In: Vechtaer Materialien für den Geographieunterricht, H. 3. Vechta 2001, S. 214/215 aktualisiert

M23 nach ZMP – Analyse auf Basis des GfK-Haushaltspanels, auf www.zmp.de/agrarmarkt/branchen/oekomarkt/2008, Febr. 2008, ZMP Zentrale Markt und Preisberichtstelle für Erzeugnisse der Land-, Forst- und Ernährungswirtschaft Bonn 2008

M19 Standorte der Deutschen Frühstücksei GmbH 2003

M21 Der vertikale Verbund des agrarindustriellen Unternehmens Deutsche Frühstücksei GmbH

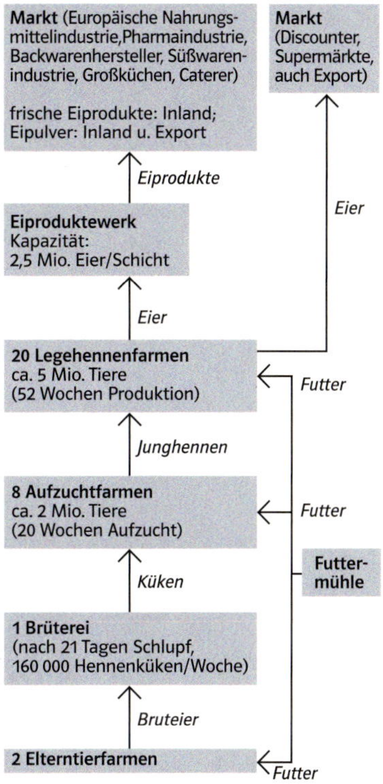

vertikale Integration: Unternehmen, das alle Stufen der Erzeugung/Herstellung über die Verarbeitung bis hin zur Vermarktung in sich vereinigt

M22 Die Deutsche Frühstücksei GmbH

Bei diesem südoldenburgischen Unternehmen handelt es sich um einen der größten Produzenten und Vermarkter von Eiern in Europa. In den 20 Farmen des Agrarkonzerns dominiert z.Zt. die Käfighaltung. Allerdings hat man auf die veränderten Konsumgewohnheiten reagiert und setzt verstärkt auf kleinere Einheiten. So werden Bioeier für diesen wachsenden Markt produziert und es gibt Versuche für eine Legehennenhaltung in Gruppen.

In der „Versuchsfarm Wesselkamp" werden seit 2000 die Legehennen in Gruppen bis zu 60 Hennen auf einer größeren Fläche gehalten. Diese neu entwickelte tiergerechte Kleingruppenhaltung ist eine Alternative zur Boden- und Freilandhaltung.

M23 Eierkäufe nach Haltungsformen

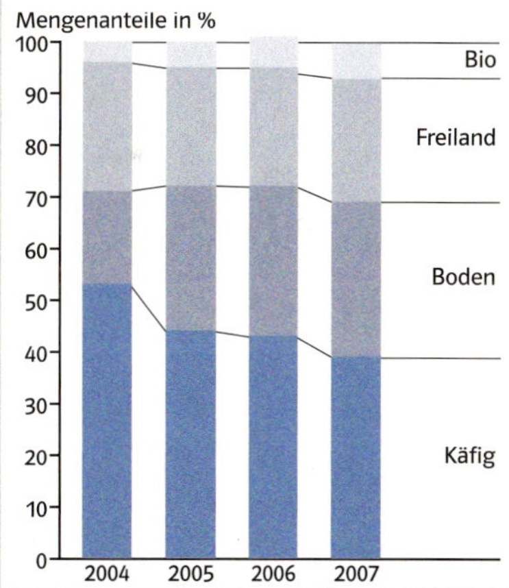

M20 Die Unternehmen des Agrobusiness im Oldenburger Münsterland

Unternehmen	Branche	Unternehmenssitz	Anzahl der Mitarbeiter	Beschreibung
Big Dutchman	Landwirtschaftlicher Handel	Calveslage	1200	Marktführer in der Herstellung von Fütterungsanlagen und Stalleinrichtungen für die Haltung von Geflügel und Schweinen
Heidemark	Lebensmittelindustrie	Carrel	1400	einer der größten deutschen Produzenten und Vermarkter von Geflügelprodukten
Fleming + Wendeln	Futtermittelunternehmen	Carrel	120	
Envitec Biogas	Biogas	Lohne	212	Hersteller von Biogasanlagen
Grimme	Landmaschinen	Damme	1200	Weltmarktführer in der Kartoffelerntetechnik (Kartoffelvollernter)
PHW-Gruppe	Lebensmittelindustrie	Rechterfeld	4240	größter deutscher Geflügelzüchter und Verarbeiter sowie eines der größten Unternehmen der deutschen Lebensmittelindustrie
Deutsche Frühstücksei GmbH	Eier und Eiprodukte	Neuenkirchen-Vörden	500	größter europäischer Eierproduzent und -vermarkter

A4 Beschreiben Sie die Entwicklung Südoldenburgs zum agrarischen Intensivraum.

A5 Erläutern Sie, inwieweit man die Deutsche Frühstücksei GmbH als ein Unternehmen des Agrobusiness bezeichnen kann (siehe hierzu auch den Internetauftritt des Unternehmens: www.deutsche-fruehstuecksei.de).

A6 Bewerten Sie die Maßnahmen zu einer tiergerechteren Kleingruppenhaltung von Legehennen (siehe hierzu www.ovobest.de, Verlinkung: Informationskreis Legehennenhaltung).

LfL

4.4.3 Alternative Landwirtschaft als Weg zu einer Sustainable Agriculture

Sustainable Agriculture (G)
ökologische Landwirtschaft

Ökologische Probleme einer immer intensiver betriebenen Landwirtschaft durch fortschreitende Mechanisierung, genveränderte Produkte, unterstützende Subventionen und Folgen wie Überschussproduktionen, Rinderpest, Vogelgrippe haben das Bild der Landwirtschaft in den hoch entwickelten Ländern belastet. So entstand als Gegengewicht zum Agrobusiness die „ökologische Landwirtschaft“.

ökologischer Landbau

„Im ökologischen Landbau werden möglichst geschlossene betriebliche Kreisläufe angestrebt. Futter und Nährstoffe für Tier und Pflanze sollen möglichst vollständig auf eigener Betriebsfläche erzeugt werden, ein Zukauf externer Betriebsmittel ist stark eingeschränkt und muss bis auf wenige Ausnahmen ebenfalls aus ökologischer Erzeugung stammen. Der ökologische Landbau verfolgt das Ziel, besonders umweltfreundlich, bodenschonend und tiergerecht zu wirtschaften.

EU-Ökoverordnung

Was ‚bio‘ und ‚öko‘ ist, regelt die EU. Die EU-Ökoverordnung setzt einen europaweiten Standard für Agrarerzeugnisse und Lebensmittel aus ökologischem Landbau. Erzeugern, Verarbeitern und Händlern wird genau vorgeschrieben, wie sie produzieren und welche Stoffe sie verwenden dürfen. Auch Kontrolle und Kennzeichnung sind darin geregelt. Die EU-Ökoverordnung betrifft auch den internationalen Handel. Erzeugnisse aus Drittländern dürfen in der EU nur als Öko-Ware angeboten werden, wenn nachgewiesen wird, dass im Herkunftsland gleichwertige Regelungen gelten.“ [5]

M 24 Entwicklung der ökologischen Landwirtschaft in Deutschland

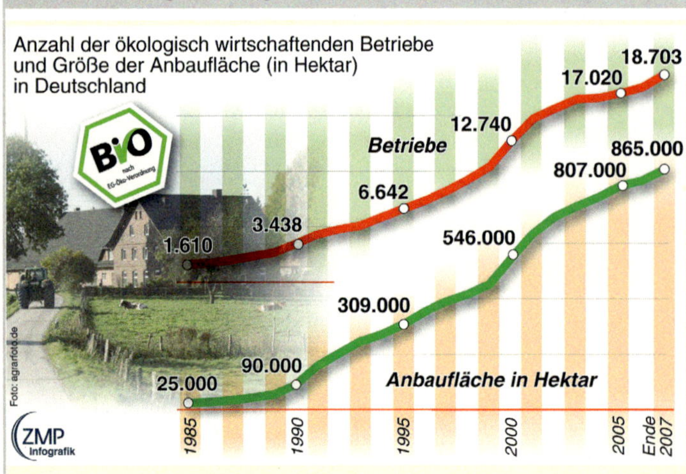

M 25 EU-Ökoverordnung – Regeln für die ökologische Erzeugung

Pflanzenbau
- besondere Anforderungen an das Saatgut
- Verzicht auf chemisch-synthetische Pflanzenschutzmittel
- Verzicht auf leicht lösliche mineralische Düngemittel
- Erhalt der Bodenfruchtbarkeit vor allem durch geeignete Fruchtfolgen mit Leguminosen und Gründüngungspflanzen sowie durch hofeigene Wirtschaftsdünger
- keine gentechnisch veränderten Organismen
- Umstellungszeitraum in der Regel 2 Jahre; erst danach dürfen die Produkte als „ökologisch erzeugt“ vermarktet werden
- Teilbetriebsumstellung nach EU-Verordnung möglich

Nutztierhaltung
- Fütterung grundsätzlich mit ökologisch erzeugten Futtermitteln
- Auslaufmöglichkeit [Freilandhaltung]
- spezielle Besatzdichtegrenzen bei Stall- und Betriebsflächen
- Vorrang für phytotherapeutische* und homöopathische Arzneimittel

Die Entwicklung der ökologischen Landwirtschaft scheint, isoliert betrachtet, eine Erfolgsgeschichte zu sein. Das zeigt sich nicht nur in der zunehmenden Zahl an Betrieben und im Wachsen der Anbaufläche, sondern auch in der deutlichen Zunahme an Lebensmittelgeschäften, die ausschließlich Bioprodukte anbieten, und auch im Einzug solcher Lebensmittel in die Ketten der großen Discounter.
Dennoch muss man die Bedeutung des ökologischen Landbaus relativieren. Die ca. 825 000 ha landwirtschaftlicher Fläche, die nach den Kriterien der EU-Ökoverordnung (Neufassung tritt 2009 in Kraft) von 17 557 Betrieben bewirtschaftet wurden, machten im Jahr 2006 nur knapp 5 % der gesamten landwirtschaftlich genutzten Fläche in Deutschland aus. Damit lag man allerdings noch ein Prozent über dem EU-25-Durchschnitt von rund 4 % Anteil (das entsprach 6,6 Mio. ha in der gesamten Europäischen Union).

M 26 Flächenanteile des ökologischen Landbaus in den Ländern der EU (Anteile an der gesamten LN eines Landes in %)

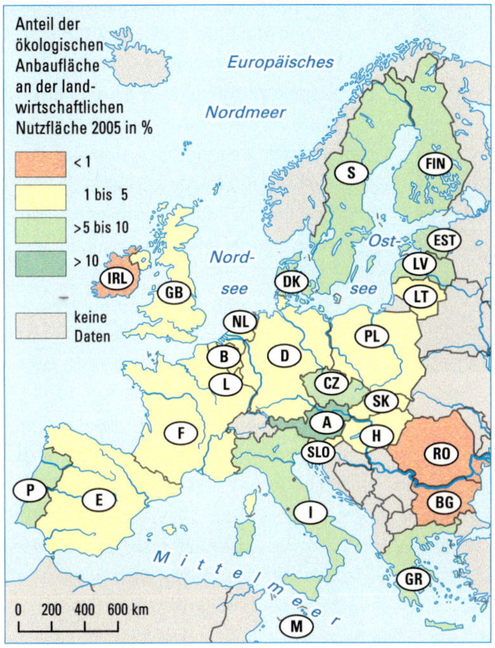

Weltweit wurden 2005 ca. 31,5 Mio. ha landwirtschaftliche Nutzfläche ökologisch bearbeitet; davon entfielen alleine 12,2 Mio. ha auf Australien; es folgten China mit 3,5 Mio. und Argentinien mit 2,8 Mio. ha.

Vergleicht man die traditionelle Landwirtschaft mit dem ökologischen Landbau, so erzielten Ökobetriebe im Wirtschaftsjahr 2004/2005 höhere Gewinne als vergleichbare konventionelle Betriebe; das betrifft sowohl die einzelnen Unternehmen als auch die Werte je Arbeitskraft. Hierbei muss man jedoch darauf hinweisen, dass die relativ hohen Beihilfen (in M 27 als „Direktzahlungen“ ausgewiesen) von 521 Euro je Hektar eine einkommensverbessernde und -stabilisierende Rolle spielten. Sie lagen bei den konventionellen Betrieben fast 150 Euro niedriger, was ein Beleg dafür ist, dass der Staat seit der so genannten Agrarwende** des Jahres 2001 die biologische Landwirtschaft gezielt fördert.

M 27 Konventionelle und ökologische Landwirtschaft im Vergleich

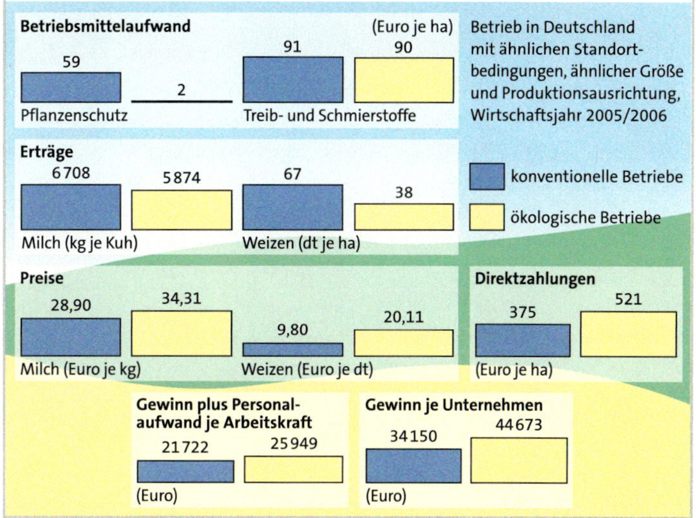

Wichtig für den Erfolg einer ökologischen Landwirtschaft sind die Verbraucher, an die in einer Regierungserklärung zur Agrarwende im Januar 2001 appelliert wurde: Agrarwende (G)

„Jetzt haben sie die Wahl! Wir wollen ihnen künftig Orientierung geben mit zwei neuen Qualitätslabels. Das erste Qualitätszeichen wird Produkte aus ökologischem Landbau auszeichnen, den wir in zehn Jahren auf 20 % Marktanteil bringen wollen. Das zweite steht für Mindeststandards, artgerechtere Tierhaltung, Medikamente nur bei Krankheit und Vorrang für Produkte aus der Region. Die Verbraucher entscheiden an entscheidender Stelle über die Qualität ihrer Nahrungsmittel: Sie müssen bereit sein, ihr Konsumverhalten zu verändern.“ [6]

artgerechte Tierhaltung

konventionelle Landwirtschaft

2005 stieg der Umsatz an Ökolebensmitteln um 15 % auf 3,9 Mrd. Euro. Diese Entwicklung wird vermutlich anhalten. Jedoch waren das nur ca. 3 % des Gesamtumsatzes bei Lebensmitteln.

A 7 Vergleichen Sie konventionelle und ökologische Landwirtschaft (u. a. M 27).

A 8 Untersuchen Sie in einem Discounter in Ihrer Nähe das Angebot von Bioprodukten nach folgenden Merkmalen: Produktart, Menge, Kennzeichnung als Bioprodukt, Preis.

[5] information.medien.agrar (i.m.a) Bonn (Hrsg.): Agrimente 2008, Zentrale Markt- und Preisberichtsstelle (ZMP) Bonn 2008, S. 14
M 24 ebenda, S. 14
[6] www.bml.de, Jan. 2001 (Rede von Renate Künast)
M 25 nach Europäische Gemeinschaften. In: information.medien.agrar (i.m.a) Bonn (Hrsg.): Agrimente 2008, a. a. O., S. 14
M 26 nach Europäische Gemeinschaften
M 27 nach information.medien.agrar (i.m.a)Bonn (Hrsg.): Agrimente 2008, a.a.O., S.16

***phytotherapeutische Arzneimittel:** Arzneimittel auf rein pflanzlicher Basis.
****Agrarwende:** wurde im Jahr 2001 eingeleitet und versuchte eine Abkehr von der agrarischen Massenproduktion hin zu einer Landwirtschaft, die ökologischen und ethischen Prinzipien verpflichtet sein sollte.

Online-Link
29260X-4403

Fallbeispiel: Hof Wildeck – biologischer Anbau passt sich an

M 28 Hof Wildeck in Urbar, im Nordosten von Rheinland-Pfalz

M 29 Kurzporträt von Hof Wildeck – ein Betrieb mit biologischem Anbau

Seit 1978 erfolgt der Anbau auf dem Bauernhof nach biologischen Richtlinien, seit 1981 ist man Mitglied im Bioland-Verband – man verzichtet also auf den Einsatz von chemisch-synthetischen Dünge- und Pflanzenschutzmitteln.
Angebaut werden Kartoffeln, Brotgetreide sowie Futter für die Mastrinder, von denen es 20 (2007) gibt. Hinzu kommen in einem Garten Gemüse und Kräuter und in einer kleinen Obstanlage noch Äpfel-, Kirsch- und Birnbäume.
Das Getreide wird von einem Bäcker im benachbarten Ort Vallendar zu Biobrot verbacken. Zusammen mit einem weiteren Biobetrieb und einem Metzgermeister betreibt man die einzige Biometzgerei der Region, in der ausschließlich Schweine und Rinder von Ökobetrieben verarbeitet werden. Die Streuobstäpfel werden in einer benachbarten Mosterei zu Apfelsaft verarbeitet.
Es handelt sich um einen typischen Verbundbetrieb (Mischbetrieb).

M 30 Hof Wildeck 1988 und 2007

Anbaupflanze	Anbaufläche 1988 (ha)	Anbaufläche 2007 (ha)
Weizen	10	11
Roggen	7	5
Dinkel	–	4
Gerste, Futtergemenge	3	–
Kartoffeln	4,5	11
Klee, Kleegras (Viehfutter)	4	11
Hafer, Erbsen	1	–
Grünland (Wiese, Weide)	–	5
Gesamte Wirtschaftsfläche	30	47

M 31 Kurzporträt von Hof Wildeck 2008

„Zu den Gebäuden des Hofes sind seit 1989 eine Halle zur Unterstellung von Maschinen und eine Lager- und Kühlhalle für Kartoffeln hinzugefügt worden.
Die Betriebsfläche … wurde auf 47 ha erweitert … Ziele bei der Erweiterung waren die Arrondierung [Zusammenlegung] der Flächen, eine Reduzierung der Arbeitszeit [durch Maschineneinsatz] und die Verstärkung der bodenschonenden Bearbeitung …
Aufgegeben wurde nach 1989 der arbeitsintensive Anbau von Feldgemüse, und auch ein Teil der 200 Obstbäume ist inzwischen gerodet …
Der Kartoffelanbau hat sich zum Schwerpunkt des Betriebes entwickelt. Mit dem Nachbarbetrieb erstreckt er sich auf 19 ha. Dazu kommen noch 2 bis 4 ha, die für weitere Betriebe bestellt werden, um den Einsatz leistungsfähiger Maschinen lohnend zu machen. Arbeitsspitze des Betriebs ist die Kartoffelernte. Für sechs Monate werden zwei zusätzliche Arbeitskräfte eingestellt. Zwischenfruchtanbau erfolgt auf 60 % der Fläche. Gedüngt wird – wie 1989 – mit Aussaat von Leguminosen (Kleegras, Luzerne), mit Stallmist und mit organischem Zukaufdünger …
Beträchtlich gewachsen sind, wie oben schon gesagt, die Anbaufläche für Kartoffeln und die Flächen, die in Verbindung mit der Viehhaltung zu sehen sind … Trotz Betriebsvergrößerung ist die Konzentration auf weniger Produkte klar erkennbar …"

A 9 Erläutern Sie den Wandel, den der Biohof Wildeck zwischen 1988/89 und 2007/08 vollzogen hat.

M 29 nach www.hof-wildeck.de, März 2008
M 30 Dieter Börsch/Gerhard Kohl: Hof Wildeck 1989 und 2007. In: Geographie und Schule, H. 170. Köln: Aulis Verlag 12/2007, S. 28
M 31 ebenda, stark gekürzt

4.4.4 Ausblick: Zukunftsfragen der Landwirtschaft

Jahrzehnte lang bestimmten zwei Themen die Diskussion um die Landwirtschaft: die Überschussproduktion und die Subventionen.
Die Subventionierung und die Abnahmegarantien trugen dazu bei, dass Überschüsse produziert wurden, z. B. bei Milch und Butter, bei Weizen, Tomaten oder Fleisch. Solche Überschüsse versuchte man zu exportieren; gelang das nicht, wurden sie kostenintensiv gelagert oder sogar vernichtet. Diese Zeit ist jedoch seit Beginn des 21. Jh.s vorbei. Die Zukunftsfragen der Landwirtschaft sind heute andere geworden.

Der hungrige Planet

„Weizen, Mais, Milch und Fleisch erreichen Rekordpreise. Ein globaler Verteilungskampf um die besten Anbauflächen ist entbrannt – und zugleich ein Streit darüber, wie manche der Rohstoffe verwendet werden sollen: als Lebensmittel für die wachsende Weltbevölkerung oder als Biosprit?
... Erstmals entsteht ein globaler Agrarmarkt, angetrieben vom Ursprung allen Wirtschaftens: der Knappheit der Güter.
Weizen zum Beispiel ist so begehrt wie seit langem nicht mehr. Die [Lager-]Bestände in der EU sind zusammengebrochen, von 14 Mio. Tonnen in nur einem Jahr auf eine Million.
In einer derart angespannten Lage kann die Metereologen-Prognose einer Dürreperiode im wichtigen Exportland Australien genügen, um an den Warenterminbörsen der Welt ein kleines Beben auszulösen. Dort erreichen die Kurse ständig neue Rekordstände. ... Es geht darum, wie die Menschheit in Zukunft mit Nahrung versorgt werden kann – und zu welchem Preis.
Wie soll die Landwirtschaft eine Welt ernähren, die jedes Jahr um 80 Millionen Menschen wächst? Eine Welt, die immer stärker klimatischen Extremen ausgesetzt ist? Und die vor allem nicht nur Nahrung für Menschen und Futter fürs Vieh benötigt, sondern zunehmend auch Kraftstoffe, die aus Pflanzen gewonnen werden?" [7]

M 32 Warenterminbörse Chicago – hier entstehen die Preise für Agrarprodukte

Bio- und Gentechnologie

Ihre Akzeptanz und Weiterentwicklung ist eine zweite Zukunftsfrage. Hier geht es erstens um Pflanzen mit verbesserten Anbaueigenschaften, also solchen, die z. B. resistenter gegen Herbizide oder gegen Schädlinge sind. Zweitens werden Pflanzen mit verbesserten Verwendungseigenschaften angestrebt, mit dem Ziel, den Wert der Pflanzen durch bestimmte Inhaltsstoffe zu steigern, beispielsweise durch einen höheren Gehalt an Ölen, Fetten oder Stärken. Als Futtermittel kann man mit ihnen z. B. in der Tiermast bessere Resultate erzielen, in der menschlichen Ernährung lassen sich Risikofaktoren verringern. Und drittens ermöglicht durch Genveränderung verbessertes und ertragreicheres Saatgut eine Steigerung der weltweiten Agrarproduktion.
Die Gentechnologie hat allerdings eine sehr unterschiedliche Akzeptanz; vor allem in Europa und Deutschland ist sie sehr umstritten.

Subventionen
globaler Agrarmarkt

Bio- und Gentechnologie

Warenterminbörse

[7] Auszug aus Alexander Jung/Jens Glüsing/Frank Hornig/Wieland Wagner: Der hungrige Planet. In: Der Spiegel, H. 4/2008. Hamburg: SPIEGEL-Verlag 2008, S. 63

M 32 nach Diagramm aus Wolfgang Rudschies/Thomas Kroher/Claus Christoph Eicher: Kann Biosprit das Klima retten? ADAC motorwelt, H. 3/2008. München: ADAC 2008, S. 55

Fallbeispiel: Nachwachsende Rohstoffe – Biokraftstoffe

M 33 Entwicklung der Biodiesel-Produktionskapazität in Deutschland

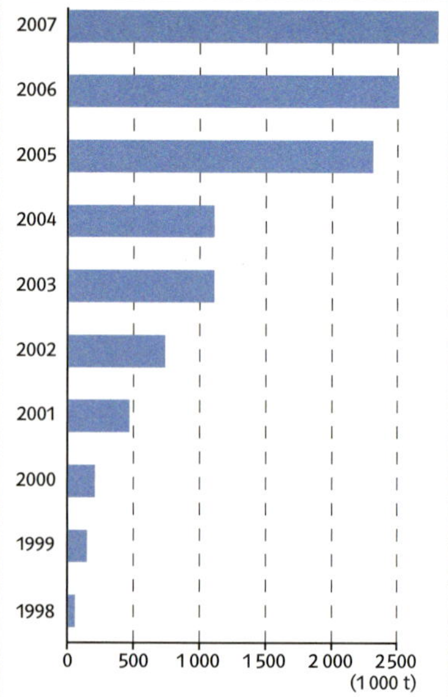

M 37 Anlage zur Herstellung von Bioethanol der Firma CropEnergies in Zeitz, Sachsen-Anhalt

M 34 Biokraftstoffe

Die wichtigsten Arten von Biokraftstoffen sind:
- (Bio-) Ethanol: Er wird aus Biomasse oder dem biologisch abbaubaren Teil von Abfällen hergestellt;
- Biodiesel: Methylester eines pflanzlichen (oder tierischen) Öls mit Dieselkraftstoffqualität; in Europa ist Raps die gängigste Pflanzenbasis (Rapsmethylester);
- Pflanzenöl: reines Pflanzenöl aus Ölsaaten gewonnen, das roh oder raffiniert, aber chemisch unverändert in entsprechenden Motoren verwendet werden kann;
- Biogas: Brenngas, das aus Biomasse oder dem biologisch abbaubaren Teil von Abfällen hergestellt wird und durch Reinigung Erdgasqualität erhält;
- Synthetische Biokraftstoffe: auch Btl-Kraftstoff genannt; synthetische Kohlenwasserstoffe oder Kohlenwasserstoffgemische, die aus Biomasse gewonnen werden;
- Biomethanol: ein Methanol, das aus Biomasse hergestellt wird.

M 35 Biomasse

Bei der Biomasse, die für die Herstellung von Biokraftstoff verwendet werden kann, unterscheidet man zwischen folgenden Energiepflanzen:
a) schnellwachsende Hölzer, Ganzpflanzen (z. B. Miscanthus, Mais, anderes Getreide)
b) Ölpflanzen (z. B. Raps, Sonnenblumen)
c) zucker- und stärkehaltige Pflanzen (z. B. Zuckerrüben, Kartoffeln, Getreide);

Abfall/Rohstoffe:
a) Gülle
b) Holz
c) Stroh.

M 38 Das Beispiel Raps

„Rapsöl-Methyl-Ester (RME), auch Biodiesel genannt, wird aus Rapsöl gewonnen. Es lässt sich als Kraftstoff in hierfür freigegebenen Dieselmotoren problemlos einsetzen. Neben dem geringen Ausstoß von Kohlenwasserstoff, Schwefeldioxid und Rußpartikeln ist Biodiesel auch klimafreundlich, weil das bei der Verbrennung freiwerdende Kohlendioxid (CO_2) im gleichen Umfang von den Pflanzen für ihr Wachstum der Luft entzogen wird. Mit jedem Liter Biodiesel werden so 2,2 kg Klimagase bzw. mit jedem Hektar Raps ca. 1500 l fossiles Brennöl eingespart."

M 36 Vergleich von Biokraftstoffen in Deutschland (nach § 50 des Energiesteuergesetzes vom 15. 07. 2006)

Biokraftstoff	Jahresertrag pro Hektar	Kraftstoff-Äquivalent	Literpreis 2006
Pflanzenöl	1480 Liter	1 l = 0,96 l Diesel	0,55 – 0,75 EUR
Biodiesel/ Rapsmethylester	1550 Liter	1 l = 0,91 l Diesel	0,75 – 0,95 EUR
Bioethanol	2560 Liter	1 l = 0,66 l Diesel	0,50 – 0,60 EUR
Btl-Kraftstoff (Biomass-to-liquid)	4030 Liter	1 l = 0,97 l Diesel	k. A.

M 39 Indonesien: Rodung des Tropischen Regenwalds für den Anbau von Energiepflanzen

M 40 CO_2-Bilanz von Kraftstoffen im Vergleich

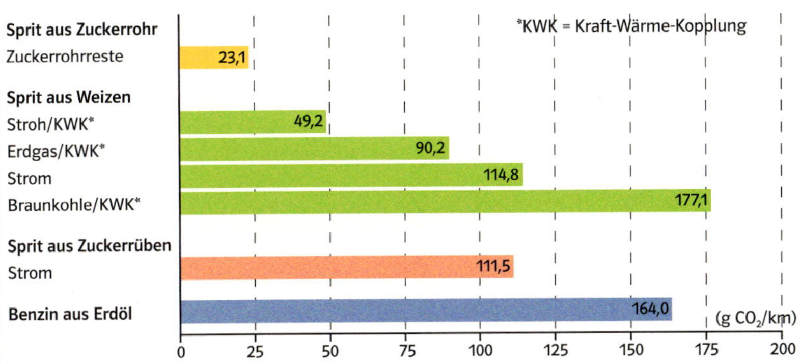

M 41 Agrarproduktion im Spannungsfeld von Energie und Ernährung

„Heute stehen die Energie- und die Klimakrise ganz oben auf der politischen Agenda, Kraftstoff auf Pflanzenbasis verheißt … der ganzen Welt einen Ausweg aus der Ökofalle – freilich um den Preis, dass Agrarrohstoffe noch knapper und teurer werden.

Mit Milliarden fördern die Regierungen den Anbau von Energiepflanzen und den Aufbau von Produktionskapazität. In immer größeren Mengen wird Raps in Biodiesel verwandelt und Mais oder Zuckerrohr zu Ethanol destilliert.

[Im April 2008] will die EU-Kommission erläutern, wie sie ihre ambitionierten Klimabeschlüsse umzusetzen gedenkt. Wenn Europa es schaffen wolle, die CO_2-Emissionen bis 2020 um 20 % zu senken, ‚führt kein Weg an Biodiesel und Ethanol vorbei', ist Agrarkommissarin Mariann Fischer Boel überzeugt. Die Nachfrage nach der pflanzlichen Alternative wächst umso stärker, je höher der Ölpreis klettert – mit weit reichenden Folgen für den Verbraucher.

Wandert das Getreide in den Tank statt auf den Teller, verteuern sich nicht nur die Nahrungs-, sondern auch Futtermittel wie etwa Silomais oder Sojabohnen. Damit steigen die Kosten für die Aufzucht von Vieh, was sich direkt auf die Preise für Rind- oder Schweinefleisch niederschlägt …"

M 42 Entwicklung des Weltmarktpreises von Mais und Soja

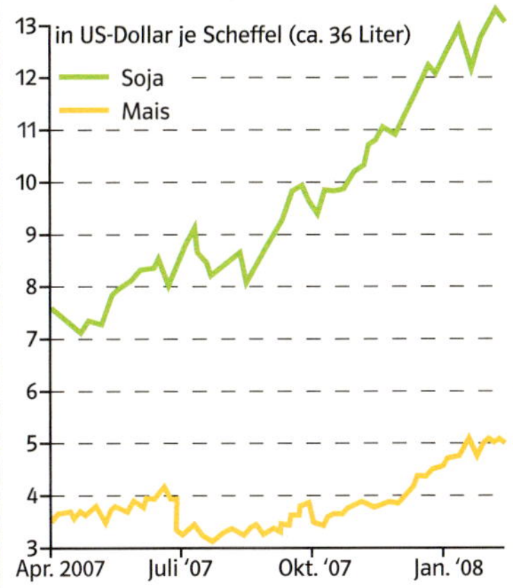

M 43 Wirtschaftswunder durch Biosprit?

„Vor allem die Amerikaner setzen große Hoffnungen in den Biosprit, um weniger abhängig von den Förderstaaten am Persischen Golf zu sein. Im vorigen Jahr bauten sie soviel Mais an wie seit dem Zweiten Weltkrieg nicht mehr.

Der Farmer Tim Recker, 43, und seine Kollegen in Iowa holen aus ihren Böden raus, was rauszuholen ist: ‚Wir sind Bauern. Wir wollen produzieren, produzieren, …'

… Er und seine Nachbarn erleben ihr ganz persönliches Wirtschaftswunder. Ringsum erheben sich nagelneue Getreidesilos aus den Feldern. Die silbern glänzenden Lagertürme sehen wie Raketen aus und zeugen vom Zukunftsglauben ihrer Erbauer. ‚Wir sind das neue Texas' [gemeint ist hier das Texas des Erdöls] ist ein geflügeltes Wort hier, als könne Biosprit einen vollwertigen Ersatz für Rohöl bieten."

A 10 Erarbeiten Sie sich die wichtigsten Informationen zum Thema „Biosprit".
A 11 Stellen Sie die Folgeprobleme der wachsenden Produktion von Biokraftstoffen dar.

M 36 Fachagentur Nachwachsende Rohstoffe e. V. (FNR), eigene Berechnungen, auf http://de.wikipedia.org/wiki/Biosprit, März 2008

M 33 und M 38 information.medien.agrar (i.m.a) Bonn (Hrsg.): Agrimente 2008, a. a. O., S. 18

M 41 und M 43 Alexander Jung/Jens Glüsing/Frank Hornig/Wieland Wagner: a. a. O., S. 65

M 40 und M 42 nach Wolfgang Rudschies/Thomas Kroher/Claus Christoph Eicher: a. a. O., S. 55

4.5 Landwirtschaft in der Europäischen Union

M1 Entwicklung der EU-Agrarausgaben 1991–2013

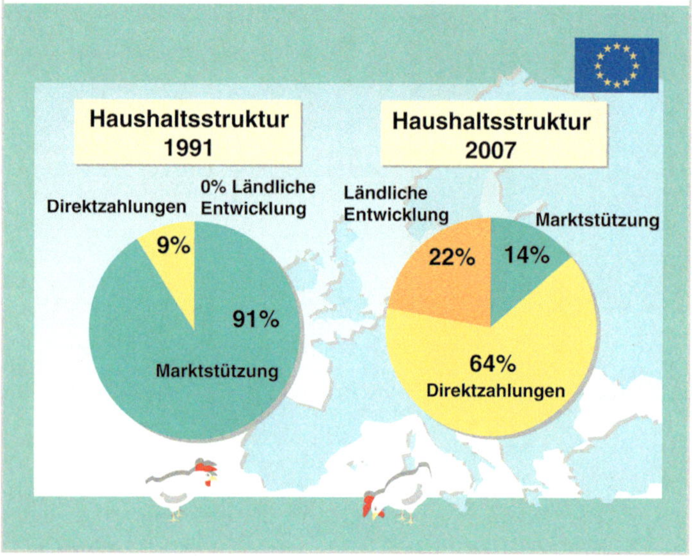

M2 EU-Haushalt 2007

Ausgaben (Mittel für Verpflichtungen)	Ausgaben 2007 (Mio. Euro)	Veränderungen gegenüber 2006 (%)	Anteil am Gesamthaushalt (%)
Nachhaltiges Wachstum	54 854	15,4	43,3
Wettbewerbsfähigkeit für Wachstum und Beschäftigung (v.a. Forschung und technologische Entwicklung, TEN, Bildung)	9 368	18,6	7,4
Kohäsion für Wachstum und Beschäftigung	45 487	14,8	35,9
Bewahrung und Bewirtschaftung der natürlichen Ressourcen	56 250	1,0	44,4
Landwirtschaft (marktbezogene Ausgaben und Direktzahlungen)	42 714	0,6	33,8
Unionsbürgerschaft, Freiheit, Sicherheit und Recht	1 247	7,0	1,0
Die EU als globaler Partner (v.a. Zusammenarbeit mit Drittstaaten)	6 812	−20,0	5,4
Verwaltung	6 942	5,1	5,5
Ausgleichszahlungen (2007: an Bulgarien und Rumänien)	445	−58,6	0,4
Insgesamt	**126 551**	**5,0**	**100,0**

„Über 60 % der Bevölkerung in den 27 Mitgliedsstaaten der Europäischen Union leben in ländlichen Gebieten, die 90 % der Fläche der EU ausmachen. Daher ist die Entwicklung des ländlichen Raums ein außerordentlich wichtiger Politikbereich. Die Land- und Forstwirtschaft ist für die Landnutzung und die Bewirtschaftung der natürlichen Ressourcen in den ländlichen Gebieten der EU sowie als Plattform für die wirtschaftliche Diversifizierung in den ländlichen Gemeinden nach wie vor von herausragender Bedeutung. Daher hat sich die Stärkung der EU-Politik zur Entwicklung des ländlichen Raums zu einer übergreifenden Priorität der EU entwickelt." [1]

4.5.1 Die Gemeinsame Agrarpolitik (GAP)

Das einleitende Zitat der EU-Kommission zeigt die Bedeutung der Agrarpolitik in der Europäischen Union. Der Stärkung und Entwicklung der ländlichen Räume wird dabei auch eine erhebliche Integrationsfunktion zugewiesen. Sie betraf in den 1980er und 1990er Jahren vor allem Länder wie Portugal oder die Mittelmeeranrainer Spanien, Frankreich (mit Abstand größter Nutznießer der GAP) oder Griechenland; in jüngerer Zeit zielt sie stärker auf die neuen Mitgliedstaaten der so genannten EU-Osterweiterung von Mai 2004 bzw. Januar 2007 (s. Fallbeispiel Rumänien, S. 150–151).

Die Bedeutung der GAP spiegelt sich auch im EU-Haushalt wider, wo die Ausgaben für die Landwirtschaft 2006 einen Anteil von über 40 % an den Gesamtausgaben hatten.

An der Höhe der Direktzahlungen wird sich auch bis 2013 wenig ändern; sie werden lediglich von ca. 43,1 Mrd. Euro auf rund 40,6 Mrd. sinken. Ihr Prozentanteil am geplanten Finanzrahmen wird dabei allerdings deutlich zurückgehen. Zukünftig werden stärker Mittel aus den Etats für „Nachhaltiges Wachstum" (zwischen 2007 und 2013 ca. 51–58 Mrd. Euro jährlich) und für „Nachhaltige Bewirtschaftung und Schutz der natürlichen Ressourcen" (zwischen 51 und 59 Mrd. Euro jährlich) in die ländlichen Räume fließen.

[1] nach Europäische Gemeinschaften auf http://ec.europa.eu/agriculture/rurdev/index_de.htm, März 2008
[2] nach Europäische Gemeinschaften auf http://ec.europa.eu/agriculture/lisbon/index_de.htm, März 2008

M1 information.medien.agrar-information.medien.agrar (i.m.a) Bonn (Hrsg.): Agrimente 2007, Zentrale Markt- und Preisberichtsstelle (ZMP) Bonn 2007, S. 44
M2 EU-Kommission aus Fischer Weltalmanach 2008, Frankfurt a. M.: Fischer Taschenbuchverlag, S. 577

M3 nach Statistisches Bundesamt, Europäische Gemeinschaften, in: information.medien.agrarinformation.medien.agrar (i.m.a) Bonn (Hrsg.): Agrimente 2008, Zentrale Markt- und Preisberichtsstelle (ZMP) Bonn 2008, S. 38

Online-Link
29260X-4501

4.5.2 Die EU-Agrarreform – Neuausrichtung der GAP

Die gemeinsame Agrarpolitik stellte seit der Gründung der EU (damals der EWG) ein Vierteljahrhundert lang eine der zentralen Säulen der Gemeinschaft dar. Dies zeigte sich an den jährlichen Agrarausgaben, die den gemeinsamen Haushalt dominierten. Zwei Gründe waren hierfür maßgebend: Zum Ersten waren die hohen Ausgaben – und die in ihnen enthaltenen Subventionen – bedeutsam, weil nach dem Zweiten Weltkrieg die Sicherung der Ernährung eine hohe Priorität besaß. Zum Zweiten stellte die Agrarpolitik einen zentralen Integrationsfaktor dar. Sie war ein wichtiges Instrument für das Fällen gemeinsamer politischer Entscheidungen und damit für eine insgesamt stärkere politische Verzahnung der Mitgliedsstaaten.
Allerdings führte die Agrarpolitik nach der Sättigung des eigenen Marktes zunehmend zu Überschussproduktionen, sodass immer deutlicher wurde, dass sie eine Neuorientierung benötigte.

„Seit Beginn der 1990er Jahre hat die GAP einen ständigen Reformprozess durchlaufen. Schwerpunkt dieser Reformen war insbesondere die Verbesserung der Wettbewerbsfähigkeit der Landwirtschaft durch Senkung der Stützpreise [Subventionen, die die Preise auf einem bestimmten Niveau hielten] und als Ausgleich dafür die Einführung von Direktzahlungen an die Landwirte. Einen entscheidenden Schritt stellt die GAP-Reform von 2003/04 dar, mit der die Direktzahlungen von der Erzeugung abgekoppelt wurden und die GAP stärker an den Verbraucherbelangen ausgerichtet wurde. Diese Reform war ein wichtiger Schritt hin zu mehr Marktorientierung und Nachhaltigkeit der GAP ... Die neue GAP trägt dazu bei, dass sich die Landwirte auf ihre Betriebe konzentrieren und verlagert den Schwerpunkt von der Marktstützung hin zur Marktorientierung ... Durch den stärker unternehmerischen Ansatz müssen viele Betriebe ihre bisherige Einstellung und ihre Arbeitsgewohnheiten umstellen; hierfür benötigen sie (politische wie finanzielle) Unterstützung ..." [2]
Die Maßnahmen zur ländlichen Entwicklung haben drei Ziele: Umstrukturierung des Agrarsektors, Stärkung seiner Innovationskraft und Förderung der Diversifizierung der ländlichen Gebiete. Hinzu kommt seit 2004 bzw. 2007 als vierte Zielsetzung die Modernisierung der Agrarstrukturen in den neuen Mitgliedsstaaten.

M3 Bedeutung der Agrar- und Ernährungswirtschaft einschließlich Forstwirtschaft und Fischerei in ausgewählten Staaten der EU (Anteile in %)

	Anteil Landwirtschaft 2005 an		Anteil Agrarhandel 2005 am		Anteil Nahrungsmittelausgaben an Haushaltseinkommen 2004
	der Bruttowertschöpfung	den Erwerbstätigen	Gesamtimport	Gesamtexport	
Dänemark	1,8	2,9	7,8	19,7	15,5
Deutschland	0,9	2,2	4,7	2,4	14,8
Frankreich	2,2	3,9	4,7	8,3	17,3
Griechenland	5,2	12,0	6,2	19,9	19,6
Großbritannien	1,0	1,3	6,0	4,8	12,9
Irland	2,7	5,7	3,5	11,6	12,0
Italien	2,3	4,2	6,1	5,3	17,4
Niederlande	2,1	3,3	8,8	14,7	14,0
Österreich	1,6	5,6	4,5	4,6	13,6
Portugal	2,9	11,9	11,9	9,1	22,6
Schweden	1,1	2,3	4,1	3,0	16,0
Spanien	3,3	4,9	8,0	9,6	17,3
Estland	4,0	5,3	5,1	4,4	26,7
Lettland	3,8	13,0	6,5	9,5	29,4
Litauen	5,7	13,3	4,1	9,2	35,2
Polen	4,8	15,8	6,3	11,8	25,8
Slowenien	2,6	9,6	7,6	5,8	20,2
Tschechien	3,0	3,8	4,3	3,9	24,8
Ungarn	3,3	4,7	2,5	10,7	26,1
Bulgarien	9,3	8,5	5,9	11,2	31,8
Rumänien	10,1	30,6	6,4	3,2	39,9
EU-27	2,1	5,0	6,2	5,4	–

In der so genannten Lissabon-Strategie, einer Strategie zur Entwicklung des ländlichen EU-Raums bis 2013, gehören daher die Verbesserung der beruflichen Bildung, von Forschung und Entwicklung, die Förderung von Innovation und Nachhaltigkeit zu den Kernforderungen.
Um sie zu erfüllen, sollen u.a. neue Vermarktungsformen entwickelt werden, die Gründung von innovativen agrarischen Kleinunternehmen finanziell gefördert sowie die lokale Infrastruktur und die Anbindung an die Informations- und Kommunikationsnetze verbessert werden.

Subventionen
GAP-Reform
Stützpreise

Direktzahlungen

Lissabon-Strategie (G)

A1 Beschreiben Sie die Bedeutung der „Gemeinsamen Agrarpolitik" der EU.
A2 Erläutern Sie die Veränderungen bei den EU-Agrarausgaben (Texte, M1 und M2).
A3 Vergleichen Sie die Bedeutung der Landwirtschaft in ausgewählten EU-Ländern (M3).
A4 Fassen Sie die wesentlichen Zielsetzungen der EU-Agrarreform in Thesen zusammen.
A5 Erstellen Sie auf Grundlage einer Internetrecherche eine Präsentation zur „Lissabon-Strategie".

Fallbeispiel: EU-Landwirtschaft und neue Mitgliedsstaaten – Rumänien

M4 Rumänien – Strukturdaten

Einwohner 2005	21,6 Mio.
Fläche	238 391 km²
BIP 2005	98,565 Mrd. US-$
realer Zuwachs zu 2004	4,1 %
Anteil Wirtschaftssektoren am BIP 2005	
Landwirtschaft	10 %
Industrie	35 %
Dienstleistungen	55 %
Anteile an den Beschäftigten 2005	
Landwirtschaft	32 %
Industrie	30 %
Dienstleistungen	38 %
Arbeitslosigkeit 2006	7,3 %
Inflationsrate 2006	6,6 %
Außenhandel 2006	
Importe	40,7 Mrd. US-$
Exporte	25,9 Mrd. US-$
Außenhandelssaldo 2006	14,8 Mrd. US-$

M6 Rumänien – Wirtschaft

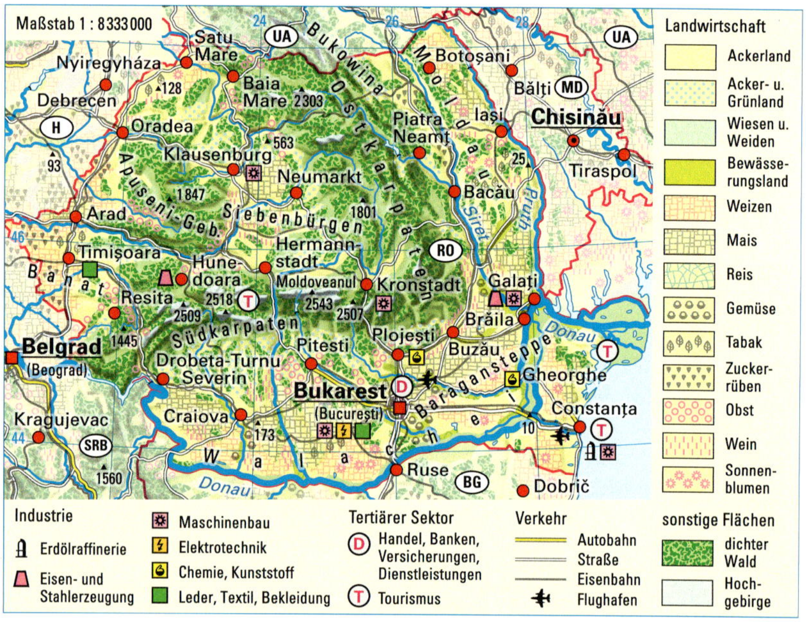

M5 Maßnahmen der EU für die landwirtschaftliche Entwicklung der neuen Mitgliedsstaaten

Im Beitrittsvertrag für die Länder der EU-Osterweiterung wurden besondere Regelungen für den ländlichen Raum dieser Staaten formuliert, basierend auf einem so genannten „Instrument für die ländliche Entwicklung" (TRDI – Temporary Rural Development Instrument). Mit dem TRDI wurden und werden Maßnahmen zur ländlichen Entwicklung unterstützt. Hierzu gehören zum einen so genannte flankierende Maßnahmen, wie z. B. die Finanzierung von Agrar-Umweltprogrammen, von Aufforstungen oder auch von Vorruhestandsregelungen für ältere Landwirte. Zum anderen enthält es Maßnahmen, die noch unmittelbarer den Landwirten zugute kommen:

- Umstrukturierungshilfen für (halb-) subsistenzwirtschaftliche Betriebe, um sie marktfähig zu machen,
- Förderung von Erzeugergemeinschaften zur besseren Produktvermarktung,
- technische Hilfen,
- finanzielle Ergänzungen zu den normalen EU-Direktzahlungen (s. M 2 S. 148).

Dazu kommen schließlich weitere spezielle Maßnahmen, die ebenfalls das Ziel haben, die Entwicklung der Agrarregionen voranzutreiben, dabei den Lebensstandard der ländlichen Bevölkerung zu verbessern und so letztendlich regionale Disparitäten zu verringern. Zu ihnen gehören z. B.:

- Beihilfen für betriebliche Investitionen zur Modernisierung der Anlagen,
- die Schaffung von Anreizen für die Niederlassung von Junglandwirten, die eine moderne Betriebsführung garantieren,
- der Aufbau einer beruflichen Ausbildung vor Ort,
- die Entwicklung einer marktgerechten Forstwirtschaft,
- die Bereitstellung von Geld und Know-how für Boden verbessernde Maßnahmen,
- die Flurbereinigung als Instrument für die Schaffung einheitlicher und damit besser zu bewirtschaftender Parzellen,
- der Aufbau von Dienstleistungseinrichtungen zur Grundversorgung für die ländliche Wirtschaft und Bevölkerung,
- die Förderung der Diversifizierung der Tätigkeiten im landwirtschaftlichen und landwirtschaftsnahen Bereich, um für die agrarische Bevölkerung zusätzliche Beschäftigungsmöglichkeiten zu schaffen,
- aus dem gleichen Grund die Förderung von Fremdenverkehrs- und Handwerkstätigkeiten,
- die Entwicklung und Verbesserung der ländlichen Infrastruktur,
- Maßnahmen zum Schutz der Umwelt, der Landschaftspflege und des Tierschutzes.
- die Entwicklung vorbeugender Instrumente zum Schutz vor Naturkatastrophen, wie z. B. Überschwemmungen.

M4 nach Fischer Weltalmanach 2008, S. 391 – 392

M5 nach Europäische Gemeinschaften auf http://ec.europa.eu/agriculture/rur/access/index_de.htm, Mai 2008

M7 Anneli Ute Gabanyi: Die Landwirtschaft im Prozess der EU-Integration Rumäniens. SWP-Studie. Berlin: Deutsches Institut für Internationale Politik und Sicherheit 2003, S. 5/6

M8 ebenda, S. 28

*Unter „Einheiten mit Rechtspersönlichkeit" versteht man z. B. GmbHs oder AGs.

M7 Rumäniens Landwirtschaft im Prozess der EU-Integration

„Gemessen an der landwirtschaftlichen Nutzfläche und der ländlichen Bevölkerung rangiert Rumänien nach Polen an zweiter Stelle unter den 12 EU-Beitrittsstaaten ... Die EU-15 befürchten, dass diese Agrarstruktur finanzielle Belastungen und soziale Probleme mit sich bringen wird, die mit dem Beitritt dieser Länder importiert werden könnten.

- In Rumänien ... besonders ausgeprägt ist das ... Strukturproblem der Aufsplitterung der landwirtschaftlichen Flächen, die von einer Vielzahl kleiner Betriebe bewirtschaftet werden. Das belastet zwar die Integration, hat aber während der rezessiven Startphase der Transformation sozial stabilisierend gewirkt.
- Anders als [z. B.] in Polen behinderten in Rumänien der schleppende Reformverlauf, eine jahrelang lahmende Konjunkturentwicklung und der Mangel an ausländischen Direktinvestitionen die Herausbildung wettbewerbsfähiger Strukturen.
- Rumänien [verfügt] über ein bedeutendes landwirtschaftliches Potenzial, sein Agrarsektor bietet überdies gewisse Standortvorteile. Zugleich muss sich das Land aber mit größter Anstrengung um die Anpassung seiner Landwirtschaft an die Erfordernisse der Gemeinsamen Agrarpolitik bemühen ..."

A6 Beschreiben Sie die räumliche Wirtschaftsstruktur Rumäniens (M 6).

A7 Analysieren Sie die Strukturdaten Rumäniens (M 4) im Hinblick auf den Entwicklungsstand des Landes.

A8 Charakterisieren Sie anhand des Textes M 7 und der Tabelle M 8 Probleme der rumänischen Landwirtschaft.

A9 Vergleichen Sie auf diesem Hintergrund die Unterstützungsmaßnahmen der EU für die neuen Mitgliedsstaaten zur Entwicklung ihrer ländlichen Räume (M 5) mit den Empfehlungen für Rumänien (M 9).

M8 Indikatoren der rumänischen Landwirtschaft (Zensus von 2003)

Indikatoren	Maßeinheiten für Anzahl	alle Betriebe insgesamt	davon Einzelbetriebe		davon Einheiten mit Rechtspersönlichkeit*	
			Anzahl	%	Anzahl	%
Landwirtschaftliche Betriebseinheiten	1000	4759,7	4736,6	99,5	23,1	0,5
Landwirtschaftliche Nutzfläche	1000 ha	13939,5	7715,6	55,4	6223,9	44,6
Nutzfläche Durchschnitt/Einheit	ha	2,9	1,6	–	269,3	–
Bewässerte Fläche	1000 ha	408,4	93,0	22,8	315,4	72,2
Traktoren	1000	173,4	133,0	76,6	40,4	23,3
Tierbestand						
Rinder	1000 Stück	2864,9	2731,0	95,3	133,9	4,7
Schweine	1000 Stück	8229,3	6969,6	84,7	1259,7	15,3
Schafe	1000 Stück	7220,8	6990,9	96,8	229,9	3,2

M9 Drei zentrale Maßnahmen zur Förderung der rumänischen Landwirtschaft

Um die Agrarwirtschaft Rumäniens zu modernisieren, müssen marktwirtschaftliche Strukturen gefördert und eine umfassende Entwicklung des ländlichen Raums initiiert werden:

1. Privatisierung, Ausbau der Infrastruktur
Man muss die Privatisierung und Restrukturierung im Agrarsektor forcieren; hierzu gehört vor allem die gezielte Förderung der wettbewerbsfähigen Teile der Landwirtschaft. Damit die privatisierten Betriebe eine wirtschaftliche Chance haben, müssen sie u. a. in eine leistungsfähige Infrastruktur eingebettet sein; hierzu werden Investitionen in die ländliche Infrastruktur benötigt (Hauptstraßen, Schienenverkehr; Gesundheits- und Bildungseinrichtungen; Basisdienstleistungen).

2. Marktöffnung, Konkurrenzfähigkeit
Die Öffnung des Marktes durch den Abbau von Einfuhrbarrieren muss von Maßnahmen begleitet werden, die die Konkurrenzfähigkeit der rumänischen Landwirtschaft verbessern. Für die dafür notwendige Modernisierung ist der Aufbau eines ländlichen Finanz- und Kreditwesens notwendig; begleitet werden sollte dieser vom Aufbau eines Netzwerkes für betriebliche Beratung und Marketinghilfen.

3. Diversifizierung
Es müssen gewerbliche Arbeitsplätze für die Arbeitskräfte geschaffen werden, die durch Modernisierungs- und Rationalisierungsmaßnahmen in der Landwirtschaft freigesetzt werden. Das betrifft besonders die Betreiber landwirtschaftlicher Subsistenzbetriebe, die aufgrund fehlender Marktanbindung aufgegeben werden müssen.
Sinnvoll ist hierfür die Förderung von industriellen Klein- und Mittelunternehmen sowie von Betrieben des Tertiären Sektors, die gleichzeitig die Grundversorgung mit Dienstleistungen sichern. Durch die Ansiedlung solcher Unternehmen wird die wirtschaftliche Gesamtstruktur der ländlichen Regionen gestärkt.

A10 Ein Integrationshemmnis ist für die rumänische Landwirtschaft die „Rückkehr zur Subsistenzwirtschaft", die modernen Marktanforderungen widerspricht. Erörtern Sie mögliche Maßnahmen zur Überwindung dieses hemmenden Faktors.

4 Kompetenzen festigen und anwenden

Obwohl die Landwirtschaft einen großen Einfluss auf die Gestaltung und Veränderung unserer räumlichen Umwelt hat und obwohl es für jeden von uns selbstverständlich ist, dass die Nahrungsaufnahme zu den entscheidenden, existenzsichernden Grundbedürfnissen gehört, spielt sie doch in unserem Denken nur eine untergeordnete Rolle.
Diese Feststellung gilt allerdings nur so lange, wie Nahrungsmittel problemlos verfügbar sind. Für die Deutschen der 1940er und 1950er Jahre war dies jedoch keineswegs der Fall. Und heute ist für mindestens ein Drittel der Menschheit die Beschaffung von quantitativ oder qualitativ ausreichender Nahrung ein täglicher Kampf, den rund 800 Millionen Menschen verlieren – sie hungern.

Kann die Welt die Menschheit ernähren? Ohne Zweifel: Ja. Aber nur dann, wenn eine Verteilungsgerechtigkeit entsteht und wenn im „reichen Norden" ein Problembewusstsein wächst und er bereit ist zur Hilfe für den „armen Süden". Oder wird die Versorgung der Armen mit Nahrungsmitteln in Zukunft dadurch erschwert, dass nachwachsende Rohstoffe die Energieprobleme der Welt lösen helfen, ihre Anbauflächen aber denen für Grundnahrungsmittel Konkurrenz machen? Sicher hat auch der Biosprit zur Verteuerung von wichtigen Pflanzen wie Weizen, Mais, Soja oder Raps beigetragen, genauso sicher jedoch auch die steigende Nahrungsnachfrage in aufstrebenden Staaten wie Indien oder China. Wird der Bedarf des „hungrigen Planeten" an Nahrungsmitteln und pflanzlichen Rohstoffen nur mit einer hoch industrialisierten und extrem effizienten Landwirtschaft zu befriedigen sein, die genverändertes Pflanzenmaterial einsetzt und in der die Massentierhaltung die Regel ist? Ökologische und ethische Grenzen dieser Art von Agrarproduktion sind uns bewusst geworden – noch ist aber nicht klar, ob Ecofarming oder biologischer Landbau auf Dauer mehr werden als Produktionsnischen.
Die agrarischen Strukturen stehen vor großen Herausforderungen und sie durchlaufen zur Zeit starke Wandlungen und Veränderungen, die auch uns als Konsumenten bewusst sein sollten. Die Antworten auf die Kernfragen und Herausforderungen können allerdings nicht nur regional gegeben werden, sondern sie haben zunehmend eine globale Dimension.

agrarische Tragfähigkeit: die Zahl der Menschen, die in einem Raum – unter Berücksichtigung des erreichten Kultur- und Zivilisationsstandes – auf agrarischer Basis auf längere Sicht überleben kann.

agrarindustrielles Unternehmen: →Agrobusiness.

Agrarwende: Schlagwort für die 2001 von der damaligen Bundesverbraucherministerin Renate Künast eingeleiteten Änderungen in der deutschen Agrarpolitik; Anlass war das Auftreten der Rinderseuche BSE im Jahre 2000; Ziel der Agrarwende waren u. a. eine Förderung des ökologischen Landbaus und des Tierschutzes in der Landwirtschaft sowie eine stärkere Orientierung am Verbraucherschutz.

Agrobusiness (Agribusiness): Bezeichnung für eine agrarindustrielle Produktionsform, die neben der Landwirtschaft alle mit ihr verbundenen Wirtschaftsbereiche zusammenfasst; häufig gebraucht im Sinne von „industrialisierter Landwirtschaft".

Bewässerungsfeldbau: Form der landwirtschaftlichen Bodennutzung, bei der den Nutzpflanzen wegen unzureichender Niederschläge während der →Vegetationsperiode Wasser durch verschiedene technische Systeme zugeführt wird; Gegensatz: Trockenfeldbau, →Regenfeldbau.

Bodenzahl: relative Bewertungszahl für die Ertragsleistung von Böden; der zu bewertende Boden wird dabei mit der besten Bodenqualität (in der Magdeburger Börde = 100) verglichen.

Brandrodung: Rodung durch Fällen der Baumvegetation und deren anschließendes Verbrennen; in den Tropen übliches Verfahren, um Ackerflächen zu gewinnen.

Cash Crops: agrarische Produkte, die für den Verkauf bestimmt sind und nicht der Selbstversorgung dienen (z. B. Kaffee, Baumwolle); Gegensatz: Food Crops.

Dauerfeldbau: ganzjährige Nutzung von Kulturpflanzen; dies ist z. B. bei gleichmäßig hohen Temperaturen (Tropen) möglich oder durch Bewässerung in Trockenperioden.

Ecofarming: standortgerechter bzw. ökologischer Anbau; Ecofarming sucht eine Antwort auf die Benachteiligung tropischer Böden bei der monokulturellen Produktion von Nahrungsmitteln; es werden verstärkt bodenständige, traditionelle Anbaumethoden angewandt, z. B. Fruchtwechsel, Verknüpfung von Baum- und Feldkulturen, große Artenvielfalt, Stockwerkbau, Düngung mit Mulch und Tierdung.

Feedlot: großer Viehwirtschaftsbetrieb, vornehmlich im Süden und Westen der USA; das Vieh wird dabei in großen Freiställen gehalten.

Fruchtwechselwirtschaft: Anbausystem, bei dem in regelmäßigem Wechsel bestimmte Kulturpflanzen angebaut werden; Ziel: langfristiger Erhalt der Ertragsfähigkeit des Bodens.

Gemeinsame Agrarpolitik (GAP): der einzige Politikbereich, der ausschließlich in die Zuständigkeit der EU fällt und vollständig von der EU finanziert wird; sie zielt darauf ab,

A1 Erstellen Sie eine Grafik zum Zusammenhang zwischen Hunger und Überfluss.

A2 Hunger ist in unserer Gesellschaft ein Tabuthema. Dabei gibt es mittlerweile z. B. in fast jeder Stadt eine „Tafel" zur Versorgung Armer mit preiswertesten Nahrungsmitteln.
Recherchieren Sie an ihrem Schulort, ob es für Einzelne oder für Gruppen eine Unterversorgung mit Nahrungsmitteln gibt.

A3 „Es ist die Natur, die der Landwirtschaft Grenzen setzt, nicht der Mensch." Beurteilen Sie die Richtigkeit dieses Satzes.

A4 Sustainable Agriculture – erläutern Sie Möglichkeiten, aber auch Grenzen einer alternativen Landwirtschaft.

A5 „Weg von den Subventionen, hin zur Strukturförderung." Mit ihrer Agrarpolitik will die Europäische Union seit Beginn des 21. Jahrhunderts neue Wege beschreiten.

A5a) Erläutern Sie wesentliche Gedanken, die hinter diesem Leitmotiv stehen.

A5b) Befragen Sie einen Landwirt in der Umgebung Ihres Schulortes, was dieser neue Weg der EU für ihn konkret bedeutet.

A6 Überprüfen Sie Ihr eigenes Konsumverhalten und das Ihrer unmittelbaren Umgebung (z. B. Familie oder Mitschüler):
- Steht beim Lebensmittelkauf der Preis im Vordergrund?
- Werden Lebensmittel bevorzugt beim Discounter eingekauft oder eher beim spezialisierten Handel?
- Spielt die Auszeichnung eines Produktes als biologisch hergestellt für die Kaufentscheidung eine Rolle?
- Wird beim Konsum auf die Herkunft geachtet (importiertes Produkt, regionales Produkt ...)?

Vergleichen Sie Ihre Ergebnisse mit denen anderer aus Ihrer Kursgruppe.

---

den Verbrauchern angemessene Preise und den Landwirten ein gerechtes Einkommen zu garantieren.

Hybridsorten (Hybridsaatgut): Hochertragsnutzpflanzen mit hohen Erträgen, aus denen allerdings kein Saatgut gewonnen werden kann; Ergebnis intensiver Zuchtarbeit.

Lissabon-Strategie: ein auf einem Sondergipfel der europäischen Staats- und Regierungschefs im März 2000 in Lissabon verabschiedetes Programm, mit dessen Hilfe die EU bis zum Jahre 2010 zum wettbewerbsfähigsten und dynamischsten wissensgestützten Wirtschaftsraum der Welt entwickelt werden soll.

Mischbetrieb: in der Landwirtschaft ein Betrieb, der sich nicht auf ein Produkt konzentriert, sondern breiter gefächert ist, z. B. Ackerbau und Viehwirtschaft, Anbau von mehreren Feldfrüchten.

Nebenerwerbsbetrieb: landwirtschaftlicher Betrieb, der von dem Besitzer im Nebenerwerb bewirtschaftet wird, da die eigentliche Erwerbsgrundlage außerhalb der Landwirtschaft liegt.

Nomadismus: Wirtschafts- und Gesellschaftsform, die auf Wanderviehwirtschaft beruht; Vollnomadismus: saisonal-zyklisches Wandern ganzer Stämme und Familien entsprechend dem Futterangebot für die Herden; Halbnomadismus: Wandern meist nur der Männer mit den Herden und Zurückbleiben der Frauen am stationären Wohnplatz.

Plantagenwirtschaft/Plantage: landwirtschaftlicher Großbetrieb in den Tropen und Subtropen, der hochwertige Nutzpflanzen wie Tee, Kaffee, Kautschuk, Bananen oder Zucker für den Weltmarkt anbaut; bis ins 19. Jahrhundert die charakteristische Betriebsform im Süden der USA.

Regenfeldbau: Ackerbau, bei dem der Wasserbedarf der Nutzpflanzen ausschließlich durch Niederschläge gedeckt wird; Gegensatz: → Bewässerungsfeldbau.

Shifting Sultivation (Wanderfeldbau): Sammelbezeichnung für Formen des Ackerbaus vor allem in den Tropen, bei dem die Anbauflächen und z. T. auch die Siedlungen nach Erschöpfen der Bodenfruchtbarkeit in einem gewissen zeitlichen Rhythmus verlegt werden; vgl. → Brandrodung.

Sonderkultur (Spezialkultur): ein- oder mehrjährige landwirtschaftliche Dauerkultur mit hohem Spezialisierungsgrad und hohem Arbeits- und Kapitalaufwand, z. B. Wein, Tabak, Spargel, Hopfen.

Subsistenzwirtschaft: Selbstversorgungswirtschaft auf agrarischer Basis ohne Teilnahme am Marktgeschehen und mit nur geringem Tauschhandel; in den Entwicklungsländern teilweise noch weit verbreitet.

Sustainable Agriculture: Landwirtschaftsform, die den Gesichtspunkt der Nachhaltigkeit betont.

Vegetationsperiode (Wachstumszeit): Anzahl der Tage, während der Pflanzenwachstum möglich ist; vorwiegend temperaturabhängig (Tagesmittelwert über 5 °C).

5 Ressourcen und ihre Nutzung

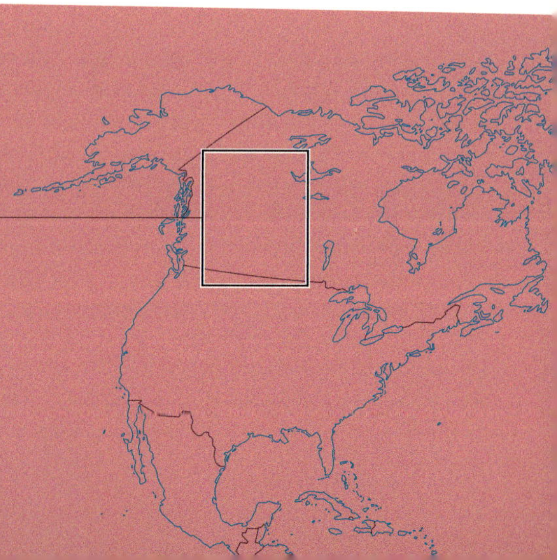

Ressourcen sind Rohstoffe und Umweltgüter, die die Menschheit zum Leben und Wirtschaften braucht. Dazu zählen Bodenschätze, Sonnenenergie, Licht, Wasser, Boden sowie die Schönheit der Landschaft oder das Erbgut von Organismen.

Bereits 1972 warnte der Club of Rome vor dem verschwenderischen Umgang mit den natürlichen Ressourcen: „Die Verbrauchsrate für jeden Rohstoff steigt derzeit weltweit exponentiell an, in einigen Fällen sogar rascher als die Bevölkerung, weil jährlich mehr Menschen, und jeder von ihnen jährlich in größeren Mengen, Rohstoffe verbrauchen." Ursache ist die immer noch verbreitete Verschwendung von Ressourcen – ohne die Folgen zu bedenken.

Demgegenüber steht die Forderung nach „Faktor 4 – Doppelter Wohlstand, halbierter Naturverbrauch", wie sie von einem renommierten Wuppertaler Institut gefordert wird.

Manche Ressourcen, wie zum Beispiel Erdöl, werden von den Menschen unwiederbringlich verbraucht. Durch die Nutzung werden zudem Schadstoffe freigesetzt, die Boden, Wasser, Luft und Bios schädigen.

Andere Ressourcen erneuern sich, wenn sie nicht übermäßig beansprucht werden. So betrachteten die Menschen jahrhundertelang die Wasservorräte als unerschöpflich. Inzwischen wird jedoch in einigen Regionen der Erde ein erbitterter Kampf um die immer knapper werdende Ressource Wasser geführt.

Dieses Kapitel stellt zum einen die Frage nach der gegenwärtigen Entwicklung der Ressourcennutzung:

- Welche globalen und regionalen Entwicklungsprozesse prägen insbesondere die Nutzung der Ressourcen Erdöl und Wasser?

Die andere Frage ist die nach Lösungen für die bestehenden Probleme bei der Nutzung von Ressourcen:

- Welche Alternativen gibt es zur Nutzung nichterneuerbarer Ressourcen?
- Wie erreichen wir einen nachhaltigen, umweltschonenden Umgang mit Ressourcen?
- Was kann jeder Einzelne von uns beitragen, um die knappen natürlichen Ressourcen zu schonen?

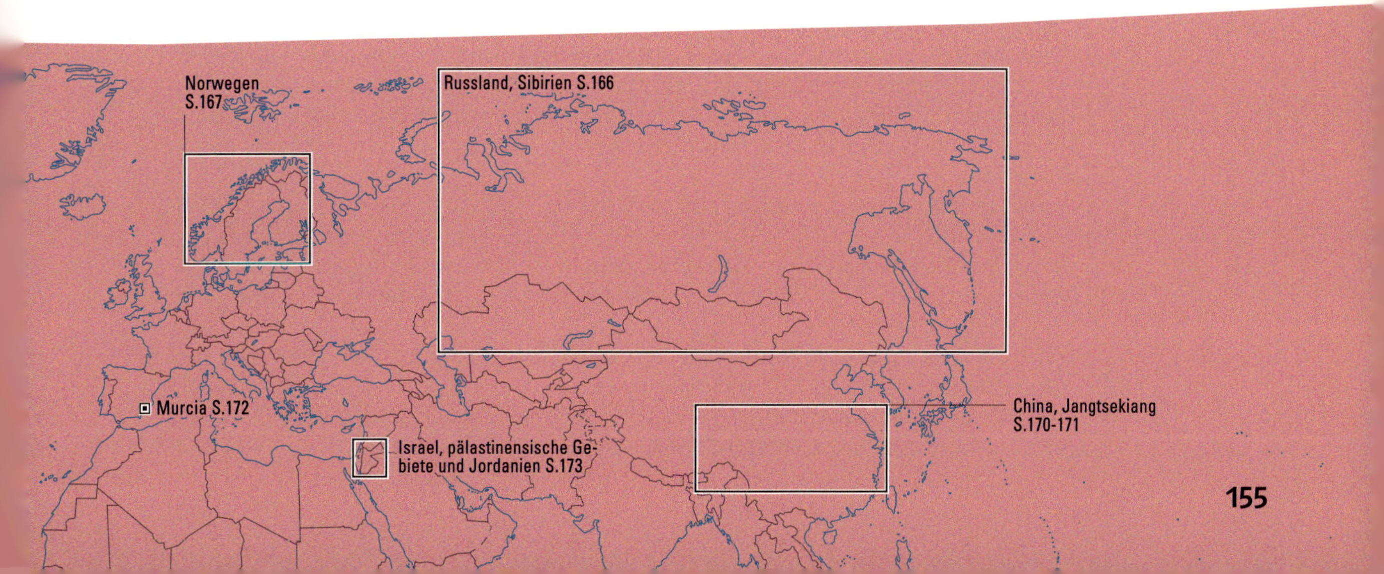

5.1 Nachhaltiger Umgang mit Rohstoffen

M1 Rohstoffe – Reserven und Ressourcen

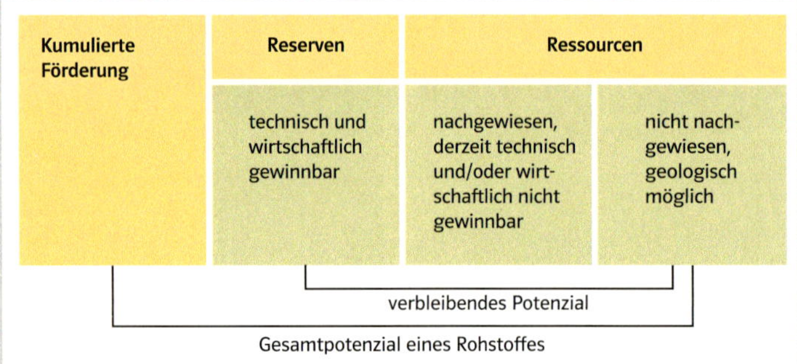

M2 Theoretische Reichweite ausgewählter Reserven 2007 (bei angenommener Verbrauchssteigerung von 2% im Jahr)

	Reichweite (a)	Produktionswachstum 1975–2004 (%)
Kohle	84	1,1
Rohöl	33	1,3
Erdgas	46	2,7
Kupfer	27	3,0
Nickel	32	1,6

Ressourcen (G)

„Die knappste Ressource ist nicht das Öl, nicht das Gas und auch nicht das Uran; es ist die Zeit, die wir noch haben, um unsere Verhaltensweisen den Anforderungen und Grenzen unserer Umwelt anzupassen.“ [1]

Rohstoff (G)
kumulierte Förderung (G)
Reserven (G)
verbleibendes Potenzial (G)

Wie lange kann die Menschheit noch ihren Bedarf an Rohstoffen decken? Um diese Frage zu beantworten, werden die kumulierte Förderung (Summe aller Jahresmengen seit Beginn der Förderung) und das verbleibende Potenzial ständig neu bewertet. Unter dem Begriff „verbleibendes Potenzial“ werden die Reserven und Ressourcen (im engeren Sinne) zusammengefasst (M1).

Diejenigen Mengen eines Rohstoffes, die mit großer Genauigkeit erfasst wurden und mit den derzeitigen technischen Möglichkeiten wirtschaftlich gewonnen werden können, bezeichnen die Geowissenschaftler als Reserven. Das bedeutet, dass die Höhe der Reserven von den Preisen abhängt, aber auch vom Stand der Technik. Häufig wird dabei auch von sicher (und wahrscheinlich) gewinnbaren Vorräten gesprochen.

Als Ressourcen (im engeren Sinne) werden diejenigen Mengen eines Rohstoffes bezeichnet, die entweder nachgewiesen, aber derzeit nicht wirtschaftlich gewinnbar sind, oder aber die Mengen, die auf Basis geologischer Indikatoren noch erwartet werden und mittels Exploration nachgewiesen werden können. Bei den meisten Rohstoffen wird dabei, ähnlich wie bei den Reserven, nur der als gewinnbar eingeschätzte Teil berücksichtigt.

statische Reichweite/Lebensdauer (G)
Lagerstätte (G)

Setzt man die Reserven zur gegenwärtigen Fördermenge pro Jahr ins Verhältnis, ist dies die statische Reichweite. Die Berechnungen auf dieser Grundlage führten 1972 zu Prognosen des Club of Rome in seiner Schrift zu „Grenzen des Wachstums“, die besagten, dass die Weltreserven von Zinn 1989, von Erdöl 2003, Erdgas 2010 oder Kupfererz 2008 erschöpft sein würden. Da bei der statischen Reichweite aber eine gleichbleibende Förderung und konstante Reserven vorausgesetzt werden, trat diese Prognose so nicht ein – es handelt sich nur um eine statische Momentaufnahme in einem dynamischen System. Die Angaben zur Reichweite von Rohstoffen (M2) werden daher in jährlichen Studien aktualisiert. Dass es sich auch dabei um Prognosen bzw. die Angabe theoretischer Reichweiten handelt, hat folgende Gründe:

- In einer Lagerstätte kann nicht auf gleichbleibendem Niveau bis zur totalen Erschöpfung der Reserven gefördert werden.
- Der technische Fortschritt verschiebt sowohl bei der Lagerstättenerkundung als auch bei den Abbaumöglichkeiten scheinbare Grenzen. Zukünftig zu entdeckende Reserven bleiben unberücksichtigt.
- Es ist schwierig, den Verbrauch in Industrie, Verkehr, öffentlichen und privaten Haushalten vorherzusagen.
- Die Entwicklung und der Einsatz neuer Ersatzstoffe, aber auch wirtschaftliche Rezessionen lassen sich schwer vorausberechnen.

Die Sicherung der weiteren Verfügbarkeit von Rohstoffen gehört zu den globalen Problemen, weil damit die Lebensinteressen aller Völker und Staaten berührt werden. Diese globale Dimension äußert sich in mehreren Ebenen:

- Förderung und Verbrauch von Ressourcen haben gewaltig zugenommen. So wurden in den letzten fünfzig Jahren so viele mineralische Rohstoffe verbraucht wie in der gesamten Menschheitsgeschichte vorher.
- Die Einzugsbereiche für die Rohstoffversorgung wurden räumlich auf die ganze Erde erweitert. Selbst aus weit entfernten Gebieten können heute Rohstoffe in großen Mengen und kostengünstig bezogen werden.

M3 Das Nachhaltigkeitsdreieck

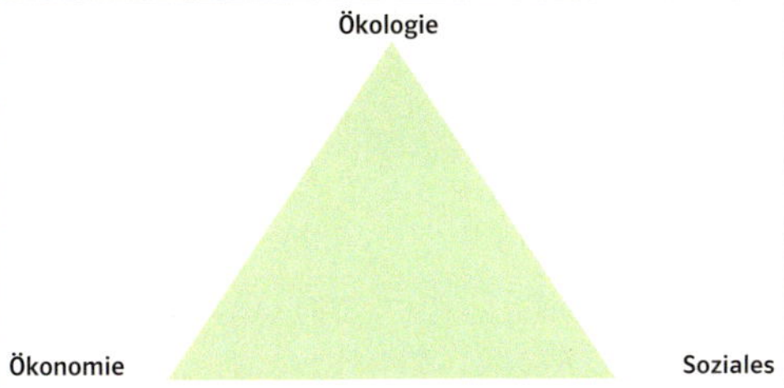

Erfasst werden drei Dimensionen, die einander durchdringen und bedingen: Ein qualitatives Wirtschaftswachstum setzt ein umweltverträgliches Handeln voraus. Ein ökologisches Gleichgewicht kann jedoch nur verwirklicht werden, wenn gleichrangig und parallel dazu ökonomische Sicherheit und soziale Gerechtigkeit angestrebt werden. Dem nachhaltigen Umgang mit Ressourcen kommt daher eine besondere Bedeutung zu.

M4 Einteilung der Rohstoffe nach ihrem Verwendungszweck

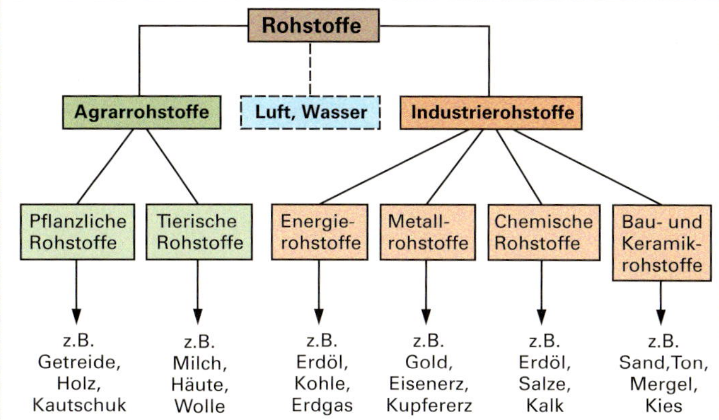

- Die Preise für die meisten Rohstoffe sind langfristig betrachtet gestiegen. Das hängt vor allem mit immer schwierigeren Abbaubedingungen und kostenintensiveren Technologien im Gewinnungsprozess zusammen. Preisrückgänge sind nur zeitweilig und u. a. durch veränderte Angebots- und Nachfragestrukturen zu erklären.
- Rohstoffabbau, weltweite Rohstofftransporte und Rohstoffverbrauch sind heute mit schwerwiegenden ökologischen Schäden verbunden. Durch Tagebaue, Off-Shore-Förderung, defekte Pipelines oder Tankerunfälle werden Wasser, Luft und Boden beeinträchtigt, die Vegetation geschädigt oder zerstört und ganze Landschaften verändert.

Im Sinne eines nachhaltigen Umgangs mit Ressourcen ist daher die Zusammenarbeit auf globaler Ebene notwendig. Um den Verbrauch der Ressourcen zu reduzieren, muss der Übergang von einer „ressourcenschweren" zu einer „ressourcenleichten" ökologischen Marktwirtschaft zügig in Angriff genommen werden. Die Förderung geeigneter Maßnahmen wie die Entwicklung rohstoffsparender Technologien durch die Wissenschaft, der sparsamere Verbrauch, ein gezieltes Vorgehen gegen Verschwender und die Erhöhung des Einsatzes von recycelten Rohstoffen durch Förderung der Kreislaufwirtschaft sind in einer Reihe von Staaten, wie z. B. auch Deutschland, mittlerweile Bestandteil des politischen Handelns und der öffentlichen Diskussion.

Nachhaltigkeit (G)

Um der schnell steigenden Förderung und Nutzung von Ressourcen in den Schwellen- und Entwicklungsländern entgegenzuwirken, ist es notwendig, ökologisch verträgliche, sparsame Abbau-, Verarbeitungs- und Verbrauchstechnologien anzubieten und ihren Einsatz zu fördern. Auch hinsichtlich der „Ausbeutung" der Entwicklungsländer als „Rohstofflieferanten" bzw. als „Mülldeponien" ist durch internationale Organisationen eine verstärkte Einflussnahme auf in- und ausländische Unternehmen notwendig. Zur Reduzierung des Ressourcenverbrauchs kommt aber auch der Verringerung des Bevölkerungswachstums in diesen Ländern eine große Bedeutung zu.

Kreislaufwirtschaft (G)

Recycling (G)

A1 Arbeiten Sie wesentliche Inhalte folgender Begriffe heraus: kumulierte Förderung, verbleibendes Potenzial, Ressource und Reserve.

A2 Erklären Sie, welche Faktoren die Rentabilität und Abbauwürdigkeit einer Lagerstätte beeinflussen.

A3 Begründen Sie die Notwendigkeit der ständigen Neubewertung des verbleibenden Potenzials von Rohstoffen.

A4 Diskutieren Sie die folgende Aussage: „Sobald ein Rohstoff knapp wird, setzt der Markt zwei Mechanismen in Gang: die Suche nach neuen Vorräten und die Suche nach Ersatz."

M1 nach Reserven, Ressourcen und Verfügbarkeit von Energierohstoffen 2006, Jahresbericht 2006, Kurzfassung. Hannover Bundesanstalt für Geowissenschaften und Rohstoffe, auf www.bgr.bund.de, April 2008

M2 nach www.kordovsky.com/wp-content/rohstoffe-2007.pdf, Folie 7, April 2008

[1] Dennis Meadows : Die Grenzen des Wachstums. Stuttgart: DVA 1972, S. 50 - 51

M3 nach/weiterführende Literatur Ernst Ulrich von Weizsäcker/Amory B. Lovins/L. Hunter Lovins: Faktor Vier. Doppelter Wohlstand, halbierter Naturverbrauch. München: Droemer Knaur 1995

Online-Link 29260X-5101

5.2 Metallische Rohstoffe

M1 Entwicklung der Eisenerzförderung (in Mio. t, Erzgehalt 60–65%)

	1999	2001	2003	2005
Brasilien	186,6	196,3	229,6	277,2
VR China	126,0	109,4	130,5	265,3
Australien	151,9	181,2	210,7	262,3
Indien	67,8	79,1	100,0	138,2
Russland	82,2	82,5	91,8	96,8
Ukraine	47,6	54,7	62,5	68,6
USA	57,7	46,2	48,5	53,8
Südafrika	29,0	34,3	37,3	39,3
Kanada	32,4	30,1	33,0	32,2
Schweden	18,9	19,5	21,5	23,3
Venezuela	13,2	19,0	21,3	22,6
Kasachstan	11,2	14,1	17,3	16,5
Mexiko	11,0	11,5	11,0	11,0
Mauretanien	10,5	10,3	10,1	10,7
Weltförderung	**881,3**	**926,1**	**1066,3**	**1361,6**

M2 Entwicklung der Weltrohstahlproduktion (in Mio. t)

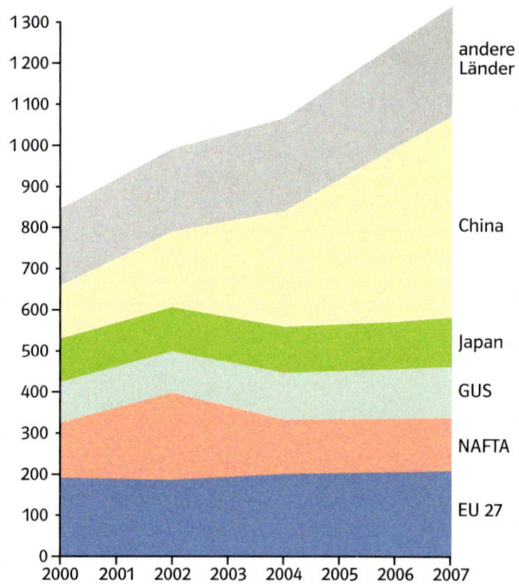

M3 Verwendungsmöglichkeiten von Eisen und Stahl

Eisen ist mit 95% das am meisten benötigte Metall, es findet im elektromagnetischen Bereich (Generatoren, Transformatoren, Elektromotoren), als Eisenpulver in der Chemie, als Gusseisen, vor allem aber in Legierung mit anderen Metallen als Stahl Verwendung. Es gibt ca. 2000 verschiedene Stahlsorten, die – je nach ihrer Zusammensetzung und ihrem Einsatz – z.T. sehr verschiedene Eigenschaften haben können: hart, fest, zäh, flexibel, dehnbar, steif, federnd.
Häufigste Einsatzbereiche:
Verkehrswesen (Schienen, Planken, Autos, Züge, Schiffe); Bauwesen (Stahlbeton; Industrie- und Verwaltungsgebäude, Brücken); Maschinen- und Bergbau (Fördermaschinen, Geräte im Bauwesen); Haushalt; Sportgeräte; Kunst/Design.

metallische Rohstoffe

Metalle sind eine Grundlage für menschliches Wirtschaften und ökonomisches Wachstum. Sie stellen eine unverzichtbare Basis für das moderne Leben und für Innovationen dar. Dies erklärt, warum die Prognosen des Club of Rome bezogen auf metallische Rohstoffe als besonders dramatisch empfunden wurden. Die letzten 30 Jahre zeigten jedoch, dass die enormen Zuwachsraten, auf denen die Prognosen basierten, so nicht eingetreten sind. Zwar spielen auch weiterhin metallische Rohstoffe eine große Rolle in vielen Bereichen der Wirtschaft und der Verbrauch steigt weltweit an. Die Entwicklung verläuft jedoch sehr unterschiedlich: In den EU-Ländern, den USA und Kanada wird nicht nur der Einsatz von primären metallischen Rohstoffen gesenkt, sondern auch in zunehmendem Maße auf den Einsatz von Ersatzstoffen gesetzt. Trotzdem ist der Pro-Kopf-Verbrauch in den Industrieländern nach wie vor sehr hoch; in Schwellen- und Entwicklungsländern steigt der Bedarf sehr schnell an.

Schadstoffe

Kreislaufwirtschaft (G)

Nichteisenmetallurgie

Dabei müssen nicht nur die Begrenztheit der metallischen Rohstoffe, sondern auch die daraus resultierenden ökologischen Belastungen beachtet werden. Die Metallindustrie ist der Industriezweig mit den höchsten Energieaufwendungen und mit einem hohen Chemikalieneinsatz. Um also Schadstoffeinträge in den Boden, in den Wasserkreislauf und in die Luft zu vermindern bzw. zu vermeiden, sind hohe Aufwendungen zur Reinigung und Entgiftung notwendig.
Die dazu entwickelten Konzepte müssen daher für alle Staaten verbindlich sein, im Rahmen internationaler Abkommen müssen gesetzliche Grundlagen geschaffen werden und ihre Umsetzung muss kontrolliert werden.
Beispiele dafür sind die nachhaltige Entwicklung der Kreislaufwirtschaft in der Nichteisenmetallurgie sowie die energie-, umwelt-, außen- und steuerpolitischen Maßnahmen innerhalb Deutschlands und innerhalb der EU (vgl. auch das Teilkapitel 6.2.5 Industrie und Umwelt, S. 204–209, beinhaltet das Fallbeispiel Aluminiumindustrie, S. 207).

M4 Erzeugung von Metallen aus primären und sekundären Vorstoffen (in Mio. t)

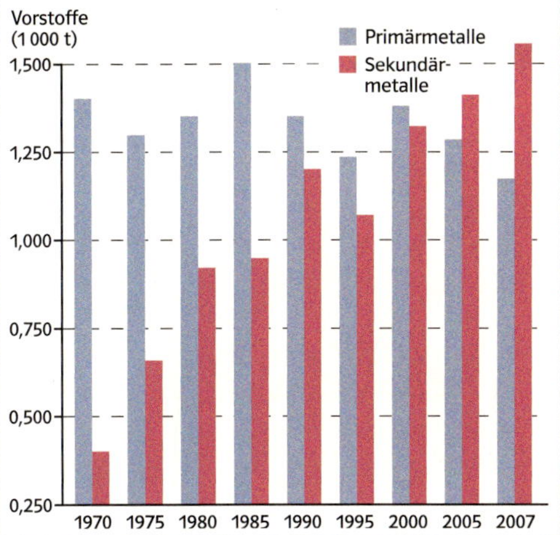

M6 Energieverbrauch in der Metallindustrie (in Mio. kWh)

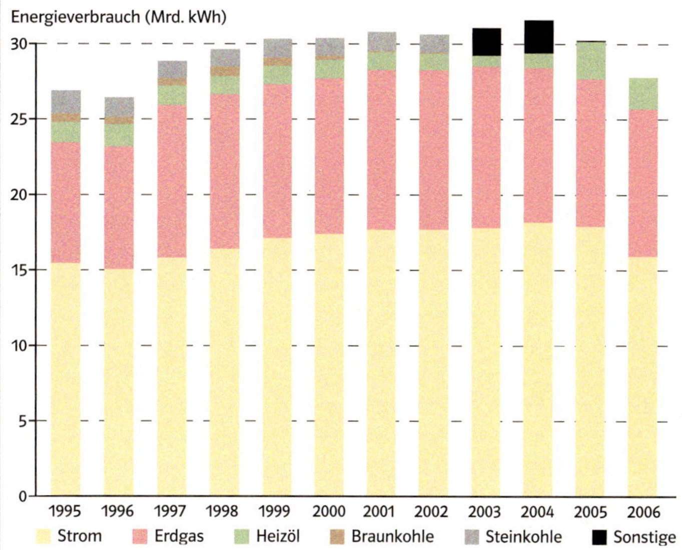

M5 Kriterien für nachhaltiges Wirtschaften bei endlichen Ressourcen wie mineralischen Rohstoffen

- sparsamer Umgang mit erschlossenen Rohstoffen durch sachgerechte Planung,
- Wiedereingliederung von abgebauten Flächen durch frühzeitige Renaturierung und Rekultivierung,
- vollständige Nutzung von Lagerstätten in möglichst hohem Veredelungsgrad,
- Sicherung der Zugriffsmöglichkeit auf wertvolle heimische Rohstoffe auch für nachfolgende Generationen durch ausreichende Berücksichtigung bei der Flächennutzungsplanung,
- Verminderung des Rohstoffverbrauchs durch Steigerung der Ressourcenproduktivität/-effizienz sowie durch Substitution der Primärrohstoffe und vermehrten Einsatz erneuerbarer Ressourcen und Recycling von Baustoffen.

„Die Europäische Kommission hat am 29. 10. 2003 ihren Entwurf für eine Neuregelung des europäischen Chemikalienrechts vorgelegt und damit das politische Abstimmungsverfahren zwischen Rat und Parlament in Gang gesetzt. Der Verordnungsentwurf sieht vor, dass:

- Unternehmen, die einen Stoff in Mengen von mehr als einer Tonne pro Jahr herstellen oder importieren, diesen Stoff prüfen, bewerten und bei einer zentralen Agentur registrieren lassen müssen,
- Prüfumfang und damit verbundene Kosten an eine Mengenstaffelung (Jahrestonnage) gekoppelt sind,
- Stoffe mit besonders gefährlichen Eigenschaften (z. B. krebserzeugende, erbgutverändernde und fortpflanzungsgefährdende Stoffe) einem generellen Verbot mit Erlaubnisvorbehalt (Zulassung) unterliegen.

Im Vorgriff auf die Neuregelung des europäischen Chemikalienrechts führt die europäische Nichteisen-Metallindustrie zudem Risikobewertungen auf freiwilliger Basis für die Metalle Blei und Kupfer durch.“ [1]

Primärrohstoffe
Sekundärrohstoffe

Renaturierung/
Rekultivierung
Lagerstätte (G)

Recycling (G)

A1 Nennen Sie Beispiele:

a) für die Substitution metallischer Rohstoffe durch andere Werkstoffe,

b) für die Senkung des Einsatzes primärer metallischer Rohstoffe durch die Kreislaufwirtschaft,

c) für den verminderten Energieeinsatz bei der Gewinnung metallischer Rohstoffe,

d) für die Reduzierung der Schadstoffeinträge im Prozess der Metallherstellung.

M1 nach Der Fischer Weltalmanach. Frankfurt am Main: Fischer Taschenbuchverlag, verschiedene Jg.

M2 www.stahl-online.de/wirtschaft_und_politik/stahl_in_zahlen/start.asp, April 2008

M5 Rohstoffsicherungskonzept Baden-Württemberg 2004, S. 6 (nur in der Druckversion). Im Internet auf www.lgrb.uni-freiburg.de/lgrb/home/rohstoffbericht_2006, April 2008

M4, M6 und [1] nach WirtschaftsVereinigung Metalle, Geschäftsbericht 2007/2008, auf www.wvmetalle.de/wvmprofi/docs/doc_5392_2008528153727.pdf, Juli 2008

Online-Link
29260X-5201

5.3 Energierohstoffe

M1 Verwendungsmöglichkeiten von Energieträgern und Energie

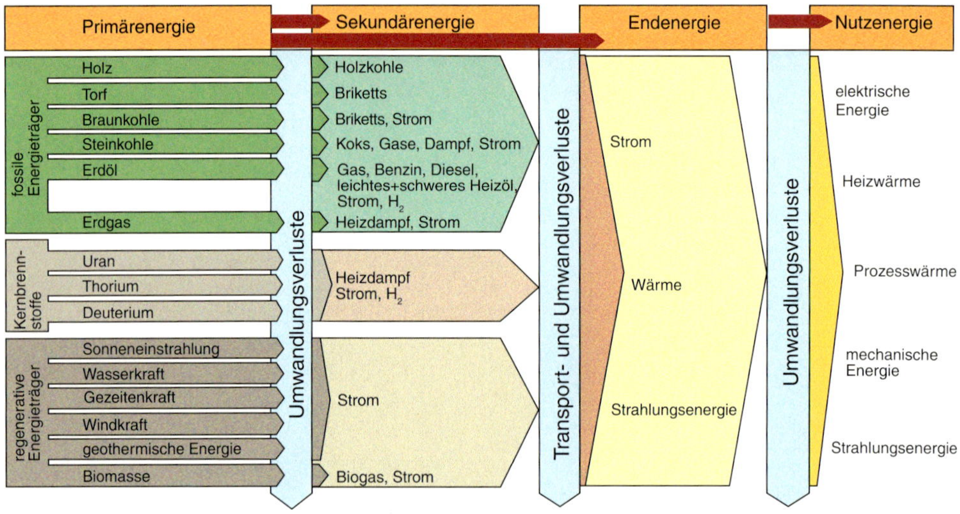

Energie (G)

Energieträger (G)

5.3.1 Energieträger und ihre Verwendung

fossile Energieträger (G)

regenerative Energieträger (G)

Primärenergie (G)
Sekundärenergie (G)
Endenergie (G)
Nutzenergie (G)

Wirkungsgrad (G)

Primärenergie ist die in den natürlichen Energieträgern vorhandene Energie, die in verschiedenen Formen vorliegt und zur Nutzung umgewandelt werden muss. Ihre Existenz verdanken nahezu alle Primärenergieträger der Strahlungsenergie der Sonne. Sie ermöglicht die Photosynthese, auf deren Grundlage sich Plankton bzw. höhere Pflanzen entwickeln können. Das ist z. B. eine der Voraussetzungen für die Entstehung von Erdöl und Erdgas bzw. von Kohle (vgl. S. 20–22).

Bei den fossilen Energieträgern (Steinkohle, Braunkohle, Erdöl, Erdgas, Ölsande, Ölschiefer, Gashydrate und Torf), aber auch bei Biomasse kommt sie als chemische Energie vor, die dann beispielsweise bei der Verbrennung in thermische Energie umgewandelt wird. Die Sonne liefert Strahlungsenergie, Uran und Plutonium liefern Kernenergie. Bei Energieträgern wie Wasser und Wind wird die kinetische Energie (Bewegungsenergie) in mechanische Energie umgewandelt, es wird eine Turbine angetrieben. Bei Stauseen oder Pumpspeicherwerken erfolgt beim Durchfließen der Druckstollen bzw. der Fallrohre zunächst die Umwandlung von potenzieller (Lageenergie) in kinetische Energie, die dann wieder durch den Antrieb der Turbinen in mechanische Energie umgewandelt wird.

Bevor die Primärenergie wirtschaftlich nutzbar ist, muss sie häufig in Sekundärenergie wie thermische Energie oder Elektroenergie umgewandelt werden.

Die Endenergie ist diejenige Energie, die der Verbraucher einsetzt und die sowohl aus Primär- als auch aus Sekundärenergie gewonnen wird. Hierfür ist häufig eine weitere Umwandlung notwendig. Dabei entsteht z. B. Wärmeenergie. Wenn diese Wärmeenergie dann zum Heizen genutzt wird, spricht man von der Nutzenergie.

In allen Umwandlungsstufen gibt es Energieverluste. Sie sind teilweise noch sehr hoch, bei herkömmlichen Wärmekraftwerken auf Steinkohlebasis ca. 62 % der ursprünglichen chemischen Energie. Der Wirkungsgrad, der als Quotient aus der Nutzenergie und der vorher eingesetzten Primärenergiemenge berechnet wird, beträgt also gegenwärtig 38 %.

Moderne Kraftwerke auf Steinkohlebasis sollen 2010 mit einem Wirkungsgrad von 50–55 % arbeiten, Kraftwerke auf Erdgasbasis erreichen bereits jetzt einen Wirkungsgrad von 58 %.

M2 AG Energiebilanzen nach www.spiegel.de/img/0,1020,774328,00.jpg, April 2008
*geschätzt

M3 nach www.wbgu.de/wbgu_jg2003.pdf, S. 139, April 2008, ergänzt

M4 nach www.deutschebp.de/liveassets/bp_internet/germany/STAGING/home_assets/assets/deutsche_bp/reden_standpunkte/vortrag_ruehl_stats_review_2007.pdf, April 2008

Weiterführender Link
www.agenda21-treffpunkt.de/lexikon/energieeffizienz.htm, April 2008

Online-Link
29260X-5301

M 2 Energiefluss in Deutschland 2005 (in Mio. t Steinkohleeinheiten, 1 kg SKE = 8,1 kWh)

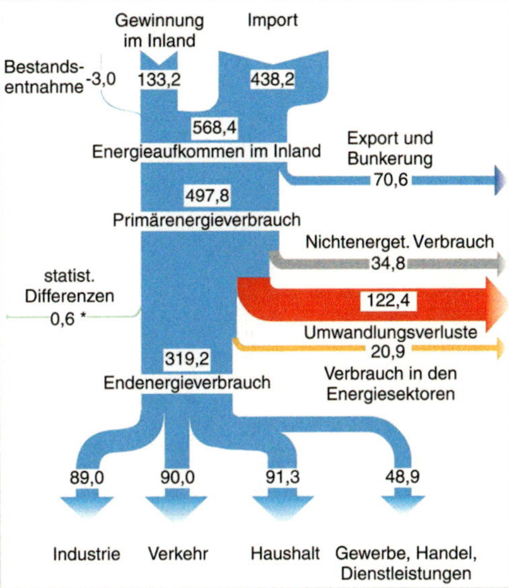

M 3 Veränderung des weltweiten Energiemixes, nachhaltiger Entwicklungsansatz (in Exajoules = 10^{18} Joules = 10^{9} Mrd. Joules)

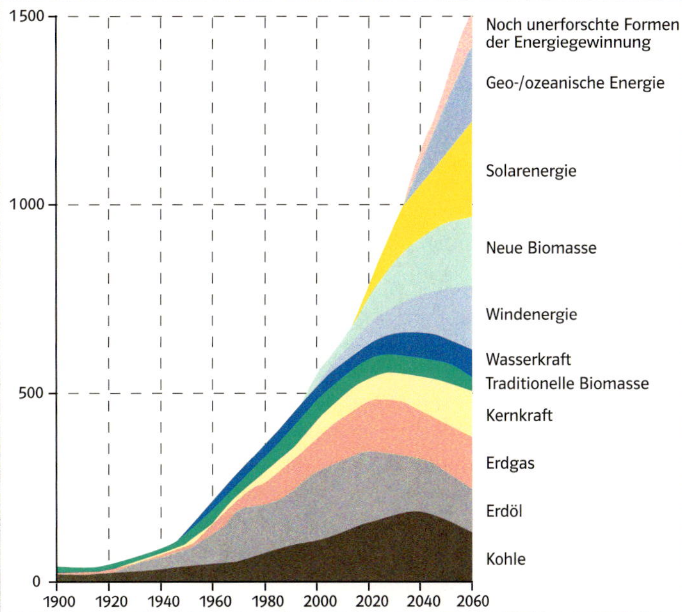

5.3.2 Energiereserven und Energieverbrauch

Die Probleme der Energiewirtschaft weltweit sind offenkundig:

- Der Primärenergiebedarf steigt überall weiter an.
- Immer noch gibt es Länder und Regionen, die keine gesicherte Energieversorgung haben.
- Die Reichweite fossiler Primärenergieträger ist begrenzt.
- Die Erzeugung von Energie aus fossilen Energieträgern wie Kohle, Erdöl und Erdgas bringt immer noch hohe Emissionen mit sich.
- Der technischen Sicherheit bei der Erzeugung von Energie aus Kernbrennstoffen wird nicht vertraut.
- Die Nutzung regenerativer Energieträger ist immer noch problematisch, weil die bisher entwickelten Technologien nur einen geringen Wirkungsgrad haben, die gewonnene Energie nicht speicher- bzw. transportfähig ist, ihre Gewinnung jedoch häufig nur standortgebunden erfolgen kann.

Die nachhaltige Energiewirtschaft muss also auf zwei Problemfelder ausgerichtet sein: Es geht einerseits um die langfristige Sicherung der Energiebasis. Die Produktion von Primärenergie aus fossilen Energieträgern muss umweltverträglich und effizient erfolgen. Neue Technologien, die einen höheren Wirkungsgrad ermöglichen,

M 4 Die Entwicklung des weltweiten und regionalen Primärenergieverbrauches

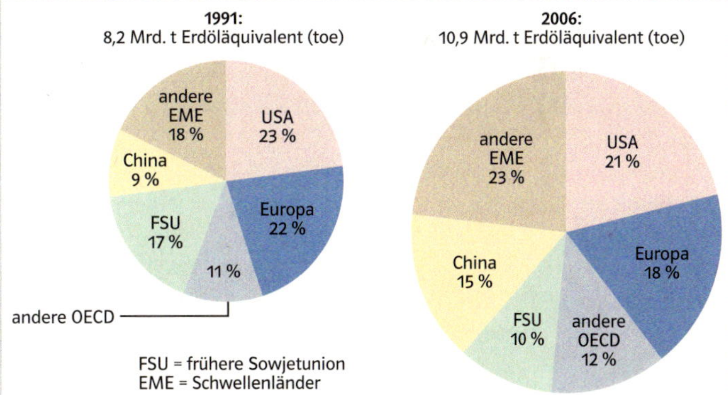

müssen den Anteil an regenerativen Energieträgern erhöhen helfen.
Andererseits geht es um die effiziente Nutzung der Energie und einen sparsamen Verbrauch der produzierten Energie.

nachhaltige Energiewirtschaft

Wirkungsgrad (G)

A 1 Charakterisieren Sie – auch anhand von Beispielen – folgende Energieformen: Primär-, Sekundär-, End- und Nutzenergie.

A 2 Erklären Sie den Begriff Wirkungsgrad.

A 3 Diskutieren Sie die Notwendigkeit und Lösungsansätze für eine nachhaltige Energiewirtschaft.

M 5 Entwicklung des Ölpreises (in US-$/Fass = Barrel = ca. 159 l)

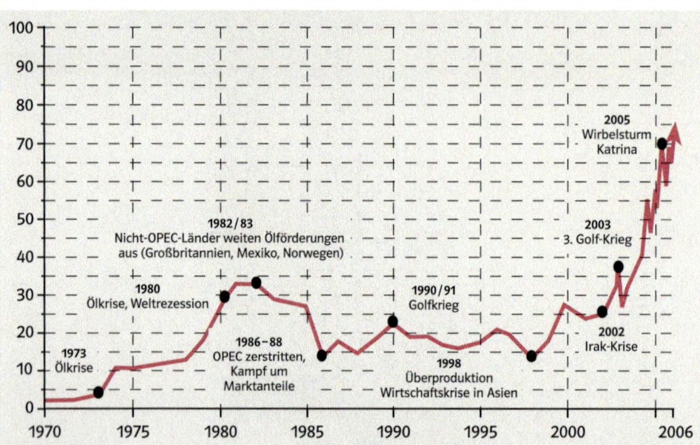

„Der Ölpreis kennt derzeit offenbar nur eine Richtung: nach oben. Angefangen hat die aktuelle Phase der Ölpreissteigerungen im Jahre 1998. Die OPEC-Staaten verringerten aufgrund eines Überangebotes die Fördermenge und leiteten so eine nachhaltige Ölverteuerung ein. Als dann die Öllieferungen aus dem Irak aufgrund andauernder Sabotageaktionen geringer ausfielen als geplant und der Weltölverbrauch vor allem aufgrund der starken Nachfrage aus der VR China und den USA unerwartet stark anstieg, wurde der Preis weiter angehoben. Terroranschläge, Fonds und Spekulationen trieben die Notierungen an den Börsen auf neue Höchststände. Das Jahr 2005 wurde noch in viel stärkerem Maße ein Jahr der Ölspekulanten. Fonds und Großinvestoren handelten massiv mit Ölkontrakten und trieben den Ölpreis auf neue Höchststände. Die Nachfrage nach Öl blieb in den USA und in China unverändert hoch, mit Indien kam ein neuer Großverbraucher hinzu. Als im September 2006 die Hurrikane Katrina und Rita die Ölfelder und -verarbeitungsanlagen der USA trafen, erreichten die Ölnotierungen neue Höchststände." [1]

Und der Preis steigt weiter: Am 03.01.2008 wurde erstmals die historische Grenze von 100 US-$/Barrel überschritten. Nachrichten von Angriffen auf nigerianische Förderanlagen, wetterbedingte Schließungen von Häfen in Mexiko und Spekulationskäufe reichten dazu aus. Mitte 2008 betrug der Ölpreis – verursacht durch steigenden Verbrauch in China u.a. Ländern bei gleichzeitigem Rückgang der Reserven – über 140 US-$/Barrel.

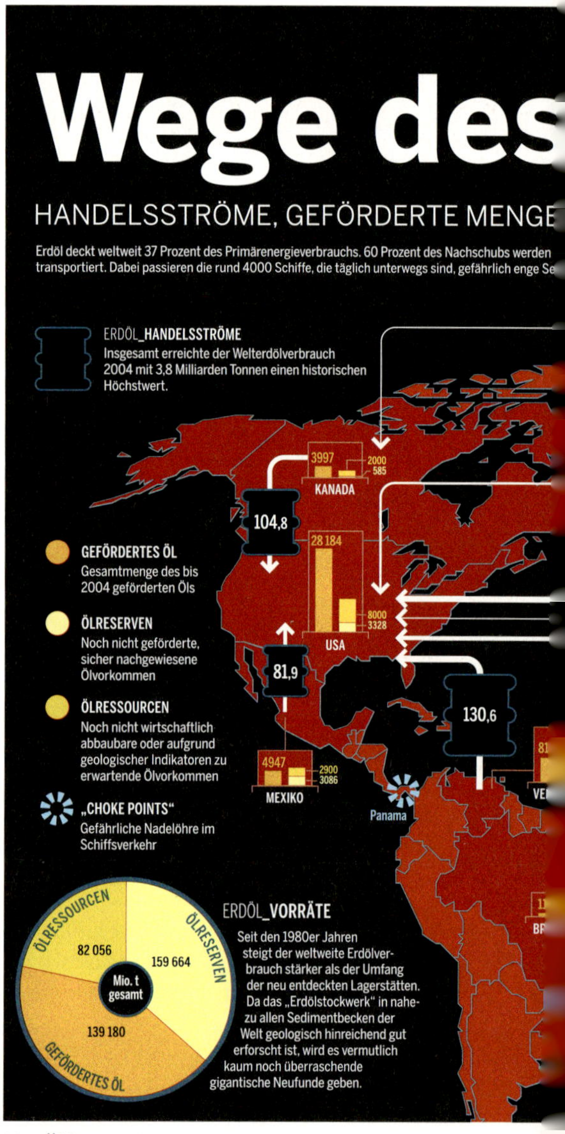

M 6 Öl bewegt!

5.3.3 Erdöl – ein strategischer Rohstoff

Wohl kaum ein anderer Rohstoff nimmt seit der zweiten Hälfte des 20. Jh.s so erheblichen Einfluss auf die Weltwirtschaft wie das Erdöl:

- Erdöl ist heute der wichtigste Energierohstoff. Vor allem infolge des gleichzeitigen Bedeutungsverlustes von Kohle wurden ganze Regionen umstrukturiert.
- Staaten, in denen bedeutende Ölvorkommen entdeckt wurden, hatten plötzlich eine nicht endende „Wohlstandsquelle".
- Staaten, die kein Erdöl besaßen oder besitzen, aber einen erheblichen diesbezüglichen Bedarf haben, sind den ständig schwankenden Ölpreisen fast schutzlos mit allen Konsequenzen für ihre Wirtschaft ausgeliefert.
- Nicht nur die Erdöl verarbeitende Industrie, sondern auch andere damit verflochtene Branchen wie der Schiffbau (Großtanker) boomen oder stagnieren in Abhängigkeit vom Rohölbedarf und vom Rohölpreis.
- Die westlichen Erdölreserven liegen z.T. in politisch sehr instabilen Räumen. Kriege und Grenzstreitigkeiten wirken sich damit direkt auf den Erdölpreis aus.

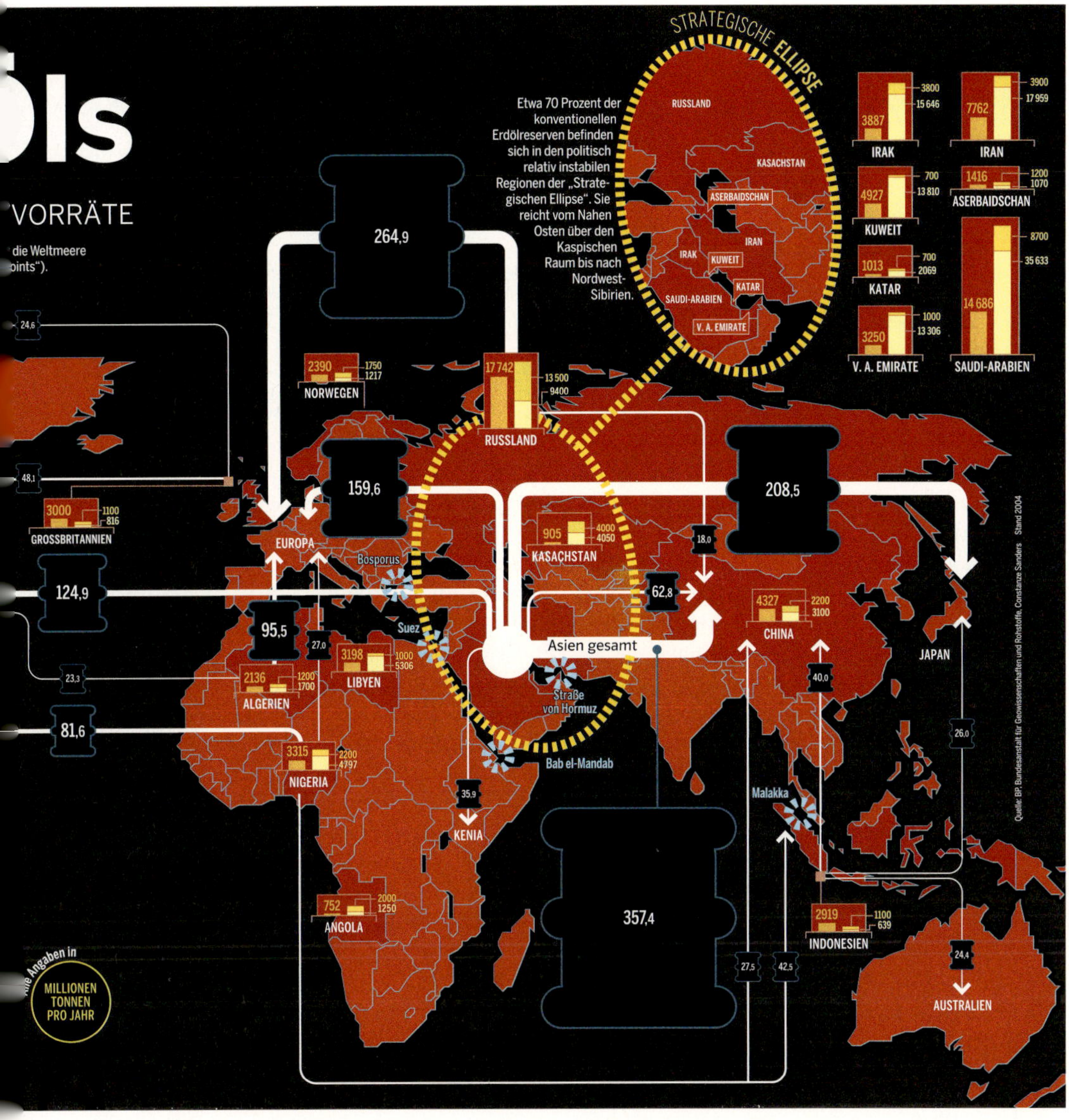

A 4 Erstellen Sie eine Übersicht mit den Faktoren, die den Ölpreisanstieg auf dem Weltmarkt bedingen.

A 5 Analysieren Sie die Karte M 6:

a) Nennen Sie die Länder mit den größten Ölreserven und den größten Fördermengen.

b) Erklären Sie „Strategische Ellipse".

c) Stellen Sie in einer Übersicht für China und die USA folgende Daten gegenüber: bis 2005 gefördertes Öl; Reserven; Importe 2005 (aus welchen Ländern/Regionen, welche Mengen, Berechnung Gesamtimport – Karte M 6).

d) Erörtern Sie Probleme, die sich daraus für China und die USA ergeben.

A 6 Robert E. Ebel: „Öl setzt mehr in Bewegung als Autos und Flugzeuge. Öl befeuert militärische Macht, nationalen Reichtum und internationale Politik." [2] Begründen Sie – ausgehend von dieser Aussage – die Rolle von Erdöl als strategischer Rohstoff.

M 5 nach http://octane.nmt.edu/gotech/Main.aspx aus http://de.wikipedia.org/wiki/Bild:%C3%96lpreis-1985-2006.png April 2008 (Grafik), ergänzt

[1] nach Drastischer Anstieg der Ölpreise. In: Unterrichten mit Geographie aktuell, 22. Jg., Jan. 2006. Köln: Aulis, S. 13, geringfügig verändert

M 6 aus Jürgen Petermann (Hrsg.): Sichere Energie im 21. Jahrhundert. Hamburg: Hoffmann und Campe 2006, S. 340 – 341

[2] Robert E. Ebel, US-Politikerberater

Online-Link
29260X-5302

M7 Erdölreserven der OPEC-Staaten und der Welt 2006

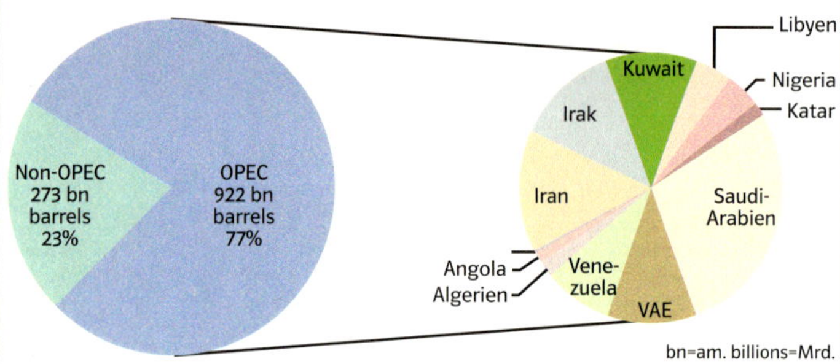

M8 Fördermengen der OPEC-Staaten 2006 (in Mio. t)

Saudi-Arabien	525,0	Irak	95,0
Iran	198,0	Algerien	87,5
Venezuela	151,0	Libyen	83,5
VAE	137,7	Angola	68,5
Kuwait	135,0	Indonesien	53,0
Nigeria	118,0	Katar	51,0
OPEC gesamt	**1634,7 = 41,5 % der Weltförderung**		
Welt zum Vergleich	**3942,2**		

Die Rolle der OPEC

OPEC (G)

Die OPEC ist eine zwischenstaatliche Organisation von 12 Erdöl exportierenden Ländern. Ziel dieser 1960 gegründeten Organisation ist es, Mitgliedsländer vor einem Verfall des Rohölpreises durch eine gemeinsame Politik gegenüber den Ölgesellschaften und gegenüber den Verbraucherstaaten zu schützen. Um eine gemeinsame Ölpreis- und Ölfördermengenpolitik durchzusetzen, wurden vormals vergebene Konzessionen zurückgekauft und Ölgesellschaften verstaatlicht. Durch gemeinsame Absprachen in regelmäßigen Treffen werden bis heute die Angebotsmenge und der Rohölpreis der aktuellen Situation auf dem Weltmarkt angepasst. Damit wird nachhaltig der Weltrohölmarkt beeinflusst – eine problematische Situation für die größten Verbraucher.

Konzession

Kartell

Die OPEC-Staaten weisen untereinander erhebliche wirtschaftliche und soziale Unterschiede auf. In Staaten wie Nigeria und Indonesien fließen die aus dem Ölexport erzielten Gewinne oft in kostspielige Einzelprojekte, von denen nur Teile der Bevölkerung profitieren, oder sie versickern infolge Korruption der Ölgesellschaften und der staatlichen Behörden. Staaten wie Kuwait und Saudi-Arabien haben hingegen mit den Gewinnen aus dem Ölexport den Aufbau einer vielseitigen Industriestruktur, eine umfassende Entwicklung der Infrastruktur und des Städtebaus sowie des sozialen Netzes finanziert.

Ölkrise (G)

Die aus den unterschiedlichen Entwicklungsständen resultierenden Spannungszustände und die zum Teil politisch instabile Situation aufgrund territorialer, ethnischer und religiöser Konflikte führten zu einem Rückgang des Einflusses der OPEC. Da sich auch immer wieder einige der Mitgliedsländer nicht an die Absprachen halten und höhere Mengen zu niedrigeren Preisen in die Verbraucherländer liefern, wird die zwischenzeitliche Machtposition weiter geschwächt. Trotzdem bildet die OPEC immer noch das einzige erfolgreiche Rohstoffkartell der Entwicklungsländer und hat damit nicht nur auf den Weltölmarkt, sondern auch auf die Weltpolitik in nicht geringem Maße Einfluss. Offiziell weist die OPEC den Begriff „Kartell" zurück und betont die Souveränität ihrer Mitgliedsstaaten, die in ihrer politischen Gestaltung frei sind.

Die entwickelten Industriestaaten in Europa und in Amerika begegnen dem Einfluss der OPEC mit der Erschließung eigener großer Erdölvorkommen (Nordsee, Golf von Mexiko), mit dem Import aus Nicht-OPEC-Staaten (insbesondere Russland), mit der Erschließung neuer Energieträger (Ölsande in Kanada) und einer sparsameren Energiepolitik. Da jedoch bereits alle Nicht-OPEC-Staaten ihr Fördermaximum überschritten haben, wird damit gerechnet, dass der Einfluss der OPEC wieder steigen wird.

A7 Arbeiten Sie Faktoren heraus, die die Rolle der OPEC stärken oder schwächen.

M7 nach www.opec.org/home/PowerPoint/Reserves/OPEC%20share.htm, April 2008

M8 nach www.esso.de/ueber_uns/info_service/publikationen/downloads/files/oeldorado07_de.pdf, April 2008

M 9 Ölsandtagebau in der kanadischen Provinz Alberta

M 11 Förderentwicklung der flüssigen Kohlenwasserstoffe in Alberta (in Mio. t/a)

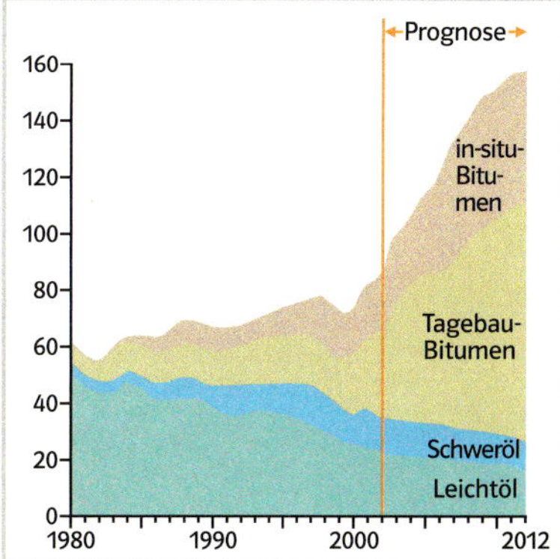

Der Abbau von nichtkonventionellen Erdölen wie Ölsanden, Schwerstölen und Ölschiefer bedarf aufwändiger Technologien. Im Tagebau wird mit riesigen Schaufelradbaggern Ölsand als klebriges Gemisch aus Bitumen, Sand, Ton und Wasser abgebaut. Beim In-Situ-Verfahren verbleibt das Gestein an Ort und Stelle. Das Öl wird verflüssigt und abgepumpt (vgl. M 10).

M 10 Schwarzer Sand, helle Zukunft

„In der Provinz Alberta im Westen Kanadas tobt der letzte große Rausch des Ölzeitalters. Der Boom kommt aus fetten Sandschichten. Darin lagert im Norden Albertas Öl, es sind mit ca. 179 Mrd. Barrel die zweitgrößten Reserven der Welt. Lange Zeit waren die Vorkommen nutzlos. Denn aus Ölsanden den Rohstoff zu gewinnen, ist sehr teuer. Doch seitdem sich der Preis für ein Barrel Öl ... auf ... über 70 Dollar erhöht hat, ist die Förderung ... ein lohnendes Geschäft. Jetzt wird der Schatz gehoben. In den kommenden acht Jahren will die Ölindustrie in Alberta rund 92,6 Milliarden kanadische Dollar investieren. Zehntausende Arbeitsplätze entstehen, zehntausende Menschen ziehen in die Region. Die müssen irgendwo leben, einkaufen, wollen ins Kino und in Kneipen gehen. Also wird überall gebaut, und jeder Bauunternehmer, jede Pizzeria, jede Bank versucht der Konkurrenz Mitarbeiter abzuwerben. Das Öl schmiert die Wirtschaft ... Der Ölboom ist hier in eine zweite Phase getreten: Es werden nicht nur die oberflächennahen Sande im Tagebau abgebaut, auch tiefer liegende Schichten werden nun erschlossen. Dazu sind Bohrungen in bis zu 800 Meter Tiefe nötig, wo mehr als drei Viertel der kanadischen Ölsande liegen. Durch die Bohrlöcher wird heißer Dampf in den Sand gepresst, der das Öl löst, so dass es nach oben gepumpt werden kann. Das Verfahren ist aufwendig. Es verbraucht viel Wasser und noch mehr Energie. In Alberta wird in diesen Tagen darüber diskutiert, extra ein Atomkraftwerk dafür zu bauen. Derzeit werden täglich rund eine Million Barrel Öl produziert, 2015 sollen es mindestens 2,6 Millionen Barrel sein, vielleicht sogar fünf Millionen. An der Nachfrage wird es nicht scheitern. Die USA betrachten die mächtige Präsenz ihrer Ölfirmen an Kanadas Ölsanden als strategische Investition in ihre Energiesicherheit."

M 12 Was steht einer intensiven Steigerung der Erdölgewinnung aus Ölsanden entgegen?

„– Der Bedarf an Landfläche ist beim Tagebaubetrieb erheblich höher als bei der In-Situ-Förderung.
- Der hohe Energiebedarf für den Förder- und Aufbereitungsprozess der Ölsande muss gedeckt werden, er liegt bei 10–20 % je Rohöleinheit.
- Notwendig ist die Bereitstellung von Kondensat, das zur Verdünnung des natürlichen Bitumens benötigt wird, um es für Pipelines fließfähig zu erhalten.
- Bis 2012 werden ca. 3 000 000 000 m^3 Frischwasser benötigt, das direkt aus dem Oberflächenwasser der Flüsse entnommen wird.
- Die Ölsandindustrie emittiert mindestens drei- bis fünfmal mehr CO_2 als die konventionelle Erdölförderung.
- Der Ausbau der eigenen Raffinerien wäre dringend erforderlich. Bisher wird ca. 70 % der Ölsandproduktion als „synthetisches Rohöl" in die USA exportiert.
- Um das geplante Fördervolumen von 130 Mio. t pro Jahr in den nächsten 10 Jahren zu erreichen, sind Investitionen von weit mehr als 20 Mrd. US-$ notwendig."

M 10 Sebastian Kisters: Schwarzer Sand, helle Zukunft. In: Der Tagesspiegel vom 30.03.2007. Berlin: Verlag Der Tagesspiegel, 2007, auf www.tagesspiegel.de/zeitung/Die-Dritte-Seite; art705,2258132, April 2008

M 11 und M 12 nach bzw. aus Hans G. Babies: Ölsande in Kanada – Eine Alternative zum konventionellen Erdöl? Bundesanstalt für Geowissenschaften und Rohstoffe (BGR) Hannover, Okt. 2003, auf www.bgr.bund.de/cln_011/DE/Allgemeines/Z6/Downloads/Commodity_Top_NewsEnergie/20_oelsande_kanada, templateId=raw,property=publicationFile.pdf/20_oelsande_kanada.pdf, April 2008

Online-Link
29260X-5303

Fallbeispiel: Russland – Erdöl als Machtfaktor

M13 Erdölförderung in Sibirien

M14 Strukturdaten Russlands

Erdölfördermenge (Rang)	3,11 Mrd. Barrel (2)
Förderung, Anteil am BIP	10,8 %
Erdöl, Anteil an der Ausfuhr	32,8 %
HDI (Rang)	0,797 (65)
BIP/Kopf in Kaufkraftparitäten, PPP-$ (Rang)	11041 (62)
Umweltindex ESI* (Rang)	56,1 (33)
Korruptionsindex CPI** (Rang)	2,5 (121)

Im Zuge des Transformationsprozesses ist in den 1990er Jahren die komplette russische Wirtschaft zusammengebrochen. Dass Russland heute wieder zu den führenden Wirtschaftsmächten der Welt gehört, ist auf die veränderte Wirtschaftspolitik unter Präsident Putin, vor allem aber auch auf den Reichtum an Ressourcen, insbesondere an Erdöl und Erdgas, zurückzuführen.

Damit ist Russland wieder in der Lage, maßgeblich Einfluss auf die weltpolitischen Prozesse, aber auch auf die von Ressourcen stark geprägte Weltwirtschaft zu nehmen. Dies insbesondere auch vor dem Hintergrund, dass es eines der wenigen Länder ist, in denen der „Peak Oil" noch nicht überschritten wurde (2005 Ölressourcen 13 Mrd. t und Ölreserven 10,15 Mrd. t).

Insbesondere die großen Verbraucherländer in Mittel- und Westeuropa sind in starkem Maße von den Erdöl- und Erdgaslieferungen aus Russland abhängig.

Dass die Nachfrage nach russischem Erdöl und Erdgas mittlerweile auch auf den fernöstlichen Märkten sehr stark gestiegen ist und neue Lagerstätten in Sibirien erschlossen wurden, erhöht noch die Bedeutung der Ressource als Machtfaktor.

M15 Russlands Spiel mit dem Öl

M16 Russlands Zukunft liegt in Ostsibirien und im Fernen Osten

„Die Entwicklung der Wirtschafts-, Verkehrs- und Sozialinfrastruktur in Sibirien und im Fernen Osten stufte Russlands Präsident Wladimir Putin als eines der wichtigsten Ziele seiner zweiten Amtszeit ein. Nicht umsonst führte die in diesem Jahr erste Reise Putins nach Jakutien, die entlegene russische Riesenregion im fernen Ostsibirien.

Diese Reise demonstrierte eine neue Politik des Zentrums gegenüber den Regionen. Putin stellte die republikanische Führung und die Regierung in Moskau vor eine neue Aufgabe: Umsetzung der nationalen Projekte. Es geht unter anderem um die Verbesserung des Sozialschutzes, um die Förderung der Öl- und Gasindustrie Ostsibiriens, um den Ausbau des regionalen Verkehrsnetzes (Eisen- und Straßenbahnen) wie um die Erschließung neuer Kohlevorkommen und eine Entwicklung der Landwirtschaft ... Zugleich gibt es im östlichen Russland viel mehr Probleme als im europäischen Teil des Landes. Manche Analytiker sehen in der jetzigen Situation in Ostsibirien und im Fernen Osten die größte innere Gefahr für das Land und dessen territoriale Integrität. Seit dem Zerfall der Sowjetunion stecken diese Regionen in einer tiefen Krise."

M14 Zusammenstellung Autor nach verschiedenen Quellen
***ESI** bewertet werden 21 Indikatoren wie Luftqualität, Flächennutzung oder Schadstoffreduktion. Je höher der Index, umso besser ist die Position.

****CPI** Wahrnehmung von Korruption bei Amtsträgern und Politikern; durch Befragungen unabhängiger Institutionen zusammengestellt; reicht von 0 bis 10; 10 = geringste Wahrnehmung von Korruption

M16 auf http://de.rian.ru/analysis/20060207/43387436.html, April 2008

Online-Link 29260X-5304

M 17 Plattformen des Wohlstandes

Der damalige norwegische Handelsminister E. Magnussen äußerte 1975 zur Erdölpolitik seines Landes: „Natürlich könnten wir viel mehr fördern, und von einigen wenigen sind wir wegen unserer selbst auferlegten Beschränkungen auch schon kritisiert worden. Man könnte mittels Computer hochrechnen, wie schnell wir reich werden könnten. Aber dabei ginge unser Gesellschaftssystem in die Brüche." [3]

M 18 Strukturdaten Norwegens

Erdölfördermenge (Rang)	1,19 Mrd. Barrel (7)
Förderung, Anteil am BIP	15,3 %
Erdöl, Anteil an der Ausfuhr	45,1 %
HDI (Rang)	0,965 (1)
BIP/Kopf in Kaufkraftparitäten, PPP-$ (Rang)	24.364 (2)
Umweltindex ESI* (Rang)	73,4 (2)
Korruptionsindex CPI** (Rang)	8,8 (8)

M 19 Die Ölscheichs des Nordens

„Öl für Rente: 80 Prozent der Öleinnahmen nimmt der Staat für sich und steckt es in die Alterssicherung seiner 5 Millionen Einwohner, für die Zeit nach dem Öl. Inzwischen stecken umgerechnet 191 Milliarden Euro im Pensionsfonds, das sind mehr als 42 000 Euro pro Norweger ... Der staatliche Pensionsfonds Norwegens ist längst einer der bedeutendsten institutionellen Investoren auf dem Globus. Einer der exklusivsten ist er ganz bestimmt, denn die Auswahl, welche Unternehmensaktie, welche Anleihe ins Depot kommt, wird auch ethischen Kriterien unterworfen. So lehnt Norwegen die Beteiligungen an Firmen ab, die in die Herstellung von Atomwaffen involviert sind.

Das wichtigste Werkzeug zur Reduzierung von Emissionen durch die Erdölindustrie sind Sicherheitsbestimmungen, die Emissionsgrenzen setzen und die Ölgesellschaften zu einem Kontrollprogramm verpflichten ... Bis Ende 2005 werden Umweltrichtlinien umgesetzt, die keine Neuerrichtung von Plattformen auf dem norwegischen Festlandssockel mehr zulassen, die Öl oder andere schädliche Substanzen ins Meer leiten ... Der Wechsel zu einer ständigen Kontrolle der Emissionen und der Entwicklung umweltfreundlicher Technologien hat dazu geführt, dass die norwegische Öl- und Gasindustrie eine der geringsten Verschmutzungsstufen in der Welt erreicht hat."

M 20 Norwegens Energiewirtschaft

Norwegen verbraucht nur einen geringen Teil seiner fossilen Brennstoffe und setzt auf die saubere Wasserkraft als wichtigsten Primärenergieträger vor Öl. Die Stromproduktion im Lande erfolgt zu 99 % mit Wasserkraft. Andere erneuerbare Energien spielen bislang keine wesentliche Rolle, werden jedoch seit Ende der [19-]90er Jahre gefördert. Der Bau von Gaskraftwerken findet aus umweltpolitischen Gründen (CO_2-Ausstoß) innenpolitisch wenig Zuspruch. Kernenergie ist in Norwegen nicht existent und wird zur Energieerzeugung auch nicht in Betracht gezogen. Auch Kohle spielt nur eine untergeordnete Rolle.

A 8 Erörtern Sie die Perspektiven der Ölgewinnung aus Ölsanden in Kanada.
A 9 Interpretieren Sie die Karikatur M 15.
A 10 Untersuchen Sie die Erdölpolitik Norwegens hinsichtlich der Dimensionen des Nachhaltigkeitsdreiecks (S. 157).
A 11 Erarbeiten Sie, inwiefern das norwegische Modell auf andere Länder übertragen werden kann.

[3] zitiert nach „Die Welt" vom 15.08.1975, Hamburg: Springer 1975

M 18 Zusammenstellung Autor nach verschiedenen Quellen, * und ** s. Fußnote zu M 14 (S. 166)

M 19 Ronald Tiedjen: Norwegen: Die Ölscheichs des Nordens. In YEALD, die interaktive Investorenzeitung vom 21.07.07, auf www.yeald.de/Yeald/a/46291/norwegen_die_oelscheichs_des_nordens.html, April 2008

M 20 nach www.environment.no/templates/themepage_2129.aspx#A = Website des norwegischen Umweltministeriums, April 2008

Online-Link 29260X-5305

5.4 Ressource Wasser

M1 Bevölkerungswachstum und Wasserverfügbarkeit für Anteile der Weltbevölkerung

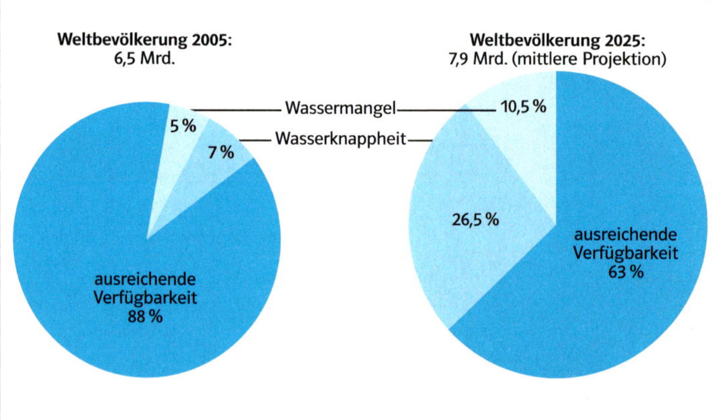

M2 Entwicklung des weltweiten Wasserverbrauchs (in Mrd. m³), ab 2008 Prognose

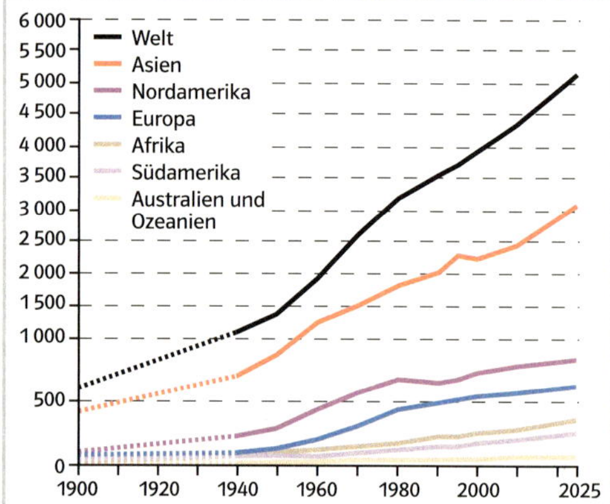

Süßwasser (G)

Trinkwasser

Wasserpotenzial (G)

Wasserknappheit (G)/ Wassermangel (G)

Wasserhaushalt

M3 Die Menschheit vor dem großen Durst?

06.02.2007: In Shanghai, London, New York und anderen Metropolen wird das Trinkwasser in Zukunft knapp. Durch die globale Erwärmung droht den Millionenstädten akuter Wassermangel.

07.04.2007: Tibets riesige Gletscher schmelzen – bis zu einem Drittel dieser Gletscher auf dem Dach der Welt, aus denen sich die großen Flüsse Asiens speisen, könnten den Fachleuten zufolge bis 2050 verschwunden sein. Dieser Rückgang droht schon bald dramatische Folgen für die Wasserversorgung ganz Asiens zu haben.

17.08.2007: Italienische Flüsse haben zunehmend mit Wassermangel zu kämpfen, wie eine Studie des nationalen Statistikamts Istat verdeutlicht: Demnach führt der Fluss Po 40 % weniger Wasser als noch vor 30 Jahren. Auch die Wasserkapazität des Flusses Arno hat sich in 30 Jahren um 39,7 % reduziert.

16.01.2008: Zypern will Trinkwasser importieren. Durch die seit Mitte 2007 anhaltende Dürre sind die Wasserspeicher in Zypern nur noch zu 8 % gefüllt.

03.02.2008: Das Leben in der Wüste war schon immer ein harter Kampf. Doch inzwischen finden die Tuaregs nicht einmal mehr das wenige Wasser, das sie zum Überleben brauchen. Denn durch die globale Erwärmung ist der Grundwasserspiegel in der Sahara gesunken.

5.4.1 Süßwasser als elementare Ressource

Der „Blaue Planet" ist zu 71 % mit Wasser bedeckt – doch der Menschheit steht nur ca. 1 % davon als Trinkwasser zur Verfügung. Denn nur 2,5 % aller Wasservorräte sind Süßwasser und davon wiederum sind zwei Drittel in Gletschern, als Permafrosteis oder im Boden gebunden. Die verbleibende Menge ist trotzdem so gewaltig, dass sie ausreichen würde, um den Durst der Menschheit zu stillen.

Die Statistiken und Meldungen weisen jedoch auf eine drohende globale Wasserkrise hin. Die Ursachen sind vielfältig. Fest steht, dass der Mensch zumindest mitverantwortlich für die Folgen von Dürren und Wasserknappheit ist.

Seit 100 Jahren wächst der Wasserverbrauch weltweit schneller als die Bevölkerung. Verschwendung und Verschmutzung lassen Wasser stetig knapper werden. Um seinen „Großen Durst" zu stillen, greift der Mensch massiv in den Wasserhaushalt der Erde ein. Und da die Wassernachfrage übermäßig wächst, bleiben dabei die Gebote einer nachhaltigen Nutzung weitgehend außer acht: In vielen Ländern wird schon heute pro Jahr mehr Wasser gefördert als sich im gleichen Zeitraum erneuert. Mehr als 30 Länder leiden bereits unter akuter Wasserknappheit. Soziale, wirtschaftliche und politische Konflikte um Wasser häufen sich.

M1 nach Population Action International 2006, auf www.dsw-online.de/pdf/wasserknappheit.pdf, Juni 2008
M2 nach www.umweltbundesamt.de/wah20/grafik/Tafel1_2.jpg, Juni 2008

M3 Klett-Geoinfothek: www.klett-akademie.de/sixcms/list.php?page=geo_infothek_geonews_suchergebnis&sm%5Bfulltext%5D=&sv%5Bfulltext%5D=*%22Geonews0055%22*, April 2008

M6 nach Petra Stephan: Boden, Wasser, Biosphäre. Grundlagen menschlicher Existenz und menschlichen Wirtschaftens. INEF-Report, H. 27. Duisburg: Gerhard-Mercator-Universität 1998, S. 21

Online-Link 29260-5401

Online-Link zu A 2: 29260-5402

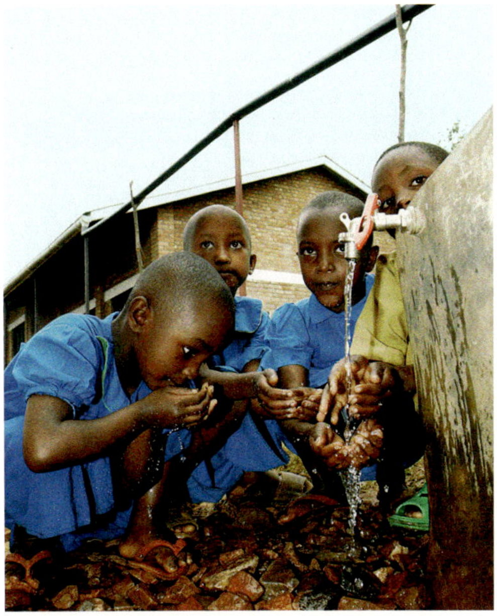

M4 Schüler in Ruanda trinken aus einer Zisterne. In vielen Teilen Afrikas ist sauberes Trinkwasser weiterhin Mangelware …

M5 … während dies in den westlichen Ländern selbstverständlich ist – Wasseraufbereitungsanlage am Bodensee

M6 Wasserverschmutzung: Formen – Ursachen – Verbreitung

Verschmutzungsform	Ursachen	Betroffene Regionen
Krankheitserreger	häusliche Abwässer	Entwicklungsländer
Nährstoffanreicherung	Mineraldünger, häusliche Abwässer	Industrie- und Transformationsländer, einzelne Entwicklungsländer (z.B. Philippinen, Brasilien, China, Mexiko)
Nitratanreicherung im Grundwasser	Mineraldünger	Europa
Salzeintrag in Grund- und Oberflächenwasser	künstliche Bewässerung, Übernutzung des Grundwassers	landwirtschaftlich intensiv genutzte Trockenzonen Afrikas, des Nahen Ostens, Asiens und Australiens
Versauerung	Eintrag von Luftschadstoffen	Europa, Nordamerika, in rascher Industrialisierung befindliche Regionen in Asien und Südamerika
Sedimenteintrag	Erosion	China, Indien, Indonesien, Iran, Irak
Schwermetallbelastung	industrielle Abwässer, Bergbau	Industrie- und Transformationsländer, einzelne Entwicklungsländer (z.B. Brasilien, Chile, Mexiko, Panama, Philippinen, Türkei)

Bei der jährlich stattfindenden Weltwasserwoche geht es darum, Maßnahmepläne zur Sicherung der Wasserversorgung für alle Menschen zu entwickeln. So soll die Zahl der Menschen, die keinen Zugang zu sauberem Trinkwasser haben, innerhalb der nächsten 15 Jahre um 50% reduziert werden. Die Förderung eines grenzüberschreitenden Managements zur Nutzung von Grund- und Oberflächenwasser gehört ebenso dazu wie Maßnahmen zur Verringerung des Wasserverbrauches in der Landwirtschaft und zur Reinigung und Aufbereitung von Trinkwasser.

A1 Beschreiben Sie anhand einzelner Beispiele die vielfältigen Folgewirkungen, die sich aus den Eingriffen des Menschen in den Wasserhaushalt ergeben.

A2 Benennen Sie auf der Grundlage einer Internetrecherche (s. a. Online-Link) Länder, bei denen
- im Durchschnitt weniger als 50% der Bevölkerung Zugang zu sauberem Wasser hat,
- die verfügbare Wassermenge pro Person/a unter 500 m³ liegt,
- die Landwirtschaft über 60% der Wassermenge verbraucht.

A3 Erläutern Sie Faktoren, die die Wasserversorgung in einigen Ländern extrem erschweren.

Oberflächenwasser (G)
Grundwasser (G)

Fallbeispiel: Das Sanxia-Projekt – Wasser als Energieressource

M7 Das weltgrößte Staudammprojekt Chang Jiang (Jangtsekiang) zum Ende der Bauarbeiten 2005

Die Sicherung der Energieversorgung durch die Nutzung des fließenden Wassers scheint auf den ersten Blick eine sinnvolle Lösung der Energieproblematik zu sein.

Der Bau von Staudämmen an großen Flüssen sorgt für eine Regulierung der Wasserführung, sodass Hochwassergefährdungen ebenso wie Wassermangel in Trockenperioden vermieden werden können. Mit der Sicherung eines gleichmäßigen Wasserstandes im Stausee sind eine kontinuierliche Wasserversorgung der jeweiligen Regionen und die Verbesserung der Schifffahrt möglich.

Das Beispiel des Sanxia-Projektes (Sanxia = Drei Schluchten) in China zeigt jedoch, dass bei derartigen Großprojekten auch ein hoher Preis gezahlt werden muss. Dazu gehören neben den enormen Kosten eines solchen Vorhabens die notwendigen Umsiedlungen und deren Folgen, die Verschmutzung und Versandung des Stausees, die mögliche Änderung des Mikroklimas durch die riesige Wasserfläche und die Gefahren, falls ein Erdbeben einen Dammbruch verursachen würde.

Das „Drei-Schluchten-Projekt" am Chang Jiang gehört sicherlich zu den umstrittensten Bauvorhaben in China, aber auch weltweit. Zwar begann man bereits in den 1950er Jahren mit der Planung, doch die Realisierung wurde erst 1992 im Nationalen Volkskongress beschlossen. Kritiker warfen der Regierung bereits damals vor, dass sie ihr „Prestigeobjekt" nur durch die Unterdrückung der Demokratiebewegung in China durchsetzen konnte. Aber auch in der Regierung war der Bau nicht unumstritten. Im Nationalen Volkskongress, der eher als ein „Absegnungsparlament" bekannt ist, verweigerte immerhin ein Drittel der Delegierten ihre Zustimmung.

Der Chang Jiang ist mit 5800 km einer der längsten Flüsse der Welt. Jährlich fließen 450 Mrd. m³ Wasser den Fluss abwärts, das entspricht ca. dem Achtfachen des Rheins. Allerdings unterliegt die Wasserführung starken Schwankungen. Während der Schneeschmelze und mit Beginn der Monsunregen in den Monaten Mai bis September steigt die Abflussmenge enorm an, sodass es vor dem Bau des Staudamms häufig zu Überschwemmungen am Mittel- und Unterlauf des Chang Jiang kam.

Im Jahr 2003 wurde der Stausee bis auf 135 m Betriebswasserstand aufgestaut, und im August 2003 lieferte das Kraftwerk den ersten Strom. Im Mai 2006 wurde die Staumauer fertiggestellt, bis 2009 erfolgt der maximale Aufstau auf 175 m Betriebswasserstand.

M8 Das Sanxia-Projekt in Zahlen

- Kosten: ca. 30 Mrd. US-$
- Staudamm 1980 m lang, 185 m hoch
- Schiffshebewerk für Schiffe bis 3000 t, Höhe 113 m
- Schiffsschleusentreppe für Schiffe bis 10000 t
- Stausee mit 1100 km² Fläche und 660 km Länge
- Staukapazität 22,1 Mrd. m³
- Bau von drei Wasserkanälen vom Stausee (je 2400 km Länge) zur Wasserversorgung vieler Städte im nördlichen China (z. B. erhält Beijing ab 2010 jährlich 48 Mrd. m³ Wasser)
- Energieerzeugung: 2 Kraftwerksblöcke, 26 Generatoren, 18200 MW (entspricht einer Einsparung von 40 Mio. t Steinkohle/a und sichert 34 % der nationalen Energieversorgung)
- Hochwasserschutz für 15 Mio. Menschen im bisherigen Überschwemmungsgebiet
- Umsiedlung von 1,13 Mio. Menschen aus 13 größeren Städten, 140 Kleinstädten und 1352 Dörfern; damit Vernichtung wertvoller Kulturdenkmäler, archäologischer Funde und der Heimat vieler Menschen
- Überflutung von 23793 ha Ackerfläche

Weiterführende Links
www.klett.de/sixcms/media.php/177/A053_08205X03.pdf;

http://content.grin.com/binary/hade_download/15308.pdf;

www.arte.tv/de/wissen-entdeckung/china/Chine/220732,CmC=478574.html;

www.klett.de/sixcms/list.php?page=geo_infothek&node=Drei-Schluchten-Staudamm

www.agenda21-treffpunkt.de/archiv/02/daten/fr020630.htm,

alle April 2008

Online-Link
29260X-5403

M9 Chang Jiang (Jangtsekiang), Stausee und Staudamm im Überblick

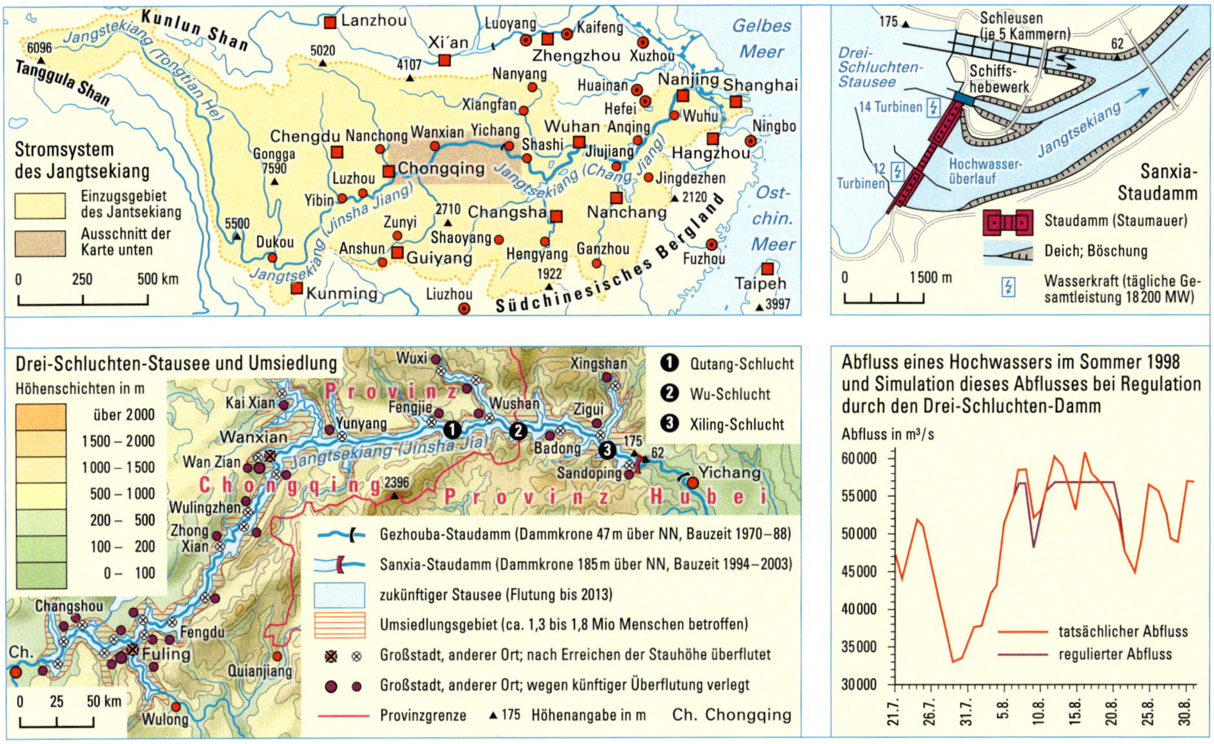

Der 483 m lange Überlaufdamm hat 22 äußere Schleusentore und 23 Öffnungen (7 x 9 m groß) für Geröll und Schlamm. Da der Chang Jiang jährlich 680 Mio. t Schlamm transportiert, muss der Durchlass durch den Staudamm gewährleistet werden. Trotzdem müssen aufgrund der verringerten Fließgeschwindigkeit im Bereich des Stausees Hafenanlagen wie in Chongqing ständig ausgebaggert werden, und es wird befürchtet, dass sich in 50 Jahren so viel Schlamm im Stausee absetzt, dass nur noch 50 % des Stauvolumens zur Verfügung stehen.

Problematisch ist auch, dass sich im Bereich des heutigen Stausees 657 Fabriken sowie eine Reihe von Bergwerken und Mülldeponien befanden. Hinzu kommt, dass auch heute noch jährlich mindestens 14,2 Mrd. t Abfälle in den Chang Jiang geleitet werden. Die daher stammenden Giftstoffe und Chemikalien bedrohen das sich gerade entwickelnde Ökosystem des Stausees irreversibel, die Selbstreinigung des Flusses ist nicht mehr gewährleistet. Andererseits kommt der Fluss für 35 % der Wasserversorgung Chinas auf. Im Zuge des Staudammbaus entstanden zahlreiche neue Städte und Verkehrseinrichtungen. Die Neuansiedlung von Bergwerks- und Industriebetrieben und die Entwicklung der Infrastruktur führte zur Neuschaffung von Arbeitsplätzen, der bisher schwach entwickelte Westen Chinas konnte so erfolgreich entwickelt werden und wird zunehmend für neue Investoren aus dem In- und Ausland interessant. Damit können die regionalen Disparitäten zwischen dem ostchinesischen Küsten- und Tieflandsbereich und dem bisher unerschlossenen Westen Chinas deutlich verringert werden.

A4 Analysieren Sie mithilfe des Atlasses und der Materialien die Voraussetzungen und Bedingungen für die Realisierung des Sanxia-Projektes.

A5 Stellen Sie Vor- und Nachteile der Energiegewinnung durch Wasserkraft am Beispiel von Großprojekten wie dem Sanxia-Projekt gegenüber.

A6 Erörtern Sie die Dimensionen der Nachhaltigkeit am Beispiel des Sanxia-Projektes.

Auf zwei Wegen können Schiffe über fünf Stufen innerhalb von ca. drei Stunden über 100 m gehoben werden. Eine Schleusenkammer ist 280 m lang und 34 m breit. Die Schleusen und das Schiffshebewerk zusammen ermöglichen damit das fünffache Transportvolumen.

M10 Das Schleusensystem nach Inbetriebnahme 2003

Fallbeispiel: Wassernutzungskonflikte in Spanien

M11 Klimadiagramm Murcia

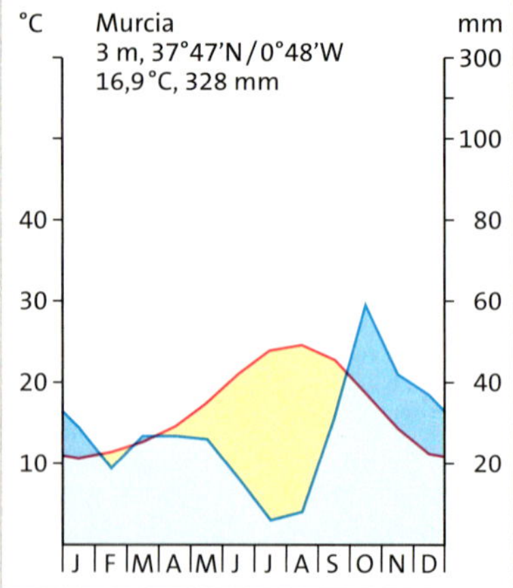

M12 Paprikaanbau unter Folie bei Almeria

Die zentralen und südlichen Regionen Spaniens sind die „wasserärmsten" Gebiete Europas, der jährliche durchschnittliche Wasserabfluss liegt bei 25 mm (zum Vergleich: Norwegen 3000 mm; Mitteleuropa 200 - 400 mm). Demgegenüber hat Spanien aber auch den größten jährlichen Pro-Kopf-Verbrauch an Wasser, 1040 m³ (zum Vergleich: Deutschland 530 m³).

Vor allem in den Küstenräumen Spaniens ist die Bevölkerung seit Mitte des letzten Jahrhunderts in starkem Maße gewachsen. Ursache sind Wanderungsbewegungen zur Küste, ausgelöst in erster Linie durch den sich immer mehr ausweitenden Massentourismus und die Verlagerung von Industrie in die standortgünstigen Küstenstädte. Als Folge dieser Verdichtung ergeben sich vielfältige Nutzungskonflikte. Landwirtschaft, Gewerbe und Tourismus konkurrieren um Nutzflächen. Ein Hauptstreitpunkt ist das Wasser - und das wird besonders im Bereich der Verdichtungsräume als Trink- und Brauchwasser immer knapper. Maßnahmen zur Sicherung der Wasserversorgung sind einerseits massive Eingriffe in den natürlichen Wasserhaushalt mit entsprechenden ökologischen Folgen. Die Konsequenz ist aber auch die Verschärfung regionaler und sozialer Unterschiede. Vom Geschäft mit Wasser profitieren nur wenige, Wassermangel behindert wirtschaftliche Entwicklungschancen von Regionen und Menschen.

Die Landwirtschaft ist auch in Spanien der größte Wasserverbraucher, sie benötigt 83 % des gesamten Wassers. Damit werden 3 Mio. ha landwirtschaftliche Nutzfläche künstlich bewässert. Und der Verbrauch steigt weiter, allein 2003 ist er um 3,2 % gestiegen. In den extrem trockenen Regionen von Murcia und Extremadura beträgt der Zuwachs sogar 8,1 % bzw. 6,3 %. Denn wo früher Pinien wuchsen, stehen heute Treibhäuser. Dort werden Erdbeeren für Supermärkte in ganz Europa angebaut.

Bereits in den 1960er und -70er Jahren war in den Huertas* der Grundwasserspiegel als Folge der vielen, zum Teil illegalen Tiefbrunnen stark gesunken. Für die Huerta von Murcia wurde deswegen die riesige Rohrleitung des Tajo-Segura-Kanals (Trasvase) gebaut. Die Grundwasserabsenkung konnte aber nicht gestoppt werden, da die Bewässerungsflächen noch weiter ausgedehnt wurden. Inzwischen werden Reserven bis in 270 m Tiefe ausgebeutet.

In einigen Gebieten geht die Hälfte des umgeleiteten Wassers infolge der hohen Verdunstung aus den offenen Bewässerungskanälen sowie durch Versickerung im brüchigen Kanalnetz verloren. Was ankommt, wird direkt auf die Felder geleitet. Nur einige Landwirtschaftsbetriebe ziehen teure, aber wassersparende Bewässerungsmethoden wie die Tröpfchenbewässerung der Flutung der Felder vor. Eine Ursache dafür liegt in den nach wie vor niedrigen Wasserpreisen in Spanien, die günstigsten in ganz Europa: Die Landwirte bezahlen 0,12 bis 0,30 Euro pro m³, die Industrie 0,50 bis 0,70 Euro, private Haushalte 0,70 - 0,90 Euro und in der Tourismusbranche sind es bis zu 1,30 Euro. (zum Vergleich: durchschnittlicher Wasserpreis in Deutschland 1,72 Euro). Die ökologischen Folgen dieses verschwenderischen Umgangs sind nur zum Teil abschätzbar: Versiegende Grundwasservorräte, Versalzung der Böden, Erosion und Desertifikation. Experten warnen: Ein Drittel Spaniens droht zur Wüste zu werden.

M13 Spanien stoppt Wassertransfer

„Spaniens Sozialisten haben das ehrgeizigste Projekt ihrer konservativen Vorgängerregierung, den Nationalen Wasserplan, gestoppt. Die Milliarden teuren Pipelines und Kanäle, mit denen Wasser aus dem grünen Norden Spaniens in den trockenen Süden umgeleitet werden sollte, werden nicht gebaut. Stattdessen sollen die Verbraucher Wasser sparen und in den Küstenregionen 15 Entsalzungsanlagen errichtet werden.

‚Es ist unsinnig, Wasser aus 900 Kilometer heranzuschaffen', begründet Umweltministerin Christina Narbona die Entscheidung, die das Kabinett gestern beschlossen hat.

Neben den mehrere hundert Kilometer langen Kanälen sah der bisherige Plan 70 neue Staudämme vor ... Die Umweltschützer fürchteten um das Mündungsdelta des Ebros, Spaniens größtem Fluss, der zugunsten der Mittelmeerküste von Valencia, Murcia und Almería pro Jahr um 100 Milliarden Liter Wasser angezapft werden sollte. Die Regionalregierungen der zur Wasserabgabe vorgesehenen Regionen sorgten sich um ihre einzige Ressource. Denn Wasser ist Reichtum. Und die Bezieherregionen sind ausgerechnet diejenigen, die von einer auf Bewässerung beruhenden intensiven Landwirtschaft und von einem alles andere als nachhaltigen Tourismus leben."

A7 Untersuchen Sie das Tajo-Segura-Projekt unter dem Aspekt Raumwandel und Raumgefährdung.

M 14 Israelisch-palästinensischer Wasserkonflikt heute und morgen

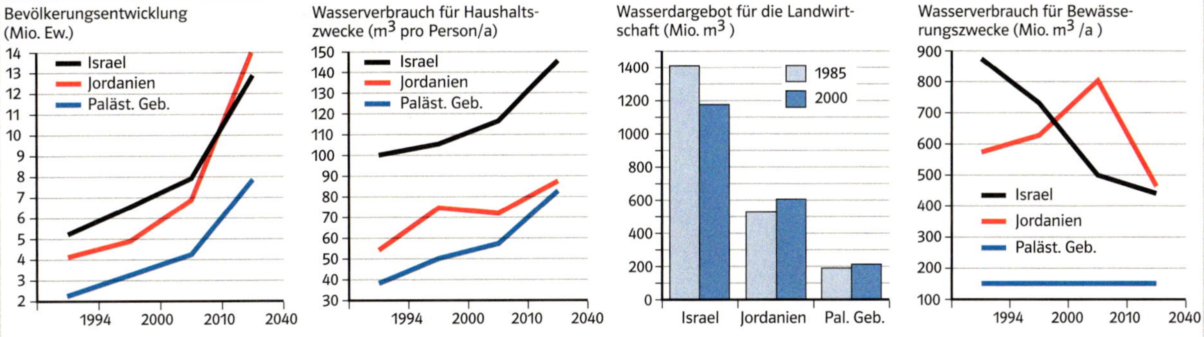

Der Nahe Osten ist ein dicht besiedelter Raum und die Einwohnerzahlen steigen weiter. Die wachsende Bevölkerung muss mit Trinkwasser, mit Nahrungsmitteln aus dem Bewässerungsfeldbau und mit Energie aus Wasserkraftwerken versorgt werden. Doch die Ressourcen sind begrenzt und praktisch alle Staaten im Nahen Osten leben über ihre „Wasserverhältnisse", vor allem, wenn mehrere nahezu niederschlagslose Jahre aufeinander folgen.

So ist die Auseinandersetzung um die Verfügungsgewalt des Jordanwassers zwischen Israel auf der einen und Jordanien sowie den Palästinensern auf der anderen Seite von existenzieller Bedeutung. Die relative und absolute Verteilung des Flusswassers, die Folgen von Aufstauungen, Wasserabzweigungen, die industrielle oder landwirtschaftliche Verschmutzung – bei einem weiter steigenden Wasserverbrauch entsteht zwangsläufig ein vielschichtiges zwischenstaatliches Konfliktpotenzial. „Die Kriege des 21. Jahrhunderts werden nicht um Öl, sondern um Wasser geführt werden", sagte der ehemalige Generalsekretär der UNO, Boutros-Ghali. Gefährlich wird es insbesondere dann, wenn zum Streit ums Wasser noch ungelöste territoriale, ethnische oder religiöse Konflikte hinzukommen wie bei den Auseinandersetzungen zwischen Israel, den Palästinensern und den arabischen Nachbarstaaten. Im Rahmen von international begleiteten Verhandlungen konnten sich Israel und Jordanien auf eine vielversprechenden Lösung der Wasserfrage einigen. Doch zwischen Israelis und Palästinensern hält nicht nur die gewalttätige Auseinandersetzung um die staatliche Souveränität Palästinas, sondern auch der Konflikt um das Wasser an.

M 15 Wasserressourcen und Wasserrechte im Nahen Osten

„Im Sechs-Tage-Krieg 1967 entschied Israel alle wasserpolitischen Fragen zu seinen Gunsten: Mit Besetzung der Golan-Höhen … und der West-Bank erhielt Israel die strategische Kontrolle über den Großteil der Wasserressourcen in der Region … Gleichzeitig integrierte Israel die Wasserressourcen in das eigene Wassersystem und deckt seither etwa 40 % seines Wasserbedarfes aus Quellen, die außerhalb des international anerkannten israelischen Staatsgebietes liegen …

In den [19-]90er Jahren schlossen Israel und Jordanien sowie Israel und die Palästinenser eine Reihe von Abkommen, die einen Wendepunkt in der Wasserpolitik markieren. Israel und Jordanien legten im Friedensvertrag von 1994 ihren Wasserdisput bei, indem sie Entnahmemengen am Jarmuk und Jordan festlegten, die Nutzung von Grundwasser im Jordantal regelten, gemeinsame Aufstau- und Speichermaßnahmen vereinbarten und eine bilaterale Wasserkommission schufen. Langfristig erhöhte sich dadurch das jordanische Wasserbudget um 10 % … Anders ist die Ausgangssituation zwischen Israel und den Palästinensern. Wasserfragen sind unmittelbar mit der Kernfrage des Nahostkonfliktes, nämlich der palästinensischen Souveränität und Staatlichkeit verbunden … Obwohl Israel prinzipiell den Palästinensern Wasserrechte zugestand, bleiben deren Umsetzung und die Neuverteilung der Wasserressourcen vertagt. Die Abhängigkeit von israelischen Zuteilungen besteht fort."

A 8 Erstellen Sie zu den natürlichen und gesellschaftlichen Ursachen für die Wasserkonflikte in Spanien bzw. im Nahen Osten ein Wirkungsschema.

A 9 Überprüfen Sie, ob der Bau von Meerwasserentsalzungsanlagen ein Lösungsansatz zur Sicherung der Wasserversorgung ist.

*Huerta (span.) = Garten: Bezeichnung für die fruchtbaren und intensiv landwirtschaftlich genutzten, bewässerten Küstenebenen in Südostspanien

M 13 Reiner Wandler: Spanien stoppt Wassertransfer. In taz vom 19.06.2004. Berlin: taz Verlags- und Vertriebs GmbH, S. 8

Online-Link 29260X-5404

M 15 Jochen Renger: Wasserressourcen im Nahen Osten. In: Geographische Rundschau, 54. Jg., H. 2. Braunschweig: Westermann 2002, S. 52 – 53

Online-Link 29260X-5405

Weiterführende Links
zu Wassermanagment und Wasserkonflikten:
www.irn.org, April 2008;
http://klett.de/sixcms/media.php/82/rfor2_6_03.pdf; April 2008

5.4.2 Lösungsansätze einer nachhaltigen Wassernutzung

Wassernutzungskonflikt

Der zunehmende Wasserverbrauch und die Vielzahl von Wassernutzungskonflikten zieht die Notwendigkeit entsprechend differenzierter Lösungsansätze nach sich. Der zunehmenden Verknappung von Wasser muss durch die Entwicklung neuer Technologien zu Einsparungen beim Wasserverbrauch und zur Nutzbarmachung neuer Wasserreserven begegnet werden. Die regionalen und internationalen Wasserkonflikte können nur durch entsprechende Vereinbarungen zur Kooperation und zu einem gemeinsamen Wassermanagement gelöst werden.

Wasserverbrauch
Wasserreserven

Optimierung von Bewässerungstechniken

Bewässerungsfeldbau (G)
Bewässerungsverfahren (G)
Schwerkraft-/Oberflächenbewässerung

Eine Erhöhung der landwirtschaftlichen Wasserproduktivität setzt bei den drei unterschiedlichen Methoden an, die weltweit bei der Bewässerung angewandt werden. Bei der Schwerkraftbewässerung lässt sich der Wirkungsgrad u.a. durch eine gleichmäßigere Verteilung der Wasserzufuhr verbessern. Eine Voraussetzung hierfür ist z.B. die Planierung der Landfläche durch Beseitigung von Unebenheiten unter Beibehaltung des natürlichen Gefälles. In den USA gelang es, dieses Verfahren durch den Einsatz lasergesteuerter Planierungstechniken so zu perfektionieren, dass der Wirkungsgrad auf 90 % gesteigert werden konnte. Bei der Beregnungsbewässerung kann durch den Einsatz der LEPA-Technik (Low Energy Precision Application) sogar eine Wasserausnutzung von 98 % erreicht werden. Das Wasser wird mit geringem Druck unmittelbar an die Pflanze gesprüht, was gleichzeitig den Energieverbrauch senkt. Und bei der Tröpfchenbewässerung wird inzwischen nicht nur die Zufuhr von Wasser, sondern auch von Nährstoffen durch Computer und Sensoren gesteuert, wobei durch den sparsamen, gezielten Einsatz auch die Verwendung von Brackwasser möglich wird. Bei diesen Systemen liegt der Wirkungsgrad inzwischen bei ca. 95 %.

Beregnungsbewässerung

Tröpfchenbewässerung

Wasserrecycling

vorsorgender Gewässerschutz

Wassersparende industrielle Produktion

„In den Industrieländern wurden in den letzten 20 Jahren bereits große Fortschritte bei der Mehrfachnutzung des in der Industrie eingesetzten Wassers erzielt. Durch den Übergang zu zirkulären Systemen konnte die ‚Wasserrecyclingrate', die angibt, wie häufig eine Einheit Wasser im Produktionsprozess umgesetzt wird, deutlich erhöht werden ... Die Nachsorgeorientierung in der Abwasserreinigung stößt jedoch immer mehr an ihre Grenzen ... Ein allein nachsorgeorientierter Gewässerschutz reicht nicht (mehr) aus, um auf Dauer eine wasserschonende industrielle Produktion zu sichern. Einerseits können mit den derzeitigen Klärsystemen nicht alle Schmutzstoffe herausgefiltert werden, andererseits werden die Schadstoffe durch die Klärung nicht beseitigt, sondern lediglich in andere Trägerstoffe verlagert. Einen Ausweg aus diesem Dilemma bietet auf lange Sicht nur ein vorsorgender Gewässerschutz, der darauf angelegt ist, die Einleitung von Schadstoffen so gut es geht zu vermeiden. Ein weiteres Einsparpotenzial bietet der Ausbau des Produktrecyclings. In den Entwicklungsländern wird das Einsparpotenzial von Kreislaufsystemen dagegen bisher nur wenig genutzt, geschweige denn sind Maßnahmen zum vorsorgenden Gewässerschutz vorgesehen." [1]

M17 Wasserrecyclingraten verschiedener Industriebranchen in den USA (n-fache Wiedernutzung)

Jahr	1954	1973	1985	2000
Papier	2,4	3,4	6,6	11,8
Chemie	1,6	2,7	13,2	28,0
Öl/Kohle	3,3	6,4	18,3	32,7
Montan	1,3	1,8	6,0	12,3
Verarbeitende Industrie	1,8	2,9	8,6	17,1

M16 Bewässerungsverfahren im Vergleich

Bewässerungsverfahren	Schwerkraftbewässerung durch Kanäle und Rinnen unter Ausnutzung des Gefälles	Beregnungsbewässerung durch Sprühtechniken mit ortsfesten „Sprinklern" oder „Karussells"	Tröpfchenbewässerung durch Schlauchsysteme im Wurzelbereich bei exakter Dosierung
Investitionskosten (US-$/ha)	700 - 1150	1050 - 2650	1850 - 1950
Arbeitsaufwand (h/ha)	12 - 30	3 - 5	10
Durchschnittlicher Wirkungsgrad (%)	45	70	85
Weltweite Verbreitung (%)	90	9	1

M 18 Das Prinzip grenzüberschreitenden Wassermanagements

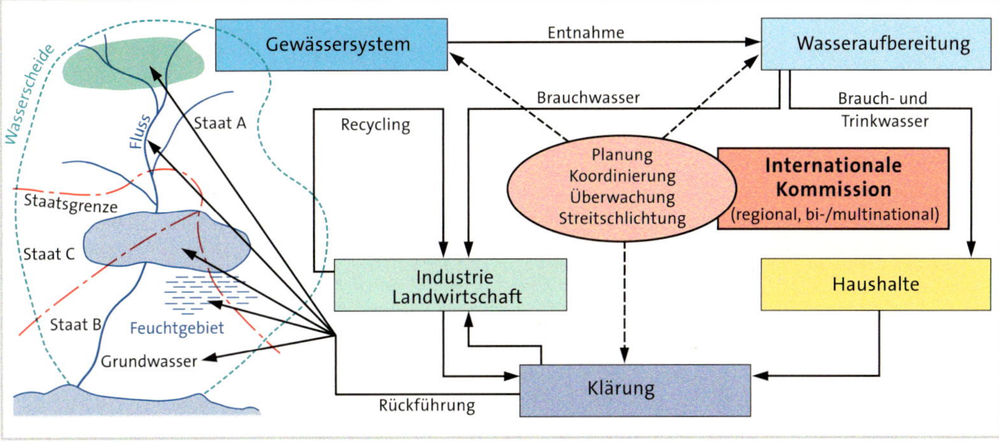

Wasserreinigung und Wasseraufbereitung

Zur Reinigung oder Aufbereitung von Trinkwasser wurden in den letzten Jahren eine Reihe verschiedener mechanisch-technischer Verfahren entwickelt, chemische Zusätze erprobt und ökologisch basierte Reinigungsprozesse von Schlämmen und Wässern durch Schilfpflanzen getestet. Dabei geht die Versorgung mit sauberem Trinkwasser auch immer mit der geregelten Entsorgung der Abwässer einher.
Beispiele sind die Wasserreinigung durch Aktivkohle oder solar betriebene Filtersysteme, deren unkomplizierte Nutzung und Wartung insbesondere in abgelegenen Gebieten mit hoher Sonneneinstrahlung auch ohne Stromanschluss möglich ist.

Kooperation statt Konflikt

Der Watershed(= Wasserscheide)-Ansatz geht davon aus, dass nicht die politische Grenze, sondern das zu einem Flusssystem gehörende Einzugsgebiet, begrenzt durch seine Wasserscheide, für die Nutzung des Fließgewässer ausschlaggebend sein soll. Somit wären nicht mehr die in vielen Fällen weitab gelegenen nationalstaatlichen Regierungsinstitutionen für die Verfügungsgewalt über grenzüberschreitende Gewässer ausschlaggebend, sondern die politischen Vertretungen der Menschen vor Ort. Deren Entscheidungen über die Nutzung des Wassers eines grenzüberschreitenden Flusses – so die Vorstellung des Watershed-Ansatzes – ist stärker auf die Bedürfnisse der Menschen ausgerichtet und übergeordnete politische Interessen bleiben außen vor. Auf dieser Grundlage basiert die gleichermaßen effektive wie am Prinzip der Nachhaltigkeit ausgerichtete Nutzung der Gewässer.
Konkrete Umsetzung erfährt dieser Ansatz seit vielen Jahren z. B. in der grenzüberschreitenden Zusammenarbeit der Donau- und der Rheinanliegerstaaten. So haben sich letztere im Internationalen Komitee zum Schutze des Rheins (IKSR) zusammengefunden und regeln alle wesentlichen Fragen zum Ausbau, zur Nutzung, zu Aspekten des Hochwasserschutzes oder zur Renaturierung einvernehmlich.
Inwieweit sich die positiven Erfahrungen des internationalen Managements des Rheins auch auf Gebiete ausgeprägten Wassermangels wie etwa den Nahen Osten übertragen lassen, wird jedoch unterschiedlich bewertet. Dennoch kann die Lösung der grenzüberschreitenden Wasserproblematik nur in kooperativer Zusammenarbeit gefunden werden.

Watershed-Ansatz (G)

A 10 Vergleichen Sie die verschiedenen Bewässerungstechniken.
A 11 Diskutieren Sie die Lösungsansätze zur nachhaltigen Wassernutzung.

[1] Johannes Wallacher: Lebensgrundlage Wasser. Stuttgart/Berlin/Köln: Kohlhammer 1999, S. 234 f.

M 17 nach S. Postel 1985, in ebenda, S. 42

M 18 nach Jörg Barandat (Hrsg.): Wasser – Konfrontation oder Kooperation. Baden-Baden: Nomos 1997, S. 21

Weiterführende Links
www.iksr.org
www.epa.gov/owow/watershed/framework.html,
alle April 2008

Online-Link
29260X-5406

5 Kompetenzen festigen und anwenden

Das Kapitel hat Ihnen zunächst einen Überblick über die Ressourcen gegeben. Am Beispiel der metallischen Ressourcen, der Energieressourcen (Schwerpunkt Erdöl) und der Wasserressourcen wurde gezeigt, dass deren Nutzung die Menschheit vor wachsende Probleme stellt. Diese existenzielle Frage resultiert aus der Begrenztheit einerseits und dem steigenden Verbrauch andererseits.

Die Suche nach sinnvollen Lösungen, das Umdenken und das Bewusstsein für die Notwendigkeit eines nachhaltigen, umweltschonenden Umganges mit Ressourcen hat auf allen Ebenen begonnen, auch das zeigen die Beispiele. Aber für die Sicherung der Ressourcen als Grundlage menschlichen Lebens und Wirtschaftens reichen die Maßnahmen nicht aus. Dazu ist ein abgestimmtes Handeln aller Beteiligten erforderlich.

A1 „Ressourcenkriege sind die Kriege des 21. Jahrhunderts." Diskutieren Sie diese Behauptung.

A2 Erklären Sie Aspekte einer nachhaltigen Nutzung am Beispiel der Ressource Erdöl.

A3 Erstellen Sie anhand der folgenden Begriffe ein Wirkungsgefüge zum Thema „Ressource Wasser": Süßwasser – Trinkwasser – Wasserknappheit – Wassermangel – Bevölkerungswachstum – Wasserverfügbarkeit – Wasserverbrauch – Wasserreserven – Wasserressourcen – anthropogene Ursachen – natürliche Ursachen – Wasserkonflikte – Wassermanagment.

A4 Übernehmen und vervollständigen Sie die Darstellung M1 zum Nutzungskonflikt Wasser im Mittelmeerraum. Erklären Sie Ihr vervollständigtes Schema z. B. nach folgenden Gesichtspunkten:

A4a) Ursachen des zunehmenden Wasserverbrauches durch die Nutzungskonkurrenten,

A4b) Auswirkungen,

A4c) Lösungsansätze.

A5 Für die Herstellung einer 20 g schweren Coladose muss ein ökologischer Rucksack von 1,2 kg „Natur" gepackt werden. Gestalten Sie – auf der Grundlage einer Internetrecherche (Stichwort: ökologischer Rucksack) – eine anschauliche Übersicht über den Lebenslauf dieser Coladose.

Bewässerungsfeldbau: intensive Form der landwirtschaftlichen Bodennutzung, bei der den Nutzpflanzen wegen unzureichender Niederschläge während der Wachstums- bzw. Reifezeit Wasser zugeführt wird.

Bewässerungsverfahren: Art und Weise, wie dem → Bewässerungsfeldbau Wasser zugeleitet wird; man unterscheidet im Wesentlichen die Schwerkraft- bzw. Oberflächenbewässerung, die Beregnungsbewässerung und die Tröpfchenbewässerung.

Endenergie: ist diejenige → Energie, die nach Umwandlung aus → Primär- bzw. → Sekundärenergie dem Verbraucher zur Verfügung steht.

Energie: ist eine physikalische Zustandsgröße; tritt in verschiedenen Formen auf: mechanische Energie (z. B. kinetische und potenzielle Energie.), chemische Energie, thermische Energie, Strahlungsenergie, Kernenergie, elektrische Energie.

Energieträger: alle Rohstoffe, die in → Energie umgewandelt werden können; dabei unterscheidet man fossile, nicht erneuerbare Energieträger (z. B. Kohle, Erdöl, Erdgas), Kernenergieträger (z. B. Uran) und regenerative Energieträger (z. B. Erdwärme, Biomasse, Sonnenenergie, Wasser, Wind).

Grundwasser: unterirdisches Wasser, das die Hohlräume der Erdkruste zusammenhängend ausfüllt; der Gesteinskörper, in dem sich das Grundwasser befindet und fließt, wird als Grundwasserleiter bzw. Aquifer bezeichnet.

Kreislaufwirtschaft: → Rohstoffe werden nach einem Lebenszyklus möglichst ohne Abfall-, Emissions- und Energieverlust wieder dem Produktionsprozess und damit einer erneuten Nutzung zugeführt.

kumulierte Förderung: Summe aller Jahresmengen seit Beginn der Förderung.

Lagerstätte: natürliche Konzentration von → Rohstoffen in der Erdkruste, die abbauwürdig ist bzw. wo sich in naher Zukunft der Abbau rentieren wird.

Nachhaltigkeit: Einheit und Durchdringung wirtschaftlicher, sozialer und ökologischer Aspekte für ein qualitatives Wirtschaftswachstum; das setzt ein umweltverträgliches Handeln voraus; ein ökologisches Gleichgewicht kann jedoch nur verwirklicht werden, wenn gleichrangig und parallel dazu ökonomische Sicherheit und soziale Gerechtigkeit angestrebt werden.

Nutzenergie: ist die → Energie, die vom Verbraucher tatsächlich genutzt wird.

Oberflächenwasser: Wasser, das sich offen und ungebunden auf der Erdoberfläche befindet; dazu zählen Gewässer wie Flüsse und Seen und noch nicht versickertes Niederschlagswasser.

OPEC: Organisation Erdöl exportierender Länder; 1960 gegründet, dazu zählen 12 der erdölreichsten Länder der Erde, einziges erfolgreiches Rohstoffkartell von Entwicklungsländern mit großem Einfluss auf den Weltmarkt.

M1 Nutzungskonflikte um das Wasser im Mittelmeerraum

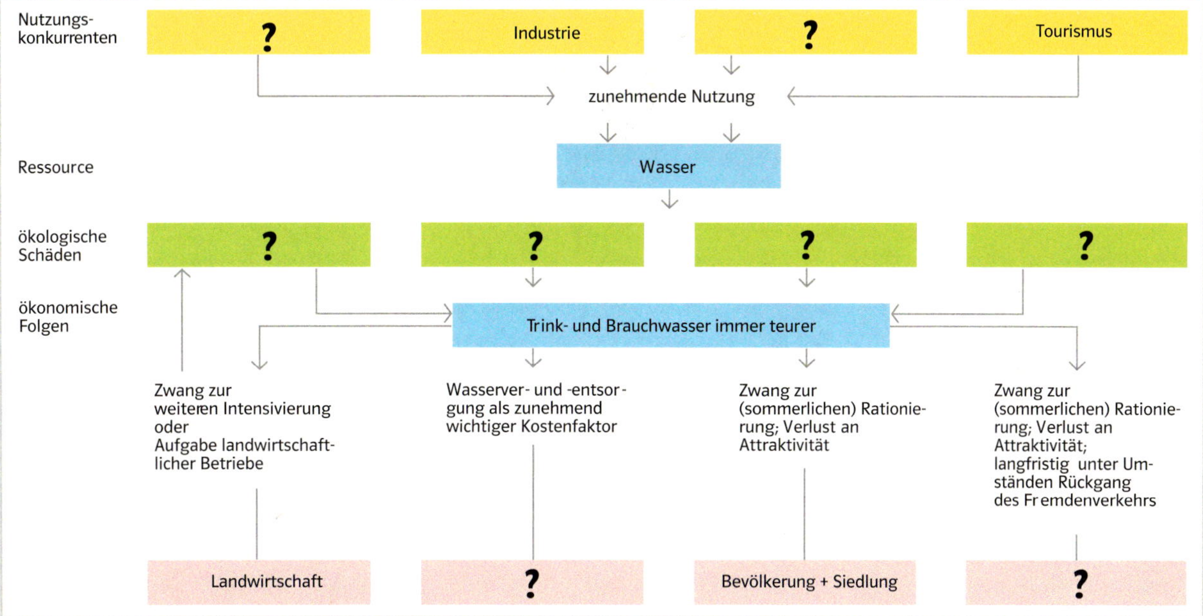

Ölkrise: allgemein Phasen ansteigender Ölpreise infolge eines höheren Bedarfes gegenüber einem geringeren Angebot.

Primärenergie: → Energie, die mit den natürlich vorkommenden Energieformen und → Energieträgern zur Verfügung steht.

Recycling: bedeutet Gewinnung von → Rohstoffen aus Abfällen, ihre Rückführung in den Wirtschaftskreislauf und die Verarbeitung zu neuen Produkten (stoffliche Verwertung).

Reserven: diejenigen Mengen eines → Rohstoffes, die mit großer Genauigkeit erfasst wurden und mit den derzeitigen technischen Möglichkeiten wirtschaftlich gewonnen werden können.

Ressourcen (im umfassenden Sinne): lebensbedeutende Umweltgüter, die die Menschheit zum Leben und Wirtschaften braucht.

Ressourcen (im engeren Sinne): diejenigen Mengen eines → Rohstoffes, die entweder nachgewiesen, aber derzeit nicht wirtschaftlich gewinnbar sind bzw. die Mengen, die auf Basis geologischer Indikatoren noch erwartet werden und mittels Exploration nachgewiesen werden können.

Rohstoff: Teil der → Ressourcen im weiteren Sinne, der in der Natur vorgefunden wird und bis auf die Loslösung aus seinem natürlichen Quelle weder aufbereitet noch verarbeitet wurde.

Sekundärenergie: ist die nach Umwandlung der Primärenergieträger verbleibende Energieform.

statische Reichweite/Lebensdauer: Quotient aus den bekannten Vorräte eines → Rohstoffs und dem jährlichen Verbrauch; vorausgesetzt wird eine gleichbleibende Förderung bei konstanten Vorräten.

Süßwasser: Teil des auf der Erde frei verfügbaren Wassers, in dem kein oder nur in geringem Maße Salze gelöst sind.

verbleibendes Potenzial: Summe der → Reserven und → Ressourcen im engeren Sinne.

Wasserknappheit: verfügbares, erneuerbares Süßwasserangebot liegt unter 1700 m³ pro Kopf und Jahr.

Wassermangel: verfügbares, erneuerbares Süßwasserangebot liegt unter 1000 m³ pro Kopf und Jahr.

Wasserpotenzial: Maß für die Verfügbarkeit von Wasser im Boden.

Watershed-Ansatz: Regelung der Verteilung und Nutzung von Wasser auf der Grundlage natürlicher Flusssysteme und nicht aufgrund politischer Grenzen.

Wirkungsgrad: beschreibt allgemein das Verhältnis von Nutzen und Aufwand; bei Energieumwandlungen wird er als Quotient aus der → Nutzenergie und der vorher eingesetzten Primärenergiemenge berechnet.

Wirtschaft im Wandel

Werk der Thyssen-Krupp Stahl AG in Duisburg (links) und Skyline der Dienstleistungsmetropole Frankfurt am Main (rechts)

6 Industrie und Dienstleistungen

Bauernmarkt im neuen Stil in Konstanz (links) First Class Resort Hotel Alba in Antalya (rechts)

Industrie und Dienstleistungen bestimmen in vielfältiger Weise unser Leben, sei es als Arbeitgeber, Arbeitnehmer oder Konsument, sei es als Erwachsener oder als Schüler. Industrie und Dienstleistungen sind nicht nur die Haupterwerbsquelle in allen Ländern der Erde, sondern prägen auch entscheidend unsere Kulturlandschaft – im positiven wie im negativen Sinne.

Als im frühen 19. Jh. die Industrialisierung Deutschland erfasste, war die vorherrschende Reaktion Skepsis bis Ablehnung. Verurteilt wurden vor allem die frühkapitalistischen Arbeitsbedingungen. Heute ist es vor allem die Gefährdung der Umwelt, die der Industrie angelastet wird. Nutzen und Schaden liegen in der Tat dicht beieinander.

Weniger kritisch wird der Dienstleistungssektor beurteilt, versorgt er uns doch mit allen denkbaren materiellen und immateriellen Gütern, sei es im Bildungsbereich, in der Medizin, im kulturellen Leben, im Handel, im Verkehr, im Rechts- oder Sozialbereich. Die Auswirkungen auf Raum und Umwelt sind jedoch nicht weniger stark als die der Industrie.

Folgende Leitfragen stehen im Mittelpunkt des folgenden Kapitels:
- Welchen Wandlungen unterliegt die Wirtschaft und welche Ursachen liegen den Veränderungen zugrunde?
- Wie lässt sich das räumliche Verbreitungsmuster von Industrie und Dienstleistungen erklären?
- Welche Auswirkungen haben Industrie und Dienstleistungen – im räumlichen, ökonomischen, sozialen und ökologischen Bereich?
- Kann es eine ‚nachhaltige' Industrie geben?

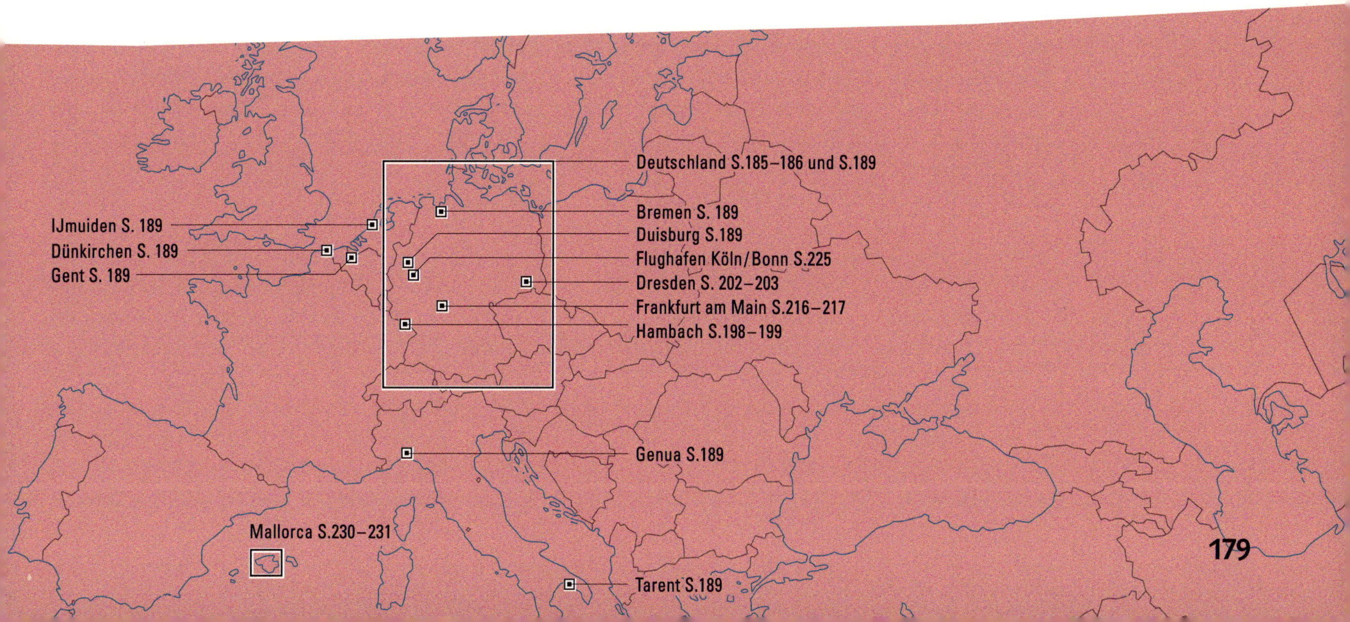

6.1 Bedürfnisse erfordern Produktion

M1 Betriebliche Produktionsfaktoren

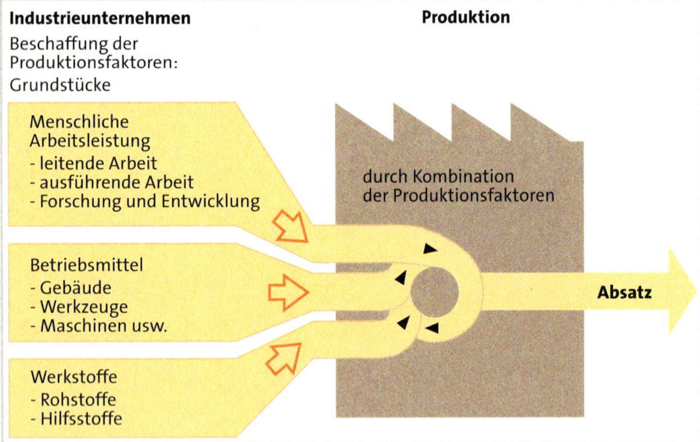

Bedürfnisse (Primär- und Sekundärbedürfnisse)

Jeder Mensch, gleich wo und wie er lebt, hat Bedürfnisse. Für seinen Lebensunterhalt benötigt er Nahrungsmittel und zum Schutz gegen die Witterung Kleidung und Wohnung. Dies sind existenzielle Voraussetzungen, die das menschliche Leben erst ermöglichen. Deswegen werden diese Bedürfnisse auch Primär- oder Existenzbedürfnisse genannt. Daneben gibt es solche, die nicht lebensnotwendig sind, aber das Leben angenehmer gestalten, z. B. ein Auto, eine Flasche Wein oder eine Urlaubsreise. Sie werden unter der Sammelbezeichnung Sekundär- oder Luxusbedürfnisse zusammengefasst.

Produktionsfaktoren (G)
Boden
Arbeit
Kapital
Wissen

Unsere Bedürfnisse sind vielfältig und nahezu unbegrenzt, aber die Güter zu ihrer Befriedigung sind knapp. Diesen Gegensatz zwischen den Bedürfnissen und den Möglichkeiten, sie zu befriedigen, nennt der Volkswirt Knappheit.

Da die meisten Güter in ihrer ursprünglichen Form zum direkten Konsum nicht geeignet sind, müssen wir sie erst aufbereiten. Diesen Vorgang bezeichnen wir als Produktion. Im Gegensatz zum allgemeinen Sprachgebrauch, der Produktion mit dem technischen Herstellungsprozess gleichsetzt, umfasst der Begriff Produktion im volkswirtschaftlichen Sinne mehrere Funktionen:

- die so genannte „Urproduktion“ (Bereitstellung von Grundstoffen durch Landwirtschaft, Forstwirtschaft und Bergbau),
- die Weiterverarbeitung (durch Industrie und Handwerk),
- den Gütertransport und
- den Handel.

6.1.1 Produktionsfaktoren

Will der Mensch Güter zur Befriedigung seiner Bedürfnisse herstellen, so benötigt er vielfältige Mittel, die im Grunde drei Quellen entspringen: Boden, Arbeit und Kapital. Die Volkswirtschaft fasst diese drei Grundelemente unter dem Begriff Produktionsfaktoren zusammen. Im weiteren Sinne rechnen wir auch das Wissen dazu.

Boden. Der Boden umfasst als Produktionsfaktor die Erdoberfläche, z. B. als landwirtschaftliche Nutzfläche oder als Standort von Wohnungen, Industriebetrieben, Verkehrsanlagen etc., sowie Bodenschätze und Energiequellen. Von den beiden anderen Produktionsfaktoren unterscheidet sich der Boden durch seine Unbeweglichkeit und seine grundsätzliche Unvermehrbarkeit, trotz Maßnahmen zur Neulandgewinnung und -erschließung.

Arbeit. Darunter sind alle wirtschaftlichen Leistungen der Menschen zu verstehen, also physische Arbeit und auch geistige Tätigkeiten, die der Produktion unmittelbar und mittelbar dienen, z. B. in Verwaltung, Lehre oder Forschung.

Der Umfang des Produktionsfaktors Arbeit, der der Volkswirtschaft zur Verfügung steht, wird bestimmt durch:

- das Potenzial an arbeitsfähigen und qualifizierten Arbeitskräften,
- das Leistungsvermögen und die Leistungskraft der Beschäftigten,
- die rationelle Eingliederung der „Arbeit“ in den Wirtschaftsprozess,
- die Ausstattung mit wirtschaftlichen und technischen Hilfsmitteln.

Kapital. Im Gegensatz zu den beiden anderen Produktionsfaktoren ist das Kapital nicht naturgegeben, sondern muss erst vom Menschen geschaffen werden. Deswegen bezeichnet man es – im Gegensatz zu den „originären“ Produktionsfaktoren Boden und Arbeit – auch als „abgeleiteten“ Produktionsfaktor. Kapital ist quasi „vorgetane“ Arbeit. Es liegt in zwei Formen vor: als „Sachkapital“ oder als „Realkapital“. Sachkapital sind z. B. Maschinen, die der Mensch zum Zweck der Gütererzeugung geschaffen hat. Realkapital ist Geld, allerdings nur dann, wenn es im Produktionsprozess eingesetzt wird. Geld, das im „Sparstrumpf“ gehortet oder aus dem Portmonee zum direkten Konsum ausgegeben wird, ist also kein Kapital im volkswirtschaftlichen Sinne.

Wissen. Um Boden, Arbeit und Kapital nutzbringend zu kombinieren, brauchen wir Wissen und Informationen. Gerade heute, in der hoch technisierten Arbeitswelt, ist die Fähigkeit, diese Eigenschaften im Produktionsprozess einzusetzen, ein wesentlicher Schlüssel zum wirtschaftlichen Erfolg. Das rechtfertigt, Wissen als selbstständigen vierten Produktionsfaktor zu betrachten.

6.1.2 Sparen und Investieren

Um Kapital zu schaffen, mit dem die Produktion ermöglicht und Bedürfnisbefriedigung gewährleistet werden soll, muss zeitweise auf Konsum verzichtet werden, man muss sparen. Volkswirtschaftlich ausgedrückt: Kapital kann nur entstehen durch Verwendung von Erträgen zur Kapitalbildung anstatt zum Verbrauch. Den Vorgang, durch den das ersparte Kapital in Kapitalgüter (z. B. Maschinen) verwandelt wird, d. h. in ihnen angelegt wird, nennt man Investition.

Investitionen werden nach ihrer unterschiedlichen Verwendung unterschieden in:

- Neu- oder Erweiterungsinvestitionen (zur Neubeschaffung oder/und Erweiterung des Produktionsapparates),
- Ersatz- oder Reinvestitionen (zum Ersatz verbrauchter Produktionsmittel),
- Lager- und Vorratsinvestitionen (zur Aufstockung der Materialien, die be- oder verarbeitet werden sollen, z. B. Rohstoffe).

M 2 Volkswirtschaftliche Güter

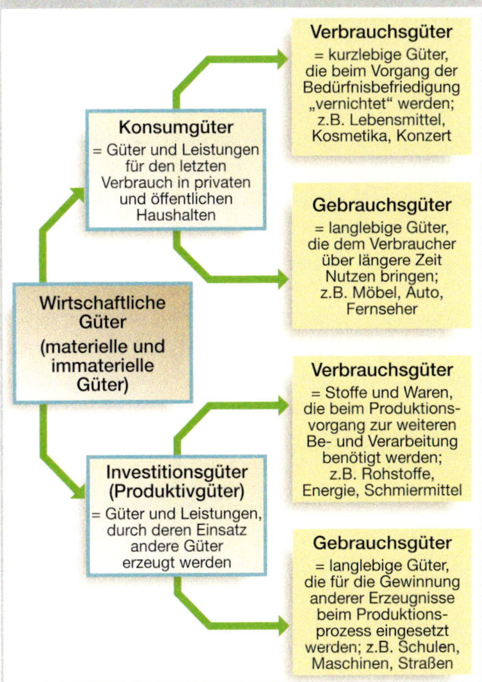

M 3 Entwicklung der Beschäftigtenanteile der Wirtschaftssektoren (nach Fourastié)

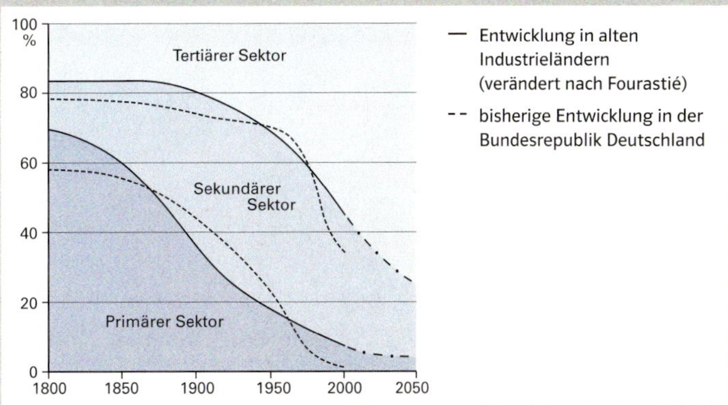

6.1.3 Wirtschaftssektoren

Sparen

Investieren

Wirtschaftssektor (G)

Primärer Sektor

Sekundärer Sektor

Tertiärer Sektor

Die Wirtschaft wird traditionell in drei Bereiche, so genannte Sektoren, untergliedert. Dabei werden ähnliche Aktivitäten bestimmten Produktionssektoren zugeordnet. Der Primäre Sektor umfasst die „ursprünglichen Tätigkeiten", die materielle Güter direkt aus der Natur gewinnen. Dies sind Land- und Forstwirtschaft sowie Fischerei. Zum Sekundären Sektor werden – nach der amtlichen Einteilung des Statistischen Bundesamtes in Deutschland – Industrie, Handwerk, Baugewerbe, Energie- und Wasserwirtschaft sowie Bergbau gerechnet. Alle Bereiche, die weder Rohstoffe noch Sachgüter produzieren, gehören zum Tertiären Sektor. Im Einzelnen zählen dazu Beratungen, Handel, Verkehr, Bildungs- und Schulwesen sowie die „freien" Berufe, wie Ärzte, Rechtsanwälte oder Architekten. Da sie alle „Dienste" erbringen, wird der Tertiäre Sektor auch als Dienstleistungssektor bezeichnet.

Die Einteilung in die drei Sektoren geht auf die Wirtschaftswissenschaftler Clark und Fourastié (Mitte des 20. Jh.s) zurück, die damit den Entwicklungsprozess einer Volkswirtschaft zu charakterisieren versuchten. Danach verlagern sich die Schwerpunkte der wirtschaftlichen Tätigkeit in allen Gesellschaften zunächst vom Primären zum Sekundären und anschließend vom Sekundären zum Tertiären Sektor. Als Ursache hierfür geben die beiden Autoren die auf technischem Fortschritt beruhende steigende Produktivität je Arbeitskraft in den einzelnen Sektoren an.

A 1 Erklären Sie den Zusammenhang zwischen Sparen, Investieren und Kapital.

A 2 Erläutern Sie die sektorale Entwicklung der Erwerbstätigenanteile (M 3).

6.2 Industrie

M1 Frühindustrielles Walzwerk (Gemälde um 1830)

Industrialisierung

Industrialisierung ist ein äußerst vielschichtiger Prozess. Er beinhaltet technische, wirtschaftliche, gesellschaftliche, politische und ökologische Aspekte. Als sichtbarer Bestandteil des Wirtschaftsraumes spiegelt die Industrie sowohl die Produktionsverhältnisse als auch die Lebensweise der Bevölkerung zu bestimmten Zeiten wider. In der Regel geht mit dem Grad der Industrialisierung die Entwicklung der Wirtschafts-, Siedlungs- und Bevölkerungsstruktur eines Raumes einher. Dies wird besonders deutlich, wenn man die Industrialisierung als historischen Prozess betrachtet.

6.2.1 Vorläufer und frühe Entwicklung der Industrie

Vorläufer der Industrie

Handwerk
Hausindustrie/Verlagswesen
Manufaktur (G)

Vor der Massenfertigung im Industriezeitalter wurden Güter meist einzeln im Handwerk, in der Hausindustrie oder der Manufaktur produziert. Zusammen stellen diese die Vorläufer der Industrie dar.

Serien- und Massenfertigung

Wesentliche Merkmale des Handwerks sind die geringe Betriebsgröße, der geringe Grad der Technisierung sowie die Einzelanfertigung in Handarbeit aufgrund individueller Bestellungen. Die Beschaffung der Materialien, die Produktion und der Absatz waren dezentralisiert. In der Regel bildeten Wohn- und Arbeitsplatz eine Einheit und der Standort des Handwerksbetriebes war am Abnehmer orientiert.

In der Hausindustrie, auch industrielles Verlagssystem genannt, wurden ebenfalls Güter in Handarbeit und in der Wohnung von Heimarbeitern hergestellt. Der Auftrag erfolgte hier allerdings auf Rechnung eines Unternehmers, des „Verlegers", der auch das Material vorschoss und den Absatz übernahm. Die Hausindustrie entwickelte sich vor allem in solchen Zweigen, in denen arbeitsintensive Produktionsschritte anfielen, leicht transportierbare Rohstoffe verarbeitet wurden und ein ortsgebundenes Arbeitskräftepotenzial (vielfach Frauen) vorhanden war.

Auch in der Manufaktur (lat. manus = Hand, factura = das Machen) blieb die Handwerkstechnik weitgehend erhalten. Der Produktionsprozess war allerdings gekennzeichnet durch Spezialisierung, Arbeitsteilung, Serienfertigung und einen geringen Einsatz von Maschinen. In Deutschland waren Manufakturen weit verbreitet und gefördert durch fürstliche Geldgeber und Abnehmer, die so arbeitsaufwändige und technisch bzw. künstlerisch hochwertige Produkte herstellen ließen, wie z. B. Porzellan, Glaswaren oder Waffen.

Von diesen vorindustriellen Produktionsformen unterscheidet sich die Industrie durch die weitgehende Verwendung von Maschinen, ein konsequent arbeitsteiliges Verfahren und die Serien- bzw. Massenfertigung. Die Industrie produziert auf Vorrat sowie für einen anonymen überregionalen Absatzmarkt und ist in der Wahl des Standorts nicht am lokalen Abnehmer orientiert.

M 2 Entwicklung der Beschäftigtenzahl im gewerblichen Sektor Deutschlands während des Zeitalters der Industrialisierung

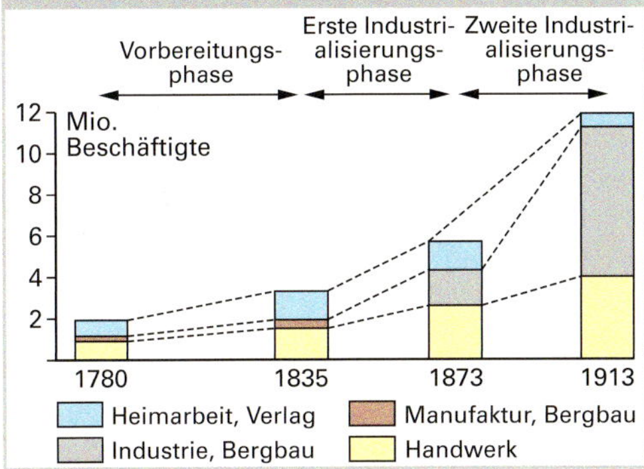

M 3 Ablassen der Rohsteinschlacke in einer Schmelzhütte, 2. Hälfte 19. Jh.

Frühe Entwicklung der Industrie

Der Schwerpunkt der Produktion lag in der vorindustriellen Phase, die in Deutschland bis ca. 1850 dauerte, beim Textil- und Bekleidungsgewerbe, der Eisenproduktion sowie bei der Metallerzeugung und -verarbeitung. Diese Branchen wurden in der ersten Industrialisierungsphase vor allem durch den Bergbau ergänzt. Durch den ständig steigenden Bedarf an Steinkohle als Energielieferant und an Stahl für den Haus- und Fabrikbau, den Schienen- und Eisenbahnbau oder für Werkzeuge zielten diese Branchen auf eine Massenproduktion, die vor allem durch den Einsatz neuer Maschinen und Techniken erreicht werden konnte. Von besonderer Bedeutung war das Jahr 1790, als erstmals Dampfmaschinen zum Antrieb von Maschinen eingesetzt wurden.

Die Verwendung von Steinkohle als Energieträger in der Textilindustrie und zunehmend auch beim Hausbrand führte zu einer starken Steigerung der Kohleförderung. Endgültig wurde der Bergbau zum entscheidenden Träger der Industrialisierung – zunächst in England, später auch in Mitteleuropa –, als man das Koksverhüttungsverfahren erfand, das den Einsatz von Kohle bzw. Koks als Reduktionsmittel im Hochofen ermöglichte und so die Eisen- und Stahlerzeugung maßgeblich förderte.

Auch die erste Schwerindustrie entstand nicht zufällig in England, da man dort wegen des Holzmangels aufgrund der starken Entwaldung schon früh gezwungen war, ein anderes Reduktionsmittel für die Verhüttung zu suchen. Die Verhüttung über Koks, d. h. über Steinkohle, begann hier deshalb auch früher als auf dem Kontinent, entsprechend früher auch der Aufstieg der Schwerindustrie. Als positiv wirkte sich ferner aus, dass Steinkohle und Erz am gleichen Ort gefördert werden konnten. Außerdem hatte der bedeutende Überseehandel der Kolonialmacht England große Kapitalmengen geschaffen, die nun für Industriegründungen eingesetzt werden konnten. Schließlich hatten auch die frühe Bauernbefreiung in England und Agrarreformen* zu einer umfangreichen Landflucht geführt, die die nötigen Arbeitskräfte für die rasch aufblühende Industrie stellte.

Textilindustrie
Schwerindustrie (G)

A 1 Erstellen Sie eine Tabelle zu den wichtigsten Unterschieden zwischen Handwerk, Hausindustrie, Manufaktur und Industrie.

A 2 Mögliches Referatsthema: Die Bedeutung der Textilindustrie als „Mutter der Industrie" (vgl. die folgenden Fallbeispielseiten); zum Vorbereiten und Vortragen eines Referats vgl. die Methodenseiten 480 – 481.

M 2 nach Friedrich-Wilhelm Henning: Die Industrialisierung in Deutschland zwischen 1880 und 1914. UTB 145, 5. Aufl. Paderborn: Schöningh 1979, S. 23

*Zu erwähnen sind hier besonders die enclosure-Bewegungen in der zweiten Hälfte des 18. Jh. und im frühen 19. Jh. Enclosures sind Flurbereinigungsmaßnahmen, die bei Liquidierung der Allmende zu großen geschlossenen Besitzeinheiten führten. Da viele kleine Landwirte die hohen Kosten für den Erwerb der Ländereien nicht tragen konnten, waren sie zur Aufgabe der Landwirtschaft gezwungen und bildeten eine neue Schicht landloser Arbeiter.

Online-Link
zu Produktion allgemein:
29260X-6101

Fallbeispiel: **Textilindustrie**

M4 Produktionskette in der Textilindustrie

„Die Textilindustrie ist eingebunden in eine Produktionskette mit drei aufeinander folgenden Produktionsstufen:
1. Herstellung von Garnen in Spinnereien,
2. Herstellung von Geweben in Webereien und
3. Verarbeitung der Gewebe zu Stoffen, Textilveredelung und Konfektionierung.

Die einzelnen Produktionsstufen weisen jeweils unterschiedliche Standortmuster und Verflechtungen auf. Fasern (Garne) kommen z. B. von der Chemischen Industrie, Stoffe (Gewebe) werden an die Bekleidungsindustrie und Technische Textilien an die Automobilindustrie geliefert (u. a. Reifencord, Bodenbeläge, Sitzbezüge, Filter).
Der Anteil der Bekleidungstextilien beträgt etwa 45 %, derjenige der Haus- und Heimtextilien etwa 30 %. Es überwiegen einstufige Betriebe, d. h. entweder Spinnerei, Weberei oder Textilveredelung."

M6 Frühe Anfänge der Textilindustrie in England

„Es war kein Zufall, dass die Textilindustrie, die erste aller Industrien, von England ausging. Auch ihre Standorte waren nicht zufällig entstanden. Das Grundbedürfnis des Menschen nach Kleidung hatte mit zunehmender Bevölkerungszahl und erhöhter Nachfrage zu Bemühungen geführt, die Produktion durch technische Mittel zu steigern. Liverpool war der Haupteinfuhrhafen für Baumwolle, und dort wurden auch die ersten Verarbeitungsmaschinen für Baumwolle gebaut. Textilmanufakturen waren an fließenden Gewässern angesiedelt, die zur Bearbeitung der Garne und Rohmaterialien [Waschen, Färben, Appretur] nötig waren. Auch die erste Spinnmaschine (‚Spinning Jenny') wurde mit Wasserkraft angetrieben. Als 1790 zum ersten Mal eine Dampfmaschine für den Antrieb in einer mechanischen Spinnerei sorgte, blieben die Standorte an den Flussläufen, vor allem in Hafennähe, erhalten. Wasserkraft und Nähe zu den Rohstoffen – in diesem Fall Hafennähe – waren also die ersten räumlichen Gunstfaktoren für die Industrie."

M5 Maschinelle Garnherstellung im britischen Manchester zur Zeit der Industriellen Revolution

M7 Vorläufer der Textilindustrie in Deutschland

Vorläufer der Textilindustrie war die Tuchmacherei auf der Basis der einheimischen Rohstoffe Schafwolle und Leinen, ab Mitte des 16. Jh.s ergänzt durch die Baumwolle aus den neu gewonnenen Kolonien der europäischen Staaten. Bedient wurde in der Regel ein regionaler Absatzmarkt, doch gab es auch Handelsbeziehungen zu weiter entfernten Räumen bis nach Ost- oder Südeuropa. Das Textilgewerbe befand sich lange in der Hand von Zünften oder Manufakturen, privilegiert von den Landesherren. Im 19. Jh. ging es in die Hände eines freien Unternehmertums über.
Eine Krise erlebten die deutschen Tuchmacher, als das Textilgewerbe in England mechanisiert wurde. Der günstige Bezug von Baumwolle aus den eigenen Kolonien sowie die Kapital- und Innovationsstärke ließen England zum uneingeschränkten Marktführer für maschinengesponnene Baumwollgarne und deren Folgeerzeugnisse werden.

M8 Übergang zur industriellen Produktion in Deutschland

Behindert durch die Dominanz der bereits stark entwickelten britischen Textil- und Bekleidungsindustrie, die auch den deutschen Markt beherrschte, begann der Übergang zur industriellen Produktion in Deutschland erst um 1840. Hinzu kam, dass die Industrialisierung des deutschen Textilgewerbes nicht wie in England zeitlich zügig und geschlossen erfolgte, sodass textile Produktionslinien von der Baumwollverarbeitung bis zum Fertigprodukt entstanden, sondern auf den bereits bestehenden vorindustriellen Gewerben mit ihren regionalen Spezialisierungen (Garnherstellung, Spinnerei oder Weberei) aufbaute. Dabei wurde der Faktor Arbeit ausschlaggebend für die Standortentscheidung: Da es sich um eine arbeitsintensive Industrie handelte, war ein ausreichendes Angebot an Arbeitskräften bei möglichst geringen Löhnen wichtig.

M9 Blütezeiten und Niedergang in Deutschland

„Eine nochmalige Blüte erlebte die Textil- und Bekleidungsindustrie in den 1930er Jahren, bedingt durch Autarkiebestrebungen und die Einführung der Chemiefaser. Die Zahl der Beschäftigten erreichte mit 2,6 Mio. ihren höchsten Wert. Dennoch sank der Anteil (am gesamten Produzierenden Gewerbe) weiter, lag aber immer noch bei 20 %.
Durch die Teilung Deutschlands nach dem Zweiten Weltkrieg gingen nicht nur traditionelle Marktzusammenhänge der Textilindustrie verloren, sondern es mussten aufgrund ungleicher struktureller Verteilung einzelne Zweige, wie z. B. die Strumpfindustrie, in der Bundesrepublik Deutschland völlig neu aufgebaut werden.
Dies und der große Nachholbedarf an Textilien und Bekleidung als Folge der Kriegsgeschehnisse sowie die wachsende Einwohnerzahl (Flüchtlinge) führten zu einem raschen Aufschwung. So unglaublich das heute klingen mag – die Textilindustrie war nach dem Krieg eine echte Wachstumsindustrie … mit 670 000 Beschäftigten.
Seitdem ist die Bedeutung des Textilsektors ständig zurückgegangen. Heute [2006] arbeiten in der Textil- und Bekleidungsindustrie nur noch etwa 3 % aller Beschäftigten im Verarbeitenden Gewerbe."

M10 Ursachen der Krise der Textilindustrie

„Nachfrage- und Bedarfsänderungen, starker Wettbewerb und hohe Kosten bestimmten und bestimmen den Niedergang der Textilindustrie und den Strukturwandel. Die Rahmenbedingungen haben sich verschlechtert, u. a. die Währungsparitäten, Wirtschafts- und Umweltpolitik …
Der Strukturwandel wurde stark beschleunigt durch die Veränderungen in Osteuropa und die Verschärfung des internationalen Wettbewerbs, neue Konkurrenten auf den Inlands- und Weltmärkten, die etwa gleichwertige Massenware deutlich billiger herstellen. Deutsche Unternehmen suchen deshalb nach Marktnischen, z. B. für technische Textilien, und nach verbrauchernahen und bedarfsspezifischen Produkten, z. B. für die Automobilindustrie, die chemische Industrie oder die Kunststoffverarbeitung."

M11 Entwicklungssequenzen der Textil- und Bekleidungsindustrie

Stufe	Produktionstyp	Handelsströme	Beispiele
1	einfache Gewebe und Kleidung aus natürlichen Fasern	Binnenmarktorientierung, Nettoimport von Fasern, Gewebe, Kleidung	sehr gering entwickelte Länder
2	standardisierte Produktion von Kleidung	Export von Kleidung in Industrieländer	gering entwickelte Länder in Lateinamerika, Afrika, Asien
3	Garnverarbeitung, Weiterentwicklung der Herstellung von Geweben, Kleidung höherer Qualität	Export von Geweben, Kleidung und synthetischen Fasern	ASEAN-Länder, Osteuropa, China
4	Weiterentwicklung der Garn-, Gewebe- und Bekleidungsproduktion	internationaler Handel, erhebliche Handelsüberschüsse	Taiwan, Südkorea, Hongkong
5	steigende Produktion von Textilien und Bekleidung bei abnehmender Beschäftigung und zunehmender Spezialisierung und Kapitalintensität	zunehmende internationale Konkurrenz	Japan, USA, Italien
6	erhebliche Abnahme der Standort- und Arbeitsstättenanzahl und in einigen Betrieben auch der Produktion	erhebliche Konkurrenz	Bundesrepublik Deutschland, Niederlande, Großbritannien, Frankreich

M12 Beschäftigte, Produktion und Produktivität in der deutschen Textilindustrie

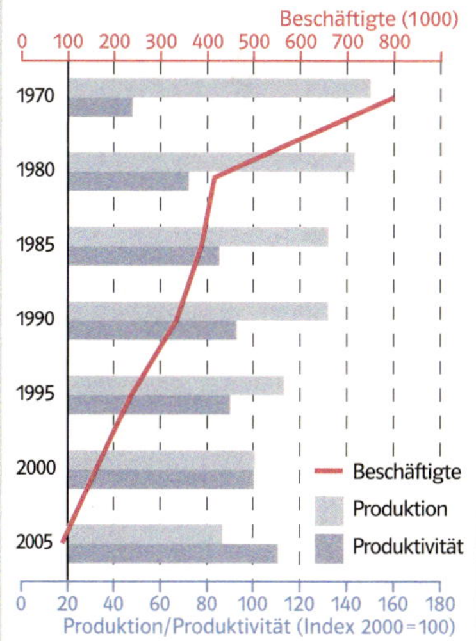

Produktivität: bis 1990 – Alte Bundesländer; ab 1995 Alte und Neue Bundesländer

A3 Erläutern Sie den Strukturwandel der Textilindustrie von den frühen Anfängen in England bis zur Gegenwart in Deutschland.

A4 Mögliches Referatsthema: Blüte- und Krisenzeiten der deutschen Textilindustrie – Ursachen und Folgen.

M4 Wolf Gaebe: Industrie. In: Elmar Kulke (Hrsg.): Wirtschaftsgeographie Deutschlands. Perthes Geographie Kolleg. Gotha: Perthes 1998, S. 142
M6 nach Hans-Ulrich Bender u. a.: FUNDAMENTE. Geographisches Grundbuch für die Sekundarstufe II. Gotha: Perthes 2001, S. 169
M9 Axel Borsdorf u. a.: Raumbezug und Raumwirksamkeit der Industrie. Stuttgart: Klett 1991, S. 26, Daten aktualisiert
M10 nach ebenda, S. 145 – 146
M11 nach Dicken/Hauff aus: ebenda, S. 144
M12 nach Gesamtverband textil+mode: Zahlen zur Textil- und Bekleidungsindustrie 2006, auf www.textil-mode.de/deutsch/Konjunktur/Statistikbooklet_2006/K220.htm, Juni 2008

Online-Link
29260X-6201

6.2.2 Industrielle Standortfaktoren

Standort

Bei der Wahl des Standortes für einen zu gründenden Industriebetrieb hat der Unternehmer eine Vielzahl verschiedenster Einflussgrößen zu berücksichtigen, die dessen Entwicklung positiv beeinflussen können. Diese Einflussgrößen nennt man Standortfaktoren. Dazu zählen z. B. die Verkehrslage, das Angebot an Arbeitskräften, Rohstoffpreise oder Stromtarife. Von vornherein muss der Unternehmer dabei die Dauer der Faktoren berücksichtigen. So bringt die Anbindung an einen Kanal langfristige Vorteile, während Rohstoff- und Energiekosten kurzfristigen Schwankungen unterliegen.

Standortfaktor (G)

Standorttheorie nach Alfred Weber

Die erste systematische Darstellung, die der Frage nach dem optimalen Standort eines Industriebetriebes nachgeht, ist die von dem Volkswirtschaftler Alfred Weber 1909 verfasste Abhandlung „Über den Standort der Industrie". Nach Weber sind Standortfaktoren lokale Produktionsvorteile, die einen bestimmten Ort im Vergleich zu anderen für ein Unternehmen attraktiv machen, weil hier die entstehenden Kosten niedriger sind, der Unternehmer also besonders kostengünstig produzieren kann. Er unterscheidet zwischen drei relevanten Standortfaktoren: den Arbeitskosten, den Agglomerationsvorteilen und den von ihm besonders betonten Transportkosten.

Arbeitskosten
Agglomerationsvorteile
Transportkosten
Transportkostenminimalpunkt

Nach Weber wählt ein Unternehmer als Standort seines Betriebes den Punkt, an dem die Kosten für den Transport der eingesetzten Materialien (z. B. Rohstoffe) vom Fund- zum Verarbeitungsort sowie für den Transport der fertigen Produkte zum Verbraucher minimal sind. Dabei unterscheidet er zwischen Ubiquitäten, Gewichtsverlustmaterialien und Reinmaterialien. Ubiquitäten sind Materialien, die in einem bestimmten Raum überall vorkommen (z. B. Holz in waldreichen Gebieten) und deshalb keine Bedeutung für die Standortwahl haben. Gewichtsverlustmaterialien verlieren bei der Verarbeitung an Gewicht oder Volumen (z. B. Eisenerz); der optimale Verarbeitungsort ist somit der Materialfundort, da nach der Verarbeitung weniger Gewicht zu transportieren ist. Reinmaterialien (z. B. Mineralwasser) haben hingegen vor und nach der Verarbeitung das gleiche Gewicht bzw. Volumen und weisen deshalb an jedem Produktionsstandort zwischen Rohstoffquelle und Abnehmer die gleichen Transportkosten auf. Zwischen den Orten der Rohstoffvorkommen und den Absatzorten berechnet Weber aufgrund der Transportkosten den so genannten Transportkostenminimalpunkt und damit den optimalen Firmenstandort.

Ubiquitäten

Gewichtsverlustmaterialien

Reinmaterialien

Abweichungen vom Transportkostenminimalpunkt können sich durch unterschiedliche Lohnkosten oder Agglomerationsvorteile ergeben, z. B. dann, wenn die Ersparnisse bei den Lohnkosten größere Transportkosten aufwiegen bzw. wenn Vorteile aus der Agglomeration, d. h. der räumlichen Konzentration von mehreren Betrieben am gleichen Standort, entstehen (z. B. durch gemeinsamen Bezug von Rohstoffen oder gemeinsamen Absatz).

M13 Transportkostenminimalpunkt nach A. Weber

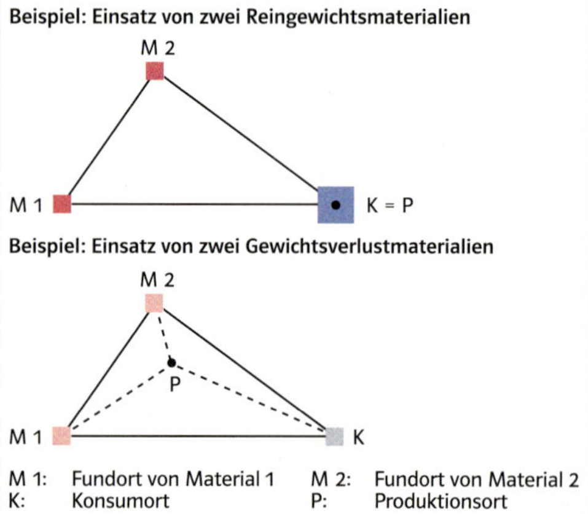

Die Kritik an Webers Theorie richtet sich vor allem gegen seine von der Realität stark abstrahierenden Annahmen, vor allem zu den Transport- und Produktionskosten. Zudem bleiben wichtige andere ökonomische Bedingungen, z. B. technische Entwicklungen im Produktions- und Verkehrssektor, unberücksichtigt.

M13 nach Ludwig Schätzl: Wirtschaftsgeographie, Teil 1 (UTB 782), 9. Aufl. Paderborn: Schöningh 2003, S. 40 – 42

Weiterführende Literatur
Alfred Weber: Über den Standort der Industrie. 1. Teil. Reine Theorie des Standorts. Tübingen 1909, auch in Alfred Weber: Schriften zur industriellen Standortlehre (hrg. von Hans G. Nutzinger). Marburg: Metropolis 1998

M14 Katalog heutiger Standortfaktoren

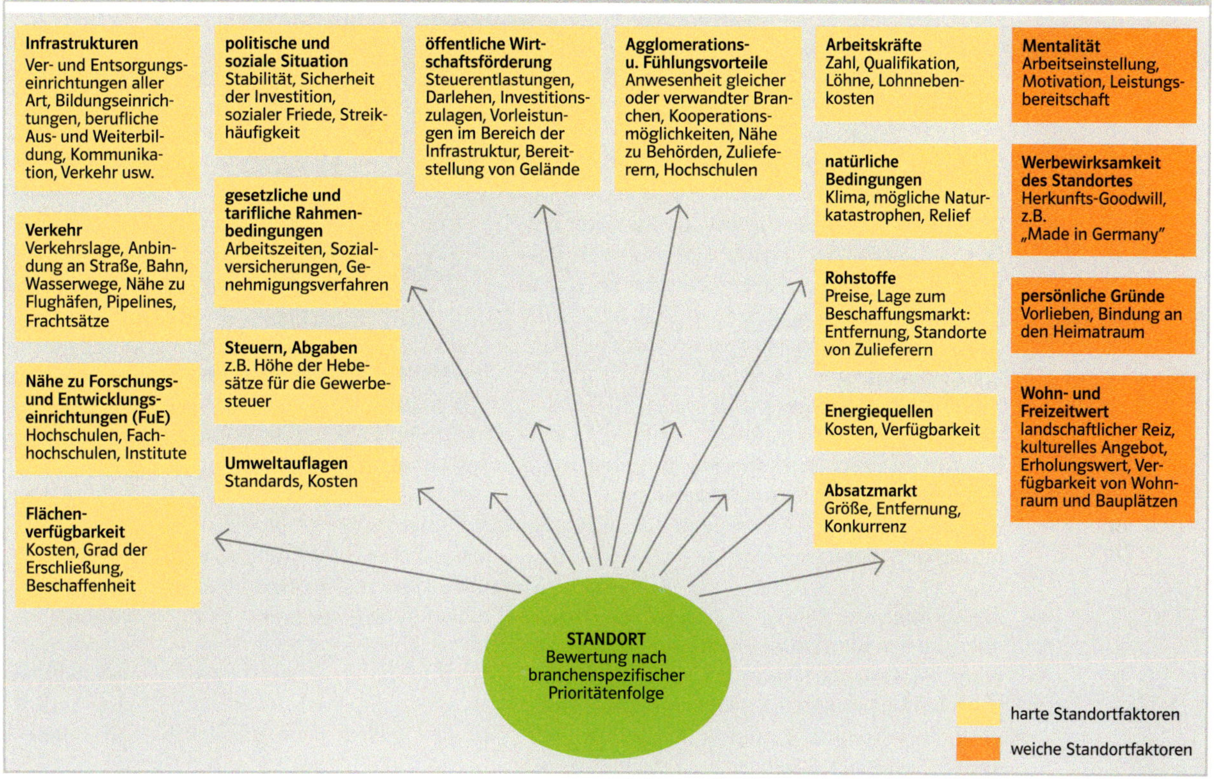

Standortfaktoren aus heutiger Sicht

Die meisten heutigen Standorttheorien knüpfen an Weber an, berücksichtigen jedoch, dass inzwischen andere Faktoren bei der industriellen Standortwahl eine immer größere Rolle spielen. Einwände gegen Webers Theorie betreffen vor allem die Unterschätzung des Marktes und die Tatsache, dass die von den sich verändernden Ansprüchen des Marktes ausgehenden Umwälzungen nicht einbezogen wurden.

Neben berechenbaren Kosten erhalten nicht berechenbare heute eine zunehmende Bedeutung, z.B. politische, raumordnerische, ökologische und individuelle, d.h. an die Person des Unternehmers gebundene Faktoren, wie z.B. die Bevorzugung des Heimatraums. Standortvorteile werden zudem nicht mehr nur als Kostenvorteile bei der Standortwahl eines Betriebes verstanden, sondern auch als Entscheidungsfaktoren für die Erhaltung bzw. Stärkung von Wirtschaftsstandorten. Zu beachten ist ferner, dass in der Regel nicht ein einzelner Faktor bei der Standortbewertung ausschlaggebend ist und dass die Standortfaktoren für die einzelnen Branchen jeweils ein unterschiedliches Gewicht haben können.

Heute unterscheidet man allgemein zwischen harten und weichen Standortfaktoren.

Harte Standortfaktoren sind solche, die sich exakt messen lassen, wie z.B. Lohnhöhe, Steuern, Grundstückspreise, während sich weiche Standortfaktoren kaum quantifizieren lassen, z.B. Freizeitwert, das Image oder der Wohnwert eines Ortes.

Eine strenge Trennung zwischen weichen und harten Standortfaktoren ist allerdings nicht möglich. Beide Arten sind eng miteinander verknüpft und bedingen sich gegenseitig. Hat z.B. eine Stadt ein besonders positives Image (weicher Standortfaktor), so liegen diesem positiven Image oft harte Standortfaktoren zugrunde, z.B. zentrale Lage, gute Verkehrsanbindung (Bahnhof mit ICE-Halt), Standort einer Universität o.ä. Umgekehrt kann der harte Standortfaktor „Verfügbarkeit von qualifizierten Arbeitskräften" von weichen Standortfaktoren mitbestimmt werden, z.B. Wohn- und Freizeitwert, Angebot an weiterführenden Schulen für die Kinder der Arbeitnehmer. Die Grenzen zwischen harten und weichen Standortfaktoren sind also fließend, ihre Wirkung schließt sich gegenseitig nicht aus.

harte Standortfaktoren (G)
weiche Standortfaktoren (G)

Bedeutungswandel traditioneller Standortfaktoren und Standortverschiebungen der Industrie
Galt früher der Grundsatz „Industry grows but seldom moves", so muss man heute feststellen, dass Standortentscheidungen vielfach kurzfristiger Natur sind. Einmal an einem bestimmten Ort angetroffene günstige Faktoren können in fünf oder zehn Jahren durch Veränderung der Faktorenwerte weniger optimal oder sogar gravierend ungünstig werden, sodass unter Umständen der Standort aufgegeben werden muss. Die Standortfaktoren selbst haben sich im Laufe der Zeit zwar kaum geändert. So suchen Unternehmen heute wie früher preiswerte Grundstücke oder billige Arbeitskräfte. Deren Stellenwert als Standortfaktor wird jedoch heute u. U. zeitlich unterschiedlich bewertet, in Industrieländern anders als in Entwicklungsländern, in Phasen der Hochkonjunktur anders als in Phasen wirtschaftlicher Rezession.

Produktlebens zyklus (G)

Einflussfaktoren. Die Ursachen für die Umbewertung der Standortfaktoren sind äußerst vielfältig. So verändern sich z. B. laufend die Ansprüche des Marktes. Entsprechend müssen die Produkte verändert werden und mit ihnen verändern sich auch die Fertigungsmethoden sowie der Bedarf an Arbeit, Rohstoffen und Energie. Veränderungen der Technologie können einen einstigen Standortvorteil entwerten oder andere Faktoren in Wert setzen, wie z. B. der Vorteil eines Schwerindustriestandortes „auf der Kohle" durch Veränderungen in der Verhüttungs- und Stahltechnologie relativiert wird (vgl. dazu das Fallbeispiel auf der Nachbarseite). Auch Veränderungen der politischen Grenzen oder wirtschaftlicher Einheiten (Zollgrenzen, Freihandelszonen, gemeinsame Märkte, wirtschaftliche Zusammenschlüsse) bringen Neubewertungen, wie z. B. im Mitteleuropa der Nachkriegszeit, wo sich neue Hauptverkehrsströme (N-S statt W-O) bildeten und so frühere Gunstgebiete in eine Abseitslage gerieten. Durch die neuen Kommunikationstechnologien können die Kosten für Waren, Menschen und Informationen gesenkt werden, sodass die Unternehmen unabhängiger von einem bestimmten Standort werden.

M15 Phasen des Produktlebenszyklus

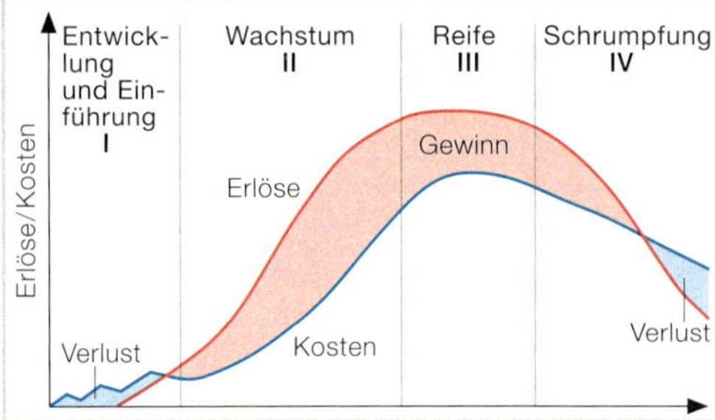

Produktlebenszyklus und Standortwahl. Produkte durchlaufen einen Lebenszyklus, in dem allgemein vier Phasen unterschieden werden. In diesen Phasen können die Relationen zwischen den Kosten für das Produkt (Entwicklung, Herstellung, Vermarktung, Vertrieb) und den Erlösen erheblich differieren. So beginnt der Produktzyklus in aller Regel mit einer Verlustphase, da am Anfang kostenintensive Forschungs- und Entwicklungsaufgaben stehen. Die folgenden Gewinnphasen in der Wachstums- und Reifezeit werden schließlich wieder durch eine Verlustphase abgelöst, wenn das Produkt sich überlebt hat und die Nachfrage sinkt. Damit verändern sich auch die Anforderungen an den Produktionsstandort. Da Betriebe grundsätzlich gewinnorientiert arbeiten müssen, verlangen diese Gesetzmäßigkeiten vom produzierenden Unternehmen Reaktionen: Es muss entweder ein neuer, billigerer Produktionsstandort gesucht oder das Produkt muss durch ein neues ersetzt werden.

A5 Stellen Sie die Grundideen der Standorttheorie Webers dar und erörtern Sie, inwieweit diese noch heute gültig sind.
A6 Erläutern Sie an einem konkreten Beispiel die Phasen des Produktlebenszyklus.

Online-Link
zu Standortfaktoren und Standortentscheidungen:
29260X-6202

M15 nach Ludwig Schätzl: a. a. O., S. 213

M17 Wolfgang Brücher: Industriegeographie. Braunschweig: Westermann 1982, S. 120–121

M18 nach ebenda, S. 125

M19 nach Ulrich Kümmerle: Industrie. S II Arbeitsmaterialien Geographie. Stuttgart: Klett 1980, S. 44, gering geändert

M21 nach Hans-Dieter Haas/Simon-Martin Neumair: Die europäische Montanindustrie. In: Geographische Rundschau, 57. Jg., H. 12. Braunschweig: Westermann 2005, S. 41–42

M16 Aufgelassener Schwerindustriestandort im Saarland

M17 Schwerindustrie, beispielhafte Dynamik

„In der Industriegeographie hat die Eisen- und Stahlgewinnung immer das größte Interesse unter den Branchen gefunden. Dies nicht nur, weil Eisenhütten- und Stahlwerke allein durch Größe, Flächenbeanspruchung und spektakuläre Produktionsprozesse seit jeher besonders auffällige Industrieanlagen gewesen sind. Außerdem hat das Hüttenwesen als einer der ältesten Industriezweige seit der Industriellen Revolution technische und technologische Wandlungen erfahren, die besonders standortwirksam und raumprägend wurden. Die Montanindustrie, d.h. die Kombination des Steinkohlenbergbaus mit Verkokung und Eisen- und Stahlgewinnung, wurde auch zur Basis der Theorie von Alfred Weber; gerade ihre Veränderungen aufgrund von Rationalisierung sind industriegeographisch äußerst einprägsame Beispiele für die Dynamik der Industrie und ihre Standortfaktoren."

M18 Frühe Anfänge in den Mittelgebirgen

„Ursprünglich war die Hüttenindustrie neben Glasmanufaktur, Spinnereien, Webereien und Papiermühlen eine der typischen Mittelgebirgsindustrien, ... in manchen Regionen perfekt integriert in eine wirtschaftliche Symbiose von Reutbergwirtschaft [in Mittelgebirgen früher weit verbreitete Feld-Wald-Wechselwirtschaft], Köhlerei, Verhüttung, Kleineisenindustrie, Ackerbau, Rinderhaltung und Lohgerberei ...: Grundlagen waren anstehende Erze, Holzkohle aus den Wäldern und fließendes Wasser zur Kühlung sowie zum Antrieb von Blasebälgen, Hämmern und Pochwerken. Die Produktion von Eisen musste jedoch äußerst gering bleiben, da sie extrem hohe Mengen an Holzkohle pro Tonne verschlang. Selbst das ausgeklügelte System der turnusmäßig betriebenen Reutbergwirtschaft erlaubte nur eine begrenzte Kapazität."

M19 Standort „auf der Kohle"

„Erst um 1800 begann in Deutschland die Verwendung von Steinkohle als Reduktionsmittel. Von den bei der Verhüttung benötigten Materialien (Eisenerz, Kohle, Kalk ... und sonstige Zusätze) machte Kohle den bei weitem größten Teil aus: 1790 benötigte man ... 8t Kohle zur Produktion von 1t Roheisen, um 1850 waren es immer noch 5t. Da die materialintensive Schwerindustrie transportkostenempfindlich war, lag es nahe, die Standorte der Hütten am Transportkostenminimalpunkt, d.h. am Ort der Kohle, zu errichten. So entstand die deutsche Schwerindustrie ab Mitte des 19. Jh.s ‚auf der Kohle'".

M20 Neue Standorte „auf dem Erz"

Durch Fortschritte in der Hüttentechnik konnte der Koksverbrauch in der Folgezeit mehr und mehr reduziert werden. Schon um 1800 lag der Einsatz der Erzmenge bei einem Fe-Gehalt von durchschnittlich nur 30% bereits höher als der von Koks. Folge: Die Bindung an die Steinkohlevorkommen lockerte sich, das Erz zog die Kohle an, Standorte „auf dem Erz" bildeten sich heraus (z.B. Salzgitter oder Lothringen).

M21 „Nasse Hütten"

„Durch die Erschließung neuer Eisenerzvorkommen in überseeischen Ländern [verringerte sich] die räumliche Bindung an heimische Lagerstätten. Aus Transportkostenerwägungen wurden zur Verarbeitung importierter Überseeerze in den 1960er und 1970er Jahren vermehrt Standorte in die Nähe von Meeresküsten oder transportgünstiger Binnenwasserwege verlegt. Beispiele für solche „Nasse Hütten" [in Europa] sind Bremen und Duisburg, IJmuiden (Niederlande), Dünkirchen (Frankreich), Gent (Belgien) Genua und Tarent (Italien). Die alten Binnenregionen ... sehen sich gegenüber diesen Standorten mit erheblichen Transportkosten- und damit Wettbewerbsnachteilen konfrontiert."

M 22 Persistenz im Ruhrgebiet und neue Standorte durch Standortspaltung

„Die traditionellen Kohlestandorte mussten versuchen, ihre Frachtkosten für Erze dadurch zu verringern, dass höherwertige oder durch Sinterung und Pelletierung angereicherte Erze mit größeren Schiffen beschafft wurden. Dies führte z. B. zu einem beträchtlichen Rückgang des Transportes auf dem herkömmlichen Erzweg vom Hafen Emden über den Dortmund-Ems-Kanal ins Ruhrgebiet. Erst die Standortspaltung der Schwerindustrie beim Elektroverfahren ermöglichte kleinere und flexiblere Einheiten an neuen Standorten, die am billigen Strom oder an großem Schrottanfall orientiert sind (z. B. Oberitalien). Neue Perspektiven eröffnete das Midrex-Direktreduktionsverfahren [Verwendung von Erdgas als Reduktionsmittel]: Auch hier ist Standortspaltung möglich. Während der einstige Vorteil der Lage auf der Kohle in den alten Industriestaaten zurückging, ergaben Erdgasvorkommen Vorteile für Länder, die bisher keine Schwerindustrie aufwiesen."

M 23 Jüngste Entwicklungen

„Jüngste Entwicklungen im Standortwandel führen zu einer internationalen Nord-Süd-Arbeitsteilung. In Entwicklungs- und Schwellenländern, z. B. Venezuela und Brasilien, findet an den Erzfundorten in Hochöfen die Herstellung von Roheisen statt, das in den urban-industriellen Agglomerationsräumen der Industrieländer zu Qualitäts- und Spezialstählen verarbeitet wird."

M 24 Steinkohleförderung nach Ländern 2005

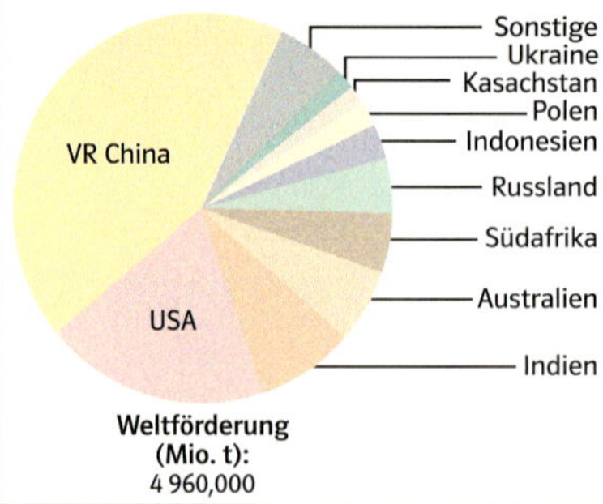

M 26 Roheisenerzeugung nach Ländern 2005

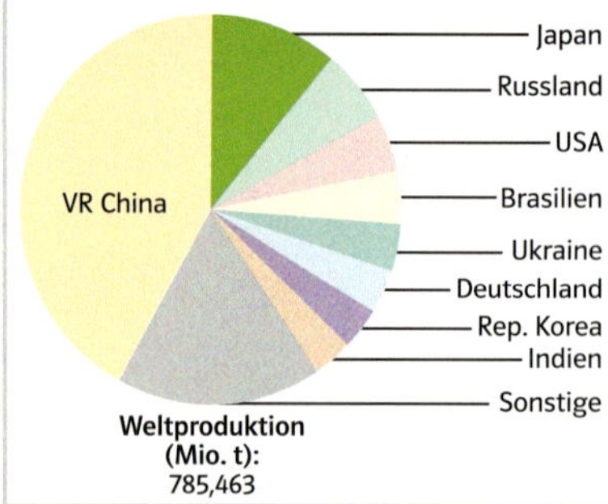

M 25 Eisenerzförderung nach Ländern 2005 (Fe-Gehalt 60 – 65 %)

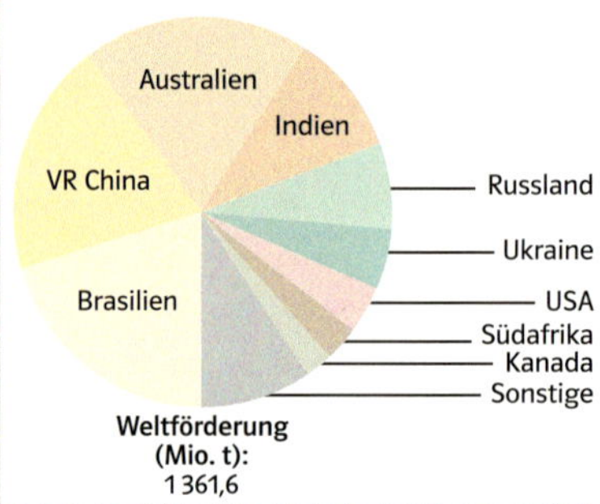

M 27 Rohstahlerzeugung nach Ländern 2005

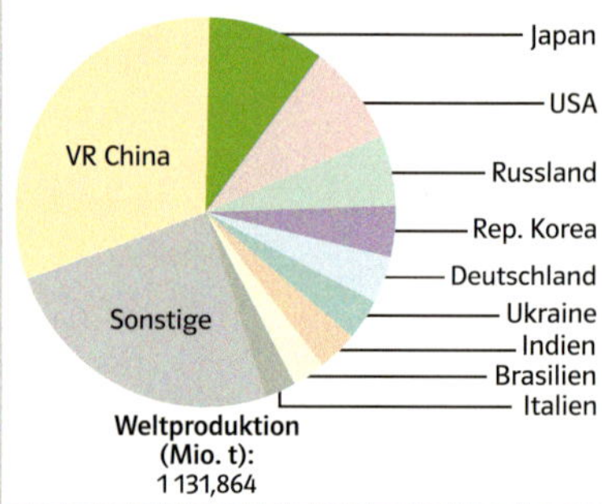

M 28 Standorttypen der Eisen- und Stahlindustrie

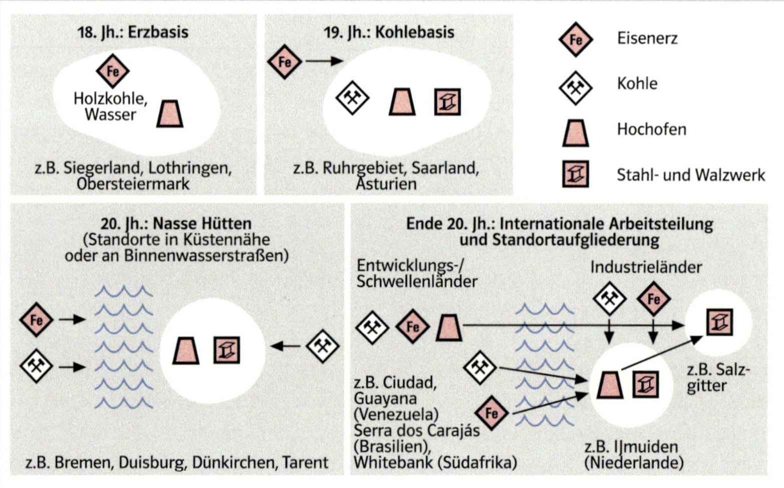

M 22 Hans-Ulrich Bender u. a.: FUNDAMENTE. Geographisches Grundbuch für die Sekundarstufe II. Gotha: Perthes 2001, S. 182
M 23 Hans-Dieter Haas/Simon-Martin Neumair: a. a. O., S. 42

M 24 – 27 nach Der Fischer Weltalmanach 2008. Frankfurt am Main: Fischer Taschenbuch Verlag 2007. M 24: S. 683, M 25: S. 659, M 26: S. 668, M 27: S. 669

M 28 nach Elmar Kulke: Wirtschaftsgeographie. Paderborn: Schöningh 2004, S. 7; verändert und erweitert nach Hans-Dieter Haas/Simon-Martin Neumair: a. a. O., S. 43

Online-Link
zu Standortfragen und Raumwandel in einer schwerindustriellen Region (Beispiel Ruhrgebiet): 29260X-6203

M 29 Veränderungsfaktoren der Schwerindustrie

Verfahren der Eisenverhüttung	Stahlverfahren	sonstige Veränderungsfaktoren
1850 Reduktionsmittel Koks, Standortvorteil „auf der Kohle“ Bedarf für 1 t Roheisen: 5 t Kohle, ca. 2 t Erz		
	1879 Bessemer-Verfahren	
	1879 Thomas-Verfahren: phosphorreiche Erze wie die lothringischen Minette-Erze können verwendet werden. Mineraldünger als Nebenprodukt (Thomasmehl) Siemens-Martin-Verfahren: ermöglicht die Produktion großer Mengen, Schrottzusatz möglich	Erschließung neuer Erzlager mit hohem Fe-Gehalt auch in Übersee
1930 Bedarf für 1 t Roheisen: 1,3 t Kohle, ca. 2 t Erz (Erzstandorte sind begünstigt: „Nasse Hütten“)		
	1952 LD-Verfahren (Sauerstoffaufblasverfahren): geringerer Energiebedarf	Sinterung und Pelletierung des Erzes (Anreicherung zu hohem Fe-Gehalt)
	1960 Elektroverfahren: Stahl kann aus Schrott gefertigt werden; **ermöglicht Standortspaltung** (Kohle nicht notwendig), geringe Investitionskosten, kleinere, flexiblere Einheiten; Absatzorientierung möglich	relative Verbilligung der Frachtkosten, Vorteile für Standorte an Wasserwegen für große Schiffseinheiten (Schubschiffe) Materialkonkurrenz für Stahl durch Leichtmetalle und Kunststoffe
1968 Bedarf für 1 t Roheisen: 0,7 t Kohle, ca. 2 t Erz		
1969 Direktreduktion über Erdgas (Midrex-Verfahren); Herstellung von Eisenschwamm; Erdgas- und Erzvorkommen sind Standortvorteil; Eisen- und Stahlproduktion von Kohle unabhängig; Standortspaltung möglich		Konkurrenz durch ehemalige Abnehmerländer (z.B. Indien) und Entwicklungsländer mit Erz-, Erdgas- o./u. Kohlevorkommen
	1970 große Bandbreite der Stahlverfahren ermöglicht vielfältige Qualitäten	wachsendes Umweltbewusstsein; Stärkung des Stahl-Recyclingverfahrens
1984 neue Verfahren (u.a. Billigkohle oder Kohlenstaub statt Koks als Reduktionsmittel)		
	1985 Energie optimierte Verfahren mit immer geringerem Energiebedarf; neue Verfahren mit hohem Schrottanteil	Gewichts- und Materialoptimierung durch neue Technologien; abnehmende Materialintensität

abnehmender Kohlebedarf – wachsender Vorteil „beim Erz“, „Nasse Hütte“

steigender Schrottanteil

relativer Rückgang des Stahlbedarfs

A 7 Beschreiben Sie die technischen Abläufe bei der Roheisen- und Stahlgewinnung (Internet) und erläutern Sie, wie sich aus den unterschiedlichen Verfahren unterschiedliche Standortanforderungen ergeben.

A 8 Erklären Sie den Rückgang des einstigen Standortvorteils der Eisen- und Stahlindustrie „auf der Kohle“.

A 9 Vergleichen Sie die Standortqualität „auf der Kohle“ und „an der Küste“ für die Hüttenindustrie.

A 10 Beschreiben Sie die Standorte der Hütten- und Stahlwerke in Europa (Atlas) und ermitteln Sie die entscheidenden Standortfaktoren.

A 11 Mögliche weiterführende Aufgabe für ein Referat: Die Standortgunst ließ das Ruhrgebiet im 19. Jh. zum größten Industrieraum Westeuropas werden. Nennen Sie die Gunstfaktoren und erklären Sie, warum die heutigen Stahlwerke sich ausschließlich in Duisburg befinden und dort sogar neu gebaut wurde.

M 30 Entwicklung der Beschäftigtenanteile im Verarbeitenden Gewerbe in Deutschland

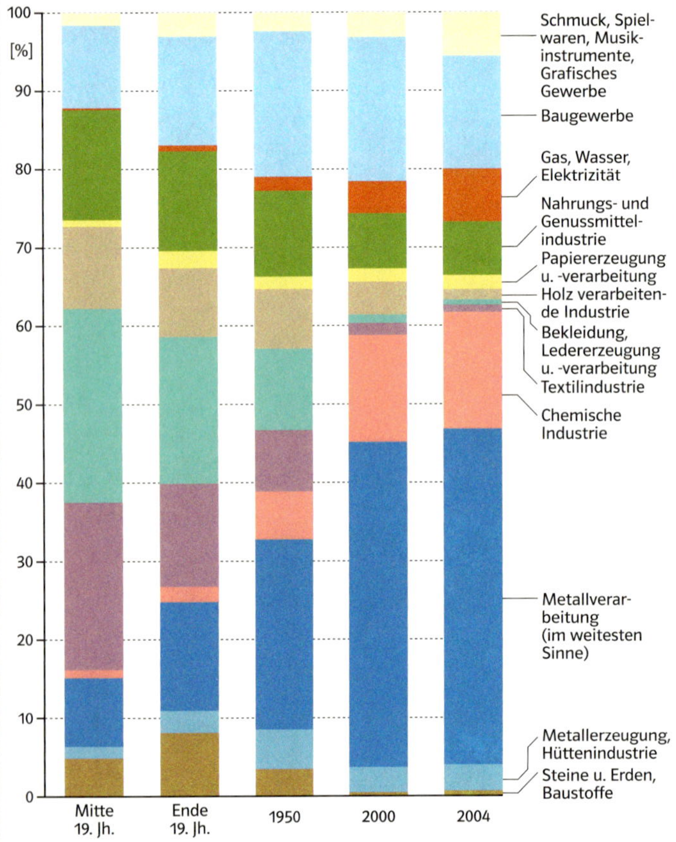

6.2.3 Strukturwandel der Industrie und seine räumlichen Wirkungen

Strukturwandel

Strukturwandel – ein komplexes Phänomen

Mit dem Begriff „Strukturwandel" werden traditionell die Veränderungen zwischen den drei klassischen Wirtschaftssektoren umschrieben, wie Fourastié sie in seinem Modell dargelegt hat (vgl. M3, S. 181). Der seit Jahrzehnten zu beobachtende Beschäftigtenrückgang in der Landwirtschaft und in vielen Branchen des Verarbeitenden Gewerbes sowie andererseits die z.T. beachtlichen Wachstumsraten in zahlreichen Sparten des Tertiären Sektors scheinen die These Fourastiés vom „Sektoralen Wandel" zu bestätigen. Dieser Eindruck relativiert sich allerdings, wenn man die Veränderungen innerhalb der einzelnen Sektoren betrachtet. Sowohl im Sekundären als auch im Tertiären Sektor gibt es nämlich rückläufige und wachsende Branchen.

sektoraler Wandel
Produzierendes Gewerbe
funktionaler Wandel

Noch bis vor wenigen Jahrzehnten konnte man den Sekundären Sektor fest umreißen als das „Produzierende Gewerbe". Im Mittelpunkt der Aktivitäten eines Unternehmens stand die industrielle Fertigung eines Produktes, das eindeutig mit dem Namen des Herstellers identifiziert wurde: Der Automobilkonzern Daimler-Benz z.B. baute primär Fahrzeuge, General Electric (GE) in den USA Produkte der Elektrotechnik usw. Heute arbeitet in den gleichen Firmen selbst dort, wo es noch um die Herstellung des klassischen Erzeugnisses geht, eine wachsende Zahl von Beschäftigten in nicht produzierenden Bereichen, in der Forschung und Entwicklung (F+E), in der Organisation und Verwaltung, im Marketing oder im Servicebereich. In dem Maße, wie der Anteil der Produktionstätigkeiten sinkt, wächst der Anteil der Dienstleistungen in diesen Betrieben. Dies erklärt auch, warum der Anteil der Beschäftigten in Dienstleistungsberufen inzwischen höher ist als der Anteil der Beschäftigten im Dienstleistungsgewerbe.

Noch krasser wirkt sich dieser Strukturwandel aus, wenn eine Firma ihre Produktion grundlegend umstellt. Dann spricht man – im Gegensatz zum sektoralen Wandel – vom funktionalen Wandel. Das vielleicht signifikanteste Beispiel ist in Deutschland die mehrfache Umfirmierung des Unternehmens Preussag. Mit seiner Gründung 1924 wurden alle staatlich betriebenen preußischen Einrichtungen außerhalb des Ruhrgebiets zusammengefasst, die der Förderung und Verarbeitung mineralischer Rohstoffe dienten, vor allem Bergwerke, Hütten und Salinen. Nach der Auslagerung einzelner Unternehmensfelder wandelte sich die Preussag in den 1990er Jahren zu einem fast reinen Energiekonzern. Schließlich verlagerte das Unternehmen seine wirtschaftlichen Aktivitäten mehr und mehr auf die Touristikbranche, ehe 2002 der Wandel mit der Umfirmierung in die TUI AG, Europas größtem Touristikkonzern, abgeschlossen wurde.

M 30 nach Walther Gustav Hoffmann u.a.: Das Wachstum der deutschen Wirtschaft seit der Mitte des 19. Jahrhunderts. Berlin: Springer 1965, S. 68 f., sowie Statistisches Jahrbuch der Bundesrepublik Deutschland. Wiesbaden: Statistisches Bundesamt, verschiedene Jg.

[1] Wolf Gaebe: a.a.O., S. 119

Anmerkungen fordistische Entwicklungsphase vgl. S. 195

***kreatives Milieu** = Standort mit günstigen, zukunftsorientierten Gegebenheiten, z.B. Nähe zu Universitäten und Forschungsinstituten

Online-Link 29260X-6204

Auslöser des industriellen Strukturwandels. Es hat in der Vergangenheit mehrere Auslöser für den industriellen, aber auch gesamtwirtschaftlichen Strukturwandel gegeben. Beispiele:

- Altindustrialisierte Branchen wie die Eisen-, Stahl- und Textilindustrie erlebten in den 1960er–1980er Jahren einen starken Bedeutungsverlust und stürzten Räume wie das Ruhrgebiet, Mittelengland oder den französischen Norden in eine tiefe Krise und erforderten eine Umorientierung auf andere Branchen des Sekundären und Tertiären Sektors (vgl. S. 185–185; S. 189).
- In den 1970er Jahren setzte in Europa eine schwere Strukturkrise der Industrie ein, ausgelöst durch die „Ölkrise" 1973/1974. Damals nutzten die arabischen Staaten im Yom-Kipur-Krieg Erdöl als „Waffe" gegen die Israel unterstützenden westlichen Industriestaaten. Sie erhöhten den Rohölpreis in wenigen Wochen um ca. 400 %. Eine weltweite Wirtschaftsrezession war die Folge, die viele Unternehmen zur Umorientierung zwang.
- Seit den 1980er Jahren findet – ausgelöst durch Innovationen in der Informations- und Kommunikationstechnologie – eine technologische Revolution statt. Sie hat nicht nur Auswirkungen auf den Beschäftigungsmarkt, sondern löst auch zunehmend traditionelle Standortansprüche auf und verändert unter Umständen stark die Produktionsstruktur der betroffenen Firmen.
- Das Ende des kommunistischen Systems zu Beginn der 1990er Jahre ließ die Transformationsländer (Reformstaaten) entstehen, deren (industrie-)wirtschaftliche Strukturen sich jahrzehntelang anders entwickelt hatten als im Westen und die sich seitdem in einem Anpassungsprozess befinden (s. S. 432 ff.). Insbesondere in Deutschland führte der Beitritt der fünf östlichen Bundesländer zu erheblichen Strukturveränderungen.
- Zu Beginn des 21. Jh.s wird der Begriff des strukturellen Wandels in der Industrie schließlich zu einer immer differenzierteren Erscheinung, die durch Stichworte wie Globalisierung, grenzüberschreitende Standortverlagerungen oder Neuordnung der internationalen Märkte charakterisiert ist. Produktions- und Arbeitsmärkte sind heute weltumspannend, also global, von jedem Standort aus erschließbar. Dies erfordert u. a., dass die Unternehmen sich neu organisieren müssen, wollen sie im internationalen Konkurrenzkampf bestehen.

M 31 Industrie- und Gewerbegebiet Rosenblumendelle auf dem Gelände der gleichnamigen ehemaligen Schachtanlage in Mülheim (Ruhr)

Räumliche Wirkungen des Strukturwandels. „Am stärksten von dem wirtschaftlichen Strukturwandel und den Veränderungen der Arbeitsorganisation und Technologien sind die Räume betroffen, in denen sich die für die fordistische Entwicklungsphase [vgl. S. 195] besonders typischen Industrien konzentrieren. Da neue Wachstumsindustrien nicht dort entstehen, wo frühere Wachstumsindustrien entstanden sind, durchlaufen industriebestimmte Räume Wachstums-, Stagnations- und Schrumpfungsphasen [vgl. Fallbeispiele S. 184–185; S. 189] ... Aussagen zu den räumlichen Wirkungen des Globalisierungsprozesses erscheinen widersprüchlich. Einerseits wird eine Dezentralisierung der Unternehmensfunktionen beobachtet, andererseits eine Re-Regionalisierung in Form regional integrierter Produktionskomplexe, ‚neuer Industriedistrikte' und kreativer Milieus*." [1]

Altindustrie (G)
Ölkrise
Rezession

Die Umstrukturierung der industriellen Arbeitsplätze zieht wiederum erhebliche räumliche Wirkungen nach sich. Mit der Auf- bzw. Abwertung der industriellen Standorte verändern sich sowohl die Standortansprüche wie auch die Standortwirkungen industrieller Unternehmen. So beeinflussen z. B. geänderte Produktionsverfahren die Anforderungen an Gebäude und an Verkehrsanschlüsse, wie der Vergleich eines traditionellen Hüttenwerks mit einem modernen Industriepark zeigt (vgl. Foto M 16 auf S. 189 mit der Luftaufnahme M 31). Neue Standortmuster sind ferner möglich durch steigende Umweltauflagen, z. B. Aussiedlung emissionsstarker Betriebe aus Wohngebieten, oder durch den Wunsch nach einer angemessenen Attraktivität des Arbeitsplatzes.

Transformation

M 32 Die Langen Wellen der Konjunktur

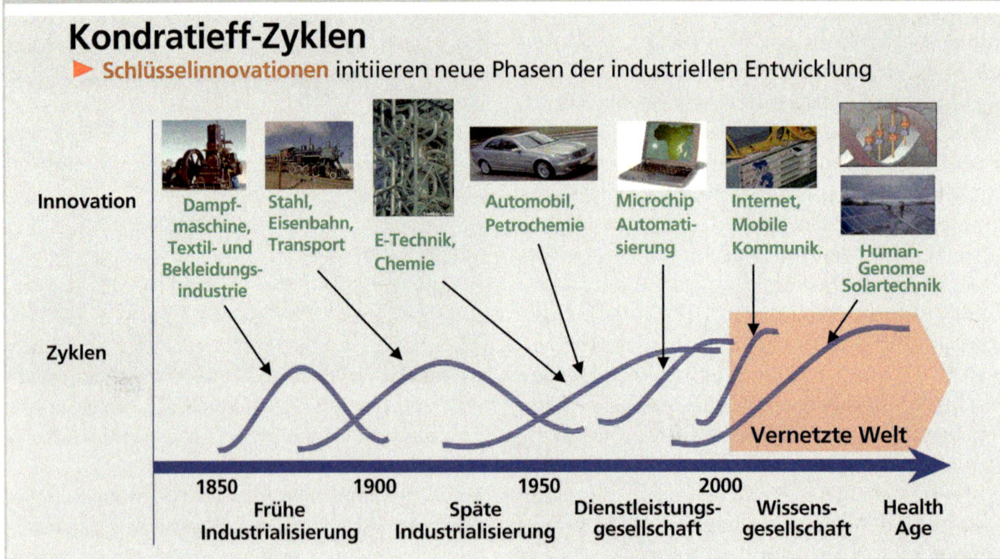

Innovation

Kondratieff (G)

Theorie der Langen Wellen

Theorie der Langen Wellen

Innovationen gaben für die Wirtschaft seit jeher Anstöße für Weiterentwicklungen und Umstrukturierungen. Beispiele solcher Innovationen sind das Rad, das Schießpulver oder die Dampfmaschine. Innovationen können aber auch nicht-materieller Art sein. So rechnet man in der Volkswirtschaft zu den Innovationen im weiteren Sinne auch neue Verfahren in der Produktion, bei der Beschaffung oder Organisation. Die Neuerungen können qualitative Verbesserungen bei schon existierenden Produkten sein oder völlige Neukonstruktionen. Häufig ist der Nachfragerückgang bei einem Produkt der auslösende Faktor, der einen Betrieb zwingt, sich neue Anwendungsbereiche zu eröffnen oder ein neues bzw. verbessertes Produkt zu entwickeln und auf den Markt zu bringen.

Durch Innovationen entstehen neue Industriezweige oder Branchen, wie z. B. die Kunststoffindustrie, die Biotechnik oder die Nanotechnologie. Vorhandene Branchen ihrerseits können Innovationen übernehmen, ihre Produktionsverfahren umstellen und so unter Umständen ihre Existenz sichern. Neue Erfindungen und die durch sie ausgelösten Innovationen können aber auch zum Niedergang von Industriezweigen oder sogar Industrieräumen führen. Ein Bespiel dafür ist die auf den Seiten 189–191 behandelte Schwerindustrie.

Kondratieff-Zyklen. Die Geschichte der Industrie zeigt, dass bestimmte Räume während einzelner Phasen Gunsträume für die Industrie mit ganz bestimmten Schwerpunkten waren. In diesen Phasen kamen industrielle und wirtschaftliche Innovationen gehäuft vor und führten zu zahlreichen Folgeinnovationen. Daraus konnten dann lange Wachstumsphasen der Gesamtwirtschaft werden.

Der russische Wissenschaftler Nikolai Kondratieff beschrieb schon 1926 diese „Langen Wellen der Konjunktur“ (M 32). Kondratieff rechnete mit langen Wachstumsprozessen und -schwankungen in Zeitabschnitten von 50 bis 60 Jahren. Diese Zeitabschnitte sah er im kapitalistischen System begründet, wobei er aber nicht wie Karl Marx den Zusammenbruch dieses Systems voraussagte. Kondratieffs Theorie blieb lange Zeit umstritten, hat aber durch die in den Industrieländern seit Beginn der 1980er Jahre zu beobachtenden konjunkturellen Änderungen wieder aktuelle Bedeutung gewonnen. Heute geht die Diskussion vor allem darum, ob wir uns bereits in einer sechsten Langen Welle befinden.

A 12 Beschreiben Sie die Entwicklung der Branchenstruktur des Verarbeitenden Gewerbes in Deutschland (M 30) und erläutern Sie besonders auffällige Veränderungen.

A 13 Erläutern Sie die Theorie von Kondratieff.

A 14 Bestimmen Sie für die einzelnen Kondratieff-Zyklen die Standorte der Produktionszentren.

Industriewandel und Veränderung der Produktionsstrukturen

Das Ziel der Gewinnmaximierung zwingt die Wirtschaft, konkret die Unternehmer, immer wieder neue Produktionssysteme zu entwickeln. Darunter versteht man Strategien zur Gestaltung von Produktionsprozessen. Seit Anfang des 20. Jh.s lassen sich in Nordamerika und Europa zwei grundlegende Modelle unterscheiden: Fordismus und Postfordismus.

Fordismus. Mit Fordismus werden die durch Henry Ford (1863–1947) in der US-amerikanischen Automobilindustrie eingeführten Produktionsmethoden bezeichnet. Ziel von Henry Ford war es, ein technisch einfaches Fahrzeug zu produzieren, finanzierbar von jeder amerikanischen Mittelschichtfamilie. Wurden im Jahre 1909 in den Fordwerken noch auf herkömmliche, handwerkliche Art wenige tausend Autos zu hohen Kosten hergestellt, so konnte bis 1929 die Produktion auf 30 Mio. Fahrzeuge gesteigert werden. Ermöglicht wurde dies durch die Massenproduktion standardisierter Teile und die Montage am Fließband. Es waren einfache Fahrzeuge des gleichen Modells (Model T).
Als Folge der standardisierten Produktion am Fließband konnte der Preis für das Model T von 800 US-$ (1912) auf 290 US-$ gesenkt werden. Da gleichzeitig die – in der Regel gering qualifizierten – Arbeiter gut bezahlt wurden, stieg die allgemeine Kaufkraft, was wiederum dem Massenkonsum zugute kam und damit den Absatz förderte.

Postfordismus. Seit Mitte der 1970er Jahre geriet das fordistische System in eine Krise. Als Folge sinkender Nachfrage nach standardisierten Produkten und unzureichenden Innovationen im Produktionsprozess sank die Produktivität der Unternehmen. Es entstanden Überkapazitäten, und enorme Umsatzeinbrüche traten ein. Diese schwierige Situation wurde durch die wachsende internationale Konkurrenz noch verstärkt. Seitdem versuchen die Unternehmen auf die stärker individualisierte Nachfrage mit einer bedürfnisgerechteren Produktion und einer Flexibilisierung der innerbetrieblichen Organisations- und Produktionsprozesse zu reagieren. Ermöglicht wird dies vor allem durch den Einsatz multifunktionaler EDV-gesteuerter Produktionstechniken, flexibler und qualifizierter Arbeitskräfte sowie multifunktionaler Maschinen, die eine schnellere Reaktion auf die individualisierten Marktwünsche realisieren helfen. Verbunden ist damit eine Veränderung der Arbeitsorganisation sowie der Zusammenarbeit mit den vor- und nachgeschalteten Unternehmen.

Fordismus (G)
Postfordismus (G)

M 33 Fordistisches und Postfordistisches Modell in der Automobilindustrie

	Fordistisches Modell	Postfordistisches Modell
Produktions-organisation	• Fließband • Einzweckmaschinen • hohe Fertigungstiefe (viele Produktionsschritte werden innerhalb der Firma ausgeführt) • viele direkte Zulieferer	• Fließband und flexible Arbeitsgruppen • flexible Mehrzwecktechnologien • geringe Fertigungstiefe • wenige Zulieferer, Just-in-time-Anlieferung
Arbeits-organisation	• große Lagerhaltung • Produktion durch eng qualifizierte und ungelernte Arbeitskräfte • relativ einfache Arbeiten in vorgegebener Folge	• geringe Lagerhaltung • Produktion durch höher qualifizierte Arbeitskräfte, Gruppenarbeit • Flexibilisierung der Arbeitsorganisation
Produkte	• Massenproduktion • geringe Produktdifferenzierung • Größenvorteile (Economies of scale)	• Produktion kleiner Serien • starke Produktdifferenzierung • Verbundvorteile (Economies of scope)

economies of scale
economies of scope

M 32 nach Leo A. Nefiodow: In Capital 1/2, 2000: Hamburg: Gruner + Jahr 2000

M 33 Arno Kreus/Paul Lindner/Norbert von der Ruhren: Industrie/Dienstleistungen. Fundamente Kursthemen. Gotha: Klett-Perthes 2004, S. 33

Online-Link
29260X-6205

Unternehmensstrategien zur Erhöhung der Produktivität

Produktivität

Wirtschaften heißt für den Unternehmer immer „entscheiden“, z. B. wie er seinen Betrieb ordnen soll, um mit den knappen Gütern effektiv umzugehen und gleichzeitig einen höchstmöglichen Ertrag zu erzielen, wie er durch Werbung den Absatz steigern oder durch technische Innovation die Produktivität seines Betriebes steigern kann. Er muss Strategien entwickeln, mit denen er Wettbewerbsvorteile erlangen und so sein Unternehmen bzw. seinen Standort sichern kann. Einige dieser neuen Unternehmensstrategien werden auf den folgenden Seiten näher vorgestellt.

Wettbewerbsvorteil

Fertigungstiefe

Kernkompetenz

Forschung und Entwicklung (F + E)

Outsourcing (G)

Just-in-time

Verringerung der Fertigungstiefe. Von zentraler Bedeutung ist für viele Unternehmen eine Verringerung der Fertigungstiefe. Hierunter versteht man den Anteil der in einem Betrieb selbst entworfenen bzw. produzierten Bauteile und Komponenten. In den 1970er Jahren lag diese Quote in der Automobilindustrie noch bei 80 %, heute ist sie auf ca. 30 % gesunken.

Aus Sicherheitsgründen produzierte ein Unternehmen früher möglichst alle Fertigteile bis zum fertigen Endprodukt im eigenen Betrieb. Dies war jedoch äußerst kostenintensiv, und deswegen gingen die Unternehmen dazu über, sich auf den Kernbereich zu beschränken und möglichst viele Vorprodukte bei Zulieferbetrieben in Auftrag zu geben. Diese übernehmen nicht nur die Herstellung, sondern auch die technologische Weiterentwicklung der Vorprodukte, während das Hauptunternehmen die Kernkompetenz behält, d. h. vor allem Forschung, Entwicklung und Endherstellung. Da die Löhne in den Zulieferbetrieben vielfach geringer sind, diese das unternehmerische Risiko und auch die z. T. erheblichen Folgekosten tragen, z. B. im Umwelt- und Sozialbereich, bringt eine Verringerung der Fertigungstiefe für die Hauptunternehmen in der Regel extreme Kosteneinsparungen.

Just-in-sequence

Rollende Lager

M 34 Just-in-time

Die Auslagerung von Teilen der Produktion und die Vergabe von Aufträgen an Drittunternehmen bezeichnet man als Outsourcing. Sie umfasst nicht nur die Herstellung von Bauteilen für die Endproduktion, sondern zunehmend auch den Dienstleistungsbereich, z. B. Wachdienste, Reparaturen, Gehaltsabrechnungen, Gebäudereinigung oder die Spedition und andere logistische Leistungen.

Just-in-time. Derartige Veränderungen bei der Eigenherstellung erfordern eine enge Kooperation mit den Zulieferbetrieben und eine exakt abgestimmte Logistik. Während früher umfangreiche Lager zur Bevorratung der Produktion gehalten wurden – in der Automobilindustrie z. B. für Reifen, Sitzgarnituren, Instrumente – werden heute Zulieferer vertraglich zu einer zeitgenauen Anlieferung der benötigten Teile (Just-in-time) und an den genauen Ort des Produktionsprozesses (Just-in-sequence) verpflichtet. Erleichtert wird dies dadurch, dass am Fließband statt einzelner Bauteile heute meist komplexe Module, z. B. vollständige Armaturenbretter, angeliefert und eingebaut werden.

Ziele des Just-in-time-Prinzips sind nicht nur eine Verringerung der Lagerhaltung – das Lager im Produktionsbetrieb wird durch die LKW als „Rollende Lager“ auf der Autobahn ersetzt -, sondern, wie beim Outsourcing, eine Minimierung von Kosten und Unternehmensrisiken. Negative Folgen sind zum einen die Umweltbelastungen infolge des erhöhten Transportaufkommens und zum anderen die betriebswirtschaftlichen Risiken für die Zulieferfirmen, da sie z. T. hohe Konventionalstrafen zahlen müssen, wenn es durch Staus oder Streiks zu Lieferungsverzögerungen kommt. Wie beim Outsourcing, so können sich aber auch für das Hauptunternehmen Nachteile ergeben, z. B. Verlust an Know-how, mangelnde Qualität der zugelieferten Teile oder Dienstleistungen. Dies mag ein Grund dafür sein, warum einige Betriebe inzwischen ihre ausgelagerten Sparten wieder zurückholen bzw. warum einzelne Zulieferbetriebe sich direkt „am Band“ ansiedeln.

Lean Production. Zahlreiche Maßnahmen betreffen die personelle und organisatorische Verbesserung der Produktionsmethoden. Lean Production (schlanke Produktion) ist eine dieser Maßnahmen, die – von den Japanern übernommen (vgl. S. 402) – zum Zauberwort der 1990er Jahre wurde. Durch eine Verkürzung und Flexibilisierung der Produktionsabläufe sollen alle entbehrlichen Arbeitsschritte vermieden und so eine höhere Produktivität bei großer Variantenvielfalt und höchster Qualität erzielt werden, um z. B. rasch auf veränderte Marktbedürfnisse reagieren zu können. Verschlankt wird aber nicht nur der eigentliche Herstellungsprozess. Lean Production schließt vielmehr alle Unternehmensbereiche ein, vom Einkauf und der Produktentwicklung über die Verwaltung (Lean Administration) und das Management (Lean Management) bis zum Vertrieb.

„In Stichworten bedeutet Lean Production:
- Mehr Verantwortung für alle Arbeitnehmer und die unteren Stufen des Managements durch Abflachung der Hierarchien,
- Einführung der Gruppenarbeit,
- ein auf die Analyse von Fehlern begründetes Qualitätsmanagement,
- Just-in-time-Lieferung,
- Verkürzung der Entwicklungszeiten,
- Verringerung der Fertigungstiefe und die damit verbundene Übertragung von Entwicklungsaufgaben und der Qualitätssicherung an die Zulieferunternehmen.

Gegenüber der Massenproduktion verfügt die Lean Production als Produktionsweise des Informationszeitalters über zwei entscheidende Vorteile:
- Zum einen die Übertragung eines Maximums an Verantwortung und an Aufgaben auf jene Arbeitnehmer, die tatsächlich Wertschöpfung beispielsweise am Auto erbringen, bei um die Hälfte reduziertem Bestand an Arbeitskräften und Fabrikfläche und bei um den Faktor zehn geringerem Lagerbestand.
- Zum anderen die Flexibilität der Lean Production, welche die Fertigung kleiner Serien ermöglicht.“ [2]

M 35 Umsatz und Beschäftigung in der Automobil-Zulieferindustrie

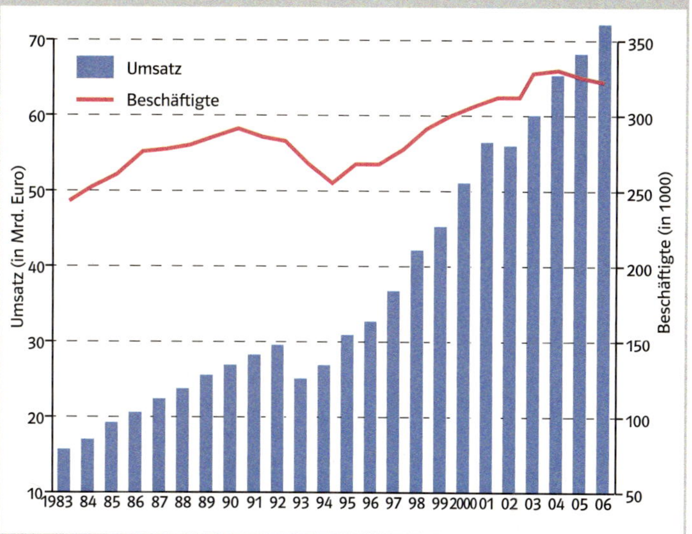

Team- und Gruppenarbeit. Ein wesentliches Element der Lean Production ist die Gruppenarbeit. Hier übernehmen Arbeitsgruppen eigenverantwortlich die Arbeitsplanung, Arbeitssteuerung, Programmierung bis hin zur Qualitätskontrolle.

Lean Production
Lean Administration
Lean Management

Gruppenarbeit

M 36 Was ist anders an der Gruppenarbeit?

Bisherige Arbeitsorganisation	Gruppenarbeit
Qualitätssicherung Sache von Spezialisten (= Kontrolle!)	Qualitätssicherung Aufgabe der Gruppe (= Integration)
Instandhaltung der Maschinen durch Reparaturabteilung	Vorbeugende Instandhaltung durch die Gruppe
Teileversorgung durch Logistik	Materialabruf durch Gruppe
Festlegung der Auftragsfolge durch Fertigungssteuerung	Feinsteuerung durch die Gruppe
Rationalisierung durch Fertigungsplaner	Kontinuierliche Verbesserung
Arbeitszeit durch Vorgesetzten bestimmt	Gruppe hat „Zeitsouveränität“

A 15 Erläutern Sie wesentliche Merkmale der postfordistischen Phase (M 33).
A 16 Erläutern Sie, ausgehend von der Karikatur M34, Auswirkungen des Just-in-time-Prinzips.
A 17 Vergleichen Sie Just-in-time-Produktion und Lean Production im Hinblick auf das betriebswirtschaftliche Ziel „Erhöhung der Produktivität“.

[2] Jörg Maier/Reiner Beck: a. a. O., S. 70 – 71, leicht geändert

M 35 nach VDA (Verband der Automobilindustrie): Jahresbericht Auto 2003 und 2007; auf www.vda.de/de/service/jahresbericht/auto2007/index.html, April 2008

M 36 VDMA (Verband deutscher Maschinen- und Anlagenbau): Gruppenarbeit – Chancen für den Maschinenbau. Stuttgart o. J., gering verändert

Online-Link 29260X-6206

Fallbeispiel: smart France

M 37 smart – Eine innovative Idee

„smart – Nicht nur das Auto ist innovativ, der Produktionsstandort ist es ebenso. Nach einer Idee des Schweizer Swatch-Uhrenherstellers Nicolas Hayek entwickelt und von Daimler zur Produktionsreife gebracht, hat sich die Vorstellung, ein spezielles Auto für ein urban geprägtes Umfeld zu bauen, durchgesetzt. In Hambach bei Sarreguemines entstand in Lothringen eine der modernsten Automobilproduktionen weltweit."

M 38 Großer Staatsakt für den kleinen smart

„Die Micro Compact Car GmbH wurde im April 1994 gegründet. Am 14. Oktober 1995 wurde in Hambach bei Sarreguemines/Lothringen, damals Frankreichs größter Baustelle, der Grundstein für „Smartville" gelegt. Bereits am 27. Oktober 1997 können der französische Präsident Jacques Chirac und der deutsche Bundeskanzler Helmut Kohl die Eröffnung zelebrieren. 1998 beginnt die Serienproduktion des smart, der als Antwort auf die zunehmende Raumnot in städtischen Agglomerationen konzipiert wurde."

M 39 Fabrik der Zukunft

„Der Produktionsort des smart bei Hambach in Lothringen wurde bereits vier Jahre vor der Werkseröffnung geplant. Im Mittelpunkt stand die Form. Der Baukörper sollte durchlässig sein für Materialanlieferungen, erweiterbar und flexibel, Lösungen mit Spaghetti-, U- oder L-Form wurden zugunsten einer Kreuzform verworfen. Dementsprechend wurde das Montageband in vier große Bereiche aufgeteilt: Arbeiten unter dem Fahrzeug, im Fahrzeug, Verkleidungen und Arbeiten außerhalb des Fahrzeugs. Die Zulieferer werden Systempartner genannt. Sie sind rechtlich selbstständig, aber innerhalb der Produktion nicht von anderen zu unterscheiden."

M 40 Standort „Smartville" in Hambach bei Sarreguemines im Luftbild

M 41 Der Standort Hambach

„Die Beteiligung der SOFIREM [französische Institution, deren Aufgabe die Umstrukturierung von Bergbauregionen ist] war in dem Moment gesichert, in dem die Standortentscheidung zum Bau der neuen Fabrik für Hambach bei Sarreguemines im Departement Moselle fiel. Über 70 mögliche Standorte waren einer sorgfältigen Prüfung unterzogen worden, ehe der Europôle an der Autobahn A 4 Strasbourg – Paris ausgewählt wurde. Das rund 70 ha große Gelände besitzt einen eigenen Eisenbahnanschluss und ist über die Route Nationale N 61 mit Sarreguémines verbunden. ... Neben der guten Verkehrsanbindung war für die Ansiedlung vor allem das große Potenzial qualifizierter Arbeitskräfte in dieser grenznahen Region wichtig. Überwiegende Zweisprachigkeit spielt für ein weitgehend von deutschem und französischem Kapital bestimmtes Unternehmen eine ebenso große Rolle wie die Tatsache, dass die Lohnkosten in Frankreich niedriger sind als in Deutschland oder der Schweiz."

M 42 Produktionskonzept des smart

„Just-in-time, modulare Produktion, Teamverantwortung, Systempartner – in der smart-Fabrik in Hambach ist alles verwirklicht, was in der betrieblichen Organisationslehre in Mode ist. Die Eigenfertigungstiefe bei smart France liegt bei unter zehn Prozent. Hauptmodule wie Karosserie, Cockpit, Sicherheitszelle, Hinterachse mit Antrieb, Türen und Heckklappe sowie die Kunststoffverkleidung werden von eigenverantwortlichen Systempartnern vor Ort produziert; smart France besorgt lediglich die Endmontage ...
Für die ... Planung und Beschaffung, für die Logistik und das Personalwesen sind externe Consultants verantwortlich.
Selbstverständlich zählt auch die Ökologie zur Firmenkultur und Imagebildung von smart France: Sämtliche 20 Fabrikgebäude sind frei von Formaldehyd und FCKW, und die Fassadenverkleidung besteht aus Trespa, einem größtenteils aus schnell nachwachsenden europäischen Hölzern gewonnenen Rohstoff. Die Chassis des smart sind pulverlackiert, wodurch keine Lösungsmittel frei werden und kein Sonderabfall wie Lackschlämme anfällt."

M 43 Produktionsfluss des smart

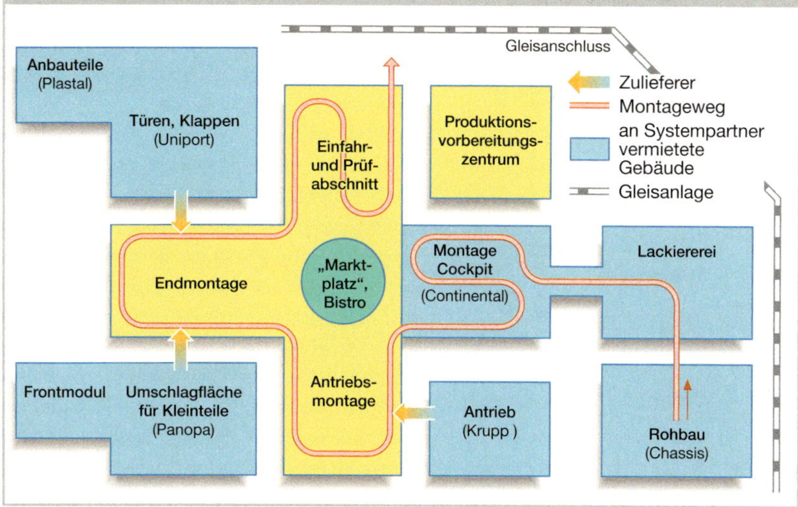

M 44 Lieferentfernungen von Modulen zur Endmontage in Hambach

Cockpitmodul	0 km
Bodengruppe	0 km
Komplettrad	230 km
Kühlmodul	230 km
Sitzmodul	240 km
Bremsmodul	240 km
Abgasanlage	250 km
Schaltgetriebe	260 km
Bremsleitungen	570 km
Scheinwerfer	690 km
Hinterachsmodul	700 km
Motor	780 km
Innenverkleidung	1000 km

Einige Entferungen sind ungenau, da manche Hersteller ihre Module an unterschiedlichen Standorten produzieren und sich die Lieferverflechtungen z.T. geändert haben.

M 45 Der smart – ein „schnelles" Auto

„Es wird in zwei Schichten gearbeitet, ein Fahrzeug benötigt eine Montagezeit von drei Stunden. Das ist im europäischen Vergleich ein absoluter Spitzenwert. Die Montagezeit bei den bisher erfolgreichsten europäischen Automobilherstellern ist bei vergleichbaren Arbeiten mehr als doppelt so hoch. In der Mitte der Fabrik befindet sich das Zentrum, auch Marktplatz genannt. Hier werden für alle sichtbar Fahrzeuge der Tagesproduktion mit Mängeln abgestellt, sodass eine ständige Qualitätsüberprüfung gewährleistet ist. Die Systempartner sind jeweils verantwortlich für die Just-in-time-Lieferung ihrer Module, die z.T. aus weit entfernten Werken angeliefert werden … Flexibilität, Just-in-time und minimale Lieferfristen erlauben eine Reduktion der Transport- und Logistikkosten auf ein absolutes Minimum, aufwändige Lagerhaltung erübrigt sich."

M 47 Innovative Transportlogistik

„Um dieses Verbundsystem zu betreiben, gehören zum smart-France-Verbund zwei Logistikfirmen. So zeichnet das Logistik- und Transportunternehmen Panopa für die Bereitstellung der Teile an den Montagelinien verantwortlich und die Spedition Mosolf für die Auslieferung der Fahrzeuge. Alle genannten Firmen besitzen Niederlassungen in Europôle und haben dadurch zusätzliche Arbeitsplätze geschaffen."

M 46 smart France – Daten und Fakten (Ende 2007)

Standort	70 km von Metz, 90 km von Strasbourg, 25 km von Saarbrücken
Aktionär	Daimler AG (100 %)
Investitionsvolumen	550 Mio. Euro
bebaute Fläche	Werksgeländefläche: 732 000 m², bebaute Grundfläche 138 337 m²
Arbeitsplätze	rund 830, rund 800 weitere bei den Systempartnern Magna Chassis, Continental, Krupp, Uniport, Plastal, Panopa und Mosolf auf dem Werksgelände
Aktivitäten	Fertigung von smart fortwo, cabrio
Jahresproduktion	mehr als 102 600 im Jahr 2007
Fertigungszeit	ca. 8 h, davon Endmontage 3 h für den smart fortwo

A 18 Begründen Sie die Standortwahl für das smart-Werk.

A 19 Kennzeichnen Sie das Produktionssystem unter den Aspekten „Innovation" und „Produktivität".

M 37, 38, 41, 45, 47 Paul Palmen: La dynamisation d'une région. Le site industriel de Smartville en Lorraine. In: Geographie und Schule, 24. Jg., H. 137 (Juni 2002). Köln: Aulis 2002, S. 24, 25, aktualisiert

M 39 VDI nachrichten vom 30.3.2001

M 42 nach Angaben der DaimlerChrysler AG, Team Information und Kommunikation 2001, aktualisiert

M 43 nach www.innovation-aktuell.de/kl1504.htm, April 2008, aktualisiert

M 46 nach Angaben der Daimler AG, Abt. Global Business Communications, Operations, alle Aktualisierungen dieser Doppelseite von dort

M 48 Ausgewählte Cluster in Deutschland

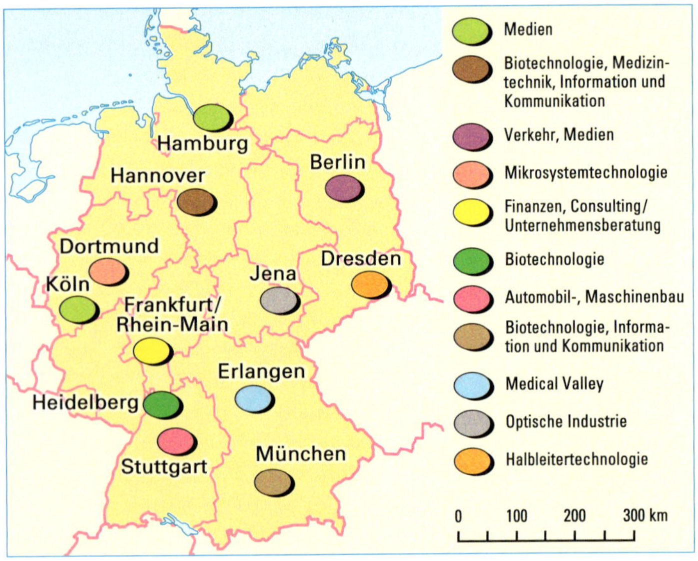

6.2.4 Neue Organisationsformen der Wirtschaft

Lean Production
Just-in-time

Produktionsmethoden wie Lean Production oder Just-in-time haben nicht nur zu einer Aufsplittung des Produktionsprozesses geführt, sondern bewirken auch immer engere Kontakte mit einer größeren Zahl spezialisierter Klein- und Mittelbetriebe, die die notwendigen Vorprodukte und Dienstleistungen bereitstellen. Als Ergebnis dieser Tendenzen bilden sich so genannte Unternehmensnetzwerke, auch Cluster genannt. Der Begriff Cluster kommt aus dem Englischen und bedeutet so viel wie Traube, Gruppe, Schwarm.

Cluster

Spin-off-Betriebe

Cluster. „Unter Cluster versteht man die geographische Konzentration von miteinander in Verbindung stehenden Unternehmen und Institutionen in einem bestimmten Wirtschaftszweig oder in einem Technologiebereich. Das bekannteste Beispiel … ist sicherlich das Silicon Valley in den USA [vgl. S. 370 f.] … Besondere Merkmale eines Clusters sind die intensive Kooperation der Akteure entlang der gesamten Wertschöpfungskette, aber auch der intensive Wettbewerb untereinander. Besonders dieser letzte Punkt ist ein entscheidender Grund für die hohe Innovationskraft und Effizienz von Clustern …
Funktionierende Cluster zeichnen sich vor allem durch drei Eigenschaften aus:
- durch innovative wissenschaftliche Einrichtungen und Großunternehmen,
- durch viele leistungsfähige kleine und mittelständische Unternehmen,
- durch eine Wirtschaftspolitik, die regionale Kompetenzen stärkt und Unternehmensgründungen erleichtert und fördert.

Häufig bilden wissenschaftliche Zentren oder große Unternehmen Kristallisationspunkte für das Entstehen und das Funktionieren von Clustern. Insbesondere auch die räumliche Nähe der Universitäten, Forschungseinrichtungen und Unternehmen zueinander und die daraus resultierende Kombination von wissenschaftlicher, technischer und wirtschaftlicher Kompetenz tragen zu einem intensiven und oft informellen Informationsaustausch bei. So hätte das Silicon Valley ohne die Stanford University oder die Medizintechnik-Region rund um Erlangen ohne die Aktivitäten von Siemens sicher nicht den Erfolg, der sie heute auszeichnet … So ist auch die enge Zusammenarbeit, vor allem vor- und nachgelagerter Produktionsstufen und mit den Universitäten, typisch für erfolgreiche Cluster.“ [3]

Die Wettbewerbsvorteile der Cluster ergeben sich vor allem aus einer verbesserten Arbeitsteilung zwischen den beteiligten Unternehmen und Institutionen. In dem Maße, wie die einzelnen Firmen Sekundärfunktionen auslagern (vgl. Outsourcing, S. 196), können sie sich auf ihre Kernkompetenzen konzentrieren und so eine höhere Produktivität erzielen. Weitere Vorteile ergeben sich aus dem verbesserten Zugang zu Know-how und Informationen, da diese unter den Partnern ausgetauscht werden können. Als nachteilig kann sich unter Umständen der vermehrte Koordinations- und Kommunikationsaufwand erweisen, der durch die Abstimmung zwischen den beteiligten Partnern notwendig ist.

Spin-off-Betriebe. Die Synergieeffekte, d.h. die durch die Zusammenarbeit von Betrieben erzielten Kostenvorteile, die räumliche Konzentration von Know-how und die gesteigerte Innovationskraft begünstigen die Entwicklung neuer Produkte in besonderem Maße. Daher finden sich in den Clustern auch häufig so genannte Spin-off-Betriebe. Das sind von ehemaligen Mitarbeitern von Großunternehmen oder Universitäten/Forschungseinrichtungen gegründete Betriebe (vgl. S. 375), die – z.T. in Abstimmung mit dem früheren Unternehmen – einzelne Funktionen oder Produktionsschritte übernehmen und so die Fertigungstiefe im Stammunternehmen verringern. Die Spin-off-Betriebe transferieren ihr Spezialwissen in die Produktion der Stammunternehmen und nutzen umgekehrt deren Forschungsergebnisse, um Güter herzustellen, wie z. B. Software für Rechner oder GPS-Geräte.

Virtuelle Unternehmen. Eine Sonderform unternehmerischer Netzwerke sind die so genannten virtuellen Unternehmen bzw. virtuellen Fabriken. Darunter versteht man eine zeitlich begrenzte Kooperation mehrerer rechtlich selbstständiger Firmen oder Unternehmensbereiche. Ihr Ziel ist es, ein Produkt oder eine Dienstleistung zu erstellen, wobei die einzelnen Partner diejenigen Aktivitäten einbringen, auf die sie sich besonders spezialisiert haben und die sie besonders beherrschen. Eine virtuelle Fabrik ist ein dynamischer Produktionsverbund, d.h. sie arbeitet auftragsbezogen und tritt gegenüber dem Kunden wie eine reale Fabrik auf. Nach Beendigung des Auftrags löst sich der Verbund wieder auf.

Virtuelle Unternehmen entstehen auf der Basis des E-Business. Dadurch ist das alte Problem der Wirtschaft, Entfernungen zu überbrücken, den „Raum zu überwinden", bei ihnen auf eine neue Weise gelöst. Denn viele Teile des Produktionsprozesses können im Internet oder durch Telekommunikation ganz ohne Standortbindung ablaufen. Auch manche „Produkte" lassen sich fast ohne Transportkosten im Netz befördern: Pläne, Entwürfe, ja sogar die Steuerung von Maschinen kann grundsätzlich online erfolgen.
Virtuelle Betriebe sind im Prinzip dezentralisiert. So kann beispielsweise die Firmenzentrale, wo die Strategien konzipiert und die „Produkte" entworfen werden, in München ihren Sitz haben, während die Logistik von Hamburg aus arbeitet und die Produktion auf verschiedene Kontinente verteilt ist, je nachdem, wo am kostengünstigsten und effektivsten produziert werden kann. Damit ist die Bindung an einen Standort weitgehend aufgehoben, und auch die Bindung an Tageszeiten spielt keine Rolle mehr, da weltweit „rund um die Uhr" geplant, entwickelt, produziert und geliefert werden kann.

M 49 Informations- und Kommunikationstechnologien induzieren Wandel*

Eine unabdingbare Voraussetzung für das Gelingen eines virtuellen Unternehmens ist, dass die Zusammenarbeit zwischen den Partnern nach festen, vorab akzeptierten Regeln organisiert wird. Die so abgestimmte Zusammenarbeit ermöglicht es, gegenüber dem Kunden mit einer umfassenden Lösung aufzutreten, ohne dass dieser vorher zeitaufwändige Verhandlungen mit den einzelnen Partnern aufnehmen muss.
Als besondere Stärken eines Virtuellen Unternehmens sind zu nennen:
- geringer Anfangsaufwand im Vorfeld einer Entwicklungszusammenarbeit,
- Optimierung von Kompetenzen und Produktionsmitteln,
- Nutzung vieler unterschiedlicher Kernkompetenzen,
- geringer Beschaffungs- und Administrationsaufwand,
- rascher Produktionsbeginn,
- Investitions- und Kostenvorteile,
- schnelles und flexibles Reagieren auf Marktwünsche,
- wettbewerbsfähige Preise.

Unternehmensnetzwerk
E-Business

virtuelles Unternehmen

A 20 Beschreiben Sie die Funktionsweise eines Clusters.
A 21 Stellen Sie das Produktionssystem eines Virtuellen Unternehmens in einem einfachen Schema dar.
A 22 Erörtern Sie Vor- und Nachteile der in diesem Teilkapitel vorgestellten neuen Organisationsformen der Wirtschaft.

[3] Siemens – Wirtschaft und Politik, Februar 2000, Nr. 08, GJ 99/00M48 nach ebenda, ergänzt

M 49 nach Fraunhofer Institut für Arbeitswirtschaft und Organisation/Institut für Arbeitswissenschaft und Technologiemanagement, Stuttgart

***CAD** (Computer aided design): Computergestützte Entwicklung; Whiteboard (weiße Tafel): hier internetbasierte Software, die es verschiedenen Usern erlaubt, miteinander zu schreiben oder zu zeichnen, wobei jeder Akteur die Aktionen in Echtzeit auf seinem Computerbildschirm verfolgen kann

Online-Link
29260X-6207

Fallbeispiel: **Dresden – Hightech-Standort von internationalem Rang**

M 50 Wirtschaftsraum Dresden

M 51 Top-Ten-Wirtschaftsstandort

„Die sächsische Landeshauptstadt ist nicht nur eine attraktive Großstadt, sondern hat sich in den letzten Jahren auch zu einem anerkannten und dynamischen Wirtschafts- und Wissenschaftsstandort entwickelt. Spektakuläre Ansiedlungserfolge, konstantes Wirtschaftswachstum, steigende Umsatzzahlen und umfangreiche Erweiterungen ansässiger Unternehmen, sinkende Arbeitslosenzahlen und eine steigende Kaufkraft beweisen dies ebenso eindrucksvoll wie vordere Plätze in allen namhaften Wirtschaftsrankings.

Die Wirtschaft der Stadt stützt sich auf ein breites Branchenspektrum. Die entscheidenden Wachstums- und Entwicklungsimpulse gehen dabei von drei zukunftsorientierten Kompetenzfeldern aus: Mikroelektronik/Informations- und Kommunikationstechnologie, Nanotechnologie/Neue Werkstoffe und Life Sciences/Biotechnologie. Darüber hinaus weist Dresden eine außerordentlich hohe Dichte an Forschungseinrichtungen auf. Ein herausragendes Merkmal des Standorts ist die enge Verflechtung von Forschung und Industrie, in deren Ergebnis neue Spitzenleistungen entstehen, die weltweit Impulse setzen. Motivierende und hochqualifizierte Mitarbeiter, von denen 55 % im High-Tech-Bereich arbeiten, stützen diese Entwicklung."

M 52 Mikroelektronik/Informations- und Kommunikationstechnologie

„1200 Firmen mit mehr als 43 500 Mitarbeitern machen Dresden zum größten europäischen Cluster im Bereich der Mikroelektronik/Informations- und Kommunikationstechnologie. Innerhalb der letzten 15 Jahre siedelte sich in und um Dresden alles an, was in der Branche Rang und Namen hat … Insgesamt wurden in Dresden seit den [19]90er Jahren mehr als 12 Mrd. EUR im Bereich der Mikroelektronik investiert. Die Geschäftsfelder der ansässigen Unternehmen umfassen in beispielhafter Weise die gesamte Wertschöpfungskette der Mikroelektronik: vom Chipdesigner über Waferproduzenten und -verarbeiter bis hin zu einer breiten Zuliefer- und Anwendungsindustrie. Dresden ist darüber hinaus einer der weltweit wichtigsten Standorte für die Entwicklung von Speicherchips.

Die Unternehmen profitieren von einer hochkarätigen Forschungslandschaft. Neben den Einrichtungen der TU Dresden entwickeln zahlreiche Institute der Fraunhofer Gesellschaft und der Leibniz-Gemeinschaft zukunftsweisende Technologien und Materialien … Die enge Verflechtung der Partner vor Ort ist ein herausragendes Merkmal des Standorts. So ist das Netzwerk Silicon Saxony e.V. das größte Unternehmensnetzwerk der Mikroelektronikindustrie Europas."

A 23 Beschreiben Sie die wirtschaftliche Entwicklung des Verdichtungsraums Dresden unter besonderer Berücksichtigung der Entwicklung zum „Hightech-Standort".

A 24 Analysieren Sie die Karte M 50 im Hinblick auf Standortfaktoren für die High-Tech-Industrie.

M 51, 52, 54 nach www.dresden.de; März 2008, Landeshauptstadt Dresden, Amt für Presse und Öffentlichkeitsarbeit, aktualisiert

M 53 nach Staatliche Zentralverwaltung für Statistik der DDR sowie ebenda und www.dresden.de; Juni 2008

M 56, nach Statistisches Landes-Amt Sachsen 2008

M 57 nach ebenda sowie Faktum Dresden 2008, auf www.dresden.de/media/pdf/infoblaetter/Faktum_dt.pdf, Juli 2008

Online-Link 29260X-6208

M 53 Erwerbstätige im Produzierenden Gewerbe (ohne Baugewerbe) und strukturbestimmende Branchen der Stadt Dresden (ab 2004: Region Dresden)

Jahr	Beschäftigte	Strukturbestimmende Branchen
1987 1989	142165 107034	Feinmechanik, optische Industrie, darunter: - VEB Robotron 69000 Beschäftigte (EDV-Büromaschinen) - Zentrum für Mikroelektronik Dresden (Entwicklung von Halbleitertechnologie und des 1. Chips der DDR) - Pentacon (Kameras)
1995	18000	Ansiedlung des Siemens-Halbleiterwerkes (heute Quimonda)
1999	20988	Ansiedlung von AMD (Mikroprozessoren)
2004	110500	Elektronik: 13147 Beschäftigte in 400 High-Tech-Betrieben Maschinenbau: z.B. Gläserne Manufaktur (VW Phaeton)
2008	noch keine Angabe	Mikroelektronik, Informations- und Kommunikationstechnologie: 43500 Mitarbeiter in 1200 Firmen, größtes europäisches Cluster Nanotechnologie/neue Werkstoffe: über 1000 Werkstoffforscher in 80 Unternehmen und 40 Forschungseinrichtungen Netzwerk biodresden e.V. (vgl. M 54)

M 57 Dresden – Überblick in Zahlen 2007

Fläche	328,31 km²
Einwohnerzahl Stadt Region	 501915 1320000
Bevölkerungsdichte	1529 Ew./km²
Wanderungssaldo	+9405 Personen
Geburtenüberschuss	204 Personen
Erwerbstätige, davon Primärer Sektor Sekundärer Sekt. Tertiärer Sektor	296300 0,4% 17,6% 82,0%
Arbeitslosigkeit (04/2008)	30465/13,1%
Tourismus Besucher/Tagesgäste Übernachtungen	 9,8 Mio./91% 3,3 Mio.

M 54 Life Sciences/Biotechnologie

„Basierend auf der Tradition in der Pharmaindustrie hat sich in Dresden ein aufstrebendes junges Cluster im Bereich Life Sciences/Biotechnologie entwickelt. Im Fokus steht der Bereich Molekulares Bioengineering, dessen Ergebnisse international beachtet werden. Moderne Zellbiologie, Genetik und Ingenieurwissenschaften arbeiten hier beispielhaft zusammen.

Entscheidender Motor der Entwicklung des Kompetenzfeldes ist die Spitzenforschung. Initialzündung dafür war die Ansiedlung des Max-Planck-Instituts für molekulare Zellbiologie und -genetik. Zusammen mit dem Max-Bergmann-Zentrum für Biomaterialien ... sowie dem Biotechnologischen Zentrum der TU Dresden wurde ein einzigartiges Forschungsnetzwerk geschaffen. Kern ist das 2006 gegründete DFG-Forschungszentrum für Regenerative Therapien Dresden. Es ist das erste Forschungszentrum der Deutschen Forschungsgemeinschaft in den neuen Bundesländern und gleichzeitig das erste Zentrum mit Fokus adulte Stammzellen ...

Für die effektive Umsetzung der Forschungsergebnisse in innovativen Unternehmen und Produkten spielt die gute Vernetzung der Akteure eine wichtige Rolle. Neben großen Konzernen ... fühlen sich auch zahlreiche kleinere, innovative Unternehmen in Dresden wohl. Im Netzwerk biodresden e.V. kooperieren aktuell mehr als 200 Partner aus Wirtschaft und Wissenschaft."

M 55 Cleanroom der Chipfabrik von Advanced Micro Devices, Inc. (AMD) in der Produktionsstätte Dresden

M 56 Entwicklung des Produzierenden Gewerbes in der Stadt Dresden

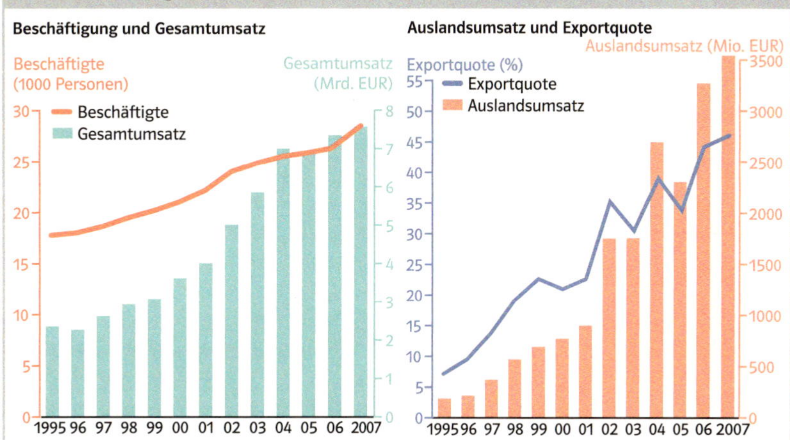

A 25 Vergleichen Sie die Wirtschaftsstruktur Dresdens mit der der Region Halle/Leipzig (Atlas, Internet).

A 26 Gestalten Sie eine Präsentation zur Wirtschaftsstruktur Ihres Heimatraumes (s. S. 482–483).

M 58 Typen industriell bedingter Umweltbelastungen

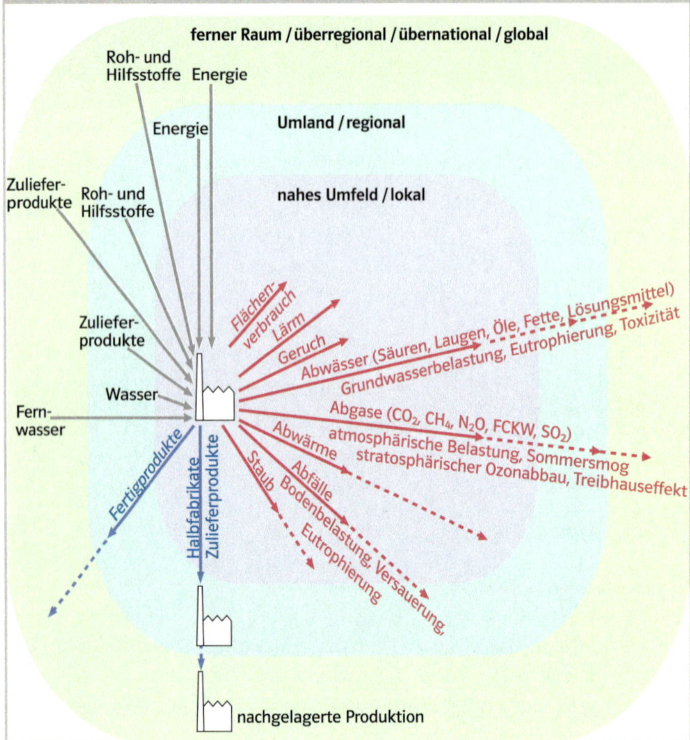

6.2.5 Industrie und Umwelt

Rauchende Kamine galten im 19. Jh. als Zeichen wirtschaftlichen Fortschritts. Heute sind sie in den Industrieländern selten geworden und die Betriebe weisen mit Nachdruck auf ihre Fortschritte beim Schutz der Umwelt hin. Die Erfolge sind in der Tat beachtlich, zumindest teilweise. So konnte das Verarbeitende Gewerbe z. B. seinen Anteil am Gesamtenergieverbrauch senken, und auch die Bemühungen um eine Verringerung des Ressourcenverbrauchs sowie von Abfällen und Emissionen können sich sehen lassen.

End of pipe-Technologie

Ressourcenverbrauch

Aber immer noch gilt: Grundsätzlich belasten alle industriellen Prozesse die Umwelt. Das beginnt bei der Entnahme und dem Transport von Rohstoffen sowie deren Verarbeitung und hört beim Transport der Produkte nicht auf. Denn es entstehen Produktionsabfälle, die entsorgt werden müssen, sowie Emissionen in Boden, Luft und Wasser. So tragen z. B. Industrieprozesse und -feuerungen in Deutschland mit ca. 35 % zu den SO_2-Emissionen und mit knapp 20 % zu den CO_2-Emissionen bei. Mithin sind auch die obigen Erfolgsmeldungen in mehrfacher Hinsicht zu hinterfragen.

Integrierte Technologien/Clean technologies

Emission

Ziel muss es demnach sein, industriell bedingte Umweltbelastungen zu vermindern und die Entwicklung und Vermarktung umweltfreundlicher Produkte zu fördern. Dabei entstehen für die Betriebe natürlich Kosten, und so sehen sich die Unternehmen mehr und mehr in das viel beschworene Spannungsfeld von Ökonomie und Ökologie eingezwängt und die Umweltpolitik wird zu einem Anlass für oft scharfe Auseinandersetzungen zwischen der Industrie, den Umweltbehörden und der Öffentlichkeit.

Maßnahmen gegen industriell bedingte Umweltbelastungen – ein Rückblick

„In einer ersten Phase der Umweltpolitik ging es zunächst darum, lokale Umweltbelastungen zu vermindern. Die Industrie baute hohe Schornsteine, um Schadstoffe weiträumig zu verteilen. Abfälle wurden ins Meer verbracht, um sie zu verdünnen. Im Wesentlichen sollten Beeinträchtigungen in der Nachbarschaft von Industrieanlagen vermindert werden …

Die Defizite einer [derartigen] Umweltpolitik … wurden mit dem allgegenwärtigen Auftreten von Schadstoffen in allen Umweltmedien (Wasser, Boden, Luft) und in der Nahrungsmittelkette (z. B. Blei in Nahrungsmitteln) deutlich. Eine neue Phase der Umweltpolitik zielte seit den 1970er/-80er Jahren darauf hin, die Emissionen am Ende des Produktionsprozesses zu sammeln. Im Rahmen von Genehmigungsverfahren für Industrieanlagen wurden Auflagen für Schadstoffgrenzwerte erteilt, deren Einhaltung von Aufsichtsbehörden kontrolliert wurde … Diese Art der Umweltschutztechnologie trägt den Namen End of pipe-Technologie, weil sie am Emissionsaustritt einsetzt …

Die Schadstoffe [fallen] in konzentrierter Form als Filterstäube oder Klärschlämme an und müssen deponiert oder behandelt werden. Es wurden daher Technologien entwickelt, bei denen durch die Veränderungen der Produktionsprozesse die Schadstoffe überhaupt nicht mehr auftreten oder doch stark vermindert werden (integrierte Technologien/clean technologies) … Es ist eine wichtige Aufgabe von Umweltpolitik, den Suchprozess nach solchen umweltschonenden Technologien zu intensivieren und deren Ausbreitung zu beschleunigen. Dazu reichen Ver- und Gebote nicht aus. Die Industrie zeigte lange Zeit an einer Weiterentwicklung der Umwelttechnologie kein Interesse. Sie fürchtete, eine verbesserte Technologie werde zu schärferen Auflagen für den Betrieb von Anlagen führen.

Daher hielt sie Informationen über den Entwicklungsstand von Umwelttechnologien zurück. Umweltverbände und -behörden sprachen in den 1980er Jahren von einem ‚Schweigekartell der Ingenieure'." [4]

Umdenken gefordert. Die negativen Erfahrungen mit diesen bislang praktizierten umweltpolitischen Strategien erfordern ein Umdenken. Es gilt umweltpolitische Instrumente zu entwickeln, um die Defizite im Sinne einer nachhaltigen Entwicklung auszugleichen. Nachhaltigkeit bedeutet in diesem Zusammenhang: Positive Wirtschaftsentwicklung und erfolgreiche Umweltpolitik müssen sich nicht ausschließen. Der häufig geäußerte Vorwurf, dass erhöhte Umweltauflagen den wirtschaftlichen Fortschritt belasten und mit einem Abbau von Arbeitsplätzen einhergehen, hat sich nicht bestätigt. Gefordert ist ein Denken und Handeln in übergeordneten Zusammenhängen, das Umweltschutz als eine langfristige Querschnittsaufgabe versteht.

Ökobilanzen und Ökologischer Rucksack

Um mögliche ökologische Risiken und Schwachstellen in einem industriellen Unternehmen zu überprüfen und Verbesserungsmöglichkeiten aufzuzeigen, bieten sich so genannte Ökobilanzen an. Darunter versteht man eine systematische Analyse der Umweltwirkungen von Produkten während des gesamten Lebensweges, also nicht nur während der eigentlichen Herstellung, sondern auch während der vor- und nachgeschalteten Prozesse (z.B. Transport der Rohstoffe und Fertigprodukte), der Nutzungsphase und bei der Entsorgung.

Ökologischer Rucksack. Ökobilanzen zeigen, dass in vielen Branchen der Materialverbrauch sehr hoch ist bzw. nur ein Teil des der Natur entnommenen Materials überhaupt verwendet wird. Ein zumeist größerer Teil wird ungenutzt „abgelagert". Anschaulich lässt sich dies mit dem so genannten Ökologischen Rucksack verdeutlichen. Dies ist eine sinnbildliche Darstellung der

M 59 Rohstoffverbrauch eines 70-jährigen Deutschen und der dazugehörige Ökologische Rucksack

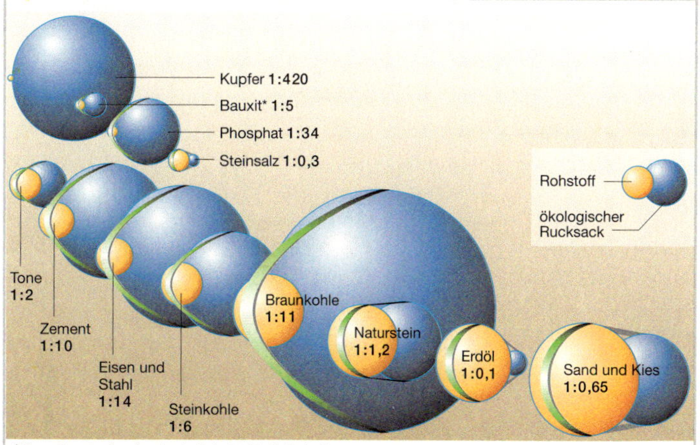

*Bauxit mit durchschnittlich 45 % Al-Gehalt

Menge der Ressourcen, die bei der Herstellung, dem Gebrauch und der Entsorgung eines Produktes verbraucht werden („verbrauchte Natur"). Im Rahmen der Ökobilanz bietet der Ökologische Rucksack einen Vergleichsmaßstab zur Darstellung der ökologischen Folgen eines bestimmten Produktionsgutes.

Beispiel – Ökologischer Rucksack einer Jeans: Der Anbau von Baumwollpflanzen erfordert sehr viel Wasser, Pestizide und Düngemittel. Die Transportwege sind z.T. sehr groß, da Anbauort, Stoffproduktion und Verkauf räumlich meist weit getrennt sind. Bei Herstellung und Gebrauch fallen u.a. Energie, Wasser und Waschmittel an. Rechnet man den gesamten Ressourcen- und Energieverbrauch zusammen, ergibt sich für eine 600 g leichte Jeans ein ökologischer Rucksack von 32 kg. Dies entspricht einem Ökologischen Rucksack mit dem Faktor 53.

Nachhaltigkeit
Ökobilanz

Ökologischer Rucksack

A 27 Stellen Sie den Lebensweg einer Jeans vom Anbau der Baumwolle bis zur Entsorgung dar und „packen" Sie den ökologischen Rucksack dieses Kleidungsstücks.

[4] Klaus Jacob: Industrie im Spannungsfeld von Ökonomie und Ökologie. In: Informationen zur politischen Bildung, H. 287: Umweltpolitik. Bonn: Bundeszentrale für politische Bildung 2005, S. 31–32

Weiterführende Links zum Thema Ökologischer Rucksack, April 2008: www.klima-aktiv.com/article135_3818.html, www.wikipedia.de, dort Stichwort Ökologischer Rucksack

Abfallbeseitigung
Kreislaufwirtschaft

Kreislaufwirtschaft statt Abfallbeseitigung

„Das Abfallgeschehen hat sich in den letzten Jahren einschneidend verändert. Während Anfang der [19]90er Jahre noch von einem baldigen Entsorgungsnotstand ausgegangen werden musste, sind inzwischen viele Entsorgungsanlagen nicht mehr ausgelastet … Laufzeiten von Deponien konnten erheblich verlängert und der Neubau von weiteren Abfallverbrennungsanlagen konnte in starkem Umfang reduziert werden. Das Inkrafttreten des Kreislaufwirtschafts- und Abfallgesetzes im Jahre 1996 hat … dieser Entwicklung eine besondere Dynamik verliehen. Vor dem Hintergrund der angestrebten Deregulierung wurde Abfall vermehrt auf andere Entsorgungswege gelenkt. Dies gilt insbesondere für Gewerbeabfälle, die nun nicht mehr von entsorgungspflichtigen Körperschaften zur Beseitigung entsorgt, sondern der Verwertung zugeführt werden. Das hat zur Folge, dass die bereits auf hohem technischem Standard befindlichen und damit mit höheren Betriebskosten belasteten Entsorgungsanlagen nicht mehr ausgelastet sind. Aufgrund des sehr hohen Fixkostenanteils dieser Anlagen steigen die spezifischen Entsorgungskosten erheblich, was für die Bürger zu unverständlichen Gebührenerhöhungen führt. Er fühlt sich für seine Vermeidungs- und Verwertungsbemühungen nicht honoriert.“ [5]

M 60 Die beiden Säulen der Kreislaufwirtschaft

Vermeiden	Verwerten Kriterien: soweit technisch möglich und wirtschaftlich zumutbar, möglichst hochwertig, ordnungsgemäß, schadlos	
durch anlagenintensive Kreislaufführung und abfallarme Produktgestaltung	stofflich: Substitution von Rohstoffen durch das Gewinnen von Stoffen aus Abfällen (Sekundärrohstoffe) Nutzung der stofflichen Eigenschaften der Abfälle (rohstoffliche Verwertung)	energetisch: Verwendung von Abfällen als Ersatzbrennstoff

M 61 Vom Abfallbeseitigungsgesetz zum Kreislaufwirtschaftsgesetz

Jahr	Gesetzliche Maßnahme	Intention/Zielsetzungen
1972	1. Abfallbeseitigungsgesetz	Ordnungsrechtliche Gesichtspunkte: Gefahrenabwehr, Sicherstellung hygienischer Verhältnisse
1986	Gesetz zur Vermeidung und Entsorgung von Abfällen (Abfallgesetz)	Vermeidung von Abfällen möglichst schon am Anfallort, Verwertung von anfallenden Abfällen, schadlose Beseitigung nicht vermeid- und verwertbarer Abfälle
1990	Verpackungsverordnung	Hersteller und Vertreiber werden an der Entsorgung von Produkten beteiligt (Rücknahmeverpflichtung für gebrauchte Produkte)
1996	Kreislaufwirtschafts- und Abfallgesetz	Neudefinition des Abfallbegriffs: Unterscheidung zwischen „Abfällen zur Verwertung“ und „Abfällen zur Beseitigung“, Zielhierarchie: Vermeidung vor Verminderung, vor Verwertung, vor Beseitigung gesetzlich verankerte Pflicht zur Produktverantwortung*, abfallrechtliche Überwachung aller Verwertungsvorgänge, stärkere Betonung der verursacherbezogenen Pflicht zur Abfallvermeidung

* Erzeugnisse sollen so gestaltet werden, dass bei der Herstellung und dem Gebrauch das Entstehen von Abfällen vermindert wird und die umweltverträgliche Verwertung und Beseitigung der nach Gebrauch entstandenen Abfälle sichergestellt ist.

[5] Dieter Schleg/Hans-Georg Weber: 25 Jahre LFU – Jahresbericht 1998/1999. In: Landesanstalt für Umweltschutz Baden-Württemberg (Hrsg.): Abfallwirtschaft im Wandel, auf www.lfm.baden-württemberg.de/lfm/abt1/Jahresbericht99/inhalt.htm, 2005, jetzt www.lubw.baden-wuerttemberg.de

Online-Link
29260X-6209

M 62 Kreislaufwirtschaft

„Der wirtschaftliche Wert des Werkstoffes Aluminium hat es seit jeher lohnend gemacht, Aluminium im Kreislauf von Metallgewinnung, -verarbeitung, -nutzung und -rückgewinnung zu führen. Beim Recycling von Aluminium treten keine Qualitätsverluste auf: Aus Profilschrotten lassen sich neue Profile oder auch andere hochwertige Produkte herstellen, aus Aluminiumblechen und -folien können neue Walzprodukte gefertigt werden. Die im Umlauf befindliche Menge an Sekundäraluminium wächst stetig.

Die Kreislaufwirtschaft beginnt mit geschlossenen internen Verwertungskreisläufen. So werden bei der Verarbeitung von Aluminium anfallende Fabrikationsschrotte zu nahezu 100 Prozent in den Produktionsprozess zurückgeführt ... Zudem werden in der Aluminiumindustrie Betriebs- und Hilfsstoffe – wie z. B. Kernsande für die im Sandgussverfahren benötigten Gießformen für Motorblöcke und Zylinderköpfe, Walzöle der Halbzeugfertigung, Lösemittelrückstände der Lackierprozesse von Folien und Natronlauge zur Erzeugung von Aluminiumoxid – im Kreislauf geführt. Ein weiteres Beispiel sind die beim Recycling eingesetzten Salze, mit denen Verunreinigungen von Schrotten gebunden werden: Auch sie werden wieder zurück gewonnen. Auf diese Weise werden Eingriffe in den Naturhaushalt gemindert und Deponien entlastet ...

Der geschlossene Materialkreislauf ist zudem wichtiger Bestandteil für den effizienten Umgang mit Energie. In Zahlen ausgedrückt heißt das: Der Energieeinsatz für das Recycling ist bis zu 95 % niedriger als bei der Primärherstellung."

M 63 Aluminium-Recyclingraten in Deutschland und in der EU 2005

Branche/ Anwendungsgebiet	Recyclingrate (%)	
	Deutschland	EU
Verkehr	95	90–95
Bauwesen	95	95
Verpackung	76	40
Maschinenbau	83	80
Elektrotechnik	87	80

M 64 Produktion und Bedarf von Sekundäraluminium in Deutschland

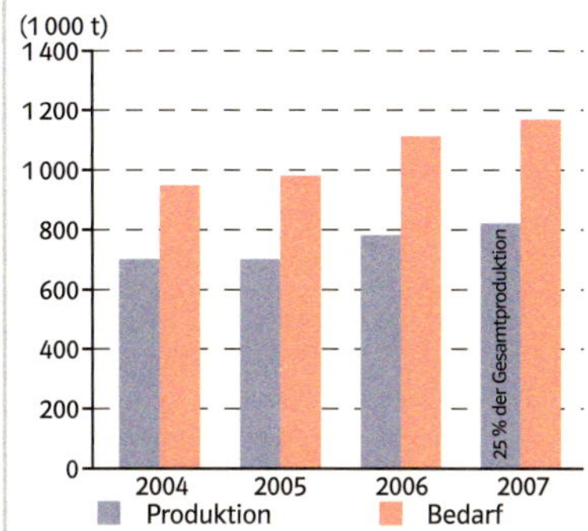

M 65 Energiequellen für die Primäraluminium-Elektrolyse global

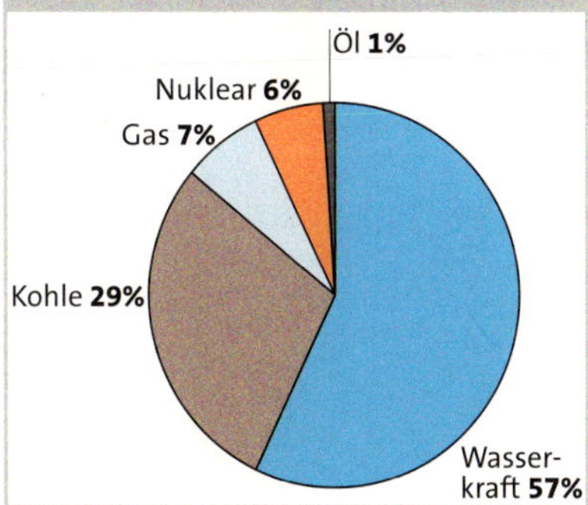

Entwicklung des Energiebedarfs (MWh/t Al)

1950	1980	2000	2006	Prognose 2010
21	16,7	15,4	15,3	14,5

M 66 Hüttenproduktion von Aluminium (in Mio. t)

	2006	Schätzung 2007
VR China	9,305	12,000
Russland	3,720	4,200
Kanada	3,050	3,100
USA	2,284	2,600
Australien	1,930	1,900
Brasilien	1,498	1,700
Norwegen	1,330	1,100
Indien	1,100	1,400
Bahrein	0,872	0,870
Südafrika	0,895	0,900
Vereinigte Arabische Emirate	0,730	0,900
Venezuela	0,610	0,630
Mosambik	0,564	0,560
Weltproduktion	**33,700**	**38,000**

M 67 „Kreislaufwirtschaft"

A 28 Beschreiben Sie den Produktionsprozess bei der Herstellung von Aluminium und nennen Sie mögliche negative ökologische Auswirkungen.

A 29 Erläutern Sie anhand von M 62 bis M 67 das Prinzip der Kreislaufwirtschaft.

A 30 Diskutieren Sie abschließend die Nachhaltigkeit des Werkstoffes Aluminium.

M 62 – M 64 nach Gesamtverband der Aluminiumindustrie Deutschlands unter www.aluinfo.de, April 2008

M 65 nach www.world-aluminium.org sowie www.aluinfo.de/IAI, Sustainability Update 2006, April 2008

M 66 nach http://minerals.usgs.gov, Juni 2008

Weiterführende Links
www.aluzentrale.de
www.aluminium.org
www.aluinfo.de,
www.world-aluminium.org,
April 2008

Online-Link
29260X-6210

Fallbeispiel: **Umweltschutz durch Emissionshandel?**

Das 1997 von den Vereinten Nationen beschlossene Kyoto-Protokoll zur ‚Ausgestaltung der Klimarahmenkonvention' (vgl. S. 42) schreibt verbindliche Zielwerte für den Ausstoß von Treibhausgasen fest, welche die hauptsächliche Ursache der globalen Erwärmung sind. Im Rahmen des Protokolls hat die EU zugesagt, die Treibhausgasemissionen im Zeitraum zwischen 2008 und 2012 um acht Prozent gegenüber 1990 zu verringern. Um dieses Ziel zu erreichen, einigten sich die EU-Staaten auf die Einführung eines grenzüberschreitenden Emissionshandels. Er trat am 01.01.2003 in Kraft.

M 68 Umweltökonomische Annahmen

„Die Ursachen für die Umweltbelastung durch das Treibhausgas Kohlenstoffdioxid liegen nach Ansicht der Ökonomen im folgenden Widerspruch: Die natürliche Ressource Luft ist einerseits durch die Verschmutzung zu einem nicht mehr unbegrenzt verfügbaren (= knappen) Gut geworden, weist andererseits aber immer noch den Charakter eines freien Gutes auf. Damit werden Unternehmen und Konsumenten beim Umweltverbrauch mit keinerlei Kosten belastet.
Für die Ökonomen ist dies ein Beispiel eines Marktversagens: Güter, die keinen Preis haben, werden entweder zu intensiv genutzt (wie es hier der Fall ist), oder sie werden nicht produziert. Ökonomisch betrachtet entstehen externe Effekte (hier Umweltbelastung) und externe Kosten. Diese entsprechen dem Preis der Umweltverschmutzung, der bisher von Produzenten und Konsumenten nicht übernommen wird. Wenn es nun darum geht, die Umweltverschmutzung zu reduzieren, dann muss erreicht werden, dass die externen Kosten von den Verursachern übernommen werden oder ökonomisch ausgedrückt: sie müssen internalisiert werden. Für eine Markttransparenz müssen bei der Preisgestaltung eines Gutes die unmittelbaren und zukünftigen Kosten der Umweltbelastung mit einfließen."

M 69 Kyoto-Ziele: Ist und Soll (Entwicklung der Treibhausgasemissionen 2004/2005 im Vergleich zu 1990 in %)

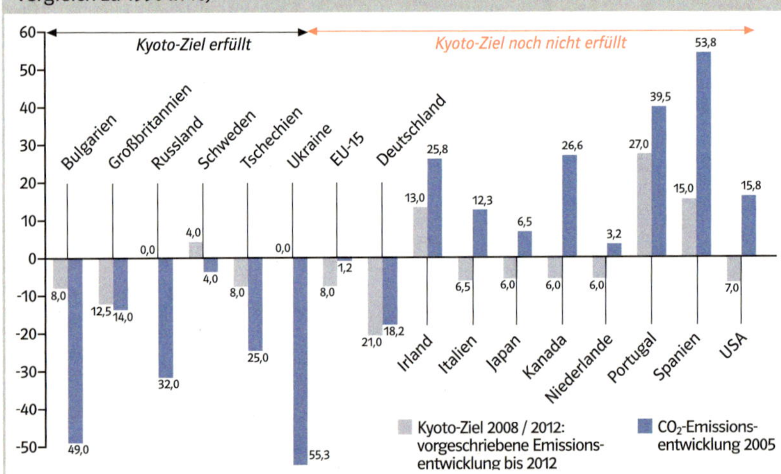

M 70 Wie funktioniert der Emissionshandel?

„Der Emissionshandel ist ein Geschäft mit Verschmutzungsrechten. Auf den ersten Blick mutet dieses Prinzip wie der mittelalterliche Ablass an: Wer ein ‚Sündenzertifikat' erwirbt, kann sich vom bösen Tun freikaufen. Abwegig ist dieser Vergleich keineswegs. Indes zielt die heutige Lizenz zum Ausstoß von Kohlendioxid-Tonnen nicht auf die Erlösung vom Fegefeuer im Jenseits, sondern auf die Läuterung der Missetäter im Diesseits. Wer viele Schadstoffe produzieren will, muss für dieses Recht tief in die Tasche greifen, wird mit Geldentzug ‚bestraft' – und wer wenig Dreck in die Luft schleudert, wird mit einem Bonus ‚belohnt', der obendrein noch von den Übeltätern zu berappen ist. So sollen Anreize geschaffen werden, in umweltfreundliche Techniken zu investieren und Ressourcen wie Kohle, Öl oder Erdgas möglichst sparsam zu verbrauchen: Eine Rechnung, die jedenfalls dann aufgeht, wenn die Kosten für die Erneuerung der Produktionsmethoden niedriger sind als die Ausgaben für den Kauf von Zertifikaten …
Diese Dokumente legen fest, wie viele Tonnen Kohlendioxid ein Betrieb in die Umwelt abgeben darf. Emittiert eine Firma fürderhin wenig Schadstoffe dieser Art, so darf sie die ‚überflüssigen' Zertifikate gewinnbringend an Unternehmen veräußern, die mehr Kohlendioxid ausstoßen als vorgegeben. Geschieht letzteres ohne zuvor erworbene Lizenz, so werden Strafzahlungen fällig – in den ersten drei Jahren 40 Euro, danach 100 Euro pro Tonne. Kauf und Verkauf von Emissionszertifikaten laufen wie an der Börse nach dem Prinzip von Angebot und Nachfrage ab, jede Tonne Kohlendioxid hat also ihren Preis."

M 68 und M 72 nach Matthias Scholliers: Emissionszertifikatehandel. In: Geographie und Schule, 29. Jg., H. 169 (Okt. 2007), Köln: Aulis 2007, S. 26 u. 28 (M 74 dort verändert nach www.isi.fhg.de)
M 69 nach Der Fischer Weltalmanach 2008, a. a. O. S. 715 u. 716
M 70 Karl-Otto Sattler: „Moderner Ablasshandel". In: Das Parlament, Nr. 11 vom 08.03.2004, auf www.bundestag.de/dasparlament/2004/11/themaderwoche/002.html, April 2008
M 71 nach www.emissionshandel-fichtner.de, April 2008
M 73 nach Frankfurter Allgemeine Zeitung (F.A.Z.), Nr. 57 vom 08.03.2007, Frankfurt am Main 2007, S. 13
M 74 www.germanwatch.org/klima/et.htm, April 2008

Online-Link 29260X-6211

M 71 Anlagenzahl und Emissionszuteilungsmenge (in Mio. t Emissionsberechtigungen) nach Branchen 2005 bis 2007

Branche	Anlagen	Zuteilungsmengen	Branchen	Anlagen	Zuteilungsmengen
Energieerzeugung	1236	1170,73	Kalk/Zucker	67	27,75
Industrie gesamt	613	314,25	Papier	48	14,96
Eisen/Stahl	206	101,06	Glas	39	14,06
Raffinerie	122	73,32	Keramik	37	7,55
Zement	90	71,20	Zellstoff	4	4,35

M 72 Mögliche emissionsmindernde Maßnahmen nach dem Kyoto-Protokoll

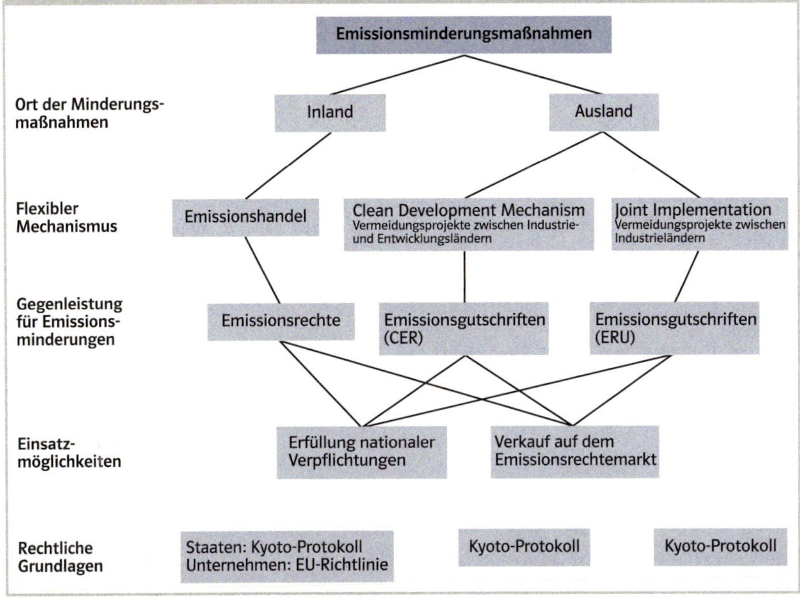

M 73 Streit um den Emissionshandel

„Bei der Aufstellung des Zuteilungsplans für die zweite Handelsperiode (2008–2012) … kam es Ende 2006/Anfang 2007 zwischen Deutschland und der EU-Kommission zu einem längeren Streit, bei dem sich die EU-Kommission durchsetzte: Die deutschen Unternehmen erhalten demnach Emissionsrechte über 453 Mio. t p.a. – deutlich weniger als von der Bundesregierung beantragt (482 Mio. t p.a.) und 57 Mio. weniger als in der ersten Handelsperiode (2005–2007). Außerdem wurde die geplante Bevorzugung neuer Kohlekraftwerke durch die ausreichende Ausstattung mit Emissionsrechten über 14 Jahre abgelehnt. Die Bundesregierung hat diese Vorgaben in ein Gesetzespaket zur Regelung des Emissionshandels eingearbeitet, das am 22.6.2007 vom Bundestag verabschiedet wurde … 9 % der Verschmutzungsrechte werden nicht wie bisher kostenlos zugeteilt, sondern versteigert. Die Einnahmen in Höhe von ca. 800 Mio. € pro Jahr, die der Bund dadurch erzielt, sollen in zusätzliche Klimaschutzmaßnahmen investiert werden."

A 31 Erläutern Sie das Prinzip des Emissionshandels.

A 32 Nennen Sie seine Vorzüge und Schwächen.

A 33 Diskutieren Sie mit Ihren Mitschülerinnen und Mitschülern die auf der Klimakonferenz in Bali erzielten Ergebnisse zum Klimaschutz (Internet).

M 74 Stellungnahme der Umweltverbände zum Entwurf des Zuteilungsgesetzes 2012

„Der Emissionshandel ist potenziell ein sehr wirksames und kosteneffizientes Klimaschutzinstrument. Aber der Entwurf des Zuteilungsgesetzes 2012 (Zug 2012) ist klimapolitisch ein Fehlschlag. Die EU-Kommission ist in unseren Augen verpflichtet, einen in dieser Form eingereichten Plan zurückzuweisen. Wenn es bei den vom Bundesumweltministerium vorgelegten Regelungen bleibt, wird die Entwicklung zu einer klimaverträglichen Energieversorgung in Deutschland weit über das Jahr 2030 hinaus blockiert.

Die wichtigsten Kritikpunkte:

1. Die Bundesregierung verschafft den Energiekonzernen Sondergewinne in Milliardenhöhe auf Kosten der Verbraucher, weil sie die Emissionsrechte kostenlos vergibt, obwohl die Energiekonzerne die Zertifikatpreise auf die Strompreise überwälzen.
2. Die Bundesregierung gefährdet das Erreichen des Kyoto-Klimaschutzziels, weil sie ca. 85 % der noch notwendigen Emissionsreduktionen von den Sektoren Energie und Industrie auf die nicht am Emissionshandel teilnehmenden Sektoren Haushalte, Verkehr und Gewerbe, Handel, Dienstleistungen verschiebt.
3. Die Bundesregierung blockiert die notwendigen Anstrengungen im Klimaschutz mindestens bis zum Jahre 2020, weil sie neue Kraftwerke, die bis zum Jahre 2012 in Betrieb gehen, bis zu 18 Jahre lang von jeder Pflicht zur Emissionsminderung ausnehmen will.
4. Die Bundesregierung missbraucht den Emissionshandel als Förderinstrument für den Bau neuer Kohlekraftwerke, indem sie neuen Kohlekraftwerken mehr als doppelt so viele kostenlose Emissionsrechte zuteilen will als Erdgas-GuD-Kraftwerken.
5. Die Bundesregierung betreibt Klimaschutz auf Pump, weil sie die zu gering ausgestattete Reserve für die Zuteilung von Neuanlagen mit Emissionsrechten aus der Handelsperiode 2013 bis 2017 auffüllen will."

6.3 Tertiärer Sektor

M1 Ulm, IVECO Magirus, Werk II im Jahre 1990

Tertiärisierung (G)

Gegenwärtig durchlaufen wir vermutlich die stärkste Umstrukturierung unserer Wirtschaft und Gesellschaft seit der Industriellen Revolution. In allen Industriestaaten lässt sich seit Jahrzehnten eine wachsende Bedeutung des Tertiären Sektors beobachten. Diese „Tertiärisierung" der Wirtschaft hat sich unter dem Einfluss der Globalisierung in jüngerer Zeit deutlich beschleunigt, sodass inzwischen in allen hoch entwickelten Ländern nicht mehr dem Verarbeitenden Gewerbe die größte Bedeutung zukommt, sondern dem Dienstleistungsbereich.

Dienstleistungen (G)

M2 Wertschöpfung der Wirtschaft nach Sektoren in ausgewählten Staaten 2005 (Anteil der Wirtschaftssektoren am BIP, in %)

	Primärer Sektor	Sekundärer Sektor	Tertiärer Sektor
Belgien	1	24	74
Brasilien	8	38	54
China	13	48	40
Deutschland	1	29	70
Frankreich	2	21	77
Großbritannien	1	26	73
Indien	18	27	54
Italien	2	27	71
Japan	2	30	68
Russland	6	38	56
USA	1	22	77

M3 Entwicklung der Erwerbsstruktur in Deutschland

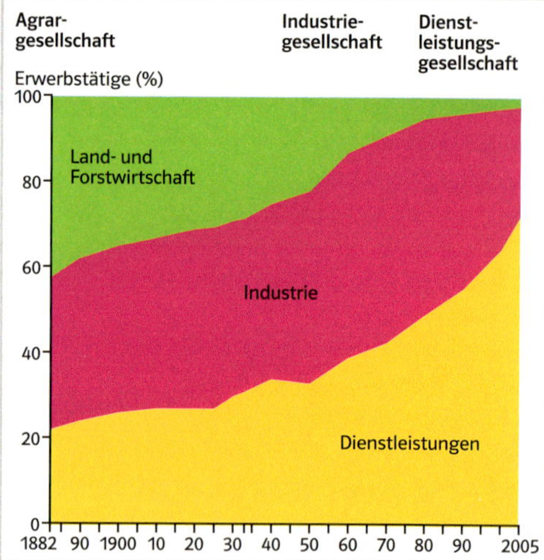

6.3.1 Von der Industrie- zur Dienstleistungsgesellschaft

Dieser Wandel lässt sich mit zwei Zahlenangaben belegen:

1. anhand des Anteils der Beschäftigten im Dienstleistungssektor und
2. anhand des Anteils der Dienstleistungen an der gesamten Wertschöpfung der Wirtschaft (vgl. M2 und M3).

Kam früher der Rückgang der landwirtschaftlichen Arbeitsplätze vor allem dem Sekundären Sektor zugute, so geht in fast allen wirtschaftlich hoch entwickelten Staaten heute auch der Anteil der industriell Beschäftigten zurück. Gewinner dieses Strukturwandels sind eindeutig die Dienstleistungen, die als einziger Sektor anteilsmäßig ein Arbeitsplatzwachstum aufweisen.

Was sind Dienstleistungen?

Der Tertiäre Wirtschaftssektor ist ein sehr heterogener Bereich. Er umfasst alles, was nicht zu Landwirtschaft, Bergbau, Gewerbe, Industrie und Bauwirtschaft gehört, schließt also so unterschiedliche Bereiche wie Handel und Verkehr, Versicherungen, Forschung und Lehre, Verwaltung, Hotelgewerbe, freie Berufe u. a. m. ein.

konsumorientierte Dienstleistungen (G)
unternehmensorientierte Dienstleistungen (G)

Wissenschaftliche Untersuchungen gliedern den Dienstleistungssektor zumeist nach der Art der nachgefragten Dienste und unterscheiden zwischen konsumorientierten Dienstleistungen, d.h. solchen, die von Privatpersonen ‚konsumiert' werden (z.B. Leistungen von Friseuren, des Einzelhandels oder von Ärzten), und unternehmensorientierten Dienstleistungen, d.h.

solchen, die nicht dem privaten Konsum dienen, sondern von Unternehmen oder öffentlichen Institutionen nachgefragt werden (z. B. Marketing-, Verwaltungs- oder Unternehmensberatungsleistungen). Eine strenge Trennung zwischen den beiden Kategorien ist jedoch nicht möglich, da zahlreiche Einrichtungen, wie z. B. Banken und Versicherungen, sowohl Konsumenten als auch Produzenten versorgen.

Quartärer Sektor. Seit einiger Zeit ist es üblich, hoch qualifizierte Tätigkeitsbereiche als eigenständigen Bereich, als Quartären Sektor, aus dem Tertiären Sektor auszugliedern. Hierunter fallen insbesondere Dienstleistungen auf den Gebieten Forschung und Entwicklung, das Management von Firmen sowie Beratungstätigkeiten (z. B. Rechts-, Wirtschafts- und Steuerberatung). Der Begriff Quartärer Sektor wird allerdings nicht immer eindeutig verwendet. Mitunter werden darunter auch nur die gegenwärtig rasch expandierenden Informationsdienstleistungen verstanden, also alle Branchen, die sich mit der Erstellung und Verarbeitung von Informationen beschäftigen. So gehen einige Wirtschaftsforscher auch davon aus, dass sich die gegenwärtigen Dienstleistungsgesellschaften zu Informationsgesellschaften entwickeln werden.

Ursachen der Tertiärisierung

Für den Aufschwung des Dienstleistungssektors gibt es viele Gründe. Die Erklärung, dass die mit der wirtschaftlichen Entwicklung einhergehenden Einkommenserhöhungen und Produktivitätssteigerungen allein für die Strukturveränderungen verantwortlich seien, greift zu kurz. Richtig ist zwar, dass durch den Einsatz moderner Technologien Arbeitskräfte freigesetzt werden. Diese finden aber nicht unbedingt im Dienstleistungsbereich Beschäftigung.
Bei der Erklärung muss auch hier zwischen den konsumorientierten und den unternehmensorientierten Dienstleistungen unterschieden werden. Im ersteren Falle sind vor allem der demographische Wandel und die gestiegenen Einkommen zu nennen. So führt der wachsende Anteil von älteren Menschen in unserer Gesellschaft zu einer wachsenden Nachfrage nach Diensten, z. B. im Gesundheits- und Pflegebereich. Generell lässt auch die wachsende Freizeit infolge von Arbeitszeitverkürzungen die Nachfrage in den Bereichen Kultur, Unterhaltung und Erholung anwachsen. Auch gesellschaftliche Veränderungen, wie z. B. die wachsende Zahl kleinerer Haushalte oder die Berufstätigkeit von Frauen, führen zu einer erhöhten Nachfrage nach verschiedenen Dienstleistungen.
Der starke Zuwachs bei unternehmensorientierten Dienstleistungen lässt sich u. a. mit neuen betrieblichen Organisationskonzepten erklären. So führt z. B. die Lean Production (vgl. S. 197) zur Auslagerung von zuvor selbst erbrachten Diensten und der Einsatz moderner Logistikkonzepte, wie z. B. die Just-in-time-Produktion (vgl. S. 196) zum steigenden Bedarf an Transport- und Kommunikationsdiensten. Allgemein gilt auch die Regel: Wirtschaftliches Wachstum induziert die Tertiärisierung. Da die Industrie mehr Güter produziert, werden auch mehr unternehmens orientierte Dienstleistungen nachgefragt.

Quartärer Sektor

Lean Production

Just-in-time-Produktion

M 4 Ulm, Großeinkaufszentrum mit ca. 90 Fachgeschäften, Fachmärkten und Gastronomiebetrieben auf dem ehemaligen Werksgelände von IVECO Magirus

A 1 Beschreiben Sie anhand der Materialien dieser Doppelseite den Übergang von der Industrie- zur Dienstleistungsgesellschaft.
A 2 Erörtern Sie die Auswirkungen der Tertiärisierung auf die Arbeits- und Lebenswelt der Menschen.

M 2 nach Der Fischer Weltalmanach 2008. Frankfurt am Main: Fischer Taschenbuchverlag 2007, verschiedene S.

M 3 nach Elmar Kulke/Helmut Nuhn/Peter Jurczek: Dienstleistungen. In: Elmar Kulke (Hrsg.): Wirtschaftsgeographie Deutschlands. Gotha: Perthes 1998, S. 159, ergänzt (Werte für 1950 – 1992 nur Alte Bundesländer)

Online-Link
29260X-6301

M 5 Industrie- und Dienstleistungsstandorte in der Stadt

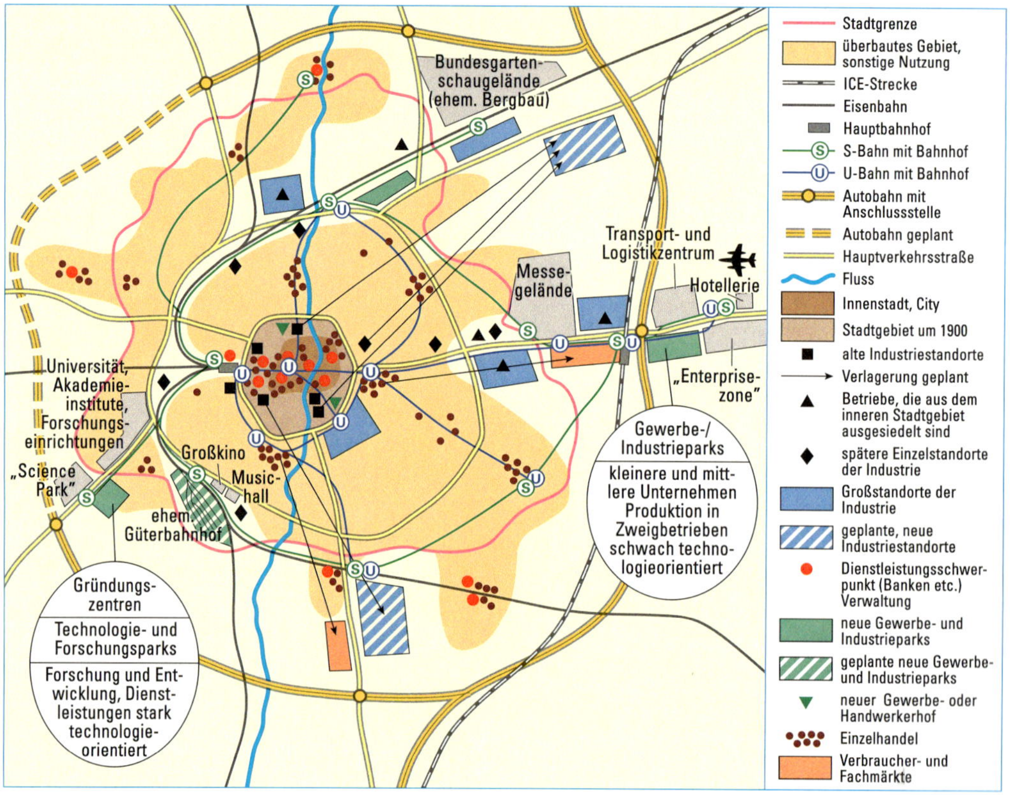

6.3.2 Konsumorientierte Dienstleistungen/Einzelhandel

Standorte konsumorientierter Dienstleistungen

Standortfaktor (G)

Agglomeration

Standortwahl

Die Theorie der industriellen Standortfaktoren (vgl. S. 186–188) lässt sich prinzipiell auch auf den Dienstleistungssektor übertragen, denn wie die Industrie tendiert auch der Tertiäre Sektor zur Agglomeration, und auch hier sind Kostenfragen – zumindest für die Dienstleistungen mit Erwerbscharakter – bei der Standortwahl von entscheidender Bedeutung. Grundsätzlich gilt die Feststellung, dass der Dienstleistungssektor sich in den Städten konzentriert und dass mit zunehmender Größe und Bedeutung der städtischen Siedlung sowohl der Beschäftigtenanteil des Tertiären Sektors als auch die Palette der Dienstleistungen zunehmen. So liegt z. B. der Anteil der im Tertiären Sektor Beschäftigten in Frankfurt am Main oder Hamburg bei nahezu 90 %.

Mikrostandort

Standortwandel

Bei der Wahl des Mikrostandorts zeigt sich wiederum eine Bevorzugung der Innenstädte, der Citys, mit ihrer Konzentration von Einrichtungen, die höherrangigen kommerziellen und kulturellen Zwecken dienen (spezialisierte Einzelhandelsgeschäfte, Fachärzte, Anwälte, Banken etc.), während die Versorgungseinrichtungen für den täglichen und kurzfristigen Bedarf relativ gleichmäßig über das städtische Gesamtgebiet verteilt sind.

Standortwandel. Wie Abbildung M 5 zeigt, haben sich im Laufe der Zeit unterschiedliche Standorttypen für konsumorientierte Dienstleistungen herausgebildet. Dies geschah anfänglich in einem eher konfliktarmen Nebeneinander, wie z. B. bei der City und den sie im Wesentlichen nur ergänzenden Stadtteilzentren, in jüngerer Zeit jedoch immer mehr im Sinne eines Konkurrenzkampfes und teilweise auch Verdrängungsprozesses.

Im Kern dieser Auseinandersetzung, die auch gegenwärtig noch anhält, steht die Konkurrenz zwischen den Innenstädten und dem Stadtrand bzw. dem städtischen Umland. Die Raumenge in den Innenstädten, gestiegene Grundstücks- und Mietpreise sowie die gestiegene Mobilität der Bevölkerung haben seit den 1970er Jahren zu Standortverlagerungen geführt.

Der Einzelhandel konzentriert sich in Form von Groß- und Fachmärkten zunehmend am Stadtrand und im Stadtumland in verkehrsgünstiger Lage, z. B. in der Nähe der Kreuzungen überregionaler Straßen und in Gebieten mit einem hohen Parkplatzangebot. Aber auch andere Dienstleistungsunternehmen, z. B. öffentliche Einrichtungen wie die Straßenverkehrsämter und die Finanzämter, ziehen in jüngerer Zeit verstärkt ins verstädterte Umland und lassen sich z. B. in Bürovorstädten und Gewerbegebieten nieder.

Renaissance der traditionellen City? Mittlerweile hat vielerorts eine Art von Renaissance der Innenstädte und ihrer Citys eingesetzt. So versuchen die Stadtplaner – als Antwort auf die Suburbanisierung des Einzelhandels und anderer Dienstleistungseinrichtungen – die Citys durch die Ansiedlung von Einkaufszentren und Ladengalerien mit einem hochwertigen und spezialisierten Angebot wieder aufzuwerten. Durch die Steigerung der Attraktivität der Citys und die Aufwertung ihres Erscheinungsbildes, den Ausbau des Kultur- und Freizeitangebots sowie die Optimierung der Cityerreichbarkeit soll die an die randstädtischen Einkaufszentren verlorene Kundschaft zurückgewonnen und die drohende Cityverödung gestoppt werden. Die gezielte Erhaltung bzw. Stärkung der innerstädtischen Wohnfunktion zielt in die gleiche Richtung, da sie gleichzeitig die Nachfrage nach konsumorientierten Dienstleistungen zu erhöhen vermag (vgl. S. 279).

Aufhebung der Standortbindung? Umstritten ist die Frage, welche räumlichen Auswirkungen die verstärkte Nutzung des Online-Shoppings mit sich bringt. Während die einen davon ausgehen, dass der Einzelhandel sich „aus der Fläche zurückziehen" wird, d. h. den ländlichen Raum als Standort aufgibt, vermuten andere, dass sich durch die neuen Informationstechniken auch die Möglichkeiten der Logistik und Lagerhaltung verbessern. So könnte die Position der Einzelhändler auf dem Land im Konkurrenzkampf mit den Supermärkten gestärkt werden.

M6 nach Elmar Kulke (Hrsg.): Wirtschaftsgeographie Deutschlands. Gotha: Perthes 1998, S. 163

Online-Link
29260X-6302

M6 Standortfaktoren für konsumorientierte Dienstleistungen

Agglomerations-/Konkurrenzfaktoren
- Konkurrenzanziehung/Nähe zu anderen Anbietern und Magnetgeschäften
- externe Frequenzbringer (z.B. Haltestellen)
- Konkurrenzmeidung zu gleichen Anbietern

Beschaffungsorientierte Faktoren
- Erreichbarkeit für Lieferanten
- Verfügbarkeit von Arbeitskräften
- Preis für Betriebsflächen (Miete, Grundstück)
- Flächenverfügbarkeit

Absatz-/Nachfrageorientierte Faktoren
- Größe des Marktgebietes/Zahl der Nachfrager
- Einkommen/Kaufkraft
- Nachfragepräferenzen
- Erreichbarkeit für Nachfrager
- Imagewert/Repräsentation

Planerische Faktoren
- Darstellung in Bauleitplänen
- Raumordnung
- Umfeldgestaltung/städtebauliche Maßnahmen
- Wirtschaftsförderung

Individuelle Faktoren
- persönliche Präferenzen der Betriebsleiter
- persönliche Kontakte
- Persistenzeffekte

M7 „Hier entsteht:" ein neues Einkaufszentrum am Cityrand, Maßnahme gegen die Suburbanisierung des Tertiären Sektors

A3 Arbeiten Sie aus der Abbildung M5 auffällige Lagekriterien konsumorientierter Dienstleistungen heraus.

A4 Erklären Sie die Konzentration der Einrichtungen des Tertiären Sektors auf die städtischen Siedlungen und hier insbesondere auf die Citys der Großstädte.

A5 Diskutieren Sie Vor- und Nachteile dieser Konzentration aus wirtschaftlicher und ökologischer Sicht.

Bürovorstädte
Gewerbegebiete
City
Cityverödung
Cityerreichbarkeit
Online-Shopping

6.3.3 Unternehmensorientierte Dienstleistungen

„Die Globalisierung wirtschaftlicher Aktivitäten, die zunehmende räumliche Arbeitsteilung und die internationalen Vernetzungen führen zu einem steigenden Bedarf an unternehmensorientierten Dienstleistungen für Transaktions- und Transportaufgaben. Kürzere Produktlebenszyklen, technologisch höherwertige Produkte … steigern den Bedarf an Beratungs-, Forschungs- und Entwicklungsleistungen. Ein leistungsfähiger Dienstleistungssektor gilt als entscheidende Voraussetzung für die internationale Wettbewerbsfähigkeit von Regionen und Staaten.“ [1]

unternehmensorientierte Dienstleistungen (G)

Entwicklung der unternehmensorientierten Dienstleistungen

Unternehmensorientierte Dienstleistungen gehören zu den besonders dynamisch wachsenden Branchen unserer Wirtschaft. Dies gilt insbesondere für die wissensintensiven Dienstleistungen, die durch einen großen Anteil hoch qualifizierter Arbeitskräfte gekennzeichnet sind, wie z. B. Rechts- und Unternehmensberatung, Forschung und Entwicklung (F+E). Während z. B. in Deutschland seit Mitte der 1990er Jahre Arbeitsplätze im Verarbeitenden Gewerbe verloren gingen und auch die Zahl der Betriebe des Sekundären Sektors abgenommen hat, sind im Bereich der wissensintensiven unternehmensorientierten Dienstleistungen annähernd 200 000 neue Unternehmen mit fast 300 000 neuen Stellen entstanden. Das ist rund ein Viertel aller neuen Arbeitsplätze des Tertiären Sektors.

wissensintensive Dienstleistungen (G)

Forschung und Entwicklung (F+E)

M8 Entwicklung von Beschäftigung und Bruttowertschöpfung nach der Wissensintensität bei den Dienstleistungen in der Gewerblichen Wirtschaft der Bundesrepublik (Index)

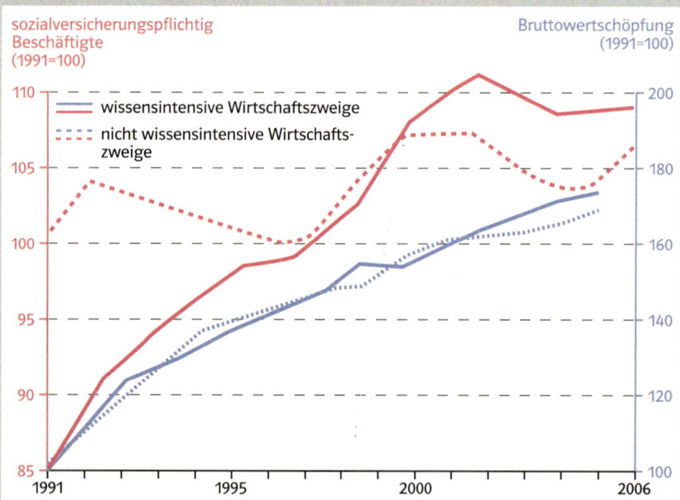

Ursachen des Wachstums. Das starke Wachstum der höherwertigen unternehmensorientierten Dienstleistungen hat folgende Gründe:

- Viele Aufgaben, die vormals von den industriellen Unternehmen selbst durchgeführt wurden, z. B. Datenverarbeitung, Forschung und Entwicklung im Bereich der Ingenieurwissenschaften, aber auch einfache Tätigkeiten wie Gebäudereinigung und Reparaturen, werden inzwischen von hoch spezialisierten Dienstleistungsfirmen übernommen. Diese Vergabe von Leistungen an Fremdfirmen (Outsourcing, vgl. S. 196) erspart Kosten, da spezialisierte Leistungen in der Regel günstiger „eingekauft“ werden können, als Angestellte sie im eigenen Betrieb erledigen. Dies führt – nicht nur statistisch gesehen – zu einem Schrumpfen der Industrie und einem Zuwachs bei den Diensten.
- Der Bedarf an spezialisierten Dienstleistungen steigt ferner mit der industriellen Umstellung auf technisch immer höherwertige Produkte. Gefordert sind ein hoher Qualifikationsgrad und Kenntnisstand. Dienstleister aus den Bereichen Forschung und Entwicklung, Ingenieurtätigkeit oder Marketing können hier oft intelligentere Problemlösungen anbieten.
- Auch betriebsinterne technologische Veränderungen bewirken eine wachsende Nachfrage nach Dienstleistungen. So erfordern z. B. flexible Fertigungsverfahren, die räumliche Aufsplittung von Produktionsabläufen und die Konzentration auf Kerngeschäfte (Lean Production, vgl. S. 197) zusätzliche Dienstleistungen, etwa in Transportwesen und Logistik.

[1] Elmar Kulke (Hrsg.): Wirtschaftsgeographie Deutschlands. Gotha und Stuttgart: Klett-Perthes 1998, S. 183

M8 nach Birgit Gehrke/Harald Legler u.a: Forschungs- und wissensintensive Wirtschaftszweige in Deutschland. Hannover: Niedersächsisches Institut für Wirtschaftsforschung 2007, S. 15 u. 17

M9 nach Berichte zur Deutschen Landeskunde, Heft 1/1999, S. 79. Leibniz Institut für Länderkunde, Leipzig

*vgl. auch **Online-Link** 29260X-7203

Online-Link 29260X-6303

- Die Globalisierungstendenzen wirtschaftlicher Aktivitäten, d.h. die Zunahme des internationalen Warenhandels, das Wachstum der grenzüberschreitenden Finanztransaktionen sowie die weltweite Arbeitsteilung führen zu einer Nachfragesteigerung nach Servicediensten (Banken, Versicherungen, Unternehmensberatung, Medien- und Kommunikationskonzerne). Über die Bereitstellung ihrer Fähigkeiten für andere Unternehmen hinaus werden dabei diese Dienstleister oft selbst zu Akteuren im „Global Play“.

Standorte hochrangiger Unternehmensdienste

Während für konsumorientierte Dienstleistungsunternehmen in aller Regel die Kundennähe und die Zahl der Nachfrager die entscheidenden Faktoren bei der Standortwahl sind, trifft dies auf die unternehmensorientierten Dienstleister nur bedingt zu. Zwar kann ein Standort günstig sein, an dem als Nachfrager sich z.B. die Firmenzentrale eines Industriekonzerns befindet, dem der Dienstleister zuarbeitet, doch haben andere Faktoren zumeist eine höhere Präferenz.

In der Regel ist eine ausgezeichnete Verkehrslage für die Standortwahl entscheidend, z.B. Anbindung an einen Flughafen, an das Bahnnetz, an Fernstraßen sowie die Kommunikationsanbindung. Diese Voraussetzungen sind vor allem in den Großstädten gegeben. Zu diesen so genannten urbanization economies zählt auch die Nähe zu anderen Dienstleistungsunternehmen. Zusammen können sie funktionale Cluster (s. S. 200) bilden, d.h. Kooperationen mit anderen Unternehmen der gleichen Branche, um so gemeinsame Kontakte zu Nachfragern, Behörden oder F+E-Institutionen aufzubauen. Besonders für kleinere Unternehmen, den Großteil der unternehmensorientierten Dienstleister, ist diese Kooperation eine entscheidende Existenzfrage.

Zu diesen quantifizierbaren Standortfaktoren kommen weiche hinzu, wie z.B. das Image oder die Umfeldqualität einer Stadt oder deren wirtschaftspolitisches Klima. So ergibt sich auf nationaler Ebene eine Standortstruktur, die im Wesentlichen der Hierarchie der Zentralen Orte (vgl. S. 242*) entspricht. Mit der Bedeutungszunahme der Zentren wächst der Umfang der unternehmensorientierten Dienstleistungen. An der Spitze stehen die Global Citys, die laut Definition durch hochwertige, international operierende Steuerungs- und Kontrollzentralen geprägt sind. Bei hochrangigen Zentralen Orten lassen sich gewisse Funktionsteilungen beobachten, z.B. Frankfurt am Main als Zentrum für Finanzaktivitäten, Berlin als internationale Kongressstadt, Köln als Medienstadt oder München als Standort von Unternehmen für innovative Produkte, z.B. in der Mikroelektronik.

M 9 Beschäftigte in wissensintensiven unternehmensorientierten Dienstleistungen in Deutschland im Jahre 2000, nach Kreisen

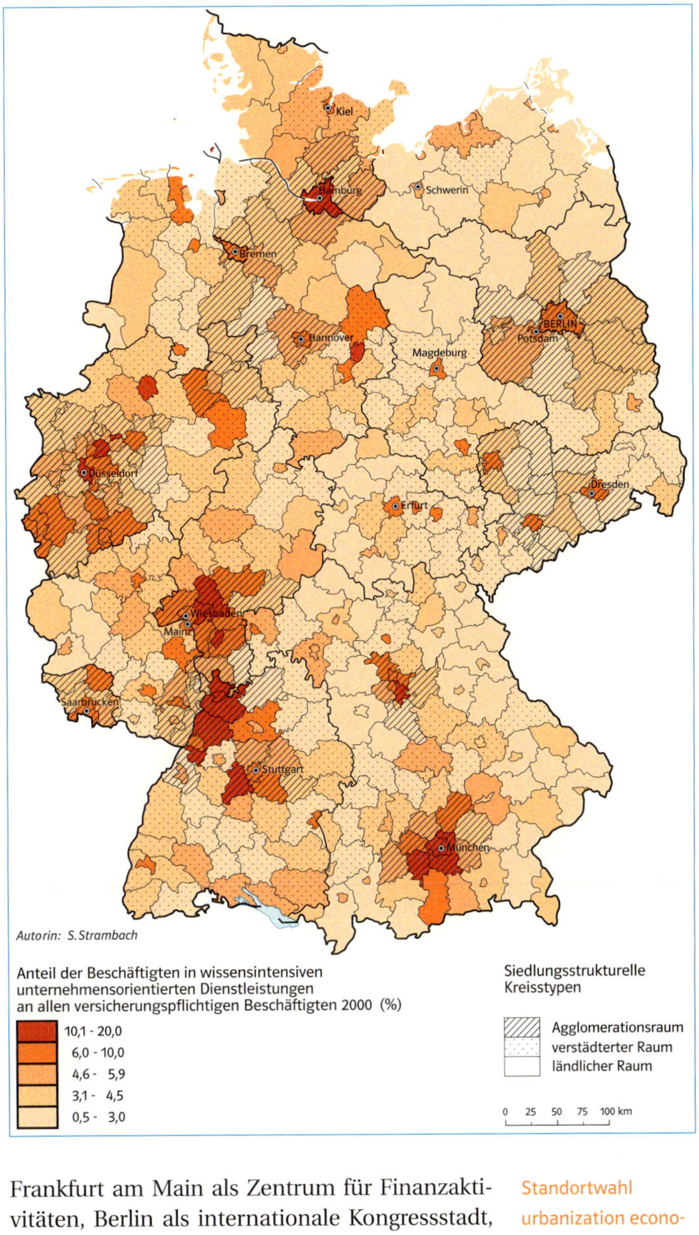

Standortwahl
urbanization economies
funktionale Cluster
Zentrale Orte

A 6 Erstellen Sie ein Schema zu den Standortfaktoren des Dienstleistungssektors.

A 7 Erläutern Sie anhand der Karte M 9 den Zusammenhang zwischen den siedlungsstrukturellen Kreistypen und dem Anteil der in diesen Kreisen Beschäftigten in wissensintensiven unternehmensorientierten Dienstleistungen.

Global City

Fallbeispiel: **Dienstleistungszentrum Frankfurt am Main**

M10 Die Skyline von „Mainhattan“

M11 Frankfurts Beschäftigtenentwicklung nach Wirtschaftsbereichen (in 1000)

	Primärer Sektor	Sekundärer Sektor	Tertiärer Sektor
1999	1,2	84,0	481,1
2000	1,4	82,3	502,6
2001	1,4	80,9	518,1
2002	1,3	79,3	522,6
2003	1,3	75,9	524,3
2004	1,2	73,7	516,6
2005	1,3	70,9	516,6
2006	1,3	68,0	518,6

M14 Cluster des Finanzplatzes Frankfurt

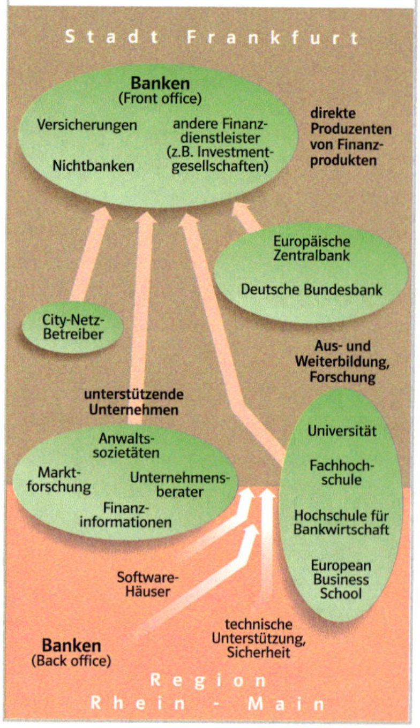

M12 Dienstleistungsmetropole von internationalem Rang

„Frankfurt am Main ist ein Finanz- und Dienstleistungszentrum von Weltrang und gehört als Mittelpunkt der dynamischen Wirtschaftsregion Rhein-Main zu den führenden Unternehmensstandorten Europas. Die zentrale Lage, die exzellente Infrastruktur mit dem größten Flughafen des Kontinents, die Konzentration zukunftsorientierter Unternehmen der unterschiedlichsten Branchen und seine Internationalität positionieren Frankfurt im europäischen Vergleich ganz vorn.

Die Stadt hat rund 660 000 Einwohner, bietet jedoch über 590 000 Arbeitsplätze … In diesem produktiven Umfeld mit seinem internationalen Branchenmix florieren Unternehmen aller Größe, vom großen Industriekonzern bis zum kleinen Softwareentwickler. Viele international operierende Unternehmen haben ihre Zentrale im Großraum Frankfurt angesiedelt.

In der Mainmetropole als einem der führenden Finanzplätze sind über 300 nationale und internationale Banken vertreten. Herausragende Finanzinstitutionen wie die Europäische Zentralbank, die Deutsche Bundesbank und die Gruppe Deutsche Börse AG haben ihren Hauptsitz in Frankfurt. Insbesondere spiegelt sich die Bedeutung von Frankfurt als Wirtschaftszentrum in der viele Jahrhunderte alten Tradition als Messestadt wider.“

M13 Finanzplatz als ökonomisches Cluster

„Die Bedeutung von Finanzplätzen wird … üblicherweise durch die Zahl der (Auslands-) Banken und den Umsatz der Börsen, gelegentlich auch die Zahl der Beschäftigten gemessen. Dies ist unzureichend, weil damit die Art der lokalen Verankerung des Finanzsektors in ein weiteres Finanz-Cluster nicht erfasst und die bestehende Konzentration nicht erklärt werden können. Zum Cluster gehören neben Banken und Börsen weitere Finanzdienstleister, deren Zulieferer sowie unterstützende Organisationen, die sich auf engem Raum ballen. Erst die Vernetzung … sagt etwas zur Funktionsweise eines Finanzplatzes als auch zu seiner Überlebensfähigkeit aus.“

M15 Messe- und Handelsplatz Frankfurt

„In Frankfurt kreuzten sich schon früh die Handelswege … 1160 wurde Frankfurt als Messestadt erstmals erwähnt und erhielt 1240 als erste Stadt im damaligen Europa das offizielle kaiserliche Privileg, jährlich Handelsmessen abzuhalten.

Heute finden mehr als 50 Messen und Ausstellungen im Jahr statt. … Mit mehr als 44 400 Ausstellern (2006) ist Frankfurt der größte Messeplatz Europas. Mehr als 1,6 Millionen Menschen besuchten im Jahre 2006 die Messe …

Die intensiven Handelsbeziehungen der Frankfurter Unternehmer haben zu einem starken Engagement ausländischer Unternehmen in Frankfurt geführt; so fließt etwa ein Viertel der Ausländischen Direktinvestitionen in Deutschland in die Region Frankfurt/Rhein-Main.“

M11 Statistisches Jahrbuch der Stadt Frankfurt. Frankfurt am Main, verschiedene Jg.

M12, M15, 17 und 18 aus bzw. nach www.frankfurt.de, Jan. 2008

M13 und M14 nach Vivien Lo/Eike W. Schamp: Finanzplätze auf globalen Märkten – Beispiel Frankfurt/Main. In: Geographische Rundschau, 51. Jg., H. 7–8. Braunschweig: Westermann 2001, S. 28

Online-Link
29260X-6304

M16 Dienstleistungsstandort Frankfurt-City (Gebäudenutzung in der Innenstadt)

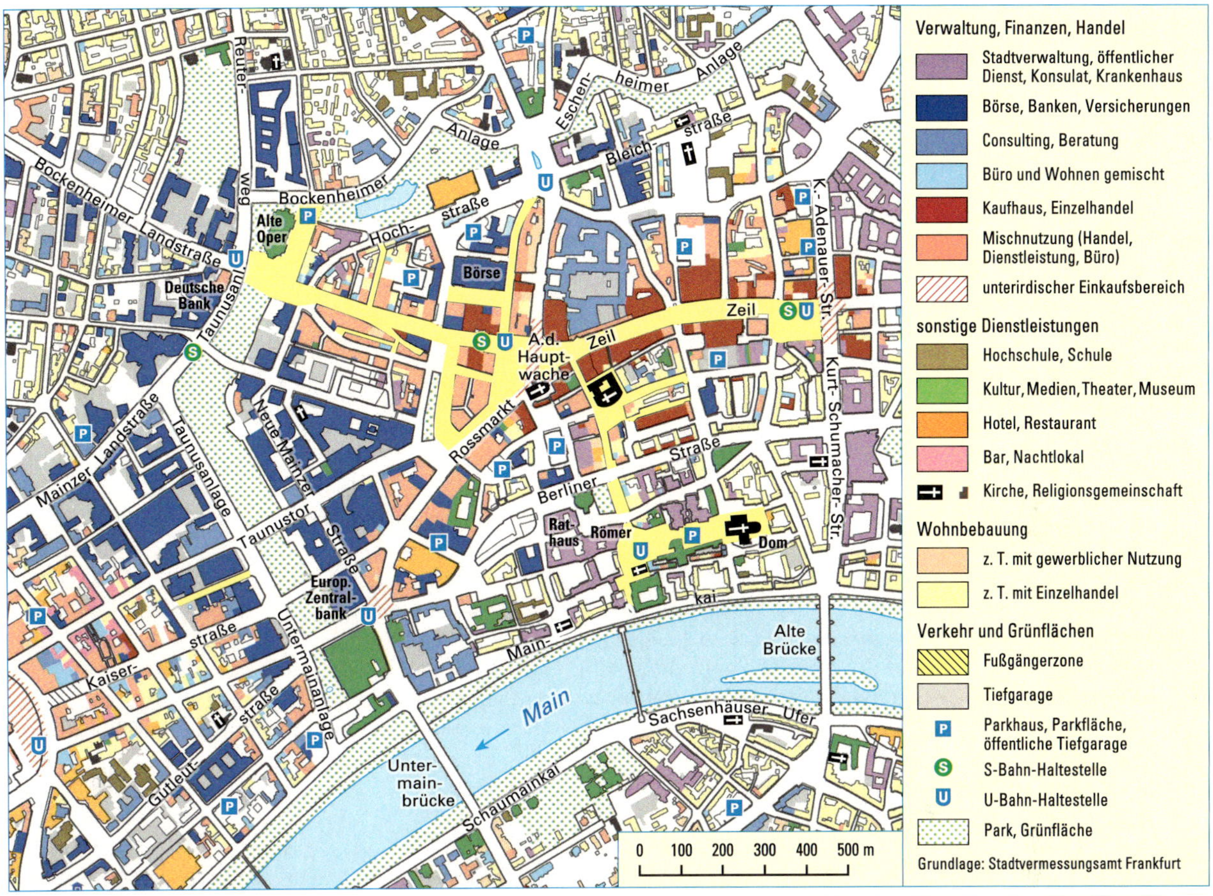

M17 Verkehrsknoten Frankfurt

„Frankfurts Aufstieg zum Messe-, Handels- und Dienstleistungsplatz hängt seit jeher mit seiner verkehrsgünstigen Lage zusammen. In Deutschland gilt Frankfurt als der Verkehrsknoten schlechthin. Die Verkehrsbedeutung der Stadt ruht auf vier Säulen:

1. dem größten Flughafen des Kontinents,
2. dem verkehrsreichsten Autobahnkreuz Deutschlands,
3. dem größten Personenbahnhof Deutschlands sowie
4. einem bedeutenden Binnenhafen."

M18 Daten zum Verkehrsknoten Frankfurt

Flughafen Frankfurt/Rhein-Main 2006	
Passagiere	52,8 Mio.
Passagier-Linienflüge je Woche	4200
Fluggesellschaften	127
Zielorte	292
Zielländer	110
Luftfracht	2,06 Mio. t

Frankfurter Hauptbahnhof, Jan. 2008	
Passagiere werktags	350 000
Züge pro Werktag	2624
Gleise	29
ICE u.a. nach Köln, München, Amsterdam, Basel, Brüssel, Berlin, Hamburg, Dresden, Paris	

Frankfurter Binnenschifffahrtshafen 2006	
Gesamtfläche	1,62 km²
Schiffe pro Jahr	ca. 2500
Güterumschlag pro Jahr	2,2 Mio. t, davon Containerumschlag 37 277 TEU*

*TEU: Twenty Feet Equivalent Unit (Containereinheit: Maßangaben: 20 x 8 x 8 Fuß = ca. 6 x 2,5 x 2,5 m)

A 8 Erläutern Sie anhand von M 13 und M 14 das Cluster des Finanzplatzes Frankfurt am Main.

A 9 Erstellen Sie mithilfe der Materialien dieser Doppelseite und weiterer Quellen (z. B. Internet) einen Steckbrief der „Dienstleistungsmetropole Frankfurt".

6.3.4 Die Zukunft der Arbeit – alles wird Dienstleistung?

„Servicewüste Deutschland“

Verglichen mit anderen Industrienationen schneidet Deutschland bei den konsumorientierten Dienstleistungen schlecht ab. Immer wieder ist die Rede von der „Servicewüste Deutschland“. Als Gegenbeispiel werden amerikanische Verhältnisse genannt, z. B. Großmärkte, in denen den Kunden die Ware an der Kasse eingepackt und zum Fahrzeug gebracht wird, wo inzwischen die Autoscheiben geputzt wurden. Nicht bedacht wird von den Kritikern jedoch die Tatsache, dass es sich dabei oftmals um schlecht bezahlte Jobs handelt, die kaum den Lebensunterhalt sichern. Ist die Arbeit bei uns zu teuer?

Zweifelsohne gibt es im Bereich der persönlichen Dienstleistungen auch in Deutschland genug Arbeit und Aufgaben. Dazu zählen Jugend-, Alten- und Krankenpflege, Obdachlosenbetreuung und Naturschutz. In diese Arbeitsplätze wird jedoch zu wenig investiert, da die Arbeitskosten zu hoch sind. Vielfach sind es Tätigkeiten, die auf freiwilliger, unbezahlter Arbeit basieren. Ohne sie müssten viele Aktivitäten unterbleiben. Bei den Überlegungen, wie die Arbeit der Zukunft aussehen könnte, spielt diese „nicht monetarisierte“ Arbeit eine wichtige Rolle.

„Dritter Sektor“
„Non-profit“-/
„Not-for-own-profit“-
Sektor

Der „Dritte Sektor“

Unter dem Begriff „Dritter Sektor“, der nicht zu verwechseln ist mit dem Tertiären Sektor, werden so genannte „Non-profit“- bzw. „Not-for-own-profit“-Organisationen zusammengefasst, die vor allem solche Bedürfnisse befriedigen, die vom Staat oder privaten kommerziellen Dienstleistern nicht erbracht werden. Beispiele sind etwa Beschäftigungs- und Qualifizierungsgesellschaften, Arbeitslosen(selbst)hilfe-Einrichtungen, Behindertenwerkstätten, nichtstaatliche Bildungseinrichtungen im sozialpädagogischen Bereich, Sozialstationen, Sport- und Kunstvereine, Stiftungen oder Fördervereine.

Nach jüngeren Untersuchungen umfasst der Dritte Sektor in Deutschland ca. 100 000 Betriebe, in denen ca. 2 Mio. Menschen tätig sind, d. h. ca. 6 % aller Erwerbstätigen. Der Anteil der so genannten „geringfügig Beschäftigten“ ist hier allerdings größer als im Durchschnitt aller Beschäftigten.

Von allen Wirtschaftssektoren weist der Non-profit-Sektor die höchsten Zuwächse bei den Arbeitplätzen auf, und auch für die Zukunft ist mit einer weiteren Steigerung zu rechnen. Deswegen wundert es auch nicht, dass hier Theorien und Strategien für die „Zukunft der Arbeit“ ansetzen.

M19 Der „Dritte Sektor“ zwischen Markt und Staat

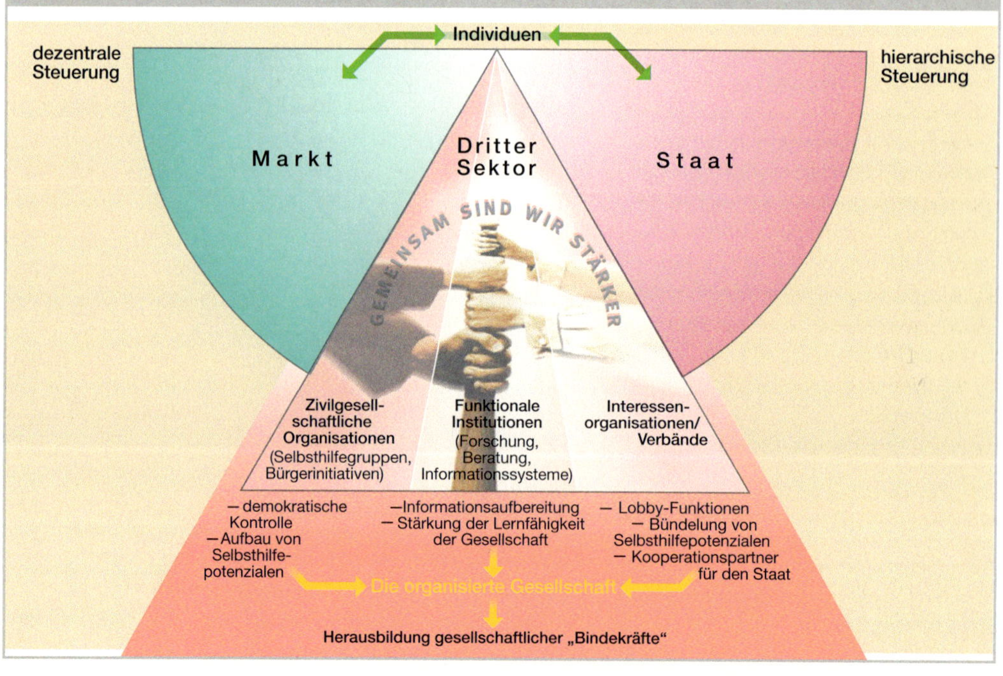

Alles wird Dienstleistung!?

Im Jahre 2000 veröffentlichte der amerikanische Wirtschaftswissenschaftler Jeremy Rifkin ein Aufsehen erregendes Buch unter dem Titel „Access". Darin stellt er die These auf: „Alles wird Dienstleistung". Er argumentiert wie folgt: Gegenwärtig sind viele Serviceleistungen der industriellen Produktion quasi noch „angehängt". So produziert und verkauft eine Automobilfirma nicht nur Autos, der Käufer kann es über die hauseigene Bank auch finanzieren und versichern. Der Schwerpunkt liegt allerdings eindeutig noch bei der Produktion. Künftig, so Rifkin, wird sich die Situation umkehren: Die Ware geht nicht mehr in das Eigentum des „Erwerbers" über. Dieser wird sie nur noch leasen – mit allen dazu gehörenden Serviceleistungen, die nun den Schwerpunkt der Geschäftstätigkeiten bilden.

M 20 Entwicklung von Wirtschaftswachstum und Zahl der Arbeitsplätze in Deutschland

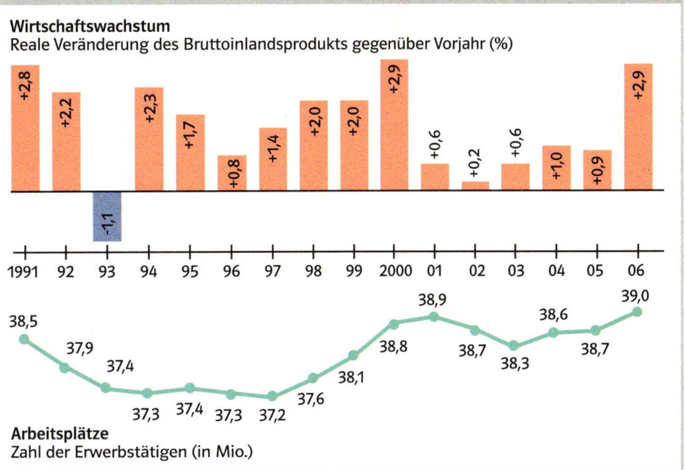

„Immer mehr Industrieunternehmen drängen auf Dienstleistungsmärkte, manche haben sich von klassischen Industrieunternehmen zu (fast) reinen Dienstleistungsunternehmen verwandelt (Preußag; Mannesmann). Andere haben sich Dienstleistungstöchter zugelegt. Dienstleistungen bringen nicht nur mehr Ertrag, sondern sie binden auch Kunden langfristig an das Unternehmen. Ein Kunde, der ein Fahrzeug least, hat in der Regel einen Drei-Jahres-Vertrag, und er muss zu Wartungen und zumindest zur Rückgabe des Fahrzeugs wiederkommen. Der Kauf eines Fahrzeuges ist ein uno-actu-Vorgang. Vielleicht sieht der Händler den Kunden nie wieder. In der Gegenwart verzeichnen wir eine immer stärkere Vermischung von Produktion und Dienstleistungen, die zumeist mit dem Begriff des „servo-industriellen Komplexes" zu fassen versucht wird. Dieser Trend wird sich fortsetzen, schon aufgrund der höheren technischen Komplexität von Produkten, die von „Otto Normalverbraucher" nicht mehr zu beherrschen ist.
Nach Rifkin wird dieses zum Verschwinden der Märkte führen und die Menschen, d.h. Produzenten, Dienstleister, Kunden zu unterschiedlichen Netzwerken mit längerfristiger Bindung zusammenführen. Der Zugang (access) zu den Netzwerken wird damit entscheidende Voraussetzung für die Lebensqualität des Einzelnen, nicht mehr seine Fähigkeit, Eigentum zu bilden. Wird so also die „höchste Stufe" der Dienstleistungsgesellschaft aussehen?" [1]

Lebensarbeitszeit ist neu zu konzipieren. Rifkin und andere Wirtschaftswissenschaftler stimmen darin überein, dass die Dienstleistungen die Hoffnungsträger für die zukünftige Beschäftigungsentwicklung sind. Dazu muss allerdings auch die Lebensarbeitszeit neu konzipiert werden. Bisher folgte in der Regel auf die Schul- und Ausbildungszeit ein abrupter Übergang in das Berufsleben, das schließlich mit dem Zur-Ruhe-Setzen ebenso plötzlich endete. Heute geht man davon aus, dass die Übergänge teilweise fließend gestaltet werden können. Die eigentliche berufliche Tätigkeit würde sich aus bezahlter, unbezahlter und Eigenarbeit zusammensetzen. Neue Modelle scheinen unverzichtbar.

Lebensarbeitszeit

servo-industrieller Komplex

A 10 Erläutern Sie die Abbildung M 19 anhand eines konkreten Beispiels Ihrer Wahl.

A 11 Nehmen Sie Stellung zu Rifkins These: „Alles wird Dienstleistung".

M 19 nach Dirk Messner: Gesellschaftliche Determinanten wirtschaftlicher Entwicklung in der Weltwirtschaft. In: Hauke Brunkhorst/Matthias Kremer (Hrsg.): Globalisierung und Demokratie. Frankfurt am Main: Suhrkamp 2000, S. 109

M 20 nach Globus Infografik 8068 und 8234, ergänzt

[1] Peter Sedlacek: Dienstleistungen in Deutschland – Hoffnung oder Enttäuschung des 21. Jahrhunderts. In: Geographie und Schule, 25. Jg., H. 141 (Febr. 2003). Köln: Aulis, S. 18

M 21 Raumüberwindung durch Verkehr

M 22 Entwicklung von Verkehr und Wertschöpfung in Deutschland

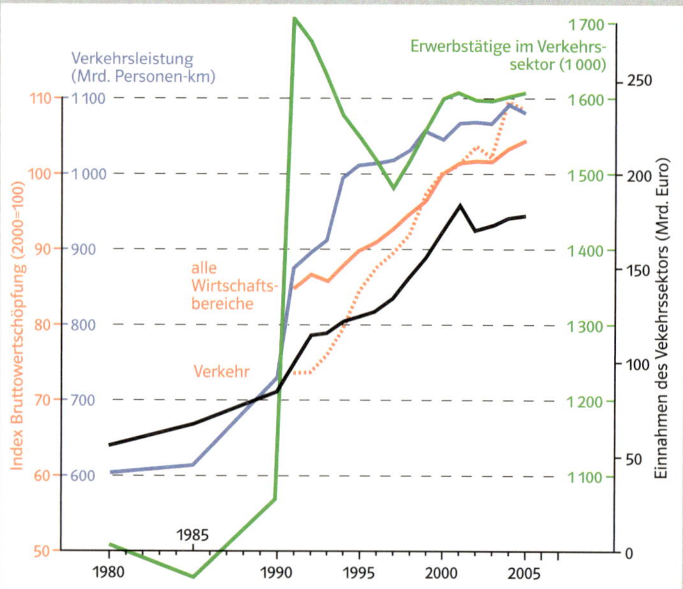

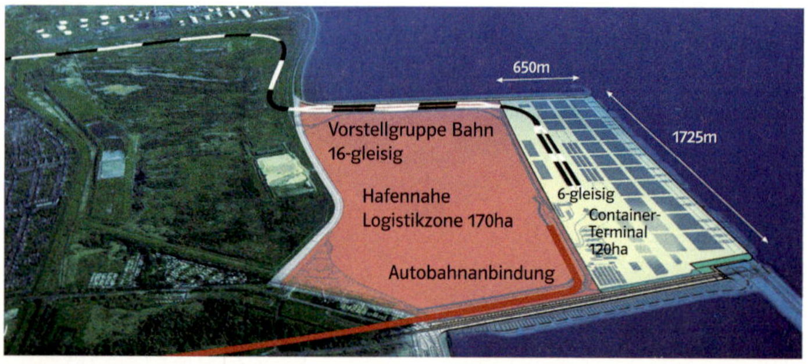

M 23 Projekt Tiefseewasser-Containerhafen JadeWeserPort bei Wilhelmshaven

6.3.5 Verkehr und Logistik

„Verkehr wird definiert als Raumüberwindung durch Personen, Güter und Nachrichten. Er stellt folglich ein wichtiges Bindeglied zwischen Gesellschaft, Wirtschaft und Raum dar. Die Beschleunigung und Verbilligung der Raumüberwindung lässt weit voneinander entfernte Orte, Regionen und Länder näher zusammenrücken. Private Aktionsräume werden ausgeweitet, und firmenbezogene regionale Produktions- und Konsumkreisläufe verlieren an Bedeutung zugunsten internationaler Absatz- und Beschaffungsverflechtungen. Die neuen verkehrlichen Möglichkeiten verändern die räumlichen Beziehungsmuster und führen zu gewandelten Standortnetzen und Nutzungsstrukturen, die ihrerseits wieder Verkehr induzieren.“ [2]

Wirtschaftsfaktor Verkehr

In allen Industrieländern ist der Verkehrsbereich ein starker Wirtschaftsfaktor, dessen Wertschöpfung seit Jahren stärker wächst als die der Gesamtwirtschaft. Seine wirkliche Bedeutung wird aber erst erkennbar, wenn man ihn im Zusammenhang mit anderen Wirtschaftsbereichen und -branchen sieht, z. B. mit dem Fahrzeugbau, der traditionell eine der wichtigsten Schlüsselbranchen ist, mit der Bauwirtschaft, dem Warenhandel, dem Tourismus oder mit vor- und nachgelagerten Serviceleistungen.

[2] Helmut Nuhn: Verkehr und Kommunikation. In: Elmar Kulke (Hrsg.): Wirtschaftsgeographie Deutschlands, a. a. O., S. 199

M 22 und M 24 Daten nach Bundesministerium für Verkehr, Bau- und Wohnungswesen (Hrsg.): Verkehr in Zahlen. 35. Jg. Hamburg: Deutscher Verkehrs-Verlag 2006

M 24 Entwicklung der Verkehrsleistung im Personen- und Güterverkehr in Deutschland (bis 1990 Alte Bundesländer)

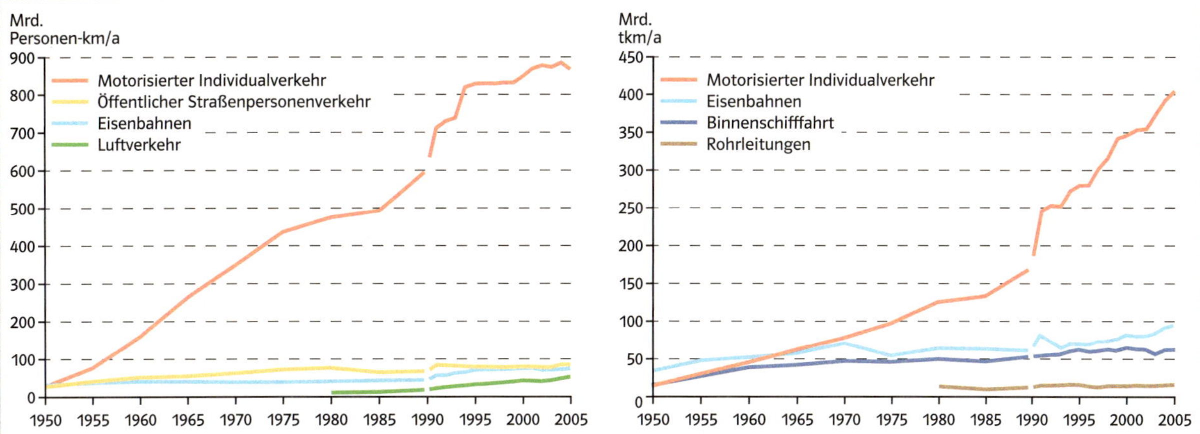

Rahmenbedingungen und Entwicklungen

Art und Umfang des Verkehrs werden von vielen verschiedenen Faktoren beeinflusst. Bevölkerungsentwicklung und wirtschaftliches Wachstum spiegeln sich ebenso in der Zunahme des Verkehrsaufkommens wider wie der soziale Wandel und geänderte Lebensweisen. Eng verbunden ist die Entwicklung des Verkehrs mit neuen Technologien, Arbeitsformen und Produktionskonzepten in der Industrie und im Dienstleistungsbereich. Besonders stark trägt in den letzten Jahrzehnten die Globalisierung zum Anstieg des Verkehrs bei, zumal neue Informations- und Kommunikationstechnologien hier neue Handlungsoptionen für den Verkehr eröffnen. Nicht zuletzt wirken auch politische Neuordnungen auf das Verkehrsgeschehen ein.

Güterverkehr. In vorindustrieller Zeit betraf der Fernhandel (z.B. mit Seide oder Gewürzen) nur die Minderheit der Oberschicht. Die Transportmengen waren gering, der Güterverkehr beschränkte sich im Wesentlichen auf die Nahversorgung zwischen Stadt und Land („Marktverkehr").

Erst mit der Industrialisierung erfuhr der Verkehr eine rasante Steigerung. Die Nutzbarmachung der Dampfkraft erhöhte die Reisegeschwindigkeit und die Transportkapazitäten. Die steigende Industrieproduktion ergab einen steigenden Materialbedarf und einen entsprechend steigenden Güterverkehr. Verkehrsanschlüsse und Verkehrseinrichtungen entwickelten sich zu entscheidenden Standortfaktoren. Wichtigster Verkehrsträger wurde die Eisenbahn.

Mit der „Verkehrswende" der 1960er Jahre, der Massenmotorisierung nach amerikanischem Vorbild, verlagerte sich der Güterverkehr stark auf die Straße, u.a. begünstigt durch den großzügigen Ausbau der Fernstraßen. Das Transportaufkommen von Massengütern ging in den 1960er und 1970er Jahren infolge der Krise des Bergbaus und der Schwerindustrie zwar zurück, die Verkehrsleistung stieg jedoch weiter, u.a. weil die Transportvorgänge immer komplexer wurden, was eher dem Straßenverkehr als dem Schienenverkehr zugute kam. Da in der Verarbeitenden Industrie eine zeitgerechte Anlieferung in kleineren Partien immer wichtiger wird, gestaltet sich die Rückeroberung von Marktanteilen durch die Bahn schwieriger, zumal diese sich im Konkurrenzkampf mit der Straße bzw. dem LKW als zu langsam und wenig flexibel erweist.

Unverzichtbarer Bestandteil des Welthandels ist seit Mitte der 1970er Jahre der Containerverkehr. Mit standardisierten Ladebehältern erlaubt er eine optimale technische Verknüpfung mit den vor- und nachgelagerten Verkehrsträgern Binnenschiff, Bahn und LKW. Dies erhöht nicht nur die Genauigkeit der Lieferzeiten. Es verkürzen sich auch die Umschlags- und Liegezeiten der Schiffe in den Häfen, was wiederum Kostenreduzierung bedeutet.

Die Globalisierung der Weltwirtschaft, insbesondere die Aufteilung von Produktionsprozessen auf verschiedene Länder und Kontinente sowie die arbeitsteilige Komponenten- und Teilefertigung rund um den Globus, brachte eine weitere sprunghafte Steigerung des Güterverkehrs mit

Verkehr

Verkehrsaufkommen

Verkehrswende

Massenmotorisierung

Schienenverkehr

Straßenverkehr

Güterverkehr

Containerverkehr

Luftverkehr

sich. Da die moderne Wirtschaft rasch reagieren muss, spielt die Transportgeschwindigkeit heute eine ganz entscheidende Rolle. Davon profitiert natürlich in erster Linie der Luftverkehr, der seit den 1970er Jahren von allen Verkehrsträgern die höchsten Wachstumsraten verbuchen kann. Mit der Globalisierung der Wirtschaft kommt es auch zu einem Wandel der Art der transportierten Güter sowie der Qualität des Transportes selbst. Der zunehmende Austausch von hochwertigen, gewichtsarmen und leicht verderblichen Gütern, z. B. elektronischen Geräten bzw. Bauteilen, Frischgemüse oder Schnittblumen, kommt vor allem dem Lufttransport zugute. So profitiert dieser einerseits vom Globalisierungsprozess, und andererseits treibt er globale arbeitsteilige Produktionsprozesse voran.

Personenverkehr

Personenverkehr. In der vorindustriellen Gesellschaft war die Einheit von Wohn- und Arbeitsplatz ein wesentliches Merkmal. In der Frühphase der Industrialisierung kam es zur Trennung von Wohn- und Arbeitsplatz. Zunächst wurden kurze Entfernungen zu Fuß überbrückt. Im Zuge der industriellen Entwicklung mussten die Beschäftigten jedoch immer größere Entfernungen zum Arbeitsplatz zurücklegen. Der Pendlerverkehr entstand und mit ihm wuchs das Aufkommen im Personenverkehr.

Nachrichtenverkehr/ Telekommunikation

Pendlerverkehr

Suburbanisierung

In dem Maße, wie während der Suburbanisierung in Deutschland ab ca. 1965 große Bevölkerungsteile an den Stadtrand bzw. ins städtische Umland zogen (vgl. S. 280), nahm auch das Verkehrsaufkommen zu. Obwohl auch industrielle und tertiärwirtschaftliche Arbeitsplätze an die Peripherie zogen, kam es kaum zu einer spürbaren Entlastung der Verkehrswege. Viele Arbeits- und Ausbildungsplätze blieben in den Innenstädten erhalten. Da die zentralen Dienstleistungen (Verwaltung, kulturelle Angebote, medizinische Einrichtungen etc.) auch von den Bewohnern des Umlandes genutzt werden, erhöhte sich das Verkehrsaufkommen weiter. Den größten Anteil am gewachsenen Individualverkehr machen jedoch nicht der Berufs- und Ausbildungsverkehr aus, sondern der Freizeitverkehr. Die Ursachen sind der gestiegene Lebensstandard und die zunehmende Freizeit, aber auch technologische Innovationen, wie der Bau immer größerer und leistungsfähigerer Flugzeuge, die das Fliegen wirtschaftlicher und für die Kunden preiswerter machten, sowie der Ausbau des Charterverkehrs mit seinem Angebot an Pauschalflügen.

M 25 Anteile der Verkehrsarten am Personenverkehr in Deutschland 2005 (1 000 beförderte Personen)

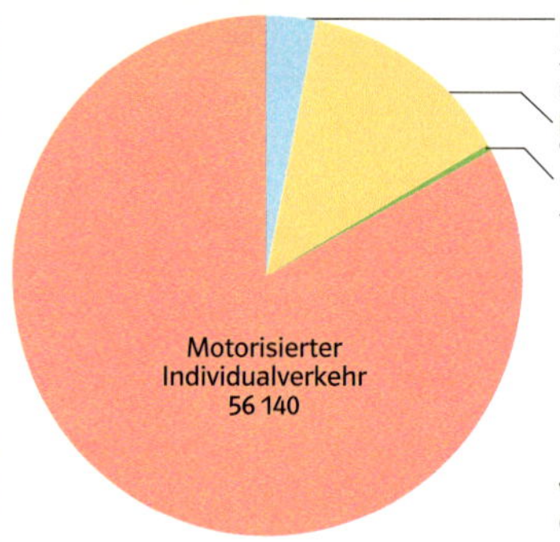

Nachrichtenverkehr. Der Begriff Nachrichtenverkehr, heute in der Regel ersetzt durch „Telekommunikation“, bezeichnet allgemein jeglichen Austausch von Informationen über eine gewisse Distanz hinweg – sei es durch Briefe, Signale, Telefon oder mithilfe der modernen Kommunikationsmedien. Telekommunikationseinrichtungen, heute ein elementarer Bestandteil der Infrastruktur, bewirken weitreichende Veränderungen im Verkehr nicht nur von Nachrichten, sondern auch von Personen und Gütern. So erlauben z. B. elektronische Informationssysteme eine kontinuierliche Überwachung von Transportketten sowie eine bessere Auslastung von Transportsystemen. Im Idealfall können Kommunikationsmedien sogar dazu beitragen Verkehr zu ersetzen.

A 12 Erläutern Sie den Zusammenhang zwischen Wirtschaftsentwicklung und Verkehrsentwicklung.

A 13 Stellen Sie anhand übergeordneter Gesichtspunkte eine Liste von Faktoren zusammen, die den Umfang des Verkehrs beeinflussen.

M 25 nach Bundesministerium für Verkehr, Bau- und Wohnungswesen (Hrsg.): Verkehr in Zahlen 2006/2007, a. a. O.

Online-Link zur Zukunftssicherung durch Verkehrsprojekte, Fallbeispiel Wilhelmshaven/Jaderaum: 29260X-6305

Online-Link 29260X-6306

M 26 Verkehrsaufgaben nach der Wiedervereinigung

„Die Wiedervereinigung 1990 hat Deutschland in räumlicher Hinsicht vor die Aufgabe gestellt, die in 40 Jahren gekappten Verkehrs- und Kommunikationsverbindungen zwischen Ost und West wiederherzustellen. Nach der Gründung der beiden deutschen Staaten waren nur wenige grenzüberschreitende Verkehrsverbindungen als Transportkorridore zwischen dem Bundesgebiet und Berlin-West aufrechterhalten worden. Im Grenzgebiet auf östlicher Seite waren zahlreiche Schienenstrecken demontiert worden, Straßen endeten blind. Der Personen- und Güteraustausch zwischen Ost und West spielte ... kaum eine Rolle. Auch erwies sich der Zustand der Verkehrsinfrastruktur – insbesondere Autobahnen und Flughäfen – in Ostdeutschland als gravierender Engpassfaktor für die raumwirtschaftliche Entwicklung. Vor allem entsprach die Ausrichtung der Verkehrsverbindungen nicht den neuen Verkehrsströmen, weder im Osten noch im Westen. In der alten Bundesrepublik waren neue Straßen- und Straßenverbindungen (ICE, Neubauten von Autobahnen) fast ausschließlich Nord-Süd orientiert."

M 27 Verkehrsprojekte Deutsche Einheit

M 28 Verkürztes Planungsverfahren

„Im Vorgriff auf den ersten gesamtdeutschen Verkehrswegeplan 1992 wurden deshalb bereits im September 1991 die 17 Verkehrsprojekte Deutsche Einheit zur Verbesserung der Verbindungen zwischen den Wirtschaftsregionen im Osten und Westen mit einem Gesamtvolumen von 56 Mrd. DM [38 Mrd. €] begonnen. Da die Planungs- und Genehmigungszeit bei großen Infrastrukturprojekten wegen der Beteiligung vieler betroffener Behörden, Institutionen und tangierter Privatpersonen häufig einen Zeitraum von 10–20 Jahren erfordert, verabschiedete das Bundeskabinett bereits am 08.05.1991 einen Gesetzentwurf zur Beschleunigung der Planung für Verkehrswege in den neuen Bundesländern und Westberlin. Danach fallen das Raumordnungsverfahren und die erste Stufe der Umweltverträglichkeitsprüfung bei der Bundesverkehrswegeplanung für die 17 Trassen mit Aus- und Neubaustrecken bis 1995 bzw. 1999 weg. Die Linienbestimmung erfolgt direkt beim Bundesverkehrsministerium, und das Planfeststellungsverfahren wird durch die Planungsgenehmigung ersetzt. Die Öffentlichkeitsmitwirkung ist eingeschränkt und die Klagemöglichkeit auf eine Instanz beim Bundesverwaltungsgericht begrenzt."

A 14 Untersuchen Sie die Linienführung eines ausgewählten VDE unter dem Gesichtspunkt „Umweltverträglichkeit kontra wirtschaftliche Entwicklung".

M 29 Kritik

„Alle 17 Projekte sind im Bau oder bereits fertiggestellt. Aufgrund ihrer finanziellen und baulichen Dimensionen sind einige der Projekte nach wie vor erheblich umstritten, so z. B. die VDE Nr. 13 = A 38 Göttingen – Halle und VDE Nr. 17 = Bundeswasserstraßenverbindung Hannover – Magdeburg – Berlin. Letzteres impliziert das Wasserstraßenkreuz Magdeburg [fertiggestellt] und einen Ausbau der Havel. Angepeiltes Volumen 2,3 Mrd. EURO.
Laut Bundesverkehrswegeplan von 1992 sollte der Ausbau auf 280 km Wasserweg, eine Wassertiefe von 4 m und eine Breite von 42 bis 70 m in Kurven erfolgen. Das gefährdete nach Kritikermeinung die Flusslandschaft der Havel und Kulturerbe in Berlin und Potsdam.
Nach Verhandlungen wurde das Budget für den Abschnitt „Südtrasse" von [damals] 706 Mio. DM auf 352 Mio. DM zurückgefahren. Auf die ursprüngliche Kapazität für Großmotorgüterschiffe ... und Großschubverbände ... wurde verzichtet."

M 26 Rüdiger Glaser/Hans Gebhardt/Winfried Schenk: a. a. O., S. 237

M 27 nach Bundesministerium für Verkehr, Bau- und Wohnungswesen 1991

M 28 Helmut Nuhn: a. a. O., S. 217

M 29 nach Wikipedia. Stichwort: Verkehrsprojekte Deutsche Einheit, April 2008, geändert

Online-Link
zur Verlängerung der Küstenautobahn A20 (VDE 10) nach Westen (A22): 29260X-6307

Online-Link
Fallbeispiel zu Verkehr und Umweltbelastungen: 29260X-6308

6.3.6 Neue Logistik – neue Tendenzen

„Weitere Verkehrszuwächse können in der Bundesrepublik wegen der ökologischen sowie siedlungs- und sozialräumlichen Folgewirkungen nur noch in begrenztem Maße durch Infrastrukturausbau integriert werden. Gefragt sind alternative, intelligentere Lösungen. Hierzu gehören logistische Konzepte, verkehrstechnologische Neuerungen, Informations- und Leitsysteme zur besseren Steuerung der Verkehrsströme sowie raumordnerische und siedlungsplanerische Maßnahmen.“ [3]

Logistik

Entlastungseffekte im Güterverkehr können vor allem dadurch erzielt werden, dass man die Kapazität der Verkehrsmittel optimaler nutzt und die einzelnen Verkehrsträger zu intermodalen Transportketten zusammenfasst. Kombinierter Ladungsverkehr und Güterverteilerzentren bieten solche Möglichkeiten. Wesentliche Voraussetzung zum Funktionieren beider Strategien ist eine ausgefeilte Logistik.

Kombinierter Ladungsverkehr (KLV)/multimodaler Verkehr

Kombinierter Ladungsverkehr (KLV). Unter dem Begriff kombinierter Ladungsverkehr, auch als multimodaler Verkehr bezeichnet, versteht man den Transport eines Gutes mit zwei oder mehreren unterschiedlichen Verkehrsträgern. Der KLV versucht gezielt die Vorteile der einzelnen Verkehrsträger zu nutzen, z. B. den günstigen Energieverbrauch und die niedrigen Kosten beim Schiff, die hohe Flexibilität des LKW, den energiegünstigen und raumsparenden Massentransport der Bahn sowie die Geschwindigkeit des Flugzeugs. Kosten- und zeitsparend ist der KLV vor allem dann, wenn die Güter in standardisierten Transporteinheiten bewegt werden, z. B. Container oder Sattelanhänger, die auf den Zug bzw. das Schiff rollen und vom Fahrer begleitet über Nacht das Ziel erreichen.
Trotz beachtlicher Zuwächse hat der KLV in Deutschland bislang wenig zur Entschärfung der Verkehrsverhältnisse beigetragen. Begrenzungen ergeben sich durch die jeweiligen Güterstrukturen und die z. T. vergleichsweise aufwändigen Vor- und Nachlaufzeiten im Nahverkehr.

Güterverkehrszentren (GVZ)

Güterverkehrszentren (GVZ). Dies sind Logistik-Sammelpunkte, in denen Güter zwischen unterschiedlichen Verkehrsträgern umgeladen, zusammengestellt und für den Transport vorbereitet werden. Wesentlicher Bestandteil ist ein Terminal für den Kombinierten Ladungsverkehr. Darüber hinaus operieren an dem GVZ Verkehrsunternehmen (Speditionen, Lagereien), Dienstleistungsbetriebe (Fahrzeugservice, Beratungsdienste) sowie logistikintensive Handels- und Industriebetriebe. Im weitesten Sinne ist ein GVZ also ein „Verkehrsgewerbegebiet“. So werden die GVZ von den Kommunen auch als Wachstumspole gesehen, die die Standortvoraussetzungen für Betriebsansiedlungen wesentlich verbessern können. In Deutschland gibt es 33 anerkannte GVZ. Zumeist befinden sie sich am Rande von Ballungszentren mit günstiger Anbindung an den Nah- und Fernverkehr.

City-Logistik

City-Logistik. Mit diesem Begriff wird eine Vielzahl von Konzepten zur Bündelung des städtischen Güterverkehrs zusammengefasst. Ziel ist es, bei konstanter Versorgungsqualität eine Entlastung der städtischen Infrastruktur und eine höhere Wirtschaftlichkeit im städtischen Güterverkehr zu erreichen. Bei diesem Ansatz heißt es nicht mehr „gleiche Waren – verschiedene Empfangsorte“, sondern „verschiede Waren – gleiche Empfangsorte“. An bestimmten Sammelpunkten am Stadtrand werden z. B. Waren von vielen Lieferanten zusammengeführt und dann gesammelt zum Abnehmer gebracht.

M 30 Bündelungskonzepte der City-Logistik

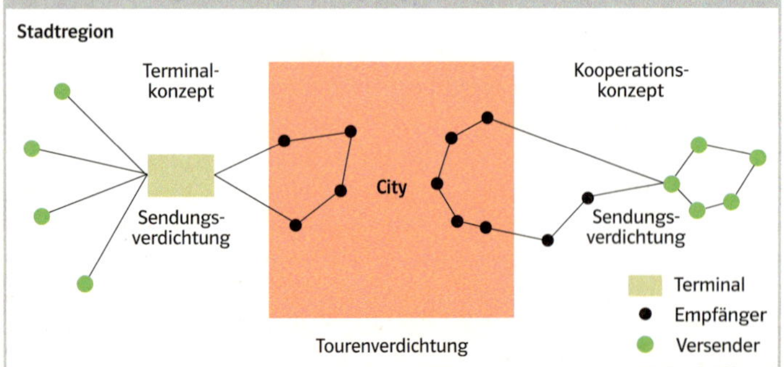

[3] Helmut Nuhn: a. a. O., S. 235

M 30 nach Dieter Läpple (Hrsg.): Güterverkehr, Logistik und Umwelt. Berlin: Edition Sigma, 1995, S. 247, verändert

Online-Link 29260X-6309

Fallbeispiel: **Das HUB-System des Fracht-Carriers UPS am Flughafen Köln/Bonn**

M 31 Frachtflughafen Köln/Bonn

Köln/Bonn, der zweitgrößte Frachtflughafen Deutschlands, ist ein Knotenpunkt im ... Paket- und Expressdienst und ein Beispiel für die gestiegene Bedeutung der Verkehrsgeschwindigkeit. Der Flughafen ist eine Umladestation zwischen nationalem und internationalem Verkehr und ein zentrales Glied in der Transportkette großer Frachtgesellschaften, die verschiedene Verkehrsmittel miteinander verknüpfen. Köln ist beispielsweise für United Parcel Service (UPS) die wichtigste Schnittstelle zwischen den USA und Europa.

M 32 Steckbrief von UPS

Unternehmenssitz: Atlanta, Georgia, USA
Mitarbeiter (2006): 407 700
Mitarbeiter in Deutschland: 15 000
Umsatz (2006): 47,5 Mrd. US-$
Luftfrachtflotte: 276 eigene und 309 angemietete Flugzeuge (achtgrößte Fluggesellschaft der Erde)
Lieferumfang (2006): 3,9 Mrd. Pakete in über 200 Länder und Gebiete
Deutscher Ableger: United Parcel Service Deutschland

M 33 Zur Geschichte von UPS

„Die Frachtgesellschaft United Parcel Service wurde 1907 in Seattle, Washington, gegründet. Bis Mitte der 1970er Jahre bot UPS jedoch ausschließlich einen inneramerikanischen Service an. Ihr Engagement in Europa begann 1976 mit der Gründung der deutschen Niederlassung in Frankfurt/Main, und bereits zwei Jahre später, 1978, konnte ein flächendeckendes Servicenetz in Deutschland geschaffen werden. 1985 begann der internationale Versand: Der erste grenzüberschreitende Transport wurde eingerichtet zwischen den USA und den sechs europäischen Ländern Belgien, Bundesrepublik Deutschland, Frankreich, Großbritannien, Luxemburg und Niederlande. Deutschland, d.h. der Flughafen Frankfurt, fungierte dabei als Knotenpunkt, an dem die Sendungen aus und für Europa gebündelt wurden. Die Sendungen über den Atlantik wurden via Linienflug befördert.
1986 verlegte UPS seine europäische Drehscheibe an den Flughafen Köln/Bonn. Ausschlaggebend für die Verlagerung waren die günstigen Standortbedingungen, die Köln/Bonn bietet: die zentrale Lage inmitten des europäischen Wirtschaftsdreiecks Paris – Amsterdam – Frankfurt bzw. im Ballungsraum Rhein/Ruhr, eine günstige Nachtflugregelung, ausgezeichnete Verkehrsverbindungen und damit kurze Laufzeiten der Sendungen, geringe Ausfallzeiten aufgrund der günstigen Wetterlage sowie ein idealer Arbeitsmarkt."

M 34 Wie funktioniert das HUB-System?

Im Wort ‚HUB' steckt das Bild des englischen Begriffs ‚hub and spoke' (= Nabe und Speiche). Gemeint ist damit, dass die Verbindung zwischen zwei Endpunkten (z.B. A und B) nicht direkt, sondern über einen Zentralknoten Z, den HUB, geführt wird, auch wenn die direkte Verbindung von A nach B kürzer ist. Die Verbindungen der Endknoten A und B zum Knoten Z ist die ‚spoke'. Ein extremes Beispiel: Eine Fracht von Paris (A) nach Lyon (B) wird nicht direkt, sondern über Köln (Z) befördert.

M 35 Weg einer UPS-Expresssendung

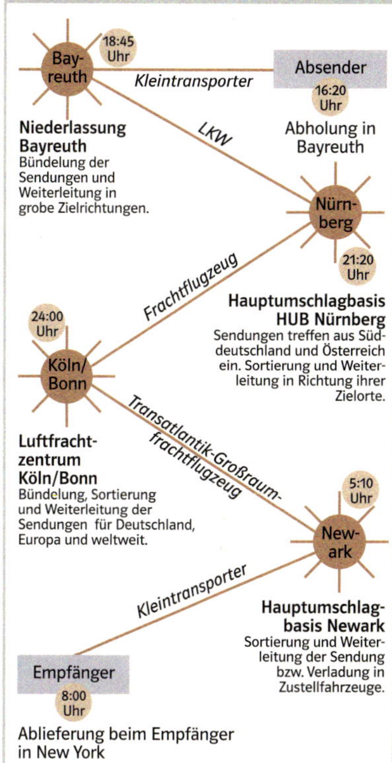

M 36 Macht der Umweg Sinn?

Was zunächst wie ein betriebswirtschaftlicher und ökologischer Unsinn aussieht, erweist sich bei näherer Betrachtung durchaus als zweckmäßig. In Köln werden alle Güter, z.B. nach Lyon, aus allen Teilen der Welt gesammelt und zu größeren Transporten zusammengestellt, wodurch viele kleinere Transporte entfallen, was nicht nur billiger ist, sondern auch umweltfreundlicher (vgl. City-Logistik, S. 224).

A 15 Erläutern Sie am Beispiel von UPS das Prinzip des HUB-Systems.

A 16 Vergleichen Sie das HUB-System mit den auf der Nachbarseite vorgestellten Strategien.

M 32 nach Angaben von UPS auf www.ups.de, April 2008

M 33 Arno Kreus/Bodo Rinz/Norbert von der Ruhren: Der Flughafen Köln/Bonn. Materialien für den Erdkundeunterricht in der Sekundarstufe 2. Köln. Aulis 1997, T4/M2

M 35 nach ebenda

Online-Link
29260X-6310

M 37 Internationaler Tourismus nach Regionen 2005

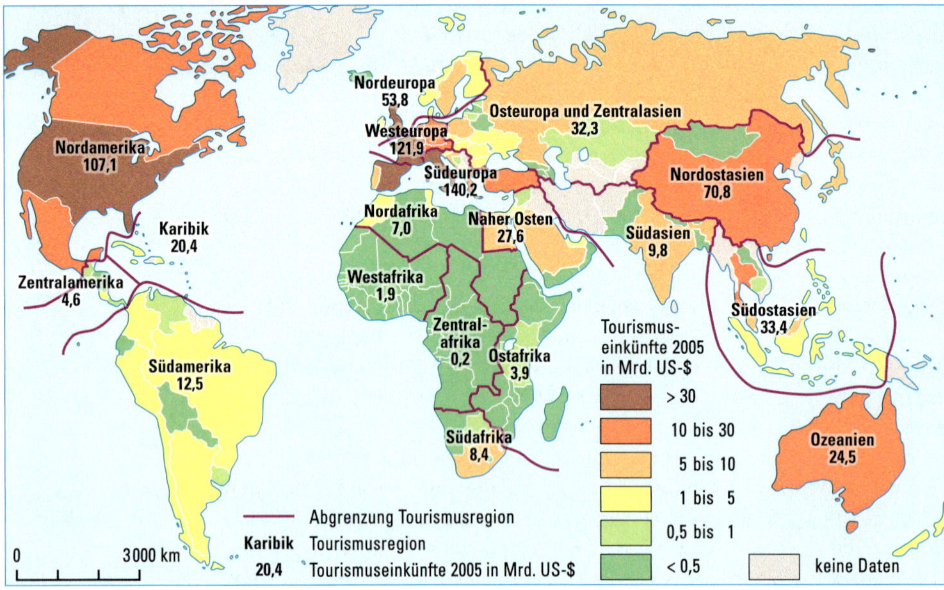

Tourismuseinkünfte ausgewählter Länder (US-$/Kopf)	
Österreich	2345
Schweiz	1742
Griechenland	1233
Portugal	874
Spanien	745
Italien	653
Deutschland	465
USA	415
Thailand	197
Mexiko	124
Türkei	125

6.3.7 Wachstumsbranche Tourismus

Tourismus

„Über das Wochenende zum Einkaufen nach Dubai oder am Abend ‚eben mal' in die Oper nach Verona zu fliegen war bis vor wenigen Jahren nur einer finanzkräftigen Minderheit vorbehalten. Dank Massentourismus, Billigfliegern und Eventreisen zu immer ungewöhnlicheren Attraktionen und Destinationen hat sich dies grundlegend gewandelt. Ausgefallene Freizeit- und Konsumerlebnisse gehören heute bereits zum Standardprogramm fast jeder Urlaubsreise. Festivalisierung und Erlebnisorientierung haben aber nicht nur im Urlaubs- und Freizeitmarkt Einzug gehalten, sondern längst alltägliche Lebensbereiche erfasst. Erlebniswelten und Konsumtempel sind die Vorreiter und Kristallisationspunkte dieser Entwicklung und dienen heute weniger grundlegenden Funktionen wie Versorgung oder Erholung, sondern erhöhen diese vielmehr zum Erlebnis. Vor dem Hintergrund gesättigter Märkte, materiellen Wohlstands und hedonistischer* Lebenseinstellung kommt der ‚Vermarktung von Glückseligkeit' eine immer wichtigere Bedeutung zu." [4]

Freizeit

Fremdenverkehr

Entwicklung und wirtschaftliche Bedeutung des Tourismus

Tourismus ist – abgesehen von Handelsreisen und Wallfahrten im Mittelalter – eine Erscheinung der Neuzeit. Noch bis zum Ende des 19. Jh.s beschränkte er sich im Wesentlichen auf die Bildungsreisen von Adligen zu den Fürstenhöfen und Kulturzentren, später auch zu den Kur- und Heilbädern. Diesen folgte das reiche Bürgertum, das die bislang gefürchtete Natur mit ihren Schönheiten entdeckte, z. B. die Alpen und die Meeresküste.

Die Arbeiterschicht blieb noch lange von dieser Entwicklung ausgeschlossen. Einen Urlaub konnte sie sich finanziell nicht leisten und eine Wochenarbeitszeit von mehr als 60 Stunden schränkte die Freizeit erheblich ein. Noch bis in die 1930er Jahre hatten die Beschäftigten in der deutschen Metallindustrie lediglich drei (unbezahlte) Urlaubstage im Jahr. Dennoch: Die ersten „Fremdenverkehrsorte" kamen auf. Die Belastungen der Umwelt hielten sich jedoch aufgrund der geringen Reiseentfernungen in Grenzen, zumal die Anreise in der Regel mit der Eisenbahn erfolgte.

M 37 nach www.world-tourism.org, April 2008
[4] Rüdiger Glaser/Hans Gebhardt/Winfried Schenk: a. a. O., S. 190

* **hedonistisch** = dem Lustprinzip folgend

M 38 und M 39 Der Fischer Weltalmanach 2008. Frankfurt am Main: Fischer Taschenbuch Verlag 2007, S. 705 **2002

Anmerkung zu den Materialien
Als Tourist wird nach den Richtlinien der Welttourismusorganisation (UNWTO) jeder Ausländer gezählt, der die Grenze überschreitet und sich mindestens 24 Stunden im Land aufhält (ohne Transitreisende und ohne ausländische Arbeitnehmer, aber einschließlich Geschäfts-, Tagungs- und Kongressreisenden); nicht erfasst werden durch die UNWTO die binnenländischen Touristen.

Online-Links
29260X-6311
zum nachhaltigen Tourismus (folgende Doppelseite):
29260X-6312

Aufkommen des Massentourismus. Erst der Wirtschaftsaufschwung nach dem Zweiten Weltkrieg schuf die Grundlage für den Massentourismus. Durch Einkommenssteigerungen, bezahlte Urlaubstage und Verkürzung der Wochenarbeitszeit wurde das Reisen finanziell erschwinglich und zeitlich möglich. Hinzu kam die gestiegene Mobilität durch die Massenmotorisierung. Der PKW ermöglichte die direkte und preiswerte Anreise zu Zielen, die vorher nur umständlich erreichbar waren. Zur durch den PKW gewonnenen Mobilität kam ab Mitte der 1960er Jahre der Aufschwung im Flugcharterverkehr, der die Reiseweite zunehmend erhöhte und durch Pauschalangebote nun auch breitere Bevölkerungsschichten zu Fernreisen animierte. Schließlich wirkten sich die Globalisierungsprozesse in jüngerer Zeit belebend auf den Tourismus aus. Die Verbesserung der zwischenstaatlichen Kommunikation, der internationale Ausbau der Verkehrswege und der erleichterte Kapitalverkehr, z. B. in Form von Ausländischen Direktinvestitionen (ADI) zum Aufbau von Tourismuseinrichtungen in entfernten Ländern, übten ebenfalls entscheidende Impulse auf das Reiseverhalten aus, sodass das „Verreisen" heute selbstverständlicher Bestandteil des menschlichen Lebens ist.

Tourismusbilanz. Beeindruckend ist das Tempo der Entwicklung des internationalen Reiseverkehrs. Seit Anfang der 1980er Jahre wuchs der Tourismus, gemessen sowohl an der Zahl der Touristen als auch an den tourismusbedingten Deviseneinkünften, schneller als die meisten anderen Wirtschaftszweige, im Durchschnitt um ca. 5 % jährlich. Als Folge der Terroranschläge vom 11.09.2001 in den USA, der kriegerischen Auseinandersetzungen im Nahen Osten sowie der SARS-Epidemie in Ostasien war es zu Anfang dieses Jahrhunderts zwar zu einer Stagnation des weltweiten Reiseverkehrs gekommen. Er erholte sich jedoch schnell davon, mit Wachstumsraten zwischen 4 und 5 % jährlich. Nach Angaben der Welttourismusorganisation (UNWTO) stieg die Zahl der Auslandstouristen auf annähernd 900 Mio. im Jahre 2007 an. Rechnet man den Inlandstourismus, die Geschäfts-, Tagungs- und Kongressreisen hinzu, so dürfte die Gesamtzahl 2007 etwa 6,5 Mrd. betragen haben.

Massentourismus
Tourismusbilanz
Mobilität

Wirtschaftliche Bedeutung. Die Welttourismusorganisation gibt die Einnahmen aus dem grenzüberschreitenden Tourismus für 2006 mit 733 Mrd. US-$ an. Rechnet man den Inlandstourismus hinzu, so dürften die Einnahmen bei ca. 4,6 Billionen US-$ liegen. Damit gehört der Tourismus zu den wirtschaftlich bedeutendsten Branchen. Sein Anteil am globalen Bruttonationaleinkommen (BNE) und den weltweiten Arbeitsplätzen dürfte bei 10–12 % liegen; bei den Exporten von Dienstleistungen wird sein wertmäßiger Anteil mit ca. 30 % angegeben. Allein diese Zahlen erklären, warum der Tourismus für viele Länder eine bedeutende Steuereinnahmequelle darstellt. Vor allem für manche kleine Inselstaaten, wie z. B. die Malediven, ist er mit einem Anteil von über 50 % am BNE der mit Abstand wichtigste Wirtschaftszweig.

ADI

M 38 Internationaler Tourismusreiseverkehr 2005

	Touristen aus dem Ausland (Mio.)	Devisen durch Tourismus (Mrd. US-$)	
		Einnahmen	Ausgaben
Frankreich	76,001	32,329**	19,460**
Spanien	55,577	52,960	18,440
USA	49,209	122,944	99,624
VR China	46,809	31,842	24,715
Italien	36,513	38,264	26,459
Großbritannien	29,971	39,573	73,786
Hongkong	23,359	13,586	12,417**
Russland	22,201	7,402	18,759
Mexiko	21,915	12,801	8,951
Deutschland	21,500	38,381	80,276
Türkei	20,273	9,010**	1,881**

M 39 Entwicklung der deutschen Reiseverkehrsbilanz mit dem Ausland

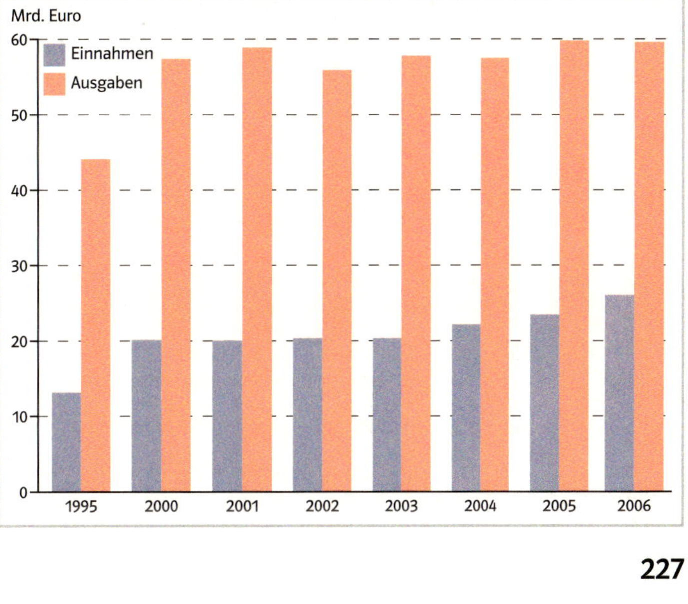

Geographische Wirkungen des Tourismus

Tourismus-Quellgebiete/-Zielgebiete

Die Einflüsse des Fremdenverkehrs auf die Zielgebiete sind äußerst vielfältig. Im Prinzip ergeben sie sich aus den folgenden drei Eigenschaften des Touristen als Nachfrager nach Gütern und Dienstleistungen:

Infrastruktur (G)

1. Touristen sind Orts- bzw. Landesfremde, d. h., sie sind am Aufenthaltsort nicht dauernd sesshaft. Zur Befriedigung Ihrer Bedürfnisse müssen Güter (z. B. Lebensmittel), Dienstleistungen (z. B. zur Unterhaltung) und Infrastruktureinrichtungen (z. B. Hotels) zur Verfügung gestellt werden.

Fremdenverkehrswirtschaft

Überfremdung

2. Touristen sind Konsumenten, d. h., sie stehen am Aufenthaltsort nicht in einem Arbeitsverhältnis. Zur Befriedigung ihrer Urlaubswünsche können sie nur das ausgeben, was sie vorher anderenorts verdient haben. Ihr Urlaubsbudget ist also beschränkt und damit ist auch der Profit begrenzt, den die Fremdenverkehrsorte aus dem Tourismus ziehen.

3. Touristen sind temporäre Bewohner, d. h., ihr Aufenthalt am Zielort ist zeitlich begrenzt, zumeist nur auf eine kurze Saison im Jahr. Diese dritte Eigenschaft des Touristen bewirkt, dass seine Bedürfnisse oft nur kurzfristiger Art sind und dass die Einrichtungen der Fremdenverkehrsorte oft nur saisonal ausgelastet sind.

Landschaftszerstörung

Aus diesen drei Eigenschaften bzw. Bedürfnissen des Touristen lassen sich nun eine Reihe von positiven und negativen Wirkungen ableiten, die mehreren Bereichen zuzuordnen sind:

1. wirtschaftsgeographische Wirkungen, z. B. Aufkommen einer eigenen Fremdenverkehrswirtschaft in den Zielorten, Erhöhung der kommunalen und privaten Einnahmen und damit Möglichkeit Infrastruktureinrichtungen zu bauen und Arbeitsplätze zu schaffen,
2. bevölkerungs- und sozialgeographische Wirkungen, z. B. Umschichtung der Beschäftigten zwischen den drei Wirtschaftssektoren, Einbußen bei den traditionellen Branchen (z. B. Landwirtschaft), Zuwanderung von ortsfremden Arbeitskräften, etwa wenn der lokale Arbeitsmarkt die Nachfrage nicht decken kann, Überfremdung der Ortsbevölkerung und ggf. Verlust der kulturellen Identität,
3. siedlungsgeographische Wirkungen, z. B. Bau von Hotels, Ferienhaussiedlungen, Freizeiteinrichtungen, die auch den Einheimischen zugute kommen, Flächenwachstum der Fremdenverkehrsorte und Wandel des Ortsbildes, Umwidmung von Flächen bzw. Verknappung des Baulands,
4. verkehrsgeographische Wirkungen, z. B. Erweiterung und Verbesserung der Verkehrsinfrastruktur, bessere Anbindung des Fremdenverkehrsortes an das überregionale Verkehrsnetz, (saisonal) kritische Verkehrszustände infolge der Erhöhung des Verkehrsaufkommens,
5. ökologische Wirkungen, z. B. Landschaftszerstörungen, Luftverschmutzung durch Reiseverkehrsmittel, erhöhtes Abfallaufkommen, Verknappung elementarer Güter, z. B. Trinkwasser.

M 40 Mögliches Wirkungsgefüge des Pistenskilaufs

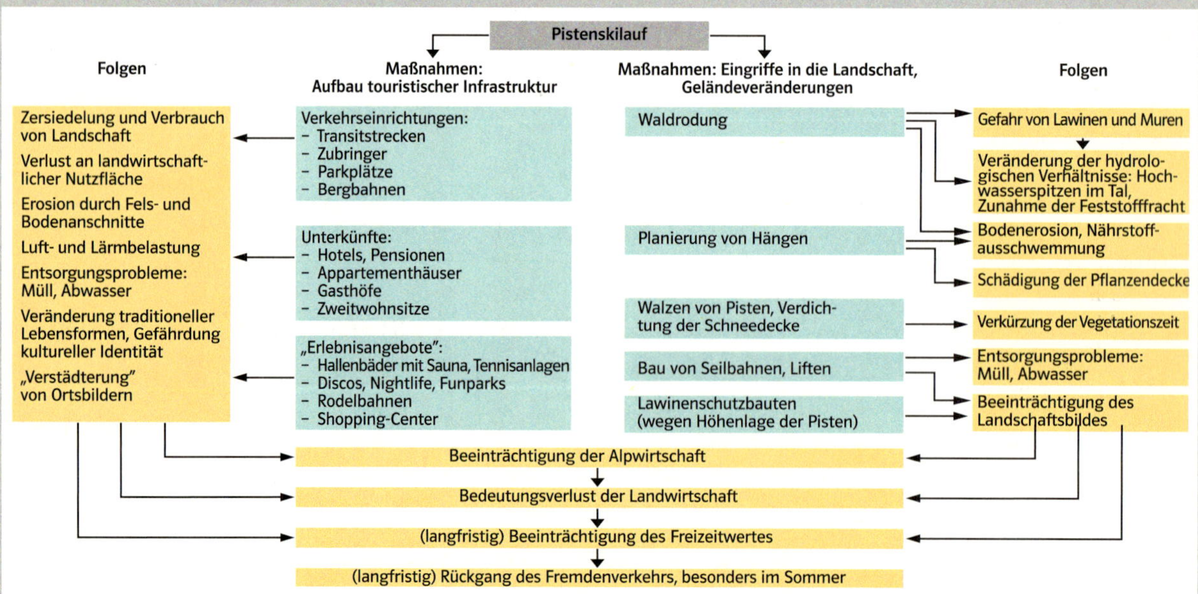

Nachhaltiger Tourismus

1975 veröffentlichte Jost Krippendorf, der Wortführer der Tourismuskritik in den 1970er und 1980er Jahren, ein Aufsehen erregendes Buch mit dem Titel „Die Landschaftsfresser. Tourismus und Erholungslandschaft – Verderben oder Segen?“. Darin legte er seine Sicht der bisherigen und künftigen Entwicklung des Tourismus dar und warnte vor den Folgen, insbesondere für die Natur. Auch Bedenken gegenüber den sozialen Auswirkungen des Tourismusbooms wurden schon früh laut, z. B. durch den Zukunftsforscher und Empfänger des Alternativen Nobelpreises Robert Jungk in seiner 1982 erschienenen Schrift „Wie viel Touristen pro Hektar Strand?“

Heute ist uns allen bewusst, welch gewaltige Ansprüche der Fremdenverkehr an Raum und Umwelt stellt. Infolge wachsender Freizeit und Mobilität der Bevölkerung sowie eines immer höheren Anspruchsdenkens werden die negativen Folgen, so die Annahme der oben genannten Kritiker, weiter an Gewicht zunehmen. Besonders fatal an dieser Entwicklung ist, dass Umweltbeeinträchtigungen vor allem in ökologisch empfindlichen oder bereits stark belasteten Räumen auftreten. Aus dieser Einsicht leitete Robert Jungk die Forderung nach einem „Sanften Tourismus“ ab. Entsprechend der Überlegungen zur Frage, wie der Fremdenverkehr der Zukunft aussehen müsse, stellt er zwar Umweltgesichtspunkte in den Vordergrund, fordert im weiteren Sinne aber auch die Berücksichtigung ökonomischer und gesellschaftlicher Interessen. Insofern kann der von Jungk geprägte Begriff „Sanfter Tourismus“ zurecht als früher Vorläufer des Nachhaltigkeitsbegriffs gesehen werden, wie er seit dem Erdgipfel von Rio de Janeiro im Jahre 1992 als „Sustainable Development“ allgemein bekannt geworden ist.

Eckpunkte nachhaltiger Entwicklung im Tourismus.

Der Begriff der Nachhaltigkeit zielt auf einen Ausgleich von ökologischen, wirtschaftlichen und gesellschaftlichen Zielen. Die ökologische Nachhaltigkeit umschreibt das Ziel, Natur und Umwelt für die nachfolgenden Generationen zu erhalten. Ökonomische Nachhaltigkeit stellt die Forderung, dass die Wirtschaftsweise so anzulegen ist, dass sie dauerhaft eine tragfähige Grundlage für Erwerb und Wohlstand bietet. Die soziale Nachhaltigkeit zielt auf die Teilnahme aller Mitglieder einer Gemeinschaft, um eine auf Dauer zukunftsfähige, lebenswerte Gesellschaft zu erreichen.

M 41 Eckpunkte nachhaltiger Entwicklung im Tourismus

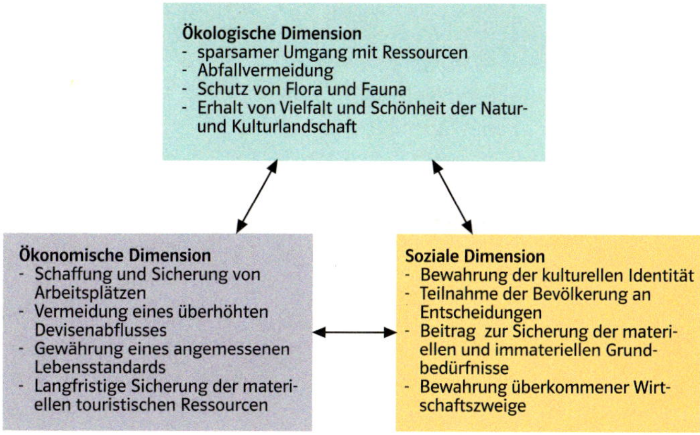

nachhaltiger Tourismus

Auch für den Tourismus ist eine umfassende und vernetzte Sichtweise zu fordern, wenn Nachhaltigkeit erreicht werden soll. Konkret bedeutet dies, dass die Tourismusdiskussion sich nicht auf Umweltfragen beschränken darf, sondern auch ökonomische und soziale Ziele einbeziehen muss. Dieser Forderung liegt die Einsicht zugrunde, dass ein ökologisches Gleichgewicht nur verwirklicht werden kann, wenn gleichrangig und parallel dazu wirtschaftliche Sicherheit und soziale Gerechtigkeit angestrebt werden.

sanfter Tourismus

Ein Umdenken ist gefordert, nicht nur bei den Touristen, sondern auch bei Anbietern, Fremdenverkehrsgemeinden, Beherbergungsbetrieben und Reiseveranstaltern. Jeder Einzelne von uns ist in die Pflicht genommen, z. B. schon vor Reiseantritt für sich eine „Nachhaltigkeitsbilanz“ aufzustellen, indem er sich folgende Fragen stellt und auf dieser Grundlage nach nachhaltigeren Alternativen Ausschau hält:

Nachhaltigkeit
Nachhaltigkeitsbilanz

- Wie bewege ich mich fort (zum und am Urlaubsort)?
- Wie beansprucht mein Verhalten als Tourist die Ressourcen (z. B. Energie, Wasser, Rohstoffe)?
- Welche Auswirkungen hat meine Reise für den Arbeitsmarkt vor Ort (z. B. kurz- und langfristige Arbeitsplätze, Frauenbeschäftigung)?
- Welche kulturellen Auswirkungen kann meine Reise verursachen (z. B. Neid, Übernahme fremder Lebensgewohnheiten durch Einheimische)?

Sustainable Sevelopment
Nachhaltigkeitsbilanz

A 17 Erläutern Sie am Beispiel von M 41 Chancen und Umsetzungsschwierigkeiten eines nachhaltigen Tourismuskonzeptes.

A 18 Überprüfen Sie Ihr persönliches Reiseverhalten anhand der oben aufgelisteten Fragen.

Fallbeispiel: Mallorca – Massentourismus und Nachhaltigkeit?

M42 Massentourismus auf Mallorca

Mallorca ist geradezu ein klassisches Beispiel für positive und vor allem negative Auswirkungen des Massentourismus in Feriengebieten des Mittelmeerraumes – wirtschaftlich, ökologisch und kulturell. Wie in vielen anderen mediterranen Gebieten stiegen hier seit Anfang der 1960er Jahre die Urlauberzahlen von weniger als 0,5 Mio. über ca. 3 Mio. im Jahre 1980 auf heute über 10 Mio. Im Zentrum der touristischen Vermarktung der Insel, besonders in Deutschland, stand neben der guten Erreichbarkeit und des preiswerten Badeurlaubs das Versprechen ‚sommerlanger Strandfeten an einer der längsten Theken der Welt', dem ‚Ballermann 6' bei S'Arenal. Groß und vielfältig ist die Zahl der mit dem Tourismusboom ursächlich verbundenen Probleme: Zersiedlung der Küstenstreifen, Zerstörung wertvoller Natur- und Kulturlandschaften, Überlastung der Infrastrukturen, Luftverschmutzung, erhöhtes Abfallaufkommen, Aufgabe landwirtschaftlicher Betriebe, Verschärfung regionaler Disparitäten, kulturelle Überfremdung. Als besonders gravierend hat sich die Wasserversorgung erwiesen, ein Problem, von dem die Urlauber unmittelbar betroffen sind – als Verursacher und Leidtragende.

M43 Daten zur Wasserproblematik auf Mallorca

- Wasserverbrauch in Deutschland: ca. 220 l/Kopf/d (2006 o. Industrie 129);
- Wasserverbrauch eines Landbewohners auf Mallorca: ca. 140 l/Kopf/d;
- Wasserverbrauch eines Touristen auf Mallorca: ca. 440 l/Kopf/d;
- Bewässerungsbedarf eines Golfplatzes auf Mallorca: ca. 1,3 Mio. l/d (Mallorca hat 14 Golfplätze);
- Hauptwasserlieferant auf Mallorca sind zwei Stauseen im Tramuntanagebirge im Norden (Kapazität: 8 Mio. m³);
- nutzbares Grundwasser auf der Insel: ca. 250 Mio. m³/a; davon werden 175 Mio. m³/a durch die Landwirtschaft genutzt.

M44 Tourismusregionen auf Mallorca

M45 Mallorca – durchschnittliche jährliche Niederschläge

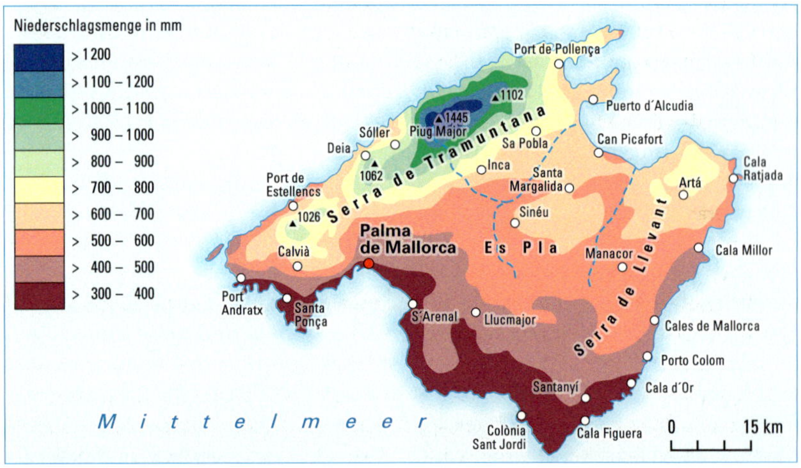

M46 Klima und Saisonalität des Tourismus auf Mallorca (Tourismusankünfte 2007)

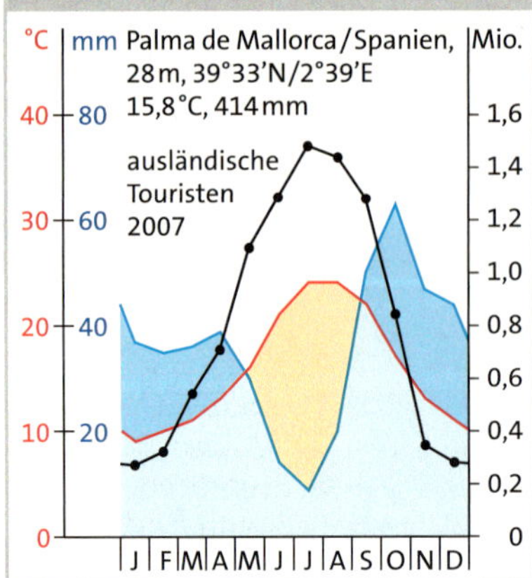

M47 Mallorca – Einwohner und Touristen

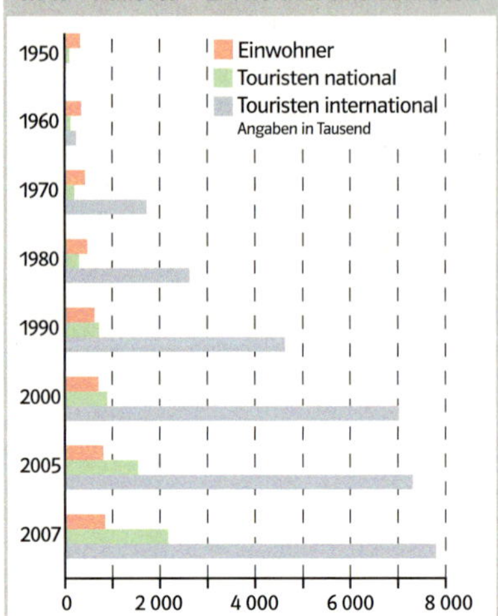

M 48 Tourismuskonzepte zur Verbesserung des Image

„Bemühungen der Regionalregierung um ein Erscheinungsbild der Destination Mallorca, das dem Touristen gehobene Qualität vermittelt, reichen bis in die 1980er Jahre zurück. Ein wichtiger Ansatz für diese Strategie lag in der Diversifizierung des Angebots: Insbesondere über die Etablierung des Golftourismus wurden zahlungskräftige Kunden anvisiert. Neben vielen Golfanlagen ergänzen seitdem exklusive Golfhotels die entsprechende Infrastruktur.

Weitere aktive Urlaubsformen, mit denen das ländliche Inselinnere stärker touristisch genutzt werden sollte, sind Wander- und Radtourismus …

Parallel zur Angebotsdifferenzierung zielt ein weiterer Ansatz zur Qualitätsverbesserung auf die baulichen Gegebenheiten. Neben der Sprengung einzelner überalterter Gebäude gehören u. a. Sanierungs- und Bauauflagen seit den 1990er Jahren zu den Maßnahmen, mit deren Hilfe die flächenhaft-räumliche Überbauung zurück gedrängt und das optische Erscheinungsbild verbessert werden sollten. Seit 2000 gab es eine spezielle Regelung für die Bebauung der Küstengebiete. Die Zahl der Neubauten auf der gesamten Insel richtete sich nach einer jährlichen Bebauungsquote, neue touristisch genutzte Gebäude durften nur gebaut werden, wenn damit alte ersetzt wurden. Neue Wohnhäuser in ländlichen Gebieten waren grundsätzlich verboten …

Die größte öffentliche Aufmerksamkeit unter den ökologisch orientierten Verbesserungsmaßnahmen erfuhr die Ökosteuer, die alle Mallorca-Touristen zahlen mussten. Die Grenzen dieser Strategie zeigten sich schnell."

M 49 Mallorca – ein Reiseziel nicht nur für den Strandurlaub

M 50 Aufgabe der Ökosteuer

„Nach Ankündigung einer Ökosteuer gingen im Jahre 2000 die Buchungszahlen während der Hochsaison um ca. 30 % gegenüber dem Vorjahr zurück. Daher gab die 2003 neu gewählte Regionalregierung den qualitätsorientierten Kurs auf."

A 19 Beschreiben Sie die räumlichen Schwerpunkte des Tourismus auf Mallorca (M 44).

A 20 Erstellen Sie ein Wirkungsgeflecht zum Thema „Wasserprobleme auf der Ferieninsel Mallorca" (vgl. Methodendoppelseite 466 – 467).

A 21 Bewerten Sie die auf der Ferieninsel Mallorca bislang praktizierten Tourismuskonzepte unter dem Blickwinkel der drei Eckpunkte nachhaltiger Entwicklung (M 41, S. 229).

M 51 Widersprüchliche Tourismuskonzepte

„Seit 2004 kooperieren Pauschalreiseveranstalter mit Billigfliegern, um Mallorca noch günstiger anbieten zu können. Auch [dies] … zeigt das Problem des widersprüchlichen Tourismuskonzeptes: Einerseits ist es abhängig vom politischen Willen auf der Insel selbst, der zwischen reinem Massentourismus und nachhaltigen Konzepten schwankt … Andererseits wirken externe wirtschaftliche, politische und psychologische Komponenten wie

- die schwankende Kaufkraft der Touristen wegen der gesamtwirtschaftlichen Entwicklung,
- die Strategien der Veranstalter,
- die Konkurrenz durch andere Destinationen,
- die wechselnde Akzeptanz von Reisezielen,
- der Ruf Mallorcas als bewährtes bzw. verrufenes Reiseziel,
- die Negierung der Problematik des Massentourismus.

Die Konstellation der tourismusrelevanten Faktoren Mallorcas scheint eine Entwicklung zu fördern, die Nachhaltigkeitsaspekte in den Hintergrund stellt und vorrangig den Massentourismus fördert."

M 43 und M 47 nach Norbert von der Ruhren: Wasserprobleme auf der Ferieninsel Mallorca. In: Ulrich Brameier und Norbert von der Ruhren (Hrsg.): Materialien-Handbuch Geographie, Bd. 7: Europa. Köln: Aulis 2002, S. 171 (gekürzt) und S. 168 (M 47, aktualisiert)

M 44 und M 46 Arno Kreus/Paul Lindner/Norbert von der Ruhren: Industrie/Dienstleistungen. Fundamente Kursthemen. Gotha: Klett-Perthes 2004, S. 169 (M 46 aktualisiert

M 45 nach Atlas de les Illes Balears, 1995

M 48, M 50, M 51 nach Paul Lindner: Mallorca entdeckt seine Geschichte. In: Terrasse, KlettMagazin Geographie, 2 (Herbst) 2004, S. 7/8 und S. 11

Online-Link
29260X-6312

6 Kompetenzen festigen und anwenden

Dieses Kapitel hat Ihnen gezeigt, wie wirtschaftliches Handeln unser Leben in vielfältiger Weise bestimmt. Es befriedigt unsere Bedürfnisse nach Gütern und Dienstleistungen, schafft Arbeitsplätze und prägt unseren Lebensraum. Seit jeher strebt der Mensch danach, die Güterknappheit und die Raumgebundenheit der Produktion zu überwinden. Das Hauptziel, die Befriedigung der vielfältigen Bedürfnisse, ist seit Anbeginn das gleiche, ständig geändert haben sich allerdings die Wege und Methoden – und mit ihnen auch die gesellschaftlichen und räumlichen Auswirkungen des wirtschaftlichen Handelns.

Beim Durcharbeiten des Kapitels sollten Sie zu folgenden Kenntnissen und Einsichten gekommen sein:

- Da die Bedürfnisse des Menschen in der Regel größer sind als die Mittel zu ihrer Befriedigung, ergibt sich für den Menschen der Zwang zum Wirtschaften.
- Für die Produktion der Güter und die Bereitstellung von Dienstleistungen sucht der „Unternehmer" einen Standort, der bei einem bestimmten Produktionsaufwand möglichst hohe Erträge erzielt.
- Da die Standorte der Produktion im Sekundären und Tertiären Sektor an vielfältige räumliche Voraussetzungen bzw. Standortgegebenheiten gebunden sind, bilden sich vielfältige Raumnutzungsmuster.
- Die Produktionsmethoden unterliegen einem steten Wandel – mit entsprechenden Auswirkungen auf Gesellschaft und Raum.
- Wirtschaftliche Tätigkeiten sind nicht nur eine Quelle des Erwerbs, sondern verursachen zumeist auch starke Umweltbelastungen, die im Sinne eines „nachhaltigen Wirtschaftens" zu vermeiden bzw. zu minimieren sind.
- Aus der räumlichen Trennung von Produktion und Konsumtion ergibt sich die Notwendigkeit der Raumüberwindung von Personen, Gütern und Nachrichten durch den Verkehr.
- Zu den weltweit am stärksten wachsenden Wirtschaftszweigen zählt der Tourismus. Er hat sich zu einer Triebfeder entwickelt, die Landschaften, Gesellschaften und Wirtschaft ganzer Regionen beeinflusst – im positiven wie im negativen Sinne.

Altindustriegebiet: Raum früher Industrialisierung, der meist auf der Montanindustrie (Bergbau, Eisen schaffende Industrie) basiert; wesentliche Merkmale sind die industrielle Monostruktur, Betriebsstilllegungen, hohe strukturelle Arbeitslosigkeit und Abwanderungstendenzen.

Bruttoinlandsprodukt (BIP): Gesamtwert aller produzierten Güter (Waren und Dienstleistungen) innerhalb eines Landes (Gebietes) während eines Zeitraumes (meist eines Jahres), einschließlich der von Ausländern erbrachten Leistungen (Inlandskonzept).

Bruttosozialprodukt (BSP), auch Bruttonationaleinkommen (BNE): Gesamtwert aller produzierten Güter (Waren und Dienstleistungen) innerhalb eines Landes (Gebietes) während eines Zeitraumes (meist eines Jahres), einschließlich der aus dem Ausland bezogenen Einkommen, aber ohne die Einkommen, die an Ausländer gehen (Inländerkonzept).

Dienstleistung: immaterielle Güter bzw. wirtschaftliche Leistungen, bei denen Produktion und Verbrauch zeitlich zusammenfallen und die deswegen nicht lagerfähig oder transportierbar sind; allgemein unterschieden wird zwischen konsumorientierten Dienstleistungen, d.h. solchen, die von Privatpersonen nachgefragt werden (z.B. Einzelhandel, medizinische Dienstleistungen), und unternehmensorientierten Dienstleistungen, die von Unternehmen nachgefragt werden (z.B. Unternehmensberatung, Marketing).

Fordismus: Bezeichnung für ein System der Massenproduktion und des Massenkonsums, das im Bereich der Produktion durch die konsequente und systematische Nutzung der Größenvorteile (economies of scale) gekennzeichnet ist; vgl. → Postfordismus.

Grundstoffindustrie: diejenige Gruppe von Industriezweigen, die Grundstoffe für weiter verarbeitende Industrien herstellen z.B. Eisen schaffende Industrie, chemische Industrie.

Industrie: der Teil der Wirtschaft, der gekennzeichnet ist durch die arbeitsteilige maschinelle Produktion und Weiterverarbeitung von materiellen Gütern oder Waren in Fabriken und Anlagen, verbunden mit einem hohen Grad an Mechanisierung und Automatisierung sowie Serien- und Massenfertigung auf Vorrat für einen überregionalen Markt.

Infrastruktur: Gesamtheit der Einrichtungen eines Raumes, die die Grundlage für die wirtschaftlichen Tätigkeiten in diesem Raum darstellen, z.B. Verkehrseinrichtungen, Einrichtungen des Bildungswesens, Ver- und Entsorgungseinrichtungen.

Investitionsgüterindustrie: diejenige Gruppe von Industriezweigen, die Güter für die weitere Produktion herstellt, also Güter, die nicht dem unmittelbaren Verbrauch dienen, z.B. der Maschinenbau.

Kondratieff: Kurzform für die nach dem russischen Wirtschaftswissenschaftler Nikolai Kondratieff benannten wirtschaftlichen Zyklen, die durch bahnbrechende Innovationen ausgelöst wurden, z.B. die Industrielle Revolution durch die Erfindung und den Einsatz der Dampfmaschine oder das „Informationszeital-

Zahlreiche weiterführende Fragen bleiben offen bzw. können nur individuell beantwortet werden, z. B.:

- Welchen Einfluss hat das gewonnene industriegeographische Wissen für mein Verständnis wirtschaftlicher und gesellschaftlicher Entscheidungszwänge?
- Welche Rolle spiele ich persönlich im Wirtschaftsgeschehen, sei es als Konsument, Verkehrsteilnehmer, Tourist oder als jemand, der demnächst einen Arbeitsplatz sucht?
- Gibt es zur Industrie mit all ihren gegenwärtig so stark kritisierten negativen Auswirkungen, wie z. B. im Umweltbereich, eine Alternative? Ist es nicht unsere Aufgabe, das industriekulturelle Erbe anzunehmen und ggf. neu zu gestalten?
- Ist es gerechtfertigt, vom „Ende des Produzierenden Gewerbes" zu sprechen, und hat der amerikanische Wirtschaftswissenschaftler Jeremy Rifkin Recht, wenn er behauptet: „Alles wird Dienstleistung"?

A1 Erörtern Sie die Auswirkungen des sektoralen und funktionalen Wirtschaftswandels auf die Arbeits- und Lebenswelt der Menschen.

A2 Stellen Sie dar, welche Auswirkungen die wirtschaftlichen Veränderungen auf Ihr eigenes Leben und ihre Lebensplanung haben können.

A3 Erweitern Sie das Informationsangebot dieses Schulbuchs zum Thema „Umweltbeeinträchtigungen durch die Industrie" durch eine Internetrecherche. Erstellen Sie mithilfe der gefundenen Materialien eine Präsentation (Methodenseiten 480–483).

A4 Führen Sie in der Innenstadt Ihres Schulortes eine Kartierung durch zum Thema „Dienstleistungen und ihre Standorte" (Methodendoppelseite 470–471).

A5 Erstellen Sie ein Referat zum Thema „Wirtschaftlicher Nutzen des Verkehrs contra verkehrsbedingte Umweltbelastungen".

A6 Überprüfen Sie nach Durcharbeitung des Kapitels „6.3.7 Wachstumsbranche Tourismus" (S. 226–231) Ihr eigenes Urlaubsverhalten und diskutieren Sie in Ihrer Lerngruppe Möglichkeiten eines alternativen Tourismus.

---

ter" durch die Erfindung des digitalen Computers.

Manufaktur: Vorform der industriellen Fertigung in Europa im 17. und 18. Jh.; Kennzeichen: arbeitsteilige, überwiegend manuelle Produktion von Gütern an einem Standort.

Outsourcing: Auslagerung von Teilen der Produktion oder von bisher im Betrieb erbrachten → Dienstleistungen, Übertragung dieser Produktionsstufen an andere Unternehmen.

Postfordismus: Bezeichnung für ein Organisationssystem der Produktion, mit dem die Nachteile des → Fordismus überwunden werden sollen; statt Massenproduktion mit hoher Fertigungstiefe und Arbeitsteilung wird eine Produktdifferenzierung (Kleinserienfertigung) angestrebt; durch eine flexible Spezialisierung und Automatisierung sollen auch kleine Serien kostengünstig hergestellt werden, mit denen eine differenzierte Nachfrage bedient werden kann.

Produktionsfaktor: elementare Grundlage für die Güterproduktion, z. B. in der Industrie; die klassischen Produktionsfaktoren sind Boden, Arbeit und Kapital; im weiteren Sinne zählen alle Mittel dazu, die maßgeblich für die Produktion sind, z. B. Wissen, Erfindergeist, Unternehmerleistung.

Produktlebenszyklus: Vorstellung, dass die Produktion und der Absatz eines Industrieproduktes, ähnlich wie beim Lebenszyklus, in verschiedenen Phasen abläuft: von der Einführungsphase über die Wachstums-, Reife- und Sättigungsphase bis zur Aufgabe der Produktion.

Schwerindustrie: im engeren Sinne Bezeichnung für die Eisen- und Stahlindustrie; der weiter gefasste Begriff schließt die gesamte Montanindustrie sowie Eisen verarbeitende Industriezweige, wie Schiffbau oder Schwermaschinenindustrie ein; Gegensatz: Leichtindustrie.

Spin-off-Betrieb (Start-up-Unternehmen): von ehemaligen Mitarbeitern eines Unternehmens gegründete Firma.

Standortfaktoren: örtliche Kostenvorteile bzw. Gunstfaktoren, die ein Unternehmen dazu veranlassen, einen ganz bestimmten Ansiedlungsstandort zu wählen, z. B. Rohstoffe, gute Verkehrslage, Nähe zum Absatzmarkt.

Tertiärisierung: Reduzierung von Arbeitsplätzen des Sekundären Sektors und Wachstum der Arbeitsplätze im Tertiären Sektor; im engeren Sinne auch Übernahme von Dienstleistungsaufgaben in Betrieben des Sekundären Sektors.

Wirtschaftssektor: Wirtschaftsbereich, in dem ähnliche Wirtschaftszweige zusammengefasst sind; man unterscheidet den Primären Sektor (Agrarwirtschaft, Forstwirtschaft, Fischerei, Bergbau, Energieerzeugung), den Sekundären Sektor (produzierendes Gewerbe mit Industrie und Handwerk) und den Tertiären Sektor (Dienstleistungen, Verwaltung, Handel, Bildungs-, Rechts- und Gesundheitswesen, Tourismus usw.); in der amtlichen Statistik werden Bergbau und Energiewirtschaft heute dem Sekundären Sektor zugeordnet.

Schwabsberg – (östliches Baden-Württemberg) mit Ellwangen im Hintergrund.

Schrägluftbild von Süden, 1966

7 Raumordnung

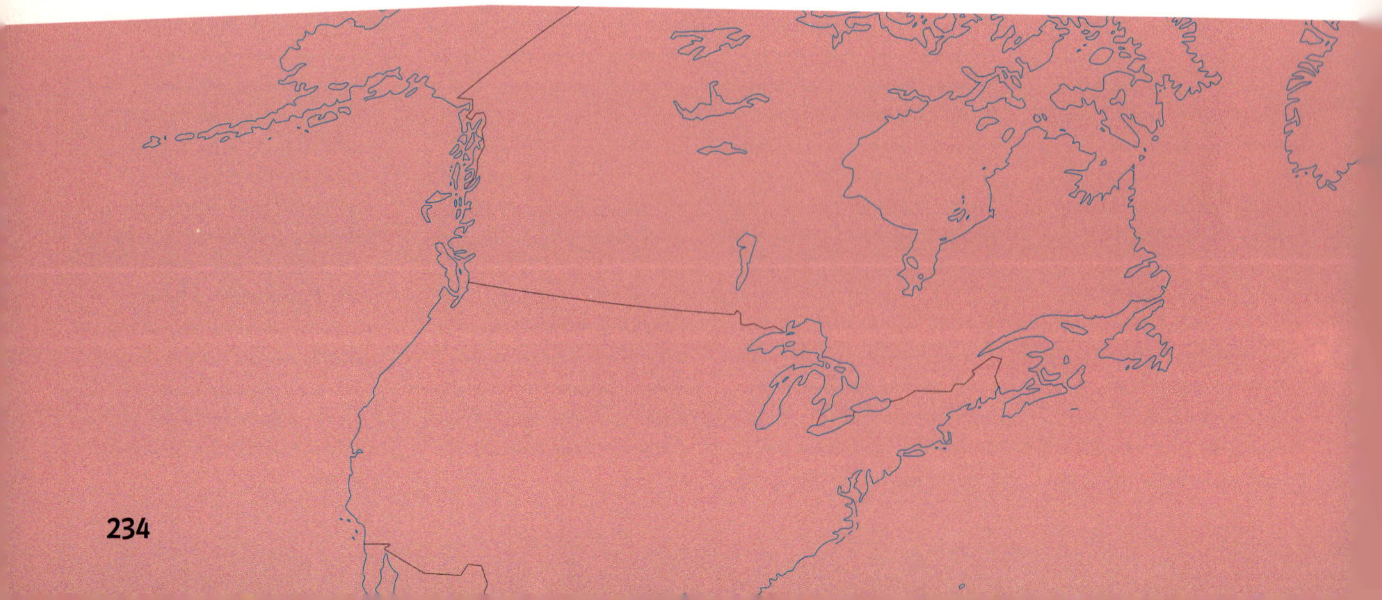

Schwabsberg – das gleiche Motiv heute

Die von öffentlichen Institutionen vorgenommene „Ordnung des Raumes", also die planerische Gestaltung unseres Lebensraumes, greift tief in die Privatsphäre jedes einzelnen Bürgers ein – aber den wenigsten ist das bewusst.

Ob es um den Bau eines Hauses geht, um eine neue Umgehungsstraße oder den sicheren Radweg zur Schule, um die Anlage von Kinderspielplätzen, Sportstätten oder anderen Freizeiteinrichtungen, um die Genehmigung eines Jugendhauses oder einer Schulhauserweiterung, um die Ausweisung von Gewerbe-, Grün- oder Erholungsflächen, um die Organisation des Schulbussystems und die Gestaltung des öffentlichen Personennahverkehrs, immer sieht sich der Bürger mit raumordnerischen Planungsentscheidungen konfrontiert.

Nur selten erkennt er die Interessen und Leitbilder, die diesen Entscheidungen zugrunde liegen. Gelegentlich zweifelt er auch an der Notwendigkeit behördlicher Einmischungen bzw. Auflagen. Und er weiß häufig nicht, wie der Willensbildungsprozess in der Raumordnung abläuft, wie zum Beispiel Flächennutzungs- und Bebauungspläne zustande kommen, und dass er sich bis zu einem gewissen Grad selbst an diesem Prozess beteiligen kann.

- Warum ist eine „Ordnung des Raumes" notwendig?
- Was sind die Ziele der „Raumordnung" in Deutschland?
- Wer „ordnet den Raum" und welche Instrumente stehen dabei zur Verfügung?
- Welche Mitwirkungsmöglichkeiten besitzt der Bürger?
- Welche Raumordnungskonzepte verfolgt die Europäische Union?

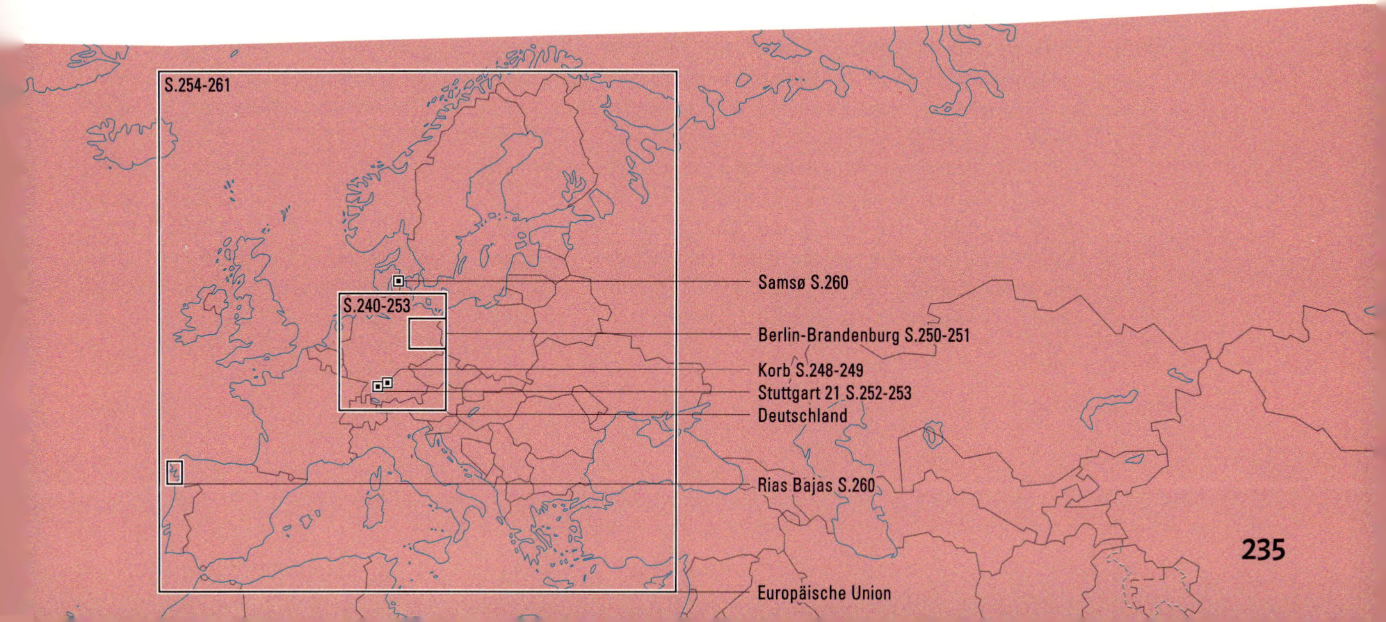

7.1 Das Aufgabenfeld

7.1.1 Ziele der Raumordnung

Die beiden Fotos auf S. 234 und 235 zeigen in eindrucksvoller Weise, wie ein Raum durch verschiedene Formen der Nutzung umgestaltet worden ist. Ursache dieser Umgestaltung sind die – mit wachsendem Lebensstandard immer mehr steigenden – Ansprüche des Einzelnen bzw. der unterschiedlichen gesellschaftlichen Gruppen. Der einzelne Bürger verlangt zum Beispiel nach mehr und immer hochwertigerem Wohnraum, möglichst „draußen im Grünen", aber über moderne, mehrspurige Verkehrswege gut angebunden an seinen Arbeitsplatz oder an städtische Zentren. Das aber geht zu Lasten von Nutzflächen für die Agrarwirtschaft, die ihrerseits in Konkurrenz zu den Flächenansprüchen von Industrie- und Dienstleistungsbetrieben steht. Gleichzeitig aber fordern die Einrichtungen unserer Freizeit- und Spaßgesellschaft ihren Tribut an Fläche, während insbesondere der in einem Verdichtungsraum lebende Bürger nach Möglichkeiten der Erholung in naturnahen Freiräumen sucht und Umweltschützer sowie Landwirte die Bewahrung unserer Lebensgrundlagen und den Erhalt wertvoller Ökosysteme einklagen.

Flächennutzungskonflikte

Die wachsenden Ansprüche der Menschen an den Raum stehen also in Konkurrenz zueinander. Mit zunehmendem Flächenverbrauch verschärfen sich die Nutzungskonflikte, weil der Boden nicht vermehrbar ist und immer knapper wird. Ließe man den gesellschaftlichen Gruppen in der Verfolgung ihrer Interessen freien Lauf, würden sich in dem Konkurrenzkampf die jeweils Mächtigsten durchsetzen und es käme zu einer zerstörerischen Ausbeutung der Landschaft, also zu einer „räumlichen Unordnung".

Es ist Aufgabe von Bund, Ländern und Gemeinden, hier nach einem Ausgleich zu suchen. Mit den Mitteln der Raumordnung und Raumplanung müssen sie die im Raum wirksamen wirtschaftlichen und sozialen Kräfte so kanalisieren, dass ein sinnvolles Miteinander möglich ist. Das setzt öffentlich diskutierte und demokratisch legitimierte Leitbilder voraus, die auf Bundesebene formuliert und dann auf den verschiedenen Planungsebenen umgesetzt werden.

M1 Bodenfläche nach Nutzungsarten in Deutschland 2004

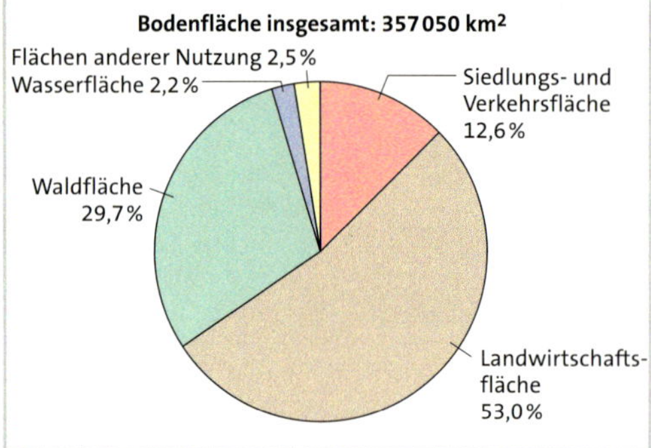

M2 Tägliche Zunahme der Siedlungs- und Verkehrsfläche 1996 bis 2005 in Deutschland

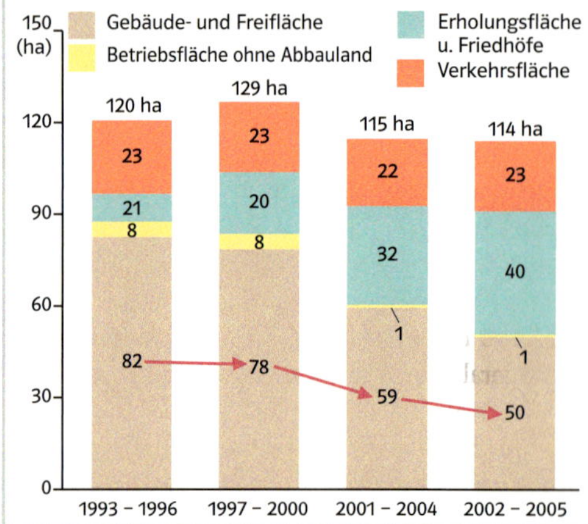

Rahmengesetzgebung des Bundes

Raumordnungsgesetz

Die Kompetenz des Bundes zur Rahmengesetzgebung im Bereich der Raumordnung ergibt sich aus den Grundgesetzartikeln 72 und 75, in denen es heißt: „Der Bund hat in diesem Bereich (hier: Raumordnung) das Gesetzgebungsrecht, wenn und soweit die Herstellung gleichwertiger Lebensverhältnisse im Bundesgebiet ... eine bundesgesetzliche Regelung erforderlich macht."

Diesem Verfassungsauftrag folgend hat der Deutsche Bundestag erstmals 1965 ein Raumordnungsgesetz verabschiedet, in dem übergeordnete Leitbilder und Grundsätze der Raumentwicklung formuliert wurden. In der Folgezeit sind diese Zielsetzungen in Anpassung an die sich ändernden Ansprüche und Problemstellungen immer wieder ergänzt worden.

In seiner aktuellen Fassung (1997) formuliert das Raumordnungsgesetz u. a. folgende „Aufgaben und Leitvorstellungen“:

- nachhaltige Raumentwicklung, die die sozialen und wirtschaftlichen Ansprüche an den Raum mit seinen ökologischen Funktionen in Einklang bringt,
- Gewährleistung einer freien Entfaltung der Persönlichkeit in der Gemeinschaft und in der Verantwortung gegenüber künftigen Generationen,
- Schutz und Entwicklung der natürlichen Lebensgrundlagen,
- Schaffung der Standortvoraussetzungen für wirtschaftliche Entwicklung,
- Herstellung gleichwertiger Verhältnisse in allen Teilräumen,
- Ausgleich der Ungleichgewichte zwischen den bis zur Herstellung der Einheit Deutschlands getrennten Gebieten,
- Schaffung der räumlichen Voraussetzungen für den Zusammenhalt in der Europäischen Gemeinschaft und im größeren europäischen Raum.

„Die Forderung nach Gleichwertigkeit ... geht davon aus, dass die Lebensbedingungen in der föderal und von unterschiedlichen Raumstrukturen geprägten Bundesrepublik Deutschland objektiv unterschiedlich sind und vor dem Hintergrund subjektiver Wertmaßstäbe unterschiedlich bewertet werden ... Die letztlich entscheidende Rolle bei der Bewertung von räumlichen Ungleichheiten spielen die betroffene Bevölkerung bzw. die im Alltag handelnden Akteure: Unternehmen bewerten die regionalen Bedingungen und handeln z. B. bei chancenmindernder Ungleichheit mit Standortverlagerungen. Wohnungs- und Arbeitssuchende bewerten das Angebot auf den regionalen Arbeitsmärkten, Eltern die Zukunftschancen ihrer Kinder ...“ [1]

M3 Lebenszufriedenheit in der Region

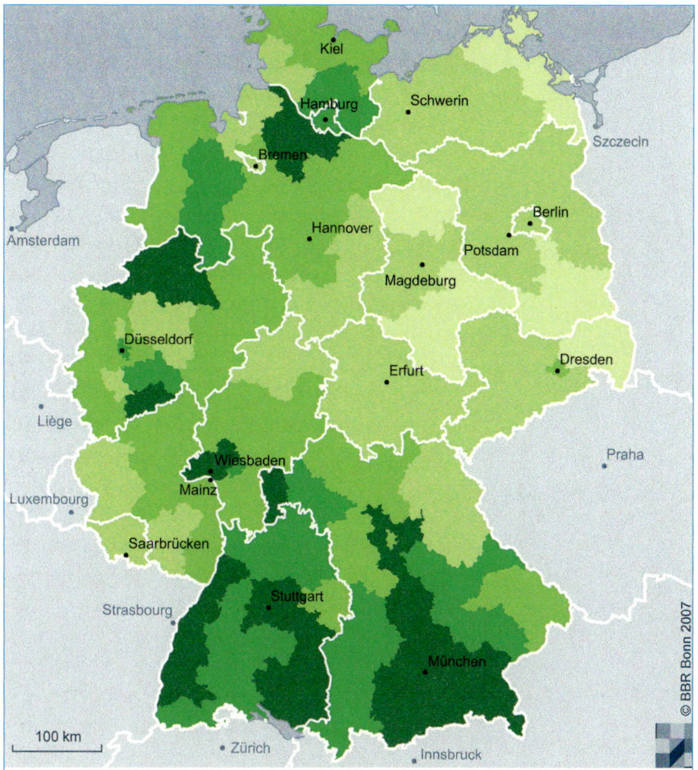

Anteil der mit dem Leben am Wohnort oder in der Region zufriedenen Befragten 2005 (in %)

- unter 45
- 45 bis unter 70
- 70 bis unter 75
- 75 bis unter 80
- 80 und mehr

Anmerkung:
Angegeben ist der prozentuale Anteil der Teilnehmer der Befragung im Alter von 16 bis 69 Jahren, die auf die Frage „Wie denken Sie über die folgende Aussage zum Leben in Ihrer Region? – Alles in allem gesehen kann man an dem Ort oder in der Region, wo ich wohne, sehr gut leben.“ auf einer Skala von 1 = „Stimmt genau“ bis 6 = „Stimmt gar nicht“ mit 1 oder 2 geantwortet haben.
Raumgliederung nach Perspektive Deutschland, Stand 2006; auf Grundlage der Kreise, Stand 31.12.2004; Quelle: Perspektive Deutschland – McKinsey&Company (Hrsg.): Projektbericht Perspektive Deutschland. Die größte gesellschaftspolitische Online-Umfrage, S. 135 In: www.perspektive-deutschland.de/files/presse_2006/pd5-Projektbericht.pdf, vom 9.1.2007

A1 Arbeiten Sie aus den Fotos auf S. 234 und 235 heraus, durch welche Nutzungsansprüche der Mensch die Landschaft verändert.

A2 Beschreiben Sie anhand ausgewählter kleiner Teilräume die Konkurrenz von Nutzungsansprüchen.

A3 Vergleichen Sie den Raumordnungsauftrag zur „Herstellung gleichwertiger Lebensverhältnisse in allen Teilräumen“ mit der in der Karte M3 dargestellten Situation.

A4 Überprüfen Sie Ihre persönliche Lebenszufriedenheit mit „Ihrer“ Region.

M1 und M2 nach Bundesamt für Bauwesen und Raumodnung (BBR) 2006

M3 nach Bundesamt für Bauwesen und Raumordnung BBR (Hrsg.): Raumordnungsbericht 2005. Bonn 2005, S. 6, Legende umgeordnet, Anmerkung ergänzt

Online-Link 29260X-7101

[1] ebenda, S. 5–6

7.1.2 Probleme der Raumstruktur

Die Einschätzung der regionalen Lebensqualität in Karte M3 auf der Vorseite zeigt, dass in der Wahrnehmung durch die Bürger deutliche Unterschiede in der Attraktivität einzelner Teilräume des Bundesgebietes bestehen. Diese subjektive Bewertung wird durch eine objektive Analyse der Raumstruktur bestätigt. Zu der vom Grundgesetz geforderten „Herstellung gleichwertiger Lebensverhältnisse im Bundesgebiet" gehört zum Beispiel, dass das differenzierte Angebot an Arbeitsplätzen, Gütern und Diensten, das in Zentralen Orten bereitgestellt wird, für die Bewohner aller Regionen gut erreichbar ist. Nur so ließe sich vermeiden, dass innerhalb des Bundesgebietes zu starke räumliche Disparitäten in Struktur und Lebensqualität auftreten.

räumliche Disparitäten (G)

Die Analyse der Raumentwicklung zeigt aber, dass zwischen dem von der Verfassung vorgegebenen Ziel und der Wirklichkeit eine Diskrepanz besteht. Wie die Karte M4 zeigt, sind die Oberzentren und die hier angebotenen Dienste für die Bewohner des Bundesgebietes in sehr unterschiedlichem Maße erreichbar. Gleiches gilt für Mittel- und Unterzentren. Das führt in den Teilräumen des Bundesgebietes zu erheblichen regionalen Unterschieden in den Lebensbedingungen.

„Die sich aus der Überlagerung von Bevölkerungsdichte und Zentralität ergebende Raumstrukturierung in Deutschland zeigt in ihren drei Grundtypen das klassische Bild von Zentrum und Peripherie, differenziert nach unterschiedlichen Dichtestufen.

Zentralität

Zentralraum. Der enge Zusammenhang zwischen Verkehrs- und Siedlungsentwicklung hat zu großen, zusammenhängenden städtischen Siedlungsgebieten bzw. Siedlungs- und Verkehrskorridoren geführt ... Auf lediglich elf Prozent der Fläche des Bundesgebietes konzentrieren sich 49% der Bevölkerung und sogar 57% der sozialversicherungspflichtig Beschäftigten. Die durchschnittliche Bevölkerungsdichte beträgt hier ca. 1000 Einwohner je km². Der Zentralraum nimmt damit eine herausragende Stellung im Raumgefüge ein. Hohe Siedlungsdichte und starke Siedlungs- und Verkehrsdynamik führen aber auch zu besonderen Problemlagen innerhalb dieses Raumtyps.

Peripherraum. Am anderen Ende des Spektrums befinden sich dünn besiedelte Gebiete mit unter 100 Einwohnern je km² mit größeren Entfernungen zu den Zentren ... Sie nehmen 58% der Fläche des Bundesgebietes ein. Trotz der geringen Bevölkerungsdichte lebt hier knapp ein Viertel der Bevölkerung ...

Zwischenraum. Eine dritte Raumkategorie bilden schließlich diejenigen Räume, die zwar keine eigenen großen Bevölkerungspotenziale aufweisen, aber trotzdem über eine gute Zugänglichkeit zu den bedeutenden Zentren verfügen. Sie bilden zwischen den Zentralräumen und ihren Kernen mehr oder weniger stark ausgeprägte korridorartige Zwischenräume in einer punktaxialen Raumstruktur ... Sowohl die Bevölkerungsdichten als auch die Beschäftigtendichten liegen mit etwa 200 Einwohnern pro km² und etwa 56 Beschäftigten je km² zwar noch unter dem jeweiligen Bundesmittel, aber übertreffen die Dichten des Peripherraumes um das Doppelte ...

Die höchsten Arbeitsplatzzuwächse verzeichnen die Zentralräume, in absoluten Zahlen der innere Zentralraum, bezogen auf die vorhandenen Arbeitsplätze mit über 4% der äußere Zentralraum. Dies spiegelt die nach wie vor hohe Bedeutung von Agglomerationsvorteilen für die unternehmerische Standortwahl wider ..." [2]

A5 Beschreiben Sie – ausgehend von den Materialien dieser Doppelseite – die Struktur Ihres Heimatraumes.

A6 Erarbeiten Sie Vorzüge und Probleme der vorgestellten Raumtypen (Zentral-, Peripher-, Zwischenraum).

A7 Erläutern Sie auf der Grundlage Ihrer Ergebnisse konkrete Aufgaben der Raumplanung.

Weiterführende Literatur
Harald Bathelt/Johannes Glückler: Wirtschaftsgeographie. Stuttgart: Ulmer, 2002

[2] ebenda, S. 19–21

M4 ebenda, S. 20

[3] ebenda, S. 17

Link
www.klett.de,
Geographie Infothek:
Wirtschaft
Infoblatt Räumliche Disparitäten

M 4 Raumstruktur nach Zentrenerreichbarkeit (Oberzentren) und Bevölkerungsdichte Deutschlands

Neuer Erfassungsmodus für Zentralität
Von jedem beliebigen Punkt im Bundesgebiet aus sind alle Zielorte des Zentrensystems (Oberzentren) in gewissen Fahrtzeiten im Straßennetz erreichbar. Diese Menge einzelner Fahrtzeiten fasst ein Index zusammen, der alle erreichbaren Zielorte nach ihrer Bedeutung und in Abhängigkeit von der zu ihrer Erreichung notwendigen Pkw-Fahrtzeit gewichtet aufaddiert … Der resultierende Index drückt aus, dass die Attraktivität von Zielen/Zentren mit deren Größe zunimmt, aber bei wachsendem Zeitaufwand zu deren Erreichung sinkt. [3]

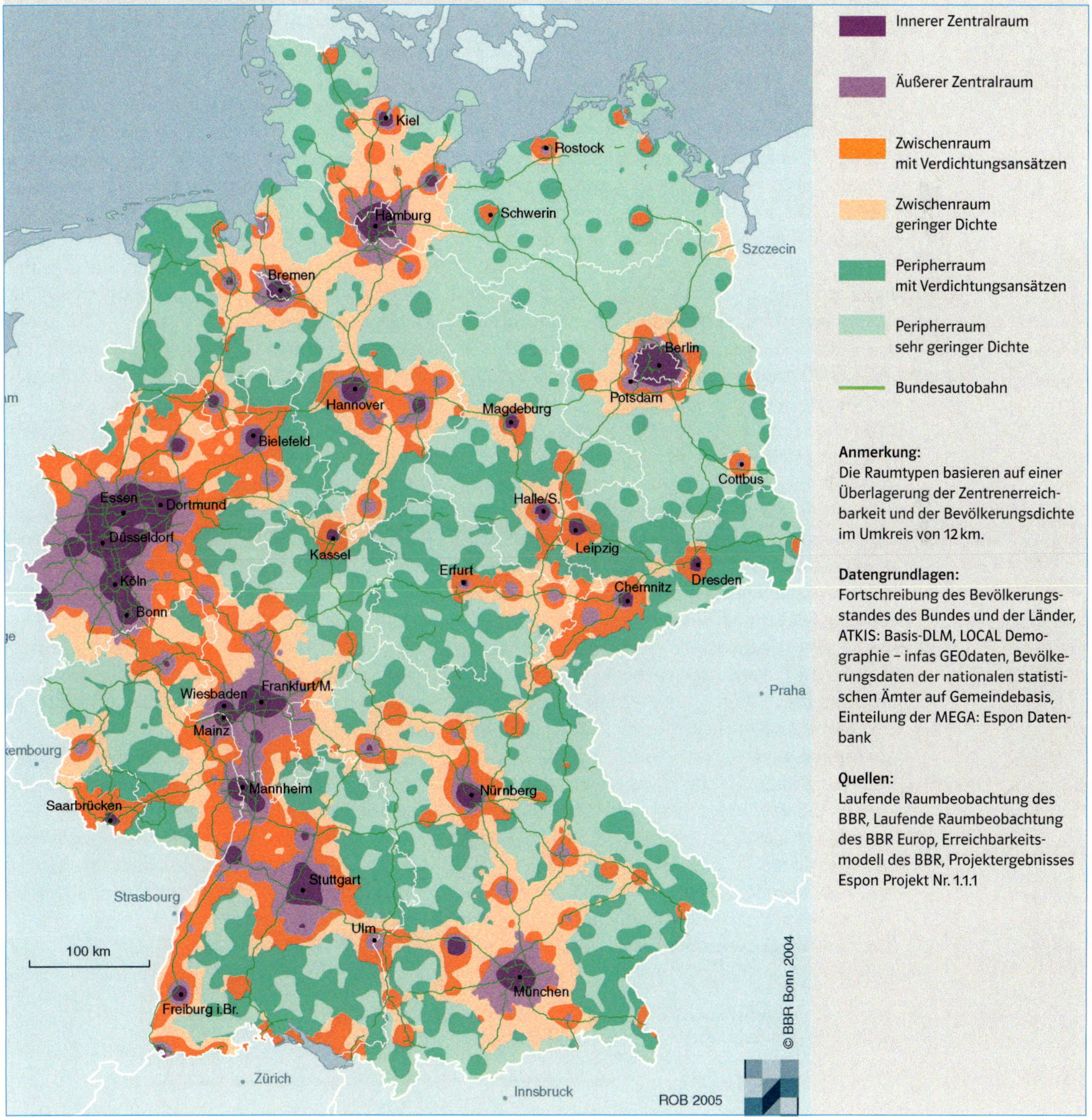

Anmerkung:
Die Raumtypen basieren auf einer Überlagerung der Zentrenerreichbarkeit und der Bevölkerungsdichte im Umkreis von 12 km.

Datengrundlagen:
Fortschreibung des Bevölkerungsstandes des Bundes und der Länder, ATKIS: Basis-DLM, LOCAL Demographie – infas GEOdaten, Bevölkerungsdaten der nationalen statistischen Ämter auf Gemeindebasis, Einteilung der MEGA: Espon Datenbank

Quellen:
Laufende Raumbeobachtung des BBR, Laufende Raumbeobachtung des BBR Europ, Erreichbarkeitsmodell des BBR, Projektergebnisses Espon Projekt Nr. 1.1.1

7.2 Träger und Instrumente der Raumordnung in Deutschland

M1 Planungsstufen und Träger der Raumordnung in Deutschland

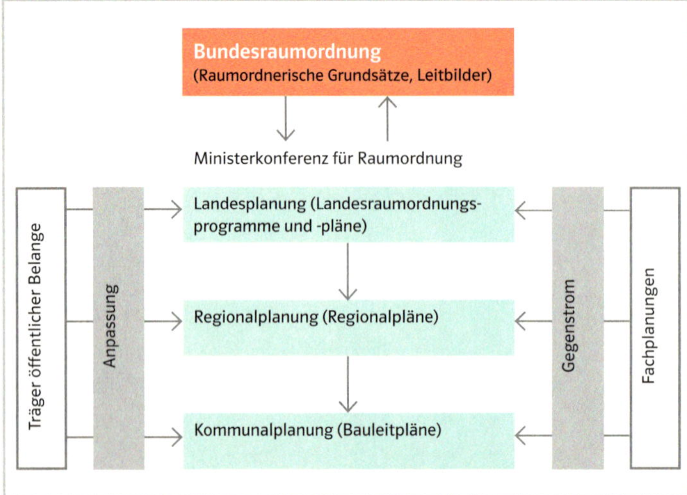

7.2.1 Der Prozess der Raumordnung

Raumordnung in Deutschland erfolgt hierarchisch von oben nach unten, aber mit einem gewissen Gegenstromprinzip. Der Bund als oberste Planungsinstanz gibt mit dem Raumordnungsgesetz die allgemeinen Grundsätze und Leitbilder vor. Die nachgeordneten Ebenen sind aber nicht nur „Befehlsempfänger", denn sowohl die Länder wie auch die Regionen und Gemeinden formulieren eigene Vorstellungen, sodass sich die Planung in einem Ausgleich örtlicher, regionaler und überregionaler Interessen vollzieht. Dabei wirken die „Träger öffentlicher Belange" (Behörden, Verbände oder gemeinnützige Vereine) genau so mit wie einzelne Fachministerien (z. B. Verkehr, Wirtschaft, Umwelt- und Naturschutz), deren raumwirksame Projekte mit den Erfordernissen der Raumordnung abzustimmen sind.

Gegenstromprinzip

„Träger öffentlicher Belange"

Ziel des gesamten Prozesses ist es, die allgemeinen Leitvorstellungen des Bundesraumordnungsgesetzes in die Praxis umzusetzen. Hierzu ist eine Planung für überschaubare Teilräume notwendig. Diese Aufgabe übernehmen die Landesentwicklungspläne, die den vorgegebenen Rahmen mit konkreten Entwicklungsmaßnahmen ausfüllen.

Bundesraumordnungsgesetz

Landesentwicklungspläne (G)

Das Bundesraumordnungsgesetz schreibt zum Beispiel als Grundsatz der Siedlungsentwicklung in Deutschland vor: „Die Siedlungstätigkeit ist räumlich zu konzentrieren und auf ein System leistungsfähiger Zentraler Orte auszurichten ... Die soziale Infrastruktur ist vorrangig in Zentralen Orten zu bündeln." (§ 2, Absatz 2 und 4). In der Umsetzung dieses Auftrags weisen nun die Landesentwicklungspläne Zentrale Orte aus (vgl. S. 242 und M 4 auf S. 243), in denen der Aufbau von Infrastruktureinrichtungen und Dienstleistungsbetrieben mit öffentlichen Mitteln gefördert wird. Um in den Genuss entsprechender Fördermittel zu gelangen, bemühen sich nun – im Sinne des „Gegenstromprinzips" – einzelne Gemeinden um eine Höherstufung in der Zentrale-Orte-Hierarchie.

Die Bundesländer können auch für Teile ihres Territoriums Raumordnungssaufgaben an Regionalverbände bzw. Regionale Planungsverbände übertragen. Sie setzen zum einen den jeweiligen Landesentwicklungsplan in ihrer Region in konkrete Entwicklungsmaßnahmen um, wirken zum andern aber nach oben bei dessen Formulierung mit, indem sie ihre Wünsche und Interessen geltend machen.

Der Planungsablauf beim Bau einer Bundesautobahn verdeutlicht diesen Prozess:
- Bund: erstellt Bundesverkehrswegeplan;
- Bundesland (Verkehrsministerium): prüft und leitet zur Detailplanung der Trassenführung an die zuständigen Planungsregionen weiter;
- Planungsregion: erstellt für ihren Bereich Detailplanung für die Bundesstraße;
- betroffene Gemeinden: vergleichen die Trassenentwürfe mit eigenen Planungsinteressen, melden Wünsche an, legen ggf. Einspruch ein;
- Planungsregion: sucht nach Kompromissen, ändert Detailplanung, leitet diese nach Abschluss an das Land zurück;
- Bundesland: prüft und genehmigt Detailplanung, leitet sie an den Bund weiter;
- Bund: prüft und genehmigt, leitet Planfeststellungsverfahren ein.

M1 nach Bundesamt für Bauwesen und Raumodnung (Hrsg.): Raumordnungsbericht 2005. Bonn 2005, S. 219

M2 Bundesministerium für Verkehr, Bau und Stadtentwicklung auf www.bmvbs.de/Anlage/original_15944/Bundesverkehrswege-plan-2003-Beschluss-der-Bundesregierung-vom-02.-Juli-2003.pdf, Okt. 2007

Online-Links
29260X-7201
29260X-7202

M2 Bundesautobahnen im Verkehrswegeplan von 2003 (Bestand und Planungen)

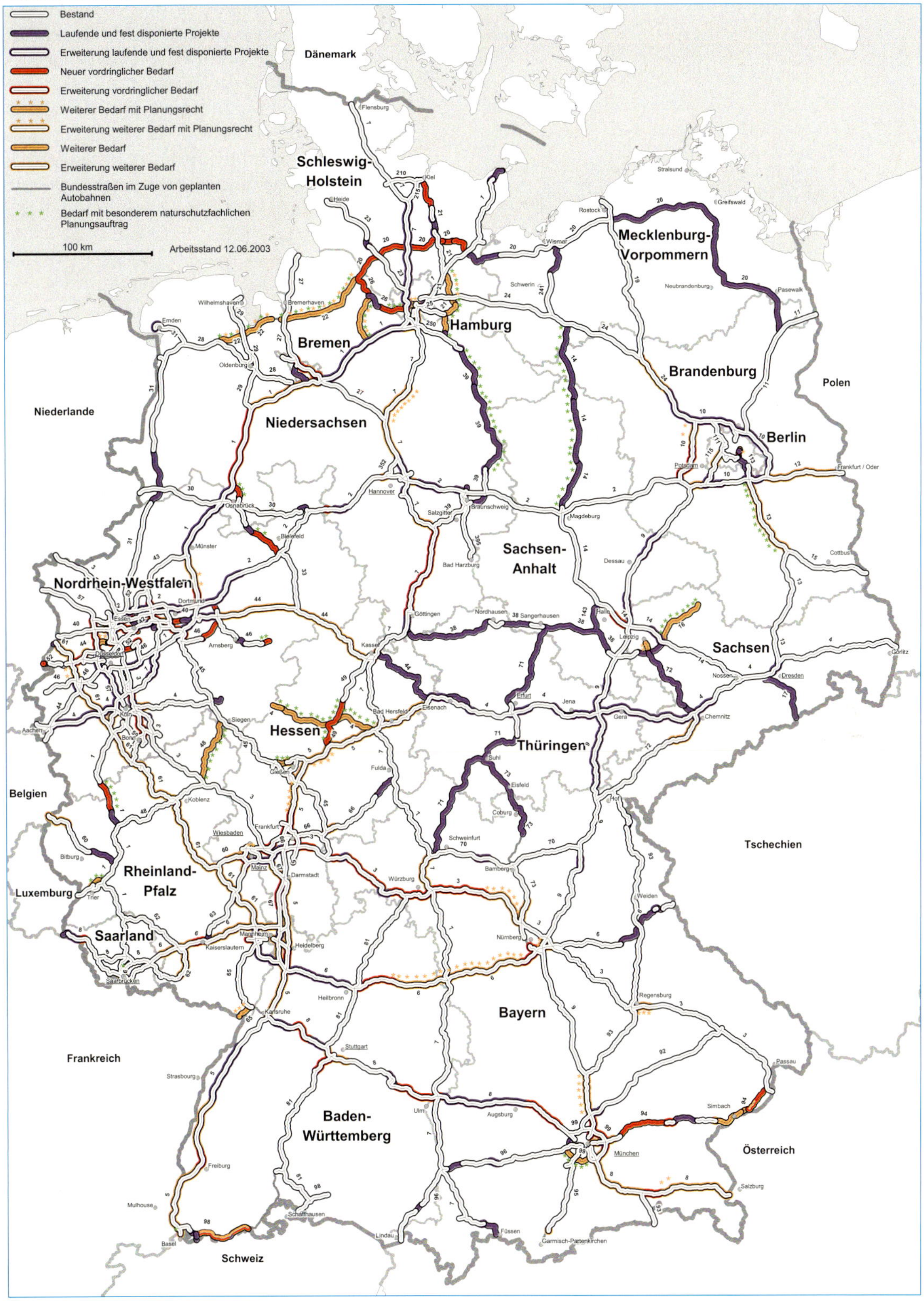

M3 Modell der Stufung Zentraler Orte

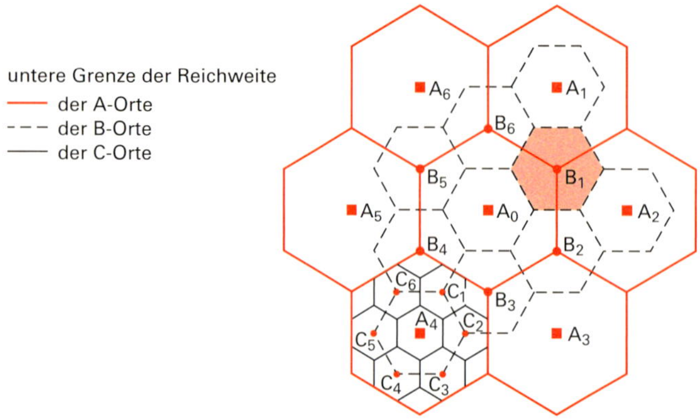

7.2.2 Instrumente der Raumordnung

Reichweite

langfristiger, mittelfristiger, kurzfristiger Bedarf

Der Grundgesetzauftrag ist eindeutig: Zentrale raumordnerische Aufgabe ist die Herstellung gleichwertiger Lebensbedingungen im Rahmen einer nachhaltigen Entwicklung. Diese Zielsetzung ergibt sich aus den Geboten der politischen Stabilität und des sozialen Friedens in unserem Lande sowie aus der Verantwortung für künftige Generationen. Zur Erfüllung dieser Aufgabe stehen der Raumordnung folgende Instrumente zur Verfügung:
- das System der Zentralen Orte,
- der Aufbau von Entwicklungsachsen,
- der Ausbau von Städtenetzen,
- die Ausweisung von Vorrang- und Schutzgebieten.

Zentrale Orte (G)

Das System der Zentralen Orte

Die klassische Theorie der Zentralen Orte geht auf Walter Christaller (1933) zurück. Sie beruht auf der Überlegung, dass Güter und Dienste nicht in gleicher Weise und Häufigkeit von den Bewohnern eines Raumes in Anspruch genommen werden. Güter des kurzfristigen Bedarfs wie Lebensmittel werden zum Beispiel täglich benötigt, andere wie Wohnungseinrichtungen seltener. Je seltener nun ein Gut oder eine Dienstleistung beansprucht wird, umso größer muss – zur wirtschaftlichen Existenzsicherung des Anbieters – sein Absatzgebiet sein. Die Güter oder Dienste werden der guten Erreichbarkeit wegen in zentraler Lage, also in Zentralen Orten, angeboten.

Zentralität

Die Zentralität eines Ortes wird heute mithilfe von Ausstattungsmerkmalen bestimmt. Dabei ergibt sich auf nationaler Ebene folgende Gliederung:
- Zentraler Ort höchster Stufe (z.B. Landeshauptstadt): überregionales, Verwaltungs-, Wirtschafts-, Kulturzentrum mit Angeboten hoch spezialisierten und seltenen Bedarfs;
- Oberzentren: in der Regel Großstädte mit zentralen Einrichtungen von hoher Reichweite, z.B. Universitäten, Krankenhäuser mit allen Fachabteilungen, Museen, bedeutende Verwaltungseinrichtungen, spezialisierte Fachgeschäfte mit hoch- und höchstwertigen Gütern für den langfristigen bzw. episodischen Bedarf;
- Mittelzentren: in der Regel Mittel-/Kreisstädte mit Einrichtungen für den mittelfristigen (periodischen) gehobenen Bedarf des Stadtumlandes, z.B. wichtigste untere Behörden, Banken und Sparkassen, Krankenhaus mit mehreren Fachabteilungen, Fachärzte, Rechtsanwälte, höhere Schulen, Einkaufsstraßen mit wichtigen Fachgeschäften;
- Unterzentren: meist Kleinstädte im ländlichen Raum mit Einrichtungen zur Versorgung des Nahbereichs mit Gütern und Dienstleistungen des täglichen und kurzfristigen Bedarfs, z.B. Verwaltungsbehörden niederen Ranges, Sparkasse, Apotheke, praktischer Arzt und Zahnarzt, Geschäfte der Grundbranchen.

Die höherrangigen Zentren enthalten jeweils sämtliche Einrichtungen der niederen Stufen.

Dieses System der Zentralen Orte wird heute bei einer zunehmenden Zahl von Städten überlagert durch den Aufbau von verkehrsgünstig gelegenen Einkaufszentren „auf der grünen Wiese“, von „Urban Entertainment Centern“ usw. Sie durchbrechen das Prinzip der wohnortnahen Versorgung, d.h. sie entziehen der jeweiligen Stadt bzw. City wichtige Zentralitätsfunktionen.

Wie lässt sich – trotz dieser Einschränkung – das Konzept der Zentralen Orte für die Raumordnung nutzen? Durch das konzentrierte Angebot von Dienstleistungen auf engem Raum kann einerseits der Landschaftsverbrauch begrenzt werden, andererseits lassen sich Problemgebiete gezielt durch Infrastrukturausbau fördern. Denn durch die Ansiedlung zentraler Einrichtungen in öffentlicher Trägerschaft besitzt der Staat ein raumordnerisches Instrument, die Struktur einer Region zu verbessern. Allerdings stellt sich die Frage nach den Kosten.

Der Aufbau von Entwicklungsachsen

Im Sinne der geforderten Gleichwertigkeit der Lebensbedingungen muss im System der Zentralen Orte bis in die Randgebiete eines Versorgungsbereichs ein optimaler Zugang zu den zentral angebotenen Diensten gewährleistet sein. Erforderlich ist also ein gezielter Ausbau der Verkehrsinfrastruktur. Das Zentrale-Orte-Konzept wird von der Raumordnung daher verbunden mit dem Ausbau so genannter Entwicklungsachsen.

Diese sind gekennzeichnet durch eine bänderartige, dichte Folge von Siedlungen, die sich entlang leistungsfähiger Verkehrsstränge und anderer Infrastruktureinrichtungen erstrecken. Nach den Vorstellungen der Raum- und Landesplanung soll sich entlang dieser Achsen die Entwicklung von Wirtschaft, Verkehr und Siedlungen konzentrieren. Das soll – unter Wahrung aller Agglomerationsvorteile – einer flächenhaften Ausbreitung von Verdichtungen entgegenwirken, die Zersiedelung der Landschaft stoppen und Freiräume erhalten.

Auf dem Prinzip der Entwicklungsachsen und der Zentralen Orte basieren auch die „Landesentwicklungspläne“ in Deutschland (z.B. Karte M4). Diese Pläne kennzeichnen das Grundgerüst der angestrebten Entwicklung, die sich als „punkt-axiale Verdichtung“ beschreiben lässt. Die Landesplanung zielt also darauf ab, die ringförmige Ausdehnung besonders der großen Verdichtungen zu bremsen und stattdessen eine strahlenförmige Ausbildung von größeren und kleineren Zentren entlang von Achsen zu fördern. Auf diese Weise soll eine engere Verflechtung der Verdichtungsbereiche mit dem ländlichen Raum erreicht werden. Zwischen den Zentren und Achsen bleiben Freiräume ausgespart.

M4 Landesentwicklungsachsen in Baden-Württemberg

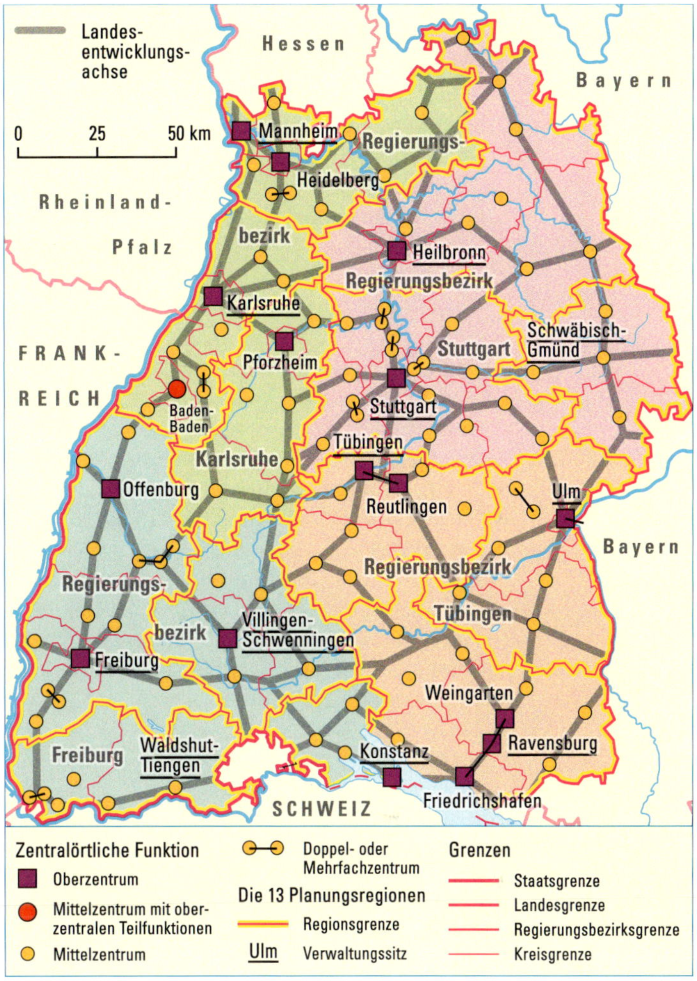

A1 Ordnen Sie Ihren Heimatort anhand seiner Ausstattungsmerkmale (S. 242) in das System der Zentralen Orte ein.

A2a) Erklären Sie anhand der Karte M4 die Prinzipien des „punkt-axialen Systems“.

A2b) Erörtern Sie Vor- und Nachteile dieses raumordnungspolitischen Instruments.

Entwicklungsachsen (G)
Landesentwicklungspläne (G)
punkt-axiales System

M3 nach Ludwig Schätzl: Wirtschaftsgeographie. Bd. 1, UTB 782. 3. Aufl. Paderborn: Schöningh 1988, S. 76

M4 nach Wirtschaftsministerium Baden-Württemberg: Landesentwicklungsplan 2002, Baden-Württemberg, zu 262: Landesentwicklungsachsen, auf www2.landtag-bw.de/dokumente/lep-2002.pdf, S. 87, Karte 3, Dez. 2007

Online-Link
29260X-7203

Der Ausbau von Städtenetzen

Seit Anfang der 1990er Jahre sehen sich die Städte des Bundesgebietes, wie auch die der anderen europäischen Staaten, verstärkt mit neuen Herausforderungen konfrontiert. Die Vollendung des europäischen Binnenmarktes, die Öffnung nach Osteuropa und vor allem die Globalisierung führen zu einer immer schärferen Konkurrenz der Regionen und Städte untereinander. Auch die Verknappung und Verteuerung natürlicher Ressourcen sowie wachsende Umweltbelastungen verlangen von den Kommunen, vor Ort Strategien der Nachhaltigkeit und Kostenersparnis zu entwickeln. Zu Letzterem zwingt insbesondere auch die chronische Finanzarmut unserer Städte und Gemeinden. Soll das Niveau bei der Erfüllung zentralörtlicher Funktionen beim Angebot zentraler Dienstleistungen gehalten und ausgebaut werden, müssen Synergieeffekte geschaffen werden. Unter dem Motto „Kooperation statt Konkurrenz“ schlossen sich daher viele Städte zu „Städtenetzen“ (Karte M 5) zusammen, um sich gemeinsam im nationalen und internationalen Wettbewerb zu behaupten.

Städtenetz (G)

Durch den Ausbau städtischer Netze sollen auf freiwilliger Basis größere, leistungsfähigere Planungsräume geschaffen werden. Die Zusammenarbeit innerhalb der Netze erfolgt im Wesentlichen bei den Aufgaben, die sich im Verbund effektiver und kostengünstiger bewältigen lassen. Dabei handelt es sich nicht um eine abgeschlossene Festlegung der Aufgabenbereiche, sondern um einen offenen Katalog von Maßnahmen, der je nach Situation geändert oder erweitert werden kann.

Die wichtigsten Handlungsfelder sind dabei:

- Politische Außenvertretung und Marketing, z. B. Profilierung der Region, Schaffung einer besseren Ausgangsposition im Wettbewerb der europäischen Regionen;
- Verkehrsgestaltung, z. B. Entwicklung von ÖPNV-Konzepten und Einrichtung von Güterverkehrszentren;
- Umweltvorsorge und Umweltschutz, z. B. Festlegung überörtlicher Standorte für Müllverbrennungsanlagen;
- Tourismus und Fremdenverkehr, z. B. gemeinsame Werbeaktionen, Ausbau der touristischen Infrastruktur.

Innerhalb der bestehenden städtischen Netze, aber auch im Rahmen sonstiger die Gemeindegrenzen übergreifender Kooperationen, findet in zunehmendem Maße eine „Interkommunale Gewerbeflächenentwicklung“ statt. Da viele Gemeinden bei ihrer Wirtschafts- und Gewerbeförderung immer häufiger auf das Problem von Flächenengpässen stoßen, bietet sich hier in besonderem Maße eine Zusammenarbeit an. Die gemeinsame Suche nach Lösungen bei der Ausweisung von Gewerbegebieten mit den entsprechenden vom Bundesbaugesetz vorgeschriebenen ökologischen Ausgleichsflächen ist Erfolg versprechender als der Sonderweg jeder einzelnen Kommune. Gleiches gilt für das gemeinsame Flächenmanagement bei der Siedlungsentwicklung. Die Landesplanungen einiger Bundesländer haben inzwischen die Unterstützung derartiger freiwilliger interkommunaler Kooperationen in ihre Raumordnungspläne aufgenommen (z. B. Schleswig-Holstein).

A3 Vergleichen Sie das Instrument der „Städtenetze“ mit dem Einsatz des „Zentrale-Orte-Modells“ in der Raumordnung.

A4 Analysieren Sie im Rahmen einer Internetrecherche anhand der folgenden Kriterien ein ausgewähltes Städtenetz:
- Lage (Atlas),
- wirtschaftliche Struktur und Bedeutung,
- Zielsetzung, Maßnahmen, Angebote.

Präsentieren Sie die Ergebnisse Ihrer Recherche in strukturierter, anschaulicher Form im Plenum (s. Kap. 11.3, S. 480–483).

A5 Untersuchen Sie auf der Grundlage einer Befragung bei der Gemeindeverwaltung das Flächenmanagement Ihrer Kommune (z. B. Ausweisung von Gewerbe- und Ausgleichsflächen in Kooperation oder Konkurrenz zu den Nachbargemeinden) – (s. Kap. 11.2.1, S. 462–463).

Weiterführende Links
www.bergisches-staedtedreieck.de
www.saechsisch-bayerisches-staedtenetz.de
www.staedtenetz-sehn.de

M5 Städtenetze in Deutschland und seinen Grenzgebieten 2005

Das „Modellvorhaben Städtenetze" ist eingebunden in das umfassendere Aktionsprogramm „Modellvorhaben Raumordnung" des Bundesamtes für Bauwesen und Raumordnung. Dieses dient zur Erprobung neuer raumordnerischer Handlungsansätze und Instrumente. Damit sollen laufende regionale Entwicklungsprozesse unterstützt und gefördert werden. Als Beispiel wird in der Karte, zusätzlich zu den Städtenetzen, als Instrument der Wettbewerb „Regionen der Zukunft aufgeführt". Im Mittelpunkt dieses Wettbewerbs steht inhaltlich die Umsetzung von Zielen einer nachhaltigen Raum- und Siedlungsentwicklung im Sinne der Agenda 21, z.B. sparsame und verkehrsreduzierte Flächennutzung, besserer Freiraumschutz, Förderung innovativer, umweltorientierter Betriebe. Das für die Raumordnung neue Instrument „Wettbewerb" wurde gewählt, um der regionalen Vielfalt von Wegen in eine nachhaltige Entwicklung besser Rechnung tragen zu können, da viele ökologische und soziale Probleme von den einzelnen Gemeinden allein nicht mehr gelöst werden können.

M 6 Biotop in Pflege

M 7 Heuersdorf in Sachsen: Bergbauvorranggebiet 2007

Vorranggebiete
Schutzgebiete

Die Ausweisung von Vorrang- und Schutzgebieten
Die nachhaltige Sicherung von Räumen mit bedeutsamen Natur- und Landschaftspotenzialen wird zu einer immer wichtigeren Aufgabe der Raumordnung. Die Ausweisung entsprechender Freiräume, in denen das Wachstum von Siedlungs-, Verkehrs- und Gewerbeflächen begrenzt wird, gehört dabei zu den klassischen Aufgaben der Regionalplanung. Kernbestandteil aller Pläne ist die Festlegung von Vorrang- und Schutzgebieten, bei denen je nach Zielsetzung unter anderem folgende Typen unterschieden werden können:

- Vorranggebiete zum Schutz von Natur und Landschaft (z. B. Natur-, Landschaftsschutzgebiete, Nationalparks) dienen dem Erhalt wertvoller Biotope, d. h. räumlich abgrenzbarer Lebensräume einer aus Pflanzen und Tieren gebildeten Lebensgemeinschaft, der Schaffung von Biotopverbundsystemen oder der Konservierung typischer Kulturlandschaftsstrukturen.
- Vorranggebiete zur Wasserwirtschaft bewahren Gebiete der Trinkwassergewinnung vor Eingriffen und sichern somit langfristig unsere Wasserversorgung.
- Im Rahmen des vorbeugenden Hochwasserschutzes werden z. B. Grünlandnutzungen in Flussauen festgelegt oder Flutungspolder ausgewiesen, um so im Katastrophenfall die Schäden durch den Hochwasserabfluss zu minimieren.
- Vorranggebiete für die Landwirtschaft dienen dem Erhalt hochwertiger Böden und der Abwehr konkurrierender Nutzungsansprüche (z. B. Siedlungen, Verkehr, Gewerbe, Naturschutz, Freizeit).
- Vorranggebiete für ruhige Erholung in Natur und Landschaft stellen eine Reaktion auf die große Bedeutung des Tourismus für einige Regionen dar und erleichtern die Abwehr von Nutzungen, die nicht mit den Interessen des Tourismus vereinbar sind (z. B. Industrieansiedlungen).
- Vorranggebiete für die Rohstoffsicherung sollen eine ausreichende Versorgung mit Bodenrohstoffen gewährleisten.
- Eignungsgebiete für Windenergieanlagen begrenzen die – in letzter Zeit stark angestiegenen – Bauanträge für eine Windenergienutzung auf besonders ausgewiesene Freiräume.

Biotop

Das Prinzip der Vorranggebiete ist einleuchtend, seine Verwirklichung schwierig. Schützenswerte Naturlandschaften zum Beispiel weisen in aller Regel auch einen hohen Freizeit- und Erholungswert auf. Das führt zwangsläufig zu Konflikten zwischen Fremdenverkehrs- bzw. Freizeitinteressen und Naturschutz. Und wie die Beispiele Wattenmeer oder Alpenraum zeigen, sind die bevorzugten Gebiete des Freizeittourismus gerade die ökologisch empfindlichsten Räume.

7.2.3 Raumordnungsprozesse in Gemeinden und Regionen

Bauleitplanung der Gemeinden und die Bürgerbeteiligung

Die Gemeinden bilden zwar die unterste Planungsebene in der Hierarchie der Raumordnung, sie besitzen aber im Bereich der Bauleitplanung die größten eigenständigen Gestaltungsmöglichkeiten. Die Gemeinderäte diskutieren und beschließen die Flächennutzungs- sowie die Bebauungspläne, und sie entscheiden dabei auch zum Beispiel über „Maßnahmen zum Schutz, zur Pflege und zur Entwicklung von Natur und Landschaft" (Baugesetzbuch BauGB § 9). Allerdings sind die verabschiedeten Pläne der höheren Verwaltungsbehörde, also dem Landratsamt oder Regierungspräsidium, anzuzeigen. Sie müssen den Zielen der Raumordnung und Landesplanung entsprechen.

Das Baugesetzbuch enthält Möglichkeiten für die Bürgerinnen und Bürger, auf die Bauleitplanung Einfluss zu nehmen (Schema M 8 auf S. 248). Sie sind von deren Auswirkungen auch in vielerlei Hinsicht betroffen, sei es als Grundstückseigentümer, Bauherr oder Benutzer öffentlicher Einrichtungen. Die Bauleitplanung hat die Aufgabe, die bauliche und sonstige Nutzung der Gemeindefläche vorzubereiten und zu „leiten". Grundlage hierfür ist eine Erfassung des Ist-Zustandes, also der räumlichen Verteilung von Bevölkerung, Wirtschaft, Ver- und Entsorgungseinrichtungen, Verkehrs- und Grünflächen innerhalb der Gemeinde. Auch deren finanzielle Möglichkeiten sind zu berücksichtigen.

Flächennutzungsplan. Als vorbereitende Bauleitplanung wird ein Flächennutzungsplan ausgearbeitet, der das gesamte Gemeindegebiet (meistens im Maßstab 1:10000 oder 1:5000) erfasst. Ihm liegen bestimmte Annahmen über die künftige Entwicklung der Gemeinde hinsichtlich der Einwohnerzahl, der Arbeitsplätze, des Bedarfs an Gemeindeeinrichtungen usw. zugrunde. Er verkörpert gleichsam das Leitbild der Gemeindeentwicklung, legt er doch für einen längeren Zeitraum (etwa 10 Jahre) die Grundzüge der Raumnutzung für das gesamte Gemeindegebiet fest. Der Flächennutzungsplan hat die Zielvorgaben und Planungsmaßnahmen der übergeordneten Instanzen zu berücksichtigen. Auch die „Träger öffentlicher Belange", also zum Beispiel das Straßenbau- und Fernmeldeamt, die zuständigen Stadtwerke oder die Industrie- und Handelskammer, sind an der Planung zu beteiligen.

Bauleitplanung (G)

Flächennutzungsplan (G)

Bebauungsplan. Auf seiner Grundlage sind die Bebauungspläne zu entwickeln. Sie legen für Teile des Gemeindegebietes sehr genaue Nutzungsvorschriften fest. Für den Bürger bzw. Bauherrn schreiben sie verbindlich zum Beispiel Art und Maß der baulichen Nutzung, Bauweise und Dachform, Hausgröße und Baulinien sowie Baugrenzen vor.

Bebauungsplan (G)

Wie detailliert derartige Vorschriften sind, soll das folgende Fallbeispiel verdeutlichen. Jeder Bebauungsplan (s. Beispiel M 10 auf S. 249) schreibt für jedes Baugrundstück eine Grundflächenzahl (GRZ) vor. Sie gibt an, wie viele Quadratmeter Hausgrundfläche je Quadratmeter Grundstücksfläche zulässig sind. Eine Grundflächenzahl 0,2 bedeutet, dass das 0,2-fache bzw. 20 Prozent des Grundstücks durch Gebäude überdeckt sein dürfen. Hat das Grundstück eine Fläche von 700 m^2, so beträgt die höchstzulässige Grundfläche eines Gebäudes also 140 m^2 (0,2 x 700 m^2). Die Geschossflächenzahl (GFZ) legt fest, wie viele Quadratmeter Geschossfläche je Quadratmeter Grundstücksfläche zulässig sind. Bei einer Grundstücksfläche von 400 m^2 erlaubt zum Beispiel die Geschossflächenzahl 0,6 eine Geschossfläche von 240 m^2 (0,6 x 400 m^2). Bei zweigeschossiger Bauweise dürfte damit jedes Geschoss 120 m^2 groß sein.

Es ist zu diskutieren, worin der Sinn von derartig engen Bauvorschriften liegt. Wird der Bürger dadurch in seiner individuellen Gestaltungsfreiheit nicht zu stark eingeschränkt oder wird er im Gegenteil eher vor unvorhergesehenen Baumaßnahmen seines Nachbarn geschützt?

Fallbeispiel: **Bebauungsplan**

M8 Vom Flächennutzungs- zum Bebauungsplan

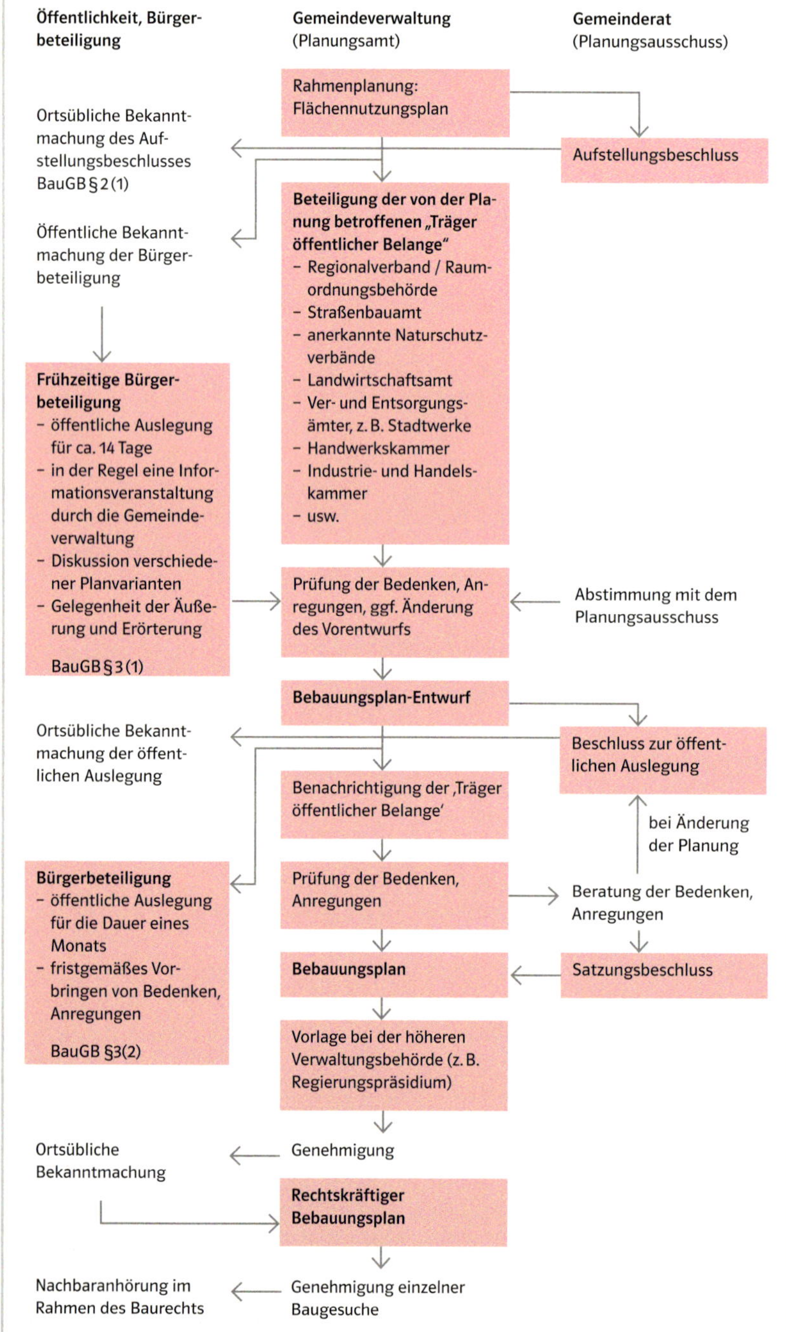

M9 Bebauungsplan „Gänsäcker“ einen Schritt weiter

„Der Gemeinderat hat in seiner letzten Sitzung dem Bebauungsplan und Grünordnungsplanentwurf ‚Gänsäcker‘ zugestimmt und den Auslegungsbeschluss gefasst. Durch eine frühzeitige Bürgerbeteiligung im Frühjahr dieses Jahres sowie die Beteiligung der ‚Träger öffentlicher Belange‘ konnten Anregungen in dem vorliegenden Bebauungsplanentwurf bereits zum Teil berücksichtigt werden.
In der letzten Gemeinderatssitzung trug ein Bauamtsmitarbeiter dem Gemeinderat die Planung vor. Im gesamten Geltungsbereich des Bebauungsplanes soll ein allgemeines Wohngebiet festgesetzt werden. In der Frage der seit Monaten heftig diskutierten Frischluftschneise konnte ein Kompromiss gefunden werden. So ist nun im nordwestlichen Teil des Planungsgebietes eine – im Gegensatz zum ursprünglichen Entwurf – wesentlich stärker aufgelockerte Bebauung vorgesehen. Damit werden auch die Bedenken der Unteren Naturschutzbehörde, einem der ‚Träger öffentlicher Belange‘, berücksichtigt.
Den erforderlichen Grünordnungsplan im Bebauungsplan hat ein Ingenieurbüro erstellt. Ein Vertreter dieses Planungsbüros trug vor, dass der Eingriff in Natur und Landschaft gut ausgeglichen worden sei. Eine größere Mulde wurde von der Bebauung frei gehalten, um die Kaltluftströmung in den Ort hereinzulassen.“

A6 Beschreiben Sie Möglichkeiten für den Bürger, auf die Bauleitplanung seiner Gemeinde Einfluss zu nehmen.

A7 Ordnen Sie das Fallbeispiel Bebauungsplan „Gänsäcker“ in das Ablaufschema 8 ein.

A8 Informieren Sie sich beim örtlichen Stadtbauamt über den gegenwärtig gültigen Flächennutzungsplan sowie über einen Bebauungsplan Ihrer Gemeinde. Besuchen Sie ggf. dafür eine Gemeinderatssitzung, bei der über die Bauleitplanung diskutiert und entschieden wird.

A9 Sie sind Eigentümer des im Bebauungsplan M10a farbig (blau) gekennzeichneten Grundstücks. Erläutern Sie, welche baulichen Nutzungsmöglichkeiten Sie haben und welche Auflagen Sie beachten müssen.

A10 Erklären Sie, welche Absichten wohl der Gemeinderat mit der Festlegung einer „GRZ 0,4“ verfolgte.

A11 Erörtern Sie die Vor- und Nachteile bzw. die Notwendigkeit und die Probleme zu enger Bauvorschriften (Warum darf eigentlich nicht jeder bauen, wie er will?).

M10a Ausschnitt Nord aus dem Bebauungsplan „Erlenweg“ der Gemeinde Korb (Originalmaßstab 1:400, verkleinert auf ca. 1:650)

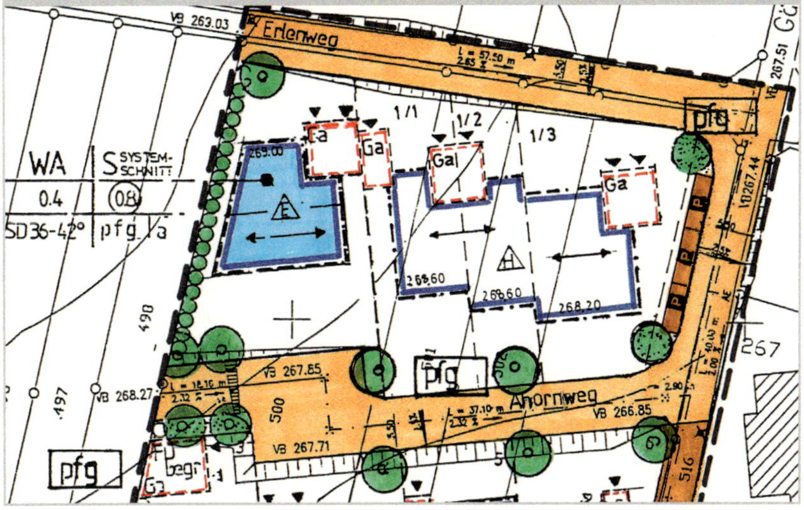

M10b Regelungen aus Flächennutzungs- und Bebauungsplan (Ausschnitt)

Bauflächen (im Flächennutzungsplan)	Baugebiete (im Bebauungsplan)		Zulässige Bebbauung	Vollgeschosse (Z)	Grundflächenzahl (GRZ)	Geschossflächenzahl (GFZ)
W (Wohnbauflächen)	Kleinsiedlungsgebiet	WS	vorwiegend Kleinsiedlungen und landwirtschaftliche Nebenerwerbsstellen	1 2	0,2 0,2	0,3 0,4
	reines Wohngebiet	WR	reine Wohngebäude; ausnahmsweise: Läden des täglichen Bedarfs, nicht störende Handwerksbetriebe	Atrium-haus 1 1 2	0,6 0,4 0,4 0,4	0,6 0,5 0,8 1,0
	allgemeines Wohngebiet	WA	Wohngebäude, Läden, Gastwirtschaften, nicht störende Handwerksbetriebe, kirchliche, kulturelle u. soziale Einrichtungen; ausnahmsweise: Hotels, Verwaltungsgebäude, Tankstellen	3 4 u. 5 6 u. mehr	0,4	1,1 1,2
M (gemischte Bauflächen)	Dorfgebiet	MD	Land- und Forstwirtschaftsbetriebe mit den dazugehörigen Wohngebäuden, sonstige Wohngebäude, Läden und Gastwirtschaften, kirchliche, kulturelle u. soziale Einrichtungen, nicht störende Gewerbebetriebe	1 2 u. mehr	0,4 0,4	0,4 0,8
	Mischgebiet	MI	Wohngebäude, Gewerbebetriebe, die das Wohnen nicht wesentlich stören; Geschäfts-, Büro- und Verwaltungsgebäude, Läden, Gaststätten, Hotels; kirchliche, kulturelle u. soziale Einrichtungen	Wie WR und WA		
	Kerngebiet	MK	Geschäfts-, Büro- und Verwaltungsgebäude, Läden, Gaststätten und Hotels, Vergnügungsstätten, nicht störende Gewerbebetriebe, kirchliche, kulturelle u. soziale Einrichtungen, Wohnungen oberhalb eines festgesetzten Geschosses	1 2 3 4 u. 5 6 u. mehr	1,0 1,0 1,0 1,0 1,0	1,0 1,6 2,0 2,2 2,4

M10c Nutzungsschablone

Art der Nutzung, z. B. WA	S Systemschnitt
Grundflächenzahl (GRZ), z. B. 0,4	Geschossflächenzahl (GFZ), z. B. 0,8
	Bauweise, z. B. α

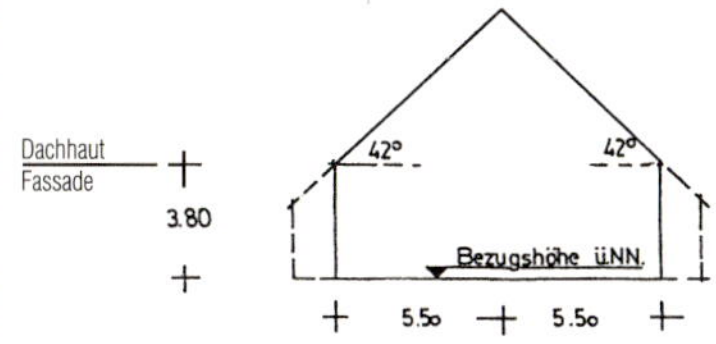

M10d Zeichenerklärung

- Überbaubare Grundstücksfläche
  Baugrenze § 23 Abs. 3 BauNVO
  nicht überbaubare Grundstücksfläche
- SD 42° FD: Satteldach mit Dachneigung, Flachdach
- Ga: Garagen
- Öffentliche Grünfläche
- Abgrenzung unterschiedlicher Nutzung
- Gebäude- u. Firstrichtung verbindlich
- Flächen für Aufschüttungen u. Abgrabungen – Böschungen
- Verkehrsflächen mit Zweckbestimmung (z. B. Fahrbahn, Gehweg, öffentl. Stellplätze [P])
- pfg: Pflanzgebot für Bäume und Sträucher

Die mit Pflanzgebot belegten Flächen sind mit Bäumen und Sträuchern zu bepflanzen. Die eingezeichneten Standorte sind bis zu 5 m veränderbar, wenn technische Gründe (z. B. Lage von Leitungen oder Schächten, Zufahrt zu Stellplätzen) dies erfordern.

M9 zusammengestellt nach dem Amtsblatt der Gemeinde H.

M10 aus bzw. nach Bebauungsplan „Ob dem Endersbacher Weg“, Gemarkung Kleinheppach, Gemeinde Korb, Rems-Murr-Kreis, Baden-Württemberg, 1991

Fallbeispiel: **Raumordnung in der Hauptstadtregion Berlin-Brandenburg**

M11 Raumordnerisches Leitbild der polyzentrischen räumlichen Konzentration

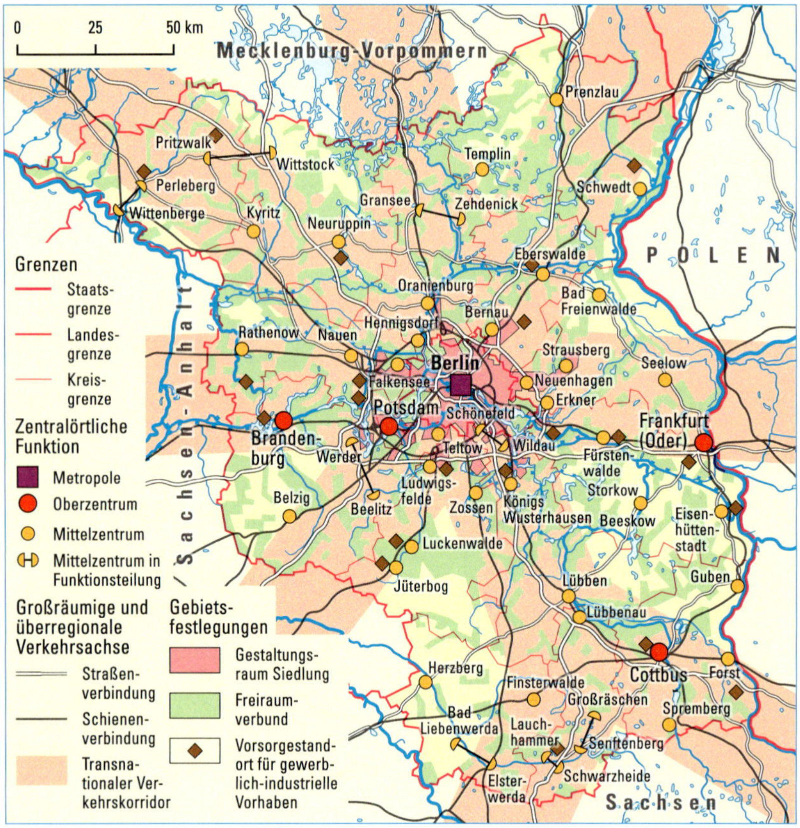

M12 Konzept der polyzentrischen räumlichen Konzentration

„In allen Teilen des gemeinsamen Planungsraumes werden auch durch das Netz der Zentralen Orte die Voraussetzungen für gleichwertige Lebensverhältnisse geschaffen und eine ausgewogene polyzentrische Siedlungsstruktur gesichert. Auch in den Teilräumen, die nur eine geringe Bevölkerungsdichte aufweisen und/oder die vom Bevölkerungsrückgang betroffen sind, können in Zentralen Orten die Voraussetzungen für eine bedarfsgerechte Versorgung der Bevölkerung gesichert werden. Zentrale Orte nehmen insoweit auch eine wichtige Funktion zur Raumstabilisierung wahr …

Für die strukturellen Anpassungsprozesse zur Sicherung der Daseinsvorsorge bildet das Zentrale-Orte-System das räumliche Grundgerüst nach dem Prinzip einer polyzentrischen räumlichen Konzentration."

In der Hauptstadtregion Berlin-Brandenburg steht die Raumordnung vor besonderen Herausforderungen. Die Verflechtungen zwischen der Metropole Berlin, den vom Suburbanisierungsprozess erfassten großstadtnahen Bereichen und dem noch weitgehend ländlich geprägten weiteren Umland sind inzwischen so weit entwickelt, dass eine auf die Hauptstadt selbst beschränkte Planung der Zukunftsfähigkeit des gesamten Raumes nicht gerecht würde. Teilung und Mauer hatten den Wachstumsprozess des gesamten Wirtschaftsraumes über Jahrzehnte hinweg eingeschränkt. Seit dem Wegfall dieser Hemmnisse wächst die Wirtschaft entlang von Verkehrsachsen über die Grenzen des Landes Berlin in das brandenburgische Umland hinein. Dort steht mehr Baugrund zu günstigeren Bodenpreisen zur Verfügung, sodass zahlreiche Firmen Produktionsstätten und Warenverteilzentren in diesen wegen seiner zunehmenden wirtschaftlichen Bedeutung so genannten „Speckgürtel" verlegen. Hier entstanden große Einkaufs- und Güterverkehrszentren, was den Suburbanisierungsprozess genauso verstärkt wie der Zuzug von Wohnbevölkerung.

Diese Entwicklung ist nicht ohne Probleme. Nicht nur, dass die neuen großen Einkaufszentren um Berlin die wirtschaftliche Existenz städtebaulich integrierter Zentren in Berlin und in den anderen Zentralen Orten der Region bedrohen. Das Entstehen großer neuer Wohngebiete und die Ausweisung weiterer Industrie- und Gewerbeflächen im Umland können auch die Erholungs- sowie die Ver- und die Entsorgungsfunktion dieser Räume für die Hauptstadt gefährden. Im Sinne des Prinzips der Zentralen Orte sollen doch im jeweiligen Umland sowie zwischen den Entwicklungsachsen Freiräume gesichert werden, die den Hauptstädtern zum Beispiel Möglichkeiten einer naturnahen Erholung bieten, in denen aber auch eine leistungsfähige Landwirtschaft ihre Existenzgrundlage findet und zur Versorgung Berlins beitragen kann. Für die Trinkwasserversorgung zum Beispiel müssen im Berliner Raum entsprechende Schutzgebiete freigehalten werden, und auch bei der Entsorgung von Abwasser und Abfall sowie bei der Bereitstellung von Energie ist eine immer engere Zusammenarbeit innerhalb der Hauptstadtregion Berlin-Brandenburg erforderlich.

Es ist Aufgabe der 1996 geschaffenen Gemeinsamen Landesplanung der Länder Berlin und Brandenburg, für eine abgestimmte Raumentwicklung in der Hauptstadtregion zu sorgen. Leitidee des im Jahre 2007 neu konzipierten Landesentwicklungsplanes ist das Konzept der „Polyzentrischen räumlichen Konzentration" unter dem Motto „Stärken stärken".

M13 Leitbild „Stärken stärken"

„Die Entwicklung soll sich dabei abgestuft auf mehrere, zu definierende Kristallisationspunkte mit zukunftsfähigen Potenzialen konzentrieren. Eine besondere Rolle spielen hierbei die Metropole ... und in Brandenburg die Regionalen Wachstumskerne, die Branchenschwerpunktorte, die Zentralen Orte sowie vor dem Hintergrund des demografischen Wandels die weiteren Städte als ‚Anker im Raum'.
Im Sinne des Leitbilds ‚Stärken stärken' werden räumliche und sektorale Schwerpunkte gesetzt; diese sollen die Effektivität staatlichen Fördermittelansatzes erhöhen und für private Investoren eine Orientierungsfunktion darstellen. Hiermit sollen auch die Entwicklungschancen der ländlichen Räume erhalten und verbessert werden."

A12 Beschreiben Sie die räumliche Gliederung der Hauptstadtregion Berlin-Brandenburg.

A13 Erläutern Sie – auch vor dem Hintergrund Ihrer Erkenntnisse zum „System der Zentralen Orte" (S. 242/243) – Ziele und Wirkungsweise des Konzeptes der „Polyzentrischen räumlichen Konzentration".

M15 Funktion der Metropole

„Berlin ist der Motor zur Entwicklung der Hauptstadtregion. Mit rund 3,5 Mio. Einwohnern, einer Dichte von ca. 3800 Einwohnern je km² und der zentralen Lage ist Berlin der Bevölkerungs- und Wirtschaftsschwerpunkt der Hauptstadtregion und darüber hinaus ganz Ostdeutschlands. Hier schlägt das wirtschaftliche Herz der Region, hier wird der Großteil ihres Bruttoinlandsproduktes erwirtschaftet, hier werden Arbeitsplätze auch für die Region bereitgestellt.
Berlin ist Bundeshauptstadt. Der Sitz von Bundespräsident, Bundestag, Bundesrat und Bundesregierung sowie von Institutionen und Verbänden ... ist ein wichtiger Standortfaktor und soll für die Entwicklung der gesamten Hauptstadtregion genutzt werden. Die einzigartige Verbindung von Kultur, Wirtschaft, Wissenschaft und Hauptstadtfunktionen eröffnet Chancen für die weitere Ansiedlung von Institutionen und Spitzenverbänden aus Wirtschaft und Wissenschaft und von Niederlassungen und Repräsentanzen deutscher, europäischer und internationaler Unternehmen in der Region."

M16 Funktion des ländlichen Raumes

„Die ländlichen Räume ... erfüllen vielfältige Funktionen als Wohn-, Natur-, Landschafts-, Kultur- und Erholungsraum. Sie erbringen somit wichtige Leistungen für den Gesamtraum und sollen entsprechend ihrer Bedeutung für die Hauptstadtregion nachhaltig und integriert entwickelt werden.
Wichtige Ziele sind dabei, eine wettbewerbsfähige, multifunktionale und nachhaltige Land- und Forstwirtschaft zu ermöglichen und zukunftsfähige Arbeitsplätze auch durch eine Diversifizierung der Erwerbsgrundlagen zu sichern und zu schaffen. Des Weiteren kommt der Sicherung und einer nachhaltigen Nutzung der natürlichen Ressourcen und Potenziale an nachwachsenden Rohstoffen eine große Bedeutung zu. Die ökologischen Potenziale und landschaftlichen Qualitäten sowie das ländliche kulturelle Erbe sollen als ‚weiche' Standortfaktoren erhalten und nachhaltig entwickelt werden."

M14 Metropolfunktion von Berlin: Parlaments- und Regierungsviertel von Westen

M17 Vielfalt der Funktionen des ländlichen Raumes Brandenburg – Großer Zernsee, westlich von Potsdam

M11 nach Landesentwicklungsplan Berlin-Brandenburg. Entwurf vom 21.08.2007 ; Karte = http://gl.berlin-brandenburg.de/imperia/md/content/bb-gl/ueber/lep_b_b_karte_1.pdf, Dez. 2007

M12 ebenda, S. 7

M13 ebenda, S. 4

M15 ebenda, S. 4–5

M16 ebenda, S. 10/11

Online-Links
29260X-7404
29260X-7405

Fallbeispiel: **Stuttgart 21 – ein Raumordnungsprojekt im Widerstreit**

M 18 Die größte Baustelle Europas

„In Baden-Württemberg wird vom Jahr 2010 an eines der größten Bauvorhaben in der Geschichte der Bahn verwirklicht, das auch den Neubau des Berliner Hauptbahnhofs übertrifft. Bund, Bahn und das Land Baden-Württemberg einigten sich … nach langen Verhandlungen über die Finanzierung des 4,8-Milliarden-Projektes ‚Stuttgart 21'. …
Nach dreizehn Jahren der Planung … soll nun von 2010 an der bisherige Stuttgarter Kopfbahnhof unter die Erde gelegt und zu einem Durchgangsbahnhof werden, auf der frei werdenden Fläche soll ein neuer Stadtteil mit Tausenden Wohnungen und Büros entstehen. Mehr als 30 Kilometer Tunnelröhren unter der Stadt werden den neuen Bahnhof mit Flughafen und Messe verbinden. Dieser Teil des Projekts wird mit 2,8 Milliarden Euro veranschlagt … Für weitere zwei Milliarden Euro entsteht eine Hochgeschwindigkeitsstrecke nach Ulm. Bisher mussten ICE-Züge mit Tempo 50 über die Schwäbische Alb hinauffahren, nun fahren sie 250."

M 20 Der neue Bahnhof: Nullenergiebau mit riesigen Tageslichtaugen (DB/Holger Knauf)

M 21 Reisezeiten im Fernverkehr

Fahrzeiten (h)	**2007**	**zukünftig**
Köln – Ulm	3:12	2:24
Frankfurt – Ulm	2:16	1:46
Mannheim – Ulm	1:34	1:04
Stuttgart Hbf – Ulm	0:54	0:28
Filderbahnhof/Flughafen – Ulm	1:35	0:23

M 22 Raumordnungsverfahren

„… förmliche Prüfung eines überörtlich raumbedeutsamen Vorhabens nach § 15 Raumordnungsgesetz bzw. dem jeweiligen Landesplanungsgesetz, um dessen Übereinstimmung mit den Zielen und Grundsätzen der Raumordnung und Landesplanung festzustellen …"

M 23 Planfeststellungsverfahren

„… wird für Großbauvorhaben vom Gesetzgeber vorgeschrieben und soll den … Betroffenen die Möglichkeit geben, im Rahmen eines Anhörungs- und Beteiligungsverfahrens Bedenken und Einwendungen deutlich zu machen. Die Pläne des Vorhabens werden vom Bauherrn der zuständigen Behörde vorgelegt, die diese an betroffene Gemeinden und Träger öffentlicher Belange weiterleitet. Anschließend erfolgt die öffentliche Auslegung der Pläne. [weiteres Verfahren: siehe Schema 8, S. 248] … Der abschließende Planfeststellungsbeschluss [bei ‚Stuttgart 21' durch das Regierungspräsidium] … entspricht … der Plangenehmigung."

M 19 Neubaustrecke Stuttgart – Ulm

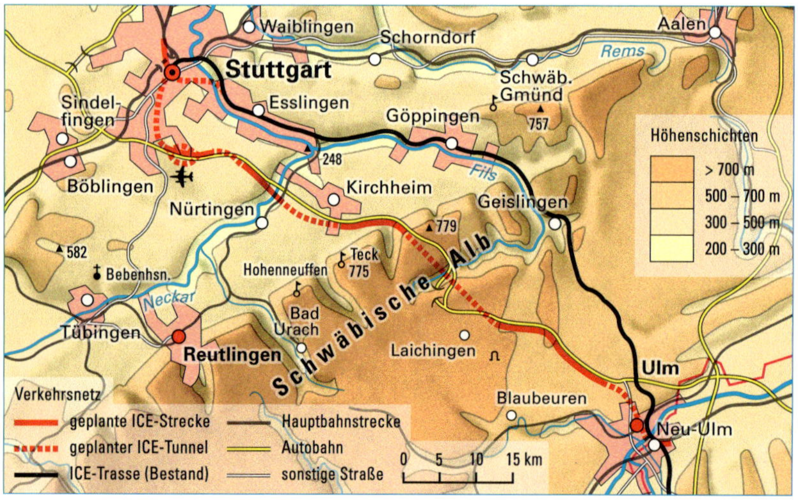

M 18 Bernd Dörries: Mit 250 über die Schwäbische Alb. In: Süddeutsche Zeitung vom 20.07.2007

M 19 nach ebenda

M 21 auf www.stuttgart21.de, Okt. 2007

M 22 und M 23 Ernst Brunotte u.a. (Hrsg.): Lexikon der Geographie. Heidelberg und Berlin: Spektrum Akademischer Verlag 2002 (Imprint von Springer SMB)

M 24 Finanzierung (in Mio. Euro)

Kosten Stuttgart 21

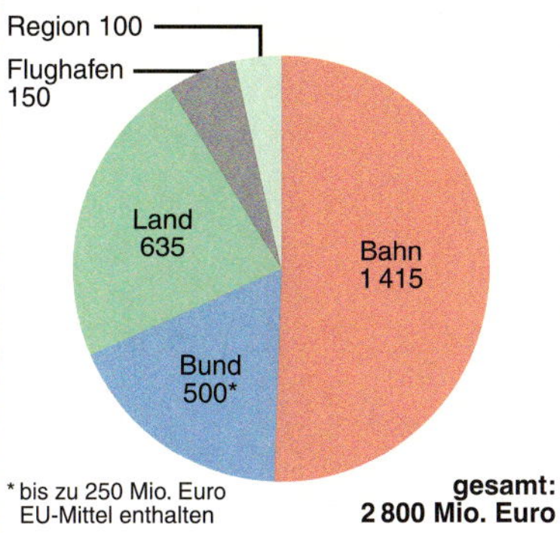

Kostenrisiken Stuttgart 21

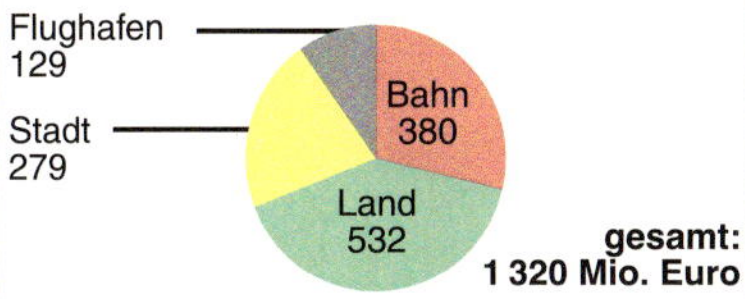

ICE-Strecke Stuttgart – Ulm

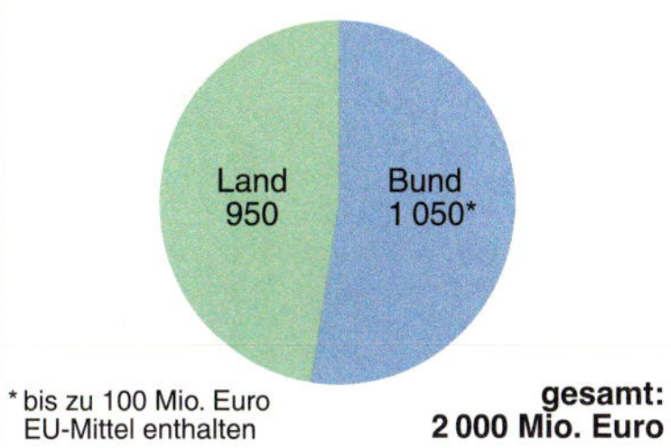

Alleiniger Träger des Kostenrisikos: deutscher Staatshaushalt

A14 Beschreiben Sie Zielsetzung und Maßnahmen des Projektes „Stuttgart 21".

A15 Erstellen Sie für das abgelaufene Raumordnungs- und Planfeststellungsverfahren ein Fließdiagramm.

A16 Erörtern Sie – ggf. auch im Rahmen eines Rollenspiels – Pro- und Kontra-Argumente zu diesem Projekt.

M 25 Pressemitteilung der Landesregierung nach Unterzeichnung des Projektes am 19. 07. 2007

„Baden-Württemberg 21, so der Ministerpräsident, stelle eine zentrale Investition in die Zukunft ... dar. Die Wettbewerbsfähigkeit des Landes stehe und falle mit der Qualität seiner Infrastruktur. Eine leistungsfähige Verkehrsinfrastruktur, die das Land mit zentralen Regionen des zusammenwachsenden Europas verbindet, sei für das exportorientierte Land, das zugleich erheblich vom Transitverkehr betroffen sei, ein entscheidender Erfolgsfaktor im Standortwettbewerb. ‚Hochwertige Verkehrsverbindungen stärken die Wettbewerbs- und Marktsituation unserer Wirtschaft, fördern die Ansiedlung von Produktions- und Dienstleistungsunternehmen. Bestehende Arbeitsplätze werden so gesichert, neue geschaffen. Einzigartig sei zudem die Verknüpfung Schienen-, Straßen- und Flugverkehr', sagte der Ministerpräsident ... ‚Wir werden für die Realisierung ... viel investieren müssen. Aber diese Investition sichert eine möglichst schnelle Anbindung an das Netz der europäischen Schienenmagistralen'".

M 26 Stellungnahme des BUND Baden-Württemberg

„Mit Stuttgart 21 bindet sich das Land finanziell bis zur geplanten Fertigstellung des Gesamtprojektes 2018. Bis zu diesem Zeitpunkt fehlen die Gelder für Maßnahmen zur Verbesserung des Bahnverkehrs im übrigen Land. Auch wird sich das Land keine nennenswerten Beiträge in den Bereichen Biodiversität und Klimaschutz mehr leisten können. Das ganze Geld steckt dann schon in einem Projekt mit fraglichem Nutzen ..."

M 27 Position der Stadt Stuttgart

„Im Vergleich zu anderen Lösungsvorschlägen bietet ‚Stuttgart 21':
- stark verkürzte Reisezeiten, da in einem Kopfbahnhof durch den Wechsel der Fahrtrichtung und durch geringe Geschwindigkeiten bei der Ein- und Ausfahrt Zeit verloren geht,
- die Möglichkeit, bei steigendem Fahrgastaufkommen die Kapazitäten weiter auszubauen,
- die unmittelbare Anbindung des Flughafens, der neuen Messe und des gesamten Filderraums an den Fernverkehr,
- die einmalige Chance für die Stadtentwicklung Stuttgarts durch über 100 Hektar frei werdende zusammenhängende Flächen."

M 28 Pressemitteilung Bündnis 90/Die Grünen

„Aus Sicht der Grünen ist Stuttgart 21 ... nicht nur finanzpolitischer Unsinn, sondern auch verkehrspolitisch rückwärtsgewandt: Es ist doch albern, wenn die Landesregierung dem Projekt neuerdings das Etikett ‚Baden-Württemberg 21' anheften will, da es für das ganze Land positive Auswirkungen habe ... ‚Baden-Württemberg 21' würde ... heißen, dass der Bahnverkehr in der Fläche ausgebaut wird. Die Landesregierung macht aber das Gegenteil: Während sie bei Stuttgart 21 das Geld mit beiden Händen ausgibt, knausert sie beim restlichen öffentlichen Personenverkehr."

M 24 nach Stuttgarter Zeitung vom 20. 07. 2007

M 25 Staatsministerium Baden-Württemberg auf www.baden-wuerttemberg.de, Okt. 2007

M 26 auf http://vorort.bund.net/bawue/Okt. 2007 (BUND, Landesverband Baden-Württemberg e. V.)

M 27 auf www.stuttgart.de/sde/menu/frame/top_11021.htm, Okt. 2007

M 28 www.gruene-bw.de/presse/pressemitteilungen/pressemitteilungen-2007.html#c14451; vom 19.07.2007, Jan. 2008, Zugriff ab Aug. 2008 über www.ba-wue.gruene.de

Weitere Kontra-Argumente
Initiative „Leben in Stuttgart – kein Stuttgart 21" auf www.leben-in-stuttgart.de, Okt. 2007

Online-Link 29260X-7206

7.3 Raumordnung in der EU

M1 Metropolregion Paris: Dynamik und Wohlstand

M2 Ostungarn: Rückstand und Armut

In der Europäischen Union gehört die Raumordnungspolitik eigentlich nicht zu den vertraglich festgelegten Zuständigkeiten der Gemeinschaft. Verschiedene Entwicklungsmaßnahmen insbesondere im Rahmen der Regionalpolitik werden aber bewusst zur Veränderung von Raumstrukturen genutzt. Bei der Sitzung des „Informellen Rates der für Raumordnung zuständigen Minister" im Jahre 1999 in Potsdam wurde zudem ein „Europäisches Raumentwicklungskonzept" (EUREK) vereinbart, das zu einer „räumlich ausgewogenen und nachhaltigen Entwicklung in der Europäischen Union" beitragen soll. Damit ergibt sich für die europäische Raumordnungspolitik eine ähnliche Zielsetzung wie auf der nationalstaatlichen Ebene der Bundesrepublik Deutschland.

EUREK

7.3.1 Ziele der EU-Raumordnung

Die Familie eines Bankangestellten in Paris lebt und wirtschaftet anders als die eines Landarbeiters in Ostungarn. Die Kinder haben ungleiche Bildungsmöglichkeiten, Berufsperspektiven und somit Lebenschancen. Diese räumlichen oder regionalen Disparitäten haben ihre Ursachen in unterschiedlichen naturräumlichen Ausstattungen, vor allem aber in historischen, sozialen oder politischen Einflüssen. Industrialisierung und Tertiärisierung von Wirtschaft und Gesellschaft haben die regionalen Unterschiede in den Lebensbedingungen zumeist verstärkt, da sich die wirtschaftliche Dynamik in erster Linie auf die Städte bzw. bereits bestehende ökonomische Aktivräume konzentrierte. Die beiden angesprochenen Familien leben aber heute in einer politischen Gemeinschaft. Für die Europäische Union stellte sich die Frage, ob sie sich – wie bei ihrer Gründung – als reine Wirtschaftsgemeinschaft versteht, bei der es ausreicht, im Sinne liberaler Traditionen den freien Verkehr von Waren und Kapital sicherzustellen, die Entwicklung in den Teilräumen aber dem freien Spiel der Kräfte zu überlassen. Oder sollte sie anstreben, ihren inzwischen knapp 490 Millionen Bürgerinnen und Bürgern in allen Regionen humane und vor allem gleichwertige Lebensbedingungen und Chancen zu garantieren? Nur Wirtschafts- und Währungsunion oder auch Sozialgemeinschaft?

Disparitäten

Die Antwort ergibt sich schon aus der Erkenntnis, dass ein vereintes Europa auf Dauer nur dann lebensfähig ist, wenn sich bei den Bürgern des Alten Kontinents auf der Grundlage sowohl des wirtschaftlichen wie auch des sozialen Zusammenhalts ein gemeinsames europäisches Bewusstsein entwickelt. Das setzt – im Sinne der sozialen Marktwirtschaft – eine Politik voraus, die das Wirken von Marktkräften und Unternehmerfreiheit verbindet mit Solidarität und gegenseitiger Unterstützung, um so allen Mitgliedern der Gemeinschaft den Zugang zur allgemeinen Grundversorgung und zu den Sozialleistungen zu sichern.

Diese Verpflichtung zur europäischen Solidarität ist auch im Vertrag über die Europäische Union (Amsterdam 1997) verankert, wo es in Artikel 158 heißt: „Die Gemeinschaft entwickelt und verfolgt weiterhin ihre Politik zur Stärkung ihres wirtschaftlichen und sozialen Zusammenhalts, um eine harmonische Entwicklung der Gemeinschaft als Ganzes zu fördern.
Die Gemeinschaft setzt sich insbesondere zum Ziel, die Unterschiede im Entwicklungsstand der verschiedenen Regionen und den Rückstand der am stärksten benachteiligten Gebiete oder Inseln, einschließlich der ländlichen Gebiete, zu verringern."

Zielsetzung ist dabei nicht nur die Verbesserung der Lebenschancen von Bürgern in benachteiligten Regionen. Es geht auch darum, durch den Abbau von Ungleichgewichten zum Beispiel in Ausbildung, Beschäftigung und Wettbewerbsfähigkeit das Humankapital und die wirtschaftlichen Möglichkeiten optimal zu nutzen, um so die Gemeinschaft noch besser auf die Herausforderungen der Globalisierung vorzubereiten.

7.3.2 Probleme der Raumstruktur: Regionale Disparitäten in der EU

Um Wirkung und Effektivität der europäischen Raumordnungspolitik hinsichtlich des Ziels regionaler Ausgewogenheit zu überprüfen, ist die EU-Kommission beauftragt, die soziale sowie wirtschaftliche Entwicklung aller Teilräume zu messen und zu vergleichen. Das „Statistische Amt der Europäischen Union" (EUROSTAT) hat hierfür eine räumliche Gliederung in verschiedenen Maßstabsebenen entworfen. Diese „Nomenclature des unités territoriales statistiques" (NUTS) klassifiziert neben der Ebene der Mitgliedstaaten drei weitere Gebietseinheiten:
- NUTS-1-Ebene (3–7 Mio. Ew.), entspricht in Deutschland etwa den größeren Bundesländern, 89 Gebiete;
- NUTS-2-Ebene (800 000–3 Mio. Ew.); umfasst in Deutschland die Regierungsbezirke und kleineren Bundesländer; 254 Gebiete;
- NUTS-3-Ebene (< 800000 Ew.), bezieht sich in Deutschland auf Landkreise und kreisfreie Städte; 1 214 Gebiete.

EUROSTAT
NUTS

M 3 BIP pro Kopf in den heutigen Mitgliedstaaten (EU-27)**: Regionale Extremwerte 2004 (Index EU-27 = 100)

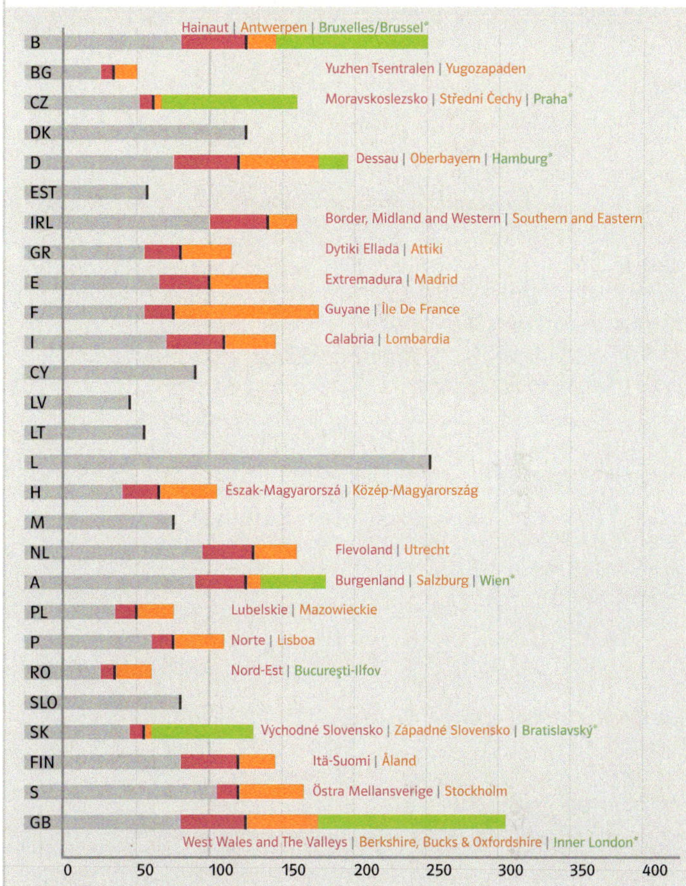

Lesebeispiel für Grafik M 3: Bei einem Mittelwert EU-27 von 100 erreicht „Inner London", die wirtschaftsstärkste Region im Vereinigten Königreich, einen Wert von mehr als 300, „West Wales and the Valleys" als wirtschaftsschwächste Region aber nur ca. 80. In Dänemark liegen sämtliche Regionen bei einem Wert von ca. 130, die regionalen Unterschiede sind hier also sehr gering.

* Regionen, in denen das BIP pro Kopf wegen der Pendlerströme überschätzt sein kann

M3 nach Europäische Gemeinschaften: Vierter Bericht über den wirtschaftlichen und Sozialen Zusammenhalt. Luxemburg 2007. S. 10, auf http://ec.europa.eu/regional_policy/sources/docoffic/official/reports/cohesion4/pdf/4cr_de.pdf, Dez. 2007

** EU-Staatenkürzel vgl. Karte M 6 (S. 257) und M 11 (S. 261)

Online-Link
29260X-7301

M4 Arbeitslosenquote in den heutigen Mitgliedstaaten (EU-27)*: Regionale Extremwerte 2005 (Lesebsp. vgl. M 3 auf S. 255)

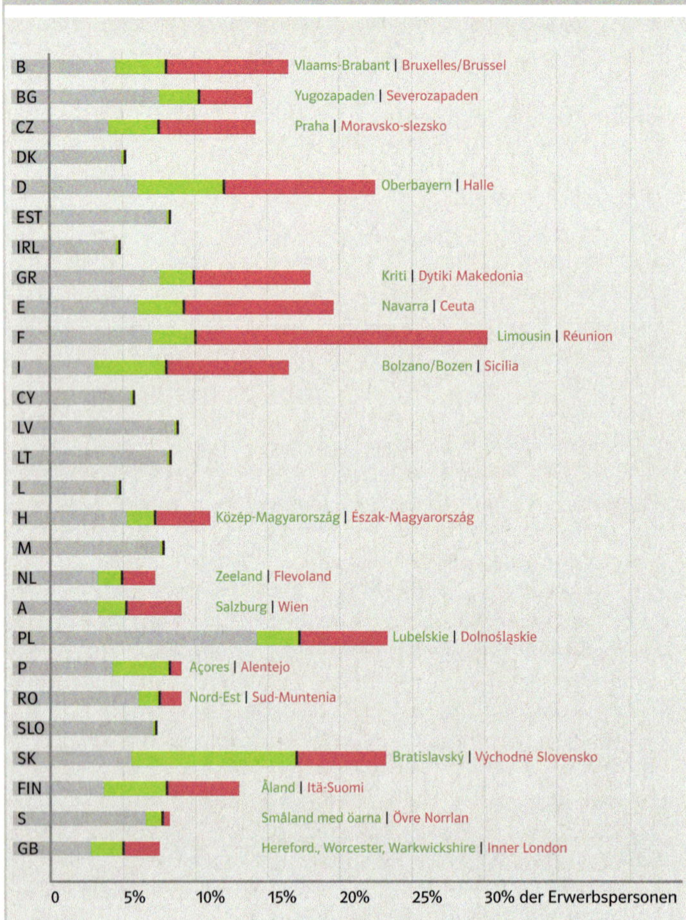

M5 Produktivität (in BIP/Besch.) in den heutigen Mitgliedstaaten (EU-27)*: Regionale Extremwerte 2004 – Index EU-27 = 100 (Lesebsp. vgl. M 3 auf S. 255)

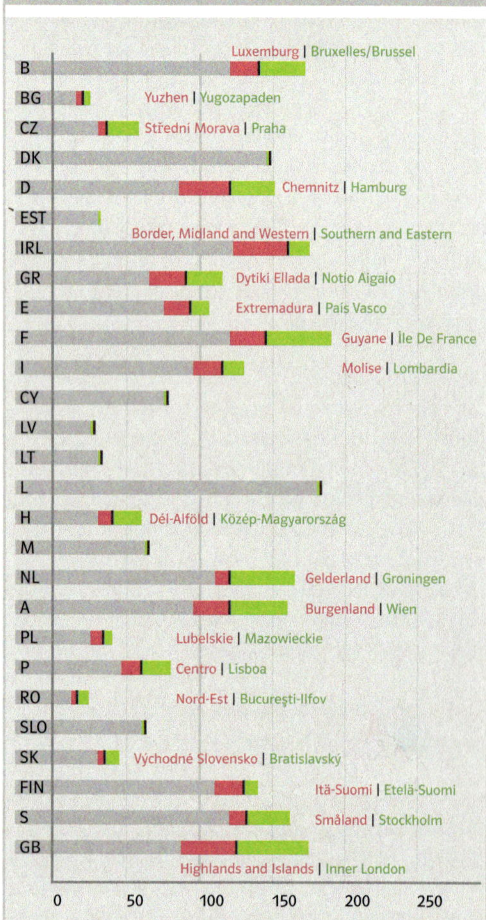

EU-Kohäsions-programm

Für die definierten territorialen Einheiten erhebt EUROSTAT eine Fülle sozioökonomischer Daten. Diese bilden die Grundlage für den „Bericht über den wirtschaftlichen und sozialen Zusammenhalt" (Kohäsionsbericht), den die EU-Kommission laut EU-Vertrag alle drei Jahre dem Europäischen Parlament, dem Europäischen Wirtschafts- und Sozialausschuss sowie dem Ausschuss der Regionen vorlegen muss.
Der aktuelle Bericht des Jahres 2007 bilanziert das folgende Zwischenergebnis der europäischen Raumordnungs- und Regionalpolitik:

„Die Mitgliedstaaten, die im Programmzeitraum 2000–2006 die größten Empfänger von Mitteln aus den EU-Kohäsionsprogrammen waren (Griechenland, Spanien, Irland und Portugal), erzielten weiterhin beeindruckende Wachstumsraten. Die starke Wirtschaftsleistung von Regionen mit niedrigem Pro-Kopf-BIP in den letzten zehn Jahren hat bewirkt, dass sich die Regionen in der gesamten EU beim Bruttoinlandsprodukt je Einwohner einander angenähert haben.
Trotz dieser Fortschritte bleiben … große Unterschiede bestehen. Dies ist zum einen eine Folge

* EU-Staatenkürzel vgl. Karten M 6 (S 257) und M 11 (S. 261)

[1] ebenda, S. VIII-XII

M4 und M5 ebenda, S. 27 u. S. 17

M6 nach ebenda, S. 8, sowie nach Europäische Gemeinschaften auf http://epp.eurostat.ec.europa.eu/cache/ITY_OFFPUB/KS-DN-05-003/EN/KS-DN-05-003-EN.PDF, Dez.2007

M6 BIP pro Kopf (in KKS) in den NUTS-2-Regionen der EU 2004 sowie Arbeitslosenquote (heutige Mitgliedsstaaten EU-27 = 100)

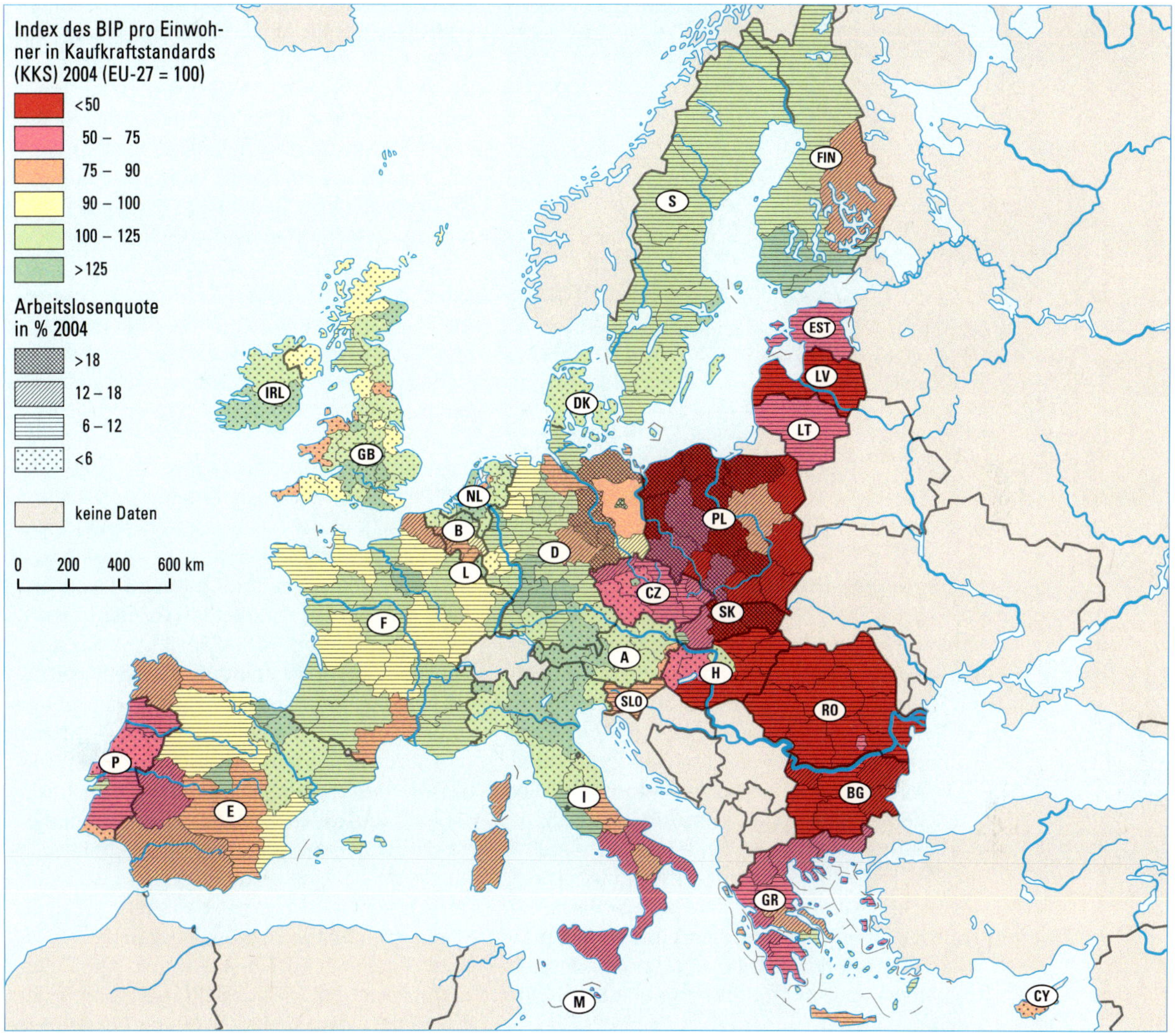

der jüngsten Erweiterung und andererseits konzentrierte sich das Wachstum während der ersten Entwicklungsphase häufig auf die dynamischsten Regionen eines Landes ..." [1]

Zu beachten ist allerdings, dass die ausgewählten Indikatoren die sozioökonomische Situation eines Staates oder einer Region nur mithilfe statistisch erfassbarer Daten beschreiben. Rückschlüsse auf den allgemeinen Lebensstandard, auf die „Lebensqualität" unterliegen daher einem gewissen Vorbehalt. Es handelt sich stets um Durchschnittswerte, die selbst noch auf der NUTS-3-Ebene große Disparitäten innerhalb einer Gebietseinheit verschleiern können. Darüber hinaus gilt, dass weitere Elemente von „Lebensqualität", wie z. B. das Weiterleben bestimmter Traditionen, die „Atmosphäre" einer Region, auch die Mentalitäten der Bevölkerung kaum oder nur schwer quantitativ erfassbar sind.

A1a) Charakterisieren Sie mithilfe der Materialien M1–6 „Wohlstands- und Problemregionen" der EU.

A1b) Untersuchen Sie anhand entsprechender Atlaskarten die naturräumliche Ausstattung und die Wirtschaftsstruktur ausgewählter Regionen.

A2 Arbeiten Sie aus den Materialien heraus, in welchen EU-Staaten die internen Disparitäten besonders groß bzw. klein sind und nennen Sie hierfür mögliche Ursachen.

A3 In der EU wird von einem wirtschaftlichen und sozialen „Nord-Süd-Gefälle" gesprochen. Erörtern Sie, ob diese Charakterisierung gerechtfertigt ist.

M7 Großprojekt der europäischen Regionalpolitik: Flughafen Athen

7.3.3 Regionalpolitik in der EU

EUREK

Agglomerationsvorteile

Passivräume
Polyzentrische Entwicklung

Auf welche Weise können die regionalen und sozialen Disparitäten abgebaut werden? Für die Raumordnungspolitik der Europäischen Union ergibt sich bei der Beantwortung dieser Frage zunächst einmal ein grundlegender Zielkonflikt. Will sie ihre Wettbewerbsfähigkeit im globalen Maßstab verbessern, muss sie die Infrastrukturausstattung der bereits bestehenden dynamischen, weltwirtschaftlichen Integrationszonen weiter ausbauen und die dortige Ansiedlung von Unternehmen fördern. Denn diese Ballungsräume bieten den privaten Investoren die notwendigen Agglomerationsvorteile für ein kostengünstiges Wirtschaften.
Will sie aber im sozialstaatlichen Sinne stärker auf eine Gleichwertigkeit der Lebenschancen sowie auf eine nachhaltige und ausgewogene Raumentwicklung hinarbeiten, muss sie gezielt die peripheren Passivräume fördern. Bei dieser Strategie einer polyzentrischen Entwicklung müssten den Unternehmen also starke Anreize zur Ansiedlung an der Peripherie bzw. in Rückstandsregionen geboten werden, um den Wegfall von Agglomerationsvorteilen auszugleichen.

Das Europäische Raumentwicklungskonzept (EUREK) antwortet auf diesen Zielkonflikt mit einem sowohl als auch. Es sieht einerseits den gezielten Ausbau mehrerer international gut erreichbarer und miteinander vernetzter Metropolregionen vor, in denen die wirtschaftliche Entwicklung zur Schaffung einer Vielzahl neuer Arbeitsplätze führen soll. Andererseits sollen die strukturschwachen Räume dadurch gestärkt werden, dass – ausgehend von der Wirtschaftsförderung in kleineren Städten – aktive Regionalzentren als Impulsgeber für eine Diversifizierung der ländlichen Wirtschaft entstehen. Es gilt, den Menschen in diesen Rückstandsregionen Perspektiven anzubieten, um so die EU auch als Sozialgemeinschaft zu verwirklichen.

Die Programmperiode 2007–2013

Mit Beginn ihrer neuen Programmperiode im Jahre 2007 hat die EU eine Reform ihrer Strukturpolitik in Kraft gesetzt. Der Mitteleinsatz konzentriert sich jetzt auf drei neu formulierte Ziele, die mithilfe von drei Finanzinstrumenten angestrebt werden (M8). Dabei kann die Kohäsionspolitik für den Zeitraum von 2007 bis 2013 über 35,7 % des gesamten Unionshaushaltes verfügen, was einem Betrag von 347,4 Mrd. Euro (zu aktuellen Preisen) entspricht.
Die EU-Kommission entscheidet jährlich über die Aufteilung der Finanzmittel an die Mitgliedstaaten, wobei sie sich an den Kriterien Bevölkerungszahl, nationaler und regionaler Wohlstand sowie Arbeitslosenquote orientiert. Anschließend beschließt jeder Mitgliedstaat selbst, welchen strukturschwachen Räumen die Gelder zugutekommen, wobei die Förderfähigkeit und der Bedarf der Regionen zu berücksichtigen sind.
Die Hilfen für die neuen Mitgliedstaaten liegen im Durchschnitt pro Jahr um 166 % über dem Betrag der letzten Programmperiode (2000–2006), während den EU-15-Staaten ungefähr 30 % weniger Mittel zufließen. Eine Ausnahme bildet hier Spanien, das wegen besonderer Strukturschwächen einiger Regionen Übergangshilfen erhält.

Weiterführende Links
http://europa.eu/index_de.htm
http://europa.eu/pol/reg/index_de.htm
http://ec.europa.eu/regional_policy/index_de.htm
http://ec.europa.eu/publications/booklets/move/27/working2004_de.pdf
http://europa.eu/scadplus/leg/de/s24001.htm,
alle Aug. 2008

M 8 Strukturpolitik der EU 2007–2013: Ziele und Finanzinstrumente

ZIELE	**Finanzmittel** 2007–2013 insgesamt 347,4 Mrd. Euro	**Strukturfonds** für Regionen mit einem Pro-Kopf-BIP unter 75 % des EU-Durchschnitts		**Kohäsionsfonds** für Länder mit einem Pro-Kopf-BIP unter 90 % des EU-Durchschnitts
	davon für die Ziele	**EFRE** Europäischer Fonds für Regionale Entwicklung	**ESF** Europäischer Sozialfonds	(Spanien, Portugal, Griechenland und alle neuen Mitgliedstaaten seit 2004)
Konvergenz (Annäherung an den EU-Durchschnitt)	81,5 %	EFRE	ESF	**Kohäsionsfonds**
Regionale Wettbewerbsfähigkeit und Beschäftigung	16,0 %	EFRE	ESF	
Europäische territoriale Zusammenarbeit	2,5 %	EFRE		

Die drei Ziele der Regionalpolitik

Konvergenz

Das Ziel der Konvergenz beinhaltet, dass durch verstärkten Einsatz von Investitionen in den am wenigsten entwickelten Regionen eine allmähliche Annäherung an den EU-Durchschnitt erreicht wird. In der EU mit ihren 27 Mitgliedstaaten betrifft dieses Ziel 84 Regionen – in 17 Staaten – mit insgesamt 154 Mio. Ew. sowie für einen Übergangszeitraum weitere 16 Regionen (mit 16,4 Mio. Ew.), deren BIP nur geringfügig über dem Schwellenwert von 75 % des Gemeinschaftsdurchschnittes liegt.

Regionale Wettbewerbsfähigkeit und Beschäftigung soll dadurch verbessert werden, dass die betreffenden Regionen durch spezielle Entwicklungsprogramme bei der Förderung von Innovationen, von unternehmerischen Initiativen und des Umweltschutzes unterstützt werden. Außerdem sollen Bildung und Qualifikation der Arbeitskräfte verbessert werden. Förderwürdig sind bei diesem Ziel insgesamt 168 Regionen mit 314 Mio. Ew.

Im Rahmen der Europäischen territorialen Zusammenarbeit sollen lokale und regionale Initiativen bei der transnationalen Kooperation gefördert werden. Die Zusammenarbeit reicht dabei vom einfachen Erfahrungsaustausch bis zu grenzübergreifenden Entwicklungsmaßnahmen. Die in grenznahen Regionen lebende Bevölkerung der EU umfasst 181,7 Mio. Ew.

In die beiden erstgenannten Ziele wurden die früheren Programme „Urban“ und „Equal“ aufgenommen, während das Ziel „Europäische territoriale Zusammenarbeit“ auf den Erfahrungen der früheren Gemeinschaftsinitiative INTERREG basiert.

Die drei Finanzinstrumente

Europäischer Fonds für Regionale Entwicklung

Der Europäische Fonds für Regionale Entwicklung besteht seit 1975 und versucht, durch Investitionen in Infrastrukturmaßnahmen, in das Bildungs- und Gesundheitswesen, in Forschung und Entwicklung sowie durch Förderung kleinerer und mittlerer Unternehmen zum Abbau der regionalen Ungleichgewichte beizutragen. Mithilfe des bereits 1960 geschaffenen Europäischen Sozialfonds soll durch sozial- und bildungspolitische Maßnahmen die Eingliederung von Arbeitssuchenden, Frauen, Zuwanderern und benachteiligten Personen in den Arbeitsmarkt gefördert werden. Der seit 1993 bestehende Kohäsionsfonds finanziert Projekte im Zusammenhang mit dem Umweltschutz und den europäischen Verkehrsnetzen (Karte M 11, S. 261).

A 4 Erklären Sie das Europäische Raumentwicklungskonzept (EUREK).

A 5 a) Ordnen Sie die Projektbeispiele auf den beiden Folgeseiten in die Zielsetzungen und Programme der EU-Regionalpolitik ein.

A 5 b) Erläutern Sie für jedes Projekt die erwarteten Folgewirkungen.

A 6 Überprüfen Sie anhand eines ausgewählten TEN-Projektes (Karte M 11 auf S. 261), ob die Trassenführung zu einer Verminderung oder Verstärkung der regionalen Ungleichgewichte führen wird.

Fallbeispiel: **Europäische Regionalpolitik**

M 9 Projekt Express-Route Rias Bajas/Spanien

Projektbeschreibung:
„Dank der Unterstützung des Kohäsionsfonds arbeitet Spanien weiterhin an der Modernisierung und der Erweiterung eines gebührenfreien Autobahnnetzes. Durch die Express-Route Rias Bajas wird Galizien, einer Region im Gebirge des Nordwestens der Iberischen Halbinsel, eine neue Zufahrtsstraße zu den großen Wirtschaftszentren geboten.

Sie verbindet bei einer Gesamtlänge von etwa 300 km Porrino (einen Steinwurf weit von Portugal) mit Benavente (Léon, Spanien). Ihr Bau war kein Kinderspiel – z. B. waren zur Überwindung oder Überquerung des hügeligen Reliefs mehr als 30 Talbrücken und andere Bauten erforderlich. Die Route trägt nicht nur dazu bei, der Isolation Galiziens, einer schwer zugänglichen Randzone, entgegenzuwirken, sondern auch die interne Kommunikation dieser Region im Entwicklungsrückstand zu verbessern. Schließlich führt die Express-Route auch durch die ‚montanas de Léon' und erleichtert den Einwohnern der Region damit den Zugang zum Rest der Halbinsel. …"

Kontakt: Ministerio de Obras Publicas, Direccion General de Planificacion Territorial
Paseo de la Castellana 67
E-28071 Madrid

Finanzierungsquelle: Kohäsionsfonds
Gesamtbudget: 856 Mio. Euro
Gemeinschaftsbeitrag: 728 Mio. Euro

Weitere Informationen zu M 9:
Europäische Gemeinschaften (Hrsg.) auf http://europa.eu.int/comm/regional_policy/sources/docgener/panorama2/pano2_de.htm, Dez. 2007

M 10 Projekt Energieakademie Samsø/Dänemark

Projektbeschreibung:
„100 % erneuerbare Energie! Dieser Herausforderung will sich die Insel Samsø stellen und das konkrete Beispiel für einen Plan zur Reduzierung von CO_2-Emissionen durch den großflächigen Einsatz von Wind- und Sonnenkraft liefern. Gleichzeitig werden andere Regionen Europas von den Ergebnissen dieses Projektes profitieren …

Samsø, eine im Süden der Stadt Århus gelegene Insel mit 4 000 Bewohnern, möchte seinen Strom- und Heizbedarf zu 100 % durch die Nutzung erneuerbarer Energie (EE) decken, während eine Offshore-Windfarm mithelfen soll, ihren Bedarf an Transportenergie zu erfüllen. 1997 wurde der ‚EE-Energieplan' ausgearbeitet, aus dem klar hervorging, dass es durchaus Lösungen gab, um dieses hochgesteckte Ziel zu erreichen – die Mitwirkung der Bevölkerung vorausgesetzt. Dies vor Augen gründete eine Gruppe von Bürgern 1997 den Verein ‚Energie und Umwelt Samsø', um die Inselbewohner zu informieren und für das Thema zu werben. Auf die Initiative dieses Vereins, des Kommunalrats, des Bauernverbandes und der Handelskammer hin wurde 1998 die Energiegesellschaft Samsø ins Leben gerufen, um die Umsetzung des Energieplans zu koordinieren. Im Jahre 2002 wurde dann die Gründung der Energieakademie beschlossen, die auf der Basis des erlangten Know-hows zur Schaffung von Arbeitsplätzen beitragen und die Insel zu einem attraktiven Ort für dänische und europäische Wissenschaftler/innen im Bereich von EE machen sollte. Gleichzeitig startete die Gemeindeverwaltung eine Entwicklungsstrategie, die erneuerbare Energien zum wichtigsten Entwicklungsmotor der Insel machten."

Kontakt:
Søren Hermansen,
Manager und Energieberater
Museumsvej 1
DK-8305 Samsø
www.energiakademiet.dk/, Jan. 2008

Finanzierungsquelle:
Europäischer Fonds für Regionale Entwicklung (EFRE)
Gesamtkosten: 1 648 647 Euro
EU-Beitrag: 405 405 Euro

Weitere Informationen zu M 10:
sh@energiakademiet.dk/
Tel. (45) 86 59 23 22
Fax (45) 8659 23 11

M 11 Transeuropäisches Verkehrsnetz (TEN-T): Hauptachsen und Projekte

1 Eisenbahn: Berlin – Verona/Mailand – Bologna – Neapel – Messina – Palermo
2 Hochgeschwindigkeitsbahn: Paris – Brüssel – Köln – Amsterdam – London
3 Hochgeschwindigkeitsbahn: Südwesteuropa
4 Hochgeschwindigkeitsbahn: Osten
5 Betuwe-Eisenbahnstrecke: Deutschland – Niederlande
6 Eisenbahn: Lyon – Triest/Koper – Ljubljana – Budapest – ukrainische Grenze
7 Autobahn: Igoumenitsa/Patras – Athen – Sofia – Budapest
8 multimodale Verbindung: Portugal/Spanien – restl. Europa
9 konventionelle Bahnstrecke: Cork – Dublin – Belfast – Larne – Stranraer
10 Flughafen Malpensa
11 durchgängige Bahn-/Straßenverbindung Dänemark – Deutschland
12 Bahn-/Straße: Nordisches Dreieck
13 Straße: Großbritannien/Irland – Benelux
14 Eisenbahnhauptstrecke: Westküste Großbritannien
15 Satellitennavigationssystem Galileo
16 Schienengüterverkehrsstrecke: Sines – Madrid – Paris
17 Eisenbahn: Paris – Straßburg – Stuttgart – Wien – Preßburg (Bratislava)
18 Binnenwasserstraße: Rhein/Maas – Main – Donau
19 interoperable (techn. kompatible) Mehrsystem-Hochgeschwindigkeitsverbindung der Iberischen Halbinsel
20 Eisenbahn: über den Fehmarnbelt
21 Hochgeschwindigkeits-Seewege: Ostsee – West-, Südost- und Südwesteuropa
22 Eisenbahn: Athen – Sofia – Budapest – Wien – Prag – Nürnberg/Dresden
23 Eisenbahn: Danzig (Gdansk) – Warschau – Brünn (Brno)/Preßburg (Bratislava) – Wien
24 Eisenbahn: Lyon/Genua – Basel – Duisburg – Rotterdam – Antwerpen
25 Autobahn: Danzig (Gdansk) – Brünn (Brno) – Preßburg (Bratislava) – Wien
26 Schiene/Straßen: Irland/Großbritannien – europäisches Festland
27 Rail Baltica-Eisenbahn: Warschau – Kaunas – Riga – Tallinn
28 Eurocaprail-Eisenbahnstrecke: Brüssel – Luxemburg – Straßburg
29 Eisenbahnstrecke des intermodalen Korridors: Ionisches Meer/Adria

M 9 Europäische Gemeinschaften (Hrsg.): Die Strukturpolitik und der Europäische Raum. Die Berge. Luxemburg 2000, S. 9

M 10 Europäische Gemeinschaften (Hrsg.): Regionen für den wirtschaftlichen Wandel. Innovation durch Regionalpolitik der EU. Brüssel 2006, S. 14

M 11 Europäische Gemeinschaften (Hrsg.): Transeuropäisches Verkehrsnetz. Luxemburg 2005, S. 12 – 13

7 Kompetenzen festigen und anwenden

M1 Wir im Raum

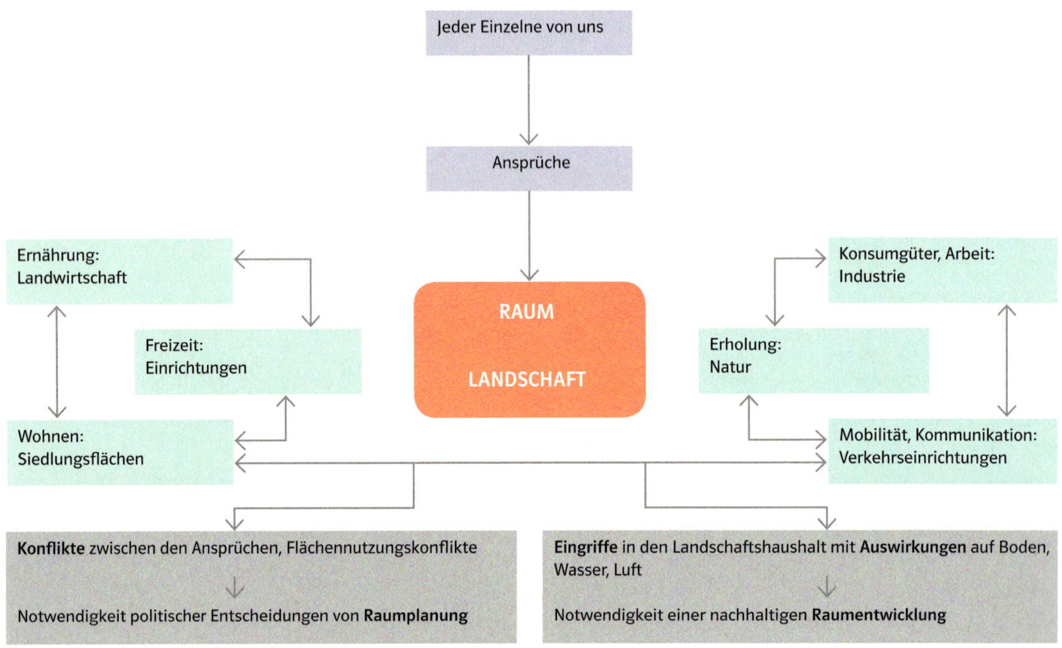

Bauleitplanung: im Baugesetzbuch (BauGB) geregeltes Verfahren in der Planungshoheit der Gemeinden, das die Vorbereitung und „Leitung“ der baulichen und sonstigen Nutzung der Gemeindefläche (Gemarkung) mithilfe von → Flächennutzungsplänen (vorbereitende Bauleitplaung) und → Bebauungsplänen (verbindliche Bauleitplanung) umfasst.

Bebauungsplan: rechtsverbindlicher Bauleitplan, der aus dem → Flächennutzungsplan zu entwickeln ist, von den Gemeindevertretern beschlossen wird und genaue Festlegungen der baulichen Nutzung enthält.

Daseinsgrundfunktion (auch: Grunddaseinsfunktion): grundlegende raumwirksame Aktivitäten des Menschen (arbeiten, wohnen, sich versorgen, sich bilden, sich erholen, am Verkehr teilnehmen bzw. kommunizieren, in Gemeinschaft leben), die von der → Raumplanung berücksichtigt werden müssen.

Disparität (räumliche): Ungleichheit zwischen Ländern bzw. Regionen, die sich vor allem in ungleichgewichtigen Lebensbedingungen bzw. -chancen und unterschiedlichen wirtschaftlichen Entwicklungsmöglichkeiten äußert .

Entwicklungsachse: raumordnerisches Instrument, bei dem → Zentrale Orte durch Verkehrslinien miteinander verbunden werden, um den Raum entlang dieser Achsen zu entwickeln.

Flächennutzungsplan: Teil der → Bauleitplanung der Gemeinde, in dem festgelegt wird, wie die Gemeindefläche nach den voraussehbaren Bedürfnissen genutzt werden soll.

Gegenstromprinzip in der Raumordnung: wechselseitige Beeinflussung der verschiedenen räumlichen Planungsbenen von Bund, Ländern, Planungs- bzw. Regionalverbänden und Gemeinden, wobei sich die Ordnung der Einzelräume in die Ordnung des Gesamtraumes einfügen, die Ordnung des Gesamtraumes aber zugleich auch die Gegebenheiten und Erfordernisse der Einzelräume berücksichtigen soll.

Landesplanung: → Raumplanung auf der Ebene der Bundesländer oder kleinerer Regionen (Regionalplanung), deren Vorstellungen sich aber in die Ordnung des Gesamtraumes einfügen muss (→ Gegenstromprinzip).

Das vorliegende Kapitel hat gezeigt, dass jeder Einzelne von uns, dass wir alle in unserer modernen Konsumgesellschaft mit ihrem hohen Wohlstandsniveau eine optimale Befriedigung unserer Ansprüche sowie eine weitgehende Erfüllung unserer Daseinsgrundfunktionen verlangen. Dabei ist deutlich geworden, dass die stetige Zunahme dieser Ansprüche an den (Lebens)Raum nicht nur dessen ökologische Grundlagen gefährdet, sie führt auch zu Konflikten. Darüber hinaus haben wir festgestellt, dass die Ansprüche des Einzelnen innerhalb des Bundesgebietes (und auch im Rahmen der Europäischen Union) nicht in gleichwertiger Weise befriedigt werden.

Aus diesem Befund haben wir die Erkenntnis gewonnen, dass es Aufgabe der Raumordnung ist, einen demokratisch legitimierten Ausgleich zwischen den verschiedenen Nutzungsinteressen zu erreichen und dafür zu sorgen, dass die Befriedigung unserer Ansprüche im Einklang mit den Erfordernissen einer nachhaltigen Raumentwicklung erfolgt. Auch soll sie – im Sinne des sozialstaatlichen Auftrags – eine gewisse Gleichwertigkeit in den Raum- und damit Lebensbedingungen im gesamten Bundesgebiet bzw. auch innerhalb der Europäischen Union gewährleisten.

Uns ist bewusst geworden, dass Raumordnung nicht als abstrakter Prozess abläuft, sondern dass die getroffenen Entscheidungen und durchgeführten Maßnahmen jeden Einzelnen von uns unmittelbar betreffen – und dass wir uns als informierte und mündige Bürger an diesem Prozess beteiligen können. In unserem Nahraum oder in der Region, in der wir leben, lassen sich ständig raumordnerische Maßnahmen und Eingriffe beobachten, die wir auf der Grundlage der in diesem Kapitel erworbenen Erkenntnisse analysieren und bewerten können.

A1 Beschreiben Sie eine größere raumordnerische Maßnahme in Ihrem unmittelbaren Umfeld, von der Sie u. U. auch direkt betroffen sind bzw. waren.
A2 Erläutern Sie anhand Ihres Fallbeispieles Notwendigkeiten, Ziele, Instanzen und Instrumente der Raumordnung in Deutschland (Leitproblem auf S. 235).
A3 Stellen Sie dar, welche Möglichkeiten Sie als mündiger Bürger besitzen, an raumplanerischen Entscheidungen mitzuwirken.
A4 Gestalten Sie eine Stellungnahme zu einer von Ihnen ausgewählten raumordnerischen Maßnahme (Aufgabe 1), mit der Sie versuchen, auf den Entscheidungsprozess Einfluss zu nehmen.
A5 Beurteilen Sie Notwendigkeit und Möglichkeiten einer EU-Raumordnung.

Landesentwicklungsplan: Konkretisierung der raumordnerischen Grundsätze eines Bundeslandes und Festlegung der Ziele für die Gesamtentwicklung des Landesgebietes.

Metropole: Hauptstadt eines Landes oder Millionenstadt mit herausragenden politischen, wirtschaftlichen, kulturellen und gesellschaftlichen Funktionen.

Planfeststellungsverfahren: für Großbauvorhaben vom Gesetzgeber vorgeschriebenes Verfahren, das den vom Vorhaben Betroffenen die Möglichkeit geben soll, im Rahmen eines Anhörungs- und Beteiligungsverfahrens Bedenken und Einwendungen deutlich zu machen; nach öffentlicher Auslegung, Diskussion und ggf. Überarbeitung der entsprechenden Pläne erfolgt – als Plangenehmigung – der Planfeststellungsbeschluss durch die zuständige (überörtliche) Behörde.

Raumordnungspolitik: Gesamtheit der staatlichen Maßnahmen zur planmäßigen Gestaltung eines Raumes, deren Ziel es ist, ein Miteinander der im Raum wirkenden wirtschaftlichen und gesellschaftlichen Kräfte zu ermöglichen und die Lebensgrundlagen der Menschen – auch künftiger Generationen – zu sichern.

Raumordnungsverfahren: förmliches Verfahren zur Prüfung der Vereinbarkeit eines raumbedeutsamen Projektes mit den Erfordernissen und Vorgaben der Raumordnung und zur Abstimmung mit Vorhaben anderer öffentlicher Planungsträger.

Raumplanung: Sammelbezeichnung für alle planerischen Maßnahmen zur Raumentwicklung auf den verschiedenen Ebenen (Bund, Land, Region, Gemeinde).

Städtenetz: Kooperationsform zwischen benachbarten Städten einer Region mit dem Ziel, die Potenziale zu bündeln, um – auch unter dem Druck von Konkurrenz und Globalisierung – gemeinsame Aufgaben effizienter erfüllen zu können.

Suburbanisierung: flächenhaftes Wachstum der Städte in ihr Umland hinein, bedingt vor allem durch Abzug von Wohnbevölkerung und Gewerbebetrieben.

Zentraler Ort: eine Stadt mit Bedeutungsüberschuss, d. h. mit einer Versorgung des näheren oder weiteren Umlandes mit Dienstleistungen und Gütern.

8 Lebensraum Stadt und weltweite Verstädterung

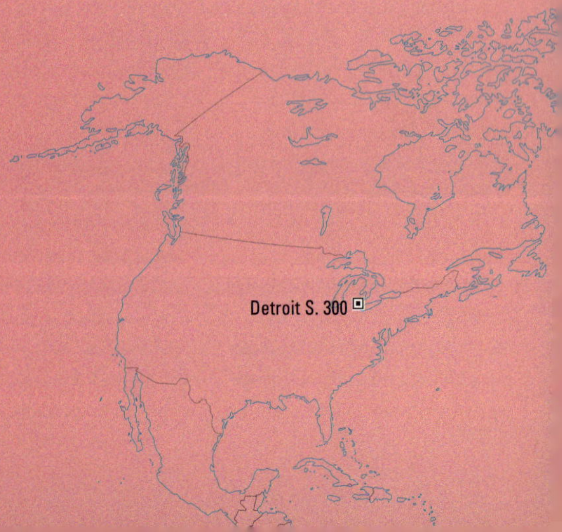

Wenige Jahre nach Beginn des dritten Jahrtausends hat der Anteil der globalen Stadtbevölkerung die 50-Prozent-Marke überschritten. Die Mehrheit der gegenwärtig etwa 6,6 Mrd. Menschen lebt also jetzt in urbanen Räumen. Wir sind eingetreten in das „Jahrtausend der Städte".

Alle Prognosen deuten darauf hin, dass sich die Zahl der Stadtbewohner weltweit bis zum Jahre 2025 auf etwa fünf Milliarden erhöhen wird. Das bedeutet, dass der Alltag von immer mehr Menschen durch urbane Wirtschafts-, Lebens-, Sozial- und Wohnformen bestimmt wird. Für die meisten von uns ist die Stadt bereits heute der unmittelbare Erfahrungsraum, in dem wir den größten Teil unseres Daseins verbringen. Sie ist lokal sowie global gesehen der Lebensraum der Gegenwart und der Zukunft.

- Was sind gemeinsame Wesensmerkmale des Lebensraumes „Stadt", welche Faktoren bewirken seine Attraktivität und Faszination?
- Unter welchen Rahmenbedingungen und mit welchen Folgen für die Stadtstruktur vollzieht sich die Stadtentwicklung in verschiedenen Kulturkreisen?
- Gibt es Erfolg versprechende Vorschläge für eine nachhaltige Stadtentwicklung?
- Wie sieht die Zukunft unseres „Lebensraumes Stadt" aus?

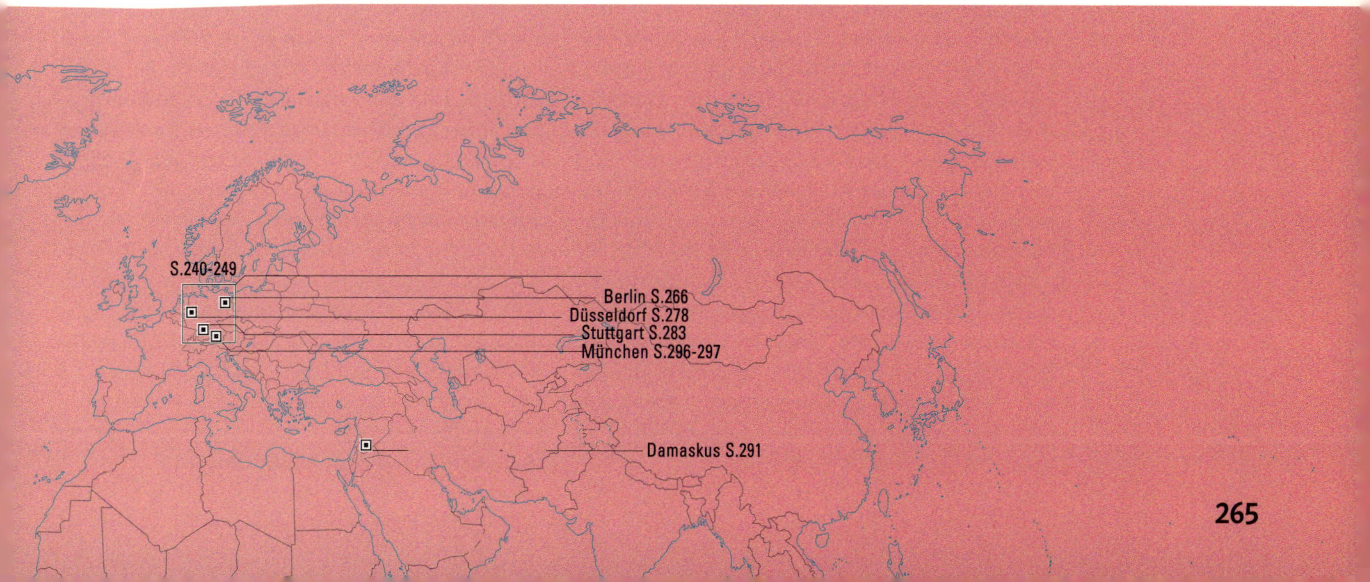

8.1 Wesentliche Merkmale von Städten

„‚Ich bin eine Berlinerin. Nicht weil ich hier geboren bin, sondern weil mein ganzes Leben hier stattgefunden hat. Meine Freunde, meine Familie, meine Erziehung, meine Karriere, meine Katastrophen und alles andere.' Die aus der Türkei stammende Rapperin Aziza A. bezieht ihr Selbstverständnis in erster Linie über ihren Wohnort: ‚Ich kenne die Probleme dieser Stadt, ihre positiven wie negativen Seiten. Deshalb bin ich eine Berlinerin.'" [1]

M 1 Subjektive Wahrnehmung von Stadt

8.1.1 Stadt als Lebensraum

Stadt (-begriff)
Stadtrecht

Ist es erstaunlich oder selbstverständlich, dass sich die junge Türkin Aziza A. (M 1) derart intensiv mit ihrem Wohnort Berlin identifiziert? Geht es uns – bewusst oder unbewusst – mit unserer „eigenen" Stadt nicht genauso? Wo liegen die Ursachen einer solchen Bindung an den unmittelbaren urbanen Lebens- und Erfahrungsraum?

Verstädterung (G)

Ganz sicher sind es die vielfältigen und spezifischen Angebote, die eine Stadt so attraktiv machen, die „positiven Seiten" also, für die man manche der „negativen Seiten" – z. B. die Verkehrs- und Umweltprobleme – in Kauf nimmt. Darüber hinaus weist jede Stadt ihre individuellen Eigenarten auf, zum Beispiel Möglichkeiten der Mitwirkung in Organisationen und Vereinen, traditionelle Stadtfeste, beliebte Fußgängerzonen oder Parkanlagen, regelmäßige Aufführungen oder Konzerte, eine typische Atmosphäre. Es ist dieser jeweils besondere Charakter, verbunden vielleicht auch mit der spezifischen Geschichte und dem persönlichen Werdegang, der eine starke Identifikation mit der „Heimatstadt" als Lebensraum bewirkt, aus dem heraus man eine emotionale Bindung an seine „eigene" Stadt entwickeln kann.

8.1.2 Der geographische Stadtbegriff

Die subjektive Wahrnehmung und Bewertung von Stadt bedarf der Ergänzung bzw. Überprüfung durch eine objektive Erfassung wesentlicher gemeinsamer Grundmerkmale urbaner Räume. Welche Eigenschaften und Funktionen, welche Mindestgröße muss eine Siedlung aufweisen, damit sie als Stadt bezeichnet werden kann?

Statistischer Stadtbegriff. Wegen der von Staat zu Staat unterschiedlichen administrativen Abgrenzung sowie Festlegung von Mindestgrößen ist der statistische Stadtbegriff wenig aussagekräftig (M 2). Zwar ist wiederholt vorgeschlagen worden, zur internationalen Vergleichbarkeit der Stadtentwicklung bzw. Verstädterung einen Mindestgrößenschwellenwert von 20 000 Einwohnern zu vereinbaren. Bis heute basieren aber selbst die Statistiken der Vereinten Nationen auf den nationalen Definitionen von „Stadt".

Rechtlich-historischer Stadtbegriff. Auch dieser Stadtbegriff ist wenig praktikabel. Er kennzeichnet jede Gemeinde, die irgendwann im Laufe ihrer Geschichte das Stadtrecht erhalten hat, als Stadt („Titularstadt"). Zwar beinhaltete im europäischen Mittelalter die Verleihung des Stadtrechts besondere Privilegien wie Marktrecht, Zollrecht, Gerichtsbarkeit und Aufhebung der Leibeigenschaft („Stadtluft macht frei"). Im Zuge der Industrialisierung hat sich aber die auf alten Stadtansichten noch erkennbare räumlich scharfe Trennung zwischen Stadt und Umland mehr und mehr aufgelöst. Darüber hinaus verloren vor allem in Deutschland ab Anfang des 19. Jh.s viele Titularstädte ihr Landgericht oder andere zentrale Einrichtungen und mussten als Folge des Abzugs der Behörden meist auch einen deutlichen Rückgang von Handel und Handwerk hinnehmen. Ein solcher Bedeutungsverlust führte also dazu, dass derartige Kommunen ihre ursprünglich städtischen Funktionen nicht mehr oder nur begrenzt ausübten, allerdings ohne den Stadttitel zu verlieren.

Geographischer Stadtbegriff. Komplexer als die statistische bzw. historisch-rechtliche Definition von Stadt ist der geographische Stadtbegriff. Während die beiden letztgenannten Definitionen jeweils nur eng ausgewählte Aspekte des räumlichen Systems „Stadt" erfassen, was ihre Anwendbarkeit stark einschränkt, berücksichtigt die geographische Analyse quantitative und qualitative Bestimmungskriterien.

M2 Statistische Untergrenze von Städten

Ew.	Ausgewählte Staaten
200	Island, Dänemark, Finnland, Schweden, Norwegen, Spanien
1000	Kanada
2000	Frankreich, Deutschland
2500	USA
5000	Österreich
10000	Niederlande, Argentinien, Griechenland, Schweiz, Portugal, Malaysia, Senegal
50000	Japan

Kriterien des geographischen Stadtbegriffs:

- funktionaler und mit wachsender Größe zunehmender Bedeutungsüberschuss des Waren- und Dienstleistungsangebots für das Um- und Hinterland,
- je nach Staat unterschiedliche Mindestgröße an Fläche und Bevölkerung (M2),
- zentrierte Siedlungsform mit hoher Wohnstätten- und Arbeitsplatzdichte und einer vom Zentrum zur Peripherie abnehmenden Dichte an Bevölkerung und Verbauung,
- weit gefächertes Berufsspektrum im Sekundären, vor allem aber im Tertiären Sektor,
- mit wachsender Größe zunehmender Grad innerer funktionsräumlicher Gliederung (z. B. Viertelbildung),
- ausgeprägte soziale und ethnische Differenzierung,
- Entstehungsort politischer, gesellschaftlicher und technologischer Innovationen,
- Raum hoher Mobilität, begleitet von einem stadttypischen generativen Verhalten der Bevölkerung mit Trend zu Einpersonenhaushalten, Kleinfamilien oder sonstigen neuen Wohn- und Lebensformen,
- hohes Maß an künstlicher Umweltgestaltung mit meist starker ökologischer Belastung bzw. Überlastung,

M3 Objektive Erfassung von Stadt

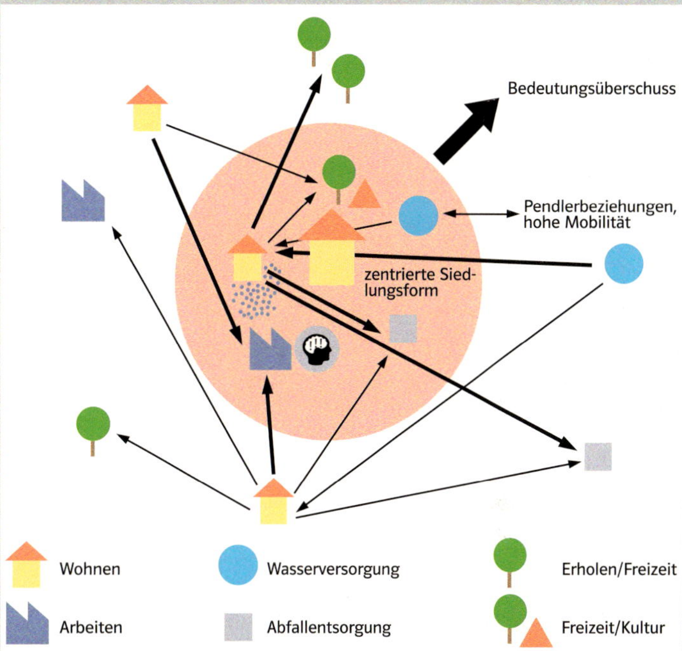

- Abhängigkeit von den Ressourcen des umgebenden ländlichen Raumes, zum Beispiel beim Angebot ökologischer Ausgleichsräume (u. a. für Naherholung), bei der Nahrungsmittelversorgung oder bei der Bereitstellung von Standorten für „sperrige" Infrastruktureinrichtungen (u. a. Kläranlagen).

geographischer Stadtbegriff
Sekundärer Sektor (G)
Tertiärer Sektor (G)

A1 Beschreiben Sie anhand von Beispielen die einzelnen Kriterien des geographischen Stadtbegriffs.

A2 Nennen Sie Möglichkeiten, diese Kriterien zu messen oder zu dokumentieren.

A3 Vergleichen Sie den geographischen Stadtbegriff mit Ihrer eigenen subjektiven Wahrnehmung von „Stadt".

A4 Überprüfen Sie den geographischen Stadtbegriff, indem Sie dessen Kriterien auf Ihre Heimatstadt (bzw. Ihren Schulort) anwenden.

[1] Werner Schiffauer: Die Stadt bin ich. In: ded-Brief. Zeitschrift des Deutschen Entwicklungsdienstes, H. 2/3 (2000). Berlin 2000, S. 34 f.
M3 nach Brigitte Adam/Antonia Blach: Räumliche Arbeitsteilung in Großstadtregionen – interkommunale und raumordnerische Konfliktskategorien. In: Informationen zur Raumentwicklung, Jg. 1996, H. 4/5. Bonn: Bundesanstalt für Landeskunde und Raumordnung 1996, S. 188

Weiterführende Literatur
Heinz Fassmann: Stadtgeographie I. Allgemeine Stadtgeographie. Braunschweig: Westermann 2004.
Klaus Zehner: Stadtgeographie. Gotha: Klett-Perthes 2001

Online-Link
zu Stadtgrößenklassen: 29260X-8101

8.2 Verstädterung und Urbanisierung als weltweite Prozesse

M1 Verstädterungsgrad ausgewählter Länder 1965 – 2006 (in %)

Land	1965	1980	1990	1999	2002	2006
Vereinigte Staaten	72	74	75	77	75	79
Kanada	73	76	77	77	78	81
Deutschland	78	83	84	87	87	75
Großbritannien	87	89	89	89	90	90
Polen	50	58	62	62	62	62
Honduras	26	35	44	52	46	48
Mexiko	55	66	73	74	74	75
Peru	52	65	70	72	72	73
Brasilien	50	66	75	81	81	81
China	18	20	26	32	38	44
Japan	67	76	77	79	79	79
Kambodscha	11	12	12	16	16	15
Malaysia	26	42	43	57	57	62
Australien	83	85	86	85	85	91
Äthiopien	8	11	13	17	15	16
Namibia	17	23	17	30	28	33

Verstädterung (G)
Verstädterungsgrad
Verstädterungsrate
Urbanisierung (G)

Die Weltbevölkerung nähert sich mit großen Schritten der Sieben-Milliarden-Grenze, die sie voraussichtlich kurz nach 2010 erreicht haben wird. Das bedeutet ein Wachstum von etwa 80 Mio. Menschen pro Jahr. Mehr als 60 Mio. dieser neuen Erdenbürger werden ihren Lebensraum in den Städten suchen und finden – das entspricht der Gesamtbevölkerung Frankreichs oder Großbritanniens.

Aber dieses Wachstum weist starke regionale Unterschiede auf. In den entwickelten Ländern schwächt sich der Verstädterungsprozess deutlich ab. Hier leben bereits heute über 75 % der Bevölkerung in urbanen Strukturen. Arbeitsplätze werden aus den großen Städten in kleinere verlagert, Menschen verlassen die Ballungszentren wieder, um sich an deren Rändern oder im ländlichen Raum anzusiedeln.

Ganz anders die Situation in den Entwicklungsländern. Hier wird sich die Zahl der Stadtbewohner in den nächsten 30 Jahren voraussichtlich verdoppeln, von jetzt zwei auf vier Milliarden Menschen.

Grundbegriffe: Verstädterung und Urbanisierung. Der Begriff „Verstädterung" kennzeichnet die Tendenz, dass die Anteile der in städtischen und stadtnahen Räumen lebenden Bevölkerung größer werden. Über diesen rein demographischen Aspekt hinaus umfasst er aber auch den Prozess der Städteverdichtung, also die Zunahme der Städtezahl in einem bestimmten Raum, sowie das Wachstum der Städte im Hinblick auf Bevölkerung und Fläche. Erfasst werden also in erster Linie quantifizierbare Faktoren.

Der Verstädterungsgrad misst den Anteil der Stadtbevölkerung an der Gesamtbevölkerung eines Gebietes, einer Region oder eines Staates (M1), während die Verstädterungsrate den Zuwachs der städtischen Bevölkerung bzw. des Verstädterungsgrades ausdrückt (M2). Bei internationalen Vergleichen ist allerdings zu beachten, dass häufig die zugrunde gelegten nationalen Definitionen für Städte bzw. „urban areas" stark differieren (M2, S. 267).

Verstädterung lässt sich aber nicht nur statistisch, sondern auch physiognomisch beschreiben. Sie äußert sich in einer Expansion urbaner Bau- bzw. Siedlungsformen und einer entsprechenden Umgestaltung des ländlichen Raumes. Hiermit verbunden sind Ausbreitungs- und Diffusionsprozesse städtischer Lebensformen. Bestimmte Haushaltsstrukturen (z. B. Singles), Konsummuster und Wertevorstellungen breiten sich in den ländlichen Raum hinein aus. Für diesen soziologischen Aspekt der Verstädterung ist der Begriff „Urbanisierung" geprägt worden. Die beiden Begriffe „Verstädterung" und „Urbanisierung" werden aber häufig synonym verwendet.

M1 nach Weltentwicklungsbericht 1992 und 2000/2001, ergänzt nach DSV-Datenreport 2007, S. 6 ff.

M2 nach Deutsche Stiftung Weltbevölkerung (Hrsg.): Weltbevölkerungsbericht 2004. Hannover 2004. S. 130 – 133; nach Peter Hall/Ulrich Pfeifer: URBAN 21. Der Expertenbericht zur Zukunft der Städte. München: Dt. Verlagsanstalt 2000, S. 12, ergänzt nach DSW-Datenreport 2002, S. 6 ff., aktualisiert

[1] Ingomar Hauchler u. a. (Hrsg.): Globale Trends 2002. Frankfurt am Main: Fischer Taschenbuchverlag, S. 103

Online-Link 29260X-8201

M 2 Jährliche Wachstumsrate der städtischen Bevölkerung (Verstädterungsrate)

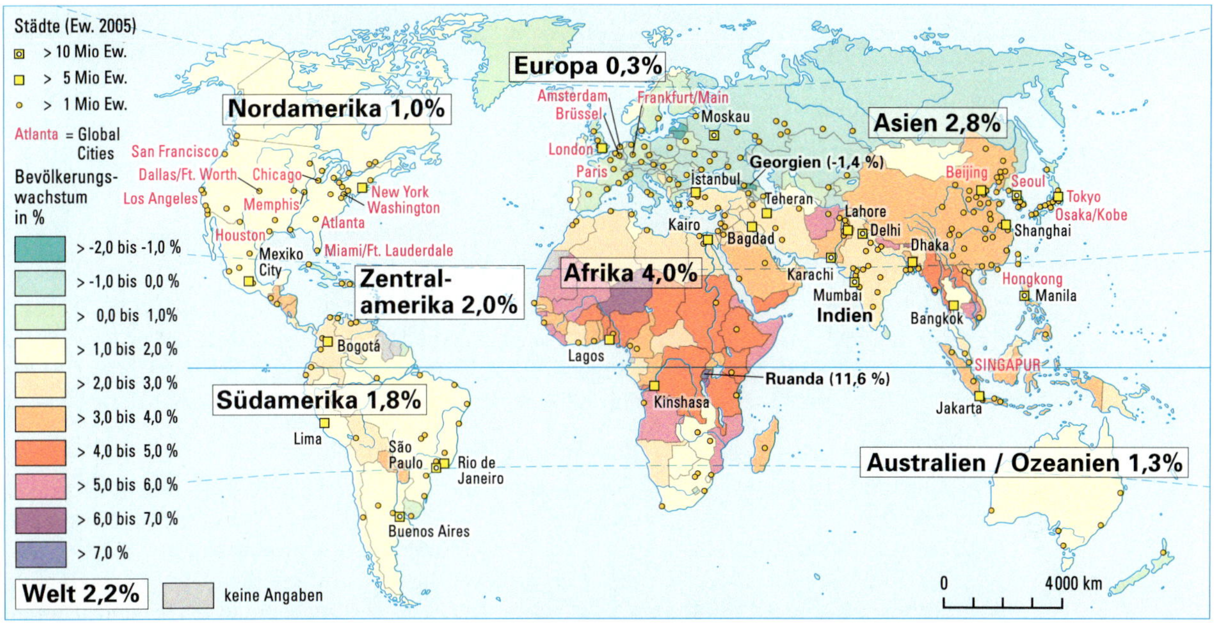

8.2.1 Ursachen der Verstädterung

Das Wachstum der Stadtbevölkerung lässt sich auf drei Ursachen zurückführen. Global gesehen muss an erster Stelle noch immer das „natürliche" Eigenwachstum aufgrund der Geburtenüberschüsse genannt werden. Hinzu kommen die städtischen Nettogewinne durch Zuwanderungen aus dem ländlichen Raum. Außerdem erhöht sich die Zahl der urbanen Bevölkerung durch die Einstufung vormals ländlicher Siedlungen in den Rang einer Stadt. Das Gewicht dieser drei Faktoren ist je nach Region und deren Entwicklungsstand sehr unterschiedlich.

Die Städte des europäischen Industriezeitalters sind in einem Prozess entstanden, dessen Ursachen nicht nur in der natürlichen Bevölkerungszunahme lagen. Die Siedlungen wuchsen in erster Linie aufgrund von Zuwanderungen.
Die Anziehungskraft eines Zentrums kann dabei auf verschiedene Faktoren zurückgeführt werden. In der Neuzeit war es zunächst – neben der allgemeinen Faszination, die seit jeher von Städten ausging – die Industrialisierung, die mit ihrem vielfältigen Angebot neuer Erwerbsmöglichkeiten in den aufblühenden Wirtschaftszentren Binnenwanderungen von erheblichem Ausmaß ausgelöst hat. Mit dem Übergang zur Dienstleistungsgesellschaft wird dieser Prozess überlagert durch die Tertiärisierung, also die Zunahme der Beschäftigtenanteile im Tertiären Sektor. Viele Standorte von Dienstleistungseinrichtungen (Banken, Versicherungen, Kommunikationssysteme, öffentliche Verwaltung) sind an Städte bzw. Großstädte gebunden. Nur so können diese Zentren ihre umlandbezogenen Funktionen erfüllen. Sie bieten bis in das von der Suburbanisierung erfasste Stadtumland hinein attraktive Arbeitsplätze an. Voraussetzung für die damit verbundene räumliche Trennung von Wohn- und Arbeitsplatz ist die gestiegene Mobilität auf der Grundlage der Massenmotorisierung. Sie ist Hauptantriebskraft einer weitergehenden, insbesondere flächenhaften Verstädterung im Umland der großen urbanen Zentren.

„In Entwicklungsländern – ohne China – ist jedoch nach wie vor das ‚natürliche' Wachstum der Stadtbevölkerung der Hauptfaktor.
Die durchschnittliche Kinderzahl je Frau ist in den Städten der Entwicklungsländer geringer als auf dem Lande. Der Verstädterungsprozess bewirkt insofern u. a. die Dämpfung einer seiner eigenen Faktoren. Die geringere durchschnittliche Kinderzahl in den Städten wird aber kompensiert durch die dort jüngere Altersstruktur. Denn es sind überproportional jüngere Menschen, die vom Land in die Stadt migrieren und damit zum Wachstum der Zahl potenzieller Eltern in Städten beitragen." [1]

Verstädterung (G)
Tertiärer Sektor (G)
Tertiärisierung (G)
Suburbanisierung (G)
Mobilität

M3 Megastädte der Welt (> 10 Mio. Ew.) von 1975 bis 2015

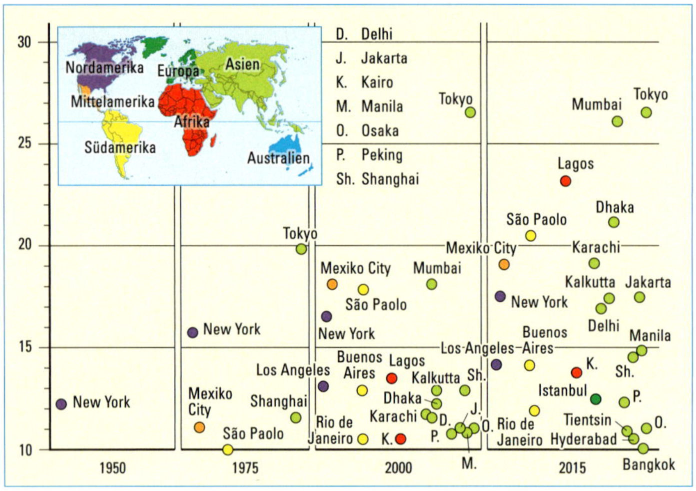

M4 Rangfolge ausgewählte Global Citys heute*

Rang	Metropole/Megastadt	Gesamtsumme Rangindikatoren (vgl. Text)
Global Citys (Kategorie 1)		
1	New York	691
2	Tokyo	625
3	Paris	353
4	London	345
Städte mit teilw. globalen Kommandofunktionen (Kat. 2)		
5	Chicago	237
6	Los Angeles	220
7	Frankfurt am Main	211
8	Osaka/Kobe	184
9	Singapur	184
10	Seoul	177
11	San Francisco	177
12	Brüssel	170

8.2.2 Megapolisierung

Megalopolis (G)
Bevölkerungsballung
Megastadt
Global City (G)
Zentralisierung
funktionale Primacy

Als Ergebnis des Verstädterungsprozesses sind weltweit riesige Bevölkerungsballungen entstanden, die heute mit Begriffen wie Megastadt oder Megalopolis bezeichnet werden. Besonders in Entwicklungsländern ist dabei der Konzentrationsprozess so weit fortgeschritten, dass oft über 25 % der Gesamtbevölkerung in der Hauptstadt leben (vgl. S. 324–325).

Als Megastädte gelten in der Regel diejenigen Metropolen der Welt, die eine Bevölkerung von mehr als 10 Mio. Einwohner haben. Als weiteres Kriterium wird gelegentlich eine Bevölkerungsdichte von mindestens 2 000 Ew./km² festgelegt. (Zum Vergleich Berlin 2005: Einwohnerzahl 3,388 Mio., Bevölkerungsdichte 3 804 Ew./km².) In derartigen Megastädten leben gegenwärtig etwa 400 Mio. Menschen, über drei Viertel davon in Entwicklungsländern.

In einigen dieser Städte, wie Mexiko, São Paolo, Seoul, Mumbai und Jakarta, haben sich die Bevölkerungszahlen seit 1970 verdreifacht. Dieser enorme Zuwachs führt zu einer Überforderung der Infrastruktur in allen Bereichen. Soziale Konflikte, politische Unruhen und ökologische Überlastungen sind daher wesentliche Merkmale dieser Megastädte.

8.2.3 Von der Megastadt zur Global City

Der Globalisierungsprozess mit seiner zunehmenden internationalen Verflechtung des Kapitals, der Arbeitsmärkte, des Handels, Verkehrs und der Kommunikation schafft sich seine eigenen Steuerungszentren. Die räumliche sowie sektorale Zersplitterung der Produktionsprozesse verlangt nach einer Zentralisierung der Managementfunktionen. Deren Standorte sind die Global Citys. Sie übernehmen die Funktion von Knotenpunkten einer transnational organisierten Ökonomie und stellen somit Zentren von internationalem Rang dar. Das unterscheidet sie von der großen Mehrzahl der bloßen Megastädte, die mit ihrer überragenden funktionalen Primacy (S. 325) häufig nur als nationale Zentren fungieren.

Als wesentliche Kennzeichen von Global Citys gelten die folgenden ökonomischen und verkehrsgeographischen Indikatoren (Gesamtsummen in Tabelle M4):

– Sitz der Zentralen der 500 größten Transnationalen Unternehmen nach Anzahl und Umsatz,
– Sitz der Hauptverwaltungen der 500 größten Banken nach Umsatz,
– Sitz der größten Börsen nach Umsatz,

M3 nach Ingomar Hauchler u. a.: ebenda

M4 nach Dirk Bronger: Metropole, Megastädte, Global Cities. Darmstadt: Wissenschaftliche Buchgesellschaft 2004, S. 191

* Angaben für die jeweilige metropolitane Region; Rangindikatorensumme berechnet nach: Unternehmen (Anzahl, Umsatz), Banken, Börsen, Flugverkehr (Passagiere, Fracht), Häfen, Internationalen Organisationen; weltweit höchster Wert pro Kriterium = 100 gesetzt, übrige Werte proportional umgerechnet, schließlich sämtliche Indexwerte aufsummiert.

[2] Erich Follath/Gerhard Spörl: Was Städte sexy macht. In: DER SPIEGEL vom 20.08.2007, Hamburg: Spiegel-Verlag 2007, S. 100–101

Online-Link 29260X-8202

M5 Schaltstelle der Weltwirtschaft: Bankenviertel in der Londoner City

M6 Attraktiv für die „kreative Klasse“: Pub-Viertel in Dublin, einer „Second City“

- Standort bedeutender internationaler Flughäfen nach Anzahl der Passagiere und Frachtaufkommen,
- Standort führender Seehäfen nach Umschlag,
- Sitz bedeutender internationaler bzw. weltwirtschaftlicher Institutionen.

Aus einer Quantifizierung der hier angeführten Indikatoren und deren Aufsummierung ist – in Ergänzung des Zentrale-Orte-Modells (s. S. 242) – eine Hierarchie der Global Citys abgeleitet worden (Tabelle M4).

Wie die genannten Merkmale zeigen, sind die Global Citys oder Weltstädte mit einer herausragenden globalen Primacy ausgestattet. Ihre Weltgeltung verdanken sie also ihrer Funktion und nicht ihrer Größe. Global Citys sind deshalb nicht auf Megastädte beschränkt.

A1 Charakterisieren Sie anhand konkreter Beispiele die Begriffe „Verstädterung“ und „Urbanisierung“.

A2 Arbeiten Sie anhand ausgewählter Länderbeispiele heraus, welche Beziehungen zwischen dem Verstädterungsgrad und dem Entwicklungsstand bestehen.

A3 Vergleichen Sie Ursachen der Verstädterung in Industrie- und Entwicklungsländern.

A4 Analysieren Sie die räumliche Verteilung der Global Citys (M3).

A5 Gestalten Sie auf der Grundlage einer Internet-Recherche eine Präsentation zu aktuellen Problemen einer ausgewählten Megastadt (M4).

8.2.4 Neueste Entwicklung: Attraktive „Second Cities“ als Innovationszentren

„Second Cities“

Vor allem in den fortgeschrittenen Ländern sind es gegenwärtig die „Second Cities“ mit Stadtgrößen von etwa 500 000 Einwohnern, die – gemessen z. B. am BIP pro Kopf – den größten Wohlstand zu verzeichnen haben. Immer mehr Firmen und auch deren Mitarbeiter versuchen, Mega-Städte als Stand- bzw. Wohnorte zu vermeiden … [, weil] die wirtschaftliche Produktivität und Attraktivität einer Stadt etwa ab der Sechs-Millionen-Einwohnergrenze deutlich zu sinken beginnt. Als Gründe wurden u. a. Mietkosten, Anfahrtswege, Verkehrs- und Umweltprobleme ermittelt … [„Second Cities“] ermöglichen aufgrund ihrer … spezifischen Atmosphäre stattdessen Identifikationsmöglichkeiten, sie bieten Sicherheit und in ihnen findet sich eine „kreative Klasse“, die für ökonomischen Fortschritt sorgt.

„Zu ihr gehören Designer und Modeschöpfer, Computer-Freaks und Software-Hersteller, Musiker, Wissenschaftler, Ingenieure, Dichter, Analysten, Journalisten, Schauspieler – eine bunte Truppe, die sich dadurch auszeichnet, dass sie Ideen produziert, die in Firmen eingehen können, zu denen Investoren das Anfangskapital geben, weil sie sich Rendite versprechen … Für eine Stadt, die kreative Leute anziehen will, ist es vorteilhaft, wenn es dort zum Beispiel schon IT-Firmen, eine Künstlerszene oder Biotech-Firmen gibt … Diese … bunte Mischung der Lebens- und Arbeitswelt findet die kreative Klasse am ehesten in den Second Cities.“ [2]

8.3 Stadtentwicklung in Mitteleuropa

M1 Altstadt von Siena – Beispiel eines im hohen Mittelaler entstandenen Stadtbildes

M2 Stadtbildungsepochen in Mitteleuropa (rund 2 000 erfasste Stadtgründungen)

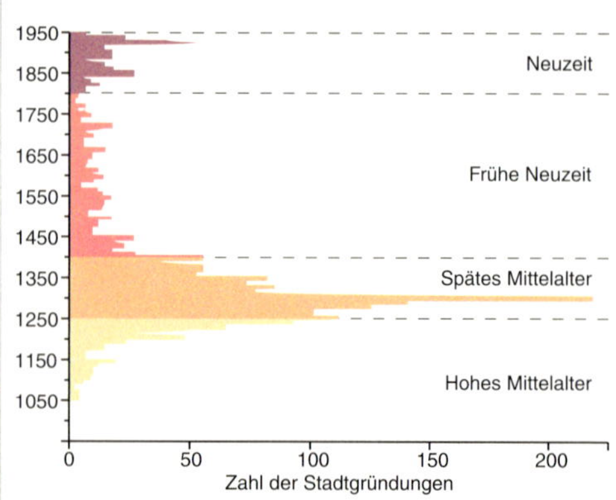

8.3.1 Historisch-genetische Stadttypen

Römerstädte
Wik- und Marktorte
Stadtgründungen des Hochadels/des niederen Adels

Planstädte des Absolutismus
Verwaltungsneustädte und Industriestädte
Neue Städte

Abgesehen von den keltischen „oppida“ und den germanischen Volksburgen, die noch nicht alle Kriterien einer Stadt (vgl. S. 267) erfüllten und somit nur als Vorläufer des Städtewesens anzusehen sind, bilden die Römerstädte die früheste Stadtentstehungsschicht in Mitteleuropa. Die Römer legten zur Sicherung und Verwaltung ihres Reiches, das um 100 n. Chr. den gesamten Mittelmeerraum und Westeuropa umfasste, Siedlungen an, von denen sich einige zu Städten entwickelten, die auch nach dem Zerfall des römischen Weltreiches erhalten blieben (in Deutschland z. B. Trier, Köln, Mainz, Koblenz). Vom 8. bis 11. Jh. entstanden die Wik- und Marktorte, die sich in der Regel an ein geistliches oder weltliches Zentrum wie den Sitz eines (Erz-) Bischofs, ein Kloster, einen fränkischen Königshof oder eine kaiserliche Pfalz anlehnten. Damit waren meist Kirche oder Palast zentrale Merkmale.

Die Gründungen des Hochadels im 12./13. Jh. stellen die von der Zahl her bedeutendste Epoche in der Stadtentstehung dar. Kaiser und Territorialherren sicherten Grenzen und Flussübergänge durch Burgen und neue Siedlungen, die später zu bedeutenden Städten heranwuchsen. Im 14./15. Jh. folgten aus denselben Motiven heraus die Spätgründungen des niederen Adels. Die wirtschaftliche und politische Entwicklung sorgte dafür, dass seit dem Hochmittelalter der Marktplatz in ganz zentraler Lage – öfters auch mehrere Plätze mit verschiedener Zweckbestimmung – zu einem beherrschenden Element der Stadtgestalt wurden, genauso wie die Stadtmauer.

Die Planstädte des Absolutismus (16. – 18. Jh.) stellen eine Eigenheit Mitteleuropas dar. Insbesondere deutsche Territorialherren ließen entweder bereits bestehende Städte zu prunkvollen Residenzen ausbauen (z. B. Dresden, Potsdam), oder es entstanden Neugründungen auf dem Reißbrett (z. B. Karlsruhe, Mannheim, Ludwigslust). Die geometrische Ausrichtung aller Verkehrsachsen auf das zentrale Schloss, entsprechend gestaltete Park- und Gartenanlagen sowie ggf. Vaubansche Befestigungswerke – benannt nach dem Festungsbaumeister König Ludwigs XIV. – sind wesentliche Merkmale dieses Stadttyps.

Die nächsten Stadttypen, die Verwaltungsneustädte und Industriestädte, entstanden erst im 19. und in der ersten Hälfte des 20. Jh.s. Die Entwicklung einer zunehmend komplexen Industriegesellschaft machte den Aufbau einer modernen, mehrstufigen Bürokratie notwendig, wodurch eine Reihe von Orten durch die Übernahme von Verwaltungsfunktionen einen Aufschwung erfuhren. Grundlage der neuen Industriestädte waren in erster Linie die Montanindustrie, die Chemische Industrie und später der Automobilbau. Als Beispiele seien Oberhausen, Leverkusen und Leuna sowie Wolfsburg genannt.

Seit der Mitte des 20. Jh.s entstehen die so genannten Neuen Städte. Ihre Bezeichnung geht auf die im Umkreis von London seit 1944 geplanten „New Towns“ zurück. Wichtigste Zielsetzungen dieser Neugründungen sind die Entlastung von Verdichtungsräumen sowie die Entwicklungsförderung strukturschwacher Regionen. In Frankreich entsprechen ihnen die „Villes Nouvelles“ im Großraum Paris.

Stadt ist die vom Menschen bewirkte Überlagerung eines Stücks Natur mit einem Netz von Straßen, Plätzen, Bau- und Freiflächen. Bei dieser Umgestaltung der Naturlandschaft muss der Mensch zwar auch die physisch-geographischen Voraussetzungen beachten, gleichzeitig lässt er sich aber von bestimmten politischen, ökonomischen oder religiösen Vorstellungen leiten. Das heißt, im Grund- und Aufriss einer Stadt oder eines Stadtteils spiegelt sich das jeweilige Wirtschafts- und Gesellschaftssystem einer Epoche wider.

M4 Preston, Nordwestengland – industriell geprägte Stadtanlage aus Victorianischer Zeit

M3 Stadtentwicklung in Europa im Überblick

Typisierungskriterien	**Grundriss**	**Siedlungsmittelpunkt**	**Verkehrssystem**	**sonstige charakteristische Merkmale**
Mittelalter (8.–15. Jh.): **Handels- und Bürgerstadt**	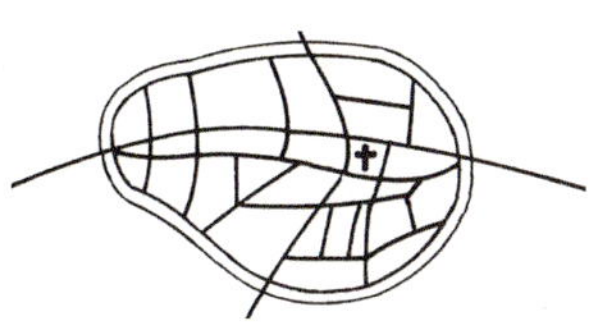	- Kirche/Kloster - Burg - Marktplatz/Rathaus	- Handelsstraßen für Fuhrwerke, ausgerichtet auf Siedlungsmittelpunkt - enge, verwinkelte Gassen für Tragetiere oder Karren	- Mauer, meist mit Graben - Wohn- und Arbeitsstätten unter einem Dach
Absolutismus (16.–18. Jh.): **Residenzstadt**		- Schloss - Residenz	- Alleen für Karossen - planmäßige, meist symmetrische Anlage, Hauptachsen auf Residenz ausgerichtet	- Park- und Gartenanlagen in geometrischen Formen - Vauban'sche Bastionen
Industrialisierung (19. Jh.): **Industriestadt**	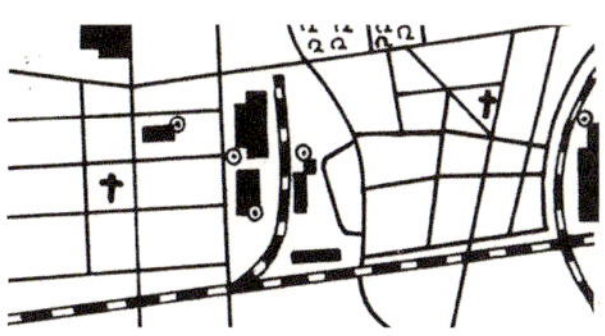	- Industrieanlage - Bahnhof	- Eisenbahn - rasterförmiges Straßennetz	- Mietskasernen - Villengebiete - weitgehend räumliche Trennung von Wohnen und Arbeiten, aber noch enges Nebeneinander
Gegenwart (20. Jh.): **Großwohnsiedlung/ New Town**	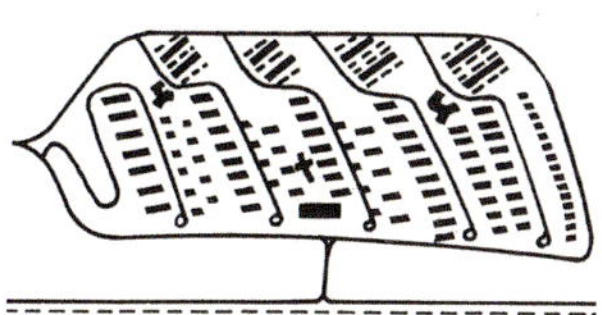	- Versorgungszentrum	- gut strukturiertes Straßennetz - Pendlerverkehr	- Vielfalt an Haus- und Wohnformen - klare räumliche Trennung von Wohn- und Arbeitsstätten

A1 Ordnen Sie die Fotos M1 und M4 einem historisch-genetischen Stadttyp zu.

A2 Beschreiben Sie charakteristische Merkmale der in einzelnen Stadtbildungsepochen (M2 auf S. 272) entstandenen Stadttypen.

A3 Untersuchen Sie – ggf. im Rahmen eines fächerübergreifenden Referats (Geschichte) – die Entstehung und Entwicklung Ihrer Heimat- oder Schulstadt.

A4 Gestalten Sie – auf der Grundlage einer Stadtplan-Auswertung und/oder einer Stadtexkursion (Online-Link auf S. 274) – einen generalisierten Grundriss Ihrer Heimat- oder Schulstadt mit wesentlichen Merkmalen einzelner Entstehungsepochen.

M5 Bevölkerungsentwicklung ausgewählter deutscher Städte

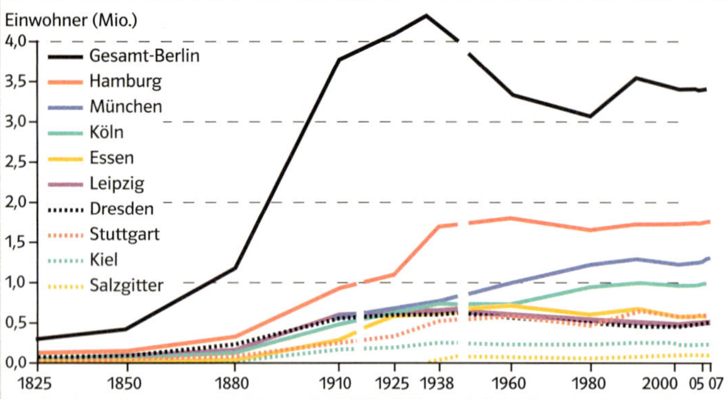

8.3.2 Stadtentwicklung in der Industriegesellschaft

Stadtstruktur
Industrialisierung
Mobilität

Eine Analyse aller den urbanen Raum prägenden Prozesse zeigt, dass die heutigen Stadtstrukturen in ihren wesentlichsten Teilen erst seit der Industrialisierung entstanden sind. Die neuen Produktionsweisen, die zunehmende Mobilität der Menschen sowie die Weiterentwicklung der Verkehrstechnologien veränderten die Gestalt der Städte und führten zu deren raschem Wachstum.

„Das 19. Jh. war ein Zeitalter stürmischer politischer, sozialer und gesellschaftlicher Transformationen sowie technisch-ökonomischer Veränderungen … Ausgelöst durch eine ununterbrochene Folge zahlreicher technischer Basiserfindungen und ihrer Weiterentwicklungen, entstanden innerhalb weniger Jahre in den Städten neue industrielle Arbeitsplätze. Dies betraf zunächst die Textil- und Montanindustrie, deren Bedarf an Arbeitskräften aus dem lokalen Arbeitskräftereservoir nicht mehr gedeckt werden konnte. Somit wurde die Verfügbarkeit von Arbeitskräften zu einem wichtigen Faktor für die rasche Industrialisierung der Städte. Ohne den Zuzug erwerbswilliger Personen aus ländlichen Räumen, in denen um 1860 noch 70–80 % der Gesamtbevölkerung gelebt hatten, wäre der wirtschaftliche Take-Off der Industriestädte kaum möglich gewesen …

Ab etwa 1830 begann das Zeitalter einer bis dahin nicht gekannten Mobilität: Die Dampfmaschine bildete die Grundlage für wichtige so genannte abgeleitete Innovationen in der Verkehrstechnologie. Eisenbahn und Dampfschiff führten zu erheblichen Effizienzsteigerungen im Transportwesen … Somit entwickelte sich die Eisenbahn zu einem entscheidenden Instrument der Industrialisierung, da die verarbeitende Industrie nicht mehr an die Standorte der Rohstoffvorkommen gebunden war, sondern sich in den Städten, wo Arbeitskräfte, Kapital und technisches sowie ökonomisches Wissen vorhanden waren, entfalten konnte …

Die Vorzüge des neuen Transportmittels „Eisenbahn“ wären jedoch kaum zum Zuge gekommen, hätten nicht gesellschaftlich-juristische Innovationen die Mobilität der Bevölkerung erst ermöglicht. In Preußen etwa waren es die Stein-Hardenbergschen Reformen, die die Bauernbefreiung und die Freiheit der Wohnortwahl umfassten … Erst Sozialreformen eröffneten die Möglichkeit der ungehinderten Zuwanderung von Arbeitskräften in die … rasch expandierenden Montanreviere …

Die ökonomische Transformation der Städte während der Industrialisierung wirkte sich … in einer räumlichen Expansion aus. Der Ausbau der Städte verlangte nach leistungsstärkeren innerstädtischen Verkehrssystemen. Die rasche Transformation der verdichteten Fußgängerstadt der früh- und vorindustriellen Epoche, die ein Fußgänger in höchstens 30 bis 40 Minuten durchquert hatte, in eine Stadt mit bandförmigen Wachstumskorridoren war nur durch die Entwicklung neuer Verkehrstechnologien möglich.“ [1]

M6 Flächenwachstum durch die Verkehrserschließung deutscher Städte

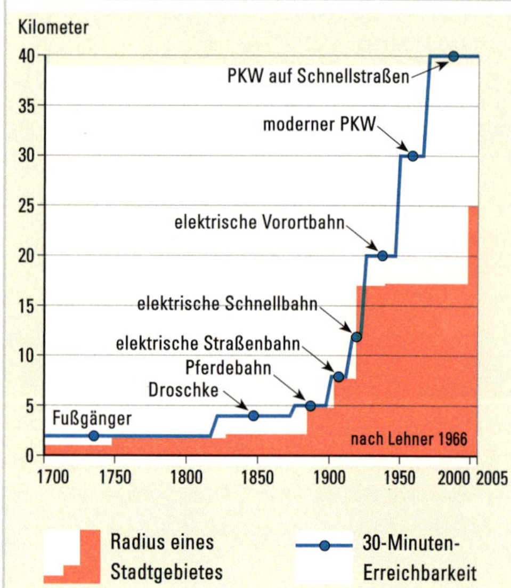

8.3.3 Stadtentwicklung in der Dienstleistungs- und modernen Erlebnisgesellschaft

Mit dem Übergang zur Dienstleistungsgesellschaft seit Ende des 20. Jh.s entstanden neue Kräfte und Prozesse, die die urbanen Strukturen überformten. Viele Standorte von Einrichtungen des Tertiären Sektors (z. B. Banken, Versicherungen, Kommunikationssysteme, öffentliche Verwaltung) sind an Städte gebunden. Ihr Auf- und Ausbau veränderte insbesondere das Bild und die Funktion der Innenstädte.

Die Tertiärisierung erfasst inzwischen aber den gesamten urbanen Raum. An den Stadträndern, „auf der grünen Wiese", auf zentrennahen Industriebrachen entstehen Shopping Malls, Urban Entertainment Centers, Themenparks. Um im nationalen und internationalen Wettbewerb zu bestehen, versuchen Stadtmanagement- und Stadtmarketing-Gesellschaften die Attraktivität ihrer Stadt durch den Aufbau von „Erlebniswelten" zu erhöhen. Unterhaltung und Event werden zu neuen Markenzeichen der großen Städte.

Die sich in den letzten Jahren ausbreitende urbane Eventkultur lässt immer vielfältigere Angebotsformen entstehen. Traditionelle Einrichtungen wie Kinos, Gaststätten oder Zoologische Gärten wandeln sich zu „Erlebniswelten" mit Namen wie „Multiplex", „Omnimax" und „Cinemaxx-Kino", „Hard Rock Café" oder „Animal Kingdom". An die Stelle einfacher Schwimmbäder treten „Spaß-, Erlebnis- oder Tropenbäder" sowie „Wasserparks". „Themenwelten" bieten Märchen- und Safarie-Erlebnisse oder fantasievolle „Weltausstellungen" bis hin zu „Science Centers" und „Virtual Worlds". Gemeinsam ist allen Einrichtungen, dass jeweils eine Vielzahl von Angeboten zusammengefasst wird, sodass der Kunde gleichzeitig Einkaufs-, Freizeit-, Kultur- und Naturerlebnisse konsumieren kann.

M7 Urbane Eventkultur: CentrO Oberhausen

„Erlebniseinkaufscenter … ähneln mehr einem Vergnügungspark für Erwachsene. Geboten werden Fantasy-Abenteuer nach der Devise ‚Entführt mich in ein anderes Leben – aber holt mich zum Abendessen zurück'. Die Entführung findet eigentlich nur in der Fantasie statt. ‚Urban Entertainment Center' steigern den Bekanntheitsgrad und Imagewert einer Stadt oder Region: Seit es ‚CentrO' in Oberhausen gibt, ist Oberhausen zur drittbekanntesten Stadt an Rhein und Ruhr avanciert. Die jährlich 23 Millionen Besucher können sich sehen lassen. Die Verschmelzung von Einkauf und Freizeit, von Konsumieren und Flanieren macht die Städte wieder attraktiver." [2]

Tertiärer Sektor (G)
Dienstleistungs- und Erlebnisgesellschaft

Tertiärisierung (G)

Stadtmanagement/-marketing

Eventkultur

A5 Erarbeiten Sie – in Zusammenarbeit mit dem Fach Geschichte – entscheidende Push- und Pull-Faktoren der Bevölkerungswanderungen in Mitteleuropa im 19. Jh.

A6 Stellen Sie die Folgen dieser Zuwanderungen für das Erscheinungsbild der Städte dar.

A7 Untersuchen Sie – ggf. im Rahmen eines Projektes oder einer Facharbeit –, in welchem Ausmaß die im Teilkapitel 8.3.3 beschriebene Entwicklung auch in Ihrer Heimatstadt/Schulstadt feststellbar ist.

A8 Erörtern Sie die These von H. W. Opaschowski: „Die Verschmelzung von Einkauf und Freizeit, von Konsumieren und Flanieren macht die Städte wieder attraktiver".

M5 Zusammengestellt nach verschiedenen Quellen, aktualisiert nach Wikipedia, März 2008

[1] Klaus Zehner: Stadtgeographie. Gotha: Klett-Perthes 2001, S. 107 ff.

[2] Horst W. Opaschowski: Kathedralen des 21. Jahrhunderts. Erlebniswelten im Zeitalter der Eventkultur. Hamburg: B.A.T. Freizeit-Forschungsinstitut 2000, S. 33 ff.

Online-Links
zu den historischen Stadttypen insgesamt:
29260X-8301

zur Stadtexkursion:
29260X-8302

8.4 Prozesse und Probleme in städtischen Räumen

M1 Modelle der funktionalen Gliederung von Stadt und Stadtumland

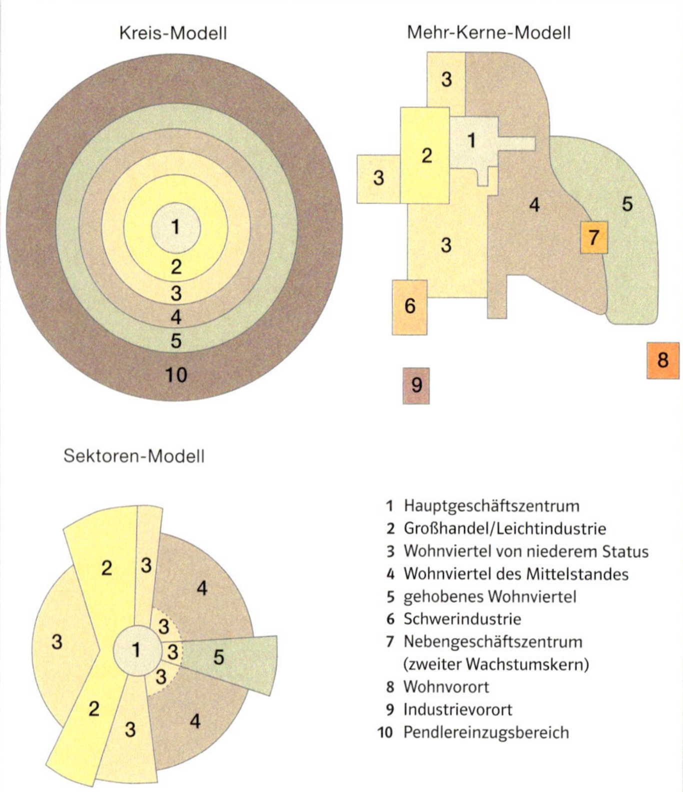

8.4.1 Herausbildung städtischer Teilräume: Funktionale Gliederung

Stadtmodelle
City (G)
Pendler (G)

Die Gliederung einer Stadt in Teilräume, die sich in der jeweils vorherrschenden Nutzung oder Funktion unterscheiden, wird als „funktionale Stadtgliederung" bezeichnet. Dabei wird in erster Linie untersucht, welche „Leistung" ein städtischer Teilraum im Rahmen des gesamten städtischen Gefüges erbringt und welche Flächennutzung sich daraus ergibt. Städte sind ja nicht nur Wohnorte, sondern auch Standorte von Güterproduzenten und Dienstleistungsunternehmen, Verteilerstellen, Innovations- sowie Macht- und Verwaltungszentren. Diese Funktionen siedeln sich innerhalb des Stadtgebietes in bestimmten Zonen, Gürteln oder Quartieren an. Ihr Standort wird beeinflusst durch Faktoren wie Verkehrsanbindung, Transportkosten und Flächenbedarf. Eine entscheidende Rolle spielt auch das Streben nach einer optimalen bzw. rentablen Nutzung der Ressource Boden für die Erfüllung der Daseinsgrundfunktionen und damit für die Versorgung der Bevölkerung.

Wenn sich auch in der Standortverteilung für jede einzelne Stadt unterschiedliche Ausprägungen ergeben, so lassen sich doch insgesamt deutliche Regelhaftigkeiten in der funktionalen Gliederung erkennen. In der Wissenschaft sind verschiedene Modelle entwickelt worden, um diese komplexen Zusammenhänge in vereinfachter Weise darzustellen und zu erklären (M 1).

Kreismodell. Es geht davon aus, dass sich das Wachstum einer Stadt zentrifugal von einem (historischen) Ortskern aus vollzieht. Nutzungen, Funktionen und Bevölkerungsgruppen ordnen sich in konzentrischen Zonen um diesen Kern herum an. Gegen dieses Modell ist vorgebracht worden, dass derart homogene und symmetrische Zonen in der Realität kaum auftreten. Schon deshalb nicht, weil für das Wachstum einer Stadt nach außen nicht die Luftliniendistanz zum Zentrum entscheidend sei, sondern der Zeit-Kosten-Aufwand, also die Erreichbarkeit. Die ist entlang von Ausfallstraßen oder Eisenbahnlinien am besten gewährleistet. Daher ist – zunächst in den USA – die Vorstellung entwickelt worden, dass sich Stadtteile unterschiedlicher Nutzungs- und Sozialstruktur eher keilförmig in Sektoren an die zentrale City anlagern.

Sektoren-Modell. Es basiert auf der Beobachtung, dass sich Wohngebiete sektoral ausbilden, dass sich diese Sektoren mit dem Städtewachstum vergrößern und dass sich diese Entwicklung entlang radialer Verkehrslinien vollzieht.

Mehr-Kerne-Modell. Im Gegensatz zu den beiden anderen Modellen geht das Mehr-Kerne-Modell davon aus, dass es beim Wachstum einer Stadt zwangsläufig zur Ausbildung mehrerer Geschäftszentren kommt. Um diese „Kerne" herum konzentrieren sich – je nach Größe der Stadt – Bereiche mit speziellen Funktionen (z. B. Verwaltungs- oder Industrieviertel).

In der Realität ergeben sich, beeinflusst vor allem durch die wirtschaftliche Situation einer Stadt, aber auch durch den ökonomischen oder ethnischen Status von Bevölkerungsgruppen, Überlagerungen aller drei Modelle.

Stadträume

Im Hinblick auf ihre Bedeutung für Wirtschaft, Bevölkerung und Umwelt lassen sich vier städtische Haupträume mit jeweils spezifischen Nutzungsformen bzw. Funktionen ausgliedern.

Zentren. In der Wahrnehmung von Bewohnern und Besuchern dominieren bei urbanen Räumen in aller Regel deren Zentren. Ihre wirtschaftlichen Funktionen und kulturellen sowie touristischen Angebote tragen wesentlich zum Image einer Stadt bei. Sie sind Orte der Kommunikation und Identifikation. Der City (s. S. 278–279) mit dem Hauptgeschäftszentrum kommt dabei besondere Bedeutung zu, da von hier auch die Versorgung der Umlandbewohner mit Gütern und Dienstleistungen erfolgt.

In jüngerer Zeit sind neben die klassischen Zentren in Großstädten sowie deren Neben- oder Subzentren neue Standortgemeinschaften mit zentralörtlichen Funktionen getreten. Ihr gemeinsames Merkmal ist die periphere, verkehrsgünstige Lage am Stadtrand oder im suburbanen Raum. Das Spektrum der neuen Zentrentypen umfasst „Shoppingcenter", Fachmarktzentren und die freizeit- bzw. erlebnisorientierten „Urban Entertainment Center".

Wohngebiete. Die Wohndichte in den Zentren ist wegen der dort geringeren Wohnnutzung nicht so hoch wie in der Umgebung („Dichtekrater", M2). Die Wohngebiete lagern sich – in Abhängigkeit z. B. von Bodenpreisen, Miethöhe und Umweltqualität – in deutlicher Entfernung von den Zentren an. Ihr Grund- und Aufriss, ihre Architektur und ihr Zustand sind das Ergebnis von historischen Ereignissen und Prozessen, von Maßnahmen der jeweiligen Kommune (z. B. Stadtsanierungen – s. S. 298–299) und von privaten Initiativen (z. B. Gentrifikation – s. S. 280).

Industrie- bzw. Gewerbegebiete. Trotz Deindustrialisierung und Tertiärisierung bildet die Industrie in den meisten Städten noch immer eine wesentliche ökonomische Grundlage, ohne die viele Dienstleistungsbetriebe gar nicht existieren könnten. Allerdings gehen von manchen Industriebetrieben durch Emissionen oder Kontaminierungen der Böden erhebliche Gefahren für die Umwelt aus. Aus stadtplanerischer Sicht von Bedeutung sind die Industriebrachflächen, die durch die Aufgabe gewerblicher Nutzungen entstanden sind und die als Reserveflächen für neue Nutzungen oder auch als ökologische Ausgleichsflächen zur Verfügung stehen.

M 2 Beispiel für die Verteilung von Arbeitsplätzen und Wohnbevölkerung in einer Großstadt

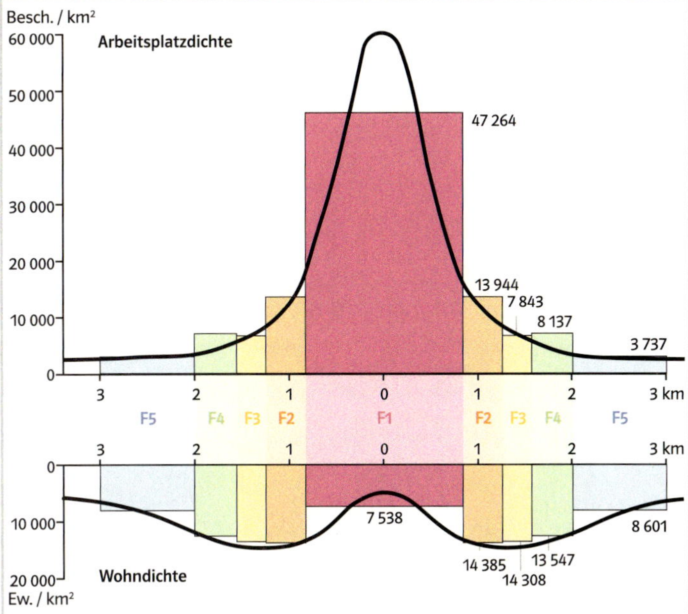

Flächengrößen (ca.):
F_1 = 2 km²; F_2 = 2,3 km²; F_3 = 2,5 km²; F_4 = 5,5 km²; F_5 = 15,7 km²

Grün- und Freiflächen. Im Stadtbereich liegende, nicht bebaute Flächen erfüllen wesentliche Funktionen als Naherholungsgebiete mit entsprechenden Freizeitangeboten (Parkanlagen, Spiel- und Sportplätze) oder auch als ökologische Ausgleichsräume (z. B. klimaökologisch wichtige Grünflächen als Kaltluftschneisen).

A 1 Arbeiten Sie – jeweils auf Grundlage kleinmaßstäbiger Stadtpläne (Atlas) – die funktionale Gliederung ausgewählter Städte heraus und ordnen Sie diese den Modellen der funktionalen Gliederung zu.

A 2 Beurteilen Sie dann die Eignung dieser Modelle.

A 3 Erstellen Sie auf der Grundlage eines Stadtplanes und einer Stadtexkursion eine funktionale Gliederung Ihrer Heimatstadt/Schulstadt.

A 4 Gestalten Sie zu Ihren Ergebnissen von A3 – auch mithilfe typischer Fotos – eine anschauliche Präsentation (PowerPoint, Wandzeitung, Ausstellung).

Zentrum

Wohngebiete
Bodenpreis
Stadtsanierung
Gentrifikation (G)

Industrie- und Gewerbegebiete
Tertiärisierung (G)
Stadtplanung
Reserveflächen

Grün- und Freiflächen

M2 nach Ernst Brunotte u. a.: Lexikon der Geographie, Bd. 4. Heidelberg und Berlin: Spektrum Akademischer Verlag 2002, S. 51 (Imprint von Springer SMB)

Weiterführende Literatur
Klaus Zehner: Stadtgeographie. Gotha: Klett-Perthes 2001, S. 69 ff.

M3 Düsseldorf: Innenstadt – Altstadt – City

8.4.2 Analyse von städtischen Teilräumen: Beispiel City

City (G)

Tertiärer Sektor (G)

Pendler (G)

Downtown (G)

Central Business District (G)

Altstadt (G)

Innenstadt

Der Begriff „City"

In der Stadtgeographie, aber auch im allgemeinen deutschen Sprachgebrauch, dient der City-Begriff zur Kennzeichnung des funktionalen Zentrums größerer Städte mit der Konzentration von Arbeitsstätten des Tertiären Sektors. Im Gegensatz dazu wird er im Englischen in drei Varianten gebraucht: allgemein als Bezeichnung für Großstadt, für eine historische Stadt mit Bischofssitz und Kathedrale und für eine Stadt mit königlicher Urkunde („Royal Charter"). Der in Deutschland gebräuliche Begriff „City" ist abgeleitet von der „City of London" mit ihrem sich seit dem 18. Jh. entfaltenden Banken-, Versicherungs- und Zeitungswesen. Westlich davon, in der „City of Westminster", konzentrieren sich von alters her öffentliche Einrichtungen, besonders der Regierungsfunktion Großbritanniens. Dazwischen haben sich die Hauptgeschäftsstraßen der britischen Hauptstadt entwickelt. Daher beinhaltet der Begriff „City" heute allgemein den Standort hochrangiger Wirtschafts- und Verwaltungsfunktionen. Im angloamerikanischen Sprachraum sind hierfür Bezeichnungen wie „Downtown" oder „Central Business District" entstanden.

Die „City" ist nicht identisch mit der „Altstadt", die den in vielen europäischen Städten bis ins Mittelalter zurückreichenden historischen Kern umfasst. Sie bildet zusammen mit den angrenzenden Vierteln geschlossener Bebauung die „Innenstadt".

Merkmale der City

Diese lassen sich wie folgt zusammenfassen:

- „Konzentration tertiärer Funktionen: Vorrang von Einrichtungen mit einem relativen Maximum an Umsätzen pro Flächeneinheit (z. B. spezialisierter oder hochpreisiger Einzelhandel), besonderer öffentlicher Bedeutung (z. B. Ministerien), spezifischen Prestiges (z. B. Theater, Oper, Museen);
- Überhang der Tag- über die Nachtbevölkerung: nach Dienstschluss nur geringe Kompensation der Auspendler durch abendliche Besucher oder … die wohnhafte Bevölkerung;
- dichte Verbauung: aufgrund der höchsten Grundstückspreise maximale Ausnutzung der Fläche bei geringem Grünflächenanteil;
- Nutzungswandel in der vertikalen Dimension: Verdrängung der Wohnfunktion in die höher gelegenen Stockwerke bei Nutzung der unteren … durch Einzelhandelsgeschäfte, Restaurants oder Dienstleistungsbetriebe;
- Passagen, Kaufhäuser und Fußgängerzonen: Aufbau eines attraktiven Gegengewichts zu den Shoppingcenter am Stadtrand durch Ermöglichung eines wetterunabhängigen Kaufens in einer Vielzahl von Geschäften;
- Verdrängung des ruhenden Verkehrs: wegen Flächenknappheit in der City Verdrängung des flächenintensiven, aber renditearmen Verkehrs in Parkhäuser oder unterirdische Parkgaragen." [1]

M 4 Problemfelder der Innenstädte

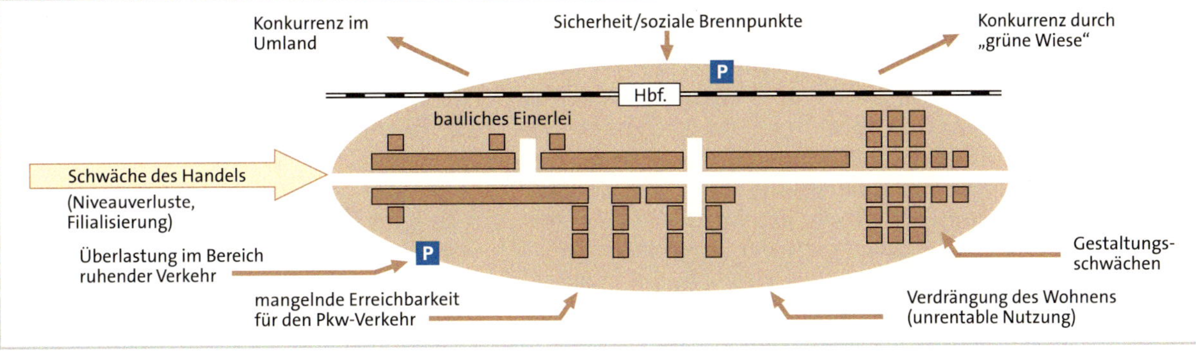

Aktuelle Probleme der City

Bereits in den 1960er Jahren stieß die Cityentwicklung an ihre Grenzen. Der rasch zunehmende Wohlstand der Bevölkerung hatte zu einer umfassenden Automobilisierung geführt. Obwohl unter dem Motto der „autogerechten Stadt" die Entwicklung neuer Verkehrsinfrastrukturen massiv vorangetrieben wurde, konnten die Innenstädte sehr bald weder baulich noch verkehrstechnisch die anschwellenden Kundenströme bewältigen. Zunehmende Beengtheit, Autolärm und Abgase führten zu einer Stagnation in der Cityentwicklung. Die Stadtplaner versuchten, diesem Problem durch die Umwandlung der am stärksten frequentierten City-Einkaufsstraßen in Fußgängerzonen zu begegnen. Zur Entlastung des Hauptgeschäftsviertels wurden zudem zahlreiche Parkhäuser und Tiefgaragen errichtet.

Trotz all dieser Maßnahmen erwächst der City heute aus dem Prozess der Suburbanisierung (s. S. 280–281) starke Standortkonkurrenz. Nicht nur die im Gefolge der Bevölkerungsverlagerung auf der „grünen Wiese" errichteten großflächigen Einkaufszentren gefährden ihre Attraktivität. Konkurrenten sind auch die mit moderner Infrastruktur und großem Flächenangebot ausgestatteten Bürokomplexe außerhalb des Zentrums.

Um wieder Kunden und Besucher anzulocken bzw. auch zu binden, ist eine Steigerung der Attraktivität notwendig. Diesem Zweck dient eine Vielzahl von Maßnahmen zur Sanierung und Stadterneuerung (s. S. 288–289).

In allen Städten ist heute das Bemühen unverkennbar, den Trend zur „grünen Wiese" zu stoppen und dem Funktionsverlust der Stadtmitte vorzubeugen. Die Innenstädte sollen sich wieder als attraktive Orte profilieren, die zum Einkaufen, Flanieren, Verweilen und Wohnen einladen. Hierzu dient eine Fülle von Maßnahmen, die von der Aufwertung „grüner Lungen" bis zur Schaffung moderner Erlebnis-Einkaufszentren und Galerien sowie Überdeckelung wüster Verkehrsschneisen reichen. Ohnehin prognostizieren viele Studien seit geraumer Zeit ganz allgemein das Ende der Stadtflucht. Die Schattenseiten des in den 1960er Jahren aufgekommenen Drangs an die Peripherie sind längst offenkundig. Zu nennen sind hier in erster Linie die Zersiedelung der Landschaft und die täglichen Verkehrsstaus. Deshalb wird heute in vielen Stadt- und Regionalplanungen wieder die Tendenz zur Zentralisierung mit einer Verdichtung und Durchmischung von Funktionen in den Innenstädten betont.

Suburbanisierung (G)
Standortkonkurrenz
„Grüne Wiese"

Zersiedelung

Zentralisierung

A 5 Stellen Sie am Beispiel von Düsseldorf (M 3) Merkmale von „Innenstadt", „Altstadt" und „City" dar.

A 6 Vergleichen Sie die Ausprägung der City einer Ihrem Schulort nahe gelegenen Großstadt mit den allgemeinen Merkmalen einer City.

A 7 Überprüfen Sie, ob die aktuellen Probleme der City auch für die Innenstadt Ihres Heimat-/Schulortes gelten (Befragung bei Stadtverwaltung, Geschäftsinhabern, Kunden – Methodendoppelseite 462–463*).

[1] nach Heinz Fassmann: Stadtgeographie I. Allgemeine Stadtgeographie. Braunschweig: Westermann 2004

M 4 nach Ernst Brunotte …: a. a. O., Bd. 1, S. 419 (Imprint von Springer SMB)

Online-Link 29260X-8401

***Online-Link** zu Befragungen: 29260X-8401 und 29260X-8402

Suburbanisierung (G)

8.4.3 Probleme der Suburbanisierung

Der Prozess der Suburbanisierung

Die Städte des Industriezeitalters zeichneten sich noch durch eine sehr kompakte Bauweise aus, da das Wohnen nahe bei den Arbeitsstätten eine große Rolle spielte. Ursache waren die geringen Einkommen und die langen Arbeitszeiten in der frühen europäischen Industrialisierung. Erst der gestiegene Lebensstandard und die zunehmende Freizeit führten bei immer größeren Teilen der Bevölkerung zu dem Wunsch, im eigenen Heim „draußen im Grünen" zu wohnen. Mit dem Pkw-Besatz erhöhte sich die Mobilität, sodass immer mehr Menschen diesen Wunsch auch realisieren konnten. Auch die Zuwanderungen aus dem ländlichen Raum richteten sich immer stärker auf den Stadtrand und die stadtnahen Gemeinden als auf die Großstädte selbst. Zunehmend wurden industrielle, später auch tertiärwirtschaftliche Arbeitsplätze an die Peripherie verlegt.

Pendler (G)

Funktionswandel

Kernstadt (G)

sozialräumliche Segregation (G)

Auf diese Weise wurden an den Rändern der Ballungsräume stets neue Flächen für Wohnungen, für Industrie und Gewerbe, für Dienstleistungs-, Verkehrs- und Freizeiteinrichtungen erschlossen. Der ehemals ländlich geprägte Raum im Einzugsbereich der urbanen Zentren veränderte seinen Charakter, er „verstädterte". Es war ein Prozess, der in den USA bereits nach dem Ersten Weltkrieg, in anderen Ländern wie Deutschland nach dem Zweiten Weltkrieg einsetzte.

Raumplanerische Probleme

Auch wenn im Zuge dieser Suburbanisierung ein Teil der städtischen Funktionen ins Umland verlagert wurde, blieben doch viele Arbeitsplätze im Stadtbereich selbst erhalten. Die zunehmende Trennung von Wohn- und Arbeitsstätten führte daher zu einem stark ansteigenden Pendlerverkehr. Darüber hinaus werden die zentralen Dienstleistungen (Verwaltung, kulturelle Angebote, medizinische Einrichtungen usw.) auch von den Bewohnern des Umlandes genutzt, was das Verkehrsaufkommen weiter erhöht. Insgesamt führt die mit der Suburbanisierung verbundene Verkehrsbelastung zu einer Beeinträchtigung der Lebensqualität sowohl in den zentrumsnahen Wohnlagen wie in der gesamten Stadtregion (Fallbeispiel S. 282–283).

Sanierung

Gentrification/ Gentrifikation (G)

City (G)

Ein weiteres raumplanerisches Problem stellt der Funktionswandel der Kernstadt dar. Von der Kernstadt wird erwartet, dass sie weiterhin hochwertige Einrichtungen der Infrastruktur (z. B. Krankenhausplätze und Spezialkliniken, Opernhaus und Messehallen) bereitstellt. Andererseits vermindern sich durch die Abwanderung von Bevölkerung und Gewerbe ihre Steuereinnahmen.

Soziale Probleme

„Die Stadt-Rand-Wanderung großer Bevölkerungsteile hat von Beginn an eine soziale und demographische Polarisierung begünstigt, die insbesondere den Kernstädten Probleme bereitet, denn zu den ins Umland ziehenden Haushalten zählen vorwiegend junge und einkommensstärkere Familien… Für die Kernstädte bedeutet eine derart selektive Abwanderung, dass diejenigen zurückblieben, die aus Altersgründen ihren angestammten Wohnplatz nicht mehr verlassen wollten, und diejenigen, denen die finanziellen Voraussetzungen für einen Wohnstandortwechsel fehlten. In die frei gewordenen Wohnungen rückten ausländische Arbeitsmigranten und ihre Familien, Umsiedler, Asylanten und andere Minoritäten nach… Die Suburbanisierung wurde zum Motor einer sozialräumlichen Segregation." [2]

[Eine weitere soziale Polarisierung innerhalb der Kernstädte stellt der Prozess der „Gentrification" dar, also die] „mit der Verdrängung einkommensschwacher Bevölkerung verbundene soziale Aufwertung einzelner innenstadtnaher Wohnquartiere. Im Gegensatz zur Sanierung durch die öffentliche Hand ist Gentrification die Aufwertung von Innenstadtbereichen durch die ‚Gentrifiers' oder ‚Yuppies' (‚young urban professionals', also jüngere Menschen mit einem bestimmten Lebensstil und gut bezahlter, oft in der City lokalisierter Tätigkeit im Dienstleistungssektor)." [3]

[2] Klaus Zehner: Stadtgeographie. Klett-Perthes, Gotha und Stuttgart 2001, S. 139 ff.

M 5 ebenda, S. 137

[3] Ernst Brunotte …: a. a. O., Stichwort Gentrification (Imprint von Springer SMB)

Online-Link
zur Suburbanisierung und den Stadt-Umland-Beziehungen: 29260X-8403

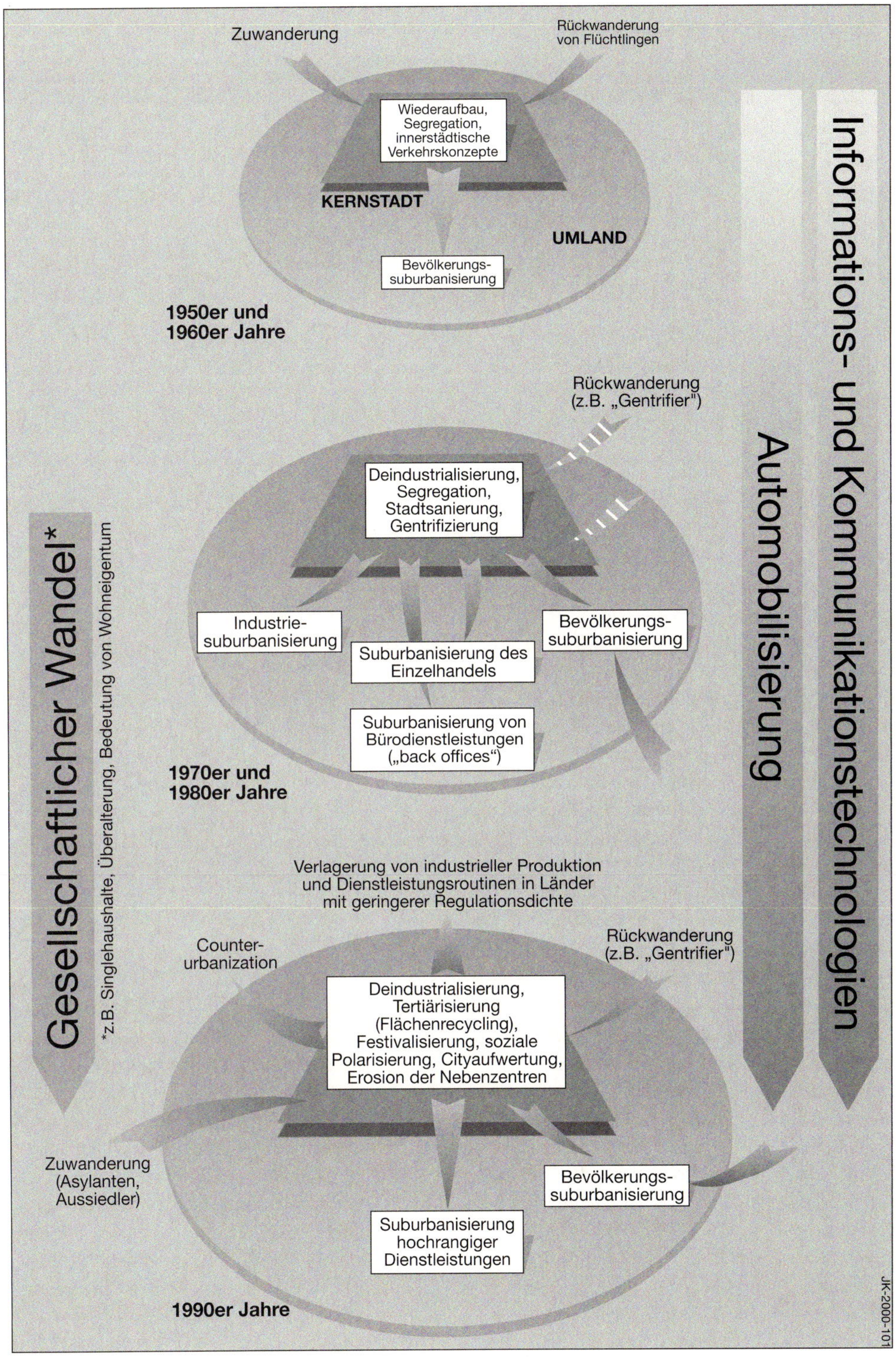

M5 Entwicklungsprozesse in Verdichtungsräumen: Beispiel Deutschland

A8 Beschreiben Sie anhand der Grafik M5 Teilprozesse der Suburbanisierung.

A9 Stellen Sie Faktoren dar, die Suburbanisierung ausgelöst bzw. beeinflusst haben.

A10 Erläutern Sie Folgewirkungen und Probleme, die sich aus der Suburbanisierung ergeben.

Fallbeispiel: Verkehrsprobleme als Folge der Suburbanisierung

M6 Schadstoffemissionen von Verkehrsträgern in Deutschland 2005, einschl. Emissionen zur Erzeugung der Energieträger (Strom, Treibstoffe)

Schadstoff	PKW	Reisebus	Eisenbahn – Fernverkehr	Flugzeug	Linienbus	U-Bahn, Straßenbahn	Eisenbahn – Nahverkehr
Kohlenmonoxid (g/Personen-km = Pkm)	1,45	0,06	0,02	0,39	0,21	0,02	0,06
Kohlendioxid (g/Pkm)	144	32	52	369*	75	72	95
Flüchtige Kohlenwasserstoffe (g/Pkm)	0,18	0,02	0,01	0,09	0,08	0,00	0,02
Stickoxide (g/Pkm)	0,29	0,34	0,07	0,58	0,83	0,07	0,36
Partikel (g/Pkm)	0,009	0,008	0,001	0,002	0,017	0,000	0,004
Verbrauch Benzinäquivalent (l/100 Pkm)	6,2	1,4	2,7	5,8	3,3	3,9	4,8
Auslastung (1,5 Personen/PKW; %)	1,5	60	44	73	21	20	21

*unter Berücksichtigung aller klimawirksamen Effekte des Flugverkehrs

M7 Anteile der Verkehrsträger am Personenverkehr 2004 (in %)

Motorisierter Individualverkehr	83,8
Öffentlicher Straßenpersonenverkehr	13
Eisenbahn	3
Luftverkehr	0,2

M8 Zunahme des Verkehrsaufwandes

„Durch die selektive Zuwanderung vor allem einkommensstärkerer Bevölkerung im suburbanen Raum konzentriert sich in diesen Räumen die mobilste Bevölkerung. Durch Zweit- und Drittwagen in den Haushalten ist der Motorisierungsgrad … überproportional gestiegen. Hier wird regional durch immer weitere Entfernungen in den Stadt-Umland-Verflechtungen der größte Verkehrsaufwand erbracht. Er konzentriert sich auf die hoch belasteten Einfalls- und/oder tangentialen Umfahrungskorridore im Zentralraum [*], wo sich Stadt-/Regional- und Fernverkehr überlagern. Durch Auslagerung von Freizeiteinrichtungen, Event-Standorten, Großformen des Handels sowie regional bedeutsamen Gewerbegebieten und Bürostandorten werden die Umlandregionen immer mehr zu Lebens- und Wirtschaftsräumen, die den höchsten Verkehrsaufwand auf sich ziehen."

M9 Pendleraufkommen und Pendlerverflechtungen

„Insgesamt pendeln … 56 % aller sozialversicherungspflichtig Beschäftigten zwischen Arbeitsplatz und Wohnung und überschreiten dabei die Gemeindegrenze ihres Wohnortes. Je nach Siedlungsstruktur und Lage zeigen sich große Unterschiede in den Auspendlerquoten. So sind die Auspendlerquoten im gering verdichteten Zwischenraum und Peripherraum mit über 75 % am höchsten … Die geringsten Auspendlerquoten hat der innere Zentralraum …, wegen des größeren Arbeitsplatzangebotes in den Kernstädten …
Die Analyse der räumlichen Verflechtungsmuster im Berufspendlerverkehr zeigt immer noch die dominanten radialen Beziehungen zum nächst höheren Zentrum … Die größten Einpendlerzentren sind die Oberzentren. Mit der Attraktivität und Größe der Oberzentren vergrößert sich der Verflechtungsraum der einpendelnden Bevölkerung …
Auch die kleineren Oberzentren und die größeren Mittelzentren bilden eindeutige Einpendlerzentren außerhalb der Großstadtregionen und Verdichtungsräume mit kleineren Einzugsbereichen."
(vgl. M 11)

M10 Entwicklung des Motorisierungsgrades in Deutschland nach 1990

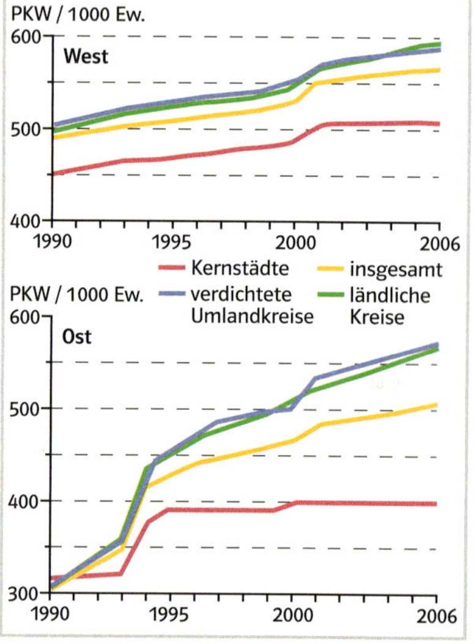

A11 Arbeiten Sie aus den Materialien dieser Doppelseite Zusammenhänge zwischen der Suburbanisierung und den zunehmenden Verkehrsproblemen heraus.

A12 Erstellen Sie eine Übersicht über den täglichen „Mobilitätsbedarf" Ihrer Familie (Summe aller Fahrten – aufgeschlüsselt nach den Verkehrszwecken Ausbildung, Arbeit, Freizeit, Einkauf, private Erledigungen, Sonstiges).

A13 Erläutern Sie Folgeprobleme des gestiegenen Verkehrsaufkommens.

M6 nach Umweltbundesamt, Fachgebiet I 3.1, Gunnar Gohlisch
[*] zu den Begriffen „Zentral-, Zwischen-, Peripherraum" s. Karte M4 auf S. 239

M7 Statistisches Bundesamt (Hrsg.): Datenreport 2006. Zahlen und Fakten über die Bundesrepublik Deutschland. Bonn: Bundeszentrale für politische Bildung 2006

M8 Bundesamt für Bauwesen und Raumordnung (BBR): Raumordnungsbericht 2005. Bonn 2005, S. 73
M9 ebenda, S. 78 – 82
M10 nach Laufende Raumbeobachtung des BBR (BBR 2007), auf www.bbr.bund.de/DE/Forschen Beraten/Fachpolitiken/Verkehr Mobilitaet/StadtRegionalverkehr/ Mobilitaetstadtundumwelt vertraeglich/Motorisierungsgrad, property=default.jpg, April 2008

M11 Verkehr als Verursacher ökologischer Probleme – Fallbeispiel Großraum Stuttgart (vgl. S. 294 – 297 und S. 252 – 253)

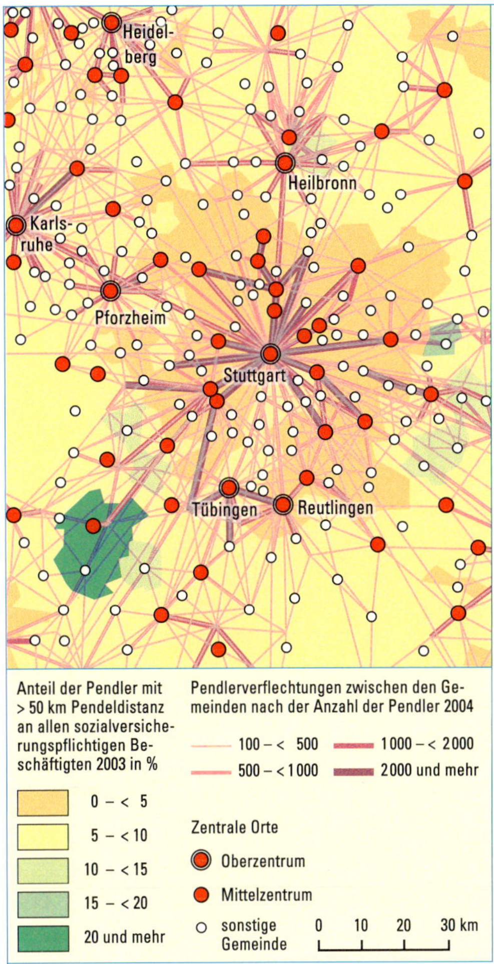

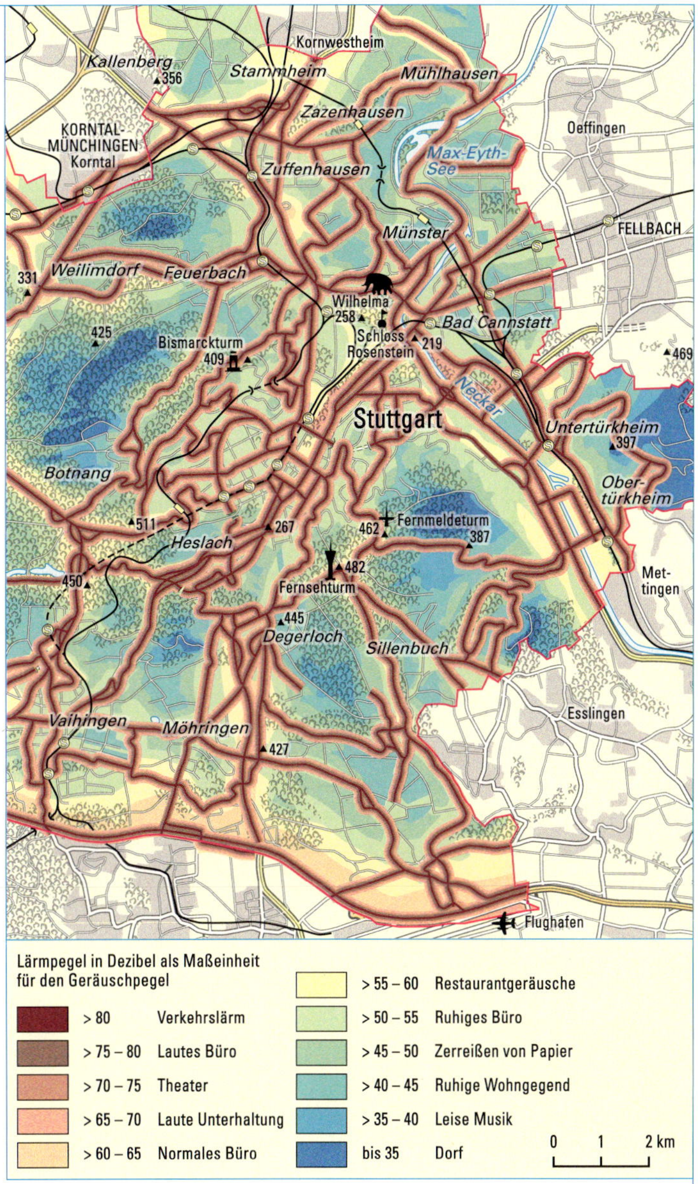

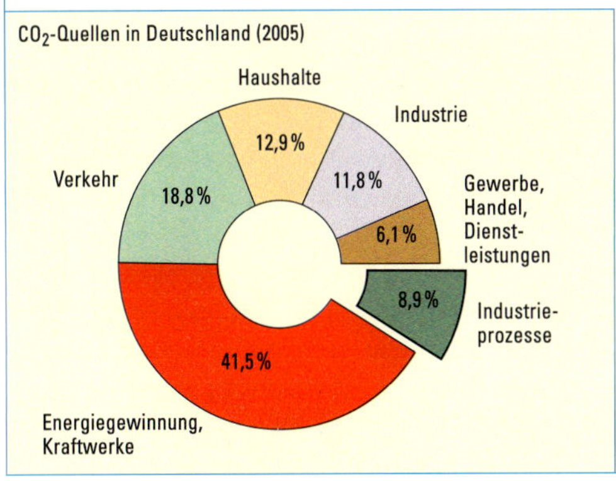

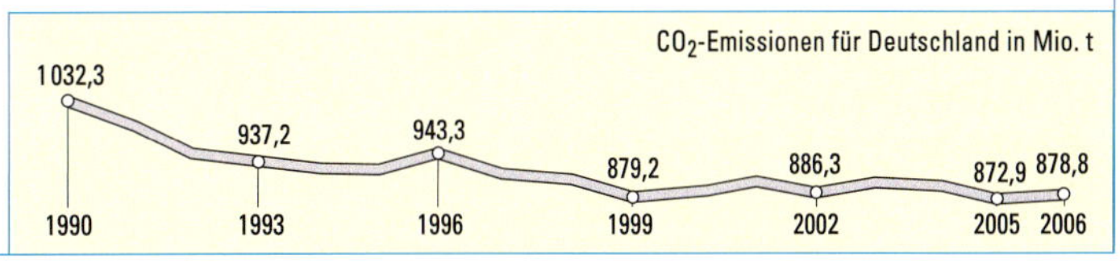

M11 Lärmbelastung nach Stuttgarter Zeitung, Nr. 13 vom 16. 01. 2008, Stuttgart 2008, S. 18

Pendlerverflechtungen Bundesamt für Bauwesen und Raumordnung (BBR)

CO_2-Bilanz nach Energiewirtschaftliche Tagesfragen, UBA, aus Globus-Infografik 1437

Online-Link 29260X-8404

M 12 Berlin-Kreuzberg: multikulturell – aber auch segregiert

8.4.5 Segregation: Sozioökonomische Differenzierung von Städten

City (G)

Die Gliederung einer Stadt in City, Wohn- und Gewerbegebiete ergibt sich in erster Linie aus der Konzentration bestimmter Funktionen in einzelnen Teilräumen der Stadt. Die Misch- und insbesondere die Wohngebiete einer Stadt lassen sich aber auch nach der Sozialstruktur ihrer Bewohner charakterisieren. Man spricht z. B. von Arbeitervierteln, Mittelschichtvierteln oder Villenvierteln.

Sozialstruktur

Die deutliche lokale Konzentration bestimmter Bevölkerungsgruppen, die in Bildungsstand, Beruf und Einkommen weitgehende Gemeinsamkeiten aufweisen, wird als soziale Segregation bezeichnet. Sie ist in erster Linie auf das Preisniveau des Immobilienmarktes, auf die Zahlungsfähigkeit und damit auf die Zugangsmöglichkeiten zum Wohnungsmarkt zurückzuführen.

Segregation (G)

Ist in bestimmten Stadtvierteln der Anteil von Personen besonders hoch, die dieselben Merkmale im Hinblick auf Staatsangehörigkeit, Herkunft oder Geburtsland und Sprache aufweisen, wird von ethnischer Segregation gesprochen. Eine besondere Art der Segregation stellen hierbei die vorwiegend von bestimmten Minderheitengruppen bewohnten Stadtteile dar. Als Beispiele seien die mittelalterlichen Judenghettos* oder die aktuellen Migrantenviertel europäischer Städte genannt.

Ghetto/Ghettoisierung (G)

Parallelgesellschaften

Segregation ist nicht in jedem Falle das Ergebnis einer erzwungenen räumlichen Trennung von Bevölkerungsgruppen. Häufig stellt sie auch eine freiwillige und selbst gewählte Wohnform dar. Die Mehrheit der Bevölkerung strebt in der Regel eine sozial, demographisch und ethnisch homogene Nachbarschaft an. Ursache hierfür ist die Erfahrung, dass durch ähnliche Normen und Wertevorstellungen das Konfliktpotenzial sinkt und sich dadurch ein Sicherheitsgefühl entwickelt. Wenn der Nachbar denselben sozialen Hintergrund aufweist, aus derselben ethnischen Gruppe stammt und womöglich auch noch zur gleichen Altersgruppe gehört, dann erhöht dies das Verständnis untereinander und minimiert jene Konflikte, die sich aus unterschiedlichen Lebensweisen ergeben können.

Wohnsituation von Ausländern

„Zuwanderer konzentrieren sich besonders stark in den von Armut, Arbeitslosigkeit und Sozialhilfebezug betroffenen Gebieten. Es muss davon ausgegangen werden, dass die durchschnittliche Qualität der Wohnumgebung von Ausländerinnen und Ausländern schlechter ist als von Deutschen. Dazu gehört z. B. auch eine höhere Belastung mit Verkehrs-, Flug- und Industrielärm sowie mit Luftverunreinigungen … [Ausländerinnen und Ausländern stehen] kleinere Wohnflächen zur Verfügung als deutschen Haushalten … Trotz der insgesamt schlechteren Wohnversorgung zahlen ausländische Familien höhere Mieten im Vergleich zu deutschen Familien …

Im Zusammenhang mit der starken Konzentration von Zugewanderten in bestimmten Stadtteilen taucht der Begriff ‚Ghetto' auf. Der Begriff verbindet mehrere Elemente: die starke räumliche Konzentration, die geringen Chancen auf dem Arbeitsmarkt und damit einhergehende Arbeitslosigkeit, die Bildungsmisserfolge von Migrantenkindern und schlechte Sprachkenntnisse … In den vergangenen Jahren hat sich der Begriff der Parallelgesellschaft etabliert, um vor den Gefahren einer Abschottung von Zuwanderergruppen oder religiösen Gemeinden zu warnen …" [4]

*Die den Juden zugewiesenen Stadtviertel wurden mit dem jüdisch-italienischen Begriff als Ghetto bezeichnet. Da sie in den meisten Städten nachts durch Tore abgeschlossen wurden, beinhaltet der Begriff Ghettoisierung heute allgemein die weitgehende Isolierung einer bestimmten Bevölkerungsgruppe.

[4] Bericht der Beauftragten der Bundesregierung für Migration, Flüchtlinge und Integration über die Lage der Ausländerinnen und Ausländer in Deutschland. Berlin, Juni 2005. S. 103 – 112

[5] Heinz Fassmann: a. a. O., S. 112

Gated Communities als besondere Form sozialer Segregation

Vor allem in Nordamerika ist – nicht zuletzt als Folge der wachsenden sozialen Gegensätze in den Städten und der damit verbundenen Zunahme der Kriminalität – bei den Mittel- bzw. Oberschichten der gesteigerte Wunsch nach Exklusivität und Sicherheit zu beobachten. Sichtbarer Ausdruck dieser Entwicklung ist das Entstehen von Gated Communities, von privaten und mit Sicherheitseinrichtungen (z. B. bewachten Einfahrten, Zäunen, Videokameras, Hilfspolizei) geschützten Wohngebieten. Es wird geschätzt, dass in den Vereinigten Staaten bereits über 8 Mio. Menschen in knapp 20 000 derartigen Gated Communities wohnen – Tendenz rasch steigend.

Bei den Gated Communities lassen sich drei Haupttypen unterscheiden:

- Lifestyle-Communities als Wohnanlagen für Menschen bestimmter sozialer Schichten, meist im selben Lebensabschnitt und demzufolge mit ähnlich gelagerten Interessen und Freizeitaktivitäten (z. B. Rentnerstädte, Seniorensiedlungen, Golf- oder Country-Style-Communities);
- Elite- oder Prestige-Communities: bevorzugte Wohnorte Wohlhabender mit dem Bestreben, „unter sich“ zu sein und den eigenen Reichtum geschützt zur Schau zu tragen;
- Safety Zone Communities: aus Angst vor einer – realen oder gefühlten – Bedrohung durch Kriminalität entstandene bewachte Wohnanlagen.

„Den ‚Ghettos der Ausgeschlossenen‘ stehen [also] die ‚Ghettos der sich selbst Ausschließenden‘ gegenüber. Das Entstehen von Gated Communities ist Ausdruck der neuen sozialräumlichen Polarisierung der postmodernen Stadt am oberen Ende der ökonomischen und sozialen ‚Sanduhr‘. Als Inseln des Wohlstandes werden sie in der Stadt oder Stadtregion errichtet, zentral geplante Reihenhäuser oder allein stehende Objekte, mit Freizeiteinrichtungen (Golf, Tennis, Schwimmbad) … sowie einer realen und in manchen Fällen auch nur virtuellen Ummauerung. Wichtiger als diese Ummauerung ist nämlich der Preis für ein entsprechendes Objekt, der den wichtigsten Filter dafür darstellt, dass nur die ‚richtigen‘ Bewohner in diese Gated Community einziehen. Segregation ist erwünscht und angestrebt, denn sie sorgt für eine homogene soziale Umwelt und eine Verdrängung von Armut und Elend aus dem Blickwinkel der Bewohner.“ [5]

M13 Eingangszone einer Gated Community in den USA

Gated Community (G)

Die Errichtung von Gated Communities nach nordamerikanischem Vorbild als privat organisierte, dem staatlichen Zugriff und Gewaltmonopol zumindest teilweise entzogene territoriale Einheiten ist in den Staaten Europas mit ihren demokratischen Verfassungen nicht möglich. Allerdings ist auch hier zu beobachten, dass bestimmte Wohngebiete mit Alarmanlagen und Sicherheitskräften ausgestattet werden, dass in exklusiven Einzelanlagen und Hochhausobjekten hohe Sicherheitsstandards bereits zum Alltag gehören.

A14 Erarbeiten Sie weitere, über die Textinformationen von S. 284 hinausgehende Merkmale von Ghettos (Lexikon, Internet).

A15 Untersuchen Sie – im Rahmen einer Behördenbefragung, Interviewserie oder Stadtexkursion – die Wohnsituation ausländischer Bevölkerungsgruppen in Ihrer Heimatstadt.

A16 Vergleichen Sie die beiden Fotos M12 und M13 und erläutern Sie Ursachen der dargestellten Situation.

M14 Shoppingcenter Süd in Vösendorf bei Wien

Suburbia
Postsuburbia

8.4.6 Neue Entwicklungen bei den Stadt-Umland-Beziehungen: Von Suburbia zu Postsuburbia?

Shoppingcenter
Edge City (G)
Office Park
Industrial Estate
Urban Entertainment Center
Kernstadt (G)
Suburbanisierung (G)

„An einem feuchtkalten Herbsttag [des Jahres 1976] eröffnet der damalige Handelsminister … – am südlichen Stadtrand Wiens, in Vösendorf, Gemeinde Mödling – das größte Shoppingcenter Europas: 160 Geschäfte auf vollklimatisierten 75 000 Quadratmetern, elf Restaurants, Parkplätze für 5 000 Autos …

Die Verkaufsfläche hat sich in den 30 Jahren [bis heute] mehr als verdreifacht, die Zahl der Geschäfte und die der Parkplätze … verdoppelt. Der Jahresumsatz der SCS [Shopping City Süd] liegt heute bei einer Milliarde Euro, die Produktpalette umfasst Luxusartikel genauso wie Massenware … Typische SCS-Besucher sind Eltern, die mit ihren Kindern den ganzen Tag hier verbringen. Ihr Gewand kaufen sie bei H&M, New Yorker, C&A oder Zara, zum Mittagessen gehen sie zu Nordsee und am späten Nachmittag folgt dann ein Film im Kino. Claudia und Stefan Weiser kaufen mit ihrem fünf Monate alten Sohn Matteo einmal pro Woche in der Shopping City ein. ‚Alle Geschäfte an einem Platz zu haben, ist toll', sagt Claudia Weiser. ‚Hier ist alles nebeneinander und man findet immer was Neues.' Wenn Matteo ins Teenageralter kommt, wird er die SCS allein besuchen und sich in der dort ansässigen Diskothek ‚Nachtschicht' die Nächte um die Ohren schlagen …" [6]

Wie die Meldung über das „Shoppingcenter Süd" zeigt, reagiert der Markt auf die Nachfrage und die Ansprüche einer modernen Konsumgesellschaft mit ihrem gestiegenen Wohlstand, zunehmender Freizeit und hoher Mobilität. Selbst in wirtschaftlich schwierigen Zeiten wollen die Menschen auf Freizeitbereiche wie Kultur, Sport, Spiel sowie Unterhaltung und vor allem auf den Konsum nicht verzichten. Es bildet sich eine Erlebnisindustrie heraus, die ihre vielfältigen Angebote an verkehrsmäßig leicht erreichbaren Standorten bündelt. Aus „Shopping Cities" werden „Urban Entertainment Center".

Die Folgen für die Gestaltung der urbanen Räume und ihres Umlandes sind vielfältig und gravierend. Sie verstärken einen Prozess, der in den USA sehr weit fortgeschritten ist, der aber auch bereits in Europa beobachtet werden kann, nämlich die Entstehung posturbaner Strukturen und Siedlungsansätze. Bei den Shoppingcentern lagern sich nicht nur Hotelkomplexe an, sondern allmählich auch Servicebetriebe, dann Gewerbe- und Wohngebiete.

Edge City. Zusätzlich entstehen an den Kreuzungspunkten der Highways am Rande der Stadtregion so genannte „Edge cities"*. Das sind pseudo-urbane Kerne, die große Bürozentren (Office Parks) mit Banken, Versicherungen und Verwaltungen großer Unternehmen beherbergen und damit alle Funktionen einer City aufweisen. Hinzu kommen gewerbliche Klein- und Mittelbetriebe, oft in Industrie- und Gewerbeparks (Industrial Estates) zusammengefasst, Einkaufsmöglichkeiten, Hotels für Geschäftsreisende und andere ergänzende Dienstleistungen. Häufig werden dort auch größere Appartementsiedlungen errichtet, um den vielen Beschäftigten ein Wohnen in der Nähe des Arbeitsplatzes zu ermöglichen.

Weder Urban Entertainment Center noch Edge Cities weisen funktionale Verflechtungen mit den ihrer zentralörtlichen Aufgaben mehr und mehr beraubten Kernstädten auf. Sie stellen vielmehr eigenständige Knoten in einem Raummuster dar, das als „Postsuburbia" bezeichnet wird (M15). Dies ist eine Entwicklung, die über den Prozess der Suburbanisierung hinausgeht.

[6] Saskia Jungnikl: Shopping City Süd. In: „Datum" vom 22.09.2006, auf www.datum.at/0906/stories/2760733, Febr. 2008

***„edge"** = Kante, Rand

[7] Heinz Fassmann: a. a. O, S. 115–117

M15 nach ebenda, S. 116

Online-Link
29260X-8406

Postsuburbia. Das Entstehen von Shoppingcentern, Edge Cities oder Office Parks im weiteren Umlandbereich der Städte schafft eine neue Qualität der Raumstruktur, die als Postsuburbia bezeichnet wird. Blieben bei der Suburbanisierung trotz aller Auslagerungen von Unternehmen und Wohnbevölkerung die funktionalen Zusammenhänge mit der Kernstadt weitgehend erhalten, so zeichnen sich die neuen Knoten mit ihren vielfältigen, auch zentralörtlichen Angeboten und ihrer großen Ausdehnung durch eine weitgehende Eigenständigkeit aus. Es ist dies ein Prozess, der nicht nur zu einer weiteren Zersiedelung der Landschaft führt.

„Die planerischen Probleme ... sind jedenfalls zahlreich und lassen sich auf folgende Prozesse zurückführen:

1. Mit der Abwanderung von mittleren und besser verdienenden Einkommensgruppen geht den Kernstädten Kaufkraft verloren. In den durchschnittlichen Wohnquartieren der Städte bleiben überdurchschnittlich oft ärmere, ausländische, ältere und arbeitslose Bevölkerungsgruppen zurück. Sie geraten damit sehr leicht in einen kumulativen Abwertungsprozess (‚filtering down') ...

2. In dem neu erschlossenen Teil der Suburbia (dem ‚Speckgürtel' der Stadt) lassen sich mittlere und besser verdienende Einkommensgruppen nieder, die auch die steigenden Bodenpreise bezahlen können. Wenn das Bauland oder die Gewerbegebiete in diesem Teil des Stadtumlandes knapp werden und sich damit verteuern, dann weichen Unternehmen und Haushalte aus und ziehen in noch weiter entfernte Teile des Stadtumlandes, wo das Bauland preisgünstiger ist. Wenn auch dort die Verknappung und Verteuerung einsetzen, dann erfolgt eine weitere Expansion. Die verstädterten Gebiete im suburbanen Raum entwickeln sich zyklisch zu einem weitflächigen, unscharf gegliederten Siedlungssystem (‚Urban Sprawl') ...

3. In der ‚Urban Sprawl' entstehen einzelne Funktionsinseln und produzieren damit eine diffuse, polyzentrische Entwickung [M15]. Die Möglichkeiten, Verkehr zu kanalisieren und durch öffentliche Verkehrsmittel abzuwickeln, sind aufgrund dieser diffusen Struktur beschränkt.

M15 Funktionelle Knoten in der Postsuburbia

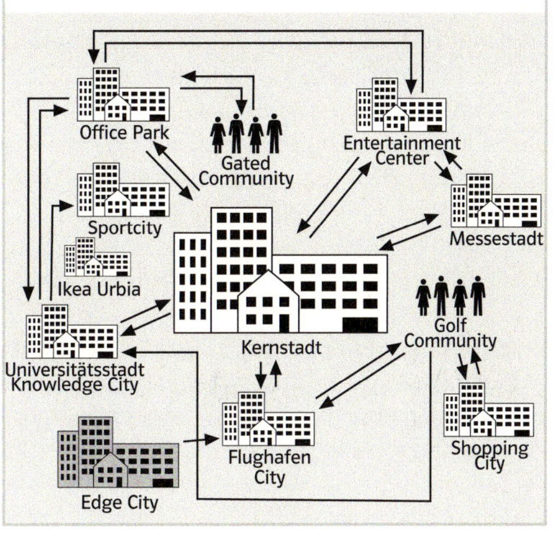

4. Besondere Probleme stellen die unkoordinierte Planung und die Konkurrenz der Stadtumlandgemeinden dar. Die Suburbanisierung von Unternehmen und Bevölkerung wird in Deutschland oder Österreich durch die kommunale Planungsautonomie unterstützt. Gemeinden versuchen aus finanziellen Überlegungen heraus, möglichst viele profitable und ökologisch unproblematische Unternehmen sowie einkommensstarke Bevölkerungsgruppen anzuziehen. Das damit verbundene „filtering up" wertet die Gemeinde auf und verstärkt ihre Finanzkraft. Der Wettbewerb der Gemeinden ... verhindert aber planerisch-politische Reglementierungen, die darauf abzielen, Suburbanisierung [und damit die Entwicklung Richtung Post-Suburbia] einzubremsen." [7]

Zersiedelung

Speckgürtel

Urban Sprawl

A17 Arbeiten Sie wesentliche Elemente einer Shopping City bzw. eines Urban Entertainment Center heraus.

A18 Analysieren Sie die Lage von Shopping Citys oder Shoppingcenter in Ihrer Region.

A19 Vergleichen Sie den Prozess der Suburbanisierung mit der Postsuburbia-Entwicklung.

A20 Erörtern Sie Folgen dieser Entwicklung für die Kernstadt und das Umland.

A21 Überprüfen Sie vor dem Hintergrund der in diesem Kapitel untersuchten Entwicklungen den geographischen Stadtbegriff (s. S. 266–267).

8.4.7 Stadterneuerung und -sanierung

Suburbanisierung (G)

Wenn die traditionellen städtischen Zentren den Prozess der Suburbanisierung und die Entwicklung hin zu Postsuburbia bremsen wollen, sind attraktivitätssteigernde Maßnahmen zur Wiederaufwertung der Innenstädte unerlässlich. Die Notwendigkeit einer umfassenden Stadterneuerung ergibt sich auch aus dem verschärften Wettbewerb zwischen den Städten um privatwirtschaftliche und öffentliche Investitionen, Arbeitsplätze, Besucher und Bewohner. Viele Kommunen versuchen, diesen Herausforderungen durch eine moderne Stadtentwicklungspolitik gerecht zu werden. Es geht darum, das „Produkt Stadt“ durch Erfüllung bestimmter Zielvorgaben (M16) erfolgreich zu vermarkten. Stadtmarketing beschränkt sich dabei nicht auf das Entwerfen von Werbekampagnen für eine Stadt. Es beinhaltet vielmehr ein umfassendes Konzept zur Stadtentwicklung, das häufig auf einem mithilfe von Akteuren aus Wirtschaft, Verwaltung, Vereinen und Bevölkerung erarbeiteten Leitbild beruht.

Stadtentwicklungspolitik

Im öffentlichkeitswirksamen Vordergrund einer solchen Stadterneuerung stehen häufig spektakuläre funktionale und physiognomische Flächen- und Gebäudeumwidmungen bzw. -sanierungen. Zentral gelegene Hauptbahnhöfe (M17) mit ihrem hohen Pendleraufkommen werden zu erlebnisorientierten Einkaufspassagen umgebaut. Moderne Shopping Malls (M18) mit einem Warensortiment unterschiedlicher Qualitätsstufen auf engem Raum, kombiniert mit einem vielfältigen Warenangebot, bilden gezielt ein Gegengewicht zu den Shopping Citys im suburbanen Raum.

Pendler (G)

Stadterneuerung umfasst darüber hinaus eine Fülle von Maßnahmen der öffentlichen und privaten Hand, mit denen vom Niedergang bedrohte oder sogar verfallende Gebäude und Stadtteile saniert werden sollen. Sie kann in „sanfter“ Form praktiziert werden, bei der es gelingt, gewachsene soziale Strukturen und Milieus auch nach der Sanierung zu erhalten. Eine „harte“ Stadterneuerung liegt dann vor, wenn infolge einer durchgreifenden Aufwertung der Wohnsituation die Miet- und Bodenpreise derart ansteigen, dass die angestammte Wohnbevölkerung verdrängt wird. Die deutliche Standardanhebung der Bausubstanz zieht statushöhere soziale Schichten an. Dieser Austausch der Bevölkerung wird als Gentrifikation bezeichnet (s. S. 280).

Sanfte Stadterneuerung

Harte Stadterneuerung

Gentrifikation

M16 Zielsechseck der Stadtentwicklungspolitik

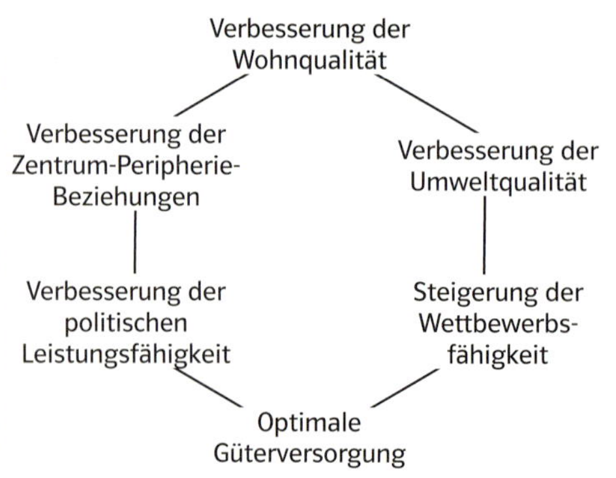

Umweltqualität umfasst alle Einflussfaktoren mit Kollektivgut-Charakter, die für alle mehr oder weniger gleich sind (aber nicht notwendigerweise gleich eingeschätzt werden), wie z. B. die Umweltbelastungen (Lärm, Luftverunreinigungen usw.), das Stadtbild und das Quartierleben.

Unter **Wettbewerbsfähigkeit** wird der wirtschaftliche Erfolg der Unternehmen im Vergleich zu ihren Konkurrenten in anderen Städten und Regionen verstanden. Wettbewerbsfähigkeit ist Voraussetzung für die Verfügbarkeit von Arbeitsplätzen.

Das Ziel **optimaler Versorgung** umfasst die quantitative und qualitative Versorgung von Bevölkerung und Wirtschaft mit privaten Gütern und öffentlichen Diensten.

Die **politische Leistungsfähigkeit** beinhaltet das befriedigende Funktionieren des politisch-administrativen Systems. Es geht dabei um die möglichst gute Umsetzung der Präferenzen der Bevölkerung in staatliche Maßnahmen.

M17 Kaufhaus mit Gleisanschluss – Leipzig Hauptbahnhof

„Das SEVENS ist die erste Shopping Mall, in der Sie geizen und prassen können. Auf 7 Ebenen und mehr als 15 000 m² finden Verbraucher in der Mall Discounter, Nobelboutiquen, Sushi-Restaurants vis à vis Stehcafés. Aber immer renommierte Namen – einerseits Joop!, STRENESSE, Odeon oder Marlies Möller. Andererseits Saturn und Das Depot. Gerade noch auf Schnäppchenjagd und im nächsten Moment in Luxus schwelgen." [8]

M 18 Shopping Mall SEVENS auf der Düsseldorfer „Kö"

M 19 Stadthäuser „Prenzlauer Gärten" in Berlin

„Kommunalpolitiker haben ein Interesse daran, die obere Mittelschicht in der Stadt zu halten oder sogar aus den Vororten zurückzuholen. Denn die Mittelschicht stellt die Hauptsteuerzahler: Familien mit zwei Einkommen, kinderlose Doppelverdiener und die Whoopies, die Well Off Old Persons, die reichen Rentner.
Und so stellen sich Wohnungsunternehmer darauf ein, innerstädtische Areale, die eine Weile brachlagen, in Wohngebiete zu verwandeln. In Berlin werden die „Prenzlauer Gärten" gebaut, mit 60 Stadthäusern gegenüber dem Volkspark ... [,] Luxus-Stadthäuser auf dem Friedrichswerder in der Nähe des Auswärtigen Amtes ... [,] Gendarmenmarkt, Oper und Museumsinsel sind nicht weit. Die Stadthäuser können für eine oder mehrere Wohnungen genutzt werden. Computerdesigner, Architekten und Ärzte haben sich mit ihren Büros, Ateliers und Praxen eingekauft. In Dresden sind in der Nähe des Zwingers 36 Stadthäuser geplant. In Frankfurt am Main entstehen auf dem Gelände einer ehemaligen Großgärtnerei 50 Stadthäuser.
Die Einfamilien-Stadthäuser beanspruchen nur kleine Grundflächen, sie sind aber dennoch teuer, kosten 400 000 Euro und mehr ..." [9]

Stadthäuser

A 22 Nennen Sie mögliche Maßnahmen zur Erreichung des Zieles „Verbesserung der Umweltqualität" im Rahmen der Stadtentwicklungspolitik.

A 23 Erstellen Sie – auf der Grundlage einer Erkundung oder Exkursion – eine Präsentation zu einer Maßnahme der Stadterneuerung in Ihrer Heimatstadt/Schulstadt.

A 24 Ordnen Sie die auf dieser Doppelseite vorgestellten Maßnahmen einzelnen Zielen der Stadtentwicklungspolitik zu (M 16).

A 25 Beurteilen Sie die in einigen Großstädten getroffene Maßnahme, in den Zentren ambitionierte Wohnprojekte wie die Errichtung von „Townhouses" bzw. Stadthäusern zu realisieren.

M 16 nach bzw. aus Ernst Brunotte ... : a. a. O., Bd. 3, S. 265 (Imprint von Springer SMB)

[8] Werbetext der Shopping Mall SEVENS, auf www.sevens.de, Febr. 2008

[9] DER SPIEGEL, H. 2/2006. Hamburg: Spiegel-Verlag 2006, S. 134

Online-Link
zur Stadtsanierung Görlitz: 29260X-8405

8.5 Stadttypen und Stadtentwicklung in außereuropäischen Kulturkreisen

M1 Typisierung von Städten

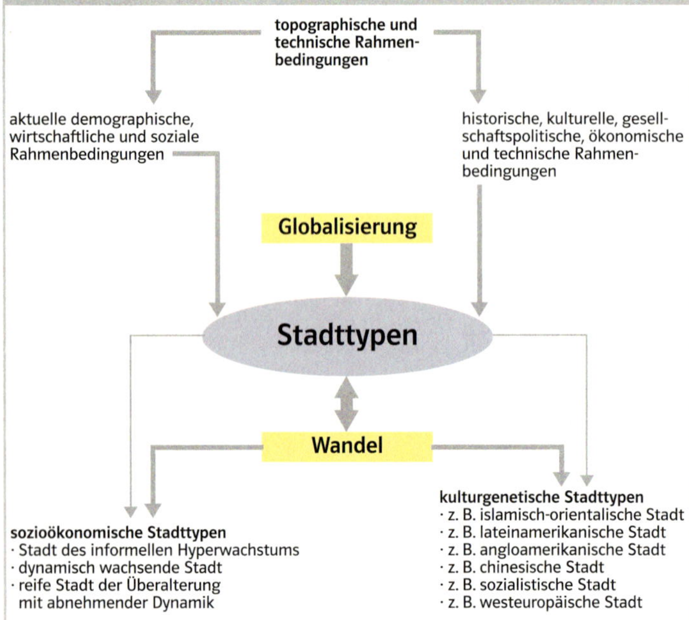

Verstädterung (G)

kulturgenetische Stadttypen

Persistenz

URBAN 21

Stadttypen

Im Zuge des Verstädterungsprozesses sind Bevölkerungskonzentrationen entstanden, die sich je nach Lage, Größe und technischen Rahmenbedingungen (z. B. Bauweise) in ihrer äußeren Gestaltung sowie inneren Struktur deutlich unterscheiden. Eine Metropole in Südamerika z. B. hat sich in ihren traditionellen Bauformen und funktionalen Gliederungen anders entwickelt als eine deutsche Großstadt. Durch die Auswahl vergleichbarer spezifischer Faktoren der Stadtentwicklung, dominierender Elemente im Erscheinungsbild oder vorherrschender Problemlagen gelingt es, die Vielzahl der Städte zu bestimmten Stadttypen zusammenzufassen. Eine solche Typisierung bedeutet also eine – vom jeweiligen Beobachter subjektiv vorgenommene – Reduzierung der Wirklichkeit. Sie bietet den Vorteil, dass mit der typologischen Zuordnung einer Stadt sofort deren vorherrschende charakteristische Merkmale verdeutlicht werden können.

Von Europa über den Orient und Ostasien bis nach Nord- und Lateinamerika haben sich zum Beispiel kulturgenetische Stadttypen herausgebildet. Zu ihnen gehören auch die historisch-genetischen Stadttypen in Mitteleuropa (s. S. 272–273). Sie sind das Produkt ihres jeweiligen Kulturraumes und der in jeder historischen Epoche dominierenden gesellschaftspolitischen, ökonomischen und technischen Einflüsse. In ihrem aktuellen Erscheinungsbild und in ihren Strukturen spiegeln sie den gesellschaftlichen Wandel der letzten Jahrhunderte wider. Dabei muss beachtet werden, dass sich soziale Veränderungen stets rascher vollziehen als die Umformungen der Bausubstanz. Deren Beharrungsvermögen (Persistenz) sorgt für das Nebeneinander traditioneller und moderner Strukturen im Erscheinungsbild der verschiedenen Stadttypen.

Trotz aller kulturräumlich bedingten Unterschiede ist aber in der Gegenwart zu beobachten, dass die Städte weltweit bei fortschreitender Globalisierung denselben Einflussfaktoren unterliegen. Sie ergeben sich aus der zunehmenden weltwirtschaftlichen Verflechtung, dem sozialen Wandel, den Umweltbelastungen und der Endlichkeit unserer Ressourcen. Die genannten Einflüsse wirken sich – je nach Entwicklungsstand und demographischer Situation – in spezifischer Weise auf die Städte eines Landes aus. Unter diesen sozioökonomischen Gesichtspunkten unterscheidet der von der „Weltkommission URBAN 21" erstellte „Expertenbericht zur Zukunft der Städte" (2000) folgende Stadttypen:

- die „Stadt des informellen Hyperwachstums" in ärmeren Ländern, das sind die Metropolen und Großstädte in Entwicklungsländern mit ihrem rasanten Bevölkerungswachstum und entsprechender ökonomischer, sozialer und infrastruktureller Überforderung;
- die „dynamisch wachsende Stadt" in den Schwellenländern und jungen Industriestaaten, z. B. in Südostasien mit ihrer nach wie vor hohen demographischen, zugleich aber auch intensiven wirtschaftlichen Dynamik;
- die „reife Stadt der Überalterung mit abnehmender Dynamik" in den hoch entwickelten Räumen der Erde mit ihren aktuellen Problemen der demographischen Stagnation und des strukturellen Wandels.

A1 Arbeiten Sie wesentliche Unterschiede einer stadtgeographischen Typisierung nach kulturgenetischen und sozioökonomischen Gesichtspunkten heraus.

A2 Gestalten Sie – ggf. im Rahmen einer Facharbeit – eine Präsentation zu den Merkmalen, Problemen und Perspektiven einer ausgewählten Stadt des sozioökonomischen Typs (Literatur hierzu s. z. B. Quellenangabe zu M 2; Online-Link: 29260X-8501).

M 2 Erscheinungsbild und Funktionen der Altstadt (Medina)

„Der islamisch-orientalische Stadttyp ist in einer rentenkapitalistisch organisierten Agrargesellschaft entstanden, in der der Islam als vorherrschende Religion die Stadt als religiöses und politisches Zentrum definierte. Als typische Strukturelemente treten hervor:
- das Sackgassen-Grundrissmuster der Wohnquartiere, das dem Streben nach Schutz der Privatsphäre entspricht, gelten doch die großen Durchgangsstraßen zu den Stadttoren als öffentlicher Besitz, die Sackgassen aber als gemeinschaftlich-privater Bereich, als äußerer Schutzkordon für das eigene Haus;
- scharf abgegrenzte Wohnquartiere mit in der Regel um einen Innenhof angeordneten und dorthin geöffneten Wohnhäusern, was ebenfalls die Intimität des Familienlebens garantieren soll;
- die Freitagsmoschee als religiöser und gesellschaftlicher Mittelpunkt sowie kleinere Moscheen innerhalb der einzelnen Stadtviertel;
- der Suq (arabisch; auch Souk oder Suk) bzw. Bazar (persisch), der – analog zum Central Business District bzw. zur City westlicher Städte – das Handels-, Gewerbe- und Finanzzentrum darstellt und in dem auch die rentenkapitalistischen Landeigentümer als Kaufleute, Geldverleiher und Verleger des ländlichen Heimgewerbes ihren Sitz haben;
- Stadtmauern, Burg- und Palastanlagen als Ausdruck politischer Macht;
- spezielle Stadtviertel für ethnische bzw. religiöse Minderheiten (z. B. für Christen, Juden [Ghettos]).“

M 3 Damaskus als Beispiel einer islamisch-orientalischen Stadt

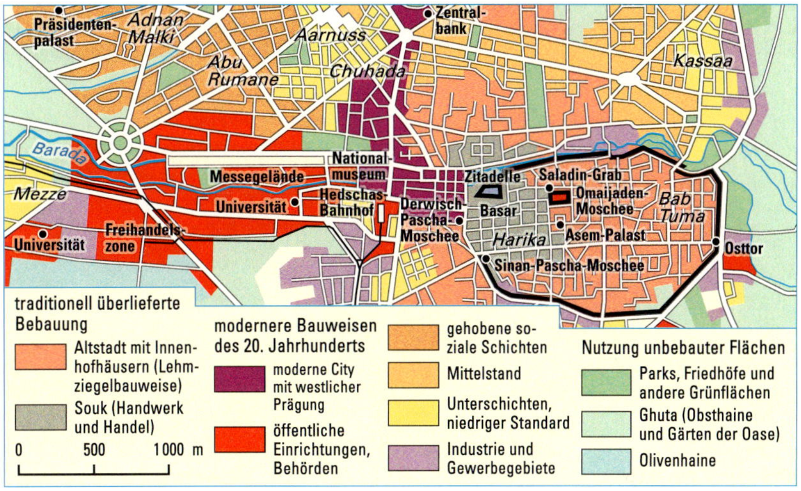

M 4 Entwicklung zu einer bipolaren Stadt

„Infolge der Überprägung durch die britischen und französischen Kolonialmächte einerseits und durch die moderne Weltwirtschaft andererseits hat sich das Bild der traditionellen islamisch-orientalischen Stadt seit Beginn des 20. Jh.s wesentlich verändert.
Neben der Altstadt entwickelte sich eine Neustadt mit regelmäßigem Straßennetz, repräsentativen Plätzen, mehrgeschossigen Miets-, Geschäfts- und Bürokomplexen sowie offenen Wohnvierteln der Ober- und Mittelschicht, letztere vor allem in landschaftlich bevorzugten Lagen.
In der Neustadt konzentrierte sich ferner der gehobene Tertiärbereich mit Banken, Großkaufhäusern, Hotels und Verwaltungsgebäuden; eine City nach europäischem Vorbild entstand, vornehmlich zwischen Altstadt und Neustadt. So entwickelte sich im Laufe der Verwestlichung die islamisch-orientalische Stadt häufig zu einer zweipoligen Stadt mit einem modernen CBD in geringer Entfernung von der Medina.*
… Auch die Wohngebiete sind zweigeteilt: Mit dem Auszug besonders junger und wohlhabender Bevölkerungsgruppen aus der Enge der Medina verfällt diese mehr und mehr. Im Gegenzug rücken ‚Neustädter‘ nach, die den ländlichen Raum wegen des hohen Bevölkerungsdrucks und der unzureichenden Lebens- und Wirtschaftsverhältnisse verlassen. Es kommt zu einer Überbelegung der Wohnbereiche der Medina, teilweise auch zu Slumbildung. Gleichzeitig entwickeln sich am Rande der Großstädte Hüttenviertel der Armen …
Die größeren Industriebetriebe siedelten sich vor allem an den großen Ausfallstraßen an der Peripherie der Städte an.“

A 3 Beschreiben Sie mithilfe von Fotos (Internet-Recherche) den Typus der islamisch-orientalischen Stadt.

A 4 Erläutern Sie Strukturen und Prozesse in der islamisch-orientalischen Stadt, wie sie unter westlich-europäischem Einfluss entstanden sind.

A 5 Gestalten Sie eine Strukturskizze für ein Modell der modernen islamisch-orientalischen Stadt.

M 2 Wilfried Korby: Das Jahrtausend der Städte. TERRAglobal. Gotha: Klett-Perthes 2004, S. 14

M 4 Norbert von der Ruhren: Leitbilder der Stadtentwicklung in außereuropäischen Kulturkreisen. In: Norbert von der Ruhren (Hrsg.): Leitbilder der Stadtentwicklung. Köln: Aulis 2003, S. 32

Weiterführende Literatur
Wilfried Korby: Das Jahrtausend der Städte. TERRAglobal. Gotha: Klett-Perthes 2004
Klaus Zehner: Stadtgeographie. Gotha: Klett-Perthes 2001

* **Medina** = Altstadt

Online Link
29260X-8502

Online Link zu A 5:
29260X-8503

Fallbeispiel: Lateinamerikanische Stadt

M 5 Grundstrukturen

„Schachbrettgrundriss, manchmal auch ein rechteckiger Grundriss, mit dem Hauptplatz, der plaza mayor, im Zentrum gilt als das bestimmende Merkmal aller kolonialspanischen Gründungen in der Neuen Welt ... Dafür maßgeblich waren mehrere städtebaulich-architektonische Vorstellungen, darunter spanische Vorbilder, die angetroffenen Grundrisse der indianischen Vorläuferstädte sowie Theorien der Renaissance. Schon mit dem Gründungsakt wurden die unmittelbar an die plaza angrenzenden cuadras für die wichtigsten Regierungs-, Verwaltungs-, religiösen und militärischen Gebäude reserviert und die übrigen zentral gelegenen Grundstücke an die ranghöchsten der an der Stadtgründung beteiligten Konquistadoren vergeben. Diese Aufteilung machte die plaza auch zum funktionalen Stadtzentrum und bedingte zugleich ein soziales Kern-Rand-Gefälle, das auch in der Physiognomie deutlich in Erscheinung trat: Im Stadtkern lagen die bedeutendsten öffentlichen Repräsentationsbauten wie Kathedrale und Rathaus und die oft prunkvollen Adelspaläste und Bürgerhäuser der vornehmen Familien. Nach außen folgten die Wohnviertel der weniger privilegierten Angestellten, der Händler und Handwerker. Größe und Ausstattung der meist eingeschossigen Patiohäuser [*] nahmen dabei mit wachsender Entfernung vom Stadtmittelpunkt ab. Die Lehmhütten der Indios und später z.T. auch der Sklaven lagen am äußersten Stadtrand."

M 6 Struktur und Entwicklung der lateinamerikanischen Stadt

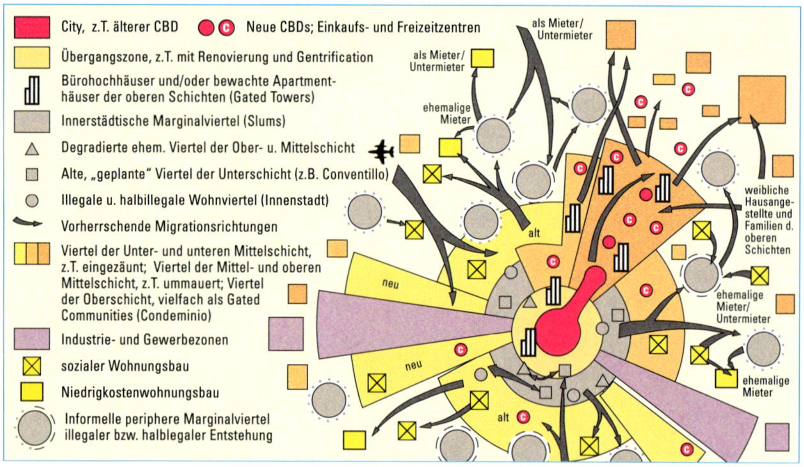

M 7 Wandel der Stadtstruktur im 19. und 20. Jh.

„Erste Tendenzen einer Auflösung traditioneller Strukturen zeichneten sich schon während der 60er Jahre des 19. Jh.s ab. Vor allem die Kommerzialisierung des Stadtzentrums, wo sich nach der Unabhängigkeit der lateinamerikanischen Staaten zunehmend Handelshäuser, Banken, Unternehmensverwaltungen und Einzelhandel niedergelassen hatten, führte zur Verdrängung der Oberschicht, die sich nun in der Nähe der neu angelegten Parks am Rande der Stadt niederließ. Die Weltwirtschaftskrise 1929 und der Wunsch, sich vom krisenanfälligen Weltmarkt zu lösen, führten ab 1930 zur beschleunigten Industrialisierung lateinamerikanischer Städte. Das Zentrum erfuhr einen funktionalen, vor allem aber sozialräumlichen Wandel. Anstelle der aufgegebenen und abgerissenen Patio-Häuser wurden billige Massenmietshäuser (‚conventillos') errichtet. Vor allem an den Stadträndern entstanden nun Industrieviertel und Arbeitersiedlungen. Die durch den raschen wirtschaftlichen Umbruch stimulierte Landflucht hatte die Bildung von Hüttenvierteln zur Folge."

M 8 Aktuelle Entwicklungen

„Kennzeichen der jüngsten Entwicklungsphase der lateinamerikanischen Städte sind zum einen das ungebremste Wachstum [vor allem in der Fläche] und zum anderen eine verstärkte Polarisierung der städtischen Wirtschaft in einen formellen und einen informellen Sektor. Hand in Hand damit geht eine immer stärkere soziale Segregation und Fragmentierung einher, die sich einerseits in den randstädtischen Marginalsiedlungen bemerkbar machen und andererseits in den so genannten „condeminios". Letztere sind abgeschlossene, für die Öffentlichkeit nicht zugängliche Siedlungen besonders der Oberschichtenbevölkerung, vergleichbar den Gated Communities in den nordamerikanischen Städten."

A 6 Erstellen Sie ein Strukturschema für die kolonialzeitliche lateinamerikanische Stadt.

A 7 Erläutern Sie aktuelle Entwicklungsprozesse lateinamerikanischer Städte.

M 5 Jürgen Bähr/Ulrich Jürgens: Stadtgeographie II. Regionale Stadtgeographie. Braunschweig: Westermann 2005, S. 266 – 268

[*] Stadthaus mit zentralem Innenhof

M 7 Klaus Zehner: Stadtgeographie. Gotha: Klett-Perthes 2001, S. 182

M 8 Arno Kreus/Norbert von der Ruhren (Hrsg.): FUNDAMENTE Kursthemen. Städtische Räume im Wandel. Gotha: Klett-Perthes 2005, S. 33

Weiterführende Literatur
Wilfried Korby: Das Jahrtausend der Städte. TERRAglobal. Gotha: Klett-Perthes 2004
Klaus Zehner: Stadtgeographie. Gotha: Klett-Perthes: 2001

Online Link 29260X-8504

M 9 Zur Geschichte der angloamerikanischen Stadt

„Nordamerikas Städte sind jung. Die meisten wurden erst im 18. und 19. Jh. gegründet, zu einem Zeitpunkt also, da die Hauptphase der Städtegründungen in Mitteleuropa bereits mehr als ein halbes Jahrtausend zurücklag [s. S. 272–273]. Die Gründungen in den USA erfolgten vornehmlich im Zuge der Erschließung des Landes, zunächst durch die Briten in den 13 Kolonien an der Ostküste, später im Rahmen der Landnahme, z. B. im Zusammenhang mit dem Bau der großen Kontinentalbahnen ab ca. 1880.
Die angloamerikanischen Städte … hatten im Gegensatz zu vielen Städten in Mittel- und Südamerika keine vorkolonialen Vorgänger. Es fehlen ihnen zudem städtebauliche Elemente, wie sie z. B. die europäische Stadt aufweist: eine Altstadt, ein zentraler Markt, eine Stadtmauer, eine Burg oder ein Schloss.
Andererseits spiegeln die angloamerikanischen Städte sehr deutlich Werte und Einstellungen der Gesellschaft wider, die sie erbaut hat. Sie waren nie kulturelle Zentren. Die Amerikaner haben ihre Städte vielmehr hauptsächlich nach wirtschaftlichen und pragmatischen Gesichtspunkten angelegt und ausgestaltet."

A 8 Arbeiten Sie wesentliche Merkmale des Stadttyps „angloamerikanische Stadt" heraus.

A 9 Erläutern Sie aktuelle Entwicklungen und Probleme der angloamerikanischen Stadt.

M 10 Modell der angloamerikanischen Stadt (Halbmodell)

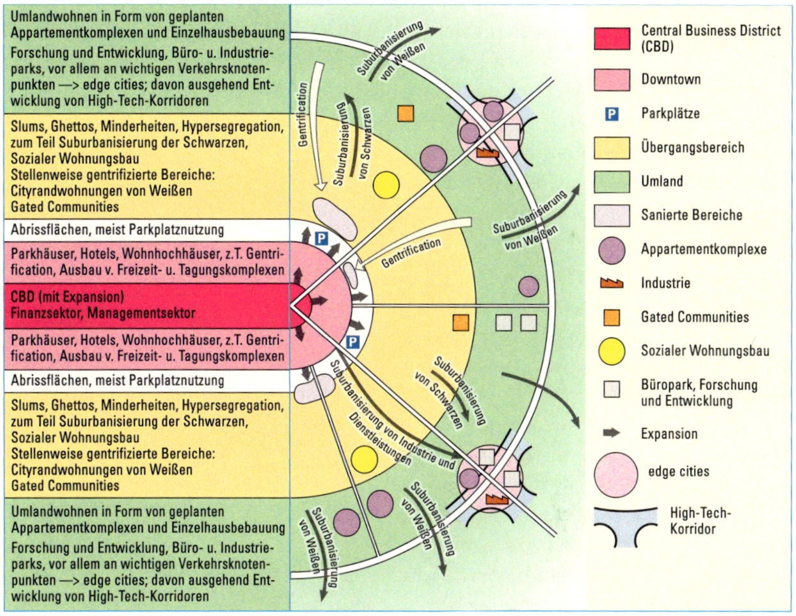

M 11 Gegenwärtige Strukturen und Wandel der angloamerikanischen Stadt

„Zonen höchster Wirtschaftskraft sind die Downtowns, obwohl sich seit den 1980er Jahren signifikante Leerstandsraten hinter den neuen Wolkenkratzern verbergen. Es folgen ‚Urban Renewal'-Flächen mit mehr oder weniger stark ausgeprägtem ‚Marktpotenzial'. Neuerdings werden auf solchen ausgewählten Arealen innerstädtische ‚gated communities' [s. S. 285] gebaut.
Eine große Verkehrsinfrastruktur [mit Highways] bildet häufig die äußere Begrenzung der Downtowns … Diese wurden in nicht wenigen Fällen als physische Abgrenzung gegen die verfallenen Wohnviertel errichtet, welche … dem unteren Mittelstand und der ‚urban underclass' zuzurechnen sind.
Auffallend sind in den City-nahen Gebieten die Großsportarenen als neue, jedoch umstrittene Symbole der Downtown-Attraktivität. So mussten beispielsweise in Atlanta für das … Fulton County Stadium ca. 50 000 Personen der unteren Einkommensschicht aus dem Planungsareal weichen … Es ist nicht immer klar, wohin die verdrängten Personen ziehen, zumal der soziale Wohnungsbau nicht Schritt hält. Das Phänomen … der Überbelegung bereits bestehender Slums ist … nachgewiesen …
Seit den 1970er Jahren sind diese [citynahen] Stadtviertel von ‚Gentrification' (s. S. 280) erfasst worden … Generell geht Gentrification mit einer sozialen Umschichtung einher, bei der ärmere durch einkommensstärkere Bevölkerungsschichten verdrängt und ersetzt werden. Gut verdienende, karriereorientierte, oft kinderlose Haushalte (‚DINKs – double income, no kids') tragen zu einer Wiederbelebung dieser Innenstadtquartiere und ihrer Infrastruktur bei. Um ein entsprechendes Ambiente bieten zu können, erfahren diese Stadtteile eine Lifestyle-orientierte Stadtraumgestaltung …"

M 9 Rita Schneider-Sliwa: USA. Darmstadt: Wissenschaftliche Buchgesellschaft 2005, S. 179–180

M 10 Arno Kreus/Norbert von der Ruhren (Hrsg.): a. a. O., S. 30

M 11 Jürgen Bähr/Ulrich Jürgens: a. a. O., S. 174

Weiterführende Literatur
Wilfried Korby: Das Jahrtausend der Städte. TERRAglobal. Gotha: Klett-Perthes 2004
Klaus Zehner: Stadtgeographie. Gotha: Klett-Perthes 2001

Online Link
29260X-8505

8.6 Nachhaltige Stadtentwicklung

nachhaltige Stadtentwicklung

Urbaner Lebensstil ist in großem Umfang von Ressourcen abhängig, welche im Umland oder weltweit gewonnen werden. Der noch immer steigende Bedarf an Nahrungsmitteln, Energie, Wasser und Rohstoffen fordert eine Veränderung des urbanen Umgangs mit der Umwelt. Die Stadt als Lebensraum der Zukunft muss langfristig ihren Ressourcenverbrauch so gestalten, dass die natürlichen Ressourcen nachhaltig genutzt werden. An welchen Zielen und Leitbildern soll sich eine nachhaltige Stadtentwicklung orientieren?

Drei Säulen beherrschen die Leitbilddiskussion:
- die „ökologische und ressourcensparende Stadt", welche effizient mit den zur Verfügung stehenden Ressourcen umgeht,
- die „ökonomische Stadt" mit dauerhafter Leistungs- und Konkurrenzfähigkeit und
- die Vision einer „sozialen Stadt", welche allen Bevölkerungsgruppen die Teilhabe am urbanen Leben ermöglicht.

8.6.1 Aktionsprogramme

Agenda 21

1992 verabschiedeten die Vertreter von 179 Staaten auf der „Konferenz für Umwelt und Entwicklung der Vereinten Nationen" (UNCED) in Rio de Janeiro die „Agenda 21", ein globales Aktionsprogramm für nachhaltige Entwicklung. Kapitel 28 fordert die Kommunen der Welt auf, im Dialog mit ihren Bürgern eine lokale Agenda 21 zu beschließen.

HABITAT II

1996 verabschiedete die Konferenz HABITAT II der UNO die „Istanbul-Deklaration". In ihr wurden unter anderem Forderungen nach einer nachhaltigen Entwicklung im Bau- und Siedlungswesen mit angepassten, bedürfnisorientierten Unterkünften für alle sowie eine nachhaltige, menschliche Siedlungsentwicklung in einer sich verstädternden Welt festgeschrieben.

Charta von Athen
Leipzig-Charta

Ein vorerst letzter Meilenstein ist die „Leipzig-Charta zur nachhaltigen europäischen Stadt". Im Gegensatz zur 75 Jahre alten Charta von Athen, die uns aus heutiger Sicht eine Trennung in Büroviertel und Schlafstädte brachte, fordert sie kompakte Siedlungsstrukturen mit Integration von Wohnen, Arbeiten, Versorgung und Freizeit.

Grundsätze der Leipzig-Charta zur nachhaltigen europäischen Stadt 2007, Empfehlungen der EU.

„… die Ansätze einer integrierten Stadtentwicklung stärker zu nutzen.
Unter integrierter Stadtentwicklungspolitik verstehen wir eine gleichzeitige und gerechte Berücksichtigung der für die Entwicklung von Städten relevanten Belange und Interessen. … In diesem Prozess findet die Koordinierung zentraler städtischer Politikfelder in räumlicher, sachlicher und zeitlicher Hinsicht statt. Die Einbeziehung der wirtschaftlichen Akteure, Interessengruppen und der Öffentlichkeit sind hierbei unabdingbar.
Wichtige Handlungsstrategien:
- Herstellung und Sicherung qualitätvoller öffentlicher Räume,
- Modernisierung der Infrastrukturnetze und Steigerung der Energieeffizienz,
- aktive Innovations- und Bildungspolitik.

… besondere Aufmerksamkeit den benachteiligten Stadtquartieren im gesamtstädtischen Kontext zu widmen.
Die Städte stehen gerade in Zusammenhang mit dem wirtschaftlichen und sozialen Strukturwandel und der Globalisierung vor sehr großen Herausforderungen. Zu den spezifischen Problemen zählen dabei insbesondere hohe Arbeitslosigkeit und soziale Ausgrenzung. Städte weisen große Unterschiede innerhalb ihrer Gebietsgrenzen auf, insbesondere hinsichtlich der wirtschaftlichen und sozialen Chancen, aber auch im Hinblick auf Umweltqualitäten. Hinzu kommt, dass die sozialen Differenzierungen und wirtschaftlichen Entwicklungsunterschiede häufig zunehmen und damit zur Destabilisierung in den Städten beitragen.
Wichtige Handlungsstrategien:
- städtebauliche Aufwertungsstrategien verstetigen,
- Stärkung der lokalen Wirtschaft und der lokalen Arbeitsmarktpolitik,
- aktive Bildungs- und Ausbildungspolitik für Kinder und Jugendliche,
- leistungsstarken und preisgünstigen Stadtverkehr fördern." [1]

[1] Zusammengestellt aus www.eu2007.de/de/News/download_docs/Mai/0524-AN/075DokumentLeipzigCharta.pdf, April 2008
M1 nach www.wien.gv.at/umweltschutz/pool/pdf/fussabdruck-zus.pdf, April 2008
M2 nach www.iwa.tuwien.ac.at/htmd2264/lehre/AWS-Vorlesungen/Gestaltung%20des%20RWS/2007/Gestaltung%20des%20reg%20Wasser%20und%20STHH.pdf, April 2008

Online-Links
zur nachhaltigen Stadtentwicklung: 29260X-8601

zur Charta von Athen: 29260X-8602

Online-Link
zum Ökologischen Fußabdruck und zur Stoffflussanalyse: 29260X-8603

M1 Ökologische Fußabdrücke europäischer Städte im Vergleich

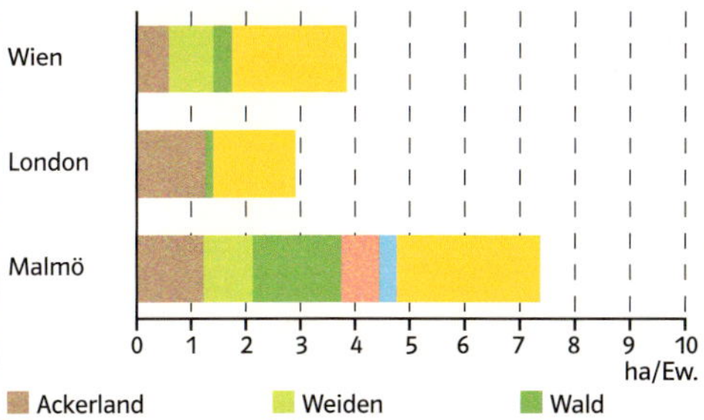

Die Energiefläche als Maß für den Konsum fossiler Energie wird nach dem Ausstoß an CO_2 berechnet. Ein Hektar Wald kann durchschnittlich 3–4 t CO_2 binden. Diese Menge entsteht bei der Verbrennung von etwa 1800 l Erdöl. Ein Bürger Wiens benötigt für die Bindung des CO_2-Austoßes aus seinem Energiekonsum eine Waldfläche von etwas mehr als 2 ha.

M2 Güterfluss durch die Stadt Wien (t/Ew. · a)

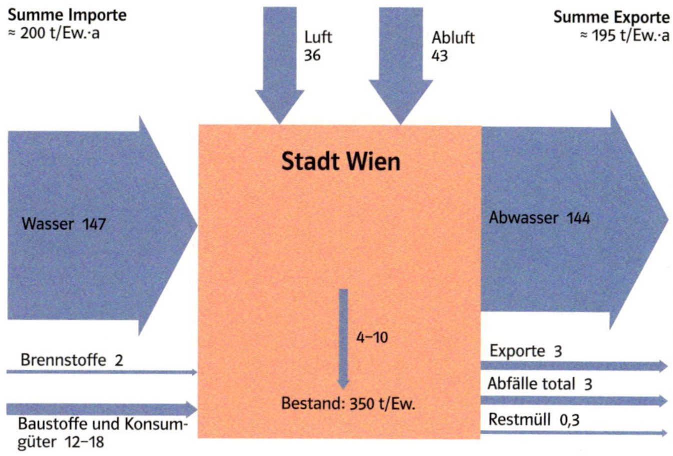

Lesebeispiel: Der Stoffbestand wächst pro Einwohner und Jahr um 4–10 t, z. B. durch Infrastruktur, Gebäude u. a.

8.6.2 Ermittlung der ökologischen Belastung

Mit dem „Ökologischen Fußabdruck" und der „Stoffflussanalyse" lassen sich die ökologischen Belastungen im urbanen Raum quantifizieren.

Der Ökologische Fußabdruck. Um das Ausmaß der Auswirkungen bestimmter menschlicher Lebensweisen feststellen zu können, hat eine Arbeitsgruppe der University of British Columbia/Kanada die Methode des Ökologischen Fußabdrucks entwickelt. Dieser soll den Ressourcenbedarf des Menschen bildlich in der Form des Flächenverbrauchs darstellen. Er ist die produktive Land- und Wasserfläche, die dafür notwendig ist, die für den Konsum benötigten Ressourcen bereitzustellen und den entstehenden Abfall aufzunehmen. Als ökologisch verträglich wird ein Flächenbedarf von unter 1,7 ha/Ew. betrachtet.

Die Stoffflussanalyse. Sie ist ein Verfahren, um die Güter- und Stoffflüsse zwischen der vom Menschen gestalteten Welt und der natürlichen Umwelt zu erfassen. Die Analyse erfolgt dabei in mehreren Schritten und versucht die Prozesse und Lager (sie entstehen durch die Anhäufung von Gütern und Stoffen) und deren Veränderung mithilfe technisch-naturwissenschaftlicher Kriterien zu beschreiben. Der Ablauf ist folgender:
- Formulierung des Untersuchungsziels und der daraus resultierenden Fragestellungen,
- Erfassung des meist sehr komplexen Systems mit seinen räumlichen und zeitlichen Grenzen, den vorkommenden Gütern und Stoffen sowie ihren Verknüpfungen in Prozessen. So wird z. B. der Wasserhaushalt erfasst oder das Vorkommen von Blei und Cadmium untersucht.
- Erstellung einer provisorischen Bilanz als Basis für weitere, detailliertere Untersuchungen,
- Ermittlung der endgültigen Stoffbilanzen aus den Einzelbilanzen für Stoffe oder Güter,
- Darstellung der Ergebnisse.

Ökologischer Fußabdruck

Nachhaltigkeitsszenarien. Mithilfe des „Ökologischen Fußabdrucks" und der Stoffflussanalyse lassen sich Szenarien errechnen, die zeigen, wie und wo Flächenverbrauch und Ressourcenbedarf verringert werden können. Das ermöglicht, Leitziele auf objektiver Grundlage zu formulieren, z. B. für Wien: Die Bewohner der Stadt sollen bis zum Jahr 2015 ihren Ökologischen Fußabdruck um mindestens 15 % reduzieren!
Das Fallbeispiel auf der folgenden Doppelseite zeigt Maßnahmen einer ökologischen Stadtentwicklung in München.

Stoffflussanalyse

A1 Erläutern Sie mithilfe einer Internetrecherche die Handlungsstrategien der Leipzig-Charta (vgl. Quellenangabe [1]). Ordnen Sie die Ziele der Leipzig-Charta den drei Säulen der Nachhaltigkeit zu.
A2 Stellen Sie in einer Übersicht dar, welche Agenda 21-Projekte in Ihrer Gemeinde durchgeführt werden.
A3 Berechnen Sie Ihren persönlichen Ökologischen Fußabdruck mithilfe folgender Internetadresse: www.myfootprint.org, April 2008.

Fallbeispiel: München, Messestadt Riem – nachhaltige Entwicklung eines neuen Stadtteils

M3 Teilansicht der Messestadt auf dem Gelände des ehemaligen Flughafens München-Riem

M4 Grundsätze ökologischer Planung

„Auf dem Gelände des ehemaligen Flughafens in Riem entwickelt die Stadt München auf einer Fläche von 560 ha den neuen Stadtteil ‚Messestadt' für 16 000 Einwohner sowie 13 000 Arbeitsplätze. Wesentliches Element der Planung ist ein ökologisches Gesamtkonzept mit folgenden Grundsätzen:

- intensive Verzahnung von Stadt und Landschaft,
- Berücksichtigung natürlicher Standortfaktoren,
- sparsamer Umgang mit vorhandenen Ressourcen,
- verträgliche bauliche Dichte,
- umweltschonende Technologien,
- kostengünstige, umweltverträgliche Bauweise,
- vorgezogene Begrünung,
- umfangreiche vorbereitende Untersuchungen wie mehrere Umweltverträglichkeitsprüfungen,
- Altlastenbeseitigung, -sicherung
- weitgehende Wiederverwendung des Aushubmaterials."

M5 Ökologische Bausteine

„Die in so genannten ‚ökologischen Bausteinen' zusammengefassten Grundsätze des ökologischen Gesamtkonzepts beinhalten die folgenden 6 Kategorien:

1. Freiraum: Ziel des Freiraumkonzeptes ist neben dem Naturschutz und der Erhaltung eines Grünanteils von ⅓ des Gesamtquartiers durch einen 200 ha großen, mit heimischen Pflanzen gestalteten Landschaftspark auch die Berücksichtigung des Gesamtstadt- und des Quartierklimas durch Freihalten wichtiger Frischluftschneisen. Die Vernetzung der Grünflächen erlaubt zudem ökologische Austauschbeziehungen.
2. Wasser: Der Wasserverbrauch soll möglichst gering gehalten werden. Gesammeltes Regenwasser soll aufbereitet für Garten und Toilette verwendet werden.
3. Verkehr: Parkhäuser am Siedlungsrand und Anbindung an das MVV-Netz [Münchener Verkehrsverbund] begrenzen das Verkehrsaufkommen in den Wohnstraßen und sichern Wohnumfeldqualitäten.
4. Energie: Ein Nahwärmenetz mit erdgasbefeuertem Blockheizkraftwerk liefert Strom und Wärme bei hohem Wirkungsgrad. Die erforderliche Wärmegrundlast kann durch umweltfreundliche Energien wie Biogas, Solar- oder Erdwärme gedeckt werden.
5. Freimachung: Ziel ist die Schonung erhaltenswerter Strukturen, die Minimierung neuer versiegelter Flächen sowie die Wiederverwertung des Abbruch- und Aushubmaterials als Füll- und Schüttstoff.
6. Abfallwirtschaft: Bei der Gebäudeplanung ist auf die langfristige Umweltverträglichkeit der Materialien zu achten. Bei der Hausmüllverwertung hilft ein benutzerfreundliches Trenn- und Sammelsystem mit eigenem Wertstoffhof ebenso wie die Umwandlung organischer Abfälle in Energie."

A4 Stellen Sie dar, mit welchen Maßnahmen eine ökologische Stadtentwicklung erreicht werden soll.

A5 Erläutern Sie am Beispiel von München-Riem Maßnahmen zur Verringerung des Ökologischen Fußabdrucks.

Online-Link
29260X-8604

M4 und M5 auf www.oekologie-im-staedtebau.bayern.de/home.html: Rubrik München, April 2008, M5 ergänzt

M6 und M7 Landeshauptstadt München (Hrsg.): Messestadt Riem: Ökologische Bausteine, Teil 1 = Nr. 2 der Schriftenreihe zur Messestadt Riem, S. 7 und 12

M8 www.messestadt-riem.com/msr/d_planning/id_green.htm, April 2008

M9 www.muenchen.de/cms/prod2/mde/_de/rubriken/Rathaus/75_plan/05_bebplanung/04_gruenplanung/pdf/eval_mr_kurzfassung.pdf, S. 13, April 2008

Weiterführende Kontakte zum Projekt Landeshauptstadt München, Planungsreferat HA II/535, Tel. +49 (89) 233 275 37, Fax +49 (89) 233 241 40, E-Mail: plan.messestadt-riem@ems.muenchen.de

M 6 Geplante Flächennutzung

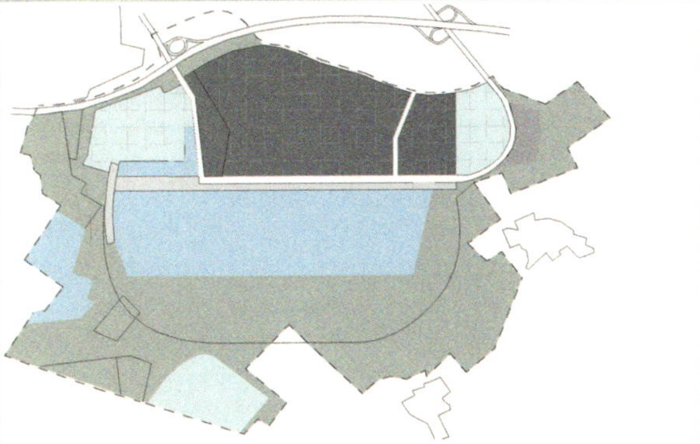

M 7 Konzept der Belüftung von Riem und angrenzender Stadtteile

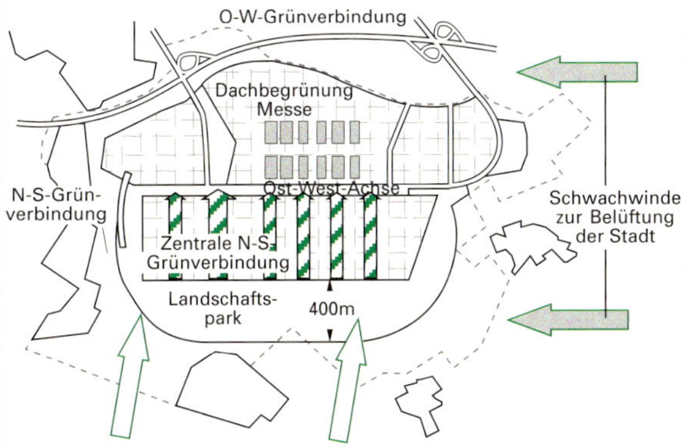

M 8 Nachhaltige Stadtentwicklung

„Sämtliche Bereiche in der Messestadt Riem haben direkten Zugang ins Grüne, zum Wasser und zu anderen Annehmlichkeiten der Natur. Auch Gewerbe- und Wohngebiete wurden nebeneinander angeordnet. Der Grund dafür: Die Einwohner sollen die Möglichkeit haben, in ihrer unmittelbaren Nachbarschaft Arbeit zu finden, um Fahrten zum Arbeitsplatz, die mit Staus und mit Luftverschmutzung verbunden sind, zu vermeiden. Die Arbeitsplätze werden von der stetig wachsenden Zahl von Unternehmen geschaffen, die in der Messestadt Riem High-Tech-Zentren, zukunftsweisende Dienstleistungseinrichtungen sowie Verarbeitendes Gewerbe errichten.

Die Messehallen stellen die größten Gebäude ... dar. Eine 6,6 ha große Photovoltaik-Anlage wurde auf den Hallendächern installiert. Sie ist weltweit die größte ihrer Art. Die Gebäude selbst wurden so geplant, dass sie die Energie, die sie benötigen, effizient nutzen. Die Gestaltung der Innenräume erfolgte ebenfalls unter dem Gesichtspunkt der Energieeinsparung. Elemente einer naturnahen und ressourcenschonenden Gestaltung finden sich zudem außerhalb der Gebäude. Dächer und Fassaden werden ebenso begrünt wie viele der Freiflächen, die etwa in den Wohnquartieren zu „grünen Höfen" verwandelt werden. Das Energieversorgungskonzept (Blockheizkraftwerk, Erdwärme, Fernwärme) ist zukunftsweisend."

M 9 Evaluierung: Urbanität der Messestadt Riem

„Urbanität umfasst eine hohe Nutzungsmischung in einer kleinteiligen Durchmischung. Urbanität enthält damit Begriffe wie Vielfältigkeit, großes Angebot an Infrastruktur und Versorgung, Kultur, Freizeit und – in engen Grenzen – Einrichtungen der öffentlichen Hand. Das Leitbild eines gemischten Stadtviertels ist für die Gesamtheit der Messestadt weitgehend umgesetzt ...

Synergien zwischen den Unternehmen der Messestadt und der Messe konnten bisher nur in geringem Maße festgestellt werden, ebenso wenig wie Verbindungen zwischen Wohnen und Arbeiten. Es wurden durch die Planung allerdings alle notwendigen Voraussetzungen geschaffen, dass sich solche Verknüpfungen zukünftig etablieren können.

Bei einer genaueren Betrachtung wird deutlich, dass eine kleinteiligere Nutzungsmischung aufgrund von Einschränkungen (z. B. störende Gewerbenutzungen, geringes Investoreninteresse an Nutzungsmischung) nicht erreicht wurde ...

Hier spielen die Flächenanforderungen nationaler Anbieter und die Risikobereitschaft von Kleinanbietern eine Rolle, die vor dem Hintergrund der derzeitigen Wirtschaftslage nur wenig Engagement zulassen.

Zum jetzigen Zeitpunkt erscheint es zu weit gegriffen, der Messestadt trotz ihrer Nutzungsmischung, räumlichen Strukturierung und Gestaltung „Urbanität" zuzugestehen. Dazu fehlen Vielfältigkeit und gewachsene Strukturen; vorstädtische Ballung macht noch keine Urbanität. Der wichtigste Maßstab für Urbanität ist das Empfinden der Bewohner, Arbeitskräfte und Nutzer. Erhebungen zu diesen subjektiven Einschätzungen liegen bislang noch nicht vor."

A 6 Überprüfen Sie mithilfe des Evaluierungsberichtes, ob die Entwicklung der Messestadt Riem in den Bereichen Urbanität, Ökologie und Verdichtung als nachhaltig bezeichnet werden kann. Den vollständigen Evaluierungsbericht finden Sie unter der Quellenangabe des Originaltextes M 9.

8.7 Die Zukunft unserer Städte?

8.7.1 Gestaltungsaufgaben und deren Rahmenbedingungen

Alle Städte der Welt sehen sich heute mit der gewaltigen Herausforderung konfrontiert, für ihre Bewohner eine zukunftsfähige Gestaltung des urbanen Lebensraumes zu organisieren. Keine Stadt ist dabei frei von Problemen. In den meisten Entwicklungsländern haben die Megalopolen enorme Schwierigkeiten, das Hyperwachstum zu bewältigen und genügend Arbeitsplätze sowie ausreichenden Wohnraum zur Verfügung zu stellen und die Grundbedürfnisse aller ihrer Bürger zu befriedigen. In diesen Städten nimmt die Armut, von der in erster Linie Frauen und Kinder betroffen sind, ständig zu. Die reichen Länder kämpfen vor allem mit Problemen der Suburbanisierung, des drohenden Funktionsverlustes von Innenstädten oder der Zersiedelung des Umlandes. Gemeinsam stehen alle Staaten und Städte vor der Aufgabe, für die genannten Probleme nachhaltige Lösungsstrategien zu entwickeln und umzusetzen.

Megalopolis (G)

Suburbanisierung (G)

Agenda 21/
Lokale Agenda 21

Die Rahmenbedingungen für diese Gestaltungsaufgabe sind dabei weltweit – trotz aller kulturräumlichen oder sozioökonomischen Unterschiede zwischen den einzelnen Städten – nahezu die gleichen. Sie sind geprägt durch fünf fundamentale Faktoren: Globalisierung, demographische Herausforderungen, sozialer Wandel sowie Umweltprobleme und Ressourcenverknappung. Aus diesen Faktoren bzw. ihrer Kombination ergeben sich deutlich erkennbare Trends der Stadtentwicklung:

Globalisierung

Global City (G)

- Im Zuge zunehmender Globalisierung steigen einzelne Städte als Steuerungszentralen der Weltwirtschaft zu Global Citys auf (s. S. 270–271).

shrinking City/
Schrumpfende Stadt

- Andererseits führt der wirtschaftliche Strukturwandel in einigen Regionen zum Schrumpfen von Städten mit entsprechenden sozialen und politischen Problemen (s. S. 300–301).
- Nicht nur in den Entwicklungsländern, sondern auch in den wohlhabenderen Staaten entwickeln sich die Gesellschaften zunehmend auseinander, was sich in der Entstehung charakteristischer „Quartiere“ mit spezifischen Nutzergruppen niederschlägt („Quartered City“) oder sogar zur Ausbildung von abgeschotteten Gemeinden („Gated Communities“) führt, wie sie in den USA während der letzten Jahrzehnte in großer Zahl entstanden sind (s. S. 284–285).

Quartered City
Gated Community (G)

nachhaltige Stadtentwicklung

- Die Individualisierung der Lebensstile sowie die steigenden Ansprüche einer mobilen Konsum- und Freizeitgesellschaft fordern entsprechende Angebote im urbanen Raum, was die Auflösung traditioneller Strukturelemente der Stadt und die Entwicklung von „Patchworkmustern“ zur Folge hat (s. S. 286–287).
- Insbesondere in den großen Städten ist der Lebensraum Stadt gefährdet durch ökologische Erschöpfungserscheinungen bei Luft, Wasser und Böden mit entsprechenden Folgen für die Gesundheit, sowie durch Probleme bei der Energie- und Wasserversorgung.

Die vorgestellten Probleme müssen und können im Sinne einer nachhaltigen Stadtentwicklung gesteuert werden. Viele „Good Practice“-Ansätze – wie z. B. die Gestaltung des Öffentlichen Personennahverkehrs in so manchen Großstadtregionen – geben Anlass zu der Hoffnung, dass unsere Städte auch in Zukunft ihre Attraktivität als Lebensräume (s. S. 266) behalten.

8.7.2 Lokale Agenda 21 – eine Chance zur Mitgestaltung unserer Städte

Zweifellos müssen die politischen und ökonomischen Grundlagen für eine zukunftsfähige Entwicklung der urbanen Räume zunächst auf der internationalen und nationalen Ebene geschaffen werden. Bei den konkreten Gestaltungsmaßnahmen kommt aber den Städten, seit jeher Keimzellen von Innovationen und Motoren der wirtschaftlichen Entwicklung, eine entscheidende Rolle zu.

1992 hatten sich in Rio de Janeiro die Vertreter von 179 Staaten zur ersten „Konferenz für Umwelt und Entwicklung der Vereinten Nationen“ (UNCED) getroffen und als ein Kernstück ihrer Vereinbarungen die „Agenda 21“ verabschiedet. Sie beinhaltet ein Aktionsprogramm für das 21. Jh., das einen Ausgleich von Ökonomie und Ökologie anstrebt und die Unterzeichner dazu verpflichtet, direkt vor Ort eine nachhaltige, umwelt- und sozialverträgliche Entwicklung voranzutreiben. Unter dem Motto „Global denken, lokal handeln!“ sollen insbesondere die Städte bzw. Gemeinden und hier vor allem die einzelnen Bürgerinnen und Bürger eingebunden werden in eine Art Verursacherprinzip: Umweltzerstörung hat zwar globale Auswirkungen, aber findet dort statt, wo Menschen leben, produzieren, konsumieren, bauen, heizen, kochen, Auto fahren und Freizeit gestalten. Also sollen auch

M1 Ebenen des Agenda-Prozesses – aus der Perspektive von Deutschland

dort Lösungen gesucht werden. Dabei wird von der Überlegung ausgegangen, dass die Menschen vor Ort ihre persönliche Betroffenheit, ihre Kenntnisse und Interessen in die Gestaltung ihres Lebensraumes einbringen. So haben inzwischen viele Städten und Gemeinden Lokale-Agenda-21-Büros gebildet, die eine Fülle stadtgestalterischer Initiativen entwickelt haben. Wichtig bei diesen Prozessen ist, dass jeder mitmachen kann, dass die Themen nicht von oben vorgegeben, sondern in Arbeitskreisen selbst entwickelt werden. Ganz bewusst sollen dabei Akteure miteinbezogen werden, die bisher in politischen Entscheidungsprozessen eher zu wenig vertreten waren, z. B. Frauen und Jugendliche.

8.7.3 Ausblicke und Szenarien

Mitgestaltung beinhaltet, sich intensiv mit den Fragen nach einer wahrscheinlich eintretenden und einer wünschenswerten Zukunft zu beschäftigen. Erst wenn nach gründlichen Untersuchungen und Diskussionen festgestellt ist, was es zu vermeiden gilt und was angestrebt werden soll, kann nach Wegen gesucht werden, die ermittelten Ziele in konkrete Tagespolitik umzusetzen. In diesem Sinne bieten die Methoden der „Zukunftswerkstatt“ und vor allem der „Szenariotechnik“ (s. S. 474–475) zwei Ansätze, die neue Schlüsselqualifikation „Zukunftsfähigkeit“ zu entwickeln.
Der „Lokale Agenda 21“-Prozess eröffnet zudem die Chance, die beiden genannten Methoden unmittelbar vor Ort anzuwenden. Im Rahmen einer „Zukunftswerkstatt“ können Sie als Schülerinnen und Schüler Vorstellungen zur künftigen Gestaltung „Ihrer Stadt“ entwickeln, entsprechende Projekte planen und organisieren sowie Durchsetzungsstrategien diskutieren bzw. auch erproben. Die Szenariotechnik soll helfen, Merkmale einer wahrscheinlichen Zukunft zu entwerfen, um auf dieser Grundlage Maßnahmen zu erarbeiten, um erkannte unerwünschte Entwicklungen zu verhindern bzw. positive Trends zu verstärken.
Wie aber könnten solche unerwünschten Entwicklungen bzw. positiven Trends konkret aussehen? Wie werden sich unsere Städte, also die urbanen Zentren in den fortgeschrittenen Ländern, entwickeln? Beginnt bald „das große Sterben“, wie in einigen städtischen Teilräumen nicht nur Ostdeutschlands bereits zu beobachten ist? Tritt an die Stelle von kernstädtisch gesteuerten Ballungsräumen bald ein „Postsuburbia“ mit einem Patchworkmuster pseudourbaner Kerne oder erleben wir eine „Renaissance der Städte“?

Postsuburbia

A1 Charakterisieren Sie die auf der folgenden Doppelseite vorgestellten Szenarien zur Zukunft unserer Städte.

A2 Erstellen Sie für eines dieser Szenarien ein Wirkungsgefüge.

A3 Erörtern Sie Möglichkeiten, vorgestellte positive Entwicklungen zu verstärken oder negative Tendenzen zu verhindern.

A4 Gestalten Sie mit Ihrer Lerngruppe selbst ein Szenario zur Zukunft unserer Städte (s. Methodendoppelseite 474 – 475).

Online-Link
zur Agenda 21:
29260-8701

Online Link
zu Szenarien der Stadtentwicklung: s. Folgeseiten 300 – 301

Fallbeispiel: **Szenarien zur Zukunft unserer Städte**

M 2 Shrinking „City“ direkt vor Ort – Schönebeck/Sachsen-Anhalt

M 3 Symptome für eine globale Krise der Stadt

„Im nächsten Vierteljahrhundert, so schätzt man, werden rund 40 Billionen Dollar notwendig sein, um das instand zu halten, zu modernisieren und auszubauen, was Städte am Leben hält – ihr Tragwerk, ihr Skelett, also Transportsysteme, Wasser- und Stromleitungen. 40 Billionen Dollar entsprechen etwa dem Marktwert aller weltweit an den Börsen gehandelten Aktien im letzten Jahr [2006].

Das Skelett bröckelt überall … Über unseren Köpfen, im Untergrund, in den Wänden eines jeden Gebäudes: Millionen Kilometer Leitungen und Kabel und Rohre schlängeln sich durch jeden Quadratmeter der Städte. Für jedes moderne Glasfaserkabel gibt es hunderte andere unsichtbare Drähte und Leitungen, die brüchig sind und rosten. Dieses Versorgungssystem ist weder sexy noch spektakulär, wir bemerken es meist nicht einmal. Aber wir erwarten selbstverständlich, dass es funktioniert. Doch dieses System ist hochkomplex und macht es erst möglich, die Wäsche in der Maschine zu waschen und nicht im nächsten Fluss; dieses System erlaubt es, dass virtuelle Nachrichten, Informationen und Bilder in Nanosekunden von einer Seite der Erde auf die andere geschickt werden können – und dass die Toiletten nicht überlaufen.

Und dieses System ist in den älteren Städten des industrialisierten Westens inzwischen veraltet und überlastet. In den wachsenden Megacities der Schwellenländer existiert es meist sowieso nur in den Enklaven der … Reichen. Die … Slums und Barackensiedlungen … besitzen selten eine menschenwürdige Infrastruktur. Entsprechend sind die hygienischen Bedingungen. Alles dauert. Wenig funktioniert. Dass der Mangel an Infrastruktur das vielbeschworene Wirtschaftswachstum und damit die Zukunft einer Gesellschaft aufhält wie nur wenig anderes, ist bekannt. Aber es wird verdrängt …

Stadtplaner wissen …, wie zerbrechlich dieses System ist. Man weiß auch, dass Reparaturen wie Umbauten um so teurer werden, je länger man wartet. Nur sind Städte kein weißes Blatt Papier, auf dem beliebig neu geplant werden könnte …

Man kann nicht eben einfach einen neuen Abwassertunnel irgendwo unter einer Stadt hindurchtreiben. Die Zulassung neuer Ringkanäle dauert Jahre, weil jeder Stadtteil und danach jeder Anwohner einen ganz besonders wichtigen Grund hat, sich gegen die Planung zu wehren. Zu teuer. Zu nah. Zu hässlich. Nicht mit meinen Steuergeldern …

Viel steht auf dem Spiel, denn trotz kühner Thesen von der Auflösung urbaner Strukturen in Edge Cities und Exurbias bleibt die Stadt Motor der menschlichen Zivilisation … Wenn es [aber] an Wasser, Strom, Wärme, öffentlichem Nahverkehr oder halbwegs sicheren Flughäfen in einer immer städtischeren Welt mangelt, dann verwandeln sich die Städte allmählich zurück in jenen Naturzustand, den sie einst überwinden sollten.“

M 4 Negatives Extremszenario – Detroit

„… Die Fassade der Innenstadt bröckelt längst. Schweift der Blick weg von der Hauptstraße, wird sichtbar, warum Detroit zu den unbeliebtesten Städten in den Vereinigten Staaten zählt, und warum sich die Bevölkerung in den vergangenen 30 Jahren halbierte. Gleich neben dem Guardian Building steht das 106 Jahre alte Hudson Building, einst Symbol für den wirtschaftlichen Aufstieg Detroits. Seit 1983 verkommt es zu einer Ruine. Kein Stom, kein Wasser, hier wohnen keine Menschen mehr, aber viele wilde Tiere aus den Wäldern rings um die Stadt. Außerhalb von Downtown liegen jene Viertel, in die sich selbst Polizisten nur bei Tageslicht wagen …

Schuld an dem Niedergang ist der Wandel in der amerikanischen Ökonomie …‚Detroit ist eine Industriestadt in einem postindustriellen Amerika‘, schrieb die *New York Times* in einem Abgesang auf ‚The Motor City‘ …

Jede staatliche Schule in einem Bezirk wird vom Einkommen der Bewohner finanziert. In einem Stadtteil mit vielen Arbeitslosen und unqualifizierten Arbeitern erhält die Schule zu wenig Mittel, um eine adäquate Ausbildung zu garantieren. Dies kann zur Folge haben, dass Schulen geschlossen werden und die Kinder des Bezirks ohne Ausbildung bleiben …

Ruinen in Downtown, Gewalt …, ein gravierendes Bildungsproblem – … die Stadt hat mit dem Untergang der alten Industrien ihren Geist ausgehaucht …“

M5 Erste Ansätze: Mehrgenerationen-spiel- und Trainingsplatz

M7 Neue Wohn- und Lebensformen

„Wir sollten … Abschied nehmen vom urbanen Pessimismus der letzten dreißig Jahre. Anstelle des vielfach beklagten und prognostizierten Niedergangs der Städte zeichnet sich für die Zukunft eine Renaissance urbanen Lebens ab. Die Stadt der Zukunft bietet kurze Wege, mehr Wahlmöglichkeiten und höhere Lebens- und Erlebnisqualitäten. Die ‚neuen Urbanisten' von morgen wollen wieder ‚mittendrin' und ‚mitten im Leben' wohnen und offen für neue Lebensformen und Wohngemeinschaften sein. Gemeinsam machen sie sich selbst zu Architekten, Planern und Gestaltern ihrer Häuser und Wohnungen. Durch Selbst- und Nachbarschaftshilfe sorgen sie für stabile soziale Beziehungen im Wohnquartier (‚civic life'). Vielleicht lebt … der Gedanke des ‚ganzen Hauses' wieder auf, weil die Menschen aufeinander angewiesen bleiben und sich mehr selbst helfen müssen. Was der Kulturhistoriker Wilhelm Heinrich von Riehl … vor einhunderfünfzig Jahren … als Zukunftsidee prognostizierte, könnte bald Wirklichkeit werden: In wirtschaftlich und gesellschaftlich schwierigen Zeiten wird die ‚Genossenschaftsidee' wiederbelebt. Gleichzeitig wird der Familienbegriff um den Gedanken des ‚ganzen Hauses' erweitert. [Dort] haben in Zukunft nicht nur natürliche Familienmitglieder Platz. Auch Enkel-, Kinder- und Familienlose werden … ‚wie durch Adoption' in die Haus- und Wohngemeinschaft aufgenommen und bilden eine neue ‚Wahlfamilie'. So könnten alle ein selbst bestimmtes Leben führen – aber nicht allein. ‚Gemeinsam statt einsam' heißt das Wohn- und Lebenskonzept in der Stadt der Zukunft: Mehr-Generationenhaus und Senioren-WG als Heimplatz und betreutes Wohnen."

M6 Positives Extremszenario

„**Demographie:** Wie Beispiele in Schweden oder Finnland gezeigt haben, lässt sich die Geburtenrate in Städten durchaus erhöhen. Allerdings zeitigt ein familienfreundlicheres Umfeld erst nach 25 Jahren die ersten Erfolge, zu spät, um dieses Szenario noch zu beeinflussen. Deshalb versuchen sich die Städte durch Zuwanderung gut ausgebildeter junger Menschen insbesondere aus Schlüsselbranchen zu verjüngen … Einschränkende Bestimmungen gegen Einwanderung oder doppelte Staatsbürgerschaft werden aufgehoben …
Wirtschaft: Konzepte zur Lösung der Probleme einer alternden Bevölkerung werden die Arbeitsmärkte nachhaltig beeinflussen, und zwar durch:
- ein größeres Arbeitskräfteangebot infolge einer längeren Lebensarbeitszeit,
- lebenslanges Lernen, … Integration des Lernvorgangs in den Arbeitsprozess …

Gesellschaft: … Durch die gezielte Mittelvergabe an Schulen in armen Stadtvierteln werden bildungspolitische Ungleichgewichte weitgehend abgebaut, sodass die innerstädtischen Gebiete ihr Kainsmal allmählich verlieren … Die zu niedrige Zahl junger Menschen erhöht die Bereitschaft, in jeden Einzelnen zu investieren und das Humankapital für einen hohen Lebensstandard und insbesondere zur Alterssicherung einer wachsenden Zahl älterer Menschen zu stärken … Neue informelle Beziehungen zwischen Nachbarn sowie Verbindungen von Selbsthilfegruppen bieten nach und nach einen Familienersatz …
Umwelt: … Neue Verkehrsleitsysteme … entlasten die Straßen und beschleunigen den Verkehrsfluss, weil jedes … Fahrzeug wirtschaftlicher eingesetzt wird … Preise werden vermehrt als Lenkungsinstrumente für einen sparsamen Umgang mit Wasser, Strom und Heizenergie eingesetzt. … Hohe Preise für fossile Brennstoffe und Atomenergie unterstützen den energiepolitisch revolutionären Übergang in das Zeitalter von Sonnenenergie und Wasserstoff …
Stadtbild: … Durch höhere Umzugsmobilität innerhalb der Stadtviertel ziehen mehr ältere Bewohner in geeignete kleine Häuser oder Wohnungen um. Auf diese Weise werden Mehrgenerationennachbarschaften gefördert. Das … bildet die Voraussetzung für generationsübergreifende gegenseitige Hilfen. … Die Städte bekämpfen, gestützt auf ihre Planungskompetenzen, die Neigung der Immobilienmärkte zu niedrigen Dichten und zu stark auf das Auto ausgerichtete Lebensweisen …"

M3 Andrian Kreye/Petra Steinberger: Die Zukunft verfault. In: Süddeutsche Zeitung vom 20.07.2007. München 2007
M4 Jürgen Schmieder: Die autodestruktive Stadt. In: ebenda vom 15.12.2005, München 2005, S. 15

Weitere urbane Krisenphänomene, z. B.: Schrumpfende Städte/Shrinking Cities auf www.schrumpfende-staedte.de www.shrinkingcities.com www.schrumpfende-stadt.de, Febr. 2008

M6 Peter Hall/Ulrich Pfeifer: URBAN 21. Der Expertenbericht zur Zukunft der Städte. Stuttgart und München: Deutsche Verlags-anstalt 2000, S. 192 ff.

M7 Horst W. Opaschowski: Besser leben, schöner wohnen? Leben in der Stadt der Zukunft. Darmstadt: Wissenschaftliche Buchgesellschaft 2005, S. 238

Online-Link 29260X-8702

8 Kompetenzen festigen und anwenden

Seit der Mensch auf diesem Planeten weitgehend die Kontrolle übernommen hat, richtet er sich mit zunehmender Vorliebe in Städten ein. Deren Einwohnerzahl wächst heute weltweit doppelt so schnell wie die des ländlichen Raumes – zum ersten Mal in der Geschichte. Lebte 1975 nur rund ein Drittel der Weltbevölkerung in Städten, so ist es gegenwärtig bereits über die Hälfte. Und der Anteil der urbanen Bevölkerung wird weiter steigen. Das vorliegende Kapitel hat deutlich gemacht, dass diese Entwicklung mit tief greifenden demographischen, ökonomischen, sozialen und ökologischen Veränderungen einhergeht. Die Städte sind gleichsam die Brennpunkte unserer Gegenwartsprobleme. In ihrer zunehmend der Natur entfremdeten, mehr und mehr künstlichen Umwelt entscheidet sich die künftige Lebensqualität der Menschheit. Uns ist bewusst geworden, dass die zukunftsfähige Gestaltung unserer Städte im globalen, nationalen und lokalen Rahmen damit zu einer existenziellen Aufgabe wird.

Die Stadt stellt für die meisten von uns den Lebensraum dar, in dem wir wohnen, uns bilden, uns versorgen, arbeiten, unsere Freizeit und unsere gesellschaftlichen Aktivitäten verbringen. Aus dieser Erkenntnis heraus müssen wir fragen, was für den Einzelnen, was für uns das Leben und Wohnen in der Stadt bedeutet? Mit welchen Augen sehen wir „unsere" Stadt, wie nehmen wir sie überhaupt wahr? Was schätzen, was genießen, was vermissen, was kritisieren wir? Welche Bedeutung hat unsere Stadt für die verschiedenen sozialen Gruppen, die in ihr leben? Ist jedem von uns bewusst, dass wir uns – z. B. im Rahmen des Lokale-Agenda-21-Prozesses – aktiv in die Gestaltung unserer Heimatstadt einbringen können?

Wie können die in diesem Kapitel gewonnenen Erkenntnisse dazu beitragen, diesen Lebensraum fundiert und intensiv zu erforschen?

Altstadt: ältester Teil einer Stadt; in Deutschland meist im Mittelalter entstanden

CBD (Central Business District): zentraler Geschäftsbereich der angloamerikanischen Stadt mit einer Ballung von Einrichtungen des Tertiären Sektors, vor allem von Büros, Versicherungen, Banken, Hotels und Dienstleistungseinrichtungen

City: zentraler Raum von größeren Städten mit höchster baulicher Verdichtung und starker Konzentration von Einrichtungen des Einzelhandels- und Dienstleistungsbereichs

Downtown: umgangssprachliche Bezeichnung für den → CBD, also die Innenstadt oder → City einer angloamerikanischen Stadt mit geringer Wohndichte und hoher Arbeitsplatzkonzentration im → Tertiären Sektor

Edge City: neues Wachstumszentrum im suburbanen Raum von Großstädten und Metropolen; zumeist an den Kreuzungen großer Autobahnen und ausgestattet mit Funktionen von → Downtowns

Gated Community: umzäunte, meist elektronisch gesicherte Wohnanlage von sozial homogenen, in der Regel privilegierten Bevölkerungsgruppen, die sich im Lebensstil von sozial unterlegenen Schichten abgrenzen und vor kriminellen Übergriffen schützen wollen

Gentrifizierung/Gentrifikation: sozialer Aufwertungsprozess von Stadtteilen besonders der Innenstädte, durch eine aufwändige Sanierung (Luxussanierung) von Gebäuden, meist verbunden mit der Verdrängung einkommensschwacher Bevölkerungsgruppen; der Begriff geht auf die englische Bezeichnung „gentry" zurück, was frei übersetzt „feine Leute" bedeutet

Ghetto (oder Getto): Wohnviertel von ethnischen und/oder sozioökonomischen Minderheiten; ursprünglich ein Ausdruck für Judenviertel in orientalischen, später auch europäischen Städten

Global City: Weltstadt mit besonders starker Integration in die Weltwirtschaft; gekennzeichnet durch hohe Einwohnerzahl, Funktion als internationales Finanzzentrum, Standort von Hauptquartieren multinationaler Konzerne, Sitz großer internationaler Unternehmen, Knotenpunkt internationaler Transportnetze

Kernstadt: innerhalb einer städtischen Agglomeration die zentrale Stadt in ihren Verwaltungsgrenzen

Megalopolis: aus mehreren Großstädten zusammengewachsene Riesenstadt mit hoher Bevölkerungsdichte, ausgeprägt als weitgehend zusammenhängend bebaute Stadtlandschaft mit zwischengelagerten Metropolen

New Town: im 19. und besonders im 20. Jh. nach modernen funktionalen Gesichtspunkten geplante und – meist auf der grünen Wiese – erbaute Stadt

A1 Charakterisieren Sie Ihre Heimatstadt/Schulstadt anhand wesentlicher Merkmale und erstellen Sie auf dieser Grundlage ein Stadtlogo oder einen „Stadtslogan".

A2 Gestalten Sie auf der Grundlage einer Stadtexkursion, Behördenbefragung oder Interviewserie eine Präsentation zu einem der folgenden Themen:
- Leben in charakteristischen Stadtvierteln,
- Zusammenleben mit Minderheiten,
- Wohnungsmarkt und Wohnungsangebote.

A3 Analysieren Sie – ggf. im Rahmen eines Projektes, einer Gruppen- oder Facharbeit – Ihre Heimatstadt/Schulstadt und deren Umland im Hinblick auf
- die funktionale Gliederung (s. S. 276–277),
- städtische Teilräume und deren Probleme (s. S. 278–279),
- Erscheinungsformen und Auswirkungen der Suburbanisierung (s. S. 280–283),
- eine sozioökonomische Differenzierung (s. S. 284–285) sowie
- Maßnahmen der Stadterneuerung (s. S. 288–289) und nachhaltigen Stadtentwicklung (s. S. 294–297).

A4 Erstellen Sie – auf der Grundlage einer Befragung – eine Übersicht über die vom „Lokale Agenda 21-Büro" Ihrer Kommune durchgeführten und geplanten Projekte zur Mitgestaltung Ihrer Heimatstadt/Schulstadt.

A5 Erörtern Sie im Rahmen Ihrer Lerngruppe Vorschläge oder Aktionen, mit denen Sie sich am „Lokale Agenda 21-Prozess" beteiligen können.

Pendler: Person, die einen periodisch wiederkehrenden Wechsel zwischen Wohnort und Arbeits- bzw. Ausbildungsplatz vornimmt und dabei die Grenze ihrer Wohngemeinde überschreitet

Quartärer Sektor: Dienstleistungsbereich mit höherwertigen Tätigkeiten und spezialisierten Kenntnissen der Beschäftigten und deshalb neuerdings vom →Tertiären Sektor abgetrennt; umfasst u. a. Forschung und Entwicklung, Banken und Versicherungen, Steuer-, Rechts- und Unternehmensberatung

Segregation: Prozess der räumlichen Trennung und Abgrenzung unterschiedlicher gesellschaftlicher Gruppen, Ethnien, Religionsgemeinschaften usw.; innerhalb einer Stadt kann dies zu einer Fragmentierung führen, d.h. deren Auflösen in sozial stark gegensätzliche Viertel

Sekundärer Sektor: Makrosektor der Wirtschaft, der das Produzierende Gewerbe (Industrie und Handwerk, neuerdings auch den Bergbau) umfasst

Slum: Elendssiedlung, meist in den Großstädten der Entwicklungsländer; unterschieden nach innerstädtischen Elendssiedlungen (Slums i. e. S.) und randstädtischen Elendssiedlungen (Marginalsiedlungen)

Suburbanisierung: flächenhaftes Wachstum der Städte an ihrem Rand, bedingt durch Abwanderung von Wohnbevölkerung, Gewerbe- und Dienstleistungsbetrieben aus dem inneren Stadtgebiet

Tertiärer Sektor: Makrosektor der Wirtschaft, der alle Berufsgruppen umfasst, die Dienstleistungen erbringen, z. B. Handel, Verkehr, Verwaltung, Bildungswesen sowie die freien Berufe wie Ärzte und Rechtsanwälte

Tertiärisierung: Veränderung von Arbeitsplätzen des Sekundären Sektors durch wachsende Dienstleistungsaufgaben; allgemein Zunahme der Beschäftigtenanteile im Dienstleistungsbereich zu Lasten des Primären und →Sekundären Sektors

Urbanisierung: häufig synonym verwendeter Begriff zu →Verstädterung; i. e. S. die Ausbreitung städtischer Lebens- und Bauformen in ehemals ländliche Gebiete

Verstädterung: 1. Wachstum der Städte eines Landes hinsichtlich ihrer Einwohnerzahl und/oder Fläche; 2. Vermehrung der städtischen Siedlungen eines Landes; 3. Wachsen des Anteils der in Städten lebenden Menschen an der Gesamtbevölkerung eines Landes

9 Entwicklungsländer

Die Welt hat sich in den letzten zwanzig Jahren stark verändert. Die Transformationsprozesse in den ehemals sozialistischen Ländern und ihre Einbindung in die Weltwirtschaft, die Terroranschläge auf das World Trade Center am 11. September 2001, vor allem aber die dynamisch ablaufenden Globalisierungsprozesse zeigen, dass die Kontinente und ihre Bewohner enger miteinander verflochten sind, als man lange Zeit wahrhaben wollte. Es ist nicht mehr gerechtfertigt von der „bipolaren" Welt zu sprechen: hier die Industrieländer, dort die Entwicklungsländer. Die Welt des 21. Jh.s ist vielmehr eine unteilbare Einheit geworden – wirtschaftlich, ökologisch und sozial.

Diese „Eine Welt" ist jedoch eine verwirrende Welt. So besteht z. B. die Gruppe der so genannten Entwicklungsländer heute aus Staaten mit höchst unterschiedlichem Entwicklungsstand. Einige sind zu neuen Industrieländern aufgestiegen, andere haben die Schwelle zum Industrieland erreicht und wieder andere sind in ihrer Entwicklung weiter zurückgefallen.

So müssen wir uns fragen, wo die Ursachen dieser wachsenden Disparitäten liegen und wie die ungerechten Unterschiede abgebaut werden können. Denn: „Eine Welt" oder „Keine Welt" lautet die Herausforderung an die gesamte Menschheit, an jeden Einzelnen von uns.

In diesem Kapitel stehen folgende Leitfragen im Mittelpunkt der Betrachtung:
- Was ist ein Entwicklungsland?
- Wie misst man „Entwicklung" bzw. „Unterentwicklung"?
- Welches sind die Kernprobleme der Entwicklungsländer?
- Wie kann „Unterentwicklung" im ländlichen und städtischen Raum überwunden werden?
- Haben die Entwicklungsländer überhaupt Chancen im Globalisierungsprozess und wenn ja, welche?
- Wie kann eine erfolgreiche Entwicklungszusammenarbeit aussehen, was strebt sie an, wie läuft sie ab?

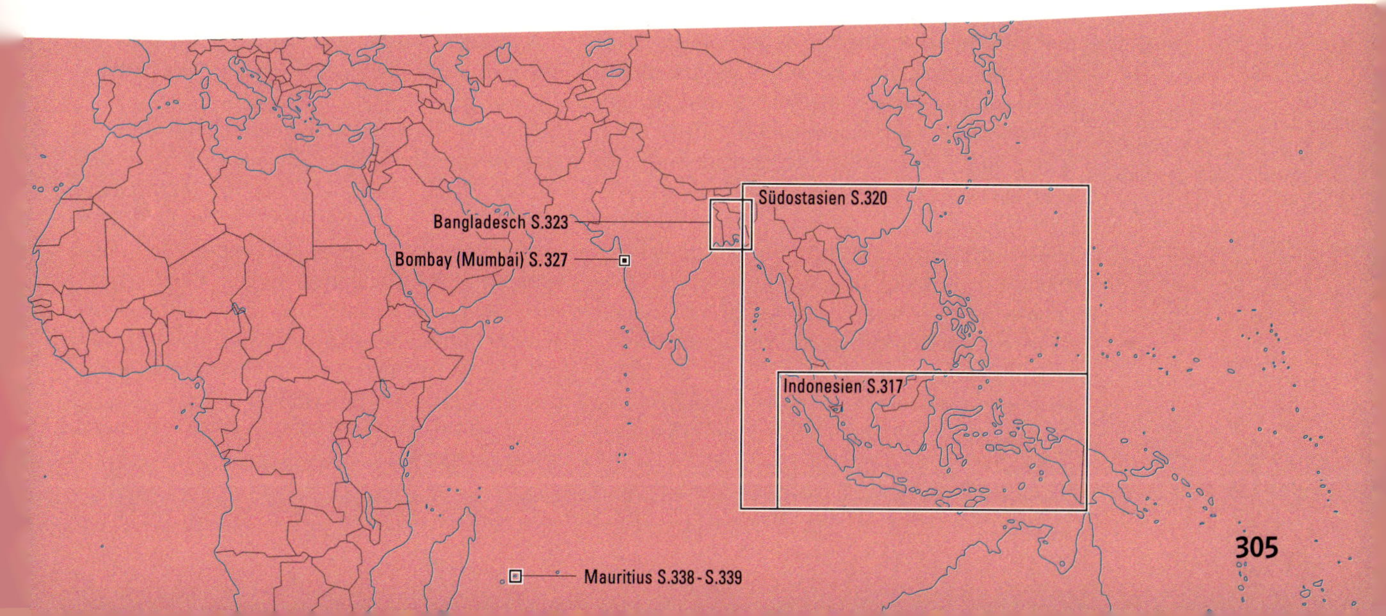

9.1 „Entwicklungsländer" – „Dritte Welt" – „Eine Welt"

M1 Ist Indien ein Entwicklungsland?

Entwicklungsländer

Dritte Welt (G)

UNCTAD

Zu den Ländern, die gemeinhin als Entwicklungsländer zusammengefasst werden, zählen annähernd drei Viertel der Staaten dieser Erde mit ca. vier Fünftel der Weltbevölkerung. Mit dieser statistischen Bestandsaufnahme wird man jedoch weder der konkreten Realität dieser Länder gerecht, noch erfahren wir, was sich hinter den Begriffen „Entwicklung" und „Entwicklungsland" verbirgt.
Die Bezeichnung Entwicklungsland ist mit Vorsicht zu verwenden, da sie leicht Vorstellungen aus unserem Kulturkreis als Bewertungsmaßstäbe unreflektiert übernimmt und zu Fehlschlüssen verleitet. Unterstellt sie nicht, dass Entwicklung nach dem (z. T. zweifelhaften) Vorbild der Industrieländer mit Wirtschaftswachstum gleichzusetzen ist? Entwicklung ist aber mehr als der Übergang von Arm zu Reich. Richtig ist hingegen, dass viele der so genannten Entwicklungsländer in Bereichen Defizite aufweisen, die für die Lebensqualität ihrer Menschen von existenzieller Bedeutung sind. Sie sind aber keineswegs auf allen Gebieten „unterentwickelt". Viele von ihnen können z. B. auf jahrhundertealte Hochkulturen zurückblicken.
So müssen wir uns fragen, mit welchen Problemen die Entwicklungsländer in besonderer Weise zu kämpfen haben, ob sich Unterentwicklung überhaupt messen lässt und wie mithilfe ausgesuchter Indikatoren eine Klassifizierung von Entwicklungsländern vorgenommen werden kann.

9.1.1 Die Begriffe „Entwicklungsländer" und „Dritte Welt"

Entwicklungsländer. In einem UNO-Programm aus dem Jahre 1949 tauchte erstmals der Begriff „underdeveloped countries" auf, der ins Deutsche sinngemäß mit „unterentwickelte Länder" übersetzt wurde. Da dieser Begriff aber als diskriminierend empfunden wurde, setzte sich in der Folgezeit mehr und mehr die diplomatische Bezeichnung Entwicklungsländer durch. Eine einheitliche Definition dieses Begriffes gibt es jedoch ebenso wenig, wie einen Konsens darüber, was unter Entwicklung zu verstehen ist.

Dritte Welt. Der Terminus „Dritte Welt" ist im Kern ein politischer Begriff. Er rührt aus der Zeit des Kalten Krieges, als zwischen dem marktwirtschaftlich-kapitalistischen Westen (Erste Welt) und dem planwirtschaftlich-kommunistischen Osten (Zweite Welt) unterschieden wurde. Auf der Welthandelskonferenz UNCTAD I im Jahre 1964 schloss sich eine Gruppe von 77 Ländern (die „Gruppe der 77") zusammen, um sich von den beiden großen Machtblöcken abzugrenzen. Sie wollten einen eigenen Weg gehen, einen „Dritten Weg", der bald in der Blockfreiheit konkret Gestalt annahm. In der Folgezeit setzte sich für diese Gruppe der Begriff „Dritte Welt" durch, während die Ärmsten von ihnen bald unter der Bezeichnung „Vierte Welt" zusammengefasst wurden.
Mit dem Zusammenbruch des Ostblocks zu Beginn der 1990er Jahre ist das politische Kriterium der Blockfreiheit jedoch überholt und damit sind auch die Begriffe Dritte und Vierte Welt bedeutungslos. Doch in vielen Schriften wird der Begriff Dritte Welt weiterhin für den Terminus Entwicklungsländer genutzt. Vielfach ist auch von den „Ländern des Südens" die Rede.

In diesem Buch findet vorherrschend der Begriff Entwicklungsländer Anwendung. Darunter werden auch die so genannten Schwellenländer und Transformationsländer (s. S. 310) zusammengefasst. Aus geographischer Perspektive bleiben jedoch auch diese Bezeichnungen inhaltsarm. Welche Besonderheiten die einzelnen Entwicklungsländer kennzeichnen und wie sie sich voneinander unterscheiden, kann nur an konkreten Einzelfällen aufgezeigt werden. Deswegen werden im Folgenden mehrmals regionale Fallbeispiele vorgestellt.

M2 Indikatoren des Entwicklungsstandes ausgewählter Entwicklungsländer (Deutschland zum Vergleich)

	Jährliches Bevölkerungswachstum (%, 1990–2005)	Kindersterblichkeit (pro 1000 Geburten, 2005)	Lebenserwartung bei der Geburt (Jahre, 2005)	Städtische Bevölkerung (%, 2005)	BNE pro Kopf (US-$, 2005)	Energieverbrauch (pro Kopf in kg Öleinheit, 2004)	CO_2-Emissionen pro Kopf (t, 2003)	HDI-Rang (Rangfolge unter 177 Ländern 2007/2008)
Ägypten	1,9	33	71	43	1260	783	2,0	112
Angola	2,8	260	41	53	1410	613	0,6	162
Bangladesch	2,1	73	64	25	470	164	0,3	140
Ghana	2,4	112	57	48	450	386	0,4	135
Jemen	3,7	102	62	27	600	313	0,9	155
Kolumbien	1,8	21	73	73	2290	616	1,3	75
Niger	3,3	256	45	17	240	o.A.	0,1	174
Peru	1,7	37	71	73	2650	479	1,0	87
Usbekistan	1,7	68	67	37	520	832	1,3	113
Deutschland	0,3	5	79	85	34870	4218	9,8	22

9.1.2 Merkmale der Unterentwicklung

Unterentwicklung

Lange Zeit wurde Unterentwicklung primär als wirtschaftliche Rückständigkeit interpretiert. So zog man auf der Suche nach geeigneten Messgrößen fast ausschließlich ökonomische Kriterien heran, z.B. das Bruttoinlandsprodukt und das Pro-Kopf-Einkommen. Soziale Faktoren wurden oft nur als Begleiterscheinung wirtschaftlicher Rückständigkeit interpretiert.
Mit der wachsenden Erkenntnis, dass Unterentwicklung nicht primär ein ökonomisches Problem ist, wurde der Katalog in der Folgezeit immer weiter vergrößert, vorrangig mit Kenndaten aus dem sozialen Bereich.
Aber selbst diese erweiterte Liste von „Merkmalen der Unterentwicklung" bleibt immer unvollständig, denn es kann kaum einen Katalog geben, der alle wichtigen Aspekte erfasst und gleichzeitig der Individualität eines Landes gerecht wird. Es lassen sich dennoch Indikatoren nennen, die den meisten Entwicklungsländern – in jeweils unterschiedlicher Ausprägung – gemeinsam sind. Dazu gehören:
- Armut eines Großteils der Bevölkerung,
- starkes Bevölkerungswachstum,
- Hunger und Unterernährung weiter Bevölkerungskreise,
- mangelnde Sicherung der Grundbedürfnisse,
- vielfach wirtschaftlich, sozial und rechtlich benachteiligte Stellung der Frauen,
- unzureichende Infrastruktur in den Bereichen Bildung, Gesundheit, Sozialwesen, Verkehr,
- unkontrollierter Verstädterungsprozess und Slumbildung,
- vielfältige ökologische Probleme,
- viele Beschäftigte in der Landwirtschaft, wenige Industriebeschäftigte, aber überbesetzter Tertiärer Sektor (informeller Sektor),
- einseitige Abhängigkeit der Volkswirtschaft von der Ausfuhr weniger Rohstoffe und der Einfuhr fast aller wichtigen Investitionsgüter*,
- hohe Arbeitslosenquote,
- infolge niedriger Einkommen und fehlender Massenkaufkraft schwache Binnenökonomie,
- stark ausgeprägte regionale, wirtschaftliche und soziale Disparitäten,
- geringe Produktivität aller Wirtschaftbereiche und daher geringe Konkurrenzfähigkeit auf dem Weltmarkt,
- geringe Einbindung in die Weltwirtschaft,
- hohe Auslandsverschuldung, z.T. Überschuldung,
- mangelnde Partizipation breiter Bevölkerungsschichten an politischen und wirtschaftlichen Entscheidungsprozessen,
- politische Instabilität, z.T. schwache Regierungen (Bad Governance).

M2 nach Der Fischer Weltalmanach 2008. Frankfurt am Main: Fischer Taschenbuch Verlag 2007

*langlebige ökonomische Güter, die von Unternehmen zur Erstellung und Weiterverarbeitung von Produkten angeschafft werden, z.B. Maschinen

Online-Link
29260X-9101

M 3 Länderklassifizierung der Weltbank und Least Developed Countries (Datenstand 2007)

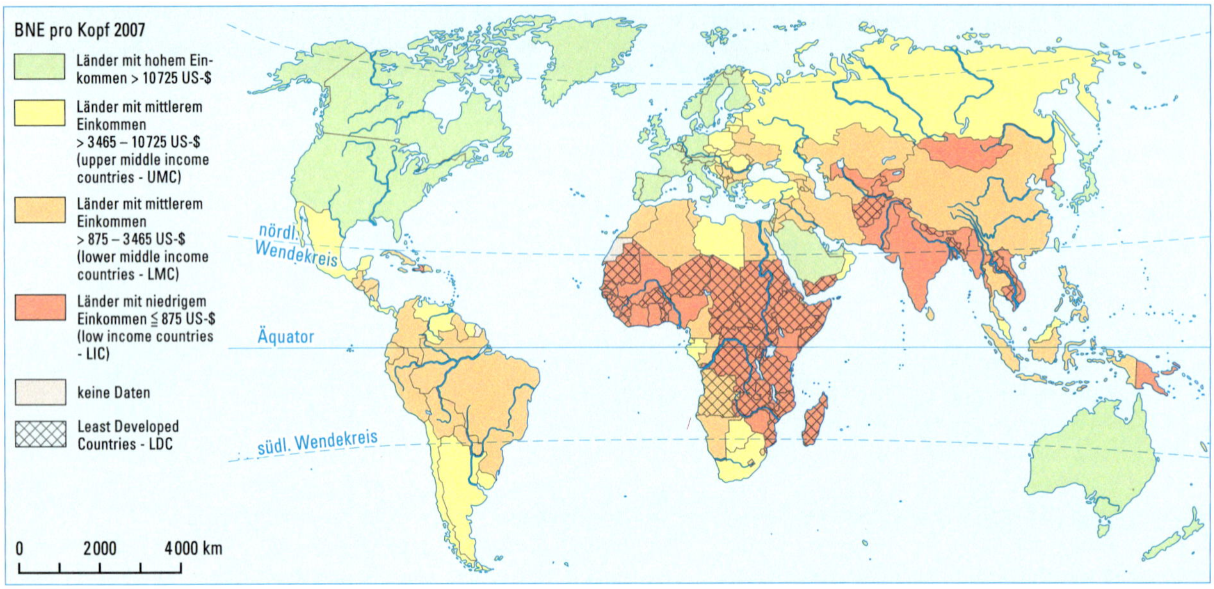

9.1.3 Klassifizierungsversuche

Least Developed Countries (LDC) (G)

Die auf der Vorseite aufgelisteten Indikatoren und die Indexwerte der Tabelle verdeutlichen zwar, welche starken Entwicklungsunterschiede zwischen einzelnen Ländern bestehen, als Durchschnittswerte vermitteln sie aber kaum eine Vorstellung davon, was Unterentwicklung für den Einzelnen bedeutet. Sie eignen sich allerdings gut zum Vergleich und bilden eine Grundlage für entwicklungspolitische Entscheidungen, etwa bei der Vergabe von Hilfeleistungen. Dies gilt auch für die im Folgenden vorgestellten Klassifizierungsversuche.

Weltbank

Weltbankeinteilung. Weit verbreitet ist eine Einteilung, die die Weltbank in ihrem jährlich erscheinenden „Weltentwicklungsbericht" vornimmt. Sie gruppiert die Länder der Erde nach dem Bruttonationaleinkommen (BNE) pro Kopf der Bevölkerung – ungeachtet der methodischen Einwände, die sich gegen diesen Durchschnittswert als Messgröße vorbringen lassen. Kritik an der Weltbankeinteilung richtet sich vor allem gegen die einseitig wirtschaftlich bestimmte Sichtweise von „Entwicklung", d.h. gegen die Vernachlässigung von Zielen, die sich mit dem Schlagwort „human development" umreißen lassen. Zudem wird ein Teil der Wirtschaft von dieser Messgröße gar nicht erfasst, wie z.B. der informelle Sektor und die Subsistenzwirtschaft.

Least Developed Countries (LDC). Zu Beginn der 1970er Jahre führten die Vereinten Nationen den Begriff der Least Developed Countries (LDC) (am wenigsten entwickelte Länder) ein, um die ärmsten Entwicklungsländer gezielt bei der Vergabe von Hilfsgeldern und der Gewährung von Vorzugsbedingungen zu unterstützen. Für die Einstufung wird ein seit 1991 mehrfach geänderter Katalog von Kriterien angewendet, um die „Elemente der Armut" möglichst breit zu fassen. Seit 2005 gelten folgende Kriterien:

1. Bruttoinlandsprodukt pro Kopf im Durchschnitt von drei Jahren unter 900 US-$,
2. Index für die „physische Lebensqualität", berechnet aus Indikatoren für Ernährung, Gesundheit, schulische Erziehung sowie Alphabetisierungsrate der erwachsenen Bevölkerung,
3. Index für die „wirtschaftliche Verwundbarkeit", berechnet aus Indikatoren wie Anteil der Industrie und moderner Dienstleistungen, BIP, Struktur des Außenhandels (z. B. Konzentration auf wenige Exportgüter, vor allem agrarische und mineralische Rohstoffe), Stabilität bzw. Instabilität der Agrarproduktion (eine wesentliche Kennziffer für die Lebensmittelversorgung der Bevölkerung), Anteil der von Naturkatastrophen betroffenen Bevölkerung.

Um in die Liste der LDC aufgenommen zu werden, darf ein Land bei den Kriterien bestimmte Obergrenzen nicht überschreiten. Im Jahre 2006 waren 50 Länder als LDC eingestuft.

M4 Länderklassifizierung nach dem HDI (2005)

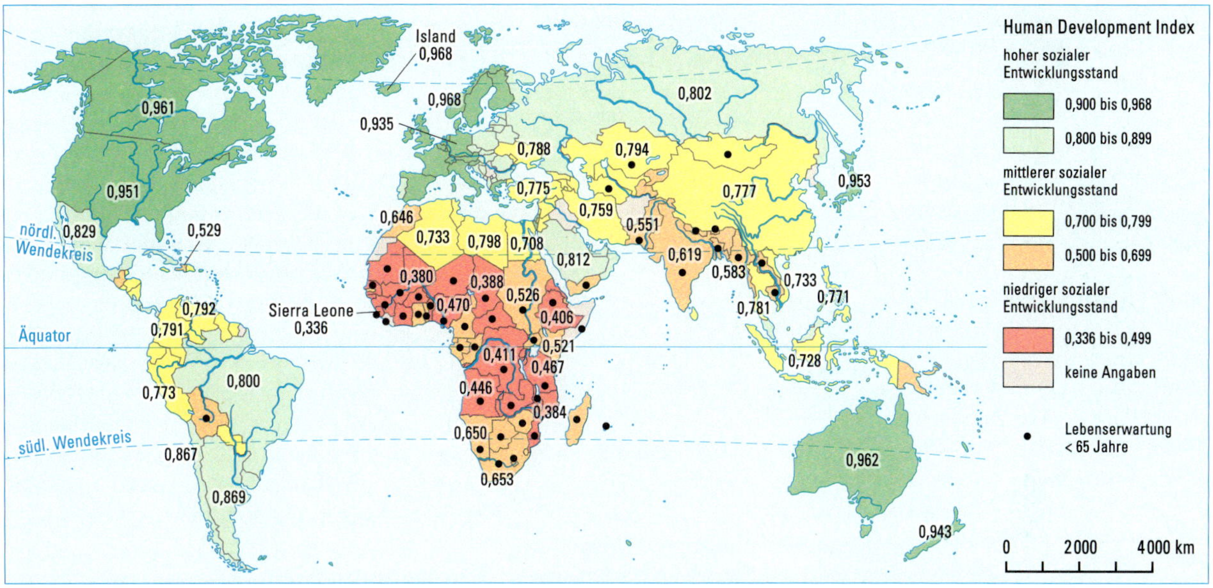

Human Development Index (HDI). Der seit 1990 von den Vereinten Nationen jährlich veröffentlichte Human Development Report (deutsche Ausgabe: „Bericht über die menschliche Entwicklung") versucht den Entwicklungsstand von Ländern ausführlich zu erfassen und zu vergleichen. Dazu bedient er sich des Human Development Index (HDI), der sich aus Indikatoren für „wesentliche Elemente des Lebens" zusammensetzt: Lebenserwartung bei der Geburt, Bildungsstand (Alphabetisierungsrate für Erwachsene und Einschulungsrate bei Grund-, weiterführenden und Hochschulen) sowie reale Kaufkraft pro Kopf der Bevölkerung.

Die Werte für diese drei Einzelindikatoren werden auf einer Skala von 0 bis 1 eingetragen, wobei 0 und 1 für jeweils feste Mindest- und Höchstwerte stehen. Der rechnerische Mittelwert aus den drei Einzelwerten ergibt den HDI. Er zeigt an, wie stark dieser Durchschnittswert vom Maximalwert abweicht.

Kritiker werfen dem HDI vor, dass er wichtige Kriterien nicht berücksichtigt, so u.a. die unterschiedliche Menschenrechtssituation in einzelnen Ländern oder die Stellung der Frauen und Minderheiten. Daraufhin hat man in der Folgezeit den HDI mehrfach durch weitere Erhebungen ergänzt, z.B. durch den Gender-related Development Index (GDI), mit dem im Sinne des HDI die Situation der Frauen erfasst werden soll, oder den Gender Equality Index (GEI), der das Maß der Gleichstellung der Frauen in Wirtschaft, Politik und Gesellschaft ausdrückt. Die vorliegenden Werte für diese Indizes belegen, dass die Frauen in fast keinem Land der Erde die gleichen Chancen haben wie die Männer.

Human Development Index (HDI) G)
Gender-related Development Index (GDI)
Gender Equality Index (GEI)

DAC-Liste. Eine wichtige Liste, an der sich auch die Bundesregierung Deutschland orientiert, ist die des Development Assistance Committee (DAC), einer Unterorganisation der OECD (Organisation für wirtschaftliche Zusammenarbeit und Entwicklung). Sie wurde erstmals 1962 erstellt, um ein System zur Erfassung der öffentlichen Entwicklungshilfe und der sonstigen Leistungen der DAC-Mitglieder an die Entwicklungsländer zu schaffen. Die Liste umfasst gegenwärtig (2007) 152 Länder. Nur diese Länder werden von der OECD offiziell als Entwicklungsländer eingestuft.

Development Assistance Committee (DAC)
OECD
Entwicklungshilfe

M3 nach Weltbank (Hrsg.): Weltentwicklungsbericht 2007 und BMZ (Hrsg.): Medienhandbuch Entwicklungspolitik 2006/2007. Bonn 2006, S. 411

M4 nach Deutsche Gesellschaft für die Vereinten Nationen (Hrsg.): Bericht über die menschliche Entwicklung. Bonn: UNO-Verlag 2007/08

Online-Link
29260X-9102

M 5 Daten zum Entwicklungsstand ausgewählter Schwellenländer (IWF-Liste)

	Lebenserwartung bei der Geburt (Jahre, 2005)	Städtische Bevölkerung (%, 2005)	BNE pro Kopf (US-$, 2005)	Energieverbrauch (pro Kopf in kg Öleinheit, 2004)	HDI-Rang (Rangfolge unter 177 Ländern 2007/2008)
Brasilien	71	84	3550	1114	70
VR China	72	40	1740	1242	81
Indien	64	29	730	531	128
Malaysia	74	67	4970	2279	63
Mexiko	75	76	7310	1622	52
Philippinen	71	63	1320	542	90
Russland	65	73	4460	4460	67
Südafrika	48	59	4770	2829	121
Thailand	71	32	2720	1524	78
Türkei	71	67	4750	1151	84

Schwellenländer

Schwellenländer (G)
NIC (Newly Industrializing Countries) (G)

Gemessen an den wirtschaftlichen Erfolgen stehen einige Entwicklungsländer an der Schwelle zu den Industrieländern und werden deshalb als Schwellenländer bezeichnet (engl. NIC = Newly Industrializing Countries oder Emerging Markets). Nur unterbrochen durch kurze Stagnationsphasen in den späten 1990er Jahren weisen viele dieser Staaten, insbesondere in Ost- und Südostasien sowie in Lateinamerika, seit zwei Jahrzehnten ein starkes Wirtschaftswachstum auf, sodass sie den Abstand zu den Industrieländern spürbar verringern konnten.

Transformationsländer

Entwicklungspolitik (G)

„Mittel- bis langfristig verfolgen alle Schwellenländer mit geringen Modifikationen die gleiche Entwicklungspolitik: Verbesserung der wirtschaftlichen Situation durch staatlich geförderte Expansion des gewerblichen Unternehmertums, weiteren industriellen Aufbau und verstärkten Fertigwarenexport in die Industriestaaten, aber auch Ausbau eines leistungsfähigen Dienstleistungssektors.

ausländische Direktinvestitionen

… das Wirtschaftswachstum in den Schwellenländern [ging] zu einem erheblichen Teil auf ausländische Direktinvestitionen zurück, vorzugsweise auf den Aufbau von Produktionsstandorten durch europäische, nordamerikanische und japanische Firmen … Daneben hat sich in den meisten Schwellenländern inzwischen eine einheimische Unternehmerschicht gebildet, die für einen selbsttragenden wirtschaftlichen Aufschwung sorgt.“ [1]

Im Gegensatz zu den wirtschaftlichen Erfolgen weisen viele Schwellenländer in sozialen Bereichen nach wie vor erhebliche Defizite auf. Auch deswegen ist eine Zuordnung schwierig. Entsprechend gibt es auf internationaler Ebene keine verbindliche Liste von Schwellenländern, da ganz unterschiedliche Kriterien für die Klassifizierung angelegt werden. Die Zahl der Länder schwankt zwischen 10 und 30. Die Weltbank und der Internationale Währungsfonds (IWF) ordnen jeweils zehn Staaten als Schwellenländer ein (vgl. Tabelle M 5). Die Festlegung, ob ein Land als Schwellenland einzustufen ist, ist letztlich jedoch auch eine politische.

Transformationsländer

Als Transformationsländer werden die Länder bezeichnet, die sich nach dem Zusammenbruch der ehemaligen Sowjetunion und der Auflösung des Rates für Gegenseitige Wirtschaftshilfe (RGW) im Übergang von der zentral gelenkten Planwirtschaft zu einem marktwirtschaftlichen System befinden. Dazu zählen neben den ehemaligen GUS-Staaten im östlichen Mittelmeerraum sowie in Ost- und Südosteuropa auch einige Staaten in Südostasien.

Gemessen an der Wirtschaftskraft und dem Volkseinkommen haben einige inzwischen den Status eines Industriestaates erreicht, wie z. B. Tschechien, Slowenien, Ungarn oder Polen, andere sind vergleichbar mit fortgeschrittenen Entwicklungsländern, sodass man sie der Gruppe der Schwellenländer zuordnen könnte. Da sie sich jedoch – trotz ähnlicher Indikatoren – z. T. erheblich von den Schwellenländern unterscheiden, werden sie meist gesondert ausgewiesen. Im Vergleich zu den asiatischen und lateinamerikanischen Schwellenländern hatten sie schon früh einen wesentlich höheren Industrialisierungsgrad, erlitten aber in der frühen Phase der Transformation erhebliche Rückschläge („Transformationsschock“), sodass sie

M 5 zusammengestellt nach Der Fischerweltalmanach 2008. Frankfurt: Fischer Taschenbuch Verlag 2007

[1] Der Fischer Weltalmanach 2008. a. a. O., S. 638/639

[2] Karl Engelhard: Welt im Wandel. Die gemeinsame Verantwortung von Industrie- und Entwicklungsländern. Grevenbroich/ Stuttgart: OMNIA Verlag 2007, S. 9

Online-Link
zum WebGIS:
Den Entwicklungsstand eines Landes analysieren
29260X-9103

auch aus ökonomischer Sicht Indikatoren von Entwicklungsländern aufwiesen.
Als Entwicklungsländer sind die zentralasiatischen und transkaukasischen GUS-Staaten einzustufen, z. B. Aserbaidschan und Usbekistan.

9.1.4 „Eine Welt“ oder „Keine Welt“

Die Ungerechtigkeit in der Welt, die sich in der wachsenden Kluft zwischen einer „Gesellschaft im Überfluss“ und einer „Gesellschaft in Armut“ äußert, ruft zum Handeln auf – und das nicht nur aus moralischer Sicht. Zu wenig ist uns hier im „reichen Norden“ bewusst, dass die Probleme im „armen Süden“ auch unsere Probleme sind. Wenn die tropischen Regenwälder gerodet werden, um Ackerflächen für die Ernährung der wachsenden Bevölkerung zu gewinnen oder unseren Hunger nach Tropenhölzern, Soja oder Energierohstoffen zu stillen, hat dies Auswirkungen auf das globale Klima. Wenn Pflanzenarten vernichtet werden, gehen Genpotenziale verloren, die für unsere medizinische Versorgung eines Tages überlebenswichtig sein könnten. Auch Migranten aus Bürgerkriegsgebieten, die bei uns um Asyl bitten, sind ein Zeichen, dass die Probleme der Entwicklungsländer uns eingeholt haben.
Aus globaler Sicht sind Entwicklung, Umwelt und Friedenssicherung untrennbar miteinander verbunden. Gefordert sind globales Denken und nachhaltiges Handeln, denn nur gemeinsames Handeln aller Menschen, sowohl im Süden und Osten als auch im Norden und Westen, kann die Zukunft der Menschheit auf Dauer sichern. Dabei ist ein Perspektivwechsel nötig, d. h. wir im Norden müssen versuchen, Entwicklungsprobleme nicht nur aus unserer, von Traditionen geprägten Sicht wahrzunehmen, sondern aus der Sicht der Betroffenen.

„Für den Norden wie für den Süden gilt: Problemsicht aus unterschiedlicher Perspektive bewahrt vor Realitätsverzerrungen und vor eurozentrisch bzw. ethnozentrisch geprägten Erklärungen. Sie rückt vorher nicht wahrgenommene Problemaspekte in den Blick, deckt vorher nicht erkannte Zusammenhänge und Beziehungen auf und ermöglicht multikausale Erklärungen. Durch mehrperspektivische Problemsicht rücken Ungleichheiten, Widersprüche und Konflikte, aber auch Gemeinsamkeiten in der ‚Einen

M 6 Wir sitzen alle in einem Boot!

Welt‘ schärfer in den Blick. Je klarer so Gegensätze, Ungerechtigkeiten und Konflikte erkannt und analysiert werden können, desto besser können Strategien erarbeitet und Kompromisse gefunden werden, die auf Ausgleich und friedliche Lösungen abzielen.
Trotz möglicher Einwände gegen den ‚Eine Welt‘-Begriff ist die globale Sicht und Analyse der Probleme unverzichtbar: Nur sie zeigt die Möglichkeiten, aber auch die Grenzen auf, die dem Handeln in der Welt gesetzt sind. ‚Eine Welt‘ oder ‚Keine Welt‘ ist keine Alternative“. [2]

Migranten

„Eine Welt“

A 1 Erläutern Sie die Begriffe „Entwicklungsländer“, „Dritte Welt“, „Schwellenländer“ und „Transformationsländer“.
A 2 Kennzeichnen Sie anhand der Tabelle M 2 den Entwicklungsstand der dort aufgelisteten Länder.
A 3 Stellen Sie, ausgehend von den auf Seite 307 genannten Indikatoren der Unterentwicklung, die Zusammenhänge ausgewählter Merkmale in einem Wirkungsgeflecht dar.
A 4 Gestalten Sie zu einem ausgewählten Land (Tabelle M 2) ein Porträt zu dessen Entwicklungsstand (Internet, Atlas).
A 5 Erörtern Sie die Aussagekraft der von der Weltbank und den Vereinten Nationen verwendeten Messgrößen (M 3 und M 4) zur Klassifizierung der Länder der Welt.
A 6 Vergleichen Sie die auf den Seiten 308 bis 310 vorgestellten Länderlisten nach folgenden Kriterien: Institution/Organisation, die die Liste erstellt hat, Ziele, Maßnahmen (www.oecd.org/dac, www.worldbank.org, www.imf.org).
A 7 Diskutieren Sie abschließend den Begriff der „Einen Welt“.

9.2 Soziale Kernprobleme

M1 Armut in Entwicklungsländern

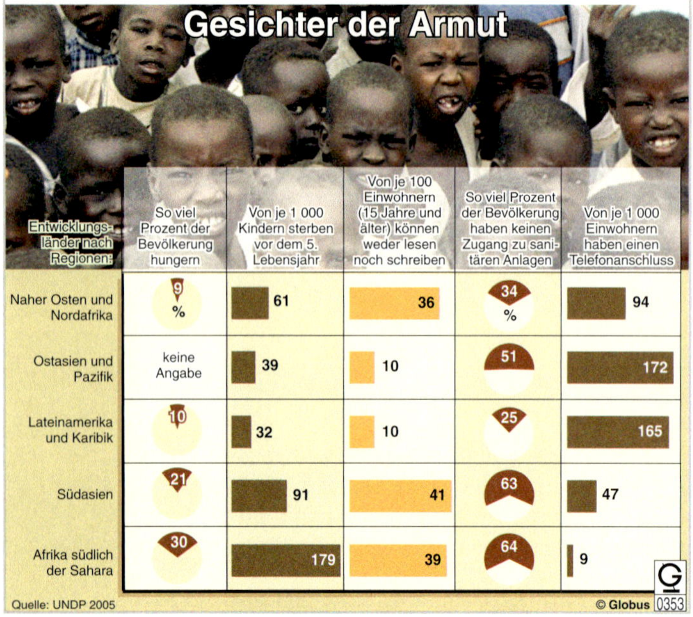

9.2.1 Armut

Armut
Unterentwicklung

„Armut ist schlicht der elementarste Ausdruck von Unterentwicklung. Denn ohne ihre Beseitigung oder Reduzierung ist selbst nicht einmal Hunger, Krankheiten, Trinkwassermangel und Obdachlosigkeit, d.h. all jenen elementaren Merkmalen beizukommen, die Unterentwicklung auf unterster Ebene ausmachen und bedingen.“ [1]

Aktionsprogramm 2015

Millennium-Gipfel

In den Entwicklungsländern ist Armut ein Massenproblem: Etwa 1,1 Mrd. Menschen leben in absoluter Armut; das sind fast ein Sechstel der Weltbevölkerung. Als absolut arm wird ein Mensch laut Definition der Weltbank eingestuft, wenn er nicht mehr als die Kaufkraft von einem Dollar pro Tag zum Leben hat.

Weltweit gesehen, hat die Armut in den letzten drei Jahrzehnten zwar relativ abgenommen, dieser Erfolg ist jedoch vor allem auf die rasante wirtschaftliche Entwicklung in China und den südostasiatischen Schwellenländern zurückzuführen. In Afrika und Lateinamerika hat sich die Situation hingegen weiter verschlechtert und in den meisten Transformationsländern Osteuropas und Zentralasiens gibt es absolute Armut im Wesentlichen erst seit dem politischen bzw. wirtschaftlichen Zusammenbruch des Ostblocks.

Auswirkungen der Armut

Armut in einem Entwicklungsland hat viele Gesichter. Hunger, Krankheit, Obdachlosigkeit und geringe Lebenserwartung sind nur die eine Seite der Armut, die unmittelbar sichtbare. Nicht weniger fatal sind andere Auswirkungen der Armut: Entwurzelung, Ausschluss von traditionellen Sozialstrukturen, Machtlosigkeit und Ausgrenzung von politischer und gesellschaftlicher Mitbestimmung.

In vielen Teilen der Welt ist Armut auch eine der wichtigsten Ursachen für Umweltzerstörungen. Denn gerade die existenziellen Nöte lassen wenig Spielraum für umweltpolitische Entscheidungen und Praktiken, z.B. in der Landwirtschaft, da die dazu notwendigen finanziellen Mittel fehlen. Umgekehrt gilt die Tatsache, dass gerade die Armen häufig Opfer von Umweltzerstörungen und -katastrophen sind, wie u.a. die Erdrutsche in den Slums vieler Entwicklungsländer zeigen.

Entgegen weit verbreiteten Vorstellungen ist die Armut nicht in den Städten, sondern auf dem Lande das größere Problem, da hier die Möglichkeiten alternativer Einkommensquellen fehlen. Besonders jüngere Menschen zieht es in der Hoffnung auf bessere Lebensbedingungen in die großen Städte. Somit trägt Armut letztendlich auch zum Städtewachstum mit all seinen Folgeproblemen bei.

Aktionsprogramm 2015. Die absolute Armut bis zum Jahre 2015 zu halbieren, ist das vordringlichste Ziel, dass die Vereinten Nationen auf dem Millennium-Gipfel im Jahre 2000 festgelegt haben. Diesem Ziel fühlt sich auch die Bundesregierung verpflichtet und bereits ein Jahr nach dem Millennium-Gipfel beschloss sie das „Aktionsprogramm 2015“ zum Kampf gegen die Armut in der Welt. Es konzentriert sich auf zehn wichtige Ansatzpunkte für die Armutsbekämpfung, u.a.: Durchführung von Agrarreformen, Verbesserung der Handelschancen für Entwicklungsländer, Schuldenabbau, Gewährleistung sozialer Grunddienste, Sicherung des Zugangs zu lebensnotwendigen Ressourcen (vgl. S. 344).

A1 Beschreiben Sie die Verbreitung von Armut in der Welt (M1 und Internet).

A2 Nennen Sie Gründe für Armut in den Entwicklungsländern. Unterscheiden Sie dabei zwischen internen und externen Gründen.

A3 Erklären Sie den Ausspruch des bis 2006 amtierenden Leiters der UN-Umweltbehörde Klaus Töpfer: „Armut ist das größte Gift für die Umwelt.“

M2 Unterernährung und Hunger in der Welt

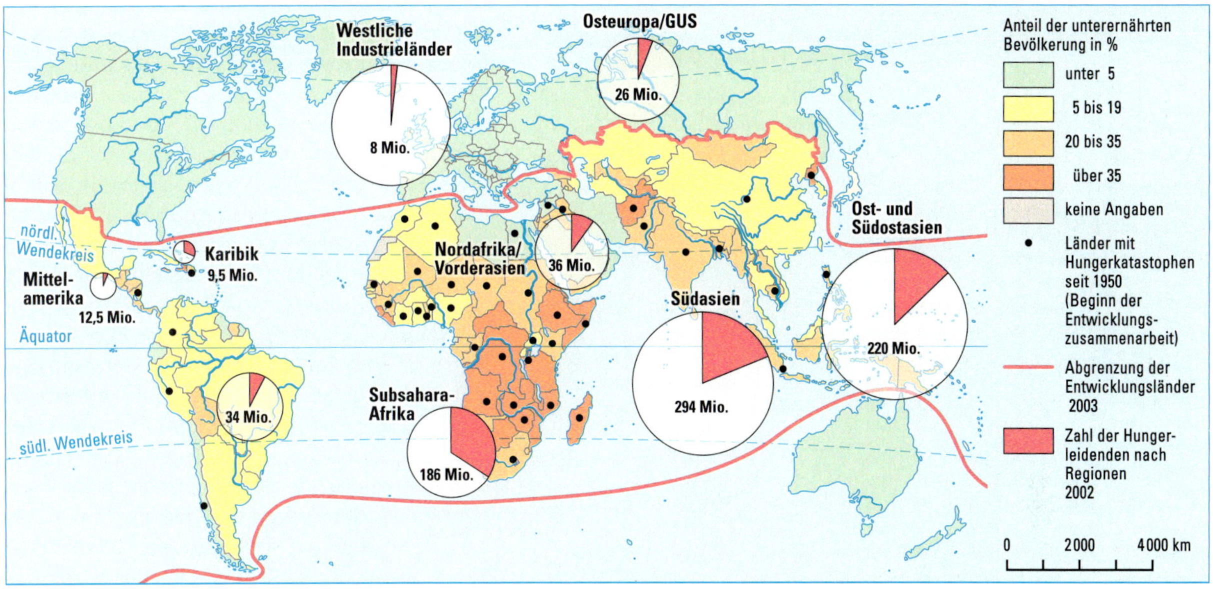

9.2.2 Hunger

In den letzten 30 Jahren wuchs weltweit die Nahrungsmittelerzeugung rascher als die Bevölkerung. Bei entsprechenden Maßnahmen kann dieser Trend weitere 30 Jahre anhalten. Wenn wir wollen, können wir genügend Nahrung für künftige Generationen erzeugen. Dennoch haben mehr als 800 Mio. Menschen nicht genug zu essen, sind etwa 185 Mio. Kinder im Vorschulalter unterernährt.

Wie lässt sich der offensichtliche Widerspruch zwischen den Erfolgsmeldungen einerseits und der großen Zahl hungernder Menschen in der Welt andererseits erklären? Wo liegen die Ursachen, dass immer noch so viele Menschen Hunger leiden und wie lassen sich die großen regionalen Unterschiede erklären? Zur Beantwortung dieser Fragen müssen interne und externe Faktoren genannt werden.

Interne Ursachen:
- Kriege und Naturkatastrophen,
- ungünstige Standortbedingungen für die Landwirtschaft,
- unrentable Anbaumethoden,
- Landarmut und fehlender Zugang zur Ressource Wasser,
- mangelnde Ausstattung kleinbäuerlicher Betriebe mit Betriebsmitteln und fehlender Zugang zu Krediten,
- Vernachlässigung ländlicher Räume und deren Infrastruktur.

Externe Ursachen:
- Subventionierung von Nahrungsmittelexporten durch die Industrieländer; dadurch bleibt der Preis unter den einheimischen Erzeugerkosten, sodass die Kleinbauern nicht konkurrenzfähig sind,
- hohe Verschuldung vieler Entwicklungsländer und damit fehlende Devisen für den Import z. B. von Düngemitteln.

Hunger
Unterernährung

A4 Beschreiben Sie anhand der Karte M2 die Verbreitung von Hunger und Unterernährung.
A5 Erklären Sie die Ursachen des Hungers.
A6 Erörtern Sie auf der Grundlage ihrer Ausführungen Strategien zur Bekämpfung des Hungers in der Welt (siehe auch Kapitel 9.3).

[1] Fred Scholz: Entwicklungsländer. Das Geographische Seminar. Braunschweig: Westermann 2006, S. 53

M2 nach Fred Scholz:, a. a. O., S. 78

Anmerkung Das Thema Ernährungssicherung wird ausführlich auf den Seiten 317 bis 323 in diesem Buch behandelt.

Online-Link 29260X-9201

M3 Anteil der HIV-infizierten Bevölkerung in Afrika und Verbreitung von Aids

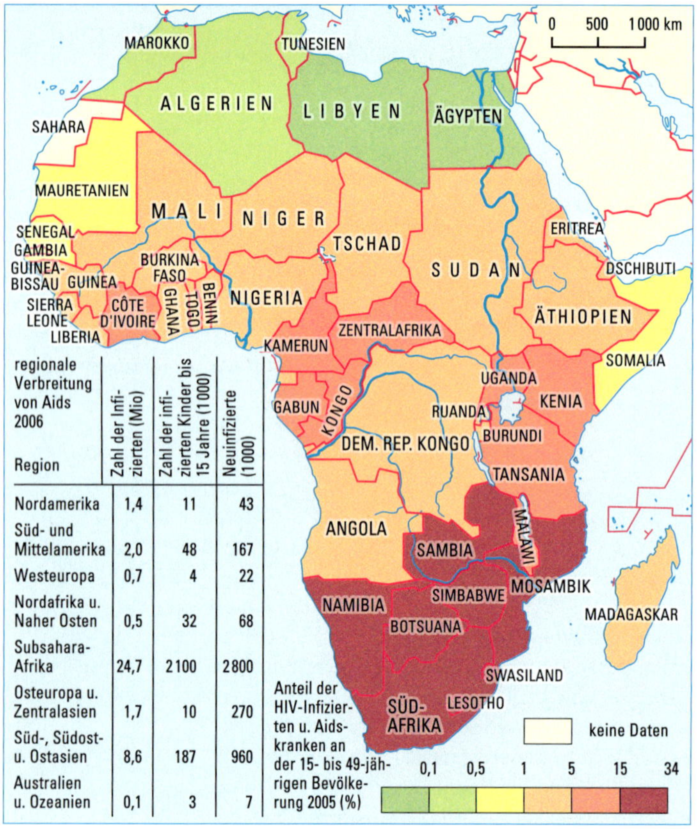

regionale Verbreitung von Aids 2006 Region	Zahl der Infizierten (Mio)	Zahl der infizierten Kinder bis 15 Jahre (1000)	Neuinfizierte (1000)
Nordamerika	1,4	11	43
Süd- und Mittelamerika	2,0	48	167
Westeuropa	0,7	4	22
Nordafrika u. Naher Osten	0,5	32	68
Subsahara-Afrika	24,7	2100	2800
Osteuropa u. Zentralasien	1,7	10	270
Süd-, Südost- u. Ostasien	8,6	187	960
Australien u. Ozeanien	0,1	3	7

9.2.3 Krankheiten/Aids

Zwischen Armut, Hunger und Krankheiten besteht ein direkter ursächlicher Zusammenhang. Die Gesundheit vieler Menschen wird durch unzureichende Ernährung, unsauberes Trinkwasser und andere Versorgungsdefizite geschwächt. Krankheiten sind die unausbleibliche Folge. Während in den Ländern des Nordens wohlstandsbedingte Kreislauf- und Krebserkrankungen mit 47 bzw. 22 % die häufigsten Todesursachen sind, herrschen in den Ländern des Südens die sogenannten „Krankheiten der Armut" vor, besonders Infektions- und parasitäre Krankheiten, z. B. Durchfallerkrankungen, Tuberkulose, Malaria, Cholera und vor allem Aids.

HIV

Aids

Aids

Das weltweite Ausmaß der Aids-Pandemie* sprengt unsere Vorstellungskraft. Mit 39,5 Mio. Infizierten – darunter 17,7 Mio. Frauen und 2,3 Mio. Kinder unter 15 Jahren – hat die Ausbreitung der tödlichen Immunschwächekrankheit 2006 einen neuen Höchststand erreicht. Jährlich stecken sich etwa 4 Mio. Menschen neu mit dem HIV-Virus an, ca. 25 Millionen sind bereits gestorben. Mit rasender Geschwindigkeit breitet sich Aids in den Armutsregionen der Welt aus und macht in kürzester Zeit alle bislang erreichten Entwicklungsfortschritte zunichte. Wie sieht die Zukunft in einem Staat wie z. B. Swaziland aus, in dem über ein Drittel der Bevölkerung HIV-infiziert ist und wo zwei Drittel aller Krankenhausbetten mit Aidskranken belegt sind?

Aids betrifft vor allem die 20- bis 49-Jährigen und damit die wirtschaftlich aktive Bevölkerung – mit fatalen ökonomischen Folgen. Ein hoher Krankenstand und Fachkräftemangel bewirken eine sinkende Produktivität. In den Familien fallen die Ernährer aus, sodass Kinder und alte Menschen unversorgt zurückbleiben. Auf dem Land müssen arbeitsintensive Anpflanzungen aufgegeben werden, sodass die landeseigene Versorgung gefährdet ist und der Staat zu Nahrungsmittelimporten gezwungen wird. Dieses bedeutet wiederum Devisenverluste für nötige Infrastruktureinrichtungen und die Sozialversorgung.

„Aids hat in Afrika ein weibliches Gesicht. In vielen Gesellschaften werden Frauen noch immer stark benachteiligt und haben daher geringe Chancen, sich gegen eine Ansteckung zu schützen. Häufig fehlt es an schulischer Bildung. Folglich können sie sich weniger über die Infektionsgefahr informieren. Außerdem haben sie traditionell vielerorts nicht das Recht auf sexuelle Selbstbestimmung. So ist es für viele Frauen undenkbar, beispielsweise den Gebrauch eines Kondoms vorzuschlagen, selbst wenn sie wissen, dass ihr Mann ‚Freundinnen' in der Stadt hat. Vergewaltigungen nehmen in den armseligen Vorstädten ein grauenvolles Ausmaß an. In vielen Regionen Afrikas kursiert zudem das Gerücht, dass ein Mann sich vor Aids schützen kann, wenn er mit einer Jungfrau schläft. ‚Sugar-Daddies', wohlhabende ältere Männer, ‚kümmern' sich um Schulmädchen, übernehmen die Schulgebühren und machen nette Geschenke – bis sich das Mädchen in einer Abhängigkeit sieht, die sexuelle Leistungen mit den oft bereits HIV-infizierten Männern einschließt. Armutsprostitution, Gewalt durch HIV-infizierte Soldaten in Bürgerkriegen, verhängnisvolle Traditionsmuster wie die Verheiratung junger Mädchen an ältere Männer oder die Übernahme von Witwen durch den Bruder des Verstorbenen – sind Beispiele für die vielfältigen Ursachen dieser verhängnisvollen Entwicklung." [2]

9.2.4 Frauendiskriminierung

Eine wirkliche Gleichberechtigung von Frauen und Männern gibt es in fast keinem Land der Welt. Dies lässt sich anhand von Statistiken über die Teilnahme der Geschlechter z. B. am gesellschaftlichen und politischen Leben oder am Maß der wirtschaftlichen Eingliederung eindeutig belegen. Während Gleichberechtigung bei uns jedoch eher eine Frage der Gleichstellung ist, geht es in den Entwicklungsländern um die grundsätzliche Anerkennung der Frau als soziales, ja mitunter sogar als menschliches Wesen.

Die Gesundheitsversorgung der Frauen ist in den Entwicklungsländern in der Regel schlechter als die der Männer, sie sind häufiger von Aids betroffen, sind weniger gut ausgebildet, oft Gewalt ausgesetzt, tragen höhere psychische Belastungen und leben häufiger in Armut. Nach Schätzungen der UNESCO sind fast zwei Drittel der Analphabeten auf der Welt weiblich. Frauen beziehen nur ein Zehntel des Gesamteinkommens und verfügen über einen Bruchteil des Vermögens. Ihr niedriger sozialer Status erschwert ihnen den Zugang zu vielen Berufen und damit zu Einkommen und sozialem Aufstieg.
Diese Situation ist umso unverständlicher, als Frauen in den meisten Entwicklungsländern eine Schlüsselrolle in sowohl wirtschaftlich als auch sozial wichtigen Lebensbereichen einnehmen, sei es in der Landwirtschaft, in der Energie- und Wasserversorgung, in der Hauswirtschaft oder in der Nahrungsmittelversorgung.

Alle Untersuchungen, die den Stand der menschlichen Entwicklung geschlechtsspezifisch differenziert erheben, wie der Gender-related Development Index (GDI, vgl. S. 309), belegen, dass in allen Ländern der Welt der GDI deutlich unter dem HDI liegt und dass die geschlechtsspezifischen Disparitäten in den Entwicklungsländern ohne Ausnahme größer sind als in den Industrieländern. Die Frauenförderung muss deshalb in der Entwicklungspolitik eine besondere Rolle einnehmen.

M4 Geschlechtsspezifische Alphabetenrate 2005 – 2007

	Anteil Männer (%)	Anteil Frauen (%)
Entwicklungsländer	85,5	73,5
LDC	65,6	74,6
Arabische Staaten	82,4	62,2
Südasien	74,6	53,5
Subsahara-Afrika	71,0	53,6

„Die Staats- und Regierungschefs haben sich daher in der Millennium-Erklärung der Vereinten Nationen aus dem Jahr 2000 sowie in dem Abschlussdokument des Millennium+5-Gipfels im September 2005 dazu bekannt, dass die Gleichstellung der Geschlechter und Stärkung der Frauen nicht nur ein eigenständiges Entwicklungsziel, sondern auch Voraussetzung zur Überwindung von Armut und Erreichen aller Millennium-Entwicklungsziele ist. Sie haben sich verpflichtet, sich gezielt und aktiv für die Stärkung der Frauen und die Gleichberechtigung von Mann und Frau einzusetzen und die bisher eingegangenen Verpflichtungen in diese Richtung einzuhalten. Diese Punkte gehören seit der Verabschiedung des Gleichberechtigungskonzepts 2001 zu den verpflichtenden, sektorübergreifenden, politik- und handlungsleitenden Prinzipien der deutschen Entwicklungszusammenarbeit." [3]

A7 Beschreiben Sie die globale Verbreitung von Aids.
A8 Erläutern Sie die Zusammenhänge zwischen Armut, Hunger und Aids.
A9 Erstellen Sie am Beispiel eines afrikanischen Staates ein Wirkungsgeflecht zu den Ursachen und Folgen von Aids (s. S. 466).
A10 „Aids hat ein weibliches Gesicht." Erklären Sie die Aussage.
A11 Informieren Sie sich anhand der Internetadresse www.aids-kampagne.de über das „Aktionsbündnis gegen Aids". Diskutieren Sie mit Ihren Mitschülerinnen und Mitschülern, wie Sie selbst aktiv werden können.

Alphabetenrate

LDC (G)

UNESCO (United Nations Educational, Scientific and Cultural Organization)

Gender-related Development Index (GDI)

Frauenförderung
Entwicklungspolitik (G)

M3 nach UNAIDS 2007, in: Der Fischer Weltalmanach 2008. Frankfurt am Main: Fischer Taschenbuch Verlag 2007, S. 38 – 39

M4 nach UNESCO Institute for Statistics (Hrsg.): http://stats.uis.unesco.org, Juli 2008

[2] Regina Riepe: Herausforderung Aids. In: MISEREOR Lehrerforum Nr. 65, Juni 2007. Aachen: Misereor 2007, S. 2

[3] BMZ (Hrsg.): Medienhandbuch Entwicklungspolitik 2006/2007. Berlin 2007, S. 234 – 235

*Pandemie: länder- und kontinentübergreifende Ausbreitung einer Infektionskrankheit

Online-Link
Informationen zu Aids: 29260X-9202

Online-Link
Rolle der Frau in den Entwicklungsländern: 29260X-9203

9.3 Ländliche Räume – Probleme und Entwicklungsmaßnahmen

M1 In einem südindischen Dorf

9.3.1 Die Bedeutung der Landwirtschaft

Millennium-Gipfel
Unterentwicklung

Da Unterentwicklung eine alle Lebens- und Gesellschaftsbereiche erfassende Erscheinung ist, dürfen und können sich Entwicklungsmaßnahmen auch nicht auf nur einen Sektor beschränken. Dennoch haben einige Bereiche eine besondere Bedeutung. Für die meisten Entwicklungsländer sind dies die Landwirtschaft und der ländliche Raum.

Die Bedeutung der Landwirtschaft wird u.a. deutlich, wenn man bedenkt, dass in den Entwicklungsländern ein Großteil der Bevölkerung direkt von der Landwirtschaft lebt, dass ein erheblicher Teil des Bruttonationaleinkommens (BNE) von diesem Sektor erwirtschaftet wird, dass die Landwirtschaft Rohstoffe für die heimische Industrie liefert sowie wichtiger Abnehmer industrieller Produkte ist und dass die Deviseneinnahmen oft zu einem erheblichen Teil aus dem Export landwirtschaftlicher Erzeugnisse stammen.

Bruttonationaleinkommen (BNE)
Deviseneinnahmen
Export

Noch ein weiterer, entscheidender Faktor macht die entwicklungspolitische Schlüsselstellung der Agrarwirtschaft deutlich: Den Hunger zu beseitigen, d.h. die Ernährungssicherung der wachsenden Bevölkerung aus eigener Kraft zu bewältigen, ist nur durch eine umfassende Förderung des ländlichen Raumes möglich.

Agrarwirtschaft
Hunger

Umfassende ländliche Entwicklung

Auf dem Millennium-Gipfel der UN im Jahre 2000 beschlossen die Staats- und Regierungschefs den Anteil der Hungernden in der Welt bis zum Jahre 2015 zu halbieren. Dieses hochgesteckte Ziel kann durch agrartechnische Maßnahmen allein nicht erreicht werden. Notwendig ist eine umfassende ländliche Entwicklung, die alle Menschen auf dem Lande in den wirtschaftlichen und sozialen Entwicklungsprozess einbezieht.

Für die bäuerlichen Produzenten müssen Möglichkeiten und Anreize geschaffen werden, die Produktion umweltgerecht und unter nachhaltiger Nutzung der natürlichen Ressourcen zu steigern. Dazu gehören:

- gerechte Agrarverfassungen und Eigentumsverhältnisse an Grund und Boden,
- Zugang der Landwirte zu Wasser, Düngemitteln, Saatgut und eventuell Krediten,
- bessere Ausbildung und Kenntnis moderner Agrartechnologien.

Als unabdingbare Voraussetzung sind dazu die notwendigen Rahmenbedingungen zu schaffen, die über den eigentlichen landwirtschaftlichen Produktionsprozess hinausgehen. Einige dieser Maßnahmen werden im Folgenden ausführlicher vorgestellt.

9.3.2 Maßnahmen zur Produktionssteigerung

Zur Steigerung der Agrarproduktion bzw. der Produktivität bieten sich verschiedene Möglichkeiten an, besonders Bodenbesitzreformen, Bodenbewirtschaftungsreformen und spezielle agrartechnische Maßnahmen, wie z. B. die „Grüne Revolution" und die Gentechnik.

Bodenbesitzreformen

Unter Bodenbesitzreform versteht man die Änderung der Eigentums- und Besitzverhältnisse an Grund und Boden. Sie zählt zu den vordringlichsten Maßnahmen im Agrarsektor vieler Entwicklungsländer. Charakteristisch ist hier meist der Gegensatz zwischen einer kleinen Schicht von Großgrundbesitzern und der breiten Masse der ländlichen Bevölkerung, die entweder landlose Lohnarbeiter bzw. Pächter sind oder von einem bäuerlichen Kleinstbetrieb leben müssen, der oft nicht einmal für die Selbstversorgung ausreicht.

So beträgt z. B. in Indonesien die durchschnittliche Betriebsgröße weniger als 1 ha. Infolge des starken Bevölkerungszuwachses werden die Betriebsflächen immer weiter zersplittert. Am weitesten ist dieser Vorgang auf der Hauptinsel Java fortgeschritten, wo viele Familienbetriebe nur noch über 0,1 ha Betriebsfläche verfügen. Mit ca. 70 % ist hier auch der Anteil der landlosen Agrarbevölkerung besonders hoch.

Ähnlich sind die Verhältnisse in vielen lateinamerikanischen Ländern, in denen wenige große Betriebe, die Latifundien, oft mehr als die Hälfte des gesamten landwirtschaftlich genutzten Bodens besitzen, während bis zu drei Viertel der Betriebe in die Kategorie der Minifundien fallen, deren Landbesitz vielfach nur der Fläche eines größeren Gartens entspricht.

Ein rentables Wirtschaften ist in den Minifundien nicht möglich. Durch die intensive Arbeitsleistung sind die Hektarerträge meist zwar höher als auf den Großgrundbesitzen. Die winzigen Parzellen ermöglichen allerdings kaum Ersparnisse für Investitionen in Saatgut, Dünger oder andere Betriebsmittel.

M 2 Landbesitzverteilung in Indonesien Ende der 1990er Jahre

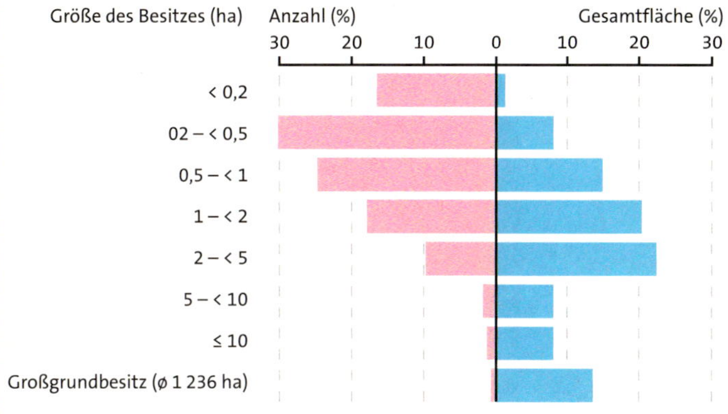

Das Geldeinkommen muss durch Lohnarbeit auf den Feldern der Großgrundbesitzer oder auf den Plantagen, falls diese durch eine umfassende Mechanisierung inzwischen nicht Arbeitskräfte einsparen, gesichert werden. So sehen sich viele Bauern gezwungen in die Stadt abzuwandern, um dort den Lebensunterhalt für sich und ihre Familien zu verdienen. In den unzureichenden Betriebsgrößen liegt somit auch ein Grund für die Landflucht und das explosionsartige Wachstum der Großstädte (vgl. S. 324 – 327).

Bodenbesitzreform

Landflucht

Als konkrete Reformen bieten sich an:

1. die Neu- bzw. Umverteilung des Bodeneigentums, vor allem durch Enteignung großer Güter und Verteilung des Landes an Kleinbauern bzw. Landarbeiter,
2. die Bildung von Produktionsgenossenschaften, um durch größere Felder die Voraussetzung für effektivere Produktionsmethoden zu schaffen,
3. die Verbesserung des Pachtwesens, d. h. Erhöhung der Pachtsicherheit durch feste Verträge.

Bodenbesitzreformen wurden in der Vergangenheit in vielen Ländern durchgeführt, vielfach in Verbindung mit einer radikalen Enteignung nach kommunistischem Vorbild. Die Erfolge waren jedoch zumeist gering, da sie vor allem aus ideologischen Gründen durchgeführt wurden.

M 2 nach Werner Röll: Indonesien. Klett Länderprofile. Stuttgart: Klett 1979, S. 136 aktualisiert mithilfe Sensus Pertanian = Agricultural census (Indonesia); Jakarta: Badan Pusat Statistik, verschiedene Jahrgänge

Bodenbewirtschaftungsreform

Erschließung von Landreserven

Die Umwandlung von Wald- und Grasländern in Agrarland, wie z. B. in Brasilien und Indonesien, oder die Ausdehnung der Bewässerungsflächen in Trockengebieten sind häufig beschrittene Wege, um ausreichende Betriebsgrößen zu schaffen und die Nahrungsmittelproduktion zu steigern. Die Vorteile sind offensichtlich. Der Staat bzw. die Entwicklungsgesellschaften können moderne Betriebsformen (z. B. Genossenschaften), Anbaumethoden (z. B. Bewässerungsfeldbau, Dauerkulturen) und Vertriebssysteme fördern sowie die Produktionsrichtung den Bedürfnissen des jeweiligen Landes anpassen. Gleichzeitig können dadurch Entwicklungskerne in peripheren Räumen geschaffen werden, um so innerregionale Disparitäten abzubauen.

„Grüne Revolution"

Die größten Erschließungspotenziale sah man lange Zeit in den afrikanischen und lateinamerikanischen Tropen, Regionen also, die zugleich durch ein besonders starkes Bevölkerungswachstum gekennzeichnet sind. Wie fragwürdig diese Annahme ist, zeigen nicht zuletzt die Erfahrungen aus jüngerer Zeit, z. B. dass eine nachhaltige Produktionssteigerung aufgrund der eingeschränkten Fruchtbarkeit der tropischen Böden und der ökologischen Labilität dieser Räume nicht gewährleistet ist (vgl. Kap. 2, S. 84–87).

Gentechnik

Auch die Ausdehnung der Bewässerungsflächen in den ariden und semiariden Räumen hat sich inzwischen als problematisch erwiesen, nicht nur, weil die Wasservorräte immer knapper werden, sondern auch aufgrund der damit verbundenen Schäden am Naturhaushalt.

M3 Haupttypen und Ursachen der weltweiten Bodenzerstörung (geschätzte Gesamtfläche: 20 Mio. km²)

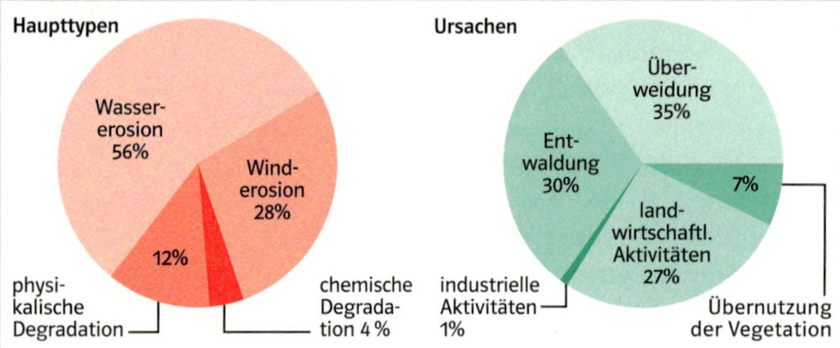

Bodenbewirtschaftungsreformen

Aufgrund der eingeschränkten Möglichkeiten, die Anbauflächen unbegrenzt zu erweitern, stehen heute Maßnahmen zur Intensivierung der Produktion auf den bewirtschafteten Flächen im Vordergrund. Dazu gehören:

1. der verstärkte Einsatz von Mineraldünger, Pflanzenschutzmitteln oder von hochertragreichem Pflanzenmaterial, zumeist in Verbindung mit intensiver Bewässerung;
2. der Ersatz von Extensivzweigen durch Intensivzweige, z. B. von Wanderfeldbau durch permanente Bodennutzungssysteme;
3. verbesserte Fruchtfolgen, z. B. Fruchtwechselwirtschaft anstelle von Monokulturen;
4. genossenschaftliche Zusammenschlüsse von Betrieben und Kapitalinvestitionen in Großbetriebe.

In diesem Zusammenhang sind die beachtlichen Produktionssteigerungen durch die „Grüne Revolution" zu sehen, die auf der Folgeseite am Raumbeispiel Mexiko dargestellt werden.

Grüne Gentechnik

Da die bislang praktizierten Versuche der Intensivierung, u. a. wegen des Mangels an den Ressourcen Land und Wasser, aber auch wegen der hohen Kosten, inzwischen an ihre Grenzen stoßen, werden Forderungen nach der Nutzung gentechnisch veränderter Pflanzen in der Landwirtschaft lauter.

Befürworter sehen die Vorteile der Gentechnik vor allem in der Möglichkeit Nutzpflanzen zu optimieren, indem auf diesem Wege Resistenzen gegen Schädlinge und Pilzerkrankungen erreicht werden oder sich Pflanzen mit einem geringen Bedarf an Dünger bei gleichzeitig höheren Erträgen züchten lassen.

Gegner wenden u. a. ein, dass die Kleinbauern sich die hohen Kosten kaum leisten können und dass die Folgen für die menschliche Gesundheit nicht abzusehen sind.

A1 Nennen Sie Ursachen für die Leistungsschwäche der Landwirtschaft in Entwicklungsländern.

A2 Erstellen Sie eine Liste möglicher Vor- und Nachteile der Gentechnologie.

M3 nach Otmar Seuffert: Aussagewert und Vergleichbarkeit statistischer Daten zum Problemkreis Degradation – Desertifikation. In: Petermanns Geographische Mitteilungen, 145 Jg., H. 4. Gotha: Perthes 2001, S. 55

Online-Link
Informationen zur Gentechnik:
29260X-9301

M 4 Landreichtum – Wasserknappheit

„Mit einer Größe von fast 1 Mio. km² nimmt die landwirtschaftliche Nutzfläche über die Hälfte Mexikos ein. Rund ein Viertel davon ist ackerbaulich genutzt, drei Viertel dienen der extensiven Weidewirtschaft. In weiten Teilen des Landes stellt das knappe Wasserangebot den begrenzenden Faktor für die Landwirtschaft dar. Große Bereiche des Nordens liegen jenseits der agronomischen Trockengrenze, sodass hier Ackerbau nur mit künstlicher Bewässerung möglich ist.
Wegen dieser natürlichen Gegebenheiten war eine ausreichende Versorgung der Bevölkerung stets ein großes Problem. Ab Mitte des 20. Jh.s gelang es jedoch die landwirtschaftliche Produktion so weit zu steigern, dass sie mit dem enormen Bevölkerungswachstum (1950: 26,3 Mio., 2005: 103,1 Mio.) Schritt halten konnte.“

M 6 Bewässerungswirtschaft Mexikos

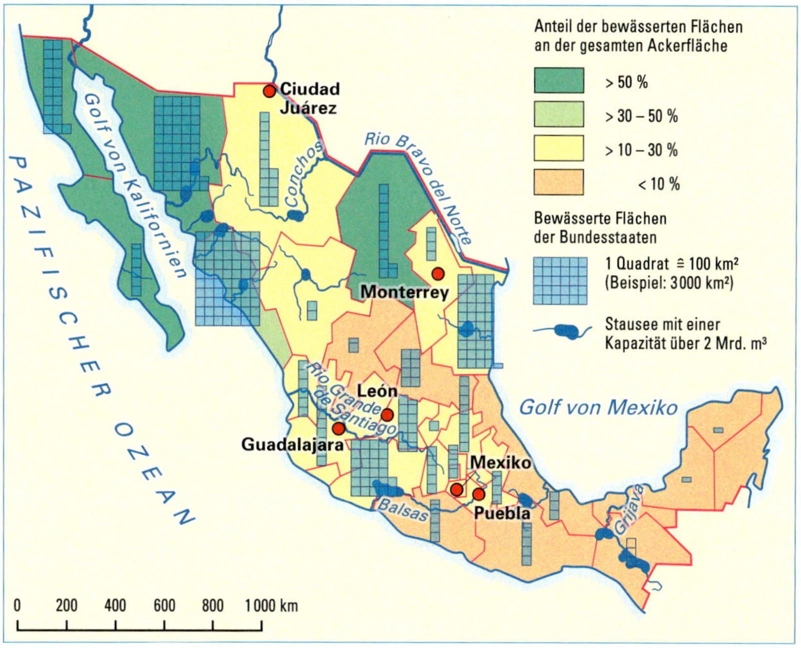

M 5 Erfolge durch „Grüne Revolution“

„Dieser bemerkenswerte Zuwachs beruhte zwar z.T. auf der Erweiterung der Anbaufläche von 14,6 auf 24,8 Mio. ha (1930 – 1990). Er war aber hauptsächlich einer Steigerung der Hektarerträge und der Arbeitsproduktivität zu verdanken. Tatsächlich zeigen sich hier die Erfolge der so genannten ‚Grünen Revolution‘, die auf das Zusammenwirken mehrerer Faktoren zurückzuführen ist, nämlich die beträchtliche Ausweitung von bewässerten Flächen, vor allem in den nördlichen Trockengebieten, die Einführung moderner Agrartechniken, einschließlich der Anwendung von Handelsdünger und chemischen Pflanzenschutzmitteln, sowie insbesondere die Züchtung von ertragreichem Saatgut.“

M 7 Erfolge nur kurzfristig

„Während in früheren Jahrzehnten große Mengen Weizen vor allem für den steigenden Bedarf der städtischen Mittelschichten eingeführt wurden, gelang es in den 1950er und 1960er Jahren, die Versorgung der eigenen Bevölkerung sicherzustellen und sogar bis zu 23 % der Weizen- und 16 % der Maisproduktion zu exportieren. Doch schon 1971/1972 haben sich die Verhältnisse wieder umgekehrt. Zwar stiegen die Hektarerträge weiter, aber bis zu einem Drittel des Getreideverbrauchs musste durch Importe gedeckt werden … Verantwortlich für diese Entwicklung ist nur teilweise der Bevölkerungszuwachs. Wichtiger erscheint die Tatsache, dass die Anbauflächen der Grundnahrungsmittel stagniert haben, während gleichzeitig bis zu einem Fünftel der Ernte als Viehfutter verwendet wurde … Dahinter steht ein tief greifender Strukturwandel in der Landwirtschaft. Er ist auf die Erzeugung hochwertiger Produkte für den Binnenmarkt und für den Export ausgerichtet und konnte sich aufgrund von direkten und indirekten staatlichen Subventionen vollziehen.“

A 3 Nennen Sie die entscheidenden Maßnahmen, die in Mexiko im Rahmen der „Grünen Revolution“ ergriffen wurden.

A 4 Erläutern Sie die Gründe für die stagnierende Getreideproduktion in Mexiko in jüngerer Zeit.

A 5 Erstellen Sie ein Wirkungsgefüge zu den möglichen ökologischen und sozialen Folgen der „Grünen Revolution“ (vgl. Methodendoppelseite 466 – 467).

M 4 Arno Kreus/Norbert von der Ruhren (Hrsg.): TERRA Erdkunde Sekundarstufe II: Räume und Strukturen. Stuttgart und Leipzig: Klett 2007, S. 162

M 5 bis M 7 Erdmann Gormsen: Mexiko. Land der Gegensätze und Hoffnungen. Perthes Länderprofile. Gotha: Perthes 1995, S. 126, 127 – 128, 129

Fallbeispiel: Nassreisanbau in Südostasien – Intensivierung statt Extensivierung

M 8 Wachstumsbedingungen für Nassreis

„Zu den günstigen Ausnahmebedingungen der inneren Tropen, die eine relativ hohe Bevölkerungsdichte erlauben, gehören neben Regionen mit jungvulkanischen Böden vor allem die Flussauen, Schwemmkegel und Überschwemmungsgebiete tropischer Flüsse. Entscheidend für die agrarische Tragfähigkeit sind dort die klimatischen Bedingungen für den Nassreisanbau. Während der Wachstumszeit verlangt Nassreis hohe Temperaturen (am besten 30–32 °C, mindestens aber 20 °C) und viel Sonnenschein. Wichtiger als die Bodenqualität ist die Möglichkeit, genügend Wasser für die Nassreisfelder bereitstellen zu können. Denn dieses Wasser bringt, besonders wenn es aus tropischen Weißwasserflüssen kommt, Schwebstoffe mit, die die Felder nach jeder Überschwemmung mit einer feinen Nährstoffschicht bedecken und so ‚automatisch' Dünger zuführen."

M 9 Nassreisanbau

„Auf kunstvoll terrassierten, u. a. mit Holzpflug und Wasserbüffeln zur Reispflanzung vorbereiteten Sawah-Flächen*, die über ein weit verzweigtes Zuleiternetz aus Flüssen, Stauweihern usw. bewässert werden, sind … fünf Ernten in zwei Jahren nicht selten. … Zweitgewächse wie Erdnüsse, Sojabohnen, Süßkartoffeln, Mais, Tabak, Gemüse usw. gelangen im Fruchtwechsel mit Reis zum Anbau. Die Fruchtfolgen sind höchst unterschiedlich. Die Bodenbearbeitung, das Einbringen der Ernten sowie die Dresch- und Schälvorgänge erfolgen weitgehend manuell, denn der Mechanisierungsgrad der Landwirtschaft ist bisher äußerst gering."

M 10 Nassreisanbau auf bewässerten Terrassen auf Bali

M 11 Vorteile der Überflutungswirtschaft

„Das System hat weitere Vorteile: Bei der Überflutung der Nassfelder kommen z. B. in Malaysia Fischschwärme mit. Sie vertilgen Schädlingslarven und sind eine willkommene Ergänzung der Nahrung: Bis zu 1000 kg Fisch können von 1 ha Nassfeld kommen. Da außerdem in den Dörfern Malaysias Hühner gehalten werden und in den dorfnahen Gärten vielerlei Gemüse, Knollenpflanzen, Zuckerrohr und Gewürze angebaut werden, ist für die Nassreisgebiete eine vielseitige Ernährung charakteristisch, die viel abwechslungsreicher und besser gesichert ist als in den Trockenreisgebieten mit Shifting Cultivation. Vor allem aber sind die Erträge viel höher: Bei Trockenreis bringen in Malaysia oder Indonesien durchschnittliche Ernten 1 bis 1,5 Tonnen je Hektar, bei Nassreis sind es zwei bis vier Tonnen."

M 12 Erfolge durch die „Grüne Revolution"?

„Das Saatgut, das jedes Jahr gekauft werden muss, ist teuer, … zusätzliche Schutz- und Düngemaßnahmen sind erforderlich. Und wenn der schnelle Wuchs ausgenutzt werden soll und zwei Ernten jährlich oder gar fünf Ernten in zwei Jahren erreicht werden sollen, dann muss sehr viel Wasser fast ganzjährig zur Bewässerung zur Verfügung stehen. Der neue ‚Wunderreis' war also teuer und konnte nur von größeren und kapitalstarken Betrieben ohne Verschuldung angebaut werden. Für den kleinen Bauern bringt das ‚double cropping', die zweimalige Ernte, häufig unter dem Strich zwar höhere Erträge, aber geringere Einkünfte."

A 6 Beschreiben Sie das System des Nassreisanbaus in Südostasien.

A 7 Bewerten Sie den Nassreisanbau unter dem Aspekt eines nachhaltigen Beitrags zur Ernährungssicherung.

M 8 Ulrich Kümmerle/Norbert von der Ruhren: Entwicklungsräume in den Tropen und Subtropen. FUNDAMENTE Kursthemen. Gotha und Stuttgart: Klett-Perthes 1998, S. 47

M 9 Werner Röll: Indonesien. Klett Länderprofile. Stuttgart: Klett 1979, S. 140

* **Sawah** = Reisfeld

M 11 Ulrich Kümmerle/Norbert von der Ruhren: a. a. O., S. 47

M 12 ebenda, S. 48

M 13 nach Norbert Stache/Pay Drechsel: Ökologischer Landbau in der ländlichen Entwicklung Ruandas. In: Geographische Rundschau, 49. Jg., H. 1. Braunschweig: Westermann 1997, S. 34

9.3.3 Suche nach Auswegen – Wiederbelebung traditioneller Anbauformen

Welche Auswege bieten sich angesichts des kaum gebremsten Bevölkerungswachstums in vielen Entwicklungsländern an? Die negativen Erfahrungen mit dem Import von Agrarmethoden aus den Industrieländern haben vielerorts zu einem Umdenken geführt. Über Jahrzehnte hatten Experten versucht, die Landwirtschaft in den Entwicklungsländern mit modernen Mitteln wie Mechanisierung, durch groß angelegte Bewässerungsprojekte sowie den verstärkten Einsatz von Düngemitteln, Pestiziden und Herbiziden leistungsfähiger zu gestalten. Abgesehen von den negativen ökologischen Folgen scheiterten viele dieser wohlgemeinten Versuche an den konkreten Gegebenheiten vor Ort. Man hatte nicht bedacht, dass die High-Input-Techniken, wie sie z. B. bei der „Grünen Revolution" notwendig sind, für die große Masse der Kleinbauern nicht bezahlbar sind. Die Verbreitung neuer Methoden in den peripheren Räumen der armen Länder scheiterte zumeist auch an den unzureichenden Transport- und Lagersystemen sowie an der Verschlechterung des Verhältnisses zwischen den Produktionskosten und den Verkaufserlösen.
Auch die arbeits- und kapitalintensiven Plantagen stellen keine Alternative dar, da sie aufgrund der Weltmarktorientierung vielfach zu Lasten der Versorgung der Bevölkerung mit Grundnahrungsmitteln gehen.

All dies, massive Umweltschäden sowie negative Erfahrungen mit der „Grünen Revolution" führten zur Forderung nach angepassten, standortgerechten Anbaumethoden als Alternativen zu der teuren und oft umweltunverträglichen so genannten modernen Landwirtschaft.
So ist in vielen Regionen, besonders in Afrika, eine Rückbesinnung auf traditionelle Landnutzungsformen erkennbar, die früher negativ bewertete alte Bewirtschaftungsformen mit modernen Techniken kombinieren. Zahlreich sind die Arten und Bezeichnungen dieser neuen Landnutzungssysteme, z. B. Ecofarming (s. Kap. 4, S. 128), Agroforstwirtschaft, Mischkultur, Intercropping (Zwischenfruchtanbau). Allen gemeinsam ist, dass sie sich an dem ökologischen Kreislauf in der Natur orientieren, um eine nachhaltig erfolgreiche Landwirtschaft zu ermöglichen und gleichzeitig die verschiedenen Produktionsfaktoren der Bodenfruchtbarkeit optimal zu nutzen.

Agroforstwirtschaft

Das Landnutzungssystem der Agroforstwirtschaft sieht eine angepasste integrierte Landwirtschaft mit zwei, im Idealfall auch drei Nutzungsschwerpunkten vor: Feldbau, Holzproduktion und Tierhaltung. Der Feldbau mit häufigem Fruchtwechsel, Mischkulturen und Gründüngung berücksichtigt vor allem die Selbstversorgung. Nur auf wenigen Feldern werden Cash Crops angebaut. Tiere werden im Stall gehalten, sodass Weideflächen für den Anbau genutzt werden können.
Die Felder werden mit den unterschiedlichsten Nutzpflanzen angelegt, und zwar so, dass die Kultur später dem stockwerkartigen Aufbau des Regenwaldes ähnelt: Unter Palmen wachsen mittelhohe Bäume, wie Bananenstauden, auf dem Acker Mais, Taro, Bohnen, Yams und andere Feldfrüchte. Die hohen Bäume bieten optimale Lichtverhältnisse für die Feldfrüchte, das Blätterdach verhindert Erosion nach Starkregen, das Wurzelsystem der Bäume regelt den Wasserhaushalt und schafft mit den Mykorrhizen erst die notwendige Bodenfruchtbarkeit in den feuchten Tropen (vgl. Kap 2, S. 85–86).
Ist dieses System aber auch bei weiterem Bevölkerungswachstum und immer knapper werdenden Landreserven anwendbar?

Agroforstwirtschaft

Cash Crops

M13 Möglichkeiten zur Steigerung der Bodenfruchtbarkeit in den feuchten Tropen

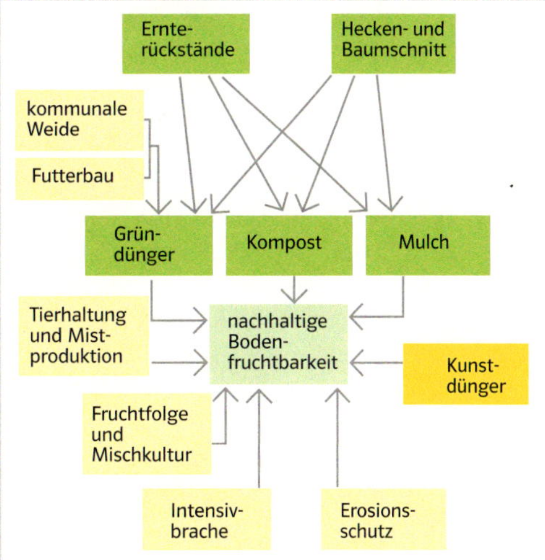

A 8 Erörtern Sie Chancen und Grenzen der Agroforstwirtschaft.

M 14 Schreinerei mit Lehrlingsausbildung – ein Entwicklungshilfeprojekt im ländlichen Raum Ghanas

9.3.4 Integrierte ländliche Entwicklung

ländliche Regionalentwicklung (LRE)

Entwicklungspolitik (G)

Ressourcen

Bottom-up-Konzept

Frauenförderung

Nachhaltigkeit

Um eine Steigerung der Lebensqualität in den ländlichen Räumen zu erreichen, ist es nötig, die ländlichen Gemeinden als Ganzes zu sehen und die Entwicklungsbemühungen nicht auf die Erhöhung der landwirtschaftlichen Produktion zu beschränken, denn ländliche Entwicklung bedeutet sehr viel mehr als nur Landwirtschaft.

Ländliche Räume bieten Lebensraum für den Großteil der Menschen in den Entwicklungsländern, da immer noch bis zu drei Viertel der Bevölkerung auf dem Land lebt. Wesentliche Kennzeichen für die Lebensbedingungen dieser Menschen sind geringes Einkommen, Unterernährung, mangelnde Bildung, unzureichende soziale Versorgung sowie geringe Teilhabemöglichkeit an sozio-ökonomischen und politischen Entscheidungsprozessen. Deswegen muss ländliche Entwicklung viele Förderbereiche einschließen. Neben Maßnahmen zur Ernährungssicherung sind zu nennen:

- Aufbau einer leistungsfähigen Infrastruktur, einschließlich Energieversorgung und moderner Kommunikationstechniken,
- Förderung des Handwerks und kleingewerblicher Produktionsbetriebe,
- Auf- bzw. Ausbau des Bildungsbereichs und des Gesundheitswesens,
- Schaffung von Einkommen sowie dessen gerechtere Verteilung,
- Verbesserung des Zugangs zu notwendigen Dienstleistungen.

Ländliche Regionalentwicklung (LRE)

Die Förderung des ländlichen Raumes zählt zu den Schwerpunkten der deutschen Entwicklungspolitik. Diese ist eingebunden in den Strategieansatz der „ländlichen Regionalentwicklung" (LRE), der auf Armutsbekämpfung, Selbsthilfe, Eigeninitiative und Partizipation der lokalen Bevölkerung ausgerichtet ist. Oberstes Ziel der LRE ist die Nutzung lokaler Ressourcen bei langfristiger Sicherung der ökologischen Tragfähigkeit. Der Begriff „Ressourcen" ist in diesem Zusammenhang im umfassenden Sinne zu verstehen, schließt also auch das Potenzial und die Fähigkeiten der Menschen mit ein. Durch das Konzept der ländlichen Regionalentwicklung sollen die armen Bevölkerungsgruppen in die Lage versetzt werden, aus eigener Kraft ihre wirtschaftliche und soziale Situation dauerhaft zu verbessern. Dabei wird von dem Entwicklungsverständnis ausgegangen, dass Entwicklung von unten her erfolgen muss (Bottom-up-Konzept) und in den Köpfen der betroffenen Menschen anzusetzen hat.

Da die konzeptionellen Vorgaben der LRE auch für andere Entwicklungsprojekte von Bedeutung sind, werden die wichtigsten Einzelziele hier zusammenfassend aufgelistet:

- Armutsbezug: Alle Fördermaßnahmen orientieren sich an den besonders bedürftigen Bevölkerungsschichten.
- Zielgruppenbezug: Die Förderung ist auf die speziellen Bedürfnisse und Möglichkeiten bestimmter Bevölkerungsgruppen (ethnisch, sozial, wirtschaftlich) ausgerichtet; dadurch soll Konflikten vorgebeugt werden und die Hilfe angepasst erfolgen.
- Frauenförderung: Als Hauptbenachteiligte und zugleich wichtige Träger der Entwicklung sollen Frauen besonders gefördert werden.
- Partizipation: Die Zielgruppen müssen an der Planung und Durchführung der Entwicklungsmaßnahmen beteiligt werden, um so mehr Eigeninitiative und Eigenverantwortung im Sinne der Selbsthilfe zu erreichen.
- Nachhaltigkeit: Die Wirkung der Entwicklungsmaßnahmen muss dauerhaft sein, d.h. umweltschonend und über den Abschluss der offiziellen Zusammenarbeit hinaus wirksam.
- Multisektoraler Ansatz: Alle Hilfsmaßnahmen müssen umfassend und einander ergänzend angegangen werden.

M 15 Anfänge und Grundidee

„Angeregt durch die verheerende Flutkatastrophe von 1970 im damaligen Ostpakistan (seit 1971 Bangladesch) befasste sich … der Ökonomie-Professor Dr. Muhammad Yunus aus Chittagong mit der Frage, wie der wiederkehrend von Überflutungen heimgesuchten … und mehrheitlich armen Bevölkerung [Bangladeschs] … geholfen werden kann.
Die Lösung sah er in der eigenständigen und selbstverantwortlichen Nutzung der vorhandenen Ressourcen. Dafür aber – so seine Einsicht – benötigten vor allem die ländlichen Armen … finanzielle Mittel bzw. den Zugang dazu. Dadurch könnten Saatgut, Dünger und Geräte gekauft, Feldterrassen angelegt oder ganz allgemein Einkommen schaffende Aktivitäten ermöglicht werden.
Da die Geschäftsbanken als Kreditgeber für Menschen ohne Sicherheit, die Mehrzahl der Bengalen, nicht in Frage kommen, gründete Prof. Yunus 1976 mit Eigenmitteln die Grameen Bank (grameen = dörflich, ländlich). Sie verfolgte von Anbeginn das Ziel, der armen, mittellosen Bevölkerung Zugang zu Krediten zu verschaffen, um Selbsthilfeprozesse zur Grundbedürfnisbefriedigung zu initiieren bzw. zu ermöglichen. Zielgruppe bilden alle Mitglieder von Familien (auch heute noch vor allem Frauen, ca. 90 % der Kreditnehmer), die weniger als 0,2 ha kultivierbares Land besitzen."

A 9 Charakterisieren Sie das Strategiekonzept der ländlichen Regionalentwicklung (LRE).
A 10 Stellen Sie die Funktionsweise der Grameen Bank dar.
A 11 Bewerten Sie das Konzept.

M 16 Wie funktionieren die Mikrofinanzprogramme?

„Frauen, die an Spar- und Kreditprogrammen teilnehmen, organisieren sich in Gruppen mit 15 bis 40 Mitgliedern. Auf ihren regelmäßigen, meist wöchentlichen Treffen spart jedes Mitglied zwischen zwei und 15 Cent. Das Sparen ist verpflichtend. Der Kredit gebenden Institution gibt das die Sicherheit, dass es sich um eine zuverlässige Kundin handelt. Die Ersparnisse bilden eine Rücklage für Notzeiten und Eigenkapital für Investitionen …
Wenn eine Gruppe vier Monate gespart hat, erhalten die ersten Mitglieder Kredite. Anfangs liegen sie zwischen 15 und 50 €. Die Frauen investieren zum Beispiel in mehrere Hühner für 15 € oder in eine Milchkuh für 50 €. Eier und Milch werden verkauft und bringen die erwünschten Einnahmen. Innerhalb eines Jahres muss der Kredit zurückgezahlt werden … Wenn dies gelingt, erhält die Frau den nächsten Kredit. Mit jedem neuen Kredit kann dessen Höhe steigen, auf bis zu 300 €. Jede Teilnehmerin bringt zum Gruppentreffen ihr Sparbuch mit, in dem alle Ersparnisse und Rückzahlungen eingetragen werden. Zentrales Element für die hohe Rückzahlungsquote, die bei der Grameen Bank 2006 nach deren Angaben 98 % beträgt, ist der Gruppendruck: Wenn eine Frau nicht zurückzahlt, erhalten die anderen in der Gruppe keinen Kredit."

M 17 Würdigung

Professor Yunus wurde 1994 mit dem Welternährungspreis ausgezeichnet. 1998 erhielt er den Sydney-Friedenspreis und 2006 den ITU World Information Society Award. 2006 erfolgte die Auszeichnung mit dem Friedensnobelpreis.

M 18 Frauen einer Grameen Bank – Eintragen von Krediten und Einzahlungen

M 19 Daten zur Grameen Bank 2007

- Gesamtzahl der Kreditnehmer: 7,3 Mio., 97 % davon sind Frauen
- die Kreditnehmer besitzen 94 % der Anteile
- Zahl der Zweigstellen der Bank: 2 468 mit insgesamt 24 700 Mitarbeitern
- Zahl der betreuten Dörfer in Bangladesch: 80 260 (70 %)
- Gesamtsumme des bislang verliehenen Geldes: 6,55 Mrd. US-$
- Zinsen variieren nach Art der Kredite: 20 % für Unternehmensdarlehen, 8 % für Baudarlehen, 5 % für Ausbildungskredite
- Zahl der jährlichen Stipendien: 3 000, vorzugsweise für Mädchen

M 20 Erfolge

„Kleinkredite haben die Situation vieler Frauen verbessert: Neben Reis steht jetzt öfter Gemüse und sogar Fleisch oder Eier auf dem Speiseplan der Familie. Ein Arztbesuch wird möglich und der Bau einer Toilette. Mehr Kinder gehen zur Schule. … Viele Frauen haben deutlich an Selbstwertgefühl gewonnen, … schüchterne Frauen sind zu einer selbstbewussten Gemeinschaft zusammengewachsen, die Unrecht und ihre Forderungen und Ziele klar benennt."

M 15 Fred Scholz: Entwicklungsländer. Braunschweig: Westermann 2006, S. 236–237

M 16 und M 20 nach NETZ e.V. Partnerschaft für Entwicklung und Gerechtigkeit, www.bangladesch.org, Juni 2008

M 19 zusammengestellt nach www.bangladeshonline.de/grameen/history.html, Juni 2008

9.4 Städtische Räume – Probleme und Ansätze nachhaltiger Stadtentwicklung

9.4.1 Migration und Verstädterung

Verstädterung

Slum

Migration

„In Dörfern Afrikas, Asiens und Lateinamerikas gilt die Parole aus dem Europa des Mittelalters: ‚Stadtluft macht frei!' Tag für Tag verlassen 170000 Menschen in der Dritten Welt ihre Felder und ziehen in wuchernde Metropolen.
Doch statt der erträumten Befreiung von Armut und sozialen Fesseln bringt die Verstädterung oft nur neues Elend. Gerade im Zeitalter der Globalisierung finden viele Zuwanderer keine Arbeit und enden mit ihren Familien in Slums ohne Strom und Kanalisation. Es gibt keine Schulen, niemand transportiert den Müll ab. Die verschmutzte Umwelt macht die Menschen krank. Verbittert schauen die Bewohner der Elendsviertel auf überall entstehende Ghettos der Reichen, die von privaten Sicherheitsdiensten bewacht werden müssen. Denn die Kluft zwischen Wohlhabenden und Habenichtsen erzeugt Gewaltkriminalität, gegen die kommunale Behörden nicht ankommen. Polizisten wagen sich nicht mehr in von Banden beherrschte ‚No go areas'. Angesichts der Polarisierung in vielen Megacitys warnen Experten vor der sozialen ‚Zeitbombe Megastadt'." [1]

Der nebenstehende Text [1] ist inzwischen zwar mehr als zehn Jahre alt, er hat an Brisanz und Aktualität aber bis heute nichts verloren. Der Anteil der städtischen Bevölkerung in den Entwicklungsländern ist zwischen 1980 und 2006 von 29 % auf 45 % angewachsen – und es ist davon auszugehen, dass sich die Wachstumsraten in den nächsten Jahrzehnten weiterhin zwischen 4 und 7 % bewegen werden. So könnte z. B. die Agglomeration Mumbai (Bombay) bei gleichbleibendem Wachstum im Jahre 2015 die 26-Millionen-Grenze überschreiten.

Ursachen des Städtewachstums

Migration und natürliche demographische Prozesse sind zu jeweils etwa gleichen Teilen für das rapide Städtewachstum in den Entwicklungsländern verantwortlich. Besonders junge Bevölkerungsgruppen verlassen den ländlichen Raum, da sie hier auf absehbare Zeit keine Lebensperspektive sehen. Der ländliche Raum verliert so die wirtschaftlich aktivste Bevölkerungsgruppe, während die Aufnahmekapazität der Städte infolge der starken Zuwanderungen überfordert ist.

Land-Stadt-Wanderung
Push-Faktoren
Pull-Faktoren

M1 Motive der Land-Stadt-Wanderung

Nachteilige Strukturmerkmale des ländlichen Raums (Push-Faktoren)	Persönliche Motive und Kommunikationsmedien	Attraktive Strukturmerkmale des städtischen Raums (Pull-Faktoren)
– niedriger Lebensstandard – unzureichende Ernährungslage infolge Landknappheit – Arbeitslosigkeit – Unterdrückung durch Grundbesitzer – Ausbeutung durch Zwischenhändler – mangelnde Versorgung mit öffentlichen Dienstleistungen (Schule, Krankenhaus etc.) – geringe Teilnahmemöglichkeit an Gütern und Dienstleistungen des Staates – erstarrte Sozialstrukturen – mangelnde Innovationsbereitschaft – Ernterisiko durch Witterungseinflüsse/Bodenzerstörung	– Glaube an eine Verbesserung der Situation („schlechter kann es nicht werden") – außengeleitetes Verhalten/Mode („wie der Freund/Bruder") – Radio/Fernsehen/Presse – Berichte von Besuchern aus der Stadt – Saisonarbeit in der Stadt, z. B. auf Baustellen	– Arbeitsmöglichkeiten – höherer Verdienst – Aufstiegschancen – größere persönliche Freiheit – größere Auswahl an öffentlichen Infrastruktureinrichtungen (Schule, Krankenhaus etc.) – größere Teilnahmemöglichkeit an Gütern und Dienstleistungen des Staates – abwechslungsreicherer Lebensalltag

[1] DER SPIEGEL 52/1999, S. 130 f.

M2 Deutsche Stiftung Weltbevölkerung (Hrsg.): Datenreport 2004. Hannover 2004, S. 6 – 15

Online-Link
Ursachen der Landflucht in Afrika:
29260X-9401

Online-Link
Megastädte – Raumbeispiel Ägypten:
29260X-9402

M 2 Verstädterungsgrad und BSP/Kopf auf der Erde Anfang des 21. Jh.s

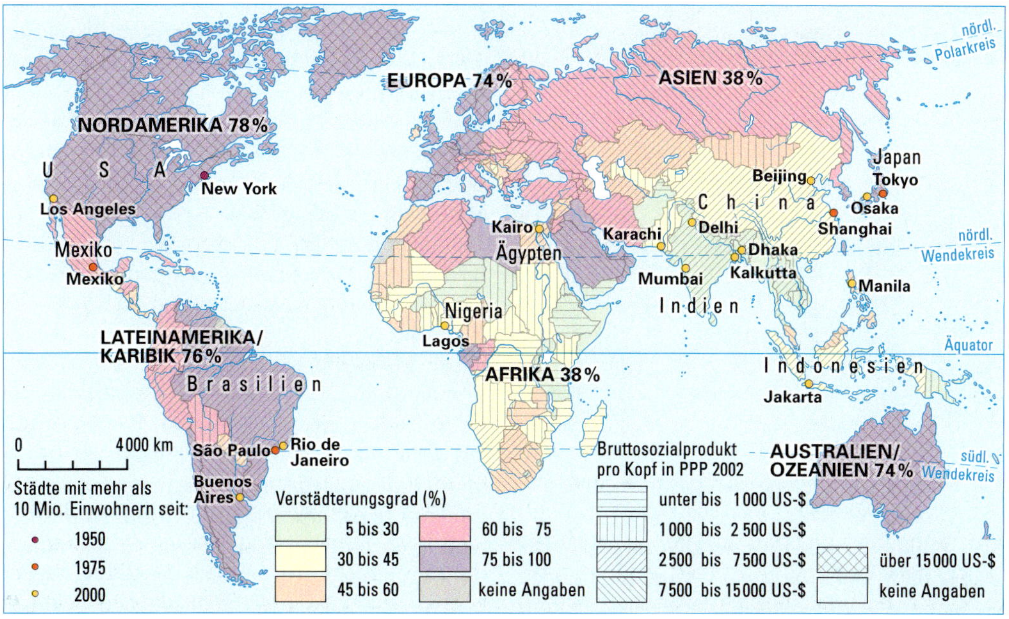

Regionale Trends der Verstädterung

Der Verstädterungsgrad, d. h. der Anteil der Bevölkerung eines Landes, der in Städten lebt, weist starke regionale Unterschiede auf. Während Lateinamerika mit durchschnittlich 76 % den Verstädterungsgrad Europas und Nordamerikas nahezu erreicht hat, sind die Entwicklungsländer in Asien und Afrika noch stark ländlich geprägt. Besonders in Subsahara-Afrika gibt es „reine“ Agrarländer wie z. B. Burundi oder Uganda mit einem Verstädterungsgrad von lediglich 10 bzw. 13 %. Im weltweiten Vergleich wachsen die Städte Afrikas jedoch besonders stark, im Durchschnitt um etwa 5 % jährlich. Die Probleme, die sich aus dieser schnell voranschreitenden Verstädterung ergeben, werden durch die seit zwei Jahrzehnten anhaltende wirtschaftliche Stagnation noch verstärkt.

Die Durchschnittswerte für den Verstädterungsgrad und das Städtewachstum verschleiern das Ausmaß des Prozesses. Dieser wird erst deutlich, wenn die absoluten Zahlen betrachtet werden. Ein städtisches Wachstum von z. B. 5 % besagt, dass sich die Einwohnerzahl dieser Stadt in nur 14 Jahren verdoppeln wird. Kinshasa z. B. hätte dann statt heute 7,3 Mio. Einwohner in 14 Jahren 14,6 Mio. und Lagos statt 10,1 Mio. 20,2 Mio. Die wenigen Beispiele lassen erahnen, was für ein Konfliktpotenzial dieses Städtewachstum in sich birgt und welche gewaltigen Probleme auf die Städte zukommen.

Metropolisierung und Megapolisierung

Verstädterungsgrad

Metropolisierung

Megapolisierung

Besorgniserregend ist in den Entwicklungsländern vor allem das explosionsartige Wachstum der Metropolen und der Megastädte. Unter Metropolen verstehen wir die Hauptstädte und die Millionenstädte eines Landes, unter Megastädten – nach einer Definition der Vereinten Nationen – Städte mit mehr als 5 Mio. Einwohnern.

Der Konzentrationsprozess der Bevölkerung in den Millionenstädten zeigt sich in fast allen Entwicklungsländern. Oft umfassen die Hauptstädte über ein Viertel der Gesamtbevölkerung eines Landes. Dieses bevölkerungsmäßige Übergewicht einer Metropole wird als demographische Primacy bezeichnet. Ihr Indikator ist der prozentuale Anteil der Metropolbevölkerung an der Gesamtbevölkerung eines Landes. Für die Agglomeration Mexiko-Stadt z. B. betrug er 2006 18,8 % und für Lima 28,7 % (Berlin 4,1 %).

demographische Primacy

Mit der demographischen Primacy allein lässt sich das Problem der Metropolisierung jedoch nicht erfassen. Aussagekräftiger ist im Hinblick auf die Entwicklungsperspektiven eines Landes die funktionale Primacy. Darunter versteht man die starke Konzentration von politischen, wirtschaftlichen und kulturellen Funktionen in der jeweiligen Metropole. Infolge ihrer überproportionalen Ausstattung mit Einrichtungen der Infrastruktur und mit Arbeitsplätzen im Sekundären und Tertiären Sektor wachsen die regionalen Disparitäten im Land.

funktionale Primacy

M3 Anteil der Bevölkerung in Elendssiedlungen ausgewählter Städte 2005

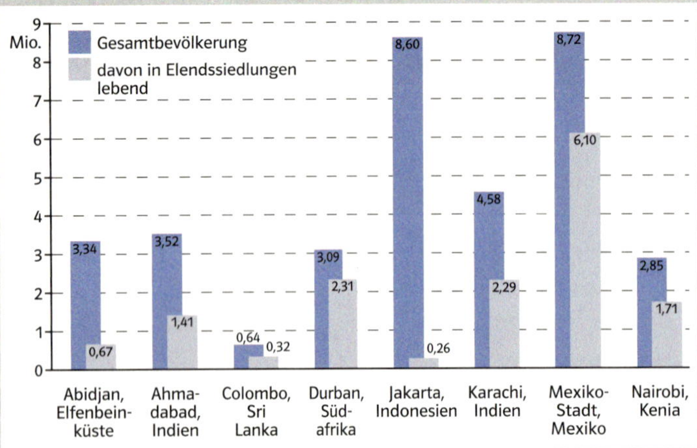

9.4.2 Slums und Marginalsiedlungen

Bevölkerungswachstum

Das rapide Bevölkerungswachstum stellt die städtischen Behörden vor Probleme, denen sie kaum gewachsen sind. Die meisten Neuankömmlinge finden weder Arbeit noch eine angemessene Unterkunft. Oft lassen sie sich in den Marginalsiedlungen nieder. Marginal sind diese Siedlungen zum einen wegen ihrer Lage am Rand der Großstädte, zum anderen aber auch hinsichtlich der sozialen Stellung ihrer Bewohner, die buchstäblich an den Rand der Gesellschaft abgedrängt werden.

Marginalsiedlung

Begriffsbestimmungen

Squattersiedlung

Slum

Elendssiedlung

Zu unterscheiden sind in den Entwicklungsländern die innerstädtischen Elendssiedlungen, die Slums, von den randstädtischen Elendssiedlungen, den Marginalsiedlungen. Für beide Typen wird im Folgenden zusammenfassend der Begriff Elendssiedlungen gebraucht. Sie haben in vielen Städten einen so raumbestimmenden Einfluss, dass sie vielerorts eigene Bezeichnungen erhalten haben, z. B. bazaars (Indien), compounds (Mittlerer Osten), tugurios (Peru, Bolivien) für die innerstädtischen und bustees (Indien), bidonvilles (ehemalige französische Kolonien), barriadas (Peru), favelas (Brasilien) für die randstädtischen Elendssiedlungen.

Der häufig benutzte Begriff Slum für die randstädtischen Elendssiedlungen ist eigentlich nicht zutreffend. Ursprünglich beschrieb Slum die armseligen Unterkünfte der Arbeiter nahe der Fabriken sowie Innenstadtviertel der Mittel- und Oberschichten, die von ihren früheren Bewohnern verlassen wurden. Kennzeichen der Slums sind die heruntergekommene Bausubstanz, eine hohe Wohndichte, geringe Einkommen der Bewohner, ein hohes Maß an sozialem Verfall, z. B. Kriminalität, Drogenkonsum, Prostitution sowie die gesellschaftliche Ausgrenzung der Bewohner. Typischer für die metropolitanen Stadtstrukturen in Entwicklungsländern sind die randstädtischen Marginalsiedlungen der zugewanderten Landbevölkerung. Viele Kriterien für Slums treffen auch auf die Marginalsiedlungen zu, so die mangelhafte Bausubstanz, die hohe Wohndichte und der hohe Anteil an Erwerbspersonen mit niedrigem bzw. unregelmäßigem Einkommen. Im Gegensatz zu den innerstädtischen Slums besitzen sie jedoch in der Regel eine unzureichende öffentliche Infrastruktur. In den Marginalsiedlungen herrscht eine große Dynamik, die als Ausdruck des Bestrebens der Bewohner nach wirtschaftlichem und sozialem Aufstieg zu werten ist. Die Familienstrukturen und die sozialen Interaktionssysteme unter den Bewohnern der Marginalsiedlungen sind – zumindest in den asiatischen Ländern – zumeist intakt. So haben sich auch viele der ehemaligen Hüttensiedlungen inzwischen zu respektablen Vororten entwickelt.

Als Squattersiedlungen werden Hüttensiedlungen bezeichnet, die ohne rechtliche Erlaubnis der Behörden oder des Landeigentümers auf fremdem Boden errichtet worden sind.

A1 Beschreiben Sie wesentliche Erscheinungsformen des Verstädterungsprozesses in den Entwicklungsländern.

A2 Erarbeiten Sie eine Definition der Begriffe „demographische Primacy“ und „funktionale Primacy“.

A3 Erläutern Sie Folgeprobleme der Metropolisierung und Megapolisierung in den Entwicklungsländern.

M3 nach UN-HABITAT 2003, S. 200 – 228, und Fischer Weltalmanach 2008. Frankfurt am Main: Fischer Taschenbuch-Verlag 2007

M4, 5, 7 – 10 nach Johannes Wamser: Bombay/Mumbai – Indiens Wirtschaftshauptstadt zwischen Aufschwung und Armut. In: Dirk Bronger (Hrsg.): Marginalsiedlungen in Megastädten Asiens. Berlin: LIT Verlag 2007, S. 225, 228, 236 – 237, 240

M6 nach Dirk Bronger: ebenda, S. 15

***Rs** Abkürzung im Plural für Indische Rupie (INR); 1 Indische Rupie entspricht 0,02338 US $ (26.06.08).

Online-Link
Anteile der Slumbevölkerung weltweit:
29260X-9403

Online-Link
„Monstrupolis“ Mexiko:
29260X-9404

M 4 Funktionale Primacy Mumbais

	Mumbai	Indien	Index**
Einwohner in Mio. 2001	11,9	1027,0	(a) 1,1%
Pro-Kopf-Einkommen 2002–2003 (Indische Rupien = Rs*)	45471	14712	(b) 309
Haushalte mit Einkommen von > 86000 Rs* pro Jahr 1999	47%	3,4%	(b) 1382
Telefonanschlüsse pro 100 Ew. 1999	14,0	2,7	(b) 519
Krankenhausbetten pro 1000 Ew. 1998	4,2	0,7	(b) 600
Marginalbevölkerung 2001 für U. A.*** – Anteil an urbaner Bevölkerung, offizielle Angaben	34,3%	21,3%	(b) 161
Top Indische Unternehmen 2001 – Top 100	43	100	(a) 43,0%
Hauptsitze von indischen Banken (2001)	48	95	(a) 50,5%

** (a) = Anteil Mumbai an Indien (%), (b) = Indien = 100

*** Bei diesen Angaben handelt es sich um die offiziellen Angaben der Stadtverwaltung für die urbane Agglomeration (U. A.).

Anmerkung: Die Zahlen beziehen sich, falls nicht anders angegeben, auf das Kerngebiet M. C. Municipal Corporation (Greater Mumbai)

M 5 Mumbai – Indiens Wirtschaftshauptstadt

„Vor knapp 350 Jahren noch ein ‚Brautgeschenk' der Portugiesen an das britische Königshaus ist Mumbai heute Indiens größte und wirtschaftlich aktivste Stadt. Gerade in den letzten Jahren, in denen Indiens Bedeutung als internationaler Wirtschaftsstandort enorm gestiegen ist, konnte auch Mumbai an dem Aufschwung partizipieren. Keine Straßenecke mehr, in der nicht der Einfluss ausländischer Unternehmen oder auch die wachsende Kaufkraft der Menschen zu spüren wäre."

M 6 Mumbai, Stadt der Gegensätze

„In keiner Metropole Indiens ist die Diskrepanz zwischen Reichtum und unvorstellbarer Armut so ausgeprägt, so maßlos wie in der reichsten Stadt des Subkontinentalstaates. Den schätzungsweise 12000 Dollarmillionären … stehen – nach amtlichen Angaben – knapp 6,5 Millionen Marginalbewohner … gegenüber: das sind 54,1% der Bevölkerung! … In Mumbai [lebt] die Mehrzahl der Marginalbewohner noch immer in Squattersiedlungen … Das bedeutet nicht allein ein Wohnen in überwiegend einräumigen fensterlosen Hütten …, sondern, wichtiger, das weitgehende Fehlen [der Befriedigung] von Grundbedürfnissen."

M 7 Lebensbedingungen in Squattersiedlungen

„Die Flächen zwischen und vor den Hütten sind oftmals mit Müll übersät … Die Bewohner haben keinerlei Besitzrechte an dem Land. Daher müssen sie mit der ständigen Angst leben, dass ihre Hütten aus öffentlichem Interesse kurzfristig geräumt werden. Sie verfügen zumeist nicht über einen eigenen Stromanschluss (auch nicht illegal) und es sind keine befestigten Wege vorhanden. Oftmals fehlen öffentliche Infrastruktureinrichtungen völlig. So ist es keine Seltenheit, dass sich in einer Marginalsiedlung in Mumbai der Straßenverlauf von heute auf morgen ändert, weil irgendeine Hütte zusammenfiel und/oder über Nacht neue Hütten auf dem (Trampel-)Pfad errichtet wurden … Zwar wurden in manchen Marginalsiedlungen durch Eigenleistung der Bewohner eigene Produktionsstätten geschaffen. Allerdings befinden sich die meisten Marginalsiedlungen in den Händen so genannter ‚Slum Lords', die … Schutzgelder bei den Bewohnern erpressen, unrechtmäßige ‚Mieten' eintreiben (obwohl ihnen die Flächen gar nicht gehören, sondern das Hüttenviertel illegalen Charakter hat), Wasser aus Tanks zu überhöhten Preisen an die Einwohner verkaufen und den Gewinn der dortigen Produktionsstätten in die eigene Tasche stecken."

M 8 Anzahl der Marginalsiedlungen in Mumbai

Jahr	Anzahl	Zunahme
1971	442	–
1981	619	40%
1991	1068	72%
2001	1719	61%
Zunahme 1971–2002	1277	289%

M 9 Marginalsiedlung Dharavi in Mumbai

Dharavi Nr. 561 „G", Kernstadt	1981	2001/05
Einwohner	40520	43918
Anzahl Toiletten	0	276
Ew./Toilette	k. A.	159
Anzahl Wasseranschlüsse	130	211
Ew. /Wasseranschluss	312	208
Anzahl Elektrizitätsanschlüsse	0	755
Ew./Elektrizitätsanschluss	k. A.	586
Ew. pro Behausung	k. A.	5

M 10 Maßnahmen der Stadt

„Die Gegenmaßnahmen der Stadtverwaltung reichen von der Legalisierung illegal besetzter Flächen über mehrere ‚Slumaufwertungsprogramme' bis hin zu Zwangsräumungen … Bis zu 80000 illegale Hütten werden jährlich zwangsgeräumt oder demoliert, nur um dann an anderer oder auch an der gleichen Stelle einige Tage später wieder neu aufgebaut zu werden. Es ist keine Seltenheit, dass Hüttenbewohner innerhalb weniger Jahre ihre Behausung sieben- oder achtmal wieder aufbauen müssen."

M 11 Im informellen urbanen Sektor Beschäftigte in ausgewählten Ländern

	Jahr	Anteil informeller Tätigkeit an der Gesamtbeschäftigung (%)	Frauen (%)	Männer (%)
Lateinamerika				
Mexiko	1999	29,7	28,0	30,8
Peru	1999	71,5	66,7	77,5
Brasilien	1997	27,3	27,1	27,4
Argentinien	2000	40,6	43,9	35,5
Subsahara-Afrika				
Ghana	1997	78,5	–	–
Kenia	1999	36,4	29,5	43,9
Südafrika	2001	31,0	38,2	25,7
Asien				
Indien	2000	51,3	49,3	53,7
Thailand	2000	47,1	46,9	47,4
Indonesien	1999	39,4	44,4	36,5

M 12 Chilenische Schuhputzer

9.4.3 Der informelle Sektor als Überlebensstrategie

Trotz ihres beherrschenden Übergewichts können die Metropolen und Großstädte der Entwicklungsländer die Hoffnungen der Neuankömmlinge oft nicht erfüllen. Die Aufnahmefähigkeit der lokalen Industrie und des öffentlichen Tertiären Sektors reicht nicht aus, um der Masse der Zuwanderer Arbeit zu bieten. Die meisten suchen deshalb ein Auskommen im so genannten informellen Sektor. Man spricht deshalb auch vom informellen Sektor als einer „Ökonomie der Mehrheit" in den Entwicklungsländern.

informeller Sektor (G)

Als informell bezeichnet man jene wirtschaftlichen Tätigkeiten, die keinem geregelten Arbeitsverhältnis unterliegen, von der Steuer nicht erfasst werden und auch keinen sozial- und arbeitsrechtlichen Schutz genießen. Bei uns würde man von „Schattenwirtschaft" oder „Schwarzarbeit" sprechen. Beide Begriffe treffen aber nicht die Verhältnisse in den Entwicklungsländern. Während bei uns die Einkünfte aus der Schattenwirtschaft meist Neben- oder Zuerwerb sind, gilt der informelle Sektor in den Entwicklungsländern als Überlebensökonomie. Zum informellen Sektor zählen z. B. Straßenhändler, Rikschafahrer, Müllsammler, ambulante Handwerker, Schuhputzer oder fliegende Händler in Zügen.

Häufig wird die Bezeichnung „informell" auch mit „illegal" gleichgesetzt. Dies ist jedoch eine Diskriminierung für jeden „Informellen", der in dieser Tätigkeit die einzige Möglichkeit sieht, sich und seine Familie zu ernähren.

Merkmale des informellen Sektors

Einige Merkmale des informellen Sektors zeigen, warum er auch zukünftig in den Entwicklungsländern bedeutsam sein wird. Dazu zählen:
- geringe Eintrittsschranken,
- Verwendung lokaler Ressourcen,
- kleine Betriebsgrößen,
- Vorherrschen von Familienunternehmen,
- Einsatz arbeitsintensiver, angepasster Techniken,
- Möglichkeit zum Erwerb der benötigten Fertigkeiten außerhalb des formellen Schulsystems.

A 6 Beschreiben Sie in einem kurzen Aufsatz den möglichen Alltag eines gleichaltrigen Mädchens bzw. Jungen in einem Slum von Mumbai.

A 7 Erläutern Sie, warum der informelle Sektor für eine immer größer werdende „Schicht der Ungesicherten" die einzige Möglichkeit der Existenzsicherung darstellt.

A 8 Nach Auffassung von Experten könnte der informelle Sektor entwicklungsfördernd genutzt werden. Erörtern Sie mögliche Wege dazu.

M 11 Eberhard Rothfuß/Veronika Deffner: Informeller urbaner Sektor – ungesicherte Ökonomie der Mehrheit in Lateinamerika, Afrika und Asien. In: Dieter Böhn/Eberhard Rothfuß (Hrsg.): Handbuch des Geographieunterrichts, Bd. 8/I: Entwicklungsländer I. Köln: Aulis 2007, S. 213

[1] nach Martin Coy/Frauke Kraas: Probleme der Urbanisierung in den Entwicklungsländern. In: Petermanns Geographische Mitteilungen, 147 Jg., H. 1. Gotha: Perthes 2003, S. 36 – 37

Online-Link 29260X-9405

9.4.4 Innerstädtische Fragmentierung

Wie bereits auf S. 324 angesprochen, erfasst die Abwanderung aus dem ländlichen Raum nicht alle Bevölkerungsgruppen im gleichen Maß. Es kommt vielmehr zu einer selektiven Wanderung, d.h. die wirtschaftlich aktiven Jahrgänge zieht es in die Stadt, wodurch sie somit für die Umsetzung von Entwicklungsprojekten im ländlichen Raum fehlen. Dies trägt entscheidend zu einer Verschärfung der räumlichen Disparitäten in den Ländern bei. Aber auch in den Städten selbst kommt es zu einer sozialen und räumlichen Segregation.

Soziale Fragmentierung

Besonders in den Megastädten der Entwicklungsländer ist die Polarisierung der Gesellschaft in Arm und Reich am weitesten fortgeschritten. Wie unter einem Vergrößerungsglas werden hier die Gegensätze in räumlich unmittelbarer Konzentration besonders deutlich. Ihren sichtbaren Ausdruck findet die soziale Polarisierung in den imposanten Hochhäusern mit ihren glitzernden Fassaden und den Vorortvillen der Reichen mit Swimmingpools, Springbrunnen und Marmorstatuen in den künstlich bewässerten Vorgärten einerseits sowie den Elendssiedlungen aus Pappe und Wellblech der Marginalbevölkerung in unmittelbarer Nachbarschaft andererseits. Am untersten Ende der sozialen Skala stehen die so genannten „pavement dwellers", Obdachlose, die ohne ein Dach über dem Kopf an Straßenrändern und auf Bürgersteigen hausen. Einige von ihnen besitzen vielleicht noch eine Plane, die sie nachts aufspannen können, andere hingegen breiten einfach Pappkartons auf den Gehsteigen aus und schlafen darauf.

Im Zuge der Globalisierung vergrößern sich die sozialen Disparitäten weiter. Eine Ursache ist die Konzentration national und international bedeutender Unternehmen in den Metropolen. Sie lassen spezialisierte und überdurchschnittlich gut bezahlte Berufsgruppen entstehen. Auf der Strecke bleibt die Masse der Armen, die allenfalls im informellen Sektor ein bescheidenes Einkommen findet. Diese verschärfte soziale Polarisierung birgt die Gefahr in sich, dass die Metropolen wirtschaftlich, sozial und politisch unkontrollierbar werden – sind doch politische Umstürze und Revolutionen erfahrungsgemäß oft ein Ausdruck massiver Unzufriedenheit und sozialer Ungerechtigkeit.

M13 Zweigeteilte Gesellschaft

Räumliche Fragmentierung

In jüngerer Zeit entstehen in den Metropolen der Entwicklungsländer neue Stadtstrukturen, die als Wohlstandsenklaven zur Vertiefung der städtischen Fragmentierung beitragen: Gated Communities, Bürostädte und Shoppingcenter.

Disparitäten
Segregation
Fragmentierung

Gated Communities sind exklusive, für die Öffentlichkeit nicht zugängliche Wohnanlagen oberer Einkommensgruppen. Sozialräumlich deutlich von anderen Stadtgebieten abgegrenzt, liegen sie sowohl im innerstädtischen als auch im suburbanen Raum. Sie entstehen aus Angst vor Kriminalität und verdeutlichen, wie privatkapitalistische Tendenzen inzwischen in die Entwicklungsländer-Metroplen Einzug halten (vgl. Kap. 8, S. 285).

Gated Communities

Bürostädte und Shoppingcenter. Gleiches gilt für die nach US-amerikanischem Vorbild in allen Metropolen der Entwicklungsländer sich breit machenden Bürostädte und Shoppingcenter.

„Mit allen modernen Infrastrukturen ausgestattete Büroflächen, räumliche Nähe der sich ansiedelnden Firmen zueinander sowie im Vergleich zu den traditionellen Innenstadtstandorten verbesserte Sicherheitsstandards sind die wichtigsten Anreizfaktoren für die ... segregierten Bürostädte. Hier konzentrieren sich die besonders dynamischen Wirtschaftsbereiche der produktionsorientierten Dienstleistungen, des Finanzsektors und der strategischen Abteilungen internationaler Unternehmen. Die neuen Bürostädte repräsentieren die Vorposten der Globalisierung in den Metropolen der Entwicklungsländer." [1]

Globalisierung

A9 Erläutern Sie den Begriff „fragmentierte Stadt".
A10 Erläutern Sie, warum besonders die Fragmentierung ein urbanes Problem darstellt.

9.4.5 Lösungsansätze einer nachhaltigen Stadtentwicklung

Zusätzlich zu den auf den Vorseiten geschilderten wirtschaftlichen und sozialen Problemen kommen gravierende ökologische, wie sie in der Übersicht M 14 aufgelistet sind. Solche komplexen Probleme stellen spezifische Anforderungen an die städtischen Verwaltungen. Die bei uns erprobten Lösungsstrategien können dabei jedoch nicht ohne Weiteres übernommen werden, da in den Entwicklungsländern in der Regel ganz andere sozioökonomische und politische Rahmenbedingungen vorliegen.

nachhaltige Stadtentwicklung (G)

Allgemeiner Konsens besteht jedoch hinsichtlich der Forderung nach einer nachhaltigen Stadtentwicklung, wie sie u. a. auf der Konferenz für Umwelt und Entwicklung in Rio de Janeiro 1992, der lokalen Agenda 21 und der Charta von Aalborg 1994 gefordert wird. Besonders die Überlegungen der Charta von Aalborg sind inzwischen zum Orientierungsraster einer ökologisch und sozial verträglichen Stadtplanung in den Entwicklungsländern (und den Industrieländern) geworden (vgl. Internetangabe auf S. 331).

Stadtplanung

Unverzichtbar ist, dass bei allen Fragen der städtischen Entwicklung die „drei Dimensionen der Nachhaltigkeit" (vgl. S. 157) das planerische Leitprinzip abzugeben haben: die soziale, ökonomische und ökologische Dimension. Entsprechend komplex und schwierig sind die Planungs- und Steuerungskonzepte. Mit einfachen Sanierungsprogrammen allein lässt sich jedenfalls den städtischen Problemen nicht beikommen. Zu beachten ist auch, dass eine Steuerung „von oben" zunehmend durch eine Steuerung „von unten" ergänzt wird. Die Bürger und Bürgerinnen müssen sowohl bei den Entscheidungen (Prinzip der Partizipation) als auch bei der Kontrolle (Prinzip des Monitoring) einbezogen werden, denn nur so lässt sich eine Akzeptanz und eine aktive Beteiligung der unmittelbar Betroffenen erreichen, und ohne eine wirksame politische Partizipation sind die drei Dimensionen der Nachhaltigkeit gefährdet. In die Prozesse müssen schließlich auch weitere Akteure einbezogen werden, wie z. B. lokale Förderinstitutionen (z. B. Selbsthilfegruppen) oder Träger der Entwicklungszusammenarbeit aus dem Norden (z. B. GTZ, NGOs), die ohnehin in den Städten der Entwicklungsländer bereits eine namhafte Rolle spielen.

M 14 Städtische Probleme in Entwicklungsländern

Wachstum, Expansion, Umbau
- Flächenexpansion
- Bevölkerungswachstum: nationale und internationale Arbeitsmigration, natürliches Wachstum
- funktionaler Umbau
- Expansion der informellen Bebauung
- Verfall der Innenstädte
- Entstehung diffuser Zentralität
- Transformationsprozesse und Strukturwandel
- zunehmendes Landnutzungsmosaik

Globalisierung

Sozioökonomische Probleme
- soziale Verdrängungsprozesse
- fehlende Arbeitsplätze im formellen Sektor
- Ausweitung des informellen Sektors
- inner- und transurbane Interessenkonflikte
- Zunahme von sozioökonomischen Disparitäten
- sozialräumliche Fragmentierung: Expansion von Marginalvierteln, Bildung von Gated Communities
- Zunahme von Armut
- soziale Desorganisation, Unruhen, Kriminalität

Gesellschaftliche Rahmenbedingungen

Überlastungs- und Umweltprobleme
- Flächen„verbrauch" und -inhomogenität
- Bodenversiegelung
- Grundwasserabsenkung
- Belastung durch Müll und Abwasser
- Luftverschmutzung (Industrie, Verkehr)
- verstärkte Anfälligkeit für Umweltkatastrophen
- zunehmende Landsenkung und Überschwemmungen

Politikversagen

Anforderungen an die Stadtpolitik
- Notwendigkeit holistischer* Ansätze
- Wohnraumversorgung
- soziale Infrastruktur: Energie, Wasser, Gesundheit, Bildung, Verkehr (ÖPNV), Sicherheit
- stadthygienische Infrastruktur: Müll, Abwasser
- Umwelt- und Ressourcenschutz
- Krisenprävention, Verwundbarkeitsreduzierung
- Regierbarkeit – Governance – Partizipation (vgl. S. 336)
- Stärkung der Zivilgesellschaft

M15 Szenarien der Stadtentwicklung in den Entwicklungsländern

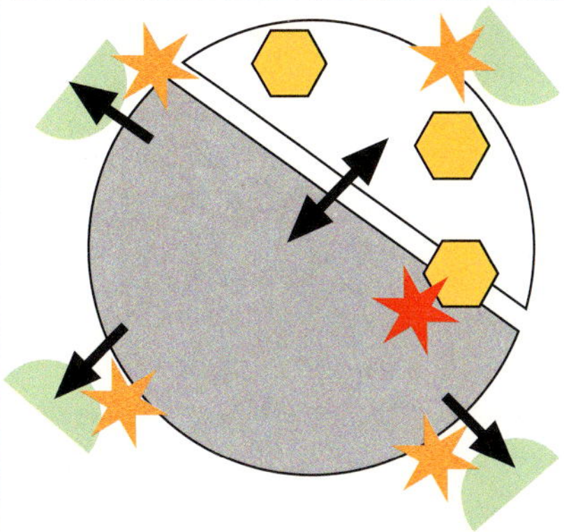

Szenario I: Die fragmentierte Stadt

- zunehmende Desintegration
- Expansion informeller Siedlungen und Wirtschaft
- Abschottung der Privilegierten
- Zunahme sozioökonomischen und ökologischen Konfliktpotenzials
- steigende Verwundbarkeit
- Verlust der Regierbarkeit
- verstärkte Stadt-Land-Gegensätze und sozioökonomische Disparitäten
- Zunahme von Desorganisation, Destabilisierung

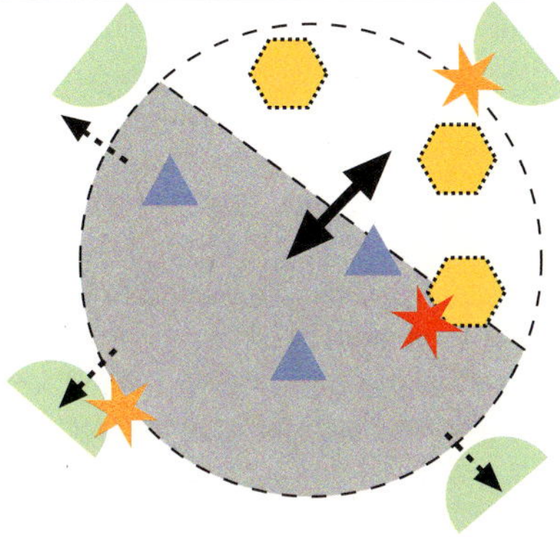

Szenario II: Die korrigierende Stadt

- verlangsamtes Stadtwachstum
- Bestehen von sozioökonomischen und ökologischen Konflikten
- Schaffung von Identifikation und Problembewusstsein
- Intergrationsversuche der Informalität
- größere Spielräume für Bewältigungsstrategien der verwundbaren Gruppen
- Suche nach lokal angepassten Lösungen
- Orientierung an „best practices" (Einzelprojekte der Stadterneuerung)

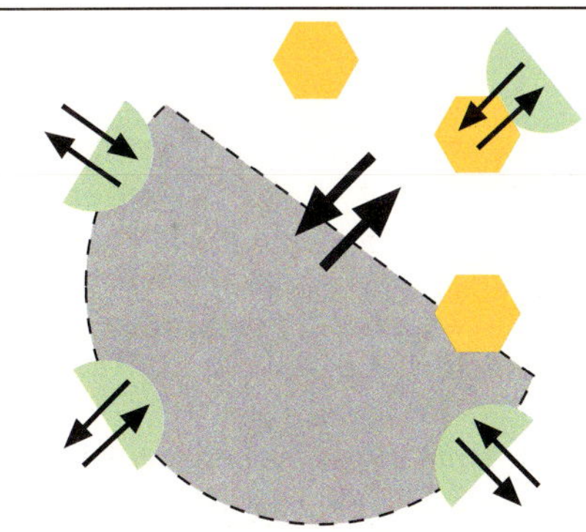

Szenario III: Die (re-)integrierende Stadt

- Kontrolle von Stadtwachstum und Flächennutzung
- Abbau der Barrieren zwischen formeller und informeller Stadt (z. B. Regulierung)
- Partizipation durch Strategien des „enablement" und „empowerment"
- Good Urban Governance, Integration der Privatwirtschaft
- soziale Integration und Disparitätenausgleich
- Reduktion sozioökonomischer und ökologischer Konfliktpotenziale
- Stadt-Land-Ausgleich, Dekonzentration und echte Dezentralisierung

A11 Ermitteln Sie wesentliche Leitgedanken der Charta von Aalborg (z. B. Internet, s. u.).

A12 Die drei Szenarien von M15 fassen die aktuellen Entwicklungstendenzen und Zukunftsperspektiven der Metropolen in den Entwicklungsländern zusammen.

A12a) Erläutern Sie die drei Modelle.

A12b) Erörtern Sie, welches Szenario Ihrer Meinung nach das wahrscheinlichste ist.

M14 nach ebenda, S. 34

***holistisch** = ganzheitlich

M15 ebenda, S. 40

Charta von Aalborg
www.aalborgplus10.dk/media/charter_german.pdf

9.5 Unterentwicklung als globales wirtschaftliches Problem

M1 Anteile ausgewählter Ländergruppen an weltweiten Exporten

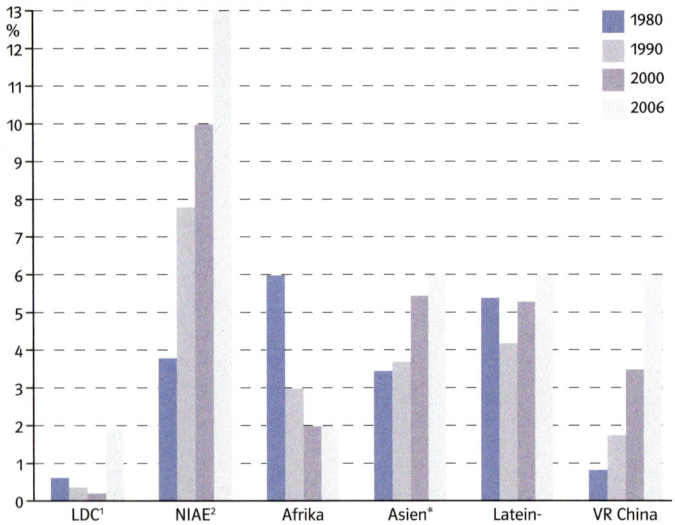

[1] LDC – Least Developed Countries;
[2] NIAE – Newly Industrialized Asian Economies;
* ohne Australien, China, Japan, Neuseeland und ohne die NIAE

Globalisierung

„Die Anzahl der von den heutigen Globalisierungsprozessen erfassten Länder ist erheblich größer als in früheren Globalisierungsphasen. Dies gilt ganz besonders für die Einbindung von Entwicklungsländern in diese wirtschaftlichen Integrationsprozesse. Die Anteile dieser Ländergruppe an den Weltgütermärkten, Direktinvestitionsströmen und Portfoliokapitalzuflüssen* sind beträchtlich gestiegen.“ [1]

Welthandel

Rohstoffexporte

Die in diesem Statement geäußerte Beurteilung der Auswirkungen der Globalisierung auf den weltweiten Handel und die Einschätzung der Position, die die Entwicklungsländer heute in der Weltwirtschaft einnehmen, mag den Eindruck erwecken, als ob von einer Benachteiligung dieser Länder im Welthandel keine Rede mehr sein kann, dass sie vielmehr als gleichberechtigte Partner heute in gleichem Maße von der Globalisierung profitieren wie die Industrieländer. Diese Einschätzung muss jedoch hinterfragt werden.

Gegen die positive Einschätzung sprechen zunächst folgende Tatsachen:
- Die westlichen Industrieländer und Japan bestreiten über 60 % des Welthandels.
- Wachsende Anteile am Welthandel können vor allem die ostasiatischen Schwellenländer und China mit einem Gesamtanteil von ca. 20 % verbuchen.
- Auf die Entwicklungsländer entfallen lediglich ca. 15 % des Welthandels.
- Die ärmsten und am wenigsten entwickelten Länder (LDC) erreichen einen Anteil von nicht einmal 2 %.

Im Folgenden sollen diese Fragen näher untersucht werden:
- Wie ist die gegenwärtige Position der Entwicklungsländer in der Weltwirtschaft zu sehen und zu bewerten?
- Welche Folgen hat die hohe Auslandsverschuldung vieler Entwicklungsländer und welche Maßnahmen können zur Entschuldung getroffen werden?
- Wie wirken sich die wirtschaftlichen Globalisierungsprozesse auf die Entwicklungsländer aus, sind sie eher als Chance oder als Bedrohung zu sehen?

9.5.1 Entwicklungsländer im Welthandel

Für die Beurteilung der außenwirtschaftlichen Position eines Landes sind Aussagen über das Volumen des Außenhandels allein nicht aussagekräftig. Nicht weniger wichtig sind Angaben über die Art der gehandelten Güter sowie über deren Preisentwicklung.

Abhängigkeit von Rohstoffexporten. Rohstofffragen sind seit Jahren ein zentrales Thema in der internationalen Entwicklungspolitik. Eine Erklärung dafür ist in der starken Abhängigkeit vieler Entwicklungsländer von Rohstoffexporten zu suchen sowie in ihrer seit Jahren immer wieder gestellten Forderung nach einer Neuordnung der – ihrer Meinung nach – ungerechten Weltwirtschaftsstrukturen.

M1 nach Angaben der WTO 2007

[1] Dieter Bender: Internationale Handelspolitik und weltwirtschaftliche Integration der Entwicklungsländer. In: Aus Politik und Zeitgeschichte. Beilage zur Wochenzeitung Das Parlament, Ausgabe B9/2000, 25. Febr. 2000, S. 9–10

M2 nach Atlas der Globalisierung. Berlin: Le Monde diplomatique/taz-Verlags- und Vertriebs GmbH 2006, S. 29

* **Portfolio** = Depot mit Wertpapieren

Online-Link
29260X-9501

Die Tatsache, dass viele Entwicklungsländer überwiegend Rohstoffe exportieren, ist vielfach ein Überbleibsel der Kolonialzeit mit ihrer komplementären Arbeitsteilung (Export von Rohstoffen im Austausch gegen importierte Industriewaren), die den Kolonien von den europäischen Industrienationen aufgezwungen wurden. „Ohne Kolonien keine Rohstoffe, ohne Rohstoffe keine Industrie und kein Wohlstand", so lautete der imperiale Leitsatz der führenden Staaten Europas gegen Ende des 19. Jahrhunderts. Sie errichteten Wirtschaftsstrukturen, die vornehmlich ihren Interessen dienten, d.h. Rohstoffe wurden äußerst preiswert aus den Kolonien herausgezogen, um ihre eigene Industrialisierung voranzutreiben. „Einbindung in die Weltwirtschaft" bedeutete für die Kolonien „Zulieferer für die industrielle Welt" zu sein. Eine eigenständige Wirtschaft konnte sich in den Kolonien somit nicht entwickeln.
Wie M2 belegt, haben sich viele Entwicklungsländer bis heute noch nicht von dieser Abhängigkeit befreien können. Sie sind das geblieben, was sie schon vor ihrer Unabhängigkeit waren: Rohstofflieferanten, deren Exportpalette sich auf einige wenige Produkte beschränkt.

Schwankende Rohstoffpreise. Als besonders negativ wirken sich für die Rohstoff exportierenden Entwicklungsländer die starken Preisschwankungen bei Rohstoffen aus. Bei einer diversifizierten Exportstruktur schlagen Preisschwankungen einzelner Produkte bei den Gesamtexporterlösen u.U. kaum zu Buche. Ist ein Land jedoch auf den Export nur einiger weniger Güter angewiesen, führen Preisschwankungen oder gar ein Preisverfall zwangsläufig zu großen Schwierigkeiten:

- Sie machen eine lang- oder mittelfristige Entwicklungsplanung fast unmöglich.
- Sie verursachen Devisenverluste, mindern das Steueraufkommen und schränken die entwicklungspolitische Handlungsfähigkeit ein.
- Sie führen zu Kapitalmangel, wodurch die Investitionsmöglichkeiten eingeschränkt werden.

Aus Konkurrenzgründen und wegen des dringenden Finanzbedarfs können die meisten Rohstoffproduzenten kaum mit Produktionskürzungen reagieren, um so die Preise zu stabilisieren oder anzuheben. Im Gegenteil: Sie sind gezwungen, ihr Angebot zu erhöhen und beschleunigen dadurch den Preisverfall zusätzlich.

M2 Exportstruktur der afrikanischen Staaten

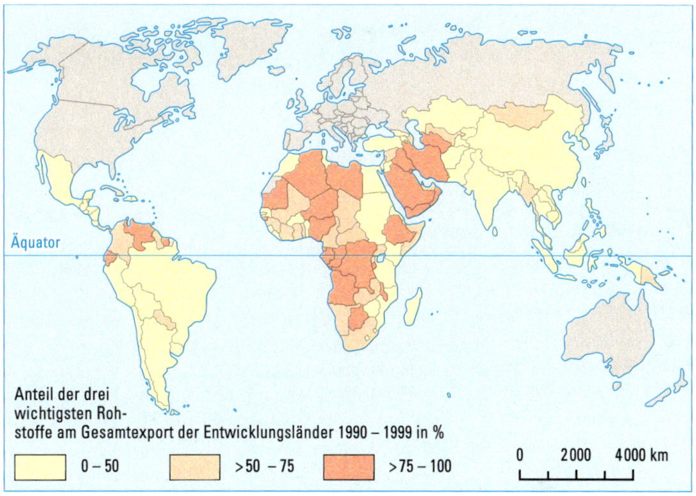

Sinkende Terms of Trade. Zusätzlich zu diesen Schwierigkeiten wirkt sich die unterschiedliche Preisentwicklung bei Rohstoffen einerseits und bei Industrieprodukten andererseits entwicklungshemmend aus. Die Statistik arbeitet hier mit dem Begriff Terms of Trade (ToT). Sie messen das internationale Austauschverhältnis von Exporten zu Importen. Vereinfacht ausgedrückt geben sie an, wie viele Einheiten an Importgütern ein Land im Austausch gegen eine Einheit seiner Exportgüter erhält. Vergleicht man die Terms of Trade über mehrere Jahre, so kann man erkennen, dass für die meisten Entwicklungsländer die Tendenz seit Jahrzehnten negativ ist.

Terms of Trade

Importgüter

Exportgüter

Die sinkenden Terms of Trade wirken sich wiederum besonders negativ auf die Länder aus, die überwiegend agrarische Rohstoffe exportieren, da deren Preise in den letzten Jahrzehnten weniger stark zunahmen, z.T. sogar stagnierten – im Gegensatz zu den Energie- und Industrierohstoffen, deren Preise seit 2000 im Durchschnitt um ca. 70 % stiegen.

Die Welthandelsposition der Entwicklungsländer wird durch zwei weitere Entwicklungen zusätzlich erschwert: durch die Bildung von Wirtschaftsblöcken und Freihandelszonen, also durch Regionalisierungstendenzen, sowie durch staatlichen Protektionismus (vgl. dazu S. 356).

Freihandelszonen

Protektionismus

A1 Charakterisieren Sie die Situation der Entwicklungsländer im internationalen Handel.
A2 Erläutern Sie mögliche Folgen, die sich aus dieser Situation ergeben.

M3 Auslandsverschuldung – Zonen der Hoffnungslosigkeit

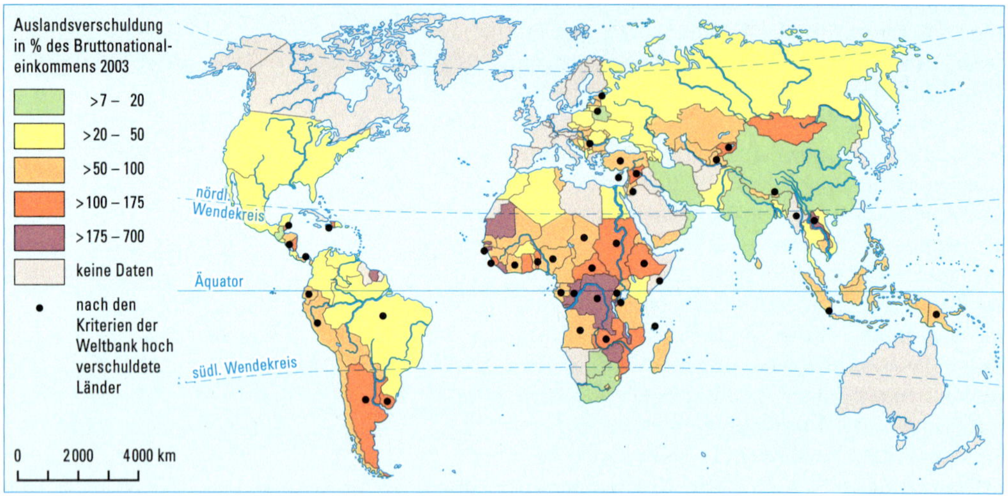

9.5.2 Auslandsverschuldung

Investition

Verschuldungskennziffern

Schuldenquote

Schuldendienstquote

Auslandsverschuldung

Wenn ein Land das Geld zur Finanzierung von Investitionen nicht aufbringen und Preissteigerungen bei Importgütern nicht durch steigende Exporterlöse decken kann, ist es auf Kapitalimporte angewiesen. So haben sich viele Entwicklungsländer seit Anfang der 1970er Jahre hoch verschuldet. Einige waren schon bald nicht mehr in der Lage, ihren Zahlungsverpflichtungen für Zins- und Tilgungsleistungen voll nachzukommen und mussten sich als zahlungsunfähig erklären, wie z. B. Mexiko im August 1982.
Aufgrund sinkender Exporterlöse, weiter steigender Zinsen und Ölpreise sowie eines hohen Dollarkurses gerieten in der Folgezeit immer mehr Länder in die „Schuldenfalle". Hinzu kamen hohe Kosten für Prestigeobjekte und für die militärische Rüstung. Die Auslandsverschuldung der Entwicklungsländer wurde zu einem Dauerproblem.

Weltbank

Inlandsverschuldung

Heavily Indebted Poor Countries (HIPC) (G)

Verschuldung ist nicht gleich Verschuldung. Auch viele westeuropäische Staaten und die USA sind hoch verschuldet. Doch handelt es sich hier weitgehend um eine Inlandsverschuldung, d. h. Kreditaufnahme bei den eigenen Bürgern. Eine solche Inlandsverschuldung engt zwar die Investitionsmöglichkeiten und den Handlungsspielraum der Staaten ein, in der Regel haben sie jedoch aufgrund ihrer Wirtschaftskraft und des Wohlstandes ihrer Bürger keine unüberwindbaren Probleme mit der Rückzahlung.
Aber selbst eine Kapitalaufnahme im Ausland kann durchaus sinnvoll sein, wenn es z. B. gilt, mit diesen Mitteln eine Initialzündung für den Wirtschaftsaufbau zu geben. Entscheidend für die Beurteilung der Schuldenlast ist die Frage, ob die Länder ihre Auslandsschulden fristgerecht zurückzahlen können und ob die Verschuldung nicht zu bedrohlichen Versorgungsschwierigkeiten bei der Bevölkerung führt.

Verschuldungskennziffern. Zur Einschätzung der Schuldensituation ist die absolute Höhe der Auslandsschulden allein nicht aussagekräftig. Die absoluten Zahlen müssen vielmehr im Verhältnis zur Wirtschaftskraft und zur Leistungsfähigkeit eines Landes gesehen werden. Zwei wichtige Kennziffern sind hierfür die Schuldenquote und die Schuldendienstquote.
Die Schuldenquote setzt die Höhe der Schulden in Beziehung zum Bruttonationaleinkommen (BNE); als kritische Obergrenze gilt eine Quote, die mehr als 150 % des BNE ausmacht.
Die Schuldendienstquote bezieht den gesamten Schuldendienst, also Zinsen und Tilgung, auf die Exporterlöse eines Berechnungsjahres; die kritische Grenze wird hier bei 50 % angesetzt.

Auf dieser Basis führt die Weltbank eine gesonderte Liste von Ländern mit einer besonders hohen Auslandsverschuldung: die Heavily Indebted Poor Countries (HIPC). Bei ihnen beträgt die Schuldenquote im Mittel über 320 %, d. h. sie sind nicht mehr in der Lage, den notwendigen Schuldendienst selbst zu leisten und erhalten deswegen besondere Konditionen bei Entschuldungsmaßnahmen (s. Folgeseite).

Folgen der Auslandsverschuldung

Als Folge der hohen Auslandsverschuldung entsteht ein Teufelskreis von zunehmendem Kreditbedarf für die Tilgung der Auslandsverbindlichkeiten bzw. für Zinszahlungen und damit weiterer Verschuldung. Angesichts der wirtschaftlichen Misere ist die volle Rückzahlung – wenn überhaupt – nur möglich durch radikale Kürzungen der Staatsausgaben. Dies geschieht oft in den Bereichen Erziehung, Gesundheit oder Wohnungsbau. Notwendige Importe von Nahrungsmitteln oder von Investitionsgütern für den infrastrukturellen, agrarischen und industriellen Aufbau werden gestrichen. Die Folge: Firmen können keine Investitionen vornehmen, die Produktion stagniert oder sinkt, die Arbeitslosigkeit steigt, die Versorgung der Bevölkerung ist gefährdet. Die durch die hohe Auslandsverschuldung verlorene Kreditwürdigkeit verhindert jedoch auch den Zufluss von dringend benötigtem neuen Kapital und hemmt somit die Einbindung der Entwicklungsländer in den Welthandel.

Entschuldungsprogramme

Eine allseits zufriedenstellende Lösung der Schuldenproblematik gibt es nicht. Die Zahl der Vorschläge ist groß, z. B.:

- Schaffung günstiger weltwirtschaftlicher Rahmenbedingungen,
- Verringerung von Außenhandelsbeschränkungen,
- Abschaffung von Preis- und Zinskontrollen,
- Einschränkung der staatlichen Einflussnahme,
- Privatisierung staatlicher Unternehmen,
- Steigerung der Staatseinnahmen durch Steuererhöhungen,
- Verringerung von Beschränkungen für ausländische Unternehmen, um z. B. ausländische Investitionen zu fördern.

Der Katalog zeigt, dass die meisten Vorschläge auf marktwirtschaftlich-kapitalistische Instrumente setzen. Diese können sicherlich einen Beitrag dazu leisten, ein Land am globalen Markt wettbewerbsfähiger zu machen, treffen aber oft die Armen besonders hart. So räumt man heute Entschuldungsinitiativen eine höhere Priorität ein.

M 4 Falsche Richtung?

„1996 begannen die Weltbank und der Internationale Währungsfonds mit Überlegungen zu einer gezielten Entschuldung für Heavily Indebted Poor Countries (HIPC). 1999 beschloss der Weltwirtschaftsgipfel der G-7 in Köln die Einzelheiten eines Entschuldungsprogramms für „Low Income Countries" (LIC), d. h. Länder mit einem damaligen jährlichen Pro-Kopf-Einkommen bis 755 US-$. Unter diese Einkommens- und Verschuldungskriterien (HIPC und LIC) fielen 37 Länder mit zusammen 475 Mio. Einwohnern. Schließlich wurde 2000 für 22 Länder ein Teilschuldenerlass von insgesamt 34 Mrd. US-$ beschlossen … Zusammen mit der Gewährung neuer Kredite wurde der Schuldenerlass mit Verpflichtungen zu wirtschaftlichen und politischen Reformen verbunden, um zu verhindern, dass der positive Effekt – wie bei ähnlichen Maßnahmen in der Vergangenheit – durch Misswirtschaft, Korruption und Bereicherung der einheimischen Machteliten zunichte gemacht wird. Einen noch weiter gehenden Beschluss fasste der G-8-Gipfel 2005 in Gleneagles. Danach sollen 18 bis 38 Ländern die Schulden in Höhe von bis zu 56 Mrd. US-$ beim IWF, der Weltbank und der Afrikanischen Entwicklungsbank erlassen werden. 2006 wurde mit der Umsetzung des Programms begonnen." [2]

A 3 Stellen Sie mögliche Auswirkungen der Auslandsverschuldung in einem Wirkungsgeflecht dar.

Auslandsverschuldung

Investitionsgüter

Welthandel

Entschuldungsprogramme

M 3 nach Atlas der Globalisierung. Berlin: Le Monde diplomatique/taz-Verlags- und Vertriebs GmbH 2006, S. 87

[2] Fischer Weltalmanach 2008. Frankfurt am Main: Fischer Taschenbuchverlag 2007, S. 630

Online-Link 29260X-9502

M 5 Bittere Medizin

M 6 Durchschnittliche jährliche Wachstumsraten des BIP ausgewählter Entwicklungs- und Schwellenländer (in %)

	1980–1990	1990–2000	2000–2005
VR China	9,5	10,4	9,6
Mosambik	−0,7	7,0	8,6
Indien	5,3	6,0	6,9
Uganda	2,8	7,0	5,4
Malaysia	5,2	6,4	4,8
Südkorea	9,7	5,7	4,6
Burundi	3,9	−2,5	2,2
Elfenbeinküste	0,7	3,4	−0,5
Zentralafrika	1,4	2,0	−1,4
Simbabwe	2,9	2,0	−6,1

9.5.3 Globalisierung – Chance und Risiko für Entwicklungsländer

Globalisierung

Die Antworten auf die Frage, ob die Entwicklungsländer von der Globalisierung profitieren, sind sehr widersprüchlich. Befürworter der Globalisierung gehen davon aus, dass die Liberalisierungstendenzen im internationalen Handel und die gewachsene Freizügigkeit im Kapitalverkehr dazu führen, dass die weltweit operierenden Unternehmen dort wirtschaftlich aktiv werden, wo sie aufgrund niedriger Produktionskosten die höchsten Gewinne erzielen können. Und das sind in der Regel die Entwicklungsländer mit ihren niedrigen Lohnkosten und anderen günstigen Produktionsbedingungen.

Weltwirtschaft

Disparitäten

Kritiker hingegen sprechen vom „Raubtierkapitalismus" und prangern damit die ausbeuterischen Aktivitäten der multinationalen Unternehmen an, denen es primär um die Steigerung der Gewinne gehe.

multinationale Unternehmen

Good Governance

Besonders die Menschen in den ärmsten Entwicklungsländern sehen in dem fortschreitenden Globalisierungsprozess die Hauptursache dafür, dass nach einer kurzen hoffnungsvollen Phase des „Aufholens" in den 1980er Jahren die Kluft zwischen den reichen und armen Ländern wieder größer geworden ist. Ihr Vorwurf: Wir sind die Verlierer der Globalisierung, unsere Entwicklungspotenziale bleiben ungenutzt, die Zahl der Armen hat sich nicht verringert, im Gegenteil. Welche Einschätzung ist korrekt? Wo liegen die Gründe für die unterschiedliche Entwicklung?

Tatsache ist, dass einige Entwicklungsländer und die meisten Schwellenländer mit zunehmender außenwirtschaftlicher Öffnung beachtliche wirtschaftliche Wachstumsraten erzielen konnten. Dieses erreichten sie in dem Umfang, wie eine Liberalisierung der Wirtschaft vorgenommen wurde, Auslandskapital einströmte, ein Technologietransfer stattfand sowie der Staat auf Stabilität setzte und weitgehende Offenheit praktizierte. Diese Erfolge gingen allerdings oft zu Lasten der Umwelt und sozialer Gerechtigkeit. Die meisten Entwicklungsländer hatten jedoch kaum Anteil an den „Segnungen" der Globalisierung. Nach wie vor sind sie unzureichend in die Weltwirtschaft eingebunden, die sozialen und regionalen Disparitäten haben sich weiter vergrößert – im globalen, nationalen und regionalen Maßstab – und ihnen ist es nicht gelungen, ihre Wirtschaft auf eine breitere Basis zu stellen. Sie sind „Entwicklungsländer" im traditionellen Sinne geblieben.

Voraussetzung: Good Governance

„Die wirtschaftlichen Erfolge sind zunächst durch die strikte Orientierung am Weltmarkt möglich. Bei dem Versuch, sich dem Wettbewerb auf dem Weltmarkt zu stellen, haben allerdings insbesondere die erfolgreichen asiatischen Länder den eigenen Binnenmarkt durch Zölle und andere Maßnahmen vor ausländischer Konkurrenz geschützt. Weitere wichtige Erfolgsfaktoren sind Investitionen in Bildung und Infrastruktur, Rechtsstaatlichkeit und nicht zuletzt ‚gutes Regierungshandeln' (Good Governance). Unter letzterem sind unter anderem politisch strukturelle Reformen wie die Effizienzsteigerung der öffentlichen Verwaltung und die Bekämpfung von Korruption zu verstehen." [3]

M7 Der Süden – weitgehend abgeschlossen von den weltweiten Waren-, Finanz- und Touristenströmen

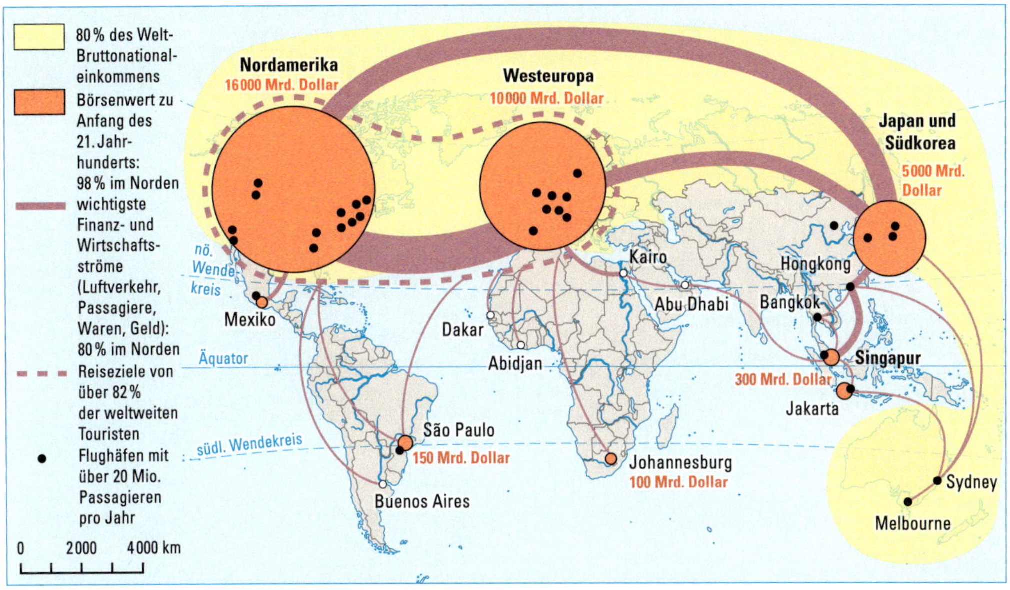

Damit zeigt sich, dass die Globalisierung allein nicht für eine positive bzw. negative wirtschaftliche Entwicklung verantwortlich gemacht werden kann, dass für Erfolg oder Misserfolg noch andere Faktoren eine Rolle spielen. Entscheidend ist, ob und wie ein Land die Chancen, die die Globalisierung bietet, nutzt.

Nordkorea. Dass andererseits eine grundsätzliche Weigerung, sich dem Weltmarkt zu öffnen und eine Liberalisierung der Wirtschaft vorzunehmen, kein probater Weg ist, zeigt anschaulich das Beispiel Nordkorea (Demokratische Volksrepublik Korea). Das Land ist nach dem Zusammenbruch des Ostblocks einer der letzten realsozialistischen Staaten mit einer straff zentralistischen Planwirtschaft. Über Jahrzehnte war die Wirtschaftspolitik auf Autarkie ausgerichtet; nur mit der Volksrepublik China gab es nennenswerte Handelbeziehungen. Das wirtschaftspolitische Hauptaugenmerk der kommunistischen Führung lag auf der Rüstungsindustrie zuungunsten der Landwirtschaft und der Produktion von Konsumgütern. So wundert es nicht, dass seit Anfang der 1990er Jahre das Land mehrmals von Hungerkatastrophen heimgesucht wurde. In dieser Zeit sollen bis zu zweieinhalb Mio. Menschen, das ist gut ein Zehntel der Bevölkerung, verhungert sein. Deshalb unternimmt das Land in jüngster Zeit zaghafte Versuche, sich zu öffnen und die Wirtschaft in marktwirtschaftliche Richtung zu reformieren, indem z. B. durch Joint Ventures und die Einrichtung von Sonderwirtschaftszonen nach chinesischem Vorbild ausländische Investoren ins Land gelockt werden (vgl. Kap. 10, S. 416–417). Dadurch sowie aufgrund der niedrigen Lohnkosten gelang es der Regierung in der Tat, den Außenhandel stark zu steigern. Das Beispiel zeigt einerseits, welch katastrophale Folgen eine Abschottung vom Weltmarkt haben kann, und wie andererseits bereits kleine Ansätze einer Liberalisierung und Öffnung sich positiv auswirken können.

Joint Ventures

Sonderwirtschaftszonen

Außenhandel

A4 Arbeiten Sie die Aussage der Karikatur M5 heraus.

A5 Erörtern Sie in Ihrem Kurs, z. B. in einem Pro- und-Kontra-Gespräch, ob die Globalisierung als Bedrohung oder als Chance für die Entwicklungsländer zu bewerten ist.

M6 nach Weltbank (Hrsg.): World Development Report, verschiedene Jg.

[3] Heribert Dieter: Chancen und Risiken für Entwicklungsländer. In: Informationen zur politischen Bildung, H. 280: Globalisierung. Bonn: Bundeszentrale für politische Bildung 2003

M7 nach Atlas der Globalisierung, a. a. O., S. 43

Fallbeispiel: Mauritius – gelungene Integration in den Globalisierungsprozess?

Der Inselstaat Mauritius gilt unter den Ländern Afrikas als einer der wenigen Gewinner der Globalisierung. Nach Erlangen der Unabhängigkeit von Großbritannien im Jahre 1968 wurden dem Land nur geringe Chancen für einen wirtschaftlichen Aufschwung eingeräumt. Dies gelang erst in den 1980er Jahren mit der Einführung einer Wirtschaftspolitik, die die Chancen und Instrumente der Globalisierung zielgerichtet nutzte.

M8 Mauritius – Überblick in Zahlen 2005

Fläche: 2 040 km²; **Einwohner:** 1 243 000
Einwohnerdichte: 609 je km²
BNE bei Kaufkraftparitäten (KKP): 15,538 Mrd. US-$
BNE pro Kopf : 12 450 KKP-$
Anteile am BIP: Landwirtschaft 6 %, Industrie 28 %, Dienstleistungen 66 %
Erwerbstätigkeit: Landwirtschaft 10 %, Industrie 32 %, Dienstleistungen 58 %
Bevölkerungsentwicklung 1990 – 2005: + 2,8 %
Lebenserwartung: 73 Jahre
Kindersterblichkeit pro 1 000 Geburten: 15
HDI-Rang: 65

M9 Exportproduktionszone Mauritius

„Um eine exportorientierte Industrialisierung und somit eine Verbesserung der ökonomischen Situation einzuleiten, deklarierte die Regierung die gesamte Insel im Jahr 1971 zur Exportproduktionszone (EPZ). Mit den für EPZ typischen Sondervergünstigungen ... versuchte man ausländische Investoren ins Land zu holen. Doch die Krise der Weltwirtschaft setzte in der zweiten Hälfte der 1970er Jahre den anfänglichen Investitionen ein vorläufiges Ende. So stagnierte die ökonomische Entwicklung des Landes und die Sozialstruktur, die sich während der Kolonialzeit herausgebildet hatte, verfestigte sich."

M10 Verteilung der EPZ-Betriebe in den 1990er Jahren

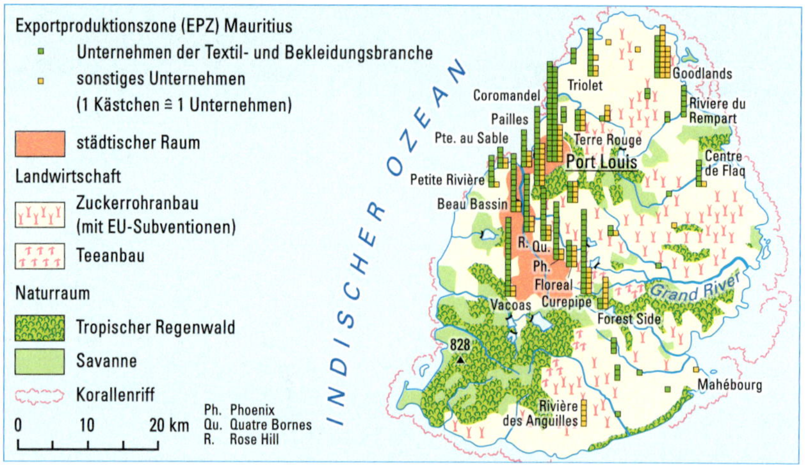

M11 Schwieriger Start

„Als die ressourcenarme Inselkolonie 1968 unabhängig wurde, konnte sie als Commonwealth Country die Vorzüge des Lomé-Abkommens* nutzen. Es garantierte den AKP-Staaten [vgl. S. 346] z. B. bei Zucker feste Abnahmemengen und -preise. Zudem bot das Lomé-Abkommen Mauritius ... die Möglichkeit, industrielle Fertigwaren bis zu bestimmten Kontingenten zollfrei in die EU zu exportieren. Dennoch wurde die Zukunft Mauritius, das über 95 % seiner Exporterlöse einzig aus der Zuckerwirtschaft zog, pessimistisch eingeschätzt. Es galt im dependenztheoretischen Sinne als klassisches Beispiel für ein exogenes und weltmarktabhängiges Entwicklungsland mit allen Merkmalen von Rückständigkeit wie z. B. Monokultur, Armut, Arbeitslosigkeit, hohe Geburtenrate."

M12 Entwicklung der Beschäftigten- und der Arbeitslosenzahlen

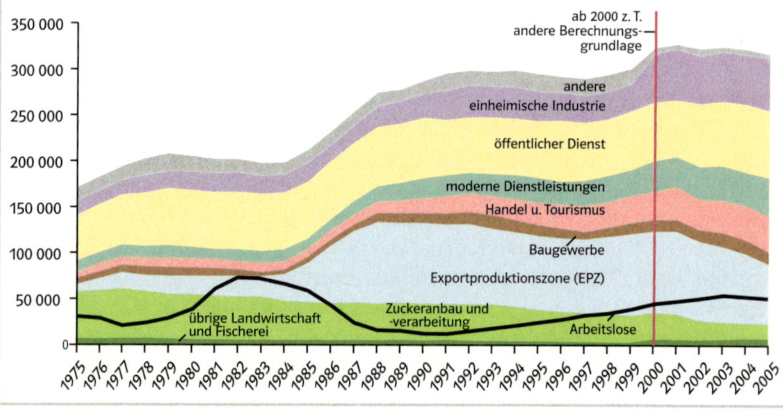

M8 Fischer Weltalmanach 2008. Frankfurt am Main: Fischer Taschenbuchverlag 2007 und Weltentwicklungsbericht 2007

M9 Kirsten Koop: Mauritius – Erfolgsgeschichte eines Entwicklungslandes. In: Geographische Rundschau, 54. Jg., H. 10. Braunschweig: Westermann 2002, S. 24

M10 nach Fred Scholz: Entwicklungsländer. Braunschweig: Westermann 2006, S. 144

***Lomé-Abkommen:** Regelwerk der EU mit den AKP-Staaten, benannt nach dem ersten Verhandlungsort, der togoischen Hauptstadt Lomé

M13 Anreize der EPZ in Mauritius für ausländische Unternehmen

- Zollfreier Import für Maschinen, Ausrüstungen, Ersatzteile, Rohstoffe;
- Befreiung von Einkommenssteuer während der ersten 10 Jahre;
- unbegrenzte, steuerfreie Repatriierung [Rückführungsmöglichkeit] von Gewinnen;
- einfacher Zugang zur Wasser- und Stromversorgung;
- einfacher Zugang zu Investitionskrediten;
- Vorzugszinsen bei Krediten und Exportfinanzierung;
- Bereitstellen von Werkhallen, Bauland, Lagerflächen;
- Garantie vor Nationalisierung;
- Daueraufenthaltsgenehmigung für Unternehmer, Angestellte;
- Aussetzung des nationalen Arbeitsrechtes im EPZ.

M14 Wirtschaftsboom der 1980er Jahre

„Ab 1983 ließen sich zahlreiche Unternehmen aus Industriestaaten auf der Insel nieder. Besonderes Interesse zeigten auch einige Unternehmer der Textil- und Bekleidungsbranche aus Hongkong. Innerhalb von acht Jahren schnellte die Zahl der EPZ-Betriebe von 115 (1983) auf 586 (1991) und die Beschäftigtenzahl verdreifachte sich auf 90 000. Dabei fielen 90% der Arbeitskräfte auf die Textil- und Bekleidungsbranche. Die EPZ-Betriebe beschäftigten fortan 30% der arbeitenden Bevölkerung der Insel und waren somit, noch vor der Zuckerindustrie, zu den Hauptarbeitgebern der Insel aufgestiegen. Parallel zu dieser Entwicklung begann auch die Tourismusbranche zu florieren. Weitere Wirtschaftszweige wie z.B. der Handel und das Baugewerbe profitierten von dieser Entwicklung."

M15 Le Morne Brabant auf Mauritius

M16 Rückschläge

Die positive Entwicklung wurde in den späten 1990er Jahren durch externe globale Veränderungen in der Weltwirtschaft jäh unterbrochen. Sie betrafen sowohl die Zucker- als auch die Textilindustrie, also beide führenden Branchen. Folgende auslösende Faktoren sind zu nennen:

- Das Cotonou-Abkommen, das das Lomé-Abkommen* im Jahre 2000 ablöste, sah den Abbau der Handelsvorteile für die AKP-Staaten vor und gefährdete somit die weit über dem Weltmarktpreis liegenden Preise für mauritischen Zucker.
- Die im so genannten Multi-Faser-Abkommen geltenden Einfuhrbeschränkungen für Bekleidungsartikel in die Industrieländer, von dem die AKP-Staaten ausgenommen waren, wurden 2005 aufgehoben. Dadurch wurde der europäische Markt für Erzeugnisse aller Länder geöffnet - zuungunsten von Mauritius.
- Ein Handelsabkommen der USA mit mehreren afrikanischen und karibischen Staaten, eröffnete diesen den zollfreien Zugang zum US-Markt. Diese Länder wurden dadurch zu ernsthaften Konkurrenten von Mauritius, da hier die Lohnkosten mittlerweile deutlich höher lagen.

M17 Outsourcing-Branche boomt in Mauritius

„Eine der Zukunftsbranchen Mauritius sind Outsourcing-Dienstleistungen. Die Branche erlebt einen Boom. Im Jahre 2007 dürfte der Umsatz der Branche bei etwa 4 Mrd. Rupee (rd. 100 Mio. Euro) gelegen haben. Das sind rund 30% mehr als 2006. Der Sektor beschäftigte 2007 bis zu 8 000 Angestellte, 2006 lag die Zahl noch bei rd. 5 000. Bis 2010 hofft man auf einen Umsatz von etwa 12 Mrd. Rupee ...
Derzeit dominieren noch Callcenter die Szene, zunehmend sollen aber auch kompliziertere Leistungen angeboten werden wie Back Office Support, Software-Entwicklung bis hin zu hochspezifizierten Leistungen im Bereich Knowledge Processing. So könnten z.B. mauritische Architekten, Ingenieure oder Mediziner einige Projekte z.B. in Europa via Computer betreuen. Auch IT-Abteilungen größerer Unternehmen werden z.T. aus Europa nach Mauritius ausgelagert. Das Land im Indischen Ozean bildet verstärkt die für solche Aufgaben benötigten IT-Ingenieure aus ... Eine recht niedrige Gewinnsteuer von nur 15% ist einer der Anreize für Unternehmen im Outsourcing-Bereich ... Da in Mauritius sowohl Englisch als auch Französisch gesprochen wird, kommt die Mehrzahl der Auftraggeber aus Frankreich, Großbritannien und den USA. Große Callcenter sind nach Angaben von Marktbeobachtern auch in der Lage, Aufträge aus Deutschland anzunehmen."

A6 Beschreiben Sie die wirtschaftliche Situation von Mauritius Ende der 1960er Jahre.

A7 Erläutern Sie Zielsetzung und Instrumente der EPZ in Mauritius.

A8 Nehmen Sie Stellung zu der Behauptung, Mauritius sei ein Gewinner der Globalisierung.

M11 Fred Scholz/Kirsten Koop: Mauritius. Beispiel für die Unmöglichkeit nachhaltiger Entwicklung im Zeitalter der Globalisierung. In: NORD-SÜD aktuell, 25. Jg., H. 3. Hamburg: Deutsches Übersee-Institut 2001, S. 525

M12 ebenda, S. 29

M13 Fred Scholz: Entwicklungsländer. a. a. O., S. 145

M14 Fred Scholz/Kirsten Koop: a. a. O., S. 25, leicht verändert

M17 Bundesagentur für Außenwirtschaft, auf www.bfai.de/fdb-SE,MKT200812198015, Google.html, Febr. 2008

9.6 Theorien der Unterentwicklung und Entwicklungspolitik

Die Fragen nach der ungleichen Entwicklung im Norden und im Süden sowie nach den Ursachen von Rückständigkeit und Unterentwicklung hat Wissenschaftler und Politiker seit Anbeginn beschäftigt – und dies keineswegs aus rein theoretischen Erwägungen, sondern mit der Absicht, Konzepte zu entwerfen, um den Zustand der Unterentwicklung zu überwinden.

M1 Entwicklung nach westlichem Vorbild?

9.6.1 „Wer ist schuld an der Misere?" – Theorien der Unterentwicklung

In der entwicklungstheoretischen Diskussion wurden in der Vergangenheit besonders zwei Theorien der Unterentwicklung als gegensätzliche Grundpositionen diskutiert: die Modernisierungstheorie und die Dependenztheorie.

Modernisierungstheorie (G)
Dependenztheorie (G)

exogene Verursachung (G)
endogene Verursachung (G)

Modernisierungstheorie
Vertreter dieser Position, das waren vor allem westlich-liberal und marktwirtschaftlich orientierte Theoretiker, sahen die Ursachen der Unterentwicklung vor allem in den Entwicklungsländern selbst, insbesondere in den traditionsverhafteten statischen Wirtschafts- und Gesellschaftsformen (endogene Verursachung). Die „Rückständigkeit" sollte dabei einer Entwicklungsphase entsprechen, die auch die Industrieländer in der Vergangenheit, etwa am Anfang der Industriellen Revolution, durchlaufen hatten. Modernisierung bedeutete entsprechend, dass ein Wandel vor allem durch wirtschaftliche Maßnahmen, d.h. Kapitaleinsatz in großem Stil, z.T. in Form von Entwicklungshilfezahlungen durch die Industrieländer, in Gang gesetzt werden sollte, weil hier Entwicklung am schnellsten erreichbar schien. Der Aufbau von Industrien und die Ausweitung der Exportmöglichkeiten sollten den Ländern ein Aufholen und eine Annäherung an die Industrieländer ermöglichen (nachholende Entwicklung).
Schon früh zeigte sich jedoch, dass die mit der Modernisierungstheorie verbundenen Erwartungen sich zumeist nicht erfüllten. Vor allem die Hoffnung, dass die wirtschaftlichen Erfolge nach unten „durchsickern" und die Masse der Armen erreichen würden (Trickle-Down-Effekt), erwies sich als falsch. Vielfach profitierten nur die ohnehin bessergestellten Oberschichten, sodass sich die innerstaatlichen Disparitäten weiter vergrößerten, sowohl im räumlichen als auch im sozialen Sinne.

Sickereffekt/Trickle-Down-Effekt (G)

Dependenztheorie
Marxistisch und gesellschaftskritisch orientierte Theoretiker sahen die Ursachen der Unterentwicklung nicht nur als ungenügende, sondern als von außen fehlgeleitete Entwicklung (exogene Verursachung). Das bedeutet, diese Unterentwicklung ist Ergebnis der historisch gewachsenen Abhängigkeit der Entwicklungsländer von den Staaten Europas und Nordamerikas durch den Kolonialismus bzw. Neokolonialismus. Überspitzt formuliert: Entwicklungsländer waren nicht unterentwickelt, sondern sind durch die koloniale Herrschaft und Ausbeutung erst unterentwickelt worden.
Auch der dependenztheoretische Ansatz wurde stark kritisiert. Unbestreitbar ist, dass viele Kolonien von den „Mutterländern" ausgebeutet wurden und dass Industrialisierungsansätze vielfach im Keim erstickt wurden. Es gibt aber auch Gegenbeispiele. So waren einige Entwicklungsländer niemals Kolonien (z.B. Thailand, Äthiopien), während andere nach der Unabhängigkeit einen schnellen wirtschaftlichen Entwicklungsprozess durchliefen (z.B. Australien, Neuseeland).
Lange standen die beiden Theorien scheinbar unversöhnlich gegenüber oder wurden als überholt angesehen. Dass sie aber auch noch heute z.T. Gültigkeit haben, zeigt nicht zuletzt die Debatte um die Chancen und Risiken der Globalisierung.

A1 Vergleichen Sie Modernisierungs- und Dependenztheorie.

9.6.2 „Wege aus der Misere“ – Wandel in der Entwicklungspolitik

Vor 1960 war Entwicklungspolitik vor allem ein außenpolitisches Instrument: „Entwicklungshilfe“ wurde von den Industrieländern vorrangig geleistet, um die nach der Dekolonialisierung schnell wachsende Zahl unabhängiger Staaten (die Dritte Welt) als Bündnispartner im Kalten Krieg zu gewinnen. Erst nachdem sich auf der Welthandelskonferenz (UNCTAD) 1964 eine Gruppe von 77 blockfreien Staaten zur so genannten Gruppe 77 zusammenschloss, um ihre Position auf dem Weltmarkt zu verbessern, kam es zu einem deutlichen Perspektivwechsel in der Entwicklungspolitik.

Entwicklungspolitik (G)
Entwicklungshilfe

Dritte Welt (G)

Leitbild „Nachholende Entwicklung“ (1960er Jahre)
Die Entwicklungspolitik der 1960er Jahre stand ganz im Zeichen der Modernisierungstheorie. Da man Unterentwicklung primär als wirtschaftliche Rückständigkeit interpretierte, verfolgte die daraus abgeleitete Entwicklungspolitik primär wirtschaftliches Wachstum mit Mitteln und Instrumenten, wie sie auf der Vorseite dargestellt wurden.

nachholende Entwicklung (G)

Für die meisten Entwicklungsländer übte die Strategie der nachholenden Entwicklung verständlicherweise eine große Anziehungskraft aus, in gleichem Maße wie sie von vielen Industrieländern aus eigennützigen Gründen propagiert wurde. Die Idee erwies sich jedoch immer mehr als Illusion, nicht nur faktisch, sondern auch grundsätzlich, da eine Übernahme der westlichen Wirtschafts- und Lebensweise unweigerlich zu einem ökologischen Kollaps führen würde. Es waren aber vor allem die konkreten Erfahrungen vor Ort, die die Strategie der nachholenden Entwicklung als Irrweg herausstellten. Nur ganz wenige Staaten hatten den „Take-off“ geschafft. In den meisten Entwicklungsländern hatten sich die Lebensumstände der Bevölkerung nicht verbessert, ja die Zahl der Menschen, deren Einkommen nicht ausreichte, um das Minimum an Grundbedürfnissen wie Kleidung, Nahrung und Wohnung zu decken, war gestiegen.

M2 Elementare Lebensziele und Grundbedürfnisse

Elementare Lebensziele	Grundbedürfnisse
Bloßes Überleben	Nahrungsmittel, Trinkwasser
Fortdauerndes Überleben	hinreichende Wohnungen, Schutz gegen tödliche Krankheiten
Produktives Überleben	Zugang zu Produktionsmitteln, Basiserziehung, zusätzliche Nahrungsmittel, Schutz gegen schwächende Krankheiten
Überleben bei Befriedigung materieller und immaterieller Bedürfnisse	Güter, die die Teilhabe an ‚durchschnittlichen‘ Konsumgewohnheiten ermöglichen; Partizipation an Entscheidungen, die die eigenen Lebens- und Arbeitsbedingungen betreffen

Leitbild „Befriedigung der Grundbedürfnisse“ (1970er und 1980er Jahre)
Diese Erfahrungen führten Anfang der 1970er Jahre zu einer Kehrtwende in der Entwicklungspolitik. 1974 gab eine Gruppe von Wissenschaftlern anlässlich einer Tagung der Vereinten Nationen über Rohstoffnutzung, Umweltschutz und Entwicklung in der mexikanischen Stadt Cocoyoc eine Erklärung ab, in der diese neue Sichtweise zum Ausdruck kommt:

„Als erstes müssen wir überhaupt Ziel und Zweck von Entwicklung definieren. Es kann sich nur darum handeln, den Menschen, nicht die Dinge zu entwickeln. Menschen haben bestimmte Grundbedürfnisse: Nahrung, Unterkunft, Kleidung, Gesundheit und Bildung. Jeder Wachstumsvorgang, der nicht zur Befriedigung dieser Bedürfnisse führt – oder sogar störend eingreift – ist eine Verkehrung des Entwicklungsgedankens …
Wir sind nach 30 Jahren der Erfahrung der Meinung, dass die Hoffnung, dass schnelles wirtschaftliches Wachstum … zur Masse des Volkes ‚durchsickern‘ wird, sich als illusorisch erwiesen hat. Deshalb verwerfen wir den Gedanken: erst Wachstum – Gerechtigkeit bei der Verteilung später.“ [1]

Grundbedürfnisse

[1] Auszug aus der Erklärung von Cocoyoc. Zitiert nach BMZ (Hrsg.): Entwicklungspolitik. Materialien Nr. 49. Bonn: 1975, S. 4

M2 nach Dieter Nohlen (Hrsg.): Lexikon Dritte Welt. Reinbek: Rowohlt 1994, S. 288

M3 Alphabetisierungserfolge

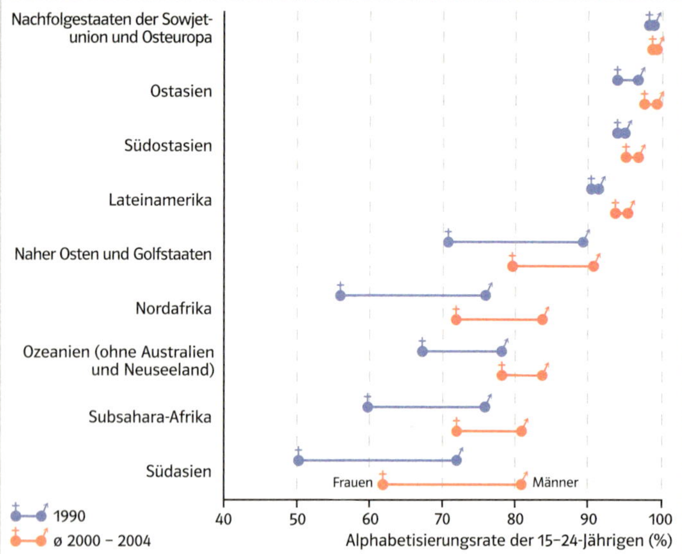

Wie die Tabelle M2, S. 341 zeigt, sind unter Grundbedürfnissen nicht nur die elementaren Überlebensmittel zu verstehen, sondern auch immaterielle Güter, wie Unabhängigkeit, das Recht auf Selbstbestimmung und die Möglichkeit zur Teilhabe an gesellschaftlichen und politischen Entscheidungsprozessen. So schließt die Grundbedürfnisstrategie auch mehrere Konzepte ein, die sich mit folgenden Schlagworten umreißen lassen: Frauenförderung, angepasste Entwicklung und Hilfe zur Selbsthilfe.

Grundbedürfnisstrategie (G)
angepasste Entwicklung (G)

Frauenförderung

Hilfe zur Selbsthilfe

Frauenförderung (vgl. Kap. 9.2.4, S. 315). Es dauerte lange, ehe Fragen der Frauenförderung Eingang in entwicklungspolitische Konzepte fanden. Starke Impulse gehen von den regelmäßig stattfindenden UN-Weltfrauenkonferenzen aus. Auf der ersten Konferenz 1975 in Mexiko-Stadt wurde die UNIFEM (United Nations Development Fund for Women) mit dem Ziel ins Leben gerufen, die Situation der Frauen in Entwicklungsländern über konkrete Maßnahmen gezielt zu verbessern. Fördervorrang haben vor allem jene Bereiche, in denen Frauen erheblich benachteiligt sind, z. B. im Bildungs- und Gesundheitswesen, in der Landwirtschaft oder im Kreditwesen. In der Tat konnten auch hier bislang z. T. erfreuliche Erfolge erzielt werden (vgl. S. 323). Dennoch: Die Möglichkeiten, die den Frauen offen stehen, sind nach wie vor begrenzt und so hat der in den 1970er Jahren geprägte Ausdruck von der „Feminisierung der Armut" immer noch seine Gültigkeit.

Angepasste Entwicklung. Die unterschiedlichen Bedingungen in den Lebensbereichen der einzelnen Länder verlangen verschiedene Entwicklungswege, also eine an die konkreten Bedingungen und Möglichkeiten des jeweiligen Landes angepasste Entwicklung.
Was Anpassung im Einzelnen bedeutet, lässt sich nicht generell definieren, sondern nur am Einzelfall festmachen. So versteht man z. B. unter angepasster Technologie eine speziell auf die Gegebenheiten im jeweiligen Entwicklungsland abgestimmte Technologie, die vor allem Probleme wie Arbeitslosigkeit, Kapitalmangel, geringes technisches Know-how berücksichtigt. Wenn z. B. die Produktion auf die Versorgung der einheimischen Bevölkerung mit einfachen Gebrauchsgütern umgestellt wird, kann man arbeitsintensiver produzieren, Techniken erlernen und Kosten sparen. Die wirtschaftliche Effizienz lässt sich steigern und das Wachstum gerechter verteilen, indem alle Bevölkerungsschichten und -gruppen daran teilhaben.
Angepasste Entwicklung bedeutet weiter, dass der Entwicklung des ländlichen Raumes mehr Beachtung geschenkt wird als den städtisch-industriellen Agglomerationen, z. B. durch die Schaffung von Arbeitsplätzen im ländlichen Handwerk oder durch den Aufbau einer leistungsfähigen Infrastruktur (vgl. Kap. 9.3.4 Integrierte ländliche Entwicklung, S. 322).

Hilfe zur Selbsthilfe. Unter Selbsthilfe ist die aktive Teilnahme aller Bevölkerungsgruppen an der Verbesserung der unmittelbaren Lebensbedingungen zu verstehen.
Hauptanliegen der Hilfe zur Selbsthilfe ist es, Eigeninitiativen anzuregen, lokale Ressourcen (vor allem Arbeitskraft, Können und Erfahrung) freizusetzen und eine stärkere Beteiligung der Betroffenen an Entscheidungsprozessen zu ermöglichen. Deshalb muss die Hilfe von außen auf das notwendige Maß beschränkt bleiben und darf auf keinen Fall die geförderten Personen und Gruppen von der Verantwortung entbinden. Auch Geldzuweisungen sollten möglichst durch eigene Leistungen ersetzt werden.

A2 Erörtern Sie die Strategie der nachholenden Entwicklung.
A3 Erläutern Sie, inwiefern die Grundbedürfnisstrategie die Entwicklungspolitik der 1960er Jahre „vom Kopf auf die Füße stellt".

Leitbild „Nachhaltige Entwicklung" (ab den 1990er Jahren)

Mit dem Brundtland-Bericht „Unsere gemeinsame Zukunft" aus dem Jahre 1987, benannt nach der damaligen Vorsitzenden der „Weltkommission für Umwelt und Entwicklung" G. H. Brundtland, und der UN-Konferenz für Umwelt und Entwicklung in Rio de Janeiro 1992 rückten zwei neue Themenkreise in den Mittelpunkt der entwicklungspolitischen Diskussion: die Knappheit der natürlichen Ressourcen der Erde und die Belastungsgrenzen des globalen Ökosystems. Damit bahnte sich auch ein grundlegend anderes Verständnis von Entwicklung an: Die Industrieländer können nicht mehr nur als Geber, Helfer, Berater und erst recht nicht als Vorbild agieren, da sie, ökologisch fehlentwickelt, selbst „Entwicklungsländer" geworden sind. Durch ihre Konsumansprüche und ihren maßlosen Verbrauch an nicht erneuerbaren Naturgütern entziehen sie den Menschen in den Entwicklungsländern entscheidendes Entwicklungspotenzial.

In dieser Situation setzt sich mehr und mehr die Einsicht durch, dass nachhaltige Entwicklung (Sustainable Development) zweierlei beinhalten muss: 1. die Durchsetzung einer umweltverträglichen Entwicklungspolitik im Norden und Süden und 2. das Streben nach mehr sozialer Gerechtigkeit in der „Einen Welt". Beide Ziele gehören untrennbar zusammen, denn Gerechtigkeit ist die entscheidende Voraussetzung für friedensfähige Nord-Süd-Beziehungen und ohne friedensfähige Nord-Süd-Beziehungen ist ein Schutz der natürlichen Umwelt nicht möglich.

Die Forderung nach einer nachhaltigen Entwicklung richtet sich an Regierungen und Nichtregierungsorganisationen (NGOs), an gesellschaftliche Gruppierungen und Individuen – und somit an jeden Einzelnen von uns. Einen Weg dazu weist die „Agenda für eine zukunftsfähige Entwicklung" auf, allgemein bekannt als „Agenda 21", die 1992 auf der Konferenz von Rio verabschiedet wurde. Sie zeigt Handlungsfelder und Beteiligungsmöglichkeiten für die Kommunen, für Gruppen und Verbände sowie für jeden Einzelnen von uns auf.

M 4 Ökologische Nachhaltigkeit und ökologische Problemregionen

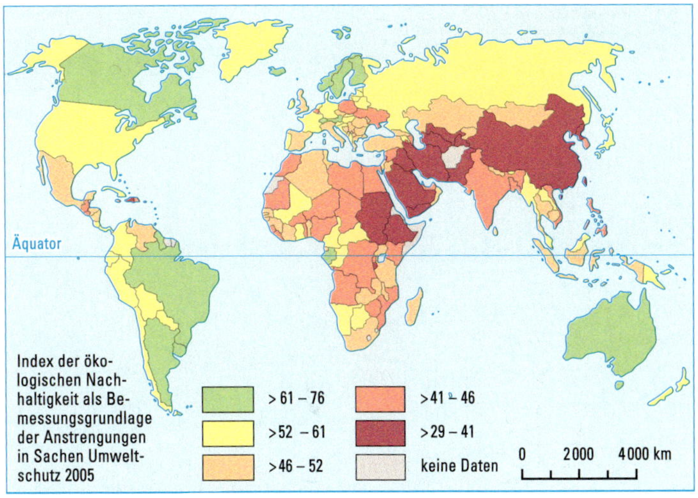

M 5 Grundsätze von Rio

„Grundsatz 1:
Menschen stehen im Mittelpunkt der Bemühungen um eine nachhaltige Entwicklung. Ihnen steht ein gesundes und produktives Leben im Einklang mit der Natur zu …
Grundsatz 3:
Das Recht auf Entwicklung muss so eingelöst werden, dass es gleichermaßen den Umwelt- und Entwicklungsbedürfnissen der gegenwärtigen und zukünftigen Generationen gerecht wird.
Grundsatz 4:
Um nachhaltige Entwicklung zu erreichen, soll Umweltschutz ein integraler Bestandteil des Entwicklungsprozesses sein."

nachhaltige Entwicklung (Sustainable Development) (G)

A 4 Arbeiten Sie aus der Karte M 4 wesentliche Aussagen zum Thema „Umwelt und Entwicklung" heraus.

A 5 Erstellen Sie eine tabellarische Übersicht über 50 Jahre Entwicklungspolitik nach folgenden Kriterien: Zielsetzung, Leitbilder, Maßnahmen, Erfolge/Misserfolge.

A 6 Erläutern Sie den folgenden Ausspruch: „Mit der Strategie der nachhaltigen Entwicklung begann eine neue Dimension der Entwicklungspolitik."

M 3 nach Atlas der Globalisierung. Berlin: Le Monde diplomatique/taz-Verlags- und Vertriebs GmbH 2006, S. 115

M 4 nach ebenda, S. 25

M 5 aus dem Protokoll der UN-Konferenz für Umwelt und Entwicklung, Rio de Janeiro, 1992

Online-Link
zu einem frauenbezogenen Entwicklungshilfeprojekt in Simbabwe:
29260X-9601

M 6 Öffentliche Entwicklungsleistungen

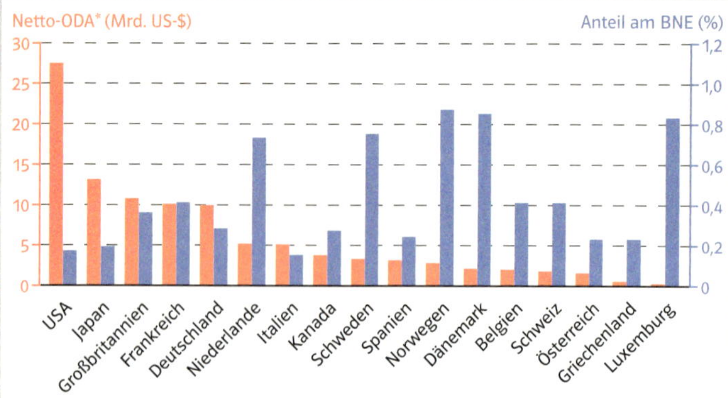

9.6.3 Entwicklungspolitische Zusammenarbeit

Millenniumserklärung

bilaterale/multilateriale Zusammenarbeit (G)

Am 18. September 2000 verabschiedeten 189 Mitgliedsstaaten der Vereinten Nationen die Millenniumserklärung. Darin einigten sich die Teilnehmer auf einen Maßnahmenkatalog mit konkreten Ziel- und Zeitvorgaben und dem übergeordneten Ziel, die Armut in der Welt bis zum Jahre 2015 zu halbieren. Armut wird dabei nicht mehr nur als Einkommensarmut verstanden, sondern umfassender als Mangel an Chancen und Möglichkeiten. Neben der Armutsbekämpfung werden die Friedenserhaltung und der Umweltschutz als die beiden weiteren wichtigsten Ziele genannt.

Millenniumsentwicklungsziele

Aus der Millenniumserklärung wurden 2001 acht Millenniumsentwicklungsziele abgeleitet, die wiederum durch 18 Zielvorgaben und 48 Indikatoren präzisiert und konkretisiert wurden.

Die Millenniumsentwicklungsziele im Überblick:

1. Beseitigung der Armut und des Hungers,
2. Verwirklichung der allgemeinen Primarschulbildung,
3. Förderung der Gleichstellung der Geschlechter und Stärkung der Rolle der Frauen,
4. Senkung der Kindersterblichkeit,
5. Verbesserung der Gesundheit von Müttern,
6. Bekämpfung von HIV/Aids, Malaria und anderen Krankheiten,
7. Sicherung der ökologischen Nachhaltigkeit,
8. Aufbau einer weltweiten Entwicklungszusammenarbeit.

Nichtregierungsorganisation (NGO)

Entwicklungszusammenarbeit (G)

Grundsätze und Formen der deutschen Entwicklungspolitik

Die Bundesrepublik Deutschland hat die Millenniumserklärung und ihre Ziele zum verbindlichen Orientierungsrahmen und zur Messlatte ihrer eigenen Entwicklungspolitik erklärt. Mit dem „Aktionsprogramm 2015" legte sie im November 2005 ihre Strategie zur Umsetzung der Millenniumserklärung fest und machte sie durch Kabinettsbeschluss für die gesamte Regierung verbindlich. Seitdem bildet das Aktionsprogramm den ressortübergreifenden strategischen Rahmen für alle entwicklungspolitischen Aktivitäten.

Die Zusammenarbeit mit den Entwicklungsländern erfolgt entweder direkt (bilateral) oder multilateral, d.h. in Kooperation mit anderen internationalen Institutionen, wie Weltbank, Internationaler Währungsfonds (IWF) oder EU. Die multilateriale Zusammenarbeit hat in den letzten Jahren deutlich an Gewicht gewonnen, da Lösungen für die immer drängender werdenden globalen Entwicklungsprobleme mit ihren weltweiten Ursachen und Auswirkungen von einzelnen Staaten allein kaum noch gefunden werden können.

In der entwicklungspolitischen Praxis stehen dem Bundesministerium für wirtschaftliche Zusammenarbeit und Entwicklung (BMZ) im Wesentlichen zwei Instrumente zur Verfügung: die finanzielle Zusammenarbeit und die technische Zusammenarbeit. Erstere erfolgt in der Regel in Form von Krediten, für die ärmsten Entwicklungsländer (LDC) als nicht zurückzuzahlende Finanzierungsbeiträge, zur technischen Zusammenarbeit gehören u.a. die Ausbildung von Führungskräften oder Sachleistungen in Form von Ausrüstungen für Einzelprojekte.

Zusammenarbeit mit Nichtregierungsorganisationen (NGOs). Um ihre Arbeit zu optimieren arbeitet die Bundesregierung mit zahlreichen Nichtregierungsorganisationen (NGO = Non Governmental Organization) zusammen. Das sind Institutionen, Vereine, Aktionsbündnisse oder Gruppierungen, die unabhängig von staatlichen Stellen auf freiwilliger Basis und ohne Gewinn-

M 6 nach Bundesministerium für wirtschaftliche Zusammenarbeit (Hrsg.): Medienhandbuch Entwicklungspolitik 2006/2007. Berlin 2006, S. 429–430

* **ODA** = Official Development Assistance, ODA-Quote = Anteil der öffentlichen Ausgaben für Entwicklungszusammenarbeit am BNE

[1] Schlussbericht der Enquete-Kommission „Globalisierung der Weltwirtschaft – Herausforderungen und Antworten". Deutscher Bundestag, Drucksache 14/9200 vom 12.6.2002

Online-Link 29260X-9602

Online-Link zu Schülerprojekten: 29260X-9603

orientierung handeln, wie z.B. Misereor, Ärzte ohne Grenzen oder Deutsche Welthungerhilfe. Mit der zunehmenden Globalisierung erfahren diese NGOs einen hohen Bedeutungszuwachs, da aufgrund der immer komplexer werdenden Probleme und Strukturen die nationalen Regierungen bzw. die ausführenden Organe immer unflexibler werden. Zudem genießen die NGOs in den Entwicklungsländern in der Regel ein hohes Ansehen, da ihnen – im Gegensatz zu den staatlichen Institutionen – keine politische Einflussnahme unterstellt wird.

Public Private Partnerships (PPP). Auch die Privatwirtschaft kann wichtige entwicklungspolitische Aufgaben erfüllen. So arbeiten z.B. Unternehmen aus Industrie- und Entwicklungsländern – häufig durch staatliche Beratung und Zuschüsse unterstützt – zusammen. Merkmale aller PPP-Maßnahmen ist, dass einerseits beide Partner von der Zusammenarbeit profitieren und dass andererseits die Zusammenarbeit den Menschen in den Partnerländern zugutekommt.

Wenn die Entwicklungspartnerschaften von der Bundesregierung unterstützt werden sollen, muss die Kooperation bestimmten Regeln und Kriterien folgen. Vor allem muss das Vorhaben eine klare Entwicklungsrelevanz haben.

Das folgende Beispiel verdeutlicht, wie eine PPP konkret aussieht und wie es in die entwicklungspolitische Praxis der Bundesregierung eingebunden ist.

Beispiel: Berufliche Wiedereingliederung von Kriegsheimkehrern in Eritrea. Eritrea gehört zu den ärmsten Ländern der Welt, wie u.a. folgende Daten aus dem Jahre 2005 belegen:

- BNE je Einwohner: 170 US-$,
- Arbeitslosigkeit: 50 %,
- Bevölkerung unter der Armutsgrenze: 53 %,
- HDI-Rang: 161 (von insgesamt 177 Ländern).

1993 erhielt Eritrea nach 30-jährigem Befreiungskampf seine staatliche Unabhängigkeit von Äthiopien. Über die Grenzziehung ist jedoch bis heute noch keine Einigung erzielt worden. So unterhält das Land nach wie vor eine mehr als 200 000 Mann starke Armee; durch die Rekrutierung junger Menschen werden der Wirtschaft wichtige Arbeitskräfte entzogen und durch Waffeneinkäufe notwendige Devisen.

Seit Kriegsende konzentriert sich die deutsche Entwicklungszusammenarbeit auf den Bereich Wasserversorgung/Abwasserbeseitigung, da dies

M7 Vertriebene Frauen und Kinder in kriegszerstörten Gebäuden in Eritrea

der Bevölkerung unmittelbar zugutekommt. Für 2005 wurden Leistungen in Höhe von 3,2 Mio. € zur Verfügung gestellt.

Public Private Partnerships (PPP)

Für den Wiederaufbau des kriegszerstörten Eritrea sind qualifizierte Fachkräfte unerlässlich. Deshalb hat das deutsch-eritreische Karosserie- und Metallbauunternehmen Tesinma Share Company ein betriebliches Ausbildungsprogramm eingeführt, durch das vor allem ehemaligen Soldaten ein beruflicher Wiedereinstieg ermöglicht werden soll. Gemeinsam mit der Deutschen Investitions- und Entwicklungsgesellschaft (DEG) hat Tesinma in einem PPP-Projekt ein Trainingszentrum für Schlosser, Lackierer, Karosseriebauer, Fahrzeugtechniker, technische Zeichner und Bürokaufleute aufgebaut. Die Ausbildung setzt auf das duale System nach deutschem Muster, das Theorie und Praxis verzahnt. Auch Kurse über HIV-Prävention werden abgehalten. Die zahlreichen Berufsabschlüsse entsprechen den Normen deutscher Handwerkskammern.

Um das duale System in Eritrea weiter zu verbreiten, arbeitet Tesinma mit weiteren ausbildenden Betrieben vor Ort zusammen und richtet Praktikantenplätze ein. So können auch Schulabsolventen mit der Arbeitspraxis in der Industrie vertraut gemacht werden. Zusätzlich bildet Tesinma Fachkräfte für Zulieferbetriebe aus.

A7 Stellen Sie Ziele, Aufgaben und Maßnahmen der Entwicklungszusammenarbeit in einer Mindmap oder einem Wirkungsgeflecht (s. S. 466) dar.

A8 Erläutern Sie – auch auf der Grundlage von Internetrecherchen (z.B. www.bmz.de) – die Bedeutung von Public Private Partnership-Projekten.

A9 Ordnen Sie darin das Beispiel Tesinma ein.

9 Kompetenzen festigen und anwenden

Die Beziehungen zwischen den Industrieländern und den Entwicklungsländern sind heute geprägt von dynamischen Globalisierungsprozessen, dem immer größer werdenden Wachstumsgefälle in der Welt sowie grenzüberschreitenden globalen Umweltproblemen. Damit sind auch die Industrieländer zum Gegenstand entwicklungspolitischen Handelns geworden. Die alte Dreiteilung in Erste, Zweite und Dritte Welt ist spätestens mit dem Zusammenbruch des sozialistischen Staatenblocks überholt. An deren Stelle ist die „Eine Welt" getreten. Diese „Eine Welt" ist jedoch eine verwirrende Welt, eine Welt voller Konflikte und Probleme. Nur in gemeinsamer Verantwortung und im gemeinsamen Handeln sind diese zu lösen, wollen wir das Überleben für uns alle und die kommenden Generationen sichern. Unabdingbare Voraussetzung dazu sind Kenntnisse der gegenwärtigen internationalen Beziehungen und insbesondere der Probleme der Menschen in den Staaten, die wir gemeinhin als Entwicklungsländer bezeichnen. Dazu hat das vorliegende Kapitel wichtige Grundkenntnisse aus geographischer Perspektive vermittelt.

Spätestens seit der UN-Konferenz für Umwelt und Entwicklung 1992 in Rio de Janeiro sind auch wir in den Industrieländern zu Objekten entwicklungspolitischen Handelns geworden und zu Korrekturen unserer „Entwicklungswege" aufgefordert. Das Wachstumsmodell der Industrieländer kann und darf nicht länger Vorbild für die Menschen im Süden und Osten sein. Das belegen u. a. die gravierenden Umweltprobleme und die wachsende Zahl von Armen auch bei uns. Der Schlüssel zu Veränderungen, die unsere Zukunft und die Zukunft der Menschen in den Entwicklungsländern sichern, liegt in einem sozial gerechten, die Umwelt schonenden Wirtschaftsverhalten.

„Mehr Mut zum Handeln", das ist die Botschaft, die die in Rio verabschiedete „Agenda 21" einfordert, denn viele globale Entwicklungs- und Umweltprobleme haben ihre Ursache auf lokaler Ebene. Die Veränderung unserer Einstellungen und unseres Verhaltens ist der Schlüssel zum Erfolg.

Abkoppelung (Dissoziation): entwicklungstheoretisches Modell, das eine Herauslösung der Entwicklungsländer aus dem Weltmarkt fordert; Ziel der Abkoppelung ist es, eine eigenständige Wirtschaft und Gesellschaft aufzubauen, gestützt auf das eigene Potenzial und ausgerichtet auf die eigenen Bedürfnisse.

AKP-Staaten: Entwicklungsländer aus dem afrikanischen, karibischen und pazifischen Raum, die mit der EU durch das Lomé-Abkommen verbunden sind; sie erhalten einen Präferenzzugang zum EU-Markt sowie technische und finanzielle Hilfe.

angepasste Entwicklung: Entwicklungsstrategie, die sich an den jeweils vor Ort vorliegenden Gegebenheiten und Möglichkeiten orientiert.

autozentrierte Entwicklung: Entwicklungsstrategie, die eine Integration in den Weltmarkt möglichst vermeiden will und stattdessen auf die Nutzung der eigenen Ressourcen und Potenziale setzt; vgl. → Abkoppelung.

Dependenztheorie: Theorie, die die Unterentwicklung im Wesentlichen auf äußere Faktoren zurückführt, z. B. durch die Ausbeutung während des Kolonialismus oder infolge der von den Industrieländern beherrschten und zu ihren Gunsten wirkenden Struktur der Weltwirtschaft.

Dritte Welt: ursprünglich die Gruppe der „blockfreien Staaten" – in Unterscheidung zur „Ersten Welt", d. h. den westlichen Industrieländern mit Marktwirtschaft und der „Zweiten Welt", d. h. den ehemals sozialistischen Ländern mit zentralgelenkter Planwirtschaft; heute wird der Begriff „Dritte Welt" vielfach synonym für „Entwicklungsländer" genutzt.

endogene Verursachung: Verursachung von innen heraus, d. h. die Entwicklungsrückstände der Entwicklungsländer werden von ihnen selbst verschuldet; Gegensatz: → exogene Verursachung; vgl. → Modernisierungstheorie.

Entwicklungspolitik: alle Maßnahmen, die darauf abzielen, den wirtschaftlichen und sozialen Fortschritt der Entwicklungsländer zu fördern; Träger der Entwicklungspolitik sind entweder die Entwicklungsländer selbst oder ausländische Regierungen und Organisationen.

Entwicklungstheorie: Theorie zur Erklärung von Unterentwicklung und Entwicklung, z. B. → Dependenztheorie, → Modernisierungstheorie.

Entwicklungszusammenarbeit: im amtlichen Sprachgebrauch verwendeter Begriff für „Entwicklungshilfe".

exogene Verursachung: Verursachung von außen, d. h. die Entwicklungsrückstände der Entwicklungsländer sind von den Industrieländern verschuldet; Gegensatz: → endogene Verursachung; vgl. → Dependenztheorie.

Grundbedürfnisstrategie: Entwicklungsstrategie, die insbesondere auf die Befriedigung elementarer Grundbedürfnisse abzielt.

Heavily Indebted Poor Countries (HIPC): hochverschuldete Entwicklungsländer, die einen Schuldenstand von mehr als 150 % der Ex-

A 1 Erstellen Sie einen Katalog allgemeiner Merkmale von Entwicklung, die kultur- und gesellschaftsübergreifend Gültigkeit beanspruchen können.

A 2 Führen Sie mithilfe der Methodendoppelseite 468–469 eine Raumanalyse eines Entwicklungslandes Ihrer Wahl durch.

A 3 Verfassen Sie ein differenziertes und begründetes Statement zu der Frage „Ist Unterentwicklung endogen oder exogen verursacht?" Konkretisieren Sie ihre Ausführungen am Beispiel des in Aufgabe 2 gewählten Landes.

A 4 Informieren Sie sich bei Organisationen wie BMZ, GTZ, Misereor oder Ärzte ohne Grenzen über deren entwicklungspolitische Projekte.

A 5 Nehmen Sie Kontakt mit Vertretern Ihrer Heimatgemeinde/Stadt auf und befragen Sie sie über Zielsetzungen, Aktionen und Probleme lokaler Agenda-21-Gruppen.

A 6 Diskuitieren Sie mit Ihren Mitschülerinnen und Mitschülern, wie Sie selbst entwicklungspolitisch aktiv werden können.

porterlöse oder mehr als 250 % der Staatseinnahmen aufweisen; ihnen sollen aufgrund der 1999 auf dem Kölner Gipfel von den Industrieländern verabschiedeten Entschuldungsinitiative alle Schulden über den oben genannten Grenzen erlassen werden.

Human Development Index (HDI, Index der menschlichen Entwicklung): seit 1990 von den Vereinten Nationen benutzter Index zur Angabe des Entwicklungsstandes eines Landes nach wirtschaftlichen und sozialen Kriterien; der HDI setzt sich zusammen aus der Lebenserwartung, dem Alphabetisierungsgrad und der realen Kaufkraft pro Kopf.

informeller Sektor: jener Zweig/Sektor der Wirtschaft, der weder von der Steuer erfasst noch von anderen gesetzlichen Vorschriften geregelt wird; als „Schattenwirtschaft" kommt der informelle Sektor besonders häufig in Entwicklungsländern vor.

Least Developed Countries (LDC): von den Vereinten Nationen geführte Liste der Gruppe der „am wenigsten entwickelten Länder", die besondere Konditionen, z. B. bei der Vergabe von Hilfeleistungen, erhalten.

Modernisierungstheorie: Theorie, die die „Unterentwicklung" eines Landes in → endogenen Ursachen (z. B. traditionsverhafteten Gesellschaftsstrukturen) sucht und „Entwicklung" als Modernisierung im Sinne eines Nachahmens der Industrieländer sieht; vgl. → nachholende Entwicklung.

nachhaltige Entwicklung (Sustainable Development): Entwicklungsstrategie, mit der die Lebenschancen der heutigen Generation verbessert werden sollen, ohne die Chancen künftiger Generationen einzuschränken, z. B. durch einen schonenden und umweltverträglichen Umgang mit den natürlichen Ressourcen.

nachholende Entwicklung: Entwicklungsstrategie besonders der 1950er und 1960er Jahre, die darauf abzielte, durch Industrialisierung und Modernisierung der Wirtschaft die Entwicklungsländer möglichst schnell an den Entwicklungsstand der Industrieländer heranzuführen.

Newly Industrializing Countries (NIC): Staaten, die durch eine dynamische Wirtschaftsentwicklung Anschluss an die Industrieländer gefunden haben und heute auf vielen Feldern mit diesen kooperieren, aber auch konkurrieren können, z. B. die vier „Kleinen Tiger" Hongkong, Singapur, Taiwan, Südkorea; vgl. → Schwellenländer.

Schwellenländer: fortgeschrittene Entwicklungsländer mit höherem Industrieanteil am BIP und geringer Agrarquote; die soziale Entwicklung kann z. T. mit der ökonomischen nicht mithalten; vgl. → Newly Industrializing Countries.

Sickereffekt (Trickle-Down-Effekt): die in der Entwicklungspolitik erhoffte Wirkung, dass einmal vorgenommene Investitionen sich auf andere Zweige auswirken und schließlich auch den schwächeren Bevölkerungsgruppen zugute kommen.

Börse London (links)

Siemens-Verwaltungsgebäude in Peking (rechts)

10 Weltwirtschaft und Weltwirtschaftsräume im Globalisierungsprozess

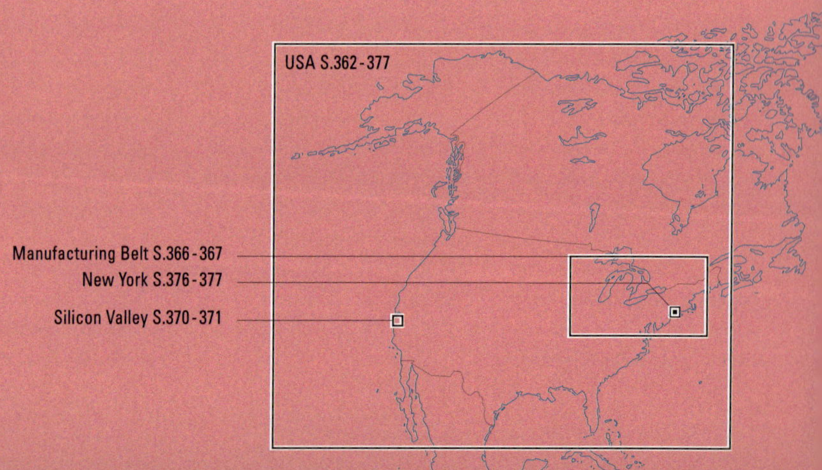

McDonald's in New-Delhi (links)

Demonstration von Globalisierungs-gegnern beim G8-Gipfel in Heiligen-damm 2007 (rechts)

„Für mich ist die Globalisierung nach der Aufklärung und der Erklärung der Menschenrechte die größte gute Nachricht für die Menschheit überhaupt.
Die Vorteile sind das, was ich als magisches Dreieck bezeichnen würde: Demokratie, Menschenrechte und Soziale Marktwirtschaft. Diese Ideen haben durch die Globalisierung einen wahren Siegeszug um die Welt gefeiert."

Hans-Olaf Henkel, bis 2000 Präsident des Bundesverbandes der Deutschen Industrie, im Interview „So bedeutend wie die Aufklärung": DW-WORLD.de, Deutsche Welle, vom 1.8.2002, auf www.dw-world.de/dw/article/0,2144,600618,00.html

„Die Globalisierung, das ist unübersehbar, zerstört die Dritte Welt und bedroht die europäische Zivilisation. Sie bringt heute mehr Menschen um als alle Kriege. Die 800 Millionen Hungernden in der Welt gehen zum großen Teil auf ihr Konto. Die Logik, die Lügen des Neoliberalismus müssen entlarvt werden."

José Bové, Sprecher der französischen Bauerngewerkschaft Confédération paysanne, im Interview „Neues Opium für das Volk" in: DER SPIEGEL, Nr. 26 vom 25.6.2001. Hamburg: SPIEGEL-Verlag 2001

Diese beiden Auszüge aus Zitaten stellen zugegebenermaßen extreme Meinungen über den gegenwärtig so dynamisch ablaufenden Globalisierungsprozess dar. Sie stehen nichtsdestoweniger beispielhaft für die kontroversen Debatten, die weltweit auf vielen Ebenen und in zahlreichen Gremien zum Thema „Globalisierung" geführt werden. Unabhängig von der Position des Einzelnen in der Diskussion – wir sind alle mit den Konsequenzen konfrontiert. Der Globalisierungsprozess ist unumkehrbar, wir müssen uns mit ihm auseinandersetzen.

- Wie funktioniert die Globalisierung?
- Wer sind die Akteure, Nutznießer und Verlierer?
- Welche Konsequenzen hat der Globalisierungsprozess für den einzelnen Menschen?
- Welche Einflüsse übt die Globalisierung auf die Entwicklung von Regionen aus?
- Lässt sich der Globalisierungsprozess noch politisch gestalten?
- Welche individuellen Mitwirkungsmöglichkeiten gibt es in diesem Prozess?

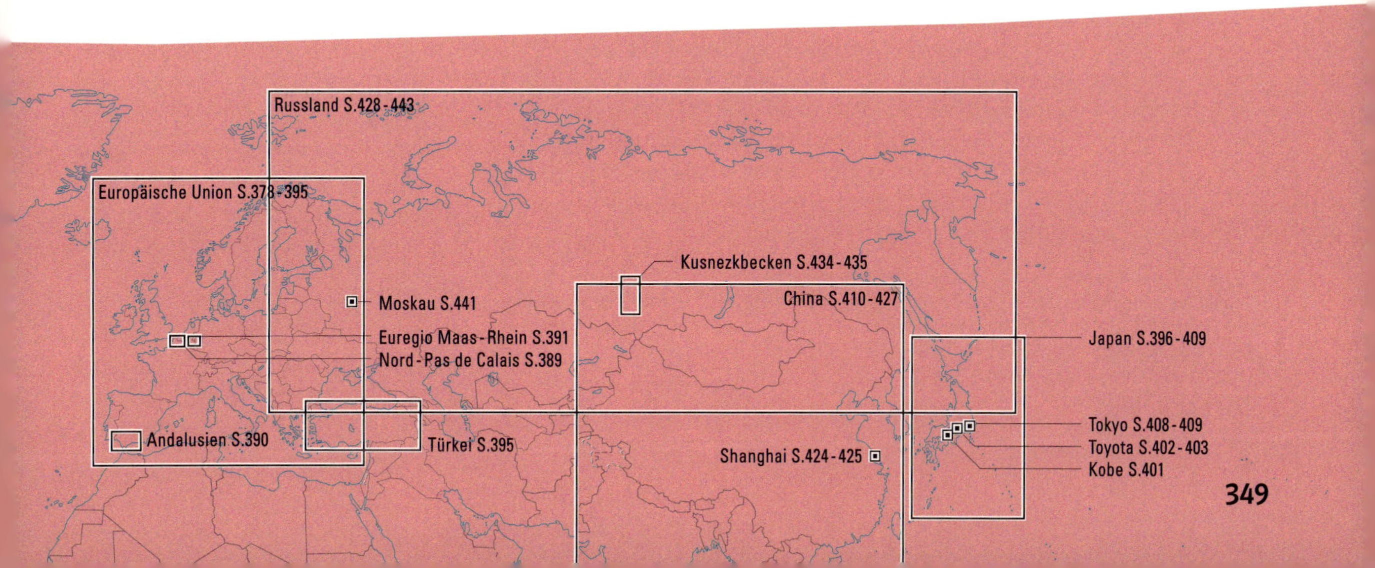

10.1 Die Weltwirtschaft im Globalisierungsprozess

M1 Angst vor der Globalisierung?

Globalisierung

Ein Reizwort prägt die gegenwärtige weltwirtschaftspolitische Diskussion: „Globalisierung“. Der Begriff ist in aller Munde, löst höchst unterschiedliche Reaktionen aus und muss als Ursache für viele Probleme und Sorgen herhalten. Die Befürworter verbinden mit ihm geradezu euphorische Erwartungen, was z. B. weltweite Zusammenarbeit, Wohlstand und Weltfrieden anbetrifft. Für die Gegner ist der Begriff mit Ängsten verbunden, z. B. mit der Angst vor Arbeitslosigkeit aufgrund von Produktionsverlagerungen in Billiglohnländer oder der Angst vor Sozialabbau und weltweiten Umweltzerstörungen. Sie kritisieren u. a., dass die weltweit operierenden Unternehmen sich aller nationalen Kontrolle entziehen können und werten dies als Ursache für eine mögliche wirtschaftliche und politische Instabilität.
Als Ergebnis subjektiv geprägter Einschätzungen sind diese widersprüchlichen Urteile zumeist nur bedingt durch reale Fakten gedeckt. Dies ist nicht zuletzt eine Folge der Tatsache, dass der Begriff „Globalisierung“ selten klar definiert wird, weshalb er auch zur Erklärung ganz unterschiedlicher Erfahrungen herhalten muss. Eines steht jedoch fest: Niemand kann sich heute dem Prozess der Globalisierung entziehen. Wir müssen uns alle mit ihm auseinandersetzen.

10.1.1 Erscheinungsformen und Ursachen der Globalisierung

Globalisierung wird meist als eine primär wirtschaftliche Erscheinung gesehen, nämlich als das Zusammenwachsen von Märkten über die Grenzen der einzelnen Staaten hinaus, begleitet von einem zunehmenden Strom von Kapital und Dienstleistungen, wobei die Weltwirtschaft zunehmend von transnationalen und multinationalen Unternehmen als globalen Akteuren bestimmt wird.
Globalisierung ist aber mehr als „globale Ökonomie“. Die Prozesse reichen weiter. Sie bewirken auch tief greifende Veränderungen bestehender wissenschaftlich-technischer, gesellschaftlicher, kultureller, politischer und ökologischer Strukturen. Von der Globalisierung sind wir alle ohne Ausnahme betroffen. Da sie von Menschen gemacht ist, ist sie auch form- und veränderbar. Es stellt sich allerdings die Frage: Von wem und wie?

M2 Dimensionen der Globalisierung

KOMMUNIKATION	ÖKONOMIE	GESELLSCHAFT	UMWELT
„Vernetzte Welt“	**„Weltbinnenmarkt“**	**„Welt als globales Dorf“**	**„Welt als Risikogemeinschaft“**
Innovationen der Telekommunikation (informationstechnische globale Vernetzung) Logistik	Liberalisierung des Handels Mobilität der Produkte, des Kapitals und der Produktionsstandorte sinkende Transportkosten regionale Arbeitsmarktentwicklungen	Souveränitätsverlust für Nationalstaaten Probleme/Chancen regionaler Identität Homogenisierung des Lebensstils? („Weltgesellschaft“?) „Verlust " räumlicher Distanz	globale Umweltgefährdungen Ressourcenverschwendung

M2 nach Gerhard Fuchs: "Global denken lernen" – Die didaktische Kategorie für Globalisierung. In: Martina Flath/Gerhard Fuchs (Hrsg.): Globalisierung. Beispiele und Perspektiven für den Geographieunterricht. Gotha: Klett-Perthes 1998, S. 69, verändert

[1] Thomas L. Friedman: Globalisierung verstehen. Berlin: Ullstein 1999, S. 31

Online-Link zu M 3 29260X-0101

Bereiche der ökonomischen Globalisierung
Weltweite wirtschaftliche Verflechtungen sind im Prinzip nichts Neues, da der Austausch von Gütern schon immer einen wichtigen Bestandteil in den Beziehungen zwischen Staaten darstellte. Neu an der Globalisierung ist jedoch die Dynamik, Intensität und Reichweite, in der die grenzüberschreitenden wirtschaftlichen Aktivitäten ablaufen.

„Die treibende Kraft der Globalisierung ist der Kapitalismus mit dem freien Spiel der Marktkräfte – je mehr Kompetenzen dem Markt überlassen werden und je mehr ein Land seine Volkswirtschaft dem freien Handel und der Konkurrenz öffnet, um so effizienter und dynamischer wird sie. Globalisierung meint in diesem Zusammenhang die Ausbreitung des marktwirtschaftlichen Kapitalismus auf so gut wie jedes Land der Erde." [1]

Die ökonomische Globalisierung findet auf mehreren Ebenen und Märkten statt.

Globalisierung auf den Gütermärkten. Um die Vorteile der internationalen Arbeitsteilung zu nutzen, wurden nach dem Zweiten Weltkrieg Handelshemmnisse weltweit verstärkt abgebaut. Internationale Verträge zum Abbau von Handelsbarrieren, wie z.B. die GATT-Abkommen, führten zu einer bis dahin unbekannten Expansion des Welthandels. So war 2006 das Volumen der Weltexporte 26-mal so hoch wie 1950, während die Weltwirtschaftsleistung nur um das Achtfache und die binnenwirtschaftliche Produktion, aus der die Exportgüter stammen, lediglich um das Fünffache stiegen.
Diese Werte sind zum einen Ausdruck der intensivierten internationalen Arbeitsteilung, zum anderen verdeutlichen sie die „Schrittmacherrolle", die dem Handel für die weltwirtschaftliche Entwicklung zukommt. In jüngerer Zeit wird der „klassische" Außenhandel mit Waren jedoch zunehmend durch den Handel mit Dienstleistungen ergänzt (vgl. das folgende Teilkap. 10.1.2, S. 353 ff.).

Globalisierung auf dem Produktionssektor. Ein entscheidender Motor der wirtschaftlichen Globalisierung sind die ausländischen Direktinvestitionen ADI, die besonders seit den 1980er Jahren zugenommen haben. Entwickelten sich Welthandel und Direktinvestitionen anfänglich im Gleichschritt, Beleg dafür, dass die Direktinvestitionen seinerzeit vornehmlich Export begleitende Aktivitäten waren, so sind sie mittlerweile zu einem eigenständigen Faktor der internationalen Arbeitsteilung geworden. Immer mehr Unternehmen nutzen die Kostenvorteile, die andere Länder bieten. Inzwischen wird also nicht nur der Absatz globalisiert, sondern auch die Produktion (vgl. dazu das Teilkap. 10.1.3, S. 357 ff.).

ausländische Direktinvestitionen ADI (G)

Globalisierung auf den Finanzmärkten. Mit außerordentlicher Dynamik verläuft auch die Entwicklung der weltwirtschaftlichen Verflechtungen im Finanzbereich. Diese Tendenz auf den Finanzmärkten ist vor allem auf die Liberalisierung des Kapitalverkehrs und die Fortschritte in der modernen Kommunikationstechnologie zurückzuführen. Sie ermöglichen es den Unternehmen und Privatanlegern heute, ihr Vermögen weltweit dort zu platzieren, wo es die höchsten Erträge bringt. Gigantische Summen jagen praktisch ohne Zeitverzögerung und Transaktionskosten rund um den Globus. Im Jahre 2007 wurden täglich im Durchschnitt 5 000 Mrd. US-$ gehandelt.

GATT

M 3 Welthandel als Schrittmacher der Globalisierung

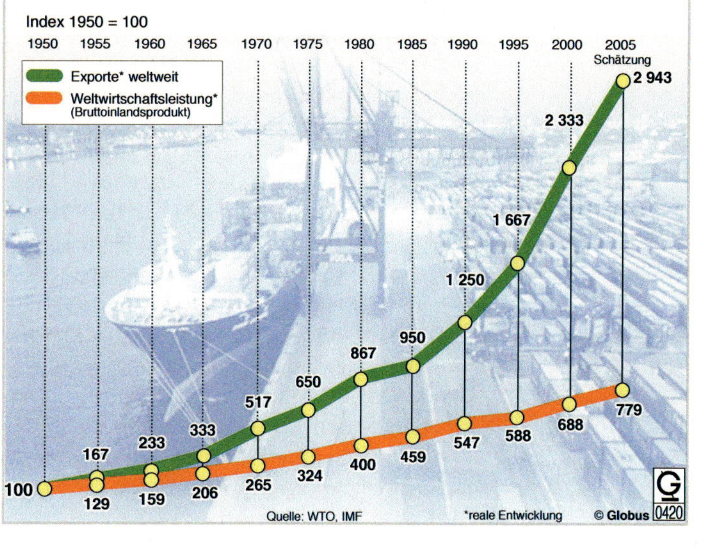

M4 Kostensenkungen im Welthandel

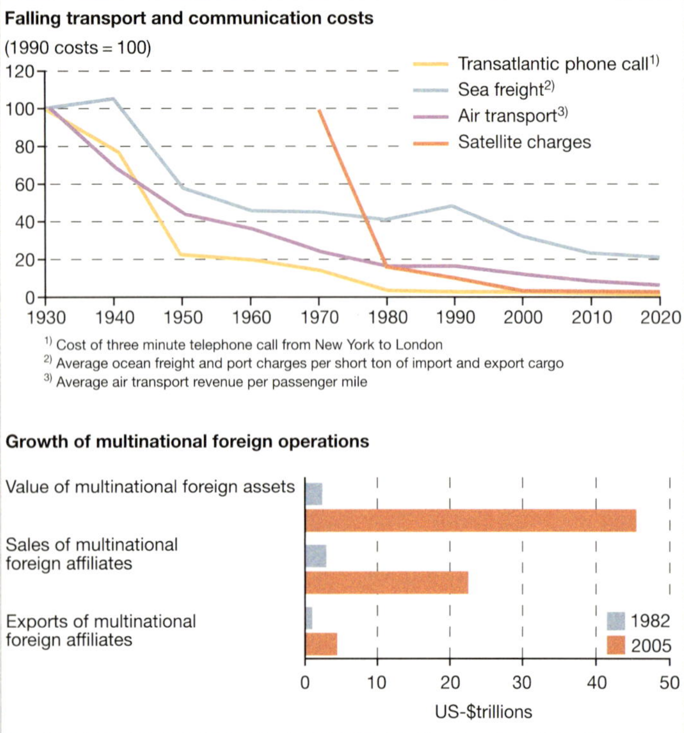

Antriebskräfte und Ursachen der Globalisierung

Mitunter entsteht der Eindruck, die Globalisierung sei quasi vom Himmel gefallen und ein unkontrollierbares Schicksal. In Wirklichkeit war es jedoch das Zusammenwirken mehrerer Ursachen, die den modernen Globalisierungsprozess ausgelöst und gesteuert haben.

GATT
WTO (G)
MOEL

Ökonomische Ursachen. Die außenwirtschaftliche Liberalisierung, d.h. der Abbau von Handelshemmnissen durch GATT und WTO (s. Teilkap. 10.1.2, S. 353ff.) und von Devisen- und Kapitalverkehrsbeschränkungen, sowie die Deregulierung der nationalen Volkswirtschaften, z.B. Abbau staatlicher Vorschriften und Privatisierung ehemals staatseigener Unternehmen, waren wesentliche ökonomische Ursachen der Globalisierung. Die entscheidende Maxime für Liberalisierung und Deregulierung lautet, dass der Staat nur eine untergeordnete Rolle im Wirtschaftsleben spielen dürfe. Letztlich würden nur die Kräfte des freien Marktes für eine Regulierung aller Funktionen nationaler und internationaler Ökonomien auf regionalem und globalem Niveau benötigt. Gerade hier setzt die Kritik vieler Globalisierungsgegner an (vgl. Teilkap. 10.1.4, S. 360f.).

Liberalisierung
Deregulierung

Verkehrstechnische Ursachen. Von entscheidender Bedeutung für das Wachstum des Welthandels waren die Kostensenkungen im Transportwesen. Die Entwicklung und Verbesserung der Transportmittel, z.B. schnellere Verkehrsträger oder die Verwendung genormter Container, die eine geschlossene Kette vom Versender bis zum Empfänger ohne zeitraubendes und kostspieliges Umladen ermöglicht, haben dazu beigetragen die Transporte auch über weite Distanzen zu vereinfachen und zu verbilligen. So können heute Warentransporte innerhalb von Stunden abgewickelt werden, für die frühere Generationen oft Monate brauchten.

Fortschritte in der Telekommunikation und Nachrichtenübermittlung. Neuerungen, wie z.B. Satellitenverbindungen oder die Übertragung und Speicherung von Informationen (Optoelektronik), haben es ermöglicht, die Welt mit einem dichten Kommunikationsnetz zu überspannen, sodass Informationen und Wissen überall auf der Welt in Sekundenschnelle verfügbar gemacht werden können. So lassen sich Transaktionskosten senken und die Unternehmen werden in die Lage versetzt, 24 Stunden rund um die Uhr an verschiedenen Orten der Welt gemeinsam zu arbeiten, um so z.B. Entwicklungs- und Produktionsprozesse zu beschleunigen.

Politische Ursachen. Der Zusammenbruch des Sozialismus und das Ende des Kalten Krieges führten nicht nur zu einem Abbau der politischen Spannungen in der Welt, sondern auch zu einer Umorientierung der ehemals sozialistischen Staatshandelsländer zu marktwirtschaftlichen Strukturen. Damit wurden die Märkte geöffnet für Menschen, Sachgüter, Dienstleistungen und Kapital. Neben den mittel- und osteuropäischen Ländern (MOEL) traten auch die Schwellen- und Entwicklungsländer verstärkt auf dem Weltmarkt auf und gaben damit dem Welthandel bedeutende Impulse. So wird sich vor allem China voraussichtlich 2008 zum größten Exporteur in der Welt aufgeschwungen haben.

A1 Erläutern Sie an Beispielen, wie Sie persönlich in Ihrem Alltag vom Globalisierungsprozess betroffen sind.

10.1.2 Globalisierung – Welthandel ohne Grenzen?

Der Welthandel mehrt den Wohlstand und vertieft zugleich die Kluft zwischen Arm und Reich in der Welt! Diese von Globalisierungsgegnern häufig vorgebrachte Kritik mag zunächst erstaunen, war es doch gerade der Welthandel, der in der Vergangenheit den beteiligten Völkern enormen Wohlstand brachte. Denken wir z. B. an den Städtebund der Hanse und an Handelshäuser wie die Fugger, die den Handel in Europa im Mittelalter und der frühen Neuzeit beherrschten und reiche Handelsstädte hervorbrachten, oder an die Zeit der Industriellen Revolution, als der Freihandel in einer nur kurzen Phase maßgeblich zum wirtschaftlichen Aufschwung der Industrieländer beitrug.
Und heute? Profitieren wir nicht alle von den Industriegüterexporten, die zahlreiche Arbeitsplätze sichern, oder von den preiswerten Konsumgüterimporten, die unser Leben lebenswerter machen?
Ist die obige Kritik also ungerechtfertigt? Um diese Frage zu beantworten, müssen wir vorab einen Blick auf die Entwicklung des Welthandels und seine heutige Struktur werfen.

Entwicklung des Welthandels

Sieht man von den frühen Anfängen im Mittelalter (Austausch von Gewürzen, Weihrauch, Edelmetallen oder Seide zwischen China, Vorderasien und dem Mittelmeerraum) sowie den genannten Fernhandelsbeziehungen der Fugger und der Hanse ab, so hat sich ein erdumspannender Welthandelsraum erst im 19. Jh. stärker herausgebildet. Auslösende Faktoren waren der wirtschaftliche Liberalismus, der die Phase des Merkantilismus ablöste, die Industrielle Revolution, zu deren wichtigstem Ergebnis die Beseitigung der Massenarmut in Europa zählt, sowie diverse technische Großprojekte, wie z. B. der Bau des Suezkanals (1859–1869), und die neuen Transportmittel Eisenbahn und Dampfschiff, mit denen die Industriegüter schnell und kostengünstig transportiert werden konnten.

M 5 Der Hafen von Hamburg – Drehscheibe im internationalen Handel

M 6 Entwicklung des Weltexportvolumens nach Regionen

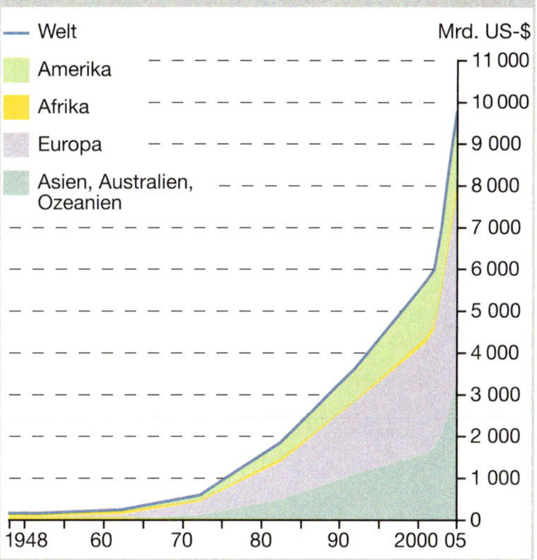

Nach Unterbrechungen durch den Ersten Weltkrieg, die Weltwirtschaftskrise der 1930er Jahre und den Zweiten Weltkrieg hat sich der Umfang des Welthandels kontinuierlich erhöht. Gründe sind das starke Bevölkerungswachstum, der gestiegene Rohstoff- und Energiebedarf, die weltweite Erhöhung der industriellen Produktion, die Erweiterung des Warenangebots sowie die steigende Nachfrage der Verbraucher.

Merkantilismus

M 4 nach UNCTAD auf BBCNews unter http://news.bbc.co.uk/nol/shared/spl/hi/guides/457000/457022/img/1169220846.gif, Jan. 2008, umgezeichnet, ergänzt

M 6 nach Angaben der OECD und der WTO, 2007

M7 Welthandel: Handelsbedingungen, Handelsvolumen und Handelsströme

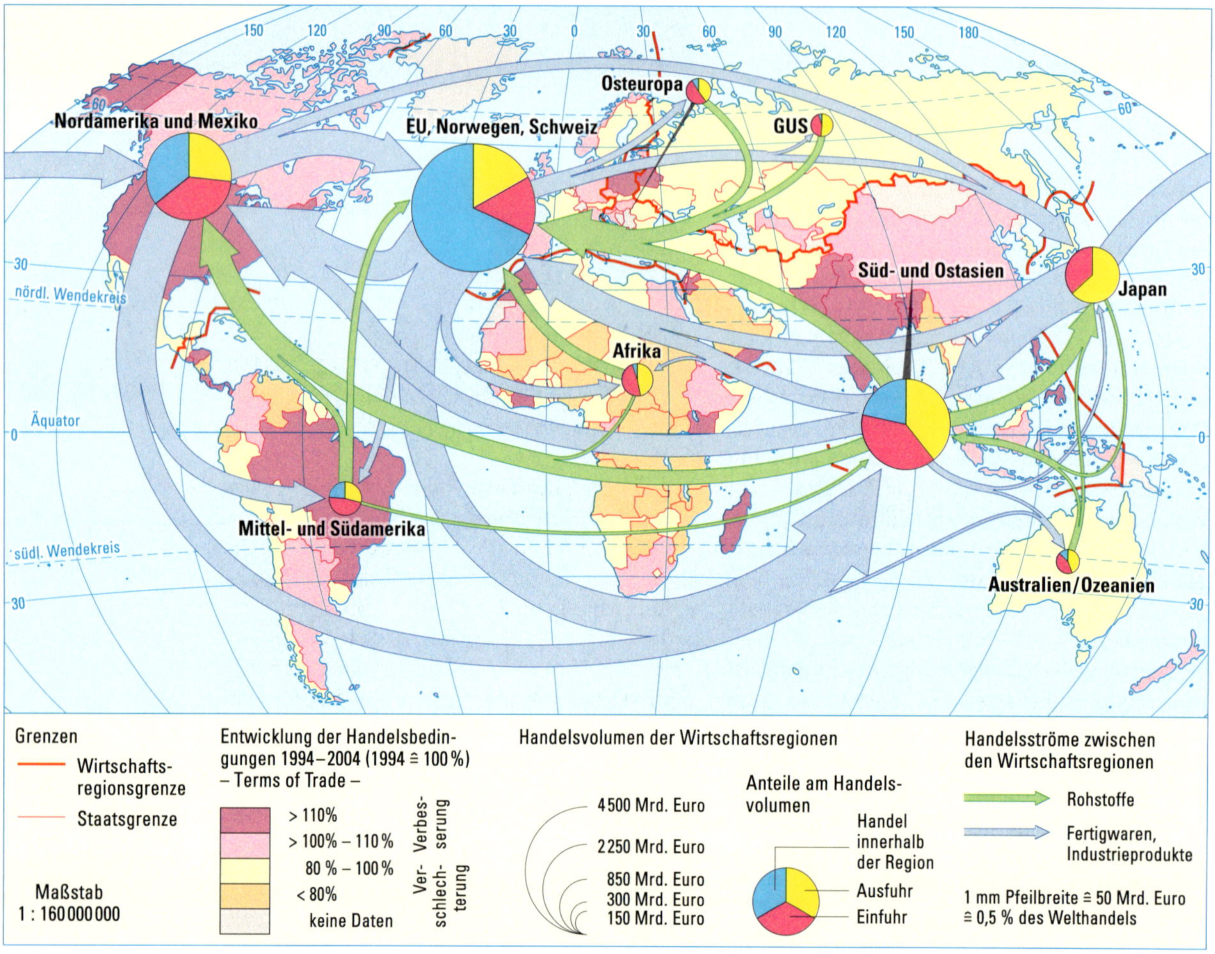

GATT

Ein Grundstein für die rasante Expansion des Welthandels seit den 1950er Jahren wurde durch das Allgemeine Zoll- und Handelsabkommen GATT (= General Agreement on Tariffs and Trade) gelegt, in dessen Rahmen die mengenmäßigen Handelsbeschränkungen (Kontingente) und die tarifären Handelshemmnisse (Zölle) weitgehend beseitigt wurden. So sind z. B. die Importzölle auf Produkte der Verarbeitenden Industrie aus den Industrieländern von etwa 40 % Mitte der 1950er Jahre auf weniger als 5 % gefallen. Bei den nichttarifären Handelshemmnissen fällt die Bilanz allerdings schlechter aus.

WTO (G)

Auf der letzten GATT-Runde, der so genannten Uruguay-Runde (1986–1994), wurde das GATT durch die Welthandelsorganisation WTO (World Trade Organization) abgelöst, um den neuen Herausforderungen, die durch die Globalisierung der Wirtschaft gestellt wurden, besser gerecht zu werden.

Mit der Gründung der WTO – ihr gehören inzwischen 45 Industrieländer und über 100 Entwicklungs- und Schwellenländer an, wobei allerdings die USA und die EU die größten Einflussmöglichkeiten haben – erhielten die Bestrebungen des GATT nicht nur eine verbesserte organisatorische Grundlage. Darüber hinaus wurden auch die Zuständigkeiten erheblich ausgeweitet. Die Liberalisierung erfasste erstmals auch den traditionell geschützten Handel mit Agrarerzeugnissen und mit Textilien. Neu getroffen wurde ferner ein Abkommen zum Handel mit Dienstleistungen sowie zu handelsbezogenen Fragen von Schutzrechten geistigen Eigentums, wie Patenten und Copyrights. Dennoch gibt es bis heute eine Reihe von Handelshemmnissen, unter denen besonders die Entwicklungsländer zu leiden haben, da die reichen Nationen ihre Handelsbarrieren in vielen Bereichen nicht abbauen.

Auch die Struktur des internationalen Handels hat sich in der gegenwärtigen Globalisierungsphase stark verändert. Sie ist gekennzeichnet durch zwei Fakten:

- den Wandel in der Güterstruktur und
- eine regionale Verdichtung.

Wandel in der Güterstruktur. Im Warensektor ist der ehemals dominierende Agrarhandel von annähernd 50 % im Jahre 1950 auf zirka 8 % geschrumpft. Auch der Handel mit unverarbeiteten Rohstoffen, der vor allem von Erdöl und Erdgas geprägt wird, ging in den 1980er Jahren als Folge der beiden Erdölkrisen 1973/74 und 1980 zurück und hat sich seitdem auf etwa 15 % des globalen Warenhandels stabilisiert. Industrieprodukte machen gegenwärtig etwa drei Viertel der exportierten Waren (gemessen am Warenwert) aus, wobei Maschinen und Fahrzeuge deutlich an der Spitze liegen. Innerhalb des Industriegüterhandels zeigt sich allerdings eine Gewichtsverschiebung. Je höherwertiger die Technologie ist, desto stärker ist auch das Wachstum. Überdurchschnittliche Zunahmen können vor allem Güter der Informations- und Nachrichtentechnik verzeichnen. Dies gilt allerdings nicht nur für die Industrieländer. Auch bei den Entwicklungs- und Schwellenländern steigt der Export von technologieintensiven Produkten stark an. Hier zählen vor allem ost- und südostasiatische Staaten zu den Gewinnern.

Noch eine zweite Tatsache kennzeichnet die Struktur des internationalen Handels: Der „klassische“ Außenhandel mit Waren wird in jüngerer Zeit zunehmend durch den Handel mit Dienstleistungen ergänzt. Seit 1980 ist er um annähernd das Fünffache gewachsen, deutlich stärker als der Weltwarenhandel. Hier schlagen die weiter oben genannten technischen Innovationen deutlich zu Buche (s. S. 352). So lassen sich z. B. heute ganze Unternehmensfunktionen (wie z. B. Forschung und Entwicklung, aber auch einfache Administrations- und Serviceleistungen) in verschiedenen Ländern durchführen. Die Wertschöpfungsketten werden aufgespalten, es bilden sich funktionale Netzwerke.

M 8 Zollabbau durch GATT-Verhandlungen*

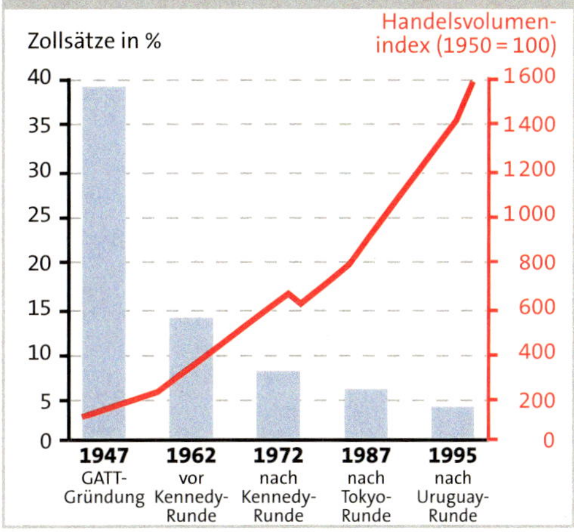

Regionale Verdichtung. Grafik M 6 auf S. 353 zeigt, dass – mit Ausnahme Afrikas – alle Großregionen der Erde Anteil am Wachstum des Welthandels haben. Sie enthält uns allerdings die Tatsache vor, dass es regional starke Unterschiede gibt.

Die Großregionen Europa, Nordamerika und Asien-Pazifik, die so genannte Triade, dominieren mit einem Anteil von ca. 75 % den Welthandel. Allein auf die EU-Staaten entfallen gegenwärtig ca. 40 % aller weltweiten Exporte. Der Austausch mit dem „Rest der Welt“ hat in jüngerer Zeit zwar zugenommen, doch in geringerem Maße als zwischen den Mitgliedern der Triade (Karte M 7). Triade

Die höchsten Wachstumsraten beim Außenhandel verzeichnet inzwischen China. 2008 rückt das Land bei den weltweiten Aus- und Einfuhren auf Platz 1 vor und überholt damit Deutschland, die USA und andere Industrieländer wie Japan, Frankreich und Großbritannien. Kräftig zulegen konnten auch die Schwellenländer Ost- und Südostasiens, auf die heute etwa 20 % der Weltexporte entfallen.

In den Transformationsländern Osteuropas ist nach einer kurzen Stagnation in der frühen Phase ihres Übergangs zu marktwirtschaftlichen Strukturen ein Aufschwung zu erkennen. Besonders die neuen EU-Mitglieder sind dank intensivierter Handelsbeziehungen zunehmend in die Weltwirtschaft eingebunden worden.

M 8 nach GATT-Angaben

*Nachfolgeverhandlungen der WTO (seit 2001, Doha-Runde) bislang ohne wesentliche Ergebnisse

Protektionismus

nichttarifäre Handelshemmnisse (G)

Demgegenüber sind alle anderen Regionen nahezu bedeutungslos, mit Ausnahme der Rohstoffexporteure Mexiko, Australien, Russland und Saudi-Arabien, die von den gestiegenen Rohstoffpreisen profitieren.

Die ärmsten und am wenigsten entwickelten Länder (LDC) haben einen Anteil am weltweiten Handel von nicht einmal zwei Prozent. Die Chancen auf eine Verbesserung ihrer Stellung im Welthandel werden allgemein als äußerst gering gesehen. Dies gilt insbesondere für die meisten Länder Afrikas südlich der Sahara. Sie gehören eindeutig zu den Verlierern der weltweiten Liberalisierungsprozesse.

Trotz Liberalisierung weiterhin Probleme

Handelsliberalisierung

„Zunehmend wird der freie Welthandel durch die Bildung von Wirtschaftsblöcken und Freihandelszonen, also durch Regionalisierungstendenzen, sowie durch staatlichen Protektionismus behindert. Freihandelszonen, Wirtschafts- und Zollunionen, wie z.B. die EU in Europa, die NAFTA in Nordamerika, Mercusor in Lateinamerika, ASEAN in Südostasien oder SACU in Südafrika, fördern zwar die Integration ihrer Mitglieder und den Handel innerhalb der jeweiligen Union, wirken aber diskriminierend gegenüber Drittländern, denen der ungehinderte Marktzugang versperrt wird.“ [2]

M9 Protektionistische Maßnahmen gegenüber Exporten aus Entwicklungsländern (in % der Exporte aus den LDC)

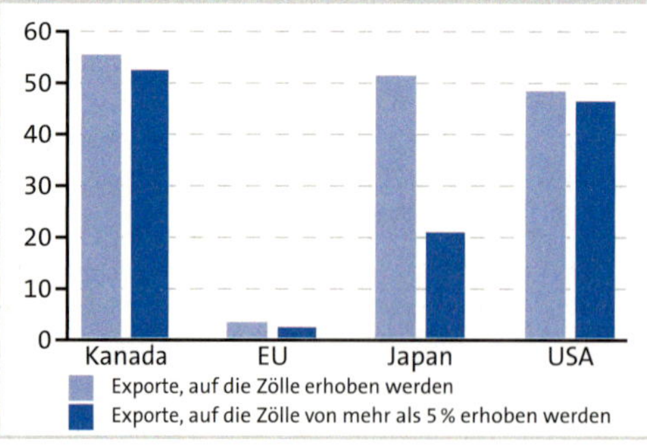

Protektionismus. Vor allem im Agrarhandel schützen viele Länder ihre Märkte nach wie vor durch Zölle und nichttarifäre Handelshemmnisse. So verhindern z.B. protektionistische Agrarmarktordnungen in den Industrieländern, insbesondere in der EU und in den USA, die Einfuhr von Agrarprodukten aus den Entwicklungsländern, während die Industrieländer ihrerseits ihre Industrie durch Importrestriktionen vor der Konkurrenz billiger produzierender Entwicklungs- und Schwellenländer schützen, z.B. um Arbeitsplätze zu erhalten. Dadurch gehen den Entwicklungsländern Einnahmen verloren, die sie für die Finanzierung von Entwicklungsprojekten dringend benötigen. Grundsätzlich werden hierdurch die Prinzipien des GATT und der WTO massiv verletzt.

Verschärft wird die Situation noch zusätzlich dadurch, dass viele Länder versuchen, mit Subventionen und Steuerbegünstigungen ihren eigenen Waren im internationalen Wettbewerb Vorteile zu verschaffen. Davon sind allerdings nicht nur die Handelsbeziehungen zwischen den Industrieländern und den Entwicklungsländern betroffen, sondern auch der Handel zwischen den Industrieländern selbst, wie u.a. der nun schon seit Jahren andauernde Streit zwischen den USA und der EU im Agrarhandel zeigt.

A2 Arbeiten Sie aus der Karte M7 die Hauptaussagen heraus und erläutern Sie den Ausdruck „regionale Asymmetrie des Welthandels“.

A3 Erläutern Sie am Beispiel des Weltzuckerhandels Interessenkonflikte im Welthandel, insbesondere zwischen der EU und den Ländern Mosambik und Brasilien (siehe Online-Link).

A4 Diskutieren Sie das Für und Wider protektionistischer Maßnahmen im Welthandel.

A5 Gestalten Sie eine Präsentation über Kampagnen zur Unterstützung der Entwicklungsländer in ihrer Forderung nach einer stärkeren Einbindung in den Welthandel (Internetrecherche bei Organisationen wie attac oder Transfair*).

A6 Mögliches fächerübergreifendes Referatsthema: Phasen des Welthandels zwischen Protektionismus und Liberalismus (siehe Online-Link).

[2] Der Fischer Weltalmanach 2007. Frankfurt am Main: Fischer Taschenbuch Verlag 2006, S. 689

M9 nach Jürgen W. Wolff: Entwicklungsländer und Entwicklungspolitik im Rahmen globaler und politischer Strukturen und Prozesse. Paderborn: Schöningh 2003, S. 279

***Links** zu A5
www. attac.de,
www.transfair.org,
beide Nov. 2007

Online-Link
zu A3
29260X-0102

Online-Link
zu A6
29260X-0103

10.1.3 Globale Wirtschaft – globale Unternehmen

„Wir erleben zurzeit eine Transformation, aus der … neue Formen von Politik und Wirtschaft hervorgehen werden. Es wird dann keine nationalen Produkte und Technologien, keine nationalen Wirtschaftsunternehmen, keine nationalen Industrien mehr geben. Es wird keine Volkswirtschaften mehr geben, jedenfalls nicht in dem Sinne, wie wir sie kennen. Alles, was dann noch innerhalb der Grenzen eines Landes verbleibt, sind die Menschen, aus denen sich eine Nation zusammensetzt.“ [3]

Global Player

Im Zuge der Globalisierung hat die Bedeutung der Unternehmen, die mit Produktionsstätten und Tochterunternehmen weltweit tätig sind, rapide zugenommen. Diese weltweit produzierenden Unternehmen bezeichnen wir als Global Player. Zu unterscheiden sind zwei Typen: multinationale und transnationale Unternehmen. Multinationale Unternehmen (Multis, MNU) unterhalten in mehreren Ländern Produktionsstätten, z.T. als Tochterfirmen, wobei die weltweiten Tätigkeiten jedoch weitgehend im Heimatland koordiniert werden. Bei transnationalen Unternehmen (TNU, TNC) sind die Tochterfirmen nur noch lose mit dem Mutterunternehmen verbunden und arbeiten weitgehend selbstständig. Aufgrund ihrer Größe und Kapitalkraft nehmen viele dieser Global Player eine Vorrangstellung in der Weltwirtschaft ein, wie z.B. in der Mineralöl- und Automobilindustrie, wo nur einige wenige Konzerne heute den Weltmarkt bestimmen.

Es waren vor allem die im Teilkap. 10.1.1 (S. 350ff.) geschilderten Faktoren – sinkende Transportkosten, fallende Handelsbeschränkungen, vereinfachter Kapitalstransfer –, die es den Global Playern ermöglichten, einzelne Produktionssegmente dorthin zu verlagern, wo die ökonomischen Bedingungen besonders günstig sind, in Länder mit z.B. billigen Arbeitskräften, reichen Rohstoffquellen, einem großen Absatzmarkt und u.U. auch geringen Umweltauflagen.

M 10 Rangliste der größten Unternehmen der Welt 2006

Name (Branche)	Hauptsitz (Land)	Umsatz (Mio. $)	Gewinn (Mio. $)	Mitarbeiter
1. Wal-Mart (Einzelhandel)	Bentonville (USA)	351139,0	11284,0	1900000
2. ExxonMobil (Erdöl)	Irving (USA)	347254,0	39500,0	106400
3. Royal Dutch Shell (Erdöl)	Den Haag (NL)	318845,0	25442,0	108000
4. BP (Erdöl)	London (GB)	274316,0	22000,0	97000
5. General Motors (Automobile)	Detroit (USA)	207349,0	−1978,0	280000
6. Toyota Motor (Automobile)	Toyota (Japan)	204746,4	14055,8	299394
7. Chevron (Erdöl)	San Ramon (USA)	200567,0	17138,0	62500
8. DaimlerChrysler	Stuttgart (D)	190191,4	4048,8	360385

Auslandsinvestitionen

Global Player (G)

Das Hauptinstrument grenzüberschreitender Unternehmertätigkeit sind ausländische Direktinvestitionen (ADI). Darunter versteht man Investitionen zur Gründung von Zweigbetrieben oder zum Erwerb bzw. zur Beteiligung an Unternehmen im Ausland. Vorrangiges Ziel der ADI ist es, Einfluss auf die Strategien und die Aktivitäten der neu gegründeten bzw. erworbenen Unternehmen im Ausland auszuüben.

Multi (MNU) (G)

transnationale Unternehmen (TNU, TNC)

Die Motive für ADI sind sehr vielfältig, z.B.:

- Erschließung/ Sicherung von Absatzmärkten,
- Umgehen von Handelshemmnissen,
- Sicherung von Rohstoff- und Energiequellen,
- Nutzung günstiger Standortbedingungen, z.B. niedriger Arbeitskosten, geringer Grundstückspreise, Steuervorteile.

ausländische Direktinvestitionen (ADI) (G)

Seit Mitte der 1980er Jahre sind die Direktinvestitionen stärker gestiegen als die Exporte oder andere Finanzgeschäfte – ein deutlicher Beleg für die zunehmende internationale Verflechtung der wirtschaftlichen Aktivitäten.

Was die Verteilung der ADI auf die Wirtschaftssektoren anbetrifft, so ist ein Trend zum Tertiären Sektor zu erkennen, insbesondere zu Finanzdienstleistungen und Handelsunternehmen. Im Sekundären Sektor expandieren fast nur noch wissensintensive Branchen, wie z.B. die Elektronik-, Pharmazie-, Chemie- oder Datenverarbeitungsindustrie.

[3] Robert B. Reich: Die neue Weltwirtschaft. Das Ende der nationalen Ökonomie. Frankfurt am Main: Ullstein 1993, S. 9

M 10 nach Fortune, 2007

M11 Ausländische Direktinvestitionen: Chancen und Risiken für die lokale Unternehmensentwicklung

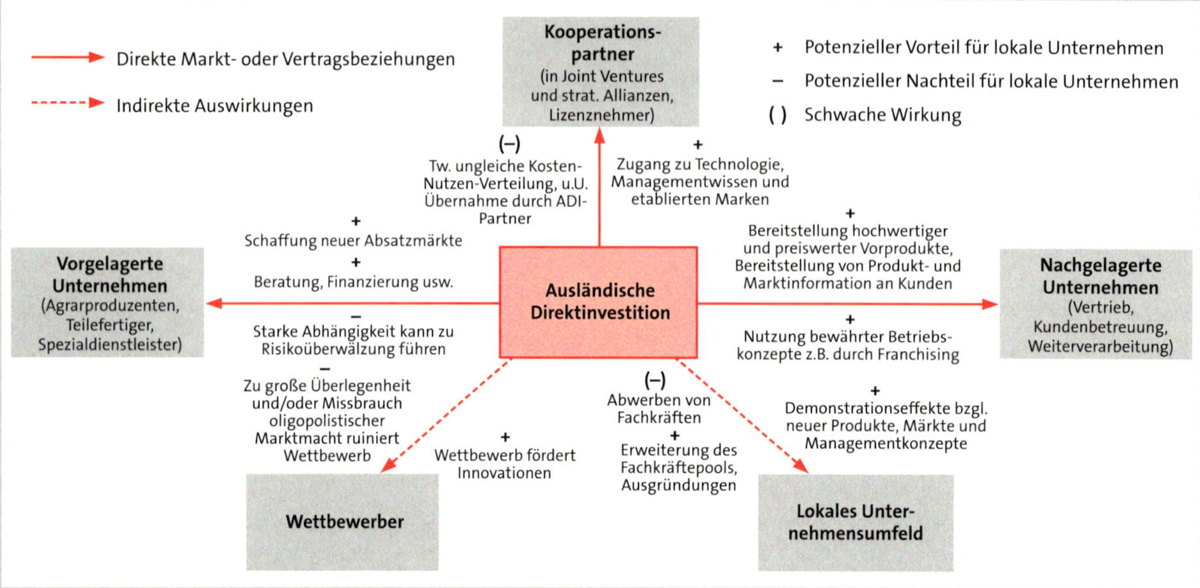

Auslandsaktivitäten notwendig, aber umstritten. Die Rolle der Global Player und ihrer ADI im weltweiten „Wirtschaftsspiel" sind ausgesprochen umstritten. Kritisiert werden besonders die Auswirkungen in Entwicklungsländern – obwohl multinationale Unternehmen gerade von diesen Ländern als Direktinvestoren z. T. heftig umworben werden.

„Für Entwicklungsländer können die Firmennetzwerke große Wachstumschancen bedeuten, da über solche Kanäle enorme Wissensströme laufen und das Know-how der ausländischen Tochtergesellschaften auf die Wirtschaft des Gastgeberlandes überspringen kann (Spill-Over-Effekt). Ermöglicht wird der Technologietransfer durch die dramatischen Fortschritte in der Informations- und Kommunikationstechnik …

Spill-Over-Effekt

Obwohl multinationale Unternehmen in vielen Branchen, etwa in der Elektronik-, Nahrungsmittel-, Glas- und Kunststoffindustrie, in Entwicklungsländern vor allem die Niedriglohnkomponenten ihrer Erzeugnisse herstellen, bieten sie dort doch zahlreiche und im Vergleich zur heimischen Wirtschaft gut bezahlte, gesicherte und mit sozialen Leistungen verbundene Arbeitsplätze.
Alles in allem ist die Tätigkeit multinationaler Unternehmen in Entwicklungsländern damit eine gute Grundlage für deren weltwirtschaftlichen Aufholprozess. Mit zunehmendem Entwicklungsstand eines Landes emanzipieren sich zudem immer mehr heimische Firmen und übernehmen als Lizenznehmer oder Kooperationspartner Produktions- oder Dienstleistungsfunktionen vom ursprünglichen Direktinvestor." [4]

A7 Nennen Sie mögliche Gründe, die ein Unternehmen zur Verlagerung bestimmter Unternehmensteile ins Ausland veranlassen.
A8 Arbeiten Sie anhand eines konkreten Beispiels die Struktur eines Global Players heraus (s. Links).
A9 Erstellen Sie, ausgehend vom Schema M11, eine Liste möglicher Vorteile und Risiken von Direktinvestitionen und von Aktivitäten der Global Player
a) für das investierende Unternehmen,
b) für das Empfängerland.

M11 nach Tilman Altenburg: Ausländische Direktinvestitionen und technologische Lernprozesse in Entwicklungsländern. In: Geographische Rundschau, 53. Jg., H. 7/8. Braunschweig: Westermann 2001, S. 11

[4] Georg Koopmann/Fritz Franzmeyer: Weltwirtschaft und internationale Arbeitsteilung. In: Globalisierung. Informationen zur politischen Bildung, Nr. 280. Bonn: Bundeszentrale für politische Bildung 2003, S. 20

mögliche Links zu A8 und A11 (Nov. 2007)
www.basf.de
www.bayer.de
www.siemens.de
www.nestle.de
www.volkswagen.de

M12 Steckbrief des Global Players adidas AG

Die adidas-Gruppe ist einer der weltweit führenden Anbieter in der Sportartikelindustrie und unterhält ein sehr umfassendes Produkt-Portfolio um die drei Kernsegmente adidas, Reebok und TaylorMade-adidas Golf. Das Unternehmen ist seit über 80 Jahren ein Teil der Welt des Sports auf allen Ebenen mit Sportmarken, die auf Leidenschaft für den Sport sowie sportlichem Lifestyle basieren. Produkte der adidas Gruppe umfassen Sportschuhe, Bekleidung und Zubehör auf dem neuesten Stand der Technik und sind in nahezu jedem Land der Welt erhältlich. Europaweit ist das Unternehmen der größte Anbieter von Sportartikeln und Sportbekleidung. Die Gruppe mit Sitz in Herzogenaurach beschäftigt derzeit (2008) mehr als 34 000 Mitarbeiter weltweit und generierte im Geschäftsjahr 2007 einen Umsatz in Höhe von 10,3 Mrd. Euro.

M13 Zur Geschichte der adidas-Gruppe

1949: Gründung durch Adolf Dassler, der als Produktnamen die ersten beiden Silben seines Vor- und Zunamens wählte (,adi' für Adolf, ,das' für Dassler)
1993: Übernahme durch den Franzosen Robert Louis-Dreyfus
1995: Gang an die Börse
1997: Übernahme des Skiherstellers Salomon, zu dem u. a. die Golfmarke Taylor-Made gehört
2005: Verkauf von Salomon einschließlich der dazu gehörigen Tochtergesellschaften Mavic, Bonfire, Arc'teryx und Cliché
2006: Akquisition* von Reebok International; durch die Zusammenführung mit Reebok profitiert adidas nicht nur von einer weltweiten Plattform, sondern auch einer breiteren Produktpalette.

M14 Hauptstandorte der adidas-Gruppe weltweit und Mitarbeiter nach Regionen 2007

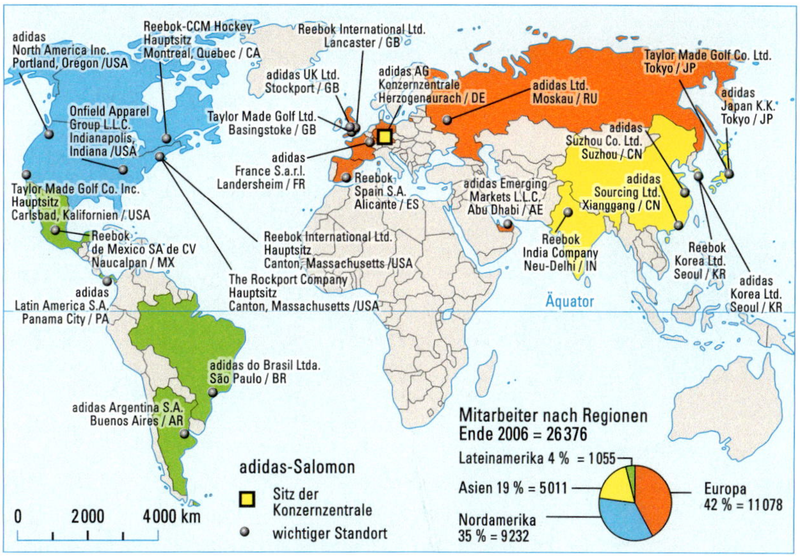

M15 Globale Marken – globale Verantwortung

„Die adidas Gruppe und ihre Marken arbeiten mit unterschiedlichen Geschäftspartnern weltweit zusammen. Das Unternehmen operiert mit einem internationalen Netz von Zulieferern und übernimmt Verantwortung dafür, wie und unter welchen Bedingungen die Produkte hergestellt werden. In diesem Bewusstsein hat die adidas-Gruppe eine Reihe von Richtlinien in Bezug auf Arbeitsbedingungen, Sicherheit, Gesundheitsschutz und Umwelt für ihre unabhängigen Zulieferer aufgestellt – die ,Workplace Standards'. Diese Richtlinien basieren auf den Konventionen der Internationalen Arbeitsorganisation und stellen klare Verhaltensregeln dar, die sich auf Themen wie Umwelt, Arbeitssicherheit, Kinderarbeit und Arbeitszeiten beziehen. Ein Team von über 60 Mitarbeitern der adidas-Gruppe sowie unabhängige Organisationen überprüfen die Einhaltung der Standards."

M16 adidas-Mitarbeiter nach Funktionsbereichen 2007

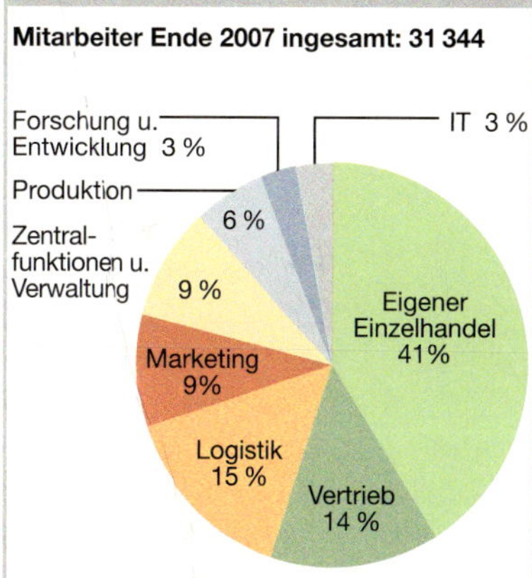

A10 Erläutern Sie am Beispiel von adidas Kennzeichen eines Global Players.
A11 Mögliches Referatsthema: Erstellen Sie ein Profil (Geschichte, Organisation, Standorte, Unternehmensphilosophie) eines Global Players ihrer Wahl aus Deutschland (s. Links S. 358).

M14 und M16 nach adidas-Gruppe: Geschäftsbericht 2007 auf www.adidas-group.com/de/investor/_downloads/pdf/annual_reports/2007/GB_2007_De.pdf, Aug. 2008

***Akquisition:** hier Kauf eines Unternehmens

M15 nach www.adidas-group.com/de/sustainability/welcome.asp, Aug. 2008

Anmerkung alle Materialien dieser Seite aktualisiert in Abstimmung mit der Abt. PR der adidas Group

Online-Link zum Global Player adidas: 29260X-0104

M17 Politik und Ökonomie

10.1.4 Mehr Gerechtigkeit durch politische Neugestaltung der Globalisierung?

„Gipfel der Ungerechtigkeit", so tituliert die Zeitschrift DER SPIEGEL einen Artikel, der sich mit den negativen Auswüchsen der Globalisierung befasst. Die Autoren prangern vor allem die wachsende Kluft zwischen Arm und Reich in der Welt an – nicht nur zwischen Industrie- und Entwicklungsländern, sondern auch innerhalb der Länder, gleich ob Entwicklungsländer, Schwellenländer oder Industrieländer. Sie vertreten die These, dass „der moderne Kapitalismus … den Wohlstand vermehrt, zugleich aber die ökonomische Spaltung der Gesellschaft vertieft [hat]." Sie sprechen vom „großen Sprung rückwärts" und stellen die Frage: „Wie lässt sich der Gegensatz überwinden?" [5]

Es ist nicht korrekt, die geschilderten Fehlentwicklungen ausschließlich der Globalisierung anzulasten. Eine unbestreitbare Tatsache ist jedoch, dass es Gewinner und Verlierer im Globalisierungsprozess gibt und dass die Globalisierung entscheidend mit dazu beigetragen hat, die Kluft zwischen ihnen und damit die Ungerechtigkeit in der Welt zu vergrößern.

Was macht aber Einzelpersonen, Unternehmen, Regionen oder Staaten zu Verlierern oder Gewinnern im Globalisierungsprozess? Stark vereinfacht sind es die Unterschiede bezüglich der Macht, des verfügbaren Kapitals sowie der „Anpassungsfähigkeit" der betroffenen Akteure.
Die Globalisierung geht mit einem beschleunigten Strukturwandel einher. Diejenigen, die mit dem Strukturwandel nicht Schritt halten können, weil sie weder über Macht, Reichtum noch Ressourcen verfügen, laufen Gefahr, abgehängt zu werden. Sie sind die Verlierer. Gewinner sind hingegen diejenigen, die den Strukturwandel zu ihren Gunsten mitbestimmen können.
Fest steht: Globalisierung ist kein Nullsummenspiel, d. h., die Wohlstandsgewinne des einen müssen nicht zu Lasten des anderen gehen. Die historische Erfahrung hat gezeigt, dass vermehrter Wettbewerb und zwischenstaatlicher Freihandel zur Vergrößerung des Wohlstands aller Beteiligten führen können – vorausgesetzt, die Akteure sind anpassungsfähig und fühlen sich bestimmten „Sozialstandards" verpflichtet.

Um die negativen Auswirkungen der Globalisierung zu mindern oder gar zu umgehen, gibt es verschiedene Vorstellungen, aber – wie nicht anders zu erwarten – keine Patentrezepte:

„Manche sehen einen einfachen Ausweg: Sie wollen die Globalisierung begraben. Doch das ist weder machbar noch wünschenswert. Denn die Globalisierung hat auch sehr segensreiche Wirkungen entfaltet: Der Erfolg Ostasiens basiert auf der Globalisierung, insbesondere dem Abbau von Handelshemmnissen und dem verbesserten Zugang zu Märkten und Technologie. Die Globalisierung hat vielfach die gesundheitliche Versorgung verbessert und eine aktive globale Zivilgesellschaft hervorgebracht, die für mehr Demokratie und größere soziale Gerechtigkeit kämpft. Nicht die Globalisierung ist das Problem, sondern die Art und Weise, wie sie umgesetzt wurde. Und ein Teil des Problems liegt bei den internationalen Wirtschaftsinstitutionen, dem IWF, der Weltbank und der WTO, die die ‚Spielregeln' der Globalisierung

[5] Alexander Jung u. a.: Gipfel der Ungerechtigkeit. In: DER SPIEGEL, Nr. 23 vom 4. 6. 2007. Hamburg: SPIEGEL-Verlag, S. 40 ff.

[6] Joseph Stiglitz: Die Schatten der Globalisierung. Berlin: Siedler-Verlag 2002, S. 246.
Anmerkung: Joseph Stiglitz ist Nobelpreisträger und einstiger Chef-Volkswirt der Weltbank.

festlegen. Sie haben dies in einer Weise getan, die allzu oft mehr den Interessen der Industriestaaten – genauer: bestimmten Partikularinteressen in diesen Ländern – als denen der Dritten Welt dienen. Aber nicht genug damit, sie haben die Globalisierung auch allzu oft aus einer sehr beschränkten Perspektive betrachtet, die von einem bestimmten Wirtschafts- und Gesellschaftssystem geprägt ist.“ [6]

M 18 Wem die Welt gehört

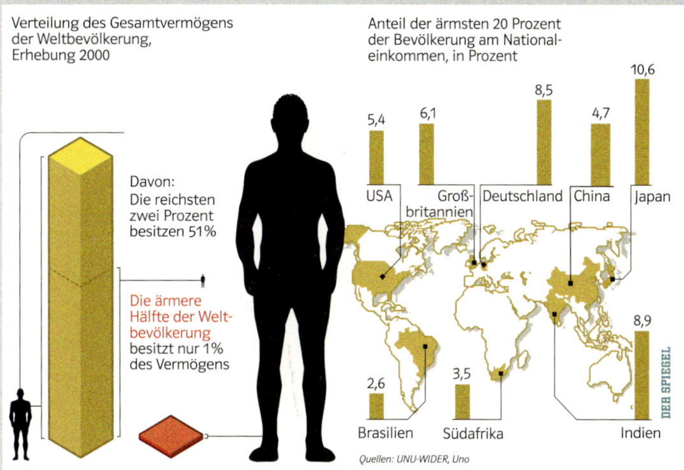

Global Governance

Angesichts des vielschichtigen und die gesamte Erde erfassenden Phänomens „Globalisierung“ sowie seiner Tendenz zur Verselbstständigung halten viele Kritiker eine „Global Governance Architecture“ für erforderlich. Nur auf diesem Wege könne – so die Behauptung der Verfechter – die Ohnmacht der Politik gegenüber der Eigendynamik der Globalisierungsprozesse verhindert werden.

Einen wichtigen Beitrag zur Entwicklung eines Konzeptes einer Global Governance lieferte die Enquete-Kommission „Globalisierung der Weltwirtschaft“ des Deutschen Bundestages in ihrem 2002 veröffentlichten Bericht „Globalisierung der Weltwirtschaft – Herausforderungen und Antworten“. In dem Bericht heißt es:

„Der Prozess der ‚Globalisierung der Wirtschaft' muss politisch so gestaltet werden, dass dessen Risiken minimiert und Chancen für Individuen und Gesellschaft optimiert sowie existierende Fehlentwicklungen korrigiert werden. Antworten auf diese Herausforderungen erstrebt das Projekt ‚Global Governance'. Auf den einfachsten Nenner gebracht bedeutet ‚Global Governance', den Prozess der Globalisierung politisch gestalten.“ [7]

Aufgrund der globalen Dimensionen der Prozesse – so die Kommission – müsse auch die Politik in globalem Maßstab handeln, d.h., es müssten Regelungsinstitutionen und -formen jenseits der einzelstaatlichen Ebene gefunden werden. Dazu seien neue Kooperationsformen zwischen staatlichen und nichtstaatlichen Akteuren nötig, z.B. Kirchen, Gewerkschaften, Umwelt- und Wohlfahrtsverbänden. Von den Staaten wird eine gute Regierung (Good Governance) verlangt und von den international tätigen Unternehmen eine „Good corporate governance“. Gefordert wird eine Globalpolitik bzw. Weltinnenpolitik. In dieser neuen Ordnungspolitik sollen die ökonomischen Prozesse in umfassendere gesellschaftliche Ziele eingebunden werden, etwa über die Schaffung wirtschaftspolitischer, sozialer und ökologischer Leitlinien.

Global Governance
Good Governance
„Good corporate governance“

A 12 Arbeiten Sie die Hauptaussage der Karikatur M 17 heraus.

A 13 Nennen Sie – zusätzlich zu den in diesem Kapitel genannten negativen Auswirkungen – weitere Fehlentwicklungen der Globalisierung. Stellen Sie diesen negativen Auswirkungen positive Ergebnisse gegenüber.

A 14 Erläutern Sie den Begriff „Global Governance“.

A 15 Analysieren Sie den Bericht der Enquete-Kommission „Globalisierung der Weltwirtschaft“ (s. Link, hier besonders Kapitel 10 „Global Governance“) und fassen Sie Ihre Untersuchung in kurzen Merksätzen zusammen (s. Methodendoppelseite 454 – 455).

[7] Enquete-Kommission „Globalisierung der Weltwirtschaft“ (Hrsg.): Schlussbericht: Globalisierung der Weltwirtschaft – Herausforderungen und Antworten. Bundesdrucksache 14/9200. Berlin 2002

Anmerkung: Enquete-Kommissionen des Bundestages oder von Landtagen sind von diesen eingesetzte Arbeitsgruppen, die langfristige Fragestellungen lösen bzw. Lösungsvorschläge dafür unterbreiten sollen.

M 18 Alexander Jung u.a.: a.a.O., S. 53

Link zu A 15
http://dip.bundestag.de/btd/14/092/1409200.pdf

Online-Link
zu Global Governance:
29260X-0105

10.2 USA – Weltwirtschaftsmacht und nachindustrielle Gesellschaft

M1 Freiheitsstatue am Hafeneingang von New York

„Der Aufstieg der ehemals an der Peripherie des englischen Weltreiches gelegenen Kolonien zur Groß- und Weltmacht des 20. Jahrhunderts ist ein einzigartiges Phänomen der Neuzeit ... Aufgrund der zentralen Bedeutung der Vereinigten Staaten als Partner Deutschlands und Europas in wirtschaftlicher, militärischer und kultureller Hinsicht ist ein näheres Verständnis ihrer multi-ethnischen, pluralistisch-demokratischen Gesellschaft unabdingbar, um auch zukünftig ein beiderseits fruchtbares und positives Verhältnis zu fördern. Die auch im 21. Jahrhundert zweifellos weiter fortschreitende Globalisierung macht es generell notwendig, das internationale Verständnis zu intensivieren und sowohl Gemeinsamkeiten als auch Verschiedenartigkeiten zu erkennen, um die eigene und auch fremde nationale Geschichte und Kultur – und damit Identität – besser verstehen und einordnen zu können." [1]

10.2.1 Aufstieg zur führenden Industrienation der Welt

„In weniger als 130 Jahren entwickelten sich die USA von einem Agrarland zur führenden Industriemacht, ‚postindustriellen' Dienstleistungsgesellschaft und zur einzigen ökonomischen und militärischen Supermacht, die mit einer universellen Verfügungsgewalt amerikanische Warenkultur, wirtschaftliche Interessen, politisches, sicherheitspolitisches und militärisches Handeln weltweit nach ihrem Dafürhalten diktiert. Nicht nur geostrategisch, sondern auch über eine ‚McWorld'-Konsumkultur, die selbst von US-kritischen Verbrauchern übernommen wird, erobert sich die Wirtschaftsmacht USA eine Vorherrschaft in der Welt." [2]

Bereits gegen Ende des 19. Jh.s überholten die Vereinigten Staaten mit ihrer industriellen Produktion die damals führenden Industrienationen Großbritannien, Deutschland und Frankreich – zunächst in der Steinkohlenförderung sowie der Roheisen- und Stahlproduktion, die allgemein als Schlüsselbranchen der Industriellen Revolution galten. Mit leichter zeitlicher Verzögerung verlief die Entwicklung auch in anderen Industriezweigen, z. B. in der chemischen Industrie und der Automobilindustrie.

Wie schnell die USA ihre Führungsposition ausbauen konnten, drückt sich in folgenden Zahlen aus: Im Zeitraum 1880 bis 1913 sank der Anteil der drei großen europäischen Industriemächte an der Weltindustrieproduktion von 39,2 % auf 34,5 %. Gleichzeitig stieg der Anteil der USA von 14,7 % auf 32 %. Da als Folge des Ersten Weltkrieges und der sich anschließenden Wirtschaftskrisen der europäische Anteil weiter sank, konnten die USA ihre Spitzenposition weiter ausbauen, sodass man von einer „Enteuropäisierung der Weltwirtschaft" sprechen konnte.

Diese Führungsposition haben die USA bis in die Gegenwart verteidigt, wie auch die folgenden Daten belegen. Das Bruttonationaleinkommen (berechnet zu Marktpreisen) beträgt heute ein Mehrfaches von dem anderer Länder. Allein der Bundesstaat Kalifornien übertrifft mit seinem BNE Länder wie Italien, Spanien oder Kanada. Beeindruckend sind die Leistungen aller drei Wirtschaftssektoren, gleich ob Landwirtschaft, Industrie oder Tertiärer Sektor. Allein der Wert der landwirtschaftlichen Exporte, der nur einen Anteil von 6 % an den Gesamtexporten der USA ausmacht, beträgt 20 bis 30 % des BNE so reicher Länder wie Dänemark oder der Schweiz. Nicht minder beeindruckend sind die Leistungen der Industrie, obwohl dieser Sektor in den letzten Jahrzehnten unter besonders starken strukturellen Problemen zu leiden hatte. Führend sind die USA nicht nur auf dem Gebiet der modernen Grundstoffindustrie (Kunststoffe), sondern auch in der Produktion von vielen Investitions- und Konsumgütern. Besonders deutlich wird die überragende Wirtschaftskraft der USA, wenn man die Schlüsseltechnologieindustrien betrachtet. Darunter versteht man diejenigen Industriezweige, die Produkte auf hohem technischem Niveau entwickeln und herstellen, z. B. Medizintechnik, Luft- und Raumfahrt, Elektronik, Telekommunikation oder Biotechnologie. In all diesen Bereichen liegen die USA an der Weltspitze und in keinem anderen Land nehmen die Zukunftstechnologien einen größeren Anteil an der Wertschöpfung der Gesamtwirtschaft ein. Namen wie Microsoft, IBM, Hewlett Packard, General Electronics oder Boeing stehen stellvertretend für viele andere.

Bruttonationaleinkommen (BNE)

Schlüsseltechnologien

M2 Die zehn Staaten mit dem höchsten Bruttonationaleinkommen (zu Marktpreisen, in Mrd. US-$)

	2000	2005
USA	9 601,5	12 969,6
Japan	4 519,1	4 988,2
Deutschland	2 063,7	2 852,3
VR China	1 062,9	2 263,8
Großbritannien	1 459,5	2 263,7
Frankreich	1 438,3	2 177,7
Italien	1 163,2	1 724,9
Spanien	595,3	1 100,1
Kanada	649,8	1 051,9
Indien	471,2	793,0

[1] Jörg Nagler: Von den Kolonien zur Führungsmacht. In: Informationen zur politischen Bildung, H. 268: USA. Bonn: Bundeszentrale für politische Bildung 2000, S. 3 (2. Aufl.: ebenda, 2004)

[2] Rita Schneider-Sliwa: USA. Darmstadt: Wissenschaftliche Buchgesellschaft 2005, S. 182

M2 Weltbank nach Der Fischer Weltalmanach 2008. Frankfurt am Main: Fischer Taschenbuchverlag 2007, S. 625

Gründe für den raschen industriellen Aufstieg

Die Gründe für den raschen Aufstieg zur führenden Wirtschaftsmacht haben die USA nicht nur, wie in Publikationen des Öfteren zu lesen ist, dem Zerwürfnis der europäischen Staaten im frühen 20. Jh. zu verdanken. Sie sind viel stärker noch in den physisch-geographischen Gunstfaktoren, den besonderen industriellen Produktionsmethoden sowie dem Wirtschaftsdenken der Amerikaner zu suchen.

Lagegunst. Der Kernraum der USA liegt als Ganzes südlich des 50. Breitenkreises und damit zum überwiegenden Teil in der gemäßigten Zone, was sich u.a. als überaus günstig für die landwirtschaftliche Produktion und damit für die Versorgung der im Zuge der Industrialisierung rasch wachsenden Bevölkerung auswirkte. Fördernd waren in diesem Zusammenhang auch die Größe des Staatsgebietes und die vielseitige Naturausstattung, die die Herausbildung unterschiedlicher und sich ergänzender Wirtschaftsräume ermöglichten.

Die Ost- und Westgrenzen der USA bilden zwei Weltmeere, Brücken nach Europa und Asien. Sie verweisen auf die starke Außenorientierung des Landes. So ist das „historische Gesicht" der USA Europa zugewandt. Mit den trichterförmigen Flussmündungen, wie dem St.-Lorenz-Strom, und den großen Buchten von Maine, Delaware und Chesapeake öffnet sich das Land zum Atlantik und damit zum westeuropäischen Wirtschaftsraum. Diese Europa zugewandte aufgeschlossene Lage war eine Grundvoraussetzung sowohl für die schnelle Erschließung durch die europäischen Einwanderer als auch für die Entwicklung der USA zur führenden Handelsmacht.

Rohstoffreichtum

Rohstoffreichtum. Wie kaum ein anderes Land zeichnen sich die USA durch reiche Vorkommen an mineralischen Bodenschätzen und Energiequellen aus. Als besonders vorteilhaft hat sich in der Phase der frühen industriellen Entwicklung und räumlichen Erschließung erwiesen, dass die Rohstoffquellen günstig über das Staatsgebiet verteilt sind und zumeist unter einfachen Bedingungen abgebaut werden können. Der Großteil der industriell wichtigen Eisenerz- und Steinkohlevorkommen liegt an den Großen Seen bzw. in den Appalachen und bildet die entscheidende Grundlage für die Herausbildung der gigantischen Industrieregion des Manufacturing Belts (s. S. 366–367).

Naturpotenzial

Fall Line

Beachtlich ist ferner das Potenzial an Wasserkraft, wie z.B. im Einzugsbereich des Columbia, wo die hydroelektrische Energie die wichtigste Energiebasis darstellt. Gleiches gilt für die Ostgrenze der Appalachen. Hier fällt das Gebirge mit einer markanten Steilstufe zur Küstenebene ab. Entlang dieser sogenannten „Fall Line" entstanden wegen der vielen Wasserfälle und Stromschnellen („falls") im 17. und 18. Jh. zahlreiche Städte und während der frühen Industrialisierungsphase konzentrierten sich hier die Industriebetriebe (z.B. Wasser zum Antrieb von Hammerwerken).

M3 Förderung und Anteil der USA an der Weltproduktion ausgewählter Bergbauerzeugnisse 2005

	Förderung	Anteil	Rang
Blei	0,44 Mio. t	13,1%	3
Eisenerz	53,80 Mio. t	4,0%	7
Gold	250 t	10,3%	3
Kupfer	1,15 Mio. t	7,8%	2
Silber	1300 t	6,4%	6
Zink	0,76 Mio. t	8,1%	4
Braunkohle	76,11 Mio. t	8,1%	2
Steinkohle	951,99 Mio. t	21,2%	2
Erdgas	512,90 Mrd. m²	19,4%	2
Erdöl	327,10 Mio. t	8,6%	3

Arbeitskräftepotenzial

Großes Arbeitskräftepotenzial. Das Tempo der industriellen Entwicklung erklärt sich ferner aus dem großen Potenzial an Arbeitskräften, besonders durch die Einwanderer während der frühen Industrialisierungsphase, und durch die leistungsfähige Landwirtschaft, die die Industrie mit Naturprodukten versorgen konnte, z.B. Textilindustrie im ehemaligen Cotton Belt und Fleischfabriken im Corn Belt.

Masseneinwanderung

Die USA waren seit jeher von Einwanderungen geprägt. Von einer Masseneinwanderung kann man allerdings erst nach 1815, dem Ende der Napoleonischen Kriege in Europa, sprechen. Allein zwischen 1880 und 1930 betrug die Zahl der Einwanderer 28 Mio. Personen. Zunächst waren es überwiegend Menschen aus West- und Nordeuropa. Die Bevölkerungsexplosion in Europa, die industrielle Revolution, die die Handwerker erwerbslos machte, sowie Hungersnöte und politische Verfolgungen waren Auslöser für die Auswanderung. Ab etwa 1890 ist eine Umschichtung der Einwanderungsströme („neue" Einwanderung) zu erkennen, die nun überwiegend aus Ost- und Südosteuropa kamen.

Den Ost- und Südosteuropäern folgte ein Strom von Immigranten aus Asien, besonders China, Japan und den Philippinen, die als ungelernte Fabrikarbeiter Beschäftigung vor allem in den großen Konzernen fanden.
Ende des 19. Jahrhunderts war die Mehrheit aller Arbeiter in den amerikanischen Industrien Immigranten. Um die hohe Nachfrage nach billigen Arbeitskräften zu stillen, praktizierten viele Unternehmen das „indentured-servant-system“: Den Auswanderungswilligen wurde die teure Passage in die Neue Welt bezahlt. Im Gegenzug mussten diese zu niedrigen Löhnen in den Fabriken (oder auf den Plantagen) arbeiten. Die Laufzeit des Vertrags betrug in der Regel sieben Jahre.

Neue Methoden der Betriebsführung und Produktion. Von besonderer Bedeutung für die weitere Industrialisierung und den Aufschwung zur Weltindustriemacht waren neue Methoden in der Betriebsführung und in der Produktion, z. B. Taylorismus und Fordismus (vgl. S. 195).

„Frederik W. Taylor gilt als der Erfinder der Betriebsführung auf wissenschaftlicher Grundlage … Taylors Grundkonzept und Leitidee war es, ein Produktionssystem zu entwerfen, das die Arbeitskraft von Mensch und Maschinen umfasste und so leistungsfähig sein sollte, wie eine perfekt konstruierte und gut geölte Maschine. Er führte mit der Stoppuhr Zeitmessungen über die einzelnen Arbeitsabläufe im Produktionsprozess durch und setzte dann den gesamten Bewegungsablauf zu neuen, optimierten Bewegungssequenzen zusammen. Das Ergebnis waren detaillierte Anweisungen für die Arbeiter, wie und in welcher Zeit die Arbeitsvorgänge abzulaufen hatten. Auch Werkzeuge und Maschinen wurden von ihm neu entworfen, um das Zusammenwirken von Mensch und Maschine zu verbessern und die gesamte Fabrik in eine leistungsfähige Produktionsmaschine umzugestalten. Durch genaue Aufzeichnungen über den Materialverbrauch und den Zeitaufwand wurden detaillierte Kostenberechnungen im Produktionsprozess möglich.

M 4 Am Fließband bei Ford in Detroit 1913

Der Automobilfabrikant Henry Ford gilt allgemein als der Erfinder der Massenproduktion unter Zuhilfenahme von Werkzeugmaschinen und des Fließbandes. Durch den ständigen Fluss ineinander greifender Arbeitsvorgänge konnten Energie und Material in einem bislang nicht da gewesenen Umfang gelenkt werden. Dies ermöglichte eine standardisierte Massenproduktion zu niedrigsten Preisen.“ [3]

Taylorismus
Fordismus

Unternehmenskonzentration. Schon früh kam es zur industriellen Konzentration und zur Bildung von Großunternehmen. Sie erfolgten zuerst in der Erdöl- und in der Stahlindustrie und führten zur Bildung von Trusts (Unternehmenszusammenschlüsse mit dem Ziel der monopolistischen Marktbeherrschung). Die Konzentration der Produktion wurde besonders wirksam in der Automobilindustrie durchgeführt und erlaubte die neuen Methoden der Betriebsführung und Produktion gewinnbringend einzusetzen.
All diese Faktoren verbanden sich mit dem, was man als typisch amerikanischen „Wirtschaftsgeist“ bezeichnet: z. B. Fortschrittsglaube, Pragmatismus, Innovationsfreudigkeit, auf Erfolg zielende Leistungsbereitschaft, Risikobereitschaft des privaten Unternehmertums oder der Glaube an eine liberal-kapitalistische Wirtschaftspolitik.

Trust

A 1 Erläutern Sie die frühe industrielle Entwicklung der US-amerikanischen Wirtschaft.

M 3 nach ebenda, S. 658 – 661

[3] Werner Klohn: Weltwirtschaft und Globalisierung. Vechtaer Materialien zum Geographieunterricht, H. 10. Vechta 2003, S. 146

Online-Link
zum naturräumlichen Potenzial der USA:
29260X-0201

Online-Link
zu Einwanderung, Besiedlung und Raumerschließung:
29260X-0202

Fallbeispiel: Manufacturing Belt

Der Manufacturing Belt ist der industrielle Kernraum der USA zwischen Boston und Baltimore an der Atlantikküste bis nach Milwaukee, Chicago und St. Louis in der Landesmitte. Er gilt als größter industriell geprägter Wirtschaftsraum der Erde. Um 1890 produzierte der Manufacturing Belt 80–90 % der gesamten Wertschöpfung der USA. In seiner Entwicklung wechselten mehrfach Wachstums- und Innovationswellen mit Phasen der Stagnation und Deindustrialisierung.

M5 Der Manufacturing Belt um 1840

„Die Landerschließung in der ersten Hälfte des 19. Jh.s steigerte die Nachfrage nach landwirtschaftlichen Geräten, ebenso den Bedarf an Haushaltsgeräten, Maschinen, sonstigen Investitionsgütern und Konsumwaren. Besonders groß war der Bedarf an Landbaumaschinen wegen des Arbeitskräftemangels und der großen zu bearbeitenden Landflächen. Andererseits stieg in den Städten die Nachfrage nach Agrarprodukten. So entstand ein rasch wachsender Markt.
Die einzelnen Städte haben sich zu Ausrüstungszentren (gateway cities) entwickelt. Handwerksbetriebe spezialisierten sich innerhalb einzelner Wirtschaftsregionen auf die Entwicklung und Produktion von Maschinen oder Konsumgütern wie Möbel und Textilien. Die Werkstattbetriebe und kleinen Unternehmen pflegten intensive Beziehungen zu den Lieferanten von Materialien und zu anderen spezialisierten Kleinbetrieben in der Nähe. Sie hatten regelmäßig Kontakte mit den Kunden und mit der Landwirtschaftsverwaltung. So waren von 1840 bis 1860 in einzelnen Städten und Regionen Kommunikationsnetze zwischen den verschiedenen Akteuren der Produktion, der Zulieferung und der Kunden entstanden. Die Synergieeffekte brachten vermehrt Innovationen … Innovationen sind als Lizenzen und Patente an Handwerker anderer Marktgebiete weitergegeben worden und haben damit wesentlich zur Verbreitung von technischen Neuerungen beigetragen."

M6 Großunternehmen und das Fordistische System seit 1890

„Der Bedarf an Eisen, Stahl und an Energierohstoffen wie Kohle und Koks war enorm gewachsen. Hunderte von Klein- und Mittelbetrieben waren in Pittsburgh … und anderen Städten entstanden. Als Standortgunst erwiesen sich die Kohle- und Erzvorkommen. Sowohl im Raum Pittsburgh als auch in Nord-Michigan und Minnesota wurden Eisen- und Stahlwerke gegründet, ebenso an den Verkehrsdrehscheiben Cleveland am Eriesee, Chicago und Gary … Die ständig steigende Nachfrage nach Eisen und Stahl kam vom Eisenbahn-, Lokomotiven- und Waggonbau sowie vom Brückenbau und ab den 1890er Jahren vom Hochhausbau.
Zwischen 1895 und 1905 war es einigen Unternehmen gelungen, andere Klein- und Mittelbetriebe zu übernehmen. Es entstanden die später weltbekannten Großunternehmen, allen voran die U.S. Steel Company …
Die Großunternehmen versuchten zur optimalen Kommunikation möglichst viele Schritte der Wertschöpfung in eigenen Unternehmen und in räumlicher Nähe zu konzentrieren …
Als Leitindustrie für die Regionalentwicklung fungierte die Automobilproduktion. Aus einer Vielzahl von kleinen und mittelgroßen Produktionsbetrieben bildeten sich wenige Großunternehmen. Am Ende des Konzentrationsprozesses in den 1920er Jahren dominierten die „Großen Drei": Ford, General Motors und Chrysler. Sie konnten sich durch Produkt- und Prozessverbesserungen durchsetzen. Entscheidend war die Neugestaltung der Produktionsweise mit der Standardisierung von Fertigungsteilen und der Einrichtung des Fließbandes …
[Ein Merkmal dieses als Fordismus bezeichneten Systems ist die] Massenproduktion, womit die Unternehmer durch große Stückzahlen Gewinne erzielen konnten (economies of scale). Auf der Nachfrageseite konnte eine gut verdienende Arbeiterschaft die notwendige Kaufkraft bereitstellen und zum Massenkonsum beitragen." [vgl. S. 195]

M7 Anteil des Manufacturing Belt an der Wertschöpfung ausgewählter Branchen der USA in den „Goldenen Fünfzigern"

Eisenschaffende Industrie	73,0 %
Metallverarbeitende Industrie	66,5 %
Maschinenbau	70,0 %
Automobilindustrie	65,5 %
Elektroindustrie	65,5 %
Anteil an der Bevölkerung der USA	43,0 %

M8 Krise des Manufacturing Belts

„Schon früh … verlor Pittsburgh seinen Standortvorteil ‚auf der Kohle' …, während andere Stahlstandorte an Bedeutung gewannen … Als auch der Eisenerzverbrauch … (Rohstahlproduktion aus Schrott) zurückging, wurden für die Stahlwerke die Nachbarschaft zu den Abnehmern … sowie die Beschaffungsmärkte für Schrott als Standort entscheidend. Davon profitierten vor allem die industriellen Ballungsräume an den Großen Seen, später auch die Stahlwerke an der Atlantik- und Golfküste, die hauptsächlich Importerze aus Übersee verarbeiteten.
Absatzeinbußen auf dem Stahlmarkt … (z. B. durch Substitution von Stahl) und die Konkurrenz durch Billiganbieter … stürzten in den 1960er Jahren auch die Stahlindustrie in eine Krise, die sich auf den gesamten Manufacturing Belt ausweitete.
Die Krise griff schließlich auch auf andere Industriegebiete des Manufacturing Belts über, wie z. B. auf die Automobilstädte Detroit und Cleveland. Der erste Ölpreisschock von 1973 leitete in dieser Branche den Wandel ein. Die US-Unternehmen erlitten enorme Marktverluste … [Autoimporte, v. a. aus Japan]. Es kam zu Betriebsstilllegungen, zu Kapitalabzug aus den produzierenden Unternehmen und zu Entlassungen … Hohe Arbeitslosigkeit, Abwanderung von Teilen der Bevölkerung, finanzieller Ruin zahlreicher kleinerer Gemeinden durch fehlende Steuereinnahmen und Verslumung innerstädtischer Viertel waren die Folge. Der Manufacturing Belt geriet in den schlechten Ruf, der ‚rust belt' der Vereinigten Staaten zu sein."

M10 Beschäftigte in der Metallgrundstoffindustrie 1987 und 2003

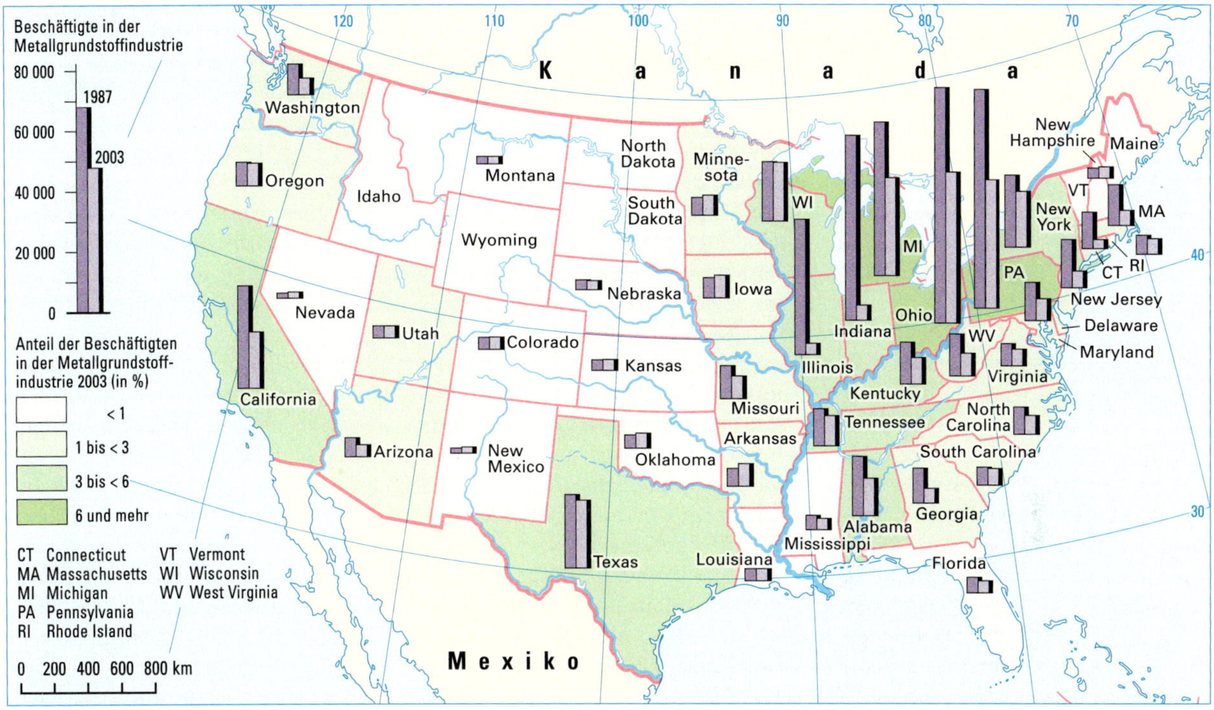

M9 Manufacturing Belt 1957 und 1982 – „Jobs that went up in the smoke"

Industriezweig	1957	1982
Stahl	791900	306700
Auto	760500	533800
Eisenbahn	1399800	448400
Textil	1073200	633900

M11 Neuaufschwung

„Dieses Bild hat sich inzwischen jedoch grundlegend geändert. Seit Ende der 1980er Jahre ist sowohl ein Wandel der überkommenen Wirtschaftsstrukturen als auch eine Wiederbelebung (Revitalisierung) der städtischen Räume festzustellen. Wie die Abbildung M10 zeigt, konzentriert sich die Metallerzeugung aber nach wie vor in den Staaten des Manufacturing Belts, vor allem in Ohio, in Pennsylvania und Indiana. Investitionen japanischer Stahlunternehmen in Indiana und Illinois haben allerdings zu einer partiellen Westverlagerung der Stahlindustrie geführt.

Die verstärkte Ansiedlung von Handels- und Dienstleistungsbetrieben, vor allem aber von Hightech-Unternehmen, war Grundlage für einen neuen Aufschwung. Die Beschäftigung in den traditionellen Industriezweigen ist dabei enorm zurückgegangen, der Dienstleistungssektor und die wissensintensiven Branchen der Hightech-Industrie haben stark an Bedeutung zugenommen. Unterstützt wird der Aufschwung durch die enge Kooperation der neuen Betriebe mit wissenschaftlichen Institutionen, z. B. der Biotechnologie, der Pharmazie oder der Informationstechnologie."

A2 Ermitteln Sie die Standortfaktoren, die zur Entwicklung des Manufacturing Belts geführt haben.

A3 Erklären Sie den Bedeutungsverlust des Manufacturing Belts und erörtern Sie Folgen für den Gesamtraum.

A4 Vergleichen Sie – ggf. in einem Referat – die Entwicklung des Manufacturing Belts mit der des Ruhrgebietes.

M5 und M6 Roland Hahn: USA. Gotha und Stuttgart: Klett-Perthes 2002, S. 119 – 121; M6 leicht verändert
M7 nach USDC: Statistical Abstracts of the United States. Washington, D.C., verschiedene Jg.
M8 und M11 Arno Kreus/Norbert von der Ruhren: USA/Kanada – Russland/Nachfolgestaaten der Sowjetunion. FUNDAMENTE Kursthemen. Gotha: Perthes 2002, S. 65 – 66, gekürzt und leicht verändert
M9 nach U. S. News & World Report, Sept. 1982, S. 53
M10 nach Roland Hahn: a. a. O., CD-ROM; aktualisiert nach www.statemaster.com/red/pie/lab_pri_met_man_num_of_emp-primary-metal-manufacturing-number-employees, Juli 2008

Online-Link
29260X-0203

10.2.2 Wirtschaftsboom in der Hochphase der Globalisierung

„Im Verlauf der 1980er Jahre schien es, als hätte die US-Wirtschaft den Anschluss an die anderen Industrienationen verloren. Ihr wurde wiederholt bescheinigt, sie habe ihre besten Zeiten seit Jahren hinter sich und sei dem steten und gewissermaßen unaufhaltsamen Niedergang geweiht. In zahlreichen Reportagen ... wurde den USA vorgeworfen, sie hätte ‚ihre Industrie über Jahrzehnte verschludern lassen' und die Produktivität ihrer Wirtschaft sei ‚seit 1960 langsamer gewachsen als die aller Industriestaaten'. Insbesondere die Automobilindustrie musste sich im Vergleich zu den japanischen Konkurrenzfirmen mit sehr schlechten Noten zufrieden geben und Zweifel an ihrer Wettbewerbsfähigkeit hinnehmen. Wachsende Außenhandelsdefizite und die drastisch angewachsene Staatsverschuldung waren weitere Indikatoren für die ökonomische Krise der USA. Im globalen Kampf der Ökonomien würden die USA im 21. Jahrhundert gegenüber Europa und Japan zurückfallen, so wurde vielfach geäußert." [4]

Außenhandelsdefizit

Staatsverschuldung

Niedriglohnsektor

Doch schon wenige Jahre später zeigte sich ein ganz anderes Bild. Die Wirtschaft wuchs in einem rasanten Tempo. Nach Angaben der OECD (Organization for Economic Cooperation and Development) wiesen die USA Mitte der 1990er Jahre wieder die am schnellsten wachsende Wirtschaft der acht größten Industriestaaten (so genannte G7-/G8-Staaten) der Welt auf. Zwischen 1993 und 2000 entstanden annähernd 15 Mio. neue Arbeitsplätze und die Arbeitslosenrate sank auf knapp über 4 %, ein Wert, der letztmalig in den 1960er Jahren erreicht worden war.

OECD (G)

G7-/G8-Staaten

M12 Entwicklung ausgewählter Wirtschaftsindikatoren in den USA

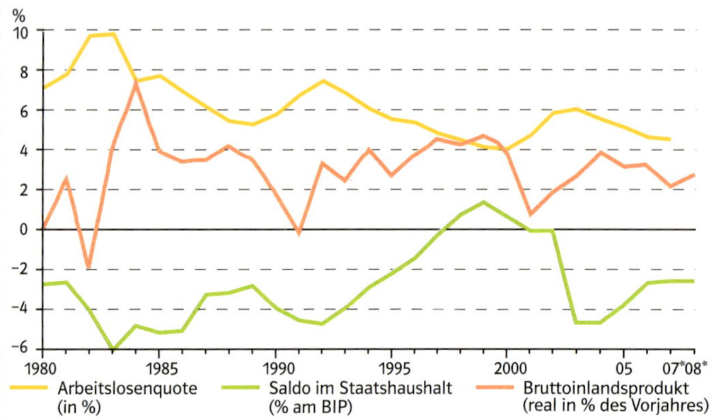

Ursachen des Wirtschaftsbooms

Das Wiedererstarken der Wirtschaft wurde gefördert durch eine moderne angebotsorientierte Wirtschaftspolitik, die verbesserte Investitions- und Produktionsbedingungen für Unternehmen schuf, systematisch das Haushaltsdefizit abzubauen versuchte und in der der Staat sich weitgehend aus dem Wirtschaftsgeschehen zurückzog. Die Steuern wurden gesenkt, Staatsunternehmen privatisiert, die Gütermärkte wurden dereguliert und die Macht der Gewerkschaften entscheidend geschwächt. Die Privatwirtschaft begann jetzt, von ihrem Recht auf Kündigungen verstärkt Gebrauch zu machen. Letzteres steht in keinem Widerspruch zu der Tatsache, dass gleichzeitig zahlreiche neue Arbeitsplätze geschaffen wurden. Falsch ist auch die oft geäußerte Behauptung, dass neue Arbeitsplätze lediglich im Niedriglohnbereich geschaffen wurden.

„Im Vergleich zu anderen Staaten mit hohen Einkommen ist der Arbeitsmarkt der USA weniger reguliert und weist eine größere Lohnflexibilität (bis hin zum Niedriglohnsektor) auf. Dies wird in den USA vielfach als positiv angesehen, da die Bedürfnisse der Unternehmen so besser zu befriedigen sind. Auch der Arbeitnehmer soll davon Vorteile haben, da er im Falle des Verlustes seines Arbeitsplatzes auf eine rasche Einstellung in einem anderen Unternehmen hoffen kann. Während in Europa die Unternehmen aufgrund der strikten Regelung Neueinstellungen nur sehr zögernd vornehmen, stellen die Unternehmen der USA ohne Bedenken neues Personal ein, in der Gewissheit, dieses auch ebenso schnell wieder entlassen zu können. Diese Handlungsweise ist für europäische Verhältnisse sicherlich fremd. In den USA wird jedoch der Einfluss des Staates sehr kritisch gesehen." [5]

M13 Das amerikanische „Jobwunder"

M14 Ungleichheit im internationalen Vergleich 2006 (Gini-Index)

Brasilien	0,57	Italien	0,36
Russland	0,39	Schweiz	0,33
USA	0,41	Kanada	0,32
Groß-britannien	0,36	Deutschland	0,28
		Schweden	0,25

Der Gini-Index ist ein Maß zur Angabe der Verteilung des Einkommens in einer Gesellschaft. Ein Wert von 0 bedeutet vollkommene Gleichverteilung, 1 totale Ungleichheit.

Anzumerken ist in diesem Zusammenhang jedoch auch, dass wohlfahrtsstaatliche Regelungen stark zurückgenommen wurden. So wurde der gesetzliche Mindestlohn nur noch zögernd an die Inflationsentwicklung angepasst. In Preisen von 2001 gemessen betrug der Mindestlohn Ende der 1970er Jahre etwas mehr als sechs Dollar, heute liegt er knapp über fünf Dollar. Zudem können Bedürftige nur noch fünf Jahre lang und nur zwei Jahre ununterbrochen Sozialhilfe erhalten. Obwohl mehr Menschen arbeiten, ist die Armut kaum gesunken. So hat die staatliche Arbeitspolitik ein Heer von „working poors" geschaffen – Menschen, die trotz 40-Stunden-Woche mittellos sind.

Wachstum des Hochtechnologiesektors

In der Industriestruktur setzte insofern ein Wandel ein, als die traditionellen Industriezweige mehr und mehr an Bedeutung verloren zugunsten der modernen Informationstechnologien.

M15 Entwicklung der Umsätze im Hochtechnologiesektor der USA (Mio. US-$) und Anteil der USA an den weltweiten Umsätzen (%)

	Umsätze	Anteil		Umsätze	Anteil
1985	149,7	33,2	1997	193,7	28,2
1987	161,2	32,3	1999	255,7	32,5
1989	163,8	29,4	2001	299,5	35,1
1991	171,8	28,9	2003	336,1	34,7
1993	155,8	27,9	2005	414,2	34,4
1995	159,1	26,26			

M16 Entwicklung der Beschäftigtenzahl in nichtlandwirtschaftlichen Wirtschaftsbereichen in den USA

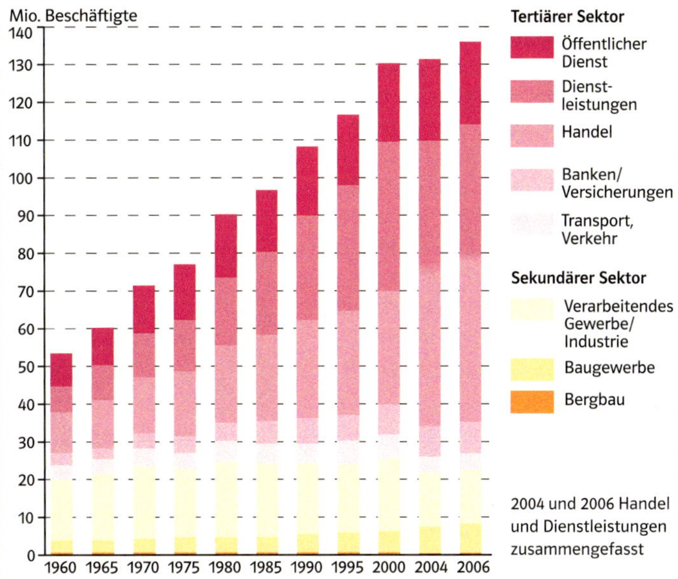

M17 Wohlstand im Vergleich (BIP/Ew. ausgewählter Länder in PPP-$)

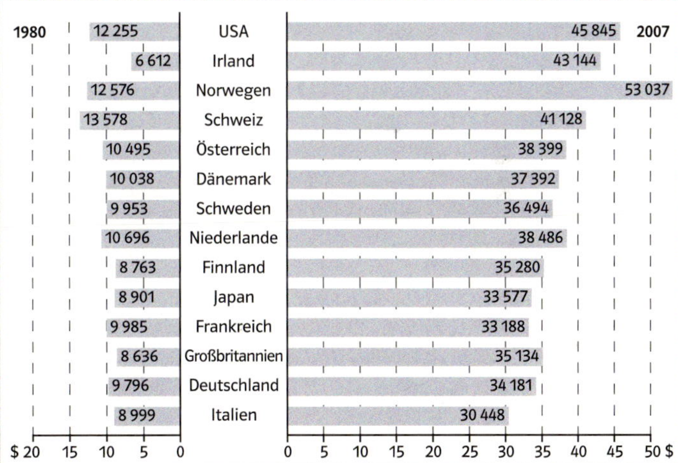

A5 Erstellen Sie anhand dieser Doppelseite eine Liste der Faktoren, die den Wirtschaftsboom in den 1990er Jahren ausgelöst und weiter getragen haben.

A6 Erklären Sie, was gemeint ist, wenn das amerikanische Wirtschaftssystem als „kapitalistisch" bezeichnet wird.

Wohlfahrtsstaat

„working poors"

Gini-Index

[4] und [5] Werner Klohn: a.a.O., S. 139 bzw. S. 150
M12 nach Süddeutsche Zeitung vom 05.04.2000, München, aktualisiert nach bfai, Wirtschaftsdaten kompakt USA, Mai 2007 (*vorläufig, Schätzung)
M14 nach Weltbank (Hrsg.): World Development Indicators 2007. CD-ROM. Washington, D.C. 2008
M15 nach National Science Foundation, USA, Bericht: Science and Engineering Indicators 2008, auf www.nsf.gov/statistics/seind08/pdf/volume2.pdf, Juli 2008
M16 nach Werner Klohn: Weltwirtschaft und Globalisierung, a.a.O., S. 147, ergänzt
M17 nach International Monetary Fund, World Economic Outlook Database, April 2008

Fallbeispiel: **Silicon Valley**

Das „Silicon Valley" ist ein relativ kleines Gebiet südlich von San Francisco, das sich entlang der Bucht von San Francisco über ca. 70 km bis zur Stadt San Jose erstreckt. Aufgrund des wintermilden und sommertrockenen Klimas war es ursprünglich ein bevorzugtes Anbaugebiet für Obst, Zitrusfrüchte und Getreide. In den vergangenen vier Jahrzehnten sind die Obstbauflächen verschwunden, das Garden Valley entwickelte sich zum Silicon Valley, dem Zentrum der Halbleiterindustrie der USA mit über vier Millionen Menschen und mehr als 2 500 Hightech-Betrieben, in denen rund 700 000 Menschen arbeiten.

M 18 Leading Technopole in the World

"Silicon Valley has a guaranteed place in history as the original core of the revolution in information technologies. ... its reputation stems also from the Saga of Silicon Valley, hailed worldwide as an heroic model of innovation in the service of dynamic economic growth."

M 19 Anfänge des Silicon Valley

„Der Erfolg des Silicon Valley begann 1937, als die Stanford-Absolventen William Hewlett und David Packard aus einer Garage in Palo Alto heraus begannen, ein Vorläufergerät des Computers zu entwickeln, was im Verlauf der nächsten Jahrzehnte weitere bahnbrechende Entwicklungen einleitete. Dies führte zur Herstellung von Computern und einer heutigen Gesamtproduktion der Firma Hewlett-Packard von 80 Mrd. Dollar jährlich, einer Beschäftigung von rund 141 000 Mitarbeitern in 178 Ländern, davon 22 000 Forschern/Produktentwicklern, weltweit 17 000 Patenten, im Jahr 2002 allein 7 000 Neuanmeldungen, d.h. täglich 25 Anmeldungen auf weltweite Patente."

M 20 Halbleiterzentrum Silicon Valley

M 21 Standortfaktoren

„Bereits vor der Entwicklung der Halbleiterindustrie existierten hier mehrere Elektronikunternehmen ... und auch die 1891 gegründete technikorientierte Stanford-Universität Palo Alto sowie die Existenz von Militär- und Luftfahrteinrichtungen mit ihrer Nachfrage nach Halbleiterprodukten haben sicherlich eine Rolle gespielt. Ähnliche Rahmenbedingungen existierten allerdings auch in anderen Regionen, ohne dass sich entsprechende Hightechsektoren entwickelt hätten. Offensichtlich haben im Silicon Valley besondere Umstände zu der einmaligen Agglomeration geführt:

- 1951 wurde auf dem Gelände der Stanford-Universität ein Technologiepark errichtet, der enge Kontakte und einen schnellen Technologietransfer zwischen den Universitäten und den privaten Forschungsinstitutionen sowie der Elektronikindustrie ermöglichte.
- Bereits im Zweiten Weltkrieg wurde Kalifornien Schwerpunkt für die Rüstungsforschung und die Rüstungsproduktion. Auch nach 1945 blieb das Militär wichtigster Auftraggeber für die teuren elektronischen Produkte, ehe sie serienreif und damit auch für die Privatwirtschaft erschwinglich waren.
- Mitte der 1950er Jahre verlegte der Luft- und Raumfahrtkonzern Lockheed den gesamten Forschungsbereich in den Stanford-Industrial Park; zahlreiche weitere Firmen, u.a. Fairchield, IBM und ITT folgten, um die kreative Forschungsatmosphäre zu nutzen.
- Die Region bot ansiedlungswilligen Firmen ein unternehmensfreundliches Umfeld, das anfänglich durch niedrige Grundstückspreise und Steuern gekennzeichnet war. Das milde Klima bietet außerdem attraktive Lebensbedingungen für die Arbeitskräfte und ihre Familien."

M 18 Manuel Castells/Peter Hall: Technopoles of the World. London, New York 1994; zitiert nach Rolf Sternberg: Technologiepolitik und Hightechregionen – ein internationaler Vergleich. Münster, Hamburg: Lit 1994, S. 98

M 19, 22, 23, 25 nach Rita Schneider-Sliwa: a. a. O., S. 190, 191

M 25 nach ebenda, S. 190, aktualisiert nach www.siliconvalley.com/sv150data, Juli 2008

M 21 Hans-Ulrich Bender u. a.: FUNDAMENTE. Geographisches Grundbuch für die Sekundarstufe II. Gotha: Perthes 2001, S. 386 – 387

Online-Link
29260X-0204

M 22 „Dot Coms" und Begleiterscheinungen des Hochtechnologiebooms

„Diese rasante Entwicklung wird jedoch auch von gewissen Unsicherheiten erschüttert. San Francisco beispielsweise hat von der jüngeren High-Tech-Entwicklung sowohl profitiert als auch die Probleme einer hochmodernen monostrukturierten Wirtschaft hinzuerhalten: Über 700 Internetfirmen, sogenannte ‚Dot Coms', die Technologie für das Internet entwickeln, arbeiten in der Stadt. Das Hyperwachstum der Dot Coms, welches die Arbeitslosenquote von durchschnittlich 6% im Jahr 2000 auf unter 2% senkte, trug auch zu einem neuen Boom im Immobilienmarkt bei, der die Mieten in einer Weise erhöhte, dass jetzt Verdrängungsprozesse eintreten …
Die Computer- und Internetfirmen sorgen im Immobilienmarkt für Büro- und Wohnobjekte nicht nur für Rekordpreise, sondern sind auch Teil einer neuen Monostruktur, die bei Fehlschlägen auf dem Markt der New Economy eine ganze Region wirtschaftlich gefährden kann."

M 23 Verblasst der Mythos Silicon Valley?

„So belastet die Ansiedlung von Dot-Com-Unternehmen in San Francisco und im Silicon Valley die sozioökonomischen Strukturen. Seit 2001 hat die Stadtverwaltung von Palo Alto beispielsweise mit einer Notverordnung die Vermietung von innerstädtischen Verkaufsläden an Internetunternehmen untersagt. Weitere Gemeinden des Silicon Valley arbeiten an ähnlichen Verordnungen oder haben diese bereits verabschiedet, da die mit der New Economy einhergehende Verdreifachung der Mieten lokal nicht mehr zu tragen ist. Unerschwingliche Wohnmarktpreise, Verkehrsstaus und fast unkontrollierbarer Zuwachs an Arbeitsplätzen in einer Industrie, die sich als Monostruktur im neuen Kleid erweist, machen sich lokal nicht nur positiv bemerkbar. Auch im Silicon Valley und der Dot Com Area San Francisco zeigt sich der lokale Effekt der Globalisierung."

M 24 Silicon Valley

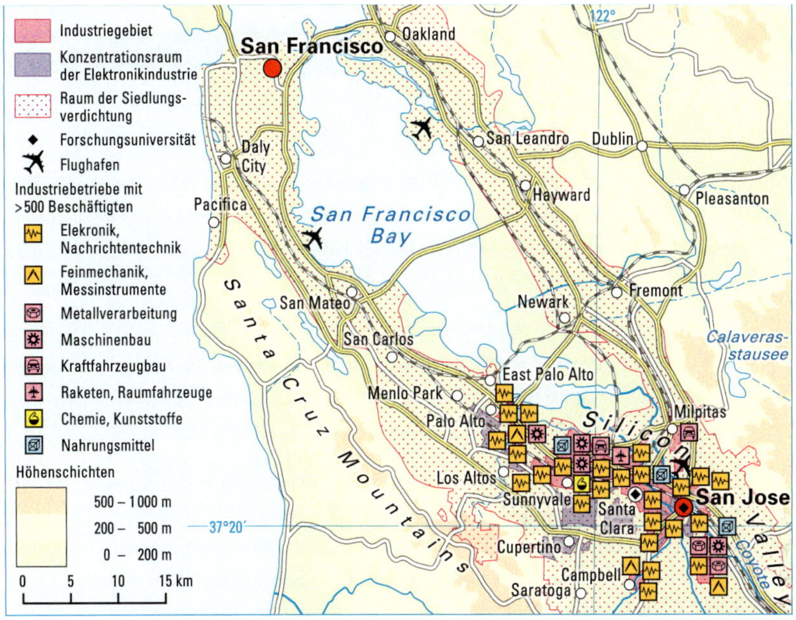

M 25 Umsatzentwicklung der größten Computerfirmen mit Hauptsitz im Silicon Valley

Firma	Wachstum 1998 – 2000 (%)	Umsatz 2000 (Mio. US-$)	Wachstum 2000 – 2001 (%)	Umsatz 2001 (Mio. US-$)	Wachstum 2006 – 2007 (%)	Umsatz 2007 (Mio. US-$)
Hewlett-Packard	5	49 539	– 111	44 211	12,6	107 671
Intel	28	33 726	– 21	26 539	7,7	38 334
Cisco Systems	183	23 906	– 23	18 290	15,3	37 684
Sun Microsystems	96	19 182	– 27	14 059	1,4	13 952
Oracle	55	10 970	– 8	10 093	19,2	21 074
Applied Materials	162	10 573	– 43	5 981	– 0,4	9 545
Apple	12	6 647	– 14	5 731	21,9	26 499
Advanced Micro Devices	83	4 644	– 16	3 892	6,1	6 013

A 7 Untersuchen Sie die Standortfaktoren der Hightech-Industrie im Silicon Valley.
A 8 Vergleichen Sie die beiden Industrieregionen Manufacturing Belt und Silicon Valley nach folgenden Kriterien: industrielle Grundstruktur, Standortfaktoren, Entwicklung, Bedeutung.
A 9 Nennen Sie Probleme, die sich aus der starken Konzentration von Hightech-Unternehmen im Silicon Valley ergeben können.

10.2.3 USA – führende Handelsmacht

Warenhandel. Die fortschreitende Globalisierung der Wirtschaft spiegelt sich deutlich in der Entwicklung des Welthandels wider. Während in den 1980er und 1990er Jahren das Weltexportvolumen ungefähr in gleichem Maße wuchs wie das Weltwirtschaftsergebnis, liegt seit 2003 die Zunahme des Welthandels deutlich über dem Wachstum der Weltwirtschaft. Der Welthandel kann also zu Recht als „Schrittmacher der Globalisierung" bezeichnet werden – und hier nehmen die Vereinigten Staaten unangefochten die Spitzenposition in der Welt ein. So betrug der Im- und Export der USA im Jahre 2006 2957,7 Mrd. US-$, was einem Anteil von 12,3 % am gesamten Welthandelsvolumen entsprach. Die nächstplatzierten Länder Deutschland und China kamen auf einen Anteil von 8,4 bzw. 7,3 %*. Seit Jahren übersteigen die Importe allerdings die Exporte, sodass die USA mittlerweile chronisch eine negative Handelsbilanz aufweisen, deren Volumen das Bruttoinlandsprodukt vieler Volkswirtschaften übersteigt.

Welthandelsvolumen

Handelsbilanz (G)

Aufgrund ihrer Größe fungierten die USA einst für den Weltmarkt als Konjunkturlokomotive – im positiven wie im negativen Sinne. In den letzten Jahrzehnten sind hier zwei wesentliche Trendänderungen zu erkennen. Zum einen geht der Einfluss der US-Wirtschaft auf die Weltkonjunktur zurück, da das wirtschaftliche Gewicht der USA gegenüber anderen Ländern und Wirtschaftsbündnissen, z. B. Japan und der EU, abnimmt, und zum anderen wächst die wirtschaftliche Abhängigkeit der USA vom Ausland.

M 26 Die führenden Welthandelsländer

	Einfuhr (Mrd. US-$)			Ausfuhr (Mrd. US-$)		
	Rang 2005	2005	2004 (Rang 2004)	Rang 2005	2005	2004 (Rang 2004)
USA	1.	1732,348	1525,680 (1.)	2.	904,383	818,520 (2.)
Deutschland	2.	773,804	718,269 (2.)	1.	969,858	911,859 (1.)
VR China	3.	660,003	560,683 (3.)	3.	761,954	593,439 (3.)
Japan	4.	514,922	454,592 (4.)	4.	594,905	565,743 (4.)
Großbrit.	5.	510,237	451,715 (5.)	7.	382,761	341,621 (7.)
Frankreich	6.	497,853	441,733 (6.)	5.	460,157	424,036 (5.)
Italien	7.	379,772	354,765 (7.)	8.	367,200	353,785 (6.)
Niederlande	8.	359,055	283,734 (9.)	6.	402,407	317,936 (8.)
Kanada	9.	319,686	273,084 (10.)	9.	359,399	304,456 (10.)
Belgien	10.	318,658	285,596 (8.)	10.	334,298	306,816 (9.)
Hongkong	11.	300,160	271,158 (11.)	11.	292,119	259,314 (11.)
Spanien	12.	278,825	257,672 (12.)	17.	187,182	182,156 (14.)
Rep. Korea	13.	261,238	224,463 (13.)	12.	284,419	253,845 (12.)
Mexiko	14.	231,670	197,347 (14.)	15.	213,711	189,083 (13.)
Singapur	15.	200,047	163,851 (15.)	14.	229,649	179,611 (16.)

M 27 Importe der USA nach Herkunftsregionen 2006 (Angaben in Mrd. US-$)

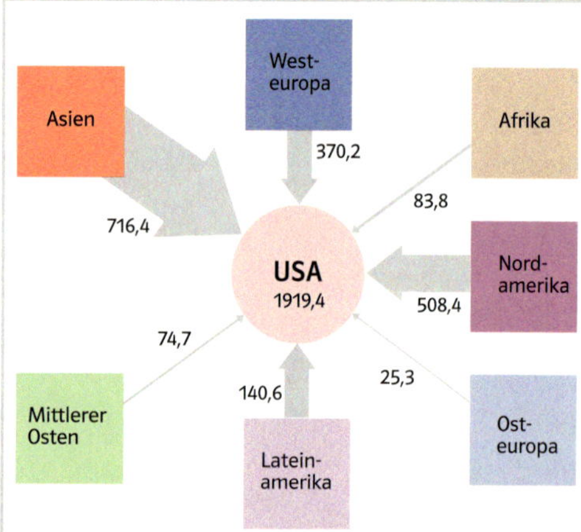

M 28 Exporte der USA nach Zielregionen 2006 (Angaben in Mrd. US-$)

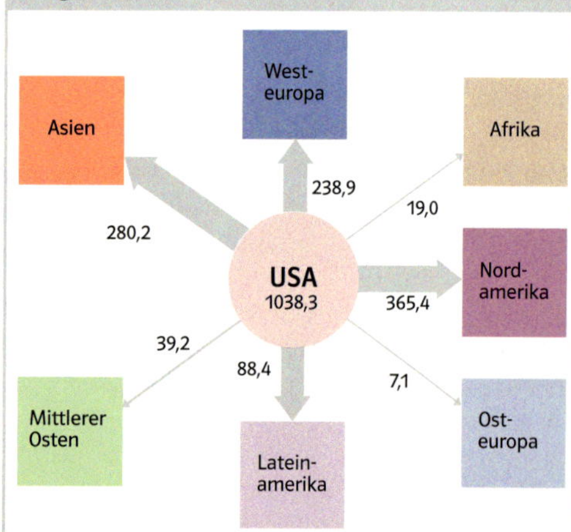

*Betrachtet man die EU als geschlossenen Handelsblock, dann ist allerdings sie im Welthandel führend.

M 26 IWF nach Der Fischer Weltalmanach 2008, a. a. O., S. 690

M 27 und M 28 nach WTO: International Trade Statstics 2007

M 29 Werner Klohn: Weltwirtschaft und Globalisierung, a. a. O., S. 104, ergänzt nach WTO: International Trade Statstics 2007

M 30 UNCTAD nach Der Fischer Weltalmanach 2008, a. a. O., S. 629
**einschließlich Luxemburg

[6] Lutz Frühbrodt: Wirtschaftsentwicklung in den USA. In: USA. Informationen zur politischen Bildung, H. 268, a. a. O., S. 53

NAFTA. Durch die Einflüsse der Globalisierung der Wirtschaft und die Bemühungen der WTO um den Freihandel weitete sich der Welthandel zwar stark aus, seit den 1990er Jahren ist jedoch auch eine gegenläufige Entwicklung festzustellen. Durch die Bildung von Wirtschaftsblöcken und Freihandelszonen, also durch Regionalisierungstendenzen, wird der freie Welthandel z. T. wieder eingeschränkt.
1994 trat das Nordamerikanische Freihandelsabkommen (North American Free Trade Agreement = NAFTA) in Kraft, das die USA, Kanada und Mexiko umfasst. Durch das Abkommen wurden Einfuhrhemmnisse und Zölle zwischen den Mitgliedstaaten abgebaut. Die USA erhoffen sich von der NAFTA vor allem eine Stärkung der Wettbewerbsfähigkeit ihrer Industrie, den Abbau von Investitionshürden für international tätige US-Unternehmen sowie eine Gebietserweiterung des Patentschutzes für US-Patente.

M 29 Entwicklung der US-Exporte in den NAFTA-Raum (in Mrd. US-$)

Jahr	Exporte nach Kanada	Exporte nach Mexiko
1990	83,7	28,3
2000	178,8	111,7
2006	230,2	143,3

Kapitalströme. Die fortschreitende Globalisierung der Weltwirtschaft zeigt sich ferner in den stark gestiegenen internationalen Kapitalströmen und Finanztransaktionen sowie in der zunehmenden Bedeutung multinationaler Unternehmen. Besonders aussagekräftig sind in diesem Zusammenhang die Daten über die ausländischen Direktinvestitionen (ADI), dem wohl wichtigsten Indikator des Globalisierungsprozesses.
In den 1950er und -60er Jahren investierten die USA ihre Kapitalüberschüsse vor allem in den Staaten Westeuropas, besonders in Großbritannien und Deutschland. Seit den 1970er Jahren ist eine Umkehr der Ströme zu erkennen. Immer mehr westeuropäische und japanische Multis engagieren sich mit Direktinvestitionen in der USA-Wirtschaft, sodass die USA im Durchschnitt der letzten Jahre eines der wichtigsten Zielländer aller weltweiten ADI sind.

M 30 Die wichtigsten Empfängerländer weltweiter Direktinvestitionen (in Mrd. US-$)

	2000	2004	2005
Großbritannien	118,764	56,214	164,530
USA	314,007	122,377	99,443
VR China	40,715	60,630	72,406
Frankreich	43,250	31,371	63,576
Hongkong	61,939	34,032	35,897
Kanada	66,791	1,533	33,822
Deutschland	198,276	−15,113	32,663
Belgien**	88,739	42,044	23,691
Spanien	37,523	24,761	22,987
Singapur	12,464	14,820	20,083
Italien	13,375	16,815	19,971
Mexiko	15,484	18,674	18,055

Dollar weiterhin Leitwährung. Obwohl seit Anfang der 1970er Jahre ein System flexibler Wechselkurse mit einer nach oben und unten offenen Schwankungsbreite besteht, haben zahlreiche Länder in der Welt ihre Währungen an den US-Dollar gekoppelt.

„Darüber hinaus hat der Dollar seine Funktion als Leit- und Reservewährung bis heute wahren können: Nach wie vor werden die meisten internationalen Wirtschaftstransaktionen in US-Dollar vorgenommen, und fast alle Länder der Welt legen umfangreiche Dollar-Reserven an, um durch deren An- oder Verkauf den Wechselkurs der eigenen Währungen zu beeinflussen. An der global dominierenden Rolle des Dollar konnte auch die 1999 von der Europäischen Union eingeführte Konkurrenzwährung Euro bislang kaum etwas ändern – ein Zeichen für die nach wie vor ungebrochen starke Stellung der USA in der Weltwirtschaft." [6]

A 10 Beschreiben Sie anhand der beiden Materialien M 27 und M 28 die regionale Struktur des US-amerikanischen Außenhandels.
A 11 Erläutern Sie mit den Materialien dieser Doppelseite die Position der USA in der Weltwirtschaft.
A 12 Nehmen Sie Stellung zu der folgenden Aussage: „Je größer ein Land ist, desto weniger wird es von außenwirtschaftlichen Faktoren beeinflusst, desto stärker bestimmt es aber die wirtschaftliche Entwicklung in der übrigen Welt." Konkretisieren Sie Ihre Ausführungen am Beispiel der USA.

NAFTA

Freihandel

ausländische Direktinvestitionen (ADI) (G)
multinationale Unternehmen (Multis) (G)

10.2.4 Nachindustrielle Gesellschaft USA

Dienstleistungsgesellschaft

„Obwohl die USA nach wie vor die weltweit führende Industriemacht sind, stellen sie doch den Prototyp der nachindustriellen Dienstleistungsgesellschaft dar. In etwas mehr als einem Jahrhundert wurde die Entwicklung von der traditionellen, agrarisch geprägten Wirtschaft und Gesellschaft zur nachindustriellen Wirtschaft und Gesellschaft vollzogen. Weit früher als in anderen Staaten stieg in den USA der Tertiäre Sektor zum größten Wirtschaftssektor auf.“ [7]

Tertiärisierung

M 31 Die Entwicklung der USA zur Dienstleistungsgesellschaft (Beschäftigtenanteile nach Wirtschaftssektoren)

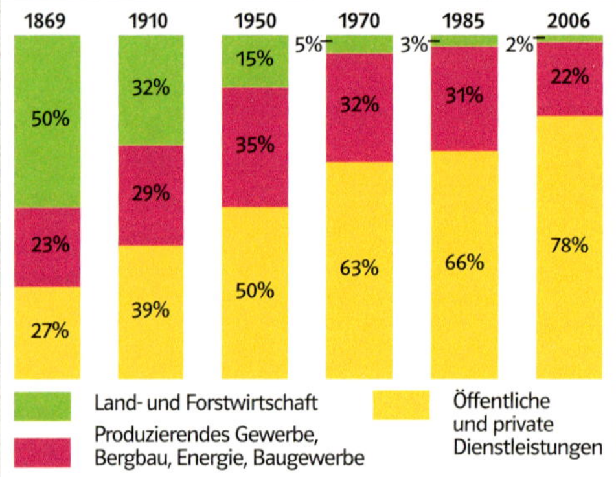

Als Maßstab für den Grad der Tertiärisierung kann die Entwicklung der Beschäftigtenanteile und der Wertschöpfung in den drei Wirtschaftssektoren herangezogen werden.
Prognosen zufolge wird der Anteil der Beschäftigten im Primären Sektor weiter abnehmen und auch für den Sekundären Sektor wird allgemein eine Stagnation vorausgesagt. Eine Ausnahme machen hier lediglich die Zweige, die technologieintensive Güter herstellen. Sie werden auch weiterhin Zuwächse verzeichnen.
Wie in allen hoch entwickelten Industriestaaten so weist auch in den USA nur der Tertiäre Sektor ein absolutes Wachstum auf. Betrachtet man jedoch den Dienstleistungssektor genauer, so kann man wachsende und stagnierende Dienste erkennen. Hohe Zuwachsraten erreichen vor allem die „Business Services“, d.h. die wissens- und informationsintensiven Tätigkeiten, die auf unternehmensorientierte Beratungen ausgerichtet sind. Es handelt sich dabei in der Regel um „High-skill-“ und „High-wage-jobs“. Aber auch einfache Dienste wie Reinigung, Gastronomie, Freizeitgestaltung und Unterhaltung, sogenannte „Low-skill-“ und „Low-wage-jobs“, verzeichnen ebenfalls z.T. hohe Zuwächse, während die meisten anderen Dienstleistungszweige wie z.B. Großhandel, Transport, Einzelhandel oder öffentliche Verwaltung kaum zunehmen.

Business Services
High-skill-/
High-wage-jobs
Low-skill-/
Low-wage-jobs

Veränderungen im sozialen Gefüge

M 32 Strukturwandel des US-Arbeitsmarktes 2006 zu 1994 (Veränderung der Beschäftigtenanteile in %)

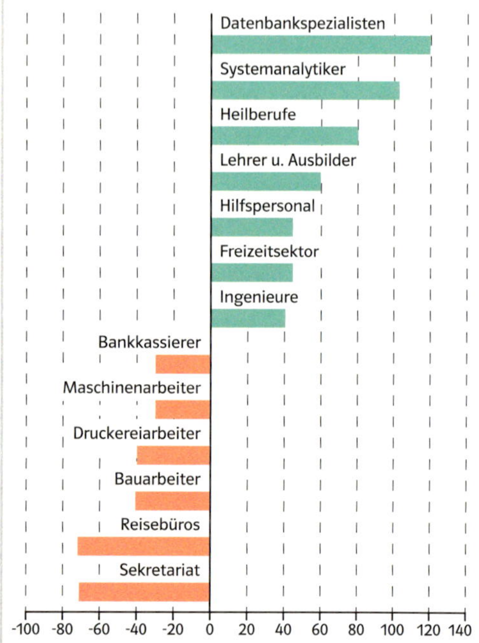

Mit der wirtschaftlichen Umstrukturierung sind z.T. weitreichende Veränderungen im sozialen Gefüge verbunden. Es erfolgt eine starke Polarisierung zwischen gut verdienenden „professionals“ und schlecht bezahlten Dienstleistungsberufen. Gleichzeitig entstehen neue Verhaltensformen und Konsummuster, die allgemein als typisch für eine nachindustrielle Gesellschaft angesehen werden, z.B. eine steigende Zahl von Einzelhaushalten, die wachsende Beschäftigung von Frauen und eine Ausrichtung der Lebensweise auf Konsum, Kultur und Freizeit. Im krassen Gegensatz dazu stehen die unzureichend ausgebildeten Amerikaner, vielfach Angehörige von Minderheiten, und die „Poor Whites“, die entweder arbeitslos sind oder weniger verdienen, als zur Existenzsicherung notwendig ist.

Poor Whites

Diese Polarisierung findet ihren sichtbaren Ausdruck in unterschiedlichen städtischen Wohnformen: luxuriöse Appartements im Stadtzentrum, Eigentumswohnungen in Wohnanlagen an der „Waterfront", komfortable Einzelhäuser mit Swimmingpool in Suburbansiedlungen neben innerstädtischen Slums und Minderheitenghettos. Vielfach sind die Wohnviertel der Besserverdienenden hermetisch abgeschlossene Siedlungen, so genannte „gated communities".

Struktureller und räumlicher Wandel

Mit dem Übergang der USA zur Dienstleistungs- und Informationsgesellschaft zeichnen sich auch grundlegende strukturelle und räumliche Wandlungen ab. Da Informationen sowohl aus dem Nahraum als auch weltweit in Sekundenschnelle verfügbar sind, verändern viele Unternehmen nicht nur ihre Arbeitsstrategie, sondern auch ihre Standortpolitik.

Während früher Großunternehmen die Wirtschaftskraft einer Region ausschlaggebend bestimmten, erhalten heute junge Unternehmen, z.B. im Software-, Hightech- oder Biotech-Bereich, eine immer größere Bedeutung. Gegründet oft als „Spin-off-Betriebe" (erfahrene Wissenschaftler oder Ingenieure verlassen die Universität oder Unternehmen, um in einem eigenen Unternehmen eine neue Idee oder Erfindung zu verwirklichen – vgl. S. 201), haben diese zwar in der Regel nur wenige Beschäftigte, lösen aber wichtige Multiplikatoreffekte aus, indem sie z.B. andere Jungunternehmen anziehen.

Die neuen Kommunikationssysteme ändern auch den Arbeitsmarkt, lokal, regional, national und international. Die vormals enge Standortbindung von Unternehmen, z.B. an Rohstoffe, Transportwege für Massengüter oder auch an Absatzmärkte, wird aufgegeben zugunsten von Agglomerationsvorteilen an anderen Standorten. Dabei kommt es sowohl zu Zentralisierungs- als auch Dezentralisierungserscheinungen.

Mit dem Bedeutungsverlust des Verarbeitenden Gewerbes und der Dezentralisation der Produktion verlieren alte Standorte, z.B. der Manufacturing Belt (s. S. 366–367) Arbeitsplätze und Bevölkerung, während anderenorts neue „Business-centers" entstehen, wie etwa im Süden und Südosten der USA, dem so genannten Sunbelt.

Aber auch innerhalb der traditionellen Industriegebiete kann es zu unterschiedlichen Entwicklungen kommen. Deindustrialisierungsprozesse überwiegen hier zwar, wie an den vielen aufgegebenen und verfallenen Industrievierteln z.B. in Detroit oder Pittsburgh unschwer zu erkennen ist, daneben gibt es aber auch spektakuläre Reindustrialisierungsprozesse, d.h., es entstehen neue Forschungs- und Entwicklungszentren von regionaler und überregionaler Bedeutung. Beispiele liefern Boston, Detroit oder Chicago, wo sich Unternehmen z.B. der so genannten Life Sciences (z.B. Biotechnologie) und der Wissens- und Informationstechnologie niedergelassen haben. Das einfache Muster „Wirtschaftsstagnation im Nordosten und Wirtschaftswachstum im Sunbelt" stimmt seit den 1990er Jahren also nicht mehr.

Gewinner im Umstrukturierungsprozess sind eindeutig die Zentren der Finanz- und Dienstleistungsmetropolen, allen voran die Global Citys und die bedeutenden Regionalzentren wie New York, Los Angeles oder Washington D.C.

M 33 Dienstleistungs- und Informationsgesellschaft USA 2005 im internationalen Vergleich (G 8-Staaten)

	Erwerbstätige Tertiärer Sektor (%*)	BNE pro Kopf (KKP-US-$)	Anteil Tertiärer Sektor am BIP (%)	Hochtechnologieexporte (% der Fertigungsexporte, 2004)	Internetnutzer (je 1000 Ew.)	Städt. Bevölkerung (%**)	Alphabetisierungsrate (%)
USA	78	41 950	77	32	630	81	96
Deutschland	72	29 210	70	17	454	85	99
Frankreich	71	30 540	76	19	432	77	99
Großbritannien	76	32 690	73	24	629	90	99
Italien	65	28 840	70	8	480	68	98
Japan	67	31 410	68	24	502	66	99
Kanada	75	32 220	68	14	624	80	96
Russland	60	10 640	56	9	152	73	99

KKP – Kaufkraftparität
KKS – Kaufkraftstandard

Getto/Ghetto
Slum
gated community

Manufacturing Belt
Sunbelt

Spin-off-Betrieb

Zentralisierung
Dezentralisierung

Business-center

Deindustrialisierung
Reindustrialisierung

Life Sciences

A 13 Erörtern Sie die Aussagekraft der in Tabelle M 33 aufgelisteten Indikatoren zur Kennzeichnung der USA als „Prototyp einer nachindustriellen Gesellschaft".

[7] Werner Klohn: a.a.O., S. 142

M 31 nach U.S. Department of Commerce (Hrsg.): Statistical Abstract of the United States. Washington D.C., verschiedene Jg.

M 32 nach Roland Hahn: a.a.O., S. 20, aktualisiert

M 33 nach Der Fischer Weltalmanach 2008, a.a.O., verschiedene S., und The Worldbank (Hrsg.): World Development Report 2007, Washington 2006
*der Gesamterwerbstätigen
**der Gesamtbevölkerung

Online-Link
29260X-0205

Fallbeispiel: Global City New York

M 34 Global Citys sowie Headquarters der 100 umsatzstärksten Unternehmen der USA (vgl. Kap. 8, S. 270)

M 35 Standortfaktoren

„1626 machte der Holländer Peter Minnewitt ein schicksalhaftes Geschäft, als er den dort ansässigen Indianern gegen Glasperlen, Messer und Beile im Gesamtwert von 60 Gulden die Insel Manhattan abkaufte. Der sich entwickelnde Ort hieß zunächst Neu-Amsterdam und erhielt 1653 unter dem letzten Direktor der Holländisch-Westindischen-Compagnie, Peter Stuyvesant, die Stadtrechte. Elf Jahre später mussten die Holländer ihre Stadt den Engländern überlassen, die sie zu Ehren des Herzogs von York in New York umbenannten.

Zunächst wuchs die Stadt nur langsam, und erst die Eröffnung des Eriekanals, der die Verkehrsverbindung mit dem Hinterland verbesserte, brachte einen stürmischen wirtschaftlichen Aufschwung. New York profitierte von den gewaltigen Einwanderungswellen, sodass man bereits vor 1900 die Einwohner-Million erreichte. Schnell überflügelte sie die Konkurrenzstädte Philadelphia und Boston und entwickelte sich zum nationalen Handels-, Finanz- und Industriezentrum. Mit der verstärkten Ansiedlung von internationalen Organisationen, Banken, Industrie- und Handelsunternehmen nach dem Zweiten Weltkrieg wurde sie zur führenden Weltstadt.

Eine neue Dimension erhielt die Stadt seit den 1980er Jahren mit der Globalisierung von Arbeit und Kapital. New York wurde, zusammen mit den Weltstädten Tokyo und London, zur Global City, zur Schaltstelle der weltweit führenden Wirtschafts- und Finanzunternehmen. Dieser Weltbezug wird beispielhaft sichtbar an Institutionen wie dem World Finance Center und äußert sich u.a. in einem Boom, der New York zum Zentrum der Weltökonomie machte."

M 36 Nur eine Vision?

„In einem ‚Szenario 2090' ist New York als world metrocenter, d.h. als Weltentscheidungszentrum bezeichnet.

In einem nach außen abgeschirmten Bürohochhauskomplex würde die Wirtschafts- und Finanzelite der Welt arbeiten, Fachleute und Spezialisten aus Japan, den USA, Westeuropa und anderen Staaten. Sie würden entscheiden über Firmenaufkäufe, Finanzierung von Großprojekten und damit über die Entstehung oder die Stilllegung von Arbeitsplätzen weltweit."

M 37 Bevölkerungsmetropole New York

„Die Agglomeration New York* ist auf 20 Mio. Einwohner angewachsen …

Den Kern der 20-Mio.-Agglomeration bildet die Stadt New York. Deren Zentrum ist Manhattan (New York County) mit den bekannten Wolkenkratzervierteln. Zu den Merkmalen gehören:

- die höchste Einwohnerdichte von mehr als 21 000 Ew./km²,
- die überdurchschnittliche Zahl von Einpersonenhaushalten (über 50 %),
- das höchste Durchschnittseinkommen der Region mit über 53 000 US-$/a pro Person,
- die überdurchschnittlich große Armut mit einem Anteil von über 22 % aller Haushalte,
- die vielen alleinstehenden jungen Frauen mit Kindern (30 % aller Haushalte),
- die hohen Anteile von Minderheiten: rund 30 % Hispanics, 27 % Schwarze, 10 % Asian-Americans; der Anteil der Weißen liegt in einigen Stadtbezirken unter 40 %; wegen Doppelzählungen in der Statistik ergibt die Addition mehr als 100 %."

M 38 Finanz- und Handelszentrum

„New York ist Sitz der weltweit größten Finanz- und Handelsbörsen sowie der weltgrößten Finanzfirmen und Investmentbanken. Die so genannten FIRE-Branchen (finance, insurance, real estates) und Immobilienbanken verzeichneten 2001 insgesamt mehr als 12 % der Beschäftigten der gesamten Metroregion ..., während dieselben Branchen im nationalen Durchschnitt nur 5,8 % ausmachten. Aufgrund der Beschäftigtenentwicklung in den wichtigsten Wirtschaftsbereichen gilt der Großraum als der strukturstärkste der USA."

M 39 Vielfalt globaler Funktionen

„In einigen Bereichen, wie z. B. in der Medienindustrie, ist New York auf dem Weltmarkt führend. Historisch bedingt konzentrieren sich in Manhattan die Werbeindustrie, Printmedien und Fernsehsender ... Die Werbebranche nimmt in New York eine Spitzenstellung ein. Hier sind sowohl der weltweit größte Anbieter Omnicon Group sowie die kaum kleinere Nr. 2 Interpublic Group ansässig. Interpublic hat weltweit 49 000 Mitarbeiter, die mehr als 4 000 Kunden in ca. 130 Ländern bedienen ...
[New York] ist mit dem am East River gelegenen Hauptquartier der Vereinten Nationen auch Schauplatz weltpolitischer Entscheidungen. Darüber hinaus lassen sich die New Yorker Museen mit denen in London oder Paris vergleichen und auch der private Kunstmarkt zieht Sammler aus aller Welt an. 2003 gab es ca. 550 Museen und Galerien in der Stadt ... Auch in den Bereichen Schauspiel, Musical und Musik besticht New York durch seine Fülle des Angebots ... New York, d. h. vor allem die 47. Straße, ist neben Amsterdam das führende Handelszentrum für Diamanten."

M 40 Beschäftigungsprofil nach Branchen für Manhattan im Stadtteilvergleich 2003

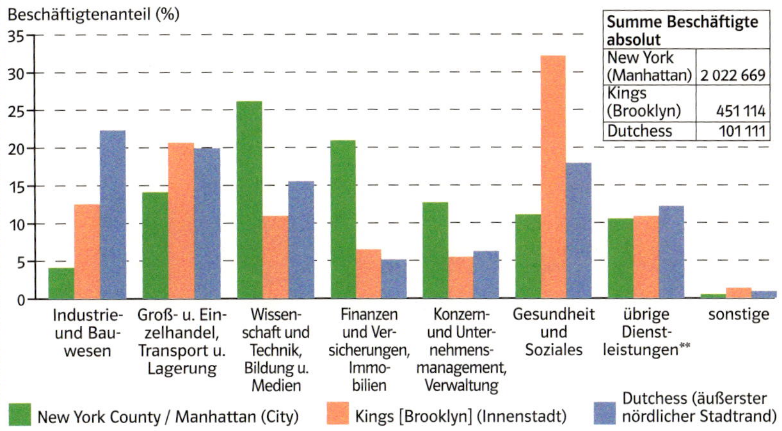

**Kunst, Unterhaltung, Erholung; Beherbergung und Gaststätten; andere Diestleistungen

M 41 New York, Sozialstruktur

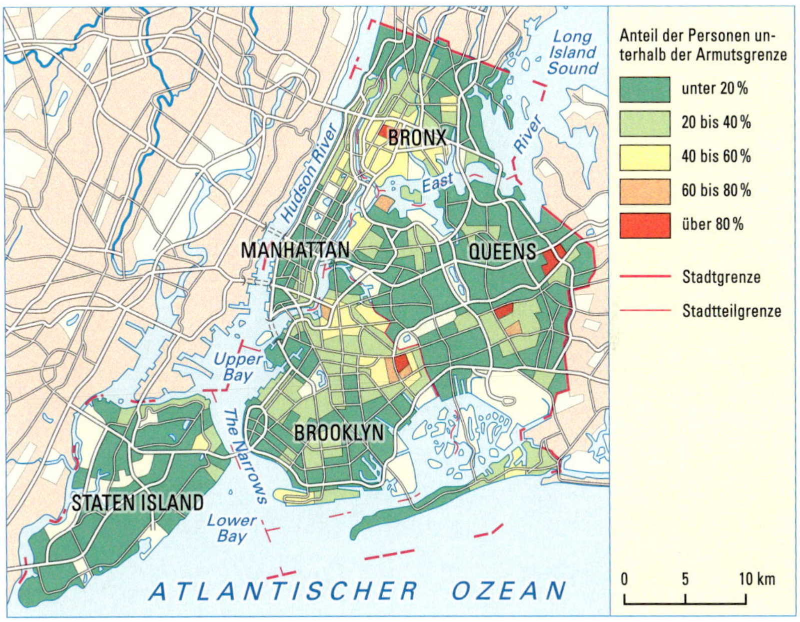

A 14 Erläutern Sie die Faktoren, die zum Aufstieg New Yorks zur Global City beigetragen haben.

A 15 Erstellen Sie eine Liste von Merkmalen, die New York als Global City erster Kategorie kennzeichnen.

A 16 Arbeiten Sie Problembereiche heraus, die mit dem Aufstieg New Yorks zur Global City verbunden sind.

A 17 „New York – eine fragmentierte Stadt". Erklären Sie die Aussage.

M 35 Arno Kreus/Norbert von der Ruhren: a. a. O., S. 92, gekürzt

M 36 Roland Hahn: a. a. O., S. 62

M 37 Roland Hahn: a. a. O., S. 64 – 65
*damit ist das Consolidated Metropolitan Statistical Area ‚New York, Northern New Jersey-Long Island' gemeint

M 38 Rita Schneider-Sliwa: a. a. O., S. 195

M 39 Barbara Hahn: New York, Los Angeles. Global Cities im Wettbewerb. In: Geographische Rundschau, 56. Jg., H. 4. Braunschweig: Westermann 2004, S. 16 – 17

M 40 berechnet nach U.S. Census Bureau 2005, auf www.census.gov/prod/2005pubs/03cbp/cbp03-34.pdf, Juli 2008

Online-Link
29260X-0206

10.3 Europa – Sicherung der weltwirtschaftlichen Position durch Integration

Europäischer Gerichtshof in Luxemburg

Europäisches Parlament in Straßburg

Europäische Zentralbank in Frankfurt am Main

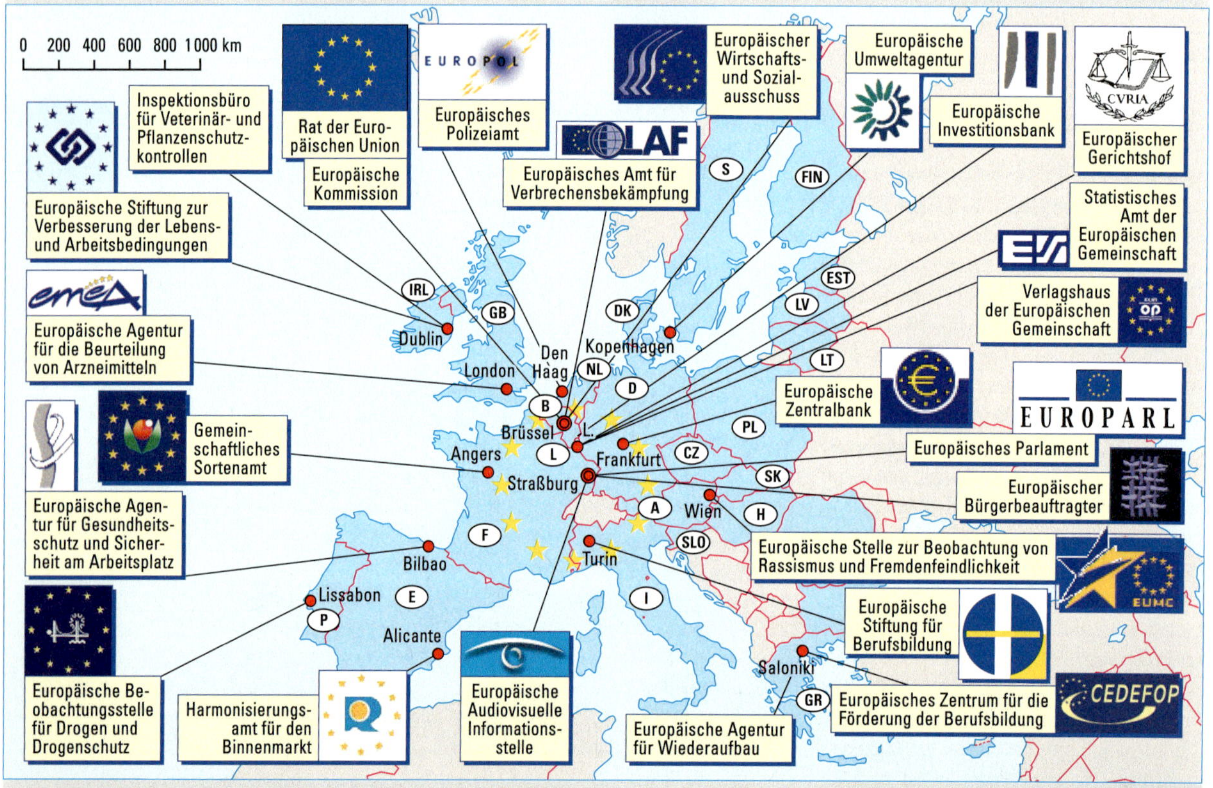

Einrichtungen der Europäischen Union im Überblick

Gemeinsame Währung

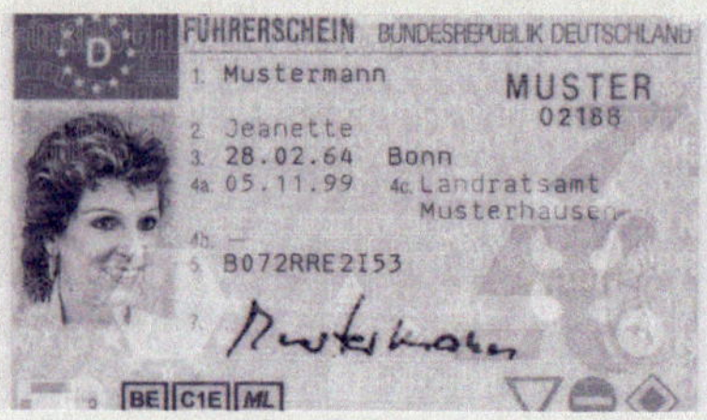

EU-Führerschein

Gemeinsamer Binnenmarkt – kein Stau mehr an den Grenzen

M1 Vielfalt des europäischen Integrationsprozesses

Zu Beginn des 21. Jh.s leben in Europa knapp 735 Mio. Menschen in 44 Staaten. In einem nun bereits fünf Jahrzehnte andauernden Integrationsprozess haben sich bis heute 27 dieser Einzelstaaten schrittweise in einer Europäischen Union zusammengefunden. Die Geschichte dieses Zusammenwachsens liest sich in vielerlei Hinsicht wie eine Erfolgsstory. Der geschaffene Binnenmarkt stellt den größten einheitlichen Wirtschaftsraum der Welt dar. Auf dessen Grundlage ist es gelungen, den Lebensstandard seiner Bürger auf ein Niveau anzuheben, von dem zu Beginn dieses Integrationsprozesses niemand zu träumen wagte. Der Binnenmarkt wurde im Jahre 2001 ergänzt durch eine einheitliche Währung, den in den meisten Mitgliedstaaten eingeführten „Euro". Durch zunehmende ökonomische, politische, rechtliche und soziale Verflechtungen hat dieser Wirtschaftsraum eine Dynamik entfaltet, die ihn zum wichtigsten Handelspartner der Welt aufsteigen ließ. Die Bürger der EU genießen die Vorzüge der Freizügigkeit, verbringen ihren Urlaub in europäischen Nachbarländern oder studieren bzw. arbeiten innerhalb dieses einheitlichen Wirtschaftsraumes. Ein hoher Anteil der europäischen Schülerinnen und Schüler lernt zumindest eine europäische Fremdsprache, so dass sich die Bewohner dieses Raumes immer besser kennen lernen. Allmählich kann sich auf diese Weise ein Zusammengehörigkeitsgefühl entwickeln.
Diese Erfolge sind gelungen, obwohl zwischen den Einzelstaaten der Europäischen Union vielfältige Unterschiede sowohl in der naturräumlichen Ausstattung wie auch in der Größe oder in der Bevölkerungs-, Wirtschafts- und Infrastruktur bestehen. Mit dem Beitritt von Rumänien und Bulgarien im Jahre 2007 ist die EU-Bevölkerung auf beinahe ein halbe Milliarde Menschen angewachsen – ein Blick auf die Bevölkerungszahlen verdeutlicht die Heterogenität der Mitgliedstaaten (M2).
Die oben angesprochenen Erfolge sind das Ergebnis eines Prozesses, der sich im zähen Ringen zwischen unterschiedlichen Interessen bzw. Zielvorstellungen der einzelnen Staaten vollzog und der noch längst nicht abgeschlossen ist. Er hat aber auf eindrucksvolle Weise demonstriert, dass jahrhundertealte Gegensätze zum Wohle aller Beteiligten überwunden werden können.
Mit welchen Zielsetzungen und in welchen Schritten vollzog sich der europäische Integrationsprozess?
Was sind die natur- und wirtschaftsräumlichen Grundlagen dieses Prozesses?
Wie ist die Stellung der Europäischen Union in der Weltwirtschaft?
Welche konkreten Chancen bietet diese Integration für den einzelnen Bürger?
Wo liegen die Grenzen eines vereinten Europas und wie ist ein EU-Beitritt der Türkei zu bewerten?

M 2 Bevölkerung der EU-Mitgliedstaaten 2007

	Einwohner (Mio.)	Bevölkerungsdichte (Ew./km²)	Mitglieder der Eurozone
Deutschland	82,3	231	€
Frankreich	61,7	111	€
Großbritannien	61,0	248	
Italien	59,3	195	€
Spanien	45,3	86	€
Polen	38,1	122	
Rumänien	21,6	91	
Niederlande	16,4	394	€
Griechenland	11,2	85	€
Portugal	10,7	115	€
Belgien	10,6	322	€
Tschechien	10,3	130	
Ungarn	10,1	108	
Schweden	9,1	22	
Österreich	8,3	98	€
Bulgarien	7,7	70	
Dänemark	5,5	126	
Slowakei	5,4	110	
Finnland	5,3	16	€
Irland	4,4	60	€
Litauen	3,4	52	
Lettland	2,3	36	
Slowenien	2,0	97	€
Estland	1,3	31	
Zypern	0,8	82	€
Luxemburg	0,5	182	€
Malta	0,4	1279	€

M 2 nach Statistisches Jahrbuch für das Ausland 2007. Wiesbaden: Statistisches Bundesamt 2007

Online-Link 29260X-0301

10.3.1 Der europäische Integrationsprozess

OEEC
Marshallplan
RGW
Europarat
Montanunion
EWG
EURATOM
EFTA
Europaparlament
EU
EURO-Zone

Europa im Jahre 1945: Der Zweite Weltkrieg ist zu Ende. Er hinterlässt 32 Mio. Tote und ein unvorstellbares Ausmaß an Zerstörung, Vertreibung, Hunger und Leid. Hass, Misstrauen und Forderungen nach Vergeltung beherrschen die Beziehungen zwischen den Menschen und den Staaten.

Europa ca. sechs Jahrzehnte später: Unbeschwerte Ferienreisen in fast alle Länder dieses Kontinents, Schulpartnerschaften und Freundschaftsbeziehungen über die Grenzen hinweg sind für die Schülerinnen und Schüler der jungen Generation eine Selbstverständlichkeit. Für sie ist es nur schwer nachvollziehbar, wie die Katastrophe des Krieges das Denken der Älteren geprägt hat, wie in vielen demokratischen Parteien der meisten europäischen Länder sich damals erst allmählich, aber dann immer lauter, Stimmen zu Wort meldeten, die dazu aufriefen, die nationalistischen Gegensätze zu überwinden und durch eine organisierte Einigung Europas den Frieden zu sichern. Die Vertreter dieser Europa-Idee argumentierten:

- das System souveräner Nationalstaaten in Europa sei auf Dauer nicht in der Lage, Konflikte gewaltfrei zu lösen,
- größerer Wohlstand sei erst durch die ungehinderte Entfaltung der Produktionsfaktoren in einem einheitlichen Wirtschaftsraum möglich,
- angesichts der dominierenden Stellung der beiden Weltmächte USA und Sowjetunion könne nur ein Vereinigtes Europa die Interessen der europäischen Länder wirksam vertreten.

Im Frühjahr 1948 schlossen sich 16 westeuropäische Staaten zur OEEC (Organization for European Economic Cooperation) zusammen. Sie regelte die Verteilung und Verwendung der Gelder aus dem Marshallplan, dem von den USA gestarteten Wiederaufbauprogramm für Europa. Die Sowjetunion gründete als Reaktion im Jahre 1949 in ihrem Machtbereich den RGW (Rat für Gegenseitige Wirtschaftshilfe).

Der im Mai 1949 von zunächst 10 westeuropäischen Staaten in Straßburg geschaffene Europarat war dann der nächste Schritt einer europäischen Zusammenarbeit. Einzelstaatlicher Egoismus verhinderte zwar, dass dieser Organisation supranationale Befugnisse übertragen wurden, trotzdem konnte sich der Europarat besonders auf dem Gebiet kultureller Zusammenarbeit und im Kampf für die Menschenrechte wichtige Verdienste erwerben. Er gilt heute als das „Gewissen" Europas, die Mitgliedschaft ist gleichsam Voraussetzung für eine künftige Aufnahme in die Europäische Union.

M3 Zeittafel – Stationen der europäischen Integration

1951: Gründung der Europäischen Gemeinschaft für Kohle und Stahl (EGKS/Montanunion) durch D, F, I, B, NL, L

1957: Abschluss der „Römischen Verträge" durch die 6 Montanunion-Staaten über die Gründung der Europäischen Wirtschaftsgemeinschaft (EWG) und der Europäischen Atomgemeinschaft (EURATOM)

1960: Gründung des Wirtschaftsbündnisses „European Free Trade Association" (EFTA) durch die demokratischen Staaten Europas, die nicht Mitglied der EWG werden wollen

1962: Einrichtung des Europäischen Agrarfonds der EWG; gemeinsame Agrarpolitik als Motor der weiteren Integration

1967: Einrichtung von „Rat" und „Kommission" als gemeinsame Organe der Europäischen Gemeinschaft (EGKS, EWG, EURATOM)

1972: Zusammenarbeit in der Außenpolitik

1973: Erste Erweiterung der EG (DK, GB, IRL)

1979: Erste Direktwahl zum Europaparlament

1981: Beginn der „Süderweiterung" (GR 1981, E und P 1986)

1987: Schaffung der Grundlagen des einheitlichen Binnenmarktes und Festlegung neuer gemeinsamer Aufgabenbereiche (Forschung/Technologie, Umweltschutz) durch die „Einheitliche Europäische Akte"

1990: Neue Bundesländer mit der deutschen Einigung Mitglied der EG

1993: Vertrag von Maastricht über die Europäische Union; Vollendung des Binnenmarktes weitgehend abgeschlossen; Bildung des Europäischen Wirtschaftsraumes (EWR) zwischen EU und EFTA

1995: EU-Beitritt von A, S, FIN

1998: Vertrag von Amsterdam über weitere innere Reformen zur Vorbereitung der EU-Erweiterung

2002: Einführung der gemeinsamen Währung in der „Euro-Zone"

2004: „Osterweiterung" der EU mit 10 neuen Mitgliedern (EE, LV, LT, PL, CZ, SK, H, SLO, CY, M)

2005: Scheitern der europäischen Verfassung nach Ablehnung durch Volksabstimmungen in F und NL

2007: EU-Beitritt von BG, RO; Beitrittsverhandlungen mit Kroatien und der Türkei

M 4 Europäische Integration

A 1 Erläutern Sie – unter Berücksichtigung Ihrer im Fach Geschichte erworbenen Kenntnisse – die weltpolitische Situation nach dem Zweiten Weltkrieg, aus der heraus sich zunächst verschiedene Wege der europäischen Integration ergaben.

A 2 Wählen Sie aus den „Stationen der europäischen Integration" (Chronik M 3) drei Etappen aus, die Sie für besonders bedeutsam halten, und begründen Sie Ihre Auswahl (vgl. auch den Online-Link 29260X-0302).

M5 Die drei Säulen der Europäischen Union

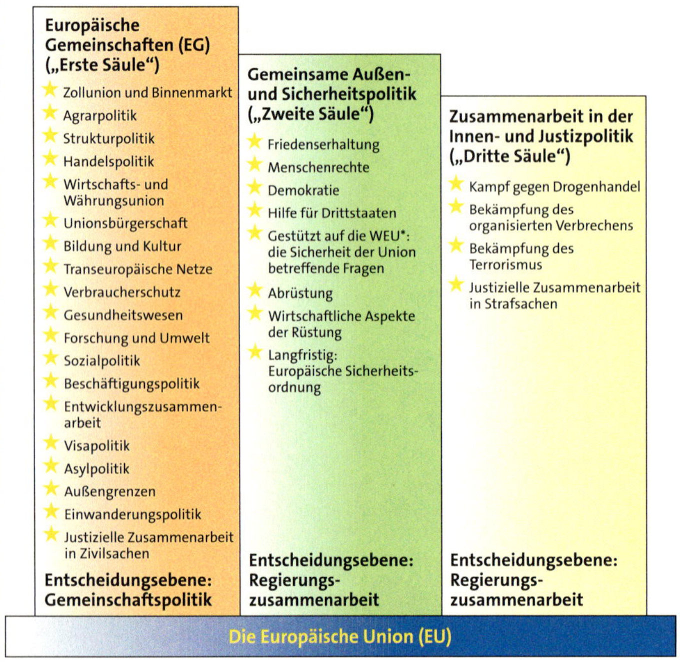

*WEU: Die Westeuropäische Union ist das einzige rein europäische Verteidigungsbündnis und zugleich als „europäischer Pfeiler" mit der NATO verbunden

10.3.2 Bereiche der Integration

Binnenmarkt

EU-Dienstleistungsrichtlinie

Tarif/Tarifverträge

Mindestlohn

Die Zusammenarbeit innerhalb der Europäischen Union erstreckt sich auf die drei großen Felder der Wirtschafts- und Sozialpolitik, der Gemeinsamen Außen- und Sicherheitspolitik sowie der Rechts- und Innenpolitik (M5). Wirtschaftliches Kernstück ist dabei der einheitlichen Regeln unterworfene Binnenmarkt, der die so genannten „Vier Freiheiten" garantiert (M6). Auf dieser Grundlage ist es zum Beispiel jedem Deutschen erlaubt, in Italien ein Auto zu kaufen, auf einer griechischen Insel ein Touristikbüro zu eröffnen, im benachbarten Frankreich eine Arbeitsstelle anzunehmen und sein Geld bei einer Bank in Österreich anzulegen bzw. dort einen Kredit aufzunehmen. Jeder EU-Bürger kann sich in allen Staaten der Union frei und ungehindert bewegen bzw. aufhalten. Er muss überall wie ein Inländer behandelt werden und kann sich niederlassen, wo er will.

Was für den einzelnen Bürger als Rechtsgrundlage geschaffen wurde, gilt auch für die Unternehmen. Sie benötigen eine garantierte Rechtssicherheit und verlässliche Rahmenbedingungen, wenn sie ihre Erfolgschancen richtig einschätzen und auf der Grundlage dieser Analysen investieren wollen. Bis heute sind deshalb in der Europäischen Union etwa 1 600 Regelungen erlassen worden, um Handelshemmnisse abzuschaffen, eine Öffnung der nationalen Märkte zu erreichen und den Binnenmarkt zu vollenden. Die ökonomische Entwicklung des gesamten EU-Raumes ist dadurch äußerst positiv beeinflusst worden.

Wie schwierig die Vereinbarung einheitlicher Regelungen ist, die sowohl nationale Interessen als auch die Belange von Berufsverbänden oder Verbrauchern berücksichtigen, zeigt die umstrittene Dienstleistungsrichtlinie. Welche Vorschriften sollen für einen Dienstleister gelten, der seine Leistungen grenzüberschreitend anbietet, also z. B. in Polen als Fliesenlegermeister niedergelassen ist, dort relativ niedrige Arbeitskosten zu tragen hat und demzufolge mit günstigen Angeboten auf dem Markt in Deutschland auftreten kann? Nach langen, kontroversen Verhandlungen ist auch in dieser Frage Einigung erzielt worden. Die im Jahre 2006 verabschiedete Europäische Dienstleistungsrichtlinie – die von den Einzelstaaten bis 2009 umgesetzt werden muss – soll auf der einen Seite bürokratische Hindernisse abbauen, den grenzüberschreitenden Handel mit Dienstleistungen fördern und so auch in diesem Bereich den Binnenmarkt verwirklichen. Sie soll aber auf der anderen Seite verhindern, dass Anbieter aufgrund ungleicher Rahmenbedingungen Marktvorteile erzielen. Künftig gelten für den Dienstleister aus dem Ausland die Bestimmungen des Landes, in dem die Dienste angeboten werden. Das bedeutet unter anderem, dass Vereinbarungen der Tarifverträge, Arbeitszeit- oder Schutzbestimmungen und – soweit es diese in einem EU-Staat gibt – auch Mindestlöhne eingehalten werden müssen.

Wie das Beispiel der Dienstleistungsrichtlinie zeigt, ist die gegenseitige Anerkennung von Rechts- und Verwaltungsvorschriften eine wesentliche Voraussetzung für die „Vier Freiheiten". So werden z. B. berufliche Befähigungsnachweise heute überall im Binnenmarkt anerkannt. Ein Produkt, das in einem der EU-Länder nach dem dort gültigen Recht hergestellt und verkauft wird, darf auf allen Märkten der Europäischen Union angeboten werden. Im Bereich der Sicherheit gelten überall die einheitlichen EU-Standards. Ein französisches Auto muss demnach genauso sicher sein wie ein italienisches. Das „CE"-Zeichen am Computerbildschirm (Conformité Européenne) z. B. besagt, dass der Monitor im Hinblick auf mögliche Strahlung die europäische Sicherheitsanforderung erfüllt.

Verbraucherschutz

„Ein wichtiges Anliegen der EU und besonders des Europäischen Parlaments ist die Wahrung der Interessen der Verbraucher und die Sicherung des Verbraucherschutzes im Binnenmarkt. Das Europa-Parlament hat Rahmenrichtlinien erlassen, u.a. zur Etikettierung von gentechnisch veränderten Lebensmitteln („Novel Food"), ein Verbot von Weichmachern in Kinderspielzeug oder ein Gesetz zur Entwicklung von besseren Medikamenten für Kinder.
Eine EU-Richtlinie schützt Käufer vor Mängeln an Produkten, unabhängig davon, wo sie im Binnenmarkt gekauft wurden. Verkäufer haften zwei Jahre lang und müssen unentgeltlich Mängel nachbessern oder Ersatz liefern. Die Beweispflicht liegt für die ersten sechs Monate beim Verkäufer." [1]

Auch bei Reiseproblemen hilft die Europäische Union. Sie sorgt z.B. dafür, dass jeder Fluggast zu seinem Recht kommt, egal ob er ein teures Ticket erworben oder bei einer Billigfluglinie gebucht hat. Wer beim Einchecken von der unangenehmen Mitteilung überrascht wird, dass sein Flug überbucht sei und er deshalb auf einen späteren Abflugtermin vertröstet wird, hat Anspruch auf eine Entschädigung. Sie beträgt bei Flügen unter 1500 Kilometern in jedem Falle 250 Euro, auch wenn der Ticketpreis deutlich unter diesem Betrag lag. Bei großen Verspätungen haben die Fluggesellschaften die Pflicht, sich um ihre Fluggäste zu kümmern. Sie müssen dafür sorgen, dass sie verpflegt und nötigenfalls in einem Hotel untergebracht werden. Kommen sie dieser Verpflichtung nicht oder – nach Auffassung des Geschädigten – nicht in ausreichendem Maße nach, sollte sich der Fluggast bei der betreffenden Gesellschaft beschweren. Sollten trotzdem noch Probleme auftreten, helfen die nationalen Einrichtungen, deren Adresse man bei den Flughäfen erfragen kann. Auch über die gebührenfreie Europa-Direkt-Nummer (00800–67891011) lässt sich der nächste Ansprechpartner ermitteln, der im Schadensfall Auskunft über die möglichen bzw. notwendigen weiteren Schritte geben kann.

M 6 Die „Vier Freiheiten" im Binnenmarkt der EU

Freier Personenverkehr	Freier Dienstleistungsverkehr
Wegfall der Kontrollen an den Binnengrenzen Harmonisierung der Asyl- und Zuwanderungspolitik Freizügigkeit für Arbeitnehmer, Niederlassungs- und Aufenthaltsrecht für EU-Bürger	Niederlassungsrecht; Offenheit für grenzüberschreitende Dienstleistungen Liberalisierung der Bank- und Verischerungsdienstleistungen Öffnung der Transport-, Post-, Telekommunikations-, Energiemärkte
Freier Warenverkehr	**Freier Kapitalverkehr**
Wegfall der Grenzkontrollen Keine Zölle oder mengenmäßige Beschränkungen Harmonisierung oder gegenseitige Anerkennung von Normen und Vorschriften Steuerharmonisierung	Freizügigkeit für den Zahlungsverkehr und den Kapitalverkehr (Investitionen und Anlagen) Integration der Finanzmärkte Liberalisierung des Wertpapierverkehrs

Freizügigkeit

Europaparlament

„Genauso wichtig wie die Freizügigkeit der Waren ist die der Arbeitskräfte ... Aber diese Freizügigkeit zieht viele weitere Fragen nach sich. Nehmen wir eine junge Deutsche, die ein paar Jahre in Italien arbeitet, dann zurückkehrt nach Deutschland, anschließend in Großbritannien berufstätig ist, um sich schließlich in Portugal niederzulassen. Wenn sie sich zur Ruhe setzt, hat sie in vier Ländern in die Rentenkasse eingezahlt und in keinem Land die Mindestzahl an nötigen Arbeitsjahren erreicht, die die Rentenversicherung vorschreibt ...
Im Rahmen der EU ist geregelt, dass ihre Ansprüche aus verschiedenen Ländern erhalten bleiben. Wenn unsere Beispielperson in vier Ländern gearbeitet hat, bekommt sie dort, wo sie ihren Ruhestand genießt, eine Rente, die sich aus Leistungen der vier Versicherungsträger zusammensetzt ... Den sozialen Schutz, den unsere Beispielperson ansonsten benötigt (also Krankenversicherung, Betriebsunfallschutz etc.), hat sie jeweils in dem Land, in dem sie arbeitet, nach den dort geltenden Regelungen. Nur dadurch ist es möglich, die Freizügigkeit wirklich in Anspruch zu nehmen." [2]

Sozialversicherungssysteme

[1] Klaus Löffler – Europäisches Parlament, Informationsbüro für Deutschland (Hrsg.): Europa 2007. Berlin 2007, S. 67
[2] Eckart D. Stratenschulte: Europa – ein Überblick. Bonn: Bundeszentrale für politische Bildung 2007, S. 99–100

M5 und M6 nach Zahlenbilder 714008/715320. Erich Schmidt Verlag Berlin

Weiterführende Links zum Verbraucherschutz auf nationaler Ebene informiert der Bundesverband der Verbraucherzentralen und Verbraucherverbände: www.vzbv.de/go/; zum Bürgerbeauftragten – zuständig für Beschwerden der Unionsbürger: http://ombudsman.europa.eu/home/de/default.htm; zu weiteren Hinweisen über die Fluggastrechte: http://ec.europa.eu/transport/air_portal/, alle Mai 2008

Online-Link
29260X-0303

M7 Der Euro – freudig begrüßt

Euro-Stabilitätskriterien

Gemeinsame Währung

Wenn ein deutsches Unternehmen bei einem Geschäftspartner in Großbritannien Maschinenteile bestellt, die innerhalb der nächsten 12 Monate ausgeliefert werden sollen, dann wird vertraglich ein Preis, z. B. in der Währung des Lieferlandes – in diesem Falle also in Pfund – festgelegt. Dieser Preis geht in die Kalkulation beider Firmen ein. Sollten sich nun kurzfristig die Wechselkurse verändern und sich der Wert des Pfundes erhöhen, verteuern sich die bestellten Teile. Die Kalkulation des deutschen Unternehmens bricht zusammen, sein Endprodukt ist unter Umständen auf dem (Welt-)Markt nicht mehr konkurrenzfähig. Derartige Probleme können nicht auftreten, wenn innerhalb eines Wirtschaftsraumes feste Wechselkurse oder sogar eine gemeinsame Währung vereinbart sind.

Währungsunion

Trotz der unbestreitbaren Vorteile einer gemeinsamen Währung ist es erst im Jahre 1993 mit dem Vertrag von Maastricht gelungen, die Grundlagen für eine Währungsunion zu schaffen. Ab 1999 wurden in 11 EU-Staaten die Bankkonten in Euro geführt, fand der Aktienhandel in der neuen Währung statt. Mit der Bargeldeinführung des Euro zum 1. Januar 2002 wurde die Währungsunion vollendet, der aber 2008 erst 15 der 27 Mitgliedstaaten der EU angehörten (Karte M4, S. 381).

Europäische Zentralbank

Sämtliche währungspolitischen Entscheidungen im Euro-Raum trifft seitdem die Europäische Zentralbank. Sie legt die Menge des umlaufenden Geldes und die Höhe der Zinsen fest, wobei sie auf die Wahrung der Geldwertstabilität als ihrem obersten Ziel verpflichtet ist. Wie erfolgreich sie dabei ist, belegt die Tatsache, dass innerhalb des Euro-Raumes die Inflationsrate bis zum Jahr 2007 mit durchschnittlich zwei Prozent so niedrig wie selten zuvor in den Mitgliedstaaten war.

Für den Beitritt zum Euro-Raum galten und gelten „Stabilitätskriterien", für die bei jedem EU-Staat die Preisstabilität, die Finanzlage der öffentlichen Hand, die Wechselkurse und die langfristigen Zinssätze überprüft werden.

- Preisstabilität: Die Inflationsrate eines Mitgliedstaates darf nicht um mehr als 1,5 % über derjenigen der drei Mitgliedstaaten liegen, die auf diesem Gebiet das beste Ergebnis erzielt haben.
- Finanzlage der öffentlichen Hand: Die Einhaltung der Haushaltsdisziplin wird anhand von zwei Referenzwerten überprüft; zum einen darf das Verhältnis des jährlichen öffentlichen Defizits zum Bruttoinlandsprodukt (BIP) 3 % nicht überschreiten und zum anderen darf das Verhältnis des öffentlichen Schuldenstandes zum BIP nicht höher liegen als 60 %.
- Wechselkurse: Jeder Mitgliedstaat muss in den letzten zwei Jahren vor der Prüfung am Wechselkursmechanismus des Europäischen Währungssystems teilgenommen und die normale Bandbreite ohne Spannungen eingehalten haben.
- Langfristige Zinssätze: Sie dürfen um nicht mehr als 2 Prozentpunkte über dem entsprechenden Satz in jenen – höchstens drei – Mitgliedstaaten liegen, die auf dem Gebiet der Preisstabilität das beste Ergebnis erzielt haben.

A3 Beschreiben Sie den EU-Binnenmarkt in seinen wesentlichen Grundzügen.

A4 Die Verwirklichung des Binnenmarktes im Bereich der Dienstleistungen ist erst „nach langen, kontroversen Verhandlungen" gelungen.

A4a) Arbeiten Sie die unterschiedlichen Interessen in diesem Konflikt heraus (EU, Einzelstaaten, Unternehmen, Dienstleistungsanbieter, Verbraucher).

A4b) Beurteilen Sie die 2006 beschlossene Regelung.

A5 Erläutern Sie die Bedeutung des Binnenmarktes und der gemeinsamen Währung für die weltwirtschaftliche Position der EU und ihrer Mitgliedstaaten.

A6 Gestalten Sie einen Kommentar zum Thema „Die Europäische Union – Chancen für ihre Bürger".

M 8 „Europa ist mehr als Verträge und Politik."

„Es ist ein Raum, in dem sich Hoffnungen entfalten können. Diese Erfüllung eines europäischen Traums gilt zuallererst der Jugend. Die Europäische Union fördert junge Menschen, die in anderen EU-Mitgliedstaaten lernen oder Praktika absolvieren möchten. Es gibt eine Vielzahl von Möglichkeiten und Programmen zum lebenslangen Lernen, von denen die wichtigsten hier vorgestellt werden [*].

Das Europäische Parlament setzt sich dafür ein, Wege für junge Menschen in andere EU-Staaten stärker zu öffnen und lebenslanges Lernen zu unterstützen. Annähernd 7 Milliarden Euro stehen allein für diesen Bereich in einer ganzen Reihe von Programmen bis zum Jahre 2013 zur Verfügung ...

ERASMUS ist das bekannteste und populärste EU-Programm für die Jugend. ERASMUS gibt es bereits seit 20 Jahren ... ERASMUS-Studenten müssen mögliche Studiengebühren an ihrer Gast-Hochschule nicht bezahlen und erhalten einen Zuschuss zum Leben. Mindestens ein Studienjahr sollte man hinter sich gebracht haben, bevor man sich an seiner eigenen Hochschule um einen ERASMUS-Platz bewerben kann.

COMENIUS richtet sich an Schulen und fördert gemeinsame europäische Projekte und den Schüleraustausch. Schulpartnerschaften sind übrigens nicht nur mit Schulen aus EU-Staaten möglich.

Das EU-Programm LEONARDO DA VINCI bietet jungen Menschen die Chance, Auslandserfahrungen zu sammeln, Sprachkenntnisse zu vertiefen und neues Fachwissen zu erwerben. Das Programm richtet sich an Azubis und Lehrlinge in der beruflichen Erstausbildung, an Studenten und Hochschulabsolventen sowie an junge Berufstätige und Arbeitslose mit einer abgeschlossenen Berufsausbildung oder mit zwei Jahren Berufserfahrung. Mit LEONARDO kann man im Ausland ein berufsbezogenes Praktikum absolvieren und in der Regel gehört dazu auch ein Sprachkurs ...

Auch außerhalb von Schule, Universität oder Arbeitsplatz ermöglicht die EU es [innerhalb des Programmes „Jugend erlebt Europa"] Jugendlichen, mit jungen Leuten aus anderen europäischen Ländern zusammenzukommen ..."

M 9 Lernen und Studieren ohne Grenzen*

Bildung und Kultur

Leonardo da Vinci

Leonardo da Vinci
http://ec.europa.eu/education/index_de.html
Nationale Agentur Bildung für Europa,
Robert-Schumann-Platz 3, 53175 Bonn;
Tel.: (0228) 107-1608; www.na-bibb.de

Bildung und Kultur
Sokrates

Erasmus und Comenius
http://ec.europa.eu/education/index_de.html
Deutscher Akademischer Austauschdienst, Kennedyallee 50, 53175 Bonn; Postfach 200404, 53134 Bonn;
Tel.: (0228) 882-0
http://eu.daad.de
Internationale Weiterbildung und Entwicklung GmbH (InWEnt)
Tulpenfeld 5, 53113 Bonn
Tel.: (0228) 2434-5,
www.inwent.org

JUGEND für Europa
Deutsche Agentur JUGEND IN AKTION

Jugend für Europa
www.webforum-jugend.de
www.jugendfuereuropa.de
Godesberger Allee 142–148, 53175 Bonn;
Tel.: (0228) 9506-220

go4europe.de

Freiwilligendienst
www.webforum-jugend.de
www.go4europe.de

A 7 Stellen Sie auf der Grundlage einer Internet-Recherche wesentliche Inhalte und Möglichkeiten eines ausgewählten EU-Jugendprogramms dar.

A 8 Vergleichen Sie ausgewählte Erfahrungsberichte von Erasmus-Studenten mit Ihren eigenen Vorstellungen von einem Auslandsstudium.

M8 Klaus Löffler: a. a. O., S. 101–103

M9 Internet alle Mai 2008

***mehr Informationen hierzu** unter http://europa.eu/youth, Mai 2008 und www.studieren.sachsen.de/37.htm, Mai 2008

Weiterführende Links
www.webforum-jugend.de,
www.jugendfuereuropa.de,
www.go4europe.de,
www.erasmus-berichte.de,
alle Mai 2008

M 10 Rotterdam – Europas Tor zur Welt (Rhein-Maas-Delta mit Rotterdam)

10.3.3 Naturräumliche Grundlagen – Gunst- und Ungunstfaktoren

naturräumliche Einheit

Europa bietet nicht nur in politischer, kultureller oder sprachlicher Hinsicht ein sehr differenziertes Bild. Auch die naturräumlichen Grundlagen der wirtschaftlichen Entwicklung, der Integration und Einbindung in den Globalisierungsprozess sind äußerst vielgestaltig.

Relief

Bereits ein kurzer Blick auf entsprechende Atlaskarten zeigt, dass Europa mit seinen tief gegliederten Küsten, seinen zahlreichen schiffbaren Flüssen und der daraus folgenden Hafengunst als ein den Meeren zugewandter Kontinent bezeichnet werden kann. Kein Bereich des Binnenmarktes liegt mehr als 600 km von einer Küste entfernt. Von den 27 EU-Staaten besitzen nur Österreich, Luxemburg, die Tschechische und die Slowakische Republik sowie Ungarn keinen unmittelbaren Zugang zum Meer.

Faltengebirge

gemäßigte Mittelbreiten

Golfstrom

Waldgrenze

Diese Lageverhältnisse begünstigen den Warenaustausch genauso wie die verkehrsmäßige Durchgängigkeit des Kontinents. Weder in Ost-West- noch in Nord-Süd-Richtung existieren abweisende Verkehrsbarrieren wie zum Beispiel Wüstengürtel oder unüberwindbare Hochgebirge. Die Alpen und die Pyrenäen wurden dank ihres Reichtums an Bodenschätzen sehr früh besiedelt, sodass sie statt eines Gebirgshindernisses eher eine Klammer zwischen ihren zentraleuropäischen bzw. mediterranen Vorländern bilden. Mit der Anlage moderner Verkehrswege in den Längs- und Quertälern hat sich diese Funktion noch verstärkt, auch wenn der historisch weit zurückreichende Bergbau auf Edelmetalle, Eisen, Salz und Kohle aufgrund der im Vergleich zur internationalen Konkurrenz schwierigeren Lagerungsverhältnisse weitgehend aufgegeben werden musste.
Ein weiteres hervorstechendes Merkmal in der Reliefgestaltung Europas ist seine Kleinräumigkeit. Ein Mosaik aus Hoch- und Mittelgebirgen, Schichtstufen- und Hügelländern, Becken, Flusstälern und Küstentiefländern bildet die Grundlage für einen starken Landschaftswandel auf kurzen Distanzen. Aus dieser Kleinräumigkeit resultiert – im Gegensatz z. B. zu Nordamerika mit den kontinentalen Weiten seiner Großlandschaften – eine gewisse Raumenge. Darüber hinaus ist Europa bei all seinen physisch-geographischen Bausteinen ein Kontinent des „mittleren Maßstabs“ – gewaltige Berge und Massive fehlen genauso wie „Riesenströme“.

Klima

Die naturräumlichen Einheiten im Mosaik der europäischen Landschaften erhalten ihre spezifische Ausprägung auch durch das Klima, das durch folgende Faktoren bestimmt ist:
- Lage in der Zone der Westwinde, der zirkumpolaren Ostwinde sowie der subtropischen Hochdruckgebiete mit deren jahreszeitlichen Verlagerungen,
- aufgrund der starken Küstengliederung (große Meeresbuchten) weit in den Kontinent hineinreichender maritimer Einfluss,
- Behinderung des Luftmassenaustausches zwischen Nord und Süd durch breitenparallele Lage europäischer Faltengebirge,
- Lage des größten Teils von Europa innerhalb der gemäßigten Mittelbreiten mit einem weitgehend ausgeglichenen Klima sowie einigermaßen vorhersehbaren Witterungsabläufen.

Entscheidender Gunstfaktor ist aber der Einfluss des Golfstroms, der „Warmwasserheizung Nord- und Westeuropas“. Er lenkt tropisch warmes Wasser aus dem Golf von Mexiko in Richtung Europa und führt hier zu einem Temperaturgewinn von bis zu 10 K. Die europäische Atlantikküste bleibt auf diese Weise bis über den Polarkreis hinaus eisfrei, während an der nordamerikanischen Gegenküste alle Häfen nördlich von New York – immerhin auf der geographischen Breite von Neapel gelegen – von Vereisung bedroht sind. Demzufolge stoßen in Europa auch die Anbaugrenzen und die Waldgrenze weltweit am weitesten nach Norden vor.

Naturrisiken

Überschwemmungen. Im weitgehend ausgeglichenen Mittelbreitenklima Europas sind Unwetter und Überschwemmungen sowie Dürrezeiten in ihren Ausmaßen weniger intensiv ausgeprägt als in anderen Erdteilen. Trotzdem werden die Menschen auch hier immer wieder von derartigen Katastrophen überrascht. Insbesondere die Zahl der Überschwemmungen und Flutkatastrophen scheint in den letzten Jahren anzusteigen. Häufig wird die globale Erwärmung als Ursache genannt. Hinzu kommen besondere meteorologische Situationen, wie z. B. lang anhaltende Niederschläge bei zyklonalen Westwetterlagen oder starke Regenfälle in Verbindung mit Schneeschmelze. Aber auch Eingriffe des Menschen in den Landschaftshaushalt im Einzugsgebiet der Flüsse, wie Flussbegradigungen, Dammbauten, Flächenversiegelungen oder Abholzung von Wäldern, führen zu extremen Hochwasserereignissen. Die ökonomischen Schäden sind insbesondere in Räumen hoher Siedlungsdichte oder gut ausgebauter Wirtschafts- und Infrastruktur besonders hoch (Karte M 11).

Vulkanismus und Erdbeben. An den Nahtstellen der Kontinentalplatten bestehen auch in Europa ständige, kaum berechenbare Gefahren als Folgen (bruch-)tektonischer Vorgänge. Heftige Erdbeben haben insbesondere im Mittelmeerraum häufig schwere Schäden verursacht und stellen auch in Zukunft eine ernst zu nehmende Bedrohung für die Bevölkerung und die wirtschaftliche Entwicklung dar. An den Plattengrenzen liegen in Island und im Mittelmeerraum auch die aktiven Vulkangebiete Europas. Zerstörerische Ausbrüche sind hier jederzeit möglich.

Trotz der allgegenwärtigen Gefährdung zogen und ziehen die Menschen auch Nutzen aus dem Vulkanismus. So gelten Italien und Island als Vorreiter in der Verwertung von Erdwärme, z. B. in geothermischen Kraftwerken oder zur Beheizung von Häusern. Vulkanisches Gestein ist ein vielseitig verwendbarer Baustoff. Verwitterte Vulkanite und Aschen liefern mineral- und damit ertragreiche Böden, sodass die Hänge an Vulkanen trotz hoher Gefährdung oft landwirtschaftlich intensiv bewirtschaftet und entsprechend dicht besiedelt werden. Thermalquellen sind ebenso wie erloschene, schlafende oder aktive Vulkane reizvolle Touristenziele.

Naturrisiken

zyklonale Westwetterlagen

Plattengrenze
Bruchtektonik

M 11 Naturrisiken in Europa

A 9 Erläutern Sie naturräumliche Gunst- und Ungunstfaktoren der wirtschaftlichen Entwicklung Europas.

A 10 Erstellen Sie mithilfe geeigneter Atlaskarten eine Übersicht über Regionen in Europa, die in besonders reichem Maße über natürliche Ressourcen verfügen.

A 11 „Die elementare Ressource Wasser ist in Europa sehr ungleichmäßig verteilt." – Überprüfen Sie diese Behauptung.

M 11 Überschwemmungsrisiken nach Detlef Müller-Mahn: Perspektiven der geographischen Risikoforschung. In: Geographische Rundschau, 59. Jg., H. 10. Braunschweig: Westermann 2007, S. 9

Online-Link
29260X-0304

M12 Modell der „Blauen Banane"

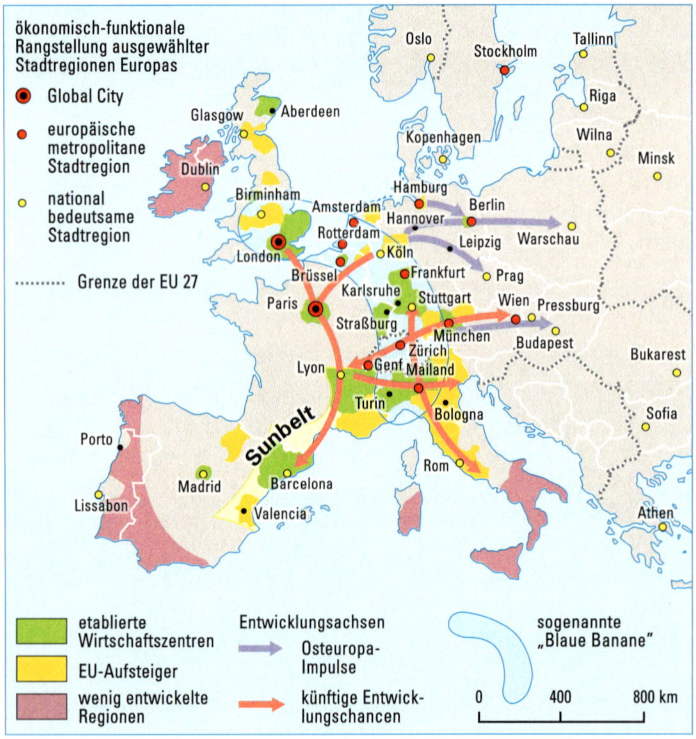

10.3.4 Wirtschaftsräumliche Strukturen

Wachstumsregionen
altindustrialisierte Räume

Die gleiche Vielfalt wie in der physisch-geographischen Ausstattung ist auch im Erscheinungsbild des europäischen Wirtschaftsraumes zu beobachten. Wachstumsregionen und wirtschaftliche Zentren wechseln mit altindustrialisierten Problemgebieten, strukturschwachen oder intensiv agrarisch geprägten Räumen sowie ausgesprochenen Tourismusgebieten. Um das wirtschaftsräumliche Grundmuster zu erfassen, wurden verschiedene Modelle, wie z. B. das der „Blauen Banane", entwickelt.

Raumordnung

Innerhalb des Gürtels der „Blauen Banane" liegen bedeutende Wachstumsregionen der Europäischen Union mit wichtigen Produktionsstätten sowie hauptstädtischen Verwaltungszentren. Hier leben ca. 40 % der EU-Bevölkerung.

Wachstumsgürtel/-korridor

Entwickelt wurde dieses Modell 1989 von Roger Brunet, einem Mitglied der französischen Raumordnungsbehörde. Brunets Absicht war es, seine Regierung auf Defizite in ihrer Raumordnungs- und Regionalpolitik hinzuweisen, indem er bewusst die Wirtschaftszentren Ile de France (Großraum Paris) und Lyon/Marseille aussparte.

Das Modell wurde von politischen und wirtschaftlichen Entscheidungsträgern rasch aufgegriffen, um Handlungsstrategien zu fordern, zu entwickeln oder zu rechtfertigen. Häufig werben z. B. Städte mit ihrer Lage innerhalb der „Blauen Banane" als Standortvorteil für Unternehmensansiedlungen. Im Rahmen der Europäischen Raumordnungspolitik (S. 254–261) ist zu fragen, ob z. B. Kommunikationsnetze oder Hochgeschwindigkeitsstrecken in erster Linie innerhalb des Wachstumsgürtels mit entsprechend großer Nachfrage nach moderner Infrastruktur ausgebaut werden sollen, um die weltwirtschaftliche Position der EU als Ganzes zu stärken, oder ob nicht im Sinne des Solidargedankens vorrangig die peripheren Räume zu entwickeln sind.

Das Grundmodell der „Blauen Banane" ist seit seiner ersten Veröffentlichung durch neue Entwicklungsachsen insbesondere in Richtung Osteuropa ergänzt worden (M 12). Die Aussage aber bleibt die gleiche: Alle Städte und Regionen, die nicht in einem der Wachstumskorridore liegen oder einem solchen angeschlossen sind, haben im europäischen Wettbewerb und im Globalisierungsprozess ungünstigere Voraussetzungen.

A 12 a) Nennen Sie mithilfe von Atlaskarten Beispiele für Altindustrieregionen in Europa.

A 12 b) Charakterisieren Sie – ausgehend vom Modell M 12 – die aktuelle wirtschaftliche Entwicklung dieser Gebiete.

A 13 Stellen Sie am Beispiel der „Blauen Banane" und auf der Grundlage Ihrer Unterrichtserfahrung in anderen Fächern Funktionen und Probleme von Modellen dar (vgl. Methodendoppelseite 472–473).

A 14 a) Ordnen Sie die Fallbeispiele auf den Folgeseiten in das Modell der „Blauen Banane" ein.

A 14 b) Analysieren Sie die Fallbeispiele anhand folgender Gesichtspunkte: Entwicklung der wirtschaftsräumlichen Struktur, aktuelle ökonomische Dynamik, Zukunftsaussichten.

M 12 ergänzt und aktualisiert nach Roger Brunet: Les Villes européennes. Rapport pour la Délégation à l'Amènagement du Territoire at à l'Action Régionale (DATAR). La Documentation Francaise 5. Paris: Reclus 1989

Online-Link
29260X-0305

Fallbeispiel: **Nord-Pas-de-Calais – vom Altindustriegebiet zum globalen Dienstleister**

M13 Die Region Nord-Pas-de-Calais

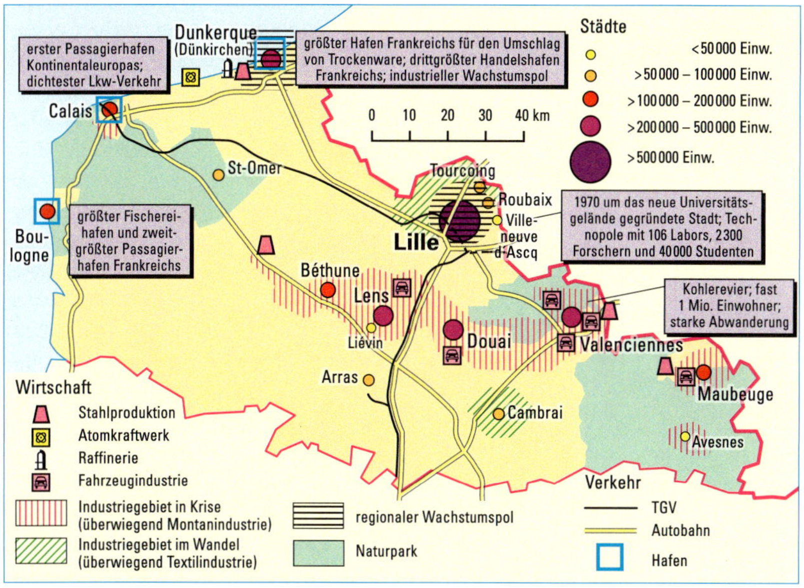

M16 Ausblick

„Trotz weiterhin positiver Umsatzentwicklungen in der Versandhandelsbranche besteht die Befürchtung, internationale Konzentrationsprozesse einerseits sowie Dezentralisierungstendenzen in der Lager- und Zustellungslogistik (etwa Direktbelieferung durch den Hersteller ohne „Umweg" über den Standort des Versandhändlers) andererseits könnten mittelfristig das Standort-Cluster gefährden …
Besonders förderlich sind jedoch auch … Investitionen in die Verkehrsinfrastruktur, allen voran die TGV/Eurostar-Anbindung von Lille und Calais, die zu einem bemerkenswerten Anstieg internationaler Touristenströme, insbesondere aus Großbritannien geführt hat …"

M14 Niedergang der traditionellen Industriezweige

„Die Region Nord-Pas-de-Calais ist nicht nur eine der ältesten Industrieregionen Europas, sondern war bis in die jüngste Zeit einer der am stärksten industrialisierten Räume des Kontinents. Inzwischen jedoch sind die ehemaligen Schlüsselbranchen Textilindustrie, Steinkohlebergbau sowie Eisen- und Stahlerzeugung vom Niedergang und dem damit verbundenen Verlust hunderttausender Arbeitsplätze betroffen …
Alle drei genannten Schlüsselbranchen [waren] „Altindustrien", die bereits vor bzw. unmittelbar nach dem Zweiten Weltkrieg ihren Zenit überschritten hatten … Allein von Anfang der 1960er bis Ende der 1980er Jahre ging die Zahl der Industriebeschäftigten in der Region von rd. 250 000 auf weniger als 100 000 zurück."

M15 Industriepolitik und Strukturwandel

„Wie in anderen monostrukturierten Montanregionen … hat die staatlich geförderte Ansiedlung von Montage- und Zulieferbetrieben der Automobilindustrie einen großen Beitrag zur Schaffung von Ersatzarbeitsplätzen geleistet …
Die gravierendsten Probleme der Wirtschaft in der Region … sind … die gleichen wie in anderen altindustrialisierten Regionen. So sind die Anteile der kleinen und mittleren Unternehmen (KMU) und der Unternehmen, die im Bereich der Hochtechnologien tätig sind, … geringer als im nationalen Durchschnitt … [Deshalb] kommt dem Versandhandel und E-Commerce, welche teilweise aus der Textilindustrie hervorgegangen sind, und den häufig hoch technologisierten Dienstleistungsunternehmen, welche mit dieser neu entstandenen Handelsbranche verbunden sind, eine ganz besondere Bedeutung für die strukturelle Erneuerung der Region zu …
Neben den inzwischen international bedeutenden Einzelhandelsketten … und der ähnlich erfolgreichen Hotelbranche … zählt der Versandhandel zu den wichtigsten Nachfolgeaktivitäten bzw. Diversifizierungspfaden der nordfranzösischen Textilindustrie. Dies ist umso bemerkenswerter, als sich in der Region eine weltweit einzigartige Konzentration dieser Branche entwickeln konnte. Mit etwa 200 Versandhandelsfirmen sowie knapp 29 000 Beschäftigten ist hier ein Branchencluster entstanden, das mehr als 65 % der Versandhandelsaktivitäten des Landes (und 15 % des europäischen Umsatzes) auf sich vereint. Zu dem Cluster gehören auch etwa 900 spezialisierte Dienstleister (z. B. Fotostudios, Design-/PR-Agenturen, Katalogdruckereien, Verpackungs- und Versandfirmen, Call-Center, EDV-Dienstleister etc.), die weitere 30 000 Personen beschäftigen."

M14–16 H. Peter Dörrenbächer/Christian Schulz: Dienstleistungsstandort Nord-Pas-de-Calais. In: Geographische Rundschau, 57. Jg., H. 9. Braunschweig: Westermann 2005, S. 12–18

Online-Link 29260X-0306

Fallbeispiel: Andalusien – eine rückständige Wirtschaftsregion

M 17 Die Region Andalusien im Vergleich 2006

	Andalusien	Spanien	Deutschland	Mecklenburg-Vorpommern	EU-27
BIP/Kopf (Euro)	14799	23100	26774	18345	22375
Arbeitslosenquote (%)	12,7	8,5	10,2	19,2	8,2
Jugendarbeitslosigkeit (< 25 Jahre, %)	21,7	17,9	13,7	20,3	17,5
Erwerbstätige nach Wirtschaftssektoren (%)					
Landwirtschaft	8,2	4,8	2,2	4,6	6,0
Industrie	25,4	29,5	29,6	23,3	27,7
Dienstleistungen	66,4	65,7	68,2	72,1	66,3

Mit einer Fläche von ca. 87600 km² – fast so groß wie das benachbarte Portugal – umfasst die Region Andalusien praktisch den gesamten spanischen Süden. Seit dem Zeitalter der Entdeckungen und der Kolonisierung bis weit ins 18. Jh. hinein spielte dieser Raum eine Schlüsselrolle beim Warenaustausch mit Lateinamerika. Sevilla stieg in dieser Zeit zu einem der bedeutendsten und reichsten Handelszentren und zur drittgrößten Stadt des Abendlandes auf.

Heute aber gilt Andalusien als das „Armenhaus Spaniens". Angesichts des immer stärkeren Zentrum-Peripherie-Gefälles fühlen sich die Andalusier in der Berücksichtigung ihrer Bedürfnisse von Madrid vernachlässigt. Auch der Beitritt Spaniens zur Europäischen Gemeinschaft (1986) hat der Region – trotz erheblicher Fördermittel aus den Strukturfonds – noch keine durchgreifenden Verbesserungen gebracht. Durch die Einnahmen aus dem Tourismusgeschäft konnte sie allerdings in den letzten Jahren ihre sozioökonomische Position im spanischen Vergleich auf den vorletzten Rang verbessern – vor Extremadura, der binnenländischen Grenzregion zu Portugal. Weitere Impulse erhofft sich die Region aus ihrer Funktion als Brückenkopf zum nordafrikanischen Wirtschaftsraum.

M 18 Periphere Lage Andalusiens

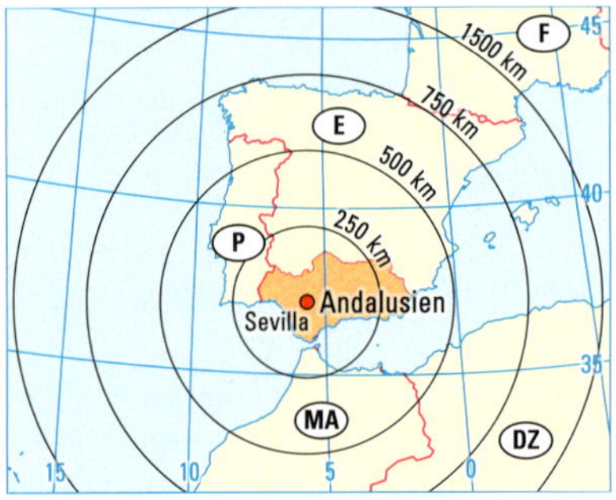

M 19 Landwirtschaft in Andalusien 2005

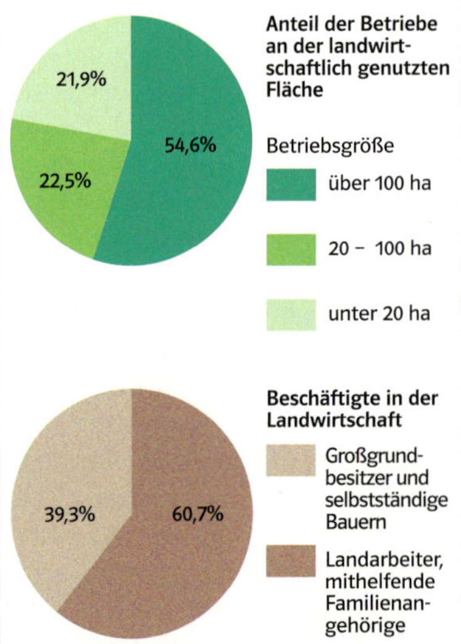

M 20 Sozial- und wirtschaftshistorische Ursachen der Unterentwicklung

„Die Landwirtschaft dominierte die andalusische Wirtschaft bis vor wenigen Jahrzehnten völlig und spielt auch heute noch eine wichtige Rolle. Sie ist traditionell durch Latifundienwirtschaft geprägt, die als ein entscheidender Grund für den Entwicklungsrückstand Andalusiens gewertet wird. Die Latifundienwirtschaft ging zwar seit den [19]50er Jahren zurück, ihre Auswirkungen auf die Gesellschaft sind jedoch bis heute deutlich zu spüren. Sie ist … auch die Ursache der problematischen Agrarsozialstruktur Andalusiens [M19] …

Die extreme Polarisation von Arm und Reich in der andalusischen Gesellschaft kann noch prägnanter formuliert werden: Es handelt sich danach um den Gegensatz zwischen denjenigen, die es sich leisten können, nichts zu tun, und jenen, die (körperlich) arbeiten müssen. Landbesitz steht demnach für Unabhängigkeit, Sicherheit und Befreiung von körperlicher Arbeit. Die Agrarelite gibt in Andalusien bis heute den Ton an, auch wenn ihr Einfluss nachlässt. Sie hat in der Vergangenheit die Industrialisierung oft blockiert, um ihr Potenzial an billigen Arbeitskräften zu erhalten. Aus der Sicht andalusischer Großgrundbesitzer ist es geradezu undenkbar, Land zu verkaufen, nur um in ein – viel unsichereres – industrielles Unternehmen zu investieren.

Als weitere Ursachen der Unterentwicklung Andalusiens können der Fehlschlag der Industriellen Revolution im 19. Jh. und die extrem periphere Lage gesehen werden. Andalusien gehörte zwar auf der Basis von Eisen-, Blei- und Textilindustrie bis 1860 zu den führenden Regionen der spanischen Frühindustrialisierung, konnte jedoch bereits in der zweiten Hälfte des 19. Jahrhunderts mit der später entstandenen, aber leistungsfähigeren nordspanischen Industrie nicht mehr konkurrieren …"

Online-Link für S. 390: 29260X-0307
M 17 berechnet nach: Eurostat, verschiedene Statisitken (Die Europäischen Gemeinschaften)
M 19 Instituto de Estadistica de Andalucia, Consejeria de Economia y Hacienda, Juli 2008

M 20 Malte Helfer: Solarenergie in Andalusien – Neue Technologien als Entwicklungspotential für eine rückständige europäische Region? Saarbrücken: Akademie-Verlag 2003, S. 63 – 64

Weiterführende Links
www.euregiochambers.com, www.euregio-mr.org, www.aachen.de, www.interregemr.info, alle Mai 2008

M 22 www.aachen.de/DE/wirtschaft_technologie/euregio_europa/euregio_maas_rhein/index.html, Mai 2008

Online-Link für S. 391: 29260X-0308

M 21 Die Euregio Maas-Rhein

M 22 Wirtschaft in der Euregio Maas-Rhein

„Als grenzüberschreitender Raum im Dreiländereck der Niederlande, Belgiens und Deutschlands vereint die Euregio Maas-Rhein fünf Partnerregionen. Auf einer Fläche von 10 745 km² zählt sie 3,7 Mio. Einwohner, davon rund 1,5 Millionen Arbeitnehmer, und es werden drei Sprachen gesprochen – Deutsch, Französisch und Niederländisch –, was aus der Region ein wahrhaftes Labor dessen macht, was einmal das Europa von morgen sein kann, mit seinen Schwachstellen (darunter die unvermeidlichen Konflikte zwischen den spezifischen Interessen der einzelnen Regionen und dem Gemeingut der Euregio), aber insbesondere mit seinen unbestreitbaren Trümpfen.

An der Nahtstelle der großen wirtschaftlichen und industriellen Zentren des nordwestlichen Europas (Paris, Luxemburg, Brüssel, das deutsche Ruhrgebiet und die holländische Randstad) nimmt die Euregio Maas-Rhein eine äußerst günstige geographische Lage ein. Sie zählt zwei wichtige regionale Flughäfen – Airport Lüttich und Maastricht-Aachen Airport – und gleichfalls liegt sie in unmittelbarer Nähe zu den internationalen Flughäfen Düsseldorf, Köln, Amsterdam und Brüssel.

Die großen Seehäfen Antwerpen und Rotterdam sind nicht weit, und die Region birgt den zweitgrößten Hafen für Binnenschifffahrt Europas: Lüttich. Dank des Albert-Kanals und des Kanals Juliana-Maas ist die Euregio Maas-Rhein an das europäische Gütertransportnetz der Binnenschifffahrt angeschlossen. Auch liegt sie an der Kreuzung großer Autobahn- und Schienenverkehrsnetze, die Europa vom Westen zum Osten und vom Norden zum Süden verbinden, und der europäische Hochgeschwindigkeitszug hält in Lüttich und Aachen …

Zusätzlich zu zwei der Wissenschaft vorbehaltenen Zonen bietet die Euregio Maas-Rhein zwei Unternehmens- und Innovationszentren und 26 Unternehmenszentren mit den Schwerpunkten Spitzentechnologie und Entwicklung des Dienstleistungssektors. Mehr als 16 000 Hektar sind für Unternehmen angelegt und ausgestattet.

Die Industrie- und Handelskammern der Euregio Maas-Rhein sind Vorreiter auf dem Gebiet der euregionalen Zusammenarbeit … Die Kammern in der Euregio verfolgen alle das gleiche Ziel: die Förderung und Entwicklung der Wirtschaft und der Interessen der Unternehmer ihres Bezirks. Aus dieser gemeinsamen Zielsetzung heraus haben die sechs Industrie- und Handelskammern der Euregio Ende 1994 ein Protokoll zur Zusammenarbeit unterzeichnet. Die gemeinsame Nutzung der einzelnen Dienstleistungsangebote sowie das Zusammenfügen der verschiedenen Qualitäten und Kapazitäten kommt direkt den Unternehmen in den verschiedenen Regionen zugute."

M 23 Position der EU im Welthandel – Handel der wichtigsten wirtschaftlichen Zusammenschlüsse sowie Chinas und Japans 2006

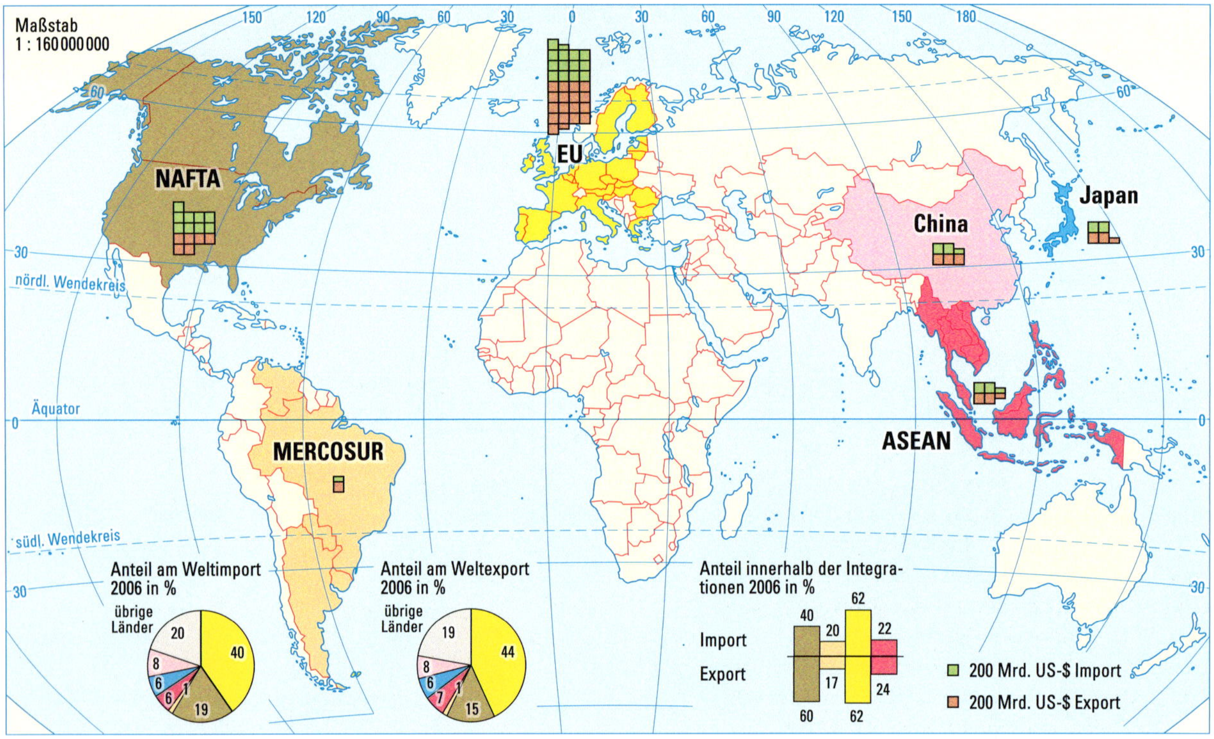

Weltmarkt
Binnenmarkt
Bruttonational-einkommen (BNE)

10.3.5 Die Stellung der EU in der Weltwirtschaft

Die Europäische Union ist in den fünf Jahrzehnten ihres Bestehens in politischer und wirtschaftlicher Hinsicht zu einer globalen Macht aufgestiegen. Mit ihren hohen Anteilen an den Weltein- und -ausfuhren (Karte M 23) ist sie nicht nur stärker als jeder andere Wirtschaftsblock mit der Weltökonomie verflochten, sie stellt mit den „Vier Freiheiten" ihres Binnenmarktes (vgl. S. 383) weltweit auch die weitreichendste Integration nationaler Volkswirtschaften dar.

Auch in der Entwicklungspolitik spielt die Europäische Union eine führende Rolle. Die EU selbst und ihre Mitgliedstaaten bringen mehr als die Hälfte der weltweiten Mittel für die Entwicklungshilfe auf, was einem Betrag von über einer Milliarde Euro pro Monat entspricht. Allein für das Jahr 2007 sind im EU-Haushalt 5,7 Mrd. Euro zur Bekämpfung der Armut in der Welt vorgesehen. Darüber hinaus hat die EU mit vielen Entwicklungsländern Verträge über bevorzugten Handel, über technische und finanzielle Hilfe sowie politische Zusammenarbeit abgeschlossen.

M 24 Die EU im Vergleich mit anderen Wirtschaftsräumen im Jahre 2005

	EU-25	USA	China	Japan	Russland
Einwohner (Mio.)	486	296	1305	128	143
Anteil an der Weltbevölkerung (%)	7,5	4,6	20,3	2,0	2,2
BNE (Mrd. US-$)	12815	12455	2264	4988	639
BNE pro Kopf (US-$)	26368	43740	1740	38980	4460
Anteil am Welt-BNE (%)	28,5	27,7	5,0	11,1	1,4

M 23 nach WTO Country profiles 2006, Trade Statistics 2006, in Barbara Hahn: Europäische Union und andere regionale Integrationen im Vergleich. In: Geographische Rundschau, 59. Jg., H. 3. Braunschweig: Westermann 2007, S. 10, sowie World Trade Developments 2006

M 24 berechnet nach Weltbank (Hrsg.): Weltentwicklungsbericht 2007. Bonn: Bundeszentrale für politische Bildung, S. 348–349

*Tigerstaaten der ersten Generation: Südkorea, Taiwan, Hongkong, Singapur; der zweiten Generation: Malaysia, Thailand, Indonesien; vgl. Fluggänsemodell auf S. 396

M 25 iwd, Institut der deutschen Wirtschaft Köln, Nr. 16 vom 19. April 2007, S. 4, auf www.iwkoeln.de/pdf/iwd16_07.pdf

Online-Link
29260X-0309

Globale Konkurrenz für einen heterogenen Wirtschaftsraum

Die beeindruckenden Angaben zur Stellung der Europäischen Union in einer globalisierten Weltwirtschaft müssen nach einer kritischen Analyse in mehrfacher Hinsicht relativiert werden. So ist zunächst einmal zu beachten, dass das integrierte Europa aus Ländern besteht, die im Hinblick auf die Wirtschaftsstruktur und Wirtschaftskraft sehr große Unterschiede aufweisen. Das gilt in besonderem Maße nach den Osterweiterungen. Einige wenige wirtschaftsstarke Staaten bilden das ökonomische Fundament. Zu ihnen gehören mit Deutschland, Großbritannien, Frankreich und Italien die in der so genannten G8 (Gruppe der sieben bedeutendsten Wirtschaftsmächte plus Russland) vertretenen europäischen Staaten sowie die Niederlande, Belgien und auch die skandinavischen Länder. Bei anderen Mitgliedern der Europäischen Union weisen die wirtschaftlichen Kennziffern eher auf den Status eines Schwellen- oder sogar Entwicklungslandes hin.

Die derart heterogen strukturierte EU steht also nicht nur vor der gewaltigen Aufgabe, unter großen politischen und finanziellen Anstrengungen die räumlichen Disparitäten im Inneren zu überwinden, sie muss sich nach außen auch mit einer immer stärker werdenden Konkurrenz auseinandersetzen. Diese kommt zunehmend aus dem asiatischen Raum (M25). Zu nennen sind hier in erster Linie – neben dem bereits seit längerem etablierten Japan (vgl. S. 396ff.) – das durch ein anhaltend hohes Wirtschaftswachstum beeindruckende China (vgl. S. 410ff.) und die so genannten Tigerstaaten der ersten und zweiten Generation* wie Taiwan, Südkorea oder Malaysia. All diesen Ländern ist es gelungen, größere Marktanteile im Welthandel zu erobern.

Die asiatische Konkurrenz profitiert dabei längst nicht mehr nur von dem starken Lohngefälle gegenüber Europa. Sie bietet inzwischen in wichtigen Zukunftsbranchen wie der Informationstechnologie oder Kommunikationstechnik weltmarktfähige Produkte an. So hat z. B. der „Tiger" Südkorea seit dem Jahre 2000 einen gewaltigen Satz gemacht – vom Hersteller billiger Haushalts- und Elektronikwaren zum Produzenten von Hightech-Angeboten in den Bereichen Computer, Mobilfunk, Nano- und Biotechnologie. Nicht zuletzt aufgrund dieser Produktpalette konnten die Südkoreaner ihre Warenexporte im Durchschnitt um 10 % pro Jahr erhöhen. Die Konkurrenz ist hellwach!

M 25 Wirtschaftswachstum ausgewählter Regionen im Vergleich (Wachstum des realen Bruttoinlandsprodukts, 1980 = 100)

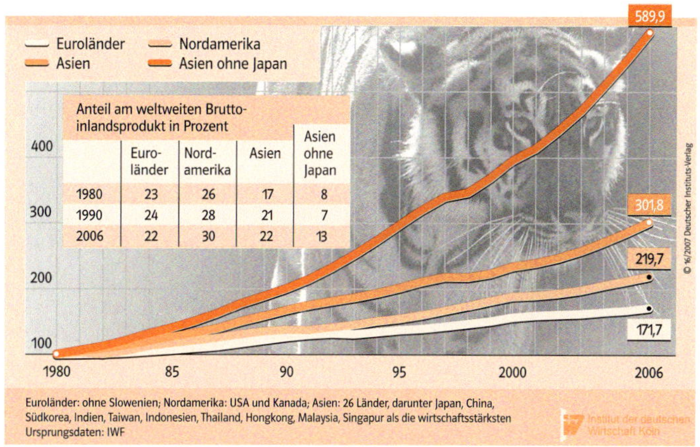

Anteil am weltweiten Bruttoinlandsprodukt in Prozent

	Euroländer	Nordamerika	Asien	Asien ohne Japan
1980	23	26	17	8
1990	24	28	21	7
2006	22	30	22	13

M 26 Die EU im Globalisierungsprozess?

A 15 Beschreiben Sie die Rolle der Europäischen Union als „Global Player".

A 16 Vergleichen Sie anhand der Karte M 23 und der Tabelle M 24 die Europäische Union mit anderen Wirtschaftsräumen.

A 17 Stellen Sie Faktoren dar, die die weltwirtschaftliche Position der EU gefährden könnten.

A 18 Beurteilen Sie die Aussage der Karikatur M 26.

G7-/G8-Staaten

Tigerstaaten

Hightech

Demokratie
Perikles
(ca. 500 - 429 v. Chr.)

Christentum, Reformation
Martin Luther
(1483 - 1546)

Freiheit, Rechtsgleichheit, Grundrechte
John Locke
(1632 - 1704)

M 27 Wurzeln europäischer Identität

10.3.6 Grenzen der Europäischen Union?

Seit dem Jahre 2007 umfasst die Europäische Union 27 Mitglieder. Mit der Türkei und Kroatien sind bereits Beitrittsverhandlungen aufgenommen worden. Weitere Staaten haben ihr Interesse an einem Beitritt bekundet.* Der Drang, Mitglied der EU zu werden, ist ungebrochen. Aber wie weit kann die Erweiterung gehen? Wo „endet" die Idee der europäischen Einigung?

Ein Rückgriff auf die geographischen Grenzen Europas hilft nicht viel weiter. So klar sich die Grenzen im Norden, Westen und Süden bestimmen lassen, wo der europäische Kontinent vom Polarmeer, Atlantik und Mittelmeer umrahmt wird, so umstritten ist die Begrenzung im Osten. Hier verläuft die Grenze im Wesentlichen auf dem Festland, und zwar nach traditioneller Definition entlang von Uralgebirge, Uralfluss, Kaspischem Meer, Kaukasus oder Manytschniederung, Schwarzem Meer und Bosporus (Karte M 4, S. 381). Aber diese konventionelle Abgrenzung ist mehr oder weniger willkürlich. Sie folgt keinem durchgängigen geologischen oder geomorphologischen Prinzip.

Lassen sich die Grenzen Europas bzw. der Europäischen Union durch kulturell-historische Traditionen bestimmen? Die Anerkennung der drei Grundprinzipien des Europarats – Menschenrechte, freiheitliche Demokratie, Rechtsstaatlichkeit – ist Grundlage einer gemeinsamen kulturellen Identität. Aber es gibt viele Staaten in europafernen Regionen, die sich zu denselben Grundwerten bekennen, ohne daraus das Ziel einer EU-Mitgliedschaft ableiten zu wollen. Das Christentum ist ein weiteres wesentliches gemeinsames Element der „Alten Welt". Im 18. Jh. ging man davon aus, dass Europa ein zusammenhängend christlich geprägter Raum sei. Vielfach wird diese Definition auch heute noch – bewusst oder unbewusst – zugrunde gelegt. Zwar spielt die christliche Kultur seit der Renaissance, der Aufklärung und der Säkularisation im Alltag nicht mehr die dominierende Rolle, trotzdem wird es schwerfallen, z. B. bei der Frage des EU-Beitritts der Türkei (Nachbarseite) die Hürden dieser Tradition zu überwinden.

Was ist die Europäische Union?

„Trotz endloser Debatten über die EU ist diese ein weitgehend unbegriffenes Gebilde geblieben. Ihre Neuartigkeit unterscheidet sie von allen Konzepten von Staatlichkeit, die wir kennen. Die Europäer bilden kein Volk, keine Nation ... Direkt gesagt: Es gibt nicht Europa, sondern Europäisierung – einen historischen Lernprozess der Entdeckung und Entfaltung der europäischen Idee ...

Dieser Prozess der Selbsteuropäisierung wirkt über Grenzen hinweg. Er ist nicht an die Mitgliedschaft in der EU, wohl aber an die Antizipation der Mitgliedschaft und damit an das Versprechen gebunden, ein Land nach dem Prozess der Selbsteuropäisierung als EU-Mitglied aufzunehmen ...

Aber dieses Versprechen auf Mitgliedschaft ist nicht selbstlos. Denn zugleich ist die lockende EU-Mitgliedschaft eine Art Versicherungspolice gegen Bedrohungen, die von instabilen Nachbargesellschaften für die EU-Staaten ausgehen. Die Mitgliedschaftsverheißung stachelt diese Nicht-EU-Länder zur Selbstpazifizierung aus Eigennutz an – zum Fremdnutzen aller. Die Verbindung der EU und der Türkei beruht also auf einem grenzenüberschreitenden Länderpakt: demokratische Modernisierung und Stabilität gegen den Aufstieg in die EU.

Der Versuch, die EU über gemeinsame kulturelle Herkunft, über christlich-abendländische Werte zu definieren, muss scheitern. Die Europäische Gemeinschaft ist als Antwort auf den Horror des 20. Jahrhunderts entstanden: auf die Selbstzerstörung des abendländischen Kontinents in zwei Weltkriegen, den Holocaust, den stalinistischen Terror. Der historische Lernprozess, das europäische Wunder: wie aus Feinden Nachbarn werden, macht die Seele Europas aus ..." [4]

A 19 Arbeiten Sie die Antwort von U. Beck (Quellentext 4) auf die Frage heraus: Was ist die Europäische Union?

A 20 Vergleichen Sie diese Antwort mit den Positionen im Informationstext auf dieser Seite.

A 21 „Wie viel Europa verträgt die Europäische Union?" – Erörtern Sie diese Frage in Ihrer Lerngruppe.

*z. B. die Republik Mazedonien oder die Länder des westlichen Balkan, ja selbst die Ukraine, die Republik Moldawien und Georgien

[4] Ulrich Beck: Verlockendes Versprechen. In: Süddeutsche Zeitung vom 01.12.2006, München 2006

Online-Link
29260X-0310

M 28 EU-Beitritt der Türkei?

„Die Türkei ist schon seit 1963 mit der EG assoziiert und bildet mit ihr seit 1996 eine Zollunion. Der Beitrittsantrag von 1987 wurde 1989 zunächst aus politischen Gründen abgewiesen ... Wesentliche Kritikpunkte, die ... immer wieder vorgebracht wurden, sind die Schwäche der demokratischen Institutionen, der große politische Einfluss des Militärs, die Diskriminierung der Kurden und schwerwiegende Menschenrechtsverletzungen. Kritisch bewertet [wurde] außerdem der Modernisierungsrückstand ... Über die konkreten Probleme, ein Land mit 68 Millionen Einwohnern und rasch wachsender Bevölkerung zu integrieren, wird ... erst eingehender diskutiert, seitdem die Türkei seit 2002 ... Fortschritte bei der Erfüllung der politischen Kriterien demonstrierte. Das Gewicht, das der Türkei in den Organen der EU zukäme, und die Perspektive der Freizügigkeit für türkische Arbeitnehmer ... stellen die ... Handlungsfähigkeit und auch die politische Identität der EU auf die Probe.
Darüber hinaus werden die islamische Prägung des Landes und die möglichen Spannungen, die sich daraus zu den Grundwerten der Demokratie und einer säkularen Lebensweise ergeben können, problematisiert. Nach den Kopenhagener Beitrittskriterien stellt die ... Mehrheitsreligion des beitrittssuchenden Landes kein Ausschlusskriterium für die EU dar. Allerdings schwingt die Frage in vielen Diskussionen mit, ob die Türkei mit ihrer spezifischen Identität und als Brücke zum arabisch-islamischen Raum zu EU-Europa passe. Eine um die Türkei erweiterte EU hätte eine gemeinsame Grenze mit Syrien, dem Irak und Iran sowie den Kaukasusrepubliken und stieße somit an einen weltpolitischen Krisenbogen. Andere sehen gerade in der geographischen Lage der Türkei und ihrer Ausnahmestellung als – wenn auch immer wieder von innen bedrohter – demokratisch-laizistischer Staat mit einer islamischen Bevölkerungsmehrheit die strategische und geopolitische Bedeutung des Landes ... für die EU und den Westen ..."

M 29 Strukturdaten: Türkei und Deutschland im Vergleich 2006/2007

	Türkei	Deutschland
Fläche (km²)	783562	357027
Einwohner (Mio.)	70,6	82,2
Bevölkerungswachstumsrate 2007/06 (%)	-3,3	-0,1
Analphabetenrate (%) Männer/Frauen	6/23	3,5
BIP (Mrd. US-$)	658,8	3323,0
Anteil Wirtschaftssektoren an den Beschäftigten/am BIP (%)		
Primärer Sektor	33,2/ 9,2	2,3/ 0,9
Sekundärer Sektor	23,8/30,6	30,8/30,1
Tertiärer Sektor	43,0/60,2	66,9/69,0
Wachstum des BIP 2007 zu 2006 (%)	4,5	2,5
BIP/Kopf (US-$)	9333	40395
Arbeitslosenquote (%)	9,9	8,1
Inflationsrate (%)	8,4	2,2
Außenhandel (Mrd. US-$)		
Import	170,0	1059,1
Export	107,2	1328,5

M 30 Istanbul – Europabrücke, Verbindung zwischen Orient und Okzident

M 31 Aus einem Aufruf der „Bewegung für Europa"

„Wenn die Türkei Freiheit statt Unterdrückung, Reichtum statt Armut, Sicherheit statt Angst erreichen will, führt der Weg über die Europäische Union. Europa hat der Türkei seit Jahrhunderten den Weg nach vorn gewiesen. Es bedeutet zeitgenössische Zivilisation, Investitionen, Arbeit, Gewinn, Solidarität, Wissen, Technologie und soziale Sicherheit."

A 22 Vergleichen Sie anhand ausgewählter Daten die Türkei mit Deutschland.

A 23 Gestalten Sie eine Präsentation zu den Ergebnissen einer von Ihnen durchgeführten Umfrage mit dem Thema „EU-Mitgliedschaft der Türkei?"

A 24 Erörtern Sie, ob ein EU-Beitritt der Türkei eher neue Chancen oder Risiken für die Europäische Union im Globalisierungsprozess bedeuten würde.

M 28 Barbara Lippert: Strittige Mitgliedschaft der Türkei. In: Europäische Union. Informationen zur politischen Bildung, H. 279. Bonn: Bundeszentrale für politische Bildung 2005, S. 54–55

M 29 Zusammenstellung aus bfai, Wirtschaftsdaten kompakt, Mai 2008 und Der Fischer Weltalmanach 2008. Frankfurt am Main: Fischer Taschenbuchverlag 2007

M 31 Aufruf einer im Jahre 2002 gegründeten Gruppe türkischer Intellektueller

Online-Link 29260X-0311

10.4 Japan – Leitgans für die Region Ost-/Südostasien?

M1 Modell der Fluggänse

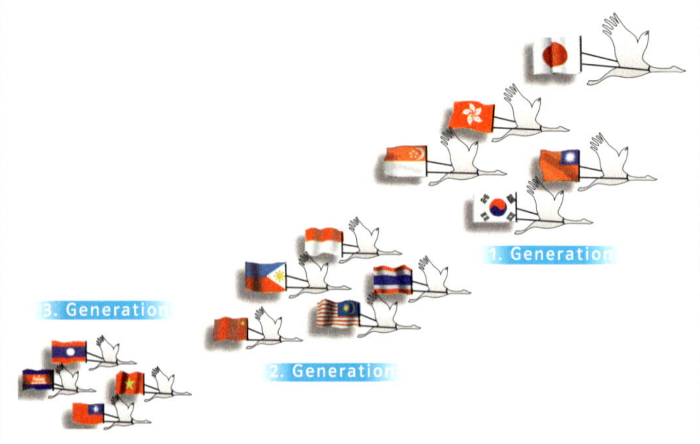

M2 Japans Stellung in der Weltwirtschaft 2005

Land	BNE/Kopf in US-$ (Rang)	Außenhandel in Mrd. US-$ (Rang)	
		Einfuhr	Ausfuhr
Japan	38 980 (8)	514,922 (4)	594,905 (4)
USA	43 740 (6)	1732,348 (1)	904,383 (2)
Deutschland	34 870 (14)	773,804 (2)	911,9 (1)

M3 Verteilung der japanischen Erwerbstätigen auf die Wirtschaftssektoren 2005 (in %)

Landwirtschaft	1,8
Industrie	30,1
Dienstleistungen	68,1

10.4.1 Merkmale der globalen Wirtschaftsmacht Japan

Fluggänsemodell
nichttarifäre Handelshemmnisse (G)
ADI (G)
Know-how
Sogo Sosha
Konfuzianismus

Trotz einer hohen Abhängigkeit von Rohstoffimporten aufgrund fehlender einheimischer Ressourcen gehört Japan zu den führenden Wirtschaftsnationen der Welt. Innerhalb Ost- und Südostasiens wurde Japan schon frühzeitig die Funktion der „Leitgans" im „Modell der Fluggänse" zugeschrieben. Diese begründete sich in der Vorreiterrolle des Landes bei technologischen Innovationen als Motor für das Ingangsetzen von Produktionszyklen innerhalb der Region. Je nach Stand der Imitation des japanischen Entwicklungsmusters erhielten die verschiedenen ost- und südostasiatischen Länder ihre Position innerhalb des „Fluggänsemodells". Allerdings ist zu fragen, inwieweit die Führungsrolle Japans heute noch Bestand hat. Gehen etwa alleine von Japan technologische Innovationen in der Region aus? Bildet Japan das einzig gültige Entwicklungsmodell für die ost- und südostasiatischen Staaten?
Zu den besonderen Merkmalen, die Japan zu einer weltwirtschaftlichen Führungsmacht werden ließen, zählen:
- zweitgrößter Binnenmarkt der Welt,
- Abschottung der einheimischen binnenmarktorientierten Unternehmen als wichtigstem Standbein der japanischen Wirtschaft, u.a. durch nichttarifäre Handelshemmnisse,
- exportorientierte Produktion mit möglichst ungehindertem Zugriff auf Güter- und Kapitalmärkte Europas und Nordamerikas,
- Abschottung vor einer Zufuhr von ADI,
- hohes Innovationspotenzial mit der Fähigkeit zum schnellen Kopieren von originärem Know-how,
- enge Verflechtung zwischen Unternehmen verschiedener Branchen, die sich gegenseitig unterstützen, z.B. über Generalhandelshäuser (Sogo Sosha),
- hohe Arbeitsethik auf Grundlage des Konfuzianismus.

Raumstrukturen der Industrie. Die Gebirgsstruktur des japanischen Archipels zwingt zu einer räumlichen Konzentration von Siedlungen, landwirtschaftlichen Nutzflächen und Industrie entlang der schmalen Küstenstreifen, insbesondere auf der pazifischen Seite. Dort ballen sich alleine auf einer Strecke von ca. 500 km die drei Hauptmetropolregionen des Landes: Tokyo, Kobe/Osaka und Nagoya. Ziel umfangreicher Landgewinnungsmaßnahmen ist u. a. die Schaffung weiträumiger industrieller Ansiedlungsflächen mit direktem Anschluss an den seewärtigen Transport. Dies ermöglicht den Aufbau integrierter Industriekomplexe mit vertikalen und horizontalen Produktionsverflechtungen. Raffinerien, Stahl- und Kraftwerke als Basis der küstenorientierten Komplexe erlauben die rasche Verarbeitung der importierten Rohstoffe und Belieferung der in direkter Nachbarschaft angesiedelten Großbetriebe der Verarbeitenden Industrie wie insbesondere die Chemische Industrie, den Maschinen- und Automobilbau. Die geringe Fertigungstiefe der Verarbeitenden Industrie resultiert aus einem hohen Grad an Zulieferung von Einzelteilen und Komponenten. Außerjapanische Standorte von Zulieferern japanischer Mutterkonzerne befinden sich vor allem im ost- und südostasiatischen Raum.

M 4 Küstenorientierte Industriestandorte – Beispiel Mizushima, Südwest-Honshu, Region Okayama

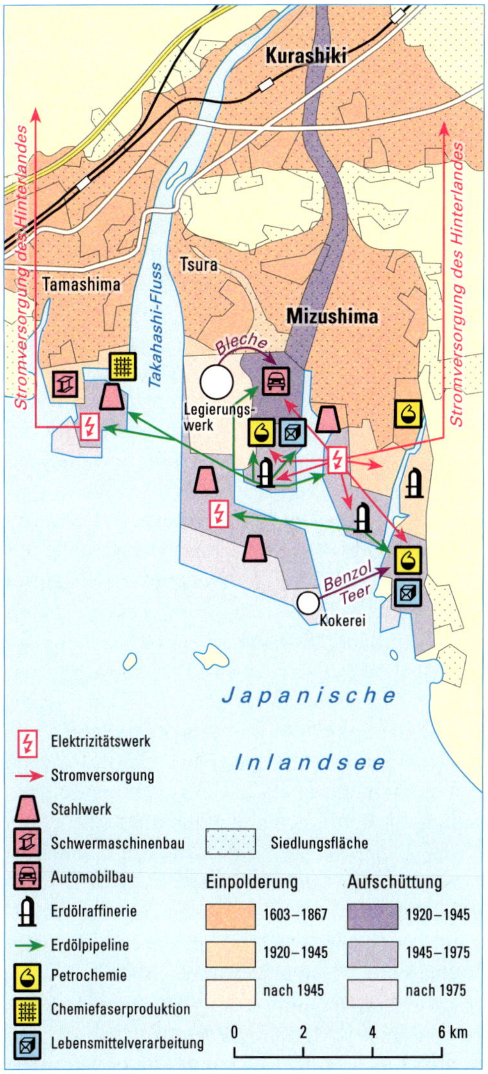

M 5 Handelsnation Japan 2005/2007

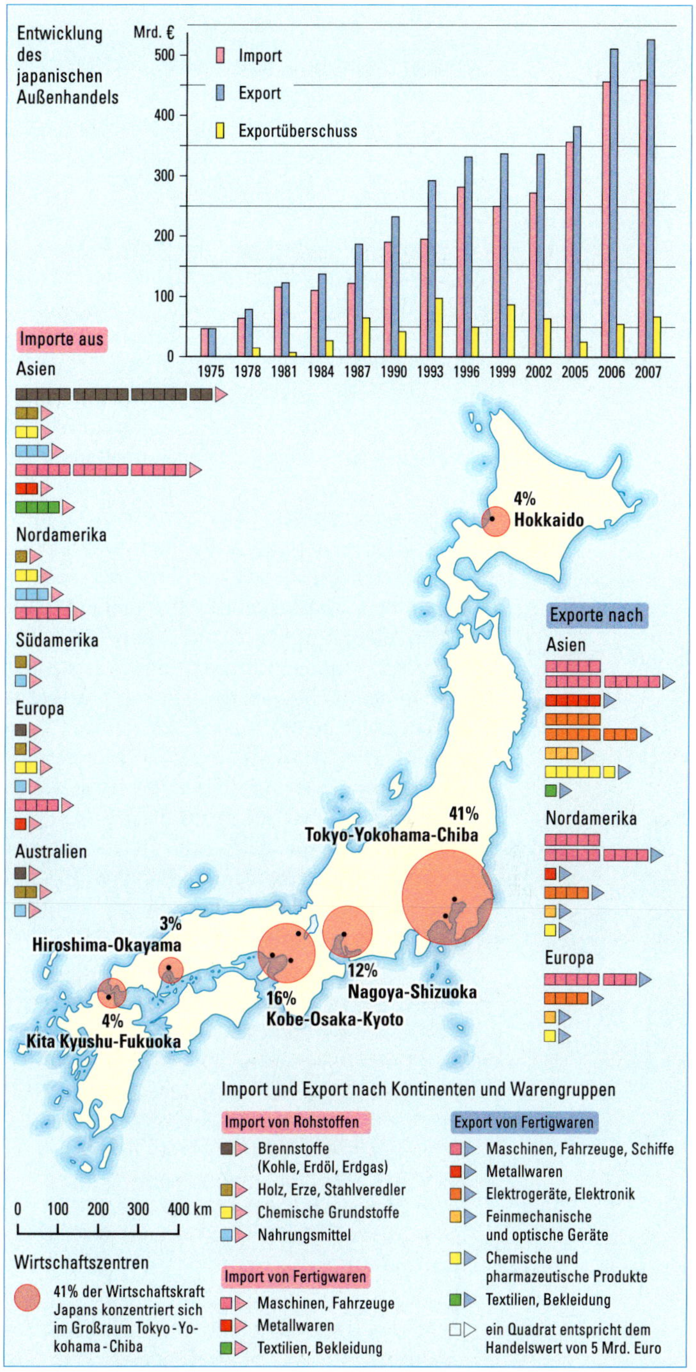

A1 Beschreiben Sie globale wirtschaftliche Verflechtungen Japans am Beispiel seines Außenhandels.

A2 Erläutern Sie die besonderen Merkmale der Standorte der japanischen Industrie am Beispiel von Karte M 4.

M 2 und M 3 nach Fischer Weltalmanach 2008. Frankfurt am Main: Fischer Taschenbuchverlag 2008, S. 534 ff., 625 und 690; S. 259

M 4 nach Wilfried Flüchter: Neulandgewinnung und Industrieansiedlung vor den japanischen Küsten. Paderborn: Schöningh 1975, S. 7, ergänzt

Online-Links
zum Fluggänsemodell: 29260X-0401

zur japanischen Industrialisierung: 29260X-0402

Online-Links
zu den Sogo Sosha: 29260X-0403

zur Landgewinnung aus dem Meer: 29260X-0404

10.4.2 Verwundbarer Globalisierungsakteur

Außenwirtschaftliche Verwundbarkeit

Rohstoffe

OPEC

Die große Abhängigkeit von globalen Rohstoffimporten stellt für Japan in mehrfacher Hinsicht eine grundlegende wirtschaftspolitische Problematik dar, wie das Beispiel Erdöl/Erdgas zeigt.
Erstens ist ein hoher Anteil der Importkosten an Rohstoffe gebunden, der bei steigenden Rohöl- und Erdgaspreisen wie zu Beginn des 21. Jh.s zunehmend an Gewicht gewinnt. Zweitens ergeben sich aus der Lage der Hauptfördergebiete von Erdöl und Erdgas und dem Verlauf von Transportrouten zum Abnehmerland Japan wirtschafts- und geopolitische Konsequenzen. So bietet die Golfregion als eine der Hauptförderregionen aufgrund ihrer umfangreichen Reserven langfristig quantitativ die besten Lieferperspektiven, jedoch ist sie gleichzeitig eine der weltpolitisch krisenanfälligsten Regionen.
Sibirien als alternative Förderregion stellt eine zweite Importquelle für Japan dar. Von dort ist zudem eine pipelinegestützte Belieferung möglich. Japan ist jedoch neben Europa und dem aufstrebenden, energiehungrigen China nur einer von drei Abnehmern sibirischen Öls. Beim Bezug russischen Erdöls zur Diversifizierung seiner Importquellen trifft es in Russland somit auf zwei Konkurrenten im Wettbewerb um die aus russischer Sicht günstigsten Verkaufspreise. Die russische Seite bezieht dabei eine starke Verhandlungsposition gegenüber den Abnehmern, weil das Land kein Mitglied der OPEC ist und sich nicht an deren Preisabsprachen halten muss.
Bei der Belieferung mit Erdöl aus der Golfregion über die bestehenden Tankerrouten gefährdet die Piraterie in der Straße von Malakka die Versorgungssicherheit Japans. Außerdem gilt für die Golfregion selbst, dass die Nutzung der dortigen Fahrwasser im Kriegsfall nicht gewährleistet ist, wie z. B. während des Zweiten Golfkrieges 1990/91.
Der Import von Erdöl und Erdgas über alternative Transportrouten aus der zentralasiatischen Region – v. a. Kasachstan, Turkmenistan und Usbekistan – unter Umgehung der bestehenden Tankerrouten durch den Indischen Ozean und das Südchinesische Meer machte einen pipelinegestützten Transit über das chinesische Territorium erforderlich. Hierdurch geriet Japan in energiepolitische Abhängigkeit seines größten wirtschaftlichen Konkurrenten in Ostasien.
Auch der Export japanischer Fertigwaren über See, wie insbesondere der Automobilexport, birgt lediglich in Richtung der amerikanischen Kontinente keine Gefahren. In Richtung Europa unterliegen dagegen die Exportrouten denselben Risiken wie beim Rohstoffbezug, es sei denn, es werden Umwegfahrten um den afrikanischen oder – bei evtl. künftig abschmelzendem Polareis – um den asiatischen und nordamerikanischen Kontinent in kauf genommen. Die Nutzung der Polarrouten schlösse ökologische Risiken mit ein.
Neben außenwirtschaftliche Unwägbarkeiten treten zahlreiche gravierende naturräumliche Risiken, denen das japanische Territorium unterworfen ist. Diese vergrößern die gesellschaftliche und wirtschaftliche Verwundbarkeit des ostasiatischen Staates in erheblichem Maße.

M6 Rohstoffabhängigkeit der japanischen Wirtschaft 2001/2003

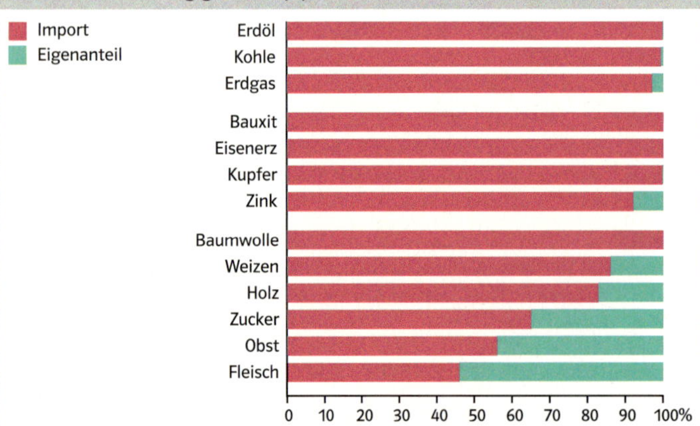

A 3 Erstellen Sie ein Wirkungsgefüge (vgl. S. 466 bis 467) zum Thema „Wirtschaftliche Verwundbarkeit Japans durch Rohstoffimporte".

M 6 nach METI Agency for Natural Resources and Energy (ANRE), Tokyo 2005, ergänzt

M 7 Atlas der Globalisierung (2006). Berlin: Le Monde diplomatique/taz Verlags- und Vertriebs Gmbh 2006, S 179, leicht generalisiert und verändert

Online-Link zur außenwirtschaftlichen Verwundbarkeit: 29260X-0405

Online-Link zur natürlichen Verwundbarkeit (Folgeseiten): 29260X-0406

M7 Die Welt aus Sicht Japans

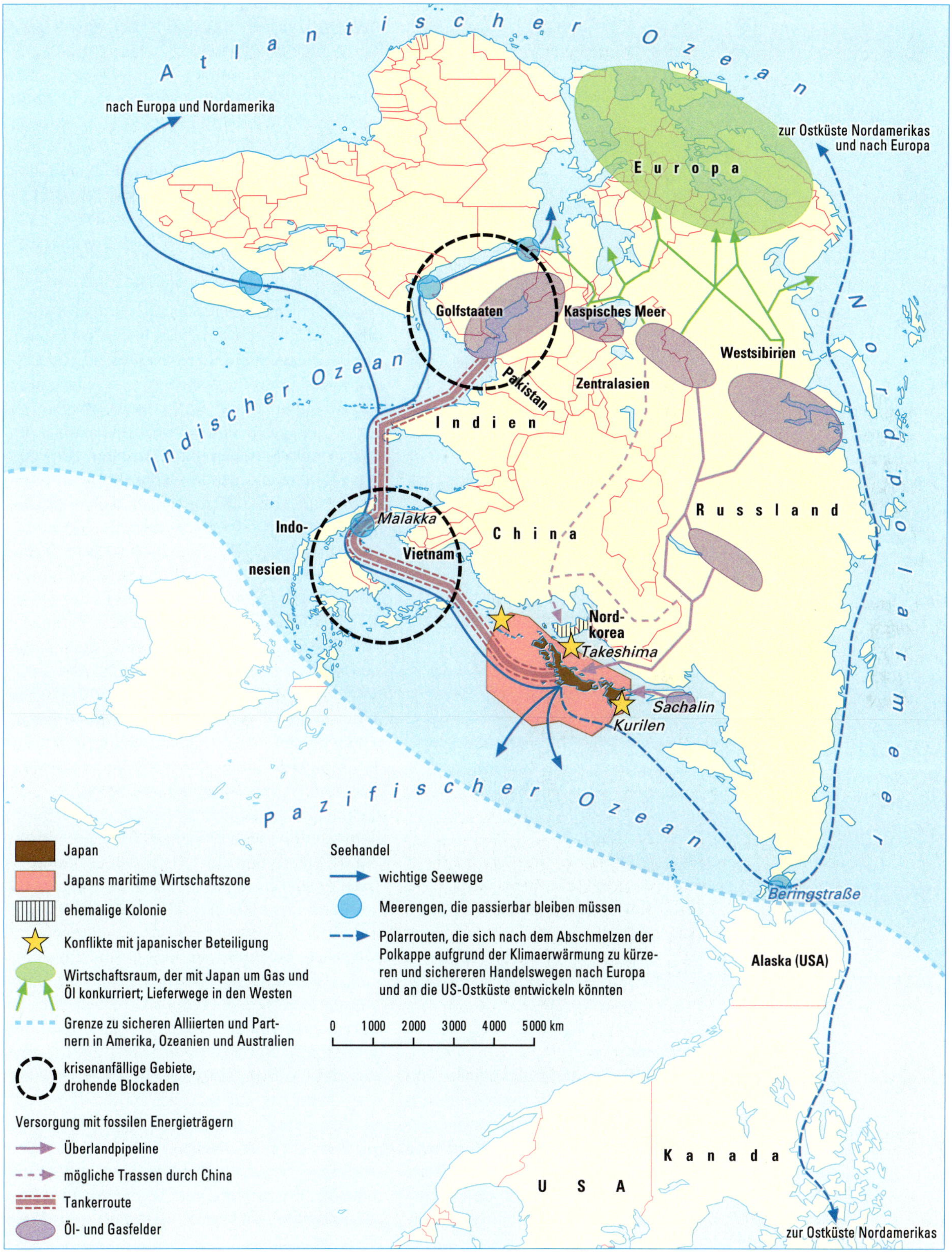

M8 Naturrisiken in Japan

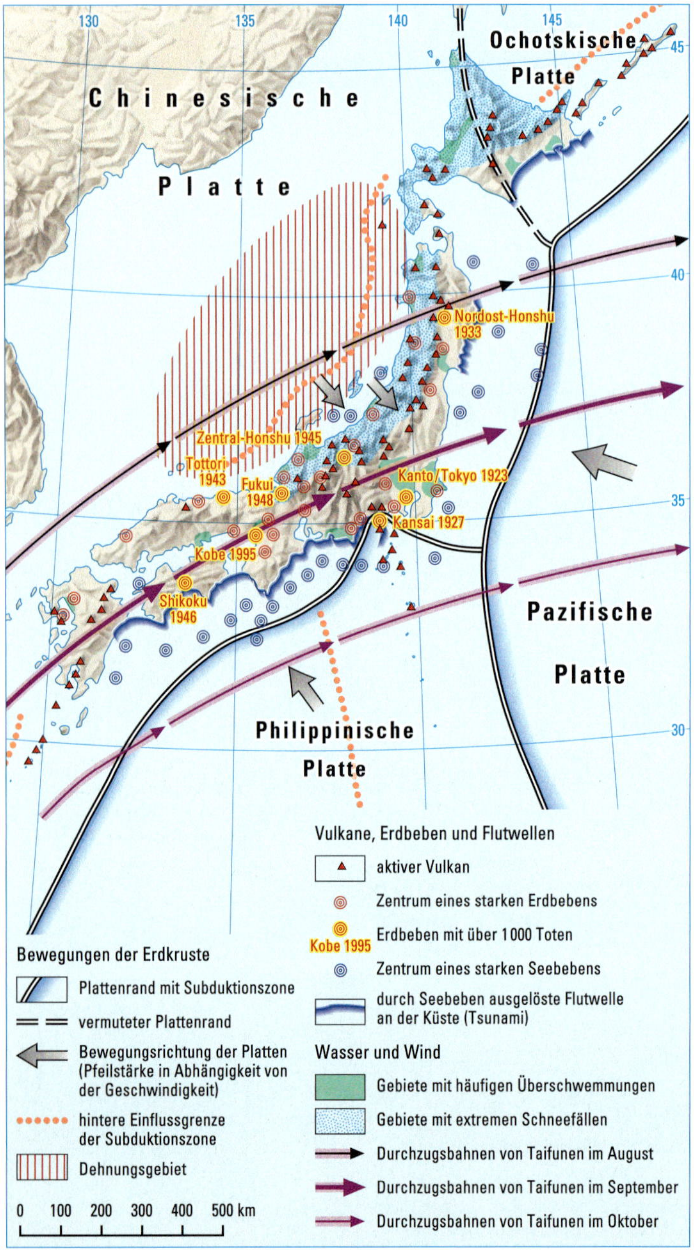

Natürliche Verwundbarkeit

Vulkanismus
Erdbeben

Tektonik und Vulkanismus. Kennzeichnendes tektonisches Merkmal Japans ist seine Lage am nordwestlichen Teilsystem der zirkumpazifischen Plattengrenzen. Hier treffen Pazifische und Philippinische Platte als ozeanische Platten mit einer Westdrift auf die nach Osten driftende Chinesische Platte sowie die Ochotskische Platte. Folgen der Plattenkonvergenz sind die Entstehung des japanischen Inselbogens sowie die Bildung von Subduktionszonen und Tiefseegräben vor der Pazifikküste Japans entlang der Plattengrenzen.

Der vulkanische Aufbau des Inselbogens und seine räumliche Trennung vom asiatischen Kontinent durch das Randbecken des Japanischen Meeres sind weitere typische tektonische bzw. morphologische Kennzeichen. Die Dynamik der Plattenkonvergenz mit jährlichen Bewegungsraten von bis zu 10 cm (Pazifische Platte) ist an der hohen Aktivität und Intensität von Erdbeben zu erkennen.

Tsunami

Das tektonische Gefährdungspotenzial Japans ergibt sich zudem aus der Siedlungskonzentration im Küstenraum. Neben der Gefährdung von Menschenleben kann es je nach Grad der Zerstörung der in Wohngebäude, Maschinen und Anlagen sowie Infrastruktur installierten Sachwerte zu erheblichen materiellen und wirtschaftlichen Schäden und Störungen kommen. Die Erdbebentätigkeit beschränkt sich zudem nicht nur auf die Inseln selbst. Seebeben können Auslöser für Tsunamis sein, die die besonders dicht besiedelte pazifische Küste Japans gefährden. Hohe Umweltrisiken sind außerdem mit potenziellen Zerstörungen an einem der zahlreichen Kernkraftwerke verbunden, wie dies der Brand im Kernkraftwerk Kashiwazaki als Folge des Bebens vom 16.07.2007 vor Augen führte. Erdbebenbedingte Produktionsausfälle in der Industrie ergeben sich zum einen aus direkten materiellen Schäden, zum anderen aus der Unterbrechung der Lieferverflechtungen zwischen Werken einer Produktionslinie.

Zu den städtebaulichen Maßnahmen zur Reduzierung erdbebenbedingter Schäden gehört v. a.:

- die Errichtung erdbebensicherer Gebäude,
- die Einrichtung von Evakuierungszonen zur Aufnahme großer Menschenmengen.

Taifun
Hangrutschung

Klimatische Gefährdungen. Eine besondere klimatische Gefährdung geht von Taifunen im Spätsommer/Herbst aus. Verantwortlich hierfür ist Japans Lage vor der Ostküste Asiens zwischen dem Nördlichen Wendekreis und 45° N. Damit liegt das Land im direkten Einflussbereich der sich westwärts auf den asiatischen Kontinent zu bewegenden tropischen Wirbelstürme des nördlichen Pazifik. Neben windbedingten Zerstörungen begünstigen Starkregen im Zusammenspiel mit der hohen Reliefenergie und dem vulkanischen Lockermaterial die Gefahr von Hangrutschungen.

Fallbeispiel: **Das Beben von Kobe**

Am 17.01.1995 wurde die Metropolregion Kobe/Osaka von einem Erdbeben der Stärke 7,2 auf der Richterskala erschüttert. Die ca. 10 Mio. Ew. umfassende Region ist nach Tokyo das größte Industriezentrum des Landes mit einem Anteil von ca. 20 % am BSP Japans. Von den Schäden war neben den Industrieanlagen – u.a. die Stahlwerke von Kawasaki, Sumitomo und Kobe Steel sowie Produktionsanlagen von NEC und Mitsubishi – insbesondere die Verkehrsinfrastruktur so stark betroffen, dass die Just-in-time-Logistik zwischen Zulieferern und Endmontage in den ansässigen Werken nicht mehr aufrechterhalten werden konnte. Die Zerstörungen des Hafens von Kobe unterbanden den Warenexport.

M9 Schadensbilanz

Bevölkerung:

4571 Tote, 14700 Verletzte und 237000 Evakuierte

Gebäudeschäden:

61000 total, 7300 ausgebrannt, 55000 beschädigt

Ausfall von Ver- und Entsorgung:

- Elektroenergie 100 % / Wiederherstellung nach 1 Woche
- Gas 80 % / 2 Wochen
- Telefon 25 % / 5 Wochen
- Trinkwasser 95 % / 13 Wochen
- Abwasserbehandlung 20 % / 19 Wochen
- Abfallentsorgung 100 % / 13 Wochen

Verkehr:

Schäden an Brücken, Hochstraßen, Straßen, am U-Bahnsystem, Unterbrechung von Eisenbahntrassen (Wiederaufbau zwischen Aug. 1996 und Juli 2001 abgeschlossen)

Hafen und Industrie:

Zugang und Zufahrten zerstört, starke Schäden an den Anlagen (Hafenanlagen im März 2007 wiederhergestellt)

A4 Erläutern Sie am Beispiel der Region Kobe-Osaka-Kyoto die Gefährdung der wirtschaftlichen Position Japans durch Naturrisiken.

M10 Das Erdbeben von Kobe/Osaka vom 16.–18.01.1995 im Überblick

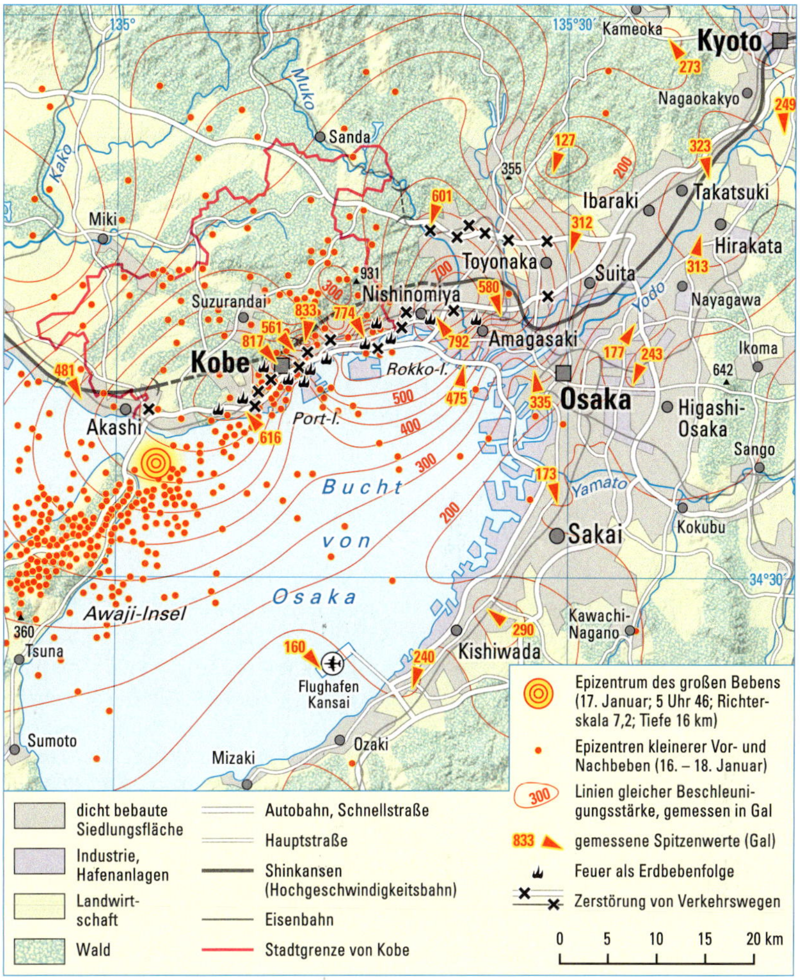

M11 Folgen des Bebens

M12 Alle Tore auf?

M13 Außenhandel zwischen Japan, der EU und Deutschland (Mrd. Euro) sowie dessen Veränderung gegenüber dem Vorjahr (%)

	2006	2005	2004
EU-Importe	76,0 (3,5)	73,4 (−1,1)	74,2 (3,1)
EU-Exporte	44,6 (2,2)	43,6 (0,7)	43,3 (5,8)
Saldo	**−31,4**	**−29,8**	**−30,9**
Japanische Exporte nach Deutschland	23,7 (8,9)	21,7 (0,9)	21,6 (9,7)
Deutsche Exporte nach Japan	13,9 (3,9)	13,3 (4,9)	12,7 (7,0)
Saldo	**−9,8**	**−8,4**	**−8,9**

10.4.3 Japan als außenwirtschaftlicher Akteur

Exportoffensive
ausländische Direktinvestitionen (ADI) (G)
Outsourcing

Japans Aufstieg. Schlagzeilen wie „Japanische Exportoffensive“ oder „Japanische Gefahr“ prägten in den 1980er Jahren die Medien in Europa und den USA. Sie sind Berichten gewichen, die die lang anhaltende Wirtschaftskrise des ostasiatischen Landes seit den 1990er Jahren und deren allmähliche Erholung seit Mitte des ersten Jahrzehnts des 21. Jhs. thematisieren. Hintergrund für die vorangehende negative Wahrnehmung Japans war die Tatsache, dass es in der jüngeren globalen Wirtschaftsgeschichte zum ersten Mal ein Land außerhalb Europas und der USA verstand, den traditionellen Industrieländern als wirtschaftlichen Leitmächten erfolgreich auf dem Weltmarkt entgegenzutreten. In einem sehr kurzen Zeitraum errang Japan im Welthandel globale Spitzenpositionen bei Produkten, die bisher fast ausschließlich durch die USA oder die Industrieländer Europas bereitgestellt wurden. Dies waren insbesondere Kraftfahrzeuge, Maschinen, Güter der Elektro- und Elektronikindustrie sowie der Optischen Industrie.

Lean Production
Forschung und Entwicklung (F+E)

Exportboom. Negative Handelsbilanzen prägten seitdem den Warenaustausch Europas und der USA mit Japan. Nicht nur umfangreiche Produktionskapazitäten, sondern die erstmalige Anwendung des Produktionskonzepts der „Lean Production“ mit geringeren Fertigungsdauern, geringeren Fertigungstiefen aufgrund von Auslagerungsprozessen und insgesamt niedrigeren Produktionskosten im Vergleich zu den traditionellen Industrieländern begünstigten die Exporterfolge Japans in entscheidendem Maße. Hinzu traten systematische Marktanalysen in den Zielländern des Exports, die individuelle Kundenwünsche und nationale Besonderheiten in die japanischen Produktionskonzepte einfließen ließen.

Transplantkorridor

Ausländische Direktinvestitionen (ADI) und Outsourcing. Japans Investitionen in den Exportregionen dienten sowohl dem Aufbau von Vertriebs- und Servicenetzen als auch von Produktionsstätten, z.T. um Handelsbarrieren zu umgehen, wie es etwa Nissan in Großbritannien praktizierte. Dabei wurden Standorte gesucht, die einerseits Nähe zu den Absatzmärkten garantierten, andererseits durch Niedriglöhne gekennzeichnet waren, wie z.B. in strukturschwachen Regionen. In den USA entwickelte sich mit den neu eröffneten Standorten der japanischen Automobilindustrie der bis heute existierende „Transplantkorridor“, eine Region zwischen den Südstaaten und den altindustriell geprägten Standorten der US-amerikanischen Automobilindustrie um Detroit im Manufacturing Belt (vgl. S. 366–367). Südostasien als Zielregion der japanischen Investitionen diente vor allem der Auslagerung arbeitsintensiver Fertigungsschritte. Von dieser Region aus konnte sowohl der japanische Binnen- als auch der Weltmarkt kostengünstiger beliefert werden. Der Außenhandel vieler ost- und südostasiatischer Länder umfasst daher in erheblichem Umfang Teile- und Komponentenlieferungen innerhalb der Produktionsnetzwerke der japanischen Unternehmen. Von Auslagerungsprozessen sind auch Einrichtungen der Forschung und Entwicklung (F+E) betroffen.

M 14 Regionalisierung der geplanten Ausweitung von Funktionsbereichen japanischer Unternehmen 2006 (477 befragte Unternehmen, Angaben in %, mehrere Antworten möglich)

Land/Region	Funktionsbereiche					
	Vertrieb	Herstellung von Produkten		Grundlagen-forschung	F+E/Entwicklung neuer Produkte	Entwicklung regionaler Zentren
		billig- und mittelwertig	hochwertig			
VR China	56,4	33,5	20,5	3,1	7,3	7,5
Singapur	6,7	0,6	0,6	0,0	0,6	2,5
Thailand	18,0	11,5	6,5	1,3	2,7	1,5
Vietnam	10,7	8,4	2,7	0,4	0,8	0,2
USA	27,7	7,8	6,3	1,3	4,8	3,8
Mexiko	2,1	1,0	0,2	0,0	0,2	0,0
Westeuropa	19,9	4,0	5,7	1,5	3,1	4,6
Russland/GUS	10,7	0,8	0,4	0,2	0,2	0,2

M 15 Entwicklung geplanter Ausweitungen von Vertrieb und Herstellung japanischer Unternehmen (n = Anzahl) in Indien und Vietnam

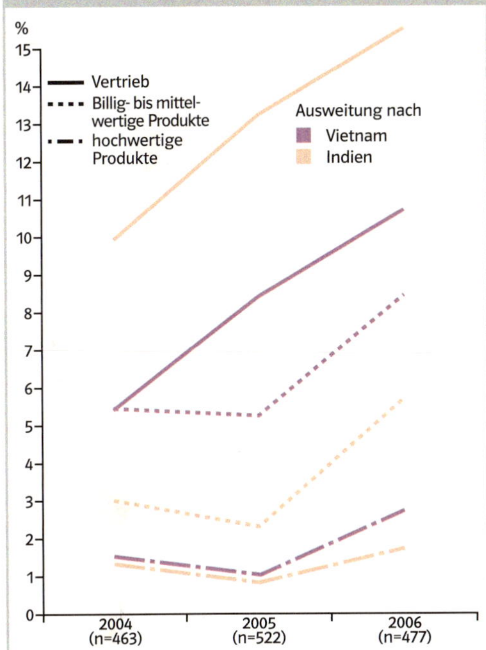

M 16 Geplante Ausweitung von Funktionsbereichen japanischer Unternehmen innerhalb und außerhalb Japans strukturell (Angaben in % der befragten Firmen)

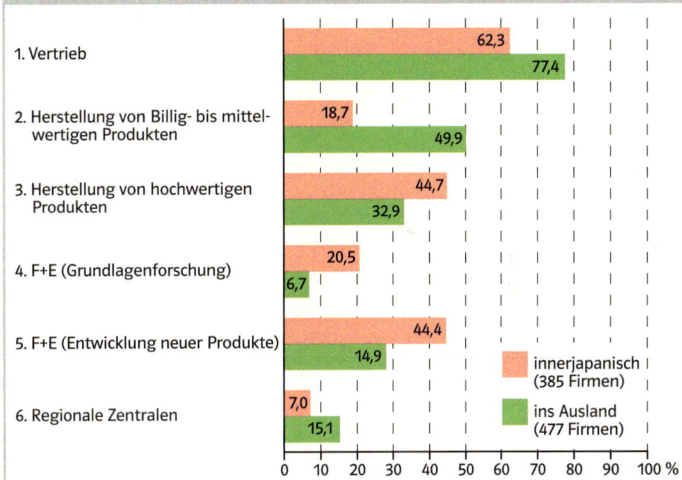

Datengrundlage: Ergebnisse einer Befragung von 729 japanischen Unternehmen im Nov./Dez. 2006, Mehrfachantworten möglich

A 5 Erläutern Sie die Maßnahmen, die Japan zu einem der bedeutendsten außenwirtschaftlichen Akteure werden ließen (s. a. S. 396).

A 6 Geplante Auslagerungen von Funktionsbereichen japanischer Unternehmen:

A 6 a) Beschreiben Sie die regionale Struktur geplanter Auslagerungen von Funktionsbereichen japanischer Unternehmen.

A 6 b) Erläutern Sie mögliche Intentionen, die die Unternehmen mit diesen Auslagerungen verbinden.

M 13 Bundesagentur für Außenwirtschaft (bfai), auf www.bfai.de, April 2008

M 14–16 nach Manuela Wolf, JETRO München: FY 2006 JETRO-Studie zum internationalen Engagement japanischer Unternehmen März 2007. www.jetro.de/d/studiemaerz07.pdf, April 2008

Online-Link
29260X-0405

Fallbeispiel: **Toyota – durch globale Strategien zum Weltmarktführer**

M17 Entwicklung des Unternehmens im nationalen Rahmen

Das Jahr 1935 stellt mit der Präsentation des Modells A1 den Beginn der Automobilproduktion bei Toyota dar. Zu diesem Zeitpunkt bestand Toyota allerdings schon einige Jahrzehnte. 1898 begann die Produktion dampfbetriebener Webstühle. Hauptabnehmer war die heimische Textilindustrie. Die 1933 im Webstuhlwerk gegründete Abteilung für Automobilbau wurde vier Jahre später in eine eigene Produktionsstätte ausgegliedert.

Wie die Webstuhlindustrie konzentrierten sich auch die meisten der in der Folgezeit gegründeten weiteren Automobilwerke Toyotas in der Präfektur Aichi südöstlich der Metropole Nagoya in Mittel-Honshu. Zusammen mit dem Automobilproduzenten Suzuki entwickelte sich hier die zweitstärkste Standortkonzentration der Automobilindustrie in Japan. Der Tendenz zur räumlichen Dezentralisierung innerhalb Japans im Zusammenhang mit Umstrukturierungsmaßnahmen der japanischen Automobilproduzenten seit den 1990er Jahren folgte Toyota nur in geringerem Umfang. Ursache hierfür ist u.a. der bei Toyota relativ hohe Anteil an Eigenfertigung bei wichtigen Zulieferteilen, wie z.B. Motoren, Karosserie usw. Diese erfordern eine Standortnähe zu den Werken der Endmontage, um die Just-in-Time-Anlieferung zu gewährleisten.

M18 Unternehmenseigene Produktionsstätten, Tochterunternehmen und Forschungseinrichtungen von Toyota in Japan 2007

		Jahr der Gründung	Anteile von Toyota (%)	Produktionsschwerpunkt
1	**Toyota Motor Kyushu**	**1992**	**100**	Endmontage
2	**Toyota Motor Hokkaido**	**1992**	**100**	Einzelteile
3	**Toyota Motor Tohoku**	**1998**	**100**	Einzelteile
	Toyota Auto Body	1945	56	Endmontage
	Kanto Auto Works	1946	51	Endmontage
	Central Motor	1950	77	Endmontage
	Gifu Auto Body	1940	47	Endmontage
	Daihatsu Motor	1907	51	Endmontage
	Hino Motor	1942	50	Endmontage
	Toyota Industries	1926	24	Endmontage

○ Endmontage ○ Einzelteile

M18, M21 und M22 nach www.toyota.co.jp, April 2008

M20 Zusammenstellung und Entwurf Paul Lindner, u.a. nach ebenda und Toyota Deutschland, Presseabteilung

* **Local Content:** Umfang der von einheimischen Unternehmen zu liefernden Teilen oder Komponenten, in der Regel gesetzlich vorgeschrieben

** einschließlich Daihatsu, Hino und Lexus; Verkäufe beinhaltet auch die Produktion aus Joint Ventures

Online-Link 29260X-0407

M19 Entwicklung zum multinationalen Konzern

Zwar kam es schon frühzeitig zu vereinzelten Gründungen von ausländischen Werken bei Toyota. Jedoch erst im Zusammenhang mit der Exportoffensive Japans seit Mitte der 1970er Jahre erfolgte ein drastischer Anstieg bei der Gründung ausländischer Produktionsstätten. Errichtet wurden neben Werken der Endmontage auch solche zur Komponentenproduktion (z.B. Motoren). Bei der Auswahl der Standorte spielen die Markterschließung, die Vermeidung der Auswirkungen von Wechselkursschwankungen sowie die Umgehung von Importhindernissen für fertig montierte Fahrzeuge, wie z.B. Local-Content-Vorschriften*, Importquoten oder Zölle, eine Rolle.

2007 gehörten 52 außerjapanische Produktionsstätten zum Toyota-Automobilkonzern. Den endgültigen Schritt zum multinationalen Unternehmen vollzog Toyota mit der Verlagerung von F+E-Kapazitäten und regionalen Steuerungszentralen aus dem Mutterland an ausländische Standorte.

M20 Entwicklung der globalen Standortstruktur bei Toyota

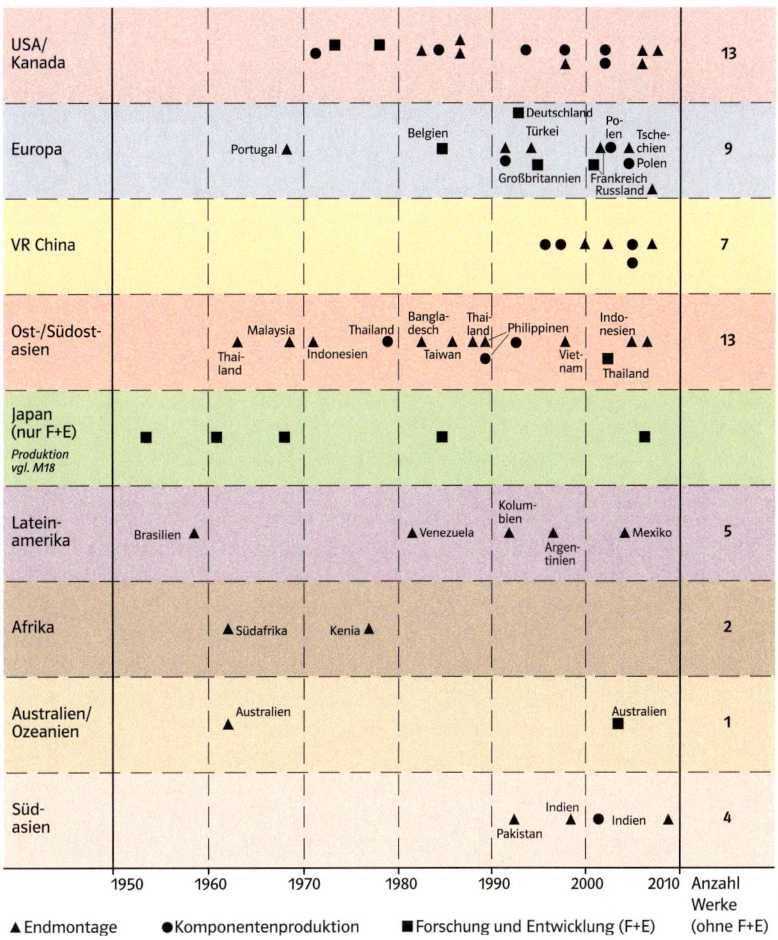

M21 Toyotas Automobilproduktion und -verkauf** nach Regionen, Finanzjahr 2007

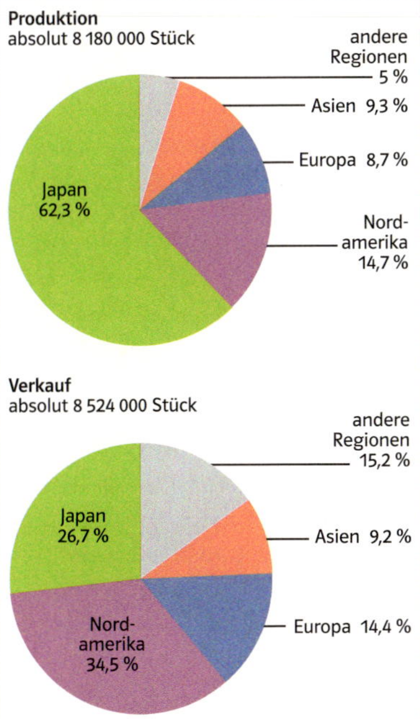

M22 Entwicklung von Automobilproduktion und -verkauf** von Toyota weltweit

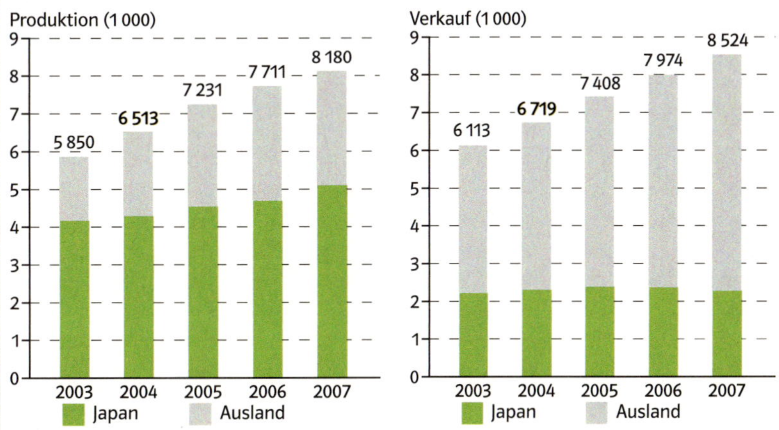

A7 Beschreiben Sie anhand von M19 und M20 die Globalisierung der Unternehmensstruktur von Toyota.

A8 Bewerten Sie die Bedeutung ausländischer Standorte für Toyota.

M 23 Entwicklung der Staatsverschuldung Japans (2007: 1 Yen = 0,006 031 Euro)

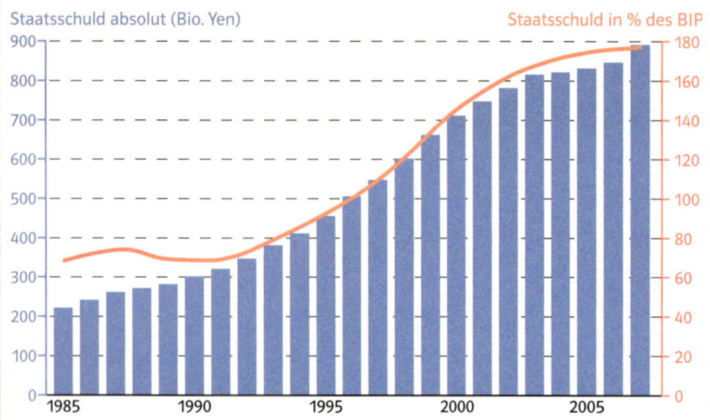

10.4.4 Das Ende der Leitgans?

Lange Zeit galt Japan als die „Leitgans" Asiens. Das Land dominierte die Region wirtschaftlich, Innovationen aus dem asiatischen Raum waren in der Regel solche aus Japan, und der Anteil des Landes an allen Ausfuhren Ost- und Südostasiens lag noch 1993 bei 9,9%. Das war viermal so hoch wie der Anteil Chinas und sicherte dem Land über Jahre hinweg den dritten Rang aller Exportnationen der Welt. Allerdings begann die wirtschaftliche Rezessionsphase bereits 1989, ausgelöst durch eine Immobilien- und Währungskrise.

Exportnation

Leitzins

Immobilien

„Mitte der [19-]achtziger Jahre senkte das japanische Finanzministerium die Leitzinsen, um die Aufwertung des Yen zu stoppen. Die Zinssenkung löste eine gewaltige Nachfrage nach billiger gewordenen Krediten aus ... Der Großteil der geliehenen Gelder wurde in Immobilien gesteckt. Das wiederum trieb die Preise für Immobilien und Land in schwindelerregende Höhen. Auf dem Höhepunkt des Baubooms waren die Gärten des Kaiserpalastes in der Stadtmitte von Tokyo – ungefähr die doppelte Fläche des Potsdamer Platzes in Berlin – theoretisch so viel wert wie ganz Kanada ... Die Immobilienblase platzte 1989. Damit endeten 40 Jahre ununterbrochenen Wachstums in Japan. Unternehmen fanden sich mit gewaltigen Schulden und wertlosen Hypotheken wieder, und die Banken saßen auf Milliardenforderungen, die faule Kredite zu werden drohten ... Die Folgen sind bekannt: eine 15 Jahre dauernde Stagnation, nur unterbrochen von kurzen Rezessionen und ebenso kurzlebigen Aufschwüngen ..." [1]

Stagnation
Rezession

Investition
Staatsverschuldung
Kaufkraft

„Während des so genannten ‚verlorenen Jahrzehnts' gab es auch von staatlicher Seite Initiativen zur Überwindung der Rezession. Wenig erfolgreich waren die staatlichen Investitionen in Bauvorhaben, die 2001 allein 5% am BIP ausmachten, zur stark steigenden Staatsverschuldung beitrugen, aber nur geringe dauerhafte Wirtschafts- und Arbeitsmarkteffekte erbrachten. Erfolgreicher waren die gesetzlichen Neuregelungen zur Teilzeit. Die Verabschiedung von der traditionell engen Bindung der Beschäftigten an die Unternehmen wurde zum wichtigen Faktor für die Wiedererlangung wirtschaftlicher Dynamik – allerdings um den Preis sinkender Einkommen und Kaufkraft sowie geringerer sozialer Sicherheiten für viele Japaner.
Eine entscheidende Voraussetzung für die Trendwende in Japan waren die Arbeitsmarktreformen seit Ende der [19-]neunziger Jahre. Nach und nach wurde den Firmen erlaubt, reguläre Angestellte durch Teilzeitkräfte zu ersetzen, zuerst im Einzelhandel, seit kurzem auch am Fließband. Heute sind 42 Prozent der Angestellten von Japans börsennotierten Firmen teilzeitbeschäftigt, vor 15 Jahren waren es nur 18 Prozent. So konnten die Firmen seit 1997 ihre Lohnkosten um 30 Prozent senken. Das Gesamteinkommen aller Angestellten sank in der gleichen Zeit um knapp 200 Milliarden Dollar ... Das Ergebnis ist ein ungleich flexiblerer Arbeitsmarkt mit einer Arbeitslosenrate, die in den letzten zwölf Monaten von nahezu sechs auf 4,2 Prozent sank. Und seit Jahresbeginn steigen auch wieder die Löhne ..." [2]

„Hinzu kommt, dass japanische Unternehmen während des ‚verlorenen Jahrzehnts' trotz des Abbaus von Schulden riesige Summen in Forschung und Entwicklung investiert und dadurch ihre Wettbewerbsfähigkeit auf dem Weltmarkt verbessert haben. Viele haben sich in China und Südostasien engagiert. Dadurch werden zwar Arbeitsplätze ins Ausland verlagert, aber letztlich profitiert Japan davon, in der dynamischsten Wirtschaftsregion der Welt eine starke Rolle zu spielen ... Japanische Waren sind begehrt." [3]
„[Inzwischen] sei den japanischen Unternehmen [auch] eine ‚vernünftige Abgrenzung von China' gelungen, so Jesper Koll, Chefvolkswirt der US-Investmentbank Merrill Lynch. Man habe die Gefahren des Technologietransfers erkannt und bemühe sich wieder verstärkt, Kompetenz im Heimatland aufzubauen. Niemand käme bei Toyota heute noch auf den Gedanken, Premium-Modelle wie den Lexus in China herstellen zu lassen." [2]

M 24 Ost- und südostasiatische Länder im Weltgüterhandel – Anteil an der Weltexportmenge und Containerumschlag 2006

	Rang	Anteil an der Weltexportmenge (%)	Containerumschlag	
			absolut (1 000 TEU*)	Veränderung gegenüber 2005 (%)
VR China	3	8,0 (1993: 2,5)	81 927	23,2
Japan	4	5,4 (1993: 9,9)	16 126	8,2
Südkorea	11	2,7	15 521	5,2
Hongkong	12			
eigene Exporte		0,2		
Re-Exporte		2,5	23 539	5,0
Singapur	14			
eigene Exporte		1,2		
Re-Exporte		1,1	24 769	6,9
Taiwan	16	1,9	13 101	2,4
Malaysia	19	1,3	13 295	13,0
Thailand	25	1,1	5 701	11,5
Indonesien	31	0,9	5 599	3,4
Philippinen	44	0,4	3 556	14,8
Vietnam	50	0,3	2 122	19,3

*TEU: Standardcontainer (Twenty feet Equivalent Unit) = ca. 6 x 2,5 x 2,5 m

M 25 Ausländische Direktinvestitionen ost- und südostasiatischer Länder 2005/2006

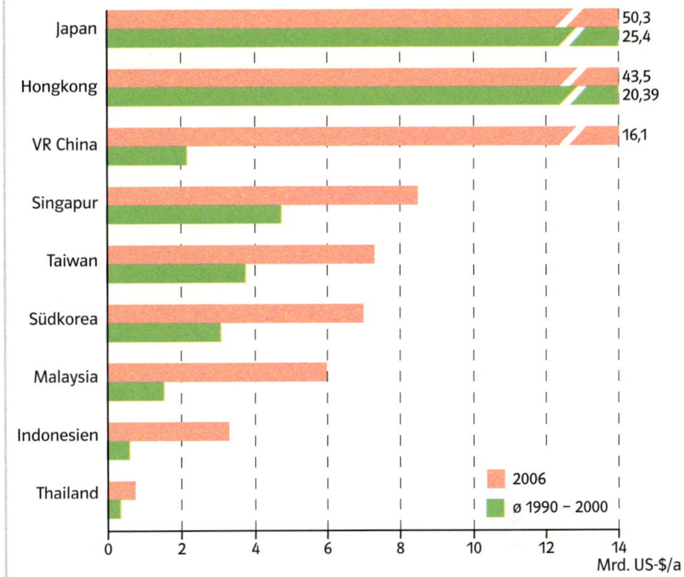

M 26 Intraregionale ausländische Direktinvestitionen (ADI) ausgewählter Staaten der Region nach Süd-, Ost- und Südostasien 2005

	absolut (Mrd. US-$)	Anteil an den Gesamt-ADI des Landes (%)
Japan (nach Asien insgesamt 2006)	17,5	36,0
Hongkong	19,0	65,6
VR China	9,4	27,9
Südkorea	5,2	46,0
Singapur	4,4	61,2

Neben der stark gesunkenen Arbeitslosigkeit, der Konsolidierung des Finanzmarktes und der Rückkehr der meisten Unternehmen in die Gewinnzone sind auch ausländische Direktinvestitionen (ADI) ein Indiz für Japans zurückgewonnene Wirtschaftskraft. Die Direktinvestitionen des Landes im Ausland waren 2005 und 2006 die höchsten aller asiatischen Länder und der hohe Anteil der japanischen Direktinvestitionen in den asiatischen Nachbarstaaten belegt die große Bedeutung, die das Land für die Region (wieder) hat.

A 9 Erläutern Sie, was man in Japan unter der Bezeichnung „verlorenes Jahrzehnt" versteht.

A 10 „Japan ist nach wie vor ‚Leitgans' in der Region Ost- und Südostasien." Diskutieren Sie diese Aussage. Ziehen Sie hierzu auch Ergebnisse der vorangehenden Seiten hinzu.

[1] Tobias Kaiser: Der neue Liebling der Märkte. DIE ZEIT, Nr. 24 vom 03.06.2004. Hamburg: Zeitverlag 2004

M 23 nach Frankfurter Allgemeine Zeitung, Nr. 161 vom 14.07.2006. Frankfurt am Main 2006, S. 12, aktualisiert nach http://commons.wikimedia.org/wiki/Image:National_Debt_of_Japan.svg, Aug. 2008

[2] Georg Blume: Japan im Stimmungshoch. DIE ZEIT, Nr. 37 vom 08.09.2005, a. a. O., 2005

[3] Florian Coulmas: Reformwerkstatt Japan. DIE ZEIT, Nr. 11 vom 10.03.2005, a. a. O., 2005

M 24 nach WTO: World Trade Statistics 2007; Review of regional Developments: Asia. In: Review of Maritime Transport 2007, auf www.wto.org, April 2008

M 25 und M 26 World Investment Report 2007, auf www.unctad.org, April 2008

Online-Link 29260X-0408

Fallbeispiel: Global City Tokyo – Einbindung in globale Dienstleistungsnetzwerke

"Because business doesn't stop at 5 p.m. in your time zone, you need a law firm that works 24 hours a day. A firm, whose capabilities don't stop at domestic borders."

Tokyos Rangstellung unter den Top 5 der Global Citys hängt eng mit seiner globalen räumlichen Lage im Verhältnis zu Europa und Nordamerika als den weiteren Kernräumen der Triade neben Ost-/Südostasien zusammen. Der Standort Tokyo erlaubt global agierenden Unternehmen in Kombination mit Standorten in Europa und Nordamerika aufgrund des Zeitzonenabstands eine 24 Stunden währende Arbeitszeit. Insbesondere unternehmensorientierter Dienstleister, wie z. B. Unternehmensberater, Finanzdienstleister, Werbeagenturen oder Anwaltskanzleien, deren Wertschöpfung auf Teilhabe an stetig fließenden globalen Informations- und Finanzströmen beruht, sind auf eine Verteilung ihrer Standorte angewiesen, die einen unterbrechungsfreien Zugang zu diesen Strömen gewährt. Zum Standort Tokyo in der bis heute führenden Wirtschaftsnation Japan haben sich im asiatisch-pazifischen Raum weitere konkurrierende Global Citys entwickelt. Diese gehören teilweise zum „globalen Hinterland" der japanischen Hauptstadt. (vgl. M 30).

M 27 Dienstleistungswert und Vernetzungsgrad von Global Citys

„Um die globalen Verflechtungen von Global Cities festzustellen, konzentrierte sich die Forschergruppe der Loughborough University GaWC (Globalization and World Cities Study Group) auf unternehmensorientierte Dienstleistungen als entscheidendes Ausstattungs- und Vernetzungsmerkmal. Die transnationale Tätigkeit dieser Unternehmen führt zur Ausbildung eines globalen Dienstleistungsnetzes, innerhalb dessen sich räumliche Standortkonzentrationen, die Global Cities, herausbilden. In die Berechnungen der GaWC gingen die 100 größten global agierenden unternehmensorientierten Dienstleistungsunternehmen ein, wobei diese mindestens 15 Standorte aufweisen mussten, darunter je einen in Nordamerika, Europa und im asiatisch-pazifischen Raum. Ein Punktsystem bewertet die Funktion jeder Global City für jeden Bürostandort jedes Unternehmens (0 = keine Präsenz bis 5 = Hauptverwaltung). Daraus errechnet sich für jede Global City der Dienstleistungswert. Der Vernetzungsgrad der Global City ergibt sich aus der Multiplikation des Dienstleistungswertes zwischen allen Städtepaaren einer Firma, an denen diese Standorte unterhält."

M 29 Globaler Diensleistungswert und Vernetzungsgrad Tokyos bei unternehmensorientierten Dienstleistungen

Dienstleistungswert alle Branchen	
Global City	**Index**
London	1,00
New York	0,97
Hongkong	0,69
Tokyo	0,66
Paris	0,64
nach Branchen differenziert	
– Werbung	
Tokyo (Rang 5)	0,66
– Banken/Finanzen	
Tokyo (Rang 2)	1,00
Vernetzungsgrad alle Branchen	
Global City	**Index**
London	1,00
New York	0,98
Hongkong	0,71
Paris	0,70
Tokyo	0,69
nach Branchen differenziert	
– Werbung	
Tokyo ohne Platzierung	
– Banken/Finanzen	
Tokyo (Rang 3)	0,94

Lediglich in 21 der 123 wichtigsten Global Citys befinden sich Hauptverwaltungen der TOP 100. Auffallend ist die extreme Konzentration in Westeuropa und Nordamerika (je 10). Tokyo ist das einzige globale Kommandozentrum außerhalb dieser Region.

M 28 Global City Tokyo im weltweiten Ranking bei unternehmensorientierten Dienstleistungen

Dienstleistungswert			**Vernetzungsgrad**	
Rang	**Global City**	**Punkte**	**Global City**	**Punkte**
1	London	368	London	63 399
2	New York	357	New York	61 895
3	Hongkong	253	Hongkong	44 817
4	Tokyo	244	Paris	44 323
5	Paris	235	Tokyo	43 781
6	Singapur	229	Singapur	40 909
7	Chicago	213	Chicago	39 025
8	Los Angeles	201	Mailand	38 265
9	Frankfurt am Main	193	Los Angeles	38 009
10	Mailand	191	Madrid	37 698

M 30 Tokyos globales Hinterland

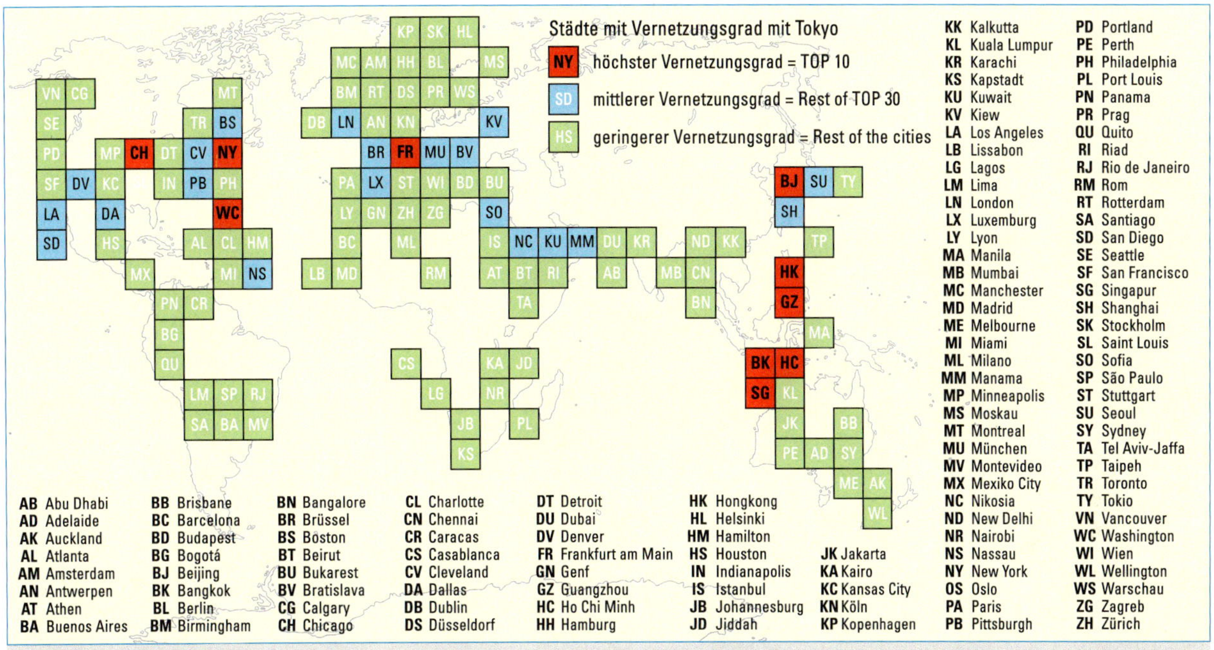

Die Karte zeigt die 30 Global Citys, mit denen Tokyo über unternehmensorientierte Dienstleistungen der TOP 100 am stärksten vernetzt ist. Der Vernetzungsgrad zwischen Tokyo und einer anderen Global City ergibt sich aus der Höhe der Standardabweichung vom gesamten weltweiten Vernetzungsgrad Tokyos; TOP 10 sind die Städte mit den höchsten positiven Standardabweichungen und damit dem höchsten Vernetzungsgrad Tokyos mit diesen Städten, Rest of TOP 30 sind diejenigen Global Citys mit der elf- bis 30-höchsten Standardabweichung bzw. dem entsprechenden Vernetzungsgrad Tokyos.

M 31 Bürostandorte japanischer Banken am Beispiel von Sumitomo Banking

Headquarter: Tokyo, Stadtteil Shinyuku		**Beschäftigte insgesamt:** 40 700
Rangplatz		
aller Banken in Japan	unter den größten Banken der Welt	unter den 500 größten Unternehmen weltweit
2	24	174

Internationale Niederlassungen:
Region Asien-Pazifik: Hongkong, Shanghai, Tianjin, Guangzhou, Suzhou, Beijing, Dalian, Chongqing, Shenyang; Taipeh, Seoul, Singapur, Labuan (Malaysia), Kuala Lumpur, Jakarta, Ho-Chi-Minh, Rangun, Bangkok, Manila; Sydney
Nord- und Südamerika: New York, Cayman-Inseln, Los Angeles, San Francisco, Houston, Toronto; São Paulo
Europa: London, Düsseldorf, Brüssel, Paris, Madrid, Dublin, Moskau
Naher Osten: Manama; Teheran, Kairo
Afrika: Johannesburg

A 11 Begründen Sie mithilfe des „Dienstleistungswertes" und des „Vernetzungsgrads" die Bezeichnung Tokyos als Global City.

A 12 Analysieren Sie, ausgehend vom Beispiel des Finanzunternehmens „Sumitomo Banking", die Struktur des „globalen Hinterlandes" von Tokyo.

M 27 Paul Lindner: Global City Tokyo – Funktion im Weltstadtnetzwerk. Geographie und Schule, 29. Jg., H. 165 (Febr. 2007). Köln: Aulis 2007, S. 33
M 28 und M 29 nach P. J. Taylor u. a., aus ebenda, S. 37

M 30 nach P. J. Taylor: GaWC (Globalization and World Cities) Atlas of hinterworlds. Loughborough, auf www.lboro.ac.uk/gawc/visual/hwatlas.html, April 2008

M 31 nach www.smbc.co.jp/global/asia/index.html, April 2008; http://money.cnn.com/magazines/fortune/global500/2006, April 2008, aus Paul Lindner, a. a. O., S. 38

Online-Link
29260X-0409

10.5 China – Transformation zur „sozialistischen Marktwirtschaft"

M1 Produktionsbrigade Dazhai, Teil einer Kommune, idealisiert

Zentralverwaltungswirtschaft/Planwirtschaft (G)
sozialistische Marktwirtschaft (G)

1976 stirbt der Führer der Kommunistischen Partei Chinas (KPCH) Mao Zedong und hinterlässt ein schwieriges ökonomisches und politisches Erbe. Eine Gruppe von Reformern um Deng Xiaoping übernimmt die Staatsführung. Ab 1978 wird mit den „Vier Modernisierungen" in Landwirtschaft, Industrie, Wissenschaft/Technik und im Militär begonnen. Dies ist der Anfang eines Prozesses, der aus der Zentralverwaltungswirtschaft Chinas mit ihrer Planwirtschaft zu einer „sozialistischen Marktwirtschaft" mit der Abkehr von kommunistischen Gesellschaftsidealen führt.
Gleichzeitig laufen zwei weitere Prozesse parallel im Zeitraffertempo ab: der Wandel von der flächengebundenen Agrar- über die standortorientierte Industrie- zur zentrenorientierten Dienstleistungsgesellschaft und die Integration Chinas in die Weltwirtschaft.

Vielvölkerstaat
Kommune
Maoismus
Danwei
Kombinat
Autarkie

10.5.1 Wirtschaft und Gesellschaft zu Beginn des Transformationsprozesses

Die Ausgangslage zu Beginn des Transformationsprozesses lässt sich wie folgt charakterisieren:

- China, das bevölkerungsreichste Land der Erde (knapp 1 Mrd. Ew.) ist seit 1949 zweigeteilt in die Volksrepublik und die Republik China (Taiwan). Hongkong und Macao sind noch kleinere europäische Kolonien auf dem chinesischen Festland (bis 1997 bzw. 1999). Das politische System der Volksrepublik ist eine autokratische Ein-Parteien-Herrschaft ohne demokratische Rechte für die Bürger.
- China ist ein Vielvölkerstaat. Neben der großen Mehrheit der so genannten Han-Chinesen (ca. 92 %) leben 55 nationale Minderheiten, z. B. Mongolen oder Tibeter, auf dem Staatsgebiet, insbesondere in den Grenzgebieten.
- Das Wirtschaftssystem der Volksrepublik China ist die Zentralverwaltungswirtschaft auf der Grundlage des Staatseigentums an den Produktionsmitteln. Die Lenkung erfolgt mittels Mehrjahresplänen (Planwirtschaft).
- Das gesamte politische, gesellschaftliche und wirtschaftliche Leben ist geprägt vom Maoismus. Die Menschen auf dem Land leben, arbeiten und wirtschaften zusammen in so genannten Kommunen (M1), einer Lebenseinheit, die oft mehrere Dörfer umfasst. Das Äquivalent für das Leben in den Städten sind die Danweis. Auch in ihnen sind Arbeitsbereich (Betrieb) und Lebensbereich (Wohnung) eng miteinander verknüpft. In beiden Organisationsformen wird auch über fast das ganze Privatleben der Menschen bestimmt. Die Verlegung des Wohnsitzes in einen anderen Ort oder Bezirk ist aufgrund behördlicher Einschränkungen faktisch nicht möglich.
- Ein zentrales Problem des Landes ist die Versorgung der stark wachsenden Bevölkerung, obwohl noch knapp 70 % aller Beschäftigten in der Landwirtschaft tätig sind. Aufgrund gescheiterter ökonomischer und gesellschaftlicher Experimente („Großer Sprung", „Kulturrevolution") mit vielen Millionen von Toten stagnieren die Erträge in der Landwirtschaft.
- Die Industriestruktur des Landes ist geprägt von der Schwerindustrie. Die Konsumgüterindustrie bzw. die Leichtindustrie spielen nur eine untergeordnete Rolle.
- Zur Förderung der wirtschaftlichen Entwicklung im Binnenland lenkt die Zentralverwaltungswirtschaft Investitionsmittel hauptsächlich dorthin und nicht in die Küstenprovinzen. Die Standortstruktur der Großindustrie prägen die Kombinate. Dabei handelt es sich um den vertikalen oder horizontalen Zusammenschluss von verschiedenen, oft räumlich weit auseinander liegenden Produktionsstätten.
- Der Entwicklung des Dienstleistungssektors wird – auch aus ideologischen Gründen – keine Bedeutung beigemessen.
- Chinas gesamte Volkswirtschaft ist stark von der Weltwirtschaft abgeschottet. Autarkie wird angestrebt, um nicht vom Ausland abhängig zu sein. Exporte und Importe betragen nur jeweils ca. 5 % des chinesischen Sozialprodukts.

M2 Administrative Gliederung und Bevölkerungsdichte Chinas 2005

Im globalen Handel spielt China keine nennenswerte Rolle.

- Die volkswirtschaftlichen Daten (z.B. beträgt das BIP/Ew. 1978 umgerechnet nur ca. 230 US-$) charakterisieren den Staat als Entwicklungsland, in dem im Gegensatz zu anderen Ländern der Dritten Welt kein Massenelend herrscht. China hatte nach der Revolution das Bildungs- und Gesundheitswesen und auch die Sozialfürsorge ausgebaut, sodass die Bevölkerung zwar in bescheidenen (z.B. sehr geringe Wohnfläche pro Einwohner), aber doch in relativ sicheren Verhältnissen lebt. Die Grundbedürfnisse der Bevölkerung werden im Allgemeinen befriedigt.

Grundbedürfnisse

A1 Ermitteln Sie mithilfe eines Geschichtslexikons Hintergründe und Folgen der revolutionären Veränderungen „Großer Sprung" und „Kulturrevolution".

A2 Stellen Sie in einem Kurzreferat den Aufbau einer Volkskommune dar. Erarbeiten Sie die Informationen durch eine Internetrecherche.

A3 Erläutern Sie die Verteilung der Bevölkerung Chinas (vgl. dazu auch S. 412 – 413).

M1 aus einer chinesischen Werbeschrift

Online-Links
zu Volkskommunen und Danwei: 29260X-0501

zur Geschichte Chinas: 29260X-0502

Online-Link
zur Bevölkerung Chinas: 29260X-0503

M3 Landschaften und Höhengliederung in China

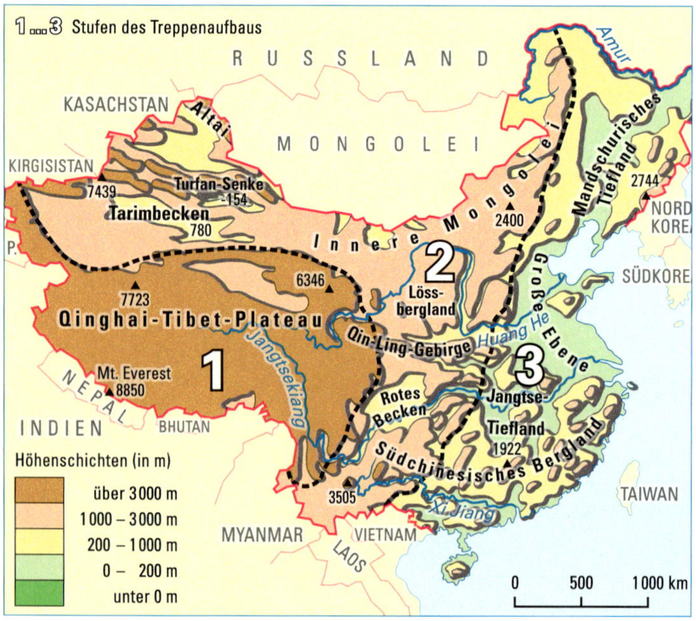

10.5.2 Naturräumliches Potenzial – eine Grundlage für die Teilnahme am Globalisierungsprozess

China ist mit ca. 9,5 Mio. km² Fläche das drittgrößte Land der Erde. Zwischen der Nord- und Südgrenze liegen 49 Breitenkreise, die West-Ost-Erstreckung umfasst 60 Längengrade. Von Süd nach Nord und von Ost nach West beträgt die geographische Ausdehnung jeweils über 5000 km. Das Land hat also kontinentale Ausmaße. Dementsprechend ist China mit fast allen auf der Erde vorkommenden Klima- und Landschaftszonen ausgestattet: Es finden sich z. B. riesige Trockengebiete wie die Wüste Taklimakan, aber auch tropische Regenwälder und die Zone des borealen Nadelwaldes. Dem wirtschaftenden Menschen sind z. T. enge Grenzen gesetzt, nur 15 % der Fläche sind landwirtschaftlich nutzbar. Jedoch bietet die differenzierte Ausstattung mit unterschiedlichen Naturlandschaften auch Chancen für differenzierte Nutzungsmöglichkeiten in der Agrar-, Forst- und Fischereiwirtschaft sowie im Tourismus. Die riesige Ausdehnung des Landes mit seiner unterschiedlichen naturräumlichen Ausstattung erlaubt heimischen und ausländischen Industrie- und Dienstleistungsunternehmen vielfältige Alternativen bei der Standortwahl. Die lange Küstenlinie verbindet Nord- und Südchina auf dem kostengünstigen Seeweg.

Klimazonen
Landschaftszonen
Kontinentalität
agrarische Nutzungsgrenze/Ackerbaugrenze
Desertifikation

Lagegunst. Chinas Küstenlinie am Gelben und Chinesischen Meer ist ca. 15 300 km lang. Über diese Meere und den Pazifischen Ozean hat das Land schnelle und preisgünstige Transportmöglichkeiten im gesamten aufstrebenden pazifischen Raum, insbesondere zu den nahegelegenen „Tigerstaaten“, aber auch zu den USA, Südamerika und Australien. Die Hafengunst der Ostküste mit ihren traditionell bedeutenden Hafenstädten, wie z. B. Shanghai, ermöglicht mithilfe moderner Containertechnik und riesiger Flüsse Transportgut weit ins Landesinnere zu verschiffen. Die Transportmöglichkeiten auf dem Land zu benachbarten Binnenstaaten sind weniger günstig und auch weniger ausgebaut.

Klima und Hydrographie. Ein begrenzender Faktor der chinesischen Wirtschaft ist das Wasser. China lässt sich – grob betrachtet – in einen trockenen Westen und einen feuchten Osten einteilen. Der Osten erhält 96 % aller Niederschläge, im Westen herrscht z. T. extreme Trockenheit. Die 500-mm-Jahresniederschlagsgrenze – etwa die Verbindungslinie von der Ostgrenze der Mongolei in Richtung Nordostgrenze von Birma (Myanmar) – ist eine wesentliche agrarische Nutzungsgrenze: östlich davon herrscht Ackerbau vor, westlich nur sporadische Weide- und Oasenwirtschaft. Ursachen für die klimatische Zweiteilung sind das Relief, die zunehmende Kontinentalität nach Westen und monsunale Winde. Im Winter führt das Kältehoch über Zentralchina bzw. Sibirien zu einer trockenen Luftströmung von Nordwesten nach Südosten. In den Sommermonaten bringt ein Tiefdruckgebiet über dem östlichen China in der Regel hohe Niederschläge vom Chinesischen Meer bzw. vom Pazifik in den Osten Chinas. Hinzu kommt eine von Nord nach Süd zunehmende Wärmegunst, sodass entlang der Ostküste eine typische Abfolge der Vegetationszonen vom borealen Nadelwald bis hin zum Tropischen Regenwald zu verfolgen ist.
China verfügt über 7 % der Wasserreserven der Erde, hatte aber 2008 ca. 20 % der Weltbevölkerung zu versorgen. Außerdem ist die räumliche Verteilung der Wasserreserven sehr ungleichgewichtig, da ca. vier Fünftel der Wasservorräte im Süden vorhanden sind. Als Risiken im Zusammenhang mit dem Klima sind einerseits die jährlich auftretenden Taifune und die damit zusammenhängenden Überschwemmungen zu nennen, andererseits aber auch die zunehmende Desertifikation im Nordwesten (z. B. Innere Mongolei).

Bewässerung und Hochwässer sind seit Jahrtausenden zentrale Fragen in China. Die großen chinesischen Flüsse (z. B. der Jangtsekiang) bringen Wohlstand, aber auch Elend über das Land. Ersteres, wenn ausreichend Wasser für gute Ernten vorhanden ist. Da die Flüsse dann reichhaltig Schwebmaterial mitführen, erfolgt bei Überschwemmungen regelmäßig eine Düngung der Felder. Elend bringen sie dann, wenn Katastrophenhochwässer das Land verheeren und in Zeiten historischer Überlieferung manchmal Millionen von Toten zu beklagen waren.
Die Flüsse sind auch wichtige Energielieferanten (vgl. S. 170 f.). Allerdings ist das Wasserkraftpotenzial bei weitem noch nicht ausgeschöpft.

Wasserkraftpotenzial

Rohstoffe und Energien. Fast alle wichtigen Mineralien werden in China gefunden und abgebaut. Bei einigen Rohstoffen nimmt China bei Vorräten und Förderung einen führenden Rang weltweit ein. Wichtigster Energieträger ist Kohle, Hauptabbaugebiet im Nordosten. Das Land besitzt ca. 11 % der Weltvorräte, allerdings sind noch nicht alle Vorkommen erschlossen. Auch Eisenerz ist in großen Mengen vorhanden, jedoch bei im Allgemeinen geringer Qualität, da der Erzgehalt relativ gering ist und es z. T. mit anderen Erzen vermischt auftritt. China verfügt auch über Erdöl und erdölhöffige Gebiete, z. B. die umstrittenen Spratly-Inseln. Die Vorräte an Stahlveredlern zählen zu den größten der Welt und auch die Zahlen für Kupfer und Gold sind im Weltmaßstab beachtlich. Die Werte relativieren sich jedoch, wenn man sie zu den Einwohnerzahlen ins Verhältnis setzt und ein hohes Wirtschaftswachstum ins Kalkül zieht. Dann wird deutlich, dass China weitere Vorräte erschließen oder auf dem Weltmarkt Rohstoffe bzw. Energien kaufen muss.

Böden. Bei den bereits erwähnten 20 % der Weltbevölkerung (2008) verfügt das Land aber nur über ca. 7 % der agrarischen Nutzfläche der Erde. Die agrarisch nutzbaren Böden sind zudem sehr ungleich verteilt. Auf den Böden der west- und nordwestchinesischen Halb- und Randwüsten (z. B. in der Gobi) ist aufgrund des Bewuchses mit Gras und Büschen zum Teil noch Weidewirtschaft möglich. Die vegetationsfreien Sedimente der Vollwüsten (z. B. im Tarimbecken) sind dagegen fast ohne landwirtschaftliche Nutzung. Insgesamt sind ca. 10 % des Staatsgebietes Wüsten. In den dort vorhandenen Oasen erschweren Salzkrusten und Gipsanreicherungen die Nutzung. Die humide Osthälfte Chinas bietet eine große Bodenvielfalt. Von Norden nach Süden treten Braunerden, Schwarzerden, Alluvialböden, Podsole und ferralitische Böden auf. Die Lössdecke des Nordens ist meist keine zusammenhängende Fläche, sondern inselhaft aufgebaut. Weiterhin trägt extreme Erosion zur Zerklüftung des Lössberglandes bei, was die landwirtschaftliche Nutzung einschränkt. Allerdings sammelt sich das hier abgetragene Material in den Aufschüttungsgebieten der Nordchinesischen Ebene und sorgt dort für hohe Bodenfruchtbarkeit.

Löss
Braunerde
Schwarzerde
Podsol

M 4 Wasserregulierung und Hochwasserschutz in der Großen Ebene des Hwangho

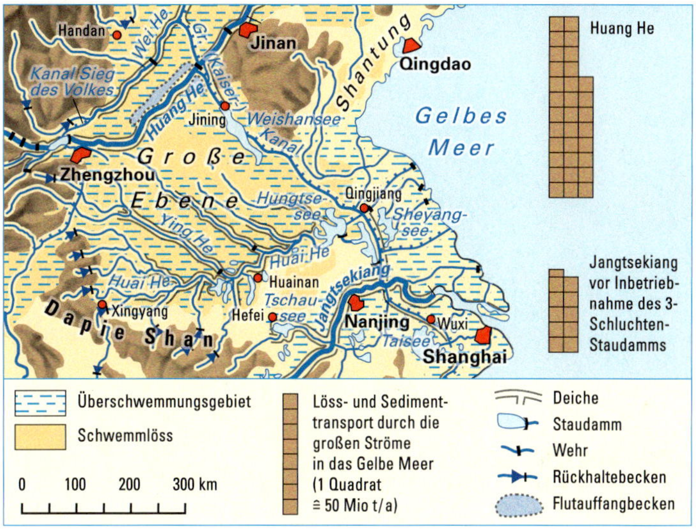

A 4 Charakterisieren Sie die Landschaftsgliederung Chinas (M3).

A 5 Beurteilen Sie das naturräumliche Potenzial Chinas als eine Grundlage für die erfolgreiche Teilnahme des Landes am Globalisierungsprozess.

Online-Link
zum naturräumlichen Potenzial Chinas:
29260X-0504

Online-Link
zum Konflikt um die Spratly-Inseln:
29260X-0505

10.5.3 Der Transformationsprozess in der chinesischen Landwirtschaft

Aufs Ganze gesehen war China 1978 noch ein Agrarstaat. 68 % der Beschäftigten waren in der Landwirtschaft tätig, der Anteil des Primären Sektors am BIP betrug 31 %, und ca. 37 % der Exporterlöse waren Agrarprodukte.

Chinas Agrarwirtschaft – Versuchsfeld für marktwirtschaftliche Reformen

Volkskommune

Das ländliche Leben war in sog. Volkskommunen organisiert (vgl. S. 410). Die Aufgabe der Volkskommunen war die Produktion landwirtschaftlicher und anderer Güter entsprechend den staatlichen Planvorgaben. Aufgrund der stark ansteigenden Bevölkerung bestand jedoch die zwingende Notwendigkeit, strukturelle Änderungen zur Erhöhung der Erträge durchzuführen. Die Reformen in der Agrarwirtschaft – die zum Vorbild für die anderen Wirtschaftszweige werden sollten – wurden zunächst nur in zwei Bezirken als Versuch gestartet und beinhalteten u. a. Folgendes:

Agrarreform

Vertragsgebundenes Verantwortlichkeitssystem

Sozialistische Marktwirtschaft (G)

1. Einführung eines „Vertragsgebundenen Verantwortlichkeitssystems“: In ihm pachtet z. B. eine Familie Land und bewirtschaftet es in eigener Regie (Vertragslaufzeit bis zu 50 Jahre; pro Person maximal 1 mu = 666 m²). Als Gegenleistung für die Landnutzung muss ein bestimmter Prozentsatz der Ernte zu einem festgesetzten Preis an staatliche Stellen geliefert werden. Überschüsse über dem Vertragssoll sind frei verkäuflich. Somit ist eine stärkere Motivation zur Erhöhung der Produktion gegeben;
2. Erhöhung der staatlichen Ankaufspreise als Produktionsanreiz;
3. Lockerung des staatlichen Handelsmonopols, Errichtung freier Märkte;
4. die ehemaligen Volkskommunen verlieren ihre administrativen Aufgaben, es erfolgt eine Rückübertragung der politischen Macht und der Verwaltung auf Gemeinden und Kreise.

M 5 Entwicklung der Getreideproduktion und der Ackerflächen

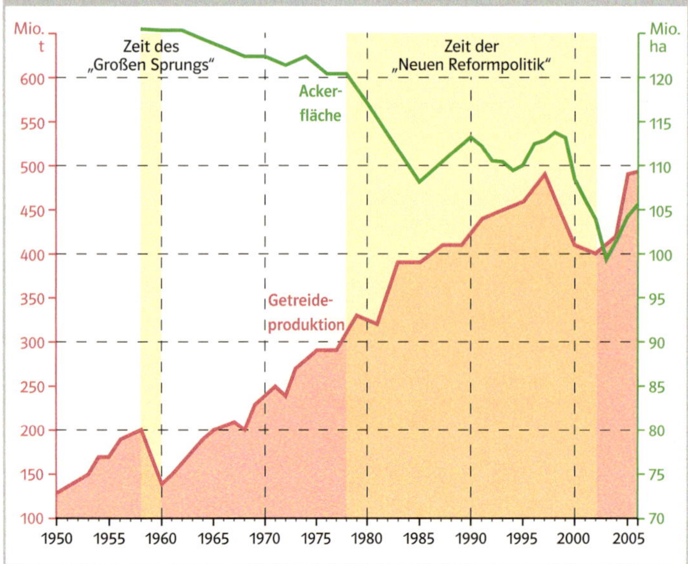

Aufgrund der schnellen Erfolge, die sich z. B. bei der Steigerung der Erträge pro Hektar (vgl. M 5) und der Erhöhung der landwirtschaftlichen Einkommen zeigten, wurde der Reformprozess auf ganz China übertragen und die Volkskommunen, die jahrzehntelang die Landwirtschaft Chinas prägten, wurden bis 1984 fast völlig aufgegeben. In der Folgezeit verschwanden planwirtschaftliche Elemente weitgehend: Während im Jahre 1978 für 113 landwirtschaftliche Produkte staatliche Ankaufspreise festgesetzt waren, betrug deren Zahl 1993 nur noch sechs. Damit war die 1992 vom Volkskongress (das chinesische Parlament) beschlossene „sozialistische Marktwirtschaft“ im Bereich der Agrarwirtschaft hinsichtlich der Preisbildung schon weitgehend realisiert. Inzwischen spielen staatliche Ankaufpreise – von einzelnen Ausnahmen abgesehen – keine Rolle mehr.

Die chinesische Landwirtschaft ist heute stark in den Welthandel integriert. Exporte und Importe von Agrarprodukten erzielen jedes Jahr hohe Zuwachsraten. Hinsichtlich der Größenordnung ist jedoch zu berücksichtigen, dass der Export und Import dieser Produkte am Gesamtvolumen der chinesischen Außenhandelsbeziehungen nicht besonders stark ins Gewicht fallen und die Art der gehandelten Güter erheblichen Schwankungen unterliegt. Diese hängen mit Überschüssen oder Missernten, mit der mangelnden Wettbewerbsfähigkeit der chinesischen Landwirtschaft auf dem Weltmarkt für Getreide, mit Handelsbarrieren des Auslands, mit schwankenden Preisen, aber auch mit singulären Ereignissen, wie z. B. dem Auftreten der Vogelgrippe, zusammen.
Vom Export von Agrarprodukten profitieren insbesondere die östlichen Provinzen Shandong, Guangdong, Zhejiang, Fujian und Liaoning. Diese fünf Provinzen verbuchten 2006 allein 54 % des landesweiten Agrarexports.

M6 Kenndaten der chinesischen Landwirtschaft (alle Angaben ca.)

	Einheit	1978	2005
Zahl der Agrar-beschäftigten	Mio.	285	300
Anteil Agrarbeschäftigte an allen Beschäftigten	%	68	44
Anteil am Sozialprodukt	%	31	13
Anteil Exporterlöse	%	37	3
Anteil Importwerte	%	16 (1980)	4
Getreideproduktion	Mio. t	300	497
Gemüseanbaufläche	Mio. ha	3	18
Fleischproduktion	Mio. t	46 (1996)	77
Traktoren mit 20 und mehr PS	1000	557	1395
Einachsige Kleintraktoren	1000	1373	15 268
Düngemitteleinsatz (Reinnährstoff)	Mio. t	9	47
Nährwert verfügbarer Nahrungsmittel	kcal/Kopf und Tag	2300	3000

M7 Die Agrarzonen

Missernten und Versorgungssicherheit

„Aufgrund einer schweren Dürre fiel die Getreideernte 2000 um 10 % geringer aus als 1999. Die chinesische Regierung fürchtete um die Lebensmittelversorgung der Milliardenbevölkerung und ordnete eine drastische Kürzung der Getreideexporte an. Nach Schätzungen der Regierung war der Getreidevorrat um ca. 35 % im Vergleich zum Vorjahr gefallen.“ [1]

Das Problem mangelnder Versorgung stellt sich nicht für die gesamte chinesische Volkswirtschaft, sondern nur für bestimmte ärmere Bevölkerungsgruppen, die sich möglicherweise teuer importierte und auch im Binnenland noch weit zu transportierende Lebensmittel nicht leisten können. Hinzu kommt für arme Bauern der Konkurrenzdruck durch das aus dem Ausland importierte Getreide, da China auf dem Weltmarkt hier wettbewerbsmäßig nicht mithalten kann.

Versorgungs-sicherheit

A6 Das Grobraster der Agrarzonen Chinas ist unter dem Namen „Vier Farben Chinas“ bekannt. Erklären Sie diese Einteilung (M7).

A7 Erläutern Sie, warum die östlichen Provinzen in besonderem Maße von den Agrarexporten profitieren.

A8 Erarbeiten Sie anhand von M5 und M6 wesentliche strukturelle Veränderungen der chinesischen Landwirtschaft seit Beginn des Transformationsprozesses. Berücksichtigen Sie dabei, dass die chinesische Bevölkerung seit 1978 stark angestiegen ist.

M6 Zusammenstellung nach verschiedenen Quellen: u. a. China Statistical Yearbook 2007, www.stats.gov.cn/english, Jan. 2008; Der Fischer Weltalmanach 2008. Frankfurt am Main: Fischer Taschenbuch Verlag 2007, S. 104; www.fmprc.gov, Jan. 2008; www.fao.org, Jan. 2008

[1] Harenberg Lexikon Verlag (Hrsg.): Aktuell 2002. Dortmund: Harenberg 2001, S. 427

Online-Link 29260X-0506

M8 Ausgangslage: Eisengießerei aus der Zeit des „Großen Sprungs" im Innenstadtbereich von Shanghai

10.5.4 Chinas industrielle Entwicklung im Rahmen der Reformprozesse

Die positiven Erfahrungen in der Landwirtschaft standen Pate bei den Reformen in der Industrie ab 1979. Angestrebte Ziele waren eine verbesserte Versorgung der Bevölkerung mit Konsumgütern, die Schaffung zusätzlicher Arbeitsplätze und eine Steigerung der Effizienz der staatlichen Unternehmen. Dies war verbunden mit der Abkehr von den bisher gültigen Maximen der Industrie- bzw. Wirtschaftspolitik (vgl. S. 410–411).

Stufenweise wurde von der Zentralverwaltungswirtschaft Abstand genommen:

Parallelpolitik
Staats-/Kollektiv-/Privateigentum

- In einer ersten Phase der Wirtschaftsreformen von 1979 bis 1984 wurde durch die teilweise Zulassung der Preisbildung durch den Markt für die Betriebe ein Anreiz geschaffen, effektiver zu arbeiten. Die Wirtschaftspolitik lässt sich seither als zweigleisig charakterisieren, da sie sowohl Markt- als auch Planelemente enthält (Parallelpolitik).
- Die Zweigleisigkeit besteht ebenso bei den Eigentumsformen, bei denen neben dem weiter bestehenden Staatseigentum verschiedene Formen des Kollektiv- und Privateigentums existieren. Allerdings ist bis heute der gesamte Grund und Boden im Eigentum des Staates.
- Die Verantwortung für die wirtschaftliche Entwicklung von Betrieben wurde Mitte der 1980er Jahre auf die jeweiligen Manager übertragen.

Öffnung des Landes

Eine entscheidende Neuerung im Rahmen der Reformmaßnahmen war die wirtschaftliche Öffnung des Landes. Ende der 1970er Jahre hatten Exporte und Importe jeweils nur ca. 5 % Anteil am BIP Chinas.

Die Öffnung der chinesischen Volkswirtschaft nach außen bedeutete konkret

Geöffnete Gebiete

a) die Zulassung ausländischer Investitionen in gesondert ausgewiesenen „Geöffneten Gebieten" im Osten Chinas,
b) eine rasche Ausweitung der Außenhandelsbeziehungen mittels Importen und Exporten.

Wirtschaftssonderzonen

Arten Geöffneter Gebiete. Ab 1980 werden Wirtschaftssonderzonen (auch als Sonderwirtschaftszonen bezeichnet) zur Herstellung von Exportgütern ausgewiesen. Diese vom Binnenland abgegrenzten Zonen sind Versuchsfelder für marktwirtschaftliche Experimente, sozusagen „Spielwiesen des Kapitalismus". Die erste Wirtschaftssonderzone wurde in Shenzhen an der Grenze zu Hongkong, die letzte 1990 in Pudong, einem Stadtteil Shanghais, errichtet.

In Geöffneten Wirtschaftszonen, in den Deltamündungen großer Flüsse gelegen, soll neben der Industrie auch die Landwirtschaft mithilfe ausländischen Kapitals effizienter wirtschaften.

Ab 1984 wurden Geöffnete Küstenstädte zugelassen. Mit ihnen werden auch binnenwirtschaftliche Interessen wie Know-how-Transfer und die Produktion moderner Güter für den Binnenmarkt verfolgt.

Die Geöffneten Städte und Kreise im Binnenland (seit 1990) sollen Bindeglieder zwischen Küste und Binnenland bilden.

Aufgrund der wirtschaftlichen Erfolge der mit Sonderrechten ausgestatteten Geöffneten Gebiete und gleichzeitig zunehmendem Entwicklungsgefälle zum Binnenland wurde 1994 das gesamte Außenwirtschaftssystem mit seinen

Privilegien für ausländische Unternehmen auch für die Inlandsprovinzen eingeführt, d.h., es existieren kaum noch regionale Beschränkungen für ausländische Investoren.
2001 trat China der WTO bei und verpflichtete sich innerhalb von 5 Jahren zu einer weitgehenden außenwirtschaftlichen Liberalisierung.

Ziele der Öffnung des Landes. Mit der Öffnung des Ostens des Landes waren folgende Erwartungen verknüpft:
- Produktion von Exportgütern, um verstärkt Deviseneinnahmen zu erzielen sowie um mittel- und langfristig ausländische Märkte zu erschließen;
- Transfer von technischem Know-how und Managementwissen, um für Ausbreitungs- und Demonstrationseffekte bei inländischen Betrieben zu sorgen;
- Herstellung importsubstituierender Produkte, um knappe Devisen zu sparen;
- Schaffung von Arbeitsplätzen für Millionen von Menschen;
- Erhöhung des Kapitalstocks durch den Zustrom ausländischen Kapitals;
- Beseitigung von Engpässen bei Energieversorgung und Infrastruktur.

Investitionsanreize. Anreize für Unternehmensgründungen durch Ausländer waren und sind unter anderem niedrige Steuern und Handelserleichterungen, staatliche Unterstützungsmaßnahmen in Form niedriger Pachtsätze für Grund und Boden und von Anbeginn an konkurrenzlos niedrige Löhne. Nicht zuletzt lockt ein großer Absatzmarkt mit mehr als 1,3 Mrd. Menschen.

Formen der Zusammenarbeit. Die Zusammenarbeit erfolgt häufig in Joint Ventures chinesischer Staatsunternehmen und ausländischer Investoren. Die chinesische Seite stellt Grund und Boden, Gebäude und Arbeitskräfte zur Verfügung, der ausländische Partner bringt hochwertige Maschinen, Ausrüstungen und technisches Know-how ein.
In China war anfangs der Staat oder ein staatliches Unternehmen mit 51 % beteiligt, während das ausländische Unternehmen nur 49 % der Kapitalanteile hielt. Damit war der Einfluss ausländischer Unternehmen begrenzt. Zwischenzeitlich sind alle Eigentumsformen möglich, auch solche mit 100 % Anteil von Auslandskapital.

M 9 Geöffnete Gebiete und Städte in China

Strukturelle und räumliche Veränderungen
Die Gesamtstrukturen der chinesischen Industrie haben sich seit Beginn der Reformen deutlich verschoben. Die Abkehr von der Schwerindustrie und die Hinwendung zur Leichtindustrie bei gleichzeitiger Aufwertung küstennaher Industriestandorte führen dazu, dass alte Industriegebiete im Nordosten, basierend auf Kohle und Stahl, zum „Rostgürtel" werden und völlig neue Standorte der Leichtindustrie an der Küste entstehen. Trotzdem ist das Erbe der Vergangenheit noch zu spüren: Die Schwerindustrie (z.B. die Eisen- und Stahlverarbeitung) spielt – verglichen mit anderen Ländern – immer noch eine gewichtige Rolle.
China ist weltweit der wichtigste Standort für Textilien. Dieser Wirtschaftszweig ist nach der Öffnung des Landes wegen der niedrigen Löhne stark gewachsen. Große Gewinner sind seit den 1990er Jahren die Automobilindustrie, die sich auch in China zu einer Schlüsselindustrie entwickelt, und vor allen Dingen die Elektronikindustrie (s. Folgeseite).

Liberalisierung der Außenwirtschaft

WTO

Importsubstitution

Joint Venture (G)

Rostgürtel

M10 Wirtschaftskraft und Hightech-Zentren Chinas 2006

„Mit der Öffnungspolitik Deng Xiaopings Anfang der 1980er Jahre begannen Unternehmen aus Hongkong, ihre Produktion nach Südchina zu verlagern. Diese neuen Fabriken konzentrierten sich stark auf Elektronik... China begann, elektronische Komponenten und einfache elektronische Produkte wie Uhren zu exportieren. Der Vorteil Chinas waren niedrige Arbeitskosten, die es den Hongkonger Betrieben erlaubten, weitaus billiger zu produzieren als bei sich... Die rasche Ausweitung und Verbesserung der Elektronik rührte großenteils von Technologietransfers via Auslandsinvestitionen her. Ausländische Firmen sahen China als zukünftigen Absatzmarkt vieler hochpreisiger und hochwertiger Komponenten und Produkte und nicht nur als Hersteller von Billigprodukten. Daher waren Unternehmen wie IBM, Siemens, Motorola, Ericsson und Scientific Atlanta zum Technologietransfer für die Produktion von Mikrochips, Halbleitern, glasfaseroptischer Ausrüstung, Satelliten und Computern bereit ... Mitte der [19]90er Jahre machte die Elektronik rd. 14 % der Gesamtexporte aus. Von Chinas Elektronikkomponenten waren 70 % Audio-, Video- und Kommunikationsprodukte.“ [2]

Dieser Trend setzt sich bis heute fort: 2005 konnten rund 37 % aller Exporte dem Elektroniksektor zugerechnet werden. Ganze Stadtviertel chinesischer Millionenstädte sind von diesem Wirtschaftszweig geprägt. In Shenzhen z. B. ist es der Stadtteil Long Hua, der „iPod City“ genannt wird, da dort für ein bekanntes amerikanisches Unternehmen die Geräte produziert werden.

Da ausländische Investitionen zunächst nur in den Geöffneten Gebieten erlaubt waren, bedeutete dies eine Bevorzugung des sowieso schon stärker entwickelten Ostens. Allerdings wurde dies hingenommen, da man davon ausging, dass

M11 Strukturdaten der chinesischen Industrie* (ca.)

	1980	2005
Anteil am BIP (%)	44	46
Anteil an den Erwerbstätigen (%)	13	18
Zahl der Beschäftigten (Mio.)	55	93
Anteil an den Exporterlösen (%)	50	93

M12 Produktionszahlen typischer Güter in China 2005

Produkt	Menge
Rohstahl	350 Mio.t
Computer	80 Mio.
Mobiltelefone	300 Mio.
Kameras	80 Mio.
Notebooks	45 Mio.
Fahrräder	6,9 Mio.
Automobile	2,7 Mio.

[2] Penelope Prime: Elektronikindustrie. In: Brunhild Staiger u. a. (Hrsg.): China. Lexikon zu Geographie und Wirtschaft. Darmstadt: Wissenschaftliche Buchgesellschaft 2006, S. 152 f.

M10 Zusammenstellung nach Daten aus China Statistical Yearbook 2006, Chapter 3 – 8, auf www.stats.gov.cn/tjsj/ndsj/2006/indexeh/htm, April 2008

M11 Zusammenstellung und Berechnung nach Aktuell, 1984, S. 795, und China Statistical Yearbook 2006, Chapter 14, auf ebenda

M12 Zusammenstellung nach China Statistical Yearbook 2006, Chapter 14, auf ebenda

*Es sind hier nur die Daten der Industrie, nicht jedoch alle Daten des Sekundären Sektors erfasst. So ist z. B. die Bauwirtschaft nicht mit einbezogen.

durch so genannte Trickle-down-Effekte auch das Hinterland gefördert würde, da ausländische Unternehmen mit im Binnenland arbeitenden Staatsunternehmen kooperieren würden, z. B. beim Bezug von Rohstoffen oder Halbfabrikaten. Die Industrieproduktion entwickelte sich nach der Öffnung des Landes zusammen mit den anderen Reformmaßnahmen zum Wachstumsmotor der chinesischen Wirtschaft. So hat sich die Produktion von Rohstahl zwischen 1978 und 2005 etwa verelffacht, die von Kühlschränken stieg auf über das Tausendfache.

Erfolge der Reformmaßnahmen

Der größte Erfolg des mit den Reformmaßnahmen verbundenen Transformationsprozesses ist sicherlich die Verbesserung der Lebensverhältnisse für die große Mehrheit der Chinesen. Noch nie in der Geschichte des Landes ging es dem „Durchschnittschinesen" so gut wie jetzt. Die Einkommen haben sich in Stadt und Land stark erhöht, die Wohnsituation hat sich grundsätzlich verbessert und man ist mehr als ausreichend mit Lebensmitteln versorgt. Die Menschen genießen alle wirtschaftlichen Freiheiten wie in kapitalistischen Ländern, aber auch alle Risiken. Jedoch mangelt es nach wie vor an fundamentalen Menschenrechten und politischen Freiheiten.

M13 Entwicklung des chinesischen Pro-Kopf-Jahreseinkommens seit Beginn der Reformpolitik

	ländliche Haushalte		städtische Haushalte	
	absolut (100 CNY*)	Index	absolut (100 CNY*)	Index
1978	133,6	100	343,4	100
1980	191,3	139,0	477,6	127,0
1990	686,3	311,2	1510,2	198,1
2000	2253,4	483,5	6280,0	383,7
2005	3254,9	624,5	10493,0	607,4

*April 2008: 1 Euro = 10,34 CNY (Chin. Renminbi Yuan)

A9 Erklären Sie anhand der Karte „Wirtschaftskraft und Hightech-Zentren" (M10) das Verteilungsmuster chinesischer Industriestandorte.

M14 „Take Off" einer Volkswirtschaft: Entwicklung des chinesischen BIP

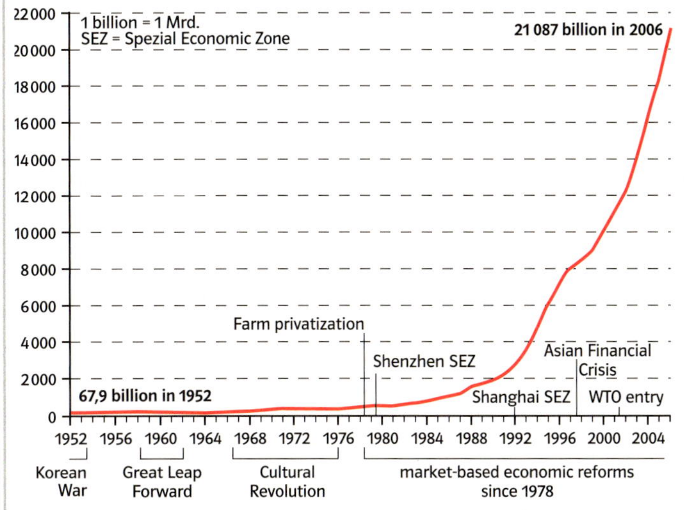

M15 Ausstattung chinesischer Haushalte mit Konsumgütern (2005 pro 100 Haushalte)

	Stadt	Land
Farbfernseher	135	84
Computer	41	2
Motorräder	25	40
Automobile	3	-
Mobiltelefone	137	50

Trickle-down-Effekt

Transformation (G)

Menschenrechte
politische Freiheiten

A10 Interpretieren Sie M13 im Hinblick auf die Öffnung des Landes und seine Einbindung in den Welthandel.

A11 Diskutieren Sie folgende These: „Trickle-down-Effekte haben das Standortmuster der chinesischen Industrie nicht nachhaltig beeinflusst."

A12 Arbeiten Sie die Gründe dafür heraus, dass Chinas Wirtschaft durch die Einbindung in die internationale Arbeitsteilung große Vorteile erlangt.

A13 Begründen Sie, warum die Standortstrukturen der chinesischen Wirtschaft in hohem Maße durch die Öffnung des Landes geprägt wurden.

A14 Erläutern Sie Gründe dafür, dass nicht alle Regionen Chinas von der Wohlstandsmehrung in gleichem Maße profitiert haben.

M14 nach Stichwort Volksrepublik China auf www.wikipedia.de, Jan. 2008 (zugrunde liegt die englische Version von Wikipedia, 24.01.07, ergänzt)

M13 und M15 Zusammenstellungen nach China Statistical Yearbook 2006, Chapter 10, auf www.stats.gov.cn, Jan. 2008

Online-Link
zur industriellen Entwicklung im Rahmen der Reformprozesse insgesamt:
29260X-0507

10.5.5 China als Profiteur der Globalisierung – von der Autarkie zum Welthandelsriesen

M16 Entwicklung des chinesischen Außenhandels

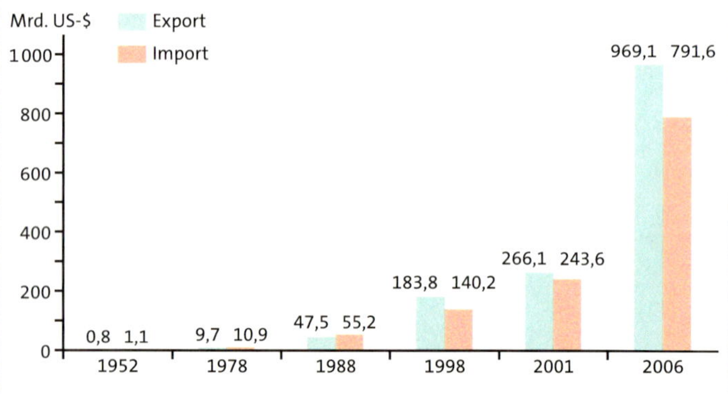

MERCACCIONES INNUMERAS
(Kolumbus' handschriftliche Anmerkung in Marco Polos Reisebericht)

Chinas größtes Plus ist die billige Arbeitskraft im Überfluss
(Domingo Navarette, Chinareisender von 1659 bis 1664)

CHINA IST AUSERWÄHLT, DIE GRÖSSTE AKTIVE MACHT ZU WERDEN
(Alleyne Ireland in der North American Review 1900)

Viagra der Weltwirtschaft
(Kai Strittmatter in der Süddeutschen Zeitung 2004)

M17 China-Hype – gestern und heute

Staatsmonopolbetriebe
Außenhandelsliberalisierung
ADI
WTO (G)
tarifäre und nichttarifäre Handelshemmnisse (G)
Subventionen
Dumping (G)

Ein wesentliches Merkmal des Globalisierungsprozesses ist die Zunahme internationaler Wirtschaftsbeziehungen und -verflechtungen, insbesondere das Zusammenwachsen der Gütermärkte über die Grenzen einzelner Staaten hinaus. Der Anteil Chinas an den Exporten aller Länder der Erde betrug 1978 ca. 0,8 %, 2005 lag der Wert bei ca. 7,5 %. 2008 hat China den Rang 1 der Exportnationen erreicht. 1978, zum Beginn der Reformen, hatten die Exporte einen Anteil von 5 % am Bruttoinlandsprodukt, bis zum Jahr 2006 hatte sich der Wert auf ca. 38 % erhöht. Die Zahlen belegen: China ist Profiteur, aber auch Motor des Globalisierungsprozesses im Rahmen des Welthandels.

Handelsliberalisierung. Die Gründe für den Aufstieg Chinas zur wichtigsten Exportnation sind sicherlich in der weitgehenden Liberalisierung des Außenhandels zu suchen, verbunden mit einer exportorientierten Entwicklungsstrategie und dem Zufluss ausländischer Direktinvestitionen (vgl. S. 357–358). An den Exporterfolgen sind in hohem Maße Unternehmen beteiligt, die mit ausländischem Kapital in den Geöffneten Gebieten an der Küste gegründet wurden, z. B. in den Provinzen Guangdong und Fujian sowie Jiangsu, Shanghai, Shandong, Liaoning, Beijing und Zhejiang. Ein Großteil dieser Exporte stammt derzeit aus diesen Gebieten.

Chinas Aufstieg zur wichtigsten Exportnation ist vor allem auf das Ausnutzen der Kostenvorteile bei der Produktion einfacher arbeitsintensiver Produkte zurückzuführen, da die Löhne verglichen mit denen westlicher Industriestaaten extrem niedrig sind. Die Folge ist, dass insbesondere Industrieprodukte exportiert werden. Der Anteil betrug 1980 ca. 50 % an allen Exporten, zur Jahrtausendwende schon knapp 90 % und 2005 ca. 93 %.

Eine weitere Ursache für den Anstieg der Exporte ist deren Förderung durch den Staat. So darf die Exportindustrie seit 1984 Rohstoffe und Zwischenprodukte zollfrei importieren. Seit 1999 dürfen sich auch Privatunternehmen am Außenhandel beteiligen, bis dahin war dies nur staatlichen Monopolunternehmen erlaubt. Die Außenhandelsplanung sowie die Restriktionen bei Export und Import wurden schrittweise reduziert. 2001 trat China der Welthandelsorganisation WTO bei und hat seitdem den Außenhandel weiter liberalisiert und Handelshemmnisse z. T. abgebaut.

Unfaire Handelspraktiken. Trotz des Beitritts zur WTO, die die weltweite Liberalisierung des Handels zum Ziel hat, wendet China nach wie vor das ganze Spektrum tarifärer und nichttarifärer Handelshemmnisse (vgl. S. 354) sowie Subventionen zugunsten der eigenen Exporte an. So wird etwa der europäische Stahlmarkt durch Billigstahl zu Dumpingpreisen aus China „überflutet", da China seine staatlichen Unternehmen durch Zuschüsse fördert und diese auch durch niedrigere Umweltstandards billiger produzieren können. Die Herstellung zahlreicher Produkte zu niedrigsten Kosten ist auch dadurch möglich, dass viele Menschen von ihren Arbeit- oder Auftraggebern durch niedrigste Löhne und miserable Arbeitsbedingungen ausgebeutet werden. Umstritten sind Chinas Billigprodukte auch wegen des Einsatzes minderwertiger oder gar giftiger Stoffe, wie z. B. die weltweiten Rückrufaktionen von Spielzeugen belegen.

Über Urheberrechtsverletzungen bzw. Produktpiraterie, z. B. durch Raubkopien von Computerprogrammen oder von Luxusmarken wie Rolex-Uhren oder Prada-Taschen, klagen nicht nur ausländische Hersteller, sondern mittlerweile auch chinesische Produzenten. Korruption zur Erlangung von Aufträgen oder Genehmigungen ist weit verbreitet.

Währungspolitik. Einen Wettbewerbsvorteil erlangt das Land auch dadurch, dass die Währung nicht dem freien Spiel der Kräfte des Marktes unterliegt. Zahlungsbilanzüberschüsse werden so nicht durch einen steigenden Wechselkurs ausgeglichen. Von 1995 bis 2005 koppelte die chinesische Regierung ihre Währung an den US-$. Der Wechselkurs war fest und viel zu niedrig, sodass chinesische Waren billig zu beziehen waren. Seit 2005 ist die Volkswährung Renminbi (=Yuan) durch einen Mix ausländischer Währungen (Währungskorb) definiert, aber an der Tatsache, dass der Yuan um ca. 30 % unterbewertet ist, hat sich nichts geändert. Der von der Regierung festgelegte Wechselkurs wirkt wie ein „Doping" für Chinas Export und wird von seinen Handelspartnern auch so gesehen.

China – „Staubsauger" für Energien und Rohstoffe. Ein Land, das Exportweltmeister ist, dessen Bevölkerung stark wächst, das einen Wandel vom Agrar- zum Industriestaat vollzieht, muss auch viel importieren: Rohstoffe, Energien, Halb- und Fertigfabrikate, neue Technologien. Dies drückt sich in der steigenden Bedeutung Chinas als Importland aus (vgl. M 16). Weltweites Interesse erregt China insbesondere als Aufkäufer von Rohstoffen: Das Bild vom riesigen „Staubsauger" China macht sich breit, das Land, das wegen seines Rohstoffhungers für weltweit steigende Energie- und Rohstoffpreise verantwortlich ist.

Die Zeiten, in denen sich China aufgrund seines Rohstoffreichtums noch selbst versorgen konnte, sind vorbei. So erfolgte bereits 1994 der Turnaround vom Erdöl exportierenden zum Erdöl importierenden Land. Seither steigt der Importanteil stetig an.

M 18 Wichtigste Handelspartner Chinas 2006

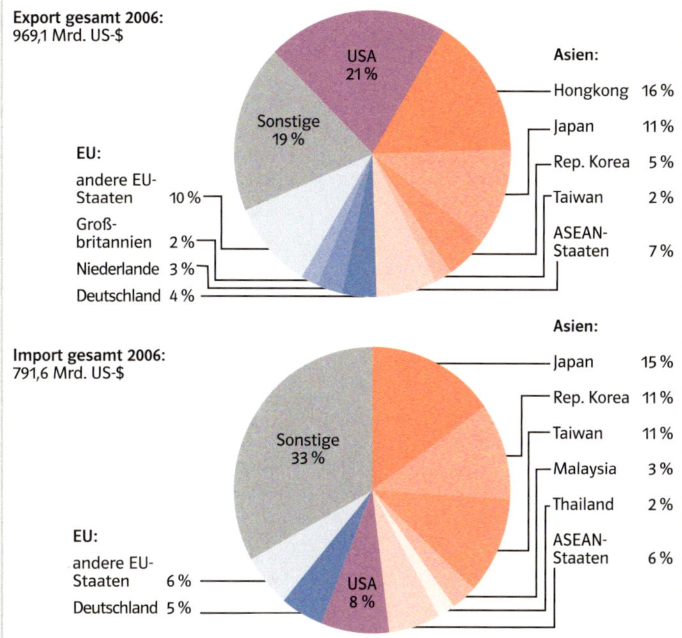

Ähnliches gilt für Eisenerz und andere Basiserze. Dies führt in einigen Rohstoff exportierenden Entwicklungsländern, etwa in Afrika, zu steigenden Umsätzen und Gewinnen. Allerdings leiden auch viele Entwicklungsländer darunter, dass China, aber auch Indien, die Welt z. B. mit billigen Textilien „überschwemmt" und so deren zaghafte Industrialisierungsbemühungen der letzten Jahrzehnte unterläuft. Günstiger sieht die Bilanz für die ost- und südostasiatischen Nachbarstaaten aus. Für sie entwickelt sich China zur Konjunkturlokomotive, da sich dort die Wirtschaftsbeziehungen insgesamt verdichten. Um seine Rohstoff- und Energiebasis zu sichern, engagiert sich China zunehmend politisch und wirtschaftlich in zahlreichen Ländern der Welt (vgl. S. 423).

Urheberrecht
Produktpiraterie
Korruption
Wettbewerbsvorteile
Zahlungsbilanz

„Rohstoffhunger"

Konjunkturlokomotive

A 15 Erklären Sie die Verteilung der Warenströme von und nach China.

A 16 Vergleichen Sie die Handelspraktiken Chinas mit denen Japans (S. 402 – 403); berücksichtigen Sie dabei auch historische Aspekte.*

M 16 Autorenzusammenstellung und Berechnung nach verschiedenen Quellen

M 18 nach Der Fischer Weltalmanach 2008, a. a. O., S. 104

***Online-Link**
zu Wirtschafts- und Handelspraktiken Japans in der industriellen Aufschwungphase:
29260X-0508

Online-Link
zur wachsenden weltweiten Bedeutung Chinas im Handel:
29260X-0509

10.5.6 China – Ziel und Quelle ausländischer Investitionen

Wenn Du nicht in die Höhle des Tigers gehst, wie willst Du dann das Tigerbaby fangen?
(Alte chinesische Weisheit)

ADI (G)
Global Player (G)
Kapitaltransfer
Steuerparadies
Auslandschinesen

Charakteristika der Globalisierung sind Direktinvestitionen von Unternehmen im Ausland und die Bildung multinationaler Unternehmen. Seit der stufenweisen Öffnung des Landes machte sich China in immer stärkerem Maße Auslandskapital in Form von Direktinvestitionen (ADI = ausländische Direktinvestitionen) zunutze. 25 Jahre nach Beginn der Reformen spielt China in der „Champions League" der ausländischen Direktinvestitionen, ist zum Global Player bei Kapitaltransfers geworden. Seit Anfang unseres Jahrtausends zählt China zu den wichtigsten Empfängerländern von ADI. Bis zum Jahr 2007 erhielt es ca. 700 Mrd. US-$.

Die wichtigsten Herkunftsgebiete der ADI seit Öffnung des Landes sind Hongkong, USA, Japan, Taiwan, Südkorea, Singapur und die EU-Staaten. In den letzten Jahren treten aber auch Steuerparadiese wie die Cayman Islands, British Virgin Islands oder Samoa unter den 10 wichtigsten Herkunftsländern auf, sodass die originären Quellen der Gelder immer weniger verfolgt werden können. Für den hohen Anteil der ostasiatischen Nachbarstaaten an den ADI sind verschiedene Gründe maßgebend: zum einen die räumliche Nähe sowie die kulturelle Verbundenheit und zum anderen die guten Beziehungen, die Auslandschinesen traditionell zu China pflegen, z.T. auch durch den Aufbau von Netzwerken, um ihre Geschäfte in einem unsicheren Markt abzusichern.
Der größte Teil der ADI fließt in die Industrie und in den Immobiliensektor, in steigendem Maße jedoch auch in den Dienstleistungssektor und in den letzten Jahren auch in die Forschung.

M19 Regionale Verteilung der bis 2004 kumulierten Anteile ausländischer Direktinvestitionen nach China

Entwicklung der ausländischen Direktinvestitionen

Jahr	Investitionen in Mrd. US-$
1980	0,06
1990	3,5
1995	37,5
1998	45,5
2000	40,7
2002	52,7
2004	60,6
2006	70,0

M19 nach MOFCOM, auf www.kas.de/upload/dokumente/KAS-Auslandsinvestitionen_Taube.pdf, April 2008, sowie www.bpb.de/wissen/VULE3D, April 2008, ergänzt

[3] AFP, zitiert nach Süddeutsche Zeitung vom 30.10.2007. München 2007, S. 20

[4] Petra Kolonko: Alles für die Größe des chinesischen Vaterlandes. In: Frankfurter Allgemeine Zeitung, Nr. 162 vom 15.07.2005. Frankfurt am Main 2005, S. 3

[5] Jens Flottau: Chinesen übernehmen deutschen Flughafen. In: Süddeutsche Zeitung vom 25.05.2007. München 2007, S. 26

Forschungsstandort China.

„Peking – General Motors (GM) forscht künftig in China an Bio-Kraftstoffen. Dafür soll im Volumen von 250 Millionen Dollar ein Forschungszentrum in der Wirtschaftsmetropole Schanghai gebaut werden, teilte GM-Chef Rick Wagoner ... in Peking mit. General Motors will dabei mit einem chinesischen Partner-Unternehmen SAIC und der chinesischen Regierung zusammenarbeiten." [3]

Grenzen der Kapitalbeteiligung. Allerdings gibt es Grenzen der Einflussnahme durch ausländisches Kapital beim Erwerb oder der Beteiligung an chinesischen Staatsunternehmen. Dies gilt nicht nur für die Rüstungsindustrie. So scheiterte 2006 die Übernahme eines chinesischen Wälzlagerherstellers durch ein deutsches Unternehmen am Veto des Staatsrates. Es wird von konservativen kommunistischen Kräften in der Staatsführung ein Ausverkauf des Volkseigentums befürchtet, weshalb für Staatsbetriebe ab 2008 Sonderregelungen geschaffen wurden.

China als Akteur des internationalen Kapitalmarkts. In einer Zentralverwaltungswirtschaft ist der Staat der entscheidende Akteur für Finanzoperationen im Ausland. China besitzt die größten Devisenreserven der Welt: im Januar 2008 waren dies ca. 1,5 Billionen US-$. Diese Reserven sind das Ergebnis der Außenhandelsüberschüsse der letzten Jahrzehnte und des Zustroms ausländischen Kapitels im Rahmen von Direktinvestitionen. Durch diese Reserven ist China zu einem der bedeutendsten Akteure auf dem internationalen Kapitalmarkt, zum Global Player, geworden.

Ein Großteil der Reserven war über viele Jahre in amerikanischen Staatsanleihen angelegt, die sicher sind und Zinsen bringen. Durch den Wertverlust des Dollars an den internationalen Devisenmärkten sah sich China gezwungen, seine Anlagestrategie zu ändern. Es wurde 2007 ein staatlicher Investmentfonds gegründet und mit 200 Mrd. US-$ ausgestattet. Dieses Geld wird nun z. B. dazu verwendet Beteiligungen an amerikanischen Investmentgesellschaften (in Deutschland unter dem Namen „Heuschrecken" bekannt) zu erwerben, die sich an Unternehmen weltweit beteiligen, diese sanieren, ausschlachten und dann weiterverkaufen, um möglichst hohe Gewinne zu erwirtschaften.

Auch der Kauf von Beteiligungen an international tätigen Großbanken, die für ihre Shareholder-Politik bekannt sind, ist gängige Praxis.

Chinesische Staatsunternehmen tätigen auf der ganzen Welt Direktinvestitionen, besonders häufig in Entwicklungsländern, insbesondere zur Sicherung der Rohstoffbasis. So investiert beispielsweise Chinas größter Ölproduzent China National Petroleum Corporation (CNHR) in eine Raffinerie im Tschad. China ist bereits jetzt der drittgrößte Handelspartner der afrikanischen Staaten.

Außenpolitik im Dienste der Rohstoffsicherung.

„Lateinamerika wird hofiert, ein Kontinent, der bislang in der chinesischen Weltsicht kaum vorkam. Afrikanischen Staaten wird mehr Hilfe und Zusammenarbeit versprochen. Jahrzehntelange Grenzstreitigkeiten mit Indien und Russland werden großzügig gelöst, um die beiden großen Nachbarn freundlich zu stimmen. In Südostasien werden Rivalitäten beiseite geschoben, um nach einer gemeinsamen Zukunft zu suchen ... Die Parteiführung hat realisiert, dass China für sein schnelles Wirtschaftswachstum langfristig abhängig von Rohstofflieferungen sein wird und versucht, diese auf der ganzen Welt abzusichern. Das reicht von Öl aus Sudan bis zu Kupfer aus Chile und Eisenerz aus Australien." [4]

Aktivitäten zur Entwicklung der internationalen Verkehrsinfrastruktur.

„Chinesen landen in Parchim. Der chinesische Transportkonzern Link-Global Logistics übernimmt den Flughafen Schwerin-Parchim in Mecklenburg-Vorpommern. Das Unternehmen hat den Kaufvertrag mit dem Landkreis Parchim bereits Mitte Mai [2007] unterschrieben und will den zwischen Berlin und Hamburg gelegenen Flughafen vor allem für den Frachtverkehr ausbauen. Als Investitionssumme inklusive Kaufpreis nannte die chinesische Nachrichtenagentur Xinhua 100 Millionen Euro.

Die Übernahme ist ein Novum in der internationalen Luftfahrtindustrie. Bislang haben zwar europäische Flughafenbetreiber in Gemeinschaftsprojekte in China investiert, Link-Global ist nun aber der erste Investor, der sich per Kauf Zugang zur Infrastruktur in Europa verschafft." [5]

A 17 Erarbeiten Sie mögliche Ziele, die chinesische Unternehmen mit ausländischen Direktinvestitionen anstreben.

Forschung und Entwicklung (F+E)

Rüstungsindustrie

„Volkseigentum"

Kapitalmarkt

Zentralverwaltungswirtschaft (G)

Devisenreserven

Staatsanleihen

Investmentfonds

Shareholder Value

Fallbeispiel: **Shanghai – von der Handelsniederlassung zur Global City**

M 20 Funktionale Stadtgliederung von Shanghai mit Wirtschaftssonderzone Pudong

Kaum eine Stadt Chinas symbolisiert stärker den Wandel von der Handelsniederlassung ausländischer Mächte des 19. Jh.s über den vernachlässigten Industriestandort in sozialistischer Zeit des 20. Jh.s zum internationalen Dienstleistungsstandort des 21. Jh.s.

Shanghai ist eine Stadt der Superlative. Es ist immer noch einer der wichtigsten Industriestandorte Chinas. In seinem Hafen werden so viele Güter umgeschlagen wie sonst nirgends (2006: 537 Mio. t), es verfügt über die einzige kommerziell betriebene Magnetschwebebahn und eine Formel-1-Rennstrecke. Shanghai hat vermutlich nicht nur die meisten Hochhäuser der Welt, die Preise für Dachterrassenwohnungen, Lofts u. ä. sind dort auch so hoch wie in New York. Die Nanjing Lu (Nangkinger Straße) ist eine der Konsumhochburgen der Welt, in der alle Luxuslabels vertreten sind, mit mehr als einer Million Käufer täglich, das Nachtleben hat die prüden Zeiten des Sozialismus überwunden. Die Stadt beheimatet zahlreiche Hochschulen und Universitäten. Insgesamt gesehen, hat sich Shanghai zur Global City entwickelt, und die „Washington Post" ernannte den „Ort über dem Meer" zur derzeit aufregendsten Stadt der Welt.

M 21 Drangvolle Enge

„Shanghai ist – von Chongqing abgesehen – die größte Stadt Chinas. In der regierungsunmittelbaren Stadt mit Provinzstatus lebten 2006 auf einer Fläche von ca. 6 300 Quadratkilometern offiziell mehr als 14 Mio. Einwohner mit ständigem Wohnsitz und mehr als 4 Mio. temporäre Einwohner mit befristeter Aufenthaltserlaubnis. Weitere drei Millionen Menschen sollen illegal hier leben. Die Bevölkerungsdichte auf dem administrativen Stadtgebiet liegt bei über 3 100 Ew. pro km², im Kerngebiet sind es jedoch ca. 17 000 …

Aufgrund der wirtschaftlichen und bevölkerungsmäßigen Entwicklung der Stadt ist ein extremer Flächendruck sowohl in vertikaler als auch in horizontaler Richtung entstanden.

Der vertikale Druck zeigt sich im Bau von Hochhäusern; die Anzahl betrug bereits im Jahre 2003 rund 5 000. Der horizontale Druck äußert sich darin, dass der neue Masterplan der Stadt vorsieht, u. a. 3 000 Dörfer und 60 Städte im Umland in Vororte zu erweitern sowie neue Satellitenstädte mit bis zu 800 000 Bewohnern zu realisieren."

M 22 Funktionswandel Shanghais

„In prädestinierter Lage südlich der Jangtse-Mündung gelegen, hatte sich Shanghai Mitte des 19. Jh.s zum führenden Wirtschafts-, Handels-, Finanz- und Industriestandort entwickelt … Nach der kommunistischen Machtübernahme 1949 jedoch verlor die Metropole in der Mao-Ära ihre einstige Bedeutung … [Sie wurde] in die Zentralverwaltungswirtschaft integriert. Im Gefolge der seit 1978 initiierten Reformprogramme begann mit der Verabschiedung des Generalentwicklungsplanes … 1986 eine tief greifende Modernisierung als Teil eines wirtschaftlichen … Transformationsprozesses: Kennzeichnend sind ein rascher Ausbau der Infrastruktur mit Großprojekten wie dem Bau des neuen Internationalen Flughafens Pudong sowie von drei Brücken über den Huangpo … Darüber hinaus wurden in radikaler Erneuerung der Altstadt mehr als 3,6 Mio. m² alter Wohnungen abgerissen und eine Vielzahl moderner Wohnsiedlungen und Satellitenstädte errichtet. Nahe des alten Flughafens Hongqia etablierten sich große Bürokomplexe, Hotels, eine wirtschaftliche Entwicklungszone sowie ein internationales Handels- und Ausstellungszentrum."

Shanghai Stock Exchange – Chinas finanzieller Dreh- und Angelpunkt in Pudong

Pudong (wörtlich: östlich des Huangpu) war bis 1990 ein wichtiges Gemüseanbaugebiet Shanghais.

Im Gefolge der Ausweisung zur Wirtschaftssonderzone ist das Areal zur Finanzmetropole Chinas bzw. zu einem der Finanzzentren Ostasiens aufgestiegen. Die Finanzzone ist Kern einer Entwicklungszone, die u.a. auch eine Freihandels-, eine Hightech-Industrie- und Wissenschaftszone umfasst. In unmittelbarer Nachbarschaft zur Finanzzone findet 2010 die Weltausstellung Expo statt.

M 24 Blick nach Pudong, dem Standort von Chinas größter Börse

M 23 Lage ist alles

„Facing the Pacific Ocean and East China Sea, with Yangtze River on the north, and the rich Yangtze River Delta in its backyard, Pudong New Area is generally regarded as a gate to enter Chinas economy, a golden key to open the Chinese market and a bridge connecting the economy of China to the world."

A 18 Erarbeiten Sie mithilfe eines Atlasses und von Google Earth das Standortpotenzial Shanghais und seiner Sonderwirtschaftszone Pudong.

A 19 Begründen Sie, warum der chinesische Aktienmarkt für Inländer und Ausländer von so großer Attraktivität ist.

A 20 Beurteilen Sie die Bedeutung der Aktienbörsen im Zusammenhang mit der Transformation von Staatsunternehmen in Privatunternehmen.

A 21 Ermitteln Sie, wie sich der Composite Index der Börse von Shanghai seit 2008 entwickelt hat. Prüfen Sie, ob ein globaler Zusammenhang zu anderen Aktien-Indices (z.B. Down Jones) besteht.

M 25 „Größtes Kasino der Welt"

Nach einer Talfahrt zu Beginn der 2000er Jahre rangierte Shanghais Börse Anfang des Jahres 2005 im internationalen Vergleich neben Teheran. Dann aber ging die Post ab und die Kurse steigen seitdem schneller als sonst wo auf der Welt. So überstieg der Composite Index der Börse von Shanghai Anfang des Jahres 2007 die Marke von 3 000 Punkten, im Oktober des gleichen Jahres durchbrach er die Marke von 6000 Zählern. Dies darf jedoch nicht darüber hinwegtäuschen, dass ein Investment an Shanghais Börse einer Achterbahnfahrt gleicht, weshalb ein chinesischer Wissenschaftler und Börsenkritiker Chinas Börsen einmal als „größtes Kasino der Welt" bezeichnete.

„Der Shanghai Composite Index brach um 8,3 Prozent auf 3 670 Punkte ein, womit sich die Abschläge der vergangenen Tage auf gut 15 Prozent summieren. Das entspricht einem Börsenwert von 340 Milliarden Dollar."

M 26 Größter Börsengang in der Geschichte Chinas

„Der Börsengang des Energieriesen Petrochina am Montag in Schanghai machte den Konzern auf einen Schlag zum teuersten Unternehmen der Welt. Der Aktienkurs stieg am ersten Handelstag um 163 Prozent. Am Abend war der Konzern fast eine Billion Dollar wert – doppelt soviel wie der amerikanische Konkurrent ExxonMobil, der bisher den Titel des teuersten Konzerns der Welt gehalten hatte. Petrochina gehört zu dem Energiekonglomerat China National Petroleum Corporation (CNPC) ...

Seit dem Jahreswechsel ist der Index der Börse von Schanghai fast um das Dreifache gestiegen. Die Rangliste der Weltkonzerne wurde dadurch neu geordnet. Inzwischen kommen fünf der zehn wertvollsten Unternehmen aus der Volksrepublik."

M 21 Franz Heckl in Arno Kreus/Norbert von der Ruhren (Hrsg.): Russland und China. Zwei Weltmächte im Vergleich. Stuttgart und Leipzig: Klett 2007, S. 114 f.

M 22 Frauke Kraas: Megastädte: Shanghai – Wirtschaftsboom und Modernisierung. In: Petermanns Geographische Mitteilungen, 146. Jg., H. 4, Gotha: Klett-Perthes 2002, S. 94

M 23 www.pudong.gov.cn, Nov. 2007

M 25 SZ/Reuters: Aktienkurse in China brechen erneut ein. In: Süddeutsche Zeitung vom 05.06.2007. München 2007, S. 25

M 26 Janis Vougioukas: Chinas Konzerne setzen sich an die Weltspitze. In: Süddeutsche Zeitung vom 06.11.2007. München 2007, S. 1

Online-Link
zur Stadtentwicklung in China einschl. Zusatzinformationen zu Shanghai/Pudong:
29260X-0510

M 27 Am Rande des Wirtschaftsbooms – Behausungen von Wanderarbeitern am Rande von Shenzhen

10.5.7 Schattenseiten des Transformationsprozesses und der Globalisierung

Disparitäten
Wirtschaftssonderzonen
Sickereffekte

Räumliche Disparitäten. In der Folge des Transformationsprozesses und der damit verbundenen Öffnung des Landes haben sich die räumlichen Disparitäten in China seit 1978 deutlich verstärkt. Gewinner in wirtschaftlicher Hinsicht sind die östlichen Provinzen, also der Raum zwischen Beijing (Peking) und Guangdong (Kanton), in dem sich die Wirtschaftssonderzonen, die Geöffneten Städte usw. konzentrieren. Deshalb wird von diesem Raum als der „Goldküste" gesprochen. Verlierer ist der Nordosten (Heilongjiang, Jiling), der sich zu Chinas „Rostgürtel" entwickelt hat. Auch der Abstand des Ostens zu den westlichen Provinzen (z. B. Tibet) hat sich weiter vergrößert.

Verstädterungsprozess
Stadtagglomerationen
Stadtsanierung

Entscheidende Erklärungsfaktoren für die regionalen Ungleichgewichte sind: Einbindung in die internationale Arbeitsteilung, die Wirtschaftsstruktur, z. B. hoher Landwirtschafts- oder Industrieanteil, sowie die Dominanz des staatlichen oder privaten Sektors. Die Hoffnung, dass durch die Zulassung von Geöffneten Gebieten infolge von Sickereffekten auch das Hinterland einen starken Aufschwung erleben würde, hat sich nur teilweise erfüllt.

Fragmentierung

Die Öffnung des Landes und die Einbindung des Ostens in die weltweite Arbeitsteilung führten zu einem extremen Verstädterungsprozess. Im Küstenraum sind riesige Stadtagglomerationen zu finden. Häufig sind diese Städte Ausdruck einer hemmungslosen wirtschaftlichen Entwicklung, wobei z. B. unter Stadtsanierung hauptsächlich flächenhafter Abriss und anschließender Neuaufbau ganzer Stadtviertel im westlichen Stil verstanden wird. Dies hat zu einer völligen Überformung der traditionellen chinesischen Stadt geführt, soweit dies nicht bereits in maoistischer Zeit erfolgt ist.

Soziale Fragmentierung. „Seit 1978 hat sich die kommunistische VR China von einer – zumindest theoretisch – egalitären Gesellschaft zu einer Gesellschaft mit relativ extremen Einkommensunterschieden entwickelt. Diese bestehen nicht nur zwischen städtischer und ländlicher Bevölkerung, sondern auch innerhalb der Bewohner von Stadt und Land. 2006 waren ca. 155 Mio. Menschen arbeitslos und ca. 300 Mio. Chinesen müssen nach einer Studie der Asian Development Bank mit umgerechnet weniger als einem Dollar/Tag auskommen." [6]

„In der vergangenen Woche präsentierten Forbes und der in Schanghai erscheinende Hurun Report die Liste der reichsten Unternehmer des Landes: 106 Dollar-Milliardäre gibt es in China inzwischen, nur in den Vereinigten Staaten leben noch mehr Superreiche ... von den 3 220 Chinesen mit einem Vermögen von mehr als 100 Millionen Yuan (9,4 Millionen Euro) sind 2 932 die Kinder hochrangiger Regierungskader, meldete kürzlich das in Hongkong erscheinende Wirtschaftsmagazin Far Eastern Economic Review. Auch die Einkommensverteilung zwischen dem Hinterland und den boomenden Städten an der Ostküste gibt Anlass zur Sorge. Denn während in Peking, Schanghai und Kanton längst eine breite Mittelschicht entstanden ist, hat sich für 700 Millionen chinesische Bauern kaum etwas verbessert. Im Gegenteil: Sie müssen ihre Felder noch immer mit bloßen Händen bearbeiten ..." [7]

[6] Albert Keidel: The limits of a smaller, poorer China. In: Financial Times vom 13. 11. 2007. London 2007

[7] Janis Vougioukas: Auf dem Sprung nach vorn. In: Süddeutsche Zeitung vom 15. 10. 2007. München 2007, S. 2

[8] nach Südwind-Institut: Alle die Textilschnäppchen – nur recht und billig? Siegburg 2007, auf www.suedwind-institut.de, März 2008

[9] Andreas Lorenz/Wieland Wagner: Gift für den Erdball. In: Der Spiegel, H. 4. Hamburg: Spiegel-Verlag 2007, S. 124

Das United Nations Development Programme (UNDP) gibt die Einkommensunterschiede in China für 2005 zwischen der obersten und der untersten 10-Prozent-Gruppe mit 11 zu 1 an, dies bei einem Durchschnittseinkommen von rund 1450 US-$. Der Gini-Koeffizient (vgl. S. 369) betrug 1978 in China 0,2888 und drückte im internationalen Maßstab eine hohe Einkommensgleichheit aus. Im Jahre 2006 betrug dieser Wert nahezu 0,5. Es ist also eine deutliche Verschiebung in Richtung Ungleichheit seit Beginn der Reformen festzustellen.

„Millionen chinesischer Arbeiterinnen und Arbeiter, insbesondere die ca. 150 Millionen Wanderarbeiter, arbeiten und leben unter erbärmlichen Bedingungen. Damit z. B. Textilien bei deutschen Discountern oder Handelsketten zu Spottpreisen zu erwerben sind, „schleichen sich Beschäftigte nachts heimlich aus Fabrik-Schlafsälen, weil sie befürchten vom Management keine Erlaubnis zur Kündigung zu erhalten. Wochenlang müssen sie auf ihre Löhne warten. Schulen kassieren von den Fabriken Gelder für die Vermittlung von minderjährigen Beschäftigten." [8]

Umweltfolgen des Wirtschaftsbooms. Die Berichte über Umweltschäden in China häufen sich. Zum einen resultieren diese Schäden noch aus der Zeit, als China ein reiner Agrarstaat war (Entwaldung, Bodenerosion, Desertifikation), zum anderen sind sie eine Folge des schnellen Übergangs zur Industriegesellschaft (z. B. Schadstoffemissionen), der starken Bevölkerungszunahme und des extrem hohen Wirtschaftswachstums, da China als „Werkbank" der Welt viele Produkte extrem preisgünstig herstellt, was u. a. auch eine Folge geringer Umweltstandards ist. Man lässt in China produzieren und vermeidet so die Belastung in Europa oder den USA. Entwicklungen, die in den Industriestaaten zeitlich aufeinander folgten, treten in China nebeneinander und im Zeitraffertempo auf und potenzieren so Umweltprobleme. China war absolut gesehen 2006 weltweit das Land mit dem höchsten CO_2-Ausstoß, bezogen auf den Einwohner jedoch liegt das Land weit hinter den USA oder Deutschland. Aufgrund der Größe des Landes und seiner großen Bevölkerungszahl sind die absoluten Werte hoch und damit ein globales Problem:

„Die Schmutzwolke war von der Erde aus kaum zu sehen. Erst als die Wissenschaftler vom Münchner Flughafen abhoben und im Messflugzeug bis auf 10 000 Meter stiegen, konnten sie das bräunliche Gemisch mit bloßen Augen ausmachen: eine gigantische Rauchwolke aus Ozon, Staub und Ruß, die von Deutschland bis zum Mittelmeer waberte.
Fast das ganze Jahr wandern solche Wolken über Europa hinweg, die eine besonders lange Reise hinter sich haben. Anhand der Partikel und der Zusammensetzung der Wolke können die europäischen Wissenschaftler die Herkunft identifizieren: ‚Da war eine ganze Menge aus China dabei', sagt Andreas Stohl, 38, vom Norwegischen Institut für Luftforschung, über die riesige Wolke, die Europa heimsuchte." [9]

Wanderarbeiter

Umweltschäden

Entwaldung

Bodenerosion

Desertifikation

Schadstoffemissionen/CO_2-Ausstoß

M 28 Mittlere Stickstoffdioxid-Konzentration über China in den unteren zehn Kilometern der Atmosphäre 2006

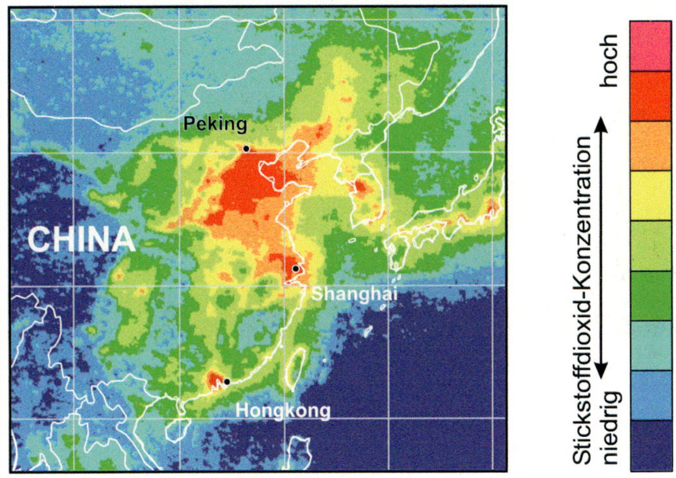

A 22 Interpretieren Sie die Karte M 28 „Mittlere Stickstoffdioxid-Konzentration" unter Zuhilfenahme einer Bevölkerungsverteilungskarte und einer Industriestandortkarte.

M 28 Andreas Richter: Institut für Umweltphysik der Universität Bremen. Nach ebenda, S. 125, Anordnung verändert

Online-Link
29260X-0511

10.6 Russland – Transformation zur Wiedererlangung einer Weltmachtstellung

M1 Moskva-City – während der Bauphase (2007)

Supermacht

Bis 1990 waren die USA und die Sowjetunion „die Supermächte". Letztere war politische und wirtschaftliche Hegemonialmacht des Ostblocks mit seinem kommunistischen Staatssystem und zentral gelenkter Planwirtschaft. Dessen Auflösung und das Ende des Sowjetstaates 1991 veränderten die Situation grundlegend. Gerade der größte Nachfolgestaat des zerfallenen Imperiums, die Russische Föderation, verfiel in eine tiefe Krise. Die politische Instabilität der ersten Jahre war eng verknüpft mit einem dramatischen wirtschaftlichen Niedergang.

Die moderne Wolkenkratzersilhouette der im Bau befindendlichen Moskva-City (vgl. S. 441) passt allerdings so gar nicht in ein Niedergangsszenario, ebenso wenig wie z. B. die Tatsache, dass Russland mittlerweile Mitglied in der Gruppe der G8 ist. Hat das Land also nur ca. eineinhalb Jahrzehnte nach dem Ende der Sowjetunion die Wende geschafft? Ist die politische und vor allem wirtschaftliche Transformation (Umwandlung eines Systems, z. B. von der Planwirtschaft zur Marktwirtschaft) des Landes bereits so weit erfolgreich, dass man von der „Wiedererlangung einer Weltmachtstellung" sprechen kann?

(G7-) G8-Staaten (G)

Transformation (G)

Um die Transformationsprozesse, ihre Notwendigkeiten, Ziele und Probleme sowie das heutige Bild Russlands zu verstehen, ist ein Blick auf die Strukturen der ehemaligen Sowjetunion, aber auch auf ihre Raumpotenziale nötig.

Raumpotenziale

10.6.1 Raumpotenziale und natürliche Hemmnisse anthropogener Einflussnahme

Großlandschaften.

„Trotz der kontinentalen Ausmaße weisen Russland und die übrigen Nachfolgestaaten der UdSSR ausgedehnte geologische und morphologische Einheiten auf, die eine Gliederung in Großlandschaften ermöglichen:

- das osteuropäische Tiefland westlich des Ural, im zentralen Teil von der Wolga durchflossen,
- das Kaspi-Turan-Tiefland, eine aride Beckenlandschaft ohne Abfluss zum Weltmeer, mit dem verlandenden Aralsee im Kern,
- das aus paläozoischen Gesteinen aufgebaute Faltengebirge des Ural; es handelt sich um ein bodenschatzreiches Mittelgebirge,
- das Westsibirische Tiefland östlich des Ural, mit 3 Mio. km² eines der größten Tiefländer der Erde; von tertiären und quartären Sedimenten bedeckt, ist es nur leicht nach Norden geneigt, sodass das Stromsystem von Ob und Irtysch nur geringes Gefälle hat und daher weite Gebiete versumpft sind,
- die Kasachische Schwelle, ein sehr mineralreiches Hügelland zwischen Ural und Altai,
- das Mittelsibirische Bergland zwischen den Flüssen Jenissei und Lena, ein Plateau mit Mittelgebirgshöhen, aus paläozoischen Sedimenten aufgebaut,
- das Jakutische oder Lena-Becken im Einzugsbereich der mittleren Lena,
- das Nordostsibirische Bergland östlich der Lena, aus alten Formationen aufgebaut, im Tertiär gefaltet und im Pleistozän überformt,
- das Gebirgsland des Fernen Ostens mit der Halbinsel Kamtschatka und der Insel Sachalin, Teil des zirkumpazifischen alpidischen Faltensystems und des so genannten „Ring of Fire" (den Pazifik an seinen Rändern umgebender Vulkangürtel),
- die südlichen Randgebirge Kaukasus, Alai, Altai, Sajan und Jablonowy; es handelt sich bei ihnen um Gebirge jüngerer Entstehungszeit mit zum Teil alpinem Relief mit dem 5633 m hohen Mt. Elbrus im Kaukasus als dem höchsten Berg ..." [1]

[1] Franz Heckl/Arno Kreus und Norbert von der Ruhren: Russland und China. Zwei Weltmächte im Wandel. TERRA Themenband SII. Stuttgart und Leipzig: Klett 2007, S. 19, leicht verändert

M2 nach Pierre Carrière: L'Économie de l'URSS. Paris: Masson 1984, S. 30 – 31

Online-Links
29260X-0601 bis 0605

Klima und Böden. Klimatisch weisen Russland und die Nachfolgestaaten der Sowjetunion eine hohe regionale Differenzierung auf. Die Bandbreite reicht von der arktischen bis zur subtropischen Zone, von den Kontinentwest- bis zu den -ostseiten, von maritim beeinflussten Küstengebieten bis zu kontinentalen Binnenräumen, von Tieflands- bis zu Hochgebirgsklimaten. Beherrschendes Klimacharakteristikum ist jedoch die von Westen nach Osten zunehmende Kontinentalität.

Im Einklang mit der großräumigen klimatischen Gliederung und entsprechend der natürlichen Vegetation haben sich Bodenzonen mit jeweils dominierenden Bodentypen entwickelt. Davon sind im Hinblick auf eine agrarische Nutzung die wichtigsten:

- der Podsol, aufgrund seiner Eigenschaften nur eingeschränkt ackerbaulich nutzbar; notwendig sind hohe Düngerbeigaben, um den Nährstoffmangel auszugleichen,
- die Schwarzerde (Tschernosem), der Boden der Wald- und Grassteppen, aufgrund des mächtigen humusreichen A-Horizonts für eine vielfältige agrarische Nutzung gut geeignet,
- der kastanienfarbene Boden (Kastanosem) der semiariden Kurzgrassteppen, weniger humus-, aber mineralreich sowie luft- und wasserdurchlässig, daher auch fruchtbar,
- die auch aus Mitteleuropa bekannte Braunerde, ein in der Regel fruchtbarer Ackerboden der gemäßigten Klimate.

M2 Verteilung der wichtigsten Bodentypen nach Landschaftszonen auf dem Territorium der Nachfolgestaaten der Sowjetunion (Fläche in Mio. ha)

Landschaftszone	Gesamtfläche	davon nach Bodentypen	
Tundra	180	Tundrenböden	180
Taiga	755	Torfpodsol	260
		Gleypodsol	240
		Podsol	255
Mischwald, Waldsteppe, Steppe	321	Graue Waldböden	64
		Kastanienfarbene Böden	68
		Schwarzerde	189
Halbwüste, Wüste	303	Graubraune Halbwüstenböden	130
		Wüstenböden	173
Gebirge	652	Gebirgsböden	652
Zusammen	2211		

M3 Klimadiagramme von Moskau und Jakutsk

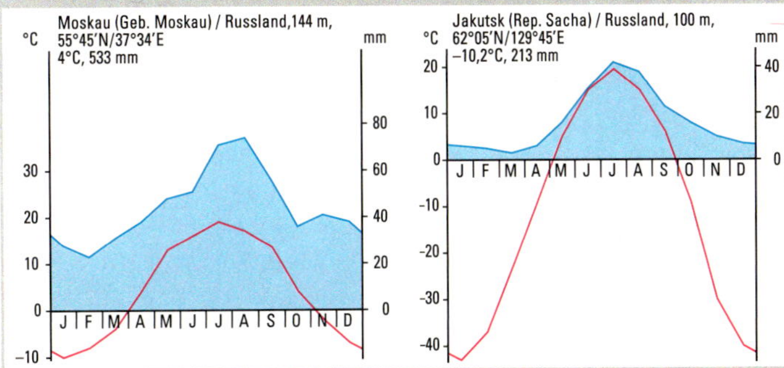

Kontinentalität
Bodentypen

Natürliche Ressourcen. Russland gehört zu den ressourcenreichsten Ländern der Erde. Zu nennen sind vor allem der Holzreichtum der Taiga sowie der südlich von ihr gelegenen Laub- und Mischwälder, die Fülle mineralischer Bodenschätze und Energierohstoffe sowie das Wasserpotenzial der großen Ströme. Diese Ressourcen bildeten schon in sowjetischer Zeit die Basis der industriellen Entwicklung und der Erschließung Sibiriens. Auch im heutigen Russland sind die wirtschaftlichen Erfolge eng verknüpft mit dem Export von energetischen Rohstoffen und den hohen Handelsbilanzüberschüssen, die hierdurch erzielt werden. Probleme bei der Förderung bereiten allerdings neben den natürlichen Hemmnissen (s. u.) auch anthropogen verursachte Schwierigkeiten, wie veraltete Förderanlagen für Steinkohle oder Eisenerz, marode Pipelinenetze, aber auch geringe Produktivität und verkrustete Managementstrukturen.

Grenzen anthropogener Einflussnahme (M4 auf S. 430). Zwar bot und bietet der Raum der Nachfolgestaaten der UdSSR – allen voran Russlands – umfangreiche Entwicklungspotenziale, doch setzt die Raumausstattung gleichzeitig auch deutliche Nutzungsgrenzen, z. B. durch

- die nach Osten stark zunehmende Kontinentalität des Klimas,
- die Kürze der frostfreien Periode mit weniger als 135 Tagen in großen Landesteilen,
- den Permafrostboden,
- die großen Entfernungen oder auch
- die Fließrichtung der großen Ströme.

Permafrost-/Dauerfrostboden

A1 Beschreiben Sie die Klimadiagramme M3 unter dem Aspekt zunehmender Kontinentalität.

A2 Erläutern Sie die natürlichen Hemmnisse für eine Erschließung der früheren Sowjetunion; legen Sie dabei Ihren Schwerpunkt auf das Staatsgebiet des heutigen Russland (M4, S. 430).

10.6.2 Die Nutzung des Naturraums durch die sowjetische Landwirtschaft

Kollektivierung

Versuche einer überhasteten Kollektivierung des Bodens nach der Oktoberrevolution und den Bürgerkriegsjahren 1921/22 führten zu Hungersnöten mit Millionen Toten. Diese Situation verbesserte sich, als man privates Hofland zuließ. Obwohl ideologisch unerwünscht, kam ihm bis zum Ende der Sowjetunion eine große Bedeutung für die Versorgung der Bevölkerung mit Grundnahrungsmitteln zu.

Kolchos

Sowchos

Den ideologischen Prinzipien folgend trieb man oft gewaltsam seit Ende der 1920er Jahre die Kollektivierung der Landwirtschaft wieder weiter voran. Es entstanden die Kolchosen, Genossenschaften, denen die Produktionsmittel gehörten, mit denen der staatseigene Boden bewirtschaftet wurde.

Noch mehr dem kommunistischen Ideal entsprachen allerdings die Sowchosen, große Staatsbetriebe, in denen auch die Produktionsmittel verstaatlicht und die Bauern nur noch Angestellte waren. 1990 standen den 19 100 Kolchosen die auch stärker mechanisierten 23 500 Sowchosen gegenüber.

Die bevorzugten Agrarräume waren lange Zeit die Gunsträume im europäischen Teil der Sowjetunion sowie inselhafte fruchtbare Regionen im südlichen Sibirien. Der steigende Bedarf am Grundnahrungsmittel Weizen sowie an der Futterpflanze Mais führte jedoch seit 1957 zu einer Ausdehnung der Agrarflächen in Risikoräume, vor allem in die Steppengebiete Kasachstans. Zunehmende Bedeutung gewann die Rinderzucht; hier entstanden Sowchosbetriebe nach dem Vorbild der US-amerikanischen Feedlots.

M4 Natürliche Hemmnisse auf dem Territorium der Nachfolgestaaten der Sowjetunion

M4 nach W.H. Parker: The Superpowers. London 1972, S. 4, und Eduard Müller Themme: Die Sowjetunion, Staat und Wirtschaft. Geographische Zeitfragen, H. 4. Frankfurt am Main: Hirschgraben 1979, S. 4

Online-Link
vertiefend zur temperaturbedingten Anbaugrenze:
29260X-0605

Online-Link
zur Raumerschließung (Transsib und BAM):
29260X-0606

10.6.3 Raumerschließung und Industrialisierung in der Planwirtschaft

Nach der Oktoberrevolution 1917 und dem Bürgerkrieg wurde 1922 die Sowjetunion gegründet. Zwei Jahre später starb deren Initiator Lenin; Josef Stalin († 1953) wurde Generalsekretär der KPdSU und mächtigster Mann. Er traf die ökonomischen Entscheidungen und erließ 1928 den ersten „Fünfjahresplan", der die wirtschaftlichen Entwicklungsziele vorgab.

Wiederaufbau und Planungsphase bis 1928. Die überstürzte, ideologisch bedingte Verstaatlichung 1918 sowie der Bürgerkrieg hatten zu einem Zusammenbruch der industriellen Produktion geführt. Deren Wiederaufbau war das erste Ziel nach der politischen Konsolidierung. Das zweite waren die Zusammenfassung und zentrale Steuerung aller Wirtschaftsaktivitäten. In Moskau entstand „Gosplan", das behördliche Lenkungsinstrument der sozialistischen Planwirtschaft. Eine ihrer ersten Entscheidungen war, die Transsibirische Eisenbahn für die industrielle Erschließung Sibiriens zu nutzen. Drittens entwickelte man die Idee von Produktionskombinaten, horizontalen und vertikalen Verflechtungen von Betrieben, oft auf Rohstoffbasis.

Industrielle Entwicklung bis 1945. Den Kern des ersten Fünfjahresplans bildete die räumliche Umsetzung der Produktionskombinate; es entstand das Ural-Kusnezk-Kombinat (UKK) als Ausgangspunkt für die „Eroberung Sibiriens"

M5 Ural-Kusnezk-Kombinat

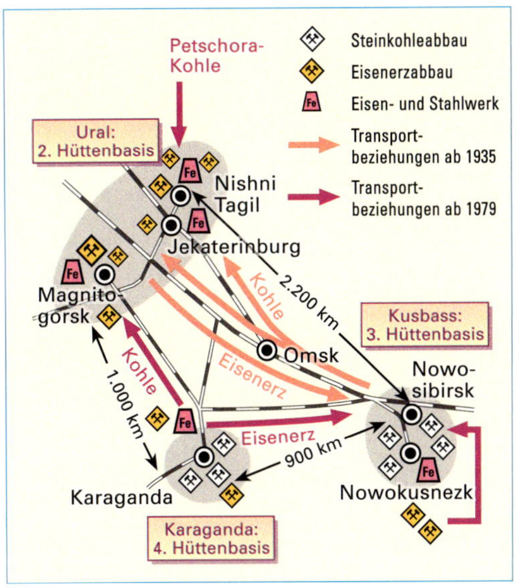

M6 Der TPK Bratsk/Ust-Ilimsk am Ende der sowjetischen Zeit

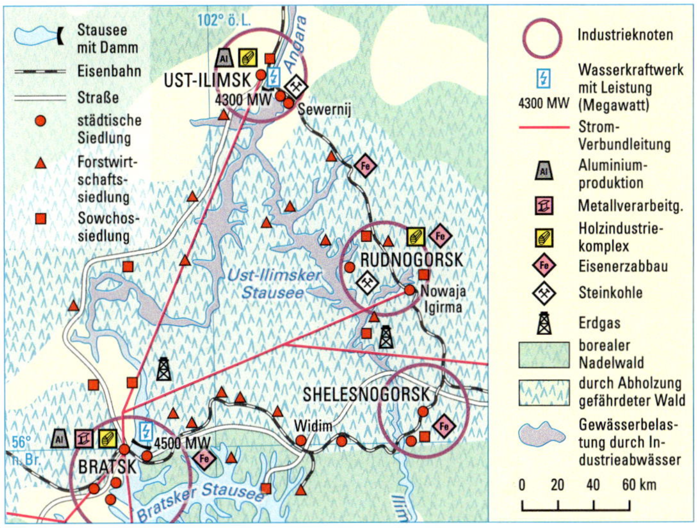

und seiner Ressourcen. Industrialisierung wurde definiert als das Zusammenspiel von Schwerindustrie, Energieerzeugung und kommunistischer Ideologie.

Erschließungsmaßnahmen 1945–1990. Neben dem Wiederaufbau der z. T. kriegszerstörten Industrie und dem Ausbau von Investitions- und Produktionsgüterindustrien im europäischen Teil forcierte man die Erschließung Sibiriens. Hierzu dienten die Territorialen Produktionskomplexe (TPK) und seit 1974 der Bau der Baikal-Amur-Magistrale (BAM, Eisenbahnlinie in Ostsibirien). Die TPK lösten als räumliches Entwicklungsmodell die Kombinate ab; ihre Planungsstruktur war komplexer und umfasste auch den nichtproduktiven Bereich, z. B. städtische Strukturen. Zehn TPK waren 1990 fertig gestellt bzw. im Aufbau oder in der Planung.

Die Erkenntnis, dass viele Projekte überdimensioniert waren und ihr Erfolg in keinem Verhältnis zum Aufwand stand, setzte in den 1980er Jahren ein. Damals stoppte man z. B. den weiteren Ausbau der TPK entlang der BAM. Auch bisherige staatsideologische Tabus, wie z. B. die Einführung von leistungsgerechten Entlohnungssystemen, stellte man in Frage. Doch kamen die Überlegungen zur Modernisierung der Wirtschaft zu spät.

A3 Erläutern Sie anhand der Region Bratsk/Ust-Ilimsk (M6) wichtige Raummerkmale eines TPK.

A4 Erörtern Sie Stärken und Schwächen der sozialistischen Planwirtschaft.

Kommunistische Partei der Sowjetunion (KPdSU)

sozialistische Planwirtschaft

Kombinat (G)

Territoriale Produktionskomplexe (TPK)

BAM

10.6.4 Zusammenbruch und Neuorientierung

M7 Gruppenfoto zum Gipfeltreffen der GUS am 28.11.2006

Glasnost
Perestroika
GUS

Unter Michael Gorbatschow setzte seit 1986/87 unter den Begriffen „Glasnost“ (Transparenz) und „Perestroika“ (Umbau, Umgestaltung) der endgültige politische Wandel ein. Seine demokratische Wahl zum Staatspräsidenten 1988 bedeutete de facto die Entmachtung der KPdSU.

Der einseitig erklärte Austritt Estlands aus der Sowjetunion, die Öffnung der ungarischen Grenze nach Österreich, der Fall der Mauer und die deutsche Wiedervereinigung leiteten das Ende der Sowjetunion ein: Nach einem gescheiterten Putsch gegen Gorbatschow wurde im August 1991 die KPdSU verboten. In den Folgewochen erklärten nahezu alle Unionsrepubliken ihre Unabhängigkeit und am 08.12.1991 gründeten Russland, die Ukraine und Weißrussland die Gemeinschaft Unabhängiger Staaten (GUS**). Ihr traten am 21.12.1991 außer den drei Baltischen Staaten und Georgien (heute Mitglied) alle anderen neuen Republiken bei – der Rücktritt Gorbatschows als Staatspräsident am gleichen Tag bedeutete dann das formelle Ende der Sowjetunion.

Die GUS-Staaten haben in den letzten Jahren zwar insgesamt wirtschaftliche Fortschritte erzielt, jedoch mit unterschiedlichem Tempo und Erfolg, sodass die Disparitäten innerhalb der Gemeinschaft größer geworden sind. Während Russland die größte Entwicklungsdynamik verzeichnet, stehen sowohl die Kaukasusrepubliken als auch die meisten asiatischen GUS-Staaten vor großen wirtschaftlichen Problemen.

M8 Bevölkerung und Wirtschaft der GUS und der Baltischen Staaten* 2006 im Überblick

	Einwohner (Mio.)	BIP (Mrd. US-$)	BIP nach Wirtschaftssektoren (%)			Handels-bilanzsaldo (Mrd. US-$)	Auslands-verschuldung (Mrd. US-$)	Arbeits-losenrate (%)	Inflations-rate (%)
			Primärer	Sekundärer	Tertiärer				
GUS									
Armenien	3,0	6,4	19	47	34	–0,9	1,9	7,4	2,9
Aserbaidschan	8,5	20,1	9	67	24	7,7	2,5	1,2	8,3
Georgien	4,4	7,6	13	26	61	–2,0	1,4	13,8	9,2
Kasachstan	15,3	77,2	7	39	54	14,6	53,9	7,4	8,6
Kirgisistan	5,2	2,7	33	20	47	–1,0	2,5	3,3	5,6
Moldau	3,8	3,3	17	21	62	–1,6	2,1	7,3	12,7
Russische Föderation	142,4	986,9	6	38	56	139,2	287,4	6,6	9,7
Tadschikistan	6,7	2,8	24	26	50	–0,4	0,8	2,1	11,9
Turkmenistan	4,9	10,5	20	40	40	1,3	1,1	60,0	11,5
Ukraine	46,6	106,1	10	33	57	–5,2	41,6	2,7	9,1
Usbekistan	26,5	17,2	28	29	42	1,0	4,7	3,0	19,8
Weißrussland	9,7	36,9	9	43	47	–2,4	5,5	1,5	7,0
Baltische Staaten									
Estland	1,3	16,4	3	29	68	–2,7	13,9	4,5	4,4
Lettland	2,3	20,1	4	21	75	–4,9	15,1	6,5	6,5
Litauen	3,4	25,7	6	33	61	–4,2	18,9	3,7	3,8

M8 nach CIA-World Factbook 2008, ergänzt
***Baltische Staaten:** Estland, Lettland und Litauen; 1944 von der Sowjetunion annektiert; kein GUS-Beitritt; seit 1. Mai 2004 Mitglieder in der EU

**Anschrift und Internetadresse der GUS (Nov. 2007): Kirava 17, 220000 Minsk, Belarus www.cis.minsk.by

[2] Bundesagentur für Außenwirtschaft (bfai): www.bfai.de, Mai 2007

M9 nach Föderaler Statistikdienst der Russischen Föderation, verschiedene Jahrgänge, auf: www.bfai.de, Jan. 2008

Russland und seine neuen Nachbarn

Verschiedene Tendenzen prägen heute das Verhältnis der Nachfolgestaaten der ehemaligen Sowjetunion untereinander:
Am weitesten haben sich die drei Baltischen Staaten von ihren ehemaligen sozialistischen Partnern entfernt. Ihr prowestlicher Kurs brachte ihnen im Mai 2004 die Mitgliedschaft in der EU. Dennoch bleibt Russland aufgrund der geographischen Lage und der starken russischen Bevölkerungsminderheiten ein wichtiger Partner.
Russland und Weißrussland streben bereits seit längerem einen Zusammenschluss an. Doch gibt es bei diesem Vorhaben nur geringe Fortschritte.
Die Kaukasusrepubliken Georgien, Armenien und Aserbaidschan leiden unter ihrer Marginallage sowie ethnoterritorialen Konflikten. Für das ölreiche Aserbaidschan war darüber hinaus das Ende der alten Wirtschafts- und Lieferbeziehungen innerhalb der früheren Sowjetunion ein Problem, doch haben sich hier aufgrund des Öls und in Verbindung mit den Nachbarn Türkei und Iran neue Perspektiven ergeben.
Außer dem bodenschatzreichen Kasachstan sind die asiatischen Nachfolgestaaten durch eine z.T. ungünstigere Raumausstattung benachteiligt. Auch mangelt es ihnen meist an Basisvoraussetzungen für eine dynamische Entwicklung (Ressourcen, Infrastruktur, Finanzwesen, Bildung).
Die Ukraine ist gespalten in einen prowestlichen Westteil (mit der Hauptstadt Kiew) und einen prorussischen Ostteil (mit den Industriezentren des Donezkbeckens).
Die GUS hat an Bedeutung verloren, vor allem auch durch den Versuch, eine „Eurasische Wirtschaftsgemeinschaft" zu installieren.

Die Eurasische Wirtschaftsgemeinschaft

„Die Gemeinschaft Unabhängiger Staaten verliert für Russlands Wirtschaft immer mehr an Gewicht ... Die stärkere Integration im Rahmen einer ‚Kern-GUS' zählt aber aus politischen Gründen zu den Prioritäten der Moskauer Regierung. Entscheidende Bedeutung kommt dabei der Eurasischen Wirtschaftsgemeinschaft (EwrAzEs) zu. Von einem echten Durchbruch ist diese jedoch noch weit entfernt. Eine Freihandelszone vom Pazifik bis zum Baltikum, vom mittelasiatischen Taschkent bis zum Polarkreis, einheitliche Zolltarife, eine gemeinsame Zollgrenze und am Schluss möglicherweise auch noch eine gemeinsame Währung: Was den geistigen Vätern der 2000 gegründeten Eurasischen Wirtschaftsgemeinschaft vorschwebt, hätte nicht nur für die regionale Wirtschaft einen Reiz. Auch für ausländische Unternehmen und Investoren hätte der gemeinsame Wirtschaftsraum Vorteile: einen barrierefreien Handel, einheitliche Spielregeln und einen geringeren bürokratischen Aufwand.
Doch bisher sind die verschiedenen Integrationsmodelle, die seit 1991 in der GUS auf den Weg gebracht wurden, mehr Vision als Realität ... Die EwrAzEs ist der bisher ernsthafteste Versuch, [den] Desintegrationstrend in der GUS zu stoppen. Die Idee: Über mehrere Integrationsstufen soll am Ende ein Gebilde entstehen, das dem Vorbild der Europäischen Union ähneln soll ... Der Weg dahin ist weit. Immerhin wurde bereits die erste Stufe, die Freihandelszone zwischen den derzeit sechs Mitgliedern, Russland, Kasachstan, Belarus, Tadschikistan, Kirgisistan und Usbekistan, realisiert. Drei GUS-Republiken, die Ukraine, Armenien und Moldau [Moldawien], die Beobachterstatus haben, sind nicht daran beteiligt ..." [2]

M 9 Entwicklung des russischen Außenhandels und Anteil der GUS-Staaten

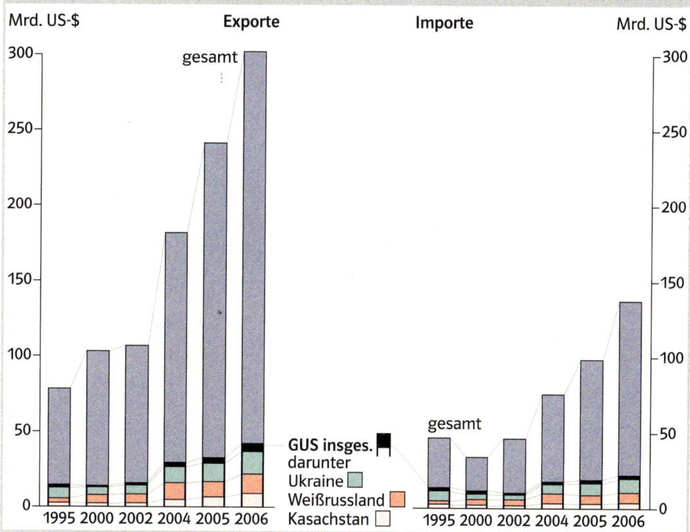

Kaukasusrepubliken
Eurasische Wirtschaftsgemeinschaft (EwrAzEs)

A 5 Der Anteil der drei Wirtschaftssektoren am BIP sowie das BIP/Kopf sind zwei wesentliche Indikatoren für den wirtschaftlichen Stand eines Landes. Errechnen Sie das BIP/Kopf für die 15 Nachfolgestaaten der Sowjetunion und vergleichen Sie ihren wirtschaftlichen Entwicklungsstand (M 8).

A 6 Der Text zur Eurasischen Wirtschaftsgemeinschaft spricht vom „Desintegrationstrend in der GUS". Erläutern Sie, was damit gemeint ist.

A 7 Bewerten Sie – auch vor dem Hintergrund der beiden vorigen Aufgaben – die Bedeutung der Eurasischen Wirtschaftsgemeinschaft für die Region.

M 10 Mitte der 1980er Jahre als Sowchose errichteter Rindermastbetrieb nahe Rostow am Don, heute Aktiengesellschaft

M 11 Entwicklung der Erzeugung der russischen Tierwirtschaft (1970 bis 1975=100)

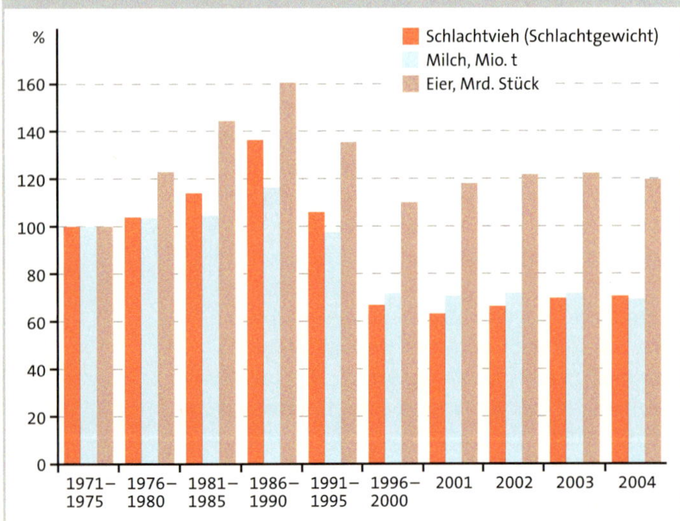

Transformation (G)
agrar-industrielle Konzerne

10.6.5 Transformationsprozesse in der Landwirtschaft und in der Industrie Russlands

Das Ende der Sowjetunion bedeutete neben dem politischen Zerfall gleichzeitig die Demontage des bisherigen planwirtschaftlichen Systems. Seine Auflösung hatte gravierende Folgen, die zu wirtschaftlichen Krisen führten und die Transformation zur Marktwirtschaft erschwerten. Wichtige Ursachen hierfür waren:

- der Abbau der zentralen Lenkung ohne gleichzeitigen Aufbau marktwirtschaftlicher Instrumente und Institutionen,
- der Rückgang und z. T. sogar Abbruch der Lieferbeziehungen und Handelsströme innerhalb der GUS,
- der Rückgang der bis dahin umfangreichen Rüstungsproduktion mit zahlreichen Betriebsstilllegungen,
- der Rückgang der Investitionen aufgrund fehlenden Kapitals,
- der hohe Importdruck durch die Öffnung der Märkte für westliche Waren,
- die mangelnde Produktivität und Rentabilität im Rahmen weltweiter Konkurrenz,
- Probleme bei der Konsumnachfrage durch die Verarmung größerer Bevölkerungsteile,
- die Engpässe bei der Rohstoff- und Energieversorgung in einigen GUS-Staaten durch Produktionsschwierigkeiten im eigenen Raum und durch Devisenmangel.

Strukturelle Erfolge und Probleme der agrarwirtschaftlichen Neuorientierung

Die aktuelle Situation der russischen Landwirtschaft ist ambivalent. Zwar gibt es in jüngster Zeit erste wirkliche Erfolge der Umstrukturierung, doch betreffen diese weitgehend nur die großen agrar-industriellen Konzerne. Sie besitzen eine integrierte Struktur, d. h. Produktion, Verarbeitung und Vermarktung finden in einem Unternehmen statt. Die Größe ihrer bewirtschafteten Flächen reicht von 20 000 ha bis 300 000 ha. Obwohl sie nur 1,8 % der landwirtschaftlichen Nutzfläche Russlands einnehmen, erzeugen sie 18,5 % aller Agrarprodukte und erwirtschaften sogar ein Drittel der gesamten Agrarerlöse. Ein Schlüssel ihres Erfolgs liegt darin, dass aufgrund einer stärkeren Mechanisierung ihre Produktivität rund 3,3-mal höher ist als in anderen Betrieben.

Allerdings hat diese Entwicklung auch eine Kehrseite. Diese ist die Verarmung großer Teile der ländlichen Bevölkerung. Die 16 Mio. Haushalte,

die in ihren Hauswirtschaften auf einer durchschnittlichen Nutzfläche von nur 0,4 ha anbauen, bewirken ein Wiederaufleben der Subsistenzwirtschaft. Zwar sind die hier im Nebenerwerb erwirtschafteten Produkte wichtig für die Grundversorgung dieser Menschen, ein Zugang zum Markt und damit zum Kapitalerwerb bleibt ihnen aber wegen der geringen Produktionsmengen verschlossen (s. hierzu auch S. 132).
So wie sich in der russischen Landwirtschaft ein struktureller und sozialer Dualismus entwickelt hat, so zeigt auch die Produktionsentwicklung agrarischer Erzeugnisse ein zwiespältiges Bild, bei dem allerdings immer noch die Abhängigkeit von Importen dominiert.

„Das russische Wirtschaftsministerium rechnet nicht damit, dass in den nächsten Jahren die Lebensmittelimporte ... durch heimische Produkte ersetzt werden können. [Es] wird für die kommenden Jahre weiterhin eine deutliche Diskrepanz zwischen der wachsenden Nachfrage und der Steigerung einheimischer Produktion prognostiziert.
Die realen Einkommen der Bevölkerung werden 2009 im Vergleich zu 2005 um 48 % anwachsen. Die Steigerung der heimischen Produktion wird dabei erst zwölf Prozent erreichen. Gleichzeitig verdoppeln sich die Importe fast ...
[Außerdem] führe der Anstieg der Einkommen der Bevölkerung zu einer raschen Zunahme der Nachfrage nach hochwertigen Waren, der die russischen Unternehmen nicht nachkommen könnten.“ [3]

Nahezu gleichzeitig (2006) gab man jedoch den erstmaligen Export großer Mengen an Weizen nach Indien bekannt. Allerdings passt es in die aktuellen Tendenzen, dass das Unternehmen, um das es dabei geht, einer der großen Agrarkonzerne ist:

„Eine russische Gesellschaft hat jetzt erstmals eine indische Ausschreibung über die Lieferung von Weizen gewonnen ...
Bei der 1. Etappe der von der indischen State Trading Corporation of India (SZC) organisierten Ausschreibung über die Lieferung von drei Millionen Tonnen Weizen gelang es Agromarket-Trade (gehört zur Agriko-Holding), die Lieferung von 800 000 t zu vereinbaren ... Das bedeutet faktisch die Eröffnung eines neuen Marktes.“ [4]

M 12 Entwicklung der russischen Nahrungsmittelimporte (in 1000 t)

	2000	2001	2002	2003	2004	2006
Fleisch (frisch u. gefroren, ohne Geflügel)	517,0	877,0	1153,0	1097,0	1031,0	1340,0
Geflügel (frisch u. gefroren)	694,0	1391,0	1383,0	1205,0	1084,0	1329,0
Fisch (frisch u. gefroren)	328,0	432,0	464,0	573,0	682,0	787,0
Milch u. Sahne	76,6	84,1	59,2	100,0	127,0	146,0
Butter u. Milchfette	70,8	137,0	140,0	164,0	148,0	133,0
Kartoffeln	359,0	134,0	210,0	554,0	262,0	393,0
Brot u. Getreide	4677,0	1839,0	1359,0	1672,0	2898,0	1449,0
Sonnenblumenöl	150,0	183,0	176,0	202,0	161,0	131,0
Rohzucker	4547,0	5410,0	4453,0	4113,0	2586,0	2893,0

Hauswirtschaften
Subsistenzwirtschaft
Nebenerwerbswirtschaft

Zu den zentralen Problemen der russischen Agrarwirtschaft gehört allerdings nach wie vor die Versorgung der Bevölkerung mit Fleisch. Hier gibt es immer noch eine Unterversorgung von 30 %. Dementsprechend liegt die Priorität des 2005 aufgelegten „Nationalen Programms zur Entwicklung der Landwirtschaft“ auf der Förderung der Tierwirtschaft. Allein bei Großrindern sollen die Bestände bis 2008 um 11 % wachsen. Für die Aufzucht weiterer 500 000 Tiere sollen neue Firmen errichtet und alte modernisiert werden, und mit knapp 30 Mio. Euro pro Jahr an staatlichen Zuschüssen wird das Leasing von Landtechnik und -ausrüstung gefördert – Russlands nächste Schritte zu einer modernen Agrarwirtschaft.

A 8 Erläutern Sie, inwiefern man heute bei der russischen Landwirtschaft von einer zweigeteilten Entwicklung sprechen kann.
A 9 Erörtern Sie, wo eine Politik ansetzen muss, um diese Situation nachhaltig zu verbessern.

M 11 und M 12 nach Angaben der staatlichen russischen Statistikbehörde Roskomstat, 2005 und 2006, auf www.gks.ru, Dez. 2007

[3] www.wirtschaft.russlandonline.ru/landwirtschaft, vom 12.09.2006, Dez. 2007

[4] ebenda, vom 13.06.2006, Dez. 2007

M 13 Veränderung des Anteils der Wirtschaftssektoren am russischen BIP

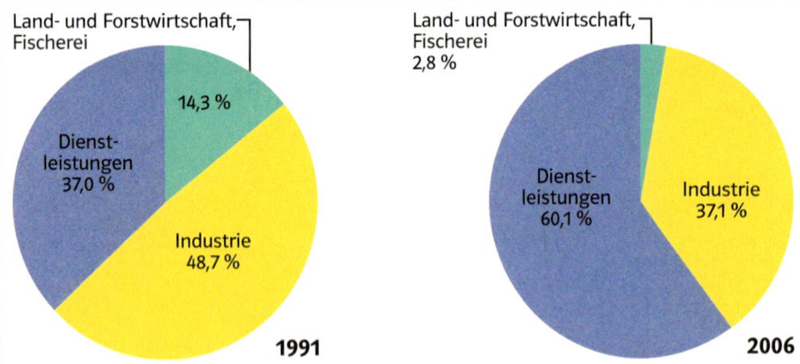

Industrie als Basis wirtschaftlicher Erfolge

Zwar hat auch in Russland der Dienstleistungssektor den Sekundären Sektor in seiner früheren Bedeutung abgelöst, doch muss man diese Aussage in zweierlei Hinsicht relativieren. Zum einen tragen weitgehend die großen Städte, allen voran Moskau und St. Petersburg, zur Stärkung des Tertiären Sektors bei, während der ländliche Raum und die klassischen Industriegebiete hier eine deutlich andere Struktur aufweisen. Zum anderen ist ein erheblicher Teil des Dienstleistungssektors der „Schattenwirtschaft", also dem informellen Sektor zuzurechnen (schätzungsweise 20 bis 40 %); große Steuerverluste sind die Folge.

Schattenwirtschaft
informeller Sektor
NIC (Newly industrializing Countries)

Nach wie vor sind es also gerade die industriellen Erfolge, die die gesamtwirtschaftliche Entwicklung positiv beeinflussen. Nach der Abschwungphase zu Beginn der Transformation hat sich die Industrieproduktion seit 1994 wieder positiv entwickelt und liegt seit 1999 über dem Indexwert von 1989.

M 14 Entwicklung der Industrieproduktion ausgewählter Transformationsstaaten seit 1991 (2007 – 2009 = Schätzung)

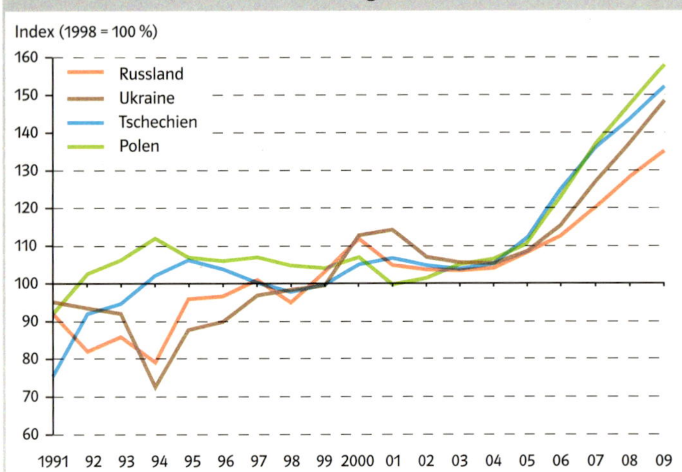

Aus einer Überindustrialisierung (M 15) ist man in eine Phase der „Gesundschrumpfung" und Diversifizierung eingetreten; von Letzterer profitiert besonders die Konsumgüterindustrie, die zunehmend versucht, in Konkurrenz zu Auslandsimporten an den steigenden Einkommen und damit am gestiegenen Konsumbedürfnis zahlreicher Bürger zu partizipieren. Zwar sind immer noch ca. 50 % aller Importe Konsumgüter (Haushaltsgeräte, Elektronik, PKW), doch sind bereits 80 % aller verkauften Konsumwaren russischen Ursprungs.

Trotz industriewirtschaftlicher Erfolge, wie sie auch im Fallbeispiel (S. 438 – 439) gezeigt werden, ergibt sich – ähnlich der Agrarwirtschaft – auch im Sekundären Sektor des heutigen Russland eine ambivalente Struktur. Den positiven Tendenzen stehen drei Problemfelder gegenüber:

1. Trotz des Zuwachses anderer Industriezweige, wie z. B. der Konsumgüterindustrie, dominieren immer noch traditionelle Branchen – der Bergbau, die Eisen- und Stahlindustrie und ihre Folgeindustrien sowie der Energiesektor. Hier konkurriert man zwar z. T. mit anderen Ländern, z. B. mit relativ preiswert produzierenden NICs (vgl. S. 310). Allerdings handelt es sich um Bereiche, die nach langen Krisenjahren durch das Anziehen der Weltkonjunktur und besonders durch den Aufschwung in China und Indien und die damit verbundene sprunghaft gestiegene Nachfrage wieder hohe Bedeutung haben.
2. Noch immer nimmt der Energiesektor eine überragende Rolle ein; Erdöl und Erdgas sorgen weitgehend für die Handelsbilanzüberschüsse. Dies erscheint in Zeiten hoher Preise ungefährlich, jedoch ist letzten Endes jede Art von einseitiger Weltmarktabhängigkeit problematisch.
3. Der Einfluss des Staates auf die Wirtschaft nimmt wieder zu.

„Während in weiten Bereichen der russischen Wirtschaft ... weitgehend marktwirtschaftliche Verhältnisse herrschen, versucht der russische Staat, seine Kontrolle über Unternehmen in strategisch wichtigen Bereichen wieder zu verstärken. Hierzu zählen u. a. Energie und Rohstoffe, aber auch Kraftfahrzeuge, Flugzeugbau und Informations- und Kommunikationstechnologien. Die russische Regierung hat ein Gesetz angekündigt, durch das Investitionen ausländischer Unternehmen in den strategisch wichtigen Bereichen geregelt werden sollen ... Im Energiebereich hat der Staat seinen Anteil mit der Übernahme von Sibneft durch Gazprom weiter ausgebaut ..." [5]

Strukturelle Probleme trotz Aufschwungs

An verschiedenen Indikatoren lassen sich die strukturellen Probleme der russischen Wirtschaft festmachen: Das real verfügbare Pro-Kopf-Einkommen lag 2007 bei 386 Euro je Monat (Deutschland: 1 505 Euro). Dies entspricht zwar einer Steigerung von 25,5 % gegenüber 2006, doch bewegt man sich damit höchstens im Bereich der Schwellenländer. Im Land gibt es allerdings extreme Einkommensunterschiede und damit große soziale Disparitäten. Während z. B. Arbeitslose und Rentner in Moskau meist unter der Armutsgrenze leben, gibt es dort gleichzeitig 25 Milliardäre und rund 30 000 Millionäre.

Der industrielle Strukturwandel schreitet immer noch langsam voran, und in den Schlüsselbranchen setzt eine versteckte Verstaatlichung ein (s. S. 436), trotz der negativen Erfahrungen mit einer zentral gelenkten Wirtschaft.

Schließlich gibt es Fortschritte bei der Bekämpfung der Inflation, die mit ca. 10 % immer noch deutlich über der in Westeuropa liegt.

Zu den wichtigsten Indikatoren für die Qualität einer wirtschaftlichen Entwicklung zählen die Investitionen. Zum einen ist von Bedeutung, wie interessant ein Land für ausländische Investitionen ist (Investitionsklima), was etwas mit dem Vertrauen in die wirtschaftliche, finanzielle und politische Situation zu tun hat. Zum anderen zeugen die Investitionen eines Landes im Ausland von der wirtschaftlichen Kraft seiner Unternehmen. Zwar hat Russland noch immer Mängel im Bankensystem, und Bürokratismus und Rechtsunsicherheiten stellen Hemmnisse dar. Dennoch ist es unter die Top Ten der Investitionsstandorte der Welt aufgerückt, vor allem im Sekundären Sektor. Zudem sind mittlerweile auch russische Unternehmen selbst im Ausland als Investoren aktiv (s. Fallbeispiel S. 439).

Allerdings: Das Investitionsklima gestaltet sich in den einzelnen Regionen Russlands sehr unterschiedlich – es ist ein Spiegelbild der ohnehin vorhandenen regionalen Disparitäten.

Strukturwandel
Investitionsklima

M15 Investitionsklima in Russland 2001/2002* nach Föderationssubjekten (großräumige Verwaltungseinheiten)

russische ADI (in Mrd. US-$; Veränderung zum Vorjahr in %)	
2002	18,0 (+22,0 %)
2005	21,8 (+17,8 %)
ADI nach Russland (in % zum Vorjahr)	
2002	22,6 (+12,0 %)
2005	46,1 (+35,5 %)

M13 nach Rossiskij statistitcheskij jeshegodnik 2007
M14 nach Isolde Brade/Arne Sünnemann/Michael Anz: Russland. Aktuelle Probleme und Tendenzen (= Daten, Fakten, Literatur zur Geographie Europas; 8). Leipzig: Leibniz-Institut für Länderkunde 2004, S. 76, ergänzt nach www.ba-ca.com/sub/CEE_Econ_Data_07-2.pdf, Febr. 2008
[5] www.auswaertigesamt.de/diplo/de vom Februar 2007, Dez. 2007

M15 nach Isolde Brade u. a.: a. a. O., S. 71
*Eine neuere Kartierung liegt nicht vor; allerdings kann man davon ausgehen, dass die hier erkennbaren wesentlichen Trends unverändert sind.

Online-Link
zu Einzelhandel und Schattenwirtschaft:
29760X-0607

Fallbeispiel: Kusnezkbecken – Revitalisierung und Globalisierung

M16 Der Wirtschaftsraum Kusnezkbecken in der Oblast Kemerowo (Südsibirien) heute

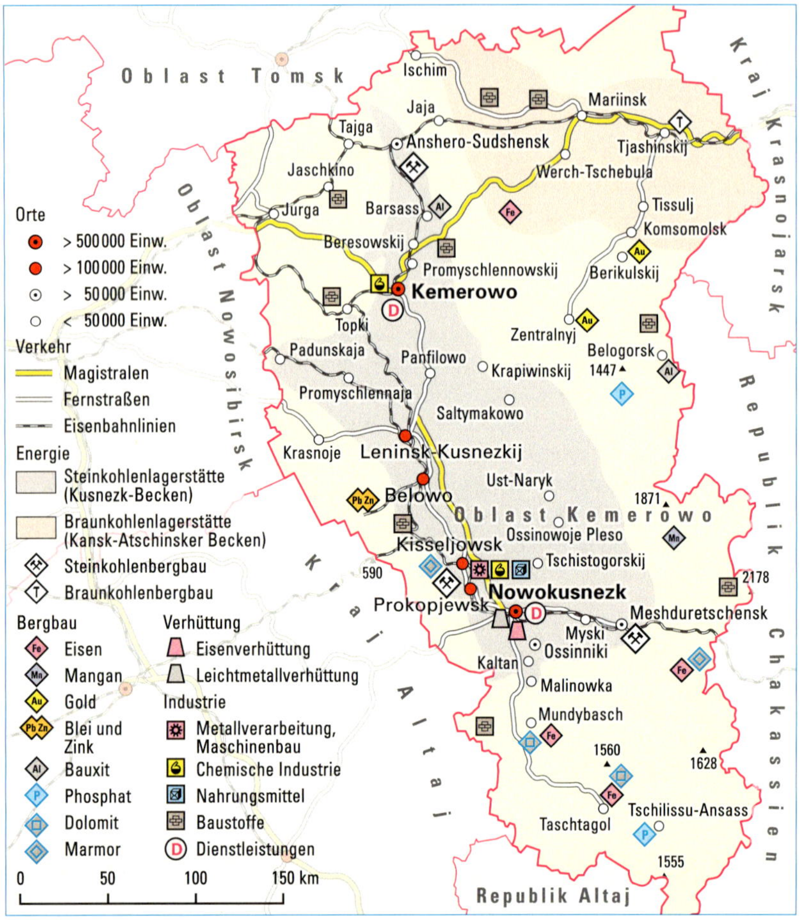

M17 Das Kusnezkbecken in der Transformation

„Auch das Kusnezkbecken litt unter dem Ende der traditionellen Aufgaben und Verflechtungen nach dem Zerfall der Sowjetunion. Die 1990er Jahre prägten daher die tiefe Krise des Raums wegen veralteter Produktionsanlagen, Produktions- und Absatzschwierigkeiten, fehlendem Kapital und Investitionsmangel, hoher Arbeitslosigkeit und Verarmung der Bevölkerung.
Heute leben in der Oblast Kemerowo (russische Gebietseinheit), zu der der Wirtschaftsraum gehört, rund 2,8 Mio. Menschen, davon gut ein Drittel in den beiden größten Städten der Region, in Nowokusnezk (536 000 Ew.) und in der Gebietshauptstadt Kemerowo (474 000 Ew.).
Nach der Krise zu Beginn der Transformation brauchte der Raum einige Zeit, um auf Basis seiner traditionellen Struktur und Produkte wieder an Dynamik zu gewinnen. Drei Gründe bedingten letztlich den einsetzenden Aufschwung:
- die Verteuerung der mit Kohle konkurrierenden Primärenergieträger Öl und Gas,
- der Boom des Weltstahlmarktes und
- die unternehmerische Initiative der Evraz-Gruppe als mittlerweile weltweit agierendem Stahlunternehmen."

M18 Kenndaten zur aktuellen Entwicklung der russischen Kohlenförderung (Stein- und Braunkohle)

Kohlenförderung gesamt (in Mio. t) = Weltrang 5	2006: 309,2	2007: 315
Anteil des Kusnezkbeckens und der Region Kansk-Atschinsk	2006: 69 %	k.A.
Einsatz der Kohle (2006, Mio. t):		
Binnenmarkt		197,0
davon: Kraftwerke		94,4
Verkokung		38,2
Haushalte, Kommunen		27,1
Sonstige		37,3
Export in GUS		8,6
Export in andere Länder		81,1
Förderung in 97 Schächten und 143 Tagebaubetrieben		

M19 Entwicklung von Steinkohlenförderung und Stahlproduktion im Kusnezkbecken

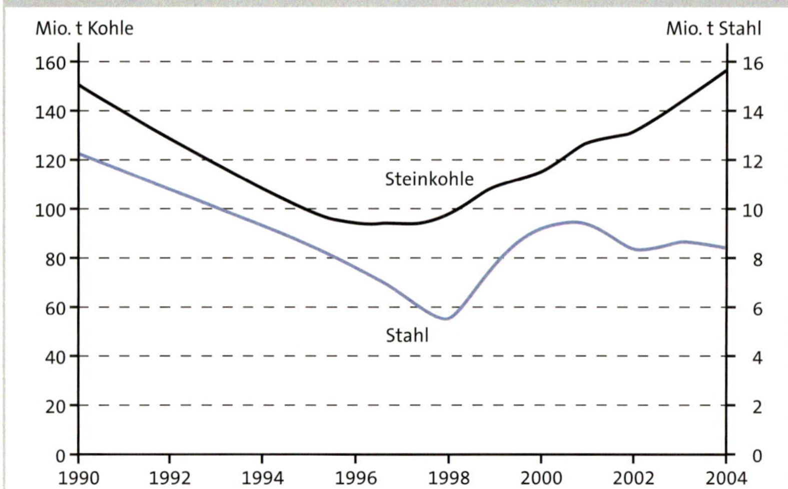

M20 Evraz Holding – Einstieg des Kusnezkbeckens in die Globalisierung

„1992 gründete Alexander Abramow mit befreundeten Ingenieuren vom renommierten Moskauer Physikalisch-Technischen Institut die Firma Evrazmetall. Die Geschichte ihres Aufstiegs ist deshalb typisch russisch, weil Abramow zum Multimilliardär an der Spitze eines Großkonzerns mutierte, einem russischen Oligarchen, wie sie heute die russische Wirtschaft und auch Sozialstruktur stark prägen.

Sie ist auch deshalb typisch, weil sich hier das Unternehmertum der Transformationsphase mit dem gesamtwirtschaftlichen Aufschwung, den die russische Wirtschaft seit mehreren Jahren erlebt, verbindet sowie mit der Revitalisierung von Regionen wie dem Kusbass, die man bereits in der Krise versinkend wähnte.

Mit dem Verkauf von Erzen und Stahlveredlern verdiente Evrazmetall Devisen, die in Russland angelegt wurden: 1997 übernahm Abramow ein Stahlwerk (NTMK) in der Ural-Industriemetropole Nischni Tagil und zwischen 1999 und 2003 zwei weitere in Nowokusnezk (ZapSib und NKMK) und wurde somit mit seiner neuen Firma Evraz Group S.A. zu einem der größten Stahlerzeuger Russlands.

Mitte der 1990er Jahre ging man nach London an Europas bedeutendste Börse und stellte sich so den marktwirtschaftlichen Bedingungen und Risiken der globalen Wirtschaft. Damit verschaffte man sich das Kapital für die Internationalisierung des Konzerns. Durch den Erwerb von Stahlfirmen in Tschechien, Italien und den USA sicherte man sich einen unmittelbaren Zugang zu den Märkten in Europa und Nordamerika.

Die Evraz Group befindet sich heute auf dem Weg zum Global Player, zumindest im Kerngeschäft Stahl. Zwar ist Abramows Erfolgsstory zuerst eine persönliche Geschichte, aber mit positiven Folgen für den Staat und die Regionen (erhöhtes Steueraufkommen, Schaffung und Sicherung von Arbeitsplätzen, modernisierte, erneuerte und ergänzte Infrastruktur, Devisenerlöse). Das öffentliche Bild von der maßlosen Bereicherung einzelner Oligarchen ist nicht gänzlich falsch, aber einseitig – auch Städte und Regionen profitieren vom Aufschwung, der durch ihre Aktivitäten entsteht."

M21 Evraz' Main Locations

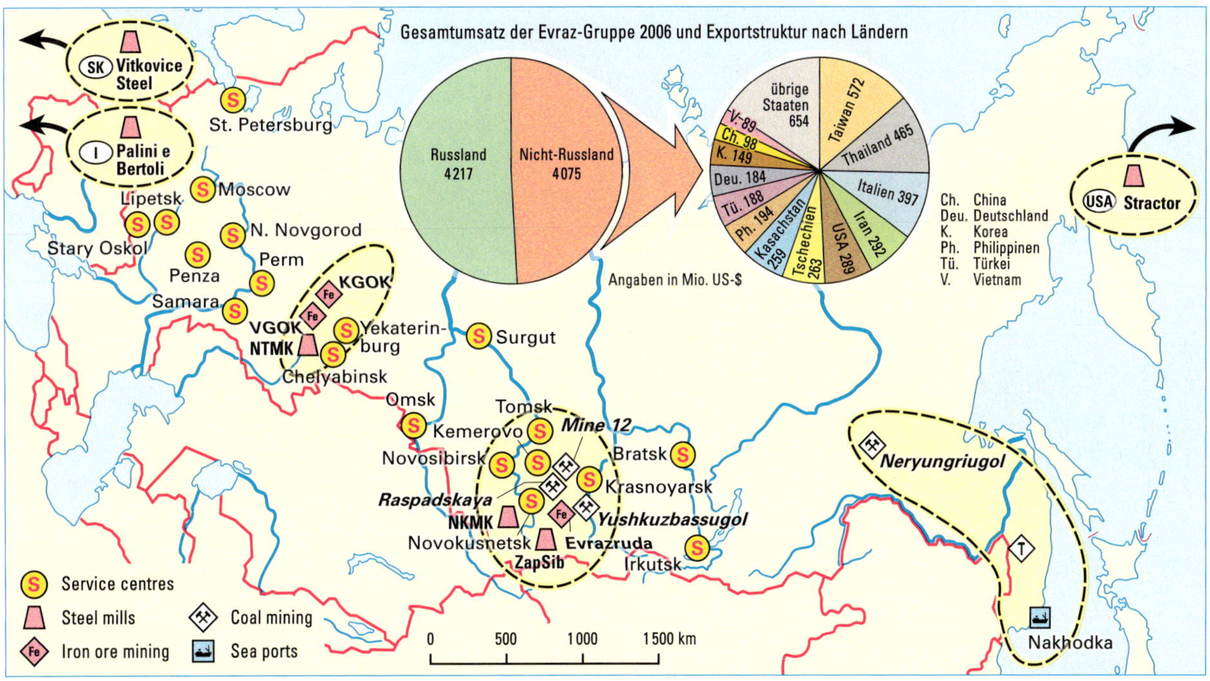

A10 Analysieren Sie das Kusnezkbecken auf Grundlagen, Struktur, Verflechtungen sowie Stärken und Schwächen.

A11 Beschreiben Sie den Aufstieg der Evraz Group zum russischen Global Player.

A12 „Die Krise der Transformation ist für Russlands Industrie endgültig überwunden." Nehmen Sie dazu Stellung.

M18 und M19 nach www.russland.ru, Febr. 2007
M17 und M20 nach Arno Kreus/Norbert von der Ruhren (Hrsg.): Russland und China. Zwei Weltmächte im Wandel. TERRA Themenband S II. Stuttgart, Leipzig: Klett 2007, S. 54 ff., gekürzt und leicht verändert

M21 nach www.evraz.com, März 2008

Online-Link
29260X-0608

10.6.6 Transformation im städtischen Raum

sozialistische Stadt
Zentraler Platz
„sozialistischer Realismus“

So wie die Wirtschaft erfuhr auch der städtische Raum nach 1991 gravierende Veränderungen. Auch hier ein kurzer Blick zurück, um durch die Betrachtung der unter völlig anderen Maximen entstandenen „sozialistischen Stadt“ die Tiefe des Strukturwandels in den Städten Russlands zu begreifen.

„Entsprechend den ideologischen Funktionen der Stadt war die Magistrale als Aufmarsch- und Paradestraße für [staatlich initiierte] Demonstrationen geplant… Dieser Funktion entspricht die Magistrale durch zentrale Lage, überdimensionierte Breite und Geradlinigkeit, auch als Leitlinie wesentlicher öffentlicher Gebäude in aufwändig-repräsentativem Stil, der hier auch von Wohngebäuden aufgenommen wird … ‚Das Zentrum der Stadt ist der politische Mittelpunkt für das Leben der Bevölkerung. Im Zentrum liegen die wichtigsten politischen, administrativen und kulturellen Stätten …‘ Diese Formulierung trifft vor allem auf den ‚Zentralen Platz‘ zu. Hier konzentrieren sich gesellschaftliche und kulturelle Funktionen. Beeindruckend [sind die] stilistisch einheitlichen ‚Ensemble‘ der Gebäude von Partei und Massenorganisationen, von Kulturgebäuden aller Art. Einheitlich der Stil des ‚sozialistischen Realismus‘… Beeindruckend auch die Massivität und Ausschließlichkeit, mit der sich hier eine Gesellschaftsordnung, ein politisches System repräsentiert.“ [6]

M 22 Schema des städtischen Strukturwandels in Russland

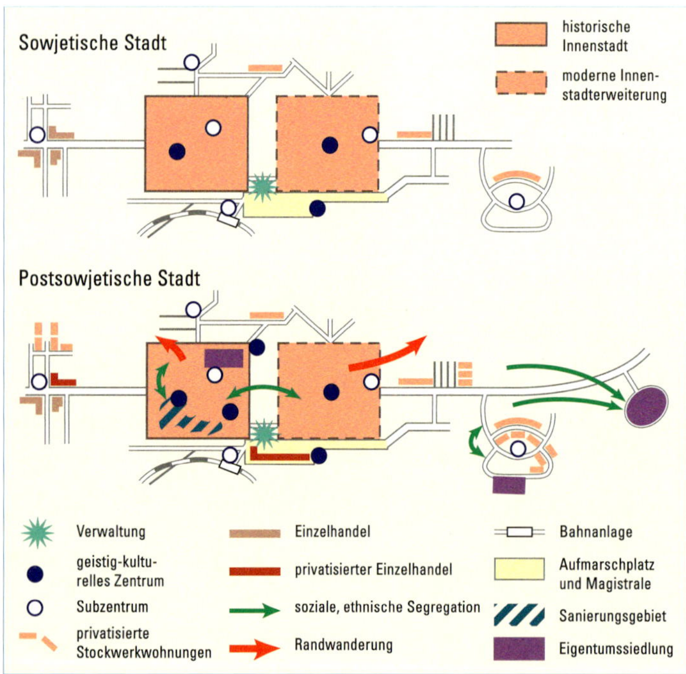

Es fehlten z. B. die üblichen funktionalen Strukturen der europäischen Städte: So gab es vor allem keinen der City vergleichbaren Raum; der Tertiäre Sektor spielte für die sozialistische Stadt nur eine untergeordnete Rolle und bot im Wesentlichen nur eine Grundversorgung. Auch Suburbanisierungstendenzen der Wohnbevölkerung und des Einzelhandels, eine besonders prägnante Erscheinung westlicher Städte, gab es nicht. Lediglich die Plattenbauviertel, die allerdings oft durchaus innenstadtnah lagen, wiesen mit ihrer Hochhausphysiognomie gewisse Ähnlichkeiten mit den mitteleuropäischen Großwohnsiedlungen auf.

Die Überwindung dieser Defizite wurde das vordringlichste Ziel der Stadtplanung nach 1990. Es galt

- die Innenstadt zu einer modernen City umzugestalten,
- durch die Anlage großer Bürokomplexe neben dem konsumorientierten Einzelhandel die öffentlichen und privatwirtschaftlichen administrativen Einrichtungen auszubauen,
- den suburbanen Raum zu erschließen,
- eine moderne Infrastruktur zu schaffen,
- die Wohnbebauung den Ansprüchen der neu entstandenen Mittel- und Oberschicht anzupassen sowie
- alte Bausubstanz zu konservieren, auch im Hinblick auf den Städtetourismus.

Hauptschauplätze des Wandels waren von Beginn an die Metropolen St. Petersburg und Moskau. Bei der Hauptstadt kam allerdings ein weiteres Planungsziel hinzu: der Ausbau zur Global City, die das politisch und wirtschaftlich wiedererstarkte Russland repräsentieren soll.

M 22 nach Jörg Stadelbauer: Die Nachfolgestaaten der Sowjetunion. Darmstadt: Wissenschaftliche Buchgesellschaft 1996, S. 142 (verändert und aktualisiert)

[6] Fritz-Gert Mittelstädt: Moskau – Stadtentwicklung im Übergang. In: Materialienhandbuch Geographie, Bd. 5. Köln: Aulis 2000, S. 30

Online-Link 29260X-0609

M 23 Anfang 2003 eröffnete Mega-Mall am äußeren Autobahnring Moskaus mit über 150 000 m² Verkaufsfläche und mehr als 250 Geschäften (u. a. IKEA, Metro), gastronomischen und Freizeiteinrichtungen

M 24 Ziel: Metropole mit globaler Bedeutung

„[Mit dem Weltstadtziel werden in Moskau] viele Projekte legitimiert, deren Nutzen für die Weiterentwicklung der städtischen Lebensqualität und Infrastruktur unbestritten ist, die jedoch gleichzeitig eine starke symbolische Aufladung erfahren …
Die neuen Großprojekte sollen den Umbau zu einer international wettbewerbsfähigen Geschäftsmetropole voranbringen und den Aufbruch in die neue Zeit symbolisieren. Zu den Leitbildern einer ‚Metropole von globaler Bedeutung' gehören Bürocities mit Wolkenkratzern, mit modernen Verkehrs- und Kommunikationssystemen als Zentren höchstmöglicher Erreichbarkeit, als Knotenpunkte global bedeutsamer Finanz- und Informationsströme, als Orte der elitären Repräsentation, in denen ökonomische Entscheidungen mit globaler Reichweite getroffen werden, in denen globale Trends bestimmt werden. Der Verweis auf die Global-City-Funktionen Moskaus … [zeugt] vom Anspruch der führenden Moskauer Politiker, Standort einer Headquarter-Ökonomie zu werden."

M 25 Große Schritte: Projekt zum Ziel

Das Projekt, das die Stadt ihrem Ziel einen großen Schritt näher bringen soll, ist „… Moskva-City, eine Bürocity auf einer Altindustriefläche am westlichen Rand der Innenstadt. Auf dem Gelände von 110 ha sollen bis zum Jahr 2015 fünfzehn Wolkenkratzer mit etwa 2,5 Mio. m² Nutzfläche für Verwaltungen, Wohnungen, Hotels und Freizeitanlagen entstehen. Wichtigster Investor blieb in der Erschließungsphase die Moskauer Stadtadministration. Jedoch investieren zunehmend Unternehmen der russischen Erdgas- und Ölindustrie sowie Banken und Baufirmen, die sich am lukrativen Moskauer Immobilienmarkt beteiligen wollen. Im Frühjahr 2005 war die Grundsteinlegung für ‚Federacija' (Föderation), eine gläserne Zwillingskonstruktion, die nach ihrer Fertigstellung 2007 mit 435 m Europas höchstes Gebäude wird. Der Multifunktionskomplex wird neben Restaurants, Schwimmbad und Fitnesszentrum vor allem Büros im Hochpreisniveau, Banken, Luxusappartements, ein Fünf-Sterne-Hotel und Shopping-Malls enthalten. Transnationale Konzerne wie IBM, General Electric und Norton Networks haben bereits Interesse angemeldet."

M 26 Moskva-City 2015 (Modell)

Die Bevölkerungszahl Moskaus (M 29 auf S. 442) entspricht bereits der einer Megacity. Das übergeordnete Ziel der heutigen Stadtplanung ist die Internationalisierung, also die Verbindung der bevölkerungsmäßigen Größe mit global wirkenden Funktionen. Letztlich will man in die Gruppe der weltweit bedeutendsten Metropolen wie New York, London oder Paris aufsteigen.

M 24 nach Isolde Brade u. a.: a. a. O., S. 70

M 25 ebenda, S. 69

M 29 auf S. 442
nach www.wikipedia.org, Dez. 2007

Online-Link
zur Büroflächenproblematik in Moskau:
29260X-0610

M 27 Wohnen in den Plattenbausiedlungen

M 28 Wohnen im Hochpreissegment in Moskaus Südwesten

M 29 Moskau – Bevölkerungsentwicklung ab 1800 (Ew. in Mio.)

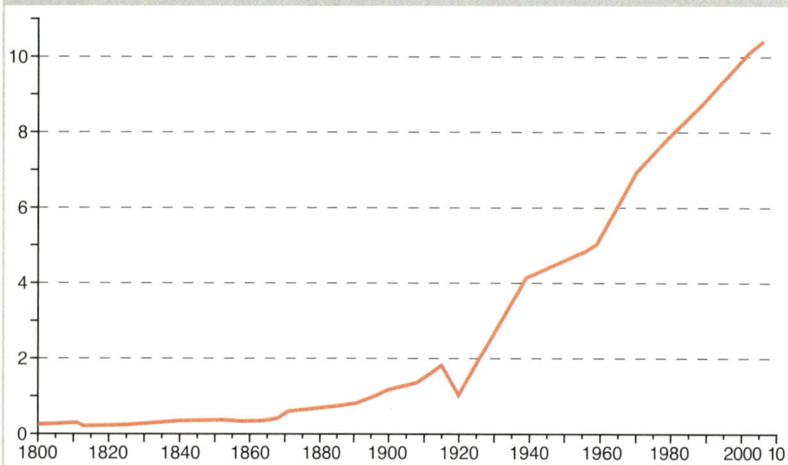

Die Erfolge von Moskaus Strategie sind beeindruckend, und oberflächlich betrachtet kann man die Stadt – vielleicht in einem Atemzug mit Shanghai – als die Boomtown der ersten Dekade des 21. Jh.s bezeichnen. Hierfür spricht z. B. auch, dass man in Moskau bereits 2006 mit rund 670 US-$/m²/Jahr die dritthöchsten Büromieten Europas bezahlt, hinter London und Paris. Dabei ist gleichzeitig in keiner anderen großen europäischen Metropole der Büroleerstand mit ca. 3 % der Gesamtfläche so niedrig. In extrem kurzer Zeit hat Moskau den Sprung von der biederen Hauptstadt der Stalin-Ära zur schillernden Metropole geschafft, die sich – Symbol jeder Global City – mit Wolkenkratzern schmückt, die immer mehr Global Player anzieht und die dem, der es sich leisten kann, unbegrenztes Kaufvergnügen in Shopping-Malls bietet, die in ihren Dimensionen denen in den USA und in Mittel- und Westeuropa nicht nachstehen.

Der zweite Blick allerdings gerät kritischer. Den unbestreibaren Erfolgen steht eine zunehmende soziale Fragmentierung, ja Polarisierung gegenüber, die sich auch in der Raumstruktur und in der Physiognomie der Stadt niederschlägt, wie beispielsweise die sich sehr unterschiedlich entwickelnde Wohnsituation zeigt. Den Wohnvierteln der so genannten „Neuen Russen", also derer, die von der Transformation in besonderer Weise profitiert haben, stehen die Plattenbausiedlungen der Bevölkerungsschicht mit geringem Einkommen gegenüber, ausgestattet mit der traditionellen Kaufhalle und den Kiosken des informellen Handels (vgl. Folgeseite u. S. 436).

Kritik wird allerdings kaum wahrgenommen. Als Gegner des Projekts Moskva-City argumentierten, dass ein Wolkenkratzerprojekt nach dem 11. September 2001 nicht mehr in die Zeit passe und dass es darüber hinaus die altehrwürdige Silhouette der Stadt beeinträchtige, wurden aufgebrachte Investoren von der Stadtduma (Duma = Parlament) mit dem Hinweis beruhigt, dass neue Techniken die Widerstandsfähigkeit gegenüber terroristischen Anschlägen verbessert hätten. Und man verwies darauf, dass das alte Zentrum Moskaus mit Kreml und Rotem Platz nicht tangiert werde; es käme lediglich zu einer funktionalen Zweiteilung: Im Zentrum würden die Touristen flanieren, in der Moskva-City dagegen künftig die Geschäfte abgewickelt.

A 13 Beschreiben Sie die wesentlichen Merkmale der sozialistischen Stadt.

A 14 Erläutern Sie die wichtigsten Veränderungen, die dieser Stadttyp durch die Transformation erfahren hat.

A 15 Analysieren Sie Moskaus Weg zur Global City – Intentionen und Maßnahmen, Erfolge und Probleme (weitere Informationen s. Quellenangabe für M 24 und M 25 auf S. 441).

10.6.7 Fazit und Ausblick: Die Wiedererlangung einer Weltmachtstellung?

Zieht man gegen Ende der ersten Dekade des 21. Jh.s ein (vorläufiges) Fazit zur Transformation Russlands und zu seinem Versuch, seine Weltmachtstellung wiederzuerlangen, so fällt dies äußerst differenziert aus.
Einerseits die unbestreitbaren Erfolge:

- Trotz demokratischer Mängel hat in den letzten Jahren eine politische Stabilisierung stattgefunden. Sie ist u.a. auch als Vertrauensbasis für ausländische Investoren wichtig.
- Wirtschaftliche Erfolge sind unübersehbar. Die reichen Öl- und Gasvorkommen führen seit Jahren zu einer hoch positiven Handelsbilanz, deren Devisengewinne die wirtschaftliche Entwicklung weiter fördern. Hinzu kommen die zunehmende Globalisierung russischer Konzerne sowie – z.T. damit verbunden – der Aufschwung der traditionellen Wirtschaftsregionen.
- Die wirtschaftlichen Außenkontakte, vor allem die mit dem starken Euro-Raum, sind intensiviert worden; so ist das wirtschaftsstarke Deutschland z.B. wichtigster Export- wie Importpartner.
- Das günstige Investitionsklima in bedeutenden Stadt- und Wirtschaftsräumen hat zum Engagement zahlreicher ausländischer Unternehmen geführt.
- Es hat eine deutliche Modernisierung der Wirtschaftsstruktur hin zum Tertiären Sektor stattgefunden. Die frühere „Überindustrialisierung“ besteht nicht mehr.
- Die Städte, vor allem die Metropolen im europäischen Teil Russlands, haben eine Entwicklung hin zu modernen Stadtstrukturen nach westlichem Vorbild erfahren.
- Mit Moskau besitzt das Land eine Metropole, die auf dem Weg zur Global City ist, also zu einer Weltstadt mit einer besonders starken Integration in die Weltwirtschaft.
- Das Warenangebot ist äußerst vielfältig geworden, und die Bevölkerungsschicht, die dieses Warenangebot konsumieren kann, ist zahlenmäßig deutlich gewachsen.
- Seit 1998 ist Russland Mitglied der „G8“. Obwohl mit einem BIP von 639 Mrd. US-$ (2005) z.B. weit hinter dem Nicht-G8-Staat Spanien (ca. 1 100 Mrd. US-$, 2005) liegend, dokumentiert sich hierin sowohl die politische Bedeutungszunahme des Landes als auch seine wachsende Rolle im Welthandel.

M 30 Informeller Handel: Einkommenssicherung und Güterversorgung einkommensschwacher Schichten, inoffiziell, statistisch und steuerlich nicht erfasst

M 31 Moskauer Kaufhaus GUM – Überfluss im luxuriösesten Kaufhaus des Zentrums

Den Erfolgen stehen andererseits ebenso deutliche Einschränkungen gegenüber:

- Die Verzahnung von Politik und Wirtschaft ist äußerst eng und fördert die Korruption. Korruption
- Die wirtschaftlichen Erfolge werden durch eine immer noch relativ hohe Arbeitslosigkeit und Inflationsrate sowie durch eine – verglichen mit westlichen Standards – geringe durchschnittliche Kaufkraft geschmälert.
- Hinter den wirtschaftlichen Erfolgen verbergen sich z.T. große ökologische Probleme. Besonderes Beispiel hierfür sind die schweren Naturschäden in Westsibirien, dem Kernraum der Öl- und Gasförderung; sie werden für maximale Gewinne hingenommen.
- Das günstige Investitionsklima in städtischen und wirtschaftlichen Kernräumen bewirkt eine Zunahme der regionalen Disparitäten, da Ungunst- oder Risikoräume Investoren abschrecken und dadurch die Entwicklungschancen für solche Regionen sinken. informeller Sektor
- Das Wachstum des Tertiären Sektors wird noch zu stark vom informellen Sektor getragen.
- Die Entwicklung der Städte und der Gesellschaft insgesamt prägt eine starke Fragmentierung. Fragmentierung Den Gewinnern der Transformation steht eine wachsende Zahl Einkommensschwacher gegenüber, zu erkennen z.B. in den Konsum- oder Wohnmöglichkeiten.

10 Kompetenzen festigen und anwenden

Ein Begriff (Phänomen) ist für uns alle innerhalb weniger Jahre – je nach Sichtweise – zur Bedrohung bzw. zur Herausforderung geworden: die Globalisierung.

Durch Globalisierung verliert der Steinbrucharbeiter im Bayerischen Wald seinen Job, weil sein Arbeitgeber mit den aus China gelieferten Granitsteinen preislich nicht mithalten kann, da diese dort in Kinderarbeit herausgehämmert werden. Der Abiturient trampt nach einem Billigflug durch Indien, schickt von einem Internetcafé in Bangalore seinen Freunden eine E-Mail mit den neuesten Schnappschüssen, gemacht mit seiner japanischen Digitalkamera, und ist über sein finnisches Handy für seine Eltern aus Düsseldorf jederzeit erreichbar. Seine Einkäufe tätigt er mit einer amerikanischen Kreditkarte und die Beträge werden am nächsten Tag von seinem deutschen Bankkonto abgebucht.

Globalisierung hat also nicht nur mit dem Anwachsen weltweiter Handelsströme, grenzüberschreitenden Finanztransaktionen, Fusionen von Unternehmen zu Global Players und Verlagerung ganzer Fabriken in Billiglohnländer zu tun, sondern betrifft das Leben aller Menschen in der ganzen Welt: Arbeitsplätze in bisherigen Industrieländern verschwinden und neue Arbeitsplätze werden in Entwicklungsländern geschaffen. Die Konsumenten in den Industrieländern können hochwertige Produkte zu niedrigen Preisen erwerben, die in den Herstellerländern zur Steigerung des Sozialprodukts beitragen.
Was ist die Folge des Globalisierungsprozesses? Eine weltweite Gleichmacherei, in der sich Menschen unterschiedlichster Kulturen von Hamburgern ernähren und eine Levis tragen? Ein Nullsummenspiel mit Gewinnern und Verlierern? Führen die Wettbewerbsregeln des Liberalismus mit einer Welt ohne Zölle und anderen Handelshemmnissen endlich zu einer gerechten Weltwirtschaftsordnung?

ausländische Direktinvestition (ADI): Kapitalanlage im Ausland durch Erwerb von Eigentumsrechten, z. B. an Immobilien, Niederlassungen, Geschäftsanteilen, Unternehmen.

Disparität: Ungleichheit (Entwicklungsunterschied) zwischen Ländern bzw. Regionen, die sich vor allem in unterschiedlichen Lebensbedingungen bzw. -chancen und wirtschaftlichen Entwicklungsmöglichkeiten äußert; zu unterscheiden ist zwischen räumlichen Disparitäten (s. o.) und sozialen Disparitäten, d. h. Unterschieden in den Lebensbedingungen einzelner Bevölkerungsgruppen.

Dumping: Verkauf von Waren zu Preisen unter den Produktionskosten; Ziel ist meistens die Verdrängung der Konkurrenz, um eine marktbeherrschende Position zu erlangen.

G-7/G-8: Gruppe der wichtigsten Industriestaaten Deutschland, Frankreich, Großbritannien, Italien, Japan, Kanada und USA sowie Russland. Ihre Staats- und Regierungschefs treffen sich jährlich zum Weltwirtschaftsgipfel; Thema war zunächst die währungspolitische Zusammenarbeit, ab den 1980er Jahren zunehmend die internationale Zusammenarbeit in der Umwelt-, Sicherheits- und Außenpolitik; immer mehr werden wirtschaftliche, politische und gesellschaftliche Herausforderungen der Globalisierung thematisiert.

GATT (General Agreement on Tariffs and Trade): 1947 abgeschlossenes Allgemeines Zoll- und Handelsabkommen, das den grenzüberschreitenden Handel durch den Abbau von Handelshemmnissen erleichtern soll; seit 1995 ersetzt durch die → WTO.

Global City: eine Weltstadt mit besonders starker Integration in die Weltwirtschaft; Kriterien einer Global City: hohe Einwohnerzahl, internationales Finanzzentrum, Standort von Hauptquartieren oder Regionalzentren → multinationaler Unternehmen, Sitz großer internationaler Institutionen, Knotenpunkt internationaler Transportnetze.

Global Player (multinationaler Konzern/Multi, transnationaler Konzern/TNC): Unternehmen, die am „weltweiten Spiel" teilhaben, indem sie an verschiedenen Standorten in mehreren Ländern entwickeln, produzieren und vermarkten; Ausrichtung der Unternehmenspolitik nach den Vor- und Nachteilen der Länder (z. B. Lohn- und Steuerniveau, Umweltvorschriften, Zugang zu den Märkten).

Global Village: Vorstellung, dass durch die moderne Kommunikationstechnologie die Welt an räumlicher Distanz verloren hat und dass die ökonomische Globalisierung weltweite Vereinheitlichungstendenzen der Zivilisation schafft.

Handelsbilanz: Aufrechnung des Exports gegen den Import eines Landes in einem Jahr; aktive Handelsbilanz: Wert der Exporte übersteigt den der Importe, passive (negative) Handelsbilanz: Wert der Importe übersteigt den der Exporte.

Handelshemmnisse, tarifäre und nichttarifäre (Handelsbeschränkungen): Maßnahmen, um Importe zu erschweren bzw. zu verhindern und so die heimische Wirtschaft zu schützen; man unterscheidet zwischen tarifären (z. B. Zölle), und nichttarifären (z. B. Subventionen zur Verbilligung eigener Produkte, freiwilligen Selbstbeschränkungen, technischen Normen, Sicherheitsbestimmungen) Handelshemmnissen.

Joint Venture: Zusammenschluss von selbstständigen Unternehmen (häufig aus verschiedenen Staaten) zum Zweck der Durchführung gemeinsamer Projekte, die von einem Unternehmen allein in der Regel nicht realisiert werden können; charakteristisch für ein Joint Venture ist,

A1 Erstellen Sie eine Grafik (z. B. ein Wirkungsgeflecht, s. S. 466 – 467), die die Vernetzung der Welt im Rahmen des Globalisierungsprozesses in ihren verschiedenen Dimensionen (z. B. wirtschaftlich, politisch, sozial, ...) darstellt.

A2 Beurteilen Sie die Rolle der USA, Japans und der Europäischen Union im weltweiten Globalisierungsprozess.

A3 Die frühere britische Premierministerin Margret Thatcher (regierte 1979 – 1990), eine extreme Befürworterin des Wirtschaftsliberalismus, hat im Zusammenhang mit der Transformation der Länder mit Zentralverwaltungswirtschaft in freie Marktwirtschaften festgestellt:

„There are plenty of painful decisions, stresses and disruption of people's lives. And there is also plenty of opportunity for policy makers and businessmen to make mistakes and for crime to flourish." (Business Time. The Times of India vom 22. 8. 1995, Bangalore, S. 1).

Bewerten Sie diese Anmerkung Frau Thatchers vor dem Hintergrund Ihrer erworbenen Kenntnisse über den Transformationsprozess in China und Russland.

A4 Ermitteln Sie an Ihrem Schulstandort Beispiele dafür, dass Unternehmen vom Globalisierungsprozess profitieren, aber auch negativ betroffen sein können (Methodenhinweise vgl. S. 462 – 463).

A5 Stellen Sie dar, in welcher Weise Ihr Leben von der zunehmenden Globalisierung (z. B. Nutzung von Gütern aus der ganzen Welt, bevorstehende Berufswahl u. Ä.) berührt ist.

---

dass die an der Kooperation beteiligten Partner in das Unternehmen einbringen, was ihnen in besonderer Weise zur Verfügung steht, z. B. Kapital, Know-how, preiswerte Infrastruktur oder Arbeitskräfte; ein Ziel ist es, den Zugang zu sonst geschlossenen Märkten zu erhalten.

Kombinat: in der ehemaligen Sowjetunion (später in andere Ostblockstaaten übertragene) Bezeichnung für den vertikalen und/oder horizontalen Zusammenschluss verschiedener, oft räumlich weit auseinander liegender Produktionsstätten; häufig unter einheitlicher Leitung.

Liberalismus: weltanschauliche Richtung, die das Individuum und sein Recht auf Freiheit in den Vordergrund stellt; in der Volkswirtschaft Annahme, dass der freie Wettbewerb zum Nutzen der ganzen Volkswirtschaft ausschlägt und Staatseingriffe wie im Merkantilismus abzulehnen sind.

Marktwirtschaft: Wirtschaftsordnung, in der Art und Umfang der Güterproduktion und die Verteilung der Güter direkt über den Markt und den Wettbewerb gesteuert werden; Kennzeichen: Privatbesitz, Preisbildung durch Angebot und Nachfrage, freier Wettbewerb, unabhängige Produktionsplanung; Gegensatz: → Zentralverwaltungswirtschaft.

Marktwirtschaft, sozialistische: Zentralverwaltungswirtschaft mit einzelnen marktwirtschaftlichen Elementen, wie z. B. im heutigen China praktiziert.

multinationales Unternehmen/Konzern (MNU, Multi): → Global Player.

OECD (Organization for Economic Cooperation and Development): Organisation für wirtschaftliche Zusammenarbeit und Entwicklung, Zusammenschluss von gegenwärtig 29 Industriestaaten und teilindustrialisierten Ländern zur Verbesserung und Koordination der wirtschaftlichen Zusammenarbeit und zur Unterstützung der → Entwicklungsländer.

Produktpiraterie (Produktfälschung, Markenpiraterie): Produktion von und Handel mit nachgeahmten Waren, die einer Originalware zum Verwechseln ähnlich sind. Erfolgt unter Verletzung von Markenrechten oder wettbewerbsrechtlichen Vorschriften, oft verbunden mit Verstoß gegen Urheberrechte, Patente und andere Rechte des geistigen Eigentums.

Shareholder-Politik: (engl.: shareholder = Aktionär), Unternehmensstrategie, die auf die Vermehrung des Aktienwertes eines Unternehmens zielt, um den gewinnorientierten Aktionären eine angemessene Rendite zu verschaffen.

Transformation: Übergang von der → Zentralverwaltungs- zur → Marktwirtschaft bzw. Abkehr von den kommunistisch-sozialistischen Gesellschaftsidealen und die Hinwendung zu mehr Demokratie in den Ländern des ehemaligen Ostblocks.

WTO (World Trade Organization): Welthandelsorganisation, in der Uruguay-Runde des → GATT beschlossen und zum 01. 01. 1995 errichtet; Ziel: Verbesserung der wirtschaftlichen Lage der beteiligten Länder durch Schaffung der Rahmenbedingungen für einen fairen, liberalen Welthandel.

Zentralverwaltungswirtschaft (Planwirtschaft): Wirtschaftsform in den ehemals kommunistischen Ländern; eine staatliche Planungsbehörde organisiert, lenkt und verwaltet das gesamte wirtschaftliche Geschehen, von den Investitionen über die Produktion, Vermarktung bis hin zu den Löhnen; Gegensatz: → Marktwirtschaft.

11 Methodenkompendium

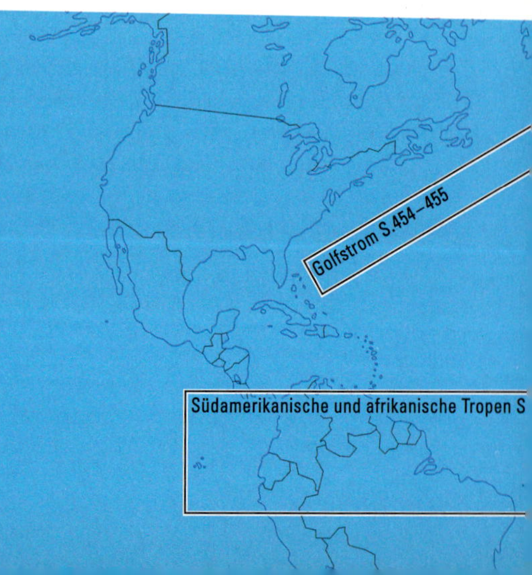

Der Geographieunterricht in der Oberstufe behandelt Raumstrukturen und deren Veränderungen durch menschliches Handeln. Da der zu untersuchende Raum nur in Ausnahmefällen, z. B. bei Exkursionen, aufgesucht werden kann, müssen die Einsichten mithilfe fachspezifischer Materialien und Methoden indirekt gewonnen werden. In kaum einem anderen Schulfach ist die Fülle sowohl der Materialien als auch der Fachmethoden so groß wie im Fach Geographie.

Die Einübung und Anwendung unserer Fachmethoden ist unverzichtbar, hilft aber auch in anderen Fächern weiter. Dazu gehört das Vertiefen der Fähigkeit, die gewonnenen Ergebnisse mündlich und schriftlich vorzustellen. In der Sekundarstufe II sind die Arbeitsmaterialien sehr vielfältig und so aufbereitet, dass für die Auswertung größere Selbstständigkeit und Selbsttätigkeit nötig sind. Originalquellen verlangen eine kritische Prüfung, ehe objektive und sachlich haltbare Aussagen möglich sind.

Die methodenbezogenen Kenntnisse und Fähigkeiten ermöglichen es schließlich, über den Unterricht hinausgehende Informationen über räumliche Strukturen und Prozesse, wie sie u.a. in der Fachliteratur, aber auch in den Massenmedien angeboten werden, selbstständig zu verarbeiten.

Um einen besseren Überblick und eine leichtere Handhabe zu gewährleisten, sind die methodischen Übungen in diesem Buch am Schluss in Form eines Kompendiums zusammengefasst. Das heißt allerdings nicht, dass diese Seiten losgelöst von den Sachthemen bearbeitet werden sollen. In aller Regel hat die Auswertung der fachspezifischen Materialien im Rahmen des stofflichen Zusammenhangs einer Aufgabe zu erfolgen. Gleiches gilt für die Arbeitsformen und Arbeitstechniken. Deswegen werden nach einer kurzen Einleitung zu den diversen Methoden Arbeitsschritte vorgeschlagen, die sich wiederum an einem beigegebenen konkreten Beispiel anwenden lassen. Sinnvoll ist es ferner, die erworbenen methodischen Fertigkeiten in weiteren thematischen Zusammenhängen zu festigen. Dazu bieten die diversen Materialien und Aufgaben in den vorangegangenen Einzelkapiteln umfangreiche Übungsmöglichkeiten. In ihnen wird teilweise direkt auf die im Kompendium zusammengestellten Methoden verwiesen.

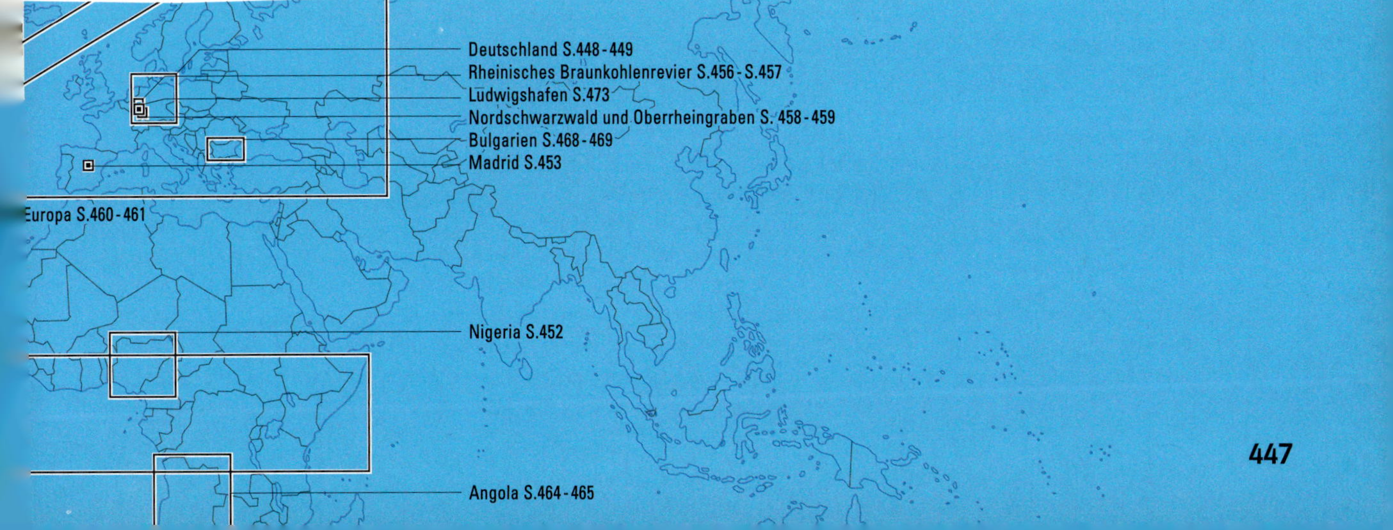

11.1 Umgang mit geographischem Arbeitsmaterial

11.1.1 Diagramme auswerten und erstellen

Diagramme sind grafische Darstellungen von Zahlenwerten. Ihre Vorzüge gegenüber Tabellen liegen zum einen in der größeren Anschaulichkeit (das Auge nimmt optische Aussagen schneller und dauerhafter wahr als abstrakte Zahlenreihen) und zum anderen in der Möglichkeit, komplexe Zusammenhänge akzentuiert herauszustellen sowie mehrere Sachverhalte vergleichend überschaubar zu machen.
Ein Nachteil gegenüber Tabellen besteht bei der Auswertung von Diagrammen darin, dass die Aussagegenauigkeit geringer ist und dass durch eine entsprechende grafische Gestaltung Inhalt und Aussagen leichter manipulierbar sind.

Interpretationsschritte

1. Schritt: Formales/Orientierung
- Welche Diagrammform wurde gewählt?
- Was ist das Thema des Diagramms?
- Gibt es eine räumliche/zeitliche Abgrenzung?
- Welche Zahlenwerte wurden gewählt: absolute, relative, Indexwerte?
- Aus welcher Quelle stammen die Daten? Wann ist sie erschienen?

2. Schritt: Beschreibung
- Was sind die wichtigsten Aussagen?
- Lassen sich zeitliche Entwicklungen (Zunahme, Abnahme, Stagnation) und Regelhaftigkeiten ablesen?
- Sind bedeutsame Details, kausale und funktionale Zusammenhänge erkennbar?

3. Schritt: Erklärung
- Wie sind die dargestellten Sachverhalte zu erklären?
- Welche möglichen Ursachen und Folgen lassen sich aus den beschriebenen Aspekten ableiten?
- Welche zusätzlichen Informationen sind zur Erklärung heranzuziehen?

4. Schritt: Bewertung
- Ist die Diagrammform eine geeignete?
- Reicht die Aussagegenauigkeit aus?
- Werden Sachverhalte verzerrt oder verfälscht?

Hinweise zum Erstellen von Diagrammen

Auch wenn Diagramme sich heute mithilfe des Computers schnell und mühelos erstellen lassen, sind einige Grundsätze zu berücksichtigen, damit die grafische Darstellung aussagekräftig ist und möglichst keine Fehlinterpretationen zulässt:
- Eine für das gegebene Zahlenmaterial geeignete Diagrammform ist zu wählen.
- Die grafische Darstellung muss für sich allein verständlich sein: einfach und übersichtlich gestalten, nicht zu viele Details aufnehmen.
- Die optische Größe der zeichnerischen Elemente muss den Zahlenwerten entsprechen.
- Die Proportionalität zwischen Objektwert und Diagrammwert ist zu wahren: Keine künstlichen Vergrößerungen oder manipulativen Verkleinerungen!
- Linien, Flächen, Schraffuren und Farben müssen gut unterscheidbar sein.
- Wesentliche Bestandteile des Diagramms sind zu beschriften (Achsenmaßstäbe, Einheiten etc.).
- Das Diagramm erhält einen Titel sowie Angaben über die Datenquellen.

Diagrammarten

Kurven- und Liniendiagramme. Sie eignen sich vor allem für die grafische Darstellung von Zeitreihen und Entwicklungen, vor allem wenn eine größere Zahl zeitabhängiger Daten wiederzugeben ist oder wenn verschiedene Beobachtungsreihen miteinander verglichen werden sollen. Manchmal wird der Maßstab auf der Abszisse bzw. Ordinate logarithmisch gewählt.
Bei der Anlage der Skalen auf der Abszisse und Ordinate ist darauf zu achten, dass keine Stauchungen oder Zerrungen vorgenommen werden, z.B. durch eine Verkürzung der Zeitintervalle auf der Abszisse oder eine übertriebene Überhöhung oder Verkleinerung der Einheiten auf der Ordinate; dies würde die Aussagen u.U. optisch verfälschen.
Eine Sonderform von Liniendiagrammen sind Flächendiagramme, bei denen die Kurven übereinander angeordnet und die Flächen zwischen den Kurven durch Schraffuren oder Farben kenntlich gemacht werden. Sie bieten sich vor allem zur Darstellung von Entwicklungen einer Gesamtgröße mit unterschiedlichen Teilgrößen an. Die oberste Linie gibt dabei den Gesamtwert an.

M1 Entwicklung der Beschäftigtenzahl nach Wirtschaftssektoren in Deutschland*

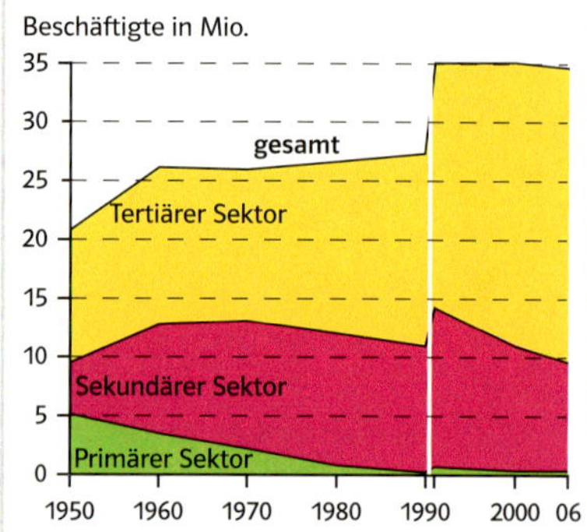

Säulen- und Balkendiagramme. Sie eignen sich vor allem zur Veranschaulichung statistischer Werte in einer zeitlichen oder räumlichen Folge, wobei die Säulen bzw. Balken noch einmal unterteilt werden können, um Teilgrößen darzustellen. Das Balkendiagramm unterscheidet sich vom Säulendiagramm lediglich durch die horizontale Lage. Bei Zeitreihen wird das Balkendiagramm allerdings kaum genutzt.
Bei der Auswertung eines Säulendiagramms ist vor allem darauf zu achten, ob die Höhenskala bei Null beginnt und die Höhenangaben auf der Ordinate proportional zu den dargestellten Zahlen erfolgen.

Kreisdiagramme. Sie werden vor allem zur Darstellung der prozentualen Zusammensetzung einer Gesamtmenge (Kreis = 100 %, 1 % = 3,6 °) genutzt. Dazu wird der Kreis in mehrere Segmente unterteilt, deren proportionaler Anteil den Teilkomponenten der Gesamtmenge entspricht. Will man die Gesamtmenge in verschiedenen Jahren nicht nur relativ, sondern auch absolut wiedergeben, stellt man verschieden große Kreise neben- bzw. untereinander. Zur Darstellung der Größen benutzt man dabei in der Regel die Kreisflächen und nicht die Durchmesser.
Bei der Anlage eines Kreisdiagramms ist darauf zu achten, dass auch die absolute Bezugsgröße aus der Darstellung hervorgeht: Die Gesamtmenge und die Teilmengen zusätzlich in Zahlen angeben!

M 2 Beschäftigte nach Wirtschaftssektoren in Deutschland 1960 und 2006

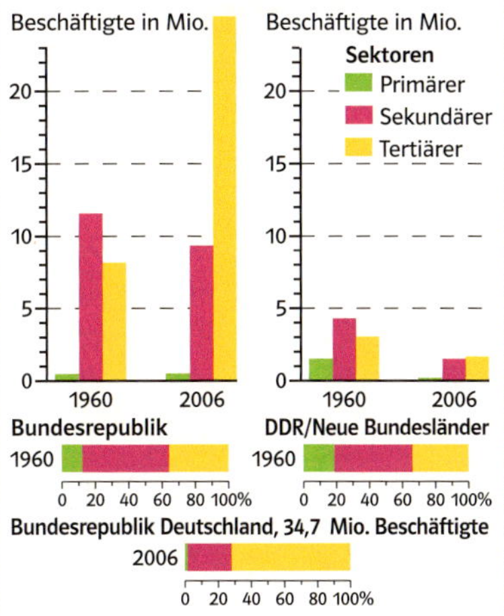

M 3 Anteil der drei Wirtschaftssektoren am BIP in Deutschland 2006 (in %)

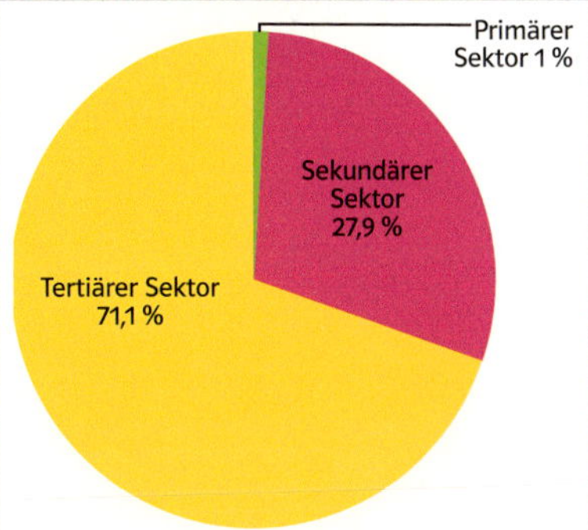

Dreiecksdiagramme (Strukturdreiecke). Sie erlauben es, drei Komponenten einer Gesamtmenge (meist mit 100 gleichgesetzt) innerhalb eines gleichseitigen Dreiecks darzustellen. Fällt man nämlich von einem beliebigen Punkt im Dreieck die Senkrechten auf seine Seiten, so ist die Dreiersumme der Werte immer konstant. Mit mehreren regelhaft verteilten Punkten lassen sich Gruppenbildungen darstellen, z. B. Aufteilung der Erwerbstätigen nach den drei Wirtschaftssektoren in verschiedenen Ländern, oder Entwicklungen aufzeigen, z. B. Anteil der Erwerbstätigen nach Wirtschaftssektoren innerhalb eines Landes im historischen Ablauf. Im letzten Fall werden die Beispielpunkte mit einer Linie verbunden.

M 4 Erwerbstätige nach Wirtschaftssektoren in ausgewählten Ländern 2006

	Primärer Sektor	Sekundärer Sektor	Tertiärer Sektor
Ghana	55	14	31
Ägypten	30	20	50
Brasilien	21	21	58
Deutschland	2	26	72

M 5 Entwicklung der Erwerbstätigenanteile der Wirtschaftssektoren in Deutschland

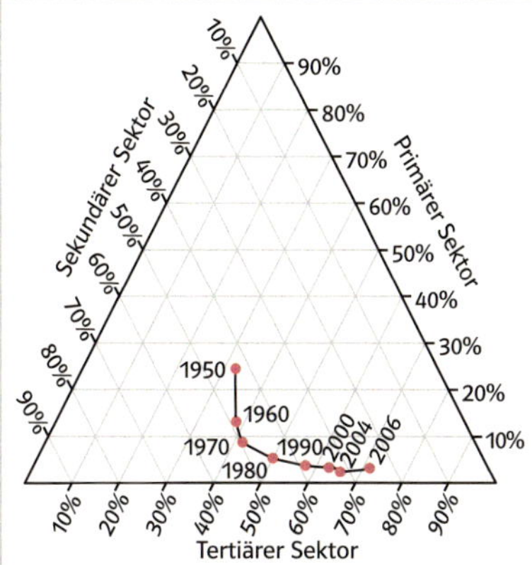

Konzentrationsdiagramm (Lorenzkurve). In einem Konzentrationsdiagramm lässt sich z. B. darstellen, wie sich das Gesamteinkommen in einem Land auf verschiedene Bevölkerungsgruppen verteilt.
Für die unterste Gruppe der obigen Tabelle tragen Sie in die Grafik den Prozentanteil am Einkommen ein. Nun addieren Sie zum letzten Prozentwert den Prozentanteil der zweiten Gruppe (also 8 + 14) und tragen diesen Wert bei 40 auf der Abszisse ein. Fahren Sie weiter so fort: durch Kumulieren (Hinzuaddieren) erhalten Sie noch drei weitere Punkte. Verbinden Sie schließlich die einzelnen Punkte zu den spitzwinkligen Ecken. Je näher eine solche Kurve bei der Diagonalen liegt, desto gleichmäßiger ist das Gesamteinkommen verteilt. Je stärker sich die Kurve dem rechten Winkel unten nähert, desto stärker ist die Konzentration des Einkommens auf wenige Gruppen. So kommen sie zu Aussagen, wie z. B.: in Deutschland haben 20 % der Bevölkerung nur 8 % Anteil am Volkseinkommen, die reichsten 20 % dagegen einen Anteil von 37 %. Interessant wird in diesem Zusammenhang ein Vergleich Deutschlands mit einem Entwicklungsland.

M 6 Einkommensverteilung in Deutschland 2005

unterste 20 %-Gruppe	8 %
zweite 20 %-Gruppe	14 %
dritte 20 %-Gruppe	18 %
vierte 20 %-Gruppe	23 %
oberste 20 %-Gruppe	37 %

M 7 Konzentrationsdiagramm zur Einkommensverteilung in Deutschland 2005 (Tabelle M 6)

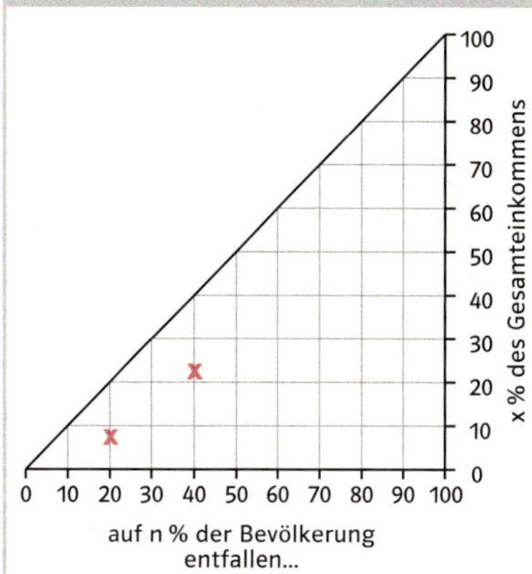

A 1 Übernehmen Sie das Dreiecksdiagramm (M 5) in Ihre Arbeitsunterlagen und tragen Sie darin die Werte für die in M 4 genannten Länder ein. Vergleichen Sie anschließend die Aussagekraft von Tabelle und Dreiecksdiagramm.
A 2 Verfahren Sie adäquat mit M 6 u. 7.

*bis 1990 „Alte Bundesrepublik"

Daten für alle Materialien mit Ausnahme von M 4 Statistisches Jahrbuch der Bundesrepublik Deutschland. Wiesbaden: Statistisches Bundesamt, verschiedene Jg.

M 1 und M 2 auf www.destatis.de Statistiken/Zeitreihen/LangeReihen/Arbeitsmarkt, Juni 2008

M 4 nach Der Fischer Weltalmanach 2008. Frankfurt am Main: Fischer Taschenbuchverlag 2007, S. 119

11.1.2 Klimadiagramme auswerten

Klimadiagramme sind zusammengefasste Darstellungen wichtiger Klimaelemente, vor allem von Temperatur und Niederschlag. Sie dienen der vereinfachten, aber übersichtlichen Erfassung der klimatischen Verhältnisse an einem bestimmten Ort und eignen sich besonders für den Vergleich verschiedener Klimate.

Klimadiagramm nach Walter

Die in der Oberstufengeographie am häufigsten verwendete Darstellungsform von Klimadiagrammen ist die nach Walter (M1). In ihr werden Niederschlags- und Temperaturwerte in Form von Kurven dargestellt, wobei die beiden Kurven in ein bestimmtes Skalenverhältnis zueinander gesetzt werden: 10 °C Mitteltemperatur = 20 mm Niederschlag.
Dies ermöglicht eine grobe Unterscheidung von ariden und humiden Monaten bzw. Jahreszeiten: Liegt die Temperaturkurve über der Niederschlagskurve, kann man von ariden Verhältnissen in diesem Zeitraum sprechen, liegt die Temperaturkurve unter der Niederschlagskurve, liegen humide Verhältnisse vor.

Thermoisoplethendiagramm

Dieser Diagrammtyp (M3) stellt den Tagesgang und den Jahresgang der Temperatur an einem bestimmten Ort mit Linien dar, die die jeweils gleichen Werte miteinander verbinden. In der Senkrechten lässt sich der Tagesgang an einem bestimmten Tag im Jahr ablesen, in der Waagerechten der Jahresgang zu einer bestimmten Uhrzeit. Verlaufen die Linien überwiegend waagerecht, liegt ein Tageszeitenklima vor, verlaufen die Linien überwiegend senkrecht, liegt ein Jahreszeitenklima vor.

M1 Walter-Klimadiagramm

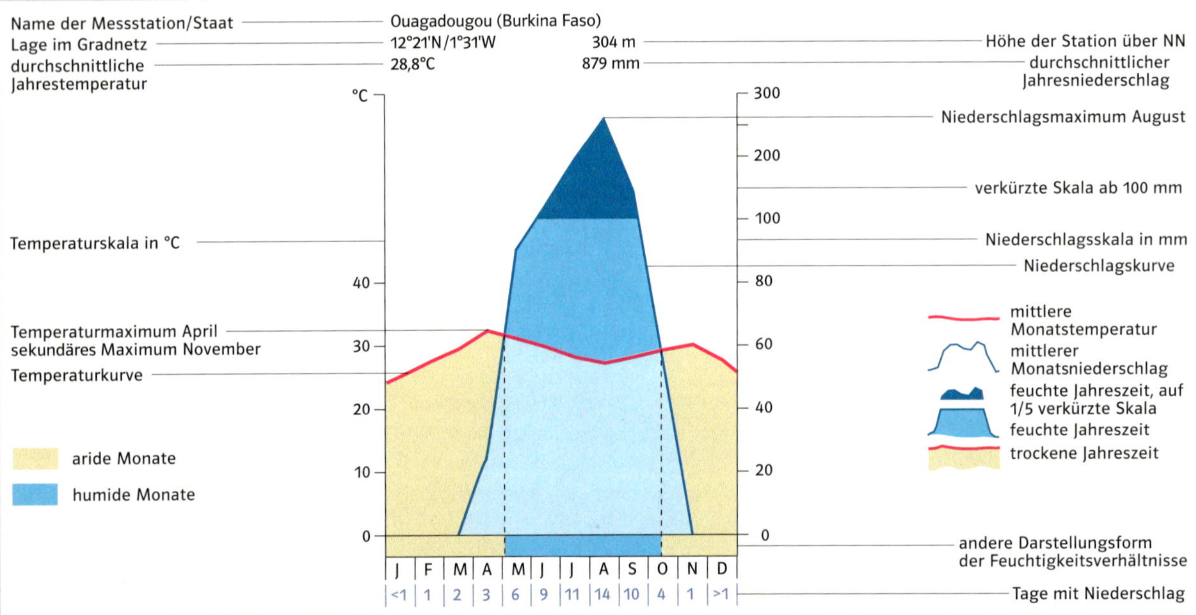

M2 Ein Vergleich zweier Stationen verdeutlicht die unterschiedlichen Klimate

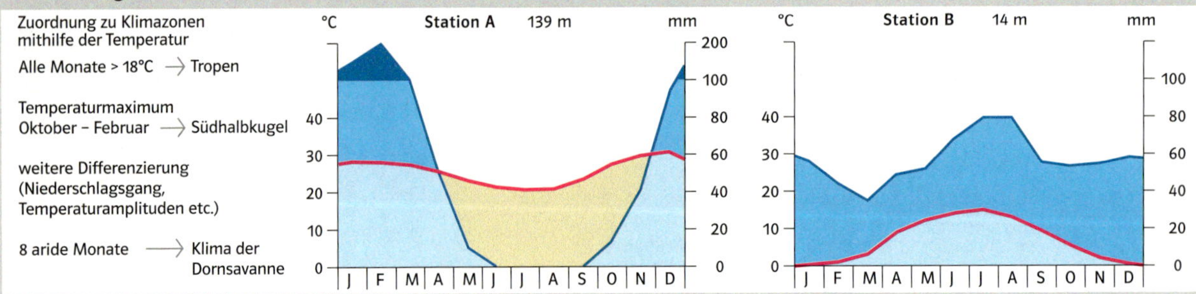

A1 Charakterisieren Sie das Klima der Station B analog zu Station A (M 2).

A2 Beschreiben Sie das Klima der beiden Stationen.

A3 Ordnen Sie die Station B einem Klimagebiet zu (Subzonen vgl. M 2, S. 62–63, und M 3, S. 64–65).

Interpretationsschritte

1. Schritt: Formales/Orientierung

- Welche Diagrammform liegt vor: Walter-Klimadiagramm, Thermoisoplethendiagramm, andere?
- Name der Station (Land).
- Lagemerkmale der Station: Lage im Gradnetz, Höhe über NN.

2. Schritt: Beschreibung

- durchschnittliche Jahrestemperatur und durchschnittlichen Jahresniederschlag ablesen (meist über dem Diagramm angegeben),
- Verlauf der beiden Kurven beschreiben und aride und humide Zeiten ermitteln,
- kältesten und wärmsten Monat ablesen und Jahresschwankungen der Temperatur berechnen,
- Monate mit dem höchsten und geringsten Niederschlag ablesen.

3. Schritt: Zuordnung bzw. Erklärung

- Einordnung in eine Klimazone,
- differenzierende Zuordnung anhand des Niederschlagsgangs und der Temperaturamplituden,
- ggf. klimatische Verhältnisse mithilfe der atmosphärischen Zirkulation erklären.

Variabilitätsdiagramm

Mithilfe dieser Darstellung (M4) lässt sich die Abweichung der Niederschläge vom Mittel darstellen.

Die mittlere Schwankung ist die Summe aus mittlerer jährlicher Abweichung nach oben und unten, die mittlere Variabilität die Hälfte der mittleren Schwankung.

M3 Thermoisoplethendiagramme

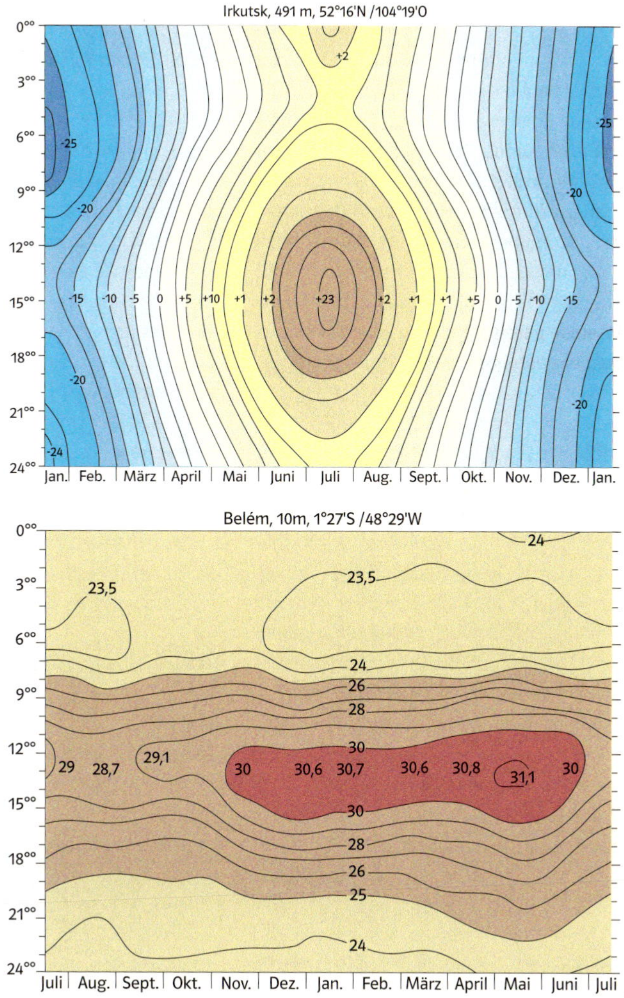

Lesehilfe: Beispiel Belém (Achtung: Südhalbkugel!)
Man verfolgt zunächst den Tagesgang der Temperatur und dann den Jahresgang.
Tagesgang im Januar: Temperaturminimum 2 Uhr bei 23,5 °C, Maximum 13 Uhr bei 30,7 °C. Unterschied zwischen täglichen Höchst- und Mindestwerten ganzjährig zwischen 7,6 °C und 5,1 °C. Minima und Maxima im Jahresgang kaum unterschiedlich (2,4 °C bzw. 0,5 °C), 7-Uhr-Temperatur ganzjährig gleich: tägliche Temperaturunterschiede größer als jährliche = Tageszeitenklima.

M4 Niederschlagssummen im langjährigen Verlauf

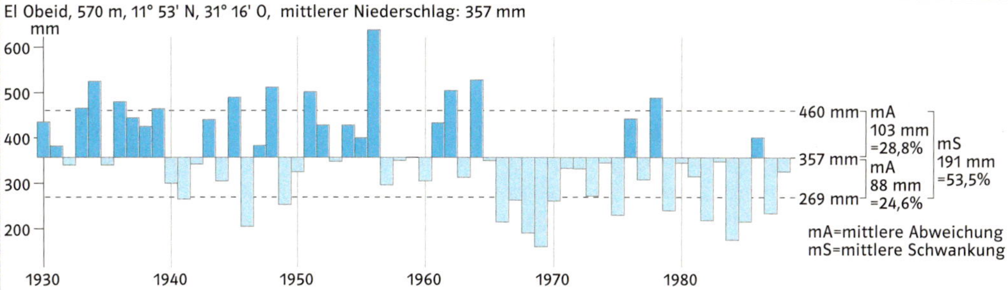

Lesebeispiel El Obeid:
mittlerer jährlicher Niederschlag: 357 mm

mittlere Abweichung nach oben: 103 mm

mittlere Schwankung: 191 mm = 53,5 %

mittlere Abweichung nach unten: 88 mm

mittlere Variabilität: 95,5 mm = 26,7 %

11.1.3 Statistiken und Tabellen kritisch untersuchen

Statistiken und Tabellen sind Mittel zur Veranschaulichung quantitativer Sachverhalte und damit Informationsträger. Im Geographieunterricht spielen sie eine große Rolle. Bei der Arbeit mit ihnen ist es wichtig nachzufragen, Kontrollüberlegungen anzustellen und mit der Wirklichkeit zu vergleichen, denn Winston Churchills Aussage „Ich glaube nur der Statistik, die ich selbst gefälscht habe" ist nicht ohne Grund ein geflügeltes Wort geworden.

Statistische Angaben in Tabellen, Diagrammen, Grafiken, Karten oder Textquellen können beabsichtigt oder unbeabsichtigt Fehler enthalten, unvollständig oder in einem falschen Raum-, Sach- oder Zeitbezug dargestellt sein. Es ist deshalb notwendig, sich besonders kritisch mit dem Medium Statistik und Tabelle auseinanderzusetzen, einerseits, um die Inhalte voll auszuschöpfen und andererseits, um Fehlinterpretationen zu vermeiden.

1. Schritt: Formales/Orientierung

Überprüfen Sie die Tabelle bzw. Statistik hinsichtlich folgender formaler Kriterien: Überschrift, Aktualität und Plausibilität der Angaben, Quellenangabe.
Erfassen Sie mithilfe von Überschrift und Tabellenkopf, um welche Indikatoren es sich handelt und wie diese dargestellt sind. Klären Sie dazu folgende Fragestellungen:

- Wie sind die dargestellten Indikatoren definiert?
- Welche Zahlenangaben liegen vor (absolute, relative oder Indexzahlen) und in welcher Weise sind Abstufungen bzw. Größenklassen gebildet worden?
- Wie sind die Zahlen zeitlich einzuordnen?
- Für welches Gebiet gelten die Zahlen?

2. Schritt: Beschreibung

Erfassen Sie den Inhalt und den sachlichen Hintergrund der Tabelle bzw. Statistik. Ermitteln Sie dazu Maximal- und Minimalwerte, Veränderungen oder Entwicklungen. Achten Sie dabei auf Zeitsprünge, die oft der Grund für spätere Fehlinterpretationen sind.
Setzen Sie ggf. absolute Zahlen in relative Zahlen (Prozentangaben) um, um Entwicklungen zu verdeutlichen bzw. mit Durchschnittswerten zu vergleichen.

3. Erklärung

Setzen Sie die Daten zueinander in Beziehung und vergleichen Sie zwischen einzelnen räumlichen/zeitlichen Angaben. Erklären Sie die Ursachen für Entwicklungen, indem Sie Ihre Vorkenntnisse einsetzen und/oder ergänzende Materialien heranziehen (Schulbuch, Internet, Nachschlagewerke). Stellen Sie die wesentlichen Ergebnisse akzentuiert heraus.
Ordnen Sie abschließend die gewonnenen Detailerkenntnisse je nach Arbeitsauftrag in einen Gesamtzusammenhang ein.

4. Schritt: Bewertung

Beurteilen Sie die Darstellungsform und die Aussagekraft der Tabelle bzw. Statistik vor dem Hintergrund der zu lösenden Aufgabe. Klären Sie dazu folgende Fragen:

- Wurden die Daten richtig umgesetzt?
- Sind die Angaben eindeutig?
- Sind die Grundregeln für eine gute Statistik eingehalten worden?

Leiten Sie unglaubwürdige bzw. unerklärbare Inhalte ab. Schlussfolgern Sie auf die Angemessenheit der Darstellung.

M1 Beispiele für typische Manipulationen

- Scheinexaktheit der Daten,
- Vermischung verschiedener Inhalte,
- manipulierte Mittelwerte,
- unexakte Daten wegen zu geringer Basismenge,
- Darstellung von Prozentanteilen ohne Angabe der Datenbasis

M2 Beispiel 1: einfache Tabellen auswerten

Aufgabe: Beschreiben Sie mithilfe der Tabelle die Entwicklung der Erdölförderung in Nigeria seit der ersten Ölkrise.

Erdölförderung in Nigeria

	Fördermenge (in Mrd. Barrel)
1970	340
1973	500
1980	645
1985	460
1988	505
1990	620
1993	695

1. Schritt: Überschrift aussagekräftig; Quellenangabe fehlt; Daten nicht aktuell (letzte Zahl von 1993); Angabe in Mrd. Barrel ist eine übliche absolute Mengenangabe für Erdölfördermengen (1 Barrel = ca. 159 Liter)
2. Schritt: Schwankung der Fördermengen zwischen 340 Mrd. Barrel (Beginn der Statistik) und 695 Mrd. Barrel (Ende der Statistik); starke Schwankungen
3. Schritt: Die Erdölproduktion im größten Staat Westafrikas ist im letzten Viertel des 20. Jh.s vor dem Hintergrund des weltweit wachsenden Erdölbedarfs in einem ungleichmäßigen Prozess nahezu auf das Doppelte angewachsen. Inwieweit sich dieser Verlauf bis in die Gegenwart fortsetzt und ob er für die Region repräsentativ ist, lässt sich wegen der geringen und diskontinuierlichen Daten der Tabelle, die keine Vergleichsmöglichkeit mit anderen Staaten der Region bietet, nicht beurteilen.
4. Schritt: Die Tabelle liefert für die Lösung der Aufgabe nur unzureichende Daten; kritisch sind folgende Punkte:

- Angabe absoluter Zahlen mit fehlenden Bezügen zu anderen Ländern sowie zur Entwicklung vor und nach dem betrachteten Zeitraum,
- fehlende Aussagen zu kumulierter Förderung, zu Reserven bzw. zum verbleibenden Potenzial,
- ungleichmäßige Jahresabstände,
- unzureichende Datendichte; dadurch sind keine Schlussfolgerungen auf dazwischen liegende Zeiträume möglich, geschweige denn eine Beurteilung der Weiterentwicklung bis zur Gegenwart.

Die Statistik ist als unzureichend verwendbar einzuordnen, da auch keinerlei Bezüge zu anderen Daten gegeben sind.

M3 Beispiel 2: komplexe Tabellen

Aufgabe: Erläutern Sie anhand des exemplarischen Vergleiches zweier Vororte im suburbanisierten Raum von Madrid die dort auftretenden regionalen Disparitäten. Betrachten Sie auch hier die Daten kritisch.

Teilräume weisen auf einen zu ziehenden Vergleich hin! Schwerpunkt offensichtlich: Las Rozas und Fuenlabrada

Aussagen und Indikatoren zum Lebensstandard bzw. für den wirtschaftlichen und sozialen Status

Strukturdaten ausgewählter Teilräume der Stadtregion Madrid (CAM)

nach Stadt Madrid (Commune Madrid) (2006): Data by Municipality. www.madrid.org/iestadis/fijas/basicos/descarga/fig0616.xls – 30.7.2006

	Bevölkerung	Bevölkerungsdichte (Ew./km²)	Immobilieneigentum pro Ew. in Euro	Industriebetriebe	Banken	Kfz (pro 1000 Ew.)	Familieneinkommen pro Kopf in Euro
	2004	2004	2003	2004	2004	2003	2003
CAM	5 804 829	722,88	37 461,23	22 743 100 %	6 128	496,55	13 094,11
Munizip Madrid	3 099 834	5 116,93	46 045,97	10 197	3 741	480,21	13 965,18
Fuenlabrada (südl. Umland)	192 458	4 909,64	19 082,64	1 240 5,5 %	124	420,51	9 391,79
Las Rozas de Madrid (nordwestl. Umland)	68 061	1 167,43	39 270,85	0,6 % 132	76	503,31	! 19 732,97

Dichteunterschied weist auf lockere Bebauung (z. B. Einfamilienhäuser) in Las Rozas hin; in Fuenlabrada enge Bebauung (z. B. Mietshäuser?)

Vermutung zur Bevölkerungsdichte wird gestützt: in Fuenlabrada weniger oder weniger wertvolles Immobilieneigentum

Bei knapp dreifacher Einwohnergröße besitzt Fuenlabrada mehr als neunmal so viele Industriebetriebe – hier starker Sekundärer Sektor

Kfz-Besatz als Indikator für Lebensstandard/Wohlstand: Las Rozas deutlich über dem Durchschnitt der angegebenen Räume, Fuenlabrada stark unterdurchschnittlich

Wichtigster Indikator für die wirtschaftliche und soziale Situation – extremer Unterschied zwischen Las Rozas und Fuenlabrada mit rund 10 000 Euro

Ein Teilphänomen der Suburbanisierung im Großraum Madrid: soziale Segregation
- Las Rozas als Viertel mit wenig Industrie und einkommensstarker Bevölkerung, gehobener Lebensstandard
- Fuenlabrada als typischer Arbeitervorort mit sozialer Benachteiligung, unterdurchschnittlich niedriger Lebensstandard
- Aufgabe für eine nachhaltige Stadtplanung: Ausgleich und Minderung sozialer Unterschiede, die sich auch städtebaulich niederschlagen

11.1.4 Texte auswerten

Texte gehören neben Karten, Bildern, Profilen, Tabellen und Diagrammen zu den wichtigsten Arbeitsmitteln im Geographieunterricht. Sie können auch Bestandteil der schriftlichen und mündlichen Abiturprüfung sein. Dabei können ganz unterschiedliche Originaltexte als Arbeitsmaterial vorliegen: Reiseberichte, Zeitungsartikel, Kommentare, Reportagen, Interviews, Auszüge aus Fachbüchern, literarischen Werken oder Lexika. Sachtexte bilden dabei immer eine Grundlage für die Gewinnung geographischer Informationen.

Bei der Arbeit mit Texten kommt es darauf an, diese kritisch zu hinterfragen und die wichtigsten Aussagen zu erfassen. Das ist jedoch oft nicht so einfach, denn jeder Text enthält neben Sachaussagen auch Meinungen und Wertungen der Verfasser. Das zeigt sich in der gedanklichen Struktur der Texte, der Wortwahl sowie bestimmten Argumentationsmustern. Texte sind also letztlich immer subjektiv.

Informationen, die wir täglich den Zeitungen entnehmen können, sind nur ein Abbild der Wirklichkeit. Wie gehen wir mit solchen Nachrichten um, die neben ihren Sachaussagen auch Meinungen und Wertungen enthalten? In welcher Weise beeinflussen sie uns? Eine kritische Auswertung ist nach den folgenden Schritten möglich.

1. Schritt: Formales/Orientierung

Stellen Sie zunächst fest, wann und wo die Meldung erschienen ist. Handelt es sich um eine Nachricht, erläuterte Nachricht, einen Korrespondentenbericht, eine Reportage oder einen Kommentar? Werden andere Quellen zitiert?

Inwieweit wird die Übersichtlichkeit durch Gliederungsmerkmale, Zwischenüberschriften oder z.B. Spiegelstriche erhöht? Suchen Sie die im Text genannten Orte und Regionen im Atlas auf.

Überfliegen Sie zuerst den Text durch schnelles Lesen, um die Hauptinhalte zu erfassen. Achten Sie dabei v.a. auf Überschriften, Hervorhebungen, Anfänge neuer Abschnitte und unbekannte Begriffe.

M1 Sinn und Unsinn von Markierungen

Zur genauen Erfassung der Informationen eines Textes gibt es verschiedene Techniken. Markierungen am Rand oder im Text verschaffen einen guten Überblick über den Text. Auch kurze Randbemerkungen können eine Hilfe sein. Ein solches Hervorheben von verschiedenen Gesichtspunkten darf jedoch nicht beim ersten Lesen erfolgen. Auch das Unterstreichen von einzelnen Zeilen sollte unterbleiben. Mit einem Längsstrich am Rand lassen sich wichtige Aussagen im ersten Zugriff besser kennzeichnen.

Beim zweiten Lesen fällt es wesentlich leichter, wichtige Begriffe und Aussagen zu erkennen und zu markieren. Ziel ist es, die Schlüsselbegriffe und Hauptaussagen bzw. den gedanklichen Aufbau des Textes zu erfassen. Markierungen sind dann sinnvoll, wenn es damit gelingt, den Inhalt des Textes kurz zusammenzufassen.

Beim Markieren oder Einfügen von Randkommentaren sind Zeichen, Symbole oder Abkürzungen sehr hilfreich. So können Markierungen innerhalb eines Textes durch Einkreisen, Unterstreichen oder farbige Markierungen (Leuchtmarker) vorgenommen werden. Wichtige Passagen können auch mit Rechtecken, Quadraten, Dreiecken, Kreisen oder Ovalen hervorgehoben werden. Geeignet sind auch Fragezeichen, Ausrufezeichen, Pfeile, Blitze etc.

Am Rand könnte ein senkrechter Strich die Bedeutung von „wichtig“, doppelte senkrechte Striche die Bedeutung von „sehr wichtig“ haben. Erste Wertungen könnten mit + oder – gekennzeichnet werden. Randkommentare in Form von Abkürzungen können die weitere Arbeit mit dem Text erleichtern, z.B. Def = Definition, Th = These, Arg = Argument, Bsp = Beispiel usw.

Markierungen sollten in jedem Fall sparsam verwendet werden, damit der Blick sofort darauf gelenkt wird. Die Verwendung von mehreren Markierungsfarben sollte man vermeiden, um den Überblick zu behalten. Denn wer weiß nach 14 Tagen noch, ob die rot, grün oder blau markierten Stellen die eigentlichen Schlüsselstellen sind!

Wenn es sich bei den Texten nicht um Kopien handelt, ist meist ein Markieren nicht gestattet. Dann helfen selbstklebende Notizzettel oder Papierstreifen, die sich jederzeit wieder entfernen lassen.

2. Schritt: Beschreibung

Lesen Sie den Text ein zweites Mal und unterstreichen Sie dabei wichtige Schlüsselwörter und -aussagen hinsichtlich der Sachaussagen, Meinungen, Wertungen oder der Ergänzungsbedürftigkeit (M1). Von welchen Prämissen bzw. Grundsätzen geht der Autor aus und welche Sprachebenen verwendet er (Umgangssprache, Fachsprache, emotionale Begriffe …). Formulieren Sie abschließend die Kernaussagen des Textes mit eigenen Worten.

3. Schritt: Erklärung

Ordnen Sie die Aussagen in einen größeren Zusammenhang ein: Welcher zeitlich-räumliche und gesellschaftspolitische Hintergrund liegt der Meldung zugrunde? Welche Absicht verfolgt der Verfasser? Vergleichen Sie den Artikel mit Meldungen zum gleichen Thema in verschiedenen Zeitungen bzw. Radio- und Fernsehsendern miteinander.

4. Schritt: Bewertung

Unterscheiden Sie zwischen Sachaussagen und Meinungen bzw. Wertungen des Verfassers. Ermitteln Sie die Aussageabsicht und bewerten Sie soweit möglich die sachliche Richtigkeit, die gedankliche Gliederung, die verwendeten sprachlichen Mittel oder eventuelle Widersprüche und Logikbrüche.

Hierbei können folgende Fragen helfen:
- Passen Inhalt und Überschrift zusammen?
- Erfolgt eine klare Trennung zwischen Meinung und Information?
- Werden die Aussagen begründet und durch überprüfbare Quellenangaben bzw. Verweise gestützt?
- Ist die Darstellung einseitig auf eine Position ausgerichtet oder werden die Sachverhalte von mehreren Seiten beleuchtet?

M 2 In Europa wird es demnächst kühler

„Die globale Temperatur wird sich in den nächsten ein- bis eineinhalb Jahrzehnten nicht erhöhen, sondern im Durchschnitt eher gleich bleiben oder – in Nordamerika, dem Nordatlantik und Europa – leicht abkühlen. Der Forscher, der dies vorhersagt, ist nicht als ‚Klimaskeptiker' oder gar ‚Klimaleugner' bekannt.

Es handelt sich vielmehr um einen der führenden Autoren des letzten Reports des Weltklimarates (IPCC), Mojib Latif. Noch in seinem letzten Bericht, im vergangenen Jahr mit großem Aufsehen vorgelegt, ging der IPCC von einer Temperaturerhöhung um 0,2 Grad Celsius jeweils für die kommenden Jahrzehnte aus. Für Latif bedeutet dies freilich nicht, dass er oder der Weltklimarat nun von der These des menschengemachten Treibhauseffektes, der die Erde tendenziell aufheize, abrücken müsse. Dieser Effekt, so prophezeit er, werde vielmehr nach 2020 wieder für eine Fortsetzung der globalen Erwärmung sorgen.

Den Hintergrund für ihre neue Sicht der Dinge stellen Latif, Professor am Kieler Leibniz-Institut für Meereswissenschaften und dem Hamburger Max-Planck-Institut für Meereswissenschaften, sowie seine Kollegen jetzt in der Zeitschrift ‚Nature' dar: die Schwankungen des Golfstroms, der zurzeit tendenziell schwächelt, sowie das Wechselspiel von kalten und warmen Meeresströmungen an der südamerikanischen Pazifik-Küste (El Niño und La Niña). Diese und andere Bewegungen des Ozeanwassers seien demnach in ihren Klimamodellen besser berücksichtigt, als dies noch bei der Verabschiedung aller IPCC-Reporte im vergangenen Jahr der Fall gewesen war. Bei der Veränderung des Golfstroms handelt es sich wohlgemerkt um natürliche Schwankungen, nicht um ein Folgephänomen der Erderwärmung, wie in dem Roland-Emmerich-Katastrophenfilm ‚The Day After Tomorrow' dargestellt.

Leben in einer warmen Zeit

Offenbar wirken sich die Temperaturen und Strömungen des Tiefenwassers stärker auf das globale Klima aus als bisher angenommen. Dabei sind die Unsicherheiten immer noch groß, wie die Autoren in ‚Nature' ausdrücklich feststellen. Es gebe zu wenige Daten über die Temperaturen in den tieferen Schichten, und auch ihre jetzige Aussage basiere ‚auf einer simplen Methode', die ‚lediglich Oberflächentemperaturen zugrunde legt'.

Latifs neueste Vorhersagen bestätigen eine Tendenz, die sich bereits seit Jahresbeginn abzeichnete: Das vergangene Jahr 2007 war in Sachen Weltklima nicht nur – bei einem halben Dutzend Klimakonferenzen mit über 1000 Teilnehmern und vielen Tausend Druckseiten Reporte – in der öffentlichen Wirkung ein Höhepunkt.

Auch in meteorologischer Hinsicht steht seit Januar die IPCC-These von einer immer deutlicheren Beschleunigung der Erderwärmung nicht mehr so unumstritten da wie noch im vergangenen Herbst. 2007 war, global gesehen, nur das siebtwärmste Jahr seit Beginn der Aufzeichnungen. Die Tatsache, dass alle sechs wärmeren Jahre im Zeitraum seit 1998 liegen, zeigt einerseits, dass wir in einer warmen Zeit leben – andererseits aber auch, dass es zurzeit nicht noch wärmer wird."

M 3 Die Erderwärmung trifft die Gebirgsgletscher der Anden, der Alpen oder des Himalaya gleichermaßen – Veränderung der Gletscherfront des Triftgletschers (Gadmental, Berner Oberland, Schweiz)

A 1 Werten Sie den Zeitungsartikel M 2 nach den Schritten auf S. 454 aus.

A 2 Beurteilen Sie die im Text M 2 dargestellten Forschungsergebnisse im Hinblick auf den globalen Klimawandel.

M 2 Ulli Kulke: In Europa wird es demnächst kühler. Welt online vom 06.05.2008. Berlin: Axel Springer 2008, auf www.welt.de/wissenschaft/article1968510/In_Europa_wird_es_demnaechst_kuehler.html, Juli 2008

Online-Link
29260X-1190

11.1.5 Luft- und Satellitenbilder interpretieren

M1 Schrägluftbild Tagebau Inden (technische Angaben nicht archiviert)

Luft- und Satellitenbilder sind als originale Abbilder der Natur- oder Kulturlandschaften zum unverzichtbaren Arbeitsmaterial der Raumwissenschaft Geographie geworden.
Wie kann man das, was sie zeigen, geordnet erfassen und nutzen?

Das Schema, das Ihnen den „roten Faden" für Ihre Interpretation gibt, ist bei Schräg- und Senkrechtluftbildern im Wesentlichen gleich.

1. Schritt: Formales/Orientierung
- Wo befindet sich der abgebildete Teilraum (topographische Einordnung)?
- Was ist das Thema des Bildes? Gibt die Bildunterschrift hierzu Informationen?
- Sind Blick- und Himmelsrichtung für den Bildinhalt von Bedeutung?
- Sind Aufnahmestandort und Aufnahmezeit erkennbar und relevant?
- Ist eine Bildquelle angegeben und gibt sie eventuell eine Information zur Intention der Aufnahme (z. B. Werbefoto eines Wirtschaftsunternehmens)?

2. Schritt: Beschreibung
- Welche einzelnen Bildelemente (meist: Landschaftselemente) sind erkennbar?
- Wie groß ist der abgebildete Teilraum ungefähr? Welche Größe haben einzelne Bildelemente?
- Wie ist der im Bild gezeigte Landschaftsausschnitt zu gliedern (Vorder-, Mittel- und Hintergrund; Funktions- bzw. Nutzungsbereiche)? Dies ist vor allem bei größeren Überblicken wichtig!
- Welche funktionalen Zusammenhänge sind zwischen einzelnen Bildelementen auszumachen?
- Gibt es auffällige Darstellungen von Menschen und ihrem Tun? (Dieser Aspekt kommt jedoch eher bei Bodenaufnahmen vor.)
- Lässt sich die Landschaft einem Landschaftstyp zuordnen?
- Werden im Bild landschaftsverändernde oder landschaftsgestaltende Prozesse gezeigt?
- In welchen größeren landschaftlichen und funktionalen Zusammenhang lässt sich das im Bild Gezeigte einordnen?

3. Schritt: Erklärung
- Welche Erklärung gibt es für die Entstehung der im Bild erkennbaren Landschaftselemente und Raumstrukturen (genetische Deutung)?
- Wie sind die funktionalen Zusammenhänge zwischen den Bildelementen zu erklären (funktionale Deutung)?
- Welche Faktoren haben die erkennbaren Strukturen und Elemente beeinflusst und geprägt (physisch-geographische, wirtschaftliche, historische, gesellschaftliche und politische Faktoren)?
- Welche wesentlichen Ursachen lassen sich zusammenfassend für die landschaftsgestaltenden Prozesse nennen?

4. Schritt: Bewertung
- Sind die Bildinformationen vollständig/lückenhaft, welche Lücken sind es?
- Ist das im Bild Gezeigte eine Einzelerscheinung oder ist es raumtypisch?
- Lässt die Art der Aufnahme auf eine bestimmte Absicht des Fotografen oder seines Auftraggebers schließen (Manipulation des Betrachters)?

M 2 Satellitenbild Tagebau Inden (südlicher Ausschnitt der Aufnahme eines 30 x 36 km großen Gebietes, NASA Terra satellite, Advanced Spaceborne Thermal Emission and Reflection Radiometer ASTER, 26. 08. 2000, wolkenloser Himmel, auf 50 % verkleinert)

5. Schritt: Präsentation

Ihre Bildinterpretation kann mündlich als Vortrag im Unterricht erfolgen, wird aber in der Regel eine schriftliche Zusammenfassung sein.

Bei größeren Landschaftsübersichten, wie sie besonders Luftbilder bieten, erleichtert eine Interpretationsskizze das Erfassen komplexer Strukturen und verstärkt deren Anschaulichkeit. Dazu legen Sie eine Folie auf das Luftbild und übertragen hierauf die wichtigsten Linien. In diese Grundrissskizze zeichnen Sie Flächen und Objekte farbig ein, dazu Symbole und Signaturen etc., sodass eine Karte entsteht, die die Aussagen des Bildes in generalisierter Form wiedergibt.

M 2 Steckbrief Tagebau Inden

Inden I, 1985 bis ca. 2000:
Die Braunkohlenabbaufläche Inden I umfasste rund 2 700 ha und hatte einen Kohlevorrat von rund 490 Mio. t. Bei einer jährlichen Kohlenförderung von 21 – 24 Mio. t war damit die Versorgung des Kraftwerkes Weisweiler für etwa 20 – 25 Jahre gesichert. Im Abbaubereich lag der Ort Pattern.

Inden II, ca. 2000 bis 2030
Der Braunkohlentagebau Inden II umfasst rund 1 780 ha und hat einen Kohlevorrat von rd. 470 Mio. t. Bei einer geplanten jährlichen Kohlenförderung von 20 – 24 Mio. t ist damit die Versorgung des Kraftwerkes Weisweiler voraussichtlich bis zum Jahr 2030 gesichert. Im Abbaubereich liegen die Ortschaften Altdorf, Inden und Pier.

Größe des genehmigten Abbaufeldes	4 500 ha
abbauwürdiger Kohlevorrat	689 Mio. t
Abraum	2,4 Mrd. m³
Kohle-Abraum-Verhältnis	3,5 : 1
jährliche Abraumleistung	100 – 200 Mio. t
jährliche Kohleförderung	20 – 24 Mio. t

www.bund-nrw.de/braunkohle-inden.htm, 11/2005, gekürzt

A 1 Ordnen Sie die Bilder mithilfe von Atlaskarten topographisch ein.

A 2 Beschreiben Sie das Luftbild. Gliedern Sie hierbei Ihre Darstellung in Aussagen über den Braunkohlentagebau und in solche über die Landschaft und deren Nutzung, die den Tagebau umgibt.

A 3 Erklären und begründen Sie den hier erkennbaren Prozess der Landschaftsveränderung durch den wirtschaftlichen Eingriff des Menschen.

A 4 Skizzieren Sie verschiedene Probleme, die sich bei Anlage, Betreiben und Nachbereitung eines Braunkohlentagebaus für die Landschaft und die hier lebenden Menschen ergeben.

11.1.6 Topographische Karten interpretieren

Topographische Karten dienen der allgemeinen Orientierung. Sie stellen Landschaftselemente wie Geländeformen, Gewässer, Vegetation, Siedlungen, Verkehrswege dar und geben eine Reihe sonstiger Erscheinungen, die einen Raum prägen und sich in der Regel nicht kurzfristig ändern, relativ genau wieder.

Die Informationsdichte einer Topographischen Karte hängt entscheidend vom Maßstab ab. Das amtliche deutsche Kartenwerk unterscheidet:

- die Deutsche Grundkarte (1:5000),
- die Topographischen Karten im eigentlichen Sinne 1:25 000 (Messtischblatt = 4-cm-Karte), 1:50 000 und 1:100 000,
- die Topographische Übersichtskarte 1:200 000.

Themengeleitete Karteninterpretation

In der Schule wird in der Regel keine Komplexanalyse verlangt, also keine Beschreibung und Deutung aller in einer Topographischen Karte dargestellten Geofaktoren, die das räumliche Gefüge und die räumliche Differenzierung einer Landschaft integrierend erklärt. Da hierfür umfangreiche Kenntnisse aller Zweige der Geographie, vor allem die der systematischen Allgemeinen Geographie nötig sind, bleibt dies zumeist dem Hochschulstudium vorbehalten.

In der Oberstufe geht es vor allem darum, einzelne Themen in den Vordergrund der Betrachtung zu rücken, d.h., einzelne Inhaltselemente der Karte unter einer bestimmten/begrenzten Fragestellung zu beschreiben und zu erklären.

Beispiel: Untersuchung des Reliefs, des Siedlungsgefüges, des Verkehrsnetzes. Aber auch hier darf sich die Auswertung nicht auf eine Beschreibung der Einzelelemente beschränken. Es gilt vielmehr, die Beziehungen der Einzelelemente untereinander aufzudecken, denn nur so lassen sie sich in ihrer räumlichen Anordnung erklären und nur so ist es möglich, ursächliche Zusammenhänge aufzuzeigen.

Interpretationsschritte (Beispiel: nebenstehende Topographische Karte)

1. Schritt: Formales/Orientierung

- Was stellt die Karte dar?
- Wo liegt der dargestellte Raum?
- Welches ist der Maßstab der Karte?
- Wie groß ist der Raumausschnitt?
- Woher stammt die Karte (Quellenangabe)?
- Wann wurde die Karte aufgenommen?
- Wann erfolgte die letzte Berichtigung?

2. Schritt: Beschreibung

Hier bieten sich zwei Möglichkeiten an:

a) Fensterprinzip: Gliederung in deutlich unterscheidbare Teilräume und deren Beschreibung (Beispiel: Tieflandebene oder Mittelgebirge),

b) Schichtenprinzip: Beschreibung des gesamten Kartenausschnitts gegliedert nach Geofaktoren bzw. Landschaftselementen mit anschließender Zusammenschau.

Leitfragen:

- Welches sind die dominanten Geofaktoren?
- Sind auffällige Raumstrukturen erkennbar?
- Sind Entwicklungsprozesse festzustellen?

Teilfragen für Detailuntersuchungen:

Beispiel Relief:

- höchsten und niedrigsten Punkt suchen,
- Verlauf und Abstand der Höhenlinien feststellen,
- Geländeformen beschreiben,
- Dichte und Fließrichtung der Gewässer feststellen.

Beispiel Bodennutzung:

- Art und Verbreitung der Vegetation beschreiben,
- Verteilung von Ackerflächen, Wiesen, Sonderkulturen und Wald bestimmen.

3. Schritt: Erklärung

- Welche kausalen und funktionalen Zusammenhänge werden in der Karte sichtbar?
- Welche Erklärungsansätze stecken in Namen und sonstigen Beschriftungen?
- Wie lässt sich die morphologische Zweiteilung in Ebene und Mittelgebirge erklären?

(Zum Raumbeispiel vgl. auch S. 80 – 83.)

M1 Ausschnitt aus der Topographischen Karte 1:50 000, Blatt L 7314 Baden-Baden. Hrsg.: Landesvermessungsamt Baden-Württemberg, 9. Aufl., Stuttgart 2007, Berichtigungsstand 2006

Zeichenerklärung (Auswahl)

Grenzen
Regierungsbezirksgrenze

Siedlungen
(Die Schriftgrößen richten sich nach den Einwohnerzahlen)
ULM – Name einer Stadt
Altdorf – Name einer Gemeinde
Eichhalden – Volkstümlicher Name eines Wohnplatzes
ROHR, *Hirsau*, *Rosenhof* – Name eines Stadtteils oder Gemeindeteils
Geschlossene Bebauung
Einzelne Gebäude, Gebäudegruppen
Eintürmige Kirche, Kirche ohne Turm
Turm

Verkehr Bahnen
Mehrgleisige Eisenbahn mit Bahnhof

Straßen und Wege Ausbauzustand
Schnellverkehrsstraße (mind. 4 Fahrstreifen) mit Kilometerangabe
Hauptstraße (Breite mind. 6m)
Nebenstraße (Breite mind. 4m)
Hauptweg (befestigt)
Nebenweg (befestigt oder unbefestigt)
Fußweg

Straßen und Wege Gesetzliche Klassifizierung
A 5 – Bundesautobahn
B 3 – Bundesstraße
L 105 – Landesstraße
K 5126 – Kreisstraße
E 35 – Europastraße

Vegetation
Laubwald
Schneise
Nadelwald
Mischwald
Einzelne Bäume; Gebüsch
Regelmäßige Baumpflanzung; Baumschule
Garten
Wiese, Weide; nasse Stellen
Moor, Bruch, Sumpf; Torfstich

Gewässer
Fluß mit Wehr
Graben mit Siel oder Stauschleuse
Bach
Weiher; Teich

Relief
100m-Höhenlinie
10m-Höhenlinie
5m-Höhenlinie
2,5m-Höhenlinie
• 149 – Höhenpunkt mit Höhenangabe
Natürliche Böschung
Künstliche Böschung

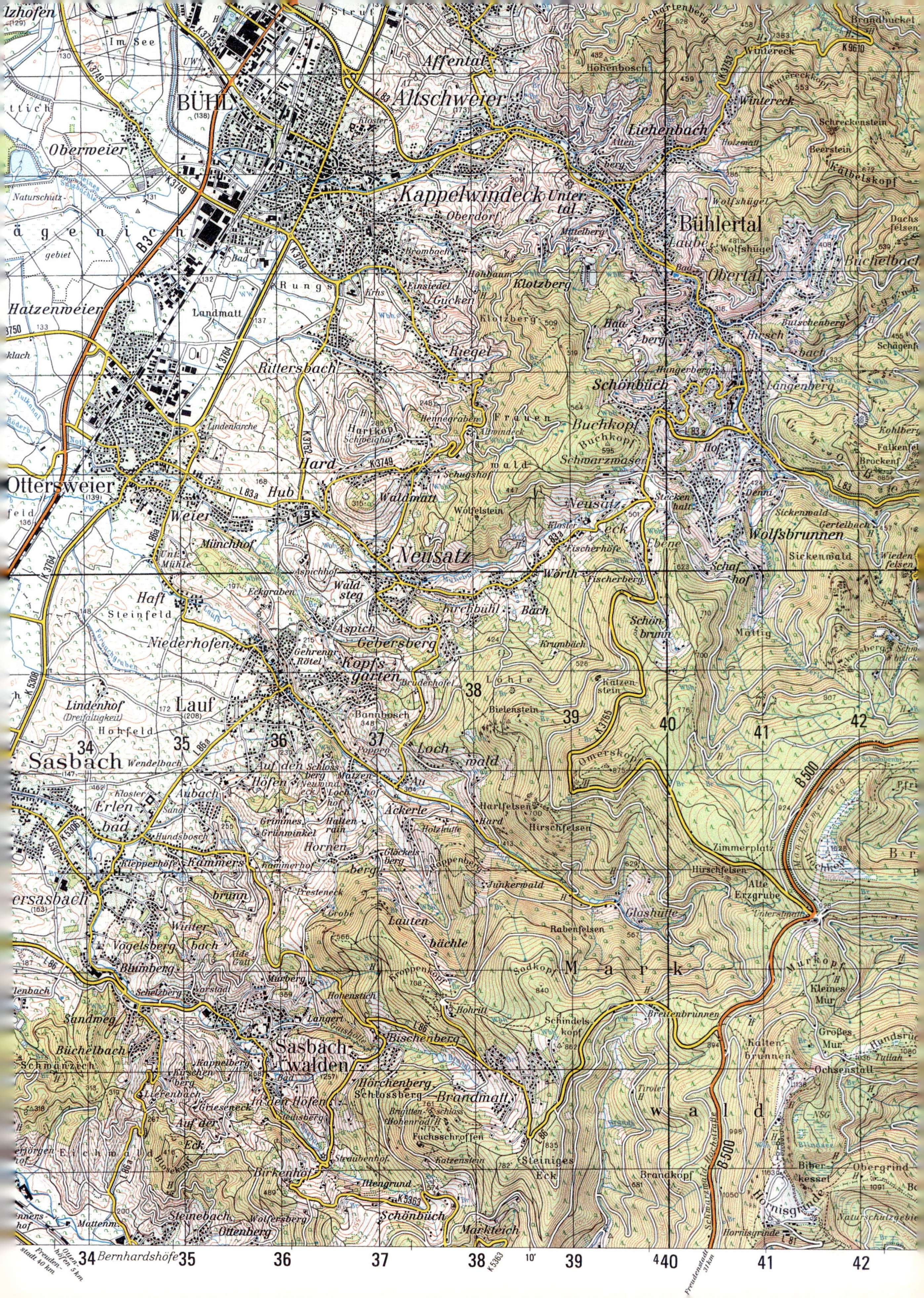

Bühl
Altschweier
Affental
Oberweier
Kappelwindeck
Untertal
Oberdorf
Bühlertal
Liehenbach
Obertal
Wintereck
Hatzenweier
Landmatt
Rittersbach
Klotzberg
Riegel
Schönbuch
Buchkopf
Schwarzmatt
Hard
Hub
Waldmatt
Ottersweier
Weier
Münchhof
Neusatz
Wolfsbrunnen
Sickenwald
Haft
Steinfeld
Niederhofen
Aspich
Gebersberg
Kopfsgarten
Waldsteg
Lindenhof
Lauf
Hohfeld
Sasbach
Erlenbad
Aubach
Hornenberg
Hirschfelsen
Glashütte
Lautenbüchle
Kammersbrunn
Vogelsberg
Blumberg
Sasbachwalden
Bischenberg
Brandmatt
Schindelskopf
Mark
wald
Sandweg
Büchelbach
Schmanzeck
Auf der Eck
Steinebach
Ottenberg
Schönbuch
Markteich
Steiniges Eck
Brandkopf
Hornisgrinde
Zimmerplatz
Breitenbrunnen
Kaltenbrunnen
Ochsenstall
Biberkessel
Obergrind
Bernhardshöfe
B 3
B 500
L 83
L 86
K 3749
K 3764
K 3752
K 3765
K 5363
34
35
36
37
38
39
40
41
42

11.1.7 Wetterkarten interpretieren

Fernsehen, Internet und Presse veröffentlichen jeden Tag Wetterkarten. Diese stellen die Wettervorgänge in der unteren Troposphäre dar. Mithilfe der Symbole kann man die Karten relativ leicht lesen und durch Anwendung der Kenntnisse zu Wettervorgängen in Tief- und Hochdruckgebieten auch verstehen. Sogar eine grobe Wettervorhersage ist dann möglich.

Täglich müssen mehrere Millionen Messdaten für Temperatur, Luftdruck, Bewölkung, Niederschlag, Windrichtung und Windgeschwindigkeit aus allen Teilen der Erde erfasst werden. Die Messung dieser Wetterelemente erfolgt in Wetterstationen, auf Wetterschiffen und Leuchttürmen, mit Wetterballons oder Radiosonden, mit Flugzeugen und Bojen. Künstliche Erdsatelliten betrachten die Vorgänge in der Atmosphäre.
Die Messwerte und der Verlauf von Wetterfronten werden in Form von Symbolen in eine Bodenwetterkarte eingetragen. Alle drei Stunden werden dazu die Messwerte der einzelnen Wetterstationen den Wetterdienstzentralen per Datenleitung übermittelt. Weltweit hat man dafür Beobachtungstermine festgelegt. Die Bodenwetterkarte enthält die Messdaten der angeschlossenen Wetterstationen in Form von verschlüsselten Zahlen- und Buchstabengruppen, die maschinell auf eine Karte übertragen werden. Zur Wettervorhersage gehört auch die Erstellung von Prognosekarten für die nächsten ein bis drei Tage. Aus dem bereits vergangenen und dem aktuellen Zustand der Atmosphäre wird unter Anwendung physikalischer Regeln sowie einem Abgleich der gemessenen Werte mit Modellen ein zu erwartender Zustand ermittelt. Hierbei spielen auch die Erfahrungen der Meteorologen eine große Rolle.

1. Schritt: Formales/Orientierung
Ordnen Sie die Karte zeitlich und räumlich ein.
Beispiel M2: Die Beispielkarte zeigt eine vereinfachte Bodenwetterkarte von Europa des Deutschen Wetterdienstes, gültig für den 05.01.1997 um 0 Uhr.

2. Schritt: Beschreibung (der Wetterlage)
Beschreiben Sie die Lage der Hoch- und Tiefdruckgebiete und den Verlauf von Fronten (zum Wettergeschehen in Mitteleuropa vgl. Kap. 1.2, S. 36–39). Bestimmen Sie die aus der großräumigen Luftdruckverteilung resultierenden Hauptwindrichtungen und die damit verbundenen wetterwirksamen Luftmassen für ausgewählte Stationen bzw. einzelne Teilregionen Europas. Achten Sie dabei auf das Datum der Wetterkarte!
Beispiel M2: Über dem Atlantik befindet sich ein ausgeprägtes Tiefdruckgebiet mit einer Okklusionsfront, die bis zur Westküste Irlands reicht. Die Westküste Frankreichs liegt im Einflussbereich einer Warmfront, während der Nordwesten der Iberischen Halbinsel von einer Kaltfront beeinflusst wird. An der Südseite dieses Tiefdruckgebietes gelangt feuchte und milde Meeresluft nach Westeuropa.
Mittel- und Osteuropa werden durch ein Hochdruckgebiet über Nordrussland beeinflusst. An seiner Südseite gelangt kalte und trockene kontinentale Polarluft nach Mitteleuropa. Der Wind weht überwiegend aus Nordost bis Ost.

3. Schritt: Erklärung (der sich aus der Wetterlage ergebenden Wettererscheinungen, Zuordnung der Wetterdaten)
Ermitteln Sie für ausgewählte Stationen, z. B. Frankfurt am Main, die genauen Temperatur-, Niederschlags-, Bewölkungs-, Luftdruck- und Windverhältnisse und begründen Sie die vorherrschende Wettersituation. Nutzen Sie dazu die meteorologischen Angaben in der Legende und das Beispiel der vereinfachten Stationseintragung (M1).
Beispiel M2: Frankfurt am Main: bedeckt, −5 °C Lufttemperatur, 1025 hPa, Wind aus Nordost, 14–22 km/h. Die Nordostwinde über Frankfurt resultieren aus den großräumigen Luftdruckunterschieden über Europa. Die Luft strömt aus dem Hoch über Osteuropa im Uhrzeigersinn heraus. Die Temperaturen können mit der Zufuhr kalter Festlandsluft sowie der zu dieser Jahreszeit geringen Sonneneinstrahlung erklärt werden. Die Bewölkung könnte das Ergebnis einer Inversion sein, die sich durch absinkende Luft im Randbereich des Hochs gebildet hat.

4. Schritt: Bewertung (eine Wettervorhersage formulieren)
Formulieren Sie für ausgewählte Stationen bzw. Regionen eine begründete Wettervorhersage. Beachten Sie dabei, wie sich die Druckverhältnisse ändern oder die Fronten verlagern könnten und welche Wetterveränderungen damit verbunden wären.
Beispiel M2: Für Deutschland könnte folgende Wettervorhersage formuliert werden: Für unser Land bleibt zunächst die kalte Festlandsluft wetterbestimmend. In den nächsten Tagen kann das westlich der Britischen Inseln liegende Tiefdruckgebiet Mitteleuropa erreichen und für die Zufuhr feuchter und milder Meeresluft sorgen.

M1 Beispiel für einen Stationseintrag (vereinfacht)

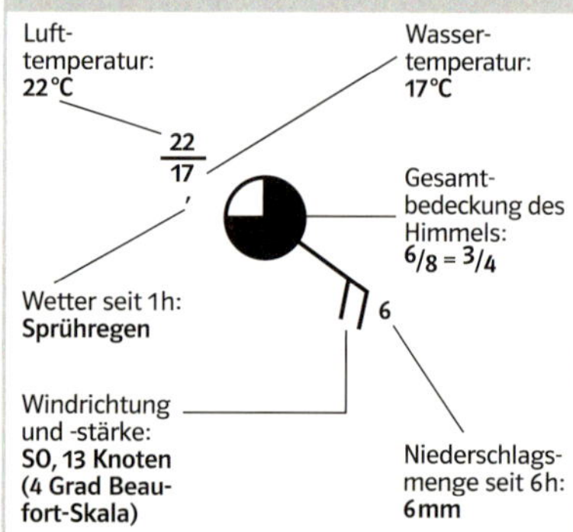

A1 Formulieren Sie ausgehend von der aktuellen Situation eine begründete Wettervorhersage für ihren Heimatort.
A2 Interpretieren Sie die Wetterkarten in M3.

M2 Vereinfachte Bodenwetterkarte von Europa am 05.01.1997, 0 Uhr

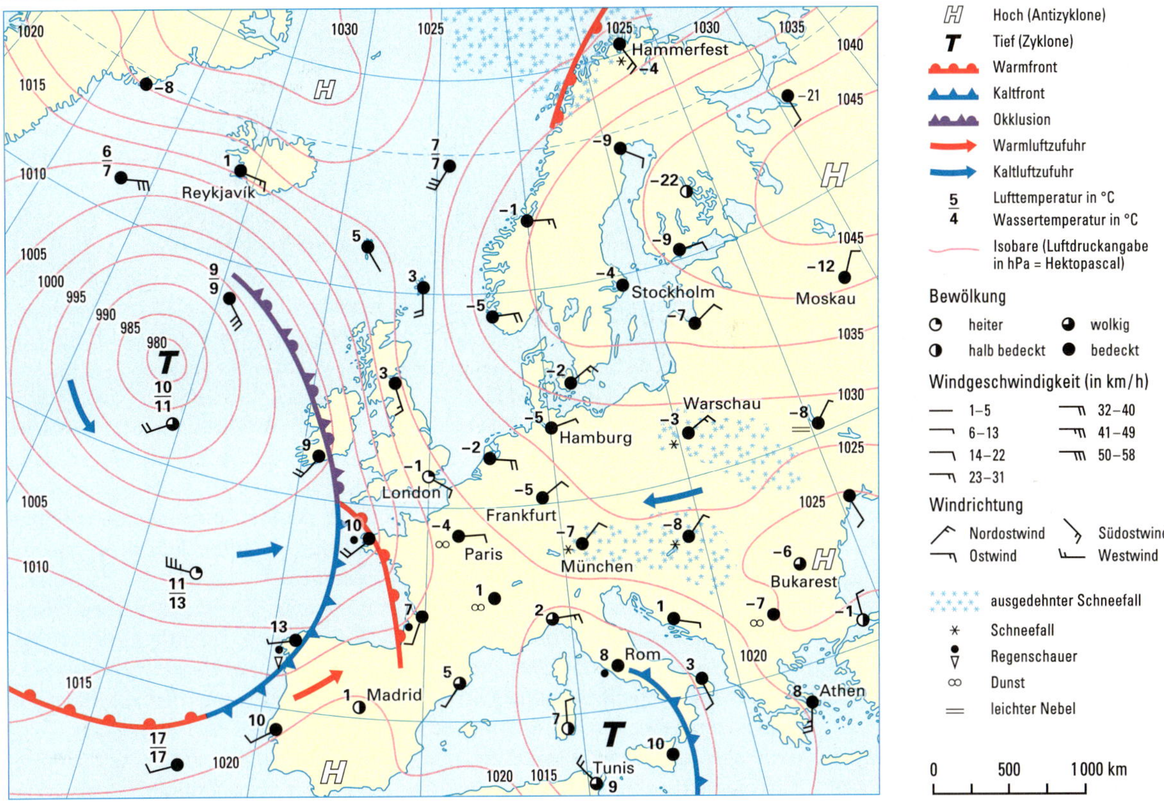

M3 Vereinfachte Bodenwetterkarten von Europa, April und Juli 1997, 0 Uhr

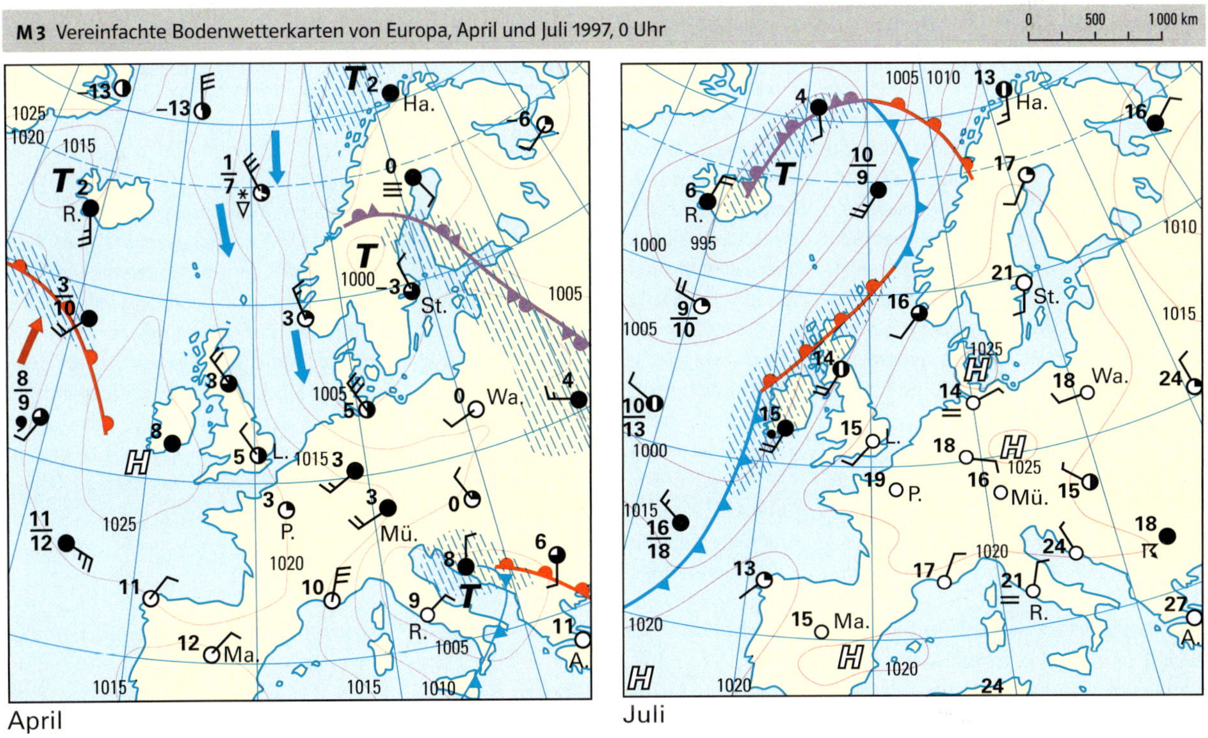

11.2 Arbeitsformen und Arbeitstechniken

11.2.1 Recherchen vor Ort durchführen

Wenn man das Hauptziel des Geographieunterrichts etwas verkürzt und vereinfacht als „Erfassen räumlicher Strukturen und Prozesse" charakterisiert, dann liegt es nahe, dass sich geographisches Lernen am besten am Objekt selbst, d.h. in der originalen Begegnung „vor Ort" vollzieht. Folglich sollte der Geographieunterricht, wann immer möglich, auf dieser „originalen Begegnung" basieren.

Warum. Die Vorteile der originalen Begegnung sind vielfältig, z.B.:
- größere Möglichkeiten zum selbsttätigen, handlungsorientierten Arbeiten,
- Förderung des gemeinschaftlichen Arbeitens und damit der Kooperationsfähigkeit,
- stärkere Motivation als im normalen (Frontal-)Unterricht,
- Gewinnung zusätzlicher Qualifikationen,
- längeres Behalten der erworbenen Kenntnisse und Fertigkeiten.

Die Arbeit vor Ort konfrontiert mit dem „wirklichen Leben", öffnet Aufgabenfelder für eine Lerngruppe/einen Kurs und bietet Möglichkeiten über den üblichen Unterricht hinaus.

Wo. Allerdings muss auch bedacht werden, dass das Prinzip der originalen Begegnung dort endet, wo der Standort zu weit entfernt ist. Deswegen beschränken sich die Möglichkeiten zu Recherchen vor Ort im Wesentlichen auf das nähere Umfeld der Schule bzw. den Heimatort. Zu bedenken ist ferner, dass selbstständiges, „forschendes" Lernen zeitaufwändig ist. Es empfiehlt sich deshalb, kleinere, eindeutig abgrenzbare Räume zu wählen. Eine Gesamtdarstellung der Heimatstadt z.B. ist für ein einzelnes Projekt ungeeignet. Sinnvoll sind vielmehr Teilaspekte, wie z.B.: Analyse des Einkaufsverhaltens und des Konsumangebots in einem Stadtviertel (vgl. S. 470–471), Untersuchung von Verkehrsstruktur und Verkehrsverhalten in einzelnen Straßen, Untersuchung städtischer Grünflächen in ihrer ökologischen und sozialen Funktion, Analyse ausgewählter städtischer Sozialräume, wie Merkmale von Wohngebieten verschiedener Sozialschichten.

M1 Vor Ort im Stadtplanungsamt

Beim Thema „Ländlicher Raum" eignet sich weniger die Klärung der gesamten regionalen Agrarstruktur als beispielsweise ein Betriebsvergleich, z.B. eines Haupt- und eines Nebenerwerbsbetriebes oder eines konventionellen und eines alternativen Betriebes. Umfangreichere Projekte können allenfalls im Rahmen von Projekttagen oder -wochen durchgeführt werden.

Was. Vielfältig sind auch die Formen der Recherchen vor Ort. Sie reichen von Beobachtungen und Befragungen über Betriebserkundungen und Kartierungen bis hin zu Methoden der so genannten Feldarbeit, wie Gesteinsbestimmungen und einfache Bodenuntersuchungen. Einige werden auf der Folgeseite ausführlicher dargestellt.

Wie. So vielfältig wie die Möglichkeiten und Formen sind auch die Vorgehensweisen und Methoden für die Arbeit vor Ort. Deswegen kann auch kein für alle Arten verbindliches Schema vorgegeben werden. So muss auch der folgende Vorschlag im jeweiligen Einzelfall abgeändert und konkretisiert werden.

Ablaufschema für Recherchen vor Ort

1. Arbeitsplanung

- Abstecken des zeitlichen Rahmens, der von einigen Stunden bis zu mehreren Projekttagen reichen kann. Einzelne Beobachtungsaufgaben können auch auf einen längeren Zeitraum aufgeteilt werden, z.B. Untersuchung des örtlichen Kleinklimas, was regelmäßiges Messen während eines ganzen Jahres erfordert.
- Einteilung der Arbeitsgruppen nach Themen und Unterthemen. Bei der Planung sollte darauf geachtet werden, wie die Unterthemen in die Gesamtaufgabe integriert werden.
- Hypothesenbildung. Es kann sinnvoll sein, Arbeitshypothesen vorab zu formulieren und zu überlegen, wie diese im Zuge der Untersuchung überprüft werden können.
- Festlegung, wie die Ergebnisse später gesichert und präsentiert werden sollen.

2. Durchführung

Für die eigentliche Arbeit vor Ort sind zahlreiche Methoden geeignet oder notwendig, die im Klassenzimmer nur wenig genutzt werden können bzw. die den Unterricht im Klassenzimmer anschaulich machen und ergänzen können. In aller Regel bedeuten sie selbstständiges Lernen. Dabei empfiehlt sich, die für die einzelnen Aufgaben jeweils geeigneten Methoden von den Teilnehmern selbst wählen zu lassen.

3. Auswertung

Mit der Ergebnissichtung der einzelnen Arbeitsgruppen bzw. Teilaufgaben beginnt die Auswertung. Hier sollte bereits eine kritische Sichtung erfolgen und eine Festlegung dessen, was im Gesamtergebnis enthalten sein soll. Ferner kann hier auch schon ein Vergleich mit den eingangs formulierten Hypothesen vorgenommen werden.

Die Einzelergebnisse werden im Plenum vorgestellt. Dazu können Darstellungen aus der Fachliteratur herangezogen oder Vergleiche mit anderen Untersuchungen (z. B. aus dem Internet) angestellt werden. Grafiken, z. B. zu den Einkaufspendlern oder zur Reichweite von zentralen Einrichtungen, dienen der Umsetzung und Verdeutlichung von Zahlenwerten. Dazu bietet sich eine Fülle unterschiedlicher Skizzen und Diagrammformen an (vgl. S. 448 – 449).

4. Darstellung der Ergebnisse

Dies ist ein wesentlicher Teil der Arbeit vor Ort, denn diese ist mehr als ein Lernspiel. Es geht vielmehr um das Bemühen, reale Fragen/Probleme aufzuarbeiten und nach Lösungen zu suchen. Deshalb sollten überzeugende Resultate auch weitergegeben werden, z. B. an die gesamte Schule und die Eltern, an die Stadtverwaltung und andere Entscheidungsträger, an die lokale Presse oder an Unternehmen. Dazu eignen sich Ausstellungen in der Schule oder in Gebäuden mit Publikumsverkehr, außerdem Leserbriefe oder Beiträge in der lokalen Presse. Gut vorbereitet sollte man auch das Gespräch mit Entscheidungsträgern suchen.

5. Überprüfung

Nach Abschluss der Arbeit sollte eine offene Nachbetrachtung erfolgen. Dabei die Wahl des Themas bewerten, Schwächen und Lücken festhalten und die angewandten Methoden hinterfragen und Alternativen erwägen! Nicht zuletzt muss man überlegen, in welcher Form die Ergebnisse aufzubewahren sind, um sie auch später verwenden und ergänzen zu können, denn gerade die Wiederholung nach einigen Jahren verdeutlicht Entwicklungen.

Anregungen für Recherchen vor Ort

Begehungen. Sie eignen sich vor allem für kurzfristige Beobachtungsaufgaben. Ziel ist keineswegs nur die Veranschaulichung von im Klassenzimmer erarbeiteten Themen, sondern es geht um erste Impulse bzw. Grundlagen für die eigentlichen sich anschließenden Recherchen vor Ort. Bereits bei der Begehung und Besichtigung gilt: Ergebnisse kontinuierlich festhalten, Protokolle vergleichen, Notizen ergänzen.

Befragungen/Interviews. Grundsätzlich können Befragungen mündlich in Form eines Interviews oder schriftlich mithilfe eines vorgefertigten Fragebogens durchgeführt werden. Das Interview hat den Vorteil, dass nochmals nachgefragt werden kann, um Konkretisierungen zu erhalten. Erfolgt die Befragung schriftlich anhand eines vorher dem Befragten zugesandten Fragebogens, hat der Interviewpartner ausreichend Zeit, sich Gedanken zu den Fragen zu machen, sodass seine Antworten u. U. ausführlicher und exakter ausfallen.

Bei einer Befragung sollten folgende Gesichtspunkte beachtet werden:

- Thema und Ziel der Befragung vorher festlegen und dem Interviewpartner mitteilen,
- um „kluge“ Fragen stellen zu können, Vorinformationen über den Gegenstand des Interviews und ggf. auch über den Interviewpartner einholen,
- bei der Ausarbeitung des Fragebogens auf Logik, Zielgerichtetheit und Eindeutigkeit der Fragen achten,
- nach Möglichkeit verschiedene Fragetypen verwenden, z. B. offene Fragen, direkte/geschlossene Fragen, Entscheidungsfragen,
- mit der Vorstellung der eigenen Person und Angaben zum Zweck der Befragung beginnen,
- mit einfachen (Warming-up-Fragen) fortfahren,
- falls der Interviewpartner auf einzelne Fragen nicht antworten möchte, dies unbedingt respektieren.

Kartierungen. Vgl. S. 470 – 471.

Betriebserkundungen. Sie ermöglichen Einblicke in die Arbeitswelt, wie sie im Unterricht sonst nicht vermittelt werden können. Besonders bei wirtschaftsgeographischen Themen eignet sich dieser „Praxisbezug“. Für eine Betriebserkundung bieten sich prinzipiell viele Arten von Betrieben an. Der Bogen reicht vom landwirtschaftlichen Betrieb über Industrieanlagen bis hin zu Flughäfen, Bahnhöfen oder Kläranlagen. Als Problemfelder, die bei der Betriebserkundung angesprochen werden können, bieten sich neben Fragen der Produktionsabläufe besonders an: Betriebsgeschichte, Standortwahl des Betriebes und Standortfaktoren, Rohstoffe und ihre Herkunft, Produktionspalette, Vermarktung der Produkte, Betriebskosten, Herkunft und Qualifikation der Mitarbeiter, Bedeutung des Betriebes für die Stadt/Region, Kooperationen mit benachbarten Betrieben, Fragen des Umweltschutzes.

Eine Betriebserkundung verlangt eine gezielte Vorarbeit, das Beschaffen von einführenden Informationen, und die Erstellung eines Fragebogens. Bei der Besichtigung gilt die Regel: beobachten – wahrnehmen – fragen – festhalten. Fotos und Tonbandprotokolle sind dabei hilfreich für die spätere Dokumentation. Fragen Sie aber vorher, ob die Nutzung solcher technischer Hilfsmittel erlaubt ist.

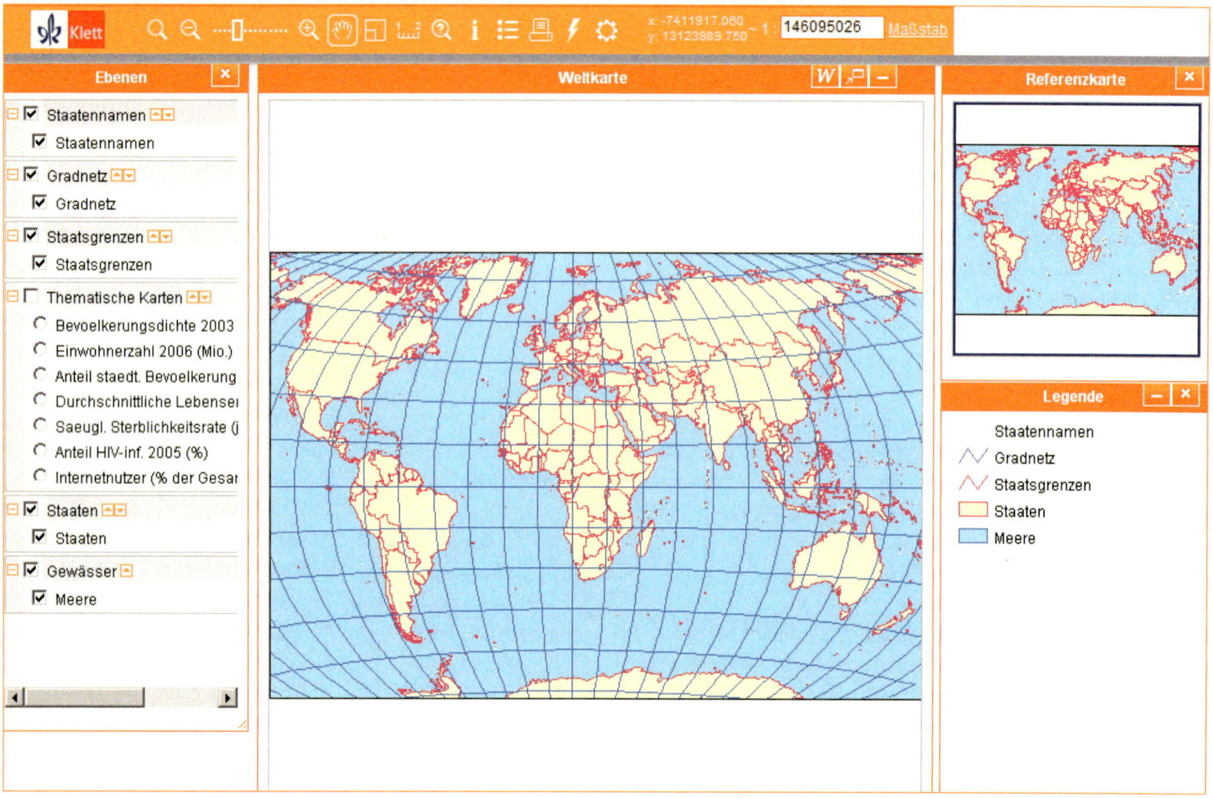

M1 Einstiegsseite zum Welt-Dienst des WebGIS von Klett unter www.klett-gis.de, Juni 2008

11.2.2 Mit geographischen Informationssystemen (GIS) arbeiten

Ein Geographisches Informationssystem (GIS) ist ein Werkzeug, mit dessen Hilfe man sich über geographische Objekte umfassend informieren kann. Darüber hinaus können komplexe Analysen von Daten und deren Visualisierung auf Karten durchgeführt werden. Im Internet steht unter www.klett-gis.de ein solches WebGIS bereit.

Infowerkzeug

Staaten

Name	Angola	Verheiratete Frauen (15-49 J.), die moderne Familie
Code	AGO	Anteil der HIV-infiz. Erwachsenen Ende 2005 (%)
Kontinent	Afrika	Anteil der HIV-infiz. Erwachsenen Ende 2003 (%)
Einwohner 2006 (Mio.)	15.8	Anteil der HIV-infiz. Erwachsenen Ende 2001 (%)
Einwohner 2005 (Mio.)	15.4	Städtische Bevölkerung
Bevölkerungsdichte 2003 (EW/km²)	11	BSP bei KKP pro EW 2004 (US-$)
Anteil der Einwohner unter 15 Jahren (%)	47	BSP bei KKP pro EW 2003 (US-$)
Webseite		Anteil der Internetnutzer an der Gesamtbev. 2007

M2 Oberer Teil der Datentabelle zu Angola

Beispiel: Räumliche Disparitäten messen
Um den Entwicklungsstand eines Landes zu beschreiben, müssen viele Daten recherchiert werden. Vergleiche mit Daten zu unserem Heimatland oder Ländern gleichen Entwicklungsstandes ergeben meist bereits einen anschaulichen Überblick über den Entwicklungsstand von Staaten und deren Einordnung bzw. Klassifizierung. Diese umfassende Recherche kann mit einem WebGIS online durchgeführt werden. Gegenüber den herkömmlichen Methoden der Informationsgewinnung und deren Präsentation wird deutlich Zeit eingespart.
Am Beispiel des Entwicklungslandes Angola soll dies verdeutlicht werden. Ausgangspunkt für die nachfolgenden Handlungsanweisungen ist der Welt-Dienst unter **www.klett-gis.de**. Im Legendenfenster muss das Feld „Staaten" mit einem Haken versehen sein (M1).

1. Informationen über ein Land gewinnen

Beispiel: Angola
1. Aktivierung des Info-Werkzeugs i;
2. Anklicken der Zeile Staaten in der Legende (Aktivierung wird durch graue Unterlegung (M1) angezeigt);
3. Land Angola mit Cursor suchen und anklicken.
Daraufhin erscheint der gesamte gespeicherte Datensatz für Angola (M2).

2. Länder vergleichen

Zum Vergleich Angolas mit Ländern unterschiedlichen Entwicklungsstandes, z. B. mit der Bundesrepublik Deutschland, wird der Suche-Button aktiviert.
Die in M3 dargestellte Suchanfrage wird mithilfe der Dialogmöglichkeiten im Suche-Manager erstellt. Zu beachten ist, dass eine zweite Bedingung mit **„Bedingung hinzufügen"** erzeugt wird und dass die verbindende Relation **„oder"** ist. Nachdem die Suche gestartet worden ist, erscheint das Trefferfenster (M4).
Nun können zur besseren Beschreibung vergleichende Betrachtungen durchgeführt werden. Die Tabelle lässt sich mit einem Klick auch nach Excel exportieren und damit speichern.
Durch Hinzufügen weiterer Bedingungen, verknüpft mit „oder", können auch mehrere Staaten verglichen werden.

3. Länder klassifizieren

Zum Vergleich Angolas mit anderen Staaten ähnlichen Entwicklungsstandes kann z. B. der HDI-Wert (2004: 0,439) herangezogen werden (vgl. S. 309). Zur Suchabfrage (M5) bieten sich als selbst definierte Schwellenwerte dabei die HDI-Werte zwischen 0,400 und 0,500 an. Die zu wählende Relation ist **„und"**. Auch hier erscheint nach „Suche starten" die exportierfähige Trefferliste (M6). Mit einem entsprechenden Klick auf den Button auf Karte zeigen (Achtung: alle Staaten abhaken!) können die gefundenen Länder auch in der Karte dargestellt werden, um sich einen räumlichen Überblick zu verschaffen (vgl. Kap. 9, S. 308–310).

A1 Führen Sie die Schrittfolge zur Beschreibung des Entwicklungsstandes eines Landes an einem selbst gewählten Raumbeispiel durch.

A1a) Wählen Sie aus der Liste der Indikatoren (vgl. Datentabelle, M2, auf der Nachbarseite, vollständig im www.klett-gis.de, Juni 2008) einen aussagekräftigen Indikator und führen Sie die gleichen Schritte wie bei Angola durch.

A1b) Vergleichen Sie Ihre Ergebnisse und nehmen Sie kritisch Stellung zur Aussagekraft des von Ihnen gewählten Indikators.

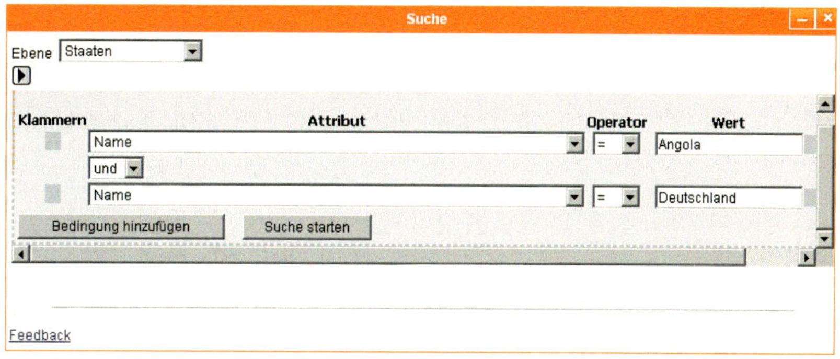

M3 Fenster nach aktiviertem Suche-Button: Suche Basisdaten zu Angola und Deutschland

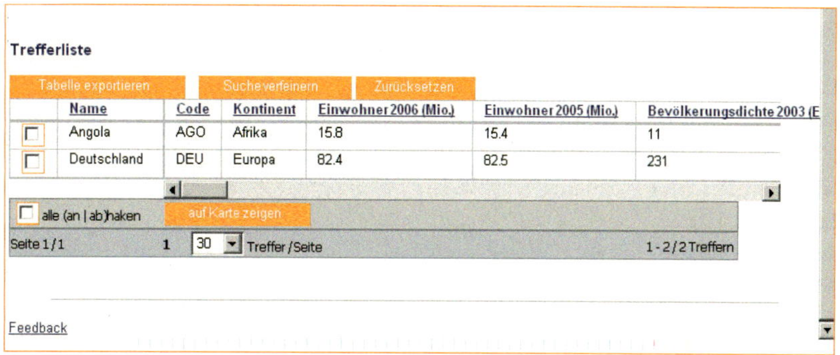

Trefferliste

Tabelle exportieren | Suche verfeinern | Zurücksetzen

Name	Code	Kontinent	Einwohner 2006 (Mio.)	Einwohner 2005 (Mio.)	Bevölkerungsdichte 2003 (E
Angola	AGO	Afrika	15.8	15.4	11
Deutschland	DEU	Europa	82.4	82.5	231

alle (an | ab)haken · auf Karte zeigen
Seite 1/1 · 1 · 30 Treffer/Seite · 1-2/2 Treffern
Feedback

M4 Teil der Ergebnistabelle zu den Basisdaten von Angola und Deutschland

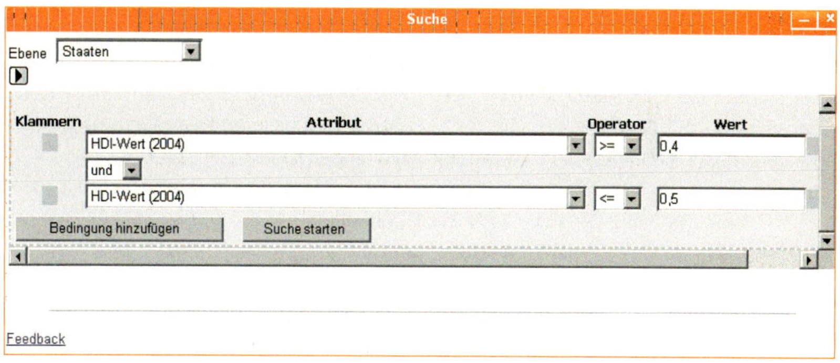

M5 Suche-Manager mit Abfrage zu den Staaten mit vergleichbarem HDI wie Angola

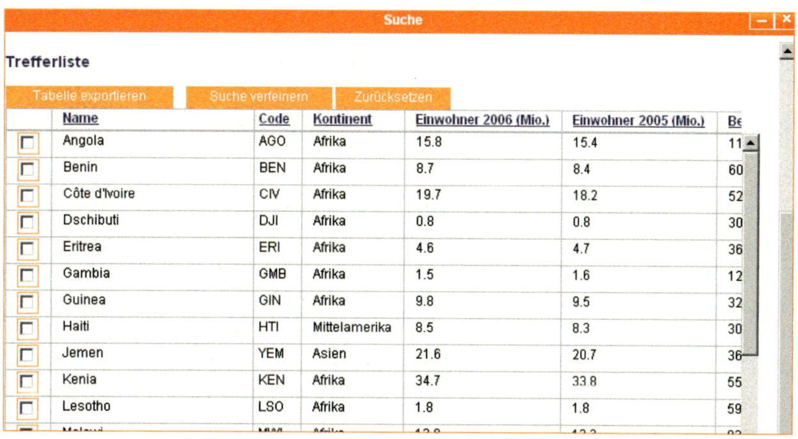

Suche

Trefferliste

Tabelle exportieren | Suche verfeinern | Zurücksetzen

Name	Code	Kontinent	Einwohner 2006 (Mio.)	Einwohner 2005 (Mio.)	Be
Angola	AGO	Afrika	15.8	15.4	11
Benin	BEN	Afrika	8.7	8.4	60
Côte d'Ivoire	CIV	Afrika	19.7	18.2	52
Dschibuti	DJI	Afrika	0.8	0.8	30
Eritrea	ERI	Afrika	4.6	4.7	36
Gambia	GMB	Afrika	1.5	1.6	12
Guinea	GIN	Afrika	9.8	9.5	32
Haiti	HTI	Mittelamerika	8.5	8.3	30
Jemen	YEM	Asien	21.6	20.7	36
Kenia	KEN	Afrika	34.7	33.8	55
Lesotho	LSO	Afrika	1.8	1.8	59

M6 Teil der Ergebnistabelle Abfrage zu den Staaten mit vergleichbarem HDI wie Angola

11.2.3 Ein Wirkungsgeflecht erstellen

Geographisches Denken in vernetzten Systemen

Geographische Systeme sind komplexe und dynamische Systeme. In ihnen laufen Entwicklungen ab, die sich gegenseitig beeinflussen und so zu vielfältigen Verbindungen und Zusammenhängen führen. Dabei ergeben sich Ursache-Folge-Wirkungen, Rückkoppelungen und mehrschichtige Verflechtungen.

Es ist Aufgabe des Erdkundeunterrichts, diese einzelnen Erscheinungen, ihre Elemente, Entwicklungen und Wechselwirkungen aufzudecken, um so die Struktur geographischer Systeme in ihrer Komplexität und Dynamik zu erfassen. Auf diesem Wege lässt sich gleichzeitig das für das Fach Erdkunde wichtige vernetzende Denken in Systemen schulen.

Diese Denkweise eignet sich besonders dazu, Sachverhalte sowohl in ihrer Ordnungs- als auch in ihrer funktionalen Dimension zu vermitteln. Es ist eine optimale Erkenntnismethode, weil sie dem Menschen hilft, das ihm eigene eher linear-monokausale Denken zu überwinden – zugunsten eines mehrperspektivischen, multikausalen Verflechtungsdenkens.

Monokausale Beziehungen. Aus den genannten Gründen sind Darstellungen, die einfache kausale Beziehungen wiedergeben, wie sie die Abbildung M1 zeigt, zur Erklärung geographischer und ökologischer Systemzusammenhänge auch unzureichend.

Linear/monokausale Darstellungen sind in ihrer Aussagekraft eingeschränkt, da sie den vielschichtigen natürlichen Systemen und den in ihnen ablaufenden Prozessen nicht gerecht werden. So wird im vorliegenden Beispiel als Ursache der Landflucht nur ein Push-Faktor genannt, andere Einflüsse auf die Menschen im Abwanderungsgebiet, welche diese zum Verlassen des ländlichen Raumes bewegen, sowie die Anziehungskräfte der Städte fehlen. Das Schema vereinfacht also zu sehr und entspricht somit nicht der Realität.

Geschlossene und offene Systeme. Geographische Systeme sind noch durch ein weiteres Merkmal gekennzeichnet: Wie alle natürlichen Systeme sind sie offen sowie mit anderen Systemen verbunden und vernetzt. Aus ihnen strömt etwas heraus und in sie strömt etwas hinein. Sie sind dynamisch und immer im Fluss. Geschlossene, statische Systeme gibt es nur in der Theorie.

Deswegen sind auch die so genannten „Teufelskreise" (M2) irreführend. Sie gehen ebenfalls von der Annahme aus, dass Beziehungen zwischen verschiedenen Faktoren nach der Art einer Kausalkette bestehen, wobei die einzelnen Faktoren zugleich Ursache und Wirkung für und von anderen Faktoren sind (zirkuläre Verursachung). Teufelskreise dienen in erster Linie zur Erklärung von sich negativ verstärkenden Prozessen. Sie mögen im Kern zwar richtig sein, gehen aber an der Realität insofern vorbei, als ihnen die multikausale und vernetzende Betrachtungsweise fehlt.

Die Problematik dieser Darstellung liegt auch darin, dass sie u. U. zu dem Irrglauben verleitet, dass man zur Lösung der dargestellten Probleme nur an einer Stelle ansetzen muss, um den gesamten „Teufelskreis" zu durchbrechen.

M1 Beispiel einer linear/monokausalen Beziehung

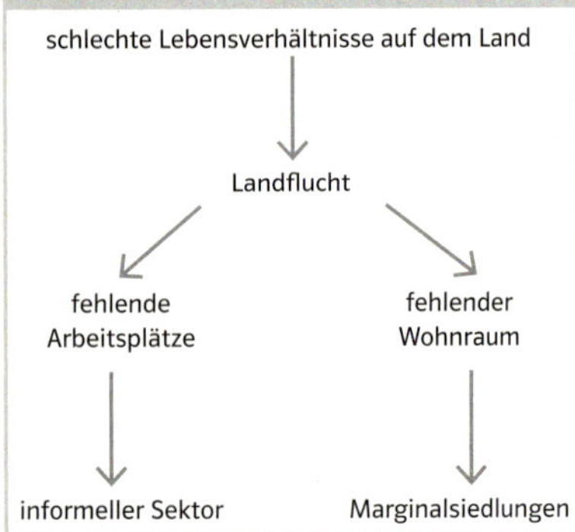

M2 Beispiel eines geschlossenen Systems (Teufelskreis der Armut)

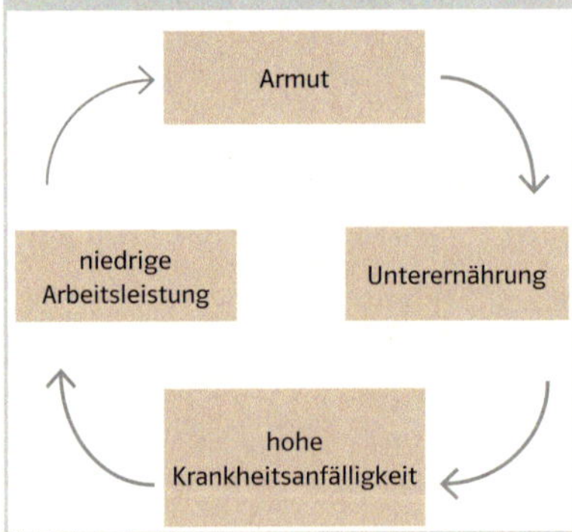

M3 Schlüsselbegriffe zum Thema „Auswirkungen der Landflucht auf den städtischen Raum" (unvollständig)

1. Städtisches Wachstum
   - Migration
   - Bevölkerungswachstum
   - Flächenexpansion
   - Entstehung von Marginalsiedlungen
   - Bildung von Gated Communities
   - Verfall der Innenstädte
2. Sozioökonomische Probleme
   - soziale Verdrängungsprozesse
   - soziale Fragmentierung
   - Zunahme von Armut
   - Zunahme von Disparitäten
   - Obdachlosigkeit
   - Unruhen und Kriminalität
   - fehlende Arbeitsplätze
   - Ausweitung des informellen Sektors
3. Überlastungs- und Umweltprobleme
   - Überlastung der städtischen Infrastruktur
   - Verkehrsprobleme
   - Umweltbelastungen durch Müll und Abwässer
   - hoher Flächenverbrauch
   - Luftverschmutzung
   - Bodenerosion und Bodendegradation
   - Grundwasserprobleme

Wirkungsgeflechte

In einem Wirkungsgeflecht, auch Wirkschema oder Strukturskizze genannt, werden hingegen Ursache-Folge-Wirkungen, komplexe Zusammenhänge und funktionale Wechselbeziehungen in eine logische und visuell leicht fassbare Abfolge gebracht. Dazu listet man wichtige Begriffe stichwortartig auf, ordnet sie nach Themenbereichen und verbindet sie miteinander durch Wirkungspfeile. Die Pfeile sollen dabei zum Ausdruck bringen, dass die einzelnen Faktoren in einer Wechselbeziehung zwischen verursachenden Faktoren, Prozessverläufen und Folgen bestehen.

M4 Wirkungsgeflecht zum Weiterarbeiten

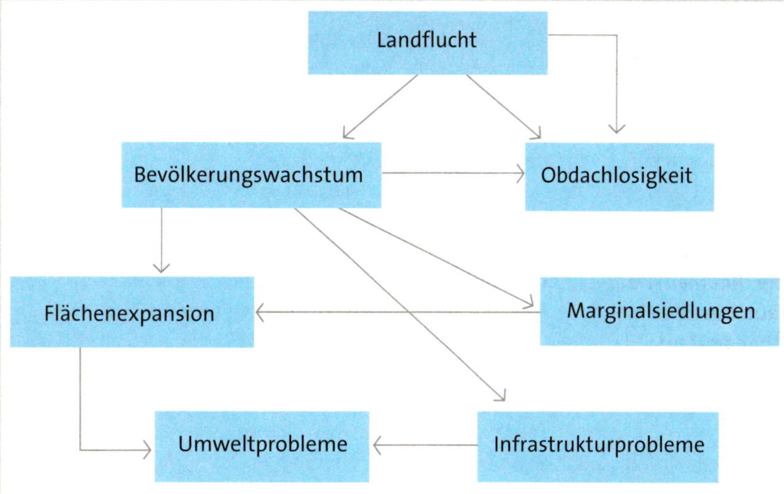

Arbeitsschritte bei der Erstellung eines Wirkungsgeflechtes

Beispiel: Folgen der Verstädterung in den Entwicklungsländern

1. Werten Sie die Texte und Materialien des Kapitels 9.4 [Entwicklungsländer …] „Städtische Räume: Probleme und Ansätze einer nachhaltigen Stadtentwicklung“ (S. 324–331) aus. Ziehen Sie ggf. weitere Quellen heran, z. B. Lexikon zur Ökologie, Internet.
2. Benennen Sie Schlüsselbegriffe zum Thema und notieren Sie diese auf schmalen Papierstreifen (optimal sind Haftnotizzettel).
3. Ordnen Sie die Schlüsselbegriffe nach Sach- und/oder Problemfeldern.
4. Ermitteln Sie die zentralen Schlüsselbegriffe und platzieren Sie diese auf einem größeren Blatt Papier/Karton an exponierter Stelle.
5. Ordnen Sie – gegliedert nach den unter 3. genannten Gesichtspunkten – die anderen Begriffe den zentralen Schlüsselbegriffen zu und kennzeichnen Sie die entscheidenden Faktoren farblich.
6. Stellen Sie durch Pfeile Beziehungen dar. Was wirkt worauf ein? Wo bestehen Verflechtungen, Rückkoppelungen etc.? Verwenden Sie dazu ggf. Doppelpfeile. Welcher Faktor wirkt besonders stark auf den/die anderen ein? Verwenden Sie dazu ggf. Pfeile mit unterschiedlicher Strichstärke. Kennzeichnen Sie vermutete, nicht erwiesene Zusammenhänge als solche, z. B. durch gestrichelte Linien/Pfeile.

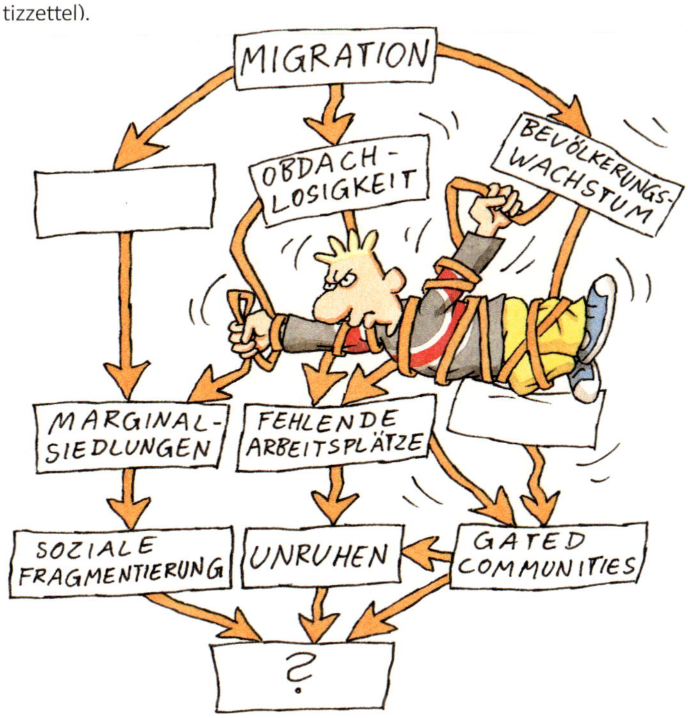

A1 Übernehmen Sie das Wirkungsgeflecht zum Weiterarbeiten (M4) in Ihre Unterlagen und vervollständigen Sie es mithilfe der Schlüsselbegriffe aus M3.

11.2.4 Eine Raumanalyse durchführen

In geographischen Räume fügen sich viele Einzelaspekte, die Geofaktoren, zu einem Gesamtbild zusammen. Ziel einer Raumanalyse ist es, diese Faktoren in ihren Verflechtungen aufzuzeigen, um so die charakteristische Ausprägung eines Raumes zu erkennen. Eine Raumanalyse ist also nicht nur „Raumbeschreibung", sondern auch „Raumerklärung".

Arbeitsschritte

1. Wahl und Abgrenzung des Raumes

Als Untersuchungsraum bietet sich vor allem der Nahraum an, da hier Recherchen vor Ort (vgl. S. 462 - 463) die Arbeit erleichtern. Grundsätzlich sind aber auch fernere Räume geeignet, die mittelbar, d.h. mithilfe von Monographien, Karten, Statistiken etc. untersucht werden können.

Sodann muss der Untersuchungsraum abgegrenzt werden. Dazu können naturräumliche oder administrative Kriterien (z.B. Verwaltungseinheiten) herangezogen werden. Von entscheidender Bedeutung ist dabei auch die Leitfrage, unter welche die Raumanalyse gestellt wird (siehe nächster Schritt).

2. Bestimmung einer Leitfrage

Die Komplexität der geographischen Räume erfordert in der Schule in der Regel eine Reduzierung auf einen „thematischen Raumausschnitt", d.h., die Raumanalyse erfolgt unter einer bestimmten Fragestellung, die in einer Leitfrage formuliert wird (vgl. gewähltes Beispiel Bulgarien). Damit wird die Zielsetzung der „Thematischen Raumanalyse" festgelegt, die in einer Arbeitshypothese formuliert werden kann. Die Leitfrage wird schließlich in Teilfragen zerlegt.

3. Wahl der Arbeitsmittel und Methoden

Zu den Vorüberlegungen gehört ferner die Wahl der geographischen Arbeitsmittel und -methoden, mit deren Hilfe der Raum untersucht werden soll.

4. Analyse der Geofaktoren

Bei der eigentlichen Analyse werden zunächst einzelne Faktoren getrennt untersucht, z.B. Bodenschätze, Siedlungen, Industrie, Infrastruktur, ehe dann in einem zweiten Schritt die Wechselwirkungen zwischen den einzelnen Faktoren herausgearbeitet werden.

5. Synthese der Analyseergebnisse

Eine abschließende Synthese fasst das vielschichtige Beziehungsgefüge der Geofaktoren zusammen und charakterisiert den Raum mit Blick auf die dominanten Faktoren.

6. Reflexion der Arbeitsergebnisse

Die so erzielten Ergebnisse werden mit der eingangs formulierten Leitfrage und Arbeitshypothese verglichen. Die Wahl der angewandten Methoden und Arbeitsmittel wird nochmals überprüft, inhaltliche Lücken aufgedeckt werden. Abschließend ist eine Erörterung der Analyse für weiterführende Fragen angebracht.

M1 Bulgarien: Wirtschaftskarte

Beispiel einer thematischen Raumanalyse

Thema: Bulgariens sozioökonomischer Entwicklungsstand

Leitfrage: Ist das EU-Mitglied Bulgarien der Gruppe der Entwicklungsländer zuzuordnen?

Materialien: Die Zusammenstellung auf dieser Doppelseite, zusätzlich sind weitere heranzuziehen (z.B. Atlas, Internet) sowie die Seiten 378 - 395 in diesem Buch.

M2 Bulgarien, das ärmste EU-Mitgliedsland

„Bulgarien hat hohe Wachstumsraten bei weiterer finanzwirtschaftlicher Konsolidierung. Dabei stand das Land noch 1996/1997 am Abgrund mit grassierender Hyperinflation. Die positive Entwicklung kann aber nicht darüber hinwegtäuschen, dass noch über viele Jahre hohe Wachstumsraten notwendig sein werden, um den Rückstand zum Wohlstandsniveau in der EU aufzuholen, deren ärmstes Mitglied Bulgarien ist."

M 3 Daten zum Entwicklungsstand Bulgariens im Vergleich zu anderen EU-Staaten

	Bevölkerung 2006 (Mio.)	BIP 2005 (Mio. Euro)	BIP/Kopf in KKP 2005 (% von EU 25)	Inflationsrate 2006 (%)	Staatsverschuldung 2006 (% des BIP)	Energieverbrauch / Kopf 2004 (kg Öläquivalent)	Arbeitskosten / h 2005 (Euro)	HDI-Rang 2006
Bulgarien	7,7	21 882	33,7	7,4	22,8	2 434	1,55	54
Deutschland	82,4	2 241 000	110,0	1,8	67,9	4 218	26,43	21
Frankreich	62,9	1 710 024	108,1	1,9	63,9	4 547	29,29	16
Griechenland	11,1	181 088	84,0	3,3	104,6	2 755	13,37	24
Italien	58,8	1 423 048	100,7	2,2	106,8	3 171	21,39	17
Lettland	2,3	13 012	48,6	6,6	10,0	1 988	2,77	45
Niederlande	16,3	505 646	125,5	1,7	48,7	5 045	27,41	10
Polen	38,2	243 765	49,7	1,3	47,8	2 403	5,55	37
Rumänien	21,6	79 551	34,2	6,6	12,4	1 778	2,33	60

M 4 Erwerbstätige nach Wirtschaftsbereichen 2005

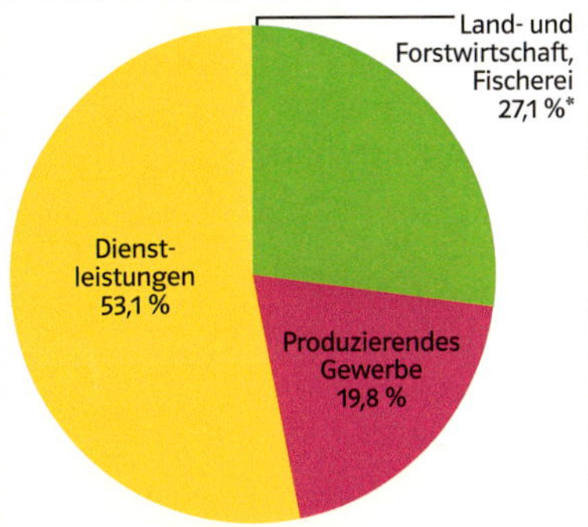

M 5 Bruttowertschöpfung nach Wirtschaftsbereichen 2005

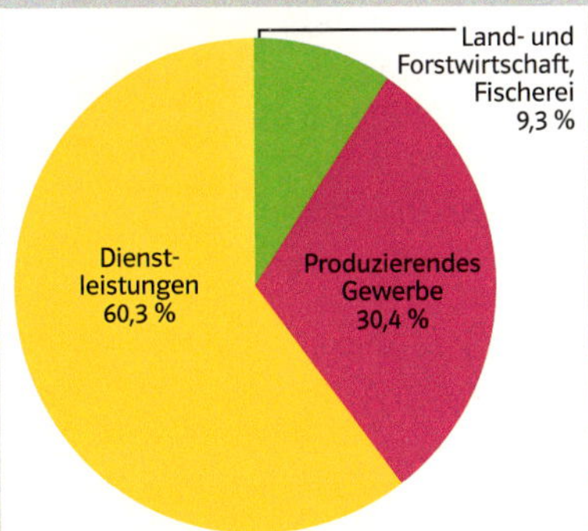

M 6 Entwicklung ausgewählter Wirtschaftskennziffern

	1999	2000	2001	2002	2003	2004	2005
Wirtschaftswachstum (%)	2,3	5,4	4,1	4,9	4,5	5,6	5,5
Erwerbslosenquote (%)		16,4	19,5	18,1	13,7	12,0	10,1
Index Entwicklung Verarbeitendes Gewerbe (2001 = 100)			100	108	128	148	166

M 7 Außenhandelsstruktur (2006)

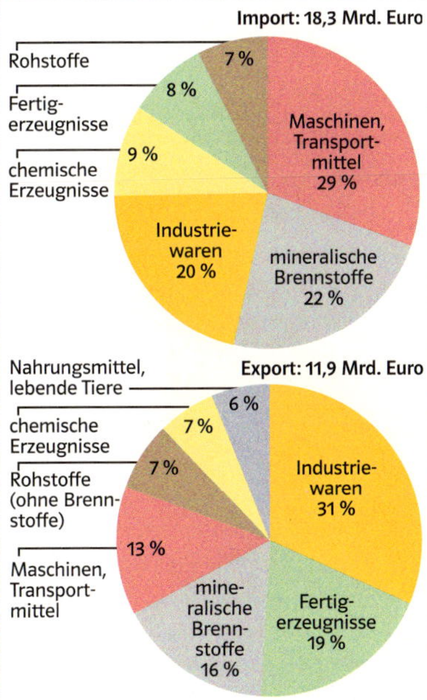

M 8 Aktuelle wirtschaftliche Entwicklung

„Die Konsolidierung der Staatsfinanzen (Budgetüberschuss 2006: 898 Mio. Euro, entspricht 3,9 % des BIP), die Reduzierung der Auslandsverschuldung (Staatsverschuldung Oktober 2007 nur noch etwa 22 % des BIP), weitreichende strukturelle Reformen und die Privatisierung nahezu aller staatlichen Unternehmen in enger Zusammenarbeit mit dem Internationalen Währungsfonds (IWF) und der Weltbank haben zur Schaffung makroökonomischer Stabilität beigetragen. Bulgarien erfüllt heute 4 der 5 Maastricht-Kriterien für den Beitritt zur Europäischen Währungsunion, der das Land um 2011/2012 beitreten will. Nur die Inflationsrate liegt mit zuletzt 12 % im August 2007 weiterhin deutlich über der für die Erfüllung der Maastricht-Kriterien erforderlichen Marke."

M 3 und M 7 nach Der Fischer Weltalmanach 2008. Frankfurt: Fischer Taschenbuchverlag 2007

*einschließlich mithelfender Familienangehöriger

M 4, M 5 und M 6 nach Statistisches Bundesamt (Hrsg.): Länderprofil Bulgarien, Ausgabe 11/2006. Wiesbaden: Statistisches Bundesamt 2006

M 2 und M 8 nach Auswärtiges Amt (Hrsg.): Länderinformationen Bulgarien. Stand 10/2007

Online-Link
29260X-1191

11.2.5 Eine Kartierung durchführen

Ein wesentlicher Gegenstand der geographischen Forschung ist die Analyse von Raumstrukturen. So wird zum einen ein Verständnis für deren Entstehung geschaffen, zum anderen ergeben sich aber auch Grundlagen für die Planung und Steuerung zukünftiger Entwicklungen. Hierbei werden die Verteilung der räumlichen Erscheinungen und die Abläufe von Prozessen im Raum festgestellt und visualisiert. Dies geschieht z. B. durch eine Kartierung.

Arbeitsgrundlagen

Grundlage für eine Kartierung ist entweder eine Topographische Karte oder ein Plan großen Maßstabs (z. B. eine Katasterkarte 1:5000, vgl. M 2), von denen Ausschnitte für die Arbeit vor Ort zumeist noch vergrößert werden müssen. Durch das Eintragen von Flächen- und Punktsignaturen, die quantitative und qualitative Abstufungen enthalten können, entsteht eine Thematische Karte. Sie kann durch das Einarbeiten von Diagrammen auch zum Kartogramm erweitert werden.

Beispiel Innenstadtkartierung

Die Geschäfts-, Nutzungs- und Funktionskartierung in einer Innenstadt ist eine detaillierte Bestandsaufnahme, die in erster Linie die kommerziell-zentralen Einrichtungen erfasst, eventuell ergänzt durch weitere funktionale oder z. B. auch physiognomische Aspekte.

Diese Kartierung, die also den Ist-Zustand der wirtschaftsräumlichen Struktur etc. verdeutlicht, stellt eine wichtige Grundlage für die Stadtplanung dar, um beispielsweise Maßnahmen zur Erhöhung der Attraktivität einer Geschäftsstraße zu definieren und planerisch umzusetzen.

M 1 Kriterien für eine Kartierungsliste einer Geschäfts-, Nutzungs- und/oder Funktionskartierung in einer innerstädtischen Geschäftsstraße

1. Hausnummer
2. Geschosse und ihre Nutzung
   K: Keller
   E: Erdgeschoss
   W: Wohnungen
   I: 1. Obergeschoss
   H: Handel
   D: sonstige Dienstleistungen
   usw.
3. Schaufenstertyp
   | Fronttyp
   ⌐ Winkeltyp
   ⊓ Buchttyp
   □ Bucht-Schaukastentyp
   ○ (Schau-)Fenster von Geldinstituten, Gaststätten, Reisebüros, Fahrschulen, Zeitungsbüros u. ä.
4. Schaufensterindex = Schaufensterlänge (in m) x 100/Hausfrontlänge (in m)
   < 20 % = Straße mit Läden
   20 – < 55 % = Nebengeschäftsstraße
   55 – < 90 % = Hauptgeschäftsstraße
   ≥ 90 % = Citygeschäftsstraße
5. Geschäftsdichte = Anzahl der Läden x 100/Gesamtzahl der Häuser;
   wie bei 4:
   jeweils bezogen auf Straße oder Straßenabschnitt und ausgedrückt in Prozentwerten
6. Verkaufsraum (in m²)
7. Modernisierungsgrad, Zustand
   1 = mäßig 4 = überdurchschn.
   2 = unterdurchschn. 5 = sehr gut
   3 = Durchschnitt
   (erweiterbar; die einzelnen Klassifikationen müssen möglichst eindeutig definiert werden)
8. Grundcharakter der Versorgungsleistung; z. B.
   - Geschäft (mit/ohne eigene Warenproduktion)
   - Dienstleistungen (Gaststätte, Geldinstitut, Ladenhandwerk, Praxis)
9. Bedarfsdeckung = Häufigkeit, mit der eine Einrichtung von den Kunden aufgesucht wird
   - täglich
   - periodisch
   - episodisch

Durchführung

1. Schritt: Vorbereitung

Kartierungsthematik und Kartierungsraum definieren; entsprechende Kartengrundlage beschaffen und evtl. Ausschnitt des Untersuchungsraums vergrößern (M 2); Kartierungsliste erstellen (M 3).

2. Schritt: Begehung

Begehung des begrenzten Untersuchungsraums in Kleingruppen; Eintragung nach den Kartierungskriterien (M 1) in die entsprechende Liste (M 3); sinnvoll ist es z. B., von interessanten Einzelobjekten Fotos anzufertigen, die später die Kartenaussagen verdeutlichen können.

3. Schritt: Kartenerstellung

Darstellung der Kartierungsergebnisse in der entsprechenden Grundkarte; wichtig ist die vorherige Einigung auf gleiche Legendensignaturen (z. B. M 4).

4. Schritt: Auswertung und Bewertung

Herausarbeiten von auffälligen Strukturen; Feststellung der (z. B.) funktionalen oder physiognomischen Stärken und Schwächen des Untersuchungsraums; Erörterung von Maßnahmen zu einer nachhaltigen Strukturverbesserung.

5. Schritt: Präsentation der Ergebnisse

(vgl. S. 480 – 483)

A 1 Führen Sie für die Hauptgeschäftsstraße Ihres Schulortes die vier Schritte einer Kartierung durch (z. B. nach dem Muster von M 1 bis M 4).

A 2 Präsentieren Sie Ihre Ergebnisse in Form eines „Gutachtens“.

M2 Kartengrundlage (z. B. Ausschnitt Katasterkarte 1 : 5 000)

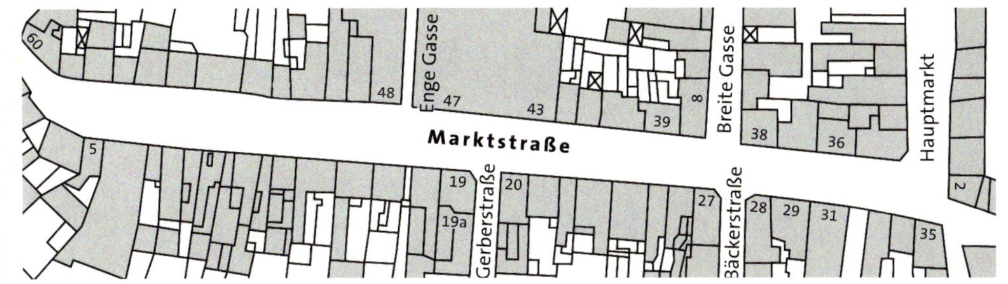

M3 Vorschlag für eine Kartierungsliste (Tabellenkopf mit Bezug auf die Kriterienliste M1)

Gemeinde: .... Straße: .... Teilabschnitt: .... Kartierungstermin: .... Kartierer: ....

1	2	3	4	5	6	7	8	9	10
48	Geschäftshaus					4		periodisch	keine
	K: Lagerraum			290			Geschäft		
	E + I: Verkaufsräume Drogerie	┌	90	100	2 x 290		ohne Produktion		
	II + III: Versicherungsmakler				2 x 290		Finanzdienstleistungen	episodisch	
47	Kaufhaus	│				3	Geschäft	täglich	keine
bis	K: Lebensmittel			500			ohne Produktion	bis	
43	E: Textilien, Parfüm		90	100	750			episodisch	
	I bis IV: Damen-, Herrenoberbekleidung				4 x 650				
42	Wohn- und Geschäftshaus					2			
	K: privat								
	E: Fleischerei	│	70	100	80		Ladenhandwerk	täglich	2 Wohnungen
	I + II: Wohnungen								

M4a Grundrisskarte mit eingearbeiteten Kartierungsergebnissen (Kriterienliste M1: Kriterien 4 und 9)

M4b Aufriss mit eingearbeiteten Kartierungsergebnissen (Kriterienliste M1: Kriterien 2, 7 und 9)

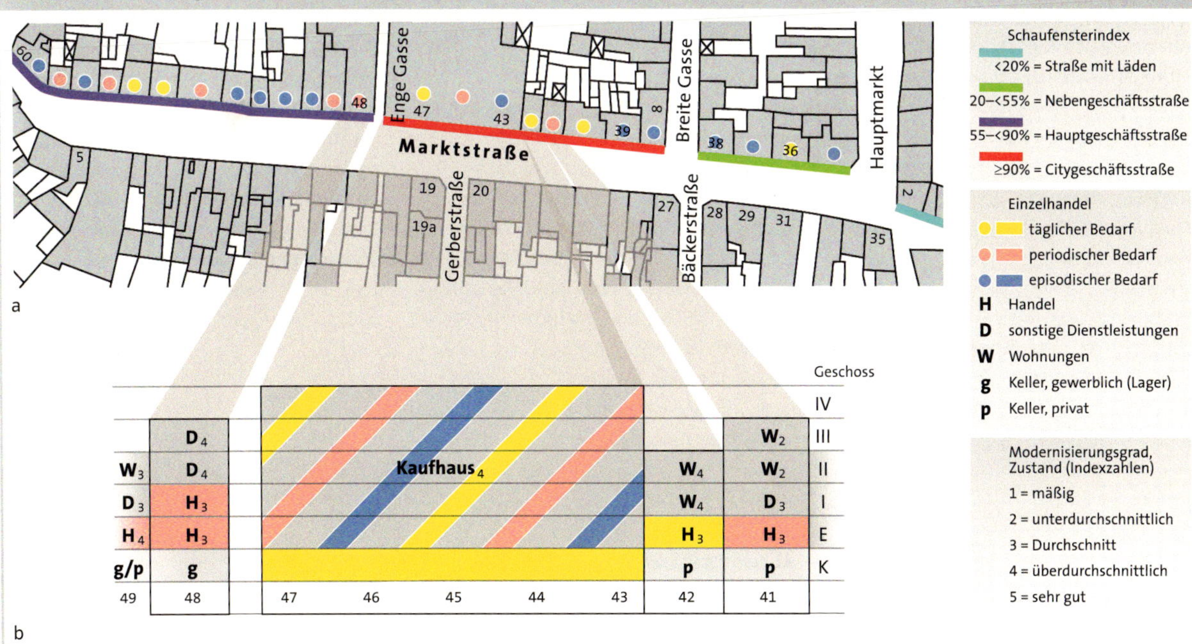

M1 Von der Realität zum Modell

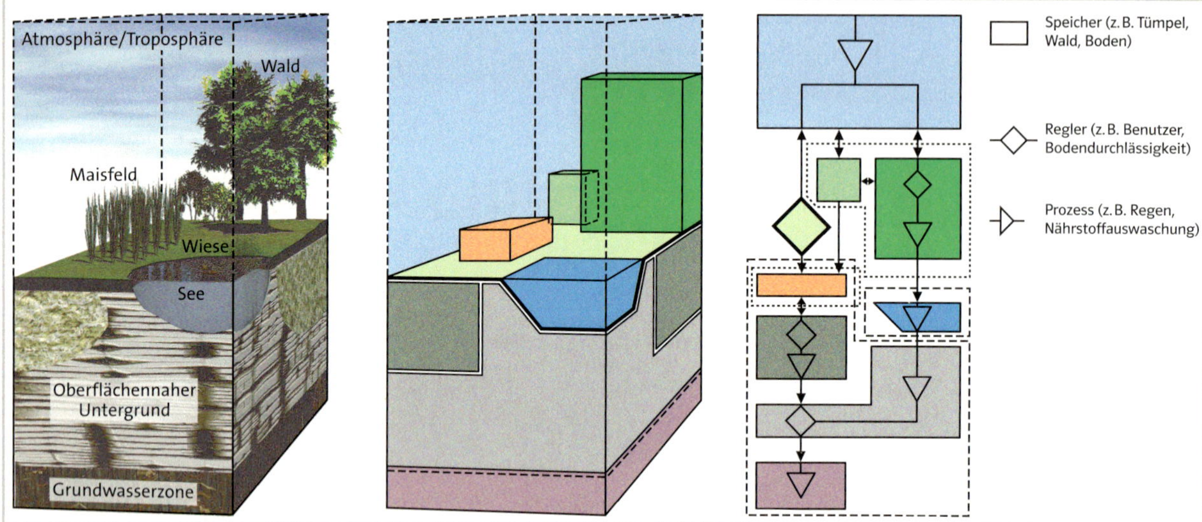

11.2.6 Mit Modellen arbeiten

Modelle sind abstrakte Abbildungen der Realität. Ihre Funktion liegt im Erfassen des Regelhaften realer Objekte und Prozesse. Indem sie komplexe Sachverhalte der Wirklichkeit vereinfacht darstellen, lassen sich Einzelaspekte und Zusammenhänge besser erfassen. Darüber hinaus erleichtern sie die Prognose künftiger Entwicklungen in dem modellhaft dargestellten Teilraum der Realität und geben zugleich Aufschluss über Möglichkeiten zur Steuerung dieser Entwicklung.

Modelle werden in der Schule vornehmlich dazu eingesetzt, etwas sonst nicht oder nur schwer Erkennbares anschaulich darzustellen.

Allerdings sind den Modellen auch Grenzen gesetzt. So ist z. B. die vereinfachte Darstellung von Geoökosystemen sehr schwierig: Sie sind dynamisch, bestehen aus vielen Komponenten mit unterschiedlichen Wechselwirkungen und weisen die Fähigkeit zur Selbstorganisation auf.

Grafik M1 zeigt am Beispiel eines Landschaftsausschnitts, wie über die Festlegung von Teilbereichen ein Modell entsteht, das die wesentlichen Elemente dieser Landschaft mit ihren Wechselwirkungen abbildet.

Im Folgenden wird in einem mehrschrittigen Verfahren der Umgang mit Modellen vorgestellt.

1. Schritt: Problemwahrnehmung

Ein komplexer Sachverhalt, eine Struktur, Wechselwirkungen oder auch eine Beobachtung sollen erklärt werden.

Beispiel: „Weshalb sind unsere Innenstädte wärmer als ihr Umland?"

2. Schritt: Auswahl eines Modells

Da die Konstruktion von Modellen relativ viel Zeit beansprucht, wird man in der Regel auf vorhandene Modelle zurückgreifen, welche den zu untersuchenden Sachverhalt darstellen.

Für unser Beispielsproblem: „Modell zu den Einflussgrößen auf den urbanen Wärmehaushalt" (M2)

3. Schritt: Variation einer Größe

Nun gilt es herauszufinden, welche Größe im Modell zur Lösung eines bestimmten Problems verändert werden muss. Dazu wird zunächst mithilfe der Beobachtung eine Hypothese postuliert.

Für unser Beispielsproblem: „Die Art der Bebauung bestimmt den Wärmehaushalt einer Stadt" (M3).

4. Schritt: Überprüfung des Modells an der Wirklichkeit

Durch konkrete Untersuchungen am realen Objekt (Untersuchung vor Ort vgl. S. 463 - 463) wird überprüft, ob die Annahme richtig ist: Für unsere Hypothese bietet sich z. B. eine Temperaturmessreihe an. Daran anschließend ist eine Diskussion über Aussagemöglichkeiten und Aussagegrenzen des Modells möglich, die zu einer Präzisierung des Modells führen kann.

M1 nach Hartmut Leser (Hrsg.): Handbuch des Geographieunterrichts, Bd. 11: Umwelt – Geoökosysteme und Umweltschutz. Köln: Aulis 1997, S. 29

M2 nach Robel u. a. 1978, auf www.staedtebauliche-klimafibel.de/index-2.htm, Juni 2008

M3 nach Fritz Fezer: Das Klima der Städte. Gotha: Perthes 1994, S. 96

Online-Link
zur Temperaturmessfahrt: 29260X-1191

Online-Link
zum Thema Wärmeinsel Stadt: 29260X-1193

Online-Link
zum Thema Stadtklima/Grüne Stadt: 29260X-1194

M2 Modell zu den Einflussgrößen auf den urbanen Wärmehaushalt (Windgeschwindigkeit in m/s)

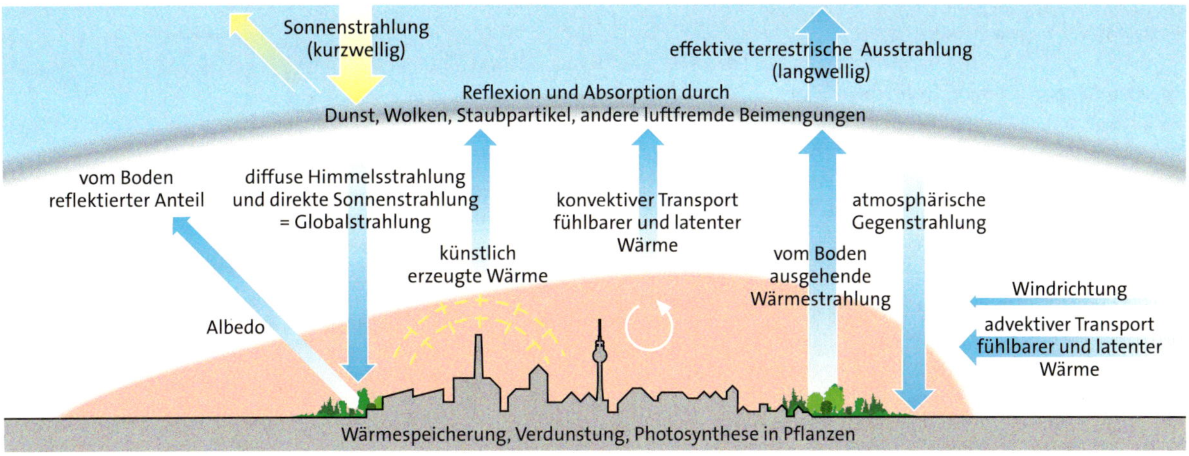

M3 Temperatur- und Windströmungsprofil durch ein Wohnviertel am Südwestrand von Ludwigshafen in einer Sommernacht

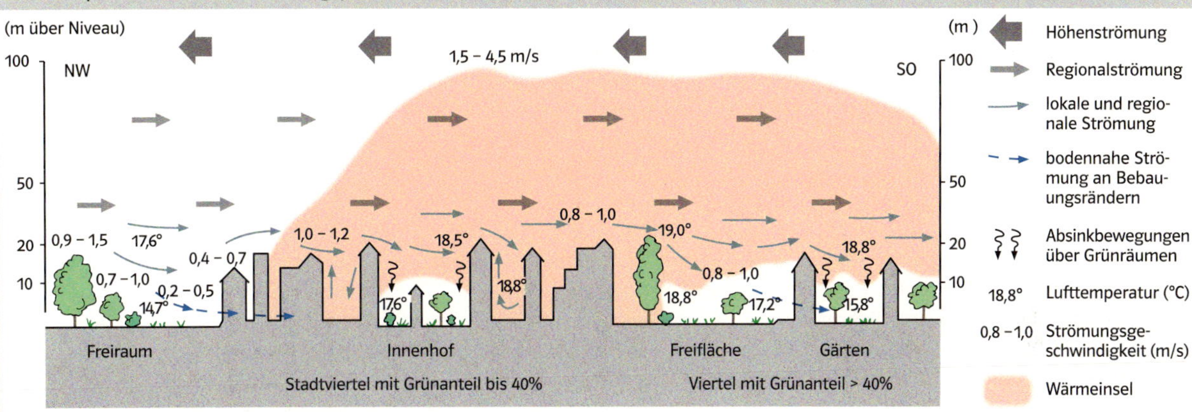

Durchführung einer Temperaturmessreihe zur Überprüfung der Annahme (Schritt 4)

Vorbereitung

- Überlegen Sie, an welchen Punkten Sie Ihre Untersuchungen durchführen müssen.
- Legen Sie Termine für die Messungen fest. Beachten Sie dabei die Tageszeit und die jeweilige Wettersituation (strahlungsarme winterliche Hochdrucklagen in einer austauscharmen Luftschicht werden andere Ergebnisse bringen als stürmische Westwindlagen).
- Besorgen Sie das notwendige Material: Topographische Karte des Untersuchungsgebietes im Maßstab 1:50000 oder besser noch 1:25000, digitale Thermometer (eines pro Messpunkt, gleichen Sie die Temperatur der Thermometer untereinander ab), Protokollblätter.

Durchführung

- Beschreiben Sie auf Ihrem Messprotokoll die Bebauung Ihres Messpunktes (z.B. Innenstadt mit engen Gassen und mehrstöckigen Häusern oder Wohnviertel im Vorort mit lockerer Reihenhausbebauung und etwa 40% Freiflächen).
- Notieren Sie die Uhrzeit.
- Messen Sie die Temperatur jeweils in etwa 2m über dem Boden im Schatten und wiederholen Sie die Messung im Abstand von 10min zweimal.
- Nehmen Sie Angaben über die Wetterlage in Ihr Messprotokoll auf, z.B. in Form solcher Aussagen: leicht bedeckt, windig, klarer Himmel, leichter Niederschlag.

Auswertung

A1 Ermitteln Sie den Durchschnittswert Ihres Messpunktes. Berücksichtigen Sie mögliche Temperaturdifferenzen zum Referenzthermometer.

A2 Vergleichen Sie Ihre Ergebnisse mit den Hypothesen zum Modell.

11.2.7. Ein Szenario erstellen

Die Szenariotechnik soll helfen, für die Lösung eines aktuellen gesellschaftlichen Problems Merkmale einer wahrscheinlichen Zukunft zu erarbeiten, wobei sich der Gegenwarts- und Realitätsbezug mit zunehmender Entfernung von der Ausgangssituation zwar verringert, aber nie ganz aufgehoben wird. In sachlich-analytischer Vorgehensweise werden Einflussfaktoren in ihrer wahrscheinlichen Wirkung auf künftige Entwicklungen ermittelt.

Im Folgenden wird zur Umsetzung der Szenariotechnik zunächst in allgemeiner Form ein fünfschrittiges Verfahren vorgestellt. Die Frage nach der Perspektive unserer Städte im Jahre 2025 (M2 und M3, vgl. auch Kap. 8, S. 299–301) gibt dann Anregungen für eine konkrete Durchführung.

1. Schritt: Vorbereitung (Plenum)

Ausgangspunkt ist ein gesellschaftliches Problem, das von der Mehrheit der Teilnehmer als vorrangig lösungsbedürftig angesehen wird (z. B. „Die Zukunft unserer Städte?"). Nach der Themenauswahl, entsprechenden praktischen Vorbereitungen und Hinweisen auf Zielsetzung sowie Verfahren der Szenariotechnik sollte ein auflockerndes „Warming up" für die nötige Einstimmung sorgen.

2. Schritt: Problemanalyse (Plenum)

In einer umfassenden Bestandsaufnahme wird nun das ausgewählte Thema sachlich, zeitlich und räumlich eingegrenzt. Anhand gezielter Leitfragen (Was ist zu beobachten? Wer ist in welcher Weise betroffen? Welche Fakten sind bekannt? Warum wird das Problem als relevant, lösungsbedürftig und auch lösungsfähig angesehen?) erfolgt eine genaue Problembeschreibung. Von welchen Entwicklungen fühlen sich die Teilnehmer z. B. beim Thema „Zukunft unserer Städte" am meisten betroffen.

3. Schritt: Analyse der Einflussbereiche (Plenum)

Hier geht es darum, Einflussfaktoren aufzuspüren, die unmittelbar auf das Untersuchungsfeld einwirken. Dafür bieten sich Verfahren wie Brainstorming gekoppelt mit dem Einsatz von Teilnehmerkärtchen, einer Pinnwand oder von Plakaten zur bildhaften Darstellung der Ergebnisse an. In der Plenumsdiskussion muss es auch darum gehen, mögliche Vernetzungen und Wechselwirkungen aufzudecken.

4. Schritt: Entwicklung von Szenarien (Kleingruppen)

In dieser Phase, die gleichsam den Höhepunkt der Szenariotechnik darstellt, werden nun auf der Grundlage der ermittelten Einflussfaktoren und ihrer wahrscheinlichen Entwicklung ganzheitliche Zukunftsbilder erstellt. Sie sollen in möglichst sinnfälliger Weise künftige Entwicklungen mit ihren Konsequenzen aufzeigen. Dabei sollen auch einschlägige Forschungsergebnisse herangezogen oder wissenschaftliche Methoden eingesetzt werden (z. B. beim Thema „Stadtzukunft" Prognosen zur Entwicklung der städtischen Bevölkerung, des Verkehrs, der Luftbelastung usw.).
Im arbeitsteiligen Verfahren sollen dabei ein positives Extremszenario als günstigst mögliche und ein negatives Extremszenario als schlechtest mögliche Zukunftsentwicklung sowie ein Trendszenario als Fortschreibung der heutigen Situation entstehen. Die verschiedenen Zukunftsentwürfe werden in anschaulicher Form (z. B. tabellarischer Vergleich auf einer Wandzeitung) dem Plenum verbal vorgestellt. Sie bilden die Grundlage für die anschließende Diskussion möglicher Problemlösungen. Ein negatives Extremszenario zum Thema „Stadtzukunft" könnte sich z. B. auf die Folgen einer vorrangigen Befriedigung von Mobilitätsansprüchen konzentrieren.

M1 Der Szenario-Trichter

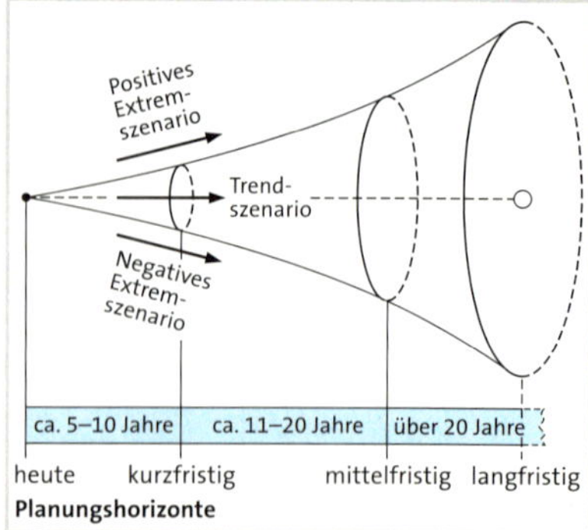

5. Schritt: Entwicklung von Strategien und Maßnahmen zur Problemlösung (Plenum)

In dieser abschließenden Phase werden nun Konsequenzen aus den entworfenen Szenarios gezogen. Es gilt, zukunftsorientierte Maßnahmen vorzuschlagen, um wünschenswerte positive Trends zu begünstigen oder unerwünschte Entwicklungen zu verhindern. Folgende Leitfragen können die Abschlussdiskussion strukturieren: Was kann der Einzelne, was können wir als Gruppe tun (z. B. in einem Verein, in einer Bürgerinitiative oder als Mitarbeiter im „Lokale Agenda 21"-Prozess)? Welchen Beitrag kann die Schule leisten? Was sollten oder könnten Politiker und Staat, Betriebe, Verbände, Wissenschaft und Kirche tun?

A1 Nennen Sie Gründe, warum Sie „Die zukünftige Gestaltung unserer Städte" als ein existenzielles gesellschaftliches Problem ansehen.

A2 Erstellen Sie – in grafischer Form – ein Geflecht von Einflussfaktoren, die für die Zukunft unserer Städte von Bedeutung sein können.

A3 Erläutern Sie mögliche Entwicklungen, die zu dem in M3 dargestellten Szenario führen können.

A4 Beurteilen Sie das in M3 vorgestellte Szenario.

Literatur

Peter Weinbrenner: Die Wiedergewinnung der Zukunft als universale Bildungsaufgabe. Schriften zur Didaktik der Wirtschafts- und Sozialwissenschaften, H. 41. Bielefeld: Universität, Fakultät für Wirtschaftswissenschaften, o. J., S. 22

Online-Link

zur Ökostadt Dongtan (Shanghai, VR China) und anderen Stadtszenarien:
29260X-1195

M 2 Best-case-Szenario – Stadt der Zukunft?

M 3 „Unsere Städte im Jahr 2025" – Anregungen für ein Szenario

Der gegenwärtige Zustand unserer Städte wird von einer größeren Anzahl von Gesellschaftsmitgliedern als unbefriedigend angesehen (Verkehrsinfarkt, Umweltbelastung), mögliche künftige Entwicklungen werden von vielen als bedrohlich empfunden (Kriminalität, Anonymität). Ein derartiges gesellschaftliches Problem, das als dringend lösungsbedürftig, aber auch als prinzipiell lösungsfähig angesehen wird, ist der geeignete Ausgangspunkt für eine Anwendung der Szenariotechnik.

In der Problemanalyse wird das Untersuchungsfeld nun – anhand der bei Schritt 2 vorgestellten Bestandsaufnahme – eingegrenzt, z. B. auf Fragen nach der Entwicklung von Alltag, Verkehr und Umwelt in den Städten Deutschlands bis zum Jahre 2025.

Im nächsten Schritt geht es darum, etwa im Brainstorming-Verfahren Einflussbereiche zu analysieren (Von welchen Faktoren ist die Entwicklung von Alltag, Verkehr und Umwelt in den Städten Deutschlands abhängig?) und Vernetzungen aufzuzeigen. Die genannten Bereiche (z. B. Verhalten der Bevölkerung und Möglichkeiten der Mitgestaltung; Einfluss von Politik und öffentlichen Haushalten, von Wirtschaft und Verkehrslobby; Energieverbrauch und Raumbelastung) sollten anhand konkreter Informationen beschrieben, nach Möglichkeit sogar bereits anhand von Messgrößen (z. B. CO_2-Ausstoß in Tonnen) „operationalisiert" werden, um so ihre Wirkung einschätzen zu können.

Die detaillierte Wirkungsabschätzung ist dann aber Aufgabe der Kleingruppen, die zur Entwicklung von Szenarien gebildet werden. Auf der Basis gründlicher Analysen anhand einschlägiger Statistiken und Veröffentlichungen oder auch durch eigene Berechnungen bzw. Erhebungen werden grundlegende Fakten und Zusammenhänge ermittelt, z. B. zum generativen Verhalten und zur künftigen demografischen Situation, zur Mobilität und Luftbelastung, zum urbanen Leben und zur Kriminalitätsentwicklung. In dieser sehr zeitaufwändigen Phase ist in der Regel fächerübergreifendes Arbeiten unerlässlich. Als Ergebnis entstehen – neben dem Trendszenario – zwei Extremszenarien, die sich beim Thema „Stadt 2025" z. B. mit Schlagworten wie „Schöne neue Welt" oder „Urbaner Alptraum" beschreiben ließen.

In der abschließenden Phase, in der Strategien und Maßnahmen zur Problemlösung diskutiert werden, müssen nun Einflussbereiche wie z. B. das individuelle Verkehrsverhalten, die Entwicklung des Öffentlichen Personennahverkehrs oder Interessen der Automobilindustrie noch einmal genau betrachtet werden. Nur so lässt sich herausfinden, wie sie im Sinne des positiven Szenarios gesteuert werden könnten. Dabei ist auch immer zu fragen, welchen Beitrag der Einzelne leisten kann.

11.2.8 Eine Facharbeit anfertigen

Das Anfertigen einer Facharbeit bietet die Chance, mit Prinzipien und Formen selbstständigen Lernens vertraut zu werden, um sich so auf die wachsenden Anforderungen von Hochschule und Berufsausbildung vorzubereiten. In nahezu allen von Abiturienten angestrebten Berufen wird heute eigenverantwortliches, reflektierendes Arbeiten genauso erwartet wie die Fähigkeit, sich benötigte Informationen rasch zu beschaffen und diese strukturiert in disziplinierter Zeitplanung aufzuarbeiten. All das sind Kompetenzen, die Schüler im Rahmen einer Facharbeit erwerben und einüben können.

1. Schritt: Vorüberlegung – Themenfindung bzw. Eingrenzung des Themas

Das Oberthema einer Facharbeit wird entweder vorgegeben oder vom Schüler selbst gewählt. Es umfasst in der Regel zunächst ein mehr oder weniger weit gestecktes Inhaltsfeld, innerhalb dessen sich der Verfasser erst eine eigene Fragestellung erarbeiten muss. Ein Thema wie z. B. „Die Verstädterung – ein weltweiter Prozess" kann im schulischen Rahmen (begrenzte Zeit, maximaler Seitenumfang) nicht erschöpfend in allen Aspekten untersucht werden. Der Verfasser muss dieses Problem eingrenzen und sollte dabei folgende Aspekte berücksichtigen:

- Inwieweit fühlt er sich selbst betroffen, in welche Richtung zielt also sein Erkenntnisinteresse, was soll das Ergebnis der Arbeit sein, welches Ziel bzw. welche Absicht verfolgt er damit?
- Wo liegen die Interessen der Mitschüler bzw. (späteren) Zuhörer, welche Informationen und Zusammenhänge sind für sie wichtig und welche Vorkenntnisse sind bereits vorhanden?
- Welchen Beitrag leistet die Facharbeit evtl. zur Behandlung des gesamten Kursthemas, welche Kenntnisse müssen also vermittelt werden (Sachinteresse)?

Ist dieser Klärungsprozess abgeschlossen, sollte das Thema leicht verständlich und klar, aber auch so „spannend" formuliert werden, dass das Interesse der Zuhörer bzw. Leser geweckt wird.
Beispiel: „Die Stadt der Zukunft – Alptraum oder schöne neue Welt?"

2. Schritt: Informationsbeschaffung über Internet – Lexikon – Bibliothek – Medien – Arbeit (Recherche) vor Ort

Um sich einen ersten Überblick über das zu bearbeitende Themenfeld zu verschaffen, wird man wohl zunächst einmal das Internet mit seinen Suchmaschinen als Informationsquelle nutzen. Darüber hinaus kann es sich auch lohnen, ein enzyklopädisches Lexikon (z. B. Brockhaus oder Meyers) zu Rate zu ziehen. Entsprechende Stichwortartikel liefern – auch über die Querverweise – eine Reihe von Grundinformationen sowie Literaturangaben. Aktuellere Titel mit spezialisierten Fragestellungen müssen dann aber in den Bibliotheken durch eine Katalogrecherche (mit Computer und/oder Internet) ermittelt werden.

In Hintergrundberichten mit tagespolitischen Bezügen, wie sie immer wieder in überregionalen Tageszeitungen oder Nachrichtenmagazinen erscheinen, haben Journalisten zu einem bestimmten Thema häufig wichtige Informationen aus verschiedenen Quellen zusammengetragen. Eine Stichwortanfrage bei den entsprechenden Archiven kann helfen, solche Artikel aufzuspüren. Einen Leitfaden für die Suche und das weitere Vorgehen insgesamt bietet auch der „ENCARTA Recherche-Planer" (Microsoft).

Wenn es die Themenstellung erlaubt, kann der Inhalt einer Facharbeit auch dadurch aufgewertet werden, dass durch das Aufspüren kompetenter Ansprechpartner bei Behörden, Betrieben oder Institutionen auf der Grundlage von Befragungen und Interviews originäres Informationsmaterial ermittelt und verarbeitet wird (vgl. „Recherchen vor Ort durchführen", S. 462 – 463)

3. Schritt: Erstellen einer Gliederung und eines Zeitplanes

Beim Anfertigen einer Facharbeit ist es schon in einem frühen Stadium notwendig, ausgehend vom Abgabe- bzw. Präsentationstermin zunächst einen genauen Zeitplan und dann vor allem eine Gliederung zu entwerfen. Für diese vorläufige Gliederung sollte der Autor bereits über eine Reihe von Grundinformationen und Ideen verfügen. Andererseits hilft ihm aber eine solche Disposition, gezielt nach weiteren Informationen für bestimmte Kapitel zu suchen. Eine bewährte Methode, einen „roten Faden" für die zu verarbeitenden Informationen zu finden und eine Gliederung zu erstellen, ist das Mindmapping. Im Laufe der weiteren Recherchen muss diese Gliederung auf der Grundlage neuer Erkenntnisse u. U. angepasst und verändert werden.

4. Schritt: Sichtung der Sekundärliteratur

Bei der Suche nach Informationen ist es häufig notwendig, sich Texte rasch zu erschließen, das Wichtigste „auszufiltern" sowie die inhaltliche und logische Gliederung herauszuarbeiten. Folgende Verfahren können das erleichtern:

- Einen ersten Überblick über einen Sachtext bieten bei einem Buch das Inhaltsverzeichnis, die Einleitung, Überschriften und Untertitel.
- Beim Exzerpieren wird der grundsätzliche Gedankengang durch das Herausschreiben von Kernaussagen festgehalten.
- Die Gliederung eines Textes in Sinnabschnitte mit selbst entwickelten Überschriften vertieft das Textverständnis, hält die wesentlichen Informationen und die Argumentationslinie des Autors fest.
- Ein Text kann auch dadurch erschlossen werden, dass an ihn Fragen gerichtet werden, die sich aus der Problemstellung der eigenen Facharbeit ergeben haben.

Die verwendete Sekundärliteratur muss vollständig und genau angegeben werden. Für die Zitierweise gilt folgende Grundregel:
Name und Vorname des Autors: Titel, Erscheinungsort, Verlag und Erscheinungsjahr (ggf. mit Auflage), Seitenangabe; bei Zeitschriften auch Hinweis auf die Jahrgangs- und Heftnummer. Übernahmen aus Internetveröffentlichungen müssen durch Angabe der Web-Adresse (mit Datum der Abfrage) kenntlich gemacht werden.

5. Schritt: Rechercheergebnisse dokumentieren/Anlegen eines Arbeitsordners
Um die Fülle an Informationen rechtzeitig zu kanalisieren, um Ideen für Einleitung, Hauptteil oder Schluss zu sortieren und das Literaturverzeichnis immer auf dem neuesten Stand zu halten, sollte rechtzeitig ein Arbeitsordner angelegt werden. Das kann ein Aktenordner mit Trennblättern oder ein Karteikartensystem mit folgenden Minimalanforderungen sein: Titelblatt, Gliederung, Einleitung, einzelne Hauptkapitel, Schlussteil, Literaturverzeichnis. Die Ergebnisse der Literaturbearbeitung oder sonstige Aufzeichnungen, z.B. die bei der Arbeit (Recherche) vor Ort gewonnenen Informationen, werden nun auf DIN-A4-Blättern oder Karteikarten festgehalten und entsprechend eingeordnet. Bei den Literaturauszügen sollte zwischen „Zitaten", „Paraphrasen" (sinngemäße Wiedergabe) und „eigenem Kommentar" unterschieden werden. Für die Anlage der DIN-A4-Blätter bzw. Karteikarten empfiehlt es sich, eine Kopiervorlage z.B. nach dem Muster von M1 herzustellen.

6. Schritt: Abfassen der Facharbeit
Hierbei sind bestimmte formale und inhaltliche Aspekte zu beachten.
- Deckblatt: Es enthält Titel der Arbeit, Name des Verfassers, Jahrgangsstufe sowie Datum der Abgabe und kann ansprechend gestaltet werden (z.B. mit Foto/Grafik zum Thema).
- Gliederung: Sie lässt in logischer Zuordnung von Ober- und Unterkapiteln in übersichtlicher Form den „roten Faden" erkennen und enthält auch die Seitenangaben.
- Einleitung: In ihr werden die Problemstellung sowie das Anliegen skizziert, und sie gibt Hinweise auf den Gang der Untersuchung.
- Durchführungsteil: Neben dem Inhalt sollte hier – wie auch bei allen anderen Teilen der Facharbeit – auch auf die sprachliche Form, auf die korrekte Verwendung von Fachbegriffen, auf die grafische Ausgestaltung und das Layout geachtet werden.
- Schlussteil: Fasst die wichtigsten Ergebnisse knapp zusammen. Es wird z.B. auch geprüft, ob das in der Einleitung formulierte Anliegen eingelöst werden konnte.
- Literaturverzeichnis: Es muss in korrekter Form sämtliche verwendeten Quellen oder Werke der Sekundärliteratur anführen.

7. Schritt: Präsentation
Häufig wird verlangt, dass eine Facharbeit als Ganzes oder in Teilen im Rahmen eines Kolloquiums präsentiert wird. Folgende Tipps können bei der Gestaltung eines solchen Vortrags helfen (s.a. Kapitel 11.3, S. 480–483):
- Zeitbedarf genau kalkulieren,
- Anschaulichkeit herstellen durch klare Gliederung und lebendige Sprache,
- Kreativität beim Medieneinsatz entwickeln,
- Vortragstechniken (Rhetorik) beachten,
- Thesenpapier/Exposé erstellen.

M1 Rechercheergebnisse richtig festhalten

1		2
3	4	5

1 verwendete Sekundärliteratur entsprechend den Zitierregeln
2 Titel des Kapitels, ggf. des Unterkapitels
3 Schlagworte zum Textauszug
4 Literaturauszug, als Zitat oder Paraphrase gekennzeichnet
5 eigener Kommentar

11.2.9 Ein Portfolio zusammenstellen

Die Portfoliotechnik fördert das selbst gesteuerte Lernen sowie die Fähigkeit zur Strukturierung komplexer Sachverhalte und zur Reflexion. Die gewonnenen Erfahrungen und Erkenntnisse sind die Grundlage für späteres wissenschaftliches Arbeiten an Universität oder Hochschule.
Ein Entwicklungsportfolio bietet sich als unterstützende Technik z. B. bei der Erstellung eines Referates oder einer Facharbeit an.

Was ist ein Portfolio? In der Bankensprache wird damit ein Depot bezeichnet, das die Anlagearten und die Entwicklung eines Vermögens erfasst. Es stellt also eine lückenlose Bestandsaufnahme aller finanziellen Transaktionen dar. Im künstlerischen Bereich versteht man darunter eine Mappe, in der ein Kunststudent über einen längeren Zeitraum hinweg seine Entwürfe, Skizzen, Gemälde usw. sammelt, um dann die besten Arbeiten auszuwählen und für eine Bewerbung z. B. an einer Akademie vorzulegen.
Mit diesen beiden Beispielen sind zwei wesentliche Grundtypen von Portfolios charakterisiert:

- Ein Entwicklungsportfolio dokumentiert die Phasen eines Prozesses bis zum gegenwärtigen Zustand. Es dient als Reflexionshilfe für einen Rückblick, bei dem Ziele, Ideen, Entscheidungswege, Erfahrungen und Zwischenergebnisse analysiert werden. Auf dieser Grundlage werden weitere Entscheidungen geplant und getroffen.
- Ein Beurteilungs- oder Vorzeigeportfolio bietet zwar auch einen Überblick über den gesamten Arbeitsprozess, es enthält aber nur die besten Zwischenprodukte und Ergebnisse. Der Betrachter erhält also einen guten Überblick über die Leistungsfähigkeit und das Engagement des „Produzenten".

Beide Portfoliotypen können bei bestimmten Arbeitsformen auch im schulischen Bereich gewinnbringend genutzt werden.

M1 Mindmap aus einem Portfolio zur nachhaltigen Stadtentwicklung

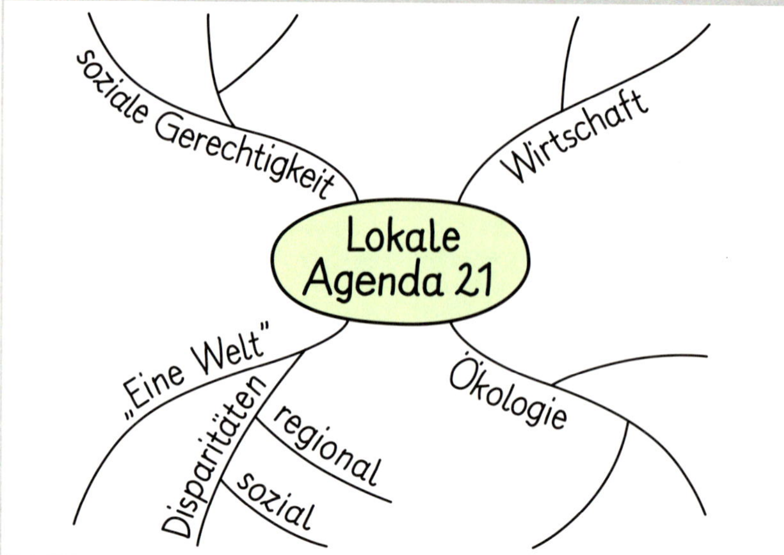

In einem Entwicklungsportfolio für eine Facharbeit oder ein Referat werden von Beginn an wie in einem „Werkstattbuch" sämtliche Ideen, Fragestellungen, Zielformulierungen, Lösungswege mit allen Irrungen sowie Um- und Abwegen, Materialien, Zwischenergebnisse, Entwürfe zu Einzelkapiteln und zur gesamten Arbeit chronologisch festgehalten. Auf diese Weise wird nicht nur der eigene Erkenntnisfortschritt dokumentiert. Die Analyse der jeweils erreichten Zwischenergebnisse bietet auch die Grundlage dafür, die weiteren Arbeitsschritte inhaltlich und zeitlich zu planen. In diesen Phasen der Zwischenbewertung sollen aber nicht nur Selbstreflexionen stattfinden, die Teilergebnisse sollen vielmehr auch mit Freunden, Mitschülern oder dem betreuenden Lehrer diskutiert werden. Auf diese Weise entwickelt sich das Portfolio zu einer Dokumentation des kontinuierlichen Arbeits- und Reflexionsprozesses. An dessen Ende steht nicht nur ein intensiv diskutiertes und damit gut fundiertes Referat bzw. eine entsprechende Facharbeit, sondern auch ein individuell und kreativ gestaltetes „Tagebuch" über die eigene „Forschertätigkeit".
Der Einsatz einer (Entwicklungs-)Portfoliotechnik lässt sich in die folgenden Schritte gliedern.

1. Schritt: Problemstellung

Formulieren Sie das Ziel, die Fragestellung Ihres Referates, Ihrer Facharbeit. Überprüfen Sie diese Problemstellung in Zusammenarbeit mit einem betreuenden Fachlehrer, mit Freunden oder Mitschülern. Ist sie „fruchtbar", zu weit oder zu eng gefasst? Korrigieren oder ergänzen Sie gegebenenfalls im Laufe Ihrer Recherchen die Fragestellung Ihrer Arbeit.

2. Schritt: Geordnete Materialsammlung

Legen Sie eine Mappe oder einen Ordner an und sammeln Sie von der ersten Stunde Ihrer Arbeiten an dem Projekt in geordneter Form sämtliche Konzeptionen, spontane Strukturskizzen oder Mindmaps, Notizen, Skizzen, Exzerpte, Ergebnisse von Quellenstudien, Planungen der einzelnen Arbeitsschritte, Einsichten und Erkenntnisse, Ideen zur Visualisierung usw.

3. Schritt: Zwischenergebnis und seine Überprüfung

Formulieren Sie gemäß Ihren Planungen nach einem bestimmten Zeitraum ein Zwischenergebnis (z. B. den Entwurf für ein Teilkapitel oder eine Rohfassung der gesamten Arbeit), und diskutieren Sie diesen aktuellen Stand Ihres Projektes mit Freunden, Mitschülern, dem betreuenden Lehrer. Lassen Sie hierbei auch die wissenschaftlichen Grundlagen Ihrer

M 2 Deckblatt und Inhaltsverzeichnis eines Portfolios

Seminarkurs 03/04: Wasser – mehr als H_2O

ATLANTIS
Zwischen Legende und Wirklichkeit

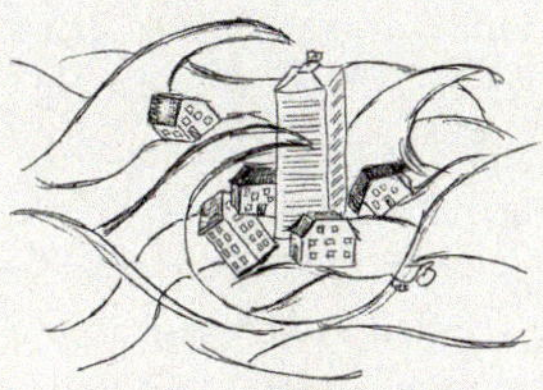

Portfolio zur Seminararbeit
von Joana B.

Inhaltsverzeichnis

Aussagen überprüfen, um sachliche Fehler möglichst frühzeitig auszuschließen.

4. Schritt: Ergänzung der Konzeption

Nutzen Sie die Ergebnisse Ihrer Diskussionen und Befragungen aus Schritt 3, um Defizite und damit Ansatzpunkte für weitergehende Untersuchungen festzustellen. Ergänzen Sie gegebenenfalls Ihre Konzeption, und planen Sie auf dieser Grundlage inhaltlich und zeitlich die weiteren Arbeitsschritte.

5. Schritt: Wiederholung der Schritte 3 und 4

Halten Sie alle Ergebnisse aus den Schritten 3 bzw. 4 in Ihrem Portfolio fest und wiederholen Sie diese beiden Schritte, bis Sie nach kritischer Selbstreflexion zu dem Schluss kommen, dass Sie nun auf fundierter Grundlage Ihr Referat, Ihre Facharbeit fertig stellen und einer interessierten Öffentlichkeit präsentieren können.

6. Schritt: Fertigstellung und Präsentation

Benutzen Sie Ihr „Portfolio“ als Grundlage zur Ausformulierung und Fertigstellung Ihrer Facharbeit oder ggf. auch als Leitfaden für einen Vortrag. Stellen Sie bei einer Präsentation Ihrer Ergebnisse auch Ihr „Portfolio“ vor, das – z. B. in Form einer Wandzeitung oder einer kleinen Ausstellung – Ihren persönlichen Arbeits- und Erkenntnisprozess dokumentiert (s. a. Kapitel 11.3, S. 480 – 483).

7. Schritt: Rückblick

Reflektieren Sie abschließend Ihre Anwendung der Portfoliotechnik:

- Welche Einzelschritte, Vorgehensweisen haben sich bewährt?
- Welche Erkenntnisse für die Erstellung weiterer Referate, für ein späteres wissenschaftliches Arbeiten habe ich gewonnen?
- Standen Aufwand an Arbeit bzw. Zeit und Ertrag in einem ökonomisch vertretbaren Verhältnis?

M 3 Beurteilungs- oder Vorzeigeportfolio

Dieser Portfoliotyp bietet Möglichkeiten für neue Formen der Leistungsbewertung. Zusätzlich zu schriftlichen oder mündlichen Lernkontrollen können die in einer Mappe zur Begutachtung vorgelegten und dokumentierten Arbeits- und Lernprozesse mit ihren Ergebnissen in die Gesamtnote einbezogen werden. Wichtig hierbei ist, dass vor Beginn der Arbeiten bestimmte Ziele und Standards mit dem betreuenden Lehrer – am besten schriftlich – vereinbart werden, damit für die Beurteilung für alle Beteiligten Transparenz gesichert ist.

Dazu gehören:

- Termine für Beratung, Abgabe, Präsentation,
- Festlegung der in die Mappe aufzunehmenden „Produkte“ (z. B. sämtliche erfolgreichen Lösungswege, Zwischenergebnisse, Reflexionen, Endprodukt),
- Definition von Qualitätsstandards (z. B. Umfang, sinnvoll gestaltetes Deckblatt, Inhaltsangabe, sprachliche Sorgfalt, grafische Genauigkeit, Kreativität, Quellenangaben und Zitierweise),
- Art der abschließenden Präsentation (z. B. Vortrag im Plenum mit entsprechenden Visualisierungen, Dokumentation, Wandzeitung, Ausstellung o. Ä.),
- Kriterien der Bewertung (z. B. Sorgfalt, Erfüllung der vereinbarten Qualitätsstandards, Durchdringung der Thematik, Qualität der Präsentation usw.).

11.3 Arbeitsergebnisse präsentieren

M1 Auf die Wirkung kommt es an

11.3.1 Ein Referat ausarbeiten und vortragen

Als Referat wird einerseits der Vortrag zu einem bestimmten Thema bezeichnet, andererseits aber auch eine schriftliche Ausarbeitung zu einer vorgegebenen bzw. selbst gewählten Problemstellung. Häufig wird jedoch beides gefordert.

Ausarbeiten

Für die Ausarbeitung gelten die gleichen Hinweise und Arbeitsschritte wie bei der Gestaltung einer Facharbeit (S. 466-467).

Problemstellung. Genauso wie bei einer Facharbeit ist auch für ein Referat zu betonen, dass - zumindest in den gesellschaftswissenschaftlichen Fächern - kein Bericht geliefert werden soll, sondern dass die Darstellung einer möglichst spannenden Fragestellung mit einem Sachbeitrag zur Erörterung dieses Problems verbunden wird. Es liegt in der Verantwortung des Referenten, diese zentrale Fragestellung im Rahmen des - meist vorgegebenen - Themas im Vorwort bzw. in der Einleitung herauszuarbeiten und zu begründen.

Gliederung. Aus der Problemstellung ergibt sich die Darstellung des Ganges der Untersuchung, der notwendig war, um die in der Einleitung aufgeworfenen Fragen zu beleuchten bzw. beantworten zu können. Die Gliederung des Referats erfährt also ihre Begründung aus der zentralen Forschungsfrage.

Informationsbeschaffung. Ausgangspunkt hierfür sind in der Regel erste Literatur- und Materialhinweise durch den betreffenden Lehrer. Aber es sind eigene weitere Recherchen erforderlich, wobei ein rechtzeitiger Beginn der Materialsammlung, das Aufspüren von Sekundärliteratur in der Schul- und Stadtbibliothek, ggf. auch Kontaktaufnahme mit Informanten unerlässlich sind. Auch bei der Nutzung des Internets heißt es: „Findigkeit beweisen".

Ordnung der Informationen und Abfassen des Referates. Dabei folgt man dem Raster, das durch die - vorläufige - Gliederung vorgegebenen ist. Der Gewinn an neuen Erkenntnissen macht es u. U. erforderlich, die zu Beginn der Ausarbeitung entworfene Disposition zu überarbeiten bzw. zu ergänzen. Auf jeden Fall ist es notwendig, das Material im Hinblick auf die zentrale Problemstellung und den vorgegebenen Rahmen (Seitenumfang bzw. Dauer des Vortrags) einzugrenzen und zu sortieren. M2 und M3 bieten Grundregeln für die Vorbereitung und Gestaltung

Präsentieren

„The mind is a wonderful thing. It starts to work the minute you are born and never stops - until you get to speak in public."

Damit es Ihnen trotz bester Vorbereitung nicht so geht wie in diesem Zitat aus einem „Handbuch für Redner" oder gar wie dem Referenten in der Karikatur M1, erhalten Sie hier „Sechs Tipps für eine gelungene Präsentation":

1. Vorbereitung und Selbsteinstimmung:
   - sich beruhigen durch tiefes Einatmen, Anhalten der Luft für ein paar Sekunden, langsames Ausatmen,
   - festen Stand suchen, Körperhaltung straffen, in den Händen Stichwortkärtchen halten,
   - Zuhörer in aller Ruhe anschauen, Blickkontakte aufnehmen, Blick schweifen lassen („Das ist mein Auftritt, dieses Podium gehört mir!");
2. Herstellen von Motivation und Aufmerksamkeit:
   - Zuhörer durch einen „pfiffigen", „spannenden" Einstieg gewinnen,
   - im Einstieg Problemstellung deutlich machen;
3. Begrüßung der Zuhörer und Vermittlung eines Überblicks über den Vortrag:
   - Spannung erzeugen durch sofortige Hinführung zur Problemstellung (Tipp 2), erst dann Begrüßung des Publikums zum Thema,
   - Thema genau formulieren und Gliederung begründen (OHP-Folie, PPP);
4. Argumentation in freier, lebendiger und verständlicher Rede:
   - „Kärtchen-Methode" anwenden (durchnummerierte Karteikarten im Format DIN A6 oder A7 mit jeweils einem Leitgedanken in der Überschrift sowie drei bis fünf weiterführenden Stichworten),
   - Mimik und Körpersprache einsetzen, Stimme und Tonlage variieren, nicht zu schnell reden und Sprechpausen (als „Mitdenk-Pausen") einbauen;

5. Gestaltung einer „Du-orientierten Rede“:
- Blickkontakte halten und auf das Feedback der Zuhörer achten,
- von den Voraussetzungen und Erwartungen des Publikums ausgehen,
- lebensnahe Beispiele, Zitate oder rhetorische Fragen einfügen,
- das Zuhören erleichtern durch den Einsatz verschiedener Visualisierungsmedien und -techniken (M4),
- eine Überforderung der Zuhörer vermeiden, d.h. überprüfen, ob es angemessen und notwendig ist, länger als 20 Minuten zu reden;

6. Formulierung eines Fazits oder einer persönlichen Position und Ausstieg mit einer eindrucksvollen Schlusspointe:
- möglichst an die im Einstieg aufgeworfene Problemstellung anknüpfen,
- nicht um jeden Preis etwas Witziges, aber doch Zusammenfassendes und Weiterführendes formulieren,
- daran denken, dass der letzte Eindruck vom Redner auf jeden Fall haften bleibt

Visualisieren

Die Veranschaulichung der Arbeitsergebnisse ist nicht nur im Referat eine zentrale Aufgabenstellung. Sie ist im Zusammenhang mit einer Vielzahl von anderen Aufgabenstellungen erforderlich.

M2 Präsentieren und Visualisieren

Sie haben als Redner niemals eine zweite Chance, einen ersten Eindruck zu machen!
Aber:
Sie haben 120 Sekunden Zeit, einen guten ersten Eindruck zu machen!
Und:
Sie haben genau vier Minuten Zeit, um sich als Redner/in zu beweisen.
Und dann:
Sie benötigen alle 6–8 Minuten einen „Aufwacher“ in Ihrer Präsentation, um die Aufmerksamkeit Ihrer Zuhörer zu erhalten.

M3 Pannenmanagement

Auch bei sorgfältigster Vorbereitung können während der Präsentation unvorhergesehene Situationen auftreten. Hier gilt als wichtigste Grundregel: ruhig bleiben, sicheren Eindruck vermitteln.

Die folgenden Tipps können helfen:
- Sie versprechen sich: ohne Umschweife fortfahren!
- Sie bleiben stecken: Gedanken wiederholen, Manuskript zu Rate ziehen, Aspekt überspringen!
- Sie haben Probleme mit der Technik: Fehler suchen und dabei Kontakt zum Publikum halten, notfalls ohne Gerät weiter machen!
- Sie sind völlig blockiert: Nervosität zugeben, um kurze Unterbrechung bitten!

Die Formen und Möglichkeiten sind vielfältig. Einen Überblick, der nicht den Anspruch der Vollständigkeit erhebt, zeigt M4, konkrete Hinweise und Tipps zu Verfahren und Techniken liefert die folgende Doppelseite 482–483.

M4 Visualisierungsmedien mit ihren Darstellungsmöglichkeiten

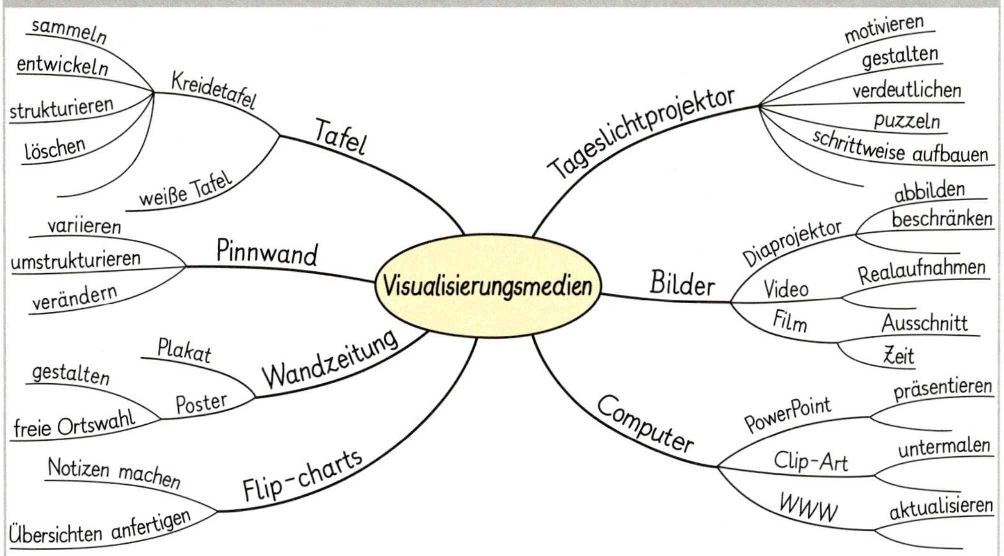

11.3.2 Arbeitsergebnisse visualisieren

Visualisierung bedeutet „sichtbar machen". Das gesprochene Wort soll also optisch möglichst eindrucksvoll unterstützt werden (zum Vortrag die vorhergehenden S. 480–481).
Die Visualisierung führt zu erhöhter Aufmerksamkeit und Konzentration sowie zum besseren Behalten. Gleichzeitig verkürzt es den Redeaufwand des Vortragenden, gibt den Zuhörern eine Orientierungshilfe und verdeutlicht das Wesentliche.

Ein Vortrag, der beim Publikum keine Aufmerksamkeit erregt, ist ein schlechter Vortrag. Monotone Sprechorgien gehören dazu. Zu schnell verliert der Zuhörer den Faden, kann das Gesagte nur schlecht behalten. Eine erfolgreiche Visualisierung zieht jedoch die Zuhörer in ihren Bann; bildliche Informationen werden schneller und auch besser aufgenommen. Zudem bringen sie noch Abwechslung in den Vortrag.
Ziel einer guten Visualisierung ist es nicht, einen gesprochenen Vortrag zu ersetzen, sondern zu ergänzen.
Bevor man die Visualisierung seines Vortrages angeht, sollten folgende Fragen beantwortet werden:
- Was will ich darstellen?
- Wozu soll die Darstellung dienen?
- Wen will ich informieren/überzeugen?
- Welche Hilfsmittel will ich verwenden? (M 4 auf S. 481)

Grundregeln der Visualisierung

Vorüberlegungen. Ziel ist es, Informationen des Vortrags optisch möglichst wirkungsvoll aufzubereiten. Dabei ist zu beachten, dass nach wie vor der Inhalt im Vordergrund steht, also nicht die „Showeffekte" überwiegen. Dies gilt insbesondere beim Einsatz von PowerPoint-Programmen. Ohnehin muss es nicht immer der Computer sein, mit dessen Hilfe visualisiert wird. Je nach Aussage und beabsichtigter Wirkung können auch andere Visualisierungsmedien eingesetzt werden.

M1 Tipps zur Visualisierung

- Visualisierungsmedien nach dem Inhalt der Präsentation auswählen,
- in Druckschrift schreiben, Groß- und Kleinbuchstaben verwenden.
- das Wichtigste durch Fettschrift oder Unterstreichung hervorheben.
- verschiedene Medien einsetzen, aber Mediensalat vermeiden,
- grafische Darstellungen verwenden, z. B. Diagramme, Strukturskizzen oder Wirkungsgeflechte (vgl. S. 448–449, S. 466 bis 467),
- jede Abbildung mit einer Überschrift versehen,
- bei Verwendung von Originalquellen nicht die Quellenangabe vergessen

Reduzierung der Sachinformationen. Durch kleine Anschriebe, Skizzen oder Bilder sollte nur so viel wie nötig und so wenig wie möglich dargestellt werden. Auf diese Kernaussagen muss man sich im Laufe der Präsentation immer wieder beziehen. Von großer Bedeutung ist in diesem Zusammenhang die Überschrift. Bei PPP- oder OHP-Folien gilt die Regel: „groß – anschaulich – kraftvoll".

Auf Transparenz achten. Während des Vortrags sollte stets der „rote Faden" dadurch deutlich werden, dass anhand der Disposition (z. B. auf einer OHP-Folie) immer wieder gezeigt wird, an welcher Stelle der Vortrag angelangt ist.

Ausgewählte Visualisierungsmedien

Die Zahl der zur Verfügung stehenden Visualisierungsmedien und die von ihnen gebotenen Darstellungsmöglichkeiten sind umfangreich. Eine grafische Zusammenstellung der wichtigsten zeigt M 4 auf S. 481.

Medium Plakat

Die Gestaltung eines Plakates gehört zu den grundlegenden Visualisierungstechniken. Sie setzt sich aus zwei Arbeitsebenen zusammen. Die eigentliche Plakatgestaltung hat die sachgerechte und ästhetische Visualisierung von (geographischen) Sachverhalten zum Ziel, während die anschließende Darstellung des Plakatinhaltes in einem Vortrag das erworbene Wissen und Verständnis kontrolliert, seine Vermittlung intensiviert, gezielt lenkt und zur Reflexion auffordert.
Die Plakatarbeit selbst wird bestimmt durch:
- Inhalt, Form und Position des Themas (Überschrift),
- Fernwirkung und Symbolwert von Farben (Linien, Flächen),
- Klarheit und Einprägsamkeit von bildhaften Gegenständen,
- Schriftgestaltung und Layout der Texte,
- Gliederung und Verständlichkeit der Informationen,
- Ordnung und Ästhetik auf der Plakatfläche,
- Zuordnung und Heraushebung von Fachbegriffen,
- Intensivierung der Veranschaulichung durch variable grafische Ebenen (Karten, Diagramme usw.).

Die häufigste Plakatform ist das komplexe Informationsplakat (M 2). Aber auch das Zeichnen eines Bildplakates oder das Schreiben eines (vorstrukturierten) Textplakates ist möglich.

M 2 Gestaltungsablauf für ein komplexes Informationsplakat

Inhalt erfassen
Nutzung verschiedenster Informationsquellen, um das Thema inhaltlich abzudecken und vorzustrukturieren,

Plakat vorbereiten
Auswahl eines geeigneten Plakatbogens (Farbe und Größe, z.B. 50x70 cm, beachten) und auf der Rückseite mit den Namen der Autorinnen und Autoren versehen,

Plakatentwurf erstellen
Festlegung von Teilthemen; deren Gestaltung und ihre Anordnung auf dem Plakat mithilfe einer maßstabsgerechten Entwurfsplanung

Plakat gestalten
Beachtung der Visualisierungsgrundsätze (M1 und M3). Ein besonderes Augenmerk ist auf die Qualität und Gestaltung der Informationstexte zu legen (kurz, informativ, verständlich, mit eigenen Worten formuliert, Druckschrift, zwei oder drei Schriftgrößen, farbig). Die Anordnung der Plakatelemente sollte sowohl inhaltlichen als auch gestalterischen Kriterien folgen (z.B. Abstände beachten und Reihenfolge der Sachinformationen logisch anordnen). Plakatelemente nach Entwurf erst aufkleben, wenn man mit der Anordnung aller Teilelemente zufrieden ist.

M 3 Farbsymbolik nach Edward de Bono

Farbe	Bedeutung
Weiß	neutral, objektiv; sachliche Fakten und Zahlen
Schwarz	düster, negativ
Rot	Ärger, Zorn, Emotionen; gefühlsmäßige Sicht
Gelb	sonnig, heiter, positiv; optimistisch, steht für Hoffnung und positives Denken
Grün	Gras, Vegetation; üppiges, fruchtbares Wachstum, Kreativität und neue Ideen
Blau	Himmel, kühl; Kontrolle und Organisation des Denkprozesses

M 4 Schüler bei der Plakatarbeit

Medium PowerPoint
PowerPoint ist ein weit verbreitetes Präsentationswerkzeug. Eine PowerPoint-Präsentation wird normalerweise zur Visualisierung eines Vortrages verwendet. Sie unterstützt anschaulich die mit Worten beschriebenen Sachverhalte. Die PowerPoint-Folien müssen also nicht selbsterklärend sein, dürfen aber auch nicht nur vorgelesen werden. Für die Erstellung einer PowerPoint-Präsentation gelten bestimmte Grundregeln.

Vorüberlegungen. Ist diese Form der Präsentation für den Zuhörerkreis und das, was ich damit erreichen möchte, geeignet? Wie viel Zeit steht mir zur Verfügung und bietet der Raum die Möglichkeit, dass alle der gut sichtbaren Präsentation folgen können? Wichtig ist auch, sich einen Überblick über die zur Verfügung stehenden technischen Möglichkeiten zu verschaffen. Eine noch so gute Präsentation, die auf Grund technischer Mängel nicht richtig läuft, ist verschenkt.

Inhaltskriterien. Die Aufeinanderfolge der Folien wird von der logischen Struktur des Vortrages bestimmt. Auch eine PowerPoint-Präsentation braucht eine Einleitungsfolie mit einem möglichst aktuellen Bezug und eine Abschlussfolie, die den Vortrag abrundet. Jede Inhaltsfolie braucht eine Kernaussage, die schon im Folientitel erfassbar ist. Beispiele ergänzen die Kernaussagen.
Auf keinen Fall dürfen die Quellenangaben vergessen werden.

Foliengestaltung. Durch die Benutzung einer vorhandenen oder selbst gestalteten Vorlage werden die Seiten einheitlich gestaltet. Stilbrüche sind zu vermeiden. Um die Übersichtlichkeit zu erhalten, sollten nicht mehr als sechs Informationen auf einer Seite Platz finden. Um eine gute Lesbarkeit zu garantieren, ist eine serifenlose Schriftart mit der Schriftgröße 16 Punkte optimal. Animationen, PowerPoint-Cliparts und Effekte sollten nur sparsam eingesetzt werden.

M 5 Tipps für gute PowerPoint-Folien

- maximal 6 Worte pro Zeile und 6 Zeilen pro Folie: Stichworte prägen sich besser ein als ganze Sätze. Texte im Hinblick auf Sprachstil und Rechtschreibung gründlich überprüfen (lassen).
- Farbwirkung nutzen: Viele Farben haben Signalwirkung (M 3). Diese Wirkung kann man zur Unterstreichung von bestimmten Aussagen nutzen.
- Bilddarstellung verwenden: Viele Sachverhalte lassen sich als Bild oder Diagramm leichter verstehen als durch eine verbale Beschreibung (M1). Bei der Auswertung von Diagrammen, Tabellen o.Ä. dem Publikum ein Lesebeispiel vorstellen.
- Motivationsfolien einsetzen: Statt eine Folie mit Informationen und Clip-Arts zu überladen, kann man diese auch auf eine separate Motivationsfolie setzen.

11.4 Tipps zu Klausuren und Prüfungen

11.4.1 Klausuren und schriftliche Abiturprüfung

Klausuren sollen den Lehrern (und den Schülern) schriftlich Auskunft darüber geben, inwieweit Unterrichtsinhalte sowie fachliche und methodische Kompetenzen im Unterricht erreicht wurden bzw. welche Konsequenzen für die weitere unterrichtliche Arbeit mit Blick auf die Abschlussqualifikationen (Abitur) zu ziehen sind. Sie dienen daher in besonderer Weise der Überprüfung der inhaltlichen Kenntnisse, der Kompetenzen in der selbstständigen problemgerechten Materialauswertung sowie der Fähigkeit, Gedankengänge stringent, sach- und fachgerecht in schriftlicher Form darzulegen.

Was wird in der Klausur verlangt?

Vor dem genannten Hintergrund werden von Ihnen also eine inhaltlich richtige und in sich logische Darstellung mit einem stetigen Materialbezug, ein klarer und verständlicher Aufbau sowie eine sprachlich einwandfreie Formulierung verlangt.

Das klingt (und ist) anspruchsvoll. Aber keine Panik! Die nachfolgenden Tipps werden Ihnen helfen, diese Anforderungen zu erfüllen.

Vorbereitung auf die Klausur

Die notwendigen inhaltlichen Kenntnisse festigen Sie durch die Arbeit mit den entsprechenden Kapiteln im vorliegenden Buch. Ziehen Sie ergänzend Ihre Mitschriften aus dem Unterricht heran. Zusammenfassungen auf Karteikarten können ebenfalls sehr hilfreich sein.

Auch zur Schulung der methodischen Fertigkeiten gibt Ihnen das Buch die notwendigen Hilfen. Studieren Sie gründlich die einzelnen methodischen Kapitel und wenden Sie das dort Gelesene an bzw. übertragen Sie es auf andere Materialien. Grundlage sind die Arbeitsmittel und die Arbeitsaufträge in den einzelnen Kapiteln.

Vorgehensweisen in der Klausur

1. Schritt: Überblick über Thema und Aufgaben

- Lesen Sie das Thema genau durch. Es gibt Ihnen in der Regel bereits einen wichtigen Hinweis auf den zu bearbeitenden Schwerpunkt.
- Lesen Sie die Aufgaben gründlich durch. Sie zeigen Ihnen die Richtung für die Erschließung des Themas. Konkretisiert werden die Arbeitsaufträge durch die verwendeten Operatoren, die klar formulieren, was konkret von Ihnen verlangt wird (vgl. den Operatorenkatalog im Vorderen Vorsatz dieses Buches).
- Markieren Sie Schlüsselbegriffe, die Ihnen die gestellten Anforderungen erschließen. Dies hat nicht nur den Vorteil, dass Sie die Anforderungen genau kennen. Gleichzeitig erhalten Sie ein mögliches Gliederungsschema für die schriftliche Ausarbeitung.

2. Schritt: Räumliche Einordnung des Klausurbeispiels und Sichtung der Materialien

- Ordnen Sie das Klausurbeispiel räumlich ein und gliedern Sie den Untersuchungsraum, soweit das möglich ist, in Teilräume. Denken Sie auch an die Verwendung des Atlas.
- Verschaffen Sie sich einen ersten Überblick über die beigegebenen Materialien und ordnen Sie diese den Teilaufgaben zu. In der Regel kann man davon ausgehen, dass die Anordnung der Materialien im weitesten Sinne der Aufgabenfolge entspricht. Einige sind aber auch aufgabenübergreifend. Notieren Sie also zu den Aufgaben, welche Materialien besonders zur jeweiligen Teilaufgabe passen.

3. Schritt: Erstellen einer Lösungsskizze und eines Zeitplans

- Erstellen Sie eine Liste mit Stichworten zu den jeweiligen Teilaufgaben und Materialien, die Ihnen bei der Reinschrift als roter Faden dient.
- Notieren Sie relevante Fachausdrücke zu den Teilaufgaben und Materialien: Eine richtig verwendete Fachsprache spart Zeit und Text und bringt auch am Ende zählbare Punkte, gehört Sie doch zu den Kriterien der Leistungsbewertung.
- Analysieren Sie das Material, wobei Sie immer das Thema bzw. die Aufgabenstellung im Auge behalten, damit Sie keine Aussagen herauslesen und schriftlich ausführen, die mit dem Thema bzw. der jeweiligen Aufgabenstellung nichts zu tun haben.
- Legen Sie einen groben Zeitplan fest und denken Sie daran, dass ausreichend Zeit für das abschließende Lesen zur Verfügung stehen muss.

4. Schritt: Schriftliche Ausarbeitung

- Formulieren Sie eine kurze Einleitung, die in das Thema einführt und den Untersuchungsraum topographisch einordnet.
- Geben Sie jeder Aufgabe eine eigene thematische Überschrift und achten Sie darauf, inhaltliche Schwerpunkte zu setzen.
- Gliedern Sie Ihre Ausführungen sowohl inhaltlich als auch formal, z.B. durch Zwischenüberschriften, Unterstreichungen, Absätze, Leerzeilen etc.
- Stützen Sie Ihre Aussagen durch aussagekräftige Beispiele und bringen Sie dabei gezielt Ihr Vorwissen ein. Achten Sie aber darauf, dass Sie Ihr gesamtes Vorwissen nicht unterschiedslos ausbreiten und dabei das Thema bzw. die Aufgabenstellung aus dem Auge verlieren.
- Benutzen Sie nach Möglichkeit Fachtermini statt allgemeiner Umschreibungen.

- Achten Sie darauf, dass Ihre Aussagen immer einen Materialbezug haben; Vermutungen sind sprachlich als solche zu kennzeichnen. Vermeiden Sie möglichst pauschale Aussagen, da diese vielfach falsch sind, weil sie zahlreiche andere (Ihnen u. U. unbekannte) Fakten nicht berücksichtigen.
- Kennzeichnen Sie wörtliche Übernahmen von Textpassagen als Zitate.
- Schließen Sie die Beantwortung jeder Teilaufgabe mit einem kurzen Fazit ab; die Antwort auf die letzte Aufgabe erhält zusätzlich ein Fazit für die gesamte Thematik in Form eines Rückbezugs auf das Thema der Arbeit.

5. Schritt: Abschlusskontrolle

- Kontrollieren Sie bei der Lektüre, ob die jeweilige Aufgabe genau erfüllt ist und die Aussagen vernetzt und aufeinander bezogen wurden.
- Achten Sie im Detail auf folgende Punkte: Lesbarkeit des Textes, Rechtschreibung und Zeichensetzung, grammatikalische Richtigkeit, fachsprachlich korrekte Formulierungen, Logik der Ausführungen, Vollständigkeit im Vergleich mit Ihren Notizen zu den Arbeitsaufträgen und Materialien.

Ein Hinweis zum Schluss

Lesen Sie nach der Rückgabe einer Klausur die Randbemerkungen und den Schlusskommentar des Lehrers aufmerksam durch und notieren Sie in einer Checkliste Ihre häufigsten Fehler, damit Sie diese durch zusätzliche Übungen zukünftig vermeiden können. Häufen sich sachliche Fehler oder attestiert Ihnen der Lehrer in seinem Schlusskommentar lückenhaftes Grundwissen, dann dürfte Ihnen der nächste Schritt klar sein: Bemühen Sie sich intensiv, Ihre Wissenslücken zu schließen sowie Ihre fachlichen und methodischen Kompetenzen zu verbessern, z. B. mit diesem Buch.

11.4.2 Einige Tipps für die mündliche Abiturprüfung

Auch der Weg zu einer erfolgreichen mündlichen Prüfung kann durch eine systematische Vorbereitung und ein taktisch richtiges Vorgehen wesentlich erleichtert werden. Nutzen Sie also die große Chance des mündlichen Abiturs, um die Gesamtnote vielleicht um das entscheidende Zehntel zu verbessern. Dazu im Folgenden einige Tipps.

1. Gehen Sie davon aus, dass die Prüfungskommission Ihnen grundsätzlich wohlwollend gesonnen ist; das beseitigt Ängste.
2. Wirken Sie gelassen, geben Sie sich freundlich und aufgeschlossen.
3. Schauen Sie dem Prüfer während des Prüfungsgesprächs in die Augen.
4. Scheuen Sie sich nicht Rückfragen zu stellen, wenn Sie eine Frage des Prüfers nicht verstanden haben.
5. Sprechen Sie langsam und mit Überzeugung.
6. Vermeiden Sie Prüfungsausreden, wie z. B.: „Das lag mir eben noch auf der Zunge."
7. Verwenden Sie Fachvokabular; ein an der richtigen Stelle eingesetzter Fachbegriff erspart umständliche, oft ungenaue Umschreibungen.
8. Vermeiden Sie Übertreibungen; jeder nicht zu belegende Superlativ (z. B. „der weltweit größte Umweltskandal" oder „das ärmste Land der Welt") reizt zum Widerspruch.
9. Kommen Sie schnell zur Sache und reden Sie nicht „um den Brei herum"; das verrät nur Unkenntnis und Unsicherheit.
10. Gliedern Sie Ihre Ausführungen, z. B.: „Soweit meine Ausführungen zur ersten Aufgabe, jetzt möchte ich mit dem zweiten Arbeitsauftrag beginnen."
11. Unterstützen Sie Ihre Ausführungen ggf. durch eine kleine Tafelskizze oder durch eine tabellarische Auflistung von Pro- und Contra-Argumenten, die sie während der Vorbereitungszeit auf einer Folie notieren; damit ersparen Sie sich unter Umständen nicht nur lange verbale Erklärungen, Ihre Ausführungen werden auch transparenter.
12. Veranschaulichen Sie abstrakte Zahlen durch Vergleichswerte, z. B.: „Das entspricht der Einwohnerzahl von Niedersachsen"; damit unterstreichen Sie zusätzlich Ihr Wissen.
13. Begründen Sie Ihr Urteil mit rationalen Argumenten; emotionale überzeugen in der Regel nicht.
14. Werden Bewertungen gefordert, nennen Sie Ihre Entscheidungskriterien; urteilen Sie differenziert.
15. Beginnen Sie keine Auseinandersetzung mit dem Prüfer über die sachliche Richtigkeit Ihrer Ausführungen; Sie ziehen doch den Kürzeren, schließlich ist er der „Fachmann".

12.1 Anhang – Weiterführende Literatur für die Hand des Schülers

Kapitel 1: Natürliche Voraussetzungen menschlichen Lebens auf der Erde

Monographien und Sammelwerke

Cubasch, Ulrich, Dieter Kasang: Anthropogener Klimawandel. Gotha: Perthes 2000

Eitel, Bernhard: Bodengeographie. Das Geographische Seminar. Braunschweig: Westermann 2001

Frisch, Wolfgang, Martin Meschede: Plattentektonik. Darmstadt: Wissenschaftliche Buchgesellschaft 2007

Glaser, Rüdiger: Klimageschichte Mitteleuropas. Darmstadt: Primus 2001

Grassl, Hartmut, u.a.: Wetterkatastrophen und Klimawandel. München: Pg-Verlag 2005

Klink, Hans-Jürgen: Vegetationsgeographie. Das Geographische Seminar. Braunschweig: Westermann 1998

Küster, Hansjörg: Geschichte der Landschaft in Mitteleuropa. München: Beck 1995

Latif, Mojib: Klima. Frankfurt am Main: Fischer Taschenbuchverlag 2004

Lauer, Wilhelm, Jörg Bendix: Klimatologie. Das Geographische Seminar. 2. Aufl. Braunschweig: Westermann 2006

Leier, Manfred (Hrsg.): Weltatlas der Ozeane. München: Frederking und Thaler 2001

Littmann, Thomas, u.a.: Elemente des Klimas. Gotha: Klett-Perthes 2004

Pflug, Reinhard: Bau und Entwicklung des Oberrheingrabens. Darmstadt: Wissenschaftliche Buchgesellschaft 1982

Rahmstorf, Stefan, Hans-Joachim Schellnhuber: Der Klimawandel. München: Beck 2006

Richter, Michael: Vegetationszonen der Erde. Perthes GeographieKolleg. Gotha: Klett-Perthes 2001

Schmincke, Hans-Ulrich: Vulkanismus. Darmstadt: Wissenschaftliche Buchgesellschaft 2000

Schoenwiese, Christian-Dietrich: Klimatologie. UTB. Stuttgart: Ulmer 2003

Scholliers, Matthias: Klima im Wandel. TERRAglobal. Leipzig: Klett 2007

Weischet, Wolfgang, Wilfried Endlicher: Einführung in die Allgemeine Klimatologie. Stuttgart: Borntraeger 2002

Zeitschriften

Geographie heute, 27. Jg., H. 241/242 (Juni 2006): Klimawandel. Seelze-Velber: Friedrich

Geographie heute, 27. Jg., H 243 (Sept. 2006): System Erde – Mensch. Seelze-Velber: Friedrich

Geographie und Schule, 26. Jg., H. 151 (Okt. 2004): Erdbeben. Köln: Aulis

Geographische Rundschau, 52. Jg., H. 10/2000: Ökozonen der Erde. Braunschweig: Westermann

Geographische Rundschau, 56. Jg., H. 1/2004: Klimawandel. Braunschweig: Westermann

Geographische Rundschau, 58. Jg., H. 2/2006: Wasserpolitik. Braunschweig: Westermann

GEOkompakt: Die Geburt der Erde und die Entstehung des Lebens. Hamburg: Gruner + Jahr 2004, Nr. 1

Praxis Geographie, 35. Jg., H. 5/2005: Klimawandel. Braunschweig: Westermann

Praxis Geographie, 38. Jg., H. 5/2008: Endogene und exogene Kräfte. Braunschweig: Westermann

Spektrum der Wissenschaft: Wetter und Klima. Spezial 3/2000. Heidelberg: Springer

Spektrum der Wissenschaft: Die unruhige Erde. Dossier 2/2001. Heidelberg: Springer

Internetadressen (Juli 2008)

www.dkrz.de (Deutsches Klimarechenzentrum)

www.dwd.de (Deutscher Wetterdienst)

www.hamburger-bildungsserver.de (umfangreiches Angebot zum Thema Atmosphäre, Klima und Klimawandel unter: Themen → Klimawandel)

www.ipcc.ch (digitale Zusammenfassung von drei Büchern über den Zustand der Atmosphäre, mit wertvollen Links)

www.umweltbundesamt.de/klimaschutz/klimaaenderungen/index.htm (Materialien zu Klima, Klimawandel und Klimaschutz)

www.usgs.gov (Aspekte der Plattentektonik, Schwerpunkt Nordamerika, mit vielen Links)

www.wetter.de (Klima und Wetter)

Kapitel 2: Geoökosysteme

Monographien und Sammelwerke

Altner, Günter, u.a. (Hrsg.): Jahrbuch Ökologie. München: Beck 2004

Blick, Hartmut: Ökologie. Stuttgart u.a.: Fischer 1998

Korby, Wilfried: Bodendegradation – Unser Boden in Gefahr? TERRAglobal. Leipzig: Klett 2006

Richter, Gerold: Bodenerosion. Darmstadt: Wissenschaftliche Buchgesellschaft 1998

Scholz, Ulrich: Die feuchten Tropen. Das Geographische Seminar. Braunschweig: Westermann 2003

Schulz, Jürgen: Die Ökozonen der Erde. UTB. Stuttgart: Ulmer 2002

Wittig, Rüdiger, Bruno Streit: Ökologie. UTB basics. Stuttgart: Ulmer 2004

Zeitschriften

Geographische Rundschau, 53. Jg., H. 9/2001: Landschaftsdegradation. Braunschweig: Westermann

Petermanns Geographische Mitteilungen, 145. Jg., H. 4/2001 Degradation – Desertifikation. Gotha: Klett-Perthes

Petermanns Geographische Mitteilungen, 147. Jg., H. 3/2003: Bodenverbrauch. Gotha: Klett-Perthes

Internetadressen (Juli 2008)

www.umweltbundesamt.de (Deutsches Umweltbundesamt)

Kapitel 3: Bevölkerung – Wachstum, Struktur und Migration

Monographien und Sammelwerke

Bähr, Jürgen: Bevölkerungsgeographie. UTB. Stuttgart: Ulmer 2004

Bertelsmann Stiftung (Hrsg.): Wegweiser Demographischer Wandel 2020, Gütersloh: Bertelsmann 2006

Deutsche Stiftung Weltbevölkerung (Hrsg.): DSW-Datenreport Weltbevölkerung. Hannover, erscheint jährlich

Goldberg, Andreas, u.a.: Die deutschen Türken. Münster u.a.: LIT Verlag 2004

Kernig, Claus D.: Und mehret euch? Deutschland und die Weltbevölkerung im 21. Jahrhundert. Bonn: Dietz 2006

Leisinger, Klaus M.: Die sechste Milliarde. München: Beck 2000
Münz, Rainer, Albert F. Reiterer: Wie schnell wächst die Zahl der Menschen? Frankfurt am Main: Fischer Taschenbuchverlag 2007
Walla, Wolfgang, u.a.: Der demographische Wandel. Stuttgart: Kohlhammer 2006

Zeitschriften
Geographie und Schule, 30. Jg., H. 172 (April 2008): Demographischer Wandel. Köln: Aulis
Geographische Rundschau, 53. Jg., H. 2/2001: Weltbevölkerung und Migration. Braunschweig: Westermann
Geographische Rundschau, 59. Jg., H. 2/2007: Demographischer Wandel. Braunschweig: Westermann
Petermanns Geographische Mitteilungen, 144. Jg., H. 1/2000: Bevölkerungsentwicklung. Gotha: Klett-Perthes
Praxis Geographie, 32. Jg., H. 2/2002: Migration. Braunschweig: Westermann
Praxis Geographie, 37. Jg., H. 5/2007: Weltbevölkerung. Braunschweig: Westermann

Internetadressen (Juli 2008)
www.bib-demographie.de (Bundesinstitut für Bevölkerungsforschung)
www.census.gov (Statistisches Büro der USA, weltweite Daten, sehr aktuell)
www.destatis.de (Statistisches Bundesamt Deutschlands)
www.dsw-online.de (Deutsche Stiftung Weltbevölkerung)
www.europa.eu.int/comm/eurostat.html (Statistik der Europäischen Gemeinschaft)
www.unfpa.org (United Nations Population Fund)

Kapitel 4: Landwirtschaft

Monographien und Sammelwerke
Agrarbündnis (Hrsg.): Landwirtschaft 2006. Der kritische Agrarbericht 2006. Rheda-Wiedenbrück: AGL Bauernblatt
Arnold, Adolf: Allgemeine Agrargeographie. Gotha: Perthes 1997
Baldenhofer, Kurt: Lexikon des Agrarraums. Gotha: Perthes 1999
Bundesministerium für Ernährung, Landwirtschaft und Forsten/für Verbraucherschutz, Ernährung und Landwirtschaft: Agrarbericht der Bundesregierung, erscheint jährlich
Hine, Rachel: Ernährung sichern. Frankfurt am Main: Brandes & Apsel 2007
IMA (Informationsgemeinschaft für Meinungspflege und Aufklärung/Information. Medien.Agrar (Hrsg.): Agrilexikon, 10. Auflage, 1997. 14. Aufl., 2004. Hannover, Bonn
IMA ... (Hrsg.): Agrimente: Hannover/Bonn, erscheint jährlich
Klohn, Werner, Hans-Wilhelm Windhorst: Die Landwirtschaft in Deutschland. Vechtaer Materialien zum Geographieunterricht, 4. Aufl. Vechtaer Druckerei und Verlag 2003
Klohn, Werner, Hans-Wilhelm Windhorst: Die Landwirtschaft der USA. Vechtaer Materialien zum Geographieunterricht, 5. Aufl. Vechtaer Druckerei und Verlag 2007
Rifkin, Jeremy: Das Imperium der Rinder. Der Wahnsinn der Fleischindustrie. Frankfurt am Main: Campus 2001
Schmidt, Götz, Ulrich Jasper: Agrarwende oder die Zukunft der Ernährung. München: Beck 2001

Zeitschriften
Geographie und Schule, 25. Jg., H. 145 (Okt. 2003): Landwirtschaftlicher Strukturwandel. Köln: Aulis
Geographische Rundschau, 56. Jg., H. 11/2004: Agrargüter und Weltmarkt. Braunschweig: Westermann
Geographische Rundschau, 58. Jg. H. 12/2006: Transformation in der Landwirtschaft. Braunschweig: Westermann
Praxis Geographie, 37. Jg., 2/2007: Landwirtschaft in der EU. Braunschweig: Westermann
Praxis Geographie, 37. Jg., H. 10/2007: Ernährungssicherung. Braunschweig: Westermann

Internetadressen (Juli 2008)
www.ima-agrar.de (Information.Medien.Agrar)
www.fao.org (Food an Agriculture Organization of the United Nations)
www.bauernverband.de (Deutscher Bauernverband)

Kapitel 5: Ressourcen und ihre Nutzung

Monographien und Sammelwerke
Bundesanstalt für Geowissenschaften und Rohstoffe (Hrsg.): Reserven, Ressourcen und Verfügbarkeit von Energierohstoffen. Hannover, erscheint jährlich
Hoffmann, Thomas: Weltproblem Wasser. TERRAglobal. Gotha: Klett-Perthes 2003
Informationszentrale der Elektrizitätswirtschaft e.V.: Energiewelten. Frankfurt am Main 2000, 2 CD-ROMs
Lovins, Amory, Peter Hennicke: Voller Energie. Frankfurt am Main: Campus 1999
Petermann, Jürgen: Sichere Energie des 21. Jahrhunderts. Hamburg: Hoffmann und Campe 2006
Petrella, Riccardo: Wasser für alle. Ein globales Manifest. Zürich: Rotpunktverlag 2000
Vereinigung Deutscher Gewässerschutz (Hrsg.): Naturstoff Wasser. Schriftenreihe der Vereinigung Deutscher Gewässerschutz, Bd. 37. Bonn 2004
Wellmer, Friedrich-Wilhelm, Jens-Dieter Becker-Platen (Hrsg.): Mit der Erde leben. Berlin: Springer 1999

Zeitschriften
Geographie heute, 21. Jg., H. 191/2001: Energiewende. Seelze-Velber: Friedrich
Geographie und Schule, 22. Jg., H. 128 (Dez. 2000): Wasser als knappe Ressource. Köln: Aulis
Geographie und Schule, 25. Jg., H. 146 (Dez. 2003): Die Ressource Erdöl. Köln: Aulis.
Geographie und Schule, 29. Jg., H. 167 (Juni 2007): Konfliktstoff Wasser. Köln: Aulis
Geographie und Schule, 29. Jg., H. 169 (Okt. 2007): Ressourcen und Nachhaltigkeit. Köln: Aulis
Geographische Rundschau, 50. Jg., H. 7 bis 8/1998: Wasser. Ressourcen und Konflikte. Braunschweig: Westermann
Geographische Rundschau, 52. Jg., H. 6/2000: Ressourcen und Recycling. Braunschweig: Westermann

Geographische Rundschau, 58. Jg., H. 2/2006: Wasserpolitik. Braunschweig: Westermann
Praxis Geographie, 38. Jg., H. 11/2008: Energie und Umwelt. Braunschweig: Westermann

Internetadressen (Juli 2008)

http://ihp.bafg.de (internationale Zusammenarbeit zur Wasserproblematik)
www.bgr.bund.de (Bundesanstalt für Geowissenschaften und Rohstoffe, ständig Studien und Publikationen zum Thema)
www.bp.com (BP Statistical Review of World Energy, aktuelle Daten zu allen Energieträgern, Schwerpunkt Erdöl, Erdgas)
www.strom.de (regenerative Energien und Solarenergie)
www.usgs.gov (United States Geological Survey, hier vor allem ausführliche Daten zu den Metallrohstoffen)
www.wupperinst.org/de/projekte/stichworte/ressourcenmanagement/ (nachhaltiges Ressourcenmanagment)

Kapitel 6: Industrie und Dienstleistungen

Monographien und Sammelwerke

Batheit, Harald, Johannes Glückler: Wirtschaftsgeographie. UTB. Stuttgart: Ulmer 2004
Benevolo, Leonardo: Die Geschichte der Stadt Frankfurt. Frankfurt am Main: Campus 1983.
Bronny, Horst, Norbert Jansen, Burckhard Wetterau: Das Ruhrgebiet. Essen: Kommunalverband Ruhrgebiet 2002.
Der Fischer Weltalmanach. Frankfurt am Main: Fischer Taschenbuchverlag (erscheint jährlich)
Giarini, Orio, Patrick M. Liedtke: Wie wir arbeiten werden. Der neue Bericht an den Club of Rome. Hamburg: Hoffmann und Campe 1998
Hauchler, Ingomar, u.a. (Hrsg.): Globale Trends. Frankfurt am Main: Fischer Taschenbuchverlag (erscheint zweijährlich)
Hesse, Markus, Helmut Nuhn: Verkehrsgeographie. UTB. Paderborn: Schöningh 2006
Kaminski, Horst (Hrsg.): Ökonomie. Grundlagen wirtschaftlichen Handelns. Braunschweig: Westermann 2005
Kreus, Arno, Paul Lindner, Norbert von der Ruhren: Industrie/Dienstleistungen. FUNDAMENTE Kursthemen. Gotha: Klett-Perthes 2004
Kulke, Elmar: Wirtschaftsgeographie Deutschlands. Gotha: Perthes 1998
Kulke, Elmar: Wirtschaftsgeographie. UTB. Paderborn: Schöningh 2004
Maier, Jörg, Reiner Beck: Allgemeine Industriegeographie. Gotha: Klett-Perthes 2000
Statistisches Bundesamt: Statistisches Jahrbuch für die Bundesrepublik Deutschland. Wiesbaden (erscheint jährlich)

Zeitschriften

Geographie und Schule, 23. Jg., H. 134 (Dezember 2001): Moderne Wirtschafts- und Kommunikationsströme. Köln: Aulis
Geographie und Schule, 24. Jg., H. 135 (April 2002): Geographie des Tourismus. Köln: Aulis
Geographie und Schule, 25. Jg., H. 141 (Febr. 2003): Geographie und Wirtschaft. Köln: Aulis
Geographie und Schule, 25. Jg., H. 142 (April 2003): Geographie des Tertiären Sektors. Köln: Aulis
Geographische Rundschau, 53. Jg., H. 7 bis 8/2001: Industrie und Globalisierung. Braunschweig: Westermann
Geographische Rundschau, 59. Jg., H. 5/2007: Globalisierung und Verkehr. Braunschweig: Westermann
Praxis Geographie, 31. Jg., H. 6/2001: Das neue Ruhrgebiet. Braunschweig: Westermann
Praxis Geographie, 33. Jg. H. 2/2003: Industriegeographie. Braunschweig: Westermann
Praxis Geographie, 35. Jg., H. 7–8/2005: Welthandel. Braunschweig: Westermann
Praxis Geographie, 38. Jg., H. 4/2008: Automobilundustrie. Braunschweig: Westermann

Internetadressen (Juli 2008)

www.diw-berlin.de (Deutsches Institut für Wirtschaftsforschung Berlin)
www.ifo.de (ifo-Institut für Wirtschaftsforschung)
www.iwkoeln.de (Informationsdienst des Instituts der Deutschen Wirtschaft)
www.oecd.org (OECD)

Kapitel 7: Raumordnung

Monographien und Sammelwerke

Bundesamt für Bauwesen und Raumordnung (Hrsg.): Bausteine einer nachhaltigen Raumentwicklung. (Forschungen, H. 88). Bonn: BBR 1998
Bundesamt für Bauwesen und Raumordnung: Raumordnungsbericht 2005. Bonn: BBR 2005
Bundesamt für Bauwesen und Raumordnung: Informationen aus der Forschung des BBR. Bonn: BBR (erscheint mehrmals jährlich)
Umweltbundesamt (Hrsg.): Nachhaltiges Deutschland. Berlin: Schmidt 1998

Zeitschriften

Geographie und Schule, 22. Jg., H. 123 (Febr. 2000): Landschaftsplanung. Köln: Aulis
Geographische Rundschau, 57. Jg., H. 3/2005: Raumordnung und Raumentwicklung. Braunschweig: Westermann
Praxis Geographie, 34. Jg., H. 11/2004: Aktuelle Stadtstrukturen in Deutschland. Braunschweig: Westermann
Praxis Geographie, 37. Jg., H. 3/2007: Stadtregionen in Deutschland. Braunschweig: Westermann

Internetadressen (Juli 2008)

www.bbr.bund.de (Bundesamt für Bauwesen und Raumordnung)

Kapitel 8: Der Lebensraum Stadt und die weltweite Verstädterung

Monographien und Sammelwerke

Bronger, Dirk: Metropolen, Megastädte, Global Cities. Darmstadt: Wissenschaftliche Buchgesellschaft 2005
Bundesamt für Bauwesen und Raumordnung: Aktuelle Daten zur Entwicklung der Städte, Kreise und Gemeinden, Ausgabe 1999 (Berichte, Bd. 3). Bonn: BBR 1999
Bundesamt für Bauwesen und Raumordnung: Urban Future. (Forschungen, H. 92). Bonn: BBR 1999
Bundesamt für Bauwesen und Raumordnung: Raumordnungsbericht 2000 (Berichte, Bd. 7). Bonn: BBR 2000

Bundesamt für Bauwesen und Raumordnung: Stadtentwicklung und Städtebau in Deutschland. Ein Überblick (Berichte, Bd. 5). Bonn: BBR 2000
Bundesumweltministerium/Umweltbundesamt: Handbuch Lokale Agenda 21. Wege zur nachhaltigen Entwicklung in den Kommunen, Bonn, Berlin 1998
Gaebe, Wolf: Urbane Räume. UTB. Stuttgart: Ulmer 2004
Hall, Peter, Ulrich Pfeiffer: Weltbericht für die Zukunft der Städte, URBAN 21. Berlin: Bundesministerium für Verkehr, Bau- und Wohnungswesen 2000
Heineberg, Heinz: Stadtgeographie. UTB. Paderborn: Schöningh 2007
Hofmeister, Burckhard: Stadtgeographie: Das Geographische Seminar. 7. Aufl. Braunschweig: Westermann, 1999
Korby, Wilfried: Das Jahrtausend der Städte. TERRAglobal. Gotha: Klett-Perthes 2004
Korby, Wilfried, u. a.: Städtische Räume im Wandel. FUNDAMENTE Kursthemen. Gotha: Klett-Perthes 2005
Lichtenberger, Elisabeth: Die Stadt. Von der Polis zur Metropolis. Darmstadt: Wissenschaftliche Buchgesellschaft 2002
Zehner, Klaus: Stadtgeographie. Gotha: Klett-Perthes 2001

Zeitschriften

Geographie und Schule, 21. Jg., H. 118 (April 1999): Ökologische Stadterneuerung. Köln: Aulis
Geographie und Schule, 23. Jg., H. 129 (Febr. 2001): Suburbanisierungsprozesse in Megastädten. Köln: Aulis
Geographie und Schule, 29. Jg., H. 165 (Febr. 2007): Global Cities. Köln: Aulis
Geographie und Schule, 29. Jg., H. 166 (April 2007): Schrumpfende Städte – Shrinking Cities. Köln: Aulis
Geographische Rundschau, 52. Jg., H. 7–8/2000: Stadtgeographie. Braunschweig: Westermann
Geographische Rundschau, 57. Jg., H. 10/2005: Weltweite Verstädterung. Braunschweig: Westermann
Geographische Rundschau, 58. Jg., H. 6/2006: Großstädte in Deutschland. Braunschweig: Westermann

Internetadressen (Juli 2008)

www.kommon.de (deutsche Städte)
www.officialcitysites.org/country.php3 (Städte verschiedener Länder)
www.geowissenschaften.de (Aspekte zum Thema Lebensraum Stadt)

Kapitel 9: Entwicklungsländer

Monographien und Sammelwerke

Atlas der Globalisierung. Die neuen Daten und Fakten zur Lage der Welt. Paris: Le Monde diplomatique, Berlin: taz-Verlags- und Vertriebs GmbH 2007
Engelhard, Karl: Welt im Wandel. Stuttgart: OMNIA 2007
Hauchler, Ingomar, u. a. (Hrsg.): Globale Trends. Frankfurt am Main: Fischer Taschenbuchverlag (erscheint zweijährlich)
Korby, Wilfried: Arme Welt – Reiche Welt. TERRAglobal. Gotha: Klett-Perthes 2005
Kreus, Arno, Norbert v. d. Ruhren (Hrsg.): Entwicklungsländer im Wandel – Leben in der „Einen Welt". Leipzig: Klett 2007
Misereor/BUND (Hrsg.): Zukunftsfähiges Deutschland. Basel: Birkhäuser 1998
Nohlen, Dieter (Hrsg.): Lexikon Dritte Welt. Reinbeck: Rowohlt 2002
Nohlen, Dieter, Franz Nuscheler (Hrsg.): Handbuch der Dritten Welt (8 Bde.). Bonn: Dietz 1991ff.
Nuscheler, Franz: Entwicklung und Frieden im 21. Jahrhundert. Bonn: Dietz 2000
Nuscheler, Franz: Lern- und Arbeitsbuch Entwicklungspolitik. Bonn: Dietz 2005
Scholz, Fred: Entwicklungsländer. Das Geographische Seminar. Braunschweig: Westermann 2007
Weltbank (Hrsg.): Weltentwicklungsbericht (erscheint jährlich zu speziellen Themen). Deutsche Ausgabe: bis 2004 Bonn: UNO-Verlag, ab 2005 Düsseldorf: Droste
Wolf, Jürgen H.: Entwicklungsländer und Entwicklungspolitik im Rahmen globaler Strukturen und Prozesse. Paderborn: Schöningh 2003

Zeitschriften

Bundeszentrale für politische Bildung (Hrsg.): Entwicklungsländer. Informationen zur politischen Bildung, Nr. 252. Bonn: 1996
Bundeszentrale für politische Bildung (Hrsg.): Entwicklung und Entwicklungspolitik. Informationen zur politischen Bildung, Nr. 286. Bonn 2005
Geographie und Schule, 23. Jg., H. 133 (Okt. 2001): Räumliche Disparitäten. Köln: Aulis
Geographie und Schule, 27. Jg., H. 157 (Okt. 2005): Marginalsiedlungen. Köln: Aulis
Geographie und Schule, 28. Jg., H. 161 (Juni 2006): Entwicklung durch Globalisierung? Köln: Aulis
Geographische Rundschau, 51. Jg., H. 12/1999: Informeller Sektor in der Dritten Welt. Braunschweig: Westermann
Geographische Rundschau, 54. Jg., H. 10/2002: Globalisierung und Entwicklung. Braunschweig: Westermann
Geographische Rundschau, 55. Jg., H. 3/2003: Tourismus in Entwicklungsländern. Braunschweig: Westermann
Geographische Rundschau, 59. Jg., H. 9/2007: Schwellenländer. Braunschweig: Westermann
Praxis Geographie, 31. Jg., H. 4/2001: Informeller Sektor. Braunschweig: Westermann
Praxis Geographie, 36. Jg., H. 5/2006: Schwellenländer. Braunschweig: Westermann

Internetadressen (Juli 2008)

www.bmz.de (Bundesministerium für wirtschaftliche Zusammenarbeit und Entwicklung)
www.brot-fuer-die-welt.de (Brot für die Welt)
www.ded.org (Deutscher Entwicklungsdienst)
www.ekd.de/agked/welcome.html und www.ageh.de (Kirchliche Entwicklungsdienste)
www.fao.org (Food and Agriculture Organization of the United Nations)
www.gtz.de (Deutsche Gesellschaft für Technische Zusammenarbeit)
www.misereor.de (Misereor)
www.oecd.org (Organisation für wirtschaftliche Zusammenarbeit und Entwicklung)
www.oneworld.org (Eine-Welt-Organisation)
www.worldbank.org (Weltbank)
www.wto.org (Welthandelsorganisation)

Kapitel 10: Weltwirtschaft und Weltwirtschaftsräume im Globalisierungsprozess
Teilkapitel 10.1: Die Weltwirtschaft im Globalisierungsprozess

Monographien und Sammelwerke
Engelhard, Karl, Karl-Heinz Otto (Hrsg.): Globalisierung. Eine Herausforderung für Entwicklungspolitik und entwicklungspolitische Bildung. Münster: Waxmann 2005
Enquete-Kommission „Globalisierung der Weltwirtschaft" (Hrsg.): Schlussbericht: Globalisierung der Weltwirtschaft – Herausforderungen und Antworten (Bundesdrucksache 14/9200). Berlin 2002, Leverkusen: Leske + Budrich 2002
Hoffmann, Thomas: Globalisierung. TERRAglobal. Gotha: Klett-Perthes 2005
Klohn, Werner: Weltwirtschaft und Globalisierung. Vechtaer Materialien zum Geographieunterricht, H. 10. 3. Aufl. Vechta: Vechtaer Druckerei und Verlag 2008
Stiglitz, Joseph: Die Schatten der Globalisierung. München: Goldmann 2004

Zeitschriften
Bundeszentrale für politische Bildung (Hrsg.): Globalisierung. Informationen zur politischen Bildung, Nr. 280. Bonn 2003
Geographie und Schule, 21. Jg., H. 122 (Dez. 1999): Globalisierung. Köln: Aulis
Geographie und Schule, 28. Jg., H. 161 (Juni 2006): Entwicklung durch Globalisierung? Köln: Aulis
Geographie und Schule, 30. Jg., H. 173 (Juni 2008): Welthandel. Köln: Aulis
Geographische Rundschau, 57. Jg., H. 2/2005: Welthandel und Globalisierung. Braunschweig: Westermann
Geographische Rundschau, 58. Jg., H. 7–8/2006: Globale Telekommunikation. Braunschweig: Westermann
Praxis Geographie, 31. Jg., H. 9/2001:Globalisierung. Braunschweig: Westermann
Praxis Geographie, 35. Jg., H. 7–8/2005: Welthandel. Braunschweig: Westermann
Praxis Geographie, 36. Jg., H. 1/2006: Der globalisierte Standort. Braunschweig: Westermann

Teilkapitel 10.2: USA – Weltwirtschaftsmacht und nachindustrielle Gesellschaft

Monographien und Sammelwerke
Hahn, Roland: USA. Länderprofile. 2. Aufl. Gotha: Klett-Perthes 2002
Klohn, Werner, Hans-Wilhelm Windhorst: Bevölkerung und Siedlung in den USA. Vechtaer Materialien zum Geographieunterricht, 3. Aufl. Vechtaer Druckerei und Verlag 2002
Klohn, Werner, Hans-Wilhelm Windhorst: Die Landwirtschaft der USA. Vechtaer Materialien zum Geographieunterricht, 5. Aufl. Vechtaer Druckerei und Verlag 2007
Kreus, Arno, Norbert von der Ruhren: USA/Kanada, Russland/Nachfolgestaaten der Sowjetunion. FUNDAMENTE Kursthemen. Gotha: Klett-Perthes 2002
Schneider-Sliwa, Rita: USA. Darmstadt: Wissenschaftliche Buchgesellschaft 2005

Zeitschriften
Bundeszentrale für politische Bildung (Hrsg.): USA. Informationen zur politischen Bildung, Nr. 268: Bonn: 2000
Geographische Rundschau, 53. Jg., H. 1/2001: USA. Braunschweig: Westermann
Geographische Rundschau. 57. Jg., H. 1/2005: Nordamerika. Braunschweig: Westermann
Praxis Geographie, 36. Jg., H. 3/2006: USA – Stadt & Wirtschaft. Braunschweig: Westermann

Internetadressen (Juli 2008)
www.stat-usa.gov (U.S. Department of Commerce)
www.bea.doc.gov (Bureau of Economic Analysis des U.S. Department of Commerce)
www.ita.doc.gov (The International Trade Administration des U.S. Department of Commerce)
www.census.gov (U.S. Census Bureau)
stats.bls.gov (U.S. Bureau of Labor Statistics)
www.usembassy.de (US-Botschaft in Deutschland)
www.theus50.com (Informationen über die 50 Bundesstaaten der USA)

Teilkapitel 10.3: Europa – Sicherung der weltwirtschaftlichen Position durch Integration

Monographien und Sammelwerke
Amt für Veröffentlichungen der EU (Hrsg.): Europa in Zahlen. Brüssel, Luxemburg (ersch. unregelmäßig)
Europäische Kommission/Eurostat: Regionen. Statistisches Jahrb. (ersch. jährlich)
Kreus, Arno, Norbert von der Ruhren (Hrsg.): Europa. FUNDAMENTE Kursthemen. Leipzig: Klett 2006
Lichtenberger, Elisabeth: Europa. Darmstadt: Wissenschaftliche Buchgesellschaft 2005

Zeitschriften
Geographie und Schule, 25. Jg., H. 144 (Okt. 2003): Europa der Regionen. Köln: Aulis
Geographie und Schule, 27. Jg. H. 153 (Febr. 2005): Die erweiterte Europäische Union. Köln: Aulis
Geographische Rundschau, 59. Jg., H. 3/2007: Europäische Union. Braunschweig: Westermann
Praxis Geographie, 34. Jg., H. 5/2004: EU-Erweiterungen. Braunschweig: Westermann

Internetadressen (Juli 2008)
www.europa.eu.int (Europäische Union)

Teilkapitel 10.4: Japan – Leitgans für die Region Ost-/Südostasien?

Monographien und Sammelwerke
Heckl, Franz Xaver, Paul Lindner, Rolf Ziegler: Der asiatisch-pazifische Raum. FUNDAMENTE Kursthemen. Gotha: Klett-Perthes 2003
Kevenhörster, Paul, u. a. (Hrsg.): Japan: Wirtschaft – Gesellschaft – Politik. Wiesbaden: VS-Verlag 2008
Kevenhörster, Paul, u. a.: Japan. Leverkusen-Opladen: Budrich 2008

Zeitschriften
Geographische Rundschau, 54. Jg., H. 6/2002: Japan. Braunschweig: Westermann
Praxis Geographie, 37. Jg., H. 4/2007: Japan. Braunschweig: Westermann

Internetadressen (Juli 2008)
www.meti.go.jp (japanisches Wirtschaftsministerium)
www.stat.go.jp (Statistisches Büro Japans)
www.china-botschaft.de (Botschaft der Volksrepublik China in Deutschland)
www.stats.gov.cn (Statistisches Büro der Volksrepublik China)
www.russland.news.de (deutschsprachiges Internet-Fenster nach Russland)
www.russland.ru (Internet-Zeitung zu Russland)

Teilkapitel 10.5: China – Transformation zur „Sozialistischen Marktwirtschaft"

Monographien und Sammelwerke
Bronger, Dirk, Johannes Wamser: Indien – China. Vergleich zweier Entwicklungswege. Münster: LIT Verlag 2005
Dahm, Bernhard, Roderich Ptak (Hrsg.): Südostasien-Handbuch. München: Beck 1999
Heckl, Franz Xaver, Paul Lindner, Rolf Ziegler: Der asiatisch-pazifische Raum. FUNDAMENTE Kursthemen. Gotha: Klett-Perthes 2003
Heckl, Franz, Arno Kreus, Norbert von der Ruhren: Russland und China. Zwei Weltmächte im Wandel. Stuttgart: Klett 2007
Seitz, Konrad: China. Eine Weltmacht kehrt zurück. München: Goldmann 2006
Spence, D. Jonathan: Chinas Weg in die Moderne. München: dtv 2004
Staiger, Brunhild, u. a.: Länderbericht China. Darmstadt: Primus 2000
Staiger, Brunhild, u. a.: China. Lexikon zu Geographie und Wirtschaft. Darmstadt: Primus 2006

Zeitschriften
Bundeszentrale für politische Bildung (Hrsg.): Informationen zur politischen Bildung, Nr. 289: Volksrepublik China. Bonn: 2005
China aktuell Hamburg: Institut für Asienkunde (Monatszeitschrift)
Geographie und Schule, 28. Jg., H. 163 (Okt. 2006): China – strukturelle Umbrüche. Köln: Aulis
Geographische Rundschau, 53. Jg., H. 10/2001: China. Braunschweig: Westermann
Geographische Rundschau, 60. Jg., H. 5/2008: Wirtschaftsmacht China. Braunschweig: Westermann
Praxis Geographie, 35. Jg., H. 1/2005: China. Braunschweig: Westermann

Internetadressen (Juli 2008)
www.china-org.cn/german (China Information Center)

Teilkapitel 10.6: Russland – Transformationsprozesse zur Wiedererlangung einer Weltmachtstellung

Monographien und Sammelwerke
Brade, Isolde, Arne Sünnemann, Michael Anz: Russland. Aktuelle Probleme und Tendenzen. Leipzig: Leibniz Institut für Länderkunde 2004
Heckl, Franz Xaver, Arno Kreus, Norbert von der Ruhren: Russland und China. Zwei Weltmächte im Wandel. Stuttgart: Klett 2007
Hillenbrand, Olaf, Iris Kempe (Hrsg.): Der schwerfällige Riese. Gütersloh: Bertelsmann 2003
Kreus, Arno, Norbert von der Ruhren: USA/Kanada, Russland/Nachfolgestaaten der Sowjetunion. FUNDAMENTE Kursthemen. Gotha: Klett-Perthes 2002
Wein, Norbert: Sibirien. Perthes Regionalprofile. Gotha: Perthes 1999

Zeitschriften
Bundeszentrale für politische Bildung (Hrsg.): Informationen zur politischen Bildung, Nr. 281: Russland. Bonn: 2003
Geographische Rundschau, 55. Jg., H. 12/2003: Russland. Braunschweig: Westermann
Länderbericht Russland. FAZ-Institut. Frankfurt am Main, August 2000 und April 2001
Praxis Geographie, 32. Jg., H. 1/2002: 10 Jahre GUS – Transformation oder Stagnation? Braunschweig: Westermann
Praxis Geographie, 36. Jg., H. 6/2006: Sibirien. Braunschweig: Westermann
Wostok. Informationen aus dem Osten für den Westen. Berlin: Wostok (erscheint zweimonatlich)

Internetadressen (Juli 2008)
www.deutsch-russisches-forum.de (Deutsch-Russisches Forum)
www.dgo-online.org (Deutsche Gesellschaft für Osteuropakunde)

Kapitel 11: Methodenkompendium

Deparada, Elke: Methodenlernen in der gymnasialen Oberstufe. Bamberg: Buchner 2004
Dickmann, Frank, Klaus Zehner: Computerkartographie und GIS. Das Geographische Seminar. Braunschweig: Westermann 1999
Hartmann, Werner, u. a.: Informationsbeschaffung im Internet. Zürich: Orell Füssli 2000
Hooffacker, Gabriele: Informationen gewinnen im Internet. Rororo Computer. Hamburg: Rowohlt 2000
Horst, Uwe, Karl-Peter Ohly (Hrsg.): Lernbox – Lernmethoden – Arbeitstechniken. Seelze-Velber: Friedrich 2000
Karzauninkat, Stefan: Die Suchfibel. Wie findet man Informationen im Internet? 3. Aufl. Leipzig: Klett 2002
Knobloch, Jörg: Referate halten lernen: Inhaltsangabe, Protokoll, Referat, Facharbeit. Lichtenau: AOL-Verlag 1998
Mattes, Wolfgang: Methoden für den Unterricht. 9. Druck. Paderborn: Schöningh 2006
Methodentrainer. Arbeitsbuch für die Sekundarstufe II, Gesellschaftswissenschaften. Berlin: Cornelsen 2000
Will, Hermann: Vortrag und Präsentation. Für Ihren nächsten Auftritt vor Publikum. Weinheim: Beltz 2000

Zeitschriften
Petermanns Geographische Mitteilungen, 144. Jg., H. 3/2000: Satellitenfernerkundung. Gotha: Klett-Perthes
Praxis Geographie, 30. Jg., H. 5/2000: Internet im Geographieunterricht. Braunschweig: Westermann
Praxis Geographie, 30. Jg. H. 9/2000: Experimente im Geographieunterricht. Braunschweig: Westermann

12.2 Anhang – Register (G = Glossarbegriff)